清华大学研究生公共课教材——数学系列

最优化理论与算法（第2版）

陈宝林 编著

清华大学出版社
北京

内 容 简 介

本书是陈宝林教授在多年实践基础上编著的. 书中包括线性规划单纯形方法、对偶理论、灵敏度分析、运输问题、内点算法、非线性规划 K-T 条件、无约束最优化方法、约束最优化方法、整数规划和动态规划等内容. 本书含有大量经典的和新近的算法，有比较系统的理论分析，实用性比较强；定理的证明和算法的推导主要以数学分析和线性代数为基础，比较简单易学. 本书可以作为运筹学类课程的教学参考书，也可供应用数学工作者和工程技术人员参考.

图书在版编目(CIP)数据

最优化理论与算法/陈宝林编著. —2 版. —北京：清华大学出版社，2005.10（2024.10 重印）
（清华大学研究生公共课教材. 数学系列）
ISBN 978-7-302-11376-8

Ⅰ. 最… Ⅱ. 陈… Ⅲ. ①最优化理论—研究生—教材 ②最优化算法—研究生—教材 Ⅳ. O242.23

中国版本图书馆 CIP 数据核字(2005)第 077650 号

责任编辑：刘　颖　王海燕
责任印制：沈　露

出版发行：清华大学出版社
　网　　址：https://www.tup.com.cn，https://www.wqxuetang.com
　地　　址：北京清华大学学研大厦 A 座　　**邮　　编**：100084
　社 总 机：010-83470000　　**邮　　购**：010-62786544
　投稿与读者服务：010-62776969，c-service@tup.tsinghua.edu.cn
　质量反馈：010-62772015，zhiliang@tup.tsinghua.edu.cn
印 装 者：三河市龙大印装有限公司
经　　销：全国新华书店
开　　本：185mm×230mm　　**印　张**：30　　**字　　数**：636 千字
版　　次：2005 年 10 月第 2 版　　**印　　次**：2024 年 10 月第 27 次印刷
定　　价：84.00 元

产品编号：013081-07

第 2 版前言

本书自 1989 年出版以来，被一些高等学校选作教学参考书，作者本人也在研究生学位课“最优化方法”和“运筹学”的教学中使用了本教材. 经多年教学实践，收到比较满意的效果，总体反映良好，但也发现一些有待改进之处. 为了改进教材的不足，拓宽使用范围，更好地适应教学和自学的需要，作者认真听取关心教材建设的专家和读者的建议，决定再版.

第 2 版教材保持第 1 版的理论体系和写作特点. 增加了基本数学概念介绍、强互补松弛定理、含参数线性规划、运输问题、线性规划路径跟踪法、信赖域方法、二次规划路径跟踪法、整数规划、动态规划等内容. 删除一些原有算法，改写了部分章节. 与第 1 版相比，本版教材算法更加丰富，理论有所深入，在一定程度上反映出近些年运筹学一些分支的新进展.

本书由预备知识、线性规划、非线性规划、整数规划和动态规划等五部分组成. 使用本教材时，可根据需要决定取舍. 一般来讲，要求较多的专业，可用 64 学时讲授去掉带 * 号章节后的全部内容；要求较少的专业，可用 32 学时讲授线性规划和动态规划部分；标有 * 号的章节可酌情选用.

责任编辑刘颖为本书付出了辛勤劳动，部分插图是清华大学建筑设计研究院陈若光所绘，在此向两位年轻专家表示衷心感谢.

作　者

2005 年 5 月

第1版前言

《最优化理论与算法》是为高等院校开设“线性规划与非线性规划”课程提供的教材.

本书包括凸集凸函数、线性规划和非线性规划三方面的内容.有完整的理论系统,关于凸集凸函数的一些基本定理、线性规划的原理、最优性条件、对偶理论及算法收敛性定理等都做了适度的介绍.书中不仅有大量的实用算法,还介绍了一些最新研究成果,Karmarkar算法就是一例.为了使具有大学本科程度的读者能够自学,定理的证明和算法的推导主要以数学分析和线性代数为基础,尽可能少地涉及更为高深的知识.本书内容比较丰富,算法比较齐全,有一定的理论深度,层次清晰,叙述简明,便于应用,可作为高等院校教学参考书,也可供应用数学工作者和工程技术人员参考.

本书在编写过程中,得到郑乐宁同志的大力支持,他审阅了原稿,提出了宝贵意见.谭泽光、祁力群和施妙根等同志也给予了满腔热情的帮助.在此表示衷心感谢.

由于作者水平有限,缺点和错误在所难免,敬请批评指教.

作　者

1989年8月

目　录

第1章　引言 ········ 1

1.1　学科简述 ········ 1

1.2　线性与非线性规划问题 ········ 2

*1.3　几个数学概念 ········ 5

1.4　凸集和凸函数 ········ 10

习题 ········ 23

第2章　线性规划的基本性质 ········ 26

2.1　标准形式及图解法 ········ 26

2.2　基本性质 ········ 28

习题 ········ 35

第3章　单纯形方法 ········ 37

3.1　单纯形方法原理 ········ 37

3.2　两阶段法与大 M 法 ········ 50

3.3　退化情形 ········ 66

3.4　修正单纯形法 ········ 74

*3.5　变量有界的情形 ········ 85

*3.6　分解算法 ········ 94

习题 ········ 118

第4章　对偶原理及灵敏度分析 ········ 122

4.1　线性规划中的对偶理论 ········ 122

4.2　对偶单纯形法 ········ 133

4.3　原始-对偶算法 ········ 143

4.4　灵敏度分析 ········ 149

*4.5　含参数线性规划 ········ 157

习题 ········ 163

第 5 章　运输问题 …… 167
5.1　运输问题的数学模型与基本性质 …… 167
5.2　表上作业法 …… 170
5.3　产销不平衡运输问题 …… 177
习题 …… 178

第 6 章　线性规划的内点算法 …… 180
*6.1　Karmarkar 算法 …… 180
*6.2　内点法 …… 193
6.3　路径跟踪法 …… 196

第 7 章　最优性条件 …… 203
7.1　无约束问题的极值条件 …… 203
7.2　约束极值问题的最优性条件 …… 206
*7.3　对偶及鞍点问题 …… 232
习题 …… 243

***第 8 章　算法** …… 246
8.1　算法概念 …… 246
8.2　算法收敛问题 …… 250
习题 …… 253

第 9 章　一维搜索 …… 254
9.1　一维搜索概念 …… 254
9.2　试探法 …… 256
9.3　函数逼近法 …… 265
习题 …… 280

第 10 章　使用导数的最优化方法 …… 281
10.1　最速下降法 …… 281
10.2　牛顿法 …… 287
10.3　共轭梯度法 …… 291
10.4　拟牛顿法 …… 306
10.5　信赖域方法 …… 315

10.6 最小二乘法……………………………………………………………………………… 322
习题……………………………………………………………………………………………… 328

第 11 章 无约束最优化的直接方法 ………………………………………………… 332
11.1 模式搜索法……………………………………………………………………………… 332
11.2 Rosenbrock 方法 ……………………………………………………………………… 337
11.3 单纯形搜索法…………………………………………………………………………… 343
11.4 Powell 方法 …………………………………………………………………………… 349
习题……………………………………………………………………………………………… 358

第 12 章 可行方向法 ……………………………………………………………………… 360
12.1 Zoutendijk 可行方向法………………………………………………………………… 360
12.2 Rosen 梯度投影法……………………………………………………………………… 371
*12.3 既约梯度法 …………………………………………………………………………… 379
12.4 Frank-Wolfe 方法 ……………………………………………………………………… 388
习题……………………………………………………………………………………………… 392

第 13 章 惩罚函数法 ……………………………………………………………………… 394
13.1 外点罚函数法…………………………………………………………………………… 394
13.2 内点罚函数法…………………………………………………………………………… 401
*13.3 乘子法 ………………………………………………………………………………… 405
习题……………………………………………………………………………………………… 413

第 14 章 二次规划 ………………………………………………………………………… 415
14.1 Lagrange 方法 ………………………………………………………………………… 415
14.2 起作用集方法…………………………………………………………………………… 417
14.3 Lemke 方法 …………………………………………………………………………… 422
14.4 路径跟踪法……………………………………………………………………………… 426
习题……………………………………………………………………………………………… 431

***第 15 章 整数规划简介** ………………………………………………………………… 432
15.1 分支定界法……………………………………………………………………………… 432
15.2 割平面法………………………………………………………………………………… 436
15.3 0-1 规划的隐数法 ……………………………………………………………………… 439

15.4 指派问题 …… 444
习题 …… 450

第 16 章 动态规划简介 …… 452
16.1 动态规划的一些基本概念 …… 452
16.2 动态规划的基本定理和基本方程 …… 454
16.3 逆推解法和顺推解法 …… 456
16.4 动态规划与静态规划的关系 …… 459
16.5 函数迭代法 …… 463
习题 …… 466

参考文献 …… 467

第1章 引　言

1.1 学科简述

最优化理论与算法是一个重要的数学分支,它所研究的问题是讨论在众多的方案中什么样的方案最优以及怎样找出最优方案.这类问题普遍存在.例如,工程设计中怎样选择设计参数,使得设计方案既满足设计要求又能降低成本;资源分配中,怎样分配有限资源,使得分配方案既能满足各方面的基本要求,又能获得好的经济效益;生产计划安排中,选择怎样的计划方案才能提高产值和利润;原料配比问题中,怎样确定各种成分的比例,才能提高质量,降低成本;城建规划中,怎样安排工厂、机关、学校、商店、医院、住户和其他单位的合理布局,才能方便群众,有利于城市各行各业的发展;农田规划中,怎样安排各种农作物的合理布局,才能保持高产稳产,发挥地区优势;军事指挥中,怎样确定最佳作战方案,才能有效地消灭敌人,保存自己,有利于战争的全局;在人类活动的各个领域中,诸如此类,不胜枚举.最优化这一数学分支,正是为这些问题的解决,提供理论基础和求解方法,它是一门应用广泛、实用性强的学科.

最优化是个古老的课题.长期以来,人们对最优化问题进行着探讨和研究.早在17世纪,英国科学家Newton发明微积分的时代,就已提出极值问题,后来又出现Lagrange乘数法.1847年法国数学家Cauchy研究了函数值沿什么方向下降最快的问题,提出最速下降法.1939年前苏联数学家Л.В. Канторович提出了解决下料问题和运输问题这两种线性规划问题的求解方法.人们关于最优化问题的研究工作,随着历史的发展不断深入.但是,任何科学的进步,都受到历史条件的限制,直至20世纪30年代,最优化这个古老课题并未形成独立的有系统的学科.

20世纪40年代以来,由于生产和科学研究突飞猛进地发展,特别是电子计算机日益广泛应用,使最优化问题的研究不仅成为一种迫切需要,而且有了求解的有力工具.因此最优化理论和算法迅速发展起来,形成一个新的学科.至今已出现线性规划、整数规划、非线性规划、几何规划、动态规划、随机规划、网络流等许多分支.最优化理论和算法在实际应用中正在发挥越来越大的作用.

1.2 线性与非线性规划问题

线性与非线性规划有着广泛的实际背景，许多实际问题抽象成数学模型后，可归结为求解这类问题，本书重点介绍线性与非线性规划. 下面先来研究几个例题.

例 1.2.1 生产计划问题

设某工厂用 4 种资源生产 3 种产品，每单位第 j 种产品需要第 i 种资源的数量为 a_{ij}，可获利润为 c_j，第 i 种资源总消耗量不能超过 b_i，由于市场限制，第 j 种产品的产量不超过 d_j，试问如何安排生产才能使总利润最大?

解析 下面分析怎样建立数学模型. 设 3 种产品的产量分别为 x_1,x_2,x_3，这是决策变量，目标函数是总利润 $c_1x_1+c_2x_2+c_3x_3$，约束条件有资源限制 $a_{i1}x_1+a_{i2}x_2+a_{i3}x_3\leqslant b_i$ $(i=1,2,3,4)$，市场销量限制，$x_j\leqslant d_j(j=1,2,3)$，及产量非负限制 $x_j\geqslant 0(j=1,2,3)$. 问题概括为，在一组约束条件下，确定一个最优生产方案 $\boldsymbol{x}^*=(x_1^*,x_2^*,x_3^*)$，使目标函数值最大. 数学模型如下：

$$\begin{aligned}
\max\quad & \sum_{j=1}^{3} c_j x_j \\
\text{s. t.}\quad & \sum_{j=1}^{3} a_{ij}x_j \leqslant b_i, \quad & i=1,\cdots,4, \\
& x_j \leqslant d_j, & j=1,2,3, \\
& x_j \geqslant 0, & j=1,2,3,
\end{aligned}$$

其中 max 表示 maximize，读作“极大化”，s. t. 表示 subject to，读作“约束条件是”.

例 1.2.2 食谱问题

设市场上可买到 n 种不同的食品，第 j 种食品单位售价为 c_j. 每种食品含有 m 种基本营养成分，第 j 种食品每一个单位含第 i 种营养成分为 a_{ij}. 又设每人每天对第 i 种营养成分的需要量不少于 b_i. 试确定在保证营养要求条件下的最经济食谱.

解析 建立食谱问题的数学模型. 设每人每天需要各种食品的数量分别为 x_1，$x_2,\cdots,x_n$. 我们的目标是使伙食费用最少，即使 $c_1x_1+c_2x_2+\cdots+c_nx_n$ 最小. 条件是保证用餐者对各种营养成分的基本需要，即满足 $a_{i1}x_1+a_{i2}x_2+\cdots+a_{in}x_n\geqslant b_i(i=1,2,\cdots,m)$. 数学模型是

$$\begin{aligned}
\min\quad & \sum_{j=1}^{n} c_j x_j \\
\text{s. t.}\quad & \sum_{j=1}^{n} a_{ij}x_j \geqslant b_i, \quad & i=1,\cdots,m, \\
& x_j \geqslant 0, & j=1,\cdots,n,
\end{aligned}$$

其中 min 表示 minimize，读作"极小化".

例 1.2.3　结构设计问题

以两个构件组成的对称桁架为例(参见图 1.2.1).

已知桁架的跨度 $2L$，高度 x_2 的上限 H，承受负荷 $2P$，钢管的厚度 T，材料比重 ρ，纵向弹性模量 E 及容许应力 σ_y. 试确定钢管的平均直径 x_1 及桁架的高度 x_2，使桁架的重量最小.

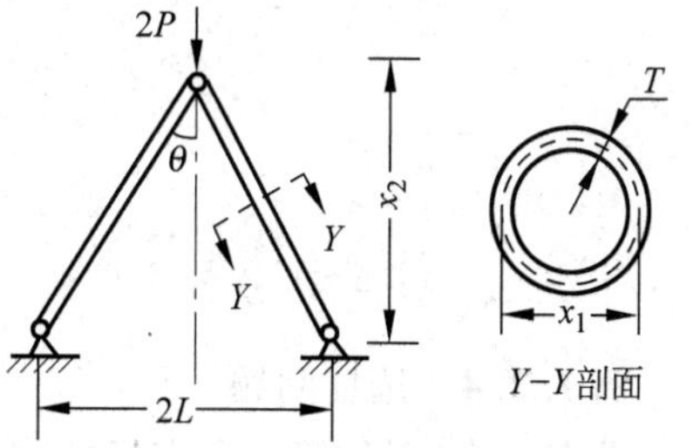

图　1.2.1

解析　桁架的重量

$$G = 2\pi\rho T x_1 (L^2 + x_2^2)^{\frac{1}{2}},$$

它是平均直径 x_1 和高度 x_2 的函数. x_1 和 x_2 的选择不是任意的，必须满足以下几个条件：

(1) 由于空间限制，要求 x_2 不能超过高度上限 H，即

$$x_2 \leqslant H.$$

(2) 钢管上的压应力不能超过材料的容许应力 σ_y. 在负荷 $2P$ 作用下，钢管承受的压力为

$$F = \frac{P}{\cos\theta} = \frac{P(L^2 + x_2^2)^{\frac{1}{2}}}{x_2},$$

钢管的横截面面积

$$S \approx \pi T x_1,$$

由此可知，钢管上的压应力为

$$\sigma(x_1, x_2) = \frac{P(L^2 + x_2^2)^{\frac{1}{2}}}{\pi T x_1 x_2},$$

因此要求

$$\frac{P(L^2 + x_2^2)^{\frac{1}{2}}}{\pi T x_1 x_2} \leqslant \sigma_y.$$

(3) 参数的选择还必须保证在负荷 $2P$ 的作用下钢管不发生弯曲，这就要求压应力不超过临界应力 σ_l. 临界应力可由 Euler 公式算出：

$$\sigma_l = \frac{\pi^2 E(x_1^2 + T^2)}{8(L^2 + x_2^2)},$$

其中 E 是已知的弹性模量. 按此要求应有

$$\frac{P(L^2 + x_2^2)^{\frac{1}{2}}}{\pi T x_1 x_2} \leqslant \frac{\pi^2 E(x_1^2 + T^2)}{8(L^2 + x_2^2)}.$$

根据以上分析，桁架的最优设计问题，就是求重量函数 G 在上述 3 个约束条件下的极小

点问题.它的数学模型是

$$\begin{aligned}
\min \quad & 2\pi\rho T x_1 (L^2 + x_2^2)^{\frac{1}{2}} \\
\text{s.t.} \quad & x_2 \leqslant H, \\
& \frac{P(L^2 + x_2^2)^{\frac{1}{2}}}{\pi T x_1 x_2} \leqslant \sigma_y, \\
& \frac{P(L^2 + x_2^2)^{\frac{1}{2}}}{\pi T x_1 x_2} \leqslant \frac{\pi^2 E(x_1^2 + T^2)}{8(L^2 + x_2^2)}, \\
& x_1, x_2 \geqslant 0.
\end{aligned}$$

例 1.2.4 选址问题

设有 n 个市场,第 j 个市场的位置为 (a_j, b_j),对某种货物的需要量为 $q_j(j=1,\cdots,n)$.现计划建立 m 个货栈,第 i 个货栈的容量为 $c_i(i=1,\cdots,m)$.试确定货栈的位置,使各货栈到各市场的运输量与路程乘积之和最小.

解析 现在来建立数学模型.设第 i 个货栈的位置为 $(x_i, y_i)(i=1,\cdots,m)$.第 i 个货栈供给第 j 个市场的货物量为 $W_{ij}(i=1,\cdots,m;j=1,\cdots,n)$.第 i 个货栈到第 j 个市场的距离为 d_{ij},一般定义为

$$d_{ij} = \sqrt{(x_i - a_j)^2 + (y_i - b_j)^2} \tag{1.2.1}$$

或

$$d_{ij} = | x_i - a_j | + | y_i - b_j |, \tag{1.2.2}$$

我们的目标是使运输量与路程乘积之和最小,如果距离按(1.2.1)式定义,就是使

$$\sum_{i=1}^{m} \sum_{j=1}^{n} W_{ij} \sqrt{(x_i - a_j)^2 + (y_i - b_j)^2}$$

最小.约束条件是:

(1) 每个货栈向各市场提供的货物量之和不能超过它的容量;

(2) 每个市场从各货栈得到的货物量之和应等于它的需要量;

(3) 运输量不能为负数.

因此,问题的数学模型如下:

$$\begin{aligned}
\min \quad & \sum_{i=1}^{m} \sum_{j=1}^{n} W_{ij} \sqrt{(x_i - a_j)^2 + (y_i - b_j)^2} \\
\text{s.t.} \quad & \sum_{j=1}^{n} W_{ij} \leqslant c_i, \quad i = 1,\cdots,m, \\
& \sum_{i=1}^{m} W_{ij} = q_j, \quad j = 1,\cdots,n, \\
& W_{ij} \geqslant 0, \quad i = 1,\cdots,m, j = 1,\cdots,n.
\end{aligned}$$

在上述例 1.2.1 和例 1.2.2 的数学模型中，目标函数和约束函数都是线性的，称之为**线性规划问题**；而例 1.2.3 和例 1.2.4 的数学模型中含有非线性函数，因此称为**非线性规划问题**.

在线性规划与非线性规划中，满足约束条件的点称为**可行点**，全体可行点组成的集合称为**可行集**或**可行域**. 如果一个问题的可行集是整个空间. 那么此问题就称为**无约束问题**.

下面给出最优解概念.

定义 1.2.1 设 $f(\boldsymbol{x})$为目标函数，S 为可行域，$\bar{\boldsymbol{x}} \in S$，若对每个 $\boldsymbol{x}\in S$，成立 $f(\boldsymbol{x})\geqslant f(\bar{\boldsymbol{x}})$，则称 $\bar{\boldsymbol{x}}$ 为 $f(\boldsymbol{x})$在 S 上的全局极小点.

定义 1.2.2 设 $f(\boldsymbol{x})$为目标函数，S 为可行域，若存在 $\bar{\boldsymbol{x}}\in S$ 的 $\varepsilon>0$ 邻域 $N(\bar{\boldsymbol{x}},\varepsilon)=\{\boldsymbol{x} \mid \|\boldsymbol{x}-\bar{\boldsymbol{x}}\|<\varepsilon\}$，使得对每个 $\boldsymbol{x}\in S\cap N(\bar{\boldsymbol{x}},\varepsilon)$成立 $f(\boldsymbol{x})\geqslant f(\bar{\boldsymbol{x}})$，则称 $\bar{\boldsymbol{x}}$ 为 $f(\boldsymbol{x})$在 S 上的一个局部极小点.

对于极大化问题，可类似地定义全局极大点和局部极大点，这里不再叙述.

根据上述定义，全局极小点也是局部极小点，而局部极小点不一定是全局极小点. 但是对于某些特殊情形，如将在后面介绍的凸规划，局部极小点也是全局极小点.

*1.3 几个数学概念

1.3.1 向量范数和矩阵范数

定义 1.3.1 若实值函数 $\|\cdot\|:\mathbb{R}^n\to\mathbb{R}$ 满足下列条件：

(1) $\|\boldsymbol{x}\|\geqslant 0$，$\forall \boldsymbol{x}\in\mathbb{R}^n$；$\|\boldsymbol{x}\|=0$ 当且仅当 $\boldsymbol{x}=\boldsymbol{0}$；

(2) $\|\alpha\boldsymbol{x}\|=|\alpha|\,\|\boldsymbol{x}\|$，$\forall \alpha\in\mathbb{R}$，$\boldsymbol{x}\in\mathbb{R}^n$；

(3) $\|\boldsymbol{x}+\boldsymbol{y}\|\leqslant\|\boldsymbol{x}\|+\|\boldsymbol{y}\|$，$\forall \boldsymbol{x},\boldsymbol{y}\in\mathbb{R}^n$.

则称 $\|\cdot\|$ 为向量范数. 其中$\mathbb{R}^n$表示 n 维向量空间.

设 $\boldsymbol{x}=(x_1,x_2,\cdots,x_n)^{\mathrm{T}}\in\mathbb{R}^n$，常用的向量范数有 L_1 范数，L_2 范数和 L_∞ 范数，分别为

$$\|\boldsymbol{x}\|_1=\sum_{j=1}^{n}|x_j|,$$

$$\|\boldsymbol{x}\|_2=\left(\sum_{j=1}^{n}x_j^2\right)^{\frac{1}{2}},$$

$$\|\boldsymbol{x}\|_\infty=\max_j|x_j|.$$

一般地，对于 $1\leqslant p<\infty$，L_p 范数为

$$\|\boldsymbol{x}\|_p=\left(\sum_{j=1}^{n}|x_j|^p\right)^{\frac{1}{p}}.$$

关于范数的等价性，有下列定义.

定义 1.3.2 设$\|\cdot\|_\alpha$和$\|\cdot\|_\beta$是$\mathbb{R}^n$上任意两个范数，如果存在正数c_1和c_2，使得对每个$\boldsymbol{x}\in\mathbb{R}^n$成立$c_1\|\boldsymbol{x}\|_\alpha\leqslant\|\boldsymbol{x}\|_\beta\leqslant c_2\|\boldsymbol{x}\|_\alpha$，则称范数$\|\boldsymbol{x}\|_\alpha$和范数$\|\boldsymbol{x}\|_\beta$等价.

在$\mathbb{R}^n$中任何两种范数均等价.

这里应指出，上述向量范数中，$\|\boldsymbol{x}\|_2$称为 Euclid 范数，如无特殊指明，后面将用$\mathbb{R}^n$表示n维 Euclid 空间.

关于矩阵范数，定义如下.

定义 1.3.3 设$\boldsymbol{A}$为$m\times n$矩阵，$\|\cdot\|_\alpha$是$\mathbb{R}^m$上向量范数，$\|\cdot\|_\beta$是$\mathbb{R}^n$上向量范数，定义矩阵范数$\|\boldsymbol{A}\|=\max\limits_{\|\boldsymbol{x}\|_\beta=1}\|\boldsymbol{Ax}\|_\alpha$.

根据矩阵范数定义，对于单位矩阵$\boldsymbol{I}$，总有$\|\boldsymbol{I}\|=1$. 关于矩阵范数有下列结论.

定理 1.3.1 矩阵范数具有下列性质：

(1) $\|\boldsymbol{Ax}\|_\alpha\leqslant\|\boldsymbol{A}\|\ \|\boldsymbol{x}\|_\beta$；

(2) $\|\lambda\boldsymbol{A}\|=|\lambda|\ \|\boldsymbol{A}\|$；

(3) $\|\boldsymbol{A}+\boldsymbol{B}\|\leqslant\|\boldsymbol{A}\|+\|\boldsymbol{B}\|$；

(4) $\|\boldsymbol{AD}\|\leqslant\|\boldsymbol{A}\|\ \|\boldsymbol{D}\|$.

其中$\boldsymbol{A},\boldsymbol{B}$为$m\times n$矩阵，$\boldsymbol{D}$是$n\times p$矩阵，$\lambda$为实数，$\boldsymbol{x}\in\mathbb{R}^n$.

设矩阵$\boldsymbol{A}=(a_{ij})_{m\times n}$，下面给出 3 种常用的矩阵范数，分别记作$\|\boldsymbol{A}\|_1$，$\|\boldsymbol{A}\|_2$，$\|\boldsymbol{A}\|_\infty$：

(1) $\|\boldsymbol{A}\|_1=\max\limits_j\sum\limits_{i=1}^m|a_{ij}|$；

(2) $\|\boldsymbol{A}\|_2=\sqrt{\lambda_{\boldsymbol{A}^\mathrm{T}\boldsymbol{A}}}$；

(3) $\|\boldsymbol{A}\|_\infty=\max\limits_i\sum\limits_{j=1}^n|a_{ij}|$.

其中$\lambda_{\boldsymbol{A}^\mathrm{T}\boldsymbol{A}}$表示$\boldsymbol{A}^\mathrm{T}\boldsymbol{A}$的最大特征值. $\|\boldsymbol{A}\|_2$称为$\boldsymbol{A}$的谱范数.

1.3.2 序列的极限

定义 1.3.4 设$\{\boldsymbol{x}^{(k)}\}$是$\mathbb{R}^n$中一个向量序列，$\bar{\boldsymbol{x}}\in\mathbb{R}^n$，如果对每个任给的$\varepsilon>0$存在正整数$K_\varepsilon$，使得当$k>K_\varepsilon$时就有$\|\boldsymbol{x}^{(k)}-\bar{\boldsymbol{x}}\|<\varepsilon$，则称序列收敛到$\bar{\boldsymbol{x}}$，或称序列以$\bar{\boldsymbol{x}}$为极限，记作$\lim\limits_{k\to\infty}\boldsymbol{x}^{(k)}=\bar{\boldsymbol{x}}$.

按此定义，序列若存在极限，则任何子序列有相同的极限，即序列的极限是惟一的.

定义 1.3.5 设$\{\boldsymbol{x}^{(k)}\}$是$\mathbb{R}^n$中一个向量序列，如果存在一个子序列$\{\boldsymbol{x}^{(k_j)}\}$，使$\lim\limits_{k_j\to\infty}\boldsymbol{x}^{(k_j)}=\hat{\boldsymbol{x}}$，则称$\hat{\boldsymbol{x}}$是序列$\{\boldsymbol{x}^{(k)}\}$的一个聚点.

根据定义易知，如果无穷序列有界，即存在正数M，使得对所有k均有$\|\boldsymbol{x}^{(k)}\|\leqslant M$，

则这个序列必有聚点.

定义 1.3.6 设$\{\boldsymbol{x}^{(k)}\}$是$\mathbb{R}^n$中一个向量序列,如果对任意给定的$\varepsilon>0$,总存在正整数K_ε,使得当$m,l>K_\varepsilon$时,就有$\|\boldsymbol{x}^{(m)}-\boldsymbol{x}^{(l)}\|<\varepsilon$,则$\{\boldsymbol{x}^{(k)}\}$称为 Cauchy 序列.

在$\mathbb{R}^n$中,Cauchy 序列有极限.

定理 1.3.2 设$\{\boldsymbol{x}^{(j)}\}\subset\mathbb{R}^n$为 Cauchy 序列,则$\{\boldsymbol{x}^{(j)}\}$的聚点必为极限点.(证明从略)

后面算法介绍和理论分析中,还常涉及闭集、开集、紧集等概念.定义如下:设S为$\mathbb{R}^n$中一个集合,如果S中每个收敛序列的极限均属于S,则称S为闭集.如果对每一点$\hat{\boldsymbol{x}}\in S$,存在正数$\varepsilon$,使得$\hat{\boldsymbol{x}}$的$\varepsilon$邻域$N(\hat{\boldsymbol{x}},\varepsilon)=\{\boldsymbol{x}\mid\|\boldsymbol{x}-\hat{\boldsymbol{x}}\|<\varepsilon\}\subset S$,则称$S$为开集.如果$S$是有界闭集,则称$S$为紧集.

1.3.3 梯度、Hesse 矩阵、Taylor 展开式

设集合$S\subset\mathbb{R}^n$非空,$f(\boldsymbol{x})$为定义在S上的实函数.如果f在每一点$\boldsymbol{x}\in S$连续,则称f在S上连续,记作$f\in C(S)$.再设S为开集,如果在每一点$\boldsymbol{x}\in S$,对所有$j=1,\cdots,n$,偏导数$\dfrac{\partial f(\boldsymbol{x})}{\partial x_j}$存在且连续,则称$f$在开集$S$上连续可微,记作$f\in C^1(S)$.如果在每一点$\boldsymbol{x}\in S$,对所有$i=1,\cdots,n$和$j=1,\cdots,n$,二阶偏导数$\dfrac{\partial^2 f(\boldsymbol{x})}{\partial x_i\partial x_j}$存在且连续,则称$f$在开集$S$上二次连续可微,记作$f\in C^2(S)$.

函数f在$\boldsymbol{x}$处的梯度为n维列向量:

$$\nabla f(\boldsymbol{x})=\left[\frac{\partial f(\boldsymbol{x})}{\partial x_1},\frac{\partial f(\boldsymbol{x})}{\partial x_2},\cdots,\frac{\partial f(\boldsymbol{x})}{\partial x_n}\right]^{\mathrm{T}}. \tag{1.3.1}$$

f在$\boldsymbol{x}$处的 Hesse 矩阵为$n\times n$矩阵$\nabla^2 f(\boldsymbol{x})$,第$i$行第$j$列元素为

$$[\nabla^2 f(\boldsymbol{x})]_{ij}=\frac{\partial^2 f(\boldsymbol{x})}{\partial x_i\partial x_j},\qquad 1\leqslant i,j\leqslant n. \tag{1.3.2}$$

当$f(\boldsymbol{x})$为二次函数时,梯度及 Hesse 矩阵很容易求得.二次函数可以写成下列形式:

$$f(\boldsymbol{x})=\frac{1}{2}\boldsymbol{x}^{\mathrm{T}}\boldsymbol{A}\boldsymbol{x}+\boldsymbol{b}^{\mathrm{T}}\boldsymbol{x}+c,$$

其中$\boldsymbol{A}$是n阶对称矩阵,$\boldsymbol{b}$是n维列向量,c是常数.函数$f(\boldsymbol{x})$在$\boldsymbol{x}$处的梯度$\nabla f(\boldsymbol{x})=\boldsymbol{A}\boldsymbol{x}+\boldsymbol{b}$,Hesse 矩阵$\nabla^2 f(\boldsymbol{x})=\boldsymbol{A}$.

假设在开集$S\subset\mathbb{R}^n$上$f\in C^1(S)$,给定点$\bar{\boldsymbol{x}}\in S$,则$f$在点$\bar{\boldsymbol{x}}$的一阶 Taylor 展开式为

$$f(\boldsymbol{x})=f(\bar{\boldsymbol{x}})+\nabla f(\bar{\boldsymbol{x}})^{\mathrm{T}}(\boldsymbol{x}-\bar{\boldsymbol{x}})+o(\|\boldsymbol{x}-\bar{\boldsymbol{x}}\|),$$

其中$o(\|\boldsymbol{x}-\bar{\boldsymbol{x}}\|)$当$\|\boldsymbol{x}-\bar{\boldsymbol{x}}\|\to 0$时,关于$\|\boldsymbol{x}-\bar{\boldsymbol{x}}\|$是高阶无穷小量.

假设在开集$S\subset\mathbb{R}^n$上$f\in C^2(S)$,则f在$\bar{\boldsymbol{x}}\in S$的二阶 Taylor 展开式为

$$f(\boldsymbol{x})=f(\bar{\boldsymbol{x}})+\nabla f(\bar{\boldsymbol{x}})^{\mathrm{T}}(\boldsymbol{x}-\bar{\boldsymbol{x}})+\frac{1}{2}(\boldsymbol{x}-\bar{\boldsymbol{x}})^{\mathrm{T}}\nabla^2 f(\bar{\boldsymbol{x}})(\boldsymbol{x}-\bar{\boldsymbol{x}})+o(\|\boldsymbol{x}-\bar{\boldsymbol{x}}\|^2),$$

其中 $o(\|\boldsymbol{x}-\bar{\boldsymbol{x}}\|^2)$ 当 $\|\boldsymbol{x}-\bar{\boldsymbol{x}}\|^2\to 0$ 时，关于 $\|\boldsymbol{x}-\bar{\boldsymbol{x}}\|^2$ 是高阶无穷小量.

1.3.4 Jacobi 矩阵、链式法则和隐函数存在定理

1. Jacobi 矩阵

考虑向量值函数

$$h(\boldsymbol{x}) = (h_1(\boldsymbol{x}), h_2(\boldsymbol{x}), \cdots, h_m(\boldsymbol{x}))^{\mathrm{T}},$$

其中每个分量 $h_i(\boldsymbol{x})$ 为 n 元实值函数，假设对所有 i,j 偏导数 $\dfrac{\partial h_i(\boldsymbol{x})}{\partial x_j}$ 存在. $\boldsymbol{h}$ 在点 $\boldsymbol{x}$ 的 Jacobi 矩阵为

$$\begin{bmatrix} \dfrac{\partial h_1(\boldsymbol{x})}{\partial x_1} & \dfrac{\partial h_1(\boldsymbol{x})}{\partial x_2} & \cdots & \dfrac{\partial h_1(\boldsymbol{x})}{\partial x_n} \\ \dfrac{\partial h_2(\boldsymbol{x})}{\partial x_1} & \dfrac{\partial h_2(\boldsymbol{x})}{\partial x_2} & \cdots & \dfrac{\partial h_2(\boldsymbol{x})}{\partial x_n} \\ \vdots & \vdots & & \vdots \\ \dfrac{\partial h_m(\boldsymbol{x})}{\partial x_1} & \dfrac{\partial h_m(\boldsymbol{x})}{\partial x_2} & \cdots & \dfrac{\partial h_m(\boldsymbol{x})}{\partial x_n} \end{bmatrix}, \tag{1.3.3}$$

这个矩阵称为向量值函数 $\boldsymbol{h}$ 在 $\boldsymbol{x}$ 的导数，记作 $\boldsymbol{h}'(\boldsymbol{x})$ 或 $\nabla\boldsymbol{h}(\boldsymbol{x})^{\mathrm{T}}$，其中 $\nabla\boldsymbol{h}(\boldsymbol{x})=(\nabla h_1(\boldsymbol{x}), \nabla h_2(\boldsymbol{x}), \cdots, \nabla h_m(\boldsymbol{x}))$.

例 1.3.1 设有向量值函数

$$\boldsymbol{f}(\boldsymbol{x}) = \boldsymbol{f}(x_1, x_2) = \begin{bmatrix} \sin x_1 + \cos x_2 \\ \mathrm{e}^{2x_1+x_2} \\ 2x_1^2 + x_1x_2 \end{bmatrix},$$

则 $f(\boldsymbol{x})$ 在任一点 (x_1,x_2) 的 Jacobi 矩阵，即导数为

$$\boldsymbol{f}'(\boldsymbol{x}) = \begin{bmatrix} \cos x_1 & -\sin x_2 \\ 2\mathrm{e}^{2x_1+x_2} & \mathrm{e}^{2x_1+x_2} \\ 4x_1 + x_2 & x_1 \end{bmatrix}.$$

2. 链式法则

设有复合函数 $\boldsymbol{h}(\boldsymbol{x})=\boldsymbol{f}(\boldsymbol{g}(\boldsymbol{x}))$，其中向量值函数 $\boldsymbol{f}(\boldsymbol{g})$ 和 $\boldsymbol{g}(\boldsymbol{x})$ 均可微，$\boldsymbol{x}\in D^n\subset\mathbb{R}^n$，$\boldsymbol{g}:D^n\to D_1^m$，$\boldsymbol{f}:D_2^m\to\mathbb{R}^k$，其中 $D_1^m\subset D_2^m$，$\boldsymbol{h}:D^n\to\mathbb{R}^k$. 根据复合函数求导数的链式法则，必有

$$\boldsymbol{h}'(\boldsymbol{x}) = \boldsymbol{f}'(\boldsymbol{g}(\boldsymbol{x}))\boldsymbol{g}'(\boldsymbol{x}), \qquad \boldsymbol{x}\in D^n, \tag{1.3.4}$$

其中 $\boldsymbol{f}'$ 和 $\boldsymbol{g}'$ 分别为 $k\times m$ 和 $m\times n$ 矩阵，$\boldsymbol{h}'$ 为 $k\times n$ 矩阵. 若记 $\nabla\boldsymbol{f}=(\nabla\boldsymbol{f}_1, \nabla\boldsymbol{f}_2, \cdots, \nabla\boldsymbol{f}_k)$，$\nabla\boldsymbol{g}=(\nabla\boldsymbol{g}_1, \nabla\boldsymbol{g}_2, \cdots, \nabla\boldsymbol{g}_m)$，由于 $\boldsymbol{h}'=\nabla\boldsymbol{h}^{\mathrm{T}}$，$\boldsymbol{f}'=\nabla\boldsymbol{f}^{\mathrm{T}}$ 和 $\boldsymbol{g}'=\nabla\boldsymbol{g}^{\mathrm{T}}$，可将(1.3.4)式改写为

$$\nabla \boldsymbol{h}(\boldsymbol{x}) = \nabla \boldsymbol{g}(\boldsymbol{x})\, \nabla \boldsymbol{f}(\boldsymbol{g}(\boldsymbol{x})), \tag{1.3.5}$$

式中$\nabla \boldsymbol{h}$为$n\times k$矩阵，第j列$\nabla h_j(\boldsymbol{x})$为$h_j(\boldsymbol{x})$的梯度.

例 1.3.2　设有复合函数$\boldsymbol{h}(\boldsymbol{x})=\boldsymbol{f}(\boldsymbol{u}(\boldsymbol{x}))$，其中

$$\boldsymbol{f}(\boldsymbol{u}) = \begin{bmatrix} f_1(\boldsymbol{u}) \\ f_2(\boldsymbol{u}) \end{bmatrix} = \begin{bmatrix} u_1^2 - u_2 \\ u_1 + u_2^2 \end{bmatrix}, \qquad \boldsymbol{u}(\boldsymbol{x}) = \begin{bmatrix} u_1(\boldsymbol{x}) \\ u_2(\boldsymbol{x}) \end{bmatrix} = \begin{bmatrix} x_1 + x_3 \\ x_2^2 - x_3 \end{bmatrix},$$

试求复合函数$\boldsymbol{h}(\boldsymbol{x})=\boldsymbol{f}(\boldsymbol{u}(\boldsymbol{x}))$的导数.

解　$\boldsymbol{h}'(\boldsymbol{x})=\boldsymbol{f}'(\boldsymbol{u}(\boldsymbol{x}))\boldsymbol{u}'(\boldsymbol{x})$

$$= \begin{bmatrix} 2u_1 & -1 \\ 1 & 2u_2 \end{bmatrix} \begin{bmatrix} 1 & 0 & 1 \\ 0 & 2x_2 & -1 \end{bmatrix} = \begin{bmatrix} 2u_1 & -2x_2 & 2u_1+1 \\ 1 & 4u_2x_2 & 1-2u_2 \end{bmatrix},$$

将$\boldsymbol{u}$用$\boldsymbol{x}$表示，得到

$$\begin{bmatrix} \dfrac{\partial h_1(\boldsymbol{x})}{\partial x_1} & \dfrac{\partial h_1(\boldsymbol{x})}{\partial x_2} & \dfrac{\partial h_1(\boldsymbol{x})}{\partial x_3} \\ \dfrac{\partial h_2(\boldsymbol{x})}{\partial x_1} & \dfrac{\partial h_2(\boldsymbol{x})}{\partial x_2} & \dfrac{\partial h_2(\boldsymbol{x})}{\partial x_3} \end{bmatrix} = \begin{bmatrix} 2(x_1+x_3) & -2x_2 & 2(x_1+x_3)+1 \\ 1 & 4x_2(x_2^2-x_3) & 1-2(x_2^2-x_3) \end{bmatrix}.$$

3. 隐函数定理

考虑有m个方程的n元方程组

$$h_i(\boldsymbol{x}) = 0, \qquad i = 1,2,\cdots,m. \tag{1.3.6}$$

问题是，用这组方程能否确定m个变量，比如$x_1,x_2,\cdots,x_m$为另外$n-m$个变量$x_{m+1},\cdots,x_n$的隐函数，即是否存在满足方程组(1.3.6)的函数$x_i=\phi_i(x_{m+1},x_{m+2},\cdots,x_n)$ $(i=1,2,\cdots,m)$. 下列隐函数定理回答了这个问题.

定理 1.3.3　设$\boldsymbol{x}^{(0)}\in\mathbb{R}^n$满足下列条件：

(1) $h_i(\boldsymbol{x}^{(0)})=0\ (i=1,2,\cdots,m)$；

(2) 在$\boldsymbol{x}^{(0)}$的某个邻域内函数$h_i\in C^1(i=1,\cdots,m)$；

(3) 方程组关于变元$x_1,x_2,\cdots,x_m$的 Jacobi 式

$$\begin{vmatrix} \dfrac{\partial h_1(\boldsymbol{x}^{(0)})}{\partial x_1} & \dfrac{\partial h_1(\boldsymbol{x}^{(0)})}{\partial x_2} & \cdots & \dfrac{\partial h_1(\boldsymbol{x}^{(0)})}{\partial x_m} \\ \dfrac{\partial h_2(\boldsymbol{x}^{(0)})}{\partial x_1} & \dfrac{\partial h_2(\boldsymbol{x}^{(0)})}{\partial x_2} & \cdots & \dfrac{\partial h_2(\boldsymbol{x}^{(0)})}{\partial x_m} \\ \vdots & \vdots & & \vdots \\ \dfrac{\partial h_m(\boldsymbol{x}^{(0)})}{\partial x_1} & \dfrac{\partial h_m(\boldsymbol{x}^{(0)})}{\partial x_2} & \cdots & \dfrac{\partial h_m(\boldsymbol{x}^{(0)})}{\partial x_m} \end{vmatrix} \neq 0.$$

则存在$\hat{\boldsymbol{x}}^{(0)}=(x_{m+1}^{(0)},\cdots,x_n^{(0)})\in\mathbb{R}^{n-m}$的一个邻域，使得对于邻域中的点$\hat{\boldsymbol{x}}=(x_{m+1},\cdots,x_n)$存在函数$\phi_i(\hat{\boldsymbol{x}})(i=1,\cdots,m)$，满足

(1) $\phi_i\in C^1(i=1,2,\cdots,m)$；

(2) $x_i^{(0)}=\phi_i(\hat{\boldsymbol{x}}^{(0)})\ (i=1,2,\cdots,m)$;

(3) $h_i(\phi_1(\hat{\boldsymbol{x}}),\cdots,\phi_m(\hat{\boldsymbol{x}}),\hat{\boldsymbol{x}})=0\ (i=1,2,\cdots,m)$.

1.4　凸集和凸函数

凸集和凸函数是线性规划和非线性规划都要涉及的基本概念.关于凸集和凸函数的一些定理在最优化问题的理论证明及算法研究中具有重要作用.本书对凸集和凸函数只作一般性介绍,要想对这方面的知识有更深入的了解,可参见文献[1]~[3].

1.4.1　凸集

定义 1.4.1　设 S 为 n 维欧氏空间 $\mathbb{R}^n$ 中一个集合.若对 S 中任意两点,联结它们的线段仍属于 S;换言之,对 S 中任意两点 $\boldsymbol{x}^{(1)},\boldsymbol{x}^{(2)}$ 及每个实数 $\lambda\in[0,1]$,都有

$$\lambda\boldsymbol{x}^{(1)}+(1-\lambda)\boldsymbol{x}^{(2)}\in S,$$

则称 S 为凸集.

$\lambda\boldsymbol{x}^{(1)}+(1-\lambda)\boldsymbol{x}^{(2)}$ 称为 $\boldsymbol{x}^{(1)}$ 和 $\boldsymbol{x}^{(2)}$ 的凸组合.图 1.4.1 中,(a)为凸集,(b)为非凸集.

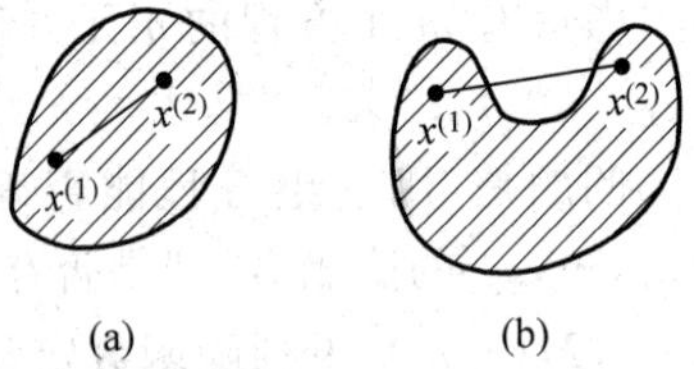

图　1.4.1

例 1.4.1　验证集合 $H=\{\boldsymbol{x}\mid\boldsymbol{p}^{\mathrm{T}}\boldsymbol{x}=\alpha\}$ 为凸集,其中,$\boldsymbol{p}$ 为 n 维列向量,α 为实数.

解　由于对任意两点 $\boldsymbol{x}^{(1)},\boldsymbol{x}^{(2)}\in H$ 及每个实数 $\lambda\in[0,1]$都有

$$\boldsymbol{p}^{\mathrm{T}}[\lambda\boldsymbol{x}^{(1)}+(1-\lambda)\boldsymbol{x}^{(2)}]=\alpha,$$

因此

$$\lambda\boldsymbol{x}^{(1)}+(1-\lambda)\boldsymbol{x}^{(2)}\in H.$$

根据定义 1.4.1 知 H 为凸集.

例 1.4.1 中定义的集合 H 称为 $\mathbb{R}^n$ 中的**超平面**,故**超平面为凸集**.

例 1.4.2　验证集合 $H^-=\{\boldsymbol{x}\mid\boldsymbol{p}^{\mathrm{T}}\boldsymbol{x}\leqslant\alpha\}$为凸集.

解　这是因为对任意的 $\boldsymbol{x}^{(1)},\boldsymbol{x}^{(2)}\in H^-$ 及每一个实数 $\lambda\in[0,1]$,都有

$$\boldsymbol{p}^{\mathrm{T}}[\lambda\boldsymbol{x}^{(1)}+(1-\lambda)\boldsymbol{x}^{(2)}]=\lambda\boldsymbol{p}^{\mathrm{T}}\boldsymbol{x}^{(1)}+(1-\lambda)\boldsymbol{p}^{\mathrm{T}}\boldsymbol{x}^{(2)}\leqslant\alpha,$$

所以 $\lambda\boldsymbol{x}^{(1)}+(1-\lambda)\boldsymbol{x}^{(2)}\in H^-$.根据定义 1.4.1 知 H^- 为凸集.

集合 $H^-=\{\boldsymbol{x}\mid\boldsymbol{p}^{\mathrm{T}}\boldsymbol{x}\leqslant\alpha\}$称为**半空间**,故**半空间为凸集**.

例 1.4.3　验证集合 $L=\{\boldsymbol{x}\mid\boldsymbol{x}=\boldsymbol{x}^{(0)}+\lambda\boldsymbol{d},\lambda\geqslant0\}$为凸集,其中 $\boldsymbol{d}$ 是给定的非零向量,$\boldsymbol{x}^{(0)}$是定点.

解　因为对任意两点 $\boldsymbol{x}^{(1)},\boldsymbol{x}^{(2)}\in L$ 及每一个数 $\lambda\in[0,1]$,必有 $\boldsymbol{x}^{(1)}=\boldsymbol{x}^{(0)}+\lambda_1\boldsymbol{d},\boldsymbol{x}^{(2)}=\boldsymbol{x}^{(0)}+\lambda_2\boldsymbol{d}$, λ_1 和 λ_2 是两个非负数,以及

$$\begin{aligned}\lambda\boldsymbol{x}^{(1)}+(1-\lambda)\boldsymbol{x}^{(2)}&=\lambda(\boldsymbol{x}^{(0)}+\lambda_1\boldsymbol{d})+(1-\lambda)(\boldsymbol{x}^{(0)}+\lambda_2\boldsymbol{d})\\&=\boldsymbol{x}^{(0)}+[\lambda\lambda_1+(1-\lambda)\lambda_2]\boldsymbol{d}.\end{aligned}$$

由于 $\lambda\lambda_1+(1-\lambda)\lambda_2\geqslant 0$，因此有 $\lambda\boldsymbol{x}^{(1)}+(1-\lambda)\boldsymbol{x}^{(2)}\in L$，根据定义 1.4.1 知 L 为凸集.

集合 $L=\{\boldsymbol{x}\mid\boldsymbol{x}=\boldsymbol{x}^{(0)}+\lambda\boldsymbol{d},\lambda\geqslant 0\}$ 称为射线，$\boldsymbol{x}^{(0)}$ 为射线的顶点. 故射线为凸集.

运用定义 1.4.1 不难验证下列命题：

设 S_1 和 S_2 为 $\mathbb{R}^n$ 中两个凸集，β 是实数，则

(1) $\beta S_1=\{\beta\boldsymbol{x}\mid\boldsymbol{x}\in S_1\}$ 为凸集；

(2) $S_1\cap S_2$ 为凸集；

(3) $S_1+S_2=\{\boldsymbol{x}^{(1)}+\boldsymbol{x}^{(2)}\mid\boldsymbol{x}^{(1)}\in S_1,\boldsymbol{x}^{(2)}\in S_2\}$ 为凸集；

(4) $S_1-S_2=\{\boldsymbol{x}^{(1)}-\boldsymbol{x}^{(2)}\mid\boldsymbol{x}^{(1)}\in S_1,\boldsymbol{x}^{(2)}\in S_2\}$ 为凸集.

在凸集中，比较重要的特殊情形有凸锥和多面集.

定义 1.4.2 设有集合 $C\subset\mathbb{R}^n$，若对 C 中每一点 $\boldsymbol{x}$，当 λ 取任何非负数时，都有 $\lambda\boldsymbol{x}\in C$，则称 C 为**锥**，又若 C 为凸集，则称 C 为**凸锥**.

例 1.4.4 向量集 $\boldsymbol{\alpha}^{(1)},\boldsymbol{\alpha}^{(2)},\cdots,\boldsymbol{\alpha}^{(k)}$ 的所有非负线性组合构成的集合

$$\left\{\sum_{i=1}^{k}\lambda_i\boldsymbol{\alpha}^{(i)}\,\middle|\,\lambda_i\geqslant 0,i=1,\cdots,k\right\}$$

为凸锥.

定义 1.4.3 有限个半空间的交

$$\{\boldsymbol{x}\mid\boldsymbol{A}\boldsymbol{x}\leqslant\boldsymbol{b}\}$$

称为**多面集**，其中 $\boldsymbol{A}$ 为 $m\times n$ 矩阵，$\boldsymbol{b}$ 为 m 维向量.

例 1.4.5 集合

$$S=\{\boldsymbol{x}\mid x_1+2x_2\leqslant 4,x_1-x_2\leqslant 1,x_1\geqslant 0,x_2\geqslant 0\}$$

为多面集. 其几何表示如图 1.4.2 画斜线部分.

在多面集的表达式中，若 $\boldsymbol{b}=\boldsymbol{0}$，则多面集 $\{\boldsymbol{x}\mid\boldsymbol{A}\boldsymbol{x}\leqslant\boldsymbol{0}\}$ 也是凸锥，称为多面锥.

在有关凸集的理论及应用中，极点和极方向的概念有着重要作用.

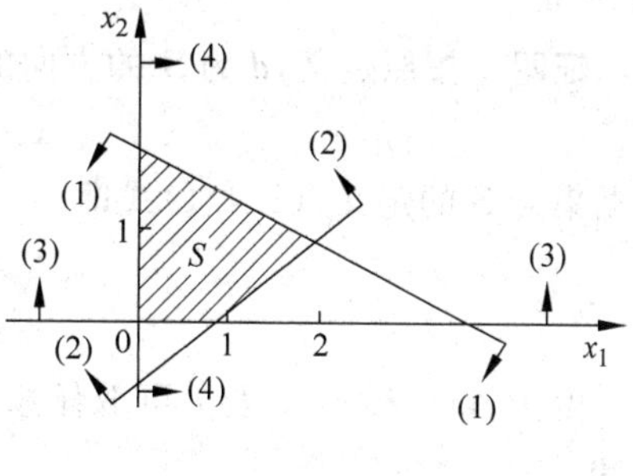

图 1.4.2

定义 1.4.4 设 S 为非空凸集，$\boldsymbol{x}\in S$，若 $\boldsymbol{x}$ 不能表示成 S 中两个不同点的严格凸组合；换言之，若假设 $\boldsymbol{x}=\lambda\boldsymbol{x}^{(1)}+(1-\lambda)\boldsymbol{x}^{(2)}(\lambda\in(0,1))$，$\boldsymbol{x}^{(1)},\boldsymbol{x}^{(2)}\in S$，必推得 $\boldsymbol{x}=\boldsymbol{x}^{(1)}=\boldsymbol{x}^{(2)}$，则称 $\boldsymbol{x}$ 是凸集 S 的**极点**.

按此定义，图 1.4.3 中，图(a)中多边形的顶点 $\boldsymbol{x}^{(1)},\boldsymbol{x}^{(2)},\boldsymbol{x}^{(3)},\boldsymbol{x}^{(4)}$ 和 $\boldsymbol{x}^{(5)}$ 是极点，而 $\boldsymbol{x}^{(6)}$ 和 $\boldsymbol{x}^{(7)}$ 不是极点. 图(b)中圆周上的点均为极点.

由图 1.4.3 可以看出，在给定的两个凸集中，任何一点都能表示成极点的凸组合. 这

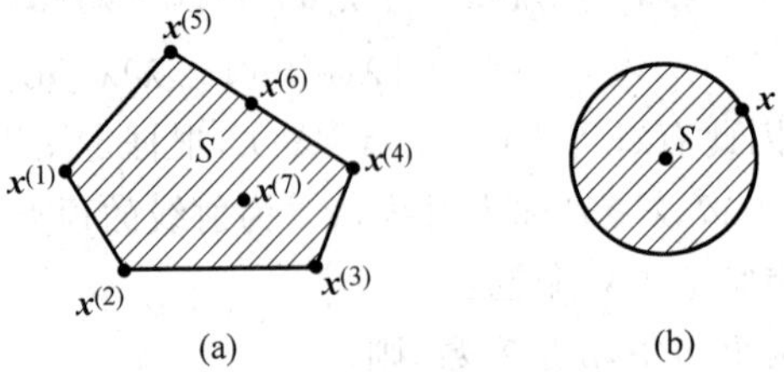

图　1.4.3

个论断对于紧凸集总是正确的，但是对于无界集并不成立. 为处理无界集，需引入极方向的概念.

定义 1.4.5　设 S 为 $\mathbb{R}^n$ 中的闭凸集，$\boldsymbol{d}$ 为非零向量，如果对 S 中的每一个 $\boldsymbol{x}$，都有射线

$$\{\boldsymbol{x}+\lambda\boldsymbol{d}\mid\lambda\geqslant 0\}\subset S,$$

则称向量 $\boldsymbol{d}$ 为 S 的**方向**. 又设 $\boldsymbol{d}^{(1)}$ 和 $\boldsymbol{d}^{(2)}$ 是 S 的两个方向，若对任何正数 λ，有 $\boldsymbol{d}^{(1)}\neq\lambda\boldsymbol{d}^{(2)}$，则称 $\boldsymbol{d}^{(1)}$ 和 $\boldsymbol{d}^{(2)}$ 是两个不同的方向. 若 S 的方向 $\boldsymbol{d}$ 不能表示成该集合的两个不同方向的正的线性组合，则称 $\boldsymbol{d}$ 为 S 的**极方向**.

显然，有界集不存在方向，因而也不存在极方向. 对于无界集才有方向的概念.

例 1.4.6　对于集合 $S=\left\{(x_1,x_2)\mid x_2\geqslant|x_1|\right\}$，凡是与向量 $(0,1)^{\mathrm{T}}$ 夹角小于或等于 $45°$ 的向量，都是它的方向. 其中 $(1,1)^{\mathrm{T}}$ 和 $(-1,1)^{\mathrm{T}}$ 是 S 的两个极方向. S 的其他方向都能表示成这两个极方向的正线性组合. 如图 1.4.4 所示.

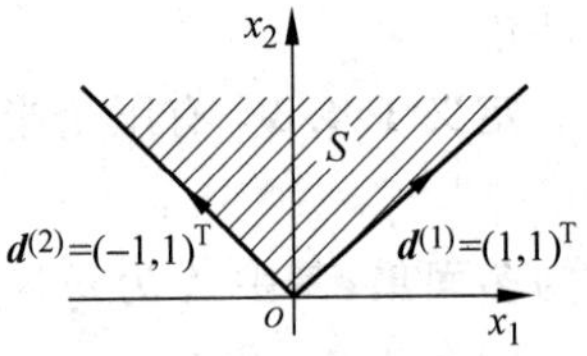

图　1.4.4

例 1.4.7　设 $S=\{\boldsymbol{x}\mid\boldsymbol{A}\boldsymbol{x}=\boldsymbol{b},\boldsymbol{x}\geqslant\boldsymbol{0}\}$ 为非空集合，$\boldsymbol{d}$ 是非零向量. 证明 $\boldsymbol{d}$ 为 S 的方向的充要条件是 $\boldsymbol{d}\geqslant\boldsymbol{0}$ 且 $\boldsymbol{A}\boldsymbol{d}=\boldsymbol{0}$.

证明　按照定义，$\boldsymbol{d}$ 为 S 的方向的充要条件是：对每一个 $\boldsymbol{x}\in S$，有

$$\{\boldsymbol{x}+\lambda\boldsymbol{d}\mid\lambda\geqslant 0\}\subset S. \tag{1.4.1}$$

根据集合 S 的定义，(1.4.1)式即

$$\boldsymbol{A}(\boldsymbol{x}+\lambda\boldsymbol{d})=\boldsymbol{b}, \tag{1.4.2}$$

$$\boldsymbol{x}+\lambda\boldsymbol{d}\geqslant\boldsymbol{0}. \tag{1.4.3}$$

由于 $\boldsymbol{A}\boldsymbol{x}=\boldsymbol{b},\boldsymbol{x}\geqslant\boldsymbol{0}$ 及 λ 可取任意非负数，因此由(1.4.2)式和(1.4.3)式知 $\boldsymbol{A}\boldsymbol{d}=\boldsymbol{0}$ 及 $\boldsymbol{d}\geqslant\boldsymbol{0}$.

下面给出多面集的一个重要性质，这就是所谓的表示定理.

定理 1.4.1(表示定理)　设 $S=\{\boldsymbol{x}\mid\boldsymbol{A}\boldsymbol{x}=\boldsymbol{b},\boldsymbol{x}\geqslant\boldsymbol{0}\}$ 为非空多面集，则有：

(1) 极点集非空，且存在有限个极点 $\boldsymbol{x}^{(1)},\cdots,\boldsymbol{x}^{(k)}$.

(2) 极方向集合为空集的充要条件是 S 有界. 若 S 无界，则存在有限个极方向

$\boldsymbol{d}^{(1)},\cdots,\boldsymbol{d}^{(l)}$.

(3) $\boldsymbol{x}\in S$ 的充要条件是：

$$\boldsymbol{x}=\sum_{j=1}^{k}\lambda_j\boldsymbol{x}^{(j)}+\sum_{j=1}^{l}\mu_j\boldsymbol{d}^{(j)}, \tag{1.4.4}$$

$$\sum_{j=1}^{k}\lambda_j=1,$$

$$\lambda_j\geqslant 0,\quad j=1,\cdots,k,$$

$$\mu_j\geqslant 0,\quad j=1,\cdots,l.$$

关于上述定理的证明可参见文献[4].

1.4.2 凸集分离定理

凸集的另一个重要性质是分离定理.在最优化理论中,有些重要结论可用凸集分离定理来证明.

所谓集合的分离,是指对于两个集合 S_1 和 S_2,存在一个超平面 H,使 S_1 在 H 的一边,S_2 在 H 的另一边.如果超平面的方程为 $\boldsymbol{p}^{\mathrm{T}}\boldsymbol{x}=\alpha$,那么对位于 H 某一边的点 $\boldsymbol{x}$,必有 $\boldsymbol{p}^{\mathrm{T}}\boldsymbol{x}\geqslant\alpha$,而对位于 H 另一边的点 $\boldsymbol{x}$,必有 $\boldsymbol{p}^{\mathrm{T}}\boldsymbol{x}\leqslant\alpha$.

定义 1.4.6 设 S_1 和 S_2 是 $\mathbb{R}^n$ 中两个非空集合,$H=\{\boldsymbol{x}\mid\boldsymbol{p}^{\mathrm{T}}\boldsymbol{x}=\alpha\}$ 为超平面.如果对每个 $\boldsymbol{x}\in S_1$,都有 $\boldsymbol{p}^{\mathrm{T}}\boldsymbol{x}\geqslant\alpha$,对于每个 $\boldsymbol{x}\in S_2$,都有 $\boldsymbol{p}^{\mathrm{T}}\boldsymbol{x}\leqslant\alpha$(或情形恰好相反),则称**超平面 H 分离集合 S_1 和 S_2**.

为给后面证明凸集分离定理做好准备,我们先给出闭凸集的一个显然的性质.

定理 1.4.2 设 S 为 $\mathbb{R}^n$ 中的闭凸集,$\boldsymbol{y}\notin S$,则存在惟一的点 $\bar{\boldsymbol{x}}\in S$,使得

$$\|\boldsymbol{y}-\bar{\boldsymbol{x}}\|=\inf_{x\in S}\|\boldsymbol{y}-\boldsymbol{x}\|.$$

证明 令

$$\inf_{x\in S}\|\boldsymbol{y}-\boldsymbol{x}\|=r>0.$$

由下确界的定义可知,存在序列 $\{\boldsymbol{x}^{(k)}\}$,$\boldsymbol{x}^{(k)}\in S$,使得 $\|\boldsymbol{y}-\boldsymbol{x}^{(k)}\|\to r$.先证 $\{\boldsymbol{x}^{(k)}\}$ 存在极限 $\bar{\boldsymbol{x}}\in S$.为此只需证明 $\{\boldsymbol{x}^{(k)}\}$ 为 Cauchy 序列.根据平行四边形定律(对角线的平方和等于一组邻边平方和的二倍)有

$$\begin{aligned}\|\boldsymbol{x}^{(k)}-\boldsymbol{x}^{(m)}\|^2&=2\|\boldsymbol{x}^{(k)}-\boldsymbol{y}\|^2+2\|\boldsymbol{x}^{(m)}-\boldsymbol{y}\|^2-4\left\|\frac{\boldsymbol{x}^{(k)}+\boldsymbol{x}^{(m)}}{2}-\boldsymbol{y}\right\|^2\\&\leqslant 2\|\boldsymbol{x}^{(k)}-\boldsymbol{y}\|^2+2\|\boldsymbol{x}^{(m)}-\boldsymbol{y}\|^2-4r^2.\end{aligned}$$

由此可知,当 k 和 m 充分大时,$\|\boldsymbol{x}^{(k)}-\boldsymbol{x}^{(m)}\|$ 充分接近零.因此 $\{\boldsymbol{x}^{(k)}\}$ 为 Cauchy 序列,必存在极限 $\bar{\boldsymbol{x}}$,又因为 S 为闭集,所以 $\bar{\boldsymbol{x}}\in S$.

再证惟一性.设存在 $\hat{\boldsymbol{x}}\in S$,使

$$\|\boldsymbol{y}-\bar{\boldsymbol{x}}\|=\|\boldsymbol{y}-\hat{\boldsymbol{x}}\|=r, \tag{1.4.5}$$

由于 S 为凸集，$\bar{x},\hat{x}\in S$，因此 $(\bar{x}+\hat{x})/2\in S$，根据 Schwartz 不等式得出

$$\| y-(\bar{x}+\hat{x})/2 \| \leqslant \frac{1}{2}\| y-\bar{x} \| + \frac{1}{2}\| y-\hat{x} \| = r, \tag{1.4.6}$$

由 r 的定义及(1.4.6)式可知

$$\left\| y-\frac{\bar{x}+\hat{x}}{2} \right\| = \frac{1}{2}\| y-\bar{x} \| + \frac{1}{2}\| y-\hat{x} \|,$$

此式表明

$$y-\bar{x} = \lambda(y-\hat{x}), \tag{1.4.7}$$

因此有

$$\| y-\bar{x} \| = |\lambda|\ \| y-\hat{x} \|. \tag{1.4.8}$$

考虑到(1.4.5)式，可知 $|\lambda|=1$. 若 $\lambda=-1$，则由(1.4.7)式可推出 $y\in S$，与假设矛盾，所以 $\lambda\neq-1$，故 $\lambda=1$. 从而由(1.4.7)式得到 $\bar{x}=\hat{x}$.

下面利用定理 1.4.2 证明点与凸集分离定理. 为此先给出点与闭凸集分离的一种表达式.

设 S 为闭凸集，$y\notin S$，$H=\{x \mid p^{\mathrm{T}}x=\alpha\}$ 为超平面. 根据定义 1.4.6，H 分离点 y 与集合 S 意味着，若 $p^{\mathrm{T}}y>\alpha$，则 $p^{\mathrm{T}}x\leqslant\alpha$，$\forall x\in S$. 令 $p^{\mathrm{T}}y-\alpha=\varepsilon$，于是 y 与 S 的分离可表示为

$$p^{\mathrm{T}}y \geqslant \varepsilon + p^{\mathrm{T}}x, \qquad \forall x\in S.$$

定理 1.4.3 设 S 是 $\mathbb{R}^n$ 中的非空闭凸集，$y\notin S$，则存在非零向量 p 及数 $\varepsilon>0$，使得对每个点 $x\in S$，成立 $p^{\mathrm{T}}y\geqslant\varepsilon+p^{\mathrm{T}}x$.

证明 由于 S 为闭凸集，$y\notin S$，则由定理 1.4.2 知，存在 $\bar{x}\in S$，使

$$\| y-\bar{x} \| = \inf_{x\in S}\| y-x \|. \tag{1.4.9}$$

令 $p=y-\bar{x}$，$\varepsilon=p^{\mathrm{T}}(y-\bar{x})$. 下面证明，这样确定 p 和 ε 后，对每一点 $x\in S$，必然满足 $p^{\mathrm{T}}y\geqslant\varepsilon+p^{\mathrm{T}}x$，即 $p^{\mathrm{T}}(y-x)\geqslant\varepsilon$.

由于

$$\begin{aligned} p^{\mathrm{T}}(y-x) &= p^{\mathrm{T}}(y-\bar{x}+\bar{x}-x) \\ &= p^{\mathrm{T}}(y-\bar{x})+p^{\mathrm{T}}(\bar{x}-x) \\ &= \varepsilon+(y-\bar{x})^{\mathrm{T}}(\bar{x}-x). \end{aligned} \tag{1.4.10}$$

因此需证明 $(y-\bar{x})^{\mathrm{T}}(\bar{x}-x)\geqslant0$.

在 $\bar{x}$ 与 x 连线上取一点 $\lambda x+(1-\lambda)\bar{x}$，则

$$\begin{aligned} \| y-\bar{x} \|^2 &\leqslant \| y-[\lambda x+(1-\lambda)\bar{x}] \|^2 \\ &= \| (y-\bar{x})+\lambda(\bar{x}-x) \|^2 \\ &= \| y-\bar{x} \|^2+\lambda^2\| \bar{x}-x \|^2+2\lambda(y-\bar{x})^{\mathrm{T}}(\bar{x}-x), \end{aligned}$$

由此可知

$$(y-\bar{x})^{\mathrm{T}}(\bar{x}-x)+\frac{\lambda}{2}\| \bar{x}-x \|^2 \geqslant 0. \tag{1.4.11}$$

令 $\lambda\to 0$，则由(1.4.11)式得出

$$(\boldsymbol{y}-\bar{\boldsymbol{x}})^{\mathrm{T}}(\bar{\boldsymbol{x}}-\boldsymbol{x})\geqslant 0,\tag{1.4.12}$$

由(1.4.10)式和(1.4.12)式知 $\boldsymbol{p}^{\mathrm{T}}(\boldsymbol{y}-\boldsymbol{x})\geqslant\varepsilon$，即

$$\boldsymbol{p}^{\mathrm{T}}\boldsymbol{y}\geqslant\varepsilon+\boldsymbol{p}^{\mathrm{T}}\boldsymbol{x},\qquad\forall\,\boldsymbol{x}\in S.$$

定理 1.4.3 表明，当 S 为闭凸集，$\boldsymbol{y}\notin S$ 时，$\boldsymbol{y}$ 与 S 是可分离的. 显然，当 S 为非空凸集，不一定为闭集，$\boldsymbol{y}\notin \mathrm{cl}\,S$ 时，定理结论也是成立的. 这里 $\mathrm{cl}\,S$ 表示集合 S 的**闭包**(由 S 的内点和边界点组成的集合). 进而可以证明，当 S 为非空凸集，$\boldsymbol{y}\in\partial S$($\partial S$ 表示 S 的边界)时，下列定理成立.

定理 1.4.4 设 S 是 $\mathbb{R}^n$ 中一个非空凸集，$\boldsymbol{y}\in\partial\boldsymbol{y}$，则存在非零向量 $\boldsymbol{p}$，使得对每一点 $\boldsymbol{x}\in\mathrm{cl}\,S$，有 $\boldsymbol{p}^{\mathrm{T}}\boldsymbol{y}\geqslant\boldsymbol{p}^{\mathrm{T}}\boldsymbol{x}$ 成立.

证明 由于 $\boldsymbol{y}\in\partial S$，则存在序列 $\{\boldsymbol{y}^{(k)}\}$，$\boldsymbol{y}^{(k)}\notin\mathrm{cl}\,S$，使得 $\boldsymbol{y}^{(k)}\to\boldsymbol{y}$. 对于每一点 $\boldsymbol{y}^{(k)}$，由定理 1.4.3 可知，存在单位向量 $\boldsymbol{p}^{(k)}$，使得对每个点 $\boldsymbol{x}\in\mathrm{cl}\,S$，有 $\boldsymbol{p}^{(k)\mathrm{T}}\boldsymbol{y}^{(k)}>\boldsymbol{p}^{(k)\mathrm{T}}\boldsymbol{x}$ 成立. 由于序列 $\{\boldsymbol{p}^{(k)}\}$ 有界，必存在收敛子序列 $\{\boldsymbol{p}^{(k_j)}\}$，其极限为单位向量 $\boldsymbol{p}$. 对于该子序列当然成立 $\boldsymbol{p}^{(k_j)\mathrm{T}}\boldsymbol{y}^{(k_j)}>\boldsymbol{p}^{(k_j)\mathrm{T}}\boldsymbol{x}$，$\forall\,\boldsymbol{x}\in\mathrm{cl}\,S$. 固定 $\boldsymbol{x}\in\mathrm{cl}\,S$，令 $k_j\to\infty$，得到 $\boldsymbol{p}^{\mathrm{T}}\boldsymbol{y}\geqslant\boldsymbol{p}^{\mathrm{T}}\boldsymbol{x}$，$\forall\,\boldsymbol{x}\in\mathrm{cl}\,S$.

根据定理 1.4.3 和定理 1.4.4 可以得到下列推论.

推论 设 S 是 $\mathbb{R}^n$ 中的非空凸集，$\boldsymbol{y}\notin S$，则存在非零向量 $\boldsymbol{p}$，使得对每一点 $\boldsymbol{x}\in\mathrm{cl}\,S$，有 $\boldsymbol{p}^{\mathrm{T}}(\boldsymbol{x}-\boldsymbol{y})\leqslant 0$.

下面介绍关于两个非空凸集的分离定理.

定理 1.4.5 设 S_1 和 S_2 是 $\mathbb{R}^n$ 中两个非空凸集，$S_1\cap S_2=\varnothing$，则存在非零向量 $\boldsymbol{p}$，使

$$\inf\{\boldsymbol{p}^{\mathrm{T}}\boldsymbol{x}\mid\boldsymbol{x}\in S_1\}\geqslant\sup\{\boldsymbol{p}^{\mathrm{T}}\boldsymbol{x}\mid\boldsymbol{x}\in S_2\}.$$

证明 令

$$S=S_2-S_1=\{\boldsymbol{z}\mid\boldsymbol{z}=\boldsymbol{x}^{(2)}-\boldsymbol{x}^{(1)},\boldsymbol{x}^{(1)}\in S_1,\boldsymbol{x}^{(2)}\in S_2\},$$

由于 S_1 和 S_2 为非空凸集，因此 S 是非空凸集. 由于 $S_1\cap S_2=\varnothing$，则零元素 $\boldsymbol{0}\notin S$. 根据定理 1.4.4 的推论，存在非零向量 $\boldsymbol{p}$，使得对每一个 $\boldsymbol{z}\in S$，成立 $\boldsymbol{p}^{\mathrm{T}}\boldsymbol{z}\leqslant 0$，即

$$\boldsymbol{p}^{\mathrm{T}}\boldsymbol{x}^{(1)}\geqslant\boldsymbol{p}^{\mathrm{T}}\boldsymbol{x}^{(2)},\qquad\forall\,\boldsymbol{x}^{(1)}\in S_1,\qquad\boldsymbol{x}^{(2)}\in S_2.$$

作为凸集分离定理的应用，下面介绍两个定理，Farkas 定理和 Gordan 定理，它们在最优化理论中是很有用的.

定理 1.4.6(Farkas 定理) 设 $\boldsymbol{A}$ 为 $m\times n$ 矩阵，$\boldsymbol{c}$ 为 n 维向量，则 $\boldsymbol{A}\boldsymbol{x}\leqslant\boldsymbol{0}$，$\boldsymbol{c}^{\mathrm{T}}\boldsymbol{x}>0$ 有解的充要条件是 $\boldsymbol{A}^{\mathrm{T}}\boldsymbol{y}=\boldsymbol{c}$，$\boldsymbol{y}\geqslant\boldsymbol{0}$ 无解.

证明 先证必要性. 设 $\boldsymbol{A}\boldsymbol{x}\leqslant\boldsymbol{0}$，$\boldsymbol{c}^{\mathrm{T}}\boldsymbol{x}>0$ 有解，即存在 $\bar{\boldsymbol{x}}$，使 $\boldsymbol{A}\bar{\boldsymbol{x}}\leqslant\boldsymbol{0}$ 且 $\boldsymbol{c}^{\mathrm{T}}\bar{\boldsymbol{x}}>0$. 现在证明 $\boldsymbol{A}^{\mathrm{T}}\boldsymbol{y}=\boldsymbol{c}$，$\boldsymbol{y}\geqslant\boldsymbol{0}$ 无解. 用反证法. 设存在 $\boldsymbol{y}\geqslant\boldsymbol{0}$，使

$$\boldsymbol{A}^{\mathrm{T}}\boldsymbol{y}=\boldsymbol{c},\tag{1.4.13}$$

将(1.4.13)式两端转置，并右乘 $\bar{\boldsymbol{x}}$，得到

$$\boldsymbol{y}^{\mathrm{T}}\boldsymbol{A}\bar{\boldsymbol{x}}=\boldsymbol{c}^{\mathrm{T}}\bar{\boldsymbol{x}}.\tag{1.4.14}$$

由于 $\boldsymbol{y}\geqslant\boldsymbol{0}$，$\boldsymbol{A}\bar{\boldsymbol{x}}\leqslant\boldsymbol{0}$，因此 $\boldsymbol{y}^{\mathrm{T}}\boldsymbol{A}\bar{\boldsymbol{x}}\leqslant 0$，从而由(1.4.14)式得到 $\boldsymbol{c}^{\mathrm{T}}\bar{\boldsymbol{x}}\leqslant 0$，与 $\boldsymbol{c}^{\mathrm{T}}\bar{\boldsymbol{x}}>0$ 的假设矛盾.

再证充分性. 设 $\boldsymbol{A}^{\mathrm{T}}\boldsymbol{y}=\boldsymbol{c}$，$\boldsymbol{y}\geqslant\boldsymbol{0}$ 无解，证明 $\boldsymbol{A}\boldsymbol{x}\leqslant\boldsymbol{0}$，$\boldsymbol{c}^{\mathrm{T}}\boldsymbol{x}>0$ 有解. 令

$$S=\{\boldsymbol{z}\mid \boldsymbol{z}=\boldsymbol{A}^{\mathrm{T}}\boldsymbol{y},\boldsymbol{y}\geqslant\boldsymbol{0}\},$$

则 S 为闭凸集. 由假设 $\boldsymbol{c}\notin S$，根据定理 1.4.3，存在非零向量 $\boldsymbol{x}$ 及数 $\varepsilon>0$，使得对每一点 $\boldsymbol{z}\in S$，有

$$\boldsymbol{x}^{\mathrm{T}}\boldsymbol{c}\geqslant\varepsilon+\boldsymbol{x}^{\mathrm{T}}\boldsymbol{z}. \tag{1.4.15}$$

由于 $\varepsilon>0$，根据(1.4.15)式，必有

$$\boldsymbol{x}^{\mathrm{T}}\boldsymbol{c}>\boldsymbol{x}^{\mathrm{T}}\boldsymbol{z},$$

上式两端转置，并考虑到集合 S 的定义，有

$$\boldsymbol{c}^{\mathrm{T}}\boldsymbol{x}>\boldsymbol{y}^{\mathrm{T}}\boldsymbol{A}\boldsymbol{x}. \tag{1.4.16}$$

在(1.4.16)式中，令 $\boldsymbol{y}=\boldsymbol{0}$，得出

$$\boldsymbol{c}^{\mathrm{T}}\boldsymbol{x}>0. \tag{1.4.17}$$

由于 $\boldsymbol{c}^{\mathrm{T}}\boldsymbol{x}$ 为某个确定的数，$\boldsymbol{y}\geqslant\boldsymbol{0}$，$\boldsymbol{y}$ 的分量可取得任意大，因此由(1.4.16)式又可得出

$$\boldsymbol{A}\boldsymbol{x}\leqslant\boldsymbol{0}. \tag{1.4.18}$$

由(1.4.17)式和(1.4.18)式知非零向量 $\boldsymbol{x}$ 是 $\boldsymbol{A}\boldsymbol{x}\leqslant\boldsymbol{0}$，$\boldsymbol{c}^{\mathrm{T}}\boldsymbol{x}>0$ 的解.

定理 1.4.7(Gordan 定理) 设 $\boldsymbol{A}$ 为 $m\times n$ 矩阵，那么，$\boldsymbol{A}\boldsymbol{x}<\boldsymbol{0}$ 有解的充要条件是不存在非零向量 $\boldsymbol{y}\geqslant\boldsymbol{0}$，使 $\boldsymbol{A}^{\mathrm{T}}\boldsymbol{y}=\boldsymbol{0}$.

证明 先证必要性. 设 $\boldsymbol{A}\boldsymbol{x}<\boldsymbol{0}$ 有解，即存在 $\bar{\boldsymbol{x}}$，使 $\boldsymbol{A}\bar{\boldsymbol{x}}<\boldsymbol{0}$，下面证明不存在非零向量 $\boldsymbol{y}\geqslant\boldsymbol{0}$，使 $\boldsymbol{A}^{\mathrm{T}}\boldsymbol{y}=\boldsymbol{0}$. 设某个非零向量 $\boldsymbol{y}$ 使 $\boldsymbol{A}^{\mathrm{T}}\boldsymbol{y}=\boldsymbol{0}$，即

$$\boldsymbol{y}^{\mathrm{T}}\boldsymbol{A}=\boldsymbol{0}.$$

上式两端右乘 $\bar{\boldsymbol{x}}$，得到

$$\boldsymbol{y}^{\mathrm{T}}\boldsymbol{A}\bar{\boldsymbol{x}}=0. \tag{1.4.19}$$

在(1.4.19)式中，由假设 $\boldsymbol{A}\bar{\boldsymbol{x}}<\boldsymbol{0}$，因此 $\boldsymbol{y}$ 的诸分量不可能全为非负数，即 $\boldsymbol{y}\not\geqslant\boldsymbol{0}$.

再证充分性. 设不存在非零向量 $\boldsymbol{y}\geqslant\boldsymbol{0}$，使 $\boldsymbol{A}^{\mathrm{T}}\boldsymbol{y}=\boldsymbol{0}$，来证明 $\boldsymbol{A}\boldsymbol{x}<\boldsymbol{0}$ 有解. 我们来证明它的等价命题，即证若 $\boldsymbol{A}\boldsymbol{x}<\boldsymbol{0}$ 无解，则存在非零向量 $\boldsymbol{y}\geqslant\boldsymbol{0}$ 使 $\boldsymbol{A}^{\mathrm{T}}\boldsymbol{y}=\boldsymbol{0}$. 设 $\boldsymbol{A}\boldsymbol{x}<\boldsymbol{0}$ 无解. 令

$$S_1=\{\boldsymbol{z}\mid \boldsymbol{z}=\boldsymbol{A}\boldsymbol{x},\boldsymbol{x}\in\mathbb{R}^n\},$$

以及

$$S_2=\{\boldsymbol{z}\mid \boldsymbol{z}<\boldsymbol{0}\}.$$

由于 $\boldsymbol{A}\boldsymbol{x}<\boldsymbol{0}$ 无解，因此 $S_1\cap S_2=\varnothing$. 根据定理 1.4.5，存在非零向量 $\boldsymbol{y}$，使得对所有 $\boldsymbol{x}\in\mathbb{R}^n$ 及 $\boldsymbol{z}\in S_2$，有

$$\boldsymbol{y}^{\mathrm{T}}\boldsymbol{A}\boldsymbol{x}\geqslant\boldsymbol{y}^{\mathrm{T}}\boldsymbol{z}. \tag{1.4.20}$$

特别地，当 $\boldsymbol{x}=\boldsymbol{0}$ 时有

$$\boldsymbol{y}^{\mathrm{T}}\boldsymbol{z}\leqslant 0. \tag{1.4.21}$$

由于 $\boldsymbol{z}<\boldsymbol{0}$，它的分量可取任何负数，因此由(1.4.21)式知

$$\boldsymbol{y} \geqslant \boldsymbol{0}, \tag{1.4.22}$$

在(1.4.20)式中，令 $\boldsymbol{z} \to \boldsymbol{0}$，得到对每个 $\boldsymbol{x} \in \mathbb{R}^n$ 均有

$$\boldsymbol{y}^{\mathrm{T}} \boldsymbol{A} \boldsymbol{x} \geqslant 0. \tag{1.4.23}$$

令 $\boldsymbol{x} = -\boldsymbol{A}^{\mathrm{T}} \boldsymbol{y}$，代入(1.4.23)式，则 $-\| \boldsymbol{A}^{\mathrm{T}} \boldsymbol{y} \| \geqslant 0$，因此

$$\boldsymbol{A}^{\mathrm{T}} \boldsymbol{y} = \boldsymbol{0}, \tag{1.4.24}$$

由(1.4.22)式和(1.4.24)式可知存在非零向量 $\boldsymbol{y} \geqslant \boldsymbol{0}$，使 $\boldsymbol{A}^{\mathrm{T}} \boldsymbol{y} = \boldsymbol{0}$.

1.4.3　凸函数

定义 1.4.7　设 S 为 $\mathbb{R}^n$ 中的非空凸集，f 是定义在 S 上的实函数. 如果对任意的 $\boldsymbol{x}^{(1)}$，$\boldsymbol{x}^{(2)} \in S$ 及每个数 $\lambda \in (0,1)$，都有

$$f(\lambda \boldsymbol{x}^{(1)} + (1-\lambda)\boldsymbol{x}^{(2)}) \leqslant \lambda f(\boldsymbol{x}^{(1)}) + (1-\lambda) f(\boldsymbol{x}^{(2)}),$$

则称 f 为 S 上的**凸函数**.

如果对任意互不相同的 $\boldsymbol{x}^{(1)}, \boldsymbol{x}^{(2)} \in S$，及每一个数 $\lambda \in (0,1)$，都有

$$f(\lambda \boldsymbol{x}^{(1)} + (1-\lambda)\boldsymbol{x}^{(2)}) < \lambda f(\boldsymbol{x}^{(1)}) + (1-\lambda) f(\boldsymbol{x}^{(2)}),$$

则称 f 为 S 上的**严格凸函数**.

如果 $-f$ 为 S 上的凸函数，则称 f 为 S 上的**凹函数**.

凸函数的几何解释如图 1.4.5(a)所示. 设 $\boldsymbol{x}^{(1)}$ 和 $\boldsymbol{x}^{(2)}$ 是凸集上任意两点，$\lambda \boldsymbol{x}^{(1)} + (1-\lambda)\boldsymbol{x}^{(2)}$ 是这两点连线上的一点，则在 $\lambda \boldsymbol{x}^{(1)} + (1-\lambda)\boldsymbol{x}^{(2)}$ 处的函数值 $f(\lambda \boldsymbol{x}^{(1)} + (1-\lambda)\boldsymbol{x}^{(2)})$ 不大于 $f(\boldsymbol{x}^{(1)})$ 和 $f(\boldsymbol{x}^{(2)})$ 的加权平均值 $\lambda f(\boldsymbol{x}^{(1)}) + (1-\lambda) f(\boldsymbol{x}^{(2)})$. 用几何语言，就是连接函数曲线上任意两点的弦不在曲线的下方. 图 1.4.5(b)所示为凹函数.

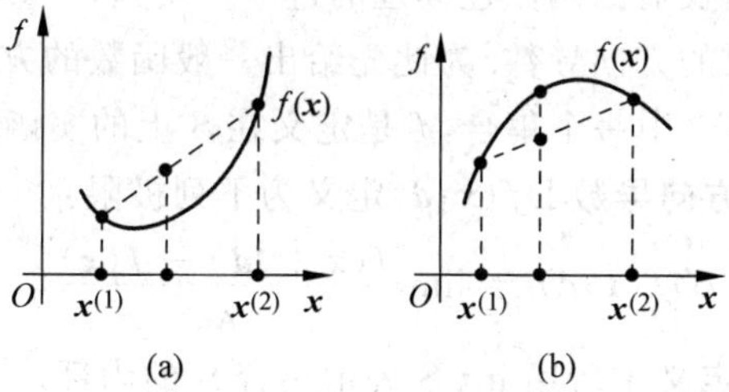

图　1.4.5

例 1.4.8　一元函数 $f(x) = |x|$ 是 $\mathbb{R}^1$ 上的凸函数.

解　对任意的 $x^{(1)}, x^{(2)} \in \mathbb{R}^1$ 及每个数 $\lambda \in (0,1)$，均有

$$\begin{aligned} f(\lambda x^{(1)} + (1-\lambda) x^{(2)}) &= |\lambda x^{(1)} + (1-\lambda) x^{(2)}| \\ &\leqslant \lambda |x^{(1)}| + (1-\lambda) |x^{(2)}| \\ &= \lambda f(x^{(1)}) + (1-\lambda) f(x^{(2)}), \end{aligned}$$

因此，由定义 1.4.7 知，$f(x) = |x|$ 为凸函数.

利用凸函数的定义不难验证下面的一些性质.

定理 1.4.8 设 f 是定义在凸集 S 上的凸函数,实数 $\lambda\geqslant 0$,则 λf 也是定义在 S 上的凸函数.

定理 1.4.9 设 f_1 和 f_2 是定义在凸集 S 上的凸函数,则 f_1+f_2 也是定义在 S 上的凸函数.

推论 设 $f_1,f_2,\cdots,f_k$ 是定义在凸集 S 上的凸函数,实数 $\lambda_1,\lambda_2,\cdots,\lambda_k\geqslant 0$,则 $\sum_{i=1}^{k}\lambda_i f_i$ 也是定义在 S 上的凸函数.

定理 1.4.10 设 S 是 $\mathbb{R}^n$ 中一个非空凸集,f 是定义在 S 上的凸函数,α 是一个实数,则水平集 $S_\alpha=\{\boldsymbol{x}\mid\boldsymbol{x}\in S,f(\boldsymbol{x})\leqslant\alpha\}$ 是凸集.

证明 对于任意的 $\boldsymbol{x}^{(1)},\boldsymbol{x}^{(2)}\in S_\alpha$,根据 S_α 的定义,有 $f(\boldsymbol{x}^{(1)})\leqslant\alpha,f(\boldsymbol{x}^{(2)})\leqslant\alpha$. 由于 S 为凸集,因此对每个数 $\lambda\in[0,1]$,必有

$$\lambda\boldsymbol{x}^{(1)}+(1-\lambda)\boldsymbol{x}^{(2)}\in S.$$

又由于 $f(\boldsymbol{x})$ 是 S 上的凸函数,则有

$$\begin{aligned}f(\lambda\boldsymbol{x}^{(1)}+(1-\lambda)\boldsymbol{x}^{(2)})&\leqslant\lambda f(\boldsymbol{x}^{(1)})+(1-\lambda)f(\boldsymbol{x}^{(2)})\\&\leqslant\lambda\alpha+(1-\lambda)\alpha=\alpha,\end{aligned}$$

因此 $\lambda\boldsymbol{x}^{(1)}+(1-\lambda)\boldsymbol{x}^{(2)}\in S_\alpha$,故 S_α 为凸集.

关于凸函数的连续性,有下列结论.

定理 1.4.11 设 S 是 $\mathbb{R}^n$ 中一个凸集,f 是定义在 S 上的凸函数,则 f 在 S 的内部连续.

关于上述定理的证明及对凸函数连续性的进一步研究,可参见文献[1,2,5].

下面简单介绍凸函数的方向导数. 为此先给出一般函数的方向导数的概念.

定义 1.4.8 设 S 是 $\mathbb{R}^n$ 中一个集合,f 是定义在 S 上的实函数,$\bar{\boldsymbol{x}}\in\operatorname{int}S$,$\boldsymbol{d}$ 是非零向量,f 在 $\bar{\boldsymbol{x}}$ 处沿方向 $\boldsymbol{d}$ 的**方向导数** $\mathrm{D}f(\bar{\boldsymbol{x}};\boldsymbol{d})$ 定义为下列极限:

$$\mathrm{D}f(\bar{\boldsymbol{x}};\boldsymbol{d})=\lim_{\lambda\to 0}\frac{f(\bar{\boldsymbol{x}}+\lambda\boldsymbol{d})-f(\bar{\boldsymbol{x}})}{\lambda},\tag{1.4.25}$$

这里假设上述极限存在. 定义中所用 $\operatorname{int}S$ 表示集合 S 的内部.

f 在 $\bar{\boldsymbol{x}}$ 处沿方向 $\boldsymbol{d}$ 的右侧导数定义为

$$\mathrm{D}^+f(\bar{\boldsymbol{x}};\boldsymbol{d})=\lim_{\lambda\to 0^+}\frac{f(\bar{\boldsymbol{x}}+\lambda\boldsymbol{d})-f(\bar{\boldsymbol{x}})}{\lambda},$$

假设上述极限存在.

f 在 $\bar{\boldsymbol{x}}$ 处沿方向 $\boldsymbol{d}$ 的左侧导数定义为

$$\mathrm{D}^-f(\bar{\boldsymbol{x}};\boldsymbol{d})=\lim_{\lambda\to 0^-}\frac{f(\bar{\boldsymbol{x}}+\lambda\boldsymbol{d})-f(\bar{\boldsymbol{x}})}{\lambda},$$

这里也假设上述极限存在.

根据以上定义，显然有

$$-\mathrm{D}^{+}f(\bar{\boldsymbol{x}};-\boldsymbol{d})=\mathrm{D}^{-}f(\bar{\boldsymbol{x}};\boldsymbol{d}). \tag{1.4.26}$$

一般来说，$\mathrm{D}^{+}f(\bar{\boldsymbol{x}};\boldsymbol{d})$与$\mathrm{D}^{-}f(\bar{\boldsymbol{x}};\boldsymbol{d})$不一定相等. 如果对某个$\bar{\boldsymbol{x}}$及方向$\boldsymbol{d}$有

$$\mathrm{D}^{+}f(\bar{\boldsymbol{x}};\boldsymbol{d})=\mathrm{D}^{-}f(\bar{\boldsymbol{x}};\boldsymbol{d}),$$

则存在(1.4.25)式所定义的方向导数.

在(1.4.25)式中，若方向$\boldsymbol{d}=(0,\cdots,0,1,0,\cdots,0)^{\mathrm{T}}$，其中第$j$个分量是1，其余$n-1$个分量全是零，则$f$在$\bar{\boldsymbol{x}}$处沿方向$\boldsymbol{d}$的方向导数正好等于$f$对$x_j$的偏导数，即

$$\mathrm{D}f(\bar{\boldsymbol{x}};\boldsymbol{d})=\frac{\partial f(\bar{\boldsymbol{x}})}{\partial x_j}.$$

如果f在$\bar{\boldsymbol{x}}$可微，则f在$\bar{\boldsymbol{x}}$处沿任何方向$\boldsymbol{d}$的方向导数是有限的，并由下式给定[2]：

$$\mathrm{D}f(\bar{\boldsymbol{x}};\boldsymbol{d})=\boldsymbol{d}^{\mathrm{T}}\nabla f(\bar{\boldsymbol{x}}), \tag{1.4.27}$$

其中$\nabla f(\bar{\boldsymbol{x}})$是$f$在$\bar{\boldsymbol{x}}$的梯度.

下面给出关于凸函数的方向导数的一个定理，其中允许极限值取为$+\infty$或$-\infty$.

定理 1.4.12 设f是一个凸函数，$\boldsymbol{x}\in\mathbb{R}^n$，在$\boldsymbol{x}$处$f(\boldsymbol{x})$取有限值，则$f$在$\boldsymbol{x}$处沿任何方向$\boldsymbol{d}$的右侧导数及左侧导数都存在.

证明 令$\lambda_2>\lambda_1>0$，由于f为凸函数，则有

$$f(\boldsymbol{x}+\lambda_1\boldsymbol{d})=f\left(\frac{\lambda_1}{\lambda_2}(\boldsymbol{x}+\lambda_2\boldsymbol{d})+\left(1-\frac{\lambda_1}{\lambda_2}\right)\boldsymbol{x}\right)\leqslant\frac{\lambda_1}{\lambda_2}f(\boldsymbol{x}+\lambda_2\boldsymbol{d})+\left(1-\frac{\lambda_1}{\lambda_2}\right)f(\boldsymbol{x}).$$

将$f(\boldsymbol{x})$移到不等号左端，两端除以λ_1，得到

$$\frac{f(\boldsymbol{x}+\lambda_1\boldsymbol{d})-f(\boldsymbol{x})}{\lambda_1}\leqslant\frac{f(\boldsymbol{x}+\lambda_2\boldsymbol{d})-f(\boldsymbol{x})}{\lambda_2},$$

由此可知，差商

$$\frac{f(\boldsymbol{x}+\lambda\boldsymbol{d})-f(\boldsymbol{x})}{\lambda}$$

是$\lambda>0$的非减函数，因此极限存在，并且

$$\lim_{\lambda\to0^{+}}\frac{f(\boldsymbol{x}+\lambda\boldsymbol{d})-f(\boldsymbol{x})}{\lambda}=\inf_{\lambda>0}\frac{f(\boldsymbol{x}+\lambda\boldsymbol{d})-f(\boldsymbol{x})}{\lambda},$$

从而$\mathrm{D}^{+}f(\boldsymbol{x};\boldsymbol{d})$必存在. 这里$\mathrm{D}^{+}f(\boldsymbol{x};\boldsymbol{d})$有可能不是有限值.

由于$\mathrm{D}^{+}f(\boldsymbol{x};\boldsymbol{d})$对任何方向$\boldsymbol{d}$都存在，因此由(1.4.26)式即知$\mathrm{D}^{-}f(\boldsymbol{x};\boldsymbol{d})$也存在.

凸函数的根本重要性在于下面的基本性质.

定理 1.4.13 设S是$\mathbb{R}^n$中非空凸集，f是定义在S上的凸函数，则f在S上的局部极小点是全局极小点，且极小点的集合为凸集.

证明 设$\bar{\boldsymbol{x}}$是f在S上的局部极小点，即存在$\bar{\boldsymbol{x}}$的$\varepsilon>0$邻域$N_\varepsilon(\bar{\boldsymbol{x}})$，使得对每一点$\boldsymbol{x}\in S\cap N_\varepsilon(\bar{\boldsymbol{x}})$，成立$f(\boldsymbol{x})\geqslant f(\bar{\boldsymbol{x}})$.

假设$\bar{\boldsymbol{x}}$不是全局极小点，则存在$\hat{\boldsymbol{x}}\in S$，使$f(\hat{\boldsymbol{x}})<f(\bar{\boldsymbol{x}})$. 由于$S$是凸集，因此对每一个

数 $\lambda\in[0,1]$，有 $\lambda\hat{\boldsymbol{x}}+(1-\lambda)\bar{\boldsymbol{x}}\in S$. 由于 $\hat{\boldsymbol{x}}$ 与 $\bar{\boldsymbol{x}}$ 是不同的两点，可取 $\lambda\in(0,1)$. 又由于 f 是 S 上的凸函数，因此有

$$\begin{aligned}f(\lambda\hat{\boldsymbol{x}}+(1-\lambda)\bar{\boldsymbol{x}}) &\leqslant \lambda f(\hat{\boldsymbol{x}})+(1-\lambda)f(\bar{\boldsymbol{x}})\\ &< \lambda f(\bar{\boldsymbol{x}})+(1-\lambda)f(\bar{\boldsymbol{x}})\\ &= f(\bar{\boldsymbol{x}}).\end{aligned}$$

当 λ 取得充分小时，可使

$$\lambda\hat{\boldsymbol{x}}+(1-\lambda)\bar{\boldsymbol{x}}\in S\cap N_\varepsilon(\bar{\boldsymbol{x}}),$$

这与 $\bar{\boldsymbol{x}}$ 为局部极小点矛盾. 故 $\bar{\boldsymbol{x}}$ 是 f 在 S 上的全局极小点.

由以上证明可知，f 在 S 上的极小值也是它在 S 上的最小值. 设极小值为 α，则极小点的集合可以写作

$$\Gamma_\alpha=\{\boldsymbol{x}\mid \boldsymbol{x}\in S,\ f(\boldsymbol{x})\leqslant\alpha\},$$

根据定理 1.4.10，Γ_α 为凸集.

1.4.4 凸函数的判别

利用凸函数的定义及有关性质可以判别一个函数是否为凸函数，但有时计算比较复杂，使用很不方便，因此需要进一步研究凸函数的判别问题.

定理 1.4.14 设 S 是$\mathbb{R}^n$中非空开凸集，$f(\boldsymbol{x})$是定义在 S 上的可微函数，则 $f(\boldsymbol{x})$为凸函数的充要条件是对任意两点 $\boldsymbol{x}^{(1)},\boldsymbol{x}^{(2)}\in S$，都有

$$f(\boldsymbol{x}^{(2)})\geqslant f(\boldsymbol{x}^{(1)})+\nabla f(\boldsymbol{x}^{(1)})^{\mathrm{T}}(\boldsymbol{x}^{(2)}-\boldsymbol{x}^{(1)}),$$

而 $f(\boldsymbol{x})$为严格凸函数的充要条件是对任意的互不相同的 $\boldsymbol{x}^{(1)},\boldsymbol{x}^{(2)}\in S$，成立

$$f(\boldsymbol{x}^{(2)})> f(\boldsymbol{x}^{(1)})+\nabla f(\boldsymbol{x}^{(1)})^{\mathrm{T}}(\boldsymbol{x}^{(2)}-\boldsymbol{x}^{(1)}).$$

证明 先证必要性. 设 $f(\boldsymbol{x})$为凸函数. 根据凸函数的定义，对任意的 $\boldsymbol{x}^{(1)},\boldsymbol{x}^{(2)}\in S$ 及每个数 $\lambda\in(0,1)$，有

$$f(\lambda\boldsymbol{x}^{(2)}+(1-\lambda)\boldsymbol{x}^{(1)})\leqslant\lambda f(\boldsymbol{x}^{(2)})+(1-\lambda)f(\boldsymbol{x}^{(1)}),\tag{1.4.28}$$

将(1.4.28)式右端的 $f(\boldsymbol{x}^{(1)})$移至左端，两端除以 λ，得到

$$\frac{f(\lambda\boldsymbol{x}^{(2)}+(1-\lambda)\boldsymbol{x}^{(1)})-f(\boldsymbol{x}^{(1)})}{\lambda}\leqslant f(\boldsymbol{x}^{(2)})-f(\boldsymbol{x}^{(1)}).\tag{1.4.29}$$

令 $\lambda\to0^+$，则由(1.4.29)式的左端得到 $f(\boldsymbol{x})$在 $\boldsymbol{x}^{(1)}$ 处沿方向 $\boldsymbol{x}^{(2)}-\boldsymbol{x}^{(1)}$ 的右侧导数，即

$$D^+f(\boldsymbol{x}^{(1)};\boldsymbol{x}^{(2)}-\boldsymbol{x}^{(1)})=\lim_{\lambda\to0^+}\frac{f(\boldsymbol{x}^{(1)}+\lambda(\boldsymbol{x}^{(2)}-\boldsymbol{x}^{(1)}))-f(\boldsymbol{x}^{(1)})}{\lambda},$$

从而得出

$$\boldsymbol{D}^+f(\boldsymbol{x}^{(1)};\boldsymbol{x}^{(2)}-\boldsymbol{x}^{(1)})\leqslant f(\boldsymbol{x}^{(2)})-f(\boldsymbol{x}^{(1)}).\tag{1.4.30}$$

由于 $f(\boldsymbol{x})$可微，根据(1.4.27)式和(1.4.30)式，则有

$$\nabla f(\boldsymbol{x}^{(1)})^{\mathrm{T}}(\boldsymbol{x}^{(2)}-\boldsymbol{x}^{(1)})\leqslant f(\boldsymbol{x}^{(2)})-f(\boldsymbol{x}^{(1)}),$$

即

$$f(\boldsymbol{x}^{(2)}) \geqslant f(\boldsymbol{x}^{(1)}) + \nabla f(\boldsymbol{x}^{(1)})^{\mathrm{T}}(\boldsymbol{x}^{(2)} - \boldsymbol{x}^{(1)}).$$

再证充分性. 设对任意的 $\boldsymbol{x}^{(1)}, \boldsymbol{x}^{(2)} \in S$,有

$$f(\boldsymbol{x}^{(2)}) \geqslant f(\boldsymbol{x}^{(1)}) + \nabla f(\boldsymbol{x}^{(1)})^{\mathrm{T}}(\boldsymbol{x}^{(2)} - \boldsymbol{x}^{(1)}).$$

令 $\boldsymbol{y}$ 是 $\boldsymbol{x}^{(1)}$ 与 $\boldsymbol{x}^{(2)}$ 连线上某一点,即对某一个 $\lambda \in (0,1)$,有

$$\boldsymbol{y} = \lambda \boldsymbol{x}^{(2)} + (1-\lambda)\boldsymbol{x}^{(1)}. \tag{1.4.31}$$

由于 S 为凸集,则 $\boldsymbol{y} \in S$,根据假设,对于点 $\boldsymbol{x}^{(1)}, \boldsymbol{x}^{(2)}, \boldsymbol{y} \in S$,下列两式成立:

$$f(\boldsymbol{x}^{(1)}) \geqslant f(\boldsymbol{y}) + \nabla f(\boldsymbol{y})^{\mathrm{T}}(\boldsymbol{x}^{(1)} - \boldsymbol{y}), \tag{1.4.32}$$

$$f(\boldsymbol{x}^{(2)}) \geqslant f(\boldsymbol{y}) + \nabla f(\boldsymbol{y})^{\mathrm{T}}(\boldsymbol{x}^{(2)} - \boldsymbol{y}), \tag{1.4.33}$$

用$(1-\lambda)$乘(1.4.32)式两端,并用 λ 乘(1.4.33)式两端,再把得到的两个不等式相加,则

$$\begin{aligned}(1-\lambda)f(\boldsymbol{x}^{(1)}) + \lambda f(\boldsymbol{x}^{(2)}) &\geqslant f(\boldsymbol{y}) + \nabla f(\boldsymbol{y})^{\mathrm{T}}[(1-\lambda)(\boldsymbol{x}^{(1)} - \boldsymbol{y}) + \lambda(\boldsymbol{x}^{(2)} - \boldsymbol{y})] \\ &= f(\boldsymbol{y}) + \nabla f(\boldsymbol{y})^{\mathrm{T}}[\lambda \boldsymbol{x}^{(2)} + (1-\lambda)\boldsymbol{x}^{(1)} - \boldsymbol{y}] \\ &= f(\boldsymbol{y}),\end{aligned}$$

即

$$f(\boldsymbol{y}) \leqslant \lambda f(\boldsymbol{x}^{(2)}) + (1-\lambda) f(\boldsymbol{x}^{(1)}).$$

注意到(1.4.31)式,上式即

$$f(\lambda \boldsymbol{x}^{(2)} + (1-\lambda)\boldsymbol{x}^{(1)}) \leqslant \lambda f(\boldsymbol{x}^{(2)}) + (1-\lambda) f(\boldsymbol{x}^{(1)}),$$

由凸函数的定义可知 $f(\boldsymbol{x})$是凸函数.

关于定理 1.4.14 的后半部,严格凸函数充分条件的证明与上面的证明类似,这里不再重复. 现在证明严格凸函数的必要条件.

设 $f(\boldsymbol{x})$是严格凸函数,自然 $f(\boldsymbol{x})$也是凸函数. 对于任意两个不同点 $\boldsymbol{x}^{(1)}, \boldsymbol{x}^{(2)} \in S$,我们取一点 $\boldsymbol{y} = \frac{1}{2}(\boldsymbol{x}^{(1)} + \boldsymbol{x}^{(2)})$,显然 $\boldsymbol{y} \in S$. 根据本定理的前半部,必有

$$f(\boldsymbol{y}) \geqslant f(\boldsymbol{x}^{(1)}) + \nabla f(\boldsymbol{x}^{(1)})^{\mathrm{T}}(\boldsymbol{y} - \boldsymbol{x}^{(1)}). \tag{1.4.34}$$

又根据严格凸函数的定义,有

$$f(\boldsymbol{y}) = f\left(\frac{1}{2}\boldsymbol{x}^{(1)} + \frac{1}{2}\boldsymbol{x}^{(2)}\right) < \frac{1}{2} f(\boldsymbol{x}^{(1)}) + \frac{1}{2} f(\boldsymbol{x}^{(2)}). \tag{1.4.35}$$

由(1.4.34)式和(1.4.35)式得到

$$\frac{1}{2} f(\boldsymbol{x}^{(1)}) + \frac{1}{2} f(\boldsymbol{x}^{(2)}) > f(\boldsymbol{x}^{(1)}) + \nabla f(\boldsymbol{x}^{(1)})^{\mathrm{T}}(\boldsymbol{y} - \boldsymbol{x}^{(1)}),$$

经整理得出

$$f(\boldsymbol{x}^{(2)}) > f(\boldsymbol{x}^{(1)}) + \nabla f(\boldsymbol{x}^{(1)})^{\mathrm{T}}(\boldsymbol{x}^{(2)} - \boldsymbol{x}^{(1)}).$$

由定理的证明过程容易得出下列结论.

推论 设 S 是$\mathbb{R}^n$中的凸集,$\bar{\boldsymbol{x}} \in S$,$f(\boldsymbol{x})$是定义在$\mathbb{R}^n$上的凸函数,且在点 $\bar{\boldsymbol{x}}$ 可微,则对任意的 $\boldsymbol{x} \in S$,有

$$f(\boldsymbol{x}) \geqslant f(\bar{\boldsymbol{x}}) + \nabla f(\bar{\boldsymbol{x}})^{\mathrm{T}}(\boldsymbol{x}-\bar{\boldsymbol{x}}).$$

定理 1.4.14 给出可微函数为凸函数的一阶充要条件，它具有明显的几何意义，其几何解释如图 1.4.6 所示.

下面叙述并证明判别凸函数的二阶条件.

定理 1.4.15 设 S 是 $\mathbb{R}^n$ 中非空开凸集，$f(\boldsymbol{x})$ 是定义在 S 上的二次可微函数，则 $f(\boldsymbol{x})$ 为凸函数的充要条件是在每一点 $\boldsymbol{x}\in S$ 处 Hesse 矩阵半正定.

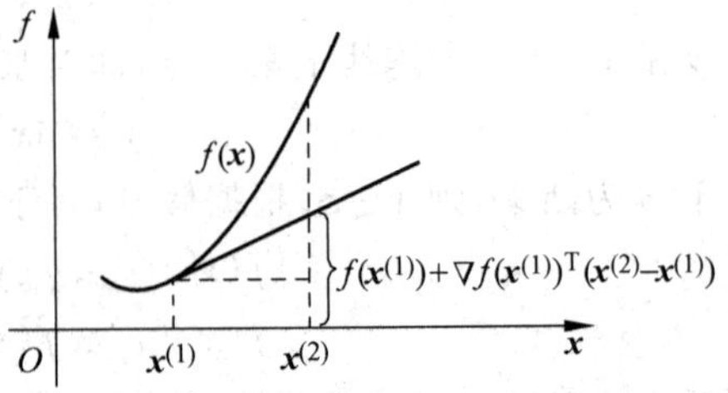

图 1.4.6

证明 先证必要性. 设 $f(\boldsymbol{x})$ 是 S 上的凸函数. 对任一点 $\bar{\boldsymbol{x}}\in S$ 及每个 $\boldsymbol{x}\in\mathbb{R}^n$，由于 S 为开集，必存在 $\delta>0$，使得当 $\lambda\in[-\delta,\delta]$ 时，有 $\bar{\boldsymbol{x}}+\lambda\boldsymbol{x}\in S$. 根据定理 1.4.14，下式成立

$$f(\bar{\boldsymbol{x}}+\lambda\boldsymbol{x}) \geqslant f(\bar{\boldsymbol{x}}) + \lambda\nabla f(\bar{\boldsymbol{x}})^{\mathrm{T}}\boldsymbol{x}. \tag{1.4.36}$$

又由于 $f(\boldsymbol{x})$ 在点 $\bar{\boldsymbol{x}}$ 处二次可微，有

$$f(\bar{\boldsymbol{x}}+\lambda\boldsymbol{x}) = f(\bar{\boldsymbol{x}}) + \lambda\nabla f(\bar{\boldsymbol{x}})^{\mathrm{T}}\boldsymbol{x} + \frac{\lambda^2}{2}\boldsymbol{x}^{\mathrm{T}}\nabla^2 f(\bar{\boldsymbol{x}})\boldsymbol{x} + o(\|\lambda\boldsymbol{x}\|^2), \tag{1.4.37}$$

其中，$\nabla^2 f(\bar{\boldsymbol{x}})$ 是 $f(\boldsymbol{x})$ 在 $\bar{\boldsymbol{x}}$ 处的 Hesse 矩阵. 由(1.4.36)和(1.4.37)式可以得到

$$\frac{1}{2}\lambda^2\boldsymbol{x}^{\mathrm{T}}\nabla^2 f(\bar{\boldsymbol{x}})\boldsymbol{x} + o(\|\lambda\boldsymbol{x}\|^2) \geqslant 0,$$

上式两端除以 λ^2，并令 $\lambda\to 0$，可知

$$\boldsymbol{x}^{\mathrm{T}}\nabla^2 f(\bar{\boldsymbol{x}})\boldsymbol{x} \geqslant 0,$$

故 $\nabla^2 f(\bar{\boldsymbol{x}})$ 是半正定的.

再证充分性. 设 Hesse 矩阵 $\nabla^2 f(\boldsymbol{x})$ 在每一点 $\boldsymbol{x}\in S$ 处半正定. 对任意的 $\bar{\boldsymbol{x}},\boldsymbol{x}\in S$，依中值定理有

$$f(\boldsymbol{x}) = f(\bar{\boldsymbol{x}}) + \nabla f(\bar{\boldsymbol{x}})^{\mathrm{T}}(\boldsymbol{x}-\bar{\boldsymbol{x}}) + \frac{1}{2}(\boldsymbol{x}-\bar{\boldsymbol{x}})^{\mathrm{T}}\nabla^2 f(\hat{\boldsymbol{x}})(\boldsymbol{x}-\bar{\boldsymbol{x}}), \tag{1.4.38}$$

其中 $\hat{\boldsymbol{x}}=\lambda\bar{\boldsymbol{x}}+(1-\lambda)\boldsymbol{x}$，$\lambda$ 是(0,1)中某个数. 由于 S 是凸集，因此 $\hat{\boldsymbol{x}}\in S$. 根据假设 $\nabla^2 f(\hat{\boldsymbol{x}})$ 半正定，必有

$$(\boldsymbol{x}-\bar{\boldsymbol{x}})^{\mathrm{T}}\nabla^2 f(\hat{\boldsymbol{x}})(\boldsymbol{x}-\bar{\boldsymbol{x}}) \geqslant 0. \tag{1.4.39}$$

由(1.4.38)式和(1.4.39)式可知

$$f(\boldsymbol{x}) \geqslant f(\bar{\boldsymbol{x}}) + \nabla f(\bar{\boldsymbol{x}})^{\mathrm{T}}(\boldsymbol{x}-\bar{\boldsymbol{x}}).$$

根据定理 1.4.14，$f(\boldsymbol{x})$ 是 S 上的凸函数.

我们还可以给出严格凸函数的判别条件.

定理 1.4.16 设 S 是 $\mathbb{R}^n$ 中非空开凸集，$f(\boldsymbol{x})$ 是定义在 S 上的二次可微函数，如果在每一点 $\boldsymbol{x}\in S$，Hesse 矩阵正定，则 $f(\boldsymbol{x})$ 为严格凸函数.

定理 1.4.16 的证明可仿照定理 1.4.15. 值得注意，逆定理并不成立. 若 $f(\boldsymbol{x})$ 是定义在 S 上的严格凸函数，则在每一点 $\boldsymbol{x}\in S$ 处，Hesse 矩阵是半正定的.

利用以上几个定理容易判别一个可微函数是否为凸函数，特别是对于二次函数，用上述定理判别是很方便的.

例 1.4.9　给定二次函数

$$\begin{aligned} f(x_1,x_2) &= 2x_1^2+x_2^2-2x_1x_2+x_1+1 \\ &= \frac{1}{2}(x_1,x_2)\begin{bmatrix} 4 & -2 \\ -2 & 2 \end{bmatrix}\begin{bmatrix} x_1 \\ x_2 \end{bmatrix}+x_1+1. \end{aligned}$$

由于在每一点 (x_1,x_2) 处

$$\nabla^2 f(\boldsymbol{x}) = \begin{bmatrix} 4 & -2 \\ -2 & 2 \end{bmatrix}$$

是正定的，因此 $f(\boldsymbol{x})$ 是严格凸函数.

1.4.5　凸规划

我们考虑下列极小化问题：

$$\begin{aligned} \min\quad & f(\boldsymbol{x}) \\ \text{s.t.}\quad & g_i(\boldsymbol{x})\geqslant 0,\quad i=1,\cdots,m, \\ & h_j(\boldsymbol{x})=0,\quad j=1,\cdots,l. \end{aligned}$$

设 $f(\boldsymbol{x})$ 是凸函数，$g_i(\boldsymbol{x})$ 是凹函数，$h_j(\boldsymbol{x})$ 是线性函数. 问题的可行域是

$$S=\{\boldsymbol{x}\mid g_i(\boldsymbol{x})\geqslant 0,i=1,\cdots,m;h_j(\boldsymbol{x})=0,j=1,\cdots,l\}.$$

由于 $g_i(\boldsymbol{x})$ 是凸函数，因此满足 $g_i(\boldsymbol{x})\geqslant 0$，即满足 $-g_i(\boldsymbol{x})\leqslant 0$ 的点的集合是凸集，根据凸函数和凹函数的定义，线性函数 $h_j(\boldsymbol{x})$ 既是凸函数也是凹函数，因此满足 $h_j(\boldsymbol{x})=0$ 的点的集合也是凸集. S 是 $m+l$ 个凸集的交，因此也是凸集. 这样，上述问题是求凸函数在凸集上的极小点. 这类问题称为**凸规划**.

值得注意，如果 $h_j(\boldsymbol{x})$ 是非线性的凸函数，满足 $h_j(\boldsymbol{x})=0$ 的点的集合不是凸集，因此问题就不属于凸规划.

凸规划是非线性规划中一种重要的特殊情形，它具有很好的性质，正如定理 1.4.13 给出的结论，凸规划的局部极小点就是全局极小点，且极小点的集合是凸集. 如果凸规划的目标函数是严格凸函数，又存在极小点，那么它的极小点是惟一的.

习　题

1. 用定义验证下列各集合是凸集：

(1) $S=\{(x_1,x_2)\mid x_1+2x_2\geqslant 1,x_1-x_2\geqslant 1\}$；

(2) $S=\{(x_1,x_2)\mid x_2\geqslant|x_1|\}$;

(3) $S=\{(x_1,x_2)\mid x_1^2+x_2^2\leqslant 10\}$.

2. 设 $C\subset\mathbb{R}^p$ 是一个凸集，p 是正整数. 证明下列集合 S 是 $\mathbb{R}^n$ 中的凸集：

$$S=\{\boldsymbol{x}\mid \boldsymbol{x}\in\mathbb{R}^n,\boldsymbol{x}=\boldsymbol{A\rho},\ \boldsymbol{\rho}\in C\},$$

其中 $\boldsymbol{A}$ 是给定的 $n\times p$ 实矩阵.

3. 证明下列集合 S 是凸集：

$$S=\{\boldsymbol{x}\mid \boldsymbol{x}=\boldsymbol{Ay},\boldsymbol{y}\geqslant\boldsymbol{0}\},$$

其中 $\boldsymbol{A}$ 是 $n\times m$ 矩阵，$\boldsymbol{x}\in\mathbb{R}^n$，$\boldsymbol{y}\in\mathbb{R}^m$.

4. 设 S 是 $\mathbb{R}^n$ 中一个非空凸集. 证明对每一个整数 $k\geqslant 2$，若 $\boldsymbol{x}^{(1)},\boldsymbol{x}^{(2)},\cdots,\boldsymbol{x}^{(k)}\in S$，则

$$\sum_{i=1}^{k}\lambda_i\boldsymbol{x}^{(i)}\in S,$$

其中 $\lambda_1+\lambda_2+\cdots+\lambda_k=1(\lambda_i\geqslant 0,i=1,\cdots,k)$.

5. 设 $\boldsymbol{A}$ 是 $m\times n$ 矩阵，$\boldsymbol{B}$ 是 $l\times n$ 矩阵，$\boldsymbol{c}\in\mathbb{R}^n$，证明下列两个系统恰有一个有解：

系统 1 $\boldsymbol{Ax}\leqslant\boldsymbol{0},\boldsymbol{Bx}=\boldsymbol{0},\boldsymbol{c}^{\mathrm{T}}\boldsymbol{x}>0$，对某些 $\boldsymbol{x}\in\mathbb{R}^n$.

系统 2 $\boldsymbol{A}^{\mathrm{T}}\boldsymbol{y}+\boldsymbol{B}^{\mathrm{T}}\boldsymbol{z}=\boldsymbol{c},\boldsymbol{y}\geqslant\boldsymbol{0}$，对某些 $\boldsymbol{y}\in\mathbb{R}^m$ 和 $\boldsymbol{z}\in\mathbb{R}^l$.

6. 设 $\boldsymbol{A}$ 是 $m\times n$ 矩阵，$\boldsymbol{c}\in\mathbb{R}^n$，则下列两个系统恰有一个有解：

系统 1 $\boldsymbol{Ax}\leqslant\boldsymbol{0},\boldsymbol{x}\geqslant\boldsymbol{0},\boldsymbol{c}^{\mathrm{T}}\boldsymbol{x}>0$，对某些 $\boldsymbol{x}\in\mathbb{R}^n$.

系统 2 $\boldsymbol{A}^{\mathrm{T}}\boldsymbol{y}\geqslant\boldsymbol{c},\boldsymbol{y}\geqslant\boldsymbol{0}$，对某些 $\boldsymbol{y}\in\mathbb{R}^m$.

7. 证明 $\boldsymbol{Ax}\leqslant\boldsymbol{0},\boldsymbol{c}^{\mathrm{T}}\boldsymbol{x}>0$ 有解. 其中

$$\boldsymbol{A}=\begin{bmatrix}1&-2&1\\-1&1&1\end{bmatrix},\quad \boldsymbol{c}=\begin{bmatrix}2\\1\\0\end{bmatrix}.$$

8. 证明下列不等式组无解：

$$\begin{cases}x_1+3x_2<0,\\3x_1-x_2<0,\\17x_1+11x_2>0.\end{cases}$$

9. 判别下列函数是否为凸函数：

(1) $f(x_1,x_2)=x_1^2-2x_1x_2+x_2^2+x_1+x_2$;

(2) $f(x_1,x_2)=x_1^2-4x_1x_2+x_2^2+x_1+x_2$;

(3) $f(x_1,x_2)=(x_1-x_2)^2+4x_1x_2+\mathrm{e}^{x_1+x_2}$;

(4) $f(x_1,x_2)=x_1\mathrm{e}^{-(x_1+x_2)}$;

(5) $f(x_1,x_2,x_3)=x_1x_2+2x_1^2+x_2^2+2x_3^2-6x_1x_3$.

10. 设 $f(x_1,x_2)=10-2(x_2-x_1^2)^2$,

$$S=\{(x_1,x_2)\mid -11\leqslant x_1\leqslant 1,-1\leqslant x_2\leqslant 1\},$$

$f(x_1,x_2)$是否为 S 上的凸函数？

11. 证明 $f(\boldsymbol{x})=\frac{1}{2}\boldsymbol{x}^{\mathrm{T}}\boldsymbol{A}\boldsymbol{x}+\boldsymbol{b}^{\mathrm{T}}\boldsymbol{x}$ 为严格凸函数的充要条件是 Hesse 矩阵 $\boldsymbol{A}$ 正定.

12. 设 $\boldsymbol{f}$ 是定义在$\mathbb{R}^n$上的凸函数，$\boldsymbol{x}^{(1)},\boldsymbol{x}^{(2)},\cdots,\boldsymbol{x}^{(k)}$ 是$\mathbb{R}^n$中的点，$\lambda_1,\lambda_2,\cdots,\lambda_k$ 是非负数，且满足 $\lambda_1+\lambda_2+\cdots+\lambda_k=1$，证明：

$$f(\lambda_1\boldsymbol{x}^{(1)}+\cdots+\lambda_k\boldsymbol{x}^{(k)})\leqslant\lambda_1 f(\boldsymbol{x}^{(1)})+\cdots+\lambda_k f(\boldsymbol{x}^{(k)}).$$

13. 设 f 是$\mathbb{R}^n$上的凸函数，证明：如果 f 在某点 $\boldsymbol{x}\in\mathbb{R}^n$处具有全局极大值，则对一切点 $\boldsymbol{x}\in\mathbb{R}^n$，$f(\boldsymbol{x})$为常数.

14. 设 f 是定义在$\mathbb{R}^n$上的函数，如果对每一点 $\boldsymbol{x}\in\mathbb{R}^n$及正数 t 均有 $f(t\boldsymbol{x})=tf(\boldsymbol{x})$，则称 f 为**正齐次函数**. 证明$\mathbb{R}^n$上的正齐次函数 f 为凸函数的充要条件是，对任何 $\boldsymbol{x}^{(1)},\boldsymbol{x}^{(2)}\in\mathbb{R}^n$，有

$$f(\boldsymbol{x}^{(1)}+\boldsymbol{x}^{(2)})\leqslant f(\boldsymbol{x}^{(1)})+f(\boldsymbol{x}^{(2)}).$$

15. 设 S 是$\mathbb{R}^n$中非空凸集，f 是定义在 S 上的实函数. 若对任意的 $\boldsymbol{x}^{(1)},\boldsymbol{x}^{(2)}\in S$ 及每一个数 $\lambda\in(0,1)$，均有

$$f(\lambda\boldsymbol{x}^{(1)}+(1-\lambda)\boldsymbol{x}^{(2)})\leqslant\max\{f(\boldsymbol{x}^{(1)}),f(\boldsymbol{x}^{(2)})\},$$

则称 f 为**拟凸函数**.

试证明：若 $f(\boldsymbol{x})$是凸集 S 上的拟凸函数，$\bar{\boldsymbol{x}}$ 是 $f(\boldsymbol{x})$在 S 上的严格局部极小点，则 $\bar{\boldsymbol{x}}$ 也是 $f(\boldsymbol{x})$在 S 上的严格全局极小点.

16. 设 S 是$\mathbb{R}^n$中一个非空开凸集，f 是定义在 S 上的可微实函数. 如果对任意两点 $\boldsymbol{x}^{(1)},\boldsymbol{x}^{(2)}\in S$，有$(\boldsymbol{x}^{(1)}-\boldsymbol{x}^{(2)})^{\mathrm{T}}\nabla f(\boldsymbol{x}^{(2)})\geqslant 0$ 蕴含 $f(\boldsymbol{x}^{(1)})\geqslant f(\boldsymbol{x}^{(2)})$，则称 $f(\boldsymbol{x})$是**伪凸函数**(参见文献[1,2,6]).

试证明：若 $f(\boldsymbol{x})$是开凸集 S 上的伪凸函数，且对某个 $\bar{\boldsymbol{x}}\in S$ 有$\nabla f(\bar{\boldsymbol{x}})=\boldsymbol{0}$，则 $\bar{\boldsymbol{x}}$ 是 $f(\boldsymbol{x})$在 S 上的全局极小点.

第 2 章　线性规划的基本性质

线性规划是数学规划的一个重要分支.它在理论和算法上都比较成熟,在实践上有着广泛的应用,不仅许多实际课题属于线性规划问题,而且运筹学其他分支中的一些问题也可以转化为线性规划来计算,因此线性规划在最优化学科中占有重要地位.

本章介绍线性规划的基本性质,为下一章关于线性规划计算方法的介绍奠定基础,展开思路.

2.1　标准形式及图解法

2.1.1　标准形式

一般线性规划问题总可以写成下列标准形式:

$$\begin{aligned}\min\quad & \sum_{j=1}^{n} c_j x_j \\ \text{s.t.}\quad & \sum_{j=1}^{n} \alpha_{ij} x_j = b_i, \quad i = 1,\cdots,m, \\ & x_j \geqslant 0, \qquad\qquad j = 1,\cdots,n,\end{aligned} \tag{2.1.1}$$

或用矩阵表示:

$$\begin{aligned}\min\quad & \boldsymbol{cx} \\ \text{s.t.}\quad & \boldsymbol{Ax} = \boldsymbol{b}, \\ & \boldsymbol{x} \geqslant \boldsymbol{0},\end{aligned} \tag{2.1.2}$$

其中 $\boldsymbol{A}$ 是 $m\times n$ 矩阵,$\boldsymbol{c}$ 是 n 维行向量,$\boldsymbol{b}$ 是 m 维列向量.

为了计算的需要,一般假设 $\boldsymbol{b}\geqslant\boldsymbol{0}$,即 $\boldsymbol{b}$ 的每个分量是非负数.如果不是这样,可将方程两端乘以(−1),从而将右端化为非负.

在标准形式中,变量具有非负限制,这一点有一定的实际背景.数学模型是从物理问题抽象出来的,对许多实际问题,变量表示某些物理量,且必须是非负的.若在数学模型中.变量没有非负限制,可用变量替换的方法,引进非负限制.比如,若 x_j 无非负限制,我们可令 $x_j=x_j'-x_j''$,其中 $x_j'\geqslant0$,$x_j''\geqslant0$,用非负变量 x_j' 和 x_j'' 替换 x_j.

当变量有上下界,不符合标准形式的要求时,也可作变量替换.比如,当 $x_j\geqslant l_j$ 时,可

令 $x_j'=x_j-l_j$，则取 $x_j'\geqslant 0$. 当 $x_j\leqslant u_j$ 时，可令 $x_j'=u_j-x_j$，则 $x_j'\geqslant 0$.

下一章用单纯形方法解线性规划问题时，必须用标准形式，如果给定的数学模型不是标准形式时，就需要先化成标准形式，然后再运用单纯形方法. 将非标准形式化成标准形式比较简单. 如给定问题为

$$\begin{aligned}
\min\quad & c_1x_1+c_2x_2+\cdots+c_nx_n \\
\text{s. t.}\quad & a_{11}x_1+a_{12}x_2+\cdots+a_{1n}x_n\leqslant b_1, \\
& a_{21}x_1+a_{22}x_2+\cdots+a_{2n}x_n\leqslant b_2, \\
& \cdots \\
& a_{m1}x_1+a_{m2}x_2+\cdots+a_{mn}x_n\leqslant b_m, \\
& x_1,x_2,\cdots,x_n\geqslant 0.
\end{aligned} \tag{2.1.3}$$

引进**松弛变量** $x_{n+1},\cdots,x_{n+m}$，就可把(2.1.3)式化成下列标准形式：

$$\begin{aligned}
\min\quad & c_1x_1+c_2x_2+\cdots+c_nx_n \\
\text{s. t.}\quad & a_{11}x_1+\cdots+a_{1n}x_n+x_{n+1} && =b_1, \\
& a_{21}x_1+\cdots+a_{2n}x_n \qquad +x_{n+2} && =b_2, \\
& \cdots \\
& a_{m1}x_1+\cdots+a_{mn}x_n \qquad\qquad +x_{n+m} && =b_m, \\
& x_j\geqslant 0,\quad j=1,\cdots,n+m.
\end{aligned}$$

2.1.2 图解法

对于某些比较简单的线性规划问题可用图解法求其最优解.

例 2.1.1 求解下列线性规划问题：

$$\begin{aligned}
\min\quad & -x_1-3x_2 \\
\text{s. t.}\quad & x_1+x_2\leqslant 6, \\
& -x_1+2x_2\leqslant 8, \\
& x_1,x_2\geqslant 0.
\end{aligned}$$

解 这个问题的可行域如图 2.1.1 所示，它是平面上一个多边形，顶点是

$$(0,0),\quad (6,0),\quad \left(\frac{4}{3},\frac{14}{3}\right),\quad (0,4).$$

目标函数等值线的方程是

$$-x_1-3x_2=\alpha. \tag{2.1.4}$$

当 α 取不同数值时得到不同的等值线.

等值线的法向量 $\boldsymbol{n}=(-1,-3)^{\mathrm{T}}$，它也是目标函数的梯度，指向目标函数增大的方向. 因此沿方向 $\boldsymbol{n}$ 移动等值线时，线上各点目标函数值增大，而沿 $-\boldsymbol{n}$ 方向移动等值线时，目标函数值减小. 为求极小点，沿 $-\boldsymbol{n}$ 方向移动等值线，使它达到极限位置，即达到如若再

移动就会出现等值线与可行域的交为空集的位置. 用上述方法得到极小点$(4/3,14/3)^T$.

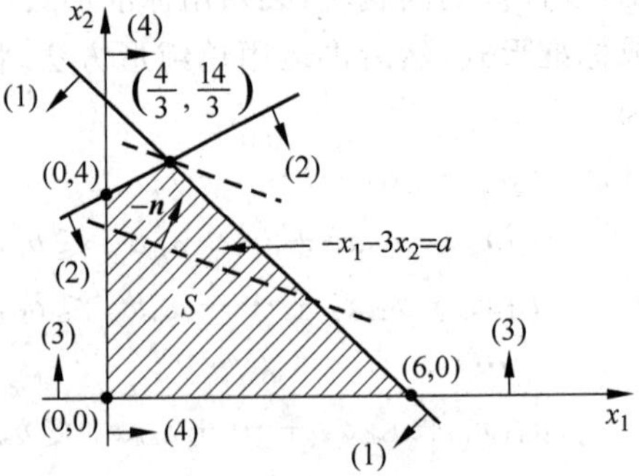

图 2.1.1

2.2 基本性质

2.2.1 可行域

在线性规划中,约束条件均为线性等式及不等式,满足这些条件的点的集合是凸集.

定理 2.2.1 线性规划的可行域是凸集.

2.2.2 最优极点

观察例 2.1.1 可以发现,极小点$(4/3,14/3)^T$是可行域的一个极点. 这一现象并非偶然,线性规划如果存在最优解,那么最优值一定能够在某极点上达到,这是线性规划的一般规律.

我们考虑线性规划的标准形式(2.1.2).

设可行域的极点为$\boldsymbol{x}^{(1)},\boldsymbol{x}^{(2)},\cdots,\boldsymbol{x}^{(k)}$,极方向为$\boldsymbol{d}^{(1)},\boldsymbol{d}^{(2)},\cdots,\boldsymbol{d}^{(l)}$. 根据定理 1.4.1,任何可行点$\boldsymbol{x}$可以表示为

$$\boldsymbol{x}=\sum_{j=1}^{k}\lambda_j\boldsymbol{x}^{(j)}+\sum_{j=1}^{l}\mu_j\boldsymbol{d}^{(j)}, \tag{2.2.1}$$

$$\sum_{j=1}^{k}\lambda_j=1,$$

$$\lambda_j\geqslant 0,\quad j=1,\cdots,k,$$

$$\mu_j\geqslant 0,\quad j=1,\cdots,l.$$

把$\boldsymbol{x}$的表达式代入(2.1.2)式,得到以λ_j,μ_j为变量的等价的线性规划:

$$
\begin{aligned}
\min \quad & \sum_{j=1}^{k}(\boldsymbol{c}\boldsymbol{x}^{(j)})\lambda_j+\sum_{j=1}^{l}(\boldsymbol{c}\boldsymbol{d}^{(j)})\mu_j \\
\text{s. t.} \quad & \sum_{j=1}^{k}\lambda_j=1, \\
& \lambda_j\geqslant 0,\quad j=1,\cdots,k, \\
& \mu_j\geqslant 0,\quad j=1,\cdots,l.
\end{aligned}
\tag{2.2.2}
$$

由于 $\mu_j\geqslant 0$,可以任意大,因此若对于某个 j 有 $\boldsymbol{c}\boldsymbol{d}^{(j)}<0$,则$(\boldsymbol{c}\boldsymbol{d}^{(j)})\mu_j$,随着 μ_j 的增大而无限减小,从而目标函数值超向$-\infty$. 对于这种情形,我们称该问题是**无界的**,或称**不存在有限最优值**.

如果对于所有 j,有 $\boldsymbol{c}\boldsymbol{d}^{(j)}\geqslant 0$,这时为极小化目标函数,令

$$
\mu_j=0,\quad j=1,\cdots,l,
\tag{2.2.3}
$$

则线性规划(2.2.2)式简化成

$$
\begin{aligned}
\min \quad & \sum_{j=1}^{k}(\boldsymbol{c}\boldsymbol{x}^{(j)})\lambda_j \\
\text{s. t.} \quad & \sum_{j=1}^{k}\lambda_j=1, \\
& \lambda_j\geqslant 0,\quad j=1,\cdots,k,
\end{aligned}
\tag{2.2.4}
$$

在上述问题中,令

$$
\boldsymbol{c}\boldsymbol{x}^{(p)}=\min_{1\leqslant j\leqslant k}\boldsymbol{c}\boldsymbol{x}^{(j)}.
\tag{2.2.5}
$$

显然,当

$$
\lambda_p=1\quad 及\quad \lambda_j=0,\quad j\neq p
\tag{2.2.6}
$$

时,目标函数取极小值,即(2.2.3)式和(2.2.6)式是线性规划(2.2.2)的最优解. 此时必有

$$
\begin{aligned}
\boldsymbol{c}\boldsymbol{x} &=\sum_{j=1}^{k}(\boldsymbol{c}\boldsymbol{x}^{(j)})\lambda_j+\sum_{j=1}^{l}(\boldsymbol{c}\boldsymbol{d}^{(j)})\mu_j\geqslant\sum_{j=1}^{k}(\boldsymbol{c}\boldsymbol{x}^{(j)})\lambda_j \\
&\geqslant\sum_{j=1}^{k}(\boldsymbol{c}\boldsymbol{x}^{(p)})\lambda_j=\boldsymbol{c}\boldsymbol{x}^{(p)},
\end{aligned}
$$

因此极点 $\boldsymbol{x}^{(p)}$ 是线性规划(2.1.2)的最优解.

定理 2.2.2 设线性规划(2.1.2)的可行域非空,则有下列结论:

(1) 线性规划(2.1.2)存在有限最优解的充要条件是所有 $\boldsymbol{c}\boldsymbol{d}^{(j)}$ 为非负数. 其中 $\boldsymbol{d}^{(j)}$ 是可行域的极方向.

(2) 若线性规划(2.1.2)存在有限最优解,则目标函数的最优值可在某个极点上达到.

在本书中,以下把存在有限最优解均称为存在最优解,而把无界问题归入不存在最优解的情形.

2.2.3　最优基本可行解

极点是个几何概念，有直观性强的优点，但不便于演算，因此需要研究极点的代数含义. 为此先给出基本可行解的概念.

在线性规划(2.1.2)中，设矩阵 $\boldsymbol{A}$ 的秩为 m，又假设 $\boldsymbol{A}=[\boldsymbol{B},\boldsymbol{N}]$，其中 $\boldsymbol{B}$ 是 m 阶可逆矩阵. 如果 $\boldsymbol{A}$ 的前 m 列是线性相关的，可以通过列调换，使前 m 列成为线性无关的，因此关于 $\boldsymbol{B}$ 可逆的假设不失一般性. 同时记作

$$\boldsymbol{x}=\begin{bmatrix}\boldsymbol{x}_B\\ \boldsymbol{x}_N\end{bmatrix},$$

其中 $\boldsymbol{x}_B$ 的分量与 $\boldsymbol{B}$ 中的列对应，$\boldsymbol{x}_N$ 的分量与 $\boldsymbol{N}$ 的列对应. 这样，可把 $\boldsymbol{Ax}=\boldsymbol{b}$ 写成

$$(\boldsymbol{B},\boldsymbol{N})\begin{bmatrix}\boldsymbol{x}_B\\ \boldsymbol{x}_N\end{bmatrix}=\boldsymbol{b},$$

即

$$\boldsymbol{Bx}_B+\boldsymbol{Nx}_N=\boldsymbol{b}. \tag{2.2.7}$$

上式两端左乘 $\boldsymbol{B}^{-1}$，并移项，得到

$$\boldsymbol{x}_B=\boldsymbol{B}^{-1}\boldsymbol{b}-\boldsymbol{B}^{-1}\boldsymbol{Nx}_N, \tag{2.2.8}$$

$\boldsymbol{x}_N$ 的分量就是线性代数中所谓的自由未知量，它们取不同的值，就会得到方程组的不同的解. 特别地，令 $\boldsymbol{x}_N=\boldsymbol{0}$，则得到解

$$\boldsymbol{x}=\begin{bmatrix}\boldsymbol{x}_B\\ \boldsymbol{x}_N\end{bmatrix}=\begin{bmatrix}\boldsymbol{B}^{-1}\boldsymbol{b}\\ \boldsymbol{0}\end{bmatrix}. \tag{2.2.9}$$

定义 2.2.1

$$\boldsymbol{x}=\begin{bmatrix}\boldsymbol{x}_B\\ \boldsymbol{x}_N\end{bmatrix}=\begin{bmatrix}\boldsymbol{B}^{-1}\boldsymbol{b}\\ \boldsymbol{0}\end{bmatrix}$$

称为方程组 $\boldsymbol{Ax}=\boldsymbol{b}$ 的一个**基本解**. $\boldsymbol{B}$ 称为**基矩阵**. 简称为**基**. $\boldsymbol{x}_B$ 的各分量称为**基变量**，基变量的全体 $x_{B_1},x_{B_2},\cdots,x_{B_m}$ 称为**一组基**. $\boldsymbol{x}_N$ 的各分量称为**非基变量**. 又若 $\boldsymbol{B}^{-1}\boldsymbol{b}\geqslant\boldsymbol{0}$，则称

$$\boldsymbol{x}=\begin{bmatrix}\boldsymbol{x}_B\\ \boldsymbol{x}_N\end{bmatrix}=\begin{bmatrix}\boldsymbol{B}^{-1}\boldsymbol{b}\\ \boldsymbol{0}\end{bmatrix}$$

为约束条件 $\boldsymbol{Ax}=\boldsymbol{b},\boldsymbol{x}\geqslant\boldsymbol{0}$ 的**基本可行解**. 相应地，称 $\boldsymbol{B}$ 为**可行基矩阵**，$x_{B_1},x_{B_2},\cdots,x_{B_m}$ 为**一组可行基**. 若 $\boldsymbol{B}^{-1}\boldsymbol{b}>\boldsymbol{0}$，即基变量的取值均为正数，则称基本可行解是**非退化的**. 如果满足 $\boldsymbol{B}^{-1}\boldsymbol{b}\geqslant\boldsymbol{0}$ 且至少有一个分量是零，则称基本可行解是**退化的基本可行解**.

例 2.2.1　考虑下列不等式定义的多面集：

$$\begin{cases}x_1+2x_2\leqslant 8,\\ \qquad\ \ x_2\leqslant 2,\\ x_1,x_2\geqslant 0.\end{cases} \tag{2.2.10}$$

引进松弛变量 x_3, x_4，把(2.2.10)式化成

$$\begin{cases} x_1 + 2x_2 + x_3 \qquad = 8, \\ \qquad x_2 \qquad + x_4 = 2, \\ x_j \geqslant 0, \quad j = 1, \cdots, 4. \end{cases} \tag{2.2.11}$$

试求(2.2.11)式的基本可行解.

解 方程组的系数矩阵

$$\boldsymbol{A} = (\boldsymbol{p}_1, \boldsymbol{p}_2, \boldsymbol{p}_3, \boldsymbol{p}_4) = \begin{bmatrix} 1 & 2 & 1 & 0 \\ 0 & 1 & 0 & 1 \end{bmatrix},$$

由于每确定一个基矩阵 $\boldsymbol{B}$，就能解得一个基本解，因此下面分别选择不同的基 $\boldsymbol{B}$，求出所有基本解，再从中找出基本可行解.

令

$$\boldsymbol{B} = (\boldsymbol{p}_1, \boldsymbol{p}_2) = \begin{bmatrix} 1 & 2 \\ 0 & 1 \end{bmatrix},$$

解得基本解

$$\boldsymbol{x}^{(1)} = (x_1, x_2, x_3, x_4)^{\mathrm{T}} = (4, 2, 0, 0)^{\mathrm{T}}.$$

令

$$\boldsymbol{B} = (\boldsymbol{p}_1, \boldsymbol{p}_4) = \begin{bmatrix} 1 & 0 \\ 0 & 1 \end{bmatrix},$$

解得基本解

$$\boldsymbol{x}^{(2)} = (x_1, x_2, x_3, x_4)^{\mathrm{T}} = (8, 0, 0, 2)^{\mathrm{T}}.$$

令

$$\boldsymbol{B} = (\boldsymbol{p}_2, \boldsymbol{p}_3) = \begin{bmatrix} 2 & 1 \\ 1 & 0 \end{bmatrix},$$

解得基本解

$$\boldsymbol{x}^{(3)} = (x_1, x_2, x_3, x_4)^{\mathrm{T}} = (0, 2, 4, 0)^{\mathrm{T}}.$$

令

$$\boldsymbol{B} = (\boldsymbol{p}_2, \boldsymbol{p}_4) = \begin{bmatrix} 2 & 0 \\ 1 & 1 \end{bmatrix},$$

解得基本解

$$\boldsymbol{x}^{(4)} = (x_1, x_2, x_3, x_4)^{\mathrm{T}} = (0, 4, 0, -2)^{\mathrm{T}}.$$

令

$$\boldsymbol{B} = (\boldsymbol{p}_3, \boldsymbol{p}_4) = \begin{bmatrix} 1 & 0 \\ 0 & 1 \end{bmatrix},$$

解得基本解

$$x^{(5)} = (x_1, x_2, x_3, x_4)^T = (0,0,8,2)^T.$$

以上对于所有的基都进行了计算,得到5个基本解,其中 $\boldsymbol{x}^{(1)}, \boldsymbol{x}^{(2)}, \boldsymbol{x}^{(3)}, \boldsymbol{x}^{(5)}$ 是基本可行解,$\boldsymbol{x}^{(4)}$ 则不是,因为 $\boldsymbol{x}^{(4)}$ 的第4个分量是负数.

由上例可以看出,由于基矩阵的个数有限,因此基本解只能存在有限个. 当然,基本可行解也只能存在有限个. 一般地,当 $\boldsymbol{A}$ 是 $m\times n$ 矩阵,$\boldsymbol{A}$ 的秩为 m 时,基本可行解的个数不会超过

$$\binom{n}{m} = \frac{n!}{m!(n-m)!}.$$

本例的可行域如图2.2.1所示.

观察图2.2.1,可以发现,每个基本可行解中,x_1 和 x_2 的取值恰好与可行域的极点相对应. 这种现象不是偶然的. 对于线性规划(2.1.2),基本可行解与可行域的极点之间总存在着对应关系.

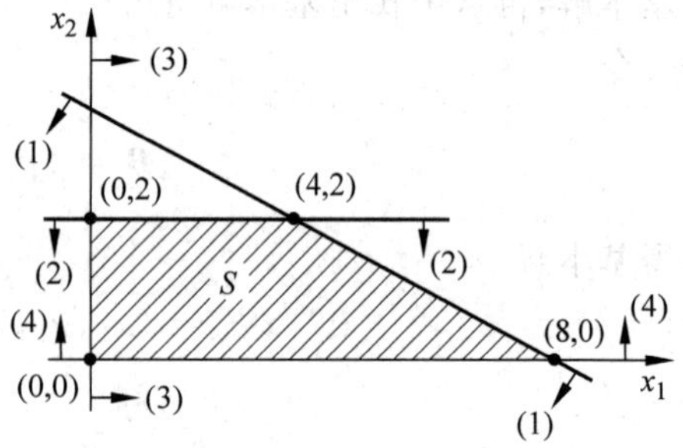

图 2.2.1

定理 2.2.3 令 $K=\{\boldsymbol{x} \mid \boldsymbol{Ax}=\boldsymbol{b}, \boldsymbol{x}\geqslant \boldsymbol{0}\}$,$\boldsymbol{A}$ 是 $m\times n$ 矩阵,$\boldsymbol{A}$ 的秩为 m,则 K 的极点集与 $\boldsymbol{Ax}=\boldsymbol{b}, \boldsymbol{x}\geqslant\boldsymbol{0}$ 的基本可行解集等价.

证明 设 $\boldsymbol{x}$ 是 K 的极点,下面证明 $\boldsymbol{x}$ 必为 $\boldsymbol{Ax}=\boldsymbol{b}, \boldsymbol{x}\geqslant\boldsymbol{0}$ 的基本可行解.

先证极点 $\boldsymbol{x}$ 的正分量所对应的 $\boldsymbol{A}$ 的列线性无关. 不失一般性,可设

$$\boldsymbol{x} = (x_1, x_2, \cdots, x_s, x_{s+1}, \cdots, x_n)^T,$$

其中 $x_j>0(j=1,\cdots,s)$;$x_j=0(j=s+1,\cdots,n)$. 记作

$$\boldsymbol{A} = (\boldsymbol{p}_1, \cdots, \boldsymbol{p}_s, \boldsymbol{p}_{s+1}, \cdots, \boldsymbol{p}_n).$$

现在用反证法证明正分量 $x_1,\cdots,x_s$ 所对应的列 $\boldsymbol{p}_1,\cdots,\boldsymbol{p}_s$ 线性无关. 假设 $\boldsymbol{p}_1,\cdots,\boldsymbol{p}_s$ 线性相关,则存在不全为零的数 $\gamma_1,\cdots,\gamma_s$,使

$$\sum_{j=1}^{s}\gamma_j p_j = 0. \tag{2.2.12}$$

这里定义两点 $\boldsymbol{x}^{(1)}$ 和 $\boldsymbol{x}^{(2)}$:

$$x_j^{(1)} = \begin{cases} x_j+\lambda\gamma_j, & j=1,\cdots,s, \\ 0, & j=s+1,\cdots,n; \end{cases} \tag{2.2.13}$$

$$x_j^{(2)} = \begin{cases} x_j-\lambda\gamma_j, & j=1,\cdots,s, \\ 0, & j=s+1,\cdots,n. \end{cases} \tag{2.2.14}$$

由于 $x_j>0(j=1,\cdots,s)$,因此可取足够小的正数 λ,使得

$$x_j^{(1)}\geqslant 0, \quad x_j^{(2)}\geqslant 0, \qquad j=1,\cdots,s.$$

由于

$$\begin{aligned} \boldsymbol{A}\boldsymbol{x}^{(1)} &= \sum_{j=1}^{n} x_j^{(1)} \boldsymbol{p}_j = \sum_{j=1}^{s} (x_j + \lambda\gamma_j) \boldsymbol{p}_j \\ &= \sum_{j=1}^{s} x_j \boldsymbol{p}_j + \lambda \sum_{j=1}^{s} \gamma_j \boldsymbol{p}_j = \boldsymbol{b}, \end{aligned}$$

同理 $\boldsymbol{A}\boldsymbol{x}^{(2)}=\boldsymbol{b}$，因此当 λ 充分小时，(2.2.13)式和(2.2.14)式所定义的 $\boldsymbol{x}^{(1)}$ 和 $\boldsymbol{x}^{(2)}$ 都是可行点，并且 $\boldsymbol{x}^{(1)} \neq \boldsymbol{x}^{(2)}$. 由 $\boldsymbol{x}^{(1)}$ 和 $\boldsymbol{x}^{(2)}$ 的定义可知

$$\boldsymbol{x} = \frac{1}{2}\boldsymbol{x}^{(1)} + \frac{1}{2}\boldsymbol{x}^{(2)},$$

这与极点 $\boldsymbol{x}$ 不能表示成两个不同点的凸组合相矛盾. 因此 $\boldsymbol{p}_1, \cdots, \boldsymbol{p}_s$ 线性无关.

由于 $\boldsymbol{A}$ 的秩为 m 及 $\boldsymbol{p}_1, \cdots, \boldsymbol{p}_s$ 线性无关，因此 $s \leqslant m$，并且这个线性无关组可扩充为基，记作

$$\boldsymbol{B} = (\boldsymbol{p}_1, \boldsymbol{p}_2, \cdots, \boldsymbol{p}_s, \boldsymbol{p}_{\boldsymbol{B}_{s+1}}, \cdots, \boldsymbol{p}_{\boldsymbol{B}_m}),$$

从而得到可逆矩阵 $\boldsymbol{B}$.

由于 n 维向量

$$\boldsymbol{x} = (x_1, \cdots, x_s, 0, \cdots, 0)^{\mathrm{T}}$$

是 K 的极点，因此满足 $\boldsymbol{A}\boldsymbol{x}=\boldsymbol{b}$ 和 $\boldsymbol{x} \geqslant \boldsymbol{0}$，于是有

$$x_1 \boldsymbol{p}_1 + \cdots + x_s \boldsymbol{p}_s + 0 \boldsymbol{p}_{\boldsymbol{B}_{s+1}} + \cdots + 0 \boldsymbol{p}_{\boldsymbol{B}_m} = \boldsymbol{b},$$

即 $\boldsymbol{B}\boldsymbol{x}_{\boldsymbol{B}}=\boldsymbol{b}$，且 $\boldsymbol{x}_{\boldsymbol{B}}=\boldsymbol{B}^{-1}\boldsymbol{b} \geqslant \boldsymbol{0}$. 记其余变量为 $\boldsymbol{x}_{\boldsymbol{N}}$，则

$$\boldsymbol{x} = \begin{bmatrix} \boldsymbol{x}_{\boldsymbol{B}} \\ \boldsymbol{x}_{\boldsymbol{N}} \end{bmatrix} = \begin{bmatrix} \boldsymbol{B}^{-1}\boldsymbol{b} \\ \boldsymbol{0} \end{bmatrix}$$

为基本可行解.

再设 $\boldsymbol{x}$ 是 $\boldsymbol{A}\boldsymbol{x}=\boldsymbol{b}, \boldsymbol{x} \geqslant \boldsymbol{0}$ 的基本可行解，证明 $\boldsymbol{x}$ 是 K 的极点.

记

$$\boldsymbol{x} = \begin{bmatrix} \boldsymbol{x}_{\boldsymbol{B}} \\ \boldsymbol{x}_{\boldsymbol{N}} \end{bmatrix} = \begin{bmatrix} \boldsymbol{B}^{-1}\boldsymbol{b} \\ \boldsymbol{0} \end{bmatrix} \geqslant \boldsymbol{0}. \tag{2.2.15}$$

假设存在点 $\boldsymbol{x}^{(1)}, \boldsymbol{x}^{(2)} \in K$ 及某个数 $\lambda \in (0,1)$，使得

$$\boldsymbol{x} = \lambda \boldsymbol{x}^{(1)} + (1-\lambda)\boldsymbol{x}^{(2)}, \tag{2.2.16}$$

记

$$\boldsymbol{x}^{(1)} = \begin{bmatrix} \boldsymbol{x}_{\boldsymbol{B}}^{(1)} \\ \boldsymbol{x}_{\boldsymbol{N}}^{(1)} \end{bmatrix}, \quad \boldsymbol{x}^{(2)} = \begin{bmatrix} \boldsymbol{x}_{\boldsymbol{B}}^{(2)} \\ \boldsymbol{x}_{\boldsymbol{N}}^{(2)} \end{bmatrix}, \tag{2.2.17}$$

由(2.2.15)式和(2.2.17)式可把(2.2.16)式写成

$$\begin{bmatrix} \boldsymbol{B}^{-1}\boldsymbol{b} \\ \boldsymbol{0} \end{bmatrix} = \lambda \begin{bmatrix} \boldsymbol{x}_B^{(1)} \\ \boldsymbol{x}_N^{(1)} \end{bmatrix} + (1-\lambda) \begin{bmatrix} \boldsymbol{x}_B^{(2)} \\ \boldsymbol{x}_N^{(2)} \end{bmatrix},$$

上式即

$$\boldsymbol{B}^{-1}\boldsymbol{b} = \lambda \boldsymbol{x}_B^{(1)} + (1-\lambda)\boldsymbol{x}_B^{(2)}, \tag{2.2.18}$$

$$\boldsymbol{0} = \lambda \boldsymbol{x}_N^{(1)} + (1-\lambda)\boldsymbol{x}_N^{(2)}. \tag{2.2.19}$$

由于 $\lambda,(1-\lambda)>0,\boldsymbol{x}_N^{(1)}\geqslant\boldsymbol{0},\boldsymbol{x}_N^{(2)}\geqslant\boldsymbol{0}$，由(2.2.19)式得出 $\boldsymbol{x}_N^{(1)}=\boldsymbol{0},\boldsymbol{x}_N^{(2)}=\boldsymbol{0}$. 又由于 $\boldsymbol{x}^{(1)}$ 和 $\boldsymbol{x}^{(2)}$ 都是可行点，因此 $\boldsymbol{A}\boldsymbol{x}^{(1)}=\boldsymbol{b},\boldsymbol{A}\boldsymbol{x}^{(2)}=\boldsymbol{b}$，并可由此解出

$$\boldsymbol{x}_B^{(1)} = \boldsymbol{B}^{-1}\boldsymbol{b} - \boldsymbol{B}^{-1}\boldsymbol{N}\boldsymbol{x}_N^{(1)} = \boldsymbol{B}^{-1}\boldsymbol{b},$$

$$\boldsymbol{x}_B^{(2)} = \boldsymbol{B}^{-1}\boldsymbol{b} - \boldsymbol{B}^{-1}\boldsymbol{N}\boldsymbol{x}_N^{(2)} = \boldsymbol{B}^{-1}\boldsymbol{b},$$

这样，由(2.2.16)式推得

$$\boldsymbol{x} = \boldsymbol{x}^{(1)} = \boldsymbol{x}^{(2)} = \begin{bmatrix} \boldsymbol{B}^{-1}\boldsymbol{b} \\ \boldsymbol{0} \end{bmatrix},$$

因此 $\boldsymbol{x}$ 是 K 的极点.

现在，把定理 2.2.2 和定理 2.2.3 联系起来考虑. 由定理 2.2.2 知，当线性规划(2.1.2)存在最优解时，目标函数的最优值一定能在某个极点上达到. 根据定理 2.2.3，可行域

$$K = \{\boldsymbol{x} \mid \boldsymbol{A}\boldsymbol{x} = \boldsymbol{b}, \boldsymbol{x} \geqslant \boldsymbol{0}\}$$

的极点是基本可行解，反之亦然. 因此，当线性规划(2.1.2)存在最优解时，则一定存在一个基本可行解，它是最优解. 这样，**线性规划问题的求解，可归结为求最优基本可行解**. 这一思想正是下一章要介绍的单纯形方法的基本出发点.

2.2.4　基本可行解的存在问题

基本可行解是线性规划中一个基本概念. 下面，研究在什么条件下存在基本可行解. 实际上，这个问题早已给出结论，定理 1.4.1 中已经指出，若多面集

$$S = \{\boldsymbol{x} \mid \boldsymbol{A}\boldsymbol{x} = \boldsymbol{b}, \boldsymbol{x} \geqslant \boldsymbol{0}\}$$

非空，则存在有限个极点. 由于定理 1.4.1 未加证明，因此这里再以另一种叙述方式提出来，并给出证明.

定理 2.2.4　如果 $\boldsymbol{A}\boldsymbol{x}=\boldsymbol{b},\boldsymbol{x}\geqslant\boldsymbol{0}$ 有可行解，则一定存在基本可行解. 其中 $\boldsymbol{A}$ 是 $m\times n$ 矩阵，$\boldsymbol{A}$ 的秩为 m.

证明　我们将矩阵 $\boldsymbol{A}$ 写作

$$\boldsymbol{A} = (\boldsymbol{p}_1, \boldsymbol{p}_2, \cdots, \boldsymbol{p}_n).$$

设 n 维向量 $\boldsymbol{x}=(x_1,x_2,\cdots,x_s,0,\cdots,0)^{\mathrm{T}}$ 是一个可行解，其中 $x_j>0(j=1,\cdots,s)$.

若 $\boldsymbol{x}$ 的 s 个正分量对应的列 $\boldsymbol{p}_1,\cdots,\boldsymbol{p}_s$ 线性无关,那么这 s 个 m 维向量可以扩充为基,因此 $\boldsymbol{x}$ 是一个基本可行解. 否则,可通过下列步骤构造出一个基本可行解.

设 $\boldsymbol{p}_1,\cdots,\boldsymbol{p}_s$ 线性相关,则存在不全为零的数 $\gamma_1,\cdots,\gamma_s$(其中至少有一个正数),使

$$\sum_{j=1}^{s}\gamma_j\boldsymbol{p}_j=\boldsymbol{0}. \tag{2.2.20}$$

用下式定义一个点 $\hat{\boldsymbol{x}}$,令

$$\begin{cases}\hat{x}_j=x_j-\lambda\gamma_j, & j=1,\cdots,s, \quad (2.2.21)\\ \hat{x}_j=0, & j=s+1,\cdots,n, \quad (2.2.22)\end{cases}$$

由于$\{\gamma_j\}$中至少有一个正数,因此可令

$$\lambda=\min\left\{\frac{x_j}{\gamma_j}\,\middle|\,\gamma_j>0\right\}=\frac{x_k}{\gamma_k}, \tag{2.2.23}$$

这样,当 $j=1,\cdots,s$ 时,有

$$\hat{x}_j=x_j-\frac{x_k}{\gamma_k}\cdot\gamma_j\geqslant 0. \tag{2.2.24}$$

特别地,有

$$\hat{x}_k=x_k-\frac{x_k}{\gamma_k}\gamma_k=x_k-x_k=0, \tag{2.2.25}$$

把 $\hat{\boldsymbol{x}}$ 代入 $\boldsymbol{Ax}=\boldsymbol{b}$ 的左端,则

$$\begin{aligned}\boldsymbol{A}\hat{\boldsymbol{x}}&=\sum_{j=1}^{n}\hat{x}_j\boldsymbol{p}_j=\sum_{j=1}^{s}\left(x_j-\frac{x_k}{\gamma_k}\gamma_j\right)\boldsymbol{p}_j+\sum_{j=s+1}^{n}0\cdot\boldsymbol{p}_j\\&=\sum_{j=1}^{s}x_j\boldsymbol{p}_j-\frac{x_k}{\gamma_k}\sum_{j=1}^{s}\gamma_j\boldsymbol{p}_j=\boldsymbol{b}.\end{aligned} \tag{2.2.26}$$

由(2.2.22)式,(2.2.24)式和(2.2.26)式知,$\hat{\boldsymbol{x}}$ 是可行解. 由(2.2.22)式和(2.2.25)式又知,$\hat{\boldsymbol{x}}$ 的正分量至少比 $\boldsymbol{x}$ 少 1 个. 若 $\hat{\boldsymbol{x}}$ 的正分量所对应的 $\boldsymbol{A}$ 的列线性无关,则 $\hat{\boldsymbol{x}}$ 为基本可行解. 否则,从 $\hat{\boldsymbol{x}}$ 出发,重复以上步骤,直至获得一个基本可行解.

习　题

1. 用图解法解下列线性规划问题:

(1) $\min\quad 5x_1-6x_2$

s. t. $\quad x_1+2x_2\leqslant 10,$

$2x_1-x_2\leqslant 5,$

$x_1-4x_2\leqslant 4,$

$x_1,x_2\geqslant 0.$

(2) $\min\quad -x_1+x_2$

s. t. $\quad 3x_1-7x_2\geqslant 8,$

$x_1-x_2\leqslant 5,$

$x_1,x_2\geqslant 0.$

(3) $\min\ 13x_1+5x_2$

$$\begin{aligned}\text{s.t.}\quad & 7x_1+3x_2\geqslant 19,\\ & 10x_1+2x_2\leqslant 11,\\ & x_1,x_2\geqslant 0.\end{aligned}$$

(4) $\max\ -20x_1+10x_2$

$$\begin{aligned}\text{s.t.}\quad & x_1+x_2\geqslant 10,\\ & -10x_1+x_2\leqslant 10,\\ & -5x_1+5x_2\leqslant 25,\\ & x_1+4x_2\geqslant 20,\\ & x_1,x_2\geqslant 0.\end{aligned}$$

(5) $\min\ -3x_1-2x_2$

$$\begin{aligned}\text{s.t.}\quad & 3x_1+2x_2\leqslant 6,\\ & x_1-2x_2\leqslant 1,\\ & x_1+x_2\geqslant 1,\\ & -x_1+2x_2\leqslant 1,\\ & x_1,x_2\geqslant 0.\end{aligned}$$

(6) $\max\ 5x_1+4x_2$

$$\begin{aligned}\text{s.t.}\quad & -2x_1+x_2\geqslant -4,\\ & x_1+2x_2\leqslant 6,\\ & 5x_1+3x_2\leqslant 15,\\ & x_1,x_2\geqslant 0.\end{aligned}$$

(7) $\max\ 3x_1+x_2$

$$\begin{aligned}\text{s.t.}\quad & x_1-x_2\geqslant 0,\\ & x_1+x_2\leqslant 5,\\ & 6x_1+2x_2\leqslant 21,\\ & x_1,x_2\geqslant 0.\end{aligned}$$

2. 下列问题都存在最优解,试通过求基本可行解来确定各问题的最优解.

(1) $\max\ 2x_1+5x_2$

$$\begin{aligned}\text{s.t.}\quad & x_1+2x_2+x_3=16,\\ & 2x_1+x_2+x_4=12,\\ & x_j\geqslant 0,\quad j=1,\cdots,4.\end{aligned}$$

(2) $\min\ -2x_1+x_2+x_3+10x_4$

$$\begin{aligned}\text{s.t.}\quad & -x_1+x_2+x_3+x_4=20,\\ & 2x_1-x_2+2x_4=10,\\ & x_j\geqslant 0,\quad j=1,\cdots,4.\end{aligned}$$

(3) $\min\ x_1-x_2$

$$\begin{aligned}\text{s.t.}\quad & x_1+x_2+x_3\leqslant 5,\\ & -x_1+x_2+2x_3\leqslant 6,\\ & x_1,x_2,x_3\geqslant 0.\end{aligned}$$

3. 设 $\boldsymbol{x}^{(0)}=(x_1^{(0)},x_2^{(0)},\cdots,x_n^{(0)})^{\mathrm{T}}$ 是 $\boldsymbol{Ax}=\boldsymbol{b}$ 的一个解,其中 $\boldsymbol{A}=(\boldsymbol{p}_1,\boldsymbol{p}_2,\cdots,\boldsymbol{p}_n)$ 是 $m\times n$ 矩阵,$\boldsymbol{A}$ 的秩为 m. 证明 $\boldsymbol{x}^{(0)}$ 是基本解的充要条件为 $\boldsymbol{x}^{(0)}$ 的非零分量 $x_{i_1}^{(0)},x_{i_2}^{(0)},\cdots,x_{i_s}^{(0)}$,对应的列 $\boldsymbol{p}_{i_1},\boldsymbol{p}_{i_2},\cdots,\boldsymbol{p}_{i_s}$ 线性无关.

4. 设 $S=\{\boldsymbol{x}\,|\,\boldsymbol{Ax}\geqslant\boldsymbol{b}\}$,其中 $\boldsymbol{A}$ 是 $m\times n$ 矩阵,$m>n$,$\boldsymbol{A}$ 的秩为 n. 证明 $\boldsymbol{x}^{(0)}$ 是 S 的极点的充要条件是 $\boldsymbol{A}$ 和 $\boldsymbol{b}$ 可作如下分解:

$$\boldsymbol{A}=\begin{bmatrix}\boldsymbol{A}_1\\ \boldsymbol{A}_2\end{bmatrix},\quad \boldsymbol{b}=\begin{bmatrix}\boldsymbol{b}_1\\ \boldsymbol{b}_2\end{bmatrix},$$

其中 $\boldsymbol{A}_1$ 有 n 个行,且 $\boldsymbol{A}_1$ 的秩为 n,$\boldsymbol{b}_1$ 是 n 维列向量,使得 $\boldsymbol{A}_1\boldsymbol{x}^{(0)}=\boldsymbol{b}_1$,$\boldsymbol{A}_2\boldsymbol{x}^{(0)}\geqslant\boldsymbol{b}_2$.

第 3 章　单纯形方法

这一章介绍线性规划问题的计算方法.

目前,应用最广的就是著名的单纯形方法. 这种方法是 G. B. Dantzig[7] 在 1947 年提出的,后来人们又进行一些改进,形成许多变种. 几十年的实践证明,单纯形方法的确是一种使用方便、行之有效的重要算法. 今天,它已成为线性规划的中心内容.

3.1　单纯形方法原理

3.1.1　基本可行解的转换

第 2 章已经证明,若线性规划(标准形式)有最优解,则必存在最优基本可行解. 因此求解线性规划问题归结为找最优基本可行解. 单纯形方法的基本思想,就是从一个基本可行解出发,求一个使目标函数值有所改善的基本可行解;通过不断改进基本可行解,力图达到最优基本可行解. 下面,分析怎样实现这种基本可行解的转换.

考虑问题

$$\begin{aligned} \min \quad & f \overset{\text{def}}{=} \boldsymbol{cx} \\ \text{s.t.} \quad & \boldsymbol{Ax} = \boldsymbol{b}, \\ & \boldsymbol{x} \geqslant \boldsymbol{0}, \end{aligned} \tag{3.1.1}$$

其中 $\boldsymbol{A}$ 是 $m\times n$ 矩阵,秩为 m,$\boldsymbol{c}$ 是 n 维行向量,$\boldsymbol{x}$ 是 n 维列向量,$\boldsymbol{b}\geqslant\boldsymbol{0}$ 是 m 维列向量. 符号“$\overset{\text{def}}{=}$”表示右端的表达式是左端的定义式,即目标函数 f 的具体形式就是 $\boldsymbol{cx}$,以后其他章节遇到此符号时,其含义作同样规定.

记

$$\boldsymbol{A} = (\boldsymbol{p}_1, \boldsymbol{p}_2, \cdots, \boldsymbol{p}_n).$$

现将 $\boldsymbol{A}$ 分解成$(\boldsymbol{B},\boldsymbol{N})$(可能经列调换),使得其中 $\boldsymbol{B}$ 是基矩阵,$\boldsymbol{N}$ 是非基矩阵,设

$$\boldsymbol{x}^{(0)} = \begin{bmatrix} \boldsymbol{B}^{-1}\boldsymbol{b} \\ \boldsymbol{0} \end{bmatrix}$$

是基本可行解,在 $\boldsymbol{x}^{(0)}$ 处的目标函数值

$$\begin{aligned} f_0 = \boldsymbol{cx}^{(0)} &= (\boldsymbol{c}_B, \boldsymbol{c}_N)\begin{bmatrix} \boldsymbol{B}^{-1}\boldsymbol{b} \\ \boldsymbol{0} \end{bmatrix} \\ &= \boldsymbol{c}_B\boldsymbol{B}^{-1}\boldsymbol{b}, \end{aligned} \tag{3.1.2}$$

其中 $\boldsymbol{c}_B$ 是 $\boldsymbol{c}$ 中与基变量对应的分量组成的 m 维行向量. $\boldsymbol{c}_N$ 是 $\boldsymbol{c}$ 中与非基变量对应的分量组成的 $n-m$ 维行向量.

现在分析怎样从基本可行解 $\boldsymbol{x}^{(0)}$ 出发,求一个改进的基本可行解.

设
$$\boldsymbol{x}=\begin{bmatrix}\boldsymbol{x}_B\\ \boldsymbol{x}_N\end{bmatrix}$$
是任一个可行解,则由 $\boldsymbol{Ax}=\boldsymbol{b}$ 得到
$$\boldsymbol{x}_B=\boldsymbol{B}^{-1}\boldsymbol{b}-\boldsymbol{B}^{-1}\boldsymbol{N}\boldsymbol{x}_N, \tag{3.1.3}$$
在点 $\boldsymbol{x}$ 处的目标函数值
$$\begin{aligned} f=\boldsymbol{cx}&=(\boldsymbol{c}_B,\boldsymbol{c}_N)\begin{bmatrix}\boldsymbol{x}_B\\ \boldsymbol{x}_N\end{bmatrix}\\ &=\boldsymbol{c}_B\boldsymbol{x}_B+\boldsymbol{c}_N\boldsymbol{x}_N\\ &=\boldsymbol{c}_B(\boldsymbol{B}^{-1}\boldsymbol{b}-\boldsymbol{B}^{-1}\boldsymbol{N}\boldsymbol{x}_N)+\boldsymbol{c}_N\boldsymbol{x}_N\\ &=\boldsymbol{c}_B\boldsymbol{B}^{-1}\boldsymbol{b}-(\boldsymbol{c}_B\boldsymbol{B}^{-1}\boldsymbol{N}-\boldsymbol{c}_N)\boldsymbol{x}_N\\ &=f_0-\sum_{j\in R}(\boldsymbol{c}_B\boldsymbol{B}^{-1}\boldsymbol{p}_j-c_j)x_j\\ &=f_0-\sum_{j\in R}(z_j-c_j)x_j, \end{aligned}\tag{3.1.4}$$
其中 R 是非基变量下标集,
$$z_j=\boldsymbol{c}_B\boldsymbol{B}^{-1}\boldsymbol{p}_j. \tag{3.1.5}$$
由(3.1.4)式可知,适当选取自由未知量 $x_j(j\in R)$的数值就有可能使得
$$\sum_{j\in R}(z_j-c_j)x_j>0,$$
从而得到使目标函数值减少的新的基本可行解. 为此,在原来的 $n-m$ 个非基变量中,使得 $n-m-1$ 个变量仍然取零值,而令一个非基变量,比如 x_k 增大,即取正值,以便实现我们的目的. 那么怎样确定下标 k 呢? 根据(3.1.4)式,当 $x_j(j\in R)$取值相同时,z_j-c_j(正数)越大,目标函数值下降越多,因此选择 x_k,使
$$z_k-c_k=\max_{j\in R}\{z_j-c_j\}, \tag{3.1.6}$$
这里假设 $z_k-c_k>0$. x_k 由零变为正数后,得到方程组 $\boldsymbol{Ax}=\boldsymbol{b}$ 的解
$$\boldsymbol{x}_B=\boldsymbol{B}^{-1}\boldsymbol{b}-\boldsymbol{B}^{-1}\boldsymbol{p}_kx_k=\bar{\boldsymbol{b}}-\boldsymbol{y}_kx_k, \tag{3.1.7}$$
其中 $\bar{\boldsymbol{b}}$ 和 $\boldsymbol{y}_k$ 是 m 维列向量,$\bar{\boldsymbol{b}}=\boldsymbol{B}^{-1}\boldsymbol{b}$, $\boldsymbol{y}_k=\boldsymbol{B}^{-1}\boldsymbol{p}_k$,把 $\boldsymbol{x}_B$ 按分量写出,即
$$\boldsymbol{x}_B=\begin{bmatrix}x_{B_1}\\ x_{B_2}\\ \vdots\\ x_{B_m}\end{bmatrix}=\begin{bmatrix}\bar{b}_1\\ \bar{b}_2\\ \vdots\\ \bar{b}_m\end{bmatrix}-\begin{bmatrix}y_{1k}\\ y_{2k}\\ \vdots\\ y_{mk}\end{bmatrix}x_k, \tag{3.1.8}$$

$$x_N = (0,\cdots,0,x_k,0,\cdots,0)^{\mathrm{T}}, \tag{3.1.9}$$

在新得到的点,目标函数值是

$$f = f_0 - (z_k - c_k)x_k. \tag{3.1.10}$$

再来分析怎样确定 x_k 的取值.一方面,根据(3.1.10)式,x_k 取值越大函数值下降越多;另一方面,根据(3.1.8)式,x_k 的取值受到可行性的限制,它不能无限增大(当 $\boldsymbol{y}_k \leqslant \boldsymbol{0}$ 时).对某个 i,当 $y_{ik} \leqslant 0$ 时,x_k 取任何正值时,总成立 $x_{B_i} \geqslant 0$,而当 $y_{ik} > 0$ 时,为保证

$$x_{\boldsymbol{B}_i} = \bar{b}_i - y_{ik}x_k \geqslant 0,$$

就必须取值

$$x_k \leqslant \frac{\bar{b}_i}{y_{ik}}.$$

因此,为使 $\boldsymbol{x_B} \geqslant \boldsymbol{0}$,应令

$$x_k = \min\left\{\frac{\bar{b}_i}{y_{ik}} \,\middle|\, y_{ik} > 0\right\} = \frac{\bar{b}_r}{y_{rk}}, \tag{3.1.11}$$

x_k 取值 $\bar{b}_r/y_{rk}$ 后,原来的基变量 $x_{B_r}=0$,得到新的可行解

$$\boldsymbol{x} = (x_{\boldsymbol{B}_1},\cdots,x_{\boldsymbol{B}_{r-1}},0,x_{\boldsymbol{B}_{r+1}},0,\cdots,x_k,0,\cdots,0)^{\mathrm{T}},$$

这个解一定是基本可行解.这是因为原来的基

$$\boldsymbol{B} = (\boldsymbol{p}_{\boldsymbol{B}_1},\cdots,\boldsymbol{p}_{\boldsymbol{B}_r},\cdots,\boldsymbol{p}_{\boldsymbol{B}_m})$$

中的 m 个列是线性无关的,其中不包含 $\boldsymbol{p}_k$.由于 $\boldsymbol{y}_k = \boldsymbol{B}^{-1}\boldsymbol{p}_k$,故

$$\boldsymbol{p}_k = \boldsymbol{B}\boldsymbol{y}_k = \sum_{i=1}^{m} y_{ik}\boldsymbol{p}_{\boldsymbol{B}_i},$$

即 $\boldsymbol{p}_k$ 是向量组 $\boldsymbol{p}_{\boldsymbol{B}_1},\cdots,\boldsymbol{p}_{\boldsymbol{B}_r},\cdots,\boldsymbol{p}_{\boldsymbol{B}_m}$ 的线性组合,且系数 $y_{rk} \neq 0$.因此用 $\boldsymbol{p}_k$ 取代 $\boldsymbol{p}_{\boldsymbol{B}_r}$ 后,得到的向量组

$$\boldsymbol{p}_{\boldsymbol{B}_1},\cdots,\boldsymbol{p}_k,\cdots,\boldsymbol{p}_{\boldsymbol{B}_m},$$

也是线性无关的.因此新的可行解 $\boldsymbol{x}$ 的正分量对应的列线性无关,故 $\boldsymbol{x}$ 为基本可行解.

经上述转换,x_k 由原来的非基变量变成基变量,而原来的基变量 $x_{\boldsymbol{B}_r}$ 变成非基变量.在新的基本可行解处,目标函数值比原来减少了 $(z_k - c_k)x_k$.重复以上过程,可以进一步改进基本可行解,直到在(3.1.4)式中所有 $z_j - c_j$ 均非正数,以致任何一个非基变量取正值都不能使目标函数值减少时为止.

定理 3.1.1 若在极小化问题中,对于某个基本可行解,所有 $z_j - c_j \leqslant 0$,则这个基本可行解是最优解;若在极大化问题中,对于某个基本可行解,所有 $z_j - c_j \geqslant 0$,则这个基本可行解是最优解.其中

$$z_j - c_j = \boldsymbol{c_B}\boldsymbol{B}^{-1}\boldsymbol{p}_j - c_j, \quad j = 1,\cdots,n.$$

在线性规划中,通常称 $z_j - c_j$ 为**判别数或检验数**.

3.1.2 单纯形方法计算步骤

我们以极小化问题为例给出计算步骤. 首先要给定一个初始基本可行解. 设初始基为 $\boldsymbol{B}$,然后执行下列主要步骤:

(1) 解 $\boldsymbol{B}\boldsymbol{x}_B=\boldsymbol{b}$,求得 $\boldsymbol{x}_B=\boldsymbol{B}^{-1}\boldsymbol{b}=\bar{\boldsymbol{b}}$,令 $\boldsymbol{x}_N=\boldsymbol{0}$,计算目标函数值 $f=\boldsymbol{c}_B\boldsymbol{x}_B$.

(2) 求单纯形乘子 $\boldsymbol{w}$,解 $\boldsymbol{w}\boldsymbol{B}=\boldsymbol{c}_B$,得到 $\boldsymbol{w}=\boldsymbol{c}_B\boldsymbol{B}^{-1}$. 对于所有非基变量,计算判别数 $z_j-c_j=\boldsymbol{w}\boldsymbol{p}_j-c_j$. 令

$$z_k-c_k=\max_{j\in R}\{z_j-c_j\}.$$

若 $z_k-c_k\leqslant 0$,则对于所有非基变量 $z_j-c_j\leqslant 0$,对应基变量的判别数总是零 ,因此停止计算,现行基本可行解是最优解. 否则,进行下一步.

(3) 解 $\boldsymbol{B}\boldsymbol{y}_k=\boldsymbol{p}_k$,得到 $\boldsymbol{y}_k=\boldsymbol{B}^{-1}\boldsymbol{p}_k$,若 $\boldsymbol{y}_k\leqslant\boldsymbol{0}$,即 $\boldsymbol{y}_k$ 的每个分量均非正数,则停止计算,问题不存在有限最优解. 否则,进行步骤(4).

(4) 确定下标 r,使

$$\frac{\bar{b}_r}{y_{rk}}=\min\left\{\frac{\bar{b}_i}{y_{ik}}\,\middle|\,y_{ik}>0\right\},$$

x_{B_r} 为离基变量,x_k 为进基变量. 用 $\boldsymbol{p}_k$ 替换 $\boldsymbol{p}_{B_r}$,得到新的基矩阵 $\boldsymbol{B}$,返回步骤(1).

对于极大化问题,可给出完全类似的步骤,只是确定进基变量的准则不同. 对于极大化问题,应令

$$z_k-c_k=\min_{j\in R}\{z_j-c_j\}.$$

例 3.1.1 用单纯形方法解下列问题:

$$\begin{aligned}
\min\quad & -4x_1-x_2\\
\text{s. t.}\quad & -x_1+2x_2\leqslant 4,\\
& 2x_1+3x_2\leqslant 12,\\
& x_1-\ x_2\leqslant 3,\\
& x_1,x_2\geqslant 0.
\end{aligned}$$

解 为了用单纯形方法求解上述问题,先要引入松弛变量 x_3,x_4,x_5,把问题化成如下标准形式:

$$\begin{aligned}
\min\quad & -4x_1-x_2\\
\text{s. t.}\quad & -x_1+2x_2+x_3=4,\\
& 2x_1+3x_2+x_4=12,\\
& x_1-\ x_2+x_5=3,\\
& x_j\geqslant 0,\quad j=1,\cdots,5,
\end{aligned}$$

系数矩阵

$$\boldsymbol{A}=(\boldsymbol{p}_1,\boldsymbol{p}_2,\boldsymbol{p}_3,\boldsymbol{p}_4,\boldsymbol{p}_5)=\begin{bmatrix}-1 & 2 & 1 & 0 & 0\\ 2 & 3 & 0 & 1 & 0\\ 1 & -1 & 0 & 0 & 1\end{bmatrix}.$$

第 1 次迭代.

$$\boldsymbol{B}=(\boldsymbol{p}_3,\boldsymbol{p}_4,\boldsymbol{p}_5)=\begin{bmatrix}1 & 0 & 0\\ 0 & 1 & 0\\ 0 & 0 & 1\end{bmatrix},$$

$$\boldsymbol{B}^{-1}=\begin{bmatrix}1 & 0 & 0\\ 0 & 1 & 0\\ 0 & 0 & 1\end{bmatrix},$$

$$\boldsymbol{x}_B=\begin{bmatrix}x_3\\ x_4\\ x_5\end{bmatrix}=\begin{bmatrix}4\\ 12\\ 3\end{bmatrix},$$

$$\boldsymbol{x}_N=\begin{bmatrix}x_1\\ x_2\end{bmatrix}=\begin{bmatrix}0\\ 0\end{bmatrix},$$

$$f_1=\boldsymbol{c}_B\boldsymbol{x}_B=(0,0,0)(4,12,3)^{\mathrm{T}}=0,$$

$$\boldsymbol{w}=\boldsymbol{c}_B\boldsymbol{B}^{-1}=(0,0,0)\begin{bmatrix}1 & 0 & 0\\ 0 & 1 & 0\\ 0 & 0 & 1\end{bmatrix}=(0,0,0),$$

$$z_1-c_1=\boldsymbol{w}\boldsymbol{p}_1-c_1=(0,0,0)(-1,2,1)^{\mathrm{T}}+4=4,$$

$$z_2-c_2=\boldsymbol{w}\boldsymbol{p}_2-c_2=(0,0,0)(2,3,-1)^{\mathrm{T}}+1=1.$$

又知对应基变量的判别数均为零,因此最大判别数是 $z_1-c_1=4$,下标 $k=1$. 计算 $\boldsymbol{y}_1$,有

$$\boldsymbol{y}_1=\boldsymbol{B}^{-1}\boldsymbol{p}_1=\begin{bmatrix}1 & 0 & 0\\ 0 & 1 & 0\\ 0 & 0 & 1\end{bmatrix}\begin{bmatrix}-1\\ 2\\ 1\end{bmatrix}=\begin{bmatrix}-1\\ 2\\ 1\end{bmatrix},$$

$$\bar{\boldsymbol{b}}=\boldsymbol{x}_B=(4,12,3)^{\mathrm{T}}.$$

根据(3.1.11)式确定下标 r,有

$$\frac{\bar{b}_r}{y_{r1}}=\min\left\{\frac{\bar{b}_2}{y_{21}},\frac{\bar{b}_3}{y_{31}}\right\}=\min\left\{\frac{12}{2},\frac{3}{1}\right\}=\frac{3}{1},$$

因此 $r=3$. $\boldsymbol{x}_B$ 中第 3 个分量 x_5 为离基变量,x_1 为进基变量,

$$x_1=\bar{b}_3/y_{31}=3.$$

用 $\boldsymbol{p}_1$ 替换 $\boldsymbol{p}_5$,得到新基,进行下一次迭代.

第 2 次迭代.

$$\boldsymbol{B}=(\boldsymbol{p}_3,\boldsymbol{p}_4,\boldsymbol{p}_1)=\begin{bmatrix}1&0&-1\\0&1&2\\0&0&1\end{bmatrix},$$

$$\boldsymbol{B}^{-1}=\begin{bmatrix}1&0&1\\0&1&-2\\0&0&1\end{bmatrix},$$

$$\boldsymbol{x}_B=\begin{bmatrix}x_3\\x_4\\x_1\end{bmatrix}=\begin{bmatrix}7\\6\\3\end{bmatrix}=\begin{bmatrix}\bar{b}_1\\\bar{b}_2\\\bar{b}_3\end{bmatrix},$$

$$\boldsymbol{x}_N=\begin{bmatrix}x_2\\x_5\end{bmatrix}=\begin{bmatrix}0\\0\end{bmatrix},$$

$$f_2=12,$$

$$\boldsymbol{w}=\boldsymbol{c}_B\boldsymbol{B}^{-1}=(0,0,-4)\begin{bmatrix}1&0&1\\0&1&-2\\0&0&1\end{bmatrix}=(0,0,-4),$$

$$z_2-c_2=\boldsymbol{w}\boldsymbol{p}_2-c_2=(0,0,-4)(2,3,-1)^{\mathrm{T}}+1=5,$$

$$z_5-c_5=\boldsymbol{w}\boldsymbol{p}_5-c_5=(0,0,-4)(0,0,1)^{\mathrm{T}}-0=-4.$$

最大判别数为 $z_2-c_2=5$,指标 $k=2$. 计算 $\boldsymbol{y}_2$,有

$$\boldsymbol{y}_2=\boldsymbol{B}^{-1}\boldsymbol{p}_2=\begin{bmatrix}1&0&1\\0&1&-2\\0&0&1\end{bmatrix}\begin{bmatrix}2\\3\\-1\end{bmatrix}=\begin{bmatrix}1\\5\\-1\end{bmatrix},$$

$$\frac{\bar{b}_r}{y_{r2}}=\min\left\{\frac{7}{1},\frac{6}{5}\right\}=\frac{6}{5}=\frac{\bar{b}_2}{y_{22}}.$$

因此,$x_{B_r}=x_4$ 为离基变量. x_2 为进基变量. 用 $\boldsymbol{p}_2$ 替换 $\boldsymbol{p}_4$,得到新基. 进行下一次迭代.

第3次迭代.

$$\boldsymbol{B}=(\boldsymbol{p}_3,\boldsymbol{p}_2,\boldsymbol{p}_1)=\begin{bmatrix}1&2&-1\\0&3&2\\0&-1&1\end{bmatrix},$$

$$\boldsymbol{B}^{-1}=\begin{bmatrix}1&-\frac{1}{5}&\frac{7}{5}\\0&\frac{1}{5}&-\frac{2}{5}\\0&\frac{1}{5}&\frac{3}{5}\end{bmatrix},$$

$$x_B = \begin{bmatrix} x_3 \\ x_2 \\ x_1 \end{bmatrix} = \begin{bmatrix} \frac{29}{5} \\ \frac{6}{5} \\ \frac{21}{5} \end{bmatrix}, \quad x_N = \begin{bmatrix} x_4 \\ x_5 \end{bmatrix} = \begin{bmatrix} 0 \\ 0 \end{bmatrix},$$

$f_3 = -18$.

$$w = c_B B^{-1} = (0, -1, -4) \begin{bmatrix} 1 & -\frac{1}{5} & \frac{7}{5} \\ 0 & \frac{1}{5} & -\frac{2}{5} \\ 0 & \frac{1}{5} & \frac{3}{5} \end{bmatrix} = (0, -1, -2),$$

$$z_4 - c_4 = wp_4 - c_4 = (0, -1, -2)(0,1,0)^T = -1,$$

$$z_5 - c_5 = wp_5 - c_5 = (0, -1, -2)(0,0,1)^T = -2.$$

由于所有 $z_j - c_j \leqslant 0$,因此得到最优解

$$x_1 = \frac{21}{5}, \quad x_2 = \frac{6}{5},$$

目标函数的最优值

$$f_{\min} = -18.$$

3.1.3 收敛性

现在分析用单纯形方法解一般线性规划能否求出最优解的问题. 我们仍以极小化问题为例. 令

$$z_k - c_k = \max\{z_j - c_j\}.$$

每次迭代必出现下列三种情形之一:

(1) $z_k - c_k \leqslant 0$. 这时现行基本可行解就是最优解.

(2) $z_k - c_k > 0$ 且 $y_k \leqslant 0$. 对于此种情形,由(3.1.8)式可知,x_k 取任何正数,总能得到可行解. 又由(3.1.10)式知,当 x_k 无限增大时,目标函数值 $f \to -\infty$,因此问题属于无界情形.

(3) $z_k - c_k > 0$ 且 $y_k \not\leqslant 0$. 这时可求出新的基本可行解. 若

$$x_k = \frac{\bar{b}_r}{y_{rk}} > 0,$$

则经迭代,目标函数值下降.

综合以上分析,当极小化线性规划问题存在最优解时,对于非退化情形,在每次迭代

中，均有

$$x_B = B^{-1}b = \bar{b} > 0,$$

自然

$$x_k = \bar{b}_r / y_{rk} > 0,$$

因此经迭代，目标函数值减小，并且由此可知，各次迭代得到的基本可行解互不相同. 由于基本可行解的个数有限，因此经有限次迭代必能达到最优解. 对于退化情形，我们在后面将要证明，如果最优解存在，只要采取一定的措施，也能做到有限步收敛.

定理 3.1.2 对于非退化问题，单纯形方法经有限次迭代或达到最优基本可行解，或得出无界的结论.

3.1.4 使用表格形式的单纯形方法

用单纯形方法求解线性规划问题的过程，实际上就是解线性方程组. 只是在每次迭代中，要按一定规则选择自由未知量，以便能够得到改进的基本可行解. 这个求解过程可以通过变换**单纯形表**来实现. 我们先分析怎样构造单纯形表.

考虑线性规划问题(3.1.1)，设 $b \geqslant 0$，现将 A 写作 (B,N)，其中 B 为 m 阶可逆矩阵. 相应地，记作

$$x = \begin{bmatrix} x_B \\ x_N \end{bmatrix}, \quad c = (c_B, c_N).$$

把(3.1.1)式写成等价形式：

$$\begin{aligned} \min \quad & f \\ \text{s.t.} \quad & f - c_B x_B - c_N x_N = 0, & (3.1.12) \\ & B x_B + N x_N = b, & (3.1.13) \\ & x_B \geqslant 0, \quad x_N \geqslant 0. \end{aligned}$$

(3.1.13)式两端左乘 B^{-1}，得到

$$x_B + B^{-1}Nx_N = B^{-1}b, \tag{3.1.14}$$

即对方程组(3.1.13)进行行变换，把基变量的系数矩阵化为单位矩阵，得到(3.1.14)式. 再用 c_B 左乘(3.1.14)式两端，然后加到(3.1.12)式，得到

$$f + 0 \cdot x_B + (c_B B^{-1} N - c_N) x_N = c_B B^{-1} b, \tag{3.1.15}$$

这样，得到(3.1.12)式和(3.1.13)式的等价方程组(3.1.14)和(3.1.15). 线性规划问题(3.1.1)也就等价于下列问题：

$$\begin{aligned} \min \quad & f \\ \text{s.t.} \quad & \qquad x_B + B^{-1}Nx_N = B^{-1}b, \\ & f + 0 \cdot x_B + (c_B B^{-1} N - c_N) x_N = c_B B^{-1} b, \\ & x_B \geqslant 0, \quad x_N \geqslant 0. \end{aligned}$$

把上述约束方程的系数置于表中,得到所谓的**单纯形表**,如表 3.1.1 所示.

表 3.1.1

	f	$\boldsymbol{x}_B$	$\boldsymbol{x}_N$	右端
$\boldsymbol{x}_B$	0	$\boldsymbol{I}_m$	$\boldsymbol{B}^{-1}\boldsymbol{N}$	$\boldsymbol{B}^{-1}\boldsymbol{b}$
f	1	0	$\boldsymbol{c}_B\boldsymbol{B}^{-1}\boldsymbol{N}-\boldsymbol{c}_N$	$\boldsymbol{c}_B\boldsymbol{B}^{-1}\boldsymbol{b}$

表的上半部包含 m 个行,其中 $\boldsymbol{B}^{-1}\boldsymbol{N}$ 有 $n-m$ 个列即

$$\begin{aligned}\boldsymbol{B}^{-1}\boldsymbol{N} &= \boldsymbol{B}^{-1}(\boldsymbol{p}_{N_1},\boldsymbol{p}_{N_2},\cdots,\boldsymbol{p}_{N_{n-m}})\\ &= (\boldsymbol{B}^{-1}\boldsymbol{p}_{N_1},\boldsymbol{B}^{-1}\boldsymbol{p}_{N_2},\cdots,\boldsymbol{B}^{-1}\boldsymbol{p}_{N_{n-m}})\\ &= (\boldsymbol{y}_{N_1},\boldsymbol{y}_{N_2},\cdots,\boldsymbol{y}_{N_{n-m}}),\end{aligned}$$

它们对应非基变量. $\boldsymbol{B}^{-1}\boldsymbol{b}$ 是 m 维列向量,记作

$$\boldsymbol{B}^{-1}\boldsymbol{b}=(\bar{b}_1,\bar{b}_2,\cdots,\bar{b}_m)^{\mathrm{T}}$$

令非基变量 $\boldsymbol{x}_N=0$,则基变量 $\boldsymbol{x}_B=\boldsymbol{B}^{-1}\boldsymbol{b}$. 表的下半部只有 1 行. 其中

$$\begin{aligned}\boldsymbol{c}_B\boldsymbol{B}^{-1}\boldsymbol{N}-\boldsymbol{c}_N &= \boldsymbol{c}_B\boldsymbol{B}^{-1}(\boldsymbol{p}_{N_1},\cdots,\boldsymbol{p}_{N_{n-m}})-(c_{N_1},\cdots,c_{N_{n-m}})\\ &= (z_{N_1},\cdots,z_{N_{n-m}})-(c_{N_1},\cdots,c_{N_{n-m}})\\ &= (z_{N_1}-c_{N_1},\cdots,z_{N_{n-m}}-c_{N_{n-m}}),\end{aligned}$$

各分量是对应非基变量的判别数, $\boldsymbol{c}_B\boldsymbol{B}^{-1}\boldsymbol{b}$ 是在现行基本可行解处的目标函数值.

把表 3.1.1(略去左端列)详细写出,即得到表 3.1.2.

表 3.1.2

	x_{B_1}	$\cdots$	x_{B_r}	$\cdots$	x_{B_m}	$\cdots$	x_j	$\cdots$	x_k	$\cdots$	
x_{B_1}	1	$\cdots$	0	$\cdots$	0	$\cdots$	y_{1j}	$\cdots$	y_{1k}	$\cdots$	$\bar{b}_1$
$\vdots$	$\vdots$		$\vdots$		$\vdots$		$\vdots$		$\vdots$		$\vdots$
x_{B_r}	0	$\cdots$	1	$\cdots$	0	$\cdots$	y_{rj}	$\cdots$	y_{rk}	$\cdots$	$\bar{b}_r$
$\vdots$	$\vdots$		$\vdots$		$\vdots$		$\vdots$		$\vdots$		$\vdots$
x_{B_m}	0	$\cdots$	0	$\cdots$	1	$\cdots$	y_{mj}	$\cdots$	y_{mk}	$\cdots$	$\bar{b}_m$
f	0	$\cdots$	0	$\cdots$	0	$\cdots$	z_j-c_j	$\cdots$	z_k-c_k	$\cdots$	$\boldsymbol{c}_B\bar{\boldsymbol{b}}$

显然,在单纯形表中包含了单纯形方法所需要的全部数据. 下面介绍怎样用单纯形表求解线性规划问题. 这里假设

$$\bar{\boldsymbol{b}}=\boldsymbol{B}^{-1}\boldsymbol{b}\geqslant\boldsymbol{0}\ .$$

由于单纯形表中包含 m 阶单位矩阵,因此已经给出一个基本可行解,即

$$\boldsymbol{x}_B = \bar{\boldsymbol{b}}, \qquad \boldsymbol{x}_N = \boldsymbol{0}\ .$$

若 $\boldsymbol{c}_B\boldsymbol{B}^{-1}\boldsymbol{N}-\boldsymbol{c}_N\leqslant\boldsymbol{0}$，则现行基本可行解是最优解.

若 $\boldsymbol{c}_B\boldsymbol{B}^{-1}\boldsymbol{N}-\boldsymbol{c}_N\not\leqslant\boldsymbol{0}$，则需用**主元消去法**求改进的基本可行解. 先根据(3.1.6)式选择进基变量. 如果在表的最后一行中，有

$$z_k - c_k = \max\ \{z_j - c_j\},$$

则选择 x_k，它所对应的列作为**主列**. 再根据(3.1.11)式确定离基变量 x_{B_r}，令

$$\frac{\bar{b}_r}{y_{rk}} = \min\left\{\frac{\bar{b}_i}{y_{ik}}\,\middle|\, y_{ik} > 0\right\},$$

则第 r 行作为**主行**. 主列和主行交叉处的元素 y_{rk} 称为**主元**. 然后进行主元消去. 所谓**主元消去**，就是用主元 y_{rk} 除第 r 行(主行)，再把 r 行的若干倍分别加到各行，使主列中各元素(r 行除外)化为零，即把主列化为单位向量. 经主元消去，实现了基的转换. x_k 由非基变量变成基变量，x_{B_r} 由基变量变成非基变量. 由于基变量的系数矩阵在表中总是单位矩阵，因此右端列 $\bar{b}$ 就是新的基变量的取值，此外，不难验证，主元消去前后在两个不同基下判别数及目标函数值分别有下列关系：

$$(z_j - c_j)' = (z_j - c_j) - (y_{rj}/y_{rk})(z_k - c_k), \tag{3.1.16}$$

其中$(z_j-c_j)'$是在新基下的判别数. (z_j-c_j)是主元消去前在旧基下的判别数.

$$(\boldsymbol{c}_B\boldsymbol{B}^{-1}\boldsymbol{b})' = \boldsymbol{c}_B\boldsymbol{B}^{-1}\boldsymbol{b} - (\bar{b}_r/y_{rk})(z_k - c_k), \tag{3.1.17}$$

其中$(\boldsymbol{c}_B\boldsymbol{B}^{-1}\boldsymbol{b})'$是主元消去后在新基下的目标函数值，$\boldsymbol{c}_B\boldsymbol{B}^{-1}\boldsymbol{b}$ 是主元消去前在旧基下的目标函数值. (3.1.16)式和(3.1.17)式表明，新基下的判别数和目标函数值恰好是主行的$-(z_k-c_k)/y_{rk}$倍加到最后一行所得到的结果. 因此，主元消去后，最后一行仍然是判别数和目标函数值.

例 3.1.2 用单纯形方法解下列问题

$$\begin{aligned}
\min\quad & x_1 - 2x_2 + x_3 \\
\text{s.t.}\quad & x_1 + x_2 - 2x_3 + x_4 = 10, \\
& 2x_1 - x_2 + 4x_3 \leqslant 8, \\
& -x_1 + 2x_2 - 4x_3 \leqslant 4, \\
& x_j \geqslant 0, \quad j = 1,\cdots,4.
\end{aligned}$$

解 引进松弛变量 x_5, x_6，把上述问题化成标准形式：

$$\begin{aligned}
\min\quad & x_1 - 2x_2 + x_3 \\
\text{s.t.}\quad & x_1 + x_2 - 2x_3 + x_4 = 10, \\
& 2x_1 - x_2 + 4x_3 + x_5 = 8, \\
& -x_1 + 2x_2 - 4x_3 + x_6 = 4, \\
& x_j \geqslant 0, \quad j = 1,\cdots,6.
\end{aligned}$$

下面先建立单纯形表，然后根据(3.1.6)式和(3.1.11)式确定主列和主行，并用框号

指明主元，再用主元消去法变换单纯形表，实现基转换. 初表中，判别数由定义式 $z_j - c_j = \boldsymbol{c}_B \boldsymbol{B}^{-1} \boldsymbol{p}_j - c_j$ 确定. 表的左侧标出现行基变量. 上述问题的初始单纯形表如下：

	x_1	x_2	x_3	x_4	x_5	x_6	
x_4	1	1	-2	1	0	0	10
x_5	2	-1	4	0	1	0	8
x_6	-1	$\boxed{2}$	-4	0	0	1	4
	-1	2	-1	0	0	0	0

由于 $z_2 - c_2 = \max\{z_j - c_j\} = 2$，因此取第 2 列作为主列. 由于 $\dfrac{\bar{b}_3}{y_{32}} = \min\left\{\dfrac{10}{1}, \dfrac{4}{2}\right\} = \dfrac{4}{2}$，因此取第 3 行作为主行. 主元是 y_{32}. 进行主元消去. 第 3 行除以 2，然后，把第 3 行加到第 2 行，第 3 行的(-1)倍加到第 1 行，第 3 行的(-2)倍加到第 4 行. 这样，把第 2 列化为单位向量. 完成第 1 次迭代，x_2 变为基变量，x_6 离基，变为非基变量. 新的基变量是 x_4，x_5，x_2，它们的取值由下表右端列给出.

	x_1	x_2	x_3	x_4	x_5	x_6	
x_4	$\frac{3}{2}$	0	0	1	0	$-\frac{1}{2}$	8
x_5	$\frac{3}{2}$	0	$\boxed{2}$	0	1	$\frac{1}{2}$	10
x_2	$-\frac{1}{2}$	1	-2	0	0	$\frac{1}{2}$	2
	0	0	3	0	0	-1	-4

现在进行第 2 次迭代. 上表中，最大判别数是 $z_3 - c_3 = 3$，因此第 3 列作为主列. 由于右端列 $\bar{b}$ 的元素与主列中相应正元素的比值中，有 $\dfrac{\bar{b}_2}{y_{23}} = \min\left\{\dfrac{10}{2}\right\} = \dfrac{10}{2}$，因此 y_{23} 为主元. 进行主元消去，得到下表.

	x_1	x_2	x_3	x_4	x_5	x_6	
x_4	$\frac{3}{2}$	0	0	1	0	$-\frac{1}{2}$	8
x_3	$\frac{3}{4}$	0	1	0	$\frac{1}{2}$	$\frac{1}{4}$	5
x_2	1	1	0	0	1	1	12
	$-\frac{9}{4}$	0	0	0	$-\frac{3}{2}$	$-\frac{7}{4}$	-19

本表中，所有判别数 $z_j-c_j\leqslant 0$，因此达到最优解. 由最后的单纯形表可知，所得到的最优解是

$$(x_1,x_2,x_3,x_4)=(0,12,5,8),$$

目标函数的最优值

$$f_{\min}=-19\ .$$

例 3.1.3 用单纯形方法解下列问题：

$$\begin{aligned}\max\quad & 2x_1+x_2-x_3\\ \text{s.t.}\quad & x_1+x_2+2x_3\leqslant 6,\\ & x_1+4x_2-x_3\leqslant 4,\\ & x_1,x_2,x_3\geqslant 0.\end{aligned}$$

解 引进松弛变量 x_4,x_5，把上述问题化成标准形式：

$$\begin{aligned}\max\quad & 2x_1+x_2-x_3\\ \text{s.t.}\quad & x_1+\ \ x_2+2x_3+x_4\qquad =6,\\ & x_1+4x_2\ -x_3\qquad +x_5=4,\\ & x_j\geqslant 0,\quad j=1,\cdots,5\ .\end{aligned}$$

建立初始单纯形表

	x_1	x_2	x_3	x_4	x_5	
x_4	1	1	2	1	0	6
x_5	[1]	4	-1	0	1	4
	-2	-1	1	0	0	0

初表中的判别数用定义式

$$z_j-c_j=\boldsymbol{c_B}\boldsymbol{B}^{-1}\boldsymbol{p}_j-c_j$$

算出. 由于此例是极大化问题，判别数中有负数，因此可求改进的基本可行解. 由于最小判别数

$$z_1-c_1=\min\{z_j-c_j\}=-2,$$

因此取第 1 列作为主列. 根据最小比值规则，取第 2 行作为主行. 以 y_{21} 为主元，进行主元消去，得下表：

	x_1	x_2	x_3	x_4	x_5	
x_4	0	-3	[3]	1	-1	2
x_1	1	4	-1	0	1	4
	0	7	-1	0	2	8

再以 $y_{13}=3$ 为主元，进行主元消去，得到

	x_1	x_2	x_3	x_4	x_5	
x_3	0	-1	1	$\frac{1}{3}$	$-\frac{1}{3}$	$\frac{2}{3}$
x_1	1	3	0	$\frac{1}{3}$	$\frac{2}{3}$	$\frac{14}{3}$
	0	6	0	$\frac{1}{3}$	$\frac{5}{3}$	$\frac{26}{3}$

判别数均非负，达到最优. 最优解

$$(x_1, x_2, x_3) = \left(\frac{14}{3}, 0, \frac{2}{3}\right),$$

目标函数的最优值

$$f_{\max} = \frac{26}{3}.$$

例 3.1.4 用单纯形法解下列问题：

$$\begin{aligned} \min\quad & -3x_1 + x_2 \\ \text{s.t.}\quad & x_1 - x_2 + x_3 \leqslant 5, \\ & -2x_1 + x_2 - 2x_3 \leqslant 10, \\ & x_1, x_2, x_3 \geqslant 0. \end{aligned}$$

解 引进松弛变量 x_4, x_5，把上述问题化成标准形式：

$$\begin{aligned} \min\quad & -3x_1 + x_2 \\ \text{s.t.}\quad & x_1 - x_2 + x_3 + x_4 = 5, \\ & -2x_1 + x_2 - 2x_3 + x_5 = 10, \\ & x_j \geqslant 0,\quad j = 1, \cdots, 5. \end{aligned}$$

初始的和经 1 次迭代得到的单纯形表如下：

	x_1	x_2	x_3	x_4	x_5	
x_4	$\boxed{1}$	-1	1	1	0	5
x_5	-2	1	-2	0	1	10
	3	-1	0	0	0	0

x_1	1	-1	1	1	0	5
x_5	0	-1	0	2	1	20
	0	2	-3	-3	0	-15

上表还不是最优表. 最大判别数 $z_2-c_2=2$,由于表中第2列 $y_2<0$,因此目标函数不存在有限最优值. 这种情形也可以从另一个角度解释. 如果我们固定非基变量 $x_3=0, x_4=0$,而令 x_2 取正值,根据(3.1.8)式则有

$$\begin{bmatrix}x_1\\x_5\end{bmatrix}=\begin{bmatrix}5\\20\end{bmatrix}-\begin{bmatrix}-1\\-1\end{bmatrix}x_2,$$

因此得到可行解

$$\begin{bmatrix}x_1\\x_2\\x_3\\x_4\\x_5\end{bmatrix}=\begin{bmatrix}5\\0\\0\\0\\20\end{bmatrix}+\begin{bmatrix}1\\1\\0\\0\\1\end{bmatrix}x_2,$$

x_2 取任何正数时总能保持可行性. 向量

$$\boldsymbol{d}=(1,1,0,0,1)^{\mathrm{T}}$$

是可行域的一个方向,而且是极方向(这个结论作为习题留给读者去证明). 由于

$$\boldsymbol{cd}=(-3,1,0,0,0)\begin{bmatrix}1\\1\\0\\0\\1\end{bmatrix}=-2<0,$$

根据定理2.2.2,不存在有限最优解.

3.2　两阶段法与大 M 法

3.2.1　两阶段法

使用单纯形方法,需要给定一个初始基本可行解,以便从这个基本可行解出发,求改进的基本可行解. 下面介绍怎样求初始基本可行解. 我们考虑具有标准形式的线性规划问题

$$\begin{aligned}\min\quad & \boldsymbol{cx}\\ \text{s.t.}\quad & \boldsymbol{Ax}=\boldsymbol{b},\\ & \boldsymbol{x}\geqslant\boldsymbol{0},\end{aligned}\tag{3.2.1}$$

其中 $\boldsymbol{A}$ 是 $m\times n$ 矩阵,$\boldsymbol{b}\geqslant\boldsymbol{0}$. 若 $\boldsymbol{A}$ 中含有 m 阶单位矩阵,则初始基本可行解立即得到. 比

如，$\boldsymbol{A}=[\boldsymbol{I}_m,\boldsymbol{N}]$，那么

$$\boldsymbol{x}=\begin{bmatrix}\boldsymbol{x}_B\\ \boldsymbol{x}_N\end{bmatrix}=\begin{bmatrix}\boldsymbol{b}\\ \boldsymbol{0}\end{bmatrix}$$

就是一个基本可行解. 若 $\boldsymbol{A}$ 中不包含 m 阶单位矩阵，就需要用某种方法求出一个基本可行解. 下面介绍的两阶段法，其第一阶段提供了求初始基本可行解的方法.

介绍两阶段法之前，先引入人工变量的概念. 设 $\boldsymbol{A}$ 中不包含 m 阶单位矩阵，为使约束方程的系数矩阵中含有 m 阶单位矩阵，把每个方程增加一个非负变量，令

$$\begin{gathered}\boldsymbol{A}\boldsymbol{x}+\boldsymbol{x}_a=\boldsymbol{b},\\ \boldsymbol{x}\geqslant\boldsymbol{0},\quad \boldsymbol{x}_a\geqslant\boldsymbol{0},\end{gathered}\tag{3.2.2}$$

即

$$\begin{gathered}(\boldsymbol{A},\boldsymbol{I}_m)\begin{bmatrix}\boldsymbol{x}\\ \boldsymbol{x}_a\end{bmatrix}=\boldsymbol{b},\\ \boldsymbol{x}\geqslant\boldsymbol{0},\quad \boldsymbol{x}_a\geqslant\boldsymbol{0}.\end{gathered}\tag{3.2.3}$$

显然，

$$\begin{bmatrix}\boldsymbol{x}\\ \boldsymbol{x}_a\end{bmatrix}=\begin{bmatrix}\boldsymbol{0}\\ \boldsymbol{b}\end{bmatrix}$$

是(3.2.3)式的一个基本可行解.

当然，(3.2.3)式已经不再是原来的约束，构造(3.2.3)式的意义在于：若从(3.2.3)式的已知的基本可行解出发，能够求出一个使 $\boldsymbol{x}_a=\boldsymbol{0}$ 的基本可行解，那么就可得到(3.2.1)式的一个基本可行解. 关于这一点，下面还要详细分析.

向量 $\boldsymbol{x}_a\geqslant\boldsymbol{0}$ 是人为引入的，它的每个分量称为**人工变量**. 人工变量与前面介绍过的松弛变量是两个不同的概念. 松弛变量的作用是把不等式约束改写成等式约束，改写前后的两个问题是等价的. 松弛变量的取值能够表达现行的可行点是在可行域的内部还是在其边界，也就是说，在此可行解处，原来的约束是成立严格不等式还是等式. 因此，松弛变量是“合法”的变量. 而人工变量的引入，改变了原来的约束条件，从这个意义上讲，它们是“不合法”的变量. 这两种变量不可混为一谈.

两阶段法的**第一阶段**是用单纯形方法消去人工变量(如果可能的话)，即把人工变量都变换成非基变量，求出原来问题的一个基本可行解. 消去人工变量的一种方法是解下列第一阶段问题：

$$\begin{aligned}\min\quad & \boldsymbol{e}^{\mathrm{T}}\boldsymbol{x}_a\\ \text{s.t.}\quad & \boldsymbol{A}\boldsymbol{x}+\boldsymbol{x}_a=\boldsymbol{b},\\ & \boldsymbol{x}\geqslant\boldsymbol{0},\quad \boldsymbol{x}_a\geqslant\boldsymbol{0}.\end{aligned}\tag{3.2.4}$$

其中 $\boldsymbol{e}=(1,1,\cdots,1)^{\mathrm{T}}$ 是分量全是 1 的 m 维列向量，$\boldsymbol{x}_a=(x_{n+1},\cdots,x_{n+m})^{\mathrm{T}}$ 是人工变量构成的 m 维列向量.

由于 $\boldsymbol{x}=\boldsymbol{0},\boldsymbol{x}_a=\boldsymbol{b}$ 是线性规划(3.2.4)的一个基本可行解，目标函数值在可行域上有下界，因此问题(3.2.4)必存在最优基本可行解.

求解线性规划(3.2.4)，设得到的最优基本可行解是$(\bar{\boldsymbol{x}}^{\mathrm{T}},\bar{\boldsymbol{x}}_a^{\mathrm{T}})^{\mathrm{T}}$，此时必有下列三种情形之一：

(1) $\bar{\boldsymbol{x}}_a\neq\boldsymbol{0}$. 这时线性规划(3.2.1)无可行解. 因为如果线性规划(3.2.1)存在可行解 $\hat{\boldsymbol{x}}$，则

$$\begin{bmatrix}\boldsymbol{x}\\ \boldsymbol{x}_a\end{bmatrix}=\begin{bmatrix}\hat{\boldsymbol{x}}\\ \boldsymbol{0}\end{bmatrix}$$

是线性规划(3.2.4)的可行解. 在此点，问题(3.2.4)的目标函数值

$$f=\boldsymbol{0}\cdot\hat{\boldsymbol{x}}+\boldsymbol{e}^{\mathrm{T}}\cdot\boldsymbol{0}=0<\boldsymbol{e}^{\mathrm{T}}\bar{\boldsymbol{x}}_a,$$

而 $\boldsymbol{e}^{\mathrm{T}}\bar{\boldsymbol{x}}_a$ 是目标函数的最优值，矛盾.

(2) $\bar{\boldsymbol{x}}_a=\boldsymbol{0}$ 且 $\boldsymbol{x}_a$ 的分量都是非基变量. 这时，m 个基变量都是原来的变量，又知

$$\begin{bmatrix}\boldsymbol{x}\\ \boldsymbol{x}_a\end{bmatrix}=\begin{bmatrix}\bar{\boldsymbol{x}}\\ \boldsymbol{0}\end{bmatrix}$$

是线性规划(3.2.4)的基本可行解，因此 $\boldsymbol{x}=\bar{\boldsymbol{x}}$ 是线性规划(3.2.1)的一个基本可行解.

(3) $\bar{\boldsymbol{x}}_a=\boldsymbol{0}$ 且 $\boldsymbol{x}_a$ 的某些分量是基变量. 这时，可用主元消去法，把原来变量中的某些非基变量引进基，替换出基变量中的人工变量，再开始两阶段法的第二阶段. 应指出，为替换出人工变量而采用的主元消去，在主元的选择上，并不要求遵守单纯形法确定离进基变量的规则，这个问题在后面的例题中还要说明.

两阶段法的**第二阶段**，就是从得到的基本可行解出发，用单纯形方法求线性规划(3.2.1)的最优解.

例 3.2.1 用两阶段法求下列问题的最优解：

$$\begin{aligned}\max\quad & 2x_1-x_2\\ \text{s.t.}\quad & x_1+x_2\geqslant 2,\\ & x_1-x_2\geqslant 1,\\ & x_1\qquad\ \leqslant 3,\\ & x_1,\ x_2\ \geqslant 0.\end{aligned}\tag{3.2.5}$$

先引进松弛变量 x_4,x_5,x_6，把问题化成标准形式. 由于此标准形式中约束方程的系数矩阵并不包含 3 阶单位矩阵，因此还要引进人工变量 x_6,x_7. 下面先求解一阶段问题：

$$\begin{aligned}
\min \quad & x_6 + x_7 \\
\text{s.t.} \quad & x_1 + x_2 - x_3 + x_6 = 2, \\
& x_1 - x_2 - x_4 + x_7 = 1, \\
& x_1 + x_5 = 3, \\
& x_j \geqslant 0, \quad j = 1, \cdots, 7.
\end{aligned}$$

仍然用主元消去法,主元用框号标出.迭代过程如下:

	x_1	x_2	x_3	x_4	x_5	x_6	x_7	
x_6	1	1	-1	0	0	1	0	2
x_7	$\boxed{1}$	-1	0	-1	0	0	1	1
x_5	1	0	0	0	1	0	0	3
	2	0	-1	-1	0	0	0	3

x_6	0	$\boxed{2}$	-1	1	0	1	-1	1
x_1	1	-1	0	-1	0	0	1	1
x_5	0	1	0	1	1	0	-1	2
	0	2	-1	1	0	0	-2	1

x_2	0	1	$-\frac{1}{2}$	$\frac{1}{2}$	0	$\frac{1}{2}$	$-\frac{1}{2}$	$\frac{1}{2}$
x_1	1	0	$-\frac{1}{2}$	$-\frac{1}{2}$	0	$\frac{1}{2}$	$\frac{1}{2}$	$\frac{3}{2}$
x_5	0	0	$\frac{1}{2}$	$\frac{1}{2}$	1	$-\frac{1}{2}$	$-\frac{1}{2}$	$\frac{3}{2}$
	0	0	0	0	0	-1	-1	0

由于所有判别数 $z_j - c_j \leqslant 0$,因此达到最优解.在一阶段问题的最优解中,人工变量 x_6, x_7 都是非基变量.这样,我们得到初始基本可行解

$$(x_1, x_2, x_3, x_4, x_5) = \left(\frac{3}{2}, \frac{1}{2}, 0, 0, \frac{3}{2}\right).$$

第一阶段结束后,修改最后的单纯形表.去掉人工变量 x_6 和 x_7 下面的列(也可保留,但人工变量不能再进基),把最后的判别数行按原来问题进行修正.其他不变.然后开始第二阶段迭代,即极大化目标函数 $f = 2x_1 - x_2$.迭代过程如下:

	x_1	x_2	x_3	x_4	x_5	
x_2	0	1	$-\frac{1}{2}$	$\boxed{\frac{1}{2}}$	0	$\frac{1}{2}$
x_1	1	0	$-\frac{1}{2}$	$-\frac{1}{2}$	0	$\frac{3}{2}$
x_5	0	0	$\frac{1}{2}$	$\frac{1}{2}$	1	$\frac{3}{2}$
	0	0	$-\frac{1}{2}$	$-\frac{3}{2}$	0	$\frac{5}{2}$

x_4	0	2	-1	1	0	1
x_1	1	1	-1	0	0	2
x_5	0	-1	$\boxed{1}$	0	1	1
	0	3	-2	0	0	4

x_4	0	1	0	1	1	2
x_1	1	0	0	0	1	3
x_3	0	-1	1	0	1	1
	0	1	0	0	2	6

得到线性规划(3.2.5)的最优解$(x_1,x_2)=(3,0)$,目标函数最优值 $f_{\max}=6$.

例 3.2.2 用两阶段法求解下列问题:

$$\begin{aligned}
\min\quad & x_1 - x_2 \\
\text{s.t.}\quad & -x_1 + 2x_2 + x_3 \leqslant 2, \\
& -4x_1 + 4x_2 - x_3 = 4, \\
& x_1 \qquad\quad - x_3 = 0, \\
& x_1, x_2, x_3 \geqslant 0.
\end{aligned}$$

解 引进松弛变量 x_4,把上述问题化成标准形式,再引进人工变量 x_5,x_6,得到下列一阶段问题:

$$\begin{aligned}
\min\quad & x_5 + x_6 \\
\text{s.t.}\quad & -x_1 + 2x_2 + x_3 + x_4 \qquad\qquad = 2, \\
& -4x_1 + 4x_2 - x_3 \qquad + x_5 \qquad = 4, \\
& x_1 \qquad\quad - x_3 \qquad\qquad + x_6 = 0, \\
& x_j \geqslant 0, \quad j = 1, \cdots, 6.
\end{aligned}$$

先用单纯形法解一阶段问题,迭代如下:

	x_1	x_2	x_3	x_4	x_5	x_6	
x_4	-1	$\boxed{2}$	1	1	0	0	2
x_5	-4	4	-1	0	1	0	4
x_6	1	0	-1	0	0	1	0
	-3	4	-2	0	0	0	4

x_2	$-\frac{1}{2}$	1	$\frac{1}{2}$	$\frac{1}{2}$	0	0	1
x_5	-2	0	-3	-2	1	0	0
x_6	$\boxed{1}$	0	-1	0	0	1	0
	-1	0	-4	-2	0	0	0

一阶段问题经一次迭代即达最优解.此时人工变量 x_5,x_6 以零值出现在基变量中.在开始第二阶段的迭代以前,可用原来变量(即非人工变量)把人工变量从基中驱赶出去.在进行这样步骤时,判别数行可以略去.原来变量中的非基变量有 x_1,x_3 和 x_4,我们的目的是用它们替换人工变量 x_5 和 x_6.先驱赶 x_6 离基.那么用哪个非基变量替换 x_6 呢?由于 x_6 仅出现在第 3 个方程中,从上表看,在第 3 行中 x_6 的系数不为零,而在其他行中 x_6 的系数均为零.因此可用第 3 个方程所含有的(即系数不为零的)任何一个非基变量替换 x_6.由表可见,第 3 行中 x_1 和 x_3 的系数不为零,它们分别是 1 和(-1),而 x_4 的系数为零.因此可用 x_1 和 x_3 中任一个替换 x_6,即主元可以先为 $y_{31}=1$ 或 $y_{33}=-1$.由于当人工变量以零值出现在基中时,相应行的右端为零,因此主元取负值时也不会破坏可行性.这就是驱赶具有零值的人工基变量时主元选择不要求遵守单纯形法的某些规则的原因.现在用 x_1 从基中替换出 x_6,取主元 $y_{31}=1$,经主元消去得到下表:

	x_1	x_2	x_3	x_4	x_5	x_6	
x_2	0	1	0	$\frac{1}{2}$	0	$\frac{1}{2}$	1
x_5	0	0	$\boxed{-5}$	-2	1	2	0
x_1	1	0	-1	0	0	1	0

再以 $y_{23}=-5$ 为主元,进行主元消去,得到

	x_1	x_2	x_3	x_4	x_5	x_6	
x_2	0	1	0	$\frac{1}{2}$	0	$\frac{1}{2}$	1
x_3	0	0	1	$\frac{2}{5}$	$-\frac{1}{5}$	$-\frac{2}{5}$	0
x_1	1	0	0	$\frac{2}{5}$	$-\frac{1}{5}$	$\frac{3}{5}$	0

这样，基变量均为原来的变量，得到原来问题的一个基本可行解

$$(x_1,x_2,x_3,x_4)=(0,1,0,0).$$

再把表中人工变量对应的列去掉(也可保留，但人工变量不能再进基)，并把判别数行增加进去. 正如前面曾经指出过的那样，初表中的判别数和目标函数值利用定义来计算，即

$$z_j-c_j=\boldsymbol{c_B B}^{-1}\boldsymbol{p}_j-c_j=\boldsymbol{c_B y}_j-c_j,$$

$$f=\boldsymbol{c_B x_B}=\boldsymbol{c_B B}^{-1}\boldsymbol{b}=\boldsymbol{c_B}\bar{\boldsymbol{b}},$$

其中 $\boldsymbol{c_B}$ 是目标函数中基变量的系数构成的 m 维行向量，$\boldsymbol{y}_j$ 是上表中的第 j 列，$\bar{\boldsymbol{b}}$ 是上表中的右端列.

第二阶段的初表如下：

	x_1	x_2	x_3	x_4	
x_2	0	1	0	$\frac{1}{2}$	1
x_3	0	0	1	$\frac{2}{5}$	0
x_1	1	0	0	$\frac{2}{5}$	0
	0	0	0	$-\frac{1}{10}$	-1

此表已是最优表. 最优解是

$$(x_1,x_2,x_3)=(0,1,0),$$

目标函数的最优值

$$f_{\min}=-1\ .$$

这里还应指出，在第一阶段的最优单纯形表中，若以零值出现的人工基变量 x_j 所对应的行中，属于非人工变量的系数均为零，则无法用非基变量驱赶 x_j 离基. 然而，在这种情形下，原来问题中相应的约束方程是多余的，因此可将 x_j 对应的行去掉，再进行第二阶段.

例 3.2.3 用两阶段法求解下列问题

$$
\begin{aligned}
\max\quad & 3x_1 + x_2 - 2x_3 \\
\text{s.t.}\quad & 2x_1 - x_2 + x_3 = 4, \\
& x_1 + x_2 + x_3 = 6, \\
& x_1 + x_4 = 2, \\
& 3x_1 + 2x_3 = 10, \\
& x_j \geqslant 0,\quad j = 1,\cdots,4 .
\end{aligned}
$$

解 引进人工变量 x_5, x_6, x_7. 解一阶段问题：

$$
\begin{aligned}
\min\quad & x_5 + x_6 + x_7 \\
\text{s.t.}\quad & 2x_1 - x_2 + x_3 + x_5 = 4, \\
& x_1 + x_2 + x_3 + x_6 = 6, \\
& x_1 + x_4 = 2, \\
& 3x_1 + 2x_3 + x_7 = 10, \\
& x_j \geqslant 0,\quad j = 1,\cdots,7 .
\end{aligned}
$$

下面以表格形式给出迭代过程：

	x_1	x_2	x_3	x_4	x_5	x_6	x_7	
x_5	2	−1	1	0	1	0	0	4
x_6	1	1	1	0	0	1	0	6
x_4	[1]	0	0	1	0	0	0	2
x_7	3	0	2	0	0	0	1	10
	6	0	4	0	0	0	0	20

x_5	0	−1	[1]	−2	1	0	0	0
x_6	0	1	1	−1	0	1	0	4
x_1	1	0	0	1	0	0	0	2
x_7	0	0	2	−3	0	0	1	4
	0	0	4	−6	0	0	0	8

x_3	0	-1	1	-2	1	0	0	0
x_6	0	$\boxed{2}$	0	1	-1	1	0	4
x_1	1	0	0	1	0	0	0	2
x_7	0	2	0	1	-2	0	1	4
	0	4	0	2	-4	0	0	8

x_3	0	0	1	$-\frac{3}{2}$	$\frac{1}{2}$	$\frac{1}{2}$	0	2
x_2	0	1	0	$\frac{1}{2}$	$-\frac{1}{2}$	$\frac{1}{2}$	0	2
x_1	1	0	0	1	0	0	0	2
x_7	0	0	0	0	-1	-1	1	0
	0	0	0	0	-2	-2	0	0

第一阶段问题已经达到最优解.人工变量均取零值,但人工变量 x_7 是基变量,应从基中替换出去.由于 x_7 对应的行(第4行)中,原来变量的系数均为零,不能进行基转换.然而,这种情形恰好说明第4个约束方程是多余的.因此去掉表中第4行,得到初始基本可行解

$$(x_1,x_2,x_3,x_4)=(2,2,2,0).$$

现在修正表中判别数行.由于 x_1,x_2 和 x_3 是基变量,相应的判别数均为零,只需计算非基变量对应的判别数

$$z_4-c_4=\boldsymbol{c_B y}_4-c_4=(-2,1,3)\begin{bmatrix}-\frac{3}{2}\\ \frac{1}{2}\\ 1\end{bmatrix}-0=\frac{13}{2},$$

在现行基本可行解处的目标函数值

$$f_0=\boldsymbol{c_B}\bar{\boldsymbol{b}}=(-2,1,3)\begin{bmatrix}2\\2\\2\end{bmatrix}=4,$$

去掉人工变量下面的列,得到第二阶段的初始单纯形表:

	x_1	x_2	x_3	x_4	
x_3	0	0	1	$-\frac{3}{2}$	2
x_2	0	1	0	$\frac{1}{2}$	2
x_1	1	0	0	1	2
	0	0	0	$\frac{13}{2}$	4

此表已是最优表.得到最优解

$$(x_1,x_2,x_3,x_4)=(2,2,2,0),$$

目标函数的最优值

$$f_{\max}=4.$$

在两阶段法的第二阶段,可以保留人工变量下面的列,好处在于:最初单位矩阵所在的位置,在以后的每个单纯形表中,总是存放现行基的逆.但必须注意,正如前面指出的,人工变量绝不可再进基.

3.2.2 大 M 法

初始基本可行解未知的情况下,也可以采用另外一种求解方法——**大 M 法**.这种方法的基本思想是:在约束中增加人工变量 x_a,同时修改目标函数,加上罚项 $Me^{\mathrm{T}}x_a$,其中 M 是很大的正数,这样,在极小化目标函数的过程中,由于大 M 的存在,将迫使人工变量离基.

我们仍考虑线性规划问题

$$\begin{aligned} \min\quad & \boldsymbol{cx} \\ \text{s.t.}\quad & \boldsymbol{Ax}=\boldsymbol{b}, \\ & \boldsymbol{x}\geqslant \boldsymbol{0}. \end{aligned} \tag{3.2.6}$$

引进人工变量 $\boldsymbol{x}_a$,研究下列问题:

$$\begin{aligned} \min\quad & \boldsymbol{cx}+M\boldsymbol{e}^{\mathrm{T}}\boldsymbol{x}_a \\ \text{s.t.}\quad & \boldsymbol{Ax}+\boldsymbol{x}_a=\boldsymbol{b}, \\ & \boldsymbol{x}\geqslant \boldsymbol{0},\quad \boldsymbol{x}_a\geqslant \boldsymbol{0}, \end{aligned} \tag{3.2.7}$$

其中 $\boldsymbol{A}$ 是 $m\times n$ 矩阵,$\boldsymbol{b}\geqslant\boldsymbol{0}$,$M>0$ 很大,$\boldsymbol{e}=(1,\cdots,1)^{\mathrm{T}}$ 是 m 维列向量,分量全为 1.

我们希望通过求解线性规划(3.2.7)而获得线性规划(3.2.6)的最优解.显然,线性规划(3.2.7)是可行的,比如 $\boldsymbol{x}=\boldsymbol{0}$,$\boldsymbol{x}_a=\boldsymbol{b}$ 就是一个可行解.用单纯形方法求解线性规划(3.2.7),其结果必为下列几种情形之一:

(1) 达到线性规划(3.2.7)的最优解,且 $\boldsymbol{x}_a=\boldsymbol{0}$.此时,得到的 $\boldsymbol{x}$ 即为问题(3.2.6)的最

优解.

(2) 达到线性规划(3.2.7)的最优解，且 $\boldsymbol{e}^{\mathrm{T}}\boldsymbol{x}_a>0$. 这时，线性规划(3.2.6)无可行解. 因为如果线性规划(3.2.6)有可行解，比如说 $\hat{\boldsymbol{x}}$，则 $\boldsymbol{x}=\hat{\boldsymbol{x}},\boldsymbol{x}_a=\boldsymbol{0}$ 是线性规划(3.2.7)的可行解. 线性规划(3.2.7)在这一点的目标函数值

$$Z=\boldsymbol{c}\hat{\boldsymbol{x}}+M\boldsymbol{e}^{\mathrm{T}}\boldsymbol{0}=\boldsymbol{c}\hat{\boldsymbol{x}}. \tag{3.2.8}$$

设线性规划(3.2.7)的最优解是

$$\begin{bmatrix}\bar{\boldsymbol{x}}\\ \boldsymbol{x}_a\end{bmatrix},$$

则最优值

$$\bar{Z}=\boldsymbol{c}\bar{\boldsymbol{x}}+M\boldsymbol{e}^{\mathrm{T}}\boldsymbol{x}_a. \tag{3.2.9}$$

由于 M 是很大的正数，$\boldsymbol{e}^{\mathrm{T}}\boldsymbol{x}_a>0$，因此 $M\boldsymbol{e}^{\mathrm{T}}\boldsymbol{x}_a$ 可以很大，从而由(3.2.8)式和(3.2.9)式推知 $Z<\bar{Z}$，这与 $\bar{Z}$ 为最优值矛盾.

(3) 线性规划(3.2.7)不存在有限最优值，在单纯形表中，

$$z_k-c_k=\max\{z_j-c_j\}>0,$$
$$\boldsymbol{y}_k\leqslant\boldsymbol{0},\quad \boldsymbol{x}_a=\boldsymbol{0},$$

这时，线性规划(3.2.6)无界. 理由如下：

在此情形下，原来的问题必存在一个可行解. 由于线性规划(3.2.7)式的可行域

$$\left\{\begin{pmatrix}\boldsymbol{x}\\ \boldsymbol{x}_a\end{pmatrix}\middle|\,\boldsymbol{A}\boldsymbol{x}+\boldsymbol{x}_a=\boldsymbol{b},\boldsymbol{x}\geqslant\boldsymbol{0},\boldsymbol{x}_a\geqslant\boldsymbol{0}\right\}$$

是无界多面集，根据定理 1.4.1 和定理 2.2.2，存在方向

$$\begin{bmatrix}\boldsymbol{d}\\ \boldsymbol{d}_a\end{bmatrix}\geqslant\boldsymbol{0},$$

使得

$$(\boldsymbol{c},M\boldsymbol{e}^{\mathrm{T}})\begin{bmatrix}\boldsymbol{d}\\ \boldsymbol{d}_a\end{bmatrix}=\boldsymbol{c}\boldsymbol{d}+M\boldsymbol{e}^{\mathrm{T}}\boldsymbol{d}_a<0. \tag{3.2.10}$$

由于 M 可取任意大的正数，因此由上式可推知 $\boldsymbol{d}_a=\boldsymbol{0},\boldsymbol{c}\boldsymbol{d}<0$. $\boldsymbol{d}$ 是原来问题的可行域

$$\{\boldsymbol{x}\,|\,\boldsymbol{A}\boldsymbol{x}=\boldsymbol{b},\boldsymbol{x}\geqslant\boldsymbol{0}\}$$

的方向，根据定理 2.2.2，线性规划(3.2.6)无界.

(4) 线性规划(3.2.7)不存在有限最优值，在单纯形表中，

$$z_k-c_k=\max\{z_j-c_j\}>0,\quad \boldsymbol{y}_k\leqslant\boldsymbol{0},$$

有些人工变量不等于零，即 $\boldsymbol{e}^{\mathrm{T}}\boldsymbol{x}_a>0$. 这时，线性规划(3.2.6)无可行解. 为说明此结论，不妨假设经迭代得到下列单纯形表 3.2.1：

表 3.2.1

	x_1	…	x_p	x_{p+1}	…	x_m	…	x_k	…	x_j	…	
x_1	1	…	0	0	…	0	…	y_{1k}	…	y_{1j}	…	$\bar{b}_1$
⋮	⋮		⋮	⋮		⋮		⋮		⋮		⋮
x_p	0	…	1	0	…	0	…	y_{pk}	…	$y_{p,j}$	…	$\bar{b}_p$
x_{p+1}	0	…	0	1	…	0	…	$y_{p+1,k}$	…	$y_{p+1,j}$	…	$\bar{b}_{p+1}$
⋮	⋮		⋮	⋮		⋮		⋮		⋮		⋮
x_m	0	…	0	0	…	1	…	y_{mk}	…	y_{mj}	…	$\bar{b}_m$
	0	…	0	0	…	0	…	z_k-c_k	…	z_j-c_j	…	$\boldsymbol{c}_{\boldsymbol{B}}\bar{\boldsymbol{b}}$

表中 $x_1,\cdots,x_p$ 是原来问题的变量，$x_{p+1},\cdots,x_m$ 是人工变量，根据人工变量不全为零的假设，必有

$$\sum_{i=p+1}^{m}\bar{b}_i>0. \tag{3.2.11}$$

易证在表 3.2.1 中必有

$$\sum_{i=p+1}^{m}y_{ij}\leqslant 0,\qquad j=m+1,\cdots,n. \tag{3.2.12}$$

当 $j=k$ 时，由假设，(3.2.12)式显然成立. 如果

$$j\neq k,\quad j\in\{m+1,\cdots,n\},$$

相应的判别数

$$z_j-c_j=\boldsymbol{c_B y}_j-c_j=\sum_{i=1}^{p}c_j y_{ij}+M\sum_{i=p+1}^{m}y_{ij}-c_j.$$

假设 $\sum\limits_{i=p+1}^{m}y_{ij}>0$，由于 M 是很大的正数，必导致 $z_j-c_j>z_k-c_k$，这与

$$z_k-c_k=\max\{z_j-c_j\}$$

相矛盾. 因此(3.2.12)式成立.

现将最后 $m-p$ 个方程(它们都以表中数据为系数)相加，得到

$$\sum_{j=p+1}^{m}x_j+\sum_{j=m+1}^{n}\Big(\sum_{i=p+1}^{m}y_{ij}\Big)x_j=\sum_{i=p+1}^{m}\bar{b}_i. \tag{3.2.13}$$

若原来问题(3.2.6)有可行解 $\hat{\boldsymbol{x}}\geqslant 0$，则

$$\begin{bmatrix}\boldsymbol{x}\\ \boldsymbol{x}_a\end{bmatrix}=\begin{bmatrix}\hat{\boldsymbol{x}}\\ \boldsymbol{0}\end{bmatrix}$$

是线性规划(3.2.7)的可行解，代入(3.2.13)式，注意到 $x_j\,(j=p+1,\cdots,m)$ 是人工变量，得出等号左端

$$\sum_{j=m+1}^{n}\left(\sum_{i=p+1}^{m} y_{ij}\right)x_j \leqslant 0,$$

而等号右端大于零,相矛盾.因此线性规划(3.2.6)无可行解.

例 3.2.4 用大 M 法求解下列问题:

$$\begin{aligned}
\min\quad & x_1 + x_2 - 3x_3 \\
\text{s.t.}\quad & x_1 - 2x_2 + x_3 \leqslant 11, \\
& 2x_1 + x_2 - 4x_3 \geqslant 3, \\
& x_1 \qquad - 2x_3 = 1, \\
& x_1, x_2, x_3 \geqslant 0.
\end{aligned}$$

解 引进松弛变量 x_4, x_5 和人工变量 x_6, x_7,用单纯形方法解下列问题:

$$\begin{aligned}
\min\quad & x_1 + x_2 - 3x_3 + M(x_6 + x_7) \\
\text{s.t.}\quad & x_1 - 2x_2 + x_3 + x_4 = 11, \\
& 2x_1 + x_2 - 4x_3 - x_5 + x_6 = 3, \\
& x_1 - 2x_3 + x_7 = 1, \\
& x_j \geqslant 0, \quad j = 1, \cdots, 7.
\end{aligned}$$

在下面的迭代中,选择最大判别数时要注意 M 是很大的正数,它的数值可超过每个已知的正数.迭代过程如下:

	x_1	x_2	x_3	x_4	x_5	x_6	x_7	
x_4	1	-2	1	1	0	0	0	11
x_6	2	1	-4	0	-1	1	0	3
x_7	[1]	0	-2	0	0	0	1	1
	$3M-1$	$M-1$	$-6M+3$	0	$-M$	0	0	$4M$

	x_1	x_2	x_3	x_4	x_5	x_6	x_7	
x_4	0	-2	3	1	0	0	-1	10
x_6	0	[1]	0	0	-1	1	-2	1
x_1	1	0	-2	0	0	0	1	1
	0	$M-1$	1	0	$-M$	0	$1-3M$	$1+M$

	x_1	x_2	x_3	x_4	x_5	x_6	x_7	
x_4	0	0	[3]	1	-2	2	-5	12
x_2	0	1	0	0	-1	1	-2	1
x_1	1	0	-2	0	0	0	1	1
	0	0	1	0	-1	$1-M$	$-1-M$	2

x_3	0	0	1	$\frac{1}{3}$	$-\frac{2}{3}$	$\frac{2}{3}$	$-\frac{5}{3}$	4
x_2	0	1	0	0	-1	1	-2	1
x_1	1	0	0	$\frac{2}{3}$	$-\frac{4}{3}$	$\frac{4}{3}$	$-\frac{7}{3}$	9
	0	0	0	$-\frac{1}{3}$	$-\frac{1}{3}$	$\frac{1}{3}-M$	$\frac{2}{3}-M$	-2

由于 M 是很大的正数，因此所有的判别数 $z_j-c_j\leqslant 0$，达到最优解. 人工变量 $x_6=0$，$x_7=0$. 原来问题的最优解

$$(x_1,x_2,x_3)=(9,1,4),$$

目标函数最优值

$$f_{\min}=-2.$$

3.2.3 单个人工变量技巧

前面介绍的两阶段法和大 M 法需要引进若干个人工变量，下面介绍只利用一个人工变量的方法.

考虑线性规划

$$\begin{aligned} \min \quad & \boldsymbol{cx} \\ \text{s.t.} \quad & \boldsymbol{Ax}=\boldsymbol{b}, \\ & \boldsymbol{x}\geqslant \boldsymbol{0}, \end{aligned} \tag{3.2.14}$$

其中 $\boldsymbol{A}$ 是 $m\times n$ 矩阵. 假设 $\boldsymbol{A}$ 可分解成 $\boldsymbol{A}=[\boldsymbol{B},\boldsymbol{N}]$，$\boldsymbol{B}$ 为基矩阵，不要求是可行基. 将约束方程写成

$$\boldsymbol{x_B}+\boldsymbol{B}^{-1}\boldsymbol{Nx_N}=\bar{\boldsymbol{b}}, \tag{3.2.15}$$

其中 $\bar{\boldsymbol{b}}=\boldsymbol{B}^{-1}\boldsymbol{b}$.

如果 $\bar{\boldsymbol{b}}\geqslant\boldsymbol{0}$，则得到一个基本可行解

$$\begin{bmatrix}\boldsymbol{x_B}\\ \boldsymbol{x_N}\end{bmatrix}=\begin{bmatrix}\bar{\boldsymbol{b}}\\ \boldsymbol{0}\end{bmatrix},$$

可由此出发，用单纯形方法求最优解.

如果 $\bar{\boldsymbol{b}}\ngeqslant\boldsymbol{0}$，这正是我们要研究的情形，就引进一个人工变量 x_a，考虑约束条件

$$\begin{aligned} & \boldsymbol{x_B}+\boldsymbol{B}^{-1}\boldsymbol{Nx_N}-x_a\boldsymbol{e}=\bar{\boldsymbol{b}}, \\ & \boldsymbol{x}\geqslant\boldsymbol{0}, \quad x_a\geqslant 0 \end{aligned} \tag{3.2.16}$$

其中 $\boldsymbol{e}=(1,1,\cdots,1)^{\mathrm{T}}$ 为分量全是 1 的 m 维列向量，记作

$$\bar{\boldsymbol{b}}=(\bar{b}_1,\cdots,\bar{b}_m)^{\mathrm{T}}.$$

下面将 x_a 转换成基变量. 令

$$\bar{b}_r=\min\{\bar{b}_i\}<0.$$

以第 r 行为主行,经主元消去,将 x_a 引进基. 这时,约束方程的右端变为

$$\bar{b}'_r=-\bar{b}_r>0,$$

$$\bar{b}'_i=\bar{b}_i-\bar{b}_r\geqslant 0,\quad i\neq r.$$

于是得到(3.2.16)式的一个基本可行解(基中包含人工变量). 再由此基本可行解出发,用两阶段法或大 M 法求解.

例 3.2.5 求解下列线性规划问题:

$$\begin{aligned}\min\quad & x_1+2x_2\\ \text{s.t.}\quad & x_1-x_2\geqslant 1,\\ & -x_1+2x_2\geqslant 2,\\ & x_1,x_2\geqslant 0.\end{aligned}$$

解 先引进松弛变量 x_3,x_4,把约束写成等式,然后再用(−1)乘每个方程的两端,使系数矩阵包含二阶单位矩阵,即确定 $\boldsymbol{x}_B$,再引进人工变量 x_5,得到

$$\begin{cases}-x_1+x_2+x_3-x_5=-1,\\ x_1-2x_2+x_4-x_5=-2,\\ x_j\geqslant 0,\quad j=1,\cdots,5.\end{cases}\tag{3.2.17}$$

把方程组(3.2.17)的增广矩阵置于表中:

	x_1	x_2	x_3	x_4	x_5	
x_3	−1	1	1	0	−1	−1
x_4	1	−2	0	1	[−1]	−2

以第2行第5列元素(−1)为主元,经主元消去,得到

x_3	−2	3	1	−1	0	1
x_5	−1	2	0	−1	1	2

也即得到了(3.2.17)式的一个基本可行解. 再用两阶段法或大 M 法求解,现在用两阶段法,求解一阶段问题

$$\begin{aligned}\min\quad & x_5\\ \text{s.t.}\quad & -2x_1+3x_2+x_3-x_4=1,\\ & -x_1+2x_2-x_4+x_5=2,\\ & x_j\geqslant 0,\quad j=1,\cdots,5.\end{aligned}$$

迭代过程如下表：

	x_1	x_2	x_3	x_4	x_5	
x_3	-2	$\boxed{3}$	1	-1	0	1
x_5	-1	2	0	-1	1	2
	-1	2	0	-1	0	2
x_2	$-\frac{2}{3}$	1	$\frac{1}{3}$	$-\frac{1}{3}$	0	$\frac{1}{3}$
x_5	$\boxed{\frac{1}{3}}$	0	$-\frac{2}{3}$	$-\frac{1}{3}$	1	$\frac{4}{3}$
	$\frac{1}{3}$	0	$-\frac{2}{3}$	$-\frac{1}{3}$	0	$\frac{4}{3}$
x_2	0	1	-1	-1	2	3
x_1	1	0	-2	-1	3	4
	0	0	0	0	-1	0

得到原来问题的一个基本可行解

$$\boldsymbol{x}_B = \begin{bmatrix} x_2 \\ x_1 \end{bmatrix} = \begin{bmatrix} 3 \\ 4 \end{bmatrix}, \quad \boldsymbol{x}_N = \begin{bmatrix} x_3 \\ x_4 \end{bmatrix} = \begin{bmatrix} 0 \\ 0 \end{bmatrix},$$

由此基本可行解开始，进行两阶段法的第二阶段，本阶段的起始单纯形表为

	x_1	x_2	x_3	x_4	
x_2	0	1	-1	-1	3
x_1	1	0	-2	-1	4
	0	0	-4	-3	10

判别数均非正，已达到原来问题的最优解. 这个最优解是

$$(x_1, x_2) = (4, 3),$$

目标函数的最优值 $f_{\min} = 10$.

利用单个人工变量时，关于原来问题的解的状况的讨论，与前面关于两阶段法和大 M 法的讨论类似，这里不再重复.

3.3 退化情形

3.3.1 循环现象

我们曾经指出，当线性规划存在最优解时，在非退化的情形下，单纯形方法经有限次迭代必达最优解，然而，对于退化情形，当最优解存在时，用前面介绍的方法，有可能经有限次迭代求不出最优解，即出现**循环现象**. 事实上，已经有人给出循环的例子.

下面的例题是 Beale 给出的.

例 3.3.1 用单纯形方法解下列问题：

$$\begin{aligned}
\min \quad & -\frac{3}{4}x_4 + 20x_5 - \frac{1}{2}x_6 + 6x_7 \\
\text{s. t.} \quad & x_1 + \frac{1}{4}x_4 - 8x_5 - x_6 + 9x_7 = 0, \\
& x_2 + \frac{1}{2}x_4 - 12x_5 - \frac{1}{2}x_6 + 3x_7 = 0, \\
& x_3 + x_6 = 1, \\
& x_j \geqslant 0, \quad j = 1, \cdots, 7.
\end{aligned}$$

解 下面列出迭代情况：

	x_1	x_2	x_3	x_4	x_5	x_6	x_7	
x_1	1	0	0	$\boxed{\frac{1}{4}}$	-8	-1	9	0
x_2	0	1	0	$\frac{1}{2}$	-12	$-\frac{1}{2}$	3	0
x_3	0	0	1	0	0	1	0	1
	0	0	0	$\frac{3}{4}$	-20	$\frac{1}{2}$	-6	0

	x_1	x_2	x_3	x_4	x_5	x_6	x_7	
x_4	4	0	0	1	-32	-4	36	0
x_2	-2	1	0	0	$\boxed{4}$	$\frac{3}{2}$	-15	0
x_3	0	0	1	0	0	1	0	1
	-3	0	0	0	4	$\frac{7}{2}$	-33	0

x_4	4	8	0	1	0	$\boxed{8}$	-84	0
x_5	$-\frac{1}{2}$	$\frac{1}{4}$	0	0	1	$\frac{3}{8}$	$-\frac{15}{4}$	0
x_3	0	0	1	0	0	1	0	1
	-1	-1	0	0	0	2	-18	0

x_6	$-\frac{3}{2}$	1	0	$\frac{1}{8}$	0	1	$-\frac{21}{2}$	0
x_5	$\frac{1}{16}$	$-\frac{1}{8}$	0	$-\frac{3}{64}$	1	0	$\boxed{\frac{3}{16}}$	0
x_3	$\frac{3}{2}$	-1	1	$-\frac{1}{8}$	0	0	$\frac{21}{2}$	1
	2	-3	0	$-\frac{1}{4}$	0	0	3	0

x_6	$\boxed{2}$	-6	0	$-\frac{5}{2}$	56	1	0	0
x_7	$\frac{1}{3}$	$-\frac{2}{3}$	0	$-\frac{1}{4}$	$\frac{16}{3}$	0	1	0
x_3	-2	6	1	$\frac{5}{2}$	-56	0	0	1
	1	-1	0	$\frac{1}{2}$	-16	0	0	0

x_1	1	-3	0	$-\frac{5}{4}$	28	$\frac{1}{2}$	0	0
x_7	0	$\boxed{\frac{1}{3}}$	0	$\frac{1}{6}$	-4	$-\frac{1}{6}$	1	0
x_3	0	0	1	0	0	1	0	1
	0	2	0	$\frac{7}{4}$	-44	$-\frac{1}{2}$	0	0

x_1	1	0	0	$\frac{1}{4}$	-8	-1	9	0
x_2	0	1	0	$\frac{1}{2}$	-12	$-\frac{1}{2}$	3	0
x_3	0	0	1	0	0	1	0	1
	0	0	0	$\frac{3}{4}$	-20	$\frac{1}{2}$	-6	0

经 6 次迭代,得到的单纯形表与第 1 个单纯形表相同.做下去将无限循环.用以前介

绍的单纯形方法得不出结论. 实际上,这个问题的确存在最优解. 对于这类退化情形,需要设法避免循环发生. 这是完全可以办到的,早在 1952 年,A. Charnes 提出了摄动法,已经解决了这个问题. 后来人们又做了进一步研究. 下面就来介绍摄动法.

3.3.2 摄动法

我们考虑下列线性规划问题:

$$\begin{aligned} \min \quad & \boldsymbol{cx} \\ \text{s.t.} \quad & \boldsymbol{Ax} = \boldsymbol{b}, \\ & \boldsymbol{x} \geqslant \boldsymbol{0}, \end{aligned} \tag{3.3.1}$$

其中 $\boldsymbol{A}$ 是 $m \times n$ 矩阵,$\boldsymbol{A}$ 的秩为 m,$\boldsymbol{b} \geqslant \boldsymbol{0}$.

现在使右端向量 $\boldsymbol{b}$ 摄动,令

$$\boldsymbol{b}(\varepsilon) = \boldsymbol{b} + \sum_{j=1}^{n} \varepsilon^j \boldsymbol{p}_j, \tag{3.3.2}$$

其中 ε 是充分小的正数,ε^j 表示 ε 的 j 次方,$\boldsymbol{p}_j$ 是矩阵 $\boldsymbol{A}$ 的第 j 列. 得到线性规划(3.3.1)的摄动问题:

$$\begin{aligned} \min \quad & \boldsymbol{cx} \\ \text{s.t.} \quad & \boldsymbol{Ax} = \boldsymbol{b}(\varepsilon), \\ & \boldsymbol{x} \geqslant \boldsymbol{0}. \end{aligned} \tag{3.3.3}$$

下面证明,当 ε 取某些数值时,线性规划(3.3.3)是非退化问题,并且可以通过求解线性规划(3.3.3)来确定线性规划(3.3.1)的最优解或得出其他结论.

定理 3.3.1 对于线性规划问题(3.3.1),存在实数 $\varepsilon_1 > 0$,使得当 $0 < \varepsilon < \varepsilon_1$ 时,摄动问题(3.3.3)是非退化的.

证明 由于 $\boldsymbol{A}$ 的秩为 m,因此它能分解成 $[\boldsymbol{B}, \boldsymbol{N}]$,其中 $\boldsymbol{B}$ 是可逆矩阵. 这种分解不失一般性,如果 $\boldsymbol{A}$ 的前 m 列线性相关,那么可经列调换,使前 m 列线性无关. 相应地记

$$\boldsymbol{x} = \begin{bmatrix} \boldsymbol{x}_B \\ \boldsymbol{x}_N \end{bmatrix},$$

这样,由 $\boldsymbol{Ax} = \boldsymbol{b}(\varepsilon)$ 得到

$$\begin{aligned} \boldsymbol{x}_B &= \boldsymbol{B}^{-1}\boldsymbol{b}(\varepsilon) - \boldsymbol{B}^{-1}\boldsymbol{N}\boldsymbol{x}_N \\ &= \boldsymbol{B}^{-1}\left(\boldsymbol{b} + \sum_{j=1}^{n} \varepsilon^j \boldsymbol{p}_j\right) - \boldsymbol{B}^{-1}\boldsymbol{N}\boldsymbol{x}_N \\ &= \boldsymbol{B}^{-1}\boldsymbol{b} + \sum_{j=1}^{n} \varepsilon^j \boldsymbol{B}^{-1}\boldsymbol{p}_j - \boldsymbol{B}^{-1}\boldsymbol{N}\boldsymbol{x}_N \\ &= \bar{\boldsymbol{b}} + \sum_{j=1}^{n} \varepsilon^j \boldsymbol{y}_j - \boldsymbol{B}^{-1}\boldsymbol{N}\boldsymbol{x}_N. \end{aligned}$$

把上式按分量写出：

$$x_{B_4} = \bar{b}_i + \varepsilon^{B_i} + \sum_{j\in R} y_{ij}\varepsilon^j - \sum_{j\in R} y_{ij}x_j, \quad i = 1,\cdots,m, \tag{3.3.4}$$

其中 R 是非基变量下标集，x_{B_i} 是基变量.

在基 $\boldsymbol{B}$ 下，(3.3.3)式的基本解是

$$x_{B_i} = \bar{b}_i + \varepsilon^{B_i} + \sum_{j\in R} y_{ij}\varepsilon^j, \quad i = 1,\cdots,m, \tag{3.3.5}$$

$$x_j = 0, \quad j \in R.$$

(3.3.5)式的右端可看作 z 的多项式

$$P(z) = \bar{b}_i + z^{B_i} + \sum_{j\in R} y_{ij}z^j, \tag{3.3.6}$$

当 $z=\varepsilon$ 时的取值. 由于(3.3.6)式是系数不全为零的 n 次多项式，因此最多有 n 个实根，即使多项式等于零的实数至多有 n 个. 每个基本解对应 m 个这样的多项式，考虑到所有的基本解，这样的多项式总数不超过

$$m\binom{n}{m} = \frac{n!}{(n-m)!(m-1)!}.$$

因此所有这些多项式的实根存在有限个. 由此可见，存在 $\varepsilon_1>0$，使得在 $(0,\varepsilon_1)$ 中不包含这些实根. 于是当 $0<\varepsilon<\varepsilon_1$ 时，(3.3.5)式右端不等于零，即在每一个基本解中，基变量都不等于零. 自然，对于每个基本可行解，基变量的取值均大于零. 因此，当 $\varepsilon>0$ 充分小时，线性规划(3.3.3)的所有基本可行解都是非退化的.

根据上述定理，利用单纯形方法解线性规划(3.3.3)时，不会出现循环现象. 下面分析，由求解问题(3.3.3)的结果，能够给出线性规划(3.3.1)的最优解或给出关于线性规划(3.3.1)的解的状况的其他结论

定理 3.3.2 设对于充分小的 $\varepsilon>0$，$\hat{\boldsymbol{x}}(\varepsilon)$ 是线性规划(3.3.3)的基本可行解，则 $\hat{\boldsymbol{x}}(0)$ 是线性规划(3.3.1)的基本可行解.

证明 由(3.3.5)式知

$$\hat{x}_{B_i}(\varepsilon) = \bar{b}_i + \varepsilon^{B_i} + \sum_{j\in R} y_{ij}\varepsilon^j, \quad i = 1,\cdots,m,$$

对于充分小的 $\varepsilon>0$，根据定理 3.3.1，线性规划(3.3.3)的基本可行解都是非退化的，故

$$\bar{b}_i + \varepsilon^{B_i} + \sum_{j\in R} y_{ij}\varepsilon^j > 0, \quad i = 1,\cdots,m .$$

令 $\varepsilon\to 0$，得到 $\bar{b}_i\geqslant 0$，因此 $\bar{\boldsymbol{b}}=\boldsymbol{B}^{-1}\boldsymbol{b}\geqslant\boldsymbol{0}$，由此可知

$$\hat{\boldsymbol{x}}(0) = \begin{bmatrix}\bar{\boldsymbol{b}}\\ \boldsymbol{0}\end{bmatrix}$$

是(3.3.1)的基本可行解.

由于线性规划(3.3.3)与线性规划(3.3.1)有相同的系数矩阵和目标函数，因此在基

本可行解 $\hat{\boldsymbol{x}}(\varepsilon)$ 和 $\hat{\boldsymbol{x}}(0)$ 处，两个问题的判别数相同，进而有下列结论.

推论　若对于充分小的 $\varepsilon>0$，$\bar{\boldsymbol{x}}(\varepsilon)$ 是问题(3.3.3)的最优解，则 $\bar{\boldsymbol{x}}(0)$ 是问题(3.3.1)的最优解.

定理 3.3.3　若线性规划(3.3.3)没有可行解，则线性规划(3.3.1)也没有可行解.

证明　用反证法. 设 $\hat{\boldsymbol{x}}$ 是线性规划(3.3.1)的可行解，令

$$\hat{\boldsymbol{\varepsilon}}=(\varepsilon,\varepsilon^2,\cdots,\varepsilon^n)^{\mathrm{T}},$$

其中 $\varepsilon>0$. 则

$$\boldsymbol{A}(\hat{\boldsymbol{x}}+\hat{\boldsymbol{\varepsilon}})=\boldsymbol{A}\hat{\boldsymbol{x}}+\boldsymbol{A}\hat{\boldsymbol{\varepsilon}}=\boldsymbol{b}+\sum_{j=1}^{n}\varepsilon^j\boldsymbol{p}_j$$

及 $\hat{\boldsymbol{x}}+\hat{\boldsymbol{\varepsilon}}>\boldsymbol{0}$. 因此 $\hat{\boldsymbol{x}}+\hat{\boldsymbol{\varepsilon}}$ 是线性规划(3.3.3)的一个可行解，矛盾.

定理 3.3.4　若对充分小的 $\varepsilon>0$，线性规划(3.3.3)是无界问题，则线性规划(3.3.1)也是无界问题.

证明　由假设知线性规划(3.3.3)存在可行点，利用定理 2.2.4 和定理 3.3.2 易证(3.3.1)有可行点. 由于线性规划(3.3.3)是无界问题，根据定理 2.2.2，可行域

$$\{\boldsymbol{x}\mid\boldsymbol{A}\boldsymbol{x}=\boldsymbol{b}(\varepsilon),\boldsymbol{x}\geqslant\boldsymbol{0}\}$$

必存在极方向 $\boldsymbol{d}\geqslant\boldsymbol{0}$，使得 $\boldsymbol{c}\boldsymbol{d}<\boldsymbol{0}$. 考虑到例 1.4.7，易知 $\boldsymbol{d}$ 也是可行域

$$\{\boldsymbol{x}\mid\boldsymbol{A}\boldsymbol{x}=\boldsymbol{b},\boldsymbol{x}\geqslant\boldsymbol{0}\}$$

的方向，根据定理 2.2.2，线性规划(3.3.1)是无界问题.

综上所述，摄动问题(3.3.3)当 ε 充分小时一定是非退化的，因此能够避免循环现象，并且通过求解线性规划(3.3.3)一定能给出关于线性规划(3.3.1)的解答. 这样，从根本上解决了可能发生的循环问题.

为了利用单纯形方法求解摄动问题，还有两个问题需要解决：一是怎样找线性规划(3.3.3)的初始基本可行解；二是在迭代过程中怎样处理 $\bar{\boldsymbol{b}}(\varepsilon)$.

我们先来解决第一个问题. 这里所采取的方法是通过线性规划(3.3.1)的基本可行解来找线性规划(3.3.3)的基本可行解. 但是，由于 $\boldsymbol{B}^{-1}\boldsymbol{b}\geqslant\boldsymbol{0}$ 并不能保证 $\boldsymbol{B}^{-1}\boldsymbol{b}(\varepsilon)\geqslant\boldsymbol{0}$，因此不是从线性规划(3.3.1)的任一个基本可行解出发都能构造出线性规划(3.3.3)的基本可行解. 例如，考虑约束条件

$$\begin{cases}x_1+x_2=1,\\-x_1+x_3=0,\\x_1,x_2,x_3\geqslant 0.\end{cases}\tag{3.3.7}$$

显然，x_2,x_3 是一组可行基，对应的基本可行解为

$$\boldsymbol{x}^{(0)}=(0,1,0)^{\mathrm{T}}.$$

摄动问题的约束条件为

$$\begin{cases} x_1 + x_2 \quad\quad = 1 + \varepsilon + \varepsilon^2, \\ -x_1 \quad\quad + x_3 = -\varepsilon + \varepsilon^3, \\ x_1, x_2, x_3 \geqslant 0, \end{cases} \tag{3.3.8}$$

与 $\boldsymbol{x}^{(0)}$ 对应的基本解是

$$\boldsymbol{x}^{(0)}(\varepsilon) = (0, 1 + \varepsilon + \varepsilon^2, -\varepsilon + \varepsilon^3)^{\mathrm{T}}.$$

当 $\varepsilon > 0$ 充分小时，$-\varepsilon + \varepsilon^3 < 0$，因此 $\boldsymbol{x}^{(0)}(\varepsilon)$ 不是基本可行解.

但是，我们把变量的下标做适当调整，就可以从原来问题的基本可行解出发，构造出摄动问题的基本可行解. 对此例，我们把基变量 x_2 和 x_3 的下标分别改写成 1 和 2，而把非基变量 x_1 的下标改写成 3，这时约束条件(3.3.7)改写为

$$\begin{cases} x_1 \quad\quad + x_3 = 1, \\ \quad\quad x_2 - x_3 = 0, \\ x_1, x_2, x_3 \geqslant 0. \end{cases} \tag{3.3.9}$$

相应地，摄动问题的约束条件改写成

$$\begin{cases} x_1 \quad\quad + x_3 = 1 + \varepsilon + \varepsilon^3, \\ \quad\quad x_2 - x_3 = \varepsilon^2 - \varepsilon^3, \\ x_1, x_2, x_3 \geqslant 0. \end{cases} \tag{3.3.10}$$

显然，$\boldsymbol{x}^{(0)} = (x_1^{(0)}, x_2^{(0)}, x_3^{(0)})^{\mathrm{T}} = (1, 0, 0)^{\mathrm{T}}$ 是(3.3.9)式的基本可行解，且对充分小的$\varepsilon > 0$，$\boldsymbol{x}^{(0)}(\varepsilon) = (1 + \varepsilon + \varepsilon^3, \varepsilon^2 - \varepsilon^3, 0)^{\mathrm{T}}$ 是(3.3.10)式的基本可行解.

一般地，若已知线性规划(3.3.1)的一个基本可行解，则进行列调换，把基列排在非基列的左边，并相应地改变变量的下标，使其从 1 开始按递增顺序排列. 这样，$x_1, x_2, \cdots, x_m$ 是基变量. 然后再建立摄动问题(3.3.3). 这时，若(3.3.1)的现行基本可行解是

$$\begin{cases} x_i = \bar{b}_i, & i = 1, \cdots, m, \\ x_i = 0, & i = m + 1, \cdots, n, \end{cases} \tag{3.3.11}$$

则

$$\begin{cases} x_i(\varepsilon) = \bar{b}_i + \varepsilon^i + \displaystyle\sum_{j=m+1}^{n} y_{ij}\varepsilon^j, & i = 1, \cdots, m, \\ x_i(\varepsilon) = 0, & i = m + 1, \cdots, n \end{cases} \tag{3.3.12}$$

是摄动问题(3.3.3)的一个基本可行解.

有了初始基本可行解以后，每次迭代后一定得到线性规划(3.3.3)的新的基本可行解. 这是因为离基变量 $x_{\boldsymbol{B}_r}(\varepsilon)$ 是按下列最小比值确定的：

$$\frac{\bar{b}_r(\varepsilon)}{y_{rk}} = \min\left\{ \frac{\bar{b}_i(\varepsilon)}{y_{ik}} \,\middle|\, y_{ik} > 0 \right\}. \tag{3.3.13}$$

迭代后仍能保持可行性，这与没有摄动的情形类似.

最后一个问题就是在迭代过程中如何处理 $\bar{\boldsymbol{b}}(\varepsilon)$. 实际上，采用摄动法，$\varepsilon$ 不必取定具体数值，只要认为它是充分小的正数即可，具体计算只用到原来问题的单纯形表上的数据. 摄动法与一般单纯形方法的差别主要在于主行的选择，这种方法是按照(3.3.13)式确定主行的. 关键是确定最小比值. 由于 $\bar{b}_i(\varepsilon)/y_{ik}$ 是 ε 的多项式，即

$$\frac{\bar{b}_i(\varepsilon)}{y_{ik}} = \frac{\bar{b}_i}{y_{ik}} + \sum_{j=1}^{n} \frac{y_{ij}}{y_{ik}} \varepsilon^j, \tag{3.3.14}$$

ε 是充分小的正数，该多项式值的大小主要决定于低次项，因此为确定最小比值，只需从 ε 的零次项开始，逐项比较幂的系数. 首先比较零次项，即 $\bar{b}_i/y_{ik}(y_{ik}>0)$ 零次项小的多项式其值必小. 零次项相同时，再观察一次项的系数，一次项系数小的多项式其值必小. 一次项系数相同时，再观察二次项的系数，依此类推. 即按多项式系数向量的字典序比较大小. 这样做下去，不会出现对应系数完全相同的两个多项式，因为对应系数均相等意味着单纯形表中有两行成比例，这与 $\boldsymbol{A}$ 的秩为 m 相矛盾.

多项式(3.3.14)中的系数，都是由原来问题的单纯形表中的数据经运算得到的. 零次项的系数，就是原单纯形表的右端列的分量与主列中相应的正元素之比. 按零次项确定最小比值就是单纯形方法所用到的确定离基变量的规则. 一次项系数是单纯形表中第1列的元素与主列中相应的正元素之比. 多项式的 t 次项的系数是单纯形表的第 t 列的元素与主列中相应的正元素之比. 由此可见，最小比值(3.3.13)式完全由原来单纯形表中的数据确定. 至于右端列，我们最终需要的是 $\varepsilon=0$ 时的结果，即

$$\bar{\boldsymbol{b}}(0) = \bar{\boldsymbol{b}}.$$

因此 ε 不需出现在单纯形表上. 概括起来，确定离基变量的步骤如下：

(1) 令

$$I_0 = \left\{ r \,\middle|\, \frac{\bar{b}_r}{y_{rk}} = \min\left\{ \frac{\bar{b}_i}{y_{ik}} \,\middle|\, y_{ik} > 0 \right\} \right\}.$$

若 I_0 中只有一个元素 r，则 x_{B_r} 为离基变量.

(2) 置 $j=1$.

(3) 令

$$I_j = \left\{ r \,\middle|\, \frac{y_{rj}}{y_{rk}} = \min_{i \in I_{j-1}} \left\{ \frac{y_{ij}}{y_{ik}} \right\} \right\}.$$

若 I_j 中只有一个元素 r，则 x_{B_r} 为离基变量.

(4) 置 $j:=j+1$，转步骤(3).

例 3.3.2　用摄动法解例 3.3.1，初始单纯形表如下：

	x_1	x_2	x_3	x_4	x_5	x_6	x_7	
x_1	1	0	0	$\frac{1}{4}$	-8	-1	9	0
x_2	0	1	0	$\boxed{\frac{1}{2}}$	-12	$-\frac{1}{2}$	3	0
x_3	0	0	1	0	0	1	0	1
	0	0	0	$\frac{3}{4}$	-20	$\frac{1}{2}$	-6	0

解 由于 $z_4-c_4=\max\{z_j-c_j\}$，因此取第 4 列为主列. 先比较多项式的零次项的系数. 由于

$$\frac{\bar{b}_1}{y_{14}}=\frac{\bar{b}_2}{y_{24}}=0,$$

同为最小比值，因此 $I_0=\{1,2\}$. 再比较一次项的系数，即第 1 列中第 1 行及第 2 行的元素分别除以主列（第 4 列）中对应的正元素，取其最小比值，得到 $I_1=\{2\}$. 于是取第 2 行为主行，主元为

$$y_{24}=\frac{1}{2}.$$

经主元消去得到：

	x_1	x_2	x_3	x_4	x_5	x_6	x_7	
x_1	1	$-\frac{1}{2}$	0	0	-2	$-\frac{3}{4}$	$\frac{15}{2}$	0
x_4	0	2	0	1	-24	-1	6	0
x_3	0	0	1	0	0	$\boxed{1}$	0	1
	0	$-\frac{3}{2}$	0	0	-2	$\frac{5}{4}$	$-\frac{21}{2}$	0

由于 $z_6-c_6=\max\{z_j-c_j\}$，因此主列取为第 6 列. 比较零次项，得 $I_0=\{3\}$，因此第 3 行为主行，主元为 $y_{36}=1$. 经主元消去得到：

	x_1	x_2	x_3	x_4	x_5	x_6	x_7	
x_1	1	$-\frac{1}{2}$	$\frac{3}{4}$	0	-2	0	$\frac{15}{2}$	$\frac{3}{4}$
x_4	0	2	1	1	-24	0	6	1
x_0	0	0	1	0	0	1	0	1
	0	$-\frac{3}{2}$	$-\frac{5}{4}$	0	-2	0	$-\frac{21}{2}$	$-\frac{5}{4}$

所有 $z_j-c_j\leqslant 0$，经两次迭代得到最优解

$$(x_1,x_2,x_3,x_4,x_5,x_6,x_7)=\left(\frac{3}{4},0,0,1,0,1,0\right),$$

目标函数的最优值

$$f_{\min}=-\frac{5}{4}.$$

这个例题是一个退化问题，即存在退化的基本可行解，用一般单纯形方法求解时出现循环现象，而采用摄动法就成功地避免了循环的发生.

应该说明的是，对于退化问题不用摄动法也不一定出现循环. 事实上，退化问题是常见的，但在迭代中发生循环现象却很少，特别是在实际问题中，循环几乎不发生. 关于退化和循环的研究，主要是具有理论意义，在具体计算方面并不显得那么重要.

3.4 修正单纯形法

3.4.1 修正单纯形法

由前面的介绍可知，运用单纯形方法时，如果知道可行基的逆 $\boldsymbol{B}^{-1}$，就能利用 $\boldsymbol{B}^{-1}$ 和原始数据计算基变量的取值及判别数，从而能够确定一个基本可行解，并判断它是否为最优解. 因此，在整个计算过程中，只要保存原始数据和现行基的逆即可. 修正单纯形法的基本思想就是**给定初始基本可行解后，通过修改旧基的逆 $\boldsymbol{B}^{-1}$ 来获得新基的逆 $\hat{\boldsymbol{B}}^{-1}$，进而完成单纯形法的其他运算**. 在整个计算过程中，始终保存现行基的逆.

怎样由修改 $\boldsymbol{B}^{-1}$，来获得 $\hat{\boldsymbol{B}}^{-1}$ 呢？解决这个问题的关键是弄清 $\boldsymbol{B}^{-1}$ 与 $\hat{\boldsymbol{B}}^{-1}$ 的关系. 设在某次迭代时，主元消去前，可行基为

$$\boldsymbol{B}=(\boldsymbol{p}_{B_1},\boldsymbol{p}_{B_2},\cdots,\boldsymbol{p}_{B_r},\cdots,\boldsymbol{p}_{B_m}),\tag{3.4.1}$$

主元消去后，新的可行基为

$$\hat{\boldsymbol{B}}=(\boldsymbol{p}_{B_1},\boldsymbol{p}_{B_2},\cdots,\boldsymbol{p}_k,\cdots,\boldsymbol{p}_{B_m}).\tag{3.4.2}$$

从单纯形表的转换，很容易发现 $\boldsymbol{B}^{-1}$ 与 $\hat{\boldsymbol{B}}^{-1}$ 的关系. 不妨设初始单纯形表中，系数矩阵是

$$(\boldsymbol{p}_{B_1},\cdots,\boldsymbol{p}_{B_r},\cdots,\boldsymbol{p}_{B_m},\cdots,\boldsymbol{p}_k,\cdots,\boldsymbol{I}),\tag{3.4.3}$$

其中 $\boldsymbol{I}$ 是 m 阶单位矩阵，它作为初始基. 当 $\boldsymbol{B}$ 作为基矩阵时，(3.4.3)式应转化为

$$(\boldsymbol{e}_1,\cdots,\boldsymbol{e}_r,\cdots,\boldsymbol{e}_m,\cdots,\boldsymbol{y}_k,\cdots,\boldsymbol{B}^{-1}),\tag{3.4.4}$$

其中 $\boldsymbol{e}_i$ 是 m 维列向量，第 i 个分量是 1，其他分量都是零. 当取 $\hat{\boldsymbol{B}}$ 作为基矩阵时，应以 y_{rk} 为主元，通过主元消去运算，把 $\hat{\boldsymbol{B}}$ 化为单位矩阵，即把(3.4.4)式化为

$$(\boldsymbol{e}_1,\cdots,\boldsymbol{y}_{B_r},\cdots,\boldsymbol{e}_m,\cdots,\boldsymbol{e}_r,\cdots,\hat{\boldsymbol{B}}^{-1}).\tag{3.4.5}$$

由(3.4.4)式和(3.4.5)式可知，$\boldsymbol{B}^{-1}$经以y_{rk}为主元的主元消去，得到$\hat{\boldsymbol{B}}^{-1}$. 因此$\boldsymbol{B}^{-1}$与$\hat{\boldsymbol{B}}^{-1}$有下列关系：

$$\hat{b}_{ij} = b_{ij} - \frac{y_{ik}}{y_{rk}} b_{rj}, \quad i \neq r, \tag{3.4.6}$$

$$\hat{b}_{rj} = \frac{b_{rj}}{y_{rk}}, \tag{3.4.7}$$

其中b_{ij}是$\boldsymbol{B}^{-1}$的第i行第j列元素，$\hat{b}_{ij}$是$\hat{\boldsymbol{B}}^{-1}$的第$i$行第$j$列元素.

这样，知道$\boldsymbol{B}^{-1}$且选定主元y_{rk}后，就可利用(3.4.6)式和(3.4.7)式计算新基的逆$\hat{\boldsymbol{B}}^{-1}$，进而完成单纯形方法的其他运算. 以极小化问题为例，给出修正单纯形法的计算步骤：

(1) 给定初始可行基的逆$\boldsymbol{B}^{-1}$，计算单纯形乘子$\boldsymbol{w}$和右端向量$\bar{\boldsymbol{b}}$. $\boldsymbol{w}=\boldsymbol{c}_B\boldsymbol{B}^{-1}$，$\bar{\boldsymbol{b}}=\boldsymbol{B}^{-1}\boldsymbol{b}$. 组成下表：

	$\boldsymbol{w}$	$\boldsymbol{c}_B\bar{\boldsymbol{b}}$
$\boldsymbol{x}_B$	$\boldsymbol{B}^{-1}$	$\bar{\boldsymbol{b}}$

(2) 对于每个非基变量，计算判别数

$$z_j - c_j = \boldsymbol{w}\boldsymbol{p}_j - c_j.$$

令$z_k - c_k = \max\{z_j - c_j\}$. 如果$z_k - c_k \leqslant 0$，则停止计算，现行基本可行解是最优解. 否则，进行步骤(3).

(3) 计算主列$\boldsymbol{y}_k = \boldsymbol{B}^{-1}\boldsymbol{p}_k$. 若$\boldsymbol{y}_k \leqslant \boldsymbol{0}$，则停止计算，问题不存在有限最优值. 否则，进行下一步.

(4) 把主列置于逆矩阵表的右边，组成下列表：

				x_k
	$\boldsymbol{w}$	$\boldsymbol{c}_B\bar{\boldsymbol{b}}$		$z_k - c_k$
$\boldsymbol{x}_B$	$\boldsymbol{B}^{-1}$	$\bar{\boldsymbol{b}}$		$\boldsymbol{y}_k$

按最小比值确定主行，令

$$\frac{\bar{b}_r}{y_{rk}} = \min\left\{\frac{\bar{b}_i}{y_{ik}} \,\middle|\, y_{ik} > 0\right\},$$

r行为主行. 以y_{rk}为主元进行主元消去，然后去掉原来的主列，返回步骤(2).

值得注意，修正单纯形法所用之表与原来的单纯形表不同，修正单纯形法所用之表，上面一行置单纯形乘子和目标函数值. 可以验证，经主元消去，上面一行仍是单纯形乘子和目标函数值，当然是在新基下的数据，左下方为现行基的逆，即新基的逆.

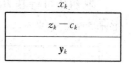

修正单纯形法，只保存表中的数据和原始数据，而不需保存原来单纯形表中的全部数据，这样减少了在计算机中的存储量，特别是当 n 比 m 大得很多时，用修正单纯形法显然有利.

例 3.4.1　用修正单纯形法解下列问题：

$$\begin{aligned}\min\quad & 2x_1+x_2-x_3-3x_4+x_5\\ \text{s.t.}\quad & -3x_1+x_2+x_3-x_4+2x_5\leqslant 5,\\ & 2x_1-x_3+x_4-x_5\leqslant 6,\\ & x_2+2x_3-x_4+x_5\leqslant 3,\\ & x_j\geqslant 0,\quad j=1,\cdots,5.\end{aligned}$$

解　先引进松弛变量 x_6, x_7, x_8，把上述问题化成标准形式

$$\begin{aligned}\min\quad & 2x_1+x_2-x_3-3x_4+x_5\\ \text{s.t.}\quad & -3x_1+x_2+x_3-x_4+2x_5+x_6=5,\\ & 2x_1-x_3+x_4-x_5+x_7=6,\\ & x_2+2x_3-x_4+x_5+x_8=3,\\ & x_j\geqslant 0,\quad j=1,\cdots,8.\end{aligned}$$

约束方程的系数矩阵

$$A=(\boldsymbol{p}_1,\boldsymbol{p}_2,\boldsymbol{p}_3,\boldsymbol{p}_4,\boldsymbol{p}_5,\boldsymbol{p}_6,\boldsymbol{p}_7,\boldsymbol{p}_8)=\begin{bmatrix}-3 & 1 & 1 & -1 & 2 & 1 & 0 & 0\\ 2 & 0 & -1 & 1 & -1 & 0 & 1 & 0\\ 0 & 1 & 2 & -1 & 1 & 0 & 0 & 1\end{bmatrix},$$

$$\boldsymbol{b}=\begin{bmatrix}5\\6\\3\end{bmatrix}.$$

取初始可行基 $\boldsymbol{B}=(\boldsymbol{p}_6,\boldsymbol{p}_7,\boldsymbol{p}_8)=\boldsymbol{I}_3$，$\boldsymbol{B}^{-1}=\boldsymbol{I}_3$，右端列 $\bar{\boldsymbol{b}}=(5,6,3)^{\mathrm{T}}$. 按定义计算单纯形乘子，得到 $\boldsymbol{w}=(0,0,0)$，目标函数值 $f=0$. 构造初表：

	0	0	0	0
x_6	1	0	0	5
x_7	0	1	0	6
x_8	0	0	1	3

第1次迭代.

$$\boldsymbol{w}=(0,0,0),$$

$$z_1-c_1=\boldsymbol{w}\boldsymbol{p}_1-c_1=(0,0,0)(-3,2,0)^{\mathrm{T}}-2=-2,$$

$$z_2 - c_2 = \boldsymbol{w}\boldsymbol{p}_2 - c_2 = (0,0,0)(1,0,1)^{\mathrm{T}} - 1 = -1,$$
$$z_3 - c_3 = \boldsymbol{w}\boldsymbol{p}_3 - c_3 = (0,0,0)(1,-1,2)^{\mathrm{T}} + 1 = 1,$$
$$z_4 - c_4 = \boldsymbol{w}\boldsymbol{p}_4 - c_4 = (0,0,0)(-1,1,-1)^{\mathrm{T}} + 3 = 3,$$
$$z_5 - c_5 = \boldsymbol{w}\boldsymbol{p}_5 - c_5 = (0,0,0)(2,-1,0)^{\mathrm{T}} - 1 = -1.$$

显然 $z_4 - c_4 = \max\{z_j - c_j\}$，因此 x_4 为进基变量，计算主列

$$\boldsymbol{y}_4 = \boldsymbol{B}^{-1}\boldsymbol{p}_4 = (-1,1,-1)^{\mathrm{T}}.$$

由于 $\boldsymbol{y}_4$ 含有正分量，构造下表，确定离基变量：

					x_4
	0	0	0	0	3
x_6	1	0	0	5	-1
x_7	0	1	0	6	[1]
x_8	0	0	1	3	-1

以主列的元素 $y_{24}=1$ 为主元，经主元消去得到

	0	-3	0	-18
x_6	1	1	0	11
x_4	0	1	0	6
x_8	0	1	1	9

第 2 次迭代. 由上表可知单纯形乘子 $\boldsymbol{w}=(0,-3,0)$，下面计算判别数：

$$z_1 - c_1 = (0,-3,0)(-3,2,0)^{\mathrm{T}} - 2 = -8,$$
$$z_2 - c_2 = (0,-3,0)(1,0,1)^{\mathrm{T}} - 1 = -1,$$
$$z_3 - c_3 = (0,-3,0)(1,-1,2)^{\mathrm{T}} + 1 = 4,$$
$$z_5 - c_5 = (0,-3,0)(2,-1,1)^{\mathrm{T}} - 1 = 2,$$
$$z_7 - c_7 = -3.$$

显然，$z_3 - c_3 = \max\{z_j - c_j\}$，$x_3$ 为进基变量. 再计算主列

$$\boldsymbol{y}_3 = \boldsymbol{B}^{-1}\boldsymbol{p}_3 = \begin{bmatrix} 1 & 1 & 0 \\ 0 & 1 & 0 \\ 0 & 1 & 1 \end{bmatrix} \begin{bmatrix} 1 \\ -1 \\ 2 \end{bmatrix} = \begin{bmatrix} 0 \\ -1 \\ 1 \end{bmatrix}.$$

由于 $\boldsymbol{y}_3$ 中含有正分量，可选择离基变量. 构造下表：

					x_3
	0	−3	0	−18	4
x_6	1	1	0	11	0
x_4	0	1	0	6	−1
x_8	0	1	1	9	[1]

以 $y_{33}=1$ 为主元，经主元消去得到

	0	−7	−4	−54
x_6	1	1	0	11
x_4	0	2	1	15
x_3	0	1	1	9

第 3 次迭代.由上表知 $\boldsymbol{w}=(0,-7,-4)$.计算判别数：

$$z_1-c_1=(0,-7,-4)(-3,2,1)^{\mathrm{T}}-2=-16,$$

$$z_2-c_2=(0,-7,-4)(1,0,1)^{\mathrm{T}}-1=-5,$$

$$z_5-c_5=(0,-7,-4)(2,-1,1)^{\mathrm{T}}-1=2,$$

$$z_7-c_7=-7.$$

$$z_8-c_8=-4.$$

比较上面的判别数，有

$$z_5-c_5=\max\{z_j-c_j\}.$$

再计算主列：

$$\boldsymbol{y}_5=\begin{bmatrix}1&1&0\\0&2&1\\0&1&1\end{bmatrix}\begin{bmatrix}2\\-1\\1\end{bmatrix}=\begin{bmatrix}1\\-1\\0\end{bmatrix}.$$

构造下表：

					x_5
	0	−7	−4	−54	2
x_6	1	1	0	11	[1]
x_4	0	2	1	15	−1
x_3	0	1	1	9	0

以 $y_{15}=1$ 为主元，经主元消去得到

	-2	-9	-4	-76
x_5	1	1	0	11
x_4	1	3	1	26
x_3	0	1	1	9

第 4 次迭代.

$$\boldsymbol{w}=(-2,-9,-4),$$
$$z_1-c_1=(-2,-9,-4)(-3,2,1)^{\mathrm{T}}-2=-14,$$
$$z_2-c_2=(-2,-9,-4)(1,0,1)^{\mathrm{T}}-1=-7,$$
$$z_6-c_6=-2,\ z_7-c_7=-9,\ z_8-c_8=-4,$$

所有判别数 $z_j-c_j\leqslant 0$，达到最优解. 所得到的最优解是

$$(x_1,x_2,x_3,x_4,x_5)=(0,0,9,26,11),$$

目标函数的最优值

$$f_{\min}=-76\ .$$

3.4.2 逆的乘积形式

下面介绍修正单纯形方法的一种变型．在这种方法中，可行基的逆用初等矩阵的乘积来表达，这样可以大大减少在计算机中的存储量，因此这种方法适于解大型线性规划问题.

现在，我们来推导逆矩阵的乘积形式. 设有基矩阵

$$\boldsymbol{B}=(\boldsymbol{p}_{\boldsymbol{B}_1},\cdots,\boldsymbol{p}_{\boldsymbol{B}_r},\cdots,\boldsymbol{p}_{\boldsymbol{B}_m}),$$

其逆 $\boldsymbol{B}^{-1}$ 已知. 假设在迭代中用系数矩阵的非基列 $\boldsymbol{p}_k$ 替换原来的基列 $\boldsymbol{p}_{\boldsymbol{B}_r}$，得到新基

$$\begin{aligned}\hat{\boldsymbol{B}}&=(\boldsymbol{p}_{\boldsymbol{B}_1},\cdots,\boldsymbol{p}_k,\cdots,\boldsymbol{p}_{\boldsymbol{B}_m})\\&=(\boldsymbol{B}\boldsymbol{e}_1,\cdots,\boldsymbol{B}\boldsymbol{y}_k,\cdots,\boldsymbol{B}\boldsymbol{e}_m)\\&=\boldsymbol{B}(\boldsymbol{e}_1,\cdots,\boldsymbol{y}_k,\cdots,\boldsymbol{e}_m)=\boldsymbol{B}\boldsymbol{T},\end{aligned}\tag{3.4.8}$$

其中 $\boldsymbol{e}_i$ 是 m 维列向量，第 i 个分量是 1，其他分量是零. 用 $\boldsymbol{e}_i$ 右乘 $\boldsymbol{B}$ 相当于取 $\boldsymbol{B}$ 的第 i 列，即 $\boldsymbol{B}\boldsymbol{e}_i=\boldsymbol{p}_{\boldsymbol{B}_i}$.

由(3.4.8)式得到

$$\hat{\boldsymbol{B}}^{-1}=\boldsymbol{T}^{-1}\boldsymbol{B}^{-1}=\boldsymbol{E}\boldsymbol{B}^{-1}.\tag{3.4.9}$$

由于

$$\boldsymbol{T}=\begin{bmatrix}1 & 0 & \cdots & y_{1k} & \cdots & 0\\ 0 & 1 & \cdots & y_{2k} & \cdots & 0\\ \vdots & \vdots & & \vdots & & \vdots\\ 0 & 0 & \cdots & y_{rk} & \cdots & 0\\ \vdots & \vdots & & \vdots & & \vdots\\ 0 & 0 & \cdots & y_{mk} & \cdots & 1\end{bmatrix},\tag{3.4.10}$$

则有

$$\boldsymbol{E}=\begin{bmatrix}1 & 0 & \cdots & -y_{1k}/y_{rk} & \cdots & 0\\ 0 & 1 & \cdots & -y_{2k}/y_{rk} & \cdots & 0\\ \vdots & \vdots & & \vdots & & \vdots\\ 0 & 0 & \cdots & 1/y_{rk} & \cdots & 0\\ \vdots & \vdots & & \vdots & & \vdots\\ 0 & 0 & \cdots & -y_{mk}/y_{rk} & \cdots & 1\end{bmatrix}.\tag{3.4.11}$$

初等矩阵 $\boldsymbol{E}$(线性代数中所定义的初等矩阵的乘积)完全由主列的元素所确定. 这样就把新基的逆 $\hat{\boldsymbol{B}}^{-1}$ 表示成初等矩阵 $\boldsymbol{E}$ 与旧基的逆 $\boldsymbol{B}^{-1}$ 的乘积. 若在第 1 次迭代中,基的逆 $\boldsymbol{B}_1^{-1}=\boldsymbol{I}$(单位矩阵),那么,在第 2 次迭代中,基的逆

$$\boldsymbol{B}_2^{-1}=\boldsymbol{E}_1\boldsymbol{B}_1^{-1}=\boldsymbol{E}_1,$$

在第 3 次迭代中,基的逆

$$\boldsymbol{B}_3^{-1}=\boldsymbol{E}_2\boldsymbol{B}_2^{-1}=\boldsymbol{E}_2\boldsymbol{E}_1,$$

一般地,在第 t 次迭代中,基的逆

$$\boldsymbol{B}_t^{-1}=\boldsymbol{E}_{t-1}\boldsymbol{E}_{t-2}\cdots\boldsymbol{E}_1.\tag{3.4.12}$$

(3.4.12)式把逆矩阵 $\boldsymbol{B}_t^{-1}$ 表示成 $t-1$ 个初等矩阵的乘积,因此称为**逆的乘积形式**. 利用这种形式,在计算机中存储 $\boldsymbol{B}_t^{-1}$ 时,只需存储 $t-1$ 个初等矩阵,而存储每个初等矩阵 $\boldsymbol{E}_i$,只需存储它的非单位向量列和该列在初等矩阵中的位置 r,其他单位向量不必存储,这便是逆的乘积形式能够减少存储量的原因所在.

下面再来分析怎样利用这些初等矩阵计算单纯形方法中所需要的数据. 为此给出下列运算规律:

(1) 用初等矩阵 $\boldsymbol{E}$ 右乘一个行向量.

设 $\boldsymbol{c}=(c_1,c_2,\cdots,c_m)$ 是 m 维行向量,则

$$\boldsymbol{cE}=(c_1,c_2,\cdots,c_m)\begin{bmatrix}1 & \cdots & g_1 & \cdots & 0\\ 0 & \cdots & g_2 & \cdots & 0\\ \vdots & & \vdots & & \vdots\\ 0 & \cdots & g_m & \cdots & 1\end{bmatrix}$$

r 列

$$= \left(c_1, \cdots, c_{r-1}, \sum_{i=1}^{m} c_i g_i, c_{r+1}, \cdots, c_m\right), \tag{3.4.13}$$

其中

$$g_i = -y_{ik}/y_{rk}, \quad i \neq r, \quad g_r = 1/y_{rk}.$$

由此可知，$\boldsymbol{E}$ 中非单位向量列是第 r 列时，乘积第 r 个分量是 $c_1g_1+\cdots+c_mg_m$，其余与 $\boldsymbol{c}$ 相同.

(2) 用 $\boldsymbol{E}$ 左乘一个列向量.

设

$$\boldsymbol{p} = \begin{bmatrix} a_1 \\ a_2 \\ \vdots \\ a_m \end{bmatrix},$$

则

$$\boldsymbol{E}\boldsymbol{p} = \begin{bmatrix} 1 & \cdots & g_1 & \cdots & 0 \\ 0 & \cdots & g_2 & \cdots & 0 \\ \vdots & & \vdots & & \vdots \\ 0 & \cdots & g_m & \cdots & 1 \end{bmatrix} \begin{bmatrix} a_1 \\ a_2 \\ \vdots \\ a_m \end{bmatrix} = \begin{bmatrix} a_1 \\ \vdots \\ a_{r-1} \\ 0 \\ a_{r+1} \\ \vdots \\ a_m \end{bmatrix} + a_r \begin{bmatrix} g_1 \\ \vdots \\ g_{r-1} \\ g_r \\ g_{r+1} \\ \vdots \\ g_m \end{bmatrix} = \hat{\boldsymbol{a}} + a_r \boldsymbol{g}, \tag{3.4.14}$$

其中

$$\hat{\boldsymbol{a}} = (a_1, \cdots, a_{r-1}, 0, a_{r+1}, \cdots, a_m)^{\mathrm{T}}, \quad \boldsymbol{g} = (g_1, \cdots, g_{r-1}, g_r, g_{r+1}, \cdots, g_m)^{\mathrm{T}}.$$

(3) 计算有关数据的递推公式.

计算单纯形乘子：

$$\boldsymbol{w} = \boldsymbol{c}_B \boldsymbol{B}_t^{-1} = (((\boldsymbol{c}_B \boldsymbol{E}_{t-1})\boldsymbol{E}_{t-2})\cdots\boldsymbol{E}_1). \tag{3.4.15}$$

计算主列：

$$\boldsymbol{y}_k = \boldsymbol{B}_t^{-1}\boldsymbol{p}_k = (\boldsymbol{E}_{t-1}\cdots(\boldsymbol{E}_2(\boldsymbol{E}_1\boldsymbol{p}_k))). \tag{3.4.16}$$

计算右端列：

$$\bar{\boldsymbol{b}} = \boldsymbol{B}_t^{-1}\boldsymbol{b} = \boldsymbol{E}_{t-1}(\boldsymbol{B}_{t-1}^{-1}\boldsymbol{b}). \tag{3.4.17}$$

现在我们举例说明怎样运用逆的乘积形式求解线性规划问题.

例 3.4.2 解下列线性规划问题：

$$\begin{aligned} \min \quad & x_1 - x_2 - 2x_3 \\ \text{s.t.} \quad & x_1 + x_2 + x_3 \leqslant 8, \\ & -x_1 + x_2 - x_3 \leqslant 2, \\ & -x_2 + 2x_3 \leqslant 4, \\ & x_1, x_2, x_3 \geqslant 0. \end{aligned}$$

解 引进松弛变量 x_4, x_5, x_6，把上述问题化成标准形式：

$$\begin{aligned} \min \quad & x_1 - x_2 - 2x_3 \\ \text{s.t.} \quad & x_1 + x_2 + x_3 + x_4 = 8, \\ & -x_1 + x_2 - x_3 + x_5 = 2, \\ & -x_2 + 2x_3 + x_6 = 4, \\ & x_j \geqslant 0, \quad j = 1, \cdots, 6. \end{aligned}$$

约束方程的系数矩阵是

$$\boldsymbol{A} = (\boldsymbol{p}_1, \boldsymbol{p}_2, \boldsymbol{p}_3, \boldsymbol{p}_4, \boldsymbol{p}_5, \boldsymbol{p}_6) = \begin{bmatrix} 1 & 1 & 1 & 1 & 0 & 0 \\ -1 & 1 & -1 & 0 & 1 & 0 \\ 0 & -1 & 2 & 0 & 0 & 1 \end{bmatrix},$$

右端向量 $\boldsymbol{b} = (8, 2, 4)^{\mathrm{T}}$，初始基矩阵取为

$$\boldsymbol{B}_1 = (\boldsymbol{p}_4, \boldsymbol{p}_5, \boldsymbol{p}_6) = \begin{bmatrix} 1 & 0 & 0 \\ 0 & 1 & 0 \\ 0 & 0 & 1 \end{bmatrix}, \quad \boldsymbol{B}_1^{-1} = \boldsymbol{I}_3.$$

第1次迭代.

$$\bar{\boldsymbol{b}} = \boldsymbol{B}_1^{-1}\boldsymbol{b} = \begin{bmatrix} 8 \\ 2 \\ 4 \end{bmatrix}, \quad \boldsymbol{x}_{\boldsymbol{B}} = \begin{bmatrix} x_4 \\ x_5 \\ x_6 \end{bmatrix} = \begin{bmatrix} 8 \\ 2 \\ 4 \end{bmatrix}, \quad \boldsymbol{x}_{\boldsymbol{N}} = \begin{bmatrix} x_1 \\ x_2 \\ x_3 \end{bmatrix} = \begin{bmatrix} 0 \\ 0 \\ 0 \end{bmatrix}.$$

在现行基本可行解处，目标函数值 $f_1 = 0$，

$$\begin{aligned} \boldsymbol{w} &= \boldsymbol{c}_{\boldsymbol{B}}\boldsymbol{B}_1^{-1} = (0, 0, 0), \\ z_1 - c_1 &= \boldsymbol{w}\boldsymbol{p}_1 - c_1 = -1, \\ z_2 - c_2 &= \boldsymbol{w}\boldsymbol{p}_2 - c_2 = 1, \\ z_3 - c_3 &= \boldsymbol{w}\boldsymbol{p}_3 - c_3 = 2, \\ z_3 - c_3 &= \max\{z_j - c_j\}. \end{aligned}$$

计算主列 y_3：

$$\boldsymbol{y}_3 = \boldsymbol{B}_1^{-1}\boldsymbol{p}_3 = \begin{bmatrix} 1 \\ -1 \\ 2 \end{bmatrix}.$$

根据最小比值规则，选择 x_6 为离基变量. 初等矩阵 $\boldsymbol{E}_1$ 的非单位向量列出现在 $r=3$ 的位

置，即 $\boldsymbol{E}_1$ 的第 3 列，由主列 $\boldsymbol{y}_3$ 得到此列

$$\boldsymbol{g}=\begin{bmatrix}-\frac{1}{2}\\ \frac{1}{2}\\ \frac{1}{2}\end{bmatrix},$$

在计算机中存储$\begin{bmatrix}\boldsymbol{g}\\ 3\end{bmatrix}$，用它描述初等矩阵 $\boldsymbol{E}_1$.

第 2 次迭代.

$$\bar{\boldsymbol{b}}=\boldsymbol{E}_1(\boldsymbol{B}_1^{-1}\boldsymbol{b})=\begin{bmatrix}8\\2\\0\end{bmatrix}+4\begin{bmatrix}-\frac{1}{2}\\ \frac{1}{2}\\ \frac{1}{2}\end{bmatrix}=\begin{bmatrix}6\\4\\2\end{bmatrix},$$

$$\boldsymbol{x}_B=\begin{bmatrix}x_4\\x_5\\x_3\end{bmatrix}=\begin{bmatrix}6\\4\\2\end{bmatrix},\quad \boldsymbol{x}_N=\begin{bmatrix}x_1\\x_2\\x_6\end{bmatrix}=\begin{bmatrix}0\\0\\0\end{bmatrix},$$

$$f_2=f_1-\bar{b}_3(z_3-c_3)=0-2\times 2=-4,$$

$$\boldsymbol{w}=\boldsymbol{c}_B\boldsymbol{E}_1=(0,0,-2)\boldsymbol{E}_1=(0,0,-1),$$

$$z_1-c_1=\boldsymbol{w}\boldsymbol{p}_1-c_1=-1,$$

$$z_2-c_2=\boldsymbol{w}\boldsymbol{p}_2-c_2=2,$$

$$z_6-c_6=\boldsymbol{w}\boldsymbol{p}_6-c_6=-1.$$

因此，$z_2-c_2=\max\{z_j-c_j\}=2$，$x_2$ 为进基变量.

$$\boldsymbol{y}_2=\boldsymbol{E}_1\boldsymbol{p}_2=\begin{bmatrix}1\\1\\0\end{bmatrix}+(-1)\begin{bmatrix}-\frac{1}{2}\\ \frac{1}{2}\\ \frac{1}{2}\end{bmatrix}=\begin{bmatrix}\frac{3}{2}\\ \frac{1}{2}\\ -\frac{1}{2}\end{bmatrix},$$

$$\frac{\bar{b}_1}{y_{12}}=\min\left\{\frac{\bar{b}_i}{y_{i2}}\,\middle|\,y_{i2}>0\right\}.$$

因此 x_B 中第 1 个变量 x_4 为离基变量. 初等矩阵 $\boldsymbol{E}_2$ 的非单位向量列 $\boldsymbol{g}$ 出现在 $r=1$ 的位置，由主列 y_2 得到

$$g=\begin{bmatrix}\frac{2}{3}\\-\frac{1}{3}\\\frac{1}{3}\end{bmatrix},\quad 存储\begin{bmatrix}g\\1\end{bmatrix}.$$

第3次迭代.

$$\bar{b}=E_2(B_2^{-1}b)=E_2\begin{bmatrix}6\\4\\2\end{bmatrix}=\begin{bmatrix}0\\4\\2\end{bmatrix}+6\begin{bmatrix}\frac{2}{3}\\-\frac{1}{3}\\\frac{1}{3}\end{bmatrix}=\begin{bmatrix}4\\2\\4\end{bmatrix},$$

$$x_B=\begin{bmatrix}x_2\\x_5\\x_3\end{bmatrix}=\begin{bmatrix}4\\2\\4\end{bmatrix},\qquad x_N=\begin{bmatrix}x_1\\x_4\\x_6\end{bmatrix}=\begin{bmatrix}0\\0\\0\end{bmatrix},$$

$$f_3=f_2-(z_2-c_2)\bar{b}_1=-4-2\times4=-12,$$

$$w=c_BE_2E_1=(-1,0,-2)E_2E_1=\left(-\frac{4}{3},0,-\frac{1}{3}\right),$$

$$z_1-c_1=wp_1-c_1=-\frac{7}{3},$$

$$z_4-c_4=wp_4-c_4=-\frac{4}{3},$$

$$z_6-c_6=wp_6-c_6=-\frac{1}{3},$$

所有 $z_j-c_j\leqslant0$,得到最优解

$$(x_1,x_2,x_3)=(0,4,4).$$

目标函数的最优值

$$f_{\min}=-12\ .$$

逆的乘积形式对于大规模稀疏问题比较有效,可以在一定程度上保持稀疏性,又能减少存储量.但是运用逆的乘积形式还不能说是最有效的方法.这种方法的主要问题是没有解决数值稳定性问题.如果基矩阵接近奇异,求逆将会引起严重的舍入误差,逆的乘积形式并不能解决这个困难.鉴于这种情形,有人用 LU 分解方法,分别解线性方程组

$$By_0=b,\quad wB=c_B,\quad By_j=p_j,$$

求出 y_0,w 和 y_j.一般认为 LU 分解既能保持稀疏性,又具有较好的数值稳定性.但是,用这种方法,需要反复求解方程组,这里不再介绍.

*3.5 变量有界的情形

3.5.1 基本可行解概念的推广

前面研究的问题，均属变量非负且不加上限的情形．实际上，有许多线性规划问题，变量既有下界又有上界，这类问题一般表示为

$$\begin{aligned} \min \quad & \boldsymbol{cx} \\ \text{s.t.} \quad & \boldsymbol{Ax} = \boldsymbol{b}, \\ & \boldsymbol{l} \leqslant \boldsymbol{x} \leqslant \boldsymbol{u}. \end{aligned} \tag{3.5.1}$$

对于上述问题，可以先作变量替换及引进松弛变量，化为标准形式，再用单纯形方法求解．但是，这样做会大大增加等式约束和变量的个数，因而加大计算上的困难．本节的目的是在不增加等式约束和变量个数的条件下，寻求线性规划(3.5.1)的解法．为此先把基本可行解的概念加以推广，进而按照单纯形方法的基本思想求解线性规划(3.5.1)．

前面给出的关于 $\boldsymbol{Ax}=\boldsymbol{b},\boldsymbol{x}\geqslant\boldsymbol{0}$ 的基本可行解的定义中，基变量所对应的 $\boldsymbol{A}$ 中的列是线性无关的，基变量的取值满足可行性的要求，而非基变量取零值，即取变量的下界数值．与此类似，我们可以定义推广的基本可行解．

定义 3.5.1 设在线性规划(3.5.1)中，$\boldsymbol{A}$ 是 $m\times n$ 矩阵，$\boldsymbol{A}$ 的秩为 m．又设 $\boldsymbol{x}^{(0)}$ 是 $\boldsymbol{Ax}=\boldsymbol{b}$的一个解．若 $\boldsymbol{x}^{(0)}$ 的 m 个分量所对应的$\boldsymbol{A}$ 的列线性无关，其余 $n-m$ 个分量取上界或下界数值，则称 $\boldsymbol{x}^{(0)}$ 为一个**基本解**，前 m 个分量称为**基变量**，后 $n-m$ 个分量称为**非基变量**．$\boldsymbol{A}$ 中对应基变量的 m 个列构成基矩阵．若基变量取值介于上下界之间(包括等于上界或下界)，则称 $\boldsymbol{x}^{(0)}$ 为**基本可行解**．当基变量的取值均大于下界，小于上界时，$\boldsymbol{x}^{(0)}$ 称为**非退化的基本可行解**．某些基变量取值等于上界或下界的基本可行解称为**退化的基本可行解**．

根据上述定义，我们给出推广的基本可行解的表达式．设

$$\boldsymbol{x} = \begin{bmatrix} \boldsymbol{x}_B \\ \boldsymbol{x}_{N_1} \\ \boldsymbol{x}_{N_2} \end{bmatrix}$$

是约束条件

$$\begin{cases} \boldsymbol{Ax} = \boldsymbol{b}, \\ \boldsymbol{l} \leqslant \boldsymbol{x} \leqslant \boldsymbol{u} \end{cases} \tag{3.5.2}$$

的一个基本可行解．又设 $\boldsymbol{A}$ 分解为

$$\boldsymbol{A} = [\boldsymbol{B}, \boldsymbol{N}_1, \boldsymbol{N}_2],$$

其中 $\boldsymbol{B}$ 是基矩阵，$\boldsymbol{N}_1,\boldsymbol{N}_2$ 是非基矩阵，$\boldsymbol{N}_1$ 对应取下界数值的非基变量，$\boldsymbol{N}_2$ 对应取上界数

值的非基变量. 则 $\boldsymbol{x}$ 的表达式为

$$\boldsymbol{x}=\begin{bmatrix}\boldsymbol{x}_B\\ \boldsymbol{x}_{N_1}\\ \boldsymbol{x}_{N_2}\end{bmatrix}=\begin{bmatrix}\boldsymbol{B}^{-1}\boldsymbol{b}-\boldsymbol{B}^{-1}\boldsymbol{N}_1\boldsymbol{l}_{N_1}-\boldsymbol{B}^{-1}\boldsymbol{N}_2\boldsymbol{u}_{N_2}\\ \boldsymbol{l}_{N_1}\\ \boldsymbol{u}_{N_2}\end{bmatrix}, \tag{3.5.3}$$

且

$$\boldsymbol{l}_B\leqslant\boldsymbol{x}_B\leqslant\boldsymbol{u}_B,$$

其中 $\boldsymbol{l}_B$ 和 $\boldsymbol{u}_B$ 分别是由基变量的下界和上界组成的 m 维列向量.

用类似于2.2节中的方法,可以证明推广后的基本可行解集与凸集

$$K=\{\boldsymbol{x}\,|\,\boldsymbol{A}\boldsymbol{x}=\boldsymbol{b},\boldsymbol{l}\leqslant\boldsymbol{x}\leqslant\boldsymbol{u}\} \tag{3.5.4}$$

的极点集是等价的. 因此,如果线性规划(3.5.1)存在最优解,则一定存在最优基本可行解.

3.5.2 基本可行解的改进

求解变量有界的线性规划问题,基本思想仍然是,给定初始基本可行解后,从一个基本可行解出发,求改进的基本可行解,直至求出最优解或得到无界的结论. 下面具体分析怎样选择进基变量和离基变量以及怎样判断现行的基本可行解是否为最优解.

设 $\boldsymbol{x}^{(0)}$ 是一个基本可行解,根据(3.5.3)式有

$$\boldsymbol{x}^{(0)}=\begin{bmatrix}\boldsymbol{x}_B^{(0)}\\ \boldsymbol{x}_{N_1}^{(0)}\\ \boldsymbol{x}_{N_2}^{(0)}\end{bmatrix}=\begin{bmatrix}\boldsymbol{B}^{-1}\boldsymbol{b}-\boldsymbol{B}^{-1}\boldsymbol{N}_1\boldsymbol{l}_{N_1}-\boldsymbol{B}^{-1}\boldsymbol{N}_2\boldsymbol{u}_{N_2}\\ \boldsymbol{l}_{N_2}\\ \boldsymbol{u}_{N_2}\end{bmatrix}. \tag{3.5.5}$$

把目标函数的系数向量记作

$$\boldsymbol{c}=(\boldsymbol{c}_B,\boldsymbol{c}_{N_1},\boldsymbol{c}_{N_2}),$$

$\boldsymbol{c}_B,\boldsymbol{c}_{N_1},\boldsymbol{c}_{N_2}$ 分别对应 $\boldsymbol{x}_B^{(0)},\boldsymbol{x}_{N_1}^{(0)},\boldsymbol{x}_{N_2}^{(0)}$. 在基本可行解 $\boldsymbol{x}^{(0)}$ 处的目标函数值

$$\begin{aligned}f_0&=\boldsymbol{c}_B\boldsymbol{x}_B^{(0)}+\boldsymbol{c}_{N_1}\boldsymbol{x}_{N_1}^{(0)}+\boldsymbol{c}_{N_2}\boldsymbol{x}_{N_2}^{(0)}\\&=\boldsymbol{c}_B\boldsymbol{B}^{-1}\boldsymbol{b}-(\boldsymbol{c}_B\boldsymbol{B}^{-1}\boldsymbol{N}_1-\boldsymbol{c}_{N_1})\boldsymbol{l}_{N_1}-(\boldsymbol{c}_B\boldsymbol{B}^{-1}\boldsymbol{N}_2-\boldsymbol{c}_{N_2})\boldsymbol{u}_{N_2}\\&=\boldsymbol{c}_B\boldsymbol{B}^{-1}\boldsymbol{b}-\sum_{j\in R_1}(z_j-c_j)l_j-\sum_{j\in R_2}(z_j-c_j)u_j,\end{aligned} \tag{3.5.6}$$

基中下标集 R_1 和 R_2 规定如下:

$$R_1=\{j\,|\,x_j^{(0)}=l_j,x_j^{(0)}\text{ 是非基变量}\},$$
$$R_2=\{j\,|\,x_j^{(0)}=u_j,x_j^{(0)}\text{ 是非基变量}\},$$

l_j 和 u_j 分别是 $x_j^{(0)}$ 的下界和上界.

对于约束方程 $\boldsymbol{A}\boldsymbol{x}=\boldsymbol{b}$ 的任一解 $\boldsymbol{x}$,有

$$x_B = B^{-1}b - B^{-1}N_1 x_{N_1} - B^{-1}N_2 x_{N_2}, \tag{3.5.7}$$

在 x 处的目标函数值

$$\begin{aligned} f &= c_B x_B + c_{N_1} x_{N_1} + c_{N_2} x_{N_2} \\ &= c_B B^{-1} b - (c_B B^{-1} N_1 - c_{N_1}) x_{N_1} - (c_B B^{-1} N_2 - c_{N_2}) x_{N_2} \\ &= c_B B^{-1} b - \sum_{j \in R_1} (z_j - c_j) x_j - \sum_{j \in R_2} (z_j - c_j) x_j. \end{aligned} \tag{3.5.8}$$

在解 x 中,若令

$$\begin{cases} x_j = l_j, & j \in R_1, \\ x_j = u_j, & j \in R_2. \end{cases}$$

代入(3.5.7)式便得到基本可行解 $x^{(0)}$,这就是任一解 x 与 $x^{(0)}$ 的关系.

为从 $x^{(0)}$ 出发求改进的基本可行解,令 $n-m-1$ 个非基变量固定不变,仍取下界或上界数值,而令一个非基变量(比如 x_k)改变,使目标函数值减小.下面分析怎样选择 x_k.

在改变非基变量的取值时,为了保持可行性,取下界数值的非基变量只能增大,取上界数值的非基变量只能减小.因此我们只考虑这两种可能的变化.

设 x_j 是任一非基变量,由(3.5.8)式可知,当 $j \in R_1$ 时,若

$$z_j - c_j > 0,$$

则随着 x_j 的增大目标函数值将减小;当 $j \in R_2$ 时,若

$$z_j - c_j < 0,$$

则随着 x_j 的减小目标函数值将减小.为选择最有利于目标函数值减小的 x_k,应从

$$\max_{j \in R_1} \{z_j - c_j\} \quad \text{和} \quad -\min_{j \in R_2} \{z_j - c_j\} = \max_{j \in R_2} \{c_j - z_j\}$$

中选择最大值

$$\max\left\{ \max_{j \in R_1} \{z_j - c_j\}, \max_{j \in R_2} \{c_j - z_j\} \right\}. \tag{3.5.9}$$

如果这个最大值大于零,则相应的下标就是我们要确定的下标 k.如果这个最大值小于或等于零,那么无论取下界数值的非基变量增大,还是取上界数值的非基变量减小,都不能使目标函数值减小,因此现行基本可行解是最优解.现在假设这个最大值大于零,因而选定了 x_k.进一步需要确定 x_k 的取值及选择离基变量 x_{B_r},为此分别考虑下面两种情形.

1. $k \in R_1$

设 x_k 的改变量为 $\Delta_k > 0$,令

$$x_k = l_k + \Delta_k, \tag{3.5.10}$$

其他非基变量不变.由(3.5.7)式得到

$$x_B = B^{-1}b - B^{-1}N_1 l_{N_1} - B^{-1}N_2 u_{N_2} - B^{-1}P_k \Delta_k = \hat{b} - y_k \Delta_k, \tag{3.5.11}$$

其中

$$\hat{\boldsymbol{b}} = \boldsymbol{x}_{\boldsymbol{B}}^{(0)}.$$

由(3.5.6)式和(3.5.8)式得出 x_k 的取值改变前后目标函数值之间的关系：

$$f = f_0 - (z_k - c_k)\Delta_k. \tag{3.5.12}$$

为了保持可行性，Δ_k 的大小必须满足下列条件：

(1) 保持 $\boldsymbol{x}_{\boldsymbol{B}}$ 不越下限

为使

$$\boldsymbol{x}_{\boldsymbol{B}} = \hat{\boldsymbol{b}} - \boldsymbol{y}_k\Delta_k \geqslant \boldsymbol{l}_{\boldsymbol{B}},$$

即

$$\boldsymbol{y}_k\Delta_k \leqslant \hat{\boldsymbol{b}} - \boldsymbol{l}_{\boldsymbol{B}},$$

应取 $\Delta_k \leqslant \beta_1$，其中

$$\beta_1 = \begin{cases} \min\left\{\dfrac{\hat{b}_i - l_{\boldsymbol{B}_i}}{y_{ik}} \,\middle|\, y_{ik} > 0\right\} = \dfrac{\bar{b}_r - l_{\boldsymbol{B}_r}}{y_{rk}}, & \boldsymbol{y}_k \nleqslant \boldsymbol{0}, \\ \infty, & \boldsymbol{y}_k \leqslant \boldsymbol{0}. \end{cases} \tag{3.5.13}$$

(2) 保持 $\boldsymbol{x}_{\boldsymbol{B}}$ 不越上限

为使

$$\boldsymbol{x}_{\boldsymbol{B}} = \hat{\boldsymbol{b}} - \boldsymbol{y}_k\Delta_k \leqslant \boldsymbol{u}_{\boldsymbol{B}},$$

即

$$-\boldsymbol{y}_k\Delta_k \leqslant \boldsymbol{u}_{\boldsymbol{B}} - \hat{\boldsymbol{b}},$$

应取 $\Delta_k \leqslant \beta_2$，其中

$$\beta_2 = \begin{cases} \min\left\{\dfrac{u_{\boldsymbol{B}_i} - \hat{b}_i}{-y_{ik}} \,\middle|\, y_{ik} < 0\right\} = \dfrac{u_{\boldsymbol{B}_r} - \hat{b}_r}{-y_{rk}}, & \boldsymbol{y}_k \ngeqslant \boldsymbol{0}, \\ \infty, & \boldsymbol{y}_k \geqslant \boldsymbol{0}. \end{cases} \tag{3.5.14}$$

(3) x_k 不越上限

为此，应有

$$\Delta_k \leqslant \beta_3 = u_k - l_k. \tag{3.5.15}$$

为保持可行性且使目标函数值尽可能减小，令

$$\Delta_k = \min\{\beta_1, \beta_2, \beta_3\}. \tag{3.5.16}$$

2. $\boldsymbol{k} \in \boldsymbol{R}_2$

这时，令

$$x_k = u_k - \Delta_k, \quad \Delta_k > 0. \tag{3.5.17}$$

采取与 $k \in R_1$ 时类似的方法，推导出下列公式：

$$\boldsymbol{x}_{\boldsymbol{B}} = \hat{\boldsymbol{b}} + \boldsymbol{y}_k\Delta_k, \tag{3.5.18}$$

$$f = f_0 + (z_k - c_k)\Delta_k, \tag{3.5.19}$$

$$\beta_1 = \begin{cases} \min\left\{\dfrac{\hat{b}_i - l_{B_i}}{-y_{ik}} \middle| y_{ik} < 0\right\} = \dfrac{\hat{b}_r - l_{B_r}}{-y_{rk}}, & \boldsymbol{y}_k \ngeqslant \boldsymbol{0}, \\ \infty, & \boldsymbol{y}_k \geqslant \boldsymbol{0}. \end{cases} \tag{3.5.20}$$

$$\beta_2 = \begin{cases} \min\left\{\dfrac{u_{B_i} - \hat{b}_i}{y_{ik}} \middle| y_{ik} > 0\right\} = \dfrac{u_{B_r} - \hat{b}_r}{y_{rk}}, & \boldsymbol{y}_k \nleqslant \boldsymbol{0}, \\ \infty, & \boldsymbol{y}_k \leqslant \boldsymbol{0}. \end{cases} \tag{3.5.21}$$

$$\beta_3 = u_k - l_k, \tag{3.5.22}$$

$$\Delta_k = \min\{\beta_1, \beta_2, \beta_3\}. \tag{3.5.23}$$

对于上述情况,若 $\Delta_k = \infty$,则不存在有限最优值. 否则,一般得到改进的基本可行解.

现行基本可行解是否为最优解,可用下列条件判断.

定理 3.5.1 设 $\boldsymbol{x}$ 是线性规划(3.5.1)的一个基本可行解,若对每个取下界值的非基变量,有

$$z_j - c_j \leqslant 0,$$

且对每个取上界值的非基变量,有

$$z_j - c_j \geqslant 0,$$

则 $\boldsymbol{x}$ 是最优解.

3.5.3 计算步骤

我们以极小化问题为例给出计算步骤,对于极大化问题可做类似处理,但选择进基变量的规则及判断最优解的条件有所不同,使用时应当注意. 极小化问题的计算步骤如下:

(1) 给定初始基本可行解,令 $\boldsymbol{x}_B$ 为基变量,$\boldsymbol{x}_{N_1}$ 和 $\boldsymbol{x}_{N_2}$ 分别是取下界值和取上界值的非基变量,构造初表如表 3.5.1:

表 3.5.1

	$\boldsymbol{x}_B$	$\boldsymbol{x}_{N_1}$	$\boldsymbol{x}_{N_2}$	
$\boldsymbol{x}_B$	$\boldsymbol{I}_m$	$\boldsymbol{B}^{-1}\boldsymbol{N}_1$	$\boldsymbol{B}^{-1}\boldsymbol{N}_2$	$\hat{\boldsymbol{b}}$
	$\boldsymbol{0}$	$\boldsymbol{c}_B\boldsymbol{B}^{-1}\boldsymbol{N}_1 - \boldsymbol{c}_{N_1}$	$\boldsymbol{c}_B\boldsymbol{B}^{-1}\boldsymbol{N}_2 - \boldsymbol{c}_{N_2}$	f
		l	u	

其中 l 表示对应的非基变量取下界值,u 表示对应的非基变量取上界值.

(2) 如果表 3.5.1 满足 $\boldsymbol{c}_B\boldsymbol{B}^{-1}\boldsymbol{N}_1 - \boldsymbol{c}_{N_1} \leqslant \boldsymbol{0}$,并且

$$\boldsymbol{c}_B\boldsymbol{B}^{-1}\boldsymbol{N}_2 - \boldsymbol{c}_{N_2} \geqslant \boldsymbol{0},$$

则现行基本可行解是最优解. 否则,求

$$\max\left\{\max_{j\in R_1}\{z_j-c_j\},\max_{j\in R_2}\{c_j-z_j\}\right\},$$

确定判别数 z_k-c_k. 若 $k\in R_1$,则进行步骤(3);若 $k\in R_2$,则进行步骤(4).

(3) 按照(3.5.13)式至(3.5.15)式计算 β_1,β_2,β_3,令

$$\Delta_k=\min\{\beta_1,\beta_2,\beta_3\},$$

若 $\Delta_k=\infty$,则停止计算,目标函数值无下界. 否则,若 Δ_k 等于 β_1 或 β_2,则 x_k 为进基变量,x_{B_r} 为离基变量. 以 y_{rk} 为主元,进行主元消去(右端列除外),并利用(3.5.10)式至(3.5.12)式修改右端列. 若 $\Delta_k=\beta_3$,则 x_k 仍为非基变量,但取值变化,令 $x_k=u_k$,修改右端列,单纯形表上其他数据不变. 修改下标集 R_1 和 R_2,返回步骤(2). 应注意,每次迭代后,要相应地改变表下面的标释符号 l 和 u.

(4) 按照公式(3.5.20)式至(3.5.22)式计算 β_1,β_2 和 β_3. 令

$$\Delta_k=\min\{\beta_1,\beta_2,\beta_3\},$$

若 $\Delta_k=\infty$,则停止计算,在可行域上目标函数值无下界. 否则,若 Δ_k 等于 β_1 或 β_2,则 x_k 为进基变量,x_{B_r} 为离基变量. 以 y_{rk} 为主元进行主元消去(右端列除外),并且按照(3.5.17)式至(3.5.19)式修改右端列. 若 $\Delta_k=\beta_3$,则 x_k 仍为非基变量,但取值变化,令 $x_k=l_k$,修改右端列. 迭代后修改 R_1 和 R_2,转步骤(2). 这里也要注意修改表下面的符号 l 和 u.

对于变量有界的情形,有下列定理.

定理 3.5.2 设线性规划问题(3.5.1)是非退化的,且从一个基本可行解开始用上述方法计算,则经有限次迭代能够得到最优解或得出目标函数值在可行域上无界的结论.

对于退化问题,可采取类似于前面介绍的方法,避免循环发生. 这里不再介绍.

例 3.5.1 解下列线性规划问题:

$$\begin{aligned}
\min\quad & -2x_1+3x_2-x_3\\
\text{s. t.}\quad & x_1+x_2+x_3\leqslant 10,\\
& 2x_1-x_2-2x_3\leqslant 8,\\
& 0\leqslant x_1\leqslant 4,\\
& 0\leqslant x_2\leqslant 4,\\
& -1\leqslant x_3\leqslant 2.
\end{aligned}$$

解 引进松弛变量 x_4,x_5,把上述问题化成

$$\begin{aligned}
\min\quad & -2x_1+3x_2-x_3\\
\text{s. t.}\quad & x_1+x_2+x_3+x_4=10,\\
& 2x_1-x_2-2x_3+x_5=8,\\
& 0\leqslant x_1\leqslant 4,\\
& 0\leqslant x_2\leqslant 4,\\
& -1\leqslant x_3\leqslant 2,\\
& x_4,x_5\geqslant 0.
\end{aligned}$$

取初始基本可行解

$$x_B=\begin{bmatrix}x_4\\x_5\end{bmatrix}=\begin{bmatrix}11\\6\end{bmatrix},$$

$$x_{N_1}=\begin{bmatrix}x_1\\x_2\\x_3\end{bmatrix}=\begin{bmatrix}0\\0\\-1\end{bmatrix},$$

相应的目标函数值 $f_0=1$. 构造初表如表 3.5.2 所示.

下标集 $R_1=\{1,2,3\}$, $R_2=\phi$, 由于

$$z_1-c_1=\max_{j\in R_1}\{z_j-c_j\},$$

因此 $k=1\in R_1$. 按照(3.5.13)式至(3.5.15)式计算 β_1,β_2,β_3:

$$\beta_1=\min\left\{\frac{11-0}{1},\frac{6-0}{2}\right\}=\frac{6-0}{2}=3.$$

表 3.5.2

	x_1	x_2	x_3	x_4	x_5	
x_4	1	1	1	1	0	11
x_5	[2]	−1	−2	0	1	6
	2	−3	1	0	0	1
	l	l	l			

$$\beta_2=\infty,$$
$$\beta_3=4-0=4,$$

因此令

$$\Delta_1=\min\{\beta_1,\beta_2,\beta_3\}=\beta_1=3\ (r=2),$$

x_1 为进基变量, x_5 为离基变量. 以 $y_{21}=2$ 为主元进行主元消去(右端除外). 再用(3.5.11)式和(3.5.12)式修改右端列,计算结果为

$$\begin{bmatrix}x_4\\x_5\end{bmatrix}=\begin{bmatrix}11\\6\end{bmatrix}-3\begin{bmatrix}1\\2\end{bmatrix}=\begin{bmatrix}8\\0\end{bmatrix},$$

x_5 离基后取下界数值.

$$x_1=3,$$
$$f_1=f_0-(z_1-c_1)\Delta_1=1-2\times3=-5.$$

经第 1 次迭代得到的单纯形表如表 3.5.3.

表 3.5.3

	x_1	x_2	x_3	x_4	x_5	
x_4	0	$\frac{3}{2}$	2	1	$-\frac{1}{2}$	8
x_1	1	$-\frac{1}{2}$	$\boxed{-1}$	0	$\frac{1}{2}$	3
	0	-2	3	0	-1	-5
		l	l		l	

观察表 3.5.3 可以发现，在已经完成的迭代中，右端列可以不单独修改，利用主元消去也能得到同样结果. 值得注意，这种情形是由具体条件决定的，不能认为凡第 1 次迭代均不需要单独修改右端列.

下面进行第 2 次迭代. 这时，$R_1=\{2,3,5\}$，$R_2=\varnothing$. 先确定进基变量的下标 k. 由于

$$z_3-c_3=\max_{j\in R_1}\{z_j-c_j\},$$

因此 $k=3\in R_1$. 下面计算 β_1，β_2 和 β_3：

$$\beta_1=\frac{8-0}{2}=4,\qquad \beta_2=\frac{4-3}{-(-1)}=1,$$

$$\beta_3=2-(-1)=3,\quad \Delta_3=\beta_2=1\ (r=2).$$

因此 x_3 进基，x_1 离基. 以 $y_{23}=-1$ 为主元进行主元消去(右端列除外). 再修改右端列，根据公式(3.5.10)式至(3.5.12)式，有

$$x_3=-1+1=0$$

$$\begin{bmatrix}x_4\\x_1\end{bmatrix}=\begin{bmatrix}8\\3\end{bmatrix}-1\cdot\begin{bmatrix}2\\-1\end{bmatrix}=\begin{bmatrix}6\\4\end{bmatrix},$$

$$f_2=f_1-(z_3-c_3)\Delta_3=-5-3\times1=-8.$$

经第 2 次迭代得到的结果如表 3.5.4.

表 3.5.4

	x_1	x_2	x_3	x_4	x_5	
x_4	2	$\frac{1}{2}$	0	1	$\frac{1}{2}$	6
x_3	-1	$\frac{1}{2}$	1	0	$\boxed{-\frac{1}{2}}$	0
	3	$-\frac{7}{2}$	0	0	$\frac{1}{2}$	-8
	u	l		l		

下面进行第 3 次迭代. 这时 $R_1=\{2,5\}$，$R_2=\{1\}$. 根据(3.5.9)式，下标 $k=5\in R_1$. 第

5 列为主列.

$$\beta_1 = \frac{6-0}{\frac{1}{2}} = 12, \quad \beta_2 = \frac{2-0}{-\left(-\frac{1}{2}\right)} = 4,$$

$$\beta_3 = \infty, \qquad \Delta_5 = \beta_2 = 4\ (r=2).$$

以 $y_{25}=-\frac{1}{2}$ 为主元进行主元消去(右端列除外). 再根据下列计算结果修改右端列:

$$\begin{bmatrix} x_4 \\ x_3 \end{bmatrix} = \begin{bmatrix} 6 \\ 0 \end{bmatrix} - 4 \begin{bmatrix} \frac{1}{2} \\ -\frac{1}{2} \end{bmatrix} = \begin{bmatrix} 4 \\ 2 \end{bmatrix},$$

进基变量 $x_5 = l_5 + \Delta_5 = 0+4=4$, x_3 离基后取上界数值. 目标函数值

$$f_3 = f_2 - (z_5 - c_5)\,\Delta_5 = -8 - \frac{1}{2} \times 4 = -10.$$

迭代结果如表 3.5.5 所示.

表 3.5.5

	x_1	x_2	x_3	x_4	x_5	
x_4	1	1	1	1	0	4
x_5	2	−1	−2	0	1	4
	2	−3	1	0	0	−10
	u	l	u			

根据定理 3.5.1,已经达到最优解. 所得到的最优解为

$$(x_1, x_2, x_3, x_4, x_5) = (4,0,2,4,4),$$

目标函数最优值为

$$f_{\min} = -10\ .$$

3.5.4 找初始基本可行解的方法

如果线性规划(3.5.1)的初始基本可行解不易确定,可以引进人工变量,通过解第一阶段问题求出一个基本可行解(当线性规划(3.5.1)存在可行解时). 具体做法是:把原来的变量分别固定在它们的上界或下界. 计算

$$b_i - \sum_{j=1}^{n} a_{ij} x_j = \hat{b}_i, \quad i = 1, \cdots, m.$$

若 $\hat{b}_i < 0$,则在加人工变量之前,先将第 i 个方程两端乘以(−1),再把人工变量加到每个方程的左端. 解下列一阶段问题:

$$\begin{aligned} \min \quad & \boldsymbol{e}^{\mathrm{T}}\boldsymbol{x}_a \\ \text{s.t.} \quad & \boldsymbol{A}\boldsymbol{x} + \boldsymbol{x}_a = \boldsymbol{b}, \\ & \boldsymbol{l} \leqslant \boldsymbol{x} \leqslant \boldsymbol{u}, \\ & \boldsymbol{x}_a \geqslant \boldsymbol{0}, \end{aligned} \tag{3.5.24}$$

其中 $\boldsymbol{e}=(1,\cdots,1)^{\mathrm{T}}$ 是分量全为 1 的 m 维列向量，

$$\boldsymbol{x}_a = (x_{n+1},\cdots,x_{n+m})^{\mathrm{T}}.$$

求得初始基本可行解后，再极小化(或极大化)原来的目标函数. 如果线性规划 (3.5.24) 的最优值大于零，则线性规划(3.5.1)无可行解.

*3.6 分解算法

3.6.1 主规划与子规划

前面介绍的一些算法，从理论上说，已经解决了线性规划的求解问题. 但是有些大的线性规划问题，包含的变量和约束很多，以致它们的求解在计算机上很难实现. 因此需要研究一些特殊的技巧和算法. **分解算法**就是为解决这一问题而提出的一种方法. 它的基本思想是，把大规模问题分解成若干个规模较小的问题，并通过求解这一系列小型线性规划问题，求得原来问题的最优解. 下面我们来研究分解的方法.

考虑线性规划问题

$$\begin{aligned} \min \quad & \boldsymbol{cx} \\ \text{s.t.} \quad & \boldsymbol{Ax} = \boldsymbol{b}, \\ & \boldsymbol{x} \in S, \end{aligned} \tag{3.6.1}$$

其中 $\boldsymbol{A}$ 是 $m\times n$ 矩阵，$\boldsymbol{A}$ 的秩为 m，S 是由线性方程及不等式定义的多面集. 我们暂且假设 S 有界，在后面将去掉这个限制.

由于 S 是有界多面集，因此当它非空时，一定存在有限个极点，记作 $\boldsymbol{x}^{(1)},\cdots,\boldsymbol{x}^{(t)}$. 根据定理 1.4.1，$S$ 中任一点 $\boldsymbol{x}$ 可以表示成这些极点的凸组合，即

$$\boldsymbol{x} = \sum_{j=1}^{t}\lambda_j\boldsymbol{x}^{(j)}, \tag{3.6.2}$$

$$\sum_{j=1}^{t}\lambda_j = 1, \tag{3.6.3}$$

$$\lambda_j \geqslant 0, \quad j = 1,\cdots,t, \tag{3.6.4}$$

这样，可把线性规划(3.6.1)化成以 λ_j 为变量的等价的线性规划问题：

$$\begin{aligned}\min \quad & \sum_{j=1}^{t}(\boldsymbol{cx}^{(j)})\lambda_j \\ \text{s. t.} \quad & \sum_{j=1}^{t}(\boldsymbol{Ax}^{(j)})\lambda_j = \boldsymbol{b}, \\ & \sum_{j=1}^{t}\lambda_j = 1, \\ & \lambda_j \geqslant 0, \quad j = 1,\cdots,t,\end{aligned} \tag{3.6.5}$$

我们称线性规划(3.6.5)为线性规划问题(3.6.1)的主规划.

线性规划(3.6.5)中含有 $m+1$ 个等式约束,系数矩阵的第 j 列和右端列分别是

$$\begin{bmatrix}\boldsymbol{Ax}^{(j)} \\ 1\end{bmatrix} \quad 和 \quad \begin{bmatrix}\boldsymbol{b} \\ 1\end{bmatrix}.$$

显然,问题转化成线性规划(3.6.5)后,约束个数大大减少.但是,要给定线性规划(3.6.5)就需求出所有极点 $\boldsymbol{x}^{(j)}(j=1,\cdots,t)$.由于 t 通常是很大的数,要事先求出 S 的所有极点是十分困难的.因此需要找到一种不必事先求出所有极点就能解主规划的算法.这种愿望可以通过修正单纯形方法来实现.

设已知线性规划(3.6.5)的一个可行基 $\boldsymbol{B}$,相应的基变量组成 $m+1$ 维向量

$$\boldsymbol{\lambda_B} = (\lambda_1,\cdots,\lambda_{m+1})^{\mathrm{T}},$$

$\boldsymbol{B}$ 已知自然意味着 S 的极点 $\boldsymbol{x}^{(1)},\cdots,\boldsymbol{x}^{(m+1)}$ 已知.运用修正单纯形法解主规划时,给定现行基的逆 $\boldsymbol{B}^{-1}$ 以后,关键是选择最大判别数.为书写方便,用 $\hat{c}_j$ 表示目标函数中变量 λ_j 的系数,记作 $\hat{c}_j=\boldsymbol{cx}^{(j)}$.下面分析怎样求最大判别数 z_k-c_k.令单纯形乘子 $\hat{\boldsymbol{c}}_{\boldsymbol{B}}\boldsymbol{B}^{-1}=(\boldsymbol{w},\alpha)$,则

$$\begin{aligned}z_k-\hat{c}_k &= \max_{1\leqslant j\leqslant t}\{z_j-\hat{c}_j\} = \max_{1\leqslant j\leqslant t}\left\{(\boldsymbol{w},\alpha)\begin{bmatrix}\boldsymbol{Ax}^{(j)} \\ 1\end{bmatrix}-\boldsymbol{cx}^{(j)}\right\} \\ &= \max_{1\leqslant j\leqslant t}\{(\boldsymbol{wA}-\boldsymbol{c})\boldsymbol{x}^{(j)}+\alpha\}.\end{aligned} \tag{3.6.6}$$

按通常做法,需要求出所有判别数 $z_j-\hat{c}_j$,再从中选择最大数,这就需要求出所有极点 $x^{(j)}$.这种方法现在并不可取,对一切运算均应避免直接求出 S 的所有极点.由于 S 是有界多面集,线性函数的最优值总能在极点上达到(当最优值存在时).因此可通过解线性规划问题

$$\begin{aligned}\max \quad & (\boldsymbol{wA}-\boldsymbol{c})\boldsymbol{x}+\alpha \\ \text{s.t.} \quad & \boldsymbol{x}\in S\end{aligned} \tag{3.6.7}$$

来获得最大判别数.称(3.6.7)式为线性规划问题(3.6.1)的子规划.

设用单纯形方法求得子规划的最优解 $\boldsymbol{x}^{(k)}$,显然 $\boldsymbol{x}^{(k)}$ 是 S 的一个极点.最优值是

$$(\boldsymbol{wA}-\boldsymbol{c})\boldsymbol{x}^{(k)}+\alpha,$$

这个最优值就是主规划在基 $\boldsymbol{B}$ 下的最大判别数.即

$$z_k-\hat{c}_k = (\boldsymbol{wA}-\boldsymbol{c})\boldsymbol{x}^{(k)}+\alpha. \tag{3.6.8}$$

如果 $z_k-\hat{c}_k=0$,那么主规划的现行基本可行解就是最优解.

如果 $z_k-\hat{c}_k>0$,则变量 λ_k 为进基变量,再计算主列,按最小比值规则确定离基变量.经主元消去得到主规划(3.6.5)的一个新的基本可行解.然后再解对应新基的子规划,求主规划的最大判别数.重复以上过程,直至求出主规划的最优解.

由以上分析可知,主规划的基变量所对应的极点已知,它们或者是最初给定的,或者是在迭代过程中得到的.因此,求出主规划的最优解后,容易计算出原来问题(3.6.1)的最优解 $\bar{\boldsymbol{x}}$,即

$$\bar{\boldsymbol{x}}=\sum_{j=1}^{t}\lambda_j\boldsymbol{x}^{(j)}=\sum_{j\in J_{\boldsymbol{B}}}\lambda_j\boldsymbol{x}^{(j)},\tag{3.6.9}$$

其中 $J_{\boldsymbol{B}}$ 是主规划(3.6.5)的最优解中基变量的下标集.

值得注意,当约束为不等式 $\boldsymbol{Ax}\leqslant\boldsymbol{b}$(或者 $\boldsymbol{Ax}\geqslant\boldsymbol{b}$)时,需要引进松弛变量,这时在迭代过程中还要检查对应非基松弛变量的判别数.

3.6.2 计算步骤

(1) 给定主规划的一个可行基 $\boldsymbol{B}$,计算出 $\boldsymbol{B}^{-1}$,令

$$(w,\alpha)=\hat{\boldsymbol{c}}_{\boldsymbol{B}}\boldsymbol{B}^{-1},\quad \bar{\boldsymbol{b}}=\boldsymbol{B}^{-1}\begin{bmatrix}\boldsymbol{b}\\1\end{bmatrix}.$$

构造初表如表 3.6.1.

表 3.6.1

	$\boldsymbol{w}$ α	$\hat{\boldsymbol{c}}_{\boldsymbol{B}}\bar{\boldsymbol{b}}$
$\lambda_{\boldsymbol{B}}$	$\boldsymbol{B}^{-1}$	$\bar{\boldsymbol{b}}$

(2) 解子规划

$$\begin{aligned}&\max\quad (\boldsymbol{wA}-\boldsymbol{c})\boldsymbol{x}+\alpha\\&\text{s.t.}\quad \boldsymbol{x}\in S,\end{aligned}$$

得到最优解 $\boldsymbol{x}^{(k)}$,令

$$z_k-c_k=(\boldsymbol{wA}-\boldsymbol{c})\boldsymbol{x}^{(k)}+\alpha.$$

(3) 若 $z_k-c_k=0$,则停止迭代,主规划的现行基本可行解是最优解,计算线性规划(3.6.1)的最优解

$$\bar{\boldsymbol{x}}=\sum_{j\in J_{\boldsymbol{B}}}\lambda_j\boldsymbol{x}^{(j)}.$$

若 $z_k-c_k>0$,则进行下一步.

(4) 计算主列,令

$$\boldsymbol{y}_k = \boldsymbol{B}^{-1}\begin{bmatrix}\boldsymbol{A}\boldsymbol{x}^{(k)} \\ 1\end{bmatrix},$$

组成表 3.6.2.

表 3.6.2

			λ_k
	$\boldsymbol{w}$ $\quad\alpha$	$\hat{\boldsymbol{c}}_B\bar{\boldsymbol{b}}$	$z_k-\hat{c}_k$
λ_B	$\boldsymbol{B}^{-1}$	$\bar{\boldsymbol{b}}$	$\boldsymbol{y}_k$

令

$$\frac{\bar{b}_r}{y_{rk}} = \min_{1\leqslant i\leqslant m+1}\left\{\frac{\bar{b}_i}{y_{ik}}\,\middle|\, y_{ik} > 0\right\},$$

以 y_{rk} 为主元进行主元消去. 去掉原来的主列,转步骤(2).

例 3.6.1 用分解算法解下列问题:

$$\begin{aligned}
\min \quad & x_1 - 2x_2 - x_3 \\
\text{s. t.} \quad & -x_1 + x_2 + 2x_3 \leqslant 2, \\
& x_1 + x_2 - x_3 \leqslant 4, \\
& x_1 + 2x_2 \leqslant 4, \\
& x_2 + x_3 \leqslant 4, \\
& x_2 - x_3 \leqslant 1, \\
& x_1, x_2, x_3 \geqslant 0.
\end{aligned}$$

解 首先把约束条件分成两组,前两个约束的系数矩阵和右端分别记作

$$\boldsymbol{A} = \begin{bmatrix}-1 & 1 & 2 \\ 1 & 1 & -1\end{bmatrix} \quad 和 \quad \boldsymbol{b} = \begin{bmatrix}2 \\ 4\end{bmatrix},$$

把满足其余约束的点集记作 S,即

$$S = \left\{\boldsymbol{x}\,\middle|\,\begin{array}{l} x_1 + 2x_2 \leqslant 4 \\ x_2 + x_3 \leqslant 4 \\ x_2 - x_3 \leqslant 1 \\ x_1, x_2, x_3 \geqslant 0 \end{array}\right\},$$

目标函数系数向量记作

$$\boldsymbol{c} = (1, -2, -1).$$

引进松弛变量

$$\boldsymbol{v} = \begin{bmatrix}v_1 \\ v_2\end{bmatrix},$$

得到主规划

$$\begin{aligned}
\min \quad & \sum_{j=1}^{t} \hat{c}_j \lambda_j \\
\text{s.t.} \quad & \sum_{j=1}^{t} (\boldsymbol{A}\boldsymbol{x}^{(j)})\lambda_j + \boldsymbol{v} = \boldsymbol{b}, \\
& \sum_{j=1}^{t} \lambda_j = 1, \\
& \lambda_j \geqslant 0, \quad j = 1, \cdots, t, \\
& \boldsymbol{v} \geqslant \boldsymbol{0}.
\end{aligned}$$

为得到主规划的一个初始基本可行解，需找出集合 S 的一个极点. 显然

$$\boldsymbol{x}^{(1)} = (0,0,0)^{\mathrm{T}}$$

就是一个极点(参见第 2 章习题 4)，对应的变量是 λ_1. 在主规划中，λ_1 所对应的列

$$\begin{bmatrix} \boldsymbol{A}\boldsymbol{x}^{(1)} \\ 1 \end{bmatrix} = \begin{bmatrix} 0 \\ 0 \\ 1 \end{bmatrix},$$

这样，初始基变量是 v_1, v_2, λ_1，基矩阵

$$\boldsymbol{B} = \begin{bmatrix} 1 & 0 & 0 \\ 0 & 1 & 0 \\ 0 & 0 & 1 \end{bmatrix},$$

基变量在目标函数中的系数，分别是 0，0 及

$$\hat{c}_1 = \boldsymbol{c}\boldsymbol{x}^{(1)} = (1, -2, -1)(0,0,0)^{\mathrm{T}} = 0,$$

即

$$\hat{\boldsymbol{c}}_{\boldsymbol{B}} = (0,0,0).$$

单纯形乘子

$$(\boldsymbol{w}, \alpha) = \hat{\boldsymbol{c}}_{\boldsymbol{B}} \boldsymbol{B}^{-1} = (0,0,0),$$

右端列

$$\bar{\boldsymbol{b}} = \boldsymbol{B}^{-1} \begin{bmatrix} \boldsymbol{b} \\ 1 \end{bmatrix} = \begin{bmatrix} 1 & 0 & 0 \\ 0 & 1 & 0 \\ 0 & 0 & 1 \end{bmatrix} \begin{bmatrix} 2 \\ 4 \\ 1 \end{bmatrix} = \begin{bmatrix} 2 \\ 4 \\ 1 \end{bmatrix},$$

目标函数值

$$f = \hat{\boldsymbol{c}}_{\boldsymbol{B}} \bar{\boldsymbol{b}} = (0,0,0)(2,4,1)^{\mathrm{T}} = 0.$$

构造初表如下：

	0	0	0	0
v_1	1	0	0	2
v_2	0	1	0	4
λ_1	0	0	1	1

第 1 次迭代. 按照(3.6.7)式写出子规划

$$
\begin{aligned}
\max \quad & -x_1+2x_2+x_3 \\
\text{s.t.} \quad & x_1+2x_2 \leqslant 4, \\
& x_2+x_3 \leqslant 4, \\
& x_2-x_3 \leqslant 1, \\
& x_1, x_2, x_3 \geqslant 0,
\end{aligned}
$$

用单纯形方法求得子规划的最优解

$$
\boldsymbol{x}^{(2)} = \begin{bmatrix} 0 \\ 2 \\ 2 \end{bmatrix},
$$

目标函数最优值

$$
Z_{\max} = 6,
$$

因此最大判别数

$$
z_2 - \hat{c}_2 = 6,
$$

计算主列

$$
\boldsymbol{y}_2 = \boldsymbol{B}^{-1} \begin{bmatrix} \boldsymbol{A}\boldsymbol{x}^{(2)} \\ 1 \end{bmatrix} = \begin{bmatrix} 6 \\ 0 \\ 1 \end{bmatrix}.
$$

构造下表:

					λ_2
	0	0	0	0	6
v_1	1	0	0	2	[6]
v_2	0	1	0	4	0
λ_1	0	0	1	1	1

以 y_2 的第 1 个分量为主元, 经主元消去得到

	-1	0	0	-2
λ_2	$\frac{1}{6}$	0	0	$\frac{1}{3}$
v_2	0	1	0	4
λ_1	$-\frac{1}{6}$	0	1	$\frac{2}{3}$

第 2 次迭代. $\boldsymbol{w}=(-1,0)$，$\alpha=0$，子规划是

$$\begin{aligned}\max\quad & x_2-x_3\\ \text{s.t.}\quad & x_1+2x_2\leqslant 4,\\ & x_2+x_3\leqslant 4,\\ & x_2-x_3\leqslant 1,\\ & x_1,x_1,x_3\geqslant 0,\end{aligned}$$

用单纯形方法解子规划，得最优解

$$\boldsymbol{x}^{(3)}=(0,1,0)^{\mathrm{T}}.$$

目标函数最优值 $Z_{\max}=1$，对松弛变量 v_1，判别数 $w_1=-1$，因此最大判别数是 $z_3-\hat{c}_3=1$. 计算主列

$$\boldsymbol{y}_3=\boldsymbol{B}^{-1}\begin{bmatrix}\boldsymbol{A}\boldsymbol{x}^{(3)}\\ 1\end{bmatrix}=\begin{bmatrix}\frac{1}{6} & 0 & 0\\ 0 & 1 & 0\\ -\frac{1}{6} & 0 & 1\end{bmatrix}\begin{bmatrix}1\\1\\1\end{bmatrix}=\begin{bmatrix}\frac{1}{6}\\ 1\\ \frac{5}{6}\end{bmatrix}.$$

构造下表：

					λ_3
	-1	0	0	-2	1
λ_2	$\frac{1}{6}$	0	0	$\frac{1}{3}$	$\frac{1}{6}$
v_2	0	1	0	4	1
λ_1	$-\frac{1}{6}$	0	1	$\frac{2}{3}$	$\boxed{\frac{5}{6}}$

经主元消去得到：

	$-\frac{4}{5}$	0	$-\frac{6}{5}$	$-\frac{14}{5}$
λ_2	$\frac{1}{5}$	0	$-\frac{1}{5}$	$\frac{1}{5}$
v_2	$\frac{1}{5}$	1	$-\frac{6}{5}$	$\frac{16}{5}$
λ_3	$-\frac{1}{5}$	0	$\frac{6}{5}$	$\frac{4}{5}$

第 3 次迭代. 由上表知

$$\boldsymbol{w}=\left(-\frac{4}{5},0\right),\quad \alpha=-\frac{6}{5}.$$

子规划为

$$\begin{aligned}\max\quad & -\frac{1}{5}x_1+\frac{6}{5}x_2-\frac{3}{5}x_3-\frac{6}{5}\\ \text{s.t.}\quad & x_1+2x_2 \leqslant 4,\\ & x_2+x_3\leqslant 4,\\ & x_2-x_3\leqslant 1,\\ & x_1,x_2,x_3\geqslant 0.\end{aligned}$$

用单纯形方法解子规划,得最优解

$$\boldsymbol{x}^{(4)}=(0,2,1)^{\mathrm{T}},$$

目标函数最优值

$$Z_{\max}=\frac{3}{5}.$$

对 v_1,判别数是 $-\frac{4}{5}$. 因此最大判别数

$$z_4-\hat{c}_4=\frac{3}{5}.$$

计算主列

$$\boldsymbol{y}_4=\boldsymbol{B}^{-1}\begin{bmatrix}\boldsymbol{Ax}^{(4)}\\1\end{bmatrix}=\begin{bmatrix}\frac{1}{5}&0&-\frac{1}{5}\\ \frac{1}{5}&1&-\frac{6}{5}\\ -\frac{1}{5}&0&\frac{6}{5}\end{bmatrix}\begin{bmatrix}4\\1\\1\end{bmatrix}=\begin{bmatrix}\frac{3}{5}\\ \frac{3}{5}\\ \frac{2}{5}\end{bmatrix}.$$

构造下表:

					λ_4
	$-\frac{4}{5}$	0	$-\frac{6}{5}$	$-\frac{14}{5}$	$\frac{3}{5}$
λ_2	$\frac{1}{5}$	0	$-\frac{1}{5}$	$\frac{1}{5}$	$\boxed{\frac{3}{5}}$
v_2	$\frac{1}{5}$	1	$-\frac{6}{5}$	$\frac{16}{5}$	$\frac{3}{5}$
λ_3	$-\frac{1}{5}$	0	$\frac{6}{5}$	$\frac{4}{5}$	$\frac{2}{5}$

经主元消去得到

	-1	0	-1	-3
λ_4	$\frac{1}{3}$	0	$-\frac{1}{3}$	$\frac{1}{3}$
v_2	0	1	-1	3
λ_3	$-\frac{1}{3}$	0	$\frac{4}{3}$	$\frac{2}{3}$

第 4 次迭代. 由上表知 $\boldsymbol{w}=(-1,0)$, $\alpha=-1$, 子规划为

$$\begin{aligned}
\max\quad & x_2 - x_3 - 1 \\
\text{s.t.}\quad & x_1 + 2x_2 \leqslant 4, \\
& x_2 + x_3 \leqslant 4, \\
& x_2 - x_3 \leqslant 1, \\
& x_1, x_2, x_3 \geqslant 0.
\end{aligned}$$

用单纯形法解子规划, 得最优解 $\boldsymbol{x}^{(5)}=(0,1,0)^{\mathrm{T}}$, 最优值 $Z_{\max}=0$, 对应松弛变量的判别数分别是(-1)和 0, 因此最大判别数

$$z_5 - \hat{c}_5 = 0.$$

主规划达到最优解. 最优解中的基变量分别为

$$\lambda_3 = \frac{2}{3}, \quad \lambda_4 = \frac{1}{3}, \quad v_2 = 3.$$

因此原来问题的最优解为

$$\bar{\boldsymbol{x}} = \lambda_3 \boldsymbol{x}^{(3)} + \lambda_4 \boldsymbol{x}^{(4)} = \frac{2}{3}\begin{bmatrix}0\\1\\0\end{bmatrix} + \frac{1}{3}\begin{bmatrix}0\\2\\1\end{bmatrix} = \begin{bmatrix}0\\ \frac{4}{3}\\ \frac{1}{3}\end{bmatrix},$$

目标函数最优值为

$$f_{\min} = -3.$$

3.6.3 初始基本可行解

用修正单纯形法解主规划时, 先要找出一个基本可行解. 一般方法是化为标准形式后加上人工变量, 解第一阶段问题. 但在某些情形下, 不必加人工变量, 就能找出一个基本可行解. 比如, 原来问题转化成下列不等式约束问题:

$$
\begin{aligned}
\min \quad & \sum_{j=1}^{t} (\boldsymbol{c}\boldsymbol{x}^{(j)})\lambda_j \\
\text{s. t.} \quad & \sum_{j=1}^{t} (\boldsymbol{A}\boldsymbol{x}^{(j)})\lambda_j \leqslant \boldsymbol{b}, \\
& \sum_{j=1}^{t} \lambda_j = 1, \\
& \lambda_j \geqslant 0, \quad j = 1, \cdots, t.
\end{aligned} \tag{3.6.10}
$$

如果容易求出 S 的一个极点 $\boldsymbol{x}^{(1)}$，使 $\boldsymbol{A}\boldsymbol{x}^{(1)} \leqslant \boldsymbol{b}$，那么就很容易找到一个基本可行解. 我们引进松弛变量，把问题(3.6.10)的约束条件化成

$$
\begin{cases}
\boldsymbol{v} + (\boldsymbol{A}\boldsymbol{x}^{(1)})\lambda_1 + \sum_{j=2}^{t} (\boldsymbol{A}\boldsymbol{x}^{(j)})\lambda_j = \boldsymbol{b}, \\
\qquad\qquad \lambda_1 \qquad\quad + \sum_{j=2}^{t} \lambda_j = 1, \\
\lambda_j \geqslant 0, \quad j = 1, \cdots, t, \\
\boldsymbol{v} \geqslant \boldsymbol{0},
\end{cases} \tag{3.6.11}
$$

其中 $\boldsymbol{b} \geqslant \boldsymbol{0}$，$\boldsymbol{v}$ 是由松弛变量构成的 m 维列向量. 矩阵

$$
\boldsymbol{B} = \begin{bmatrix} \boldsymbol{I} & \boldsymbol{A}\boldsymbol{x}^{(1)} \\ \boldsymbol{0} & 1 \end{bmatrix}
$$

是可逆矩阵，它的逆

$$
\boldsymbol{B}^{-1} = \begin{bmatrix} \boldsymbol{I} & -\boldsymbol{A}\boldsymbol{x}^{(1)} \\ \boldsymbol{0} & 1 \end{bmatrix}.
$$

由于

$$
\boldsymbol{B}^{-1} \begin{bmatrix} \boldsymbol{b} \\ 1 \end{bmatrix} = \begin{bmatrix} \boldsymbol{I} & -\boldsymbol{A}\boldsymbol{x}^{(1)} \\ \boldsymbol{0} & 1 \end{bmatrix} \begin{bmatrix} \boldsymbol{b} \\ 1 \end{bmatrix} = \begin{bmatrix} \boldsymbol{b} - \boldsymbol{A}\boldsymbol{x}^{(1)} \\ 1 \end{bmatrix} \geqslant \boldsymbol{0},
$$

因此 $\boldsymbol{B}$ 是可行基. $v_1, \cdots, v_m, \lambda_1$ 是相应的基变量，它们的取值是

$$
\begin{bmatrix} \boldsymbol{v} \\ \lambda_1 \end{bmatrix} = \begin{bmatrix} \boldsymbol{b} - \boldsymbol{A}\boldsymbol{x}^{(1)} \\ 1 \end{bmatrix},
$$

其余变量 $\lambda_j (j=2, \cdots, t)$ 是非基变量，均取零值. 至于 t 的具体数值是什么，并不要求事先知道. 给出基本可行解后，就可以计算单纯形乘子及目标函数值

$$
\boldsymbol{w} = \hat{\boldsymbol{c}}_B \boldsymbol{B}^{-1} = (\boldsymbol{0}, \boldsymbol{c}\boldsymbol{x}^{(1)}) \begin{bmatrix} \boldsymbol{I} & -\boldsymbol{A}\boldsymbol{x}^{(1)} \\ \boldsymbol{0} & 1 \end{bmatrix} = (\boldsymbol{0}, \boldsymbol{c}\boldsymbol{x}^{(1)}),
$$

$$
f = \hat{\boldsymbol{c}}_B \begin{bmatrix} \boldsymbol{v} \\ \lambda_1 \end{bmatrix} = \boldsymbol{c}\boldsymbol{x}^{(1)},
$$

这样就能构造主规划的初表如表 3.6.3.

表 3.6.3

	$\mathbf{0}$	$\boldsymbol{cx}^{(1)}$	$\boldsymbol{cx}^{(1)}$
v	$\boldsymbol{I}$	$-\boldsymbol{Ax}^{(1)}$	$\boldsymbol{b}-\boldsymbol{Ax}^{(1)}$
λ_1	0	1	1

3.6.4 多面集 S 无界的情形

现在假设(3.6.1)式中 S 是无界多面集. 根据定理 1.4.1,任意 $\boldsymbol{x}\in S$ 可用极点和极方向表示:

$$\begin{cases} \boldsymbol{x} = \sum_{j=1}^{t}\lambda_j\boldsymbol{x}^{(j)} + \sum_{j=1}^{l}\mu_j\boldsymbol{d}^{(j)}, \\ \sum_{j=1}^{t}\lambda_j = 1, \\ \lambda_j \geqslant 0, \quad j = 1,\cdots,t, \\ \mu_j \geqslant 0, \quad j = 1,\cdots,l, \end{cases} \tag{3.6.12}$$

其中 $\boldsymbol{x}^{(j)}$ 是 S 的极点,$\boldsymbol{d}^{(j)}$ 是 S 的极方向. 利用(3.6.12)式可把问题(3.6.1)化成以 λ_j 和 μ_j 为变量的等价的线性规划问题

$$\begin{aligned} \min \quad & \sum_{j=1}^{t}(\boldsymbol{cx}^{(j)})\lambda_j + \sum_{j=1}^{l}(\boldsymbol{cd}^{(j)})\mu_j \\ \text{s.t.} \quad & \sum_{j=1}^{t}(\boldsymbol{Ax}^{(j)})\lambda_j + \sum_{j=1}^{l}(\boldsymbol{Ad}^{(j)})\mu_j = \boldsymbol{b}, \\ & \sum_{j=1}^{t}\lambda_j = 1, \\ & \lambda_j \geqslant 0, \quad j = 1,\cdots,t, \\ & \mu_j \geqslant 0, \quad j-1,\cdots,l. \end{aligned} \tag{3.6.13}$$

称线性规划问题(3.6.13)为(3.6.1)式的**主规划**. 仍然用修正单纯形方法解此主规划.

给定线性规划(3.6.13)的一个可行基 $\boldsymbol{B}$ 以后,通过求解子规划

$$\begin{aligned} \max \quad & (\boldsymbol{wA} - \boldsymbol{c})\boldsymbol{x} + \alpha \\ \text{s.t.} \quad & \boldsymbol{x} \in S \end{aligned} \tag{3.6.14}$$

求最大判别数,以便确定现行基本可行解是否为最优解,以及未达到最优解时选择那个变量作为进基变量. 这个子规划的推导过程,与有界情形类似,这里不再重复. 下面分析怎样通过解子规划(3.6.14)来确定主规划(3.6.13)是否达到最优解.

下面先来观察判别数的表达式. 在主规划(3.6.13)中,对于变量 λ_j,判别数

$$z_j - \hat{c}_j = (\boldsymbol{w}, \alpha)\begin{bmatrix}\boldsymbol{Ax}^{(j)} \\ 1\end{bmatrix} - \boldsymbol{cx}^{(j)} = (\boldsymbol{wA} - \boldsymbol{c})\boldsymbol{x}^{(j)} + \alpha, \tag{3.6.15}$$

对于变量 μ_j,判别数

$$z_j - \hat{c}_j = (\boldsymbol{w}, \alpha)\begin{bmatrix}\boldsymbol{Ad}^{(j)} \\ 0\end{bmatrix} - \boldsymbol{cd}^{(j)} = (\boldsymbol{wA} - \boldsymbol{c})\boldsymbol{d}^{(j)}. \tag{3.6.16}$$

如果主规划是极小化问题,则当上述判别数均小于或等于零时,达到最优解.

现在分析求解子规划的结果. 概括起来,有两种情形:

(1) 子规划(3.6.14)的目标函数值在可行域 S 上无界. 这时,根据定理 2.2.2,对于这个极大化问题,存在极方向 $\boldsymbol{d}^{(k)}$,使

$$(\boldsymbol{wA} - \boldsymbol{c})\boldsymbol{d}^{(k)} > 0,$$

由(3.6.16)式可知,$(\boldsymbol{wA}-\boldsymbol{c})\boldsymbol{d}^{(k)}$ 恰是主规划中对应变量 μ_j 的判别数. 由于对任一非基变量,只要相应的判别数大于零,它就可以作为进基变量,因此令

$$z_k - \hat{c}_k = (\boldsymbol{wA} - \boldsymbol{c})\boldsymbol{d}^{(k)},$$

选择 μ_k 作为进基变量,主列

$$\boldsymbol{y}_k = \boldsymbol{B}^{-1}\begin{bmatrix}\boldsymbol{Ad}^{(k)} \\ 0\end{bmatrix}.$$

(2) 求解结果得到子规划(3.6.14)的最优解. 这时,根据定理 2.2.2,对于可行域 S 的所有极方向 $\boldsymbol{d}^{(j)}$,均有

$$(\boldsymbol{wA} - \boldsymbol{c})\boldsymbol{d}^{(j)} \leqslant 0.$$

根据(3.6.16)式,在主规划中,对于所有变量 μ_j,有 $z_j-\hat{c}_j\leqslant 0$. 另一方面,由(3.6.15)式可知,子规划的最优值等于主规划中对应 λ_j 的最大判别数. 因此令

$$z_k - \hat{c}_k = (\boldsymbol{wA} - \boldsymbol{c})\boldsymbol{x}^{(k)} + \alpha.$$

若 $z_k-\hat{c}_k\leqslant 0$,则主规划的现行基本可行解是最优解.

若 $z_k-\hat{c}_k>0$,则 λ_k 作为进基变量,主列为

$$\boldsymbol{y}_k = \boldsymbol{B}^{-1}\begin{bmatrix}\boldsymbol{Ax}^{(k)} \\ 1\end{bmatrix}.$$

例 3.6.2 用分解算法解下列问题:

$$\begin{aligned}
\min\quad & x_1 - x_2 - x_3 \\
\text{s. t.}\quad & 2x_1 + x_2 - x_3 \leqslant 4, \\
& x_1 - x_2 \leqslant 2, \\
& 2x_1 - x_2 \leqslant 4, \\
& x_3 \leqslant 1, \\
& x_1, x_2, x_3 \geqslant 0.
\end{aligned}$$

解 现将约束分作两组,第 1 个约束记作

$$\boldsymbol{A}\boldsymbol{x} \leqslant b,$$

其中 $\boldsymbol{A}=(2,1,-1)$,$b=4$. 把满足其余约束的点集记作 S,即

$$S=\left\{\boldsymbol{x}\left|\begin{array}{l} x_1-x_2 \leqslant 2 \\ 2x_1-x_2 \leqslant 4 \\ x_3 \leqslant 1 \\ x_1,\ x_2,\ x_3 \geqslant 0 \end{array}\right.\right\}.$$

引进松弛变量 v,主规划是

$$\begin{aligned} \min \quad & \sum_{j=1}^{t}(\boldsymbol{c}\boldsymbol{x}^{(j)})\lambda_j+\sum_{j=1}^{l}(\boldsymbol{c}\boldsymbol{d}^{(j)})\mu_j \\ \text{s. t.} \quad & \sum_{j=1}^{t}(\boldsymbol{A}\boldsymbol{x}^{(j)})\lambda_j+\sum_{j=1}^{l}(\boldsymbol{A}\boldsymbol{d}^{(j)})\mu_j+v=b, \\ & \sum_{j=1}^{t}\lambda_j=1, \\ & \lambda_j \geqslant 0,\quad j=1,\cdots,t, \\ & \mu_j \geqslant 0,\quad j=1,\cdots,l, \\ & v \geqslant 0. \end{aligned}$$

取 S 的一个极点 $\boldsymbol{x}^{(1)}=(0,0,0)^{\mathrm{T}}$,显然有 $\boldsymbol{A}\boldsymbol{x}^{(1)} \leqslant b$. v,λ_1 作为初始基变量. 基矩阵

$$\boldsymbol{B}=\begin{bmatrix}1 & \boldsymbol{A}\boldsymbol{x}^{(1)} \\ 0 & 1\end{bmatrix}=\begin{bmatrix}1 & 0 \\ 0 & 1\end{bmatrix},\quad \boldsymbol{B}^{-1}=\begin{bmatrix}1 & 0 \\ 0 & 1\end{bmatrix},$$

在主规划的目标函数中,基变量的系数向量

$$\hat{\boldsymbol{c}}_{\boldsymbol{B}}=(0,\boldsymbol{c}\boldsymbol{x}^{(1)})=(0,0)$$

在基 $\boldsymbol{B}$ 下单纯形乘子

$$(\boldsymbol{w},\alpha),=\hat{\boldsymbol{c}}_{\boldsymbol{B}}\boldsymbol{B}^{-1}=(0,0),$$

约束方程的右端

$$\bar{\boldsymbol{b}}=\boldsymbol{B}^{-1}\begin{bmatrix}b \\ 1\end{bmatrix}=\begin{bmatrix}4 \\ 1\end{bmatrix}.$$

目标函数值 $f=\hat{\boldsymbol{c}}_{\boldsymbol{B}}\bar{\boldsymbol{b}}=0$,初表如下:

	0	0	0
v	1	0	4
λ_1	0	1	1

第1次迭代.

$$\boldsymbol{w}\boldsymbol{A}-\boldsymbol{c}=(0)(2,1,-1)-(1,-1,-1)=(-1,1,1).$$

根据(3.6.14)式写出子规划问题

$$\begin{aligned}
\max\quad & -x_1+x_2+x_3\\
\text{s.t.}\quad & x_1-x_2\leqslant 2,\\
& 2x_1-x_2\leqslant 4,\\
& x_3\leqslant 1,\\
& x_1,x_2,x_3\geqslant 0.
\end{aligned}$$

左端分别加上松弛变量 x_4,x_5 和 x_6，把上述问题化成标准形式

$$\begin{aligned}
\max\quad & -x_1+x_2+x_3\\
\text{s.t.}\quad & x_1-x_2+x_4=2,\\
& 2x_1-x_2+x_5=4,\\
& x_3+x_6=1,\\
& x_j\geqslant 0,\quad j=1,\cdots,6.
\end{aligned}$$

用单纯形方法解子规划，x_4,x_5,x_6 作为基变量，初始单纯形表如下：

	x_1	x_2	x_3	x_4	x_5	x_6	
x_4	1	−1	0	1	0	0	2
x_5	2	−1	0	0	1	0	4
x_6	0	0	[1]	0	0	1	1
	1	−1	−1	0	0	0	0

以 $y_{33}=1$ 为主元，经主元消去得到下表：

	x_1	x_2	x_3	x_4	x_5	x_6	
x_4	1	−1	0	1	0	0	2
x_5	2	−1	0	0	1	0	4
x_3	0	0	1	0	0	1	1
	1	−1	0	0	0	1	1

这时，

$$z_k-c_k=z_2-c_2=-1,\quad \boldsymbol{y}_2=(-1,-1,0)^{\mathrm{T}},$$

因此子规划的目标函数值在可行域上无界.

由上表易知，$\boldsymbol{d}^{(1)}=(0,1,0)^{\mathrm{T}}$ 是 S 的一个极方向(参见本章习题 6). 主规划中，对于变量 μ_1，判别数

$$z_1-\hat{c}_1=(w\boldsymbol{A}-\boldsymbol{c})\boldsymbol{d}^{(1)}=1.$$

计算主列

$$\boldsymbol{y}_1=\boldsymbol{B}^{-1}\begin{bmatrix}\boldsymbol{Ad}^{(1)}\\0\end{bmatrix}=\begin{bmatrix}1&0\\0&1\end{bmatrix}\begin{bmatrix}1\\0\end{bmatrix}=\begin{bmatrix}1\\0\end{bmatrix},$$

组成下表：

				μ_1
	0	0	0	1
v	1	0	4	$\boxed{1}$
λ_1	0	1	1	0

经主元消去得到

	-1	0	-4
μ_1	1	0	4
λ_1	0	1	1

第2次迭代.由上表知 $w=-1,\alpha=0$,

$$w\boldsymbol{A}-\boldsymbol{c}=(-1)(2,1,-1)-(1,-1,-1)=(-3,0,2).$$

子规划为

$$\begin{aligned}\max\quad & -3x_1+2x_3\\ \text{s. t.}\quad & x_1-x_2\leqslant 2,\\ & 2x_1-x_2\leqslant 4,\\ & x_3\leqslant 1,\\ & x_1,x_2,x_3\geqslant 0,\end{aligned}$$

分别加上松弛变量 x_4,x_5,x_6，把上述问题化成标准形式，再用单纯形方法求解子规划，迭代情况如下表：

	x_1	x_2	x_3	x_4	x_5	x_6	
x_4	1	-1	0	1	0	0	2
x_5	2	-1	0	0	1	0	4
x_6	0	0	$\boxed{1}$	0	0	1	1
	3	0	-2	0	0	0	0

x_4	1	-1	0	1	0	0	2
x_5	2	-1	0	0	1	0	4
x_3	0	0	1	0	0	1	1
	3	0	0	0	0	2	2

得到 S 的一个极点

$$x^{(2)}=(x_2,x_2,x_3)^{\mathrm{T}}=(0,0,1)^{\mathrm{T}}.$$

在主规划中,最大判别数 $z_2-\hat{c}_2=2$,计算主列

$$y_2=B^{-1}\begin{bmatrix}Ax^{(2)}\\1\end{bmatrix}=\begin{bmatrix}1&0\\0&1\end{bmatrix}\begin{bmatrix}-1\\1\end{bmatrix}=\begin{bmatrix}-1\\1\end{bmatrix},$$

构成下表:

				λ_2
	−1	0	−4	2
μ_1	1	0	4	−1
λ_1	0	1	1	[1]

经主元消去得到

	−1	−2	−6
μ_1	1	1	5
λ_2	0	1	1

第 3 次迭代.由上表知,$w=-1,\alpha=-2$,

$$wA-c=(-1)(2,1,-1)-(1,-1,-1)=(-3,0,2),$$

子规划为

$$\begin{aligned}\max\quad & -3x_1+2x_3-2\\ \text{s.t.}\quad & x_1-x_2\leqslant 2,\\ & 2x_1-x_2\leqslant 4,\\ & x_3\leqslant 1,\\ & x_1,x_2,x_3\geqslant 0.\end{aligned}$$

用单纯形方法解子规划:

	x_1	x_2	x_3	x_4	x_5	x_6	
x_4	1	−1	0	1	0	0	2
x_5	2	−1	0	0	1	0	4
x_6	0	0	[1]	0	0	1	1
	3	0	−2	0	0	0	−2

x_4	1	−1	0	1	0	0	2
x_5	2	−1	0	0	1	0	4
x_3	0	0	1	0	0	1	1
	3	0	0	0	0	2	0

子规划的最优解$(x_1,x_2,x_3)=(0,0,1)$，最优值 $Z_{\max}=0$.

此时，主规划的最大判别数 $z_k-\hat{c}_k=0$，达到最优解.主规划的最优解是：基变量 $\mu_1=5$，$\lambda_2=1$；非基变量均取零值.

主规划的最优值为

$$f_{\min}=-6.$$

原来问题的最优解为

$$\bar{\boldsymbol{x}}=\lambda_2\boldsymbol{x}^{(2)}+\mu_1\boldsymbol{d}^{(1)}=1\cdot\begin{bmatrix}0\\0\\1\end{bmatrix}+5\cdot\begin{bmatrix}0\\1\\0\end{bmatrix}=\begin{bmatrix}0\\5\\1\end{bmatrix}.$$

目标函数的最优值为

$$f_{\min}=-6.$$

3.6.5　可分解为多个子规划的情形

某些线性规划问题中，约束条件具有特殊结构，问题的求解能够分解为求解主规划和若干个子规划.这类问题一般表示如下：

$$\begin{aligned}\min\quad & \boldsymbol{c}_1\boldsymbol{x}_1+\boldsymbol{c}_2\boldsymbol{x}_2+\cdots+\boldsymbol{c}_p\boldsymbol{x}_p\\ \text{s.t.}\quad & \boldsymbol{A}_1\boldsymbol{x}_1+\boldsymbol{A}_2\boldsymbol{x}_2+\cdots+\boldsymbol{A}_p\boldsymbol{x}_p=\boldsymbol{b},\\ & \boldsymbol{B}_1\boldsymbol{x}_1\leqslant\boldsymbol{b}_1,\\ & \boldsymbol{B}_2\boldsymbol{x}_2\leqslant\boldsymbol{b}_2,\\ & \cdots\\ & \boldsymbol{B}_p\boldsymbol{x}_p\leqslant\boldsymbol{b}_p,\\ & \boldsymbol{x}_1,\boldsymbol{x}_2,\cdots,\boldsymbol{x}_p\geqslant\boldsymbol{0},\end{aligned}\tag{3.6.17}$$

其中，$\boldsymbol{c}_i$ 是 n_i 维行向量，$\boldsymbol{A}_i$ 是 $m\times n_i$ 矩阵，$\boldsymbol{b}$ 是 m 维列向量，$\boldsymbol{B}_i$ 是 $m_i\times n_i$ 矩阵，$\boldsymbol{b}_i$ 是 m_i 维列向量.向量

$$\boldsymbol{x}_i=(x_{i_1},x_{i_2},\cdots,x_{i_{n_i}})^{\mathrm{T}}\tag{3.6.18}$$

由 n_i 个变量组成.记

$$S_i=\{\boldsymbol{X}_i\,|\,\boldsymbol{B}_i\boldsymbol{x}_i\leqslant\boldsymbol{b}_i,\boldsymbol{x}_i\geqslant\boldsymbol{0}\},\quad i=1,\cdots,p,\tag{3.6.19}$$

这种形式的线性规划称为**可分解的线性规划问题**.它包含

$$\sum_{i=1}^{p} n_i$$

个变量,除非负限制外,包含

$$m + \sum_{i=1}^{p} m_i$$

个等式和不等式约束.

根据定理 1.4.1,集合 S_i 中的每个元素 $\boldsymbol{x}_i$ 可以表示为

$$\begin{aligned}
&\boldsymbol{x}_i = \sum_{j=1}^{t_i} \lambda_{ij} \boldsymbol{x}_i^{(j)} + \sum_{j=1}^{l_i} \mu_{ij} \boldsymbol{d}_i^{(j)}, \\
&\sum_{j=1}^{t_i} \lambda_{ij} = 1, \\
&\lambda_{ij} \geqslant 0, \quad j = 1,\cdots,t_i, \\
&\mu_{ij} \geqslant 0, \quad j = 1,\cdots,l_i,
\end{aligned} \tag{3.6.20}$$

其中,$\boldsymbol{x}_i^{(j)}$ 和 $\boldsymbol{d}_i^{(j)}$ 分别是 S_i 的极点和极方向. 把各 S_i 的元素均按(3.6.20)式表示,得到线性规划(3.6.17)的主规划如下:

$$\begin{aligned}
\min \quad & \sum_{i=1}^{p} \sum_{j=1}^{t_i} (\boldsymbol{c}_i \boldsymbol{x}_i^{(j)}) \lambda_{ij} + \sum_{i=1}^{p} \sum_{j=1}^{l_i} (\boldsymbol{c}_i \boldsymbol{d}_i^{(j)}) \mu_{ij} \\
\text{s. t.} \quad & \sum_{i=1}^{p} \sum_{j=1}^{t_i} (\boldsymbol{A}_i \boldsymbol{x}_i^{(j)}) \lambda_{ij} + \sum_{i=1}^{p} \sum_{j=1}^{l_i} (\boldsymbol{A}_i \boldsymbol{d}_i^{(j)}) \mu_{ij} = \boldsymbol{b}, \\
& \sum_{j=1}^{t_i} \lambda_{ij} = 1, \quad i = 1,\cdots,p, \\
& \lambda_{ij} \geqslant 0, \quad j = 1,\cdots,t_i, i = 1,\cdots,p, \\
& \mu_{ij} \geqslant 0, \quad j = 1,\cdots,l_i, i = 1,\cdots,p.
\end{aligned} \tag{3.6.21}$$

这个问题是以 λ_{ij} 和 μ_{ij} 为变量的线性规划问题,它有 $m+p$ 个约束方程. λ_{ij} 和 μ_{ij} 所对应的系数矩阵中的列分别是

$$\begin{bmatrix} \boldsymbol{A}_i \boldsymbol{x}_i^{(j)} \\ \boldsymbol{e}_i \end{bmatrix} \quad \text{和} \quad \begin{bmatrix} \boldsymbol{A}_i \boldsymbol{d}_i^{(j)} \\ \boldsymbol{0} \end{bmatrix},$$

其中 $\boldsymbol{e}_i$ 是第 i 个分量是 1、其他分量是零的 p 维列向量.

设 $\boldsymbol{B}$ 是主规划(3.6.21)的一个可行基,它是 $m+p$ 阶可逆矩阵,记作

$$\bar{\boldsymbol{b}} = \boldsymbol{B}^{-1} \begin{bmatrix} \boldsymbol{b} \\ \boldsymbol{e} \end{bmatrix},$$

其中 $\boldsymbol{e}=(1,\cdots,1)^{\mathrm{T}}$ 是分量全为 1 的 p 维列向量. 单纯形乘子记作

$$\hat{\boldsymbol{c}}_B\boldsymbol{B}^{-1}=(\boldsymbol{w},\boldsymbol{\alpha})=(w_1,\cdots,w_m,\alpha_1,\cdots,\alpha_p).$$

对于变量 λ_{ij}，判别数

$$\begin{aligned}z_{ij}-\hat{c}_{ij}&=(\boldsymbol{w},\boldsymbol{\alpha})\begin{bmatrix}\boldsymbol{A}_i\boldsymbol{x}_i^{(j)}\\ \boldsymbol{e}_i\end{bmatrix}-\boldsymbol{c}_i\boldsymbol{x}_i^{(j)}\\&=(\boldsymbol{w}\boldsymbol{A}_i-\boldsymbol{c}_i)\boldsymbol{x}_i^{(j)}+\alpha_i.\end{aligned}\tag{3.6.22}$$

对于变量 μ_{ij}，判别数

$$z_{ij}-\hat{c}_{ij}=(\boldsymbol{w},\boldsymbol{\alpha})\begin{bmatrix}\boldsymbol{A}_i\boldsymbol{d}_i^{(j)}\\ \boldsymbol{0}\end{bmatrix}-\boldsymbol{c}_i\boldsymbol{d}_i^{(j)}=(\boldsymbol{w}\boldsymbol{A}_i-\boldsymbol{c}_i)\boldsymbol{d}_i^{(j)},\tag{3.6.23}$$

当所有 $z_{ij}-\hat{c}_{ij}\leqslant 0$ 时，现行基本可行解是主规划(3.6.21)的最优解.

为了判别主规划的基本可行解是否为最优解以及未达到最优解时选择哪个变量进基，需要解子规划

$$\begin{aligned}\max\quad&(\boldsymbol{w}\boldsymbol{A}_i-\boldsymbol{c}_i)\boldsymbol{x}_i+\boldsymbol{\alpha}_i\\\text{s.t.}\quad&\boldsymbol{x}_i\in S_i.\end{aligned}\tag{3.6.24}$$

由(3.6.24)式表达的子规划共有 p 个. 显然，若某个子规划无可行解，那么原来的问题一定是不可行的，我们现在假设每个子规划都有可行解.

求解第 i 个子规划的结果，有下列几种可能情形：

(1) 子规划的目标函数值在可行域 S_i 上无上界. 这时，根据定理 2.2.2 对于这个极大化问题，存在极方向 $\boldsymbol{d}_i^{(k)}$，使得

$$(\boldsymbol{w}\boldsymbol{A}_i-\boldsymbol{c}_i)\boldsymbol{d}_i^{(k)}>0,$$

根据(3.6.23)式，这个不等式的左端正是对应变量 μ_{ik} 的判别数，因此主规划中 μ_{ik} 作为进基变量，求改进的基本可行解.

(2) 得到子规划的最优解 $\boldsymbol{x}_i^{(k)}$. 这时，若子规划的最优值

$$(\boldsymbol{w}\boldsymbol{A}_i-\boldsymbol{c}_i)\boldsymbol{x}_i^{(k)}+\alpha_i\leqslant 0,$$

则在主规划中，所有第 1 个下标为 i 的变量 λ_{ij} 所对应的判别数均非正. 再解其他子规划，以便检验其他判别数. 若

$$(\boldsymbol{w}\boldsymbol{A}_i-\boldsymbol{c}_i)\boldsymbol{x}_i^{(k)}+\alpha_i>0,$$

则 λ_{ik} 可作为进基变量. 或者先不使 λ_{ik} 进基，而是求出所有子规划的最优值，从中选择最大数，令其对应的变量作为进基变量.

用修正单纯形法解主规划时，如果有松弛变量，那么在迭代过程中要注意检验对应非基松弛变量的判别数，这一点不可忽视.

下面举例说明有多个子规划情形的计算过程.

例 3.6.3　用分解算法解下列问题：

$$
\begin{aligned}
\min \quad & -x_1+x_2-3x_3+4x_4 \\
\text{s.t.} \quad & x_1+x_2+x_3+x_4 \leqslant 10, \\
& 2x_1-x_2+x_3-x_4 \leqslant 5, \\
& x_1+2x_2 \leqslant 5, \\
& x_1-x_2 \leqslant 1, \\
& -x_3+x_4 \leqslant 2, \\
& 2x_3+3x_4 \leqslant 15, \\
& x_1,x_2,x_3,x_4 \geqslant 0.
\end{aligned}
$$

解 把前两个约束记作 $\boldsymbol{Ax} \leqslant \boldsymbol{b}$，$\boldsymbol{A}=[\boldsymbol{A}_1,\boldsymbol{A}_2]$，其中

$$
\boldsymbol{A}_1=\begin{bmatrix}1 & 1\\ 2 & -1\end{bmatrix},\quad \boldsymbol{A}_2=\begin{bmatrix}1 & 1\\ 1 & -1\end{bmatrix},\quad \boldsymbol{b}=\begin{bmatrix}10\\ 5\end{bmatrix},
$$

相应地，记

$$
\boldsymbol{c}=(\boldsymbol{c}_1,\boldsymbol{c}_2),\quad \boldsymbol{c}_1=(-1,1),\quad \boldsymbol{c}_2=(-3,4),
$$

$$
S_1=\left\{\boldsymbol{x}_1=\begin{bmatrix}x_1\\ x_2\end{bmatrix}\ \middle|\ \begin{array}{l} x_1+2x_2 \leqslant 5\\ x_1-x_2 \leqslant 1\\ x_1,x_2 \geqslant 0\end{array}\right\},\quad S_2=\left\{\boldsymbol{x}_2=\begin{bmatrix}x_3\\ x_4\end{bmatrix}\ \middle|\ \begin{array}{l} -x_3+x_4 \leqslant 2\\ 2x_3+3x_4 \leqslant 15\\ x_3,x_4 \geqslant 0\end{array}\right\}.
$$

易知 S_1 和 S_2 都是有界集，不存在极方向，因此这个问题的主规划为

$$
\begin{aligned}
\min \quad & \sum_{j=1}^{t_1}(\boldsymbol{c}_1\boldsymbol{x}_1^{(j)})\lambda_{1j}+\sum_{j=1}^{t_2}(\boldsymbol{c}_2\boldsymbol{x}_2^{(j)})\lambda_{2j} \\
\text{s.t.} \quad & \sum_{j=1}^{t_1}(\boldsymbol{A}_1\boldsymbol{x}_1^{(j)})\lambda_{1j}+\sum_{j=1}^{t_2}(\boldsymbol{A}_2\boldsymbol{x}_2^{(j)})\lambda_{2j} \leqslant \boldsymbol{b}, \\
& \sum_{j=1}^{t_1}\lambda_{1j} = 1, \\
& \sum_{j=1}^{t_2}\lambda_{2j} = 1, \\
& \lambda_{1j} \geqslant 0,\quad j=1,\cdots,t_1, \\
& \lambda_{2j} \geqslant 0,\quad j=1,\cdots,t_2.
\end{aligned}
$$

用修正单纯形方法解此问题之前，先引进松弛变量 $\boldsymbol{v}=(v_1,v_2)^{\mathrm{T}}$，把问题化成标准形式. 还要给定一个初始可行基. 为此取 S_1 的极点

$$
\boldsymbol{x}_1^{(1)}=\begin{bmatrix}x_1\\ x_2\end{bmatrix}=\begin{bmatrix}0\\ 0\end{bmatrix},
$$

及 S_2 的极点

$$x_2^{(1)} = \begin{bmatrix} x_3 \\ x_4 \end{bmatrix} = \begin{bmatrix} 0 \\ 0 \end{bmatrix},$$

显然,有

$$\boldsymbol{A}_1 \boldsymbol{x}_1^{(1)} + \boldsymbol{A}_2 \boldsymbol{x}_2^{(1)} \leqslant \boldsymbol{b}.$$

因此,取 $v_1, v_2, \lambda_{11}, \lambda_{21}$ 为初始基变量,相应的基矩阵 $\boldsymbol{B}=\boldsymbol{I}_4$. 单纯形乘子和约束的右端分别是

$$(\boldsymbol{w}, \boldsymbol{\alpha}) = \hat{\boldsymbol{c}}_{\boldsymbol{B}} \boldsymbol{B}^{-1} = (0, 0, \boldsymbol{c}_1 \boldsymbol{x}_1^{(1)}, \boldsymbol{c}_2 \boldsymbol{x}_2^{(1)}) = (0,0,0,0),$$

$$\bar{\boldsymbol{b}} = \boldsymbol{B}^{-1} \begin{bmatrix} \boldsymbol{b} \\ 1 \\ 1 \end{bmatrix} = \begin{bmatrix} 10 \\ 5 \\ 1 \\ 1 \end{bmatrix}.$$

求解主规划的初表如下：

	0	0	0	0	0
v_1	1	0	0	0	10
v_2	0	1	0	0	5
λ_{11}	0	0	1	0	1
λ_{21}	0	0	0	1	1

第 1 次迭代. 解子规划问题

$$\begin{aligned} \max \quad & (\boldsymbol{w}\boldsymbol{A}_1 - \boldsymbol{c}_1)\boldsymbol{x}_1 + \alpha_1 \\ \text{s.t.} \quad & \boldsymbol{x}_1 \in S_1, \end{aligned}$$

即

$$\begin{aligned} \max \quad & x_1 - x_2 \\ \text{s.t.} \quad & x_1 + 2x_2 \leqslant 5, \\ & x_1 - x_2 \leqslant 1, \\ & x_1, x_2 \geqslant 0, \end{aligned}$$

用单纯形方法求得这个子规划的最优解

$$\boldsymbol{x}_1^{(2)} = \begin{bmatrix} x_1 \\ x_2 \end{bmatrix} = \begin{bmatrix} 1 \\ 0 \end{bmatrix},$$

最优值 $Z_{1\max}=1$.

再解子规划

$$\begin{aligned} \max \quad & (\boldsymbol{w}\boldsymbol{A}_2 - \boldsymbol{c}_2)\boldsymbol{x}_2 + \alpha_2 \\ \text{s.t.} \quad & \boldsymbol{x}_2 \in S_2, \end{aligned}$$

即

$$\begin{aligned}\max\quad & 3x_3-4x_4\\ \text{s.t.}\quad & -x_3+\ x_4\leqslant 2,\\ & 2x_3+3x_4\leqslant 15,\\ & x_3,x_4\geqslant 0.\end{aligned}$$

这个子规划的最优解和最优值分别是

$$\boldsymbol{x}_2^{(2)}=\begin{bmatrix}x_3\\x_4\end{bmatrix}=\begin{bmatrix}\frac{15}{2}\\0\end{bmatrix},$$

$$Z_{2\max}=\frac{45}{2}.$$

由于子规划的最优值是主规划中对应某个变量的判别数,又因为

$$Z_{2\max}>Z_{1\max},$$

因此 λ_{22} 作为进基变量.

计算主列

$$\boldsymbol{y}_2^{(2)}=\boldsymbol{B}^{-1}\begin{bmatrix}\boldsymbol{A}_2\boldsymbol{x}_2^{(2)}\\0\\1\end{bmatrix}=\begin{bmatrix}\frac{15}{2}\\\frac{15}{2}\\0\\1\end{bmatrix}.$$

构造下表:

						λ_{22}
	0	0	0	0	0	$\frac{45}{2}$
v_1	1	0	0	0	10	$\frac{15}{2}$
v_2	0	1	0	0	5	$\boxed{\frac{15}{2}}$
λ_{11}	0	0	1	0	1	0
λ_{21}	0	0	0	1	1	1

经主元消去得到

	0	−3	0	0	−15
v_1	1	−1	0	0	5
λ_{22}	0	$\frac{2}{15}$	0	0	$\frac{2}{3}$
λ_{11}	0	0	1	0	1
λ_{21}	0	$-\frac{2}{15}$	−1	1	$\frac{1}{3}$

第2次迭代.由上表知,$\boldsymbol{w}=(0,-3)$,$\alpha_1=0$,$\alpha_2=0$,解子规划

$$\begin{aligned}&\max\quad (\boldsymbol{w}\boldsymbol{A}_1-\boldsymbol{c}_1)\boldsymbol{x}_1+\alpha_1\\&\text{s.t.}\quad \boldsymbol{x}_1\in S_1,\end{aligned}$$

即

$$\begin{aligned}&\max\quad -5x_1+2x_2\\&\text{s.t.}\quad \boldsymbol{x}_1\in S_1,\end{aligned}$$

得到这个子规划的最优解和最优值:

$$\boldsymbol{x}_1^{(3)}=\begin{bmatrix}x_1\\x_2\end{bmatrix}=\begin{bmatrix}0\\\frac{5}{2}\end{bmatrix},$$

$$Z_{1\max}=5.$$

再解子规划

$$\begin{aligned}&\max\quad (\boldsymbol{w}\boldsymbol{A}_2-\boldsymbol{c}_2)\boldsymbol{x}_2+\alpha_2\\&\text{s.t.}\quad \boldsymbol{x}_2\in S_2,\end{aligned}$$

即

$$\begin{aligned}&\max\quad -x_4\\&\text{s.t.}\quad \boldsymbol{x}_2\in S_2,\end{aligned}$$

得到最优解和最优值:

$$\boldsymbol{x}_2^{(3)}=\begin{bmatrix}x_3\\x_4\end{bmatrix}=\begin{bmatrix}0\\0\end{bmatrix},$$

$$Z_{2\max}=0.$$

由两个子规划计算结果可知,对于变量λ_{13},有最大判别数5,因此λ_{13}作为进基变量.计算主列

$$y_1^{(3)} = B^{-1}\begin{bmatrix} A_1 x_1^{(3)} \\ 1 \\ 0 \end{bmatrix} = \begin{bmatrix} 5 \\ -\frac{1}{3} \\ 1 \\ -\frac{2}{3} \end{bmatrix}.$$

构造下表：

						λ_{13}
	0	-3	0	0	-15	5
v_1	1	-1	0	0	5	[5]
λ_{22}	0	$\frac{2}{15}$	0	0	$\frac{2}{3}$	$-\frac{1}{3}$
λ_{11}	0	0	1	0	1	1
λ_{21}	0	$-\frac{2}{15}$	-1	1	$\frac{1}{3}$	$-\frac{2}{3}$

经主元消去得到

	-1	-2	0	0	-20
λ_{13}	$\frac{1}{5}$	$-\frac{1}{5}$	0	0	1
λ_{22}	$\frac{1}{15}$	$\frac{1}{15}$	0	0	1
λ_{11}	$-\frac{1}{5}$	$\frac{1}{5}$	1	0	0
λ_{21}	$\frac{2}{15}$	$-\frac{4}{15}$	-1	1	1

第 3 次迭代. 解子规划

$$\begin{aligned} \max \quad & (wA_1 - c_1)x_1 + \alpha_1 \\ \text{s.t.} \quad & x_1 \in S_1 \end{aligned}$$

得到最优解和最优值：

$$x_1^{(4)} = \begin{bmatrix} x_1 \\ x_2 \end{bmatrix} = \begin{bmatrix} 0 \\ 0 \end{bmatrix},$$

$$Z_{1\max} = 0.$$

再解子规划

$$\begin{aligned} \max \quad & (wA_2 - c_2)x_2 + \alpha_2 \\ \text{s.t.} \quad & x_2 \in S_2, \end{aligned}$$

得到最优解和最优值：

$$\boldsymbol{x}_2^{(4)} = \begin{bmatrix} x_3 \\ x_4 \end{bmatrix} = \begin{bmatrix} 0 \\ 0 \end{bmatrix},$$

$$Z_{2\max} = 0.$$

两个子规划的最优值均为零，这表明在主规划中，对于变量 λ_{1j} 和 λ_{2j}，所有判别数均小于或等于零. 对于松弛变量 v_1 和 v_2，相应的判别数分别是 -1 和 -2. 因此主规划达到最优，在最优解中，基变量的取值分别是

$$\lambda_{11} = 0, \quad \lambda_{13} = 1, \quad \lambda_{21} = 1, \quad \lambda_{22} = 1,$$

最优值 $Z_{\min} = -20$.

原来问题的最优解是

$$\boldsymbol{x}_1 = \begin{bmatrix} x_1 \\ x_2 \end{bmatrix} = \lambda_{11}\boldsymbol{x}_1^{(1)} + \lambda_{13}\boldsymbol{x}_1^{(3)} = \begin{bmatrix} 0 \\ \frac{5}{2} \end{bmatrix},$$

$$\boldsymbol{x}_2 = \begin{bmatrix} x_3 \\ x_4 \end{bmatrix} = \lambda_{21}\boldsymbol{x}_2^{(1)} + \lambda_{22}\boldsymbol{x}_2^{(2)} = \begin{bmatrix} \frac{15}{2} \\ 0 \end{bmatrix}.$$

目标函数的最优值为

$$f_{\min} = -20.$$

关于子规划的可行域无界的情形，这里不再举例. 值得注意，对于这种情形，书写主规划时，不能丢掉相应的项.

现在分解算法已经成为解大规模线性规划问题的一种有力工具，并且在其他一些最优化领域得到推广. 分解原理作为学习和研究的内容，也写入了许多关于线性规划的著作，有关这方面的内容可参见文献[4,8].

习 题

1. 用单纯形方法解下列线性规划问题：

(1)
$$\begin{aligned} \min\quad & -9x_1 - 16x_2 \\ \text{s.t.}\quad & x_1 + 4x_2 + x_3 = 80, \\ & 2x_1 + 3x_2 + x_4 = 90, \\ & x_j \geqslant 0, \quad j = 1, \cdots, 4. \end{aligned}$$

(2)
$$\begin{aligned} \max\quad & x_1 + 3x_2 \\ \text{s.t.}\quad & 2x_1 + 3x_2 + x_3 = 6, \\ & -x_1 + x_2 + x_4 = 1, \\ & x_j \geqslant 0, \quad j = 1, \cdots, 4. \end{aligned}$$

(3) $\max\ -x_1+3x_2+x_3$

s.t. $3x_1-x_2+2x_3\leqslant 7,$

$-2x_1+4x_2\leqslant 12,$

$-4x_1+3x_2+8x_3\leqslant 10,$

$x_1,x_2,x_3\geqslant 0.$

(4) $\min\ 3x_1-5x_2-2x_3-x_4$

s.t. $x_1+x_2+x_3\leqslant 4,$

$4x_1-x_2+x_3+2x_4\leqslant 6,$

$-x_1+x_2+2x_3+3x_4\leqslant 12,$

$x_j\geqslant 0,\quad j=1,\cdots,4.$

(5) $\min\ -3x_1-x_2$

s.t. $3x_1+3x_2+x_3=30,$

$4x_1-4x_2+x_4=16,$

$2x_1-x_2\leqslant 12,$

$x_j\geqslant 0,\quad j=1,\cdots,4.$

2. 求解下列线性规划问题：

(1) $\min\ 4x_1+6x_2+18x_3$

s.t. $x_1+3x_3\geqslant 3,$

$x_2+2x_3\geqslant 5,$

$x_1,x_2,x_3\geqslant 0.$

(2) $\max\ 2x_1+x_2$

s.t. $x_1+x_2\leqslant 5,$

$x_1-x_2\geqslant 0,$

$6x_1+2x_2\leqslant 21,$

$x_1,x_2\geqslant 0.$

(3) $\max\ 3x_1-5x_2$

s.t. $-x_1+2x_2+4x_3\leqslant 4,$

$x_1+x_2+2x_3\leqslant 5,$

$-x_1+2x_2+x_3\geqslant 1,$

$x_1,x_2,x_3\geqslant 0.$

(4) $\min\ x_1-3x_2+x_3$

s.t. $2x_1-x_2+x_3=8,$

$2x_1+x_2\geqslant 2,$

$x_1+2x_2\leqslant 10,$

$x_1,x_2,x_3\geqslant 0.$

(5) $\max\ -3x_1+2x_2-x_3$

s.t. $2x_1+x_2-x_3\leqslant 5,$

$4x_1+3x_2+x_3\geqslant 3,$

$-x_1+x_2+x_3=2,$

$x_1,x_2,x_3\geqslant 0.$

(6) $\min\ 2x_1-3x_2+4x_3$

s.t. $x_1+x_2+x_3\leqslant 9,$

$-x_1+2x_2-x_3\geqslant 5,$

$2x_1-x_2\leqslant 7,$

$x_1,x_2,x_3\geqslant 0.$

(7) $\min\ 3x_1-2x_2+x_3$

s.t. $2x_1-3x_2+x_3=1,$

$2x_1+3x_2\geqslant 8,$

$x_1,x_2,x_3\geqslant 0.$

(8) $\min\ 2x_1-3x_2$

s.t. $2x_1-x_2-x_3\geqslant 3,$

$x_1-x_2+x_3\geqslant 2,$

$x_1,x_2,x_3\geqslant 0.$

(9) $\min\ 2x_1+x_2-x_3-x_4$

s.t. $x_1-x_2+2x_3-x_4=2,$

$2x_1+x_2-3x_3+x_4=6,$

$x_1+x_2+x_3+x_4=7,$

$x_j\geqslant 0,\quad j=1,\cdots,4.$

(10) $\max\ 3x_1-x_2-3x_3+x_4$

s.t. $x_1+2x_2-x_3+x_4=0,$

$x_1-x_2+2x_3-x_4=6,$

$2x_1-2x_2+3x_3+3x_4=9,$

$x_j\geqslant 0,\quad j=1,\cdots,4.$

3. 证明用单纯形方法求解线性规划问题时，在主元消去前后对应同一变量的判别数有下列关系：

$$(z_j - c_j)' = (z_j - c_j) - \frac{y_{rj}}{y_{rk}}(z_k - c_k),$$

其中$(z_j - c_j)'$是主元消去后的判别数，其余是主元消去前的数据，y_{rk}为主元.

4. 假设一个线性规划问题存在有限的最小值 f_0. 现在用单纯形方法求它的最优解(最小值点)，设在第 k 次迭代得到一个退化的基本可行解，且只有一个基变量为零($x_j = 0$)，此时目标函数值 $f_k > f_0$，试证这个退化的基本可行解在以后各次迭代中不会重新出现.

5. 假设给定一个线性规划问题及其一个基本可行解. 在此线性规划中，变量之和的上界为 σ，在已知的基本可行解处，目标函数值为 f，最大判别数是 $z_k - c_k$，又设目标函数值的允许误差为 ε，用 f_0 表示未知的目标函数的最小值. 证明：若

$$z_k - c_k \leqslant \varepsilon/\sigma,$$

则

$$f - f_0 \leqslant \varepsilon.$$

6. 假设用单纯形方法解线性规划问题

$$\begin{aligned} \min \quad & \boldsymbol{cx} \\ \text{s.t.} \quad & \boldsymbol{Ax} = \boldsymbol{b}, \\ & \boldsymbol{x} \geqslant \boldsymbol{0}. \end{aligned}$$

在某次迭代中对应变量 x_j 的判别数 $z_j - c_j > 0$，且单纯形表中相应的列 $\boldsymbol{y}_j = \boldsymbol{B}^{-1}\boldsymbol{p}_j \leqslant \boldsymbol{0}$. 证明

$$\boldsymbol{d} = \begin{bmatrix} -\boldsymbol{y}_j \\ 0 \\ \vdots \\ 1 \\ \vdots \\ 0 \end{bmatrix}$$

是可行域的极方向. 其中分量 1 对应 x_j.

7. 用关于变量有界情形的单纯形方法解下列问题：

(1)
$$\begin{aligned} \min \quad & 3x_1 - x_2 \\ \text{s.t.} \quad & x_1 + x_2 \leqslant 9, \\ & 0 \leqslant x_j \leqslant 6, \quad j = 1, 2. \end{aligned}$$

(2)
$$\begin{aligned} \max \quad & -x_1 - 3x_3 \\ \text{s.t.} \quad & 2x_1 - 2x_2 + x_3 = 6, \\ & x_1 + 2x_2 + x_3 + x_4 = 10, \\ & 0 \leqslant x_1 \leqslant 4, \\ & 0 \leqslant x_2 \leqslant 4, \\ & 0 \leqslant x_3 \leqslant 4, \\ & 0 \leqslant x_4 \leqslant 12. \end{aligned}$$

(3) min　$x_1+2x_2+3x_3-x_4$

s. t.　$x_1-x_2+x_3-2x_4\leqslant 6$,

$2x_1+x_2-x_3\geqslant 2$,

$-x_1+x_2-x_3+x_4\leqslant 8$,

$0\leqslant x_1\leqslant 3$,

$1\leqslant x_2\leqslant 4$,

$0\leqslant x_3\leqslant 10$,

$2\leqslant x_4\leqslant 5$.

(4) max　$4x_1+6x_2$

s. t.　$2x_1+x_2\leqslant 4$,

$3x_1-x_2\leqslant 9$,

$0\leqslant x_1\leqslant 4$,

$0\leqslant x_2\leqslant 3$.

8. 用分解算法解下列线性规划问题：

(1) max　$x_1+3x_2-x_3+x_4$

s. t.　$x_1+x_2+x_3+x_4\leqslant 8$,

$x_1+x_2\leqslant 6$,

$x_3+2x_4\leqslant 10$,

$-x_3+x_4\leqslant 4$,

$x_j\geqslant 0,\quad j=1,\cdots,4$.

(2) max　$5x_1-2x_3+x_4$

s. t.　$x_1+x_2+x_3+x_4\leqslant 30$,

$x_1+x_2\leqslant 12$,

$2x_1-x_2\leqslant 9$,

$-x_3+x_4\leqslant 2$,

$x_3+2x_4\leqslant 10$,

$x_j\geqslant 0,\quad j=1,\cdots,4$.

(3) max　$x_1+2x_2+x_3$

s. t.　$x_1+x_2+x_3\leqslant 12$,

$-x_1+x_2\leqslant 2$,

$-x_1+2x_2\leqslant 8$,

$x_3\leqslant 3$,

$x_1,x_2,x_3\geqslant 0$.

(4) min　$-2x_1+4x_2-x_3+x_4$

s. t.　$x_1+2x_2+4x_3+x_4\leqslant 20$,

$-x_1+x_2\leqslant 3$,

$x_1\leqslant 4$,

$x_3-5x_4\leqslant 5$,

$-x_3+2x_4\leqslant 2$,

$x_j\geqslant 0,\quad j=1,\cdots,4$.

(5) min　$-x_1-8x_2-5x_3-6x_4$

s. t.　$x_1+4x_2+5x_3+2x_4\leqslant 7$,

$2x_1+3x_2\leqslant 6$,

$5x_1+x_2\leqslant 5$,

$3x_3+4x_4\geqslant 12$,

$x_3\leqslant 4$,

$x_4\leqslant 3$,

$x_j\geqslant 0,\quad j=1,\cdots,4$.

第4章　对偶原理及灵敏度分析

线性规划中普遍存在配对现象，即对每一个线性规划问题，都存在另一个与它有密切关系的线性规划问题，其中之一称为**原问题**，而另一个称为它的**对偶问题**．对偶理论深刻揭示了每对问题中原问题与对偶问题的内在联系，为进一步深入研究线性规划的理论与算法提供了理论依据．

对偶理论自1947年提出以来，已经有了很大发展，现在关于线性规划的一般著作都包含这部分内容(参见文献[4,9～11])，它已成为线性规划的必不可少的重要基础理论之一．

4.1　线性规划中的对偶理论

4.1.1　对偶问题的表达

线性规划中的对偶可以概括为三种形式．

1. 对称形式的对偶

对称形式的对偶定义如下：

原问题

$$\begin{aligned} \min\quad & \boldsymbol{cx} \\ \text{s.t.}\quad & \boldsymbol{Ax} \geqslant \boldsymbol{b}, \\ & \boldsymbol{x} \geqslant \boldsymbol{0}. \end{aligned} \tag{4.1.1}$$

对偶问题

$$\begin{aligned} \max\quad & \boldsymbol{wb} \\ \text{s.t.}\quad & \boldsymbol{wA} \leqslant \boldsymbol{c}, \\ & \boldsymbol{w} \geqslant \boldsymbol{0}. \end{aligned} \tag{4.1.2}$$

其中$\boldsymbol{A}=(\boldsymbol{p}_1,\cdots,\boldsymbol{p}_n)$是$m\times n$矩阵，$\boldsymbol{b}=(b_1,\cdots,b_m)^{\mathrm{T}}$是$m$维列向量，$\boldsymbol{c}=(c_1,\cdots,c_n)$是$n$维行向量．$\boldsymbol{x}=(x_1,\cdots,x_n)^{\mathrm{T}}$是由原问题的变量组成的$n$维列向量，$\boldsymbol{w}=(w_1,\cdots,w_m)$是由对偶问题的变量组成的$m$维行向量．

在原问题(4.1.1)中，目标函数是$\boldsymbol{c}$与$\boldsymbol{x}$的内积，$\boldsymbol{Ax}\geqslant\boldsymbol{b}$包含$m$个不等式约束，其中每个约束条件记作

$$\boldsymbol{A}_i\boldsymbol{x} \geqslant b_i.$$

$\boldsymbol{A}_i$ 是 $\boldsymbol{A}$ 的第 i 行. 变量 x_j 有非负限制.

在对偶问题(4.1.2)中,目标函数是 $\boldsymbol{b}$ 与 $\boldsymbol{w}$ 的内积,$\boldsymbol{wA}\leqslant\boldsymbol{c}$ 包含 n 个不等式约束,每个约束条件记作

$$\boldsymbol{w}\boldsymbol{p}_j \leqslant c_j,$$

对偶变量 w_i 也有非负限制.

根据对称对偶的定义,原问题中约束条件 $\boldsymbol{A}_i\boldsymbol{x}\geqslant b_i$ 的个数,恰好等于对偶变量的个数;原问题中变量的个数,恰好等于对偶问题中约束条件 $\boldsymbol{w}\boldsymbol{p}_j\geqslant c_j$ 的个数.

按照上述定义,很容易写出一个线性规划问题的对偶问题.

例 4.1.1 设原问题为

$$\begin{aligned} \min \quad & x_1 - x_2 \\ \text{s.t.} \quad & x_1 + x_2 \geqslant 5, \\ & x_1 - 2x_2 \geqslant 1, \\ & x_1, x_2 \geqslant 0. \end{aligned}$$

那么,上述问题的对偶问题就是

$$\begin{aligned} \max \quad & 5w_1 + w_2 \\ \text{s.t.} \quad & w_1 + w_2 \leqslant 1, \\ & w_1 - 2w_2 \leqslant -1, \\ & w_1, w_2 \geqslant 0. \end{aligned}$$

2. 非对称形式的对偶

考虑具有等式约束的线性规划问题

$$\begin{aligned} \min \quad & \boldsymbol{cx} \\ \text{s.t.} \quad & \boldsymbol{Ax} = \boldsymbol{b}, \\ & \boldsymbol{x} \geqslant \boldsymbol{0}. \end{aligned} \tag{4.1.3}$$

为了利用对称对偶的定义给出(4.1.3)式的对偶问题,先把(4.1.3)式写成等价形式:

$$\begin{aligned} \min \quad & \boldsymbol{cx} \\ \text{s.t.} \quad & \boldsymbol{Ax} \geqslant \boldsymbol{b}, \\ & -\boldsymbol{Ax} \geqslant -\boldsymbol{b}, \\ & \boldsymbol{x} \geqslant \boldsymbol{0}, \end{aligned}$$

即

$$\begin{aligned} \min \quad & \boldsymbol{cx} \\ \text{s.t.} \quad & \begin{bmatrix} \boldsymbol{A} \\ -\boldsymbol{A} \end{bmatrix} \boldsymbol{x} \geqslant \begin{bmatrix} \boldsymbol{b} \\ -\boldsymbol{b} \end{bmatrix}, \\ & \boldsymbol{x} \geqslant \boldsymbol{0}. \end{aligned} \tag{4.1.4}$$

根据对称对偶的定义，(4.1.4)式的对偶问题是

$$\begin{aligned}\max\quad & \boldsymbol{ub}-\boldsymbol{vb}\\ \text{s.t.}\quad & \boldsymbol{uA}-\boldsymbol{vA}\leqslant \boldsymbol{c},\\ & \boldsymbol{u},\boldsymbol{v}\geqslant \boldsymbol{0}.\end{aligned}$$

令 $\boldsymbol{w}=\boldsymbol{u}-\boldsymbol{v}$，显然 $\boldsymbol{w}$ 没有非负限制，于是得到

$$\begin{aligned}\max\quad & \boldsymbol{wb}\\ \text{s.t.}\quad & \boldsymbol{wA}\leqslant \boldsymbol{c}.\end{aligned}\tag{4.1.5}$$

定义(4.1.5)式为(4.1.3)式的对偶问题.(4.1.3)式和(4.1.5)式构成的对偶与对称对偶不同，前者原问题中有 m 个等式约束，而且对偶问题中的 m 个变量无正负号限制，它们称为**非对称对偶**.

例 4.1.2　给定原问题

$$\begin{aligned}\min\quad & 5x_1+4x_2+3x_3\\ \text{s.t.}\quad & x_1+\ x_2+x_3=4,\\ & 3x_1+2x_2+x_3=5,\\ & x_1,x_2,x_3\geqslant 0,\end{aligned}$$

它的对偶问题是

$$\begin{aligned}\max\quad & 4w_1+5w_2\\ \text{s.t.}\quad & w_1+3w_2\leqslant 5,\\ & w_1+2w_2\leqslant 4,\\ & w_1+\ w_2\leqslant 3.\end{aligned}$$

3. 一般情形

实际中有许多线性规划问题同时含有"⩾"，"⩽"及"＝"型几种约束条件.下面定义这类线性规划问题的对偶问题.

设原问题为

$$\begin{aligned}\min\quad & \boldsymbol{cx}\\ \text{s.t.}\quad & \boldsymbol{A}_1\boldsymbol{x}\geqslant \boldsymbol{b}_1,\\ & \boldsymbol{A}_2\boldsymbol{x}=\boldsymbol{b}_2,\\ & \boldsymbol{A}_3\boldsymbol{x}\leqslant \boldsymbol{b}_3,\\ & \boldsymbol{x}\geqslant \boldsymbol{0},\end{aligned}\tag{4.1.6}$$

其中，$\boldsymbol{A}_1$ 是 $m_1\times n$ 矩阵，$\boldsymbol{A}_2$ 是 $m_2\times n$ 矩阵，$\boldsymbol{A}_3$ 是 $m_3\times n$ 矩阵，$\boldsymbol{b}_1$，$\boldsymbol{b}_2$ 和 $\boldsymbol{b}_3$ 分别是 m_1 维，m_2 维和 m_3 维列向量，$\boldsymbol{c}$ 是 n 维行向量，$\boldsymbol{x}$ 是 n 维列向量.

现在，我们利用非对称对偶的表达式(4.1.3)和(4.1.5)给出(4.1.6)式的对偶问题.为此先引入松弛变量，把(4.1.6)式写成等价形式：

$$\begin{aligned}
\min \quad & \boldsymbol{cx} \\
\text{s.t.} \quad & \boldsymbol{A}_1\boldsymbol{x} - \boldsymbol{x}_s = \boldsymbol{b}_1, \\
& \boldsymbol{A}_2\boldsymbol{x} \qquad = \boldsymbol{b}_2, \\
& \boldsymbol{A}_3\boldsymbol{x} + \boldsymbol{x}_t = \boldsymbol{b}_3, \\
& \boldsymbol{x}, \boldsymbol{x}_s, \boldsymbol{x}_t \geqslant \boldsymbol{0},
\end{aligned}$$

其中 $\boldsymbol{x}_s$ 是由 m_1 个松弛变量组成的 m_1 维列向量,$\boldsymbol{x}_t$ 是由 m_3 个松弛变量组成的 m_3 维列向量. 上述问题即

$$\begin{aligned}
\min \quad & \boldsymbol{cx} + 0 \cdot \boldsymbol{x}_s + 0 \cdot \boldsymbol{x}_t \\
\text{s.t.} \quad & \begin{bmatrix} \boldsymbol{A}_1 & -\boldsymbol{I}_{m_1} & \boldsymbol{0} \\ \boldsymbol{A}_2 & \boldsymbol{0} & \boldsymbol{0} \\ \boldsymbol{A}_3 & \boldsymbol{0} & \boldsymbol{I}_{m_3} \end{bmatrix} \begin{bmatrix} \boldsymbol{x} \\ \boldsymbol{x}_s \\ \boldsymbol{x}_t \end{bmatrix} = \begin{bmatrix} \boldsymbol{b}_1 \\ \boldsymbol{b}_2 \\ \boldsymbol{b}_3 \end{bmatrix}, \\
& \boldsymbol{x}, \boldsymbol{x}_s, \boldsymbol{x}_t \geqslant \boldsymbol{0},
\end{aligned} \tag{4.1.7}$$

按照非对称对偶的定义,(4.1.7)式的对偶问题为

$$\begin{aligned}
\max \quad & \boldsymbol{w}_1\boldsymbol{b}_1 + \boldsymbol{w}_2\boldsymbol{b}_2 + \boldsymbol{w}_3\boldsymbol{b}_3 \\
\text{s.t.} \quad & (\boldsymbol{w}_1, \boldsymbol{w}_2, \boldsymbol{w}_3) \begin{bmatrix} \boldsymbol{A}_1 & -\boldsymbol{I}_{m_1} & \boldsymbol{0} \\ \boldsymbol{A}_2 & \boldsymbol{0} & \boldsymbol{0} \\ \boldsymbol{A}_3 & \boldsymbol{0} & \boldsymbol{I}_{m_3} \end{bmatrix} \leqslant [\boldsymbol{c}, \boldsymbol{0}, \boldsymbol{0}],
\end{aligned}$$

即

$$\begin{aligned}
\max \quad & \boldsymbol{w}_1\boldsymbol{b}_1 + \boldsymbol{w}_2\boldsymbol{b}_2 + \boldsymbol{w}_3\boldsymbol{b}_3 \\
\text{s.t.} \quad & \boldsymbol{w}_1\boldsymbol{A}_1 + \boldsymbol{w}_2\boldsymbol{A}_2 + \boldsymbol{w}_3\boldsymbol{A}_3 \leqslant \boldsymbol{c}, \\
& \boldsymbol{w}_1 \geqslant \boldsymbol{0}, \\
& \boldsymbol{w}_3 \leqslant \boldsymbol{0}, \\
& \boldsymbol{w}_2 \text{无限制},
\end{aligned} \tag{4.1.8}$$

其中 $\boldsymbol{w}_1, \boldsymbol{w}_2$ 和 $\boldsymbol{w}_3$ 分别是由变量组成的 m_1 维,m_2 维和 m_3 维行向量. 定义(4.1.8)式为(4.1.6)式的对偶问题.

由(4.1.8)式可知,原问题中的约束 $\boldsymbol{A}_1\boldsymbol{x} \geqslant \boldsymbol{b}_1$ 所对应的对偶变量 $\boldsymbol{w}_1$ 有非负限制,$\boldsymbol{A}_2\boldsymbol{x} = \boldsymbol{b}_2$ 所对应的对偶变量 $\boldsymbol{w}_2$ 无正负限制,$\boldsymbol{A}_3\boldsymbol{x} \leqslant \boldsymbol{b}_3$ 所对应的对偶变量 $\boldsymbol{w}_3$ 有非正限制.

上述三种形式的对偶中,原问题和对偶问题是相对的. 由于原问题的对偶问题也是线性规划,它也有对偶问题,容易验证,它的对偶问题就是原来对偶中的原问题. 因此互相对偶的两个问题中,任何一个问题均可作为原问题,而把另一个作为对偶问题.

根据以上分析,我们可以总结出构成对偶规划的一般规则. 为叙述方便,我们在下面所说的约束均指

$$\begin{array}{ccc} \boldsymbol{A}_i\boldsymbol{x}\geqslant b_i & \text{及} & \boldsymbol{w}\boldsymbol{p}_j\leqslant c_j \\ (=) & & (=) \\ (\leqslant) & & (\geqslant) \end{array}$$

型约束,不包含变量非负或非正限制.这些规则是:

(1) 若原问题是极大化问题,那么对偶问题就是极小化问题;若原问题是极小化问题,那么对偶问题就是极大化问题.

(2) 在原问题和对偶问题中,约束右端向量与目标函数中系数向量恰好对换.

(3) 对于极小化问题的"$\geqslant$"型约束(极大化问题中的"$\leqslant$"型约束),相应的对偶变量有非负限制;对于极小化问题的"$\leqslant$"型约束(极大化问题的"$\geqslant$"型约束),相应的对偶变量有非正限制;对于原问题的"$=$"型约束,相应的对偶变量无正负限制.

(4) 对于极小化问题的具有非负限制的变量(极大化问题的具有非正限制的变量),在其对偶问题中,相应的约束为"$\leqslant$"型不等式;对于极小化问题的具有非正限制的变量(极大化问题的具有非负限制的变量),在其对偶问题中,相应的约束为"$\geqslant$"型不等式;对于原问题中无正负限制的变量,在其对偶问题中,相应的约束为等式.

例 4.1.3　写出下列线性规划问题的对偶问题:

$$\begin{aligned} \max\quad & -x_1+x_2+x_3 \\ \text{s.t.}\quad & x_1+x_2+2x_3\leqslant 25, \\ & -x_1+2x_2-x_3\geqslant 2, \\ & x_1-x_2+x_3=3, \\ & x_1,x_2\geqslant 0. \end{aligned} \tag{4.1.9}$$

解　在原问题中,$\boldsymbol{c}=(c_1,c_2,c_3)=(-1,1,1)$,

$$\boldsymbol{A}=(\boldsymbol{p}_1,\boldsymbol{p}_2,\boldsymbol{p}_3)=\begin{bmatrix} 1 & 1 & 2 \\ -1 & 2 & -1 \\ 1 & -1 & 1 \end{bmatrix},\quad \boldsymbol{b}=\begin{bmatrix} b_1 \\ b_2 \\ b_3 \end{bmatrix}=\begin{bmatrix} 25 \\ 2 \\ 3 \end{bmatrix},$$

根据规则(1)和(2),对偶问题应极小化 $\boldsymbol{wb}$,根据规则(4),在对偶问题中,与 x_1,x_2 对应的约束应是"$\geqslant$"型不等式,它们是

$$\boldsymbol{w}\boldsymbol{p}_1\geqslant c_1 \quad \text{及} \quad \boldsymbol{w}\boldsymbol{p}_2\geqslant c_2,$$

与 x_3 对应的约束是等式,即

$$\boldsymbol{w}\boldsymbol{p}_3=c_3.$$

根据规则(3),与原问题(4.1.9)的第1个约束对应的对偶变量 $w_1\geqslant 0$,与第2个约束对应的对偶变量 $w_2\leqslant 0$,与第3个约束对应的对偶变量 w_3 无正负限制.因此(4.1.9)式的对偶问题为

$$\begin{aligned}
\min \quad & 25w_1 + 2w_2 + 3w_3 \\
\text{s.t.} \quad & w_1 - w_2 + w_3 \geqslant -1, \\
& w_1 + 2w_2 - w_3 \geqslant 1, \\
& 2w_1 - w_2 + w_3 = 1, \\
& w_1 \geqslant 0, \quad w_2 \leqslant 0.
\end{aligned}$$

4.1.2 对偶定理

下面研究对偶的基本性质.由于不同形式的对偶可以互相转化,在此仅叙述并证明关于对称对偶的几个重要定理,其结论对于其他形式的对偶仍成立.

定理 4.1.1 设 $\boldsymbol{x}^{(0)}$ 和 $\boldsymbol{w}^{(0)}$ 分别是(4.1.1)式和(4.1.2)式的可行解,则 $\boldsymbol{cx}^{(0)} \geqslant \boldsymbol{w}^{(0)}\boldsymbol{b}$.

证明 利用对偶定义很容易得出定理的结论.由于 $\boldsymbol{Ax}^{(0)} \geqslant \boldsymbol{b}$ 和 $\boldsymbol{w}^{(0)} \geqslant \boldsymbol{0}$,则有

$$\boldsymbol{w}^{(0)}\boldsymbol{A}\boldsymbol{x}^{(0)} \geqslant \boldsymbol{w}^{(0)}\boldsymbol{b}. \tag{4.1.10}$$

由于 $\boldsymbol{c} \geqslant \boldsymbol{w}^{(0)}\boldsymbol{A}$ 和 $\boldsymbol{x}^{(0)} \geqslant \boldsymbol{0}$,则有

$$\boldsymbol{cx}^{(0)} \geqslant \boldsymbol{w}^{(0)}\boldsymbol{Ax}^{(0)}. \tag{4.1.11}$$

由(4.1.10)式和(4.1.11)式即知

$$\boldsymbol{cx}^{(0)} \geqslant \boldsymbol{w}^{(0)}\boldsymbol{b}.$$

上述定理表明,就原问题和对偶问题的可行解而言,对于对偶中的两个问题,每一个问题的任何一个可行解处的目标函数值都给出另一个问题的目标函数值的界.极小化问题给出极大化问题的目标函数值的上界;极大化问题给出极小化问题的目标函数值的下界.

由定理 4.1.1 可以得到以下几个重要推论.

推论 1 若 $\boldsymbol{x}^{(0)}$ 和 $\boldsymbol{w}^{(0)}$ 分别是原问题(4.1.1)和对偶问题(4.1.2)的可行解,且 $\boldsymbol{cx}^{(0)} = \boldsymbol{w}^{(0)}\boldsymbol{b}$,则 $\boldsymbol{x}^{(0)}$ 和 $\boldsymbol{w}^{(0)}$ 分别是原问题(4.1.1)和对偶问题(4.1.2)的最优解.

推论 2 对偶规划(4.1.1)和(4.1.2)有最优解的充要条件是它们同时有可行解.

推论 3 若原问题(4.1.1)的目标函数值在可行域上无下界,则对偶问题(4.1.2)无可行解;反之,若对偶问题(4.1.2)的目标函数值在可行域上无上界,则原问题(4.1.1)无可行解.

定理 4.1.2 设原问题(4.1.1)和对偶问题(4.1.2)中有一个问题存在最优解,则另一个问题也存在最优解,且两个问题的目标函数的最优值相等.

证明 设原问题(4.1.1)存在最优解.引进松弛变量,把原问题(4.1.1)写成等价形式:

$$\begin{aligned}
\min \quad & \boldsymbol{cx} \\
\text{s.t.} \quad & \boldsymbol{Ax} - \boldsymbol{v} = \boldsymbol{b}, \\
& \boldsymbol{x} \geqslant \boldsymbol{0}, \\
& \boldsymbol{v} \geqslant \boldsymbol{0}.
\end{aligned} \tag{4.1.12}$$

由于线性规则(4.1.12)存在最优解,因此能够用单纯形方法(包括使用能避免循环发

生的摄动法)求出它的一个最优基本可行解,不妨设这个最优解是

$$\boldsymbol{y}^{(0)}=\begin{bmatrix}\boldsymbol{x}^{(0)}\\ \boldsymbol{v}^{(0)}\end{bmatrix},$$

相应的最优基是 $\boldsymbol{B}$. 这时所有判别数均非正,即

$$\boldsymbol{w}^{(0)}\boldsymbol{p}_j-c_j\leqslant 0,\quad \forall j, \tag{4.1.13}$$

其中 $\boldsymbol{w}^{(0)}=\boldsymbol{c}_B\boldsymbol{B}^{-1}$, $\boldsymbol{c}_B$ 是目标函数中基变量(包括松弛变量中的基变量)的系数组成的向量. 考虑所有原来变量(不包括松弛变量)在基 $\boldsymbol{B}$ 下的判别数,把它们所满足的条件(4.1.13)用矩阵形式同时写出,得到

$$\boldsymbol{w}^{(0)}\boldsymbol{A}-\boldsymbol{c}\leqslant\boldsymbol{0},$$

即

$$\boldsymbol{w}^{(0)}\boldsymbol{A}\leqslant\boldsymbol{c}, \tag{4.1.14}$$

把所有松弛变量在基 $\boldsymbol{B}$ 下对应的判别数所满足的条件(4.1.13)用矩阵形式表示,得到

$$\boldsymbol{w}^{(0)}(-\boldsymbol{I})\leqslant\boldsymbol{0},$$

即

$$\boldsymbol{w}^{(0)}\geqslant\boldsymbol{0}. \tag{4.1.15}$$

由(4.1.14)式和(4.1.15)式可知,$\boldsymbol{w}^{(0)}$ 是对偶问题(4.1.2)的可行解.

由于非基变量取值为零及目标函数中松弛变量的系数为零,因此有

$$\boldsymbol{w}^{(0)}\boldsymbol{b}=\boldsymbol{c}_B\boldsymbol{B}^{-1}\boldsymbol{b}=\boldsymbol{c}_B\boldsymbol{y}_B^{(0)}=\boldsymbol{c}\boldsymbol{x}^{(0)},$$

这里,$\boldsymbol{y}_B^{(0)}$ 表示 $\boldsymbol{y}^{(0)}$ 中基变量的取值. 根据定理 4.1.1 的推论 1,$\boldsymbol{w}^{(0)}$ 是对偶问题(4.1.2)的最优解,且原问题(4.1.1)和对偶问题(4.1.2)的目标函数的最优值相等. 类似地,可以证明,如果对偶问题(4.1.2)存在最优解,则原问题(4.1.1)也存在最优解,且两个问题目标函数的最优值相等.

上述对偶定理也可用其他方法证明,比如用凸集分离定理,可参见文献[11],这里不再介绍.

由上述定理的证明过程可以得到下面一个推论.

推论　若线性规划(4.1.1)存在一个对应基 $\boldsymbol{B}$ 的最优基本可行解,则单纯形乘子

$$\boldsymbol{w}=\boldsymbol{c}_B\boldsymbol{B}^{-1}$$

是对偶问题(4.1.2)的一个最优解.

根据这个推论,我们能够从原问题的最优单纯形表中直接获得对偶问题的一个最优解.

由于把(4.1.1)式化成标准形式时,松弛变量 x_{n+j} 对应的列为 $-\boldsymbol{e}_j$($\boldsymbol{e}_j$ 的第 j 个分量是 1,其他分量为零),它在目标函数中的系数 $c_{n+j}=0$,因此相应的判别数

$$z_{n+j}-c_{n+j}=\boldsymbol{w}\boldsymbol{p}_{n+j}-c_{n+j}=\boldsymbol{w}(-\boldsymbol{e}_j)=-w_j,$$

这样,把松弛变量对应的判别数均乘以(−1),便得到单纯形乘子 $\boldsymbol{w}=(w_1,\cdots,w_m)$. 当原问题达到最优解时(判别数均小于或等于零),单纯形乘子就是对偶问题的最优解.

4.1.3 互补松弛性质

利用对偶定理可以证明原问题和对偶问题的最优解满足重要的互补松弛关系.

定理 4.1.3 设 $\boldsymbol{x}^{(0)}$ 和 $\boldsymbol{w}^{(0)}$ 分别是原问题(4.1.1)和对偶问题(4.1.2)的可行解,那么 $\boldsymbol{x}^{(0)}$ 和 $\boldsymbol{w}^{(0)}$ 都是最优解的充要条件是,对所有 i 和 j,下列关系成立:

(1) 如果 $x_j^{(0)}>0$, 就有 $\boldsymbol{w}^{(0)}\boldsymbol{p}_j=c_j$;

(2) 如果 $\boldsymbol{w}^{(0)}\boldsymbol{p}_j<c_j$, 就有 $x_j^{(0)}=0$;

(3) 如果 $w_i^{(0)}>0$, 就有 $\boldsymbol{A}_i\boldsymbol{x}^{(0)}=b_i$;

(4) 如果 $\boldsymbol{A}_i\boldsymbol{x}^{(0)}>b_i$, 就有 $w_i^{(0)}=0$.

其中 $\boldsymbol{p}_j$ 是 $\boldsymbol{A}$ 的第 j 列,$\boldsymbol{A}_i$ 是 $\boldsymbol{A}$ 的第 i 行.

证明 先证必要性. 设 $\boldsymbol{x}^{(0)}$ 和 $\boldsymbol{w}^{(0)}$ 分别是原问题(4.1.1)和对偶问题(4.1.2)的最优解. 由于 $\boldsymbol{c}\geqslant\boldsymbol{w}^{(0)}\boldsymbol{A}$ 以及 $\boldsymbol{x}^{(0)}\geqslant\boldsymbol{0}$,则有

$$\boldsymbol{c}\boldsymbol{x}^{(0)}\geqslant\boldsymbol{w}^{(0)}\boldsymbol{A}\boldsymbol{x}^{(0)}. \tag{4.1.16}$$

由于 $\boldsymbol{A}\boldsymbol{x}^{(0)}\geqslant\boldsymbol{b}$ 和 $\boldsymbol{w}^{(0)}\geqslant\boldsymbol{0}$,则

$$\boldsymbol{w}^{(0)}\boldsymbol{A}\boldsymbol{x}^{(0)}\geqslant\boldsymbol{w}^{(0)}\boldsymbol{b}. \tag{4.1.17}$$

由于 $\boldsymbol{x}^{(0)}$ 和 $\boldsymbol{w}^{(0)}$ 分别是原问题(4.1.1)和对偶问题(4.1.2)的最优解,根据定理 4.1.2,必有

$$\boldsymbol{c}\boldsymbol{x}^{(0)}=\boldsymbol{w}^{(0)}\boldsymbol{b}. \tag{4.1.18}$$

由(4.1.16)式至(4.1.18)式得到

$$\boldsymbol{c}\boldsymbol{x}^{(0)}=\boldsymbol{w}^{(0)}\boldsymbol{A}\boldsymbol{x}^{(0)}=\boldsymbol{w}^{(0)}\boldsymbol{b}. \tag{4.1.19}$$

由(4.1.19)式可知

$$(\boldsymbol{c}-\boldsymbol{w}^{(0)}\boldsymbol{A})\boldsymbol{x}^{(0)}=0, \tag{4.1.20}$$

$$\boldsymbol{w}^{(0)}(\boldsymbol{A}\boldsymbol{x}^{(0)}-\boldsymbol{b})=0. \tag{4.1.21}$$

由于 $\boldsymbol{c}-\boldsymbol{w}^{(0)}\boldsymbol{A}\geqslant\boldsymbol{0},\boldsymbol{x}^{(0)}\geqslant\boldsymbol{0}$,因此由(4.1.20)式得到

$$(c_j-\boldsymbol{w}^{(0)}\boldsymbol{p}_j)x_j^{(0)}=0,\quad j=1,\cdots,n.$$

故关系(1)和(2)成立.

由于 $\boldsymbol{w}^{(0)}\geqslant\boldsymbol{0},\boldsymbol{A}\boldsymbol{x}^{(0)}-\boldsymbol{b}\geqslant\boldsymbol{0}$,因此由(4.1.21)式得出

$$w_i^{(0)}(\boldsymbol{A}_i\boldsymbol{x}^{(0)}-b_i)=0,\quad i=1,\cdots,m.$$

由此可知关系(3)和(4)成立.

再证充分性. 设 $\boldsymbol{x}^{(0)}$ 和 $\boldsymbol{w}^{(0)}$ 分别是原问题(4.1.1)和对偶问题(4.1.2)的可行解,且关系(1),(2),(3)和(4)成立.

由于关系(1)和(2)成立,则对每一个 j,有

$$(\boldsymbol{w}^{(0)}\boldsymbol{p}_j-c_j)x_j^{(0)}=0. \tag{4.1.22}$$

由此可推出 $(\boldsymbol{w}^{(0)}\boldsymbol{A}-\boldsymbol{c})\boldsymbol{x}^{(0)}=0$,即

$$cx^{(0)} = w^{(0)}Ax^{(0)}. \tag{4.1.23}$$

由于关系(3)和(4)成立,则对每一个 i,有

$$w_i^{(0)}(A_i x^{(0)} - b_i) = 0. \tag{4.1.24}$$

由此可推出 $w^{(0)}(Ax^{(0)} - b) = 0$,即

$$w^{(0)}b = w^{(0)}Ax^{(0)}. \tag{4.1.25}$$

由(4.1.23)式和(4.1.25)式得到

$$cx^{(0)} = w^{(0)}b.$$

根据定理4.1.1的推论1,$x^{(0)}$ 和 $w^{(0)}$ 分别是原问题(4.1.1)和对偶问题(4.1.2)的最优解.

对于非对称形式的对偶规划,由于在原问题中约束条件是 $Ax=b$,而对偶变量无正负限制.因此互补松弛性质叙述如下.

定理 4.1.4　设 $x^{(0)}$ 和 $w^{(0)}$ 分别是原问题(4.1.3)和对偶问题(4.1.5)的可行解,那么 $x^{(0)}$ 和 $w^{(0)}$ 都是最优解的充要条件是,对于所有 j,下列关系成立:

(1) 如果 $x_j^{(0)} > 0$,就有 $w^{(0)}p_j = c_j$;

(2) 如果 $w^{(0)}p_j < c_j$,就有 $x_j^{(0)} = 0$.

对于对偶规划,当知道一个问题的最优解时,可以利用互补松弛定理求出另一个问题的最优解.

例 4.1.4　给定线性规划问题,原问题为

$$\begin{aligned}
\min\quad & 2x_1 + 3x_2 + x_3 \\
\text{s.t.}\quad & 3x_1 - x_2 + x_3 \geqslant 1, \\
& x_1 + 2x_2 - 3x_3 \geqslant 2, \\
& x_1, x_2, x_3 \geqslant 0.
\end{aligned}$$

它的对偶问题为

$$\begin{aligned}
\max\quad & w_1 + 2w_2 \\
\text{s.t.}\quad & 3w_1 + w_2 \leqslant 2, \\
& -w_1 + 2w_2 \leqslant 3, \\
& w_1 - 3w_2 \leqslant 1, \\
& w_1, w_2 \geqslant 0.
\end{aligned}$$

设用图解法求得对偶问题的最优解为

$$\bar{w} = (w_1, w_2) = \left(\frac{1}{7}, \frac{11}{7}\right).$$

试用互补松弛定理求原问题的最优解.

解　由于在最优解 $\bar{w}$ 处,对偶问题的第3个约束成立严格不等式,因此在原问题中第3个变量 $x_3=0$.又由于 $\bar{w}$ 的两个分量均大于零,因此在原问题中前两个约束在最优解处成立等式,即

$$\begin{cases}3x_1 - x_2 + x_3 = 1,\\ x_1 + 2x_2 - 3x_3 = 2.\end{cases}$$

把 $x_3=0$ 代入上述方程组，得到

$$\begin{cases}3x_1 - x_2 = 1,\\ x_1 + 2x_2 = 2.\end{cases}$$

解此方程组，得到 $x_1=\frac{4}{7}, x_2=\frac{5}{7}$. 因此原问题的最优解是

$$\bar{\boldsymbol{x}} = (x_1, x_2, x_3)^{\mathrm{T}} = \left(\frac{4}{7}, \frac{5}{7}, 0\right)^{\mathrm{T}},$$

目标函数的最优值 $f_{\min}=\frac{23}{7}$.

*4.1.4 强互补松弛定理

考虑对称形式对偶(4.1.1)和(4.1.2). 根据互补松弛性质，若 $(x_1, x_2, \cdots, x_n, x_{n+1}, \cdots, x_{n+m})^{\mathrm{T}}$ 和 $(w_1, w_2, \cdots, w_m, \cdots, w_{m+n})$ 分别是原问题(4.1.1)和对偶问题(4.1.2)的最优解，其中 x_{n+i} 和 w_{m+j} 是松弛变量，则集合 $\{(x_j, w_{m+j}), (x_{n+i}, w_i) \mid j=1,\cdots,n; i=1,\cdots,m\}$ 中每一对数均至少有一个数等于零，不排除两个数同时为零. 那么是否存在这样的最优解，在上述对偶数组中，每一对数中有一个数为零，而另一个数大于零？下面将证明，对于对称形式的对偶，结论是肯定的，这就是所谓强互补松弛条件. 满足强互补松弛条件的最优解也称为严格互补解. 为便于表达，规定 $\boldsymbol{A}$ 的两个子矩阵的记号 $\boldsymbol{A}_I$ 和 $\boldsymbol{A}^J$，I 和 J 均为整数集，$I \subset \{1,2,\cdots,m\}$，有 $|I|$ 个元素，$J \subset \{1,2,\cdots,n\}$，有 $|J|$ 个元素. $\boldsymbol{A}_I$ 是由 $\boldsymbol{A}$ 中行指标属于 I 的行构成的 $|I| \times n$ 矩阵，$\boldsymbol{A}^J$ 是由 $\boldsymbol{A}$ 中列指标属于 J 的列构成的 $m \times |J|$ 矩阵. 下面介绍强互补松弛定理.

定理 4.1.5 若线性规划(4.1.1)和(4.1.2)存在最优解，则必存在满足强互补松弛条件的最优解，即存在最优解 $(\bar{\boldsymbol{x}}, \bar{\boldsymbol{x}}_s)$ 和 $(\bar{\boldsymbol{w}}, \bar{\boldsymbol{w}}_s)$，使得由对应分量构成的所有二元数组 $\{(\bar{x}_j, \bar{w}_{m+j}), (\bar{x}_{n+i}, \bar{w}_i) \mid j=1,2,\cdots,n; i=1,2,\cdots,m\}$ 中，每个二元数组均包含一个正数. 其中 $\bar{w}_{m+j}$ 和 $\bar{x}_{n+i}$ 分别是松弛向量 $\bar{\boldsymbol{w}}_s$ 和 $\bar{\boldsymbol{x}}_s$ 的第 j 个和第 i 个分量.

证明 设 $(\hat{\boldsymbol{x}}, \hat{\boldsymbol{x}}_s)$ 和 $(\hat{\boldsymbol{w}}, \hat{\boldsymbol{w}}_s)$ 分别是原问题和对偶问题的最优解. 定义下标集 $J=\{j \mid \hat{x}_j=0, j\in\{1,2,\cdots,n\}\}$，$\bar{J}=\{1,2,\cdots,n\}\setminus J$，$I=\{i \mid \hat{x}_{n+i}=0, i\in\{1,2,\cdots,m\}\}$，$\bar{I}=\{1,2,\cdots,m\}\setminus I$，$n+I=\{n+i \mid i\in I\}$，$n+\bar{I}=\{n+i \mid i\in\bar{I}\}$，$m+J=\{m+j \mid j\in J\}$，$m+\bar{J}=\{m+j \mid j\in\bar{J}\}$. 根据互补松弛条件，必有

$$\begin{cases}\hat{\boldsymbol{x}}_J = \boldsymbol{0},\\ \hat{\boldsymbol{w}}_{m+J} \geqslant \boldsymbol{0};\end{cases} \quad \begin{cases}\hat{\boldsymbol{x}}_{\bar{J}} > \boldsymbol{0},\\ \hat{\boldsymbol{w}}_{m+\bar{J}} = \boldsymbol{0};\end{cases} \quad \begin{cases}\hat{\boldsymbol{x}}_{n+I} = \boldsymbol{0},\\ \hat{\boldsymbol{w}}_I \geqslant \boldsymbol{0};\end{cases} \quad \begin{cases}\hat{\boldsymbol{x}}_{n+\bar{I}} > \boldsymbol{0},\\ \hat{\boldsymbol{w}}_{\bar{I}} = \boldsymbol{0}.\end{cases} \tag{4.1.26}$$

若上述第一、三组条件满足 $\hat{\boldsymbol{w}}_{m+J} > \boldsymbol{0}, \hat{\boldsymbol{w}}_I > \boldsymbol{0}$，则 $(\hat{\boldsymbol{x}}, \hat{\boldsymbol{x}}_s)$ 和 $(\hat{\boldsymbol{w}}, \hat{\boldsymbol{w}}_s)$ 就是满足强互补松弛条件

的最优解. 否则,可以构造一个新的最优解,使之满足强互补松弛条件.

假设已知的最优解中有,$\hat{x}_{n+i}=0,\overline{w}_i=0\ (i\in I)$. 为构造严格互补解,考虑下列不等式组:

$$\boldsymbol{A}_{I\setminus\{i\}}\boldsymbol{x}\geqslant\boldsymbol{0},\qquad \boldsymbol{A}_i\boldsymbol{x}>0,\qquad \boldsymbol{x}\geqslant\boldsymbol{0},\qquad \boldsymbol{c}\boldsymbol{x}\leqslant 0. \tag{4.1.27}$$

分两种情形讨论.

情形1:设(4.1.27)式有解 $\boldsymbol{x}$.

令 $\bar{\boldsymbol{x}}=\hat{\boldsymbol{x}}+\varepsilon\boldsymbol{x}$. 下面证明,当 $\varepsilon>0$ 充分小时,$\bar{\boldsymbol{x}}$ 是最优解. 显然,$\bar{\boldsymbol{x}}\geqslant\boldsymbol{0}$. 为分析 $\boldsymbol{A}\bar{\boldsymbol{x}}\geqslant\boldsymbol{b}$,不妨假设在 $\hat{\boldsymbol{x}}$ 处有 $\boldsymbol{A}=\begin{pmatrix}\boldsymbol{A}_I\\ \boldsymbol{A}_{\bar{I}}\end{pmatrix}$,$\boldsymbol{b}=\begin{pmatrix}\boldsymbol{b}_I\\ \boldsymbol{b}_{\bar{I}}\end{pmatrix}$,则

$$\boldsymbol{A}\bar{\boldsymbol{x}}=\boldsymbol{A}(\hat{\boldsymbol{x}}+\varepsilon\boldsymbol{x})=\begin{pmatrix}\boldsymbol{A}_I(\hat{\boldsymbol{x}}+\varepsilon\boldsymbol{x})\\ \boldsymbol{A}_{\bar{I}}(\hat{\boldsymbol{x}}+\varepsilon\boldsymbol{x})\end{pmatrix}. \tag{4.1.28}$$

由于 $\boldsymbol{A}_I\hat{\boldsymbol{x}}=\boldsymbol{b}_I$,$\boldsymbol{A}_I\boldsymbol{x}\geqslant\boldsymbol{0}$,必有

$$\boldsymbol{A}_I(\hat{\boldsymbol{x}}+\varepsilon\boldsymbol{x})\geqslant\boldsymbol{b}_I. \tag{4.1.29}$$

由于 $\boldsymbol{A}_{\bar{I}}\hat{\boldsymbol{x}}-\hat{\boldsymbol{x}}_{n+\bar{I}}=\boldsymbol{b}_{\bar{I}}$,$\hat{\boldsymbol{x}}_{n+\bar{I}}>\boldsymbol{0}$,对充分小的 $\varepsilon>0$,必有

$$\boldsymbol{A}_{\bar{I}}(\hat{\boldsymbol{x}}+\varepsilon\boldsymbol{x})>\boldsymbol{b}_{\bar{I}}. \tag{4.1.30}$$

由(4.1.29)式和(4.1.30)式可知,$\boldsymbol{A}\bar{\boldsymbol{x}}\geqslant\boldsymbol{b}$. 因此 $\bar{\boldsymbol{x}}$ 为可行解. 另一方面,由假设 $\boldsymbol{c}\boldsymbol{x}\leqslant 0$ 可以得出

$$\boldsymbol{c}\bar{\boldsymbol{x}}=\boldsymbol{c}(\hat{\boldsymbol{x}}+\varepsilon\boldsymbol{x})\leqslant\boldsymbol{c}\hat{\boldsymbol{x}}.$$

由于 $\hat{\boldsymbol{x}}$ 是最优解,因此 $\bar{\boldsymbol{x}}$ 也是最优解.

下面分析,对于新的最优解$(\bar{\boldsymbol{x}},\bar{\boldsymbol{x}}_s)$,$(\hat{\boldsymbol{w}},\hat{\boldsymbol{w}}_s)$,包含一个正数的对偶数组至少增加一个.

在新的最优解 $\bar{\boldsymbol{x}}$ 中,必有 $\bar{\boldsymbol{x}}_{\bar{J}}=\hat{\boldsymbol{x}}_{\bar{J}}+\varepsilon\boldsymbol{x}_{\bar{J}}>\boldsymbol{0}$,注意到(4.1.30)式,还有 $\bar{\boldsymbol{x}}_{n+\bar{I}}=\boldsymbol{A}_{\bar{I}}\bar{\boldsymbol{x}}-\boldsymbol{b}_{\bar{I}}>\boldsymbol{0}$,即原来取正值的变量仍然大于零. 此外,根据假设,$\boldsymbol{A}_i\hat{\boldsymbol{x}}=b_i$,$\boldsymbol{A}_i\boldsymbol{x}>0$,必有 $\bar{x}_{n+i}=\boldsymbol{A}_i\bar{\boldsymbol{x}}-b_i=\boldsymbol{A}_i(\hat{\boldsymbol{x}}+\varepsilon\boldsymbol{x})-b_i>0$,从而改变 $\hat{x}_{n+i}$ 和 $\hat{w}_i$ 同时为零的状况.

情形2:设不等式组(4.1.27)无解.

将不等式组(4.1.27)记作

$$\begin{bmatrix}-\boldsymbol{A}_{I\setminus\{i\}}\\ -\boldsymbol{I}\\ \boldsymbol{C}\end{bmatrix}\boldsymbol{x}\leqslant\boldsymbol{0},\quad \boldsymbol{A}_i\boldsymbol{x}>0. \tag{4.1.31}$$

由于(4.1.31)式无解,根据 Farkas 定理,存在向量 $\boldsymbol{y}\geqslant\boldsymbol{0}$,使

$$\begin{bmatrix}-\boldsymbol{A}_{I\setminus\{i\}}\\ -\boldsymbol{I}\\ \boldsymbol{C}\end{bmatrix}^{\mathrm{T}}\boldsymbol{y}=\boldsymbol{A}_i^{\mathrm{T}}, \tag{4.1.32}$$

记作 $\boldsymbol{y}=\begin{bmatrix}\boldsymbol{w}_{I\setminus\{i\}}^{\mathrm{T}}\\ \boldsymbol{w}_s^{\mathrm{T}}\\ \beta\end{bmatrix}\geqslant\boldsymbol{0}$,其中 $\boldsymbol{w}_{I\setminus\{i\}}^{\mathrm{T}}$ 和 $\boldsymbol{w}_s^{\mathrm{T}}$ 是列向量,(4.1.32)式即

$$-(\boldsymbol{A}^{\mathrm{T}})^{I\setminus\{i\}}\boldsymbol{w}_{I\setminus\{i\}}^{\mathrm{T}}-\boldsymbol{w}_s^{\mathrm{T}}+\beta\boldsymbol{C}^{\mathrm{T}}=\boldsymbol{A}_i^{\mathrm{T}}. \tag{4.1.33}$$

记作 $\boldsymbol{A}_i^{\mathrm{T}}=w_i\boldsymbol{A}_i^{\mathrm{T}}, w_i=1$，令

$$\boldsymbol{w}_{\bar{I}}=\boldsymbol{0}. \tag{4.1.34}$$

由 $\boldsymbol{w}_I,\boldsymbol{w}_{\bar{I}}$ 构成行向量 $\boldsymbol{w}$，可将(4.1.33)式写作

$$\boldsymbol{w}\boldsymbol{A}+\boldsymbol{w}_s=\beta\boldsymbol{C}. \tag{4.1.35}$$

由(4.1.32)式有解以及 $w_i=1$ 和 $\boldsymbol{w}_{\bar{I}}=\boldsymbol{0}$ 可知，(4.1.35)式有非负解 $\boldsymbol{w},\boldsymbol{w}_s$. 下面分两种情况讨论：

(1) 若 $\beta=0$，则(4.1.35)式为 $\boldsymbol{w}\boldsymbol{A}+\boldsymbol{w}_s=\boldsymbol{0}$，由此得到

$$\boldsymbol{w}\boldsymbol{A}=-\boldsymbol{w}_s\leqslant\boldsymbol{0}. \tag{4.3.36}$$

下面证明 $\bar{\boldsymbol{w}}=\hat{\boldsymbol{w}}+\boldsymbol{w}$ 是对偶问题(4.1.2)的最优解. 首先，$\bar{\boldsymbol{w}}\boldsymbol{A}=(\hat{\boldsymbol{w}}+\boldsymbol{w})\boldsymbol{A}=\hat{\boldsymbol{w}}\boldsymbol{A}+\boldsymbol{w}\boldsymbol{A}\leqslant\boldsymbol{C}+\boldsymbol{w}\boldsymbol{A}\leqslant\boldsymbol{C}$，且 $\bar{\boldsymbol{w}}=\hat{\boldsymbol{w}}+\boldsymbol{w}\geqslant\boldsymbol{0}$，由此知 $\bar{\boldsymbol{w}}$ 为可行解. 注意到(4.1.26)式和(4.1.34)式，则有 $\bar{\boldsymbol{w}}_I\hat{\boldsymbol{x}}_{n+I}=0$，$\bar{\boldsymbol{w}}_{\bar{I}}\hat{\boldsymbol{x}}_{n+\bar{I}}=(\hat{\boldsymbol{w}}_{\bar{I}}+\boldsymbol{w}_{\bar{I}})\hat{\boldsymbol{x}}_{n+\bar{I}}=\hat{\boldsymbol{w}}_{\bar{I}}\hat{\boldsymbol{x}}_{n+\bar{I}}+\boldsymbol{w}_{\bar{I}}\hat{\boldsymbol{x}}_{n+\bar{I}}=0$，满足互补松弛条件. 综上所述，$\bar{\boldsymbol{w}}$ 是(4.1.2)式的最优解，且有 $\bar{w}_i=\hat{w}_i+w_i=0+1>0$，因此对于最优解$(\hat{\boldsymbol{x}},\hat{\boldsymbol{x}}_s)$和$(\bar{\boldsymbol{w}},\bar{\boldsymbol{w}}_s)$，包含正数的对偶数组至少增加一个.

(2) 若 $\beta>0$，由(4.1.35)式，$\boldsymbol{C}=\frac{1}{\beta}(\boldsymbol{w}\boldsymbol{A}+\boldsymbol{w}_s)\geqslant\frac{1}{\beta}\boldsymbol{w}\boldsymbol{A}$，定义对偶向量 $\bar{\boldsymbol{w}}=\frac{1}{2}\hat{\boldsymbol{w}}+\frac{1}{2}\left(\frac{1}{\beta}\boldsymbol{w}\right)$，显然有 $\bar{\boldsymbol{w}}\geqslant\boldsymbol{0}$，$\bar{\boldsymbol{w}}\boldsymbol{A}=\frac{1}{2}\hat{\boldsymbol{w}}\boldsymbol{A}+\frac{1}{2}\left(\frac{1}{\beta}\boldsymbol{w}\boldsymbol{A}\right)\leqslant\frac{1}{2}\boldsymbol{C}+\frac{1}{2}\boldsymbol{C}=\boldsymbol{C}$，由此可知，$\bar{\boldsymbol{w}}=\frac{1}{2}\hat{\boldsymbol{w}}+\frac{1}{2\beta}\boldsymbol{w}$ 是(4.1.2)式的可行解，又易知满足互补松弛条件. 事实上，由于 $\bar{\boldsymbol{w}}_I\hat{\boldsymbol{x}}_{n+I}=0$，由(4.1.26)式和(4.1.34)式又有 $\bar{\boldsymbol{w}}_{\bar{I}}\hat{\boldsymbol{x}}_{n+\bar{I}}=\left(\frac{1}{2}\hat{\boldsymbol{w}}_{\bar{I}}+\frac{1}{2\beta}\boldsymbol{w}_{\bar{I}}\right)\hat{\boldsymbol{x}}_{n+\bar{I}}=\frac{1}{2}\hat{\boldsymbol{w}}_{\bar{I}}\hat{\boldsymbol{x}}_{n+\bar{I}}+\frac{1}{2\beta}\boldsymbol{w}_{\bar{I}}\hat{\boldsymbol{x}}_{n+\bar{I}}=0$. 因此满足互补松弛条件，$\bar{\boldsymbol{w}}$ 是最优解，且 $\bar{\boldsymbol{w}}$ 的第 i 个分量 $\bar{w}_i=1>0$，改变了 $\hat{x}_{n+i}$ 和 $\hat{w}_i$ 同时为零的状况. 仿照上述方法作下去，最终必能得到满足强互补松弛条件的最优解.

关于强互补松弛定理，可参见文献[12].

4.2 对偶单纯形法

4.2.1 对偶单纯形法的基本思想

考虑线性规划问题

$$\begin{aligned}\min\quad & \boldsymbol{c}\boldsymbol{x}\\ \text{s.t.}\quad & \boldsymbol{A}\boldsymbol{x}=\boldsymbol{b},\\ & \boldsymbol{x}\geqslant\boldsymbol{0}.\end{aligned} \tag{4.2.1}$$

前面用单纯形法求解问题(4.2.1)时，往往需要引进人工变量，通过解一阶段问题求

初始基本可行解.现在利用对偶性质给出一种不需引进人工变量的求解方法,这就是对偶单纯形法.为介绍这种方法的基本思想,先引入对偶可行的基本解的概念.

定义 4.2.1　设 $\boldsymbol{x}^{(0)}$ 是(4.2.1)式的一个基本解,它对应的基矩阵为 $\boldsymbol{B}$,记作 $\boldsymbol{w}=\boldsymbol{c}_B\boldsymbol{B}^{-1}$,若 $\boldsymbol{w}$ 是(4.2.1)式的对偶问题的可行解,即对所有 j,成立 $\boldsymbol{w}\boldsymbol{p}_j-c_j\leqslant 0$,则称 $\boldsymbol{x}^{(0)}$ 为原问题的对偶可行的基本解.

根据上述定义,显然,对偶可行的基本解不一定是原问题的可行解.当对偶可行的基本解是原问题的可行解时,由于判别数均小于或等于零,因此它就是原问题的最优解.

对偶单纯形法的**基本思想**是,从原问题的一个对偶可行的基本解出发,求改进的对偶可行的基本解,当得到的对偶可行的基本解是原问题的可行解时,就达到最优解.这里所谓改进的对偶可行的基本解是这样的含义:根据定义,每个对偶可行的基本解

$$\boldsymbol{x}=\begin{bmatrix}\boldsymbol{x}_B\\ \boldsymbol{0}\end{bmatrix}$$

都对应一个对偶问题的可行解 $\boldsymbol{w}=\boldsymbol{c}_B\boldsymbol{B}^{-1}$,相应的对偶问题的目标函数值为 $\boldsymbol{w}\boldsymbol{b}=\boldsymbol{c}_B\boldsymbol{B}^{-1}\boldsymbol{b}$.所谓改进的对偶可行的基本解,是指对于原问题的这个基本解,相应的对偶问题的目标函数值 $\boldsymbol{w}\boldsymbol{b}$ 有改进.

求改进的对偶可行的基本解的过程,也是选择离基变量和进基变量,进行主元消去的过程.这与单纯形方法有类似之处,可在原问题的单纯形表上进行.与前面介绍的单纯形法的差别在于:在单纯形法的迭代过程中,始终保持右端列(目标函数值除外)非负,即保持原问题的可行性;而在对偶单纯形法中,要保持所有判别数 $\boldsymbol{w}\boldsymbol{p}_j-c_j\leqslant 0$(对于极小化问题),即保持对偶可行性.当然,对偶单纯形法在每次迭代中不要求右端列各分量均非负,正因如此,也就不需要引进人工变量.

下面分析对偶单纯形法中怎样选择离基变量和进基变量.

设在某次迭代得到表 4.2.1.

表　4.2.1

	x_1	…	x_j	…	x_k	…	x_n	
x_{B_1}	y_{11}	…	y_{1j}	…	y_{1k}	…	y_{1n}	$\bar{b}_1$
⋮	⋮		⋮		⋮		⋮	⋮
x_{B_r}	y_{r1}	…	y_{rj}	…	y_{rk}	…	y_{rn}	$\bar{b}_r$
⋮	⋮		⋮		⋮		⋮	⋮
x_{B_m}	y_{m1}	…	y_{mj}	…	y_{mk}	…	y_{mn}	$\bar{b}_m$
	z_1-c_1	…	z_j-c_j	…	z_k-c_k	…	z_n-c_n	$\boldsymbol{c}_B\bar{\boldsymbol{b}}$

表中判别数 $z_j-c_j\leqslant 0(j=1,\cdots,n)$.

如果右端列

$$\bar{\boldsymbol{b}} = (\bar{b}_1, \cdots, \bar{b}_r, \cdots, \bar{b}_m)^{\mathrm{T}} \geqslant \mathbf{0},$$

则现行基本解是最优基本可行解.

如果 $\bar{\boldsymbol{b}} \not\geqslant \mathbf{0}$,则现行的基本解 $\boldsymbol{x}_B = \bar{\boldsymbol{b}}, \boldsymbol{x}_N = \mathbf{0}$ 是对偶可行的基本解,但不是原问题的可行解. 这时,需确定离基变量和进基变量,求改进的对偶可行的基本解.

在对偶单纯形法中,先选择离基变量. 为了在保持对偶可行的条件下求得原问题的可行解,应选择取负值的基变量作为离基变量. 如果 $\bar{b}_r < 0$,则取 x_{B_r} 为离基变量. 然后再确定进基变量. 为保持对偶可行性,需用 r 行的负元去除相应的判别数,从中选择最小比值,令

$$\frac{z_k - c_k}{y_{rk}} = \min_j \left\{ \frac{z_j - c_j}{y_{rj}} \,\middle|\, y_{rj} < 0 \right\}, \tag{4.2.2}$$

则 x_k 作为进基变量. 以 y_{rk} 为主元进行主元消去,实现基的转换,得到新的对偶可行的基本解. 现在分析为什么上述转换能够改进对偶可行的基本解. 主要有以下三点:

(1) 由于主元消去前 y_{rk} 与 $\bar{b}_r$ 同为负数,因此主元消去后右端列第 r 个分量变成正数. 这有利于基本解向着满足可行性的方向转化.

(2) 主元消去后仍然保持对偶可行性,即所有判别数均小于或等于零(对极小化问题).

主元消去运算之后,判别数

$$(z_j - c_j)' = (z_j - c_j) - \frac{z_k - c_k}{y_{rk}} y_{rj}, \tag{4.2.3}$$

其中,等号右端是主元消去前的数据,且

$$\frac{z_k - c_k}{y_{rk}} \geqslant 0.$$

如果 $y_{rj} \geqslant 0$,显然有

$$(z_j - c_j)' \leqslant z_j - c_j \leqslant 0. \tag{4.2.4}$$

如果 $y_{rj} < 0$,则由(4.2.2)式,可知

$$\frac{z_k - c_k}{y_{rk}} \leqslant \frac{z_j - c_j}{y_{rj}},$$

由此推出

$$z_j - c_j \leqslant \frac{z_k - c_k}{y_{rk}} y_{rj},$$

因此必有

$$(z_j - c_j)' \leqslant 0. \tag{4.2.5}$$

(3) 主元消去运算后,对偶问题的目标函数值增大(至少不减小). 在对偶单纯形法中,表中右下角的数据

$$c_B\bar{b} = c_B B^{-1} b = wb,$$

它既是原问题在对偶可行的基本解(不一定是可行解)处的目标函数值,也是对偶问题在可行解 w 处的目标函数值. 主元消去前后,目标函数值之间的关系是

$$(c_B\bar{b})' = c_B\bar{b} - \frac{z_k - c_k}{y_{rk}}\bar{b}_r, \tag{4.2.6}$$

其中$(c_B\bar{b})'$是运算后的目标函数值,等号右端均是运算前的数据. 由于

$$\frac{z_k - c_k}{y_{rk}}\bar{b}_r \leqslant 0,$$

因此有

$$(c_B\bar{b})' \geqslant c_B\bar{b}. \tag{4.2.7}$$

即对偶问题的目标函数值在迭代过程中单调增(非减). 这一事实表明,对偶问题的可行解 w 越来越接近最优解. 自然,原问题的对偶可行的基本解,将向着满足可行性的方向转化,从而接近原问题的最优解.

如果每次迭代中均有 $z_k - c_k < 0$,则由(4.2.6)式可知,对偶问题的目标函数值 wb 经迭代严格上升. 这样各次迭代得到互不相同的对偶可行的基本解. 由于基本解的个数有限,因此经有限次迭代得到最优基本可行解(当最优解存在时).

在迭代中也可能出现这样的情形;当 $\bar{b}_r < 0$ 时,r 行无负元,因此不能确定下标 k. 这种情形表明,原问题中的变量取任何非负值时都不能满足第 r 个方程,因此无可行解.

4.2.2 计算步骤

根据上面分析,对偶单纯形法的计算步骤如下:

(1) 给定一个初始对偶可行的基本解,设相应的基为 B.

(2) 若 $\bar{b} = B^{-1}b \geqslant 0$,则停止计算,现行对偶可行的基本解就是最优解. 否则,令

$$\bar{b}_r = \min_i \{\bar{b}_i\} < 0.$$

(3) 若对所有 j,$y_{rj} \geqslant 0$,则停止计算,原问题无可行解. 否则,令

$$\frac{z_k - c_k}{y_{rk}} = \min_j \left\{ \frac{z_j - c_j}{y_{rj}} \,\middle|\, y_{rj} < 0 \right\}.$$

(4) 以 y_{rk} 为主元进行主元消去,返回步骤(2).

下面举例说明对偶单纯形法的迭代过程.

例 4.2.1 用对偶单纯形法解下列问题:

$$\begin{aligned}
\min\quad & 12x_1 + 8x_2 + 16x_3 + 12x_4, \\
\text{s.t.}\quad & 2x_1 + x_2 + 4x_3 \geqslant 2, \\
& 2x_1 + 2x_2 + 4x_4 \geqslant 3, \\
& x_j \geqslant 0, \quad j = 1, \cdots, 4.
\end{aligned}$$

解 先引进松弛变量 x_5,x_6 把上述问题化成标准形式

$$\begin{aligned}\min\quad & 12x_1+8x_2+16x_3+12x_4,\\ \text{s.t.}\quad & 2x_1+x_2+4x_3\qquad -x_5\qquad =2,\\ & 2x_1+2x_2\qquad +4x_4\qquad -x_6=3,\\ & x_j\geqslant 0,\quad j=1,\cdots,6.\end{aligned}$$

为得到一个对偶可行的基本解，把每个约束方程两端乘以(−1)，这样，变换后的系数矩阵中含有二阶单位矩阵，从而给出基本解

$$(x_5,x_6)=(-2,-3),$$
$$x_j=0,\quad j=1,\cdots,4,$$

它是对偶可行的. 把变换后的系数置于单纯形表：

	x_1	x_2	x_3	x_4	x_5	x_6	
x_5	−2	−1	−4	0	1	0	−2
x_6	−2	−2	0	[−4]	0	1	−3
	−12	−8	−16	−12	0	0	0

由于 $\bar{b}_2=\min\{-2,-3\}=-3$，因此第 2 行为主行. 由于

$$\frac{z_4-c_4}{y_{24}}=\min\left\{\frac{-12}{-2},\frac{-8}{-2},\frac{-12}{-4}\right\}=\frac{-12}{-4},$$

因此第 4 列为主列. 以 $y_{24}=-4$ 为主元进行主元消去运算，得到下表：

	x_1	x_2	x_3	x_4	x_5	x_6	
x_5	−2	[−1]	−4	0	1	0	−2
x_4	$\frac{1}{2}$	$\frac{1}{2}$	0	1	0	$-\frac{1}{4}$	$\frac{3}{4}$
	−6	−2	−16	0	0	−3	9

$\bar{b}_1=-2$，第 1 行为主行. 由于

$$\frac{z_2-c_2}{y_{12}}=\min\left\{\frac{-6}{-2},\frac{-2}{-1},\frac{-16}{-4}\right\}=\frac{-2}{-1},$$

因此第 2 列为主列，以 $y_{12}=-1$ 为主元进行主元消去，得到

	x_1	x_2	x_3	x_4	x_5	x_6	
x_2	2	1	4	0	−1	0	2
x_4	[$-\frac{1}{2}$]	0	−2	1	$\frac{1}{2}$	$-\frac{1}{4}$	$-\frac{1}{4}$
	−2	0	−8	0	−2	−3	13

$\bar{b}_2=-\dfrac{1}{4}$,第2行为主行.由于最小比值

$$\frac{z_1-c_1}{y_{21}}=\frac{z_3-c_3}{y_{23}}=\min\left\{\frac{-2}{-\frac{1}{2}},\frac{-8}{-2},\frac{-3}{-\frac{1}{4}}\right\},$$

因此可从第1列和第3列中任选一列,比如选第1列,作为主列.以 $y_{21}=-\dfrac{1}{2}$ 为主元进行主元消去,得到

	x_1	x_2	x_3	x_4	x_5	x_6	
x_2	0	1	-4	4	1	-1	1
x_1	1	0	4	-2	-1	$\frac{1}{2}$	$\frac{1}{2}$
	0	0	0	-4	-4	-2	14

由于 $\bar{\boldsymbol{b}}\geqslant\mathbf{0}$,现行对偶可行的基本解也是可行解,因此得到最优解

$$(x_1,x_2,x_3,x_4)=\left(\frac{1}{2},1,0,0\right),$$

目标函数最优值 $f_{\min}=14$.

从上述最优单纯形表上还可得到对偶问题的最优解

$$(w_1,w_2)=(4,2).$$

4.2.3　关于初始对偶可行的基本解

运用对偶单纯形法,需要先给定一个对偶可行的基本解.如果初始对偶可行的基本解不易直接得到,则解一个扩充问题,通过这个问题的求解给出原问题的解答.构造扩充问题的方法如下.

先给出线性规划(4.2.1)的一个基本解,这是容易做到的.不妨设 $\boldsymbol{A}$ 的前 m 列线性无关,由这 m 列构成基矩阵 $\boldsymbol{B}$.这样,线性规划(4.2.1)可以化成下面形式:

$$\begin{aligned}\min\quad & \boldsymbol{cx}\\ \text{s.t.}\quad & \boldsymbol{x_B}+\sum_{j\in R}\boldsymbol{y}_j x_j=\bar{\boldsymbol{b}},\\ & \boldsymbol{x}\geqslant\mathbf{0},\end{aligned}\tag{4.2.8}$$

其中 R 是非基变量下标集,$\boldsymbol{y}_j=\boldsymbol{B}^{-1}\boldsymbol{p}_j$,$\bar{\boldsymbol{b}}=\boldsymbol{B}^{-1}\boldsymbol{b}$.

再增加一个变量 x_{n+1} 和一个约束条件

$$\sum_{j\in R}x_j+x_{n+1}=M,\tag{4.2.9}$$

其中 M 是充分大的正数.得到线性规划(4.2.8)的一个扩充问题

$$
\begin{aligned}
\min \quad & \boldsymbol{cx} \\
\text{s.t.} \quad & \boldsymbol{x_B} + \sum_{j \in R} \boldsymbol{y}_j x_j = \bar{\boldsymbol{b}}, \\
& \sum_{j \in R} x_j + x_{n+1} = M, \\
& x_j \geqslant 0, \quad j = 1, \cdots, n+1.
\end{aligned} \tag{4.2.10}
$$

在线性规划(4.2.10)中,以系数矩阵的前 m 列和第 $n+1$ 列组成的 $m+1$ 阶单位矩阵为基,立即得到

$$
\boldsymbol{x}_{\tilde{B}} = \begin{bmatrix} \boldsymbol{x_B} \\ x_{n+1} \end{bmatrix} = \begin{bmatrix} \bar{\boldsymbol{b}} \\ M \end{bmatrix},
$$

$$
x_j = 0, \qquad j \in R.
$$

这个基本解不一定是对偶可行的.但是,由此出发容易求出线性规划(4.2.10)的一个对偶可行的基本解.用 $\tilde{\boldsymbol{y}}_j$ 表示约束矩阵的第 j 列.令

$$
z_k - c_k = \max\{z_j - c_j\},
$$

以 $\tilde{\boldsymbol{y}}_k$ 的第 $m+1$ 个分量 $\tilde{y}_{m+1,k}$ 为主元,进行主元消去运算,把第 k 列化为单位向量,这时就能得到一个对偶可行的基本解.理由如下:

正如前面多次指出的,主元消去运算前后判别数之间的关系是

$$
(z_j - c_j)' = (z_j - c_j) - \frac{z_k - c_k}{\tilde{y}_{m+1,k}} \tilde{y}_{m+1,j}, \tag{4.2.11}
$$

其中 $(z_j - c_j)'$ 是运算后在新基下的判别数.

当 $j \in R \cup \{n+1\}$ 时,$\tilde{y}_{m+1,j} = 1$,因此有

$$
(z_j - c_j)' = (z_j - c_j) - (z_k - c_k) \leqslant 0. \tag{4.2.12}
$$

当 $j \notin R \cup \{n+1\}$ 时,$z_j - c_j = 0$,$\tilde{y}_{m+1,j} = 0$,因此有

$$
(z_j - c_j)' = 0, \tag{4.2.13}
$$

由(4.2.12)式和(4.2.13)式可知,主元消去后,在新基下的判别数均非正,因此所得到的基本解是对偶可行的.

由于线性规划(4.2.10)的对偶问题有可行解,因此用对偶单纯形方法求解线性规划(4.2.10)时,仅有下列两种可能的情形:

(1) 扩充问题没有可行解.这时,原来的问题也没有可行解.如若不然,设

$$
\boldsymbol{x}^{(0)} = (x_1^{(0)}, \cdots, x_n^{(0)})
$$

是原来问题的一个可行解,那么

$$
\tilde{\boldsymbol{x}}^{(0)} = \left(x_1^{(0)}, \cdots, x_n^{(0)}, M - \sum_{j \in R} x_j^{(0)}\right)
$$

是扩充问题(4.2.10)的可行解,这是矛盾的.

(2) 得到扩充问题的最优解

$$\tilde{\boldsymbol{x}}^{(0)}=(x_1^{(0)},\cdots,x_n^{(0)},x_{n+1}^{(0)}),$$

这时,$\boldsymbol{x}^{(0)}=(x_1^{(0)},\cdots,x_n^{(0)})$是原来问题的可行解.如果扩充问题的目标函数最优值与M无关,则$\boldsymbol{x}^{(0)}=(x_1^{(0)},\cdots,x_n^{(0)})$也是原来问题的最优解.因为原来问题若有可行解

$$\boldsymbol{x}^{(1)}=(x_1^{(1)},\cdots,x_n^{(1)}),$$

使$f(\boldsymbol{x}^{(1)})<f(\boldsymbol{x}^{(0)})$,那么

$$\tilde{\boldsymbol{x}}^{(1)}=\left(x_1^{(1)},\cdots,x_n^{(1)},M-\sum_{j\in R}x_j^{(1)}\right)$$

是扩充问题的可行解,且$f(\tilde{\boldsymbol{x}}^{(1)})<f(\tilde{\boldsymbol{x}}^{(0)})$,与假设矛盾.

例 4.2.2　用对偶单纯形方法解下列问题:

$$\begin{aligned}\min\quad & -2x_1+x_2\\ \text{s.t.}\quad & x_1+x_2+x_3\geqslant 4,\\ & x_1+2x_2+2x_3\leqslant 6,\\ & x_1,x_2,x_3\geqslant 0.\end{aligned}$$

解　先引进松弛变量x_4,x_5,把上述问题化成标准形式:

$$\begin{aligned}\min\quad & -2x_1+x_2\\ \text{s.t.}\quad & x_1+x_2+x_3-x_4=4,\\ & x_1+2x_2+2x_3+x_5=6,\\ & x_j\geqslant 0,\quad j=1,\cdots,5.\end{aligned}$$

为得到一个基本解,把第1个方程两端乘以(−1).这样,x_4,x_5作为基变量,x_1,x_2,x_3作为非基变量.然后增加约束条件

$$x_1+x_2+x_3+x_6=M.$$

得到原来问题的扩充问题

$$\begin{aligned}\min\quad & -2x_1+x_2\\ \text{s.t.}\quad & -x_1-x_2-x_3+x_4=-4,\\ & x_1+2x_2+2x_3+x_5=6,\\ & x_1+x_2+x_3+x_6=M,\\ & x_j\geqslant 0,\quad j=1,\cdots,6.\end{aligned}$$

把扩充问题的约束矩阵置于单纯形表中:

	x_1	x_2	x_3	x_4	x_5	x_6	
x_4	−1	−1	−1	1	0	0	−4
x_5	1	2	2	0	1	0	6
x_6	[1]	1	1	0	0	1	M
	2	−1	0	0	0	0	0

由于$z_1-c_1=\max\limits_j\{z_j-c_j\}$,因此以$\tilde{y}_{31}=1$为主元,进行主元消去运算,得到下表:

	x_1	x_2	x_3	x_4	x_5	x_6	
x_4	0	0	0	1	0	1	$M-4$
x_5	0	1	1	0	1	[-1]	$6-M$
x_1	1	1	1	0	0	1	M
	0	-3	-2	0	0	-2	$-2M$

现在已经得到扩充问题的一个对偶可行的基本解.下面用对偶单纯形法求解此问题.首先选择主行,即确定离其变量,由于 $6-M<0$,因此取第 2 行为主行.这一行只有负元 $\tilde{y}_{26}$,以它为主元进行主元消去,得到下表:

	x_1	x_2	x_3	x_4	x_5	x_6	
x_4	0	1	1	1	1	0	2
x_6	0	-1	-1	0	-1	1	$M-6$
x_1	1	2	2	0	1	0	6
	0	-5	-4	0	-2	0	-12

由于 $\bar{\boldsymbol{b}}\geqslant\mathbf{0}$,因此对偶可行的基本解也是可行解,且为最优解.由此得到原问题的最优解$(x_1,x_2,x_3)=(6,0,0)$,目标函数最优值 $f_{\min}=-12$.

例 4.2.3 用对偶单纯形法解下列问题:

$$\begin{aligned}\min\quad & x_1-2x_2-3x_3\\ \text{s.t.}\quad & x_1+x_2-2x_3+3x_4\geqslant 5,\\ & 2x_1-x_2+x_3-x_4\geqslant 4,\\ & x_j\geqslant 0,\quad j=1,\cdots,4.\end{aligned}$$

解 引进松弛变量 x_5,x_6,再把每个等式两端乘以(-1),取 x_5,x_6 为基变量,x_1,x_2,x_3,x_4 为非基变量.构造扩充问题如下:

$$\begin{aligned}\min\quad & x_1-2x_2-3x_3\\ \text{s.t.}\quad & -x_1-x_2+2x_3-3x_4+x_5=-5,\\ & -2x_1+x_2-x_3+x_4+x_6=-4,\\ & x_1+x_2+x_3+x_4+x_7=M,\\ & x_j\geqslant 0,\quad j=1,\cdots,7.\end{aligned}$$

把约束矩阵置于单纯形表中:

	x_1	x_2	x_3	x_4	x_5	x_6	x_7	
x_5	-1	-1	2	-3	1	0	0	-5
x_6	-2	1	-1	1	0	1	0	-4
x_7	1	1	[1]	1	0	0	1	M
	-1	2	3	0	0	0	0	0

由于 $z_3-c_3=\max\limits_j\{z_j-c_j\}$，因此 $\tilde{y}_{33}=1$ 为主元，进行主元消去，得到扩充问题的对偶可行的基本解. 然后，用对偶单纯形方法求解此问题. 现将各次迭代结果依次列表如下（主元均用圈号表示）：

	x_1	x_2	x_3	x_4	x_5	x_6	x_7	
x_5	-3	$\boxed{-3}$	0	-5	1	0	-2	$-5-2M$
x_6	-1	2	0	2	0	1	1	$M-4$
x_3	1	1	1	1	0	0	1	M
	-4	-1	0	-3	0	0	-3	$-3M$
x_2	1	1	0	$\frac{5}{3}$	$-\frac{1}{3}$	0	$\frac{2}{3}$	$\frac{5}{3}+\frac{2}{3}M$
x_6	$\boxed{-3}$	0	0	$-\frac{4}{3}$	$\frac{2}{3}$	1	$-\frac{1}{3}$	$-\frac{22}{3}-\frac{M}{3}$
x_3	0	0	1	$-\frac{2}{3}$	$\frac{1}{3}$	0	$\frac{1}{3}$	$-\frac{5}{3}+\frac{M}{3}$
	-3	0	0	$-\frac{4}{3}$	$-\frac{1}{3}$	0	$-\frac{7}{3}$	$\frac{5}{3}-\frac{7}{3}M$
x_2	0	1	0	$\frac{11}{9}$	$-\frac{1}{9}$	$\frac{1}{3}$	$\frac{5}{9}$	$-\frac{7}{9}+\frac{5}{9}M$
x_1	1	0	0	$\frac{4}{9}$	$-\frac{2}{9}$	$-\frac{1}{3}$	$\frac{1}{9}$	$\frac{22}{9}+\frac{1}{9}M$
x_3	0	0	1	$-\frac{2}{3}$	$\frac{1}{3}$	0	$\frac{1}{3}$	$-\frac{5}{3}+\frac{1}{3}M$
	0	0	0	0	-1	-1	-2	$9-2M$

已经达到最优. 扩充问题的最优解是

$$\tilde{\boldsymbol{x}}=\left(\frac{22}{9}+\frac{1}{9}M,-\frac{7}{9}+\frac{5}{9}M,-\frac{5}{3}+\frac{1}{3}M,0,0,0,0\right),$$

目标函数最优值 $\tilde{f}_{\min}=9-2M$.

由于 M 取任何足够大的正数时，点

$$\boldsymbol{x}=\left(\frac{22}{9}+\frac{1}{9}M,-\frac{7}{9}+\frac{5}{9}M,-\frac{5}{3}+\frac{1}{3}M,0,0,0\right)$$

都是原问题（标准形式）的可行解，当 $M\to+\infty$ 时，$9-2M\to-\infty$，因此原来问题的目标函数值在可行域上无下界.

4.3 原始-对偶算法

4.3.1 原始-对偶算法的基本思想

原始-对偶算法不同于原始的单纯形法，也不同于对偶算法，它的**基本思想**是，从对偶问题的一个可行解开始，同时计算原问题和对偶问题，试图求出原问题的满足互补松弛条件的可行解，当然，这样的可行解就是最优解.

考虑原问题

$$\begin{aligned} \min \quad & \boldsymbol{cx} \\ \text{s.t.} \quad & \boldsymbol{Ax} = \boldsymbol{b}, \\ & \boldsymbol{x} \geqslant \boldsymbol{0}. \end{aligned} \tag{4.3.1}$$

它的对偶问题为

$$\begin{aligned} \max \quad & \boldsymbol{wb} \\ \text{s.t.} \quad & \boldsymbol{wA} \leqslant \boldsymbol{c}, \end{aligned} \tag{4.3.2}$$

其中 $\boldsymbol{A}=(\boldsymbol{p}_1,\cdots,\boldsymbol{p}_n)$ 是 $m\times n$ 矩阵，$\boldsymbol{b}\geqslant\boldsymbol{0}$.

设 $\boldsymbol{w}^{(0)}$ 是(4.3.2)的一个可行解，即满足

$$\boldsymbol{w}^{(0)}\boldsymbol{A} \leqslant \boldsymbol{c}.$$

为了求出原问题(4.3.1)的满足互补松弛条件的可行解，在已知对偶问题的一个可行解 $\boldsymbol{w}^{(0)}$ 的条件下，把对偶问题的约束划分为两组，定义下标集

$$Q = \{j \mid \boldsymbol{w}^{(0)}\boldsymbol{p}_j = c_j\}. \tag{4.3.3}$$

自然，当 $j\notin Q$ 时，$\boldsymbol{w}^{(0)}\boldsymbol{p}_j<c_j$. 根据互补松弛定理 4.1.4，假如 $\boldsymbol{w}^{(0)}$ 是对偶问题的最优解（当然，现在的 $\boldsymbol{w}^{(0)}$ 不一定是最优解），那么在原问题的最优解中与 $\boldsymbol{w}^{(0)}\boldsymbol{p}_j-c_j<0$ 对应的变量 x_j 应取零值. 因此，我们试图求出使 $x_j=0(j\notin Q)$ 的原问题的一个可行解. 为此在 $x_j=0$ $(j\notin Q)$的假设下解一阶段问题

$$\begin{aligned} \min \quad & \boldsymbol{e}^{\mathrm{T}}\boldsymbol{y} \\ \text{s.t.} \quad & \sum_{j\in Q}\boldsymbol{p}_i x_j + \boldsymbol{y} = \boldsymbol{b}, \\ & x_j \geqslant 0, \quad j\in Q, \\ & \boldsymbol{y} \geqslant \boldsymbol{0}, \end{aligned} \tag{4.3.4}$$

其中 $\boldsymbol{e}^{\mathrm{T}}=(1,\cdots,1)$是分量全为 1 的 m 维向量，$\boldsymbol{y}$ 是由 m 个人工变量组成的 m 维列向量. 我们称线性规划(4.3.4)为限定原始问题. 这个问题必存在最优解，求解的结果必是最优值等于零或者大于零.

若问题(4.3.4)的最优值等于零，且

$$x_j^{(0)} = a_j, \quad j\in Q,$$

$$\boldsymbol{y} = \boldsymbol{0}$$

是此问题的最优解,则

$$x_j^{(0)} = a_j,\quad j \in Q;\quad x_j^{(0)} = 0,\quad j \notin Q$$

是原问题(4.3.1)的可行解,由于满足互补松弛条件,它也是原问题(4.3.1)的最优解.

若限定原始问题(4.3.4)的最优值大于零,则原问题(4.3.1)不存在使 $x_j=0(j\notin Q)$ 的可行解,同时也表明 $\boldsymbol{w}^{(0)}$ 不是对偶问题(4.3.2)的最优解. 因此需要修改对偶问题(4.3.2)的可行解 $\boldsymbol{w}^{(0)}$,并构造新的限定原始问题,再进行求解. 依此类推,直至得到原问题的最优解,或者得出原问题无可行解的结论.

现在分析当限定原始问题(4.3.4)的最优值大于零时怎样修改对偶问题(4.3.2)的可行解 $\boldsymbol{w}^{(0)}$.

考虑限定原始问题的对偶问题

$$\begin{aligned} \max\quad & \boldsymbol{vb} \\ \text{s.t.}\quad & \boldsymbol{vp}_j \leqslant 0,\quad j \in Q, \\ & \boldsymbol{v} \leqslant \boldsymbol{e}^{\mathrm{T}}. \end{aligned} \tag{4.3.5}$$

由求解限定原始问题的结果可以得到线性规划(4.3.5)的最优解,设其最优解是 $\boldsymbol{v}^{(0)}$. 下面利用对偶问题(4.3.2)的可行解 $\boldsymbol{w}^{(0)}$ 和线性规划(4.3.5)的最优解 $\boldsymbol{v}^{(0)}$ 来构造对偶问题(4.3.2)的一个新的可行解. 令

$$\boldsymbol{w} = \boldsymbol{w}^{(0)} + \theta \boldsymbol{v}^{(0)}, \tag{4.3.6}$$

其中 $\theta>0$. 这时有

$$\boldsymbol{wp}_j - c_j = (\boldsymbol{w}^{(0)} + \theta\boldsymbol{v}^{(0)})\boldsymbol{p}_j - c_j = (\boldsymbol{w}^{(0)}\boldsymbol{p}_j - c_j) + \theta\boldsymbol{v}^{(0)}\boldsymbol{p}_j. \tag{4.3.7}$$

在下面的讨论中将会看到,只要适当选择 θ 的取值,就能使 $\boldsymbol{w}$ 为对偶问题(4.3.2)的可行解. 分两种情形讨论.

(1) $j\in Q$

这时,x_j 是限定原始问题中的变量,由于 $\boldsymbol{v}^{(0)}$ 是线性规划(4.3.5)的最优解,因此 $\boldsymbol{v}^{(0)}\boldsymbol{p}_j\leqslant 0$,根据 Q 的定义,$\boldsymbol{w}^{(0)}\boldsymbol{p}_j-c_j=0$,又知 $\theta>0$,因此,由(4.3.7)式得出

$$\boldsymbol{wp}_j - c_j \leqslant 0,\quad j \in Q. \tag{4.3.8}$$

(2) $j\notin Q$

这时,根据 Q 的定义,有 $\boldsymbol{w}^{(0)}\boldsymbol{p}_j-c_j<0$. 如果 $\boldsymbol{v}^{(0)}\boldsymbol{p}_j\leqslant 0$,则根据(4.3.7)式,有 $\boldsymbol{wp}_j-c_j<0$;如果 $\boldsymbol{v}^{(0)}\boldsymbol{p}_j>0$,则令

$$\theta = \min_j\left\{\frac{-(\boldsymbol{w}^{(0)}\boldsymbol{p}_j - c_j)}{\boldsymbol{v}^{(0)}\boldsymbol{p}_j}\,\middle|\, \boldsymbol{v}^{(0)}\boldsymbol{p}_j > 0\right\} = \frac{-(\boldsymbol{w}^{(0)}\boldsymbol{p}_k - c_k)}{\boldsymbol{v}^{(0)}\boldsymbol{p}_k}. \tag{4.3.9}$$

将(4.3.9)式代入(4.3.7)式,必有

$$\boldsymbol{wp}_j - c_j = (\boldsymbol{w}^{(0)}\boldsymbol{p}_j - c_j) + \frac{-(\boldsymbol{w}^{(0)}\boldsymbol{p}_k - c_k)}{\boldsymbol{v}^{(0)}\boldsymbol{p}_k}\boldsymbol{v}^{(0)}\boldsymbol{p}_j$$

$$\leqslant (\boldsymbol{w}^{(0)}\boldsymbol{p}_j - c_j) + \frac{-(\boldsymbol{w}^{(0)}\boldsymbol{p}_j - c_j)}{\boldsymbol{v}^{(0)}\boldsymbol{p}_j}\boldsymbol{v}^{(0)}\boldsymbol{p}_j = 0.$$

因此,按(4.3.7)式确定 θ 值,必有

$$\boldsymbol{w}\boldsymbol{p}_j - c_j \leqslant 0, \tag{4.3.10}$$

即用上述方法构造出的 $\boldsymbol{w}$ 是对偶问题(4.3.2)的可行解.

求出对偶问题的可行解 $\boldsymbol{w}$ 后,修改集合 Q,再解限定原始问题. 由于限定原始问题中,对应基变量 x_j 的判别数 $\boldsymbol{v}^{(0)}\boldsymbol{p}_j=0$,把它代入(4.3.7)式得到 $\boldsymbol{w}\boldsymbol{p}_j-c_j=0$,因此这些变量的下标仍属于 Q. 再解限定原始问题时可从现行基开始继续迭代. 此外,把 θ 值代入(4.3.7)式时,有 $\boldsymbol{w}\boldsymbol{p}_k-c_k=0$,这表明 $k\in Q$,并且由(4.3.9)式可知,判别数 $\boldsymbol{v}^{(0)}\boldsymbol{p}_k>0$,因此 x_k 可作为进基变量.

如果限定原始问题是非退化的,当原问题存在最优解时,经有限次迭代必收敛.

当限定原始问题的最优值大于零时,可能遇到这样情形:对所有 j(包括不属于 Q 的 j),有 $\boldsymbol{v}^{(0)}\boldsymbol{p}_j\leqslant 0$. 这时,由(4.3.7)式可知,对任意的 $\theta>0$,均有 $\boldsymbol{w}\boldsymbol{p}_j-c_j\leqslant 0$,即由(4.3.6)式构造出来的 $\boldsymbol{w}$ 是对偶问题(4.3.2)的可行解. 对偶问题的目标函数值

$$\begin{aligned}\boldsymbol{w}\boldsymbol{b} &= (\boldsymbol{w}^{(0)} + \theta\boldsymbol{v}^{(0)})\boldsymbol{b} = \boldsymbol{w}^{(0)}\boldsymbol{b} + \theta\boldsymbol{v}^{(0)}\boldsymbol{b} \\ &= \boldsymbol{w}^{(0)}\boldsymbol{b} + \theta Z_0,\end{aligned} \tag{4.3.11}$$

其中 Z_0 是限定原始问题的目标函数最优值. 由于 $Z_0>0$,θ 可取任意大的正数,因此对偶问题(4.3.2)的目标函数值在可行域上无上界,根据定理 4.1.1 的推论 3,原问题无可行解.

4.3.2 计算步骤

根据上面的分析,原始-对偶算法的计算步骤如下:

(1) 给定对偶问题(4.3.2)的一个可行解 $\boldsymbol{w}$,使得对所有 j,成立 $\boldsymbol{w}\boldsymbol{p}_j-c_j\leqslant 0$.

(2) 构造限定原始问题. 令

$$Q = \{j \mid \boldsymbol{w}\boldsymbol{p}_j - c_j = 0\},$$

求解问题

$$\begin{aligned}\min\quad & \boldsymbol{e}^{\mathrm{T}}\boldsymbol{y} \\ \text{s.t.}\quad & \sum_{j\in Q}\boldsymbol{p}_j x_j + \boldsymbol{y} = \boldsymbol{b}, \\ & x_j \geqslant 0,\quad j\in Q, \\ & \boldsymbol{y} \geqslant \boldsymbol{0}.\end{aligned}$$

若最优值 $Z_0=0$,则停止迭代,得到原问题的最优解. 否则,进行步骤(3).

(3) 设上述问题达到最优时单纯形乘子(即问题(4.3.5)的最优解)是 $\boldsymbol{v}$. 若对所有 j 均成立 $\boldsymbol{v}\boldsymbol{p}_j\leqslant 0$,则停止计算,原问题无可行解. 否则,进行步骤(4).

(4) 令

$$\theta = \min\left\{\frac{-(\boldsymbol{w}\boldsymbol{p}_j - c_j)}{\boldsymbol{v}\boldsymbol{p}_j}\,\middle|\,\boldsymbol{v}\boldsymbol{p}_j > 0\right\}.$$

置 $\boldsymbol{w}:=\boldsymbol{w}+\theta\boldsymbol{v}$，返回步骤(2).

下面举例说明原始-对偶算法的迭代过程.

例 4.3.1　用原始-对偶算法解下列问题：

$$\begin{aligned}\min \quad & 2x_1+x_2+4x_3 \\ \text{s.t.} \quad & x_1+x_2+2x_3=3, \\ & 2x_1+x_2+3x_3=5, \\ & x_1,x_2,x_3\geqslant 0.\end{aligned}$$

解　运用表格形式进行迭代. 初始表的结构如表 4.3.1.

表 4.3.1

	$\boldsymbol{x}$	$\boldsymbol{y}$	
$\boldsymbol{y}$	$\boldsymbol{A}$	$\boldsymbol{I}_m$	$\boldsymbol{b}$
	$\boldsymbol{v}\boldsymbol{A}-\hat{\boldsymbol{c}}$	$\boldsymbol{0}$	Z
	$\boldsymbol{w}\boldsymbol{A}-\boldsymbol{c}$		f

表中第 $m+1$ 行是一阶段问题的判别数($\hat{z}_j-\hat{c}_j$)和限定原始问题的目标函数值 Z. 对于原来的变量 x_j，$\hat{c}_j=0$，因此有 $\hat{z}_j-\hat{c}_j=\boldsymbol{v}\boldsymbol{p}_j$. 第 $m+2$ 行是对偶问题的可行解为 $\boldsymbol{w}$ 时所有的 $\boldsymbol{w}\boldsymbol{p}_j-c_j$ 及函数值 $f=\boldsymbol{w}\boldsymbol{b}$.

求解每一个限定原始问题的过程中，除第 $m+2$ 行外，均作运算. 但是，只有属于限定原始问题的变量才有资格作为进基变量.

限定原始问题达到最优解时，如果需要修改对偶问题的可行解，只要把第 $m+1$ 行的 θ 倍加到第 $m+2$ 行即可. 这是因为，根据(4.3.7)式，

$$\boldsymbol{w}\boldsymbol{p}_j-c_j=(\boldsymbol{w}^{(0)}\boldsymbol{p}_j-c_j)+\theta\,\boldsymbol{v}^{(0)}\boldsymbol{p}_j=(\boldsymbol{w}^{(0)}\boldsymbol{p}_j-c_j)+\theta(\hat{z}_j-\hat{c}_j).$$

又根据(4.3.11)式，有

$$\boldsymbol{w}\boldsymbol{b}=\boldsymbol{w}^{(0)}\boldsymbol{b}+\theta Z_0.$$

下面就来求解给定的例题.

首先需要找出对偶问题的一个可行解. 本例的对偶问题是

$$\begin{aligned}\max \quad & 3w_1+5w_2 \\ \text{s.t.} \quad & w_1+2w_2\leqslant 2, \\ & w_1+\ \ w_2\leqslant 1, \\ & 2w_1+3w_2\leqslant 4.\end{aligned}$$

显然，$\boldsymbol{w}=(0,0)$ 就是一个可行解. 这时有

$$\boldsymbol{w}\boldsymbol{p}_1-c_1=(0,0)\begin{bmatrix}1\\2\end{bmatrix}-2=-2,$$

$$\boldsymbol{w}\boldsymbol{p}_2-c_2=(0,0)\begin{bmatrix}1\\1\end{bmatrix}-1=-1,$$

$$\boldsymbol{w}\boldsymbol{p}_3-c_3=(0,0)\begin{bmatrix}2\\3\end{bmatrix}-4=-4.$$

例题的一阶段问题为

$$\begin{aligned}\min\quad & y_1+y_2\\ \text{s. t.}\quad & x_1+x_2+2x_3+y_1=3,\\ & 2x_1+x_2+3x_3+y_2=5,\\ & x_j\geqslant 0,\quad j=1,2,3,\\ & y_j\geqslant 0,\quad j=1,2.\end{aligned}$$

y_1,y_2 为初始基变量.

$$\boldsymbol{v}=\hat{\boldsymbol{c}}_B\hat{\boldsymbol{B}}^{-1}=(1,1)\begin{bmatrix}1&0\\0&1\end{bmatrix}=(1,1),$$

$$\boldsymbol{v}\boldsymbol{p}_1-\hat{c}_1=(1,1)\begin{bmatrix}1\\2\end{bmatrix}-0=3,$$

$$\boldsymbol{v}\boldsymbol{p}_2-\hat{c}_2=(1,1)\begin{bmatrix}1\\1\end{bmatrix}-0=2,$$

$$\boldsymbol{v}\boldsymbol{p}_3-\hat{c}_3=(1,1)\begin{bmatrix}2\\3\end{bmatrix}-0=5,$$

$$Z=\hat{\boldsymbol{c}}_B\hat{\boldsymbol{B}}^{-1}\boldsymbol{b}=\boldsymbol{v}\boldsymbol{b}=(1,1)\begin{bmatrix}3\\5\end{bmatrix}=8.$$

按照前面给定的格式，初表如下：

	x_1	x_2	x_3	$\overset{\Delta}{y}_1$	$\overset{\Delta}{y}_2$	
y_1	1	1	2	1	0	3
y_2	2	1	3	0	1	5
	3	2	5	0	0	8
	-2	-1	-4			0

变量顶上的标识符号“Δ”表示该变量属于限定原始问题.由于在当前的限定原始问题中，只包含人工变量 y_1 和 y_2，因此 $Q=\varnothing$.限定原始问题的判别数均非正，达到最优，最优值 $Z_0=8$.需要修改对偶问题的可行解，为此根据(4.3.9)式求 θ.

由于在第 3 行中，对应原来变量 x_j，有

$$\hat{z}_j-\hat{c}_j=\boldsymbol{v}\boldsymbol{p}_j-\hat{c}_j=\boldsymbol{v}\boldsymbol{p}_j.$$

第 4 行中对应 x_j 的数据是 $\boldsymbol{w}^{(0)}\boldsymbol{p}_j-c_j$.因此

$$\frac{-(\boldsymbol{w}^{(0)}\boldsymbol{p}_j - c_j)}{\boldsymbol{v}^{(0)}\boldsymbol{p}_j} \quad (\boldsymbol{v}^{(0)}\boldsymbol{p}_j > 0)$$

就是表上第 4 行和第 3 行有关元素之比的相反数. 令

$$\theta = \min\left\{\frac{-(-2)}{3}, \frac{-(-1)}{2}, \frac{-(-4)}{5}\right\} = \frac{1}{2}.$$

由于对偶问题原来的可行解 $\boldsymbol{w}^{(0)}=(0,0)$，限定原始问题达到最优解时单纯形乘子 $\boldsymbol{v}^{(0)}=(1,1)$，因此经修改得到对偶问题一个新的可行解

$$\boldsymbol{w} = \boldsymbol{w}^{(0)} + \theta\boldsymbol{v}^{(0)} = (0,0) + \frac{1}{2}(1,1) = \left(\frac{1}{2},\frac{1}{2}\right).$$

现将表中第 3 行的 $\frac{1}{2}$ 倍加到第 4 行. 这时，所得到的第 4 行就是 $\boldsymbol{w}=\left(\frac{1}{2},\frac{1}{2}\right)$ 时所有 $\boldsymbol{w}\boldsymbol{p}_j - c_j$ 和函数值 $\boldsymbol{w}\boldsymbol{b}$. 修改结果如下表：

	x_1	$\overset{\triangle}{x}_2$	x_3	$\overset{\triangle}{y}_1$	$\overset{\triangle}{y}_2$	
y_1	1	$\boxed{1}$	2	1	0	3
y_2	2	1	3	0	1	5
	3	2	5	0	0	8
	$-\frac{1}{2}$	0	$-\frac{3}{2}$			4

在对偶问题取可行解 $\boldsymbol{w}=\left(\frac{1}{2},\frac{1}{2}\right)$ 时，由上表可知，$\boldsymbol{w}\boldsymbol{p}_2 - c_2=0$，因此 $Q=\{2\}$. 这时，限定原始问题的变量有 x_2，y_1 和 y_2. 用单纯形法解此问题. x_2 为进基变量，y_1 离基. 经主元消去运算，得到下表(注意：解限定原始问题时，第 4 行保持不变)：

	x_1	$\overset{\triangle}{x}_2$	x_3	$\overset{\triangle}{y}_1$	$\overset{\triangle}{y}_2$	
x_2	1	1	2	1	0	3
y_2	1	0	1	-1	1	2
	1	0	1	-2	0	2
	$-\frac{1}{2}$	0	$-\frac{3}{2}$			4

限定原始问题的判别数均非正，达到最优解. 最优值 $Z_0=2$，没有得出原问题的可行解，因此需要修改对偶问题的可行解 $\boldsymbol{w}$. 令

$$\theta = \min\left\{\frac{-\left(-\frac{1}{2}\right)}{1}, \frac{-\left(-\frac{3}{2}\right)}{1}\right\} = \frac{1}{2}.$$

由于对偶问题原来可行解 $\boldsymbol{w}^{(0)}=\left(\frac{1}{2},\frac{1}{2}\right)$，限定原始问题达到最优解时单纯形乘子 $\boldsymbol{v}^{(0)}=(-1,1)$，修改后对偶问题新的可行解为

$$\boldsymbol{w} = \boldsymbol{w}^{(0)} + \theta\boldsymbol{v}^{(0)} = (0,1),$$

将第3行的$\frac{1}{2}$倍加到第4行,得到

	$\overset{\triangle}{x}_1$	$\overset{\triangle}{x}_2$	x_3	$\overset{\triangle}{y}_1$	$\overset{\triangle}{y}_2$	
x_2	1	1	2	1	0	3
y_2	$\boxed{1}$	0	1	-1	1	2
	1	0	1	-2	0	2
	0	0	-1			5

这时,$Q=\{1,2\}$.再解限定原始问题.x_1 进基,y_2 离基.经主元消去运算得到

	$\overset{\triangle}{x}_1$	$\overset{\triangle}{x}_2$	x_3	$\overset{\triangle}{y}_1$	$\overset{\triangle}{y}_2$	
x_2	0	1	1	2	-1	1
x_1	1	0	1	-1	1	2
	0	0	0	-1	-1	0
	0	0	-1			5

限定原始问题达到最优解,且最优值 $Z_0=0$.因此得到原问题的最优解

$$\bar{\boldsymbol{x}}=(x_1,x_2,x_3)=(2,1,0),$$

目标函数的最优值 $f_{\min}=5$.对偶问题的最优解 $\boldsymbol{w}=(0,1)$.

4.4 灵敏度分析

4.4.1 本节所研究的问题

在许多实际问题中,数学模型中的数据未知,需要根据实际情况进行估计和预测,既然是估计,就很难做到十分准确.因此需要研究数据的变化对最优解产生的影响.这对解决实际问题有重要意义.本节所考虑的问题仍然是

$$\begin{aligned} \min \quad & \boldsymbol{cx} \\ \text{s.t.} \quad & \boldsymbol{Ax}=\boldsymbol{b}. \\ & \boldsymbol{x}\geqslant \boldsymbol{0}. \end{aligned} \tag{4.4.1}$$

下面将简要介绍 $\boldsymbol{c}$,$\boldsymbol{A}$ 和 $\boldsymbol{b}$ 的变化所带来的影响.

4.4.2 改变系数向量 c

设线性规划(4.4.1)的最优解为 $\boldsymbol{x}_B=\boldsymbol{B}^{-1}\boldsymbol{b}$,$\boldsymbol{x}_N=\boldsymbol{0}$,目标函数的最优值 $f=\boldsymbol{c}_B\boldsymbol{B}^{-1}\boldsymbol{b}$,其中 $\boldsymbol{B}$ 是最优可行基.分两种情形讨论.

(1) 非基变量 x_k 的系数 c_k 改变为 c_k'.

这时,$\boldsymbol{c}_B$ 不变,因此 $z_j=\boldsymbol{c}_B\boldsymbol{B}^{-1}\boldsymbol{p}_j$ 不改变.

如果 $z_k - c_k' \leqslant 0$，那么原来的最优解也是新问题的最优解，且最优值仍为 $\boldsymbol{c_B B^{-1} b}$.

如果 $z_k - c_k' > 0$，改变后 x_k 为进基变量. 把原来的最优单纯形表中的 $z_k - c_k$ 换成 $z_k - c_k'$，然后用单纯形法求新问题的最优解.

(2) 设 $x_k = x_{B_t}$ 为基变量，c_k 改变为 c_k'.

由于基变量的系数向量 $\boldsymbol{c_B}$ 改变，因此影响到各判别数. 改变后的判别数是

$$\begin{aligned} z_j' - c_j' &= \boldsymbol{c}_B' \boldsymbol{B}^{-1} \boldsymbol{p}_j - c_j' = [\boldsymbol{c}_B + (c_k' - c_k)\boldsymbol{e}_t^{\mathrm{T}}]\boldsymbol{B}^{-1}\boldsymbol{p}_j - c_j' \\ &= (z_j - c_j') + (c_k' - c_k) y_{tj}, \end{aligned} \tag{4.4.2}$$

当 $j \neq k$ 时，

$$z_j' - c_j' = (z_j - c_j) + (c_k' - c_k) y_{tj}. \tag{4.4.3}$$

当 $j = k$ 时，$y_{tk} = 1$，$z_k - c_k = 0$，因此有

$$z_k' - c_k' = (z_k - c_k') + (c_k' - c_k) = z_k - c_k = 0, \tag{4.4.4}$$

目标函数值是

$$\boldsymbol{c}_B' \boldsymbol{B}^{-1} \boldsymbol{b} = [\boldsymbol{c}_B + (c_k' - c_k)\boldsymbol{e}_t^{\mathrm{T}}]\boldsymbol{B}^{-1}\boldsymbol{b} = \boldsymbol{c}_B \boldsymbol{B}^{-1}\boldsymbol{b} + (c_k' - c_k)\bar{b}_t. \tag{4.4.5}$$

由(4.4.3)式至(4.4.5)式可知，c_k 改变为 c_k'后，只要把原来单纯形表的第 t 行的 $(c_k' - c_k)$倍加到判别数行，并使 x_k 对应的判别数 $z_k' - c_k' = 0$，即可用单纯形方法继续做下去，求新问题的最优解.

例 4.4.1　给定线性规划问题

$$\begin{aligned} \max \quad & -x_1 + 2x_2 + x_3 \\ \text{s.t.} \quad & x_1 + x_2 + x_3 \leqslant 6, \\ & 2x_1 - x_2 \leqslant 4, \\ & x_1, x_2, x_3 \geqslant 0. \end{aligned}$$

它的最优表如下：

	x_1	x_2	x_3	x_4	x_5	
x_2	1	1	1	1	0	6
x_5	3	0	1	1	1	10
	3	0	1	2	0	12

考虑下列两个问题：

(1) 把 $c_1 = -1$ 改变为 $c_1' = 4$，求新问题的最优解.

(2) 讨论 c_2 在什么范围内变化时原来的最优解也是新问题的最优解(当然，最优值可以不同).

解　先解第一个问题. 由于 x_1 是非基变量，因此改变 c_1 只影响 x_1 对应的判别数. c_1 改变后，在现行基下 x_1 对应的判别数

$$z_1 - c_1' = (z_1 - c_1) + (c_1 - c_1') = 3 + (-1 - 4) = -2 < 0.$$

因此将原最优表中 x_1 对应的判别数改为(−2),并在此基础上继续迭代:

	x_1	x_2	x_3	x_4	x_5	
x_2	1	1	1	1	0	6
x_5	[3]	0	1	1	1	10
	−2	0	1	2	0	12

x_2	0	1	$\frac{2}{3}$	$\frac{2}{3}$	$-\frac{1}{3}$	$\frac{8}{3}$
x_1	1	0	$\frac{1}{3}$	$\frac{1}{3}$	$\frac{1}{3}$	$\frac{10}{3}$
	0	0	$\frac{5}{3}$	$\frac{8}{3}$	$\frac{2}{3}$	$\frac{56}{3}$

得到新问题的最优解

$$\bar{\boldsymbol{x}} = (x_1, x_2, x_3) = \left(\frac{10}{3}, \frac{8}{3}, 0\right),$$

目标函数的最优值 $f_{\max} = \frac{56}{3}$.

再解第二个问题. 由于 x_2 是基变量,因此改变 c_2 将影响到各个判别数. 设 c_2 改变为 c_2',各判别数变化如下:

$$\begin{aligned}
&z_2' - c_2' = 0,\\
&z_1' - c_1' = 3 + (c_2' - 2)\cdot 1 = 1 + c_2',\\
&z_3' - c_3' = 1 + (c_2' - 2)\cdot 1 = -1 + c_2',\\
&z_4' - c_4' = 2 + (c_2' - 2)\cdot 1 = c_2',\\
&z_5' - c_5' = 0 + (c_2' - 2)\cdot 0 = 0.
\end{aligned}$$

令所有判别数 $z_j' - c_j' \geqslant 0$,即

$$\begin{cases} 1 + c_2' \geqslant 0, \\ -1 + c_2' \geqslant 0, \\ c_2' \geqslant 0. \end{cases}$$

解此不等式组,得到 $c_2' \geqslant 1$. 因此,当 $c_2' \geqslant 1$ 时,原来的最优解也是新问题的最优解. c_2 改变为 c_2'后,目标函数的最优值

$$f_{\max} = 12 + 6(c_2' - 2) = 6c_2'.$$

4.4.3 改变右端向量 $\boldsymbol{b}$

设 $\boldsymbol{b}$ 改变为 $\boldsymbol{b}'$. 这一改变直接影响到原来解的可行性. 设 $\boldsymbol{b}$ 改变以前最优基为 $\boldsymbol{B}$. $\boldsymbol{b}$ 改变以后必出现下列两种情形之一:

(1) $\boldsymbol{B}^{-1}\boldsymbol{b}'\geqslant\boldsymbol{0}$

这时,原来的最优基仍是最优基,而基变量的取值(或者说最优解)和目标函数最优值将发生变化.

我们用 $\Delta\boldsymbol{b}$ 表示 $\boldsymbol{b}$ 的改变量,记作

$$\boldsymbol{b}' = \boldsymbol{b} + \Delta\boldsymbol{b},$$

$\boldsymbol{b}$ 改变为 $\boldsymbol{b}'$后,新问题的最优解是

$$\boldsymbol{x}_B = \boldsymbol{B}^{-1}(\boldsymbol{b} + \Delta\boldsymbol{b}),\quad \boldsymbol{x}_N = \boldsymbol{0}, \tag{4.4.6}$$

目标函数的最优值是

$$f = \boldsymbol{c}_B\boldsymbol{B}^{-1}(\boldsymbol{b} + \Delta\boldsymbol{b}) = \boldsymbol{w}\boldsymbol{b} + \boldsymbol{w}\Delta\boldsymbol{b}. \tag{4.4.7}$$

由此可知

$$\frac{\partial f}{\partial b_i} = w_i. \tag{4.4.8}$$

如果把约束看作资源限制,则上式表明,w_i 给出每增加一个单位第 i 种资源所引起的最优值的改变量,因此称 w_i 为第 i 种资源的影子价格或边际价格,这个经济解释是很有用的.

(2) $\boldsymbol{B}^{-1}\boldsymbol{b}'\not\geqslant\boldsymbol{0}$

这时,原来的最优基 $\boldsymbol{B}$ 对于新问题来说不再是可行基.但所有判别数仍小于或等于零,因此现行的基本解是对偶可行的.这样,只要把原来的最优表的右端列加以修改,代之以

$$\begin{bmatrix} \boldsymbol{B}^{-1}\boldsymbol{b}' \\ \boldsymbol{c}_B\boldsymbol{B}^{-1}\boldsymbol{b}' \end{bmatrix},$$

就可用对偶单纯形法求解新问题.

例 4.4.2　给定线性规划问题

$$\begin{aligned} \min\quad & x_1 + x_2 - 4x_3 \\ \text{s.t.}\quad & x_1 + x_2 + 2x_3 \leqslant 9, \\ & x_1 + x_2 - x_3 \leqslant 2, \\ & -x_1 + x_2 + x_3 \leqslant 4, \\ & x_1, x_2, x_3 \geqslant 0. \end{aligned}$$

它的最优表如下:

	x_1	x_2	x_3	x_4	x_5	x_6	
x_1	1	$-\frac{1}{3}$	0	$\frac{1}{3}$	0	$-\frac{2}{3}$	$\frac{1}{3}$
x_5	0	2	0	0	1	1	6
x_3	0	$\frac{2}{3}$	1	$\frac{1}{3}$	0	$\frac{1}{3}$	$\frac{13}{3}$
	0	-4	0	-1	0	-2	-17

现将右端$(9,2,4)^T$改为$(3,2,3)^T$，求新问题的最优解.

解 先计算改变后的右端列，

$$\bar{\boldsymbol{b}}' = \boldsymbol{B}^{-1}\boldsymbol{b}' = \begin{bmatrix} \frac{1}{3} & 0 & -\frac{2}{3} \\ 0 & 1 & 1 \\ \frac{1}{3} & 0 & \frac{1}{3} \end{bmatrix} \begin{bmatrix} 3 \\ 2 \\ 3 \end{bmatrix} = \begin{bmatrix} -1 \\ 5 \\ 2 \end{bmatrix},$$

$$\boldsymbol{c}_B\bar{\boldsymbol{b}}' = (1,0,-4)\begin{bmatrix} -1 \\ 5 \\ 2 \end{bmatrix} = -9,$$

$\boldsymbol{b}$改变后，原来的最优基不再是可行基. 下面用对偶单纯形法求新问题的最优解. 先把原来的最优表作相应的修改：

	x_1	x_2	x_3	x_4	x_5	x_6	
x_1	1	$-\frac{1}{3}$	0	$\frac{1}{3}$	0	$\boxed{-\frac{2}{3}}$	-1
x_5	0	2	0	0	1	1	5
x_3	0	$\frac{2}{3}$	1	$\frac{1}{3}$	0	$\frac{1}{3}$	2
	0	-4	0	-1	0	-2	-9

x_1离基，x_6进基，经主元消去运算得到

	x_1	x_2	x_3	x_4	x_5	x_6	
x_6	$-\frac{3}{2}$	$\frac{1}{2}$	0	$-\frac{1}{2}$	0	1	$\frac{3}{2}$
x_5	$\frac{3}{2}$	$\frac{3}{2}$	0	$\frac{1}{2}$	1	0	$\frac{7}{2}$
x_3	$\frac{1}{2}$	$\frac{1}{2}$	1	$\frac{1}{2}$	0	0	$\frac{3}{2}$
	-3	-3	0	-2	0	0	-6

新问题的最优解是

$$\bar{\boldsymbol{x}} = (x_1,x_2,x_3) = \left(0,0,\frac{3}{2}\right),$$

目标函数的最优值$f_{\min} = -6$.

4.4.4 改变约束矩阵 *A*

有下列两种情形：

(1) 非基列 $\boldsymbol{p}_j$ 改变为 $\boldsymbol{p}_j'$

这一改变直接影响判别数 z_j-c_j 和单纯形表中第 j 列 $\boldsymbol{y}_j$. 改变后,有

$$z_j'-c_j=\boldsymbol{c}_B\boldsymbol{B}^{-1}\boldsymbol{p}_j'-c_j,$$
$$\boldsymbol{y}_j'=\boldsymbol{B}^{-1}\boldsymbol{p}_j',$$

如果 $z_j'-c_j\leqslant 0$,则原来的最优解也是新问题的最优解.

如果 $z_j'-c_j>0$,则原来的最优基,在非退化的情形下,不再是最优基. 这时,需将 $\boldsymbol{y}_j$ 列改为 $\boldsymbol{y}_j'$,判别数 z_j-c_j 改为 $z_j'-c_j$,然后把 x_j 作为进基变量,继续迭代.

(2) 基列 $\boldsymbol{p}_j$ 改为 $\boldsymbol{p}_j'$

改变 $\boldsymbol{A}$ 中的基向量可能引起严重后果. 原来的基向量集合用 $\boldsymbol{p}_j'$ 取代 $\boldsymbol{p}_j$ 后,有可能线性相关,因而不再构成基,即使线性无关,可以构成基,它的逆与原来基矩阵的逆 $\boldsymbol{B}^{-1}$ 可能差别很大. 由于基向量的改变将带来全面影响,因此在这种情况下,一般不去修改原来的最优表,而是重新计算.

4.4.5 增加新的约束

设原有约束为 $\boldsymbol{Ax}=\boldsymbol{b},\boldsymbol{x}\geqslant\boldsymbol{0}$,我们在此基础上增加一个新的约束

$$\boldsymbol{p}^{m+1}\boldsymbol{x}\leqslant b_{m+1}, \tag{4.4.9}$$

其中 $\boldsymbol{p}^{m+1}$ 是 n 维行向量. 下面分两种情形加以讨论.

(1) 若原来的最优解满足新增加的约束,那么它也是新问题的最优解.

这是显然的. 为了说明这一点,我们记作

$$S_1=\{\boldsymbol{x}\mid\boldsymbol{Ax}=\boldsymbol{b},\boldsymbol{x}\geqslant\boldsymbol{0}\},$$
$$S_2=\{\boldsymbol{x}\mid\boldsymbol{Ax}=\boldsymbol{b},\boldsymbol{x}\geqslant\boldsymbol{0}\}\cap\{\boldsymbol{x}\mid\boldsymbol{p}^{m+1}\boldsymbol{x}\leqslant b_{m+1}\}.$$

设 $\bar{\boldsymbol{x}}$ 是原来的最优解,则对每个 $\boldsymbol{x}\in S_1$,有

$$f(\boldsymbol{x})\geqslant f(\bar{\boldsymbol{x}}).$$

由于 $S_2\subset S_1$,因此对每个 $\boldsymbol{x}\in S_2$,必有

$$f(\boldsymbol{x})\geqslant f(\bar{\boldsymbol{x}}).$$

(2) 若原来的最优解不满足新增加的约束,那么就需要把新的约束条件增加到原来的最优表中,再解新问题.

设原来的最优基为 $\boldsymbol{B}$,最优解为

$$\bar{\boldsymbol{x}}=\begin{bmatrix}\boldsymbol{x}_B\\\boldsymbol{x}_N\end{bmatrix}=\begin{bmatrix}\boldsymbol{B}^{-1}\boldsymbol{b}\\\boldsymbol{0}\end{bmatrix},$$

新增加的约束置入单纯形表之前,先引进松弛变量 x_{n+1},记 $\boldsymbol{p}^{m+1}=[\boldsymbol{p}_B^{m+1},\boldsymbol{p}_N^{m+1}]$,把(4.4.9)式写成

$$\boldsymbol{p}_B^{m+1}\boldsymbol{x}_B+\boldsymbol{p}_N^{m+1}\boldsymbol{x}_N+x_{n+1}=b_{m+1}. \tag{4.4.10}$$

增加约束后,新的基 $\boldsymbol{B}'$,$(\boldsymbol{B}')^{-1}$ 及右端向量 $\boldsymbol{b}'$ 如下:

$$B' = \begin{bmatrix} B & 0 \\ p_B^{m+1} & 1 \end{bmatrix}, \quad (B')^{-1} = \begin{bmatrix} B^{-1} & 0 \\ -p_B^{m+1}B^{-1} & 1 \end{bmatrix}, \quad b' = \begin{bmatrix} b \\ b_{m+1} \end{bmatrix}.$$

对于增加约束后的新问题，在现行基下对应变量 $x_j(j \neq n+1)$ 的判别数是

$$z'_j - c_j = c'_B(B')^{-1}p'_j - c_j = (c_B, 0)\begin{bmatrix} B^{-1} & 0 \\ -p_B^{m+1}B^{-1} & 1 \end{bmatrix}\begin{bmatrix} p_j \\ p_j^{m+1} \end{bmatrix} - c_j$$

$$= c_B B^{-1} p_j - c_j = z_j - c_j, \tag{4.4.11}$$

与不增加约束时相同. x_{n+1} 的判别数是

$$z'_{n+1} - c_{n+1} = c'_B(B')^{-1}e_{n+1} - c_{n+1} = (c_B, 0)\begin{bmatrix} B^{-1} & 0 \\ -p_B^{m+1}B^{-1} & 1 \end{bmatrix}\begin{bmatrix} 0 \\ 1 \end{bmatrix} - 0$$

$$= 0. \tag{4.4.12}$$

这是必然的，因为 x_{n+1} 是基变量.

现行的基本解为

$$\begin{bmatrix} x_B \\ x_{n+1} \end{bmatrix} = (B')^{-1}\begin{bmatrix} b \\ b_{m+1} \end{bmatrix} = \begin{bmatrix} B^{-1} & 0 \\ -p_B^{m+1}B^{-1} & 1 \end{bmatrix}\begin{bmatrix} b \\ b_{m+1} \end{bmatrix}$$

$$= \begin{bmatrix} B^{-1}b \\ b_{m+1} - p_B^{m+1}B^{-1}b \end{bmatrix}, \tag{4.4.13}$$

$$x_N = 0.$$

由(4.4.11)式和(4.4.12)式可知，上述基本解是对偶可行的. 由于 $x_B = B^{-1}b, x_N = 0$ 是原来的最优解，因此 $B^{-1}b \geqslant 0$. 如果 $b_{m+1} - p_B^{m+1}B^{-1}b \geqslant 0$，则现行的对偶可行的基本解是新问题的可行解，因而也是最优解. 如果 $b_{m+1} - p_B^{m+1}B^{-1}b < 0$，则可用对偶单纯形法求解.

现在把新增加的约束置于原来的最优表中，也就是原最优表中增加第 $n+1$ 列和第 $m+1$ 行. 不妨设新的单纯形表如表 4.4.1(实际上，x_B 的分量不一定在 x_N 的左边)：

表 4.4.1

	x_B	x_N	x_{n+1}	
x_B	I_m	$B^{-1}N$	0	$B^{-1}b$
x_{n+1}	p_B^{m+1}	p_N^{m+1}	1	b_{m+1}
	0	$c_B B^{-1}N - c_N$	0	$c_B B^{-1}b$

进行初等行变换，把表中 x_B, x_{n+1} 下的矩阵

$$\begin{bmatrix} I_m & 0 \\ p_B^{m+1} & 1 \end{bmatrix}$$

化成单位矩阵，这个变换相当于左乘矩阵

$$\begin{bmatrix} \boldsymbol{I}_m & \boldsymbol{0} \\ -\boldsymbol{p}_B^{m+1} & 1 \end{bmatrix},$$

因此变换结果,右端向量为

$$\begin{bmatrix} \boldsymbol{I}_m & \boldsymbol{0} \\ -\boldsymbol{p}_B^{m+1} & 1 \end{bmatrix}\begin{bmatrix} \boldsymbol{B}^{-1}\boldsymbol{b} \\ b_{m+1} \end{bmatrix} = \begin{bmatrix} \boldsymbol{B}^{-1}\boldsymbol{b} \\ b_{m+1} - \boldsymbol{p}_B^{m+1}\boldsymbol{B}^{-1}\boldsymbol{b} \end{bmatrix},$$

正是(4.4.13)式的右端.接下去按对偶单纯形法的步骤求解.

例 4.4.3　在例 4.4.2 中增加约束

$$-3x_1 + x_2 + 6x_3 \leqslant 17,$$

求新问题的最优解.

增加约束后的问题是

$$\begin{aligned} \min \quad & x_1 + x_2 - 4x_3 \\ \text{s.t.} \quad & x_1 + x_2 + 2x_3 \leqslant 9, \\ & x_1 + x_2 - x_3 \leqslant 2, \\ & -x_1 + x_2 + x_3 \leqslant 4, \\ & -3x_1 + x_2 + 6x_3 \leqslant 17, \\ & x_1, x_2, x_3 \geqslant 0. \end{aligned}$$

原问题的最优解

$$\bar{\boldsymbol{x}} = (x_1, x_2, x_3) = \left(\frac{1}{3}, 0, \frac{13}{3}\right),$$

不满足新增加的约束条件,需要引进松弛变量 x_7,把增加的约束条件写成

$$-3x_1 + x_2 + 6x_3 + x_7 = 17.$$

再把这个约束方程的系数置于原来的最优表,并相应地增加一列

$$\boldsymbol{p}_7 = (0,0,0,1)^{\mathrm{T}}$$

得到下表:

	x_1	x_2	x_3	x_4	x_5	x_6	x_7	
x_1	1	$-\frac{1}{3}$	0	$\frac{1}{3}$	0	$-\frac{2}{3}$	0	$\frac{1}{3}$
x_5	0	2	0	0	1	1	0	6
x_3	0	$\frac{2}{3}$	1	$\frac{1}{3}$	0	$\frac{1}{3}$	0	$\frac{13}{3}$
x_7	-3	1	6	0	0	0	1	17
	0	-4	0	-1	0	-2	0	-17

分别把第 1 行的 3 倍,第 3 行的(-6)倍加到第 4 行,使基变量 x_1,x_5,x_3,x_7 的系数矩阵化为单位矩阵,结果如下:

	x_1	x_2	x_3	x_4	x_5	x_6	x_7	
x_1	1	$-\frac{1}{3}$	0	$\frac{1}{3}$	0	$-\frac{2}{3}$	0	$\frac{1}{3}$
x_5	0	2	0	0	1	1	0	6
x_3	0	$\frac{2}{3}$	1	$\frac{1}{3}$	0	$\frac{1}{3}$	0	$\frac{13}{3}$
x_7	0	-4	0	-1	0	$\boxed{-4}$	1	-8
	0	-4	0	-1	0	-2	0	-17

现行基本解是对偶可行的，即判别数均非正. 用对偶单纯形方法求解. x_7 为离基变量，x_6 为进基变量，取主元 $y_{46}=-4$，经主元消去运算，得到下表：

	x_1	x_2	x_3	x_4	x_5	x_6	x_7	
x_1	1	$\frac{1}{3}$	0	$\frac{1}{2}$	0	0	$-\frac{1}{6}$	$\frac{5}{3}$
x_5	0	1	0	$-\frac{1}{4}$	1	0	$\frac{1}{4}$	4
x_3	0	$\frac{1}{3}$	1	$\frac{1}{4}$	0	0	$\frac{1}{12}$	$\frac{11}{3}$
x_6	0	1	0	$\frac{1}{4}$	0	1	$-\frac{1}{4}$	2
	0	-2	0	$-\frac{1}{2}$	0	0	$-\frac{1}{2}$	-13

增加约束后，新问题的最优解为

$$(x_1,x_2,x_3)=\left(\frac{5}{3},0,\frac{11}{3}\right),$$

目标函数的最优值 $f_{\min}=-13$.

*4.5 含参数线性规划

含参数线性规划研究模型参数连续变化时最优解的变化规律，是灵敏度分析的一种形式，具有一定的实用价值，下面分两种情形作简要介绍.

4.5.1 目标系数含参数情形

考虑含参数线性规划

$$\begin{aligned}\min\quad & (\boldsymbol{c}+\lambda\boldsymbol{c}')\boldsymbol{x}\\ \text{s. t.}\quad & \boldsymbol{A}\boldsymbol{x}=\boldsymbol{b},\\ & \boldsymbol{x}\geqslant\boldsymbol{0},\end{aligned}\tag{4.5.1}$$

其中 $\boldsymbol{c}$ 和 $\boldsymbol{c}'$ 是 n 维行向量，λ 是参数. 设 $\lambda=0$ 时线性规划的最优基为 $\boldsymbol{B}$，非基矩阵为 $\boldsymbol{N}$，最优解 $\boldsymbol{x}_B=\boldsymbol{B}^{-1}\boldsymbol{b}$，$\boldsymbol{x}_N=\boldsymbol{0}$，最优值 $f^*=\boldsymbol{c}_B\boldsymbol{B}^{-1}\boldsymbol{b}$. 含参数线性规划(4.5.1)中，对应 $\boldsymbol{x}_B$ 和 $\boldsymbol{x}_N$ 的目标系数向量分别记作 $\boldsymbol{c}_B+\lambda\boldsymbol{c}'_B$ 和 $\boldsymbol{c}_N+\lambda\boldsymbol{c}'_N$. 下面分析为保持 $\boldsymbol{B}$ 为最优基参数 λ 的取值范围. 显然，λ 取值应满足判别数非正的条件，即满足

$$(\boldsymbol{c}_B+\lambda\boldsymbol{c}'_B)\boldsymbol{B}^{-1}\boldsymbol{N}-(\boldsymbol{c}_N+\lambda\boldsymbol{c}'_N)\leqslant\boldsymbol{0}, \tag{4.5.2}$$

经整理写作

$$(\boldsymbol{c}_B\boldsymbol{B}^{-1}\boldsymbol{N}-\boldsymbol{c}_N)+(\boldsymbol{c}'_B\boldsymbol{B}^{-1}\boldsymbol{N}-\boldsymbol{c}'_N)\lambda\leqslant\boldsymbol{0}, \tag{4.5.3}$$

移项后得到

$$(\boldsymbol{c}'_B\boldsymbol{B}^{-1}\boldsymbol{N}-\boldsymbol{c}'_N)\lambda\leqslant-(\boldsymbol{c}_B\boldsymbol{B}^{-1}\boldsymbol{N}-\boldsymbol{c}_N). \tag{4.5.4}$$

由于 $\lambda=0$ 时 $\boldsymbol{B}$ 为最优基，因此(4.5.4)式右端为非负行向量. 当 $\lambda\neq0$ 时，为保持现行基 $\boldsymbol{B}$ 为最优基，由(4.5.4)式知，λ 取值上限 $\bar{\lambda}$ 应满足

$$\bar{\lambda}=\min_i\left\{\frac{-(\boldsymbol{c}_B\boldsymbol{B}^{-1}\boldsymbol{N}-\boldsymbol{c}_N)_i}{(\boldsymbol{c}'_B\boldsymbol{B}^{-1}\boldsymbol{N}-\boldsymbol{c}'_N)_i}\,\middle|\,(\boldsymbol{c}'_B\boldsymbol{B}^{-1}\boldsymbol{N}-\boldsymbol{c}'_N)_i>0\right\}, \tag{4.5.5}$$

其中 $(\boldsymbol{c}'_B\boldsymbol{B}^{-1}\boldsymbol{N}-\boldsymbol{c}'_N)_i$ 表示 $\boldsymbol{c}'_B\boldsymbol{B}^{-1}\boldsymbol{N}-\boldsymbol{c}'_N$ 的第 i 个分量，类似记号含义相同. 若

$$\{i\mid(\boldsymbol{c}'_B\boldsymbol{B}^{-1}\boldsymbol{N}-\boldsymbol{c}'_N)_i>0\}=\varnothing,$$

则 $\bar{\lambda}=+\infty$.

另一方面，为保持现行基 $\boldsymbol{B}$ 为最优基，λ 取值的下限 $\underline{\lambda}$ 应满足

$$\underline{\lambda}=\max_i\left\{\frac{-(\boldsymbol{c}_B\boldsymbol{B}^{-1}\boldsymbol{N}-\boldsymbol{c}_N)_i}{(\boldsymbol{c}'_B\boldsymbol{B}^{-1}\boldsymbol{N}-\boldsymbol{c}'_N)_i}\,\middle|\,(\boldsymbol{c}'_B\boldsymbol{B}^{-1}\boldsymbol{N}-\boldsymbol{c}'_N)_i<0\right\}. \tag{4.5.6}$$

若 $\{i\mid(\boldsymbol{c}'_B\boldsymbol{B}^{-1}\boldsymbol{N}-\boldsymbol{c}'_N)_i<0\}=\varnothing$，则 $\underline{\lambda}=-\infty$.

综上所述，当 $\lambda\in(\underline{\lambda},\bar{\lambda})$ 时，最优基 $\boldsymbol{B}$ 保持不变. 最优值 $f^*(\lambda)=(\boldsymbol{c}+\lambda\boldsymbol{c}')\boldsymbol{x}^*=(\boldsymbol{c}_B+\lambda\boldsymbol{c}'_B)\boldsymbol{x}^*_B$，在区间 $(\underline{\lambda},\bar{\lambda})$ 上 $f^*(\lambda)$ 为 λ 的线性函数.

当 $\lambda>\bar{\lambda}$ 或 $\lambda<\underline{\lambda}$ 时，原来的基 $\boldsymbol{B}$ 不再是最优基，因此需确定进基变量和离基变量，求出新的最优基本可行解. 重复以上过程，直至完全确定最优值与参数 λ 之间的函数关系. 如果在 $\lambda=\bar{\lambda}$ 处，不存在离基变量，则 $\lambda>\bar{\lambda}$ 时问题无界；如果在 $\lambda=\underline{\lambda}$ 处，不存在离基变量，则 $\lambda<\underline{\lambda}$ 时问题无界.

例 4.5.1　考虑下列线性规划：

$$\begin{aligned}
\min\quad & x_1-2x_2\\
\text{s.t.}\quad & -x_1+x_2\leqslant 8,\\
& x_1+x_2\leqslant 10,\\
& 2x_1+x_2\leqslant 20,\\
& x_1,x_2\geqslant 0.
\end{aligned}$$

最优基本可行解如表 4.5.1 所示. 其中 x_3,x_4,x_5 是松弛变量.

表 4.5.1

	x_1	x_2	x_3	x_4	x_5	
x_2	0	1	$\frac{1}{2}$	$\frac{1}{2}$	0	9
x_1	1	0	$-\frac{1}{2}$	$\frac{1}{2}$	0	1
x_5	0	0	$\frac{1}{2}$	$-\frac{3}{2}$	1	9
	0	0	$-\frac{3}{2}$	$-\frac{1}{2}$	0	-17

设沿方向 $\boldsymbol{c}'=(2,1,0,0,0)$ 将目标系数向量 $\boldsymbol{c}=(1,-2,0,0,0)$ 摄动，并假设参数 $\lambda\geqslant 0$，求解下列含参数线性规划：

$$\begin{aligned}\min\quad & (1+2\lambda)x_1+(-2+\lambda)x_2\\ \text{s. t.}\quad & -x_1+x_2\leqslant 8,\\ & x_1+x_2\leqslant 10,\\ & 2x_1+x_2\leqslant 20,\\ & x_1,x_2\geqslant 0.\end{aligned}$$

解 目标系数向量摄动后，表 4.5.1 的最后一行需要修改. 按照(4.5.3)式左端表达式计算对应非基变量 x_3 和 x_4 的判别数. 由于 $\boldsymbol{c_B B}^{-1}\boldsymbol{N}-\boldsymbol{c_N}=\left(-\frac{3}{2},-\frac{1}{2}\right)$，以及 $\boldsymbol{c}'_{\boldsymbol{B}}=(c'_2,c'_1,c'_5)=(1,2,0)$，$\boldsymbol{c}'_{\boldsymbol{N}}=(c'_3,c'_4)=(0,0)$，于是

$$\begin{aligned}\boldsymbol{c}'_{\boldsymbol{B}}\boldsymbol{B}^{-1}\boldsymbol{N}-\boldsymbol{c}'_{\boldsymbol{N}}&=\boldsymbol{c}'_{\boldsymbol{B}}(y_3,y_4)-(c'_3,c'_4)\\ &=(1,2,0)\begin{pmatrix}\frac{1}{2} & \frac{1}{2}\\ -\frac{1}{2} & \frac{1}{2}\\ \frac{1}{2} & -\frac{3}{2}\end{pmatrix}-(0,0)=\left(-\frac{1}{2},\frac{3}{2}\right).\end{aligned}$$

因此，对应 x_3 和 x_4 的判别数为

$$\left(-\frac{3}{2},-\frac{1}{2}\right)+\left(-\frac{1}{2},\frac{3}{2}\right)\lambda=\left(-\frac{3}{2}-\frac{1}{2}\lambda,-\frac{1}{2}+\frac{3}{2}\lambda\right),$$

目标值

$$(\boldsymbol{c_B}+\lambda\boldsymbol{c}'_{\boldsymbol{B}})\boldsymbol{x_B}=[(-2,1,0)+\lambda(1,2,0)]\begin{bmatrix}9\\1\\9\end{bmatrix}=-17+11\lambda.$$

根据(4.5.5)式和(4.5.6)式，有

$$\bar{\lambda}_1=-\left(-\frac{1}{2}\right)\Big/\left(\frac{3}{2}\right)=\frac{1}{3},\quad \underline{\lambda}_1=-\left(-\frac{3}{2}\right)\Big/\left(-\frac{1}{2}\right)=-3,$$

按题意应取 $\underline{\lambda}_1=0$，因此当 $\lambda\in\left[0,\frac{1}{3}\right]$ 时，最优解 $(x_1,x_2,x_3,x_4,x_5)=(1,9,0,0,9)$，最优

值 $f^*(\lambda)=-17+11\lambda$. 最优表如下：

	x_1	x_2	x_3	x_4	x_5	
x_2	0	1	$\frac{1}{2}$	$\frac{1}{2}$	0	9
x_1	1	0	$-\frac{1}{2}$	$\frac{1}{2}$	0	1
x_5	0	0	$\frac{1}{2}$	$-\frac{3}{2}$	1	9
	0	0	$-\frac{3}{2}-\frac{1}{2}\lambda$	$-\frac{1}{2}+\frac{3}{2}\lambda$	0	$-17+11\lambda$

当 $\lambda>\frac{1}{3}$ 时，原来的基不再最优，x_4 进基，x_1 离基，得新的最优解，如下表：

	x_1	x_2	x_3	x_4	x_5	
x_2	-1	1	1	0	0	8
x_4	2	0	-1	1	0	2
x_5	3	0	-1	0	1	12
	$1-3\lambda$	0	$-2+\lambda$	0	0	$-16+8\lambda$

由上表知，$\bar{\lambda}_2=-(-2)/1=2$，$\underline{\lambda}_2=(-1)/(-3)=\frac{1}{3}$，当 $\lambda\in\left[\frac{1}{3},2\right]$ 时，最优解 $(x_1,x_2,x_3,x_4,x_5)=(0,8,0,2,12)$，最优值 $f^*(\lambda)=-16+8\lambda$.

当 $\lambda>2$ 时，现行基不再是最优基，x_3 进基，x_2 离基，得新的最优解，如下表：

	x_1	x_2	x_3	x_4	x_5	
x_3	-1	1	1	0	0	8
x_4	1	1	0	1	0	10
x_5	2	1	0	0	1	20
	$-1-2\lambda$	$2-\lambda$	0	0	0	0

由上表可得，

$$\underline{\lambda}_3=\max\left\{\frac{-(-1)}{-2},\frac{-2}{-1}\right\}=2,$$

$$\{i\mid(\boldsymbol{c}'_B\boldsymbol{B}^{-1}\boldsymbol{N}-\boldsymbol{c}'_N)_i>0\}=\varnothing,$$

当 $\lambda\in[2,+\infty)$ 时，最优解 $(x_1,x_2,x_3,x_4,x_5)=(0,0,8,10,20)$，最优值 $f^*(\lambda)=0$.

结果表明，参数 λ 取值范围分成 3 个区间，即 $\left[0,\frac{1}{3}\right]$，$\left[\frac{1}{3},2\right]$ 及 $[2,+\infty)$，在每个区

间内，最优解保持不变. 最优值 $f^*(\lambda)$是 λ 的分段线性凹函数，如图 4.5.1.

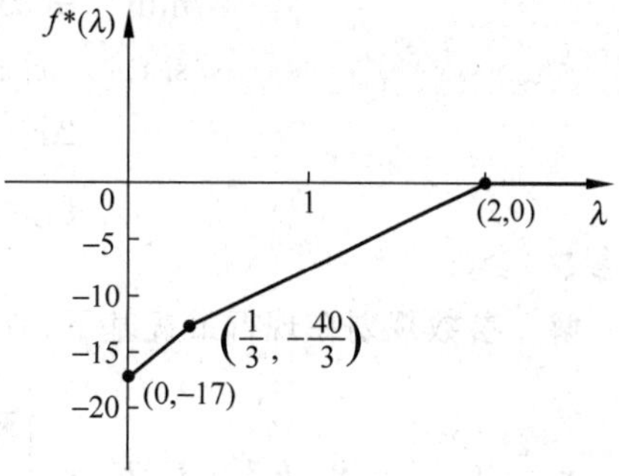

图 4.5.1

4.5.2 约束右端含参数情形

考虑含参数线性规划

$$\begin{aligned} \min \quad & \boldsymbol{cx} \\ \text{s.t.} \quad & \boldsymbol{Ax} = \boldsymbol{b} + \lambda \boldsymbol{b}', \\ & \boldsymbol{x} \geqslant \boldsymbol{0}, \end{aligned}$$

其中 $\boldsymbol{b}$ 和 $\boldsymbol{b}'$是 m 维列向量，参数 $\lambda \geqslant 0$. 下面研究最优解和最优值与参数 λ 之间的关系.

首先，假设 $\lambda=0$ 时最优基为 $\boldsymbol{B}$，最优解 $\boldsymbol{x_B}=\boldsymbol{B}^{-1}\boldsymbol{b}, \boldsymbol{x_N}=\boldsymbol{0}$. 最优值 $f=\boldsymbol{c_B B}^{-1}\boldsymbol{b}$.

当 λ 变化时，为保持 $\boldsymbol{B}$ 为最优基，即保持 $\boldsymbol{x_B}=\boldsymbol{B}^{-1}\boldsymbol{b}+\lambda \boldsymbol{B}^{-1}\boldsymbol{b}' \geqslant \boldsymbol{0}, \boldsymbol{x_N}=\boldsymbol{0}$，$\lambda$ 取值上限为

$$\bar{\lambda} = \min_i \left\{ -\frac{(\boldsymbol{B}^{-1}\boldsymbol{b})_i}{(\boldsymbol{B}^{-1}\boldsymbol{b}')_i} \,\middle|\, (\boldsymbol{B}^{-1}\boldsymbol{b}')_i < 0 \right\}. \tag{4.5.7}$$

当 $\lambda \in [0, \bar{\lambda}]$时，最优基不变，最优解为 $\boldsymbol{x_B}=\boldsymbol{B}^{-1}\boldsymbol{b}+\lambda \boldsymbol{B}^{-1}\boldsymbol{b}', \boldsymbol{x_N}=\boldsymbol{0}$，最优值 $f^*(\lambda)=\boldsymbol{c_B B}^{-1}\boldsymbol{b}+\lambda \boldsymbol{c_B B}^{-1}\boldsymbol{b}'$. 若$\{i \mid (\boldsymbol{B}^{-1}\boldsymbol{b}')_i<0\}=\varnothing$，则 $\bar{\lambda}=+\infty$.

当 $\lambda>\bar{\lambda}$ 时，最优基改变，这时可用对偶单纯形法求新的最优基和为保持新的最优基不变 λ 的取值范围. 这样过程继续下去，直到出现$\{i \mid (\boldsymbol{B}^{-1}\boldsymbol{b}')_i<0\}=\varnothing$，$\bar{\lambda}=+\infty$，或出现在右端变为零的行中所有元素均非负，后面的情形对大于现行 $\bar{\lambda}$ 的 λ，没有可行解.

例 4.5.2 已知线性规划

$$\begin{aligned} \min \quad & -3x_1 - x_2 \\ \text{s.t.} \quad & x_1 + x_2 + x_3 \qquad = 4, \\ & 2x_1 - x_2 \qquad + x_4 = 4, \\ & x_j \geqslant 0, \quad j = 1, \cdots, 4. \end{aligned}$$

最优单纯形表如下：

	x_1	x_2	x_3	x_4	
x_2	0	1	$\frac{2}{3}$	$-\frac{1}{3}$	$\frac{4}{3}$
x_1	1	0	$\frac{1}{3}$	$\frac{1}{3}$	$\frac{8}{3}$
	0	0	$-\frac{5}{3}$	$-\frac{2}{3}$	$-\frac{28}{3}$

求解含参数线性规划

$$\begin{aligned}\min\quad & -3x_1 - x_2\\ \text{s. t.}\quad & x_1 + x_2 + x_3 \qquad = 4 - 2\lambda,\\ & 2x_1 - x_2 \qquad + x_4 = 4 + \lambda,\\ & x_j \geqslant 0,\quad j = 1,\cdots,4.\end{aligned}$$

设参数 $\lambda \geqslant 0$.

解　参数规划在现行最优基下,有

$$\boldsymbol{x_B} = \begin{bmatrix} x_2 \\ x_1 \end{bmatrix} = \boldsymbol{B}^{-1}\boldsymbol{b} + \lambda \boldsymbol{B}^{-1}\boldsymbol{b}' = \begin{bmatrix} \frac{4}{3} \\ \frac{8}{3} \end{bmatrix} + \begin{bmatrix} \frac{2}{3} & -\frac{1}{3} \\ \frac{1}{3} & \frac{1}{3} \end{bmatrix} \begin{bmatrix} -2 \\ 1 \end{bmatrix} \lambda = \begin{bmatrix} \frac{4}{3} \\ \frac{8}{3} \end{bmatrix} + \begin{bmatrix} -\frac{5}{3} \\ -\frac{1}{3} \end{bmatrix} \lambda,$$

$$\bar{\lambda} = \min\left\{ \left(-\frac{4}{3}\right) \Big/ \left(-\frac{5}{3}\right), \left(-\frac{8}{3}\right) \Big/ \left(-\frac{1}{3}\right) \right\} = \frac{4}{5}.$$

当 $\lambda \in \left[0, \frac{4}{5}\right]$ 时,现行基仍是最优基. 最优值

$$f^*(\lambda) = \boldsymbol{c_B}\boldsymbol{B}^{-1}\boldsymbol{b} + \lambda \boldsymbol{c_B}\boldsymbol{B}^{-1}\boldsymbol{b}' = -\frac{28}{3} + (-1, -3) \begin{bmatrix} -\frac{5}{3} \\ -\frac{1}{3} \end{bmatrix} \lambda = -\frac{28}{3} + \frac{8}{3}\lambda.$$

当 $\lambda \in \left[0, \frac{4}{5}\right]$ 时,最优单纯形表如下:

	x_1	x_2	x_3	x_4	
x_2	0	1	$\frac{2}{3}$	$-\frac{1}{3}$	$\frac{4}{3}-\frac{5}{3}\lambda$
x_1	1	0	$\frac{1}{3}$	$\frac{1}{3}$	$\frac{8}{3}-\frac{1}{3}\lambda$
	0	0	$-\frac{5}{3}$	$-\frac{2}{3}$	$-\frac{28}{3}+\frac{8}{3}\lambda$

当 $\lambda > \frac{4}{5}$ 时,现行基不再是最优基. 运用对偶单纯形法求解. x_2 离基,x_4 进基,得下表:

	x_1	x_2	x_3	x_4	
x_4	0	-3	-2	1	$-4+5\lambda$
x_1	1	1	1	0	$4-2\lambda$
	0	-2	-3	0	$-12+6\lambda$

当同时满足 $-4+5\lambda\geqslant 0$ 及 $4-2\lambda\geqslant 0$ 时，即 $\lambda\in\left[\frac{4}{5},2\right]$ 时，最优基不变，最优解 $(x_1,x_2,x_3,x_4)=(4-2\lambda,0,0,-4+5\lambda)$，最优值 $f^*(\lambda)=-12+6\lambda$.

当 $\lambda>2$ 时，现行基不再是最优基，继续用对偶单纯形法求解. 然而，第 2 行左端无负元，因此当 $\lambda>2$ 时无可行解. 最优值 $f^*(\lambda)$ 作为 λ 的函数如图 4.5.2.

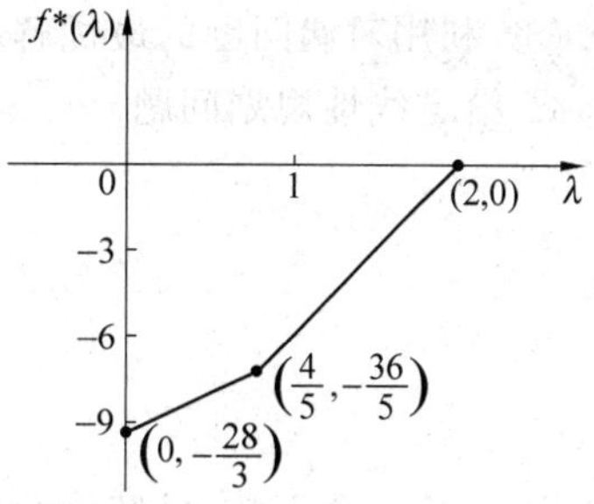

图　4.5.2

对于摄动约束右端问题，还可用另外一种方法求解，即考虑对偶问题，从而采用摄动目标系数的含参数线性规划的解法. 对于极小化问题，最优目标值 $f^*(\lambda)$ 是 λ 的分段线性凸函数.

习　题

1. 写出下列原问题的对偶问题：

(1)
$$\begin{aligned}\max\quad & 4x_1-3x_2+5x_3\\ \text{s.t.}\quad & 3x_1+x_2+2x_3\leqslant 15,\\ & -x_1+2x_2-7x_3\geqslant 3,\\ & x_1+x_3=1,\\ & x_1,x_2,x_3\geqslant 0.\end{aligned}$$

(2)
$$\begin{aligned}\min\quad & -4x_1-5x_2-7x_3+x_4\\ \text{s.t.}\quad & x_1+x_2+2x_3-x_4\geqslant 1,\\ & 2x_1-6x_2+3x_3+x_4\leqslant -3,\\ & x_1+4x_2+3x_3+2x_4=-5,\\ & x_1,x_2,x_4\geqslant 0.\end{aligned}$$

2. 给定原问题

$$\begin{aligned}\min\quad & 4x_1+3x_2+x_3\\ \text{s.t.}\quad & x_1-x_2+x_3\geqslant 1,\\ & x_1+2x_2-3x_3\geqslant 2,\\ & x_1,x_2,x_3\geqslant 0.\end{aligned}$$

已知对偶问题的最优解 $(w_1,w_2)=\left(\frac{5}{3},\frac{7}{3}\right)$，利用对偶性质求原问题的最优解.

3. 给定下列线性规划问题

$$\begin{aligned}\max\quad & 10x_1+7x_2+30x_3+2x_4\\ \text{s.t.}\quad & x_1-6x_3+x_4\leqslant -2,\\ & x_1+x_2+5x_3-x_4\leqslant -7,\\ & x_2,x_3,x_4\leqslant 0.\end{aligned}$$

(1) 写出上述原问题的对偶问题.

(2) 用图解法求对偶问题的最优解.

(3) 利用对偶问题的最优解及对偶性质求原问题的最优解和目标函数的最优值.

4. 给定线性规划问题

$$\begin{aligned}\min\quad & 5x_1+21x_3\\ \text{s.t.}\quad & x_1-x_2+6x_3\geqslant b_1,\\ & x_1+x_2+2x_3\geqslant 1,\\ & x_1,x_2,x_3\geqslant 0,\end{aligned}$$

其中 b_1 是某一个正数,已知这个问题的一个最优解为$(x_1,x_2,x_3)=\left(\frac{1}{2},0,\frac{1}{4}\right)$.

(1) 写出对偶问题.

(2) 求对偶问题的最优解.

5. 给定原始的线性规划问题

$$\begin{aligned}\min\quad & \boldsymbol{cx}\\ \text{s.t.}\quad & \boldsymbol{Ax}=\boldsymbol{b},\\ & \boldsymbol{x}\geqslant\boldsymbol{0}.\end{aligned}$$

假设这个问题与其对偶问题是可行的.令 $\boldsymbol{w}^{(0)}$ 是对偶问题的一个已知的最优解.

(1) 若用 $\mu\neq 0$ 乘原问题的第 k 个方程,得到一个新的原问题,试求其对偶问题的最优解.

(2) 若将原问题第 k 个方程的 μ 倍加到第 r 个方程上,得到新的原问题,试求其对偶问题的最优解.

6. 考虑线性规划问题

$$\begin{aligned}\min\quad & \boldsymbol{cx}\\ \text{s.t.}\quad & \boldsymbol{Ax}=\boldsymbol{b},\\ & \boldsymbol{x}\geqslant\boldsymbol{0},\end{aligned}$$

其中 $\boldsymbol{A}$ 是 m 阶对称矩阵,$\boldsymbol{c}^{\mathrm{T}}=\boldsymbol{b}$.证明若 $\boldsymbol{x}^{(0)}$ 是上述问题的可行解,则它也是最优解.

7. 用对偶单纯形法解下列问题:

(1)
$$\begin{aligned}\min\quad & 4x_1+6x_2+18x_3\\ \text{s.t.}\quad & x_1+3x_3\geqslant 3,\\ & x_2+2x_3\geqslant 5,\\ & x_1,x_2,x_3\geqslant 0.\end{aligned}$$

(2)
$$\begin{aligned}\max\quad & -3x_1-2x_2-4x_3-8x_4\\ \text{s.t.}\quad & -2x_1+5x_2+3x_3-5x_4\leqslant 3,\\ & x_1+2x_2+5x_3+6x_4\geqslant 8,\\ & x_j\geqslant 0,\quad j=1,\cdots,4.\end{aligned}$$

(3)
$$\begin{aligned}\max\quad & x_1+x_2\\ \text{s.t.}\quad & x_1-x_2-x_3=1,\\ & -x_1+x_2+2x_3\geqslant 1,\\ & x_1,x_2,x_3\geqslant 0.\end{aligned}$$

(4)
$$\begin{aligned}\max\quad & -4x_1+3x_2\\ \text{s.t.}\quad & 4x_1+3x_2+x_3-x_4=32,\\ & 2x_1+x_2-x_3-x_4=14,\\ & x_j\geqslant 0,\quad j=1,\cdots,4.\end{aligned}$$

(5) min $4x_1+3x_2+5x_3+x_4+2x_5$

$$\begin{aligned}\text{s.t.}\quad & -x_1+2x_2-2x_3+3x_4-3x_5+x_6+x_8=1,\\ & x_1+x_2-3x_3+2x_4-2x_5+x_8=4,\\ & -2x_3+3x_4-3x_5+x_7+x_8=2,\\ & x_j\geqslant 0,\quad j=1,\cdots,8.\end{aligned}$$

8. 用原始-对偶算法解下列问题：

(1) max $-x_1-3x_2-7x_3-4x_4-6x_5$

$$\begin{aligned}\text{s.t.}\quad & -5x_1+2x_2+6x_3-x_4+x_5-x_6=6,\\ & 2x_1+x_2+x_3+x_4+2x_5-x_7=3,\\ & x_j\geqslant 0,\quad j=1,\cdots,7.\end{aligned}$$

(2) min $5x_1+2x_2+3x_3+7x_4+9x_5+x_6$

$$\begin{aligned}\text{s.t.}\quad & x_1+x_2+x_3=15,\\ & x_4+x_5+x_6=8,\\ & x_1+x_3+x_5=12,\\ & x_j\geqslant 0,\quad j=1,\cdots,6.\end{aligned}$$

9. 给定下列线性规划问题：

$$\begin{aligned}\min\quad & -2x_1-x_2+x_3\\ \text{s.t.}\quad & x_1+x_2+2x_3\leqslant 6,\\ & x_1+4x_2-x_3\leqslant 4,\\ & x_1,x_2,x_3\geqslant 0.\end{aligned}$$

它的最优单纯形表如下表：

	x_1	x_2	x_3	x_4	x_5	
x_3	0	-1	1	$\frac{1}{3}$	$-\frac{1}{3}$	$\frac{2}{3}$
x_1	1	3	0	$\frac{1}{3}$	$\frac{2}{3}$	$\frac{14}{3}$
	0	-6	0	$-\frac{1}{3}$	$-\frac{5}{3}$	$-\frac{26}{3}$

(1) 若右端向量 $\boldsymbol{b}=\begin{bmatrix}6\\4\end{bmatrix}$改为 $\boldsymbol{b}'=\begin{bmatrix}2\\4\end{bmatrix}$，原来的最优基是否还为最优基？利用原来的最优表求新问题的最优解.

(2) 若目标函数中 x_1 的系数由 $c_1=-2$ 改为 c_1'，那么 c_1'在什么范围内时原来的最优解也是新问题的最优解？

10. 考虑下列线性规划问题：

$$\begin{aligned}\max\quad & -5x_1+5x_2+13x_3\\ \text{s.t.}\quad & -x_1+x_2+3x_3\leqslant 20,\\ & 12x_1+4x_2+10x_3\leqslant 90,\\ & x_1,x_2,x_3\geqslant 0.\end{aligned}$$

先用单纯形方法求出上述问题的最优解，然后对原来问题分别进行下列改变，试用原来问题的最优表求新问题的最优解：

(1) 目标函数中 x_3 的系数 c_3 由 13 改变为 8.

(2) b_1 由 20 改变为 30.

(3) b_2 由 90 改变为 70.

(4) $\boldsymbol{A}$ 的列 $\begin{bmatrix}-1\\12\end{bmatrix}$ 改变为 $\begin{bmatrix}0\\5\end{bmatrix}$.

(5) 增加约束条件 $2x_1+3x_2+5x_3\leqslant 50$.

11. 考虑下列问题：

$$\begin{aligned}\min\quad & -x_1+x_2-2x_3\\ \text{s.t.}\quad & x_1+x_2+x_3\leqslant 6,\\ & -x_1+2x_2+3x_3\leqslant 9,\\ & x_1,x_2,x_3\geqslant 0.\end{aligned}$$

(1) 用单纯形方法求出最优解.

(2) 假设费用系数向量 $\boldsymbol{c}=(-1,1,-2)$ 改为 $(-1,1,-2)+\lambda(2,1,1)$，λ 是实参数，对 λ 的所有值求出问题的最优解.

12. 考虑下列问题：

$$\begin{aligned}\min\quad & -x_1-3x_2\\ \text{s.t.}\quad & x_1+x_2\leqslant 6,\\ & -x_1+2x_2\leqslant 6,\\ & x_1,x_2\geqslant 0.\end{aligned}$$

(1) 用单纯形方法求出最优解.

(2) 将约束右端 $\boldsymbol{b}=\begin{bmatrix}6\\6\end{bmatrix}$ 改变为 $\begin{bmatrix}6\\6\end{bmatrix}+\lambda\begin{bmatrix}-1\\1\end{bmatrix}$，$\lambda\geqslant 0$，求含参数线性规划的最优解.

第5章　运输问题

运输问题是线性规划中一种特殊情形. 这类问题的约束条件具有特殊结构,除了可用一般的单纯形方法求解外,还可用简单有效的表上作业法. 本章详细介绍这种方法.

5.1　运输问题的数学模型与基本性质

5.1.1　数学模型

设某种产品有 m 个产地 $A_1,A_2,\cdots,A_m$ 和 n 个销地 $B_1,B_2,\cdots,B_n$. 在产地 A_i,产量为 a_i,在销地 B_j,销量为 b_j,从 A_i 到 B_j 运送一个单位货物的运费为 c_{ij},假设产销平衡,即 $\sum_{i=1}^{m} a_i = \sum_{j=1}^{n} b_j$. 试确定一个调运方案,使总运费最小.

假设产地 A_i 供给销地 B_j 的货物量为 x_{ij},问题可表达成下列线性规划:

$$
\begin{aligned}
\min\quad & \sum_{i=1}^{m}\sum_{j=1}^{n} c_{ij}x_{ij} \\
\text{s.t.}\quad & \sum_{j=1}^{n} x_{ij} = a_i,\quad i=1,2,\cdots,m, \\
& \sum_{i=1}^{m} x_{ij} = b_j,\quad j=1,2,\cdots n, \\
& x_{ij} \geqslant 0,\quad i=1,\cdots,m;j=1,\cdots,n.
\end{aligned}
\tag{5.1.1}
$$

记

$$
\begin{aligned}
\boldsymbol{x} &= (x_{11},x_{12},\cdots,x_{1n},x_{21},\cdots,x_{2n},\cdots,x_{m1},\cdots,x_{mn})^{\mathrm{T}}, \\
\boldsymbol{c} &= (c_{11},c_{12},\cdots,c_{1n},c_{21},\cdots,c_{2n},\cdots,c_{m1},\cdots,c_{mn}), \\
\boldsymbol{d} &= (a_1,a_2,\cdots,a_m,b_1,b_2,\cdots,b_n)^{\mathrm{T}}, \\
\boldsymbol{A} &= (\boldsymbol{p}_{11},\boldsymbol{p}_{12},\cdots,\boldsymbol{p}_{1n},\boldsymbol{p}_{21},\cdots,\boldsymbol{p}_{2n},\cdots,\boldsymbol{p}_{m1},\cdots,\boldsymbol{p}_{mn}),
\end{aligned}
$$

其中

$$
\boldsymbol{p}_{ij} = (0,\cdots,1,0,\cdots,1,0,\cdots,0)^{\mathrm{T}} = \boldsymbol{e}_i + \boldsymbol{e}_{m+j}
$$

是 $m+n$ 维列向量,第 i 分量及第 $m+j$ 分量为 1,其余分量均为 0. 于是 $\boldsymbol{A}$ 有下列形式:

$$\boldsymbol{A}=\begin{bmatrix}\boldsymbol{e}^{\mathrm{T}} & \boldsymbol{0} & \cdots & \boldsymbol{0}\\ \boldsymbol{0} & \boldsymbol{e}^{\mathrm{T}} & \cdots & \boldsymbol{0}\\ \vdots & \vdots & & \vdots\\ \boldsymbol{0} & \boldsymbol{0} & \cdots & \boldsymbol{e}^{\mathrm{T}}\\ \boldsymbol{I} & \boldsymbol{I} & \cdots & \boldsymbol{I}\end{bmatrix},$$

其中 $\boldsymbol{e}^{\mathrm{T}}$ 是分量均为 1 的 n 维行向量，$\boldsymbol{I}$ 是 n 阶单位矩阵. $\boldsymbol{A}$ 有 $m+n$ 个行，mn 个列，每列只有两个非零元素 1，其余均为 0. 数学模型(5.1.1)可表达为

$$\begin{aligned}\min\quad & \boldsymbol{cx}\\ \text{s. t.}\quad & \boldsymbol{Ax}=\boldsymbol{d},\\ & \boldsymbol{x}\geqslant\boldsymbol{0},\end{aligned}\tag{5.1.2}$$

$\boldsymbol{A}$ 的前 m 个行对应 m 个产地，后 n 个行对应 n 个销地. $\boldsymbol{A}$ 的增广矩阵记作 $\overline{\boldsymbol{A}}=(\boldsymbol{A},\boldsymbol{d})$.

5.1.2　运输问题的基本性质

定理 5.1.1　产销平衡的运输问题必存在最优解.

证明　首先，产销平衡的运输问题必有可行解. 记 $\sum\limits_{i=1}^{m}a_i=\sum\limits_{j=1}^{n}b_j=q$，令 $x_{ij}=\dfrac{a_ib_j}{q}(i=1,\cdots,m;j=1,\cdots,n)$，则

$$\sum_{j=1}^{n}x_{ij}=\sum_{j=1}^{n}\frac{a_ib_j}{q}=\frac{a_i}{q}\sum_{j=1}^{n}b_j=a_i,\quad i=1,\cdots,m,$$

$$\sum_{i=1}^{m}x_{ij}=\sum_{i=1}^{m}\frac{a_ib_j}{q}=\frac{b_j}{q}\sum_{i=1}^{m}a_i=b_j,\quad j=1,\cdots,n,$$

由于 $a_i\geqslant0,b_j\geqslant0$，因此 $x_{ij}\geqslant0$. $x_{ij}=\dfrac{a_ib_j}{q}$，$\forall\, i,j$，是可行解. 根据定义，$0\leqslant x_{ij}\leqslant\min(a_i,b_j)$，可行域有界. 有界闭域上的连续函数 $\boldsymbol{cx}$ 必存在最小值，所以存在最优解.

定理 5.1.2　运输问题的系数矩阵 $\boldsymbol{A}$ 与增广矩阵 $\overline{\boldsymbol{A}}$ 的秩均为 $m+n-1$.

证明　由 $\sum\limits_{i=1}^{m}a_i=\sum\limits_{j=1}^{n}b_j$ 及 $\boldsymbol{A}$ 中每列的两个非零元素 1 必有一个属于前 m 行，另一个属于后 n 行，因此 $\overline{\boldsymbol{A}}$ 中前 m 行之和等于后 n 行之和，必有 $\operatorname{rank}(\overline{\boldsymbol{A}})\leqslant m+n-1$ 及 $\operatorname{rank}(\boldsymbol{A})\leqslant m+n-1$. 另一方面，$\boldsymbol{A}$ 中包含秩为 $m+n-1$ 的子矩阵，例如去掉 $\boldsymbol{A}$ 的第一行后，取前 n 个列，第 $n+1$ 列，第 $2n+1$ 列，直到第 $(m-1)n+1$ 列，这 $m+n-1$ 个列构成秩为 $m+n-1$ 的子矩阵，因此 $\operatorname{rank}(\boldsymbol{A})\geqslant m+n-1$，综上得出 $\operatorname{rank}(\boldsymbol{A})=\operatorname{rank}(\overline{\boldsymbol{A}})=m+n-1$.

上述定理表明，约束条件 $\boldsymbol{Ax}=\boldsymbol{d}$ 中有一个约束是多余的，事实上，可去掉任何一个，可行域保持不变. 根据这个定理，运输问题的每个基本可行解包含 $m+n-1$ 个基变量和

$mn-(m+n-1)$个非基变量,这一点在算法研究中将要用到.

定理 5.1.3 运输问题(5.1.2)中,$\boldsymbol{A}$ 的任何方子矩阵的行列式为-1,0 或 1.

证明 用归纳法.由于 $\boldsymbol{A}$ 中元素非 0 即 1,因此对一阶子矩阵结论成立.

设 $\boldsymbol{A}$ 的任何 $k(k<m+n)$ 阶子矩阵的行列式 $\det \boldsymbol{A}_k$ 为-1,0 或 1.下面证明 $\det \boldsymbol{A}_{k+1}=-1$,0 或 1,$\boldsymbol{A}_{k+1}$是 $\boldsymbol{A}$ 的 $k+1$ 阶子矩阵.由于 $\boldsymbol{A}_{k+1}$的元素均为 0 和 1,它的每一列或者全为 0,或者有一个 1,或者有两个 1.如果某列元素全为 0,则 $\det \boldsymbol{A}_{k+1}=0$.如果某列有一个 1,按此列展开,根据归纳法假设,结论成立.如果所有列均包含两个 1,则每列必有一个 1 属于源行,另一个 1 属于汇行,因此 $\det \boldsymbol{A}_{k+1}=0$.综上所证,定理结论成立.

根据上述两个定理,当约束右端 $\boldsymbol{d}$ 各分量均为整数时,运输问题必存在整数最优解.由于结构上的特殊性,运输问题可用表格形式表达,见表 5.1.1.

表 5.1.1

$A_i \backslash B_j$	B_1	…	B_j	…	B_n	a_i
A_1	c_{11} x_{11}	…	c_{1j} x_{1j}	…	c_{1n} x_{1n}	a_1
⋮	⋮	…	⋮	…	⋮	⋮
A_i	c_{i1} x_{i1}	…	c_{ij} x_{ij}	…	c_{in} x_{in}	a_i
⋮	⋮	…	⋮	…	⋮	
A_m	c_{m1} x_{m1}	…	c_{mj} x_{mj}	…	c_{mn} x_{mn}	a_m
b_j	b_1	…	b_j	…	b_n	

表中左端列为产地 $A_1,A_2,\cdots,A_m$,右端列为产量 $a_1,a_2,\cdots,a_m$;第一行为销地 B_1,$B_2,\cdots B_n$,最后一行为销量 $b_1,b_2,\cdots,b_n$;表中 x_{ij} 为 A_i 至 B_j 的运量,c_{ij} 为单位运价.由于运输问题结构上的特殊性,中间 m 行表示供给约束,即

$$\sum_{j=1}^{n} x_{ij}=a_i,\quad i=1,2,\cdots,m,$$

中间 n 列表示需求约束,即

$$\sum_{i=1}^{m} x_{ij}=b_j,\quad j=1,2,\cdots,n,$$

中间每个方格(i,j)表示变量 x_{ij},同时对应矩阵 $\boldsymbol{A}$ 中 $\boldsymbol{p}_{ij}$ 列.这样,表上任一个变量序列 $x_{i_1j_1},x_{i_2j_2},\cdots,x_{i_kj_k}$ 对应矩阵中一个向量序列 $\boldsymbol{p}_{i_1j_1},\boldsymbol{p}_{i_2j_2},\cdots,\boldsymbol{p}_{i_kj_k}$.为利用表 5.1.1 求问题

(5.1.1)的基本可行解，这里专门给出运输问题中所谓闭回路概念.

定义 5.1.1 表 5.1.1 中变量序列$\{x_{ij}\}$称为闭回路，如果序列$\{x_{ij}\}$由互不相同的变量组成，且沿水平或垂直方向延伸，每个变量所在的行与列均恰有该序列中二个变量(不在序列中变量除外).

运用闭回路概念，可以给出 $\boldsymbol{A}$ 所包含的列向量组线性无关的充要条件.

定理 5.1.4 运输问题(5.1.2)中，一组变量$\{x_{ij}\}$对应的列向量组$\{\boldsymbol{p}_{ij}\}$线性无关的充要条件是$\{x_{ij}\}$不包含闭回路.

证明 先证必要性. 设$\{\boldsymbol{p}_{ij}\}$线性无关，若$\{x_{ij}\}$包含闭回路 $x_{i_1j_1},x_{i_1j_2},x_{i_2j_2},\cdots,x_{i_sj_s},x_{i_sj_1}$，则有

$$\begin{aligned}&\boldsymbol{p}_{i_1j_1}-\boldsymbol{p}_{i_1j_2}+\boldsymbol{p}_{i_2j_2}-\cdots+\boldsymbol{p}_{i_sj_s}-\boldsymbol{p}_{i_sj_1}\\=&(\boldsymbol{e}_{i_1}+\boldsymbol{e}_{m+j_1})-(\boldsymbol{e}_{i_1}+\boldsymbol{e}_{m+j_2})+(\boldsymbol{e}_{i_2}+\boldsymbol{e}_{m+j_2})-\cdots+(\boldsymbol{e}_{i_s}+\boldsymbol{e}_{m+j_s})-(\boldsymbol{e}_{i_s}+\boldsymbol{e}_{m+j_1})\\=&\boldsymbol{0}.\end{aligned}$$

因此 $\boldsymbol{p}_{i_1j_1},\boldsymbol{p}_{i_1j_2},\boldsymbol{p}_{i_2j_2},\cdots,\boldsymbol{p}_{i_sj_s},\boldsymbol{p}_{i_sj_1}$ 线性相关. 又知这个向量组是$\{\boldsymbol{p}_{ij}\}$的部分组，由此推出向量组$\{\boldsymbol{p}_{ij}\}$线性相关，矛盾.

再证充分性. 设$\{x_{ij}\}$不包含闭回路，下面证明对应的列向量组$\{\boldsymbol{p}_{ij}\}$线性无关. 令

$$\sum\lambda_{ij}\boldsymbol{p}_{ij}=\boldsymbol{0}. \tag{5.1.3}$$

为了方便，记作 $V^{(1)}=\{x_{ij}\}$. 由于 $V^{(1)}$ 中不包含闭回路，必存在 $x_{ij}^{(1)}\in V^{(1)}$，在运输表中它所在的第 i 行或第 j 列没有 $V^{(1)}$ 中其他变量. 由于 $\boldsymbol{p}_{ij}$ 第 i 及第 $m+j$ 分量为 1，其余分量均为 0，因此在(5.1.3)式中，对应 $x_{ij}^{(1)}$ 的列 $\boldsymbol{p}_{ij}$ 的系数 $\lambda_{ij}^{(1)}=0$. 记作 $V^{(2)}=V^{(1)}\setminus\{x_{ij}^{(1)}\}$，$V^{(2)}$ 中仍不包含闭回路，因此存在 $x_{ij}^{(2)}\in V^{(2)}$，在它的同行或同列没有 $V^{(2)}$ 中其他变量，由此可知(5.1.3)式中相应的系数 $\lambda_{ij}^{(2)}=0$. 依此类推，得出(5.1.3)式中所有系数 $\lambda_{ij}=0$，因此$\{\boldsymbol{p}_{ij}\}$线性无关.

根据定理 5.1.2 和定理 5.1.4，表 5.1.1 中不包含闭回路的任意 $m+n-1$ 个变量$\{x_{ij}\}$均可作为基变量，它们对应的向量组$\{\boldsymbol{p}_{ij}\}$便是一组基.

5.2 表上作业法

5.2.1 初始基本可行解表上求解法

运用运输表求初始基本可行解，就是在表上确定不包含闭回路的 $m+n-1$ 个变量$\{x_{ij}\}$，作为基变量，赋予满足约束条件的值，其余变量作为非基变量，取零值. 下面介绍常用的两种方法.

1. 西北角法

这种方法遵循的规则是，从运输表的西北角方格开始，优先安排标号小的产地与销地

间的运输任务.具体地说,从西北角方格(1,1)开始,给 x_{11} 赋值,令 $x_{11}=\min\{a_1,b_1\}$.若 $x_{11}=a_1$,则 A_1 的产品均供给 B_1,A_1 供应完毕,勾掉第1行其余空格,同时令 $b_1'=b_1-a_1$,作为 B_1 的剩余需求,再给剩余空格的西北角元素 x_{21} 赋值;若 $x_{11}=b_1$,则 B_1 的需求得到满足,勾掉第1列其余空格,令 $a_1'=a_1-b_1$,作为 A_1 的剩余供给,再给剩余空格的西北角元素 x_{12} 赋值.以此类推,直至求出一个基本可行解.

例 5.2.1 给定运输问题如表 5.2.1,试用西北角法求一个基本可行解.

表 5.2.1

A_i \ B_j	B_1	B_2	B_3	B_4	a_i
A_1	6	4	5	9	10
A_2	8	3	6	4	12
A_3	5	8	7	8	8
b_j	5	9	6	10	

解 按照西北角法规则,首先给西北角元素(1,1)赋值,即先安排产地 A_1 与销地 B_1 之间的运输任务,令 $x_{11}=\min\{10,5\}=5$,修改 a_1 和 b_1,划掉 B_1 列其余空格,再给西北角元素(2,1)赋值,依此类推,计算结果如表 5.2.2.

表 5.2.2

A_i \ B_j	B_1	B_2	B_3	B_4	a_i
A_1	**5**	**5**			10,5,0
A_2		**4**	**6**	**2**	12,8,2,0
A_3				**8**	8,0
b_j	5 0	9 4 0	6 0	10 8 0	

求得的基本可行解中,基变量取值为

$$\boldsymbol{x_B}=(x_{11},x_{12},x_{22},x_{23},x_{24},x_{34})=(5,5,4,6,2,8),$$

非基变量取值为

$$\boldsymbol{x_N}=(x_{13},x_{14},x_{21},x_{31},x_{32},x_{33})=(0,0,0,0,0,0),$$

目标函数值

$$f = cx = 6\times5+4\times5+3\times4+6\times6+4\times2+8\times8 = 170.$$

值得注意,求解过程中可能出现剩余供给与剩余需求同时为0.这时只能划掉西北角元素所在的行列之一,不能同时划掉,相应的基变量以0值出现在运输表上,属于退化情形.

2. 最小元素法

根据就近供应的原则,一般先安排运价最小的产地与销地之间的运输任务,按此思路确定初始基本可行解,称为最小元素法.

例 5.2.2 用最小元素法求例5.2.1的一个基本可行解.

解 例题运输表如表5.2.3所示.

表 5.2.3

A_i \ B_j	B_1	B_2	B_3	B_4	a_i
A_1	[6]	[4]	[5] **6**	[9] **4**	10,4,0
A_2	[8]	[3] **9**	[6]	[4] **3**	12,3,0
A_3	[5] **5**	[8]	[7]	[8] **3**	8,3,0
b_j	5 0	9 0	6 0	10 7 4 0	

由于 $c_{22}=\min\{c_{ij}\}=3$,先安排 A_2 与 B_2 之间运输任务,令 $x_{22}=\min\{12,9\}=9$,划掉 B_2 列其余空格,并修改 a_2 和 b_2.在表的剩余部分,再选最小运价 $c_{24}=\min\{c_{ij}\}=4$,令 $x_{24}=3$,修改 a_2 和 b_4,划掉 A_2 行其余空格.依此类推,直至求出一个基本可行解.结果是,基变量的取值为

$$\boldsymbol{x_B} = (x_{13}, x_{14}, x_{22}, x_{24}, x_{31}, x_{34}) = (6,4,9,3,5,3),$$

非基变量

$$\boldsymbol{x_N} = (x_{11}, x_{12}, x_{21}, x_{23}, x_{32}, x_{33}) = (0,0,0,0,0,0).$$

目标函数值

$$f = 5\times6+9\times4+3\times9+4\times3+5\times5+8\times3 = 154.$$

5.2.2 最优基本可行解表上求解法

表上求最优解的基本思想,如同一般单纯形方法,也是从一个基本可行解出发,按一定的规则将其改进,直至求出最优基本可行解.

当一个基本可行解给定后,先要判别这个解是否为最优解,为此需要计算对应每个变量 x_{ij} 的判别数 $z_{ij}-c_{ij}=\boldsymbol{c}_B\boldsymbol{B}^{-1}\hat{\boldsymbol{p}}_{ij}-c_{ij}=\hat{\boldsymbol{w}}\hat{\boldsymbol{p}}_{ij}-c_{ij}$. 下面推导计算单纯形乘子(对偶变量)$\hat{\boldsymbol{w}}$ 的公式.

如前所述,数学模型(5.1.1)中有一个约束是多余的,实际上可去掉任一个. 比如,去掉第1个约束. 新的列向量记作 $\hat{\boldsymbol{p}}_{ij}$,它与原来的 $\boldsymbol{p}_{ij}$ 相比,只少第1个分量,是 $m+n-1$ 维列向量. 单纯形乘子记作 $\hat{\boldsymbol{w}}=(w_2,w_3,\cdots,w_m,v_1,\cdots,v_n)$,其中 w_i 对应 $\boldsymbol{A}$ 的第 i 行,v_j 对应 $\boldsymbol{A}$ 的第 $m+j$ 行,也是表5.1.1上的 B_j 列,于是对应变量 $x_{ij}(i\neq1)$的判别数

$$z_{ij}-c_{ij}=\hat{\boldsymbol{w}}\hat{\boldsymbol{p}}_{ij}-c_{ij}=w_i+v_j-c_{ij},\quad i=2,\cdots,m;\quad j=1,\cdots,n. \tag{5.2.1}$$

当 $i=1$ 时,对应 x_{1j} 的判别数

$$z_{1j}-c_{1j}=v_j-c_{1j},\quad j=1,\cdots,n. \tag{5.2.2}$$

如果令对应 $\boldsymbol{A}$ 的第一行的乘子 $w_1=0$,记作

$$(\boldsymbol{w},\boldsymbol{v})=(w_1,w_2,\cdots,w_m,v_1,\cdots,v_n),$$

则(5.2.1)式和(5.2.2)式可统一表示为

$$z_{ij}-c_{ij}=(\boldsymbol{w},\boldsymbol{v})\boldsymbol{p}_{ij}-c_{ij}=w_i+v_j-c_{ij},\quad \forall\, i,j. \tag{5.2.3}$$

当 x_{ij} 为基变量时,相应的判别数为零,这样便得到计算乘子 $\boldsymbol{w}$ 和 $\boldsymbol{v}$ 的公式

$$\begin{cases} w_1=0, \\ w_i+v_j=c_{ij},\quad \forall\ \text{基变量}\ x_{ij}, \end{cases} \tag{5.2.4}$$

(5.2.4)式即

$$(\boldsymbol{w},\boldsymbol{v})\boldsymbol{p}_{ij}=c_{ij},\quad \forall\ \text{基变量}\ x_{ij},$$

其中 $\boldsymbol{p}_{ij}$ 是基向量,方程组(5.2.4)行满秩,必有解. 按(5.2.4)式求出 w_i,v_j 以后,代入(5.2.3)式,便可计算出对应各个变量的判别数. 这些计算均可在运输表上完成. 然后,根据计算出来的判别数可以判别是否达到最优解. 按(5.2.4)式计算出的 w_i 和 v_j 分别称为在现行基下第 i 行和第 $m+j$ 行的位势,上述计算判别数的方法也称为位势法.

当运输表未达到最优解时,可用闭回路法将现行解加以改进,求出新的基本可行解. 为此,可选择对应最大判别数的变量作为进基变量. 比如,设 $\max z_{ij}-c_{ij}=z_{pq}-c_{pq}>0$,则取非基变量 x_{pq} 作为进基变量. 根据定理5.1.4易知,任何非基变量与基变量均构成惟一闭回路. 在 x_{pq} 与基变量构成的惟一闭回路上,改变各变量的取值,不属于闭回路的变量保持不变,设改变量为 θ,即令 $x_{pq}=\theta$,回路中其他变量作相应改变. 为保持可行性,原则是回路中同一行或同一列的两个变量,一个增加 θ,另一个必须减少 θ. 这样,确定一个最大改变量,使一个原有基变量取值变为0,成为新的非基变量,x_{pq} 与其他原有基变量一起构成一组新基. 然后再按(5.2.4)式在表上计算 w_i 和 v_j,按(5.2.3)式在表上计算新的判别数 $z_{ij}-c_{ij}$,判别新基是否为最优基,若不是,再取闭回路将其改进,如此做下去,直至求出最优解.

例 5.2.3　给定运输问题如表 5.2.4，其中 A_i 为产地，a_i 为产量，B_j 为销地，b_j 为销量，每个方格右上角数字为费用系数 c_{ij}. 试确定一个运输方案，使总运输费用最小.

表　5.2.4

B_j / A_i	B_1	B_2	B_3	B_4	a_i
A_1	5	8	3	4	10
A_2	6	7	4	8	12
A_3	7	6	8	5	9
b_j	5	5	11	10	

解　首先用西北角法求初始基本可行解，计算结果如表 5.2.5. 基变量的取值为 $x_{11}=5, x_{12}=5, x_{22}=0, x_{23}=11, x_{24}=1, x_{34}=9$，目标函数值 $f=162$.

表　5.2.5

B_j / A_i	B_1	B_2	B_3	B_4	a_i
A_1	**5**	**5**			10
A_2		**0**	**11**	**1**	12
A_3				**9**	9
b_j	5	5	11	10	

下面，将求得的初始基本可行解置于运输表 5.2.6 中，基变量取值如黑体字所示. 然后，按(5.2.4)式在表 5.2.6 上计算位势 $w_i(w_1=0)$ 和 v_j，分别置于左端列和上面一行. 再按(5.2.3)式在表上计算判别数 $z_{ij}-c_{ij}$，置于每个方格左下角的小方格内. 对应基变量的判别数为 0，表 5.2.6 上不再标明.

在表 5.2.6 上，最大判别数 $z_{14}-c_{14}=5$，没有达到最优，用闭回路法求改进的基本可行解，取闭回路 $x_{14}, x_{24}, x_{22}, x_{12}$. 记调整量为 θ，为保持可行性，令 $x_{14}=\theta\geqslant 0, x_{24}=1-\theta\geqslant 0, x_{22}=0+\theta\geqslant 0, x_{12}=5-\theta\geqslant 0$，得到 $\theta=1$. x_{14} 变为基变量，x_{24} 变为非基变量，新的基本可行解置于表 5.2.7 中，基变量取值为

$$(x_{11}, x_{12}, x_{14}, x_{22}, x_{23}, x_{34})=(5,4,1,1,11,9),$$

表 5.2.6

	v_j	5	8	5	9	
w_i	B_j \ A_i	B_1	B_2	B_3	B_4	a_i
0	A_1	5 **5**	8 **5**	3 2	4 5	10
−1	A_2	6 −2	7 **0**	4 **11**	8 **1**	12
−4	A_3	7 −6	6 −2	8 −7	5 **9**	9
	b_j	5	5	11	10	

目标函数值为 $f=157$.

求得新的基本可行解后，再按(5.2.4)式(从令 $w_1=0$ 开始)计算在新基下的位势 w_i 和 v_j，进而按(5.2.3)式计算判别数，这些计算均利用表 5.2.7 完成.

表 5.2.7

	v_j	5	8	5	4	
w_i	B_j \ A_i	B_1	B_2	B_3	B_4	a_i
0	A_1	5 **5**	8 **4**	3 2	4 **1**	10
−1	A_2	6 −2	7 **1**	4 **11**	8 −5	12
1	A_3	7 −1	6 3	8 −2	5 **9**	9
	b_j	5	5	11	10	

由表 5.2.7 知，最大判别数 $z_{32}-c_{32}=3$，还没有达到最优. 再用闭回路法求改进的基本可行解. 取闭回路 $x_{32},x_{12},x_{14},x_{34}$，计算调整量 θ. 令 $x_{32}=\theta\geqslant 0$，$x_{12}=4-\theta\geqslant 0$，$x_{14}=1+\theta\geqslant 0$，$x_{34}=9-\theta\geqslant 0$，解不等式组，求得 θ 最大取值，$\theta=4$. x_{32} 变为基变量，x_{12} 变为非基变量，新的基本可行解置于表 5.2.8 中，基变量的取值为

$$(x_{11},x_{14},x_{22},x_{23},x_{32},x_{34})=(5,5,1,11,4,5),$$

目标函数值 $f=145$.

表　5.2.8

	v_j	5	5	2	4	
w_i	B_j / A_i	B_1	B_2	B_3	B_4	a_i
0	A_1	5 **5**	8 −3	3 −1	4 **5**	10
2	A_2	6 1	7 **1**	4 **11**	8 −2	12
1	A_3	7 −1	6 **4**	8 −5	5 **5**	9
	b_j	5	5	11	10	

再检验新的解是否为最优解.按(5.2.4)式计算在新基下的位势 w_i 和 v_j(从 $w_1=0$ 开始).计算结果分别置于表5.2.8的左端列和上面一行.再按(5.2.3)式计算判别数,并置于每个方格左下角的小方格内.计算结果表明,$z_{21}-c_{21}=1>0$,还没有达到最优.

再求改进的基本可行解.取闭回路 $x_{21},x_{11},x_{14},x_{34},x_{32},x_{22}$.令 $x_{21}=\theta\geqslant0,x_{11}=5-\theta\geqslant0,x_{14}=5+\theta\geqslant0,x_{34}=5-\theta\geqslant0,x_{32}=4+\theta\geqslant0,x_{22}=1-\theta\geqslant0$.求得调整量 $\theta=1$,x_{21} 进基,x_{22} 离基,新的基本可行解中基变量取值为

$$(x_{11},x_{14},x_{21},x_{23},x_{32},x_{34})=(4,6,1,11,5,4),$$

目标函数值 $f=144$.计算结果列于表5.2.9.

表　5.2.9

	v_j	5	5	3	4	
w_i	B_j / A_i	B_1	B_2	B_3	B_4	a_i
0	A_1	5 **4**	8 −3	3 0	4 **6**	10
1	A_2	6 **1**	7 −1	4 **11**	8 −3	12
1	A_3	7 −1	6 **5**	8 −4	5 **4**	9
	b_j	5	5	11	10	

检验新的基本可行解是否为最优解.先计算位势 w_i 和 $v_j(w_1=0)$,分别置于表5.2.9的左端列与上面一行.再按(5.2.3)式计算判别数,计算结果置于表5.2.9每个方格左下角小方格内.结果表明,现行基本可行解已经是最优解.

5.3 产销不平衡运输问题

前面介绍的表上作业法，是在产销平衡条件下，即在 $\sum_{i=1}^{m} a_i = \sum_{j=1}^{n} b_j$ 假设下给出的. 实际问题中，往往出现产大于销或销大于产的情形，为利用表上作业法解决这类问题，需要引进虚拟销地或虚拟产地，转化为产销平衡运输问题. 当产大于销时，问题呈现如下形式：

$$
\begin{aligned}
\min \quad & \sum_{i=1}^{m} \sum_{j=1}^{n} c_{ij} x_{ij} \\
\text{s.t.} \quad & \sum_{j=1}^{n} x_{ij} \leqslant a_i, \quad i = 1,2,\cdots,m, \\
& \sum_{i=1}^{m} x_{ij} = b_j, \quad j = 1,2,\cdots,n, \\
& x_{ij} \geqslant 0, \quad i = 1,\cdots,m; j = 1,\cdots,n.
\end{aligned} \tag{5.3.1}
$$

这时，引进一个虚拟销地，各产地供给它的货物为 $x_{i,n+1}(i=1,2,\cdots,m)$，单位运价 $c_{i,n+1} = 0(i=1,\cdots,m)$，这个虚拟销地的销量 $b_{n+1} = \sum_{i=1}^{m} a_i - \sum_{j=1}^{n} b_j$. 数学模型转化为

$$
\begin{aligned}
\min \quad & \sum_{i=1}^{m} \sum_{j=1}^{n+1} c_{ij} x_{ij} \\
\text{s.t.} \quad & \sum_{j=1}^{n+1} x_{ij} = a_i, \quad i = 1,2,\cdots,m, \\
& \sum_{i=1}^{m} x_{ij} = b_j, \quad j = 1,2,\cdots,n+1, \\
& x_{ij} \geqslant 0, \quad i = 1,\cdots,m; j = 1,\cdots,n+1,
\end{aligned} \tag{5.3.2}
$$

求得的 $x_{i,n+1}$ 实际上是第 i 个产地的剩余库存.

当销大于产时，问题的数学模型为

$$
\begin{aligned}
\min \quad & \sum_{i=1}^{m} \sum_{j=1}^{n} c_{ij} x_{ij} \\
\text{s.t.} \quad & \sum_{j=1}^{n} x_{ij} = a_i, \quad i = 1,2,\cdots,m, \\
& \sum_{i=1}^{m} x_{ij} \leqslant b_j, \quad j = 1,2,\cdots,n, \\
& x_{ij} \geqslant 0, \quad i = 1,\cdots,m; j = 1,\cdots,n,
\end{aligned} \tag{5.3.3}
$$

这时，需要引进一个虚拟产地，假设它的产量为 $a_{m+1}=\sum_{j=1}^{n}b_j-\sum_{i=1}^{m}a_i$，从虚拟产地到各销售地的单位运价 $c_{m+1,j}=0(j=1,2,\cdots,n)$. 把销大于产的问题转化为产销平衡问题

$$\begin{aligned} \min \quad & \sum_{i=1}^{m+1}\sum_{j=1}^{n}c_{ij}x_{ij} \\ \text{s.t.} \quad & \sum_{j=1}^{n}x_{ij}=a_i, \quad i=1,\cdots,m+1, \\ & \sum_{i=1}^{m+1}x_{ij}=b_j, \quad j=1,\cdots,n, \\ & x_{ij}\geqslant 0, \quad i=1,\cdots,m+1; j=1,\cdots,n. \end{aligned} \tag{5.3.4}$$

转化成产销平衡运输问题后，即可用前面介绍的方法求其最优解. 值得注意，对于产销不平衡问题，如果用最小元素法求初始基本可行解，必须优先考虑实际产销单位，不能因为实际单位与虚拟单位间运输费用为 0 而先行安排运输任务.

习 题

1. 设一运输问题具有 3 个产地 A_i，3 个销地 B_j，A_i 供给 B_j 的货物量为 x_{ij}，问下列每一组变量可否作为一组基变量？

(1) $x_{11},x_{12},x_{13},x_{23},x_{33}$； (2) $x_{12},x_{13},x_{22},x_{23},x_{31}$；

(3) $x_{13},x_{22},x_{23},x_{31},x_{33}$； (4) $x_{12},x_{13},x_{21},x_{31},x_{32},x_{33}$；

(5) $x_{11},x_{14},x_{22},x_{33}$.

2. 设有运输问题如下表：

	B_1	B_2	B_3	B_4	a_i
A_1	8	7	5	4	8
A_2	6	3	5	9	6
A_3	10	9	7	8	7
b_j	5	4	6	6	

(1) 用西北角法求一基本可行解；

(2) 用最小元素法求一基本可行解；

(3) 分别计算出在两个基本可行解下的目标函数值.

3. 考虑对应下表的运输问题：

	B_1	B_2	B_3	B_4	a_i
A_1	4	5	6	5	20
A_2	7	10	5	6	20
A_3	8	9	12	7	50
b_j	15	25	20	30	

(1) 用西北角法求一初始基本可行解；

(2) 由(1)中求得的基本可行解出发，用表上作业法求最优解，使总运输费用最小.

4. 设有 3 个产地 4 个销地的运输问题，产量 a_i，销量 b_j 及单位运价 c_{ij} 的数值如下表：

	B_1	B_2	B_3	B_4	a_i
A_1	6	4	3	7	9
A_2	9	8	10	5	12
A_3	4	7	6	10	14
b_j	8	9	10	11	

(1) 转化成产销平衡运输问题；

(2) 用西北角法求一基本可行解，并由此出发求最优解，使总运输费用最小；

(3) 用最小元素法求一基本可行解，进而求出最优解，使总运输费用最小.

第 6 章　线性规划的内点算法

*6.1　Karmarkar 算法

6.1.1　多项式时间算法

1984 年 N. Karmarkar 提出了解线性规划的新的多项式时间算法，为介绍这种方法，先简要说明什么是多项式时间算法.

运用一个算法解一种问题时，存在如何评价算法的优劣问题，评价的主要指标之一，就是运算次数，或运算时间. 如果所需运算次数(运算时间)太多，在计算机上实现就会产生困难，因而就不是一个好的算法. 运算次数多少(运算时间长短)，与问题规模大小有关. 对于各种问题，不管彼此间有多大差别，其问题的大小都可用输入量来描写. 把一个问题的数据输入计算机时所需二进制代码的长度 L 称为**输入长度**. 显然，用输入长度代表问题规模的大小是合理的. 如果用一个算法解一种问题时，需要的计算时间，在最坏的情况下，不超过输入长度的某个多项式所确定的数值 $P(L)$，则称这个算法是解这种问题的**多项式时间算法**，简称**多项式算法**.

对于一种问题，如果能找到多项式算法，由于所需计算时间随输入长度增长的速度不很快，因此就认为这种问题可以有效地用计算机求解.

多项式算法这一概念是在 20 世纪 60 年代提出来的，此后人们对各种算法进行了研究，看其是否为多项式算法. 自然，对求解线性规划的单纯形法也进行了研究. 1972 年 V. Klee和 G. Minty 给出一个例子，他们构造一个线性规划问题，用单纯形方法求解，需要的计算时间为 $O(2^n)$. 这个例子表明，单纯形算法虽然在实用中非常有效，至今占有绝对优势，但在理论上它还不是多项式算法. 于是产生这样的问题：对于线性规划，能否找到多项式算法？

1979 年前苏联数学家 П. Г. Хачиян 第一个给出解线性规划的多项式算法，这就是所谓的**椭球算法**. 它的计算复杂性为 $O(n^6L^2)$，其中 n 是变量的维数，L 是输入长度. 这个算法在理论上是重要的，但是计算结果很不理想，远不及单纯形方法有效.

算法上突破性进展和当代科学技术发展的需要，又给人们提出进一步的问题：能否找到实用上也确实有效的多项式时间算法？ 正是在这样的背景下，产生了 Karmarkar 算法. 它的计算复杂性是 $O(n^{3.5}L^2)$. 据文献介绍，通过例题试算，收到较好效果.

6.1.2 几个有关概念

1. Karmarkar 标准问题

Karmarkar 算法中定义标准问题为

$$
\begin{aligned}
\min \quad & c^{\mathrm{T}}x \\
\text{s.t.} \quad & Ax = 0, \\
& \sum_{j=1}^{n} x_j = 1, \\
& x \geqslant 0,
\end{aligned}
\tag{6.1.1}
$$

其中 A 是 $m\times n$ 满秩矩阵,$c,x\in\mathbb{R}^n$,并假设:

(1) 问题(6.1.1)是可行的. 单纯形

$$S=\left\{x\,\middle|\,\sum_{j=1}^{n}x_j=1,\quad x\geqslant 0\right\}$$

的中心 $a^{(0)}=\frac{1}{n}e$ 是可行点,其中 $e=(1,\cdots,1)^{\mathrm{T}}$ 是分量均是 1 的 n 维向量.

(2) 对每个可行点 x,有 $c^{\mathrm{T}}x\geqslant 0$.

(3) 终止参数 q 给定,目的是求一个可行点 x,使得

$$\frac{c^{\mathrm{T}}x}{c^{\mathrm{T}}a^{(0)}}\leqslant 2^{-q}.$$

2. 单纯形的内切球和外接球

定义集合

$$S=\left\{x\,\middle|\,\sum_{j=1}^{n}x_j=1,x\geqslant 0\right\}$$

为 $n-1$ 维单纯形. 其顶点是

$$e_j=(0,\cdots,0,1,0,\cdots,0)^{\mathrm{T}},\quad j=1,\cdots,n.$$

S 的中心是 $a^{(0)}=\frac{1}{n}e$.

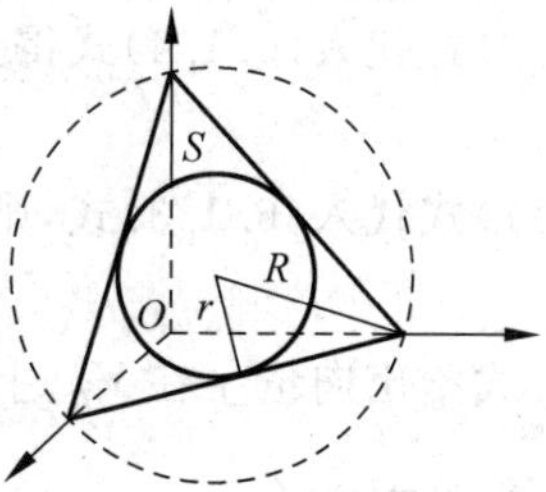

图 6.1.1

根据单纯形 S 的定义,容易算出它的外接球和内切球的半径(参见图 6.1.1).

外接球的半径

$$R=\sqrt{\left(1-\frac{1}{n}\right)^2+(n-1)\left(0-\frac{1}{n}\right)^2}=\sqrt{\frac{n-1}{n}}.$$

由于 S 的边界是低维的单纯形,第 i 个边界的中心为

$$\frac{1}{n-1}(\boldsymbol{e}-\boldsymbol{e}_i),$$

它的第 i 个分量是 0,其余分量是$\frac{1}{n-1}$,因此内切球的半径是

$$r=\sqrt{\left(\frac{1}{n}\right)^2+(n-1)\left(\frac{1}{n}-\frac{1}{n-1}\right)^2}=\frac{1}{\sqrt{n(n-1)}}. \tag{6.1.2}$$

外接球与内切球半径之比

$$\frac{R}{r}=n-1.$$

3. 向量的投影

设 $\boldsymbol{B}$ 是 $m\times n$ 矩阵,$\boldsymbol{B}$ 的秩为 m. 它的 m 个行向量生成的子空间记作 $V_{\boldsymbol{B}}$,$V_{\boldsymbol{B}}$ 的正交子空间用 $V_{\boldsymbol{B}}^{\perp}$ 表示,则

$$V_{\boldsymbol{B}}^{\perp}=\{\boldsymbol{x}\mid \boldsymbol{Bx}=\boldsymbol{0}\}.$$

由于 n 维欧氏空间$\mathbb{R}^n$等于 $V_{\boldsymbol{B}}$ 与 $V_{\boldsymbol{B}}^{\perp}$ 的直和,即

$$\mathbb{R}^n=V_{\boldsymbol{B}}\dotplus V_{\boldsymbol{B}}^{\perp},$$

因此任一向量 $\boldsymbol{y}\in\mathbb{R}^n$可以写成

$$\boldsymbol{y}=\boldsymbol{y}_1+\boldsymbol{y}_2, \tag{6.1.3}$$

其中 $\boldsymbol{y}_1\in V_{\boldsymbol{B}}$,$\boldsymbol{y}_2\in V_{\boldsymbol{B}}^{\perp}$. $\boldsymbol{y}_1$ 和 $\boldsymbol{y}_2$ 分别称为向量 $\boldsymbol{y}$ 在 $V_{\boldsymbol{B}}$ 和 $V_{\boldsymbol{B}}^{\perp}$ 上的**投影**. $\boldsymbol{y}_1$ 可以表示成 $\boldsymbol{B}$ 的 m 个行向量的线性组合,设系数向量为$\boldsymbol{\lambda}$,即

$$\boldsymbol{y}_1=\boldsymbol{B}^{\mathrm{T}}\boldsymbol{\lambda}. \tag{6.1.4}$$

将(6.1.4)式代入(6.1.3)式,然后两端左乘 $\boldsymbol{B}$,并注意到 $\boldsymbol{B}\boldsymbol{y}_2=\boldsymbol{0}$,则

$$\boldsymbol{By}=\boldsymbol{BB}^{\mathrm{T}}\boldsymbol{\lambda}. \tag{6.1.5}$$

由于 $\boldsymbol{B}$ 满秩,根据(6.1.5)式,有

$$\lambda=(\boldsymbol{BB}^{\mathrm{T}})^{-1}\boldsymbol{By}. \tag{6.1.6}$$

把(6.1.6)式代入(6.1.4)式得到

$$\boldsymbol{y}_1=\boldsymbol{B}^{\mathrm{T}}(\boldsymbol{BB}^{\mathrm{T}})^{-1}\boldsymbol{By}. \tag{6.1.7}$$

把(6.1.7)式代入(6.1.3)式,则

$$\boldsymbol{y}_2=[\boldsymbol{I}-\boldsymbol{B}^{\mathrm{T}}(\boldsymbol{BB}^{\mathrm{T}})^{-1}\boldsymbol{B}]\boldsymbol{y}. \tag{6.1.8}$$

(6.1.8)式给出向量 $\boldsymbol{y}$ 在 $V_{\boldsymbol{B}}^{\perp}$ 上的投影. 这个表达式在 Karmarkar 算法中将要用到.

4. 射影变换

在 Karmarkar 算法中,用到一种特殊的射影变换,它的定义是

$$T(\boldsymbol{x})=\frac{\boldsymbol{D}^{-1}\boldsymbol{x}}{\boldsymbol{e}^{\mathrm{T}}\boldsymbol{D}^{-1}\boldsymbol{x}}, \tag{6.1.9}$$

其中 $\boldsymbol{D}=\mathrm{diag}(a_1,\cdots,a_n)$是对角矩阵,主对角线上第 i 个元素 $a_i>0(i=1,\cdots,n)$. 把点 $\boldsymbol{x}$ 的像记作 $\boldsymbol{x}'$,则

$$\boldsymbol{x}'=\frac{\boldsymbol{D}^{-1}\boldsymbol{x}}{\boldsymbol{e}^{\mathrm{T}}\boldsymbol{D}^{-1}\boldsymbol{x}}. \tag{6.1.10}$$

把(6.1.10)式按分量写出,即

$$x_i'=\frac{x_i/a_i}{\sum_j(x_j/a_j)},\quad i=1,\cdots,n.$$

变换 T 具有下列性质:

(1) T 把单纯形 S 一对一地映射成 S. 它的逆变换是

$$\boldsymbol{x}=\frac{\boldsymbol{D}\boldsymbol{x}'}{\boldsymbol{e}^{\mathrm{T}}\boldsymbol{D}\boldsymbol{x}'}. \tag{6.1.11}$$

按分量写出来,即

$$x_i=\frac{a_ix_i'}{\sum_j a_jx_j'},\quad i=1,\cdots,n. \tag{6.1.12}$$

S 的每个顶点 $\boldsymbol{e}_j=(0,\cdots,0,1,0,\cdots,0)^{\mathrm{T}}$ 的像

$$T(\boldsymbol{e}_j)=\frac{\boldsymbol{D}^{-1}\boldsymbol{e}_j}{\boldsymbol{e}^{\mathrm{T}}\boldsymbol{D}^{-1}\boldsymbol{e}_j}=\frac{(1/a_j)\boldsymbol{e}_j}{1/a_j}=\boldsymbol{e}_j,$$

即一个顶点的像就是这个顶点.

(2) T 把由 $x_j=0$ 给出的单纯形 S 的每个面映射成对应的面 $x_j'=0$.

(3) 点 $\boldsymbol{a}=(a_1,\cdots,a_n)^{\mathrm{T}}$ 的像是单纯形 S 的中心$\frac{1}{n}\boldsymbol{e}$.

(4) 令 $\boldsymbol{p}_j$ 是 $\boldsymbol{A}$ 的第 j 列,则方程组

$$\sum_{j=1}^{n}\boldsymbol{p}_jx_j=\boldsymbol{0},$$

经变换变成

$$\sum_{j=1}^{n}\boldsymbol{p}_ja_jx_j'\Big/\sum_{j=1}^{n}a_jx_j'=\boldsymbol{0}$$

或

$$\sum_{j=1}^{n}\boldsymbol{p}_j'x_j'=\boldsymbol{0},$$

其中 $\boldsymbol{p}_j'=a_j\boldsymbol{p}_j$.

(5) 如果 $\boldsymbol{a}\in\{\boldsymbol{x}\mid\boldsymbol{A}\boldsymbol{x}=\boldsymbol{0}\}$,则单纯形 S 的中心(也是 $\boldsymbol{a}$ 的像)

$$\boldsymbol{a}^{(0)}\in\{\boldsymbol{x}'\mid\boldsymbol{A}\boldsymbol{D}\boldsymbol{x}'=\boldsymbol{0}\}.$$

5. 势函数

在 Karmarkar 算法的证明中,引进了势函数的概念. 对每个线性函数 $l(\boldsymbol{x})$,定义与它

相联系的**势函数**为

$$f(\boldsymbol{x}) = \sum_{j=1}^{n} \ln \frac{l(\boldsymbol{x})}{x_j} + k,$$

其中 k 为常数.

势函数具有下列性质:

(1) 射影变换 T 把势函数变换成具有相同形式的函数. 令 $f(\boldsymbol{x}) = f'(T(\boldsymbol{x}))$,则称 f' 为**变换后的势函数**. 现在推导 f' 的表达式.

令 $l(\boldsymbol{x}) = \boldsymbol{c}^{\mathrm{T}}\boldsymbol{x}$,由(6.1.12)式,有

$$x_i = \frac{a_i x_i'}{\sum_j a_j x_j'} = \frac{a_i x_i'}{\boldsymbol{e}^{\mathrm{T}} \boldsymbol{D} \boldsymbol{x}'}. \tag{6.1.13}$$

把(6.1.11)式和(6.1.13)式代入 $f(\boldsymbol{x})$ 的表达式,则

$$\begin{aligned} f(\boldsymbol{x}) &= \sum_{j=1}^{n} \ln \frac{\boldsymbol{c}^{\mathrm{T}}\boldsymbol{x}}{x_j} = \sum_{j=1}^{n} \ln \frac{\boldsymbol{c}^{\mathrm{T}}\boldsymbol{D}\boldsymbol{x}'/(\boldsymbol{e}^{\mathrm{T}}\boldsymbol{D}\boldsymbol{x}')}{a_j x_j'/(\boldsymbol{e}^{\mathrm{T}}\boldsymbol{D}\boldsymbol{x}')} \\ &= \sum_{j=1}^{n} \ln \frac{\boldsymbol{c}^{\mathrm{T}}\boldsymbol{D}\boldsymbol{x}'}{a_j x_j'} = \sum_{j=1}^{n} \ln \frac{\boldsymbol{c}'^{\mathrm{T}}\boldsymbol{x}'}{x_j'} - \sum_{j=1}^{n} \ln a_j, \end{aligned}$$

经过变换,得到变换后的势函数

$$f'(\boldsymbol{x}') = \sum_{j=1}^{n} \ln \frac{\boldsymbol{c}'^{\mathrm{T}}\boldsymbol{x}'}{x_j'} - \sum_{j=1}^{n} \ln a_j,$$

其中 $\boldsymbol{c}' = \boldsymbol{D}\boldsymbol{c}$.

(2) 目标函数值所期望的下降量可通过势函数值的充分减小来达到.

(3) 优化势函数 $f(x)$ 可用优化线性函数来近似. 当然,每步所用线性函数不同. 这一点 Karmarkar 给出了证明.

6.1.3 Karmarkar 标准问题求解方法

1. 基本思想

Karmarkar 算法的基本思想是,通过射影变换把问题(6.1.1)转化为在球域上极小化另一个线性函数. 求出在球域上的最优解后,再用逆变换将此解返回到原决策空间里去,从而得到原问题的一个近似解. 重复以上过程,得到点列$\{\boldsymbol{x}^{(k)}\}$,此点列在多项式时间内收敛于问题的最优解.

下面,具体分析问题的转化过程.

在问题(6.1.1)中,可行域是子空间

$$\Omega = \{\boldsymbol{x} \mid \boldsymbol{A}\boldsymbol{x} = \boldsymbol{0}\}$$

和单纯形

$$S=\left\{x \middle| \sum_{j=1}^{n} x_j = 1, \quad x \geqslant 0\right\}$$

的交集.因此,(6.1.1)式可以写成

$$\begin{aligned} \min \quad & c^{\mathrm{T}} x \\ \text{s.t.} \quad & x \in S \cap \Omega. \end{aligned} \tag{6.1.14}$$

运用变换(6.1.9)把子空间 Ω 变换为子空间

$$\Omega' = \{x' \mid ADx' = 0\},$$

把单纯形 S 变换成 S,从而把可行域 $S \cap \Omega$ 变成 $S \cap \Omega'$. 同时,这个变换把单纯形上的可行点 $a=(a_1,\cdots,a_n)^{\mathrm{T}}>0$ 变成单纯形 S 的中心 $a^{(0)}=\frac{1}{n}e$. 显然,$a^{(0)} \in S \cap \Omega'$.

经过变换,目标函数 $c^{\mathrm{T}}x$ 变成分式函数

$$\frac{c^{\mathrm{T}} D x'}{e^{\mathrm{T}} D x'}.$$

相应地,势函数

$$f(x) = \sum_{j=1}^{n} \ln \frac{c^{\mathrm{T}} x}{x_j}$$

变换成

$$f'(x') = \sum_{j=1}^{n} \ln \frac{c'^{\mathrm{T}} x'}{x_j'} - \sum_{j=1}^{n} \ln a_j.$$

由于变换后目标函数不再是线性函数,而势函数却保持相同的形式,以及所期望的目标函数值的减少可通过势函数值的充分减少来达到,因此变换后不去极小化分式函数,而是极小化变换后的势函数.这样,把(6.1.14)式转化为

$$\begin{aligned} \min \quad & f'(x') \\ \text{s.t.} \quad & x' \in S \cap \Omega'. \end{aligned} \tag{6.1.15}$$

为了便于计算,用包含在单纯形 S 内以 $a^{(0)}$ 为球心,αr 为半径的球 $B(a^{(0)},\alpha r)$ 取代 S,其中 r 是单纯形 S 的内切球的半径,由(6.1.2)式知 $r=1/\sqrt{n(n-1)}$,$\alpha \in (0,1)$. 由于 $B(a^{(0)},\alpha r)$ 的球心 $a^{(0)} \in \Omega'$,因此球 $B(a^{(0)},\alpha r)$ 与子空间 Ω' 的交是在 Ω' 中以 $a^{(0)}$ 为球心,具有相同半径 αr 的降维球.记作

$$B'(a^{(0)},\alpha r) = B(a^{(0)},\alpha r) \cap \Omega',$$

$B'(a^{(0)},\alpha r)$ 中每个元素 x' 满足

$$ADx' = 0 \tag{6.1.16}$$

及

$$\sum_{j=1}^{n} x_j' = 1, \quad 即 \quad e^{\mathrm{T}} x' = 1. \tag{6.1.17}$$

现在扩充矩阵 AD,令

$$\boldsymbol{B}=\begin{bmatrix}\boldsymbol{AD}\\ \boldsymbol{e}^{\mathrm{T}}\end{bmatrix},$$

其中 $\boldsymbol{e}^{\mathrm{T}}=(1,\cdots,1)$是分量均为 1 的 n 维向量,记作

$$\boldsymbol{e}_{m+1}=\begin{bmatrix}\boldsymbol{0}\\ 1\end{bmatrix},$$

$\boldsymbol{e}_{m+1}$是前 m 个分量是零的 $m+1$ 维向量. 这样,条件(6.1.16)和(6.1.17)一起可以表示为

$$\boldsymbol{B}\boldsymbol{x}'=\boldsymbol{e}_{m+1}.$$

显然,$\boldsymbol{B}'(\boldsymbol{a}^{(0)},\alpha r)$是在仿射空间

$$\Omega''=\left\{\boldsymbol{x}'\mid \boldsymbol{B}\boldsymbol{x}'=\boldsymbol{e}_{m+1}\right\}$$

中的球. 于是(6.1.15)式转化为问题

$$\begin{aligned}&\min\quad f'(\boldsymbol{x}')\\ &\text{s. t.}\quad \boldsymbol{x}'\in \boldsymbol{B}(\boldsymbol{a}^{(0)},\alpha r)\cap\Omega''.\end{aligned}\tag{6.1.18}$$

Karmarkar 已经证明,极小化势函数 $f'(\boldsymbol{x}')$可用极小化线性函数 $\boldsymbol{c}'^{\mathrm{T}}\boldsymbol{x}'$来近似. 最后把(6.1.18)式转化为解下列问题:

$$\begin{aligned}&\min\quad \boldsymbol{c}'^{\mathrm{T}}\boldsymbol{x}'\\ &\text{s. t.}\quad \boldsymbol{x}'\in \boldsymbol{B}(\boldsymbol{a}^{(0)},\alpha r)\cap\Omega'',\end{aligned}\tag{6.1.19}$$

其中 $\boldsymbol{c}'=\boldsymbol{D}\boldsymbol{c}$.

现在,求函数 $\boldsymbol{c}'^{\mathrm{T}}\boldsymbol{x}'$在集

$$\boldsymbol{B}(\boldsymbol{a}^{(0)},\alpha r)\cap\Omega''$$

上的极小点. 由于这个集合是仿射空间 Ω''中的一个球,球心为 $\boldsymbol{a}^{(0)}$,$\boldsymbol{c}'^{\mathrm{T}}\boldsymbol{x}'$又是线性函数,因此只要从 $\boldsymbol{a}^{(0)}$出发,沿 $\boldsymbol{c}'^{\mathrm{T}}\boldsymbol{x}'$在 Ω''中下降最快的方向,移动距离为 αr,即得到(6.1.19)式的极小点. 而 $\boldsymbol{c}'^{\mathrm{T}}\boldsymbol{x}'$在 Ω''中下降最快的方向就是最速下降方向(负梯度方向)$-\boldsymbol{c}'$在 $\boldsymbol{B}$ 的零空间

$$N(\boldsymbol{B})=\left\{\boldsymbol{x}'\mid \boldsymbol{B}\boldsymbol{x}'=\boldsymbol{0}\right\}$$

中的投影. 设 $\boldsymbol{B}$ 满秩. 根据(6.1.8)式,$\boldsymbol{c}'$在 $N(\boldsymbol{B})$上的投影

$$\boldsymbol{c}_p=(\boldsymbol{I}-\boldsymbol{B}^{\mathrm{T}}(\boldsymbol{B}\boldsymbol{B}^{\mathrm{T}})^{-1}\boldsymbol{B})\boldsymbol{D}\boldsymbol{c},$$

因此 $\boldsymbol{c}'^{\mathrm{T}}\boldsymbol{x}'$在 Ω''上下降最快的方向是

$$\boldsymbol{d}^{(0)}=-\frac{\boldsymbol{c}_p}{\|\boldsymbol{c}_p\|},$$

$\boldsymbol{c}'^{\mathrm{T}}\boldsymbol{x}'$在降维球上的最小点是

$$\boldsymbol{b}'=\boldsymbol{a}^{(0)}-\frac{\alpha r}{\|\boldsymbol{c}_p\|}\boldsymbol{c}_p.$$

用逆变换(6.1.11)求 $\boldsymbol{b}'$的像源,得出(6.1.14)式的一个近似解 $\boldsymbol{b}$. 再把 $\boldsymbol{b}$ 变换为单纯

形 S 的中心，并求解问题(6.1.19). 不断重复上述计算过程，就可以产生收敛于(6.1.14)式(也是(6.1.1)式)的最优解的序列.

2. 计算步骤

求解 Karmarkar 标准问题(6.1.1)的计算步骤如下：

(1) 给定参数值 $\alpha\in(0,1)$，令

$$\boldsymbol{x}^{(0)}=\boldsymbol{a}^{(0)}=\frac{1}{n}(1,\cdots,1)^{\mathrm{T}},$$

置 $k=0$.

(2) 若 $\boldsymbol{c}^{\mathrm{T}}\boldsymbol{x}^{(k)}/(\boldsymbol{c}^{\mathrm{T}}\boldsymbol{a}^{(0)})\leqslant 2^{-q}$，则停止计算，得解 $\boldsymbol{x}^{(k)}$. 否则进行步骤(3).

(3) 令 $\boldsymbol{D}=\mathrm{diag}(x_1^{(k)},\cdots,x_n^{(k)})$，又令

$$\boldsymbol{B}=\begin{bmatrix}\boldsymbol{AD}\\ \boldsymbol{e}^{\mathrm{T}}\end{bmatrix}.$$

(4) 求梯度 $\boldsymbol{c}'=\boldsymbol{Dc}$ 在 $\boldsymbol{B}$ 的零空间中的投影. 令 $\boldsymbol{c}_p=[\boldsymbol{I}-\boldsymbol{B}^{\mathrm{T}}(\boldsymbol{BB}^{\mathrm{T}})^{-1}\boldsymbol{B}]\boldsymbol{Dc}$.

(5) 把 $\boldsymbol{c}_p$ 单位化，令

$$\hat{\boldsymbol{c}}=\frac{\boldsymbol{c}_p}{\|\boldsymbol{c}_p\|}.$$

(6) 计算在球上的极小点

$$\boldsymbol{b}'=\boldsymbol{a}^{(0)}-\frac{\alpha}{\sqrt{n(n-1)}}\hat{\boldsymbol{c}}.$$

(7) 求 $\boldsymbol{b}'$ 的像源，令

$$\boldsymbol{x}^{(k+1)}=\frac{\boldsymbol{Db}'}{\boldsymbol{e}^{\mathrm{T}}\boldsymbol{Db}'}.$$

(8) 计算势函数值 $f(\boldsymbol{x}^{(k)})$ 和 $f(\boldsymbol{x}^{(k+1)})$，若 $f(\boldsymbol{x}^{(k)})-f(\boldsymbol{x}^{(k+1)})<\delta$($\delta$ 的取值在后面给出)，则停止计算，得出 Karmarkar 标准问题的极小值大于零的结论，这种情形对应原来的线性规划问题或者不可行，或者不存在有限最优值的情况. 如果

$$f(\boldsymbol{x}^{(k)})-f(\boldsymbol{x}^{(k+1)})\geqslant\delta,$$

则进行步骤(9).

(9) 置 $k:=k+1$，返回步骤(2).

3. 有关定理

下面给出 Karmarkar 算法中的几个定理，这里不加证明，可参见文献[13].

定理 6.1.1 算法在 $O(n(q+\log n))$ 步内求得一个可行点 $\boldsymbol{x}$，使得

$$\frac{\boldsymbol{c}^{\mathrm{T}}\boldsymbol{x}}{\boldsymbol{c}^{\mathrm{T}}\boldsymbol{a}^{(0)}}\leqslant 2^{-q},$$

其中 q 是给定的终止参数，$\boldsymbol{a}^{(0)}$ 是初点，取为单纯形 S 的中心.

定理 6.1.2 对于每个 k，有下列两种情形之一：

(1) $f(\boldsymbol{x}^{(k+1)})\leqslant f(\boldsymbol{x}^{(k)})-\delta$；

(2) 目标函数的极小值大于零.

其中 δ 是一个常数，它依赖于 α 的取值，这两个参数之间的关系为

$$\delta=\alpha-\frac{\alpha^2}{2}-\frac{\alpha^2 n}{(n-1)[1-\alpha\sqrt{n/(n-1)}]},$$

$\alpha\in(0,1)$，当 $\alpha=\dfrac{1}{4}$ 时，$\delta\geqslant\dfrac{1}{8}$.

这个定理表明，经一次迭代，势函数值的减小不小于常数 δ(当最优解存在时).

定理 6.1.3 存在一点 $\boldsymbol{b}'\in B(\boldsymbol{a}^{(0)},\alpha r)\cap\Omega''$，使得 $f'(\boldsymbol{b}')\leqslant f'(\boldsymbol{a}^{(0)})-\delta$.

定理 6.1.4 设 $\boldsymbol{b}'$ 是 $\boldsymbol{c}'^{\mathrm{T}}\boldsymbol{x}$ 在 $B(\boldsymbol{a}^{(0)},\alpha r)\cap\Omega''$ 上的极小点，则

$$f'(\boldsymbol{b}')\leqslant f'(\boldsymbol{a}^{(0)})-\delta.$$

上述定理表明，在 $B(\boldsymbol{a}^{(0)},\alpha r)\cap\Omega''$ 上极小化 $f'(\boldsymbol{x})$，可用极小化线性函数 $\boldsymbol{c}'^{\mathrm{T}}\boldsymbol{x}$ 来近似.

定理 6.1.5 算法求得的点 $\boldsymbol{b}'$ 是 $\boldsymbol{c}'^{\mathrm{T}}\boldsymbol{x}$ 在 $B(\boldsymbol{a}^{(0)},\alpha r)\cap\Omega''$ 上的极小点.

4. 关于$(\boldsymbol{BB}^{\mathrm{T}})^{-1}$的计算方法

Karmarkar 算法的主要工作量在于计算 $\boldsymbol{c}'$ 在 $\boldsymbol{B}$ 的零空间中的投影，即求

$$\boldsymbol{c}_p=[\boldsymbol{I}-\boldsymbol{B}^{\mathrm{T}}(\boldsymbol{BB}^{\mathrm{T}})^{-1}\boldsymbol{B}]\boldsymbol{Dc},$$

其中主要计算量又是求$(\boldsymbol{BB}^{\mathrm{T}})^{-1}$. 用 Gauss 消去法求矩阵的逆，需做 $O(n^3)$ 次算术运算，对于每次算术运算又需要 $O(L)$ 位的精度，因此用 Gauss 消去法实际上要做 $O(n^3L)$ 次算术运算. 为了减少计算次数，Karmarkar 采用了秩 1 修正，节省了 $n^{0.5}$ 次运算. 下面简要介绍计算$(\boldsymbol{BB}^{\mathrm{T}})^{-1}$的一种方法.

由矩阵 $\boldsymbol{B}$ 的定义可知，

$$\boldsymbol{BB}^{\mathrm{T}}=\begin{bmatrix}\boldsymbol{AD}\\ \boldsymbol{e}^{\mathrm{T}}\end{bmatrix}\begin{bmatrix}\boldsymbol{AD}\\ \boldsymbol{e}^{\mathrm{T}}\end{bmatrix}^{\mathrm{T}}=\begin{bmatrix}\boldsymbol{AD}^2\boldsymbol{A}^{\mathrm{T}} & \boldsymbol{ADe}\\ (\boldsymbol{ADe})^{\mathrm{T}} & \boldsymbol{e}^{\mathrm{T}}\boldsymbol{e}\end{bmatrix}=\begin{bmatrix}\boldsymbol{AD}^2\boldsymbol{A}^{\mathrm{T}} & \boldsymbol{0}\\ \boldsymbol{0} & n\end{bmatrix}.$$

显然，在计算 $\boldsymbol{c}_p$ 时，从一次迭代到另一次迭代，只有矩阵 $\boldsymbol{D}$ 发生变化. 在第 k 次迭代时，按定义有

$$\boldsymbol{D}^{(k)}=\operatorname{diag}(x_1^{(k)},\cdots,x_n^{(k)}),$$

为减少计算量，定义矩阵 $\boldsymbol{D}'^{(k)}$，使

$$\frac{1}{2}\leqslant\left(\frac{D_{ii}'^{(k)}}{D_{ii}^{(k)}}\right)^2\leqslant 2,\quad i=1,\cdots,n,$$

其中 $D_{ii}'^{(k)}$ 是矩阵 $\boldsymbol{D}'^{(k)}$ 的主对角线上第 i 个元素，$D_{ii}^{(k)}$ 是 $\boldsymbol{D}^{(k)}$ 的主对角线上第 i 个元素. 这

时，$\boldsymbol{D}'^{(k)}$ 作为 $\boldsymbol{D}^{(k)}$ 的近似矩阵. 在求逆时，用矩阵 $\boldsymbol{D}'^{(k)}$ 代替 $\boldsymbol{D}^{(k)}$，进而用 $(\boldsymbol{A}(\boldsymbol{D}'^{(k)})^2\boldsymbol{A}^{\mathrm{T}})^{-1}$ 代替 $(\boldsymbol{A}(\boldsymbol{D}^{(k)})^2\boldsymbol{A}^{\mathrm{T}})^{-1}$. 建立矩阵 $\boldsymbol{D}'^{(k)}$ 的具体方法如下.

在运算之初，令

$$\boldsymbol{D}'^{(0)} = \boldsymbol{D}^{(0)} = \operatorname{diag}(a_1, \cdots, a_n),$$

其中 $\boldsymbol{a}=(a_1,\cdots,a_n)$ 是初始可行点. 以后由修改 $\boldsymbol{D}'^{(k)}$ 而得到 $\boldsymbol{D}'^{(k+1)}$. 修改 $\boldsymbol{D}'^{(k)}$ 的策略是：

(1) 令 $\boldsymbol{D}'^{(k+1)}=\sigma_k\boldsymbol{D}'^{(k)}$，其中

$$\sigma_k = \frac{1}{n}\sum_{j=1}^{n}\frac{x_j^{(k+1)}}{x_j^{(k)}}.$$

(2) 对于 $i=1,\cdots,n$，检验是否成立

$$\left(\frac{D_{ii}'^{(k+1)}}{D_{ii}^{(k+1)}}\right)^2 \notin \left[\frac{1}{2}, 2\right). \tag{6.1.20}$$

若对某个 i，(6.1.20)式成立，则表明 $\boldsymbol{D}'^{(k+1)}$ 的第 i 个对角线元素不满足近似要求. 因此令

$$D_{ii}'^{(k+1)} = D_{ii}^{(k+1)},$$

紧接着对 $\boldsymbol{A}(\boldsymbol{D}'^{(k+1)})^2\boldsymbol{A}^{\mathrm{T}}$ 作秩 1 修正，并求出它的逆矩阵. 然后从第 $i+1$ 个对角元素开始，继续检验(6.1.20)式是否成立. 重复以上步骤，直至 $i=n$. 按上述方法，检验完(6.1.20)式，便得到 $\boldsymbol{D}^{(k+1)}$ 的近似矩阵 $\boldsymbol{D}'^{(k+1)}$，同时得到逆矩阵 $(\boldsymbol{A}(\boldsymbol{D}'^{(k+1)})^2\boldsymbol{A}^{\mathrm{T}})^{-1}$.

现在说明秩 1 修正的方法.

设对角矩阵 $\boldsymbol{D}'$ 和 $\boldsymbol{D}''$ 仅相差主对角线上第 i 个元素，则

$$\boldsymbol{A}(\boldsymbol{D}')^2\boldsymbol{A}^{\mathrm{T}} = \boldsymbol{A}(\boldsymbol{D}'')^2\boldsymbol{A}^{\mathrm{T}} + [(D_{ii}')^2 - (D_{ii}'')^2]\boldsymbol{p}_i\boldsymbol{p}_i^{\mathrm{T}}, \tag{6.1.21}$$

其中 $\boldsymbol{p}_i$ 是 $\boldsymbol{A}$ 的第 i 列. $[(D_{ii}')^2-(D_{ii}'')^2]\boldsymbol{p}_i\boldsymbol{p}_i^{\mathrm{T}}$ 是秩 1 矩阵. (6.1.21)式表明，对 $\boldsymbol{A}(\boldsymbol{D}'')^2\boldsymbol{A}^{\mathrm{T}}$ 作秩 1 修正，得到 $\boldsymbol{A}(\boldsymbol{D}')^2\boldsymbol{A}^{\mathrm{T}}$，记作

$$\boldsymbol{M} = \boldsymbol{A}(\boldsymbol{D}'')^2\boldsymbol{A}^{\mathrm{T}},$$
$$\boldsymbol{v} = \boldsymbol{p}_i,$$
$$\boldsymbol{u} = [(D_{ii}')^2 - (D_{ii}'')^2]\boldsymbol{p}_i,$$

利用 Sherman-Morrison 公式

$$(\boldsymbol{M}+\boldsymbol{u}\boldsymbol{v}^{\mathrm{T}})^{-1} = \boldsymbol{M}^{-1} - \frac{\boldsymbol{M}^{-1}\boldsymbol{u}\boldsymbol{v}^{\mathrm{T}}\boldsymbol{M}^{-1}}{1+\boldsymbol{v}^{\mathrm{T}}\boldsymbol{M}^{-1}\boldsymbol{u}}, \tag{6.1.22}$$

由 $(\boldsymbol{A}(\boldsymbol{D}'')^2\boldsymbol{A}^{\mathrm{T}})^{-1}$ 求 $(\boldsymbol{A}(\boldsymbol{D}')^2\boldsymbol{A}^{\mathrm{T}})^{-1}$.

采用上述修正技巧以前，计算的复杂性为 $O(n^4L^2)$，采用修正技巧后，计算的复杂性为 $O(n^{3.5}L^2)$.

6.1.4 一般线性规划问题的处理

1. 利用对偶定理转化线性规划问题

我们考虑一般线性规划问题

$$\begin{aligned} \min \quad & \boldsymbol{c}^{\mathrm{T}}\boldsymbol{x} \\ \text{s.t.} \quad & \boldsymbol{A}\boldsymbol{x} \geqslant \boldsymbol{b}, \\ & \boldsymbol{x} \geqslant \boldsymbol{0}. \end{aligned} \tag{6.1.23}$$

这一节的目的是把(6.1.23)式转化为求解 Karmarkar 标准问题.实现这种转化可用多种方法,现介绍其中的一种,这就是利用对偶性质和射影变换实现这种转化的方法.

首先介绍怎样把(6.1.23)式转化为求解标准形式的线性规划问题.已知(6.1.23)式的对偶问题是

$$\begin{aligned} \max \quad & \boldsymbol{b}^{\mathrm{T}}\boldsymbol{u} \\ \text{s.t.} \quad & \boldsymbol{A}^{\mathrm{T}}\boldsymbol{u} \leqslant \boldsymbol{c}, \\ & \boldsymbol{u} \geqslant \boldsymbol{0}. \end{aligned}$$

又知(6.1.23)式存在最优解的充要条件是

$$\begin{cases} \boldsymbol{A}\boldsymbol{x} \geqslant \boldsymbol{b}, \\ \boldsymbol{A}^{\mathrm{T}}\boldsymbol{u} \leqslant \boldsymbol{c}, \\ \boldsymbol{c}^{\mathrm{T}}\boldsymbol{x} - \boldsymbol{b}^{\mathrm{T}}\boldsymbol{u} = 0, \\ \boldsymbol{x} \geqslant \boldsymbol{0}, \\ \boldsymbol{u} \geqslant \boldsymbol{0} \end{cases} \tag{6.1.24}$$

有可行解.(6.1.24)式的可行解,其中 $\boldsymbol{x}$ 的取值就是(6.1.23)式的最优解.这样,把求解(6.1.23)式转化为求(6.1.24)式的可行解.

用两阶段法的第一阶段求(6.1.24)式的可行解.为此,先引进松弛变量,把不等式化为等式,得到

$$\begin{cases} \boldsymbol{A}\boldsymbol{x} - \boldsymbol{y} = \boldsymbol{b}, \\ \boldsymbol{A}^{\mathrm{T}}\boldsymbol{u} + \boldsymbol{v} = \boldsymbol{c}, \\ \boldsymbol{c}^{\mathrm{T}}\boldsymbol{x} - \boldsymbol{b}^{\mathrm{T}}\boldsymbol{u} = 0, \\ \boldsymbol{x} \geqslant \boldsymbol{0}, \quad \boldsymbol{u} \geqslant \boldsymbol{0}, \quad \boldsymbol{y} \geqslant \boldsymbol{0}, \quad \boldsymbol{v} \geqslant \boldsymbol{0}. \end{cases}$$

再引进人工变量 λ,并令

$$\boldsymbol{x}^{(0)} > \boldsymbol{0}, \quad \boldsymbol{y}^{(0)} > \boldsymbol{0}, \quad \boldsymbol{u}^{(0)} > \boldsymbol{0}, \quad \boldsymbol{v}^{(0)} > \boldsymbol{0}.$$

把求解(6.1.23)式转化为求解下列问题:

$$
\begin{aligned}
\min \quad & \lambda \\
\text{s.t.} \quad & \boldsymbol{Ax}-\boldsymbol{y}+(\boldsymbol{b}-\boldsymbol{Ax}^{(0)}+\boldsymbol{y}^{(0)})\lambda=\boldsymbol{b}, \\
& \boldsymbol{A}^{\mathrm{T}}\boldsymbol{u}+\boldsymbol{v}+(\boldsymbol{c}-\boldsymbol{A}^{\mathrm{T}}\boldsymbol{u}^{(0)}-\boldsymbol{v}^{(0)})\lambda=\boldsymbol{c}, \\
& \boldsymbol{c}^{\mathrm{T}}\boldsymbol{x}-\boldsymbol{b}^{\mathrm{T}}\boldsymbol{u}+(-\boldsymbol{c}^{\mathrm{T}}\boldsymbol{x}^{(0)}+\boldsymbol{b}^{\mathrm{T}}\boldsymbol{u}^{(0)})\lambda=0, \\
& \boldsymbol{x}\geqslant\boldsymbol{0},\quad \boldsymbol{u}\geqslant\boldsymbol{0},\quad \boldsymbol{y}\geqslant\boldsymbol{0},\quad \boldsymbol{v}\geqslant\boldsymbol{0},\quad \lambda\geqslant 0.
\end{aligned}
\tag{6.1.25}
$$

在(6.1.25)式中,目标函数值有下界,且

$$\boldsymbol{x}=\boldsymbol{x}^{(0)},\quad \boldsymbol{y}=\boldsymbol{y}^{(0)},\quad \boldsymbol{u}=\boldsymbol{u}^{(0)},\quad \boldsymbol{v}=\boldsymbol{v}^{(0)},\quad \lambda=1$$

是可行解,因此(6.1.25)式必存在最优解. 为了方便,将问题(6.1.25)改写成

$$
\begin{aligned}
\min \quad & \boldsymbol{c}^{\mathrm{T}}\boldsymbol{x} \\
\text{s.t.} \quad & \boldsymbol{Ax}=\boldsymbol{b}, \\
& \boldsymbol{x}\geqslant\boldsymbol{0},
\end{aligned}
\tag{6.1.26}
$$

并假设 $\boldsymbol{A}$ 是 $m\times n$ 矩阵,$\boldsymbol{c},\boldsymbol{x}\in\mathbb{R}^n$.

值得注意,(6.1.26)式和(6.1.25)式中的相同字母比如 $\boldsymbol{A},\boldsymbol{b},\boldsymbol{c},\boldsymbol{x}$,含义不同,不可混淆.

2. 利用射影变换化(6.1.26)式为标准问题

定义射影变换 $T_1(x)$:

$$x_i'=\frac{x_i/a_i}{\sum_j (x_j/a_j)+1},\quad i=1,\cdots,n,$$

$$x_{n+1}'=1-\sum_{i=1}^{n}x_i'.$$

容易验证,变换 $T_1(x)$ 具有下列性质:

(1) T_1 把 $\mathbb{R}^n$ 中的集合

$$P_+=\{\boldsymbol{x}\in\mathbb{R}^n \mid \boldsymbol{x}\geqslant\boldsymbol{0}\}$$

映射成 $\mathbb{R}^{n+1}$ 中的 n 维单纯形

$$S=\left\{\boldsymbol{x}'\in\mathbb{R}^{n+1}\ \middle|\ \sum_{j=1}^{n+1}x_j'=1,\quad \boldsymbol{x}'\geqslant\boldsymbol{0}\right\}.$$

(2) T_1 是一对一的可逆变换,其逆变换是

$$x_i=\frac{a_i x_i'}{x_{n+1}'},\quad i=1,\cdots,n. \tag{6.1.27}$$

(3) 点 $\boldsymbol{a}=(a_1,\cdots,a_n)^{\mathrm{T}}$ 的像是单纯形 S 的中心 $\frac{1}{n+1}\boldsymbol{e}$,其中 $\boldsymbol{e}$ 是分量全为 1 的 $n+1$ 维向量.

(4) 设 $\boldsymbol{p}_j$ 表示 $\boldsymbol{A}$ 的第 j 列,如果

$$\sum_{j=1}^{n} x_j \boldsymbol{p}_j = \boldsymbol{b},$$

则

$$\frac{\sum_j a_j x'_j \boldsymbol{p}_j}{x'_{n+1}} = \boldsymbol{b}$$

或

$$\sum_{j=1}^{n} a_j x'_j \boldsymbol{p}_j - x'_{n+1} \boldsymbol{b} = \boldsymbol{0}. \tag{6.1.28}$$

定义矩阵 $\boldsymbol{A}'$,它的前 n 列为

$$\boldsymbol{p}'_j = a_j \boldsymbol{p}_j, \quad j = 1, \cdots, n,$$

第 $n+1$ 列为

$$\boldsymbol{p}'_{n+1} = -\boldsymbol{b},$$

则(6.1.28)式可写成

$$\boldsymbol{A}'\boldsymbol{x}' = \boldsymbol{0},$$

其中 $\boldsymbol{x}' = (x'_1, \cdots, x'_{n+1})^{\mathrm{T}}$. 即 T_1 把 $\boldsymbol{Ax}=\boldsymbol{b}$ 变成 $\boldsymbol{A}'\boldsymbol{x}'=\boldsymbol{0}$.

(5) 我们希望求出使 $\boldsymbol{c}^{\mathrm{T}}\boldsymbol{x}$ 等于零的可行解,为此定义仿射子空间 Z,使得

$$Z = \{\boldsymbol{x} \in \mathbb{R}^n \mid \boldsymbol{c}^{\mathrm{T}}\boldsymbol{x} = 0\}.$$

下面利用(6.1.27)式研究 Z 的像.

现将(6.1.27)式代入 $\boldsymbol{c}^{\mathrm{T}}\boldsymbol{x}=0$,得到

$$\sum_{i=1}^{n} \frac{c_i a_i x'_i}{x'_{n+1}} = 0. \tag{6.1.29}$$

定义向量 $\boldsymbol{c}' \in \mathbb{R}^{n+1}$,使

$$\begin{cases} c'_i = c_i a_i, & i = 1, \cdots, n, \\ c'_{n+1} = 0. \end{cases}$$

由(6.1.29)式得到

$$\sum_{i=1}^{n+1} c'_i x'_i = 0,$$

即 $\boldsymbol{c}'^{\mathrm{T}}\boldsymbol{x}'=0$. 因此,若 $\boldsymbol{c}^{\mathrm{T}}\boldsymbol{x}=0$,则 $\boldsymbol{c}'^{\mathrm{T}}\boldsymbol{x}'=0$,由此可知,$Z$ 的像是

$$Z' = \{\boldsymbol{x}' \in \mathbb{R}^{n+1} \mid \boldsymbol{c}'^{\mathrm{T}}\boldsymbol{x}' = 0\}.$$

根据以上性质,变换后得到 Karmarkar 标准问题:

$$\begin{aligned} \min \quad & \boldsymbol{c}'^{\mathrm{T}}\boldsymbol{x}' \\ \text{s.t.} \quad & \boldsymbol{A}'\boldsymbol{x}' = \boldsymbol{0}, \\ & \sum_{i=1}^{n+1} x'_i = 1, \\ & \boldsymbol{x}' \geqslant \boldsymbol{0}. \end{aligned} \tag{6.1.30}$$

由于(6.1.26)(即(6.1.25))式存在正的可行解,利用这个可行解定义点 a,这样,这个可行解的像是单纯形 S 的中心 $\frac{1}{n+1}\boldsymbol{e}$. 因此,以 $\frac{1}{n+1}\boldsymbol{e}$ 为问题(6.1.30)的初始可行解,就可以用 6.1.3 节介绍的方法求解(6.1.30)式. 其结果是 $\boldsymbol{c}'^{\mathrm{T}}\boldsymbol{x}'$ 的最优值或者为零或者大于零. 当这个最优值为零时,最优解 $\boldsymbol{x}'$ 的像源给出原问题的最优解. 当最优值大于零时,原问题不存在最优解,即或者不可行或者属于无界情形.

*6.2 内 点 法

6.2.1 计算公式的推导

运用前面介绍的方法,需要把一般线性规划问题的求解转化为解 Karmarkar 标准问题,计算比较复杂. Karmarkar 等人在此基础上,又给出一种**内点法**,参见文献[14]. 采用这种方法,不必把线性规划问题转化为 Karmarkar 标准问题. 下面介绍这种方法.

考虑线性规划问题

$$\begin{aligned} \max \quad & \boldsymbol{c}^{\mathrm{T}}\boldsymbol{x} \\ \text{s.t.} \quad & \boldsymbol{A}\boldsymbol{x} \leqslant \boldsymbol{b}, \end{aligned} \tag{6.2.1}$$

其中 $\boldsymbol{c},\boldsymbol{x}\in\mathbb{R}^n$, $\boldsymbol{A}$ 是 $m\times n$ 矩阵, $m\geqslant n$. 先假设存在内点 $\boldsymbol{x}^{(0)}$,并假设问题是有界的.

算法的基本思想,是从内点 $\boldsymbol{x}^{(0)}$ 出发,沿可行方向求出使目标函数值上升的后继点,再从得到的内点出发,沿另一个可行方向求使目标函数值上升的内点. 重复以上步骤,产生一个由内点组成的序列 $\{\boldsymbol{x}^{(k)}\}$,使得

$$\boldsymbol{c}^{\mathrm{T}}\boldsymbol{x}^{(k+1)} > \boldsymbol{c}^{\mathrm{T}}\boldsymbol{x}^{(k)},$$

当满足终止准则时,则停止迭代. 这种方法的关键是选择使目标函数值上升的可行方向. 下面给出简要分析.

首先引进松弛变量,把线性规划(6.2.1)写成

$$\begin{aligned} \max \quad & \boldsymbol{c}^{\mathrm{T}}\boldsymbol{x} \\ \text{s.t.} \quad & \boldsymbol{A}\boldsymbol{x} + \boldsymbol{v} = \boldsymbol{b}, \\ & \boldsymbol{v} \geqslant \boldsymbol{0}. \end{aligned} \tag{6.2.2}$$

在第 k 次迭代,定义 $\boldsymbol{v}^{(k)}$ 为非负松弛变量构成的 m 维向量,使得

$$\boldsymbol{v}^{(k)} = \boldsymbol{b} - \boldsymbol{A}\boldsymbol{x}^{(k)}.$$

再定义对角矩阵

$$\boldsymbol{D}_k = \operatorname{diag}\left(\frac{1}{v_1^{(k)}}, \cdots, \frac{1}{v_m^{(k)}}\right).$$

作仿射变换,令

$$\boldsymbol{w} = \boldsymbol{D}_k\boldsymbol{v},$$

把线性规划(6.2.2)改写成

$$\begin{aligned}\max\quad & \boldsymbol{c}^{\mathrm{T}}\boldsymbol{x}\\ \text{s. t.}\quad & \boldsymbol{Ax}+\boldsymbol{D}_k^{-1}\boldsymbol{w}=\boldsymbol{b},\\ & \boldsymbol{w}\geqslant\boldsymbol{0}.\end{aligned}$$

在变换的空间中,选择搜索方向

$$\boldsymbol{d}=\begin{bmatrix}\boldsymbol{d}_x\\ \boldsymbol{d}_w\end{bmatrix}.$$

显然,$\boldsymbol{d}$ 作为可行方向,它必是下列齐次方程的一个解(可参见第12章定理12.1.1):

$$\boldsymbol{D}_k\boldsymbol{A}\boldsymbol{d}_x+\boldsymbol{d}_w=\boldsymbol{0}, \tag{6.2.3}$$

对于(6.2.3)式的任一解,有

$$\boldsymbol{A}^{\mathrm{T}}\boldsymbol{D}_k(\boldsymbol{D}_k\boldsymbol{A}\boldsymbol{d}_x+\boldsymbol{d}_w)=\boldsymbol{0},$$

由此得到

$$\boldsymbol{d}_x=-(\boldsymbol{A}^{\mathrm{T}}\boldsymbol{D}_k^2\boldsymbol{A})^{-1}\boldsymbol{A}^{\mathrm{T}}\boldsymbol{D}_k\boldsymbol{d}_w. \tag{6.2.4}$$

每次迭代中,目标函数在 $\boldsymbol{d}_x$ 方向的方向导数是

$$\boldsymbol{c}^{\mathrm{T}}\boldsymbol{d}_x, \tag{6.2.5}$$

把(6.2.4)式代入(6.2.5)式,则有

$$\boldsymbol{c}^{\mathrm{T}}\boldsymbol{d}_x=\boldsymbol{c}^{\mathrm{T}}[-(\boldsymbol{A}^{\mathrm{T}}\boldsymbol{D}_k^2\boldsymbol{A})^{-1}\boldsymbol{A}^{\mathrm{T}}\boldsymbol{D}_k\boldsymbol{d}_w]=-[\boldsymbol{D}_k\boldsymbol{A}(\boldsymbol{A}^{\mathrm{T}}\boldsymbol{D}_k^2\boldsymbol{A})^{-1}\boldsymbol{c}]^{\mathrm{T}}\boldsymbol{d}_w.$$

选择 $\boldsymbol{d}_w$,使 $\boldsymbol{c}^{\mathrm{T}}\boldsymbol{d}_x$ 最大,则

$$\boldsymbol{d}_w=-\boldsymbol{D}_k\boldsymbol{A}(\boldsymbol{A}^{\mathrm{T}}\boldsymbol{D}_k^2\boldsymbol{A})^{-1}\boldsymbol{c}. \tag{6.2.6}$$

由(6.2.6)式确定 $\boldsymbol{d}_w$ 后,可得出(6.2.3)式的一个解,其中

$$\boldsymbol{d}_x=(\boldsymbol{A}^{\mathrm{T}}\boldsymbol{D}_k^2\boldsymbol{A})^{-1}\boldsymbol{c}.$$

同时,对 $\boldsymbol{d}_w$ 作逆仿射变换,可得到

$$\boldsymbol{d}_v=\boldsymbol{D}_k^{-1}\boldsymbol{d}_w=-\boldsymbol{A}(\boldsymbol{A}^{\mathrm{T}}\boldsymbol{D}_k^2\boldsymbol{A})^{-1}\boldsymbol{c}=-\boldsymbol{A}\boldsymbol{d}_x.$$

搜索方向确定后,还需确定沿此方向移动的步长.设后继点

$$\boldsymbol{x}^{(k+1)}=\boldsymbol{x}^{(k)}+\lambda\boldsymbol{d}_x,$$

步长 λ 的取值应保证 $\boldsymbol{x}^{(k+1)}$ 为可行域的内点,即满足

$$\begin{aligned}&\boldsymbol{A}(\boldsymbol{x}^{(k)}+\lambda\boldsymbol{d}_x)<\boldsymbol{b},\\ &\lambda\boldsymbol{A}\boldsymbol{d}_x<\boldsymbol{b}-\boldsymbol{A}\boldsymbol{x}^{(k)},\\ &-\lambda\boldsymbol{d}_v<\boldsymbol{v}^{(k)}.\end{aligned}$$

令

$$\alpha=\min\left\{\frac{v_i^{(k)}}{-(\boldsymbol{d}_v)_i}\,\middle|\,(\boldsymbol{d}_v)_i<0,i\in\{1,\cdots,m\}\right\},$$

取 $\lambda=\gamma\alpha$,其中 $\gamma\in(0,1)$.这样即可从 $\boldsymbol{x}^{(k)}$ 出发沿方向 $\boldsymbol{d}_x$ 求得使目标函数值上升的内点

$\boldsymbol{x}^{(k+1)}$.

6.2.2 计算步骤

(1) 给定初始内点 $\boldsymbol{x}^{(0)}$,参数 $\gamma\in(0,1)$,容许限 $\varepsilon>0$,置 $k=0$.

(2) 计算 $\boldsymbol{v}^{(k)}=\boldsymbol{b}-\boldsymbol{A}\boldsymbol{x}^{(k)}$.

(3) 置对角矩阵

$$\boldsymbol{D}_k = \mathrm{diag}\left(\frac{1}{v_1^{(k)}},\cdots,\frac{1}{v_m^{(k)}}\right).$$

(4) 计算 $\boldsymbol{d}_x=(\boldsymbol{A}^{\mathrm{T}}\boldsymbol{D}_k^2\boldsymbol{A})^{-1}\boldsymbol{c}$.

(5) 令 $\boldsymbol{d}_v=-\boldsymbol{A}\boldsymbol{d}_x$.

(6) 令

$$\lambda = \gamma\cdot\min\left\{\frac{v_i^{(k)}}{-(\boldsymbol{d}_v)_i}\,\middle|\,(\boldsymbol{d}_v)_i<0,i\in\{1,\cdots,m\}\right\}.$$

(7) 置 $\boldsymbol{x}^{(k+1)}=\boldsymbol{x}^{(k)}+\lambda\boldsymbol{d}_x$.

(8) 若 $|\boldsymbol{c}^{\mathrm{T}}\boldsymbol{x}^{(k+1)}-\boldsymbol{c}^{\mathrm{T}}\boldsymbol{x}^{(k)}|/|\boldsymbol{c}^{\mathrm{T}}\boldsymbol{x}^{(k)}|<\varepsilon$,则停止计算,$\boldsymbol{x}^{(k+1)}$ 为近似解.

(9) 置 $k:=k+1$,返回步骤(2).

6.2.3 找初始内点的方法

当可行域存在内点时,可用下列方法求初始内点.

首先从原点出发,沿目标函数的梯度方向 $\boldsymbol{c}$ 取一点,令

$$\boldsymbol{x}^{(0)} = (\|\boldsymbol{b}\|/\|\boldsymbol{A}\boldsymbol{c}\|)\boldsymbol{c}.$$

如果 $\boldsymbol{v}^{(0)}=\boldsymbol{b}-\boldsymbol{A}\boldsymbol{x}^{(0)}>\boldsymbol{0}$,则 $\boldsymbol{x}^{(0)}$ 取作初始内点.否则,解下列一阶段线性规划问题:

$$\begin{aligned}\max\quad & \boldsymbol{c}^{\mathrm{T}}\boldsymbol{x}-Mx_a\\ \text{s.t.}\quad & \boldsymbol{A}\boldsymbol{x}-x_a\boldsymbol{e}\leqslant\boldsymbol{b},\end{aligned}\tag{6.2.7}$$

其中 M 是大的正数,$\boldsymbol{e}=(1,\cdots,1)^{\mathrm{T}}$ 是分量全是 1 的 m 维列向量.x_a 是人工变量.

根据 $\boldsymbol{v}^{(0)}$ 的定义,如果令

$$x_a^{(0)}>|\min\{v_i^{(0)}\mid i=1,\cdots,m\}|,$$

则有

$$\boldsymbol{A}\boldsymbol{x}^{(0)}-x_a^{(0)}\boldsymbol{e}<\boldsymbol{b}.$$

因此$(\boldsymbol{x}^{(0)},x_a^{(0)})$必为线性规划(6.2.7)的可行域的内点.这样,可从此内点出发,用本节提供的方法求解问题(6.2.7).

如果在第 k 次迭代得出 $x_a^{(k)}<0$,则停止一阶段问题(6.2.7)的迭代,取 $\boldsymbol{x}^{(k)}$ 作为线性规划(6.2.1)的初始内点.

如果线性规划(6.2.7)达到最优时有 $x_a^{(k)}>0$,则问题(6.2.1)是不可行的.

6.2.4 一般线性规划问题的处理

考虑标准形式的线性规划问题

$$\begin{aligned} \min \quad & \boldsymbol{b}^{\mathrm{T}}\boldsymbol{y} \\ \text{s.t.} \quad & \boldsymbol{A}^{\mathrm{T}}\boldsymbol{y} = \boldsymbol{c}, \\ & \boldsymbol{y} \geqslant \boldsymbol{0}, \end{aligned} \tag{6.2.8}$$

其中 $\boldsymbol{A}$ 是 $m\times n$ 矩阵，$\boldsymbol{b},\boldsymbol{y}\in\mathbb{R}^m$，$\boldsymbol{c}\in\mathbb{R}^n$. 原问题(6.2.8)的对偶问题为

$$\begin{aligned} \max \quad & \boldsymbol{c}^{\mathrm{T}}\boldsymbol{x} \\ \text{s.t.} \quad & \boldsymbol{A}\boldsymbol{x} \leqslant \boldsymbol{b}, \end{aligned} \tag{6.2.9}$$

其中 $\boldsymbol{x}\in\mathbb{R}^n$.

显然，线性规划(6.2.9)与线性规划(6.2.1)相同，因此可用前面介绍的内点法求解.

设算法产生由内点组成的序列 $\boldsymbol{x}^{(1)},\boldsymbol{x}^{(2)},\cdots,\boldsymbol{x}^{(t)}$. 有了 $\boldsymbol{x}^{(t)}$，我们就能按下式计算相应的向量 $\boldsymbol{y}^{(t)}$：

$$\boldsymbol{y}^{(t)} = \boldsymbol{D}_k^2\boldsymbol{A}(\boldsymbol{A}^{\mathrm{T}}\boldsymbol{D}_k^2\boldsymbol{A})^{-1}\boldsymbol{c},$$

其中

$$\boldsymbol{D}_k = \operatorname{diag}\left(\frac{1}{v_1^{(t)}},\cdots,\frac{1}{v_m^{(t)}}\right), \quad \boldsymbol{v}^{(t)} = \boldsymbol{b}-\boldsymbol{A}\boldsymbol{x}^{(t)}.$$

根据线性规划的对偶理论，若满足条件

$$\begin{cases} \boldsymbol{A}^{\mathrm{T}}\boldsymbol{y}^{(t)} = \boldsymbol{c}, \\ \boldsymbol{y}^{(t)} \geqslant \boldsymbol{0}, \\ y_j^{(t)}v_j^{(t)} = 0, \quad j=1,\cdots,m, \end{cases}$$

则 $\boldsymbol{y}^{(t)}$ 和 $\boldsymbol{x}^{(t)}$ 分别是线性规划(6.2.8)和线性规划(6.2.9)的最优解.

实际上，可以迭代到满足下列条件：

$$\begin{cases} y_j^{(t)} \geqslant -\varepsilon_1\|\boldsymbol{y}^{(t)}\|, & j=1,\cdots,m \\ |y_j^{(t)}v_j^{(t)}| \leqslant \varepsilon_2\|\boldsymbol{y}^{(t)}\|\|\boldsymbol{v}^{(t)}\|, & j=1,\cdots,m \end{cases}$$

其中 ε_1 和 ε_2 是给定的小的正数. 这时 $\boldsymbol{y}^{(t)}$ 作为线性规划(6.2.8)的近似解.

6.3 路径跟踪法

6.3.1 松弛 Karush-Kuhn-Tucker 条件及中心路径

考虑线性规划原问题

$$\begin{aligned} \min \quad & \boldsymbol{c}^{\mathrm{T}}\boldsymbol{x} \\ \text{s.t.} \quad & \boldsymbol{A}\boldsymbol{x} = \boldsymbol{b}, \\ & \boldsymbol{x} \geqslant \boldsymbol{0} \end{aligned} \tag{6.3.1}$$

和对偶问题

$$\begin{aligned} \max \quad & \boldsymbol{b}^{\mathrm{T}}\boldsymbol{y} \\ \text{s.t.} \quad & \boldsymbol{A}^{\mathrm{T}}\boldsymbol{y}+\boldsymbol{w}=\boldsymbol{c}, \\ & \boldsymbol{w}\geqslant \boldsymbol{0}, \end{aligned} \tag{6.3.2}$$

其中 $\boldsymbol{c}$ 和 $\boldsymbol{x}$ 是 n 维列向量，$\boldsymbol{b}$ 和 $\boldsymbol{y}$ 是 m 维列向量，$\boldsymbol{A}$ 是 $m\times n$ 矩阵，秩为 m. 可行域分别记作

$$S_p=\{\boldsymbol{x}\mid \boldsymbol{A}\boldsymbol{x}=\boldsymbol{b},\boldsymbol{x}\geqslant\boldsymbol{0}\},\quad S_D=\left\{\begin{pmatrix}\boldsymbol{y}\\ \boldsymbol{w}\end{pmatrix}\middle|\boldsymbol{A}^{\mathrm{T}}\boldsymbol{y}+\boldsymbol{w}=\boldsymbol{c},\boldsymbol{w}\geqslant\boldsymbol{0}\right\}.$$

可行域内部分别记作

$$S_p^+=\{\boldsymbol{x}\mid \boldsymbol{A}\boldsymbol{x}=\boldsymbol{b},\boldsymbol{x}>\boldsymbol{0}\},\quad S_D^+=\left\{\begin{pmatrix}\boldsymbol{y}\\ \boldsymbol{w}\end{pmatrix}\middle|\boldsymbol{A}^{\mathrm{T}}\boldsymbol{y}+\boldsymbol{w}=\boldsymbol{c},\boldsymbol{w}>\boldsymbol{0}\right\}.$$

根据线性规划互补松弛性质，$\boldsymbol{x},\boldsymbol{y},\boldsymbol{w}$ 为最优解的充分必要条件是

$$\begin{cases}\boldsymbol{A}\boldsymbol{x}=\boldsymbol{b}, & \boldsymbol{x}\geqslant\boldsymbol{0},\\ \boldsymbol{A}^{\mathrm{T}}\boldsymbol{y}+\boldsymbol{w}=\boldsymbol{c}, & \boldsymbol{w}\geqslant\boldsymbol{0},\\ \boldsymbol{X}\boldsymbol{W}\boldsymbol{e}=\boldsymbol{0},\end{cases}$$

其中 $\boldsymbol{X}=\operatorname{diag}(x_1,x_2,\cdots,x_n)$，$x_j$ 是 $\boldsymbol{x}$ 的第 j 个分量，$\boldsymbol{W}=\operatorname{diag}(w_1,w_2,\cdots,w_n)$，$w_i$ 是 $\boldsymbol{w}$ 的第 i 个分量. 这组条件称为 Karush-Kuhn-Tucker 条件. 现将条件 $\boldsymbol{X}\boldsymbol{W}\boldsymbol{e}=\boldsymbol{0}$ 换作 $\boldsymbol{X}\boldsymbol{W}\boldsymbol{e}=\mu\boldsymbol{e}$，$\boldsymbol{e}$ 是分量全为 1 的 n 维列向量，实参数 $\mu>0$. 得到松弛 Karush-Kuhn-Tucker 条件（简称松弛 KKT 条件）：

$$\begin{cases}\boldsymbol{A}\boldsymbol{x}=\boldsymbol{b}, & \boldsymbol{x}\geqslant\boldsymbol{0},\\ \boldsymbol{A}^{\mathrm{T}}\boldsymbol{y}+\boldsymbol{w}=\boldsymbol{c}, & \boldsymbol{w}\geqslant\boldsymbol{0},\\ \boldsymbol{X}\boldsymbol{W}\boldsymbol{e}=\mu\boldsymbol{e}.\end{cases} \tag{6.3.3}$$

定理 6.3.1 设(6.3.1)式的可行域有界且内部 s_p^+ 非空，则对每个正数 μ，松弛 KKT 条件(6.3.3)存在惟一内点解.

证明 在非空集合 S_p^+ 上定义障碍函数

$$\boldsymbol{B}_p(\boldsymbol{x},\mu)=\frac{1}{\mu}\boldsymbol{c}^{\mathrm{T}}\boldsymbol{x}-\sum_{j=1}^{n}\ln x_j. \tag{6.3.4}$$

由于 Hesse 矩阵 $\nabla_x^2 B_p(\boldsymbol{x},\mu)=\operatorname{diag}\left(\frac{1}{x_1^2},\frac{1}{x_2^2},\cdots,\frac{1}{x_n^2}\right)$ 在非空集合 S_p^+ 上正定，$B_p(\boldsymbol{x},\mu)$ 必为严格凸函数，凸规划

$$\begin{aligned} \min \quad & B_p(\boldsymbol{x},\mu)\xlongequal{\text{def}}\frac{1}{\mu}\boldsymbol{c}^{\mathrm{T}}\boldsymbol{x}-\sum_{j=1}^{n}\ln x_j \\ \text{s.t.} \quad & \boldsymbol{A}\boldsymbol{x}=\boldsymbol{b} \end{aligned} \tag{6.3.5}$$

必存在惟一最优解，由此可知 Lagrange 函数

$$L_\mu(\boldsymbol{x},\boldsymbol{\lambda}) = \frac{1}{\mu}\boldsymbol{c}^{\mathrm{T}}\boldsymbol{x} - \sum_{j=1}^{n}\ln x_j - (\boldsymbol{A}\boldsymbol{x}-\boldsymbol{b})^{\mathrm{T}}\boldsymbol{\lambda}$$

存在惟一平稳点，即下列方程组有惟一解：

$$\begin{cases}\nabla_x L_\mu(\boldsymbol{x},\boldsymbol{\lambda}) = \dfrac{1}{\mu}\boldsymbol{c} - \boldsymbol{X}^{-1}\boldsymbol{e} - \boldsymbol{A}^{\mathrm{T}}\boldsymbol{\lambda} = \boldsymbol{0}, \\ \nabla_\lambda L_\mu(\boldsymbol{x},\boldsymbol{\lambda}) = -(\boldsymbol{A}\boldsymbol{x}-\boldsymbol{b}) = \boldsymbol{0}, \quad \boldsymbol{x} > \boldsymbol{0},\end{cases} \tag{6.3.6}$$

其中 $\boldsymbol{X}^{-1}=\mathrm{diag}\left(\frac{1}{x_1},\frac{1}{x_2},\cdots,\frac{1}{x_n}\right)$. 若记 $\mu\boldsymbol{\lambda}=\boldsymbol{y}$，$\mu\boldsymbol{X}^{-1}\boldsymbol{e}=\boldsymbol{w}$，$\boldsymbol{w}>\boldsymbol{0}$，则(6.3.6)式可写作

$$\begin{cases}\boldsymbol{A}\boldsymbol{x} = \boldsymbol{b}, & \boldsymbol{x} > \boldsymbol{0}, \\ \boldsymbol{A}^{\mathrm{T}}\boldsymbol{y} + \boldsymbol{w} = \boldsymbol{c}, & \boldsymbol{w} > \boldsymbol{0}, \\ \boldsymbol{X}\boldsymbol{W}\boldsymbol{e} = \mu\boldsymbol{e},\end{cases} \tag{6.3.7}$$

由于含有 $x_j=0$ 或 $w_i=0$ 的点均非(6.3.3)式的可行解，因此(6.3.7)式的惟一解就是(6.3.3)式的惟一解.

定义原始-对偶可行集 $S=\{(\boldsymbol{x},\boldsymbol{y},\boldsymbol{w})\mid \boldsymbol{A}\boldsymbol{x}=\boldsymbol{b},\boldsymbol{A}^{\mathrm{T}}\boldsymbol{y}+\boldsymbol{w}=\boldsymbol{c},(\boldsymbol{x},\boldsymbol{w})\geqslant\boldsymbol{0}\}$ 和可行集内部 $S^+=\{(\boldsymbol{x},\boldsymbol{y},\boldsymbol{w})\mid \boldsymbol{A}\boldsymbol{x}=\boldsymbol{b},\boldsymbol{A}^{\mathrm{T}}\boldsymbol{y}+\boldsymbol{w}=\boldsymbol{c},(\boldsymbol{x},\boldsymbol{w})>\boldsymbol{0}\}$，由定理 6.3.1 知，若 S^+ 非空，则对每个 $\mu>0$，系统(6.3.7)存在惟一解 $(\boldsymbol{x}(\mu),\boldsymbol{y}(\mu),\boldsymbol{w}(\mu))$. 一般把点集 $\{(\boldsymbol{x}(\mu),\boldsymbol{y}(\mu),\boldsymbol{w}(\mu))\mid \mu>0\}$ 称为原始-对偶中心路径. 这一概念在线性规划内点法中具有重要作用.

下面证明，在中心路径上，当 μ 趋于零时，对偶间隙趋于零.

定理 6.3.2　在中心路径上，当 μ 减小时，原问题的目标值单调减小且趋于最优值，对偶问题目标值单调增加且趋于最优值，对于每个中心路径参数 μ，对偶间隙 $\boldsymbol{c}^{\mathrm{T}}\boldsymbol{x}(\mu)-\boldsymbol{b}^{\mathrm{T}}\boldsymbol{y}(\mu)=n\mu$.

证明　任取参数 $\mu_1>\mu_2>0$，对应内路径上两点 $\boldsymbol{x}(\mu_1)$ 和 $\boldsymbol{x}(\mu_2)$，障碍函数的最优值分别是

$$B_p(\boldsymbol{x}(\mu_1),\mu_1) = \frac{1}{\mu_1}\boldsymbol{c}^{\mathrm{T}}\boldsymbol{x}(\mu_1) - \sum_{j=1}^{n}\ln x_j(\mu_1)$$

和

$$B_p(\boldsymbol{x}(\mu_2),\mu_2) = \frac{1}{\mu_2}\boldsymbol{c}^{\mathrm{T}}\boldsymbol{x}(\mu_2) - \sum_{j=1}^{n}\ln x_j(\mu_2).$$

根据 $B_p(\boldsymbol{x}(\mu_1),\mu_1)$ 和 $B_p(\boldsymbol{x}(\mu_2),\mu_2)$ 的定义，必有

$$\frac{1}{\mu_1}\boldsymbol{c}^{\mathrm{T}}\boldsymbol{x}(\mu_1) + \sum_{j=1}^{n}\ln x_j(\mu_1) < \frac{1}{\mu_1}\boldsymbol{c}^{\mathrm{T}}\boldsymbol{x}(\mu_2) + \sum_{j=1}^{n}\ln x_j(\mu_2),$$

$$\frac{1}{\mu_2}\boldsymbol{c}^{\mathrm{T}}\boldsymbol{x}(\mu_2) + \sum_{j=1}^{n}\ln x_j(\mu_2) < \frac{1}{\mu_2}\boldsymbol{c}^{\mathrm{T}}\boldsymbol{x}(\mu_1) + \sum_{j=1}^{n}\ln x_j(\mu_1).$$

将上面两式相加，得到

$$\frac{1}{\mu_1}\boldsymbol{c}^{\mathrm{T}}\boldsymbol{x}(\mu_1)+\frac{1}{\mu_2}\boldsymbol{c}^{\mathrm{T}}\boldsymbol{x}(\mu_2)<\frac{1}{\mu_1}\boldsymbol{c}^{\mathrm{T}}\boldsymbol{x}(\mu_2)+\frac{1}{\mu_2}\boldsymbol{c}^{\mathrm{T}}\boldsymbol{x}(\mu_1),$$

移项整理,即

$$\left(\frac{1}{\mu_1}-\frac{1}{\mu_2}\right)[\boldsymbol{c}^{\mathrm{T}}\boldsymbol{x}(\mu_1)-\boldsymbol{c}^{\mathrm{T}}\boldsymbol{x}(\mu_2)]<0.$$

由于 $\mu_1>\mu_2$,因此

$$\boldsymbol{c}^{\mathrm{T}}\boldsymbol{x}(\mu_1)>\boldsymbol{c}^{\mathrm{T}}\boldsymbol{x}(\mu_2),$$

即在中心路径上,当参数 μ 减小时,原问题的目标函数值 $\boldsymbol{c}^{\mathrm{T}}\boldsymbol{x}(\mu)$ 也减小. 与此相应,可以证明对偶目标函数值 $\boldsymbol{b}^{\mathrm{T}}\boldsymbol{y}(\mu)$ 单调增加.

下面证明定理后半部分. 易知

$$\begin{aligned}
\boldsymbol{c}^{\mathrm{T}}\boldsymbol{x}(\mu)-\boldsymbol{b}^{\mathrm{T}}\boldsymbol{y}(\mu)&=[\boldsymbol{A}^{\mathrm{T}}\boldsymbol{y}(\mu)+\boldsymbol{w}(\mu)]^{\mathrm{T}}\boldsymbol{x}(\mu)-\boldsymbol{b}^{\mathrm{T}}\boldsymbol{y}(\mu)\\
&=\boldsymbol{y}(\mu)^{\mathrm{T}}\boldsymbol{A}\boldsymbol{x}(\mu)+\boldsymbol{w}(\mu)^{\mathrm{T}}\boldsymbol{x}(\mu)-\boldsymbol{b}^{\mathrm{T}}\boldsymbol{y}(\mu)\\
&=\boldsymbol{w}(\mu)^{\mathrm{T}}\boldsymbol{x}(\mu)\\
&=\sum_{j=1}^{n}w_j(\mu)x_j(\mu)\\
&=n\mu.
\end{aligned}$$

结果表明,在中心路径上,随着参数 μ 的减小,对偶间隙趋近于零,相应的点 $\boldsymbol{x}(\mu)$ 和 $\boldsymbol{y}(\mu)$,$\boldsymbol{w}(\mu)$ 分别趋近原问题和对偶问题的最优解.

6.3.2 参数 $\boldsymbol{\mu}$ 的估计和移动方向的计算

如果点 $(\boldsymbol{x},\boldsymbol{y},\boldsymbol{w})$ 在中心路径上,即满足方程组(6.3.3),显然有

$$\mu=\frac{\boldsymbol{x}^{\mathrm{T}}\boldsymbol{w}}{n}. \tag{6.3.8}$$

如果任取点 $(\boldsymbol{x},\boldsymbol{y},\boldsymbol{w})$ 不在中心路径上,后面给出的算法仍然按(6.3.8)式估计 μ 的值.

下面介绍怎样求移动方向.

若线性规划存在最优解,根据定理 6.3.2,在原始-对偶中心路径上,当参数 μ 趋于零时,原问题和对偶问题均趋于最优值,如果能够求出中心路径 $(\boldsymbol{x}(\mu),\boldsymbol{y}(\mu),\boldsymbol{w}(\mu))$,再令 μ 趋于零,取极限即可求出原问题和对偶问题的最优解. 然而,要求出 $\boldsymbol{x}(\mu)$,$\boldsymbol{y}(\mu)$,$\boldsymbol{w}(\mu)$ 的解析表达式一般并非易事,因此路径跟踪法并不去计算中心路径,而是通过迭代,大致沿着中心路径逼近最优解. 设任取一点 $(\boldsymbol{x},\boldsymbol{y},\boldsymbol{w})$,其中 $\boldsymbol{x}>\boldsymbol{0}$,$\boldsymbol{w}>\boldsymbol{0}$. 此时,目标是求一个方向 $(\Delta\boldsymbol{x},\Delta\boldsymbol{y},\Delta\boldsymbol{w})$,使迭代产生的点 $(\boldsymbol{x}+\Delta\boldsymbol{x},\boldsymbol{y}+\Delta\boldsymbol{y},\boldsymbol{w}+\Delta\boldsymbol{w})$ 位于原始-对偶中心路径上,即满足

$$\begin{aligned}
&\boldsymbol{A}(\boldsymbol{x}+\Delta\boldsymbol{x})=\boldsymbol{b},\\
&\boldsymbol{A}^{\mathrm{T}}(\boldsymbol{y}+\Delta\boldsymbol{y})+(\boldsymbol{w}+\Delta\boldsymbol{w})=\boldsymbol{c},
\end{aligned}$$

$$(\boldsymbol{X}+\Delta\boldsymbol{X})(\boldsymbol{W}+\Delta\boldsymbol{W})\boldsymbol{e}=\mu\boldsymbol{e}.$$

经整理，上式可写作

$$\begin{aligned}&\boldsymbol{A}\Delta\boldsymbol{x}=\boldsymbol{b}-\boldsymbol{A}\boldsymbol{x},\\&\boldsymbol{A}^{\mathrm{T}}\Delta\boldsymbol{y}+\Delta\boldsymbol{w}=\boldsymbol{c}-\boldsymbol{A}^{\mathrm{T}}\boldsymbol{y}-\boldsymbol{w},\\&\boldsymbol{W}\Delta\boldsymbol{x}+\boldsymbol{X}\Delta\boldsymbol{w}+\Delta\boldsymbol{X}\Delta\boldsymbol{W}\,\boldsymbol{e}=\mu\boldsymbol{e}-\boldsymbol{X}\boldsymbol{W}\boldsymbol{e},\end{aligned}$$

记作 $\boldsymbol{b}-\boldsymbol{A}\boldsymbol{x}=\boldsymbol{\rho}$，$\boldsymbol{c}-\boldsymbol{A}^{\mathrm{T}}\boldsymbol{y}-\boldsymbol{w}=\boldsymbol{\sigma}$，忽略二次项 $\Delta\boldsymbol{X}\Delta\boldsymbol{W}\boldsymbol{e}$，用矩阵形式表示，则有

$$\begin{bmatrix}\boldsymbol{A}&\boldsymbol{0}&\boldsymbol{0}\\\boldsymbol{0}&\boldsymbol{A}^{\mathrm{T}}&\boldsymbol{I}\\\boldsymbol{W}&\boldsymbol{0}&\boldsymbol{X}\end{bmatrix}\begin{bmatrix}\Delta\boldsymbol{x}\\\Delta\boldsymbol{y}\\\Delta\boldsymbol{w}\end{bmatrix}=\begin{bmatrix}\boldsymbol{\rho}\\\boldsymbol{\sigma}\\\mu\boldsymbol{e}-\boldsymbol{X}\boldsymbol{W}\boldsymbol{e}\end{bmatrix}. \tag{6.3.9}$$

解方程(6.3.9)，可求出移动方向 $\begin{bmatrix}\Delta\boldsymbol{x}\\\Delta\boldsymbol{y}\\\Delta\boldsymbol{w}\end{bmatrix}$.

6.3.3 选择步长参数

求出移动方向$(\Delta\boldsymbol{x},\Delta\boldsymbol{y},\Delta\boldsymbol{w})$后，需确定沿此方向移动的步长参数 λ，以便求出后继点$(\boldsymbol{x}+\lambda\Delta\boldsymbol{x},\boldsymbol{y}+\lambda\Delta\boldsymbol{y},\boldsymbol{w}+\lambda\Delta\boldsymbol{w})$. λ 的取值应满足

$$\boldsymbol{x}+\lambda\Delta\boldsymbol{x}>\boldsymbol{0}, \tag{6.3.10}$$

$$\boldsymbol{w}+\lambda\Delta\boldsymbol{w}>\boldsymbol{0}, \tag{6.3.11}$$

即

$$\begin{aligned}&x_j+\lambda\Delta x_j>0,\quad j=1,2,\cdots,n,\\&w_i+\lambda\Delta w_i>0,\quad i=1,2,\cdots,n.\end{aligned}$$

由于 $x_j>0$，$w_i>0$，$\lambda>0$，上式即

$$\begin{aligned}&\frac{1}{\lambda}>-\frac{\Delta x_j}{x_j},\quad j=1,2,\cdots,n,\\&\frac{1}{\lambda}>-\frac{\Delta w_i}{w_i},\quad i=1,2,\cdots,n.\end{aligned}$$

因此

$$\frac{1}{\lambda}>\max_{i,j}\left\{-\frac{\Delta x_j}{x_j},-\frac{\Delta w_i}{w_i}\right\},$$

为保证(6.3.10)式和(6.3.11)式成立严格不等式，引进小于1且接近1的正数 p，令

$$\lambda=\min\left\{p\left[\max_{i,j}\left(-\frac{\Delta x_j}{x_j},-\frac{\Delta w_i}{w_i}\right)\right]^{-1},1\right\}. \tag{6.3.12}$$

6.3.4 计算步骤

(1) 给定初点$(\boldsymbol{x}^{(1)},\boldsymbol{y}^{(1)},\boldsymbol{w}^{(1)})$，其中 $\boldsymbol{x}^{(1)}>\boldsymbol{0}$，$\boldsymbol{w}^{(1)}>\boldsymbol{0}$，取小于1且接近1的数 p，精度

要求 $\varepsilon>0$，正数 $M<\infty$，置 $k:=1$.

(2) 计算$\boldsymbol{\rho}=\boldsymbol{b}-\boldsymbol{A}\boldsymbol{x}^{(k)}$，$\boldsymbol{\sigma}=\boldsymbol{c}-\boldsymbol{A}^{\mathrm{T}}\boldsymbol{y}^{(k)}-\boldsymbol{w}^{(k)}$，$\gamma=\boldsymbol{x}^{(k)\mathrm{T}}\boldsymbol{w}^{(k)}$，$\mu=\delta\dfrac{\gamma}{n}$，其中 δ 是小于 1 的正数，通常取 $\delta=\dfrac{1}{10}$.

(3) 若同时成立 $\|\boldsymbol{\rho}\|_1<\varepsilon$，$\|\boldsymbol{\sigma}\|_1<\varepsilon$，$\gamma<\varepsilon$，则停止计算，得到最优解$(\boldsymbol{x}^{(k)},\boldsymbol{y}^{(k)},\boldsymbol{w}^{(k)})$，若 $\|\boldsymbol{x}^{(k)}\|_\infty>M$ 或 $\|\boldsymbol{y}^{(k)}\|_\infty>M$，则停止计算，原问题或对偶问题无界. 否则进行下一步.

(4) 解方程

$$\begin{bmatrix}\boldsymbol{A} & \boldsymbol{0} & \boldsymbol{0}\\ \boldsymbol{0} & \boldsymbol{A}^{\mathrm{T}} & \boldsymbol{I}\\ \boldsymbol{W} & \boldsymbol{0} & \boldsymbol{X}\end{bmatrix}\begin{bmatrix}\Delta\boldsymbol{x}^{(k)}\\ \Delta\boldsymbol{y}^{(k)}\\ \Delta\boldsymbol{w}^{(k)}\end{bmatrix}=\begin{bmatrix}\boldsymbol{\rho}\\ \boldsymbol{\sigma}\\ \mu\boldsymbol{e}-\boldsymbol{XWe}\end{bmatrix},$$

其中 $\boldsymbol{X}=\mathrm{diag}(x_1^{(k)},x_2^{(k)},\cdots,x_n^{(k)})$，$\boldsymbol{W}=\mathrm{diag}(w_1^{(k)},w_2^{(k)},\cdots,w_n^{(k)})$，得解$(\Delta\boldsymbol{x}^{(k)},\Delta\boldsymbol{y}^{(k)},\Delta\boldsymbol{w}^{(k)})$.

置

$$\lambda=\min\left\{p\left[\max_{i,j}\left(-\frac{\Delta x_j^{(k)}}{x_j^{(k)}},-\frac{\Delta w_i^{(k)}}{w_i^{(k)}}\right)\right]^{-1},1\right\}.$$

(5) 令 $\boldsymbol{x}^{(k+1)}=\boldsymbol{x}^{(k)}+\lambda\Delta\boldsymbol{x}^{(k)}$，$\boldsymbol{y}^{(k+1)}=\boldsymbol{y}^{(k)}+\lambda\Delta\boldsymbol{y}^{(k)}$，$\boldsymbol{w}^{(k+1)}=\boldsymbol{w}^{(k)}+\lambda\Delta\boldsymbol{w}^{(k)}$.

置 $k:=k+1$，转步骤(2).

例 6.3.1 给定线性规划

$$\begin{aligned}\min\quad & x_1-x_2\\ \text{s.t.}\quad & x_1+x_2=2,\\ & x_1,x_2\geqslant 0,\end{aligned}$$

用路径跟踪法迭代一次.

解 对偶问题为

$$\begin{aligned}\max\quad & 2y\\ \text{s.t.}\quad & y+w_1\qquad=1,\\ & y\qquad+w_2=-1,\\ & w_1,w_2\geqslant 0.\end{aligned}$$

任取点$\begin{bmatrix}x_1^{(1)}\\ x_2^{(1)}\end{bmatrix}=\begin{bmatrix}2\\ 2\end{bmatrix}$，$y^{(1)}=1$，$\begin{bmatrix}w_1^{(1)}\\ w_2^{(1)}\end{bmatrix}=\begin{bmatrix}1\\ 1\end{bmatrix}$，计算(6.3.9)式中的数据：

$$\boldsymbol{A}=(1,1),b=2,\boldsymbol{c}=\begin{bmatrix}1\\ -1\end{bmatrix},\quad \rho=b-\boldsymbol{A}\boldsymbol{x}^{(1)}=2-(1,1)\begin{bmatrix}2\\ 2\end{bmatrix}=-2,$$

$$\boldsymbol{\sigma}=\boldsymbol{c}-\boldsymbol{A}^{\mathrm{T}}y^{(1)}-\boldsymbol{w}^{(1)}=\begin{bmatrix}1\\ -1\end{bmatrix}-\begin{bmatrix}1\\ 1\end{bmatrix}\cdot 1-\begin{bmatrix}1\\ 1\end{bmatrix}=\begin{bmatrix}-1\\ -3\end{bmatrix},$$

$$\boldsymbol{X}=\begin{bmatrix}2&0\\0&2\end{bmatrix},\quad \boldsymbol{W}=\begin{bmatrix}1&0\\0&1\end{bmatrix},\quad \mu=\frac{1}{10}\cdot\frac{(2,2)\begin{bmatrix}1\\1\end{bmatrix}}{2}=\frac{1}{5},$$

$$\mu\boldsymbol{e}-\boldsymbol{XWe}=\frac{1}{5}\begin{bmatrix}1\\1\end{bmatrix}-\begin{bmatrix}2&0\\0&2\end{bmatrix}\begin{bmatrix}1&0\\0&1\end{bmatrix}\begin{bmatrix}1\\1\end{bmatrix}=\begin{bmatrix}-\dfrac{9}{5}\\-\dfrac{9}{5}\end{bmatrix}.$$

解方程

$$\begin{bmatrix}\boldsymbol{A}&\boldsymbol{0}&\boldsymbol{0}\\\boldsymbol{0}&\boldsymbol{A}^{\mathrm{T}}&\boldsymbol{I}\\\boldsymbol{W}&\boldsymbol{0}&\boldsymbol{X}\end{bmatrix}\begin{bmatrix}\Delta\boldsymbol{x}\\\Delta\boldsymbol{y}\\\Delta\boldsymbol{w}\end{bmatrix}=\begin{bmatrix}\boldsymbol{\rho}\\\boldsymbol{\sigma}\\\mu\boldsymbol{e}-\boldsymbol{XWe}\end{bmatrix},$$

即

$$\begin{bmatrix}1&1&0&0&0\\0&0&1&1&0\\0&0&1&0&1\\1&0&0&2&0\\0&1&0&0&2\end{bmatrix}\begin{bmatrix}\Delta x_1\\\Delta x_2\\\Delta y\\\Delta w_1\\\Delta w_2\end{bmatrix}=\begin{bmatrix}-2\\-1\\-3\\-\dfrac{9}{5}\\-\dfrac{9}{5}\end{bmatrix},$$

求得 $\Delta x_1=-3$，$\Delta x_2=1$，$\Delta y=-\dfrac{8}{5}$，$\Delta w_1=\dfrac{3}{5}$，$\Delta w_2=-\dfrac{7}{5}$. 取系数 $p=0.99$，根据(6.3.12)式，令

$$\lambda=\min\left\{0.99\left[\max\left(-\frac{-3}{2},-\frac{1}{2},-\frac{\frac{3}{5}}{1},-\frac{-\frac{7}{5}}{1}\right)\right]^{-1},1\right\}=0.66.$$

因此

$$x_1^{(2)}=2+0.66\times(-3)=0.02,$$
$$x_2^{(2)}=2+0.66\times1=2.66,$$
$$y^{(2)}=1+0.66\times\left(-\frac{8}{5}\right)=-0.56,$$
$$w_1^{(2)}=1+0.66\times\frac{3}{5}=1.40,$$
$$w_2^{(2)}=1+0.66\times\left(-\frac{7}{5}\right)=0.08.$$

关于路径跟踪法，可参见文献[15～17].

第7章 最优性条件

本章研究非线性规划的最优解所满足的必要条件和充分条件.这些条件很重要,它们将为各种算法的推导和分析提供必不可少的理论基础.

7.1 无约束问题的极值条件

7.1.1 无约束极值问题

考虑非线性规划问题

$$\min f(\boldsymbol{x}), \quad \boldsymbol{x} \in \mathbb{R}^n, \tag{7.1.1}$$

其中 $f(\boldsymbol{x})$是定义在$\mathbb{R}^n$上的实函数.这个问题是求 $f(\boldsymbol{x})$在 n 维欧氏空间中的极小点,称为无约束极值问题.这是一个古典的极值问题,在微积分学中已经有所研究,那里给出了定义在几何空间上的实函数极值存在的条件,这一节只是把已有理论在 n 维欧氏空间中加以推广.

7.1.2 必要条件

为研究函数 $f(\boldsymbol{x})$的极值条件,先介绍一个定理,它在后面的证明中将要多次用到.

定理 7.1.1 设函数 $f(\boldsymbol{x})$在点 $\bar{\boldsymbol{x}}$ 可微,如果存在方向 $\boldsymbol{d}$,使$\nabla f(\bar{\boldsymbol{x}})^{\mathrm{T}}\boldsymbol{d}<0$,则存在数$\delta>0$,使得对每个$\lambda\in(0,\delta)$,有 $f(\bar{\boldsymbol{x}}+\lambda\boldsymbol{d})<f(\bar{\boldsymbol{x}})$.

证明 函数 $f(\bar{\boldsymbol{x}}+\lambda\boldsymbol{d})$在 $\bar{\boldsymbol{x}}$ 的一阶 Taylor 展开式为

$$\begin{aligned} f(\bar{\boldsymbol{x}}+\lambda\boldsymbol{d}) &= f(\bar{\boldsymbol{x}})+\lambda\nabla f(\bar{\boldsymbol{x}})^{\mathrm{T}}\boldsymbol{d}+o(\|\lambda\boldsymbol{d}\|) \\ &= f(\bar{\boldsymbol{x}})+\lambda\left[\nabla f(\bar{\boldsymbol{x}})^{\mathrm{T}}\boldsymbol{d}+\frac{o(\|\lambda\boldsymbol{d}\|)}{\lambda}\right], \end{aligned} \tag{7.1.2}$$

其中当$\lambda\to 0$时,$\dfrac{o(\|\lambda\boldsymbol{d}\|)}{\lambda}\to 0$.

由于$\nabla f(\bar{\boldsymbol{x}})^{\mathrm{T}}\boldsymbol{d}<0$,当$|\lambda|$充分小时,在(7.1.2)式中

$$\nabla f(\bar{\boldsymbol{x}})^{\mathrm{T}}\boldsymbol{d}+\frac{o(\|\lambda\boldsymbol{d}\|)}{\lambda}<0,$$

因此存在$\delta>0$,使得当$\lambda\in(0,\delta)$时,有

$$\lambda\left[\nabla f(\bar{\boldsymbol{x}})^{\mathrm{T}}\boldsymbol{d}+\frac{o(\|\lambda\boldsymbol{d}\|)}{\lambda}\right]<0,$$

从而由(7.1.2)式得出

$$f(\bar{\boldsymbol{x}}+\lambda\boldsymbol{d})<f(\bar{\boldsymbol{x}}).$$

利用上述定理可以证明局部极小点的一阶必要条件.

定理 7.1.2　设函数 $f(\boldsymbol{x})$ 在点 $\bar{\boldsymbol{x}}$ 可微,若 $\bar{\boldsymbol{x}}$ 是局部极小点,则梯度 $\nabla f(\bar{\boldsymbol{x}})=\boldsymbol{0}$.

证明　用反证法.设 $\nabla f(\bar{\boldsymbol{x}})\neq\boldsymbol{0}$,令方向 $\boldsymbol{d}=-\nabla f(\bar{\boldsymbol{x}})$,则有

$$\nabla f(\bar{\boldsymbol{x}})^{\mathrm{T}}\boldsymbol{d}=-\nabla f(\bar{\boldsymbol{x}})^{\mathrm{T}}\nabla f(\bar{\boldsymbol{x}})=-\|\nabla f(\bar{\boldsymbol{x}})\|^2<0.$$

根据定理 7.1.1,必存在 $\delta>0$,使得当 $\lambda\in(0,\delta)$ 时,成立

$$f(\bar{\boldsymbol{x}}+\lambda\boldsymbol{d})<f(\bar{\boldsymbol{x}}),$$

这与 $\bar{\boldsymbol{x}}$ 是局部极小点矛盾.

下面,利用函数 $f(\boldsymbol{x})$ 的 Hesse 矩阵,给出局部极小点的二阶必要条件.

定理 7.1.3　设函数 $f(\boldsymbol{x})$ 在点 $\bar{\boldsymbol{x}}$ 处二次可微,若 $\bar{\boldsymbol{x}}$ 是局部极小点,则梯度 $\nabla f(\bar{\boldsymbol{x}})=\boldsymbol{0}$,并且 Hesse 矩阵 $\nabla^2 f(\bar{\boldsymbol{x}})$ 半正定.

证明　定理 7.1.2 已经证明 $\nabla f(\bar{\boldsymbol{x}})=\boldsymbol{0}$,现在只需证明 Hesse 矩阵 $\nabla^2 f(\bar{\boldsymbol{x}})$ 半正定.

设 $\boldsymbol{d}$ 是任意一个 n 维向量,由于 $f(\boldsymbol{x})$ 在 $\bar{\boldsymbol{x}}$ 处二次可微,且 $\nabla f(\bar{\boldsymbol{x}})=\boldsymbol{0}$,则有

$$f(\bar{\boldsymbol{x}}+\lambda\boldsymbol{d})=f(\bar{\boldsymbol{x}})+\frac{1}{2}\lambda^2\boldsymbol{d}^{\mathrm{T}}\nabla^2 f(\bar{\boldsymbol{x}})\boldsymbol{d}+o(\|\lambda\boldsymbol{d}\|^2),$$

经移项整理,得到

$$\frac{f(\bar{\boldsymbol{x}}+\lambda\boldsymbol{d})-f(\bar{\boldsymbol{x}})}{\lambda^2}=\frac{1}{2}\boldsymbol{d}^{\mathrm{T}}\nabla^2 f(\bar{\boldsymbol{x}})\boldsymbol{d}+\frac{o(\|\lambda\boldsymbol{d}\|^2)}{\lambda^2}. \tag{7.1.3}$$

由于 $\bar{\boldsymbol{x}}$ 是局部极小点,当 $|\lambda|$ 充分小时,必有

$$f(\bar{\boldsymbol{x}}+\lambda\boldsymbol{d})\geqslant f(\bar{\boldsymbol{x}}).$$

因此由(7.1.3)式推得

$$\boldsymbol{d}^{\mathrm{T}}\nabla^2 f(\bar{\boldsymbol{x}})\boldsymbol{d}\geqslant 0,$$

即 $\nabla^2 f(\bar{\boldsymbol{x}})$ 是半正定的.

7.1.3　二阶充分条件

下面给出局部极小点的二阶充分条件.

定理 7.1.4　设函数 $f(\boldsymbol{x})$ 在点 $\bar{\boldsymbol{x}}$ 处二次可微,若梯度 $\nabla f(\bar{\boldsymbol{x}})=\boldsymbol{0}$,且 Hesse 矩阵 $\nabla^2 f(\bar{\boldsymbol{x}})$ 正定,则 $\bar{\boldsymbol{x}}$ 是局部极小点.

证明　由于 $\nabla f(\bar{\boldsymbol{x}})=\boldsymbol{0}$,$f(x)$ 在 $\bar{\boldsymbol{x}}$ 的二阶 Taylor 展开式为

$$f(\boldsymbol{x})=f(\bar{\boldsymbol{x}})+\frac{1}{2}(\boldsymbol{x}-\bar{\boldsymbol{x}})^{\mathrm{T}}\nabla^2 f(\bar{\boldsymbol{x}})(\boldsymbol{x}-\bar{\boldsymbol{x}})+o(\|\boldsymbol{x}-\bar{\boldsymbol{x}}\|^2). \tag{7.1.4}$$

设$\nabla^2 f(\bar{\boldsymbol{x}})$的最小特征值为$\lambda_{\min}>0$,由于$\nabla^2 f(\bar{\boldsymbol{x}})$正定,必有

$$(\boldsymbol{x}-\bar{\boldsymbol{x}})^{\mathrm{T}}\nabla^2 f(\bar{\boldsymbol{x}})(\boldsymbol{x}-\bar{\boldsymbol{x}}) \geqslant \lambda_{\min}\|\boldsymbol{x}-\bar{\boldsymbol{x}}\|^2.$$

从而由(7.1.4)式得出

$$f(\boldsymbol{x}) \geqslant f(\bar{\boldsymbol{x}}) + \left[\frac{1}{2}\lambda_{\min} + \frac{o(\|\boldsymbol{x}-\bar{\boldsymbol{x}}\|^2)}{\|\boldsymbol{x}-\bar{\boldsymbol{x}}\|^2}\right]\|\boldsymbol{x}-\bar{\boldsymbol{x}}\|^2.$$

当$x\to\bar{x}$时,$\dfrac{o(\|\boldsymbol{x}-\bar{\boldsymbol{x}}\|^2)}{\|\boldsymbol{x}-\bar{\boldsymbol{x}}\|^2}\to 0$,因此存在$\bar{\boldsymbol{x}}$的$\varepsilon$邻域$N(\bar{\boldsymbol{x}},\varepsilon)$,当$\boldsymbol{x}\in N(\bar{\boldsymbol{x}},\varepsilon)$时$f(\boldsymbol{x})\geqslant f(\bar{\boldsymbol{x}})$,即$\bar{\boldsymbol{x}}$是$f(\boldsymbol{x})$的局部极小点.

7.1.4 充要条件

前面的几个定理分别给出无约束极值的必要条件和充分条件,这些条件都不是充分必要条件,而且利用这些条件只能研究局部极小点.下面在函数凸性的假设下,给出全局极小点的充分必要条件.

定理 7.1.5 设$f(\boldsymbol{x})$是定义在$\mathbb{R}^n$上的可微凸函数,$\bar{\boldsymbol{x}}\in\mathbb{R}^n$,则$\bar{\boldsymbol{x}}$为全局极小点的充分必要条件是梯度$\nabla f(\bar{\boldsymbol{x}})=\mathbf{0}$

证明 必要性是显然的,若$\bar{\boldsymbol{x}}$是全局极小点,自然是局部极小点,根据定理7.1.2,必有$\nabla f(\bar{\boldsymbol{x}})=\mathbf{0}$.

现在证明充分性.设$\nabla f(\bar{\boldsymbol{x}})=\mathbf{0}$,则对任意的$\boldsymbol{x}\in\mathbb{R}^n$,有$\nabla f(\bar{\boldsymbol{x}})^{\mathrm{T}}(\boldsymbol{x}-\bar{\boldsymbol{x}})=0$,由于$f(\boldsymbol{x})$是可微凸函数,根据定理1.4.14,成立

$$f(\boldsymbol{x}) \geqslant f(\bar{\boldsymbol{x}}) + \nabla f(\bar{\boldsymbol{x}})^{\mathrm{T}}(\boldsymbol{x}-\bar{\boldsymbol{x}}) = f(\bar{\boldsymbol{x}}),$$

即$\bar{\boldsymbol{x}}$是全局极小点.

在上述定理中,如果$f(\boldsymbol{x})$是严格凸函数,则全局极小点是惟一的.

上面介绍的几个极值条件,是针对极小化问题给出的.对于极大化问题,可以给出类似的定理.

例 7.1.1 利用极值条件解下列问题:

$$\min \quad f(\boldsymbol{x}) \stackrel{\text{def}}{=} (x_1^2-1)^2 + x_1^2 + x_2^2 - 2x_1.$$

先求驻点.由于

$$\frac{\partial f}{\partial x_1} = 4x_1^3 - 2x_1 - 2, \quad \frac{\partial f}{\partial x_2} = 2x_2.$$

令$\nabla f(\boldsymbol{x})=\mathbf{0}$,即

$$4x_1^3 - 2x_1 - 2 = 0,$$
$$2x_2 = 0,$$

解此方程组,得到驻点

$$\bar{\boldsymbol{x}} = (\bar{x}_1,\bar{x}_2)^{\mathrm{T}} = (1,0)^{\mathrm{T}}.$$

再利用极值条件判断 $\bar{x}$ 是否为极小点. 由于目标函数的 Hesse 矩阵

$$\nabla^2 f(\boldsymbol{x}) = \begin{bmatrix} 12x_1^2 - 2 & 0 \\ 0 & 2 \end{bmatrix},$$

由此可知

$$\nabla^2 f(\bar{\boldsymbol{x}}) = \begin{bmatrix} 10 & 0 \\ 0 & 2 \end{bmatrix}.$$

显然$\nabla^2 f(\bar{\boldsymbol{x}})$为正定矩阵,根据定理 7.1.4,驻点 $\bar{\boldsymbol{x}}=(1,0)^{\mathrm{T}}$ 是局部极小点.

例 7.1.2　利用极值条件解下列问题:

$$\min \quad f(\boldsymbol{x}) \overset{\text{def}}{=\!=} \frac{1}{3}x_1^3 + \frac{1}{3}x_2^3 - x_2^2 - x_1.$$

解　根据 $f(x)$的定义,有

$$\frac{\partial f}{\partial x_1} = x_1^2 - 1, \quad \frac{\partial f}{\partial x_2} = x_2^2 - 2x_2.$$

令$\nabla f(\boldsymbol{x})=\mathbf{0}$,即

$$x_1^2 - 1 = 0,$$
$$x_2^2 - 2x_2 = 0.$$

解此方程组,得到驻点

$$\boldsymbol{x}^{(1)} = \begin{bmatrix} 1 \\ 0 \end{bmatrix}, \quad \boldsymbol{x}^{(2)} = \begin{bmatrix} 1 \\ 2 \end{bmatrix}, \quad \boldsymbol{x}^{(3)} = \begin{bmatrix} -1 \\ 0 \end{bmatrix}, \quad \boldsymbol{x}^{(4)} = \begin{bmatrix} -1 \\ 2 \end{bmatrix}.$$

函数 $f(\boldsymbol{x})$的 Hesse 矩阵

$$\nabla^2 f(\boldsymbol{x}) = \begin{bmatrix} 2x_1 & 0 \\ 0 & 2x_2 - 2 \end{bmatrix},$$

由此可知,在点 $\boldsymbol{x}^{(1)}$,$\boldsymbol{x}^{(2)}$,$\boldsymbol{x}^{(3)}$,$\boldsymbol{x}^{(4)}$处的 Hesse 矩阵依次是

$$\nabla^2 f(\boldsymbol{x}^{(1)}) = \begin{bmatrix} 2 & 0 \\ 0 & -2 \end{bmatrix}, \quad \nabla^2 f(\boldsymbol{x}^{(2)}) = \begin{bmatrix} 2 & 0 \\ 0 & 2 \end{bmatrix},$$

$$\nabla^2 f(\boldsymbol{x}^{(3)}) = \begin{bmatrix} -2 & 0 \\ 0 & -2 \end{bmatrix}, \quad \nabla^2 f(\boldsymbol{x}^{(4)}) = \begin{bmatrix} -2 & 0 \\ 0 & 2 \end{bmatrix}.$$

由于矩阵$\nabla^2 f(\boldsymbol{x}^{(1)})$,$\nabla^2 f(\boldsymbol{x}^{(4)})$不定,根据定理 7.1.3,$\boldsymbol{x}^{(1)}$ 和 $\boldsymbol{x}^{(4)}$ 不是极小点. 矩阵$\nabla^2 f(\boldsymbol{x}^{(3)})$负定,因此 $\boldsymbol{x}^{(3)}$ 也不是极小点,实际上它是极大点. 矩阵$\nabla^2 f(\boldsymbol{x}^{(2)})$正定,根据定理 7.1.4,$\boldsymbol{x}^{(2)}$ 是局部极小点.

7.2　约束极值问题的最优性条件

7.2.1　约束极值问题

有约束的极值问题一般表示为

$$\begin{aligned} \min \quad & f(\boldsymbol{x}) \quad \boldsymbol{x} \in \mathbb{R}^n \\ \text{s.t.} \quad & g_i(\boldsymbol{x}) \geqslant 0, \quad i = 1,\cdots,m, \\ & h_j(\boldsymbol{x}) = 0, \quad j = 1,\cdots,l, \end{aligned} \tag{7.2.1}$$

其中 $g_i(x) \geqslant 0$ 称为**不等式约束**，$h_j(x) = 0$ 称为**等式约束**. 集合

$$S = \{\boldsymbol{x} \mid g_i(\boldsymbol{x}) \geqslant 0,\ i = 1,\cdots,m;\ h_j(\boldsymbol{x}) = 0,\ j = 1,\cdots,l\}, \tag{7.2.2}$$

称为**可行集**或**可行域**.

由于在约束极值问题中，自变量的取值受到限制，目标函数在无约束情况下的平稳点(驻点)很可能不在可行域内，因此一般不能用无约束极值条件处理约束问题.

7.2.2 可行方向与下降方向

为增加直观性，首先给出最优性的几何条件，然后再给出它们的代数表示. 为此引入可行方向与下降方向的概念.

首先定义下降方向.

定义 7.2.1 设 $f(\boldsymbol{x})$ 是定义在 $\mathbb{R}^n$ 上的实函数，$\bar{\boldsymbol{x}} \in \mathbb{R}^n$，$\boldsymbol{d}$ 是非零向量. 若存在数 $\delta > 0$，使得对每个 $\lambda \in (0,\delta)$，都有

$$f(\bar{\boldsymbol{x}} + \lambda \boldsymbol{d}) < f(\bar{\boldsymbol{x}}),$$

则称 $\boldsymbol{d}$ **为函数** $\boldsymbol{f}(\boldsymbol{x})$ **在** $\bar{\boldsymbol{x}}$ **处的下降方向.**

如果 $f(\boldsymbol{x})$ 是可微函数，且 $\nabla f(\bar{\boldsymbol{x}})^{\mathrm{T}} \boldsymbol{d} < 0$，根据定理 7.1.1，显然 $\boldsymbol{d}$ 为 $f(\boldsymbol{x})$ 在 $\boldsymbol{x}$ 处的下降方向. 这时记作

$$F_0 = \{\boldsymbol{d} \mid \nabla f(\bar{\boldsymbol{x}})^{\mathrm{T}} \boldsymbol{d} < 0\}, \tag{7.2.3}$$

这个集合在下面的讨论中将要用到.

下面定义可行域 S 的可行方向.

定义 7.2.2 设集合 $S \subset \mathbb{R}^n$，$\bar{\boldsymbol{x}} \in \mathrm{cl}\, S$，$\boldsymbol{d}$ 是非零向量，若存在数 $\delta > 0$，使得对每一个 $\lambda \in (0,\delta)$，都有

$$\bar{\boldsymbol{x}} + \lambda \boldsymbol{d} \in S,$$

则称 $\boldsymbol{d}$ **为集合** $\boldsymbol{S}$ **在** $\bar{\boldsymbol{x}}$ **的可行方向**. 其中“cl”表示闭包，cl S 即 S 的闭包.

集合 S 在 $\bar{\boldsymbol{x}}$ 处**所有可行方向组成的集合**

$$D = \{\boldsymbol{d} \mid \boldsymbol{d} \neq \boldsymbol{0}, \bar{\boldsymbol{x}} \in \mathrm{cl}\, S, \exists \delta > 0, \text{使得 } \forall \lambda \in (0,\delta), \text{有 } \bar{\boldsymbol{x}} + \lambda \boldsymbol{d} \in S\}, \tag{7.2.4}$$

称为在 $\bar{\boldsymbol{x}}$ 处的**可行方向锥**.

由可行方向和下降方向的定义可知，如果 $\bar{\boldsymbol{x}}$ 是 $f(\boldsymbol{x})$ 在 S 上的局部极小点，则在 $\bar{\boldsymbol{x}}$ 处的可行方向一定不是下降方向.

定理 7.2.1 考虑问题

$$\begin{aligned} \min \quad & f(\boldsymbol{x}) \\ \text{s.t.} \quad & \boldsymbol{x} \in S. \end{aligned}$$

设 S 是$\mathbb{R}^n$中的非空集合，$\bar{x}\in S$，$f(\boldsymbol{x})$在 $\bar{\boldsymbol{x}}$ 处可微. 如果 $\bar{\boldsymbol{x}}$ 是局部最优解，则 $F_0\cap D=\varnothing$. 其中 F_0 和 D 分别由(7.2.3)式和(7.2.4)式定义.

证明　用反证法. 设存在非零向量

$$\boldsymbol{d}\in F_0\cap D,$$

则 $\boldsymbol{d}\in F_0$ 且 $\boldsymbol{d}\in D$. 根据 F_0 的定义，有

$$\nabla f(\bar{\boldsymbol{x}})^{\mathrm{T}}\boldsymbol{d}<0.$$

由定理 7.1.1 可知，存在 $\delta_1>0$，当 $\lambda\in(0,\delta_1)$时，有

$$f(\bar{\boldsymbol{x}}+\lambda\boldsymbol{d})<f(\bar{\boldsymbol{x}}). \tag{7.2.5}$$

又根据可行方向锥 D 的定义，存在 $\delta_2>0$，当 $\lambda\in(0,\delta_2)$时，有

$$\bar{\boldsymbol{x}}+\lambda\boldsymbol{d}\in S, \tag{7.2.6}$$

令

$$\delta=\min\{\delta_1,\delta_2\},$$

则当 $\lambda\in(0,\delta)$时，(7.2.5)式和(7.2.6)式同时成立. 这个结果与 $\bar{\boldsymbol{x}}$ 是局部最优解相矛盾.

7.2.3　不等式约束问题的一阶最优性条件

考虑非线性规划问题

$$\begin{aligned} &\min \quad f(\boldsymbol{x}) \\ &\text{s.t.} \quad g_i(\boldsymbol{x})\geqslant 0,\quad i=1,\cdots,m. \end{aligned} \tag{7.2.7}$$

这个问题的可行域

$$S=\{\boldsymbol{x}\mid g_i(\boldsymbol{x})\geqslant 0,\ i=1,\cdots,m\}. \tag{7.2.8}$$

为把最优性的几何条件用代数来表示，引入起作用约束的概念.

问题(7.2.7)的约束条件，在点 $\bar{\boldsymbol{x}}\in S$ 处呈现两种情形：

有些约束，它们的下标集用 I 表示，成立等式，即

$$g_i(\bar{\boldsymbol{x}})=0,\quad i\in I. \tag{7.2.9}$$

另一些约束成立严格不等式，即

$$g_i(\bar{\boldsymbol{x}})>0,\quad i\notin I. \tag{7.2.10}$$

满足(7.2.9)式的约束，在 $\bar{\boldsymbol{x}}$ 的邻域限制了可行点的范围，也就是说，当点沿某些方向稍微离开 $\bar{\boldsymbol{x}}$ 时，仍能满足这些约束条件，而沿着另一些方向离开 $\bar{\boldsymbol{x}}$ 时，不论步长多么小，都将违背这些约束条件，这样的约束称为**在 $\bar{\boldsymbol{x}}$ 处起作用约束**. 对满足(7.2.10)式的约束，情形则不同，当点稍微离开 $\bar{\boldsymbol{x}}$ 时，不论沿什么方向，都不会违背这些约束，它们称为**在 $\bar{\boldsymbol{x}}$ 处不起作用约束**. 如图 7.2.1，在 $\bar{\boldsymbol{x}}$ 处，$g_1\geqslant 0$ 和 $g_2\geqslant 0$ 是起作用约束，$g_3\geqslant 0$ 是不起作用约束.

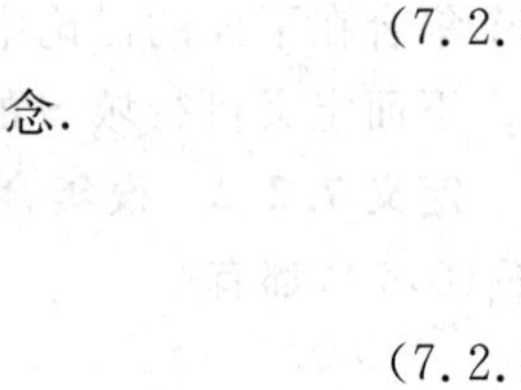

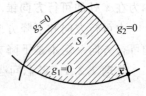

图　7.2.1

我们研究在一点处的可行方向时，只需考虑在这一点的起作用约束，那些不起作用约束可以暂且不管.本书中均用符号 I 表示起作用约束下标集，即

$$I=\{i \mid g_i(\bar{\boldsymbol{x}})=0\}.$$

定义起作用约束之后，就能用集合

$$G_0=\{\boldsymbol{d} \mid \nabla g_i(\bar{\boldsymbol{x}})^{\mathrm{T}}\boldsymbol{d}>0, i\in I\}, \tag{7.2.11}$$

取代定理 7.2.1 中的可行方向锥 D.

定理 7.2.2 设 $\bar{\boldsymbol{x}}\in S$，$f(\boldsymbol{x})$和 $g_i(\boldsymbol{x})(i\in I)$在 $\bar{\boldsymbol{x}}$ 可微，$g_i(\boldsymbol{x})(i\notin I)$在 $\bar{\boldsymbol{x}}$ 连续.如果 $\bar{\boldsymbol{x}}$ 是问题(7.2.7)的局部最优解，则

$$F_0\cap G_0=\varnothing.$$

证明 定理 7.2.1 已经证明，在点 $\bar{\boldsymbol{x}}$ 处，有

$$F_0\cap D=\varnothing.$$

下面证明 $G_0\subset D_0$.设方向 $\boldsymbol{d}\in G_0$ 则 $\nabla g_i(\bar{\boldsymbol{x}})^{\mathrm{T}}\boldsymbol{d}>0$ $(i\in I)$.为了方便，令 $\tilde{g}_i(\boldsymbol{x})=-g_i(\boldsymbol{x})$.这样，$\forall i\in I$，有$\nabla\tilde{g}(\bar{\boldsymbol{x}})^{\mathrm{T}}\boldsymbol{d}<0$.根据定理 7.1.1，存在 $\delta_1>0$，当 $\lambda\in(0,\delta_1)$时，有

$$\tilde{g}_i(\bar{\boldsymbol{x}}+\lambda\boldsymbol{d})<\tilde{g}_i(\bar{\boldsymbol{x}}), \quad i\in I,$$

即

$$g_i(\bar{\boldsymbol{x}}+\lambda\boldsymbol{d})>g_i(\bar{\boldsymbol{x}})=0, \quad i\in I. \tag{7.2.12}$$

当 $i\notin I$ 时，$g_i(\bar{\boldsymbol{x}})>0$.由于 $g_i(\boldsymbol{x})(i\notin I)$在 $\bar{\boldsymbol{x}}$ 连续，因此存在 $\delta_2>0$，当 $\lambda\in(0,\delta_2)$时，有

$$g_i(\bar{\boldsymbol{x}}+\lambda\boldsymbol{d})>0, \quad i\notin I. \tag{7.2.13}$$

令

$$\delta=\min\{\delta_1,\delta_2\}, \tag{7.2.14}$$

由(7.2.12)式至(7.2.14)式可知，当 $\lambda\in(0,\delta)$时，有

$$g_i(\bar{\boldsymbol{x}}+\lambda\boldsymbol{d})>0, \qquad \forall i,$$

即

$$\bar{\boldsymbol{x}}+\lambda\boldsymbol{d}\in S.$$

按定义，$\boldsymbol{d}$ 为可行方向，因此 $\boldsymbol{d}\in D$.从而得出 $G_0\subset D$，故 $F_0\cap G_0=\varnothing$.

利用上述定理，容易将最优性的几何条件转化为代数条件.

定理 7.2.3(Fritz John 条件) 设 $\bar{\boldsymbol{x}}\in S$，$I=\{i\mid g_i(\bar{\boldsymbol{x}})=0\}$，$f$，$g_i(i\in I)$在 $\bar{\boldsymbol{x}}$ 处可微，$g_i(i\notin I)$在 $\bar{\boldsymbol{x}}$ 处连续，如果 $\bar{\boldsymbol{x}}$ 是(7.2.7)式的局部最优解，则存在不全为零的非负数 w_0，$w_i(i\in I)$，使得

$$w_0\nabla f(\bar{\boldsymbol{x}})-\sum_{i\in I}w_i\nabla g_i(\bar{\boldsymbol{x}})=\boldsymbol{0}.$$

证明 根据定理 7.2.2，在点 $\bar{\boldsymbol{x}}$，$F_0\cap G_0=\varnothing$，即不等式组

$$\begin{cases}\nabla f(\bar{\boldsymbol{x}})^{\mathrm{T}}\boldsymbol{d}<0,\\ -\nabla g_i(\bar{\boldsymbol{x}})^{\mathrm{T}}\boldsymbol{d}<0,\quad i\in I\end{cases}\tag{7.2.15}$$

无解. 又根据 Gordan 定理,必存在非零向量

$$\boldsymbol{w}=(w_0,w_i,i\in I)\geqslant\boldsymbol{0},$$

使得

$$w\nabla f(\bar{\boldsymbol{x}})-\sum_{i\in I}w_i\nabla g_i(\bar{\boldsymbol{x}})=\boldsymbol{0}.$$

例 7.2.1　已知 $\bar{\boldsymbol{x}}=(3,1)^{\mathrm{T}}$ 是下列问题的最优解:

$$\begin{aligned}\min\quad & f(\boldsymbol{x})\overset{\text{def}}{=}(x_1-7)^2+(x_2-3)^2\\ \text{s.t.}\quad & g_1(\boldsymbol{x})=10-x_1^2-x_2^2\geqslant 0,\\ & g_2(\boldsymbol{x})=4-x_1-x_2\geqslant 0,\\ & g_3(\boldsymbol{x})=x_2\geqslant 0.\end{aligned}$$

验证在 $\bar{\boldsymbol{x}}$ 满足 Fritz John 条件(如图 7.2.2 所示).

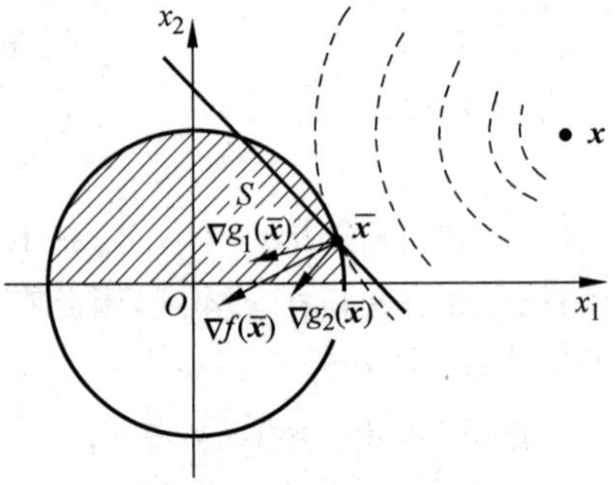

图　7.2.2

解　在点 $\bar{\boldsymbol{x}}=(3,1)^{\mathrm{T}}$,前两个约束是起作用约束,即 $I=\{1,2\}$. 计算在 $\bar{\boldsymbol{x}}$ 处目标函数及起作用约束函数的梯度,得到

$$\nabla f(\bar{\boldsymbol{x}})=\begin{bmatrix}-8\\-4\end{bmatrix},\quad \nabla g_1(\bar{\boldsymbol{x}})=\begin{bmatrix}-6\\-2\end{bmatrix},\quad \nabla g_2(\bar{\boldsymbol{x}})=\begin{bmatrix}-1\\-1\end{bmatrix}.$$

设

$$w_0\begin{bmatrix}-8\\-4\end{bmatrix}-w_1\begin{bmatrix}-6\\-2\end{bmatrix}-w_2\begin{bmatrix}-1\\-1\end{bmatrix}=\begin{bmatrix}0\\0\end{bmatrix},$$

即

$$\begin{cases}-8w_0+6w_1+w_2=0,\\ -4w_0+2w_1+w_2=0,\end{cases}$$

这个方程组存在分量不全为零的非负解,比如

$$\begin{bmatrix} w_0 \\ w_1 \\ w_2 \end{bmatrix} = \begin{bmatrix} 1 \\ 1 \\ 2 \end{bmatrix},$$

就是这样的解.因此,在 $\bar{\boldsymbol{x}}=(3,1)^{\mathrm{T}}$,Fritz John 条件满足.

例 7.2.2　给定非线性规划问题(如图 7.2.3 所示)

$$\begin{aligned} \min \quad & f(\boldsymbol{x}) \stackrel{\text{def}}{=\!=} -x_2 \\ \text{s.t.} \quad & g_1(\boldsymbol{x}) = -2x_1 + (2-x_2)^3 \geqslant 0, \\ & g_2(\boldsymbol{x}) = x_1 \geqslant 0. \end{aligned}$$

验证在点 $\bar{\boldsymbol{x}}=(0,2)^{\mathrm{T}}$,Fritz John 条件成立.

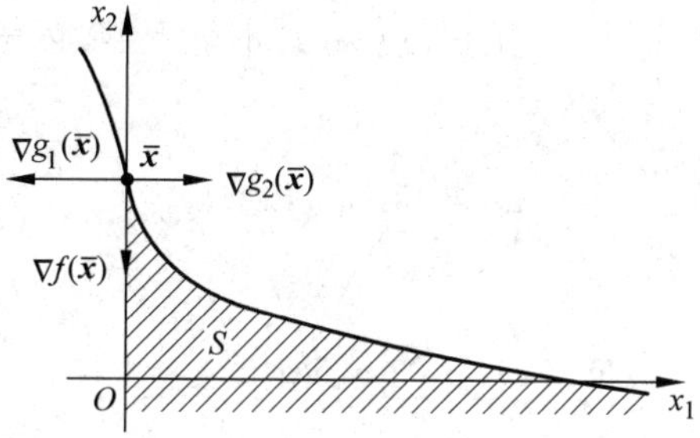

图　7.2.3

解　在点 $\bar{\boldsymbol{x}}$,两个约束都是起作用约束.目标函数及约束函数的梯度分别为

$$\nabla f(\bar{\boldsymbol{x}}) = \begin{bmatrix} 0 \\ -1 \end{bmatrix}, \quad \nabla g_1(\bar{\boldsymbol{x}}) = \begin{bmatrix} -2 \\ 0 \end{bmatrix}, \quad \nabla g_2(\bar{\boldsymbol{x}}) = \begin{bmatrix} 1 \\ 0 \end{bmatrix}.$$

设

$$w_0 \begin{bmatrix} 0 \\ -1 \end{bmatrix} - w_1 \begin{bmatrix} -2 \\ 0 \end{bmatrix} - w_2 \begin{bmatrix} 1 \\ 0 \end{bmatrix} = \begin{bmatrix} 0 \\ 0 \end{bmatrix},$$

即

$$\begin{cases} 2w_1 - w_2 = 0, \\ w_0 = 0. \end{cases}$$

解此方程组,得到

$$(w_0, w_1, w_2) = (0, k, 2k).$$

k 可取任何正数,因此在 $\bar{\boldsymbol{x}}$ 处 Fritz John 条件成立.

例 7.2.2 表明,运用 Fritz John 条件时,可能出现 $w_0=0$ 的情形.这时,Fritz John 条件中实际上不包含目标函数的任何数据,只是把起作用约束的梯度组合成零向量.这样的条件,对于问题的解的描述,没有多少价值.我们感兴趣的是 $w_0 \neq 0$ 的情形.为保证 $w_0 \neq 0$,

还需要对约束施加某种限制. 这种限制条件通常称为**约束规格**(constraint qualification). 在定理 7.2.3 中,如果增加起作用约束的梯度线性无关的约束规格,则给出不等式约束问题的著名的 K-T 条件.

定理 7.2.4(Kuhn-Tucker 条件)　考虑问题(7.2.7). 设 $\bar{\boldsymbol{x}}\in S$, f, $g_i(i\in I)$在 $\bar{\boldsymbol{x}}$ 处可微, $g_i(i\notin I)$在点 $\bar{\boldsymbol{x}}$ 连续, $\{\nabla g_i(\bar{\boldsymbol{x}})\mid i\in I\}$线性无关. 若 $\bar{\boldsymbol{x}}$ 是局部最优解,则存在非负数 w_i, $i\in I$,使得

$$\nabla f(\bar{\boldsymbol{x}})-\sum_{i\in I}w_i\nabla g_i(\bar{\boldsymbol{x}})=\boldsymbol{0}. \tag{7.2.16}$$

证明　根据定理 7.2.3,存在不全为零的非负数 w_0, $\hat{w}_i(i\in I)$,使得

$$w_0\nabla f(\bar{\boldsymbol{x}})-\sum_{i\in I}\hat{w}_i\nabla g_i(\bar{\boldsymbol{x}})=\boldsymbol{0}.$$

显然 $w_0\neq 0$,因为如果 $w_0=0$,由于 $\hat{w}_i(i\in I)$不全为零,必导致$\{\nabla g_i(\bar{\boldsymbol{x}})\mid i\in I\}$线性相关. 于是可令

$$w_i=\frac{\hat{w}_i}{w_0},\quad i\in I,$$

从而得到

$$\nabla f(\bar{\boldsymbol{x}})-\sum_{i\in I}w_i\nabla g_i(\bar{\boldsymbol{x}})=\boldsymbol{0},$$

$$w_i\geqslant 0,\quad i\in I.$$

在上述定理中,若 $g_i(i\notin I)$在 $\bar{\boldsymbol{x}}$ 可微,则 K-T 条件可写成等价形式:

$$\nabla f(\bar{\boldsymbol{x}})-\sum_{i=1}^{m}w_i\nabla g_i(\bar{\boldsymbol{x}})=\boldsymbol{0}, \tag{7.2.17}$$

$$w_ig_i(\bar{\boldsymbol{x}})=0,\quad i=1,\cdots,m, \tag{7.2.18}$$

$$w_i\geqslant 0,\quad i=1,\cdots,m. \tag{7.2.19}$$

当 $i\notin I$ 时, $g_i(\bar{\boldsymbol{x}})\neq 0$,由(7.2.18)式可知, $w_i=0$. 这时,项 $w_i\nabla g_i(\bar{\boldsymbol{x}})(i\notin I)$从(7.2.17)式中自然消去,得到(7.2.16)式.

当 $i\in I$ 时, $g_i(\bar{\boldsymbol{x}})=\boldsymbol{0}$,因此条件(7.2.18)对 w_i 没有限制.

条件(7.2.18)称为**互补松弛条件**.

(7.2.17)式和(7.2.18)式组成含有 $m+n$ 个未知量及 $m+n$ 个方程的方程组. 如果给定点 $\bar{\boldsymbol{x}}$,验证它是否为 K-T 点,只需解方程组(7.2.16). 如果 $\bar{\boldsymbol{x}}$ 没有给定,欲求问题的 K-T 点,就需要求解(7.2.17)式和(7.2.18)式.

例 7.2.3　给定非线性规划问题(参见图7.2.4):

$$\begin{aligned}\min\quad & (x_1-2)^2+x_2^2\\ \text{s. t.}\quad & x_1-x_2^2\geqslant 0,\\ & -x_1+x_2\geqslant 0.\end{aligned}$$

验证下列两点

$$x^{(1)}=\begin{bmatrix}0\\0\end{bmatrix} \quad 和 \quad x^{(2)}=\begin{bmatrix}1\\1\end{bmatrix}$$

是否为 K-T 点.

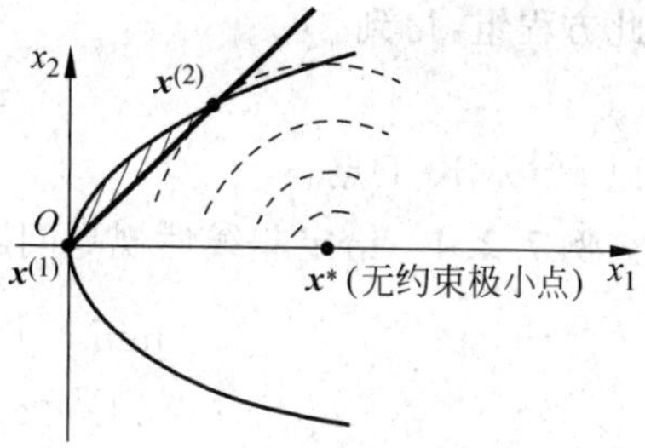

图 7.2.4

解 记

$$f(x)=(x_1-2)^2+x_2^2,$$
$$g_1(x)=x_1-x_2^2,$$
$$g_2(x)=-x_1+x_2.$$

目标函数和约束函数的梯度是

$$\nabla f(x)=\begin{bmatrix}2(x_1-2)\\2x_2\end{bmatrix}, \quad \nabla g_1(x)=\begin{bmatrix}1\\-2x_2\end{bmatrix}, \quad \nabla g_2(x)=\begin{bmatrix}-1\\1\end{bmatrix}.$$

先验证 $x^{(1)}$. 在这一点,$g_1(x)\geqslant 0$ 和 $g_2(x)\geqslant 0$ 都是起作用约束,目标函数和约束函数的梯度分别是

$$\nabla f(x^{(1)})=\begin{bmatrix}-4\\0\end{bmatrix}, \quad \nabla g_1(x^{(1)})=\begin{bmatrix}1\\0\end{bmatrix}, \quad \nabla g_2(x^{(1)})=\begin{bmatrix}-1\\1\end{bmatrix}.$$

设

$$\begin{bmatrix}-4\\0\end{bmatrix}-w_1\begin{bmatrix}1\\0\end{bmatrix}-w_2\begin{bmatrix}-1\\1\end{bmatrix}=\begin{bmatrix}0\\0\end{bmatrix},$$

即

$$-4-w_1+w_2=0,$$
$$-w_2=0,$$

解此方程组,得到

$$w_1=-4, \quad w_2=0,$$

由于 $w_1<0$,因此 $x^{(1)}$ 不是 K-T 点.

再验证 $x^{(2)}$. 在点 $x^{(2)}$,$g_1(x)\geqslant 0$ 和 $g_2(x)\geqslant 0$ 都是起作用约束,目标函数和约束函数的梯度分别是

$$\nabla f(x^{(2)})=\begin{bmatrix}-2\\2\end{bmatrix}, \quad \nabla g_1(x^{(2)})=\begin{bmatrix}1\\-2\end{bmatrix}, \quad \nabla g_2(x^{(2)})=\begin{bmatrix}-1\\1\end{bmatrix}.$$

设

$$\begin{bmatrix}-2\\2\end{bmatrix}-w_1\begin{bmatrix}1\\-2\end{bmatrix}-w_2\begin{bmatrix}-1\\1\end{bmatrix}=\begin{bmatrix}0\\0\end{bmatrix},$$

即

$$\begin{cases}-2-w_1+w_2=0,\\2+2w_1-w_2=0,\end{cases}$$

解此方程组,得到

$$w_1 = 0, \quad w_2 = 2.$$

所以 $\boldsymbol{x}^{(2)}$ 是 K-T 点.

例 7.2.4　给定非线性规划问题

$$\begin{aligned} \min \quad & f(\boldsymbol{x}) \stackrel{\text{def}}{=} (x_1 - 1)^2 + x_2 \\ \text{s.t.} \quad & g_1(\boldsymbol{x}) = -x_1 - x_2 + 2 \geqslant 0, \\ & g_2(\boldsymbol{x}) = x_2 \geqslant 0, \end{aligned}$$

求满足 K-T 条件的点.

解　为求 K-T 点,需解方程组(7.2.17)和(7.2.18). 目标函数和约束函数的梯度分别为

$$\nabla f(\boldsymbol{x}) = \begin{bmatrix} 2(x_1 - 1) \\ 1 \end{bmatrix}, \quad \nabla g_1(\boldsymbol{x}) = \begin{bmatrix} -1 \\ -1 \end{bmatrix}, \quad \nabla g_2(\boldsymbol{x}) = \begin{bmatrix} 0 \\ 1 \end{bmatrix}.$$

K-T 条件为

$$\begin{aligned} & \nabla f(\boldsymbol{x}) - \sum_{i=1}^{2} w_i \nabla g_i(\boldsymbol{x}) = \boldsymbol{0}, \\ & w_i g_i(\boldsymbol{x}) = 0, \qquad i = 1,2, \\ & w_i \geqslant 0, \qquad i = 1,2, \end{aligned}$$

即

$$2(x_1 - 1) + w_1 = 0, \tag{7.2.20}$$

$$1 + w_1 - w_2 = 0, \tag{7.2.21}$$

$$w_1(-x_1 - x_2 + 2) = 0, \tag{7.2.22}$$

$$w_2 x_2 = 0, \tag{7.2.23}$$

$$w_1, w_2 \geqslant 0. \tag{7.2.24}$$

(7.2.20)至(7.2.23)式是以 x_1, x_2, w_1, w_2 为元的非线性方程组,问题归结为求这个方程组满足条件 $w_1 \geqslant 0$ 和 $w_2 \geqslant 0$ 的解. 一般说来,求解非线性方程组比较复杂. 但这个问题比较简单,求解并不困难.

在(7.2.23)式中,若 $w_2 = 0$,则由(7.2.21)式得到 $w_1 = -1$,因此设 $x_2 = 0$,则方程组变成

$$2x_1 + w_1 - 2 = 0, \tag{7.2.25}$$

$$w_1 - w_2 + 1 = 0, \tag{7.2.26}$$

$$w_1(-x_1 + 2) = 0. \tag{7.2.27}$$

在(7.2.27)式中,若 $-x_1 + 2 = 0$,则由(7.2.25)式必得出 $w_1 = -2$,因此设 $w_1 = 0$. 再将 $w_1 = 0$ 代入(7.2.25)式和(7.2.26)式,解得 $w_2 = 1, x_1 = 1$.

由上述求解过程得到原方程组的一组解

$$x_1 = 1, \quad x_2 = 0, \quad w_1 = 0, \quad w_2 = 1.$$

由于 w_1 和 w_2 都是非负数,因此得到 K-T 点

$$\bar{\boldsymbol{x}} = \begin{bmatrix} 1 \\ 0 \end{bmatrix}.$$

下面,对于凸规划,给出最优解的一阶充分条件.

定理 7.2.5　设在问题(7.2.7)中,f 是凸函数,$g_i(i=1,\cdots,m)$是凹函数,S 为可行域,$\bar{\boldsymbol{x}}\in S$,$I=\{i \mid g_i(\bar{\boldsymbol{x}})=0\}$,$f$ 和 $g_i(i\in I)$在点 $\bar{\boldsymbol{x}}$ 可微,$g_i(i\notin I)$在点 $\bar{\boldsymbol{x}}$ 连续,且在 $\bar{\boldsymbol{x}}$ 处 K-T条件成立,则 $\bar{\boldsymbol{x}}$ 为全局最优解.

证明　根据定理假设,显然 S 是凸集,f 是凸函数,因此问题属于凸规划.

由于 f 是凸函数且在点 $\bar{\boldsymbol{x}}\in S$ 可微,根据定理 1.4.14 的推论,对任意的 $\boldsymbol{x}\in S$,有

$$f(\boldsymbol{x}) \geqslant f(\bar{\boldsymbol{x}}) + \nabla f(\bar{\boldsymbol{x}})^{\mathrm{T}}(\boldsymbol{x}-\bar{\boldsymbol{x}}). \tag{7.2.28}$$

又知在点 $\bar{\boldsymbol{x}}$ 处 K-T 条件成立,即存在 K-T 乘子 $w_i\geqslant 0(i\in I)$,使得

$$\nabla f(\bar{\boldsymbol{x}}) = \sum_{i\in I} w_i \nabla g_i(\bar{\boldsymbol{x}}). \tag{7.2.29}$$

把(7.2.29)式代入(7.2.28)式,得到

$$f(\boldsymbol{x}) \geqslant f(\bar{\boldsymbol{x}}) + \sum_{i\in I} w_i \nabla g_i(\bar{\boldsymbol{x}})^{\mathrm{T}}(\boldsymbol{x}-\bar{\boldsymbol{x}}). \tag{7.2.30}$$

由于 $g_i(i=1,\cdots,m)$是凹函数,因此 $-g_i$ 是凸函数.当 $i\in I$ 时,由定理 1.4.14 的推论得到

$$-g_i(\boldsymbol{x}) \geqslant -g_i(\bar{\boldsymbol{x}}) + [-\nabla g_i(\bar{\boldsymbol{x}})]^{\mathrm{T}}(\boldsymbol{x}-\bar{\boldsymbol{x}}),$$

即

$$\nabla g_i(\bar{\boldsymbol{x}})^{\mathrm{T}}(\boldsymbol{x}-\bar{\boldsymbol{x}}) \geqslant g_i(\boldsymbol{x}) - g_i(\bar{\boldsymbol{x}}), \qquad i\in I. \tag{7.2.31}$$

由于 $g_i(\bar{\boldsymbol{x}})=0$,$g_i(\boldsymbol{x})\geqslant 0$,因此有

$$\nabla g_i(\bar{\boldsymbol{x}})^{\mathrm{T}}(\boldsymbol{x}-\bar{\boldsymbol{x}}) \geqslant 0, \qquad i\in I. \tag{7.2.32}$$

根据(7.2.30)式和(7.2.32)式,显然成立

$$f(\boldsymbol{x}) \geqslant f(\bar{\boldsymbol{x}}),$$

即 $\bar{\boldsymbol{x}}$ 是问题(7.2.7)的全局最优解.

由上述定理可知,例 7.2.4 的 K-T 点 $\bar{\boldsymbol{x}}=(1,0)^{\mathrm{T}}$ 一定是该问题的全局最优解.

7.2.4　一般约束问题的一阶最优性条件

考虑具有等式和不等式约束问题(7.2.1).记

$$\boldsymbol{g}(\boldsymbol{x}) = \begin{bmatrix} g_1(\boldsymbol{x}) \\ g_2(\boldsymbol{x}) \\ \vdots \\ g_m(\boldsymbol{x}) \end{bmatrix}, \quad \boldsymbol{h}(\boldsymbol{x}) = \begin{bmatrix} h_1(\boldsymbol{x}) \\ h_2(\boldsymbol{x}) \\ \vdots \\ h_l(\boldsymbol{x}) \end{bmatrix}.$$

将问题(7.2.1)写作

$$\begin{aligned}\min\quad & f(\boldsymbol{x}),\quad \boldsymbol{x}\in\mathbb{R}^n,\\ \text{s.t.}\quad & \boldsymbol{g}(\boldsymbol{x})\geqslant \boldsymbol{0},\\ & \boldsymbol{h}(\boldsymbol{x})=\boldsymbol{0}.\end{aligned}\tag{7.2.33}$$

研究上述问题的最优性条件,涉及一个基本概念,就是正则点.

定义 7.2.3　设 $\bar{\boldsymbol{x}}$ 为可行点,不等式约束中在 $\bar{\boldsymbol{x}}$ 起作用约束下标集记作 I,如果向量组 $\{\nabla g_i(\bar{\boldsymbol{x}}),\nabla h_j(\bar{\boldsymbol{x}})\mid i\in I,j=1,2,\cdots,l\}$线性无关,就称 $\bar{\boldsymbol{x}}$ 为约束 $\boldsymbol{g}(\boldsymbol{x})\geqslant\boldsymbol{0}$ 和 $\boldsymbol{h}(\boldsymbol{x})=\boldsymbol{0}$ 的正则点.

下面将在正则假设下,研究最优解的必要条件.

引进等式约束后,推导一阶最优性条件的难点在于可行移动的描述.当 $h_j(\boldsymbol{x})$为非线性函数时,在任何可行点均不存在可行方向,沿任何方向取微小步长都将破坏可行性.因此,就等式约束 $\boldsymbol{h}(\boldsymbol{x})=0$ 而言,为描述可行移动,需考虑超曲面 $S=\{\boldsymbol{x}\mid\boldsymbol{h}(\boldsymbol{x})=\boldsymbol{0}\}$上的可行曲线.

定义 7.2.4　点集$\{\boldsymbol{x}=\boldsymbol{x}(t)\mid t_0\leqslant t\leqslant t_1\}$称为曲面 $S=\{\boldsymbol{x}\mid\boldsymbol{h}(\boldsymbol{x})=\boldsymbol{0}\}$上的一条曲线,如果对所有 $t\in[t_0,t_1]$均有 $\boldsymbol{h}(\boldsymbol{x}(t))=\boldsymbol{0}$.

显然,曲线上点是参数 t 的函数,如果导数 $\boldsymbol{x}'(t)=\dfrac{\mathrm{d}\boldsymbol{x}(t)}{\mathrm{d}t}$存在,则称曲线是可微的.曲线 $\boldsymbol{x}(t)$的一阶导数 $\boldsymbol{x}'(t)$是曲线在点 $\boldsymbol{x}(t)$处切向量.曲面 S 上在点 $\boldsymbol{x}$ 处所有可微曲线的切向量组成的集合,称为曲面 S 在点 $\boldsymbol{x}$ 的切平面,记作 $T(\boldsymbol{x})$.

为便于表达切平面,定义下列子空间:

$$H=\{\boldsymbol{d}\mid\nabla\boldsymbol{h}(\boldsymbol{x})^{\mathrm{T}}\boldsymbol{d}=\boldsymbol{0}\},\tag{7.2.34}$$

其中$\nabla\boldsymbol{h}(\boldsymbol{x})=(\nabla h_1(\boldsymbol{x}),\nabla h_2(\boldsymbol{x}),\cdots,\nabla h_l(\boldsymbol{x}))$,$\nabla h_j(\boldsymbol{x})$是 $h_j(\boldsymbol{x})$的梯度.

根据切平面 T 及子空间 H 的定义,在点 $\bar{\boldsymbol{x}}$,若向量 $\boldsymbol{d}\in T(\bar{\boldsymbol{x}})$,则有

$$\boldsymbol{d}\in H\overset{\text{def}}{=}\{\boldsymbol{d}\mid\nabla\boldsymbol{h}(\bar{\boldsymbol{x}})^{\mathrm{T}}\boldsymbol{d}=\boldsymbol{0}\},$$

反之不一定成立;然而,若 $\bar{\boldsymbol{x}}$ 是约束 $\boldsymbol{h}(\boldsymbol{x})=\boldsymbol{0}$ 的正则点,反之也成立.

定理 7.2.6　设 $\bar{\boldsymbol{x}}$ 是曲面 $S=\{\boldsymbol{x}\mid\boldsymbol{h}(\boldsymbol{x})=\boldsymbol{0}\}$上一个正则点(即$\nabla h_1(\bar{\boldsymbol{x}}),\nabla h_2(\bar{\boldsymbol{x}}),\cdots,\nabla h_l(\bar{\boldsymbol{x}})$线性无关),则在点 $\bar{\boldsymbol{x}}$ 切平面 $T(\bar{\boldsymbol{x}})$等于子空间 $H=\{\boldsymbol{d}\mid\nabla\boldsymbol{h}(\bar{\boldsymbol{x}})^{\mathrm{T}}\boldsymbol{d}=\boldsymbol{0}\}$.

证明　若 $\boldsymbol{d}\in T(\bar{\boldsymbol{x}})$,根据定义必有 $\boldsymbol{d}\in H$.下面证明,若 $\boldsymbol{d}\in H$,则 $\boldsymbol{d}\in T(\bar{\boldsymbol{x}})$.即证明在曲面 S 上存在过点 $\bar{\boldsymbol{x}}=\boldsymbol{x}(0)$的可微曲线 $\boldsymbol{x}(t)$,使 $\boldsymbol{x}'(0)=\boldsymbol{d}$.为此,利用隐函数定理.考虑以 $\boldsymbol{y}$ 和 t 为变量的非线性方程组

$$\boldsymbol{h}(\bar{\boldsymbol{x}}+t\boldsymbol{d}+\nabla\boldsymbol{h}(\bar{\boldsymbol{x}})\boldsymbol{y})=\boldsymbol{0},\tag{7.2.35}$$

其中 $t\in\mathbb{R}^1$,$\boldsymbol{y}\in\mathbb{R}^l$.由于 $\boldsymbol{h}(\bar{\boldsymbol{x}})=\boldsymbol{0}$,上述方程组必有解$(\boldsymbol{y},t)=(\boldsymbol{0},0)$.在 $t=0$,$\boldsymbol{h}$ 关于 $\boldsymbol{y}$ 的 Jacobi 矩阵为$\nabla\boldsymbol{h}(\bar{\boldsymbol{x}})^{\mathrm{T}}\nabla\boldsymbol{h}(\bar{\boldsymbol{x}})$,由于正则性假设,这个矩阵非奇异.根据隐函数定理,在 $t=0$ 的邻域,存在连续可微函数 $\boldsymbol{y}=\boldsymbol{y}(t)$($\boldsymbol{y}(0)=\boldsymbol{0}$),使

$$\boldsymbol{h}(\bar{\boldsymbol{x}}+t\boldsymbol{d}+\nabla\boldsymbol{h}(\bar{\boldsymbol{x}})\boldsymbol{y}(t))=\boldsymbol{0}\tag{7.2.36}$$

恒成立. 令 $\boldsymbol{x}(t)=\bar{\boldsymbol{x}}+t\boldsymbol{d}+\nabla\boldsymbol{h}(\bar{\boldsymbol{x}})\boldsymbol{y}(t)$,则 $\boldsymbol{x}(t)$ 为曲面 S 上通过 $\bar{\boldsymbol{x}}=\boldsymbol{x}(0)$ 的一条曲线,在点 $\bar{\boldsymbol{x}}$,切向量

$$\boldsymbol{x}'(0)=\boldsymbol{d}+\nabla\boldsymbol{h}(\bar{\boldsymbol{x}})\boldsymbol{y}'(0). \tag{7.2.37}$$

下面证明上式右端第 2 项必为零. 为此,将恒等式(7.2.36)两端对 t 求导,令 $(t,\boldsymbol{y})=(0,\boldsymbol{0})$,得到

$$\nabla\boldsymbol{h}(\bar{\boldsymbol{x}})^{\mathrm{T}}\boldsymbol{d}+\nabla\boldsymbol{h}(\bar{\boldsymbol{x}})^{\mathrm{T}}\nabla\boldsymbol{h}(\bar{\boldsymbol{x}})\boldsymbol{y}'(0)=\boldsymbol{0}. \tag{7.2.38}$$

由 $\boldsymbol{d}$ 的定义知 $\nabla\boldsymbol{h}(\bar{x})^{\mathrm{T}}\boldsymbol{d}=\boldsymbol{0}$,由正则假设可知,$\nabla\boldsymbol{h}(\bar{\boldsymbol{x}})^{\mathrm{T}}\nabla\boldsymbol{h}(\bar{\boldsymbol{x}})$ 为 l 阶可逆矩阵,因此由(7.2.38)式得出 $\boldsymbol{y}'(0)=\boldsymbol{0}$,代入(7.2.37)式,则 $\boldsymbol{x}'(0)=\boldsymbol{d}$,即 $\boldsymbol{d}\in T(\bar{\boldsymbol{x}})$.

下面给出最优解的一阶必要条件.

定理 7.2.7 设在约束极值问题(7.2.1)中,$\bar{x}$ 为可行点,$I=\{i\mid g_i(\bar{\boldsymbol{x}})=0\}$,$f$ 和 $g_i(i\in I)$ 在点 $\bar{\boldsymbol{x}}$ 可微,$g_i(i\notin I)$ 在点 $\bar{\boldsymbol{x}}$ 连续,$h_j(j=1,\cdots,l)$ 在点 $\bar{\boldsymbol{x}}$ 连续可微,且 $\nabla h_1(\bar{\boldsymbol{x}})$,$\nabla h_2(\bar{\boldsymbol{x}}),\cdots,\nabla h_l(\bar{\boldsymbol{x}})$ 线性无关. 如果 $\bar{\boldsymbol{x}}$ 是局部最优解,则在 $\bar{\boldsymbol{x}}$ 处,有

$$F_0\cap G_0\cap H_0=\varnothing,$$

其中 F_0,G_0 和 H_0 的定义为

$$F_0=\{\boldsymbol{d}\mid\nabla f(\bar{\boldsymbol{x}})^{\mathrm{T}}\boldsymbol{d}<0\},$$
$$G_0=\{\boldsymbol{d}\mid\nabla g_i(\bar{\boldsymbol{x}})^{\mathrm{T}}\boldsymbol{d}>0,\ i\in I\},$$
$$H_0=\{\boldsymbol{d}\mid\nabla h_j(\bar{\boldsymbol{x}})^{\mathrm{T}}\boldsymbol{d}=0,\ j=1,2,\cdots,l\}.$$

证明 用反证法. 设存在向量 $\boldsymbol{y}\in F_0\cap G_0\cap H_0$,即同时成立下列各式

$$\nabla f(\bar{\boldsymbol{x}})^{\mathrm{T}}\boldsymbol{y}<0,$$
$$\nabla g_i(\bar{\boldsymbol{x}})^{\mathrm{T}}\boldsymbol{y}>0,\quad i\in I,$$
$$\nabla h_j(\bar{\boldsymbol{x}})^{\mathrm{T}}\boldsymbol{y}=0,\quad j=1,2,\cdots,l.$$

根据定理 7.2.6,$\boldsymbol{y}\in T(\bar{\boldsymbol{x}})$,即在曲面 $S=\{\boldsymbol{x}\mid\boldsymbol{h}(\boldsymbol{x})=\boldsymbol{0}\}$ 上存在经过点 $\bar{\boldsymbol{x}}=\boldsymbol{x}(0)$ 的可微曲线 $\boldsymbol{x}(t)$,其切向量 $\dfrac{\mathrm{d}\boldsymbol{x}(0)}{\mathrm{d}t}=\boldsymbol{y}$. 下面证明当 $t>0$ 充分小时,$\boldsymbol{x}(t)$ 为可行点,且 $f(\boldsymbol{x}(t))<f(\bar{\boldsymbol{x}})$.

当 $i\in I$ 时,

$$\left.\frac{\mathrm{d}g_i(\boldsymbol{x}(t))}{\mathrm{d}t}\right|_{t=0}=\nabla g_i(\bar{\boldsymbol{x}})^{\mathrm{T}}\frac{\mathrm{d}\boldsymbol{x}(0)}{\mathrm{d}t}=\nabla g_i(\bar{\boldsymbol{x}})^{\mathrm{T}}\boldsymbol{y}>0,$$

因此存在 $\delta_1>0$,当 $t\in[0,\delta_1)$ 时,

$$g_i(\boldsymbol{x}(t))\geqslant 0,\qquad\forall\, i\in I. \tag{7.2.39}$$

当 $i\notin I$ 时,由于 $g_i(\bar{\boldsymbol{x}})>0$,且 g_i 在 $\bar{\boldsymbol{x}}$ 连续,因此存在 $\delta_2>0$,当 $t\in[0,\delta_2)$ 时,有

$$g_i(\boldsymbol{x}(t))\geqslant 0,\qquad\forall\, i\notin I. \tag{7.2.40}$$

另一方面,由于

$$\left.\frac{\mathrm{d}f(\boldsymbol{x}(t))}{\mathrm{d}t}\right|_{t=0}=\nabla f(\bar{\boldsymbol{x}})^{\mathrm{T}}\boldsymbol{y}<0,$$

因此存在 $\delta_3>0$，当 $t\in[0,\delta_3)$ 时，有

$$f(\boldsymbol{x}(t)) < f(\bar{\boldsymbol{x}}). \tag{7.2.41}$$

令 $\delta=\min\{\delta_1,\delta_2,\delta_3\}$，则当 $t\in[0,\delta)$ 时，(7.2.39)～(7.2.41)式同时成立，且 $\boldsymbol{h}(\boldsymbol{x}(t))=\boldsymbol{0}$，因此当 $t\in[0,\delta)$ 时 $\boldsymbol{x}(t)$ 为可行点，且 $f(\boldsymbol{x}(t))<f(\bar{\boldsymbol{x}})$. 这个结果与 $\bar{\boldsymbol{x}}$ 是局部最优解相矛盾，因此有

$$F_0\cap G_0\cap H_0=\varnothing.$$

下面给出一阶必要条件的代数表达.

定理 7.2.8(Fritz John 条件) 设在问题(7.2.1)中，$\bar{\boldsymbol{x}}$ 为可行点，$I=\{i\mid g_i(\bar{\boldsymbol{x}})=0\}$，$f$ 和 $g_i(i\in I)$ 在点 $\bar{\boldsymbol{x}}$ 可微，$g_i(i\notin I)$ 在点 $\bar{\boldsymbol{x}}$ 连续，$h_j(j=1,\cdots,l)$ 在点 $\bar{\boldsymbol{x}}$ 连续可微. 如果 $\bar{\boldsymbol{x}}$ 是局部最优解，则存在不全为零的数 $w_0,w_i(i\in I)$ 和 $v_j(j=1,\cdots,l)$，使得

$$w_0\nabla f(\bar{\boldsymbol{x}})-\sum_{i\in I}w_i\nabla g_i(\bar{\boldsymbol{x}})-\sum_{j=1}^{l}v_j\nabla h_j(\bar{\boldsymbol{x}})=\boldsymbol{0},\quad w_0,w_i\geqslant 0,\quad i\in I.$$

证明 如果 $\nabla h_1(\bar{\boldsymbol{x}}),\cdots,\nabla h_l(\bar{\boldsymbol{x}})$ 线性相关，则存在不全为零的数 $v_j(j=1,\cdots,l)$ 使

$$\sum_{j=1}^{l}v_j\nabla h_j(\bar{\boldsymbol{x}})=\boldsymbol{0},$$

这时，可令 $w_0=0,w_i=0\ (i\in I)$，则得出定理的结论.

如果 $\nabla h_1(\bar{\boldsymbol{x}}),\cdots,\nabla h_l(\bar{\boldsymbol{x}})$ 线性无关，则满足定理 7.2.7 的条件，必有

$$F_0\cap G_0\cap H_0=\varnothing,$$

即不等式组

$$\begin{cases}\nabla f(\bar{\boldsymbol{x}})^{\mathrm{T}}\boldsymbol{d}<0,\\ \nabla g_i(\bar{\boldsymbol{x}})^{\mathrm{T}}\boldsymbol{d}>0,\quad i\in I,\\ \nabla h_j(\bar{\boldsymbol{x}})^{\mathrm{T}}\boldsymbol{d}=0,\quad j=1,\cdots,l\end{cases} \tag{7.2.42}$$

无解.

令 $\boldsymbol{A}$ 是以 $\nabla f(\bar{\boldsymbol{x}})^{\mathrm{T}},-\nabla g_i(\bar{\boldsymbol{x}})^{\mathrm{T}}(i\in I)$ 为行组成的矩阵，$\boldsymbol{B}$ 是以 $-\nabla h_j(\bar{\boldsymbol{x}})^{\mathrm{T}}(j=1,\cdots,l)$ 为行组成的矩阵. 这样，系统(7.2.42)无解，也就是系统

$$\begin{cases}\boldsymbol{Ad}<\boldsymbol{0},\\ \boldsymbol{Bd}=\boldsymbol{0}\end{cases} \tag{7.2.43}$$

无解.

现在定义两个集合

$$S_1=\left\{\begin{bmatrix}\boldsymbol{y}_1\\ \boldsymbol{y}_2\end{bmatrix}\middle|\ \boldsymbol{y}_1=\boldsymbol{Ad},\boldsymbol{y}_2=\boldsymbol{Bd},\boldsymbol{d}\in\mathbb{R}^n\right\},$$

$$S_2=\left\{\begin{bmatrix}\boldsymbol{y}_1\\ \boldsymbol{y}_2\end{bmatrix}\middle|\ \boldsymbol{y}_1<\boldsymbol{0},\boldsymbol{y}_2=\boldsymbol{0}\right\}.$$

显然，S_1 和 S_2 均为非空凸集，并且

$$S_1\cap S_2=\varnothing.$$

根据定理 1.4.5,存在非零向量

$$p=\begin{bmatrix}p_1\\p_2\end{bmatrix},$$

使得对每一个 $d\in\mathbb{R}^n$ 及每一点

$$\begin{bmatrix}y_1\\y_2\end{bmatrix}\in \mathrm{cl}\,S_2,$$

成立

$$p_1^{\mathrm{T}}Ad+p_2^{\mathrm{T}}Bd\geqslant p_1^{\mathrm{T}}y_1+p_2^{\mathrm{T}}y_2. \tag{7.2.44}$$

令 $y_2=0$. 由于 y_1 的每个分量均可为任意负数,因此(7.2.44)式的成立蕴含着

$$p_1\geqslant 0, \tag{7.2.45}$$

再令

$$\begin{bmatrix}y_1\\y_2\end{bmatrix}=\begin{bmatrix}0\\0\end{bmatrix}\in \mathrm{cl}\,S_2,$$

则(7.2.44)式的成立又蕴含着

$$p_1^{\mathrm{T}}Ad+p_2^{\mathrm{T}}Bd\geqslant 0. \tag{7.2.46}$$

由于 $d\in\mathbb{R}^n$,可取任何向量,我们令

$$d=-(A^{\mathrm{T}}p_1+B^{\mathrm{T}}p_2),$$

代入(7.2.46)式,得到

$$-\|A^{\mathrm{T}}p_1+B^{\mathrm{T}}p_2\|^2\geqslant 0.$$

由此可知

$$A^{\mathrm{T}}p_1+B^{\mathrm{T}}p_2=0, \tag{7.2.47}$$

把 p_1 的分量记作 w_0 和 $w_i\,(i\in I)$,p_2 的分量记作 $v_j\,(j=1,\cdots,l)$,则(7.2.47)式和(7.2.45)式即为

$$w_0\nabla f(\bar{x})-\sum_{i\in I}w_i\nabla g_i(\bar{x})-\sum_{j=1}^{l}v_j\nabla h_j(\bar{x})=0,\quad w_0,w_i\geqslant 0,\quad i\in I.$$

由于 p 是非零向量,因此数 $w_0,w_i\,(i\in I)$ 以及 $v_j\,(j=1,\cdots,l)$ 不全为零.

例 7.2.5 考虑非线性规划问题(如图 7.2.5)

$$\begin{aligned}\min\quad & -x_2\\ \mathrm{s.t.}\quad & x_1-(1-x_2)^3=0,\\ & -x_1-(1-x_2)^3=0.\end{aligned}$$

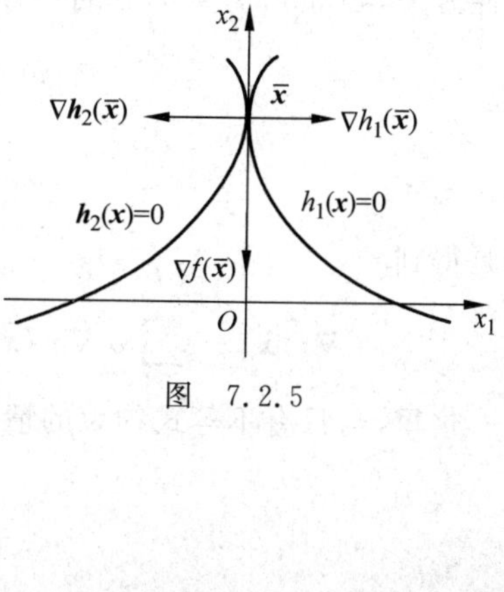

图 7.2.5

这个问题只有一个可行点

$$\bar{x}=\begin{bmatrix}0\\1\end{bmatrix},$$

验证在点 $\bar{x}$ 满足 Fritz John 条件.

解 在点 $\bar{x}$ 目标函数和约束函数的梯度分别为

$$\nabla f(\bar{x})=\begin{bmatrix}0\\-1\end{bmatrix},\quad \nabla h_1(\bar{x})=\begin{bmatrix}1\\0\end{bmatrix},\quad \nabla h_2(\bar{x})=\begin{bmatrix}-1\\0\end{bmatrix}.$$

设

$$w_0\begin{bmatrix}0\\-1\end{bmatrix}-v_1\begin{bmatrix}1\\0\end{bmatrix}-v_2\begin{bmatrix}-1\\0\end{bmatrix}=\begin{bmatrix}0\\0\end{bmatrix},$$

按分量写出,即

$$\begin{cases}-v_1+v_2=0,\\-w_0=0.\end{cases}$$

解此方程组,得到

$$w_0=0,\quad v_1=v_2=\alpha,$$

其中 α 可取任何数.因此,在点 $\bar{x}$,Fritz John 条件成立.

上例表明,在 Fritz John 条件中,不排除目标函数梯度的系数 w_0 等于零的情形.为保证 w_0 不等于零,需给约束条件施加某种限制,从而给出一般约束问题的 K-T 必要条件.

定理 7.2.9(K-T 必要条件) 设在问题(7.2.1)中,$\bar{x}$ 为可行点,$I=\{i\mid g_i(\bar{x})=0\}$,$f$ 和 $g_i(i\in I)$在点 $\bar{x}$ 可微,$g_i(i\notin I)$在点 $\bar{x}$ 连续,$h_j(j=1,\cdots,l)$在点 $\bar{x}$ 连续可微,向量集

$$\{\nabla g_i(\bar{x}),\nabla h_j(\bar{x})\mid i\in I,j=1,\cdots,l\}$$

线性无关.如果 $\bar{x}$ 是局部最优解,则存在数 $w_i(i\in I)$和 $v_j(j=1,\cdots,l)$,使得

$$\nabla f(\bar{x})-\sum_{i\in I}w_i\nabla g_i(\bar{x})-\sum_{j=1}^{l}v_j\nabla h_j(\bar{x})=\mathbf{0},\quad w_i\geqslant 0,\quad i\in I.$$

证明 根据定理 7.2.8 存在不全为零的数 $w_0,\bar{w}_i(i\in I)$和 $\bar{v}_j(j=1,\cdots,l)$,使得

$$w_0\nabla f(\bar{x})-\sum_{i\in I}\bar{w}_i\nabla g_i(\bar{x})-\sum_{j=1}^{l}\bar{v}_j\nabla h_j(\bar{x})=\mathbf{0},\quad w_0,\bar{w}_i\geqslant 0,\quad i\in I.$$

由向量组

$$\{\nabla g_i(\bar{x}),\nabla h_j(\bar{x})\mid i\in I,j=1,\cdots,l\}$$

线性无关,必得出 $w_0\neq 0$,如若不然,将导致上面的向量组线性相关的结论.令

$$w_i=\frac{\bar{w}_i}{w_0},\qquad i\in I,$$

$$v_j=\frac{\bar{v}_j}{w_0},\qquad j=1,\cdots,l.$$

于是得到

$$\nabla f(\bar{x})-\sum_{i\in I}w_i\nabla g_i(\bar{x})-\sum_{j=1}^{l}v_j\nabla h_j(\bar{x})=\mathbf{0},\quad w_i\geqslant 0,\quad i\in I.$$

这里,与只有不等式约束的情形类似,当 $g_i(i\notin I)$在点 $\bar{x}$ 也可微时,令其相应的乘子

w_i 等于零，于是可将上述 K-T 条件写成下列等价形式：

$$\nabla f(\bar{\boldsymbol{x}}) - \sum_{i=1}^{m} w_i \nabla g_i(\bar{\boldsymbol{x}}) - \sum_{j=1}^{l} v_j \nabla h_j(\bar{\boldsymbol{x}}) = \boldsymbol{0},$$
$$w_i g_i(\bar{\boldsymbol{x}}) = 0, \quad i = 1,\cdots,m,$$
$$w_i \geqslant 0, \quad i = 1,\cdots,m,$$

其中 $w_i g_i(\bar{\boldsymbol{x}})=0(i=1,\cdots,m)$仍称为**互补松弛条件**.

定义广义的 Lagrange 函数

$$L(\boldsymbol{x},\boldsymbol{w},\boldsymbol{v}) = f(\boldsymbol{x}) - \sum_{i=1}^{m} w_i g_i(\boldsymbol{x}) - \sum_{j=1}^{l} v_j h_j(\boldsymbol{x}). \tag{7.2.48}$$

由上面的讨论可知，在定理 7.2.9 的条件下，若 $\bar{\boldsymbol{x}}$ 为问题(7.2.1)的局部最优解，则存在乘子向量 $\bar{\boldsymbol{w}}\geqslant 0$ 和 $\bar{\boldsymbol{v}}$，使得

$$\nabla_x \boldsymbol{L}(\bar{\boldsymbol{x}},\bar{\boldsymbol{w}},\bar{\boldsymbol{v}}) = \boldsymbol{0},$$

这样，K-T 乘子 $\bar{\boldsymbol{w}}$ 和 $\bar{\boldsymbol{v}}$ 也称为 Lagrange **乘子**.

这时，一般情形的一阶必要条件可以表达为

$$\nabla_x L(\boldsymbol{x},\boldsymbol{w},\boldsymbol{v}) = \boldsymbol{0},$$
$$g_i(\boldsymbol{x}) \geqslant 0, \quad i = 1,\cdots,m,$$
$$h_j(\boldsymbol{x}) = 0, \quad j = 1,\cdots,l,$$
$$w_i g_i(\boldsymbol{x}) = 0, \quad i = 1,\cdots,m,$$
$$w_i \geqslant 0, \quad i = 1,\cdots,m. \tag{7.2.49}$$

下面，对于凸规划，给出最优解的充分条件.

定理 7.2.10 设在问题(7.2.1)中，f 是凸函数，$g_i\ (i=1,\cdots,m)$是凹函数，$h_j\ (j=1,\cdots,l)$是线性函数，可行域为 S，$\bar{\boldsymbol{x}}\in S$，$I=\{i\mid g_i(\bar{\boldsymbol{x}})=0\}$，且在 $\bar{\boldsymbol{x}}$ 处 K-T 必要条件成立，即存在 $w_i\geqslant 0(i\in I)$及 $v_j(j=1,\cdots,l)$，使得

$$\nabla f(\bar{\boldsymbol{x}}) - \sum_{i\in I} w_i \nabla g_i(\bar{\boldsymbol{x}}) - \sum_{j=1}^{l} v_j \nabla h_j(\bar{\boldsymbol{x}}) = \boldsymbol{0}, \tag{7.2.50}$$

则 $\bar{\boldsymbol{x}}$ 是全局最优解.

证明 由定理的假设易知，可行域 S 是凸集，又目标函数 f 是凸函数，因此问题属于凸规划.

对任意一点 $\boldsymbol{x}\in S$，由于 f 是凸函数，且在 $\bar{\boldsymbol{x}}\in S$ 可微，因此根据定理 1.4.14 的推论，必有

$$f(\boldsymbol{x}) \geqslant f(\bar{\boldsymbol{x}}) + \nabla f(\bar{\boldsymbol{x}})^{\mathrm{T}}(\boldsymbol{x}-\bar{\boldsymbol{x}}). \tag{7.2.51}$$

由于 $g_i(i\in I)$是凹函数且在 $\bar{\boldsymbol{x}}$ 可微，必有

$$g_i(\boldsymbol{x}) \leqslant g_i(\bar{\boldsymbol{x}}) + \nabla g_i(\bar{\boldsymbol{x}})^{\mathrm{T}}(\boldsymbol{x}-\bar{\boldsymbol{x}}), \qquad i \in I.$$

由于 $\boldsymbol{x}\in S$，$g_i(\boldsymbol{x})\geqslant 0$ 及 $g_i(\bar{\boldsymbol{x}})=0$，因此由上式可知

$$\nabla g_i(\bar{\boldsymbol{x}})^{\mathrm{T}}(\boldsymbol{x}-\bar{\boldsymbol{x}}) \geqslant 0, \qquad i \in I. \tag{7.2.52}$$

由于 $h_j(j=1,\cdots,l)$是线性函数,必有

$$h_j(\boldsymbol{x}) = h_j(\bar{\boldsymbol{x}}) + \nabla h_j(\bar{\boldsymbol{x}})^{\mathrm{T}}(\boldsymbol{x}-\bar{\boldsymbol{x}}). \tag{7.2.53}$$

又因为 $\boldsymbol{x}$ 和 $\bar{\boldsymbol{x}}$ 为可行点,满足

$$h_j(\boldsymbol{x}) = h_j(\bar{\boldsymbol{x}}) = 0,$$

因此由(7.2.53)式得到

$$\nabla h_j(\bar{\boldsymbol{x}})^{\mathrm{T}}(\boldsymbol{x}-\bar{\boldsymbol{x}}) = 0, \qquad j = 1,\cdots,l. \tag{7.2.54}$$

由已知条件(7.2.50),得到

$$\nabla f(\bar{\boldsymbol{x}}) = \sum_{i\in I} w_i \nabla g_i(\bar{\boldsymbol{x}}) + \sum_{j=1}^{l} v_j \nabla h_j(\bar{\boldsymbol{x}}). \tag{7.2.55}$$

把(7.2.55)式代入(7.2.51)式,并注意到(7.2.52)式,(7.2.54)式以及 $w_i \geqslant 0$ $(i\in I)$,则得出

$$f(\boldsymbol{x}) \geqslant f(\bar{\boldsymbol{x}}),$$

故 $\bar{\boldsymbol{x}}$ 为全局最优解.

定理中的条件,关于函数凸性的假设,还可以适当放宽,这就需要用到"准凸"和"伪凸"的概念,这里不再详述,可参见文献[1].

例 7.2.6　求下列问题的最优解(参见图 7.2.6):

$$\begin{aligned} \min \quad & (x_1-2)^2 + (x_2-1)^2, \\ \text{s.t.} \quad & -x_1^2 + x_2 \geqslant 0, \\ & -x_1 - x_2 + 2 \geqslant 0. \end{aligned}$$

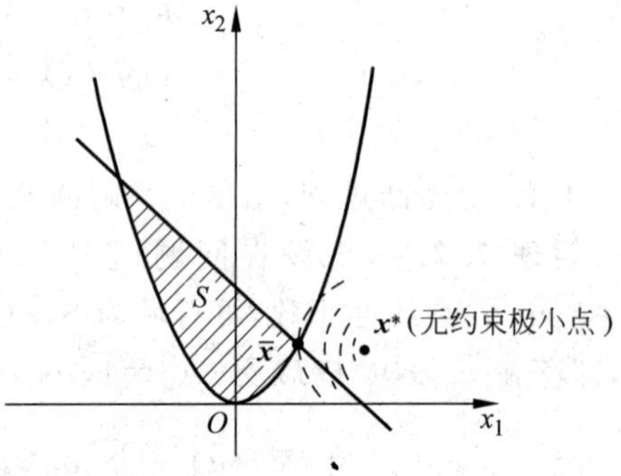

图　7.2.6

目标函数和约束函数的梯度分别为

$$\nabla f(\boldsymbol{x}) = \begin{bmatrix} 2(x_1-2) \\ 2(x_2-1) \end{bmatrix},$$

$$\nabla g_1(\boldsymbol{x}) = \begin{bmatrix} -2x_1 \\ 1 \end{bmatrix}, \nabla g_2(\boldsymbol{x}) = \begin{bmatrix} -1 \\ -1 \end{bmatrix}.$$

根据(7.2.49)式,这个问题的最优解的一阶必要条件包含下列几个方程和不等式:

$$\begin{aligned} & 2(x_1-2) + 2w_1x_1 + w_2 = 0, \\ & 2(x_2-1) - w_1 + w_2 = 0, \\ & w_1(-x_1^2 + x_2) = 0, \\ & w_2(-x_1 - x_2 + 2) = 0, \\ & -x_1^2 + x_2 \geqslant 0, \\ & -x_1 - x_2 + 2 \geqslant 0, \end{aligned}$$

$$w_1, w_2 \geqslant 0.$$

求解上述问题，得

$$x_1 = 1, \quad x_2 = 1, \quad w_1 = \frac{2}{3}, \quad w_2 = \frac{2}{3}.$$

因此 $\bar{\boldsymbol{x}}=(1,1)^{\mathrm{T}}$ 为 K-T 点.

由于目标函数 $f(\boldsymbol{x})=(x_1-2)^2+(x_2-1)^2$ 是凸函数，约束函数 $g_1(\boldsymbol{x})=-x_1^2+x_2$ 是凹函数，线性约束函数 $g_2(\boldsymbol{x})=-x_1-x_2+2$ 也是凹函数，因此本例是凸规划. 根据定理 7.2.10，K-T 点 $\bar{\boldsymbol{x}}$ 是这个问题的全局最优解.

7.2.5　二阶条件

前面给出的一阶最优性条件，都不涉及目标函数和约束函数的二阶导数. 实际上，二阶导数反映函数的曲率特性，它们对稳定算法的设计具有重要意义，因此需要研究约束问题的二阶最优性条件.

我们知道，对于无约束问题，二阶条件是利用目标函数的 Hesse 矩阵给出的. 然而，约束问题比无约束问题复杂得多，只是孤立地研究目标函数的 Hesse 矩阵是不行的. 对于约束问题，即使在 K-T 点目标函数的 Hesse 矩阵是正定的，这个点也不一定是最优解. 后面的例 7.2.8 就是很好的说明.

为研究二阶必要条件，需要像研究一阶必要条件那样，对约束条件加以适当的限制. 为此，我们引入**切锥**的概念.

定义 7.2.5　设 S 是 $\mathbb{R}^n$ 中一个非空集合，点 $\bar{\boldsymbol{x}} \in \operatorname{cl} S$，集合

$$T=\{\boldsymbol{d} \mid \text{存在 } \boldsymbol{x}^{(k)} \in S, \boldsymbol{x}^{(k)} \rightarrow \bar{\boldsymbol{x}} \text{ 及 } \lambda_k>0, \text{使得 } \boldsymbol{d}=\lim_{k \rightarrow \infty} \lambda_k(\boldsymbol{x}^{(k)}-\bar{\boldsymbol{x}})\},$$

则称 ***T* 为集合 *S* 在点 $\bar{\boldsymbol{x}}$ 的切锥**.

根据上述定义，如果序列 $\{\boldsymbol{x}^{(k)}\} \subset S$ 收敛于 $\bar{\boldsymbol{x}}$，$\boldsymbol{x}^{(k)} \neq \bar{\boldsymbol{x}}$，使

$$\lim_{k \rightarrow \infty} \frac{\boldsymbol{x}^{(k)}-\bar{\boldsymbol{x}}}{\|\boldsymbol{x}^{(k)}-\bar{\boldsymbol{x}}\|}=\boldsymbol{d},$$

则方向 $\boldsymbol{d} \in T$.

如果 $\bar{\boldsymbol{x}} \in \operatorname{int} S$，则 S 在 $\bar{\boldsymbol{x}}$ 的切锥 $T=\mathbb{R}^n$.

图 7.2.7 给出切锥的两个例，原点移至 $\bar{\boldsymbol{x}}$.

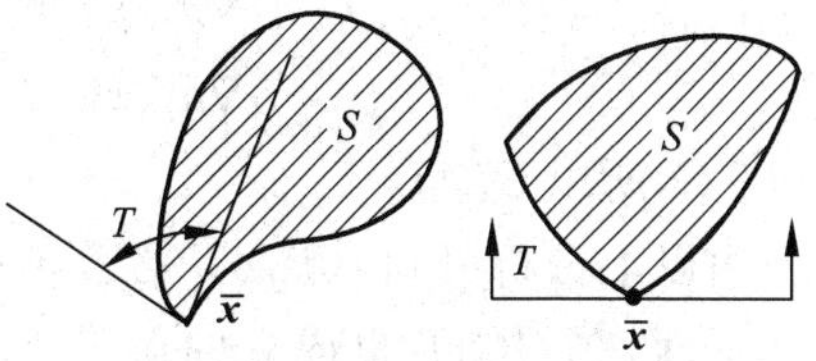

图　7.2.7

现在考虑问题(7.2.1). 设在可行点 $\bar{\boldsymbol{x}}$，对应不等式约束中的起作用约束和等式约束的 Lagrange 乘子分别为 $\bar{w}_i \geqslant 0, i \in I, \bar{v}_j\,(j=1,\cdots,l)$. 定义一个集合

$$\bar{S}=\left\{\boldsymbol{x}\left|\begin{array}{ll}\boldsymbol{x}\in\mathbb{R}^n & \\ g_i(\boldsymbol{x})=0, & i\in I\text{ 且 }\bar{w}_i>0\\ g_i(\boldsymbol{x})\geqslant 0, & i\in I\text{ 且 }\bar{w}_i=0\\ h_j(\boldsymbol{x})=0, & j=1,\cdots,l\end{array}\right.\right\},$$

设集合 $\bar{S}$ 在点 $\bar{\boldsymbol{x}}$ 的切锥为 $\bar{T}$.

再定义一个集合

$$\bar{G}=\left\{\boldsymbol{d}\left|\begin{array}{ll}\boldsymbol{d}\in\mathbb{R}^n & \\ \nabla g_i(\bar{\boldsymbol{x}})^{\mathrm{T}}\boldsymbol{d}=0, & i\in I\text{ 且 }\bar{w}_i>0\\ \nabla g_i(\bar{\boldsymbol{x}})^{\mathrm{T}}\boldsymbol{d}\geqslant 0, & i\in I\text{ 且 }\bar{w}_i=0\\ \nabla h_j(\bar{\boldsymbol{x}})^{\mathrm{T}}\boldsymbol{d}=0, & j=1,\cdots,l\end{array}\right.\right\},$$

容易证明 $\bar{G}\supset\bar{T}$.

设 $\boldsymbol{d}\in\bar{T}$,则存在可行序列$\{\boldsymbol{x}^{(k)}\}\subset\bar{S}$ 和正数列$\{\lambda_k\}$,使得$\lim\limits_{k\to\infty}\lambda_k(\boldsymbol{x}^{(k)}-\bar{\boldsymbol{x}})=\boldsymbol{d}$.

把 $g_i(\boldsymbol{x})$和 $h_j(\boldsymbol{x})$在 $\bar{\boldsymbol{x}}$ 展开,令 $\boldsymbol{x}=\boldsymbol{x}^{(k)}$,则有

$$g_i(\boldsymbol{x}^{(k)})=g_i(\bar{\boldsymbol{x}})+\nabla g_i(\bar{\boldsymbol{x}})^{\mathrm{T}}(\boldsymbol{x}^{(k)}-\bar{\boldsymbol{x}})+o(\|\boldsymbol{x}^{(k)}-\bar{\boldsymbol{x}}\|),$$
$$h_j(\boldsymbol{x}^{(k)})=h_j(\bar{\boldsymbol{x}})+\nabla h_j(\bar{\boldsymbol{x}})^{\mathrm{T}}(\boldsymbol{x}^{(k)}-\bar{\boldsymbol{x}})+o(\|\boldsymbol{x}^{(k)}-\bar{\boldsymbol{x}}\|).$$

由于当 $i\in I$ 时,$g_i(\bar{\boldsymbol{x}})=0$,当 $i\in I$ 且 $\bar{w}_i>0$ 时,$g_i(\boldsymbol{x}^{(k)})=0$,当 $i\in I$ 且 $\bar{w}_i=0$ 时,$g_i(\boldsymbol{x}^{(k)})\geqslant 0$以及 $h_j(\boldsymbol{x}^{(k)})=h_j(\bar{\boldsymbol{x}})=0$,因此有下列结论:

当 $i\in I$ 且 $\bar{w}_i>0$ 时,有

$$\nabla g_i(\bar{\boldsymbol{x}})^{\mathrm{T}}(\boldsymbol{x}^{(k)}-\bar{\boldsymbol{x}})+o(\|\boldsymbol{x}^{(k)}-\bar{\boldsymbol{x}}\|)=0;$$

当 $i\in I$ 且 $\bar{w}_i=0$ 时,有

$$\nabla g_i(\bar{\boldsymbol{x}})^{\mathrm{T}}(\boldsymbol{x}^{(k)}-\bar{\boldsymbol{x}})+o(\|\boldsymbol{x}^{(k)}-\bar{\boldsymbol{x}}\|)\geqslant 0;$$

当 $j=1,\cdots,l$ 时,有

$$\nabla h_j(\bar{\boldsymbol{x}})^{\mathrm{T}}(\boldsymbol{x}^{(k)}-\bar{\boldsymbol{x}})+o(\|\boldsymbol{x}^{(k)}-\bar{\boldsymbol{x}}\|)=0.$$

把以上各式两端乘以 λ_k,令 $k\to\infty$,得到

$$\nabla g_i(\bar{\boldsymbol{x}})^{\mathrm{T}}\boldsymbol{d}=0,\quad i\in I\text{ 且 }\bar{w}_i>0;$$
$$\nabla g_i(\bar{\boldsymbol{x}})^{\mathrm{T}}\boldsymbol{d}\geqslant 0,\quad i\in I\text{ 且 }\bar{w}_i=0;$$
$$\nabla h_j(\bar{\boldsymbol{x}})^{\mathrm{T}}\boldsymbol{d}=0,\quad j=1,\cdots,l.$$

即 $\boldsymbol{d}\in\bar{G}$,所以 $\bar{G}\supset\bar{T}$.

由以上分析可知,切锥 $\bar{T}$ 必含于$\bar{G}$,但是反之不成立,即集合 $\bar{G}$ 不一定含于切锥 $\bar{T}$.

下面,在 $\bar{G}\subset\bar{T}$ 也成立的假设下,给出关于问题 (7.2.1)的局部最优解的二阶必要条件.

定理 7.2.11(二阶必要条件)　设 $\bar{\boldsymbol{x}}$ 是问题(7.2.1)的局部最优解,$f,g_i(i=1,\cdots,m)$和 $h_j(j=1,\cdots,l)$二次连续可微,并存在满足(7.2.49)式的乘子 $\bar{\boldsymbol{w}}=(\bar{w}_1,\cdots,\bar{w}_m)$和 $\bar{\boldsymbol{v}}=$

$(\bar{v}_1,\cdots,\bar{v}_l)$. 再假设在点 $\bar{\boldsymbol{x}}$ 约束规格 $\bar{G}=\bar{T}$ 成立，则对每一个向量 $\boldsymbol{d}\in\bar{G}$，都有

$$\boldsymbol{d}^{\mathrm{T}}\nabla_x^2 L(\bar{\boldsymbol{x}},\bar{\boldsymbol{w}},\bar{\boldsymbol{v}})\boldsymbol{d}\geqslant 0.$$

其中

$$\nabla_x^2 L(\bar{\boldsymbol{x}},\bar{\boldsymbol{w}},\bar{\boldsymbol{v}})=\nabla^2 f(\bar{\boldsymbol{x}})-\sum_{i=1}^{m}\bar{w}_i\nabla^2 g_i(\bar{\boldsymbol{x}})-\sum_{j=1}^{l}\bar{v}_j\nabla^2 h_j(\bar{\boldsymbol{x}})$$

是 Lagrange 函数 $L(\boldsymbol{x},\boldsymbol{w},\boldsymbol{v})$在点 $\bar{\boldsymbol{x}}$ 关于 $\boldsymbol{x}$ 的 Hesse 矩阵.

证明 设向量 $\boldsymbol{d}\neq\boldsymbol{0},\boldsymbol{d}\in\bar{G}$. 由于约束规格 $\bar{G}=\bar{T}$ 成立，因此 $\boldsymbol{d}\in\bar{T}$. 从而存在可行序列 $\{\boldsymbol{x}^{(k)}\}\subset\bar{S}$ 和正数列$\{\lambda_k\}$，使得

$$\lim_{k\to\infty}\lambda_k(\boldsymbol{x}^{(k)}-\bar{\boldsymbol{x}})=\boldsymbol{d}.$$

将 $L(\boldsymbol{x},\bar{\boldsymbol{w}},\bar{\boldsymbol{v}})$在 $\bar{\boldsymbol{x}}$ 展开，并令 $\boldsymbol{x}=\boldsymbol{x}^{(k)}$，则

$$\begin{aligned}L(\boldsymbol{x}^{(k)},\bar{\boldsymbol{w}},\bar{\boldsymbol{v}})=&L(\bar{\boldsymbol{x}},\bar{\boldsymbol{w}},\bar{\boldsymbol{v}})+\nabla_x L(\bar{\boldsymbol{x}},\bar{\boldsymbol{w}},\bar{\boldsymbol{v}})^{\mathrm{T}}(\boldsymbol{x}^{(k)}-\bar{\boldsymbol{x}})\\&+\frac{1}{2}(\boldsymbol{x}^{(k)}-\bar{\boldsymbol{x}})^{\mathrm{T}}\nabla_x^2 L(\bar{\boldsymbol{x}},\bar{\boldsymbol{w}},\bar{\boldsymbol{v}})(\boldsymbol{x}^{(k)}-\bar{\boldsymbol{x}})+o(\|\boldsymbol{x}^{(k)}-\bar{\boldsymbol{x}}\|^2).\end{aligned}\tag{7.2.56}$$

由于 $\boldsymbol{x}^{(k)}\in\bar{S}$，因此必有 $h_j(\boldsymbol{x}^{(k)})=0(j=1,\cdots,l)$，$\bar{w}_i g_i(\boldsymbol{x}^{(k)})=0(i=1,\cdots,m)$. 代入 Lagrange 函数的表达式(7.2.48)，得到

$$L(\boldsymbol{x}^{(k)},\bar{\boldsymbol{w}},\bar{\boldsymbol{v}})=f(\boldsymbol{x}^{(k)}),\tag{7.2.57}$$

$$L(\bar{\boldsymbol{x}},\bar{\boldsymbol{w}},\bar{\boldsymbol{v}})=f(\bar{\boldsymbol{x}}).\tag{7.2.58}$$

把(7.2.57)式和(7.2.58)式代入(7.2.56)式，并注意到 $\bar{\boldsymbol{x}}$ 是局部最优解，$\nabla_x L(\bar{\boldsymbol{x}},\bar{\boldsymbol{w}},\bar{\boldsymbol{v}})=\boldsymbol{0}$，则有

$$f(\boldsymbol{x}^{(k)})=f(\bar{\boldsymbol{x}})+\frac{1}{2}(\boldsymbol{x}^{(k)}-\bar{\boldsymbol{x}})^{\mathrm{T}}\nabla_x^2 L(\bar{\boldsymbol{x}},\bar{\boldsymbol{w}},\bar{\boldsymbol{v}})(\boldsymbol{x}^{(k)}-\bar{\boldsymbol{x}})+o(\|\boldsymbol{x}^{(k)}-\bar{\boldsymbol{x}}\|^2).\tag{7.2.59}$$

由于 $\bar{\boldsymbol{x}}$ 是局部最优解，当 k 充分大时，必有 $f(\boldsymbol{x}^{(k)})\geqslant f(\bar{\boldsymbol{x}})$，因此对充分大的 k，由(7.2.59)式得出

$$\frac{1}{2}(\boldsymbol{x}^{(k)}-\bar{\boldsymbol{x}})^{\mathrm{T}}\nabla_x^2 L(\bar{\boldsymbol{x}},\bar{\boldsymbol{w}},\bar{\boldsymbol{v}})(\boldsymbol{x}^{(k)}-\bar{\boldsymbol{x}})+o(\|\boldsymbol{x}^{(k)}-\bar{\boldsymbol{x}}\|^2)\geqslant 0,$$

上式两端乘以 λ_k^2，并取极限，则

$$\boldsymbol{d}^{\mathrm{T}}\nabla_x^2 L(\bar{\boldsymbol{x}},\bar{\boldsymbol{w}},\bar{\boldsymbol{v}})\boldsymbol{d}\geqslant 0.$$

上述定理用到约束规格 $\bar{G}=\bar{T}$. 这个约束规格不便于检验，可代之以其他约束规格，比如，假设向量组$\nabla g_i(\bar{\boldsymbol{x}})(i\in I)$，$\nabla h_j(\bar{\boldsymbol{x}})(j=1,\cdots,l)$线性无关. 若后者成立，则定理7.2.11中所用约束规格也成立. 关于约束规格的进一步研究，可参见文献[1,18].

为了给出局部最优解的二阶充分条件，定义集合

$$G = \left\{ \boldsymbol{d} \,\middle|\, \begin{array}{l} \boldsymbol{d} \neq 0 \\ \nabla g_i(\bar{\boldsymbol{x}})^{\mathrm{T}} \boldsymbol{d} = 0,\ i \in I \text{ 且 } \bar{w}_i > 0 \\ \nabla g_i(\bar{\boldsymbol{x}})^{\mathrm{T}} \boldsymbol{d} \geqslant 0,\ i \in I \text{ 且 } \bar{w}_i = 0 \\ \nabla h_j(\bar{\boldsymbol{x}})^{\mathrm{T}} \boldsymbol{d} = 0,\ j = 1,\cdots,l \end{array} \right\}.$$

定理 7.2.12(二阶充分条件) 设在问题(7.2.1)中，$f, g_i(i=1,\cdots,m)$和$h_j(j=1,\cdots,l)$二次连续可微，$\bar{\boldsymbol{x}}$为可行点，存在乘子$\bar{\boldsymbol{w}}=(\bar{w}_1,\cdots,\bar{w}_m)$和$\bar{\boldsymbol{v}}=(\bar{v}_1,\cdots,\bar{v}_l)$使条件(7.2.49)成立，且对每个向量$\boldsymbol{d}\in G$，都有

$$\boldsymbol{d}^{\mathrm{T}} \nabla_x^2 L(\bar{\boldsymbol{x}}, \bar{\boldsymbol{w}}, \bar{\boldsymbol{v}}) \boldsymbol{d} > 0,$$

则$\bar{\boldsymbol{x}}$是严格局部最优解.

证明 用反证法.假设$\bar{\boldsymbol{x}}$不是严格局部最优解，则存在收敛于$\bar{\boldsymbol{x}}$的可行序列$\{\boldsymbol{x}^{(k)}\}$，使

$$f(\boldsymbol{x}^{(k)}) \leqslant f(\bar{\boldsymbol{x}}). \tag{7.2.60}$$

令

$$\boldsymbol{d}^{(k)} = \frac{\boldsymbol{x}^{(k)} - \bar{\boldsymbol{x}}}{\| \boldsymbol{x}^{(k)} - \bar{\boldsymbol{x}} \|}. \tag{7.2.61}$$

由于$\{\boldsymbol{d}^{(k)}\}$是有界序列，则必存在收敛子序列$\{\boldsymbol{d}^{(k_j)}\}$，设其极限为$\boldsymbol{d}^{(0)}$.

将$g_i(\boldsymbol{x})$在点$\bar{\boldsymbol{x}}$展开，再令$\boldsymbol{x}=\boldsymbol{x}^{(k_j)}$，得到

$$g_i(\boldsymbol{x}^{(k_j)}) = g_i(\bar{\boldsymbol{x}}) + \nabla g_i(\bar{\boldsymbol{x}})^{\mathrm{T}}(\boldsymbol{x}^{(k_j)} - \bar{\boldsymbol{x}}) + o(\| \boldsymbol{x}^{(k_j)} - \bar{\boldsymbol{x}} \|). \tag{7.2.62}$$

当$i\in I$时，$g_i(\bar{\boldsymbol{x}})=0$.又知$\boldsymbol{x}^{(k_j)}$是可行点，$g_i(\boldsymbol{x}^{(k_j)})\geqslant 0$，因此由(7.2.62)式得到

$$\nabla g_i(\bar{\boldsymbol{x}})^{\mathrm{T}}(\boldsymbol{x}^{(k_j)} - \bar{\boldsymbol{x}}) + o(\| \boldsymbol{x}^{(k_j)} - \bar{\boldsymbol{x}} \|) \geqslant 0.$$

上式两端除以$\| \boldsymbol{x}^{(k_j)} - \bar{\boldsymbol{x}} \|$，令$k_j \to \infty$，则推得

$$\nabla g_i(\bar{\boldsymbol{x}})^{\mathrm{T}} \boldsymbol{d}^{(0)} \geqslant 0, \qquad i \in I. \tag{7.2.63}$$

用类似方法，可以得到

$$\nabla h_j(\bar{\boldsymbol{x}})^{\mathrm{T}} \boldsymbol{d}^{(0)} = 0, \qquad j = 1,\cdots,l, \tag{7.2.64}$$

以及

$$\nabla f(\bar{\boldsymbol{x}})^{\mathrm{T}} \boldsymbol{d}^{(0)} \leqslant 0. \tag{7.2.65}$$

下面分两种情形讨论：

(1) $\boldsymbol{d}^{(0)} \notin G$

此时，由(7.2.63)式和集合G的定义可知，必存在下标$i\in I$，使得$\bar{w}_i>0$，且$\nabla g_i(\bar{\boldsymbol{x}})^{\mathrm{T}}\boldsymbol{d}^{(0)}>0$.这样，利用K-T条件必推出下列结果：

$$\nabla f(\bar{\boldsymbol{x}})^{\mathrm{T}} \boldsymbol{d}^{(0)} = \left(\sum_{i\in I} \bar{w}_i \nabla g_i(\bar{\boldsymbol{x}}) + \sum_{j=1}^{l} \bar{v}_j \nabla h_j(\bar{\boldsymbol{x}}) \right)^{\mathrm{T}} \boldsymbol{d}^{(0)} = \sum_{i\in I} \bar{w}_i \nabla g_i(\bar{\boldsymbol{x}})^{\mathrm{T}} \boldsymbol{d}^{(0)} > 0,$$

这与(7.2.65)式相矛盾.

(2) $\boldsymbol{d}^{(0)} \in G$

这时，把Lagrange函数$L(\boldsymbol{x}, \bar{\boldsymbol{w}}, \bar{\boldsymbol{v}})$在$\bar{\boldsymbol{x}}$展开，并令$\boldsymbol{x}=\boldsymbol{x}^{(k_j)}$，则有

$$L(\boldsymbol{x}^{(k_j)},\bar{\boldsymbol{w}},\bar{\boldsymbol{v}}) = L(\bar{\boldsymbol{x}},\bar{\boldsymbol{w}},\bar{\boldsymbol{v}}) + \nabla_x L(\bar{\boldsymbol{x}},\bar{\boldsymbol{w}},\bar{\boldsymbol{v}})^{\mathrm{T}}(\boldsymbol{x}^{(k_j)}-\bar{\boldsymbol{x}}) + \frac{1}{2}(\boldsymbol{x}^{(k_j)}-\bar{\boldsymbol{x}})^{\mathrm{T}}\nabla_x^2 L(\bar{\boldsymbol{x}},\bar{\boldsymbol{w}},\bar{\boldsymbol{v}})(\boldsymbol{x}^{(k_j)}-\bar{\boldsymbol{x}}) + o(\|\boldsymbol{x}^{(k_j)}-\bar{\boldsymbol{x}}\|^2). \tag{7.2.66}$$

由于 $\boldsymbol{x}^{(k_j)}$ 是可行点，$\bar{\boldsymbol{w}}=(\bar{w}_1,\cdots,\bar{w}_m)\geqslant\boldsymbol{0}$，根据 Lagrange 函数的定义，有

$$L(\boldsymbol{x}^{(k_j)},\bar{\boldsymbol{w}},\bar{\boldsymbol{v}}) = f(\boldsymbol{x}^{(k_j)}) - \sum_{i=1}^{m}\bar{w}_i g_i(\boldsymbol{x}^{(k_j)}) - \sum_{j=1}^{l}\bar{v}_j h_j(\boldsymbol{x}^{(k_j)}),$$

因此(7.2.66)式的左端

$$L(\boldsymbol{x}^{(k_j)},\bar{\boldsymbol{w}},\bar{\boldsymbol{v}}) \leqslant f(\boldsymbol{x}^{(k_j)}). \tag{7.2.67}$$

又知

$$L(\bar{\boldsymbol{x}},\bar{\boldsymbol{w}},\bar{\boldsymbol{v}}) = f(\bar{\boldsymbol{x}}), \tag{7.2.68}$$

由假设还有

$$\nabla_x L(\bar{\boldsymbol{x}},\bar{\boldsymbol{w}},\bar{\boldsymbol{v}}) = \boldsymbol{0}, \tag{7.2.69}$$

以及

$$f(\boldsymbol{x}^{(k_j)}) \leqslant f(\bar{\boldsymbol{x}}). \tag{7.2.70}$$

将(7.2.67)式至(7.2.70)式代入(7.2.66)式，则

$$\frac{1}{2}(\boldsymbol{x}^{(k_j)}-\bar{\boldsymbol{x}})^{\mathrm{T}}\nabla_x^2 L(\bar{\boldsymbol{x}},\bar{\boldsymbol{w}},\bar{\boldsymbol{v}})(\boldsymbol{x}^{(k_j)}-\bar{\boldsymbol{x}}) + o(\|\boldsymbol{x}^{(k_j)}-\bar{\boldsymbol{x}}\|^2) \leqslant 0.$$

上式两端除以 $\|\boldsymbol{x}^{(k_j)}-\bar{\boldsymbol{x}}\|^2$，令 $k_j\to\infty$，得到

$$\boldsymbol{d}^{(0)\mathrm{T}}\nabla_x^2 L(\bar{\boldsymbol{x}},\bar{\boldsymbol{w}},\bar{\boldsymbol{v}})\boldsymbol{d}^{(0)} \leqslant 0.$$

这个结果与 $\boldsymbol{d}^{\mathrm{T}}\nabla_x^2 L(\bar{\boldsymbol{x}},\bar{\boldsymbol{w}},\bar{\boldsymbol{v}})\boldsymbol{d}>0(\boldsymbol{d}\in G)$ 的假设相矛盾.

例 7.2.7 考虑下列非线性规划问题(可行域如图 7.2.8 中的弧 $\widehat{ABCD}$)：

$$\begin{aligned}\min\quad & x_1,\\ \text{s.t.}\quad & 3(x_1-3)^2+x_2\geqslant 0,\\ & (x_1-3)^2+x_2^2-10=0.\end{aligned}$$

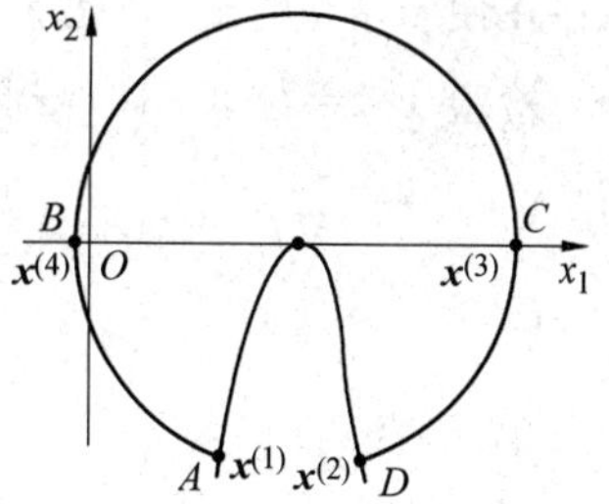

图 7.2.8

检验以下各点是否为局部最优解：

$$\boldsymbol{x}^{(1)}=\begin{bmatrix}2\\-3\end{bmatrix},\quad \boldsymbol{x}^{(2)}=\begin{bmatrix}4\\-3\end{bmatrix},$$

$$\boldsymbol{x}^{(3)}=\begin{bmatrix}3+\sqrt{10}\\0\end{bmatrix},\quad \boldsymbol{x}^{(4)}=\begin{bmatrix}3-\sqrt{10}\\0\end{bmatrix}.$$

解 记目标函数和约束函数分别为 $f(\boldsymbol{x})$，$g(\boldsymbol{x})$ 和 $h(\boldsymbol{x})$，它们在点 $\boldsymbol{x}$ 处的梯度分别为

$$\nabla f(\boldsymbol{x}) = \begin{bmatrix} 1 \\ 0 \end{bmatrix}, \quad \nabla g(\boldsymbol{x}) = \begin{bmatrix} 6(x_1 - 3) \\ 1 \end{bmatrix}, \quad \nabla h(\boldsymbol{x}) = \begin{bmatrix} 2(x_1 - 3) \\ 2x_2 \end{bmatrix},$$

Lagrange 函数是

$$L(\boldsymbol{x}, w, v) = x_1 - w[3(x_1 - 3)^2 + x_2] - v[(x_1 - 3)^2 + x_2^2 - 10].$$

Lagrange 函数关于 $\boldsymbol{x}$ 的 Hesse 矩阵

$$\nabla_x^2 L = \begin{bmatrix} -6w - 2v & 0 \\ 0 & -2v \end{bmatrix}.$$

检验 $\boldsymbol{x}^{(1)} = (2, -3)^{\mathrm{T}}$：$\boldsymbol{x}^{(1)}$ 是可行点．两个约束均为起作用约束．

$$\nabla f(\boldsymbol{x}^{(1)}) = \begin{bmatrix} 1 \\ 0 \end{bmatrix}, \quad \nabla g(\boldsymbol{x}^{(1)}) = \begin{bmatrix} -6 \\ 1 \end{bmatrix}, \quad \nabla h(\boldsymbol{x}^{(1)}) = \begin{bmatrix} -2 \\ -6 \end{bmatrix},$$

按照 K-T 条件，设

$$\begin{bmatrix} 1 \\ 0 \end{bmatrix} - w\begin{bmatrix} -6 \\ 1 \end{bmatrix} - v\begin{bmatrix} -2 \\ -6 \end{bmatrix} = \begin{bmatrix} 0 \\ 0 \end{bmatrix},$$

即

$$\begin{cases} 1 + 6w + 2v = 0, \\ -w + 6v = 0. \end{cases}$$

解此方程组，得到

$$w = -\frac{3}{19}, \quad v = -\frac{1}{38},$$

不存在使 $w \geqslant 0$ 的解，因此 $\boldsymbol{x}^{(1)}$ 不是 K-T 点．

检验 $\boldsymbol{x}^{(2)} = (4, -3)^{\mathrm{T}}$：$\boldsymbol{x}^{(2)}$ 是可行点．两个约束都是起作用约束．

$$\nabla f(\boldsymbol{x}^{(2)}) = \begin{bmatrix} 1 \\ 0 \end{bmatrix}, \quad \nabla g(\boldsymbol{x}^{(2)}) = \begin{bmatrix} 6 \\ 1 \end{bmatrix}, \quad \nabla h(\boldsymbol{x}^{(2)}) = \begin{bmatrix} 2 \\ -6 \end{bmatrix}.$$

设

$$\begin{bmatrix} 1 \\ 0 \end{bmatrix} - w\begin{bmatrix} 6 \\ 1 \end{bmatrix} - v\begin{bmatrix} 2 \\ -6 \end{bmatrix} = \begin{bmatrix} 0 \\ 0 \end{bmatrix},$$

即

$$\begin{cases} 1 - 6w - 2v = 0, \\ -w + 6v = 0, \end{cases}$$

解此方程组，得到

$$w = \frac{3}{19}, \quad v = \frac{1}{38}.$$

$\boldsymbol{x}^{(2)}$ 是 K-T 点．在此点 Lagrange 函数的 Hesse 矩阵

$$\nabla_x^2 L(\boldsymbol{x}^{(2)}, w, v) = \begin{bmatrix} -1 & 0 \\ 0 & -\dfrac{1}{19} \end{bmatrix}.$$

求集合 $\bar{G}$ 中的元素. 由于 $w>0$,根据集合 $\bar{G}$ 的定义,令

$$\begin{cases} \nabla g(\boldsymbol{x}^{(2)})^{\mathrm{T}}\boldsymbol{d} = 0, \\ \nabla h(\boldsymbol{x}^{(2)})^{\mathrm{T}}\boldsymbol{d} = 0, \end{cases}$$

其中 $\boldsymbol{d}=(d_1,d_2)^{\mathrm{T}}$. 上述方程组即

$$\begin{cases} 6d_1 + d_2 = 0, \\ 2d_1 - 6d_2 = 0, \end{cases}$$

解得 $\boldsymbol{d}=(0,0)^{\mathrm{T}}$,因此 $G=\varnothing$. 这种情形表明,在充分条件中对曲率的要求自然满足,因此点 $\boldsymbol{x}^{(2)}=(4,-3)^{\mathrm{T}}$ 是局部最优解(局部极小点).

检验 $\boldsymbol{x}^{(3)}=(3+\sqrt{10},0)^{\mathrm{T}}$: $\boldsymbol{x}^{(3)}$ 是可行点. 两个约束中只有等式约束 $h(\boldsymbol{x})=0$ 是起作用约束,其梯度

$$\nabla h(\boldsymbol{x}^{(3)}) = \begin{bmatrix} 2\sqrt{10} \\ 0 \end{bmatrix}.$$

设

$$\begin{bmatrix} 1 \\ 0 \end{bmatrix} - v\begin{bmatrix} 2\sqrt{10} \\ 0 \end{bmatrix} = \begin{bmatrix} 0 \\ 0 \end{bmatrix},$$

即

$$1 - 2\sqrt{10}v = 0,$$

解得 $v=1/2\sqrt{10}$, $\boldsymbol{x}^{(3)}$ 是 K-T 点. 在点 $\boldsymbol{x}^{(3)}$ 处不起作用约束对应的乘子 $w=0$,因此有

$$\nabla_x^2 L(\boldsymbol{x}^{(3)}, w, v) = \begin{bmatrix} -\dfrac{1}{\sqrt{10}} & 0 \\ 0 & -\dfrac{1}{\sqrt{10}} \end{bmatrix}.$$

再求 $\bar{G}$ 中的元素. 令

$$\nabla h(\boldsymbol{x}^{(3)})^{\mathrm{T}} d = 0,$$

其中 $\boldsymbol{d}=(d_1,d_2)^{\mathrm{T}}$,上述方程即

$$(2\sqrt{10}, 0)\begin{bmatrix} d_1 \\ d_2 \end{bmatrix} = 0.$$

解得

$$\boldsymbol{d} = \begin{bmatrix} 0 \\ d_2 \end{bmatrix},$$

其中 d_2 可取任何实数. 这时有

$$d^{\mathrm{T}}\nabla_x^2 L d=(0,d_2)\begin{bmatrix}-\dfrac{1}{\sqrt{10}} & 0\\ 0 & -\dfrac{1}{\sqrt{10}}\end{bmatrix}\begin{bmatrix}0\\ d_2\end{bmatrix}=\left(0,-\frac{d_2}{\sqrt{10}}\right)\begin{bmatrix}0\\ d_2\end{bmatrix}$$

$$=-\frac{d_2^2}{\sqrt{10}}<0 \qquad (d_2\neq 0).$$

在点 $\boldsymbol{x}^{(3)}$,不满足最优解的二阶必要条件,因此 $\boldsymbol{x}^{(3)}$ 不是局部最优解,即不是局部极小点. 实际上,$\boldsymbol{x}^{(3)}$ 是一个局部极大点.

检验 $\boldsymbol{x}^{(4)}=(3-\sqrt{10},0)^{\mathrm{T}}$:$\boldsymbol{x}^{(4)}$ 是可行点,只有等式约束 $h(\boldsymbol{x})=0$ 是起作用约束,在点 $\boldsymbol{x}^{(4)}$ 等式约束函数的梯度

$$\nabla h(\boldsymbol{x}^{(4)})=\begin{bmatrix}-2\sqrt{10}\\ 0\end{bmatrix}.$$

设

$$\begin{bmatrix}1\\ 0\end{bmatrix}-v\begin{bmatrix}-2\sqrt{10}\\ 0\end{bmatrix}=\begin{bmatrix}0\\ 0\end{bmatrix},$$

即

$$1+2\sqrt{10}v=0.$$

解得 $v=-1/2\sqrt{10}$. Lagrange 函数关于 $\boldsymbol{x}$ 的 Hesse 矩阵

$$\nabla_x^2 L=\begin{bmatrix}\dfrac{1}{\sqrt{10}} & 0\\ 0 & \dfrac{1}{\sqrt{10}}\end{bmatrix},$$

这是一个正定矩阵. 自然,对 G 中元素来说(假设 G 非空),它也是正定的. 在这种情形下,不必求出合集 G 便知,$\boldsymbol{x}^{(4)}=(3-\sqrt{10},0)^{\mathrm{T}}$ 是局部最优解.

例 7.2.8 考虑下列非线性规划问题:

$$\begin{aligned}\min\quad & x_1^2+(x_2-2)^2\\ \text{s.t.}\quad & \beta x_1^2-x_2=0,\end{aligned}$$

其中 β 为某个实数. 讨论点 $\boldsymbol{x}^{(0)}=(0,0)^{\mathrm{T}}$ 是否为局部最优解?

解 目标函数 $f(\boldsymbol{x})$ 和约束函数 $h(\boldsymbol{x})$ 在 $\boldsymbol{x}^{(0)}$ 的梯度分别为

$$\nabla f(\boldsymbol{x}^{(0)})=\begin{bmatrix}0\\ -4\end{bmatrix},\quad \nabla h(\boldsymbol{x}^{(0)})=\begin{bmatrix}0\\ -1\end{bmatrix}.$$

设

$$\begin{bmatrix} 0 \\ -4 \end{bmatrix} - v\begin{bmatrix} 0 \\ -1 \end{bmatrix} = \begin{bmatrix} 0 \\ 0 \end{bmatrix},$$

即

$$-4 + v = 0,$$

解得 $v=4$. Lagrange 函数为

$$L(\boldsymbol{x}, v) = x_1^2 + (x_2 - 2)^2 - v(\beta x_1^2 - x_2),$$

它关于 $\boldsymbol{x}$ 的 Hesse 矩阵是

$$\nabla_{\boldsymbol{x}}^2 L = \begin{bmatrix} 2-2\beta v & 0 \\ 0 & 2 \end{bmatrix},$$

在点 $\boldsymbol{x}^{(0)}$ 处，有

$$\nabla_{\boldsymbol{x}}^2 L(\boldsymbol{x}^{(0)}, \boldsymbol{v}) = \begin{bmatrix} 2-8\beta & 0 \\ 0 & 2 \end{bmatrix}.$$

求集合 $\bar{G}$ 的元素 $\boldsymbol{d}$，令

$$(0, -1)\begin{bmatrix} d_1 \\ d_2 \end{bmatrix} = 0,$$

即

$$-d_2 = 0,$$

解得 $\boldsymbol{d}=(d_1, 0)^{\mathrm{T}}$，$d_1$ 可取任何实数. 这时有

$$\begin{aligned} \boldsymbol{d}^{\mathrm{T}}\nabla_{x}^2 L(\boldsymbol{x}^{(0)}, v)\boldsymbol{d} &= (d_1, 0)\begin{bmatrix} 2-8\beta & 0 \\ 0 & 2 \end{bmatrix}\begin{bmatrix} d_1 \\ 0 \end{bmatrix} = (d_1(2-8\beta), 0)\begin{bmatrix} d_1 \\ 0 \end{bmatrix} \\ &= 2(1-4\beta)d_1^2. \end{aligned}$$

当 $\beta < \dfrac{1}{4}$ 时，对每一个向量 $\boldsymbol{d} \in G$，有

$$\boldsymbol{d}^{\mathrm{T}}\nabla_{\boldsymbol{x}}^2 L(\boldsymbol{x}^{(0)}, v)\boldsymbol{d} > 0,$$

因此 $\boldsymbol{x}^{(0)} = (0, 0)^{\mathrm{T}}$ 是局部最优解.

当 $\beta > \dfrac{1}{4}$ 时，对每个向量 $\boldsymbol{d} \in G$，有

$$\boldsymbol{d}^{\mathrm{T}}\nabla_{\boldsymbol{x}}^2 L(\boldsymbol{x}^{(0)}, v)\boldsymbol{d} < 0,$$

此时在点 $\boldsymbol{x}^{(0)}$ 不满足局部最优解的二阶必要条件，因此 $\boldsymbol{x}^{(0)} = (0, 0)^{\mathrm{T}}$ 不是局部最优解.

当 $\beta = \dfrac{1}{4}$ 时，利用二阶条件给不出结论，可用其他方法进行判断. 这时，原问题即为

$$\begin{aligned} \min \quad & x_1^2 + (x_2 - 2)^2 \\ \text{s. t.} \quad & \frac{1}{4}x_1^2 - x_2 = 0, \end{aligned}$$

利用约束条件，从目标函数中消去一个变量，把约束问题转化为无约束问题

$$\min \quad 4x_2 + (x_2 - 2)^2.$$

易知 $\boldsymbol{x}^{(0)} = (0,0)^{\mathrm{T}}$ 是局部极小点.

可见 $\boldsymbol{x}^{(0)}$ 是否为局部最优解，这与参数 β 的取值有关. 当 $\beta \leqslant \frac{1}{4}$ 时，是局部最优解，当 $\beta > \frac{1}{4}$ 时则不是.

此外，本例表明，研究约束问题的二阶极值条件时，只考虑目标函数的 Hesse 矩阵是不行的. 事实上，例中目标函数的 Hesse 矩阵

$$\nabla^2 f(\boldsymbol{x}) = \begin{bmatrix} 2 & 0 \\ 0 & 2 \end{bmatrix}$$

是正定的，但当 $\beta > \frac{1}{4}$ 时，可行点 $\boldsymbol{x}^{(0)}$ 不是约束问题的局部极小点.

*7.3 对偶及鞍点问题

7.3.1 Lagrange 对偶问题

对偶理论在最优化理论的发展及算法的研究中具有十分重要的作用，正因如此，许多关于最优化的论文和著作，对对偶理论进行了深入的研究. 本书第 4 章也讨论了这个理论的重要组成部分——线性规划中的对偶理论. 这里将简要地介绍非线性规划中的对偶理论. 如需有更多的了解，可参见文献[1～3].

下面给出 Lagrange 对偶中原问题与对偶问题的描述. 考虑非线性规划问题

$$\begin{aligned} \min \quad & f(\boldsymbol{x}) \\ \text{s.t.} \quad & g_i(\boldsymbol{x}) \geqslant 0, \quad i = 1, \cdots, m, \\ & h_j(\boldsymbol{x}) = 0, \quad j = 1, \cdots, l, \\ & \boldsymbol{x} \in D, \end{aligned} \tag{7.3.1}$$

其中约束分作两种，一种是等式约束和不等式约束，另一种写成集约束的形式，即 $\boldsymbol{x} \in D$. 如果将问题写成只有前一种约束的情形，就认为 $D = \mathbb{R}^n$.

我们把上述问题作为原问题，定义它的对偶问题为

$$\begin{aligned} \max \quad & \theta(\boldsymbol{w}, \boldsymbol{v}), \\ \text{s.t.} \quad & \boldsymbol{w} \geqslant \boldsymbol{0}, \end{aligned} \tag{7.3.2}$$

其中目标函数 $\theta(\boldsymbol{w}, \boldsymbol{v})$ 定义如下：

$$\theta(\boldsymbol{w}, \boldsymbol{v}) = \inf\left\{ f(\boldsymbol{x}) - \sum_{i=1}^{m} w_i g_i(\boldsymbol{x}) - \sum_{j=1}^{l} v_j h_j(\boldsymbol{x}) \,\middle|\, \boldsymbol{x} \in D \right\}. \tag{7.3.3}$$

当上式不存在有限下界时，假设

$$\theta(\boldsymbol{w},\boldsymbol{v})=-\infty,$$

$\theta(\boldsymbol{w},\boldsymbol{v})$称为 Lagrange **对偶函数**. 建立对偶问题时，要注意集合 D 的选择，这将影响到计算和修正对偶函数 θ 的工作量.

例 7.3.1 考虑非线性规划问题

$$\begin{aligned} \min \quad & x_1^2+x_2^2 \\ \text{s.t.} \quad & x_1+x_2-4\geqslant 0, \\ & x_1,x_2\geqslant 0. \end{aligned}$$

解 将变量的非负限制作为集约束，即

$$\boldsymbol{x}\in D=\left\{\begin{bmatrix}x_1\\x_2\end{bmatrix}\middle| x_1\geqslant 0,x_2\geqslant 0\right\},$$

对偶函数为

$$\begin{aligned}\theta(w)&=\inf\{x_1^2+x_2^2-w(x_1+x_2-4)\mid x_1\geqslant 0,x_2\geqslant 0\}\\&=\inf\{x_1^2-wx_1\mid x_1\geqslant 0\}+\inf\{x_2^2-wx_2\mid x_2\geqslant 0\}+4w.\end{aligned}$$

由上式可知，当 $w\geqslant 0$ 时，有

$$\theta(w)=-\frac{1}{2}w^2+4w.$$

当 $w<0$ 时，由于 $x_1\geqslant 0,x_2\geqslant 0$，则有

$$x_1^2-wx_1\geqslant 0,$$
$$x_2^2-wx_2\geqslant 0.$$

因此，当 $x_1=x_2=0$ 时，得到极小值

$$\theta(w)=4w.$$

综上分析，得到对偶函数

$$\theta(w)=\begin{cases}-\frac{1}{2}w^2+4w, & w\geqslant 0,\\ 4w, & w<0.\end{cases}$$

本例的对偶问题为

$$\begin{aligned}\max \quad & -\frac{1}{2}w^2+4w\\ \text{s.t.} \quad & w\geqslant 0.\end{aligned}$$

不难求得原问题的最优解

$$\bar{\boldsymbol{x}}=\begin{bmatrix}x_1\\x_2\end{bmatrix}=\begin{bmatrix}2\\2\end{bmatrix},$$

目标函数的最优值 $f_{\min}=8$. 而对偶问题的最优解 $\bar{w}=4$，最优值 $\theta_{\max}=8$.

由上例可见，对偶问题的极大值等于原问题的极小值. 这种现象，对于线性规划的对偶来说，是必然的；但是对于非线性规划，这一结论并不是普遍成立的. 运用非线性规划对偶理论时，要特别注意这一点.

7.3.2 对偶定理

下面研究原问题和对偶问题之间的关系. 为书写方便，记

$$\boldsymbol{g}(\boldsymbol{x}) = (g_1(\boldsymbol{x}), g_2(\boldsymbol{x}), \cdots, g_m(\boldsymbol{x}))^{\mathrm{T}},$$

$$\boldsymbol{h}(\boldsymbol{x}) = (h_1(\boldsymbol{x}), h_2(\boldsymbol{x}), \cdots, h_l(\boldsymbol{x}))^{\mathrm{T}}.$$

把(7.3.1)式至(7.3.3)式改写为

$$\begin{aligned} \min \quad & f(\boldsymbol{x}) \\ \text{s.t.} \quad & \boldsymbol{g}(\boldsymbol{x}) \geqslant \boldsymbol{0}, \\ & \boldsymbol{h}(\boldsymbol{x}) = \boldsymbol{0}, \\ & \boldsymbol{x} \in D. \end{aligned} \tag{7.3.4}$$

对偶问题为

$$\begin{aligned} \max \quad & \theta(\boldsymbol{w}, \boldsymbol{v}) \\ \text{s.t.} \quad & \boldsymbol{w} \geqslant \boldsymbol{0}, \end{aligned} \tag{7.3.5}$$

其中对偶函数

$$\theta(\boldsymbol{w}, \boldsymbol{v}) = \inf\{f(\boldsymbol{x}) - \boldsymbol{w}^{\mathrm{T}}\boldsymbol{g}(\boldsymbol{x}) - \boldsymbol{v}^{\mathrm{T}}\boldsymbol{h}(\boldsymbol{x}) \mid \boldsymbol{x} \in D\}.$$

定理 7.3.1（弱对偶定理） 设 $\boldsymbol{x}$ 和 $(\boldsymbol{w}, \boldsymbol{v})$ 分别是原问题和对偶问题的可行解，则

$$f(\boldsymbol{x}) \geqslant \theta(\boldsymbol{w}, \boldsymbol{v}).$$

证明 根据 $\theta(\boldsymbol{w}, \boldsymbol{v})$ 的定义，有

$$\begin{aligned} \theta(\boldsymbol{w}, \boldsymbol{v}) &= \inf\{f(\boldsymbol{y}) - \boldsymbol{w}^{\mathrm{T}}\boldsymbol{g}(\boldsymbol{y}) - \boldsymbol{v}^{\mathrm{T}}\boldsymbol{h}(\boldsymbol{y}) \mid \boldsymbol{y} \in D\} \\ &\leqslant f(\boldsymbol{x}) - \boldsymbol{w}^{\mathrm{T}}\boldsymbol{g}(\boldsymbol{x}) - \boldsymbol{v}^{\mathrm{T}}\boldsymbol{h}(\boldsymbol{x}). \end{aligned} \tag{7.3.6}$$

由于 $\boldsymbol{x}$ 和 $(\boldsymbol{w}, \boldsymbol{v})$ 分别是问题(7.3.4)和(7.3.5)的可行解，即满足 $\boldsymbol{g}(\boldsymbol{x}) \geqslant \boldsymbol{0}, \boldsymbol{h}(\boldsymbol{x}) = \boldsymbol{0}$ 和 $\boldsymbol{w} \geqslant \boldsymbol{0}$，由此可知 $\boldsymbol{w}^{\mathrm{T}}\boldsymbol{g}(\boldsymbol{x}) \geqslant 0$，因此由(7.3.6)式得到

$$f(\boldsymbol{x}) \geqslant \theta(\boldsymbol{w}, \boldsymbol{v}).$$

由上述定理可以直接得出下列几个推论.

推论 1 对于原问题和对偶问题，必有

$$\inf\{f(\boldsymbol{x}) \mid \boldsymbol{g}(\boldsymbol{x}) \geqslant \boldsymbol{0}, \boldsymbol{h}(\boldsymbol{x}) = \boldsymbol{0}, \boldsymbol{x} \in D\} \geqslant \sup\{\theta(\boldsymbol{w}, \boldsymbol{v}) \mid \boldsymbol{w} \geqslant \boldsymbol{0}\}.$$

推论 2 如果 $f(\bar{\boldsymbol{x}}) \leqslant \theta(\bar{\boldsymbol{w}}, \bar{\boldsymbol{v}})$，其中

$$\bar{\boldsymbol{x}} \in \{\boldsymbol{x} \mid \boldsymbol{g}(\boldsymbol{x}) \geqslant \boldsymbol{0}, \quad \boldsymbol{h}(\boldsymbol{x}) = \boldsymbol{0}, \boldsymbol{x} \in D\}, \quad \bar{\boldsymbol{w}} \geqslant \boldsymbol{0},$$

则 $\bar{\boldsymbol{x}}$ 和 $(\bar{\boldsymbol{w}}, \bar{\boldsymbol{v}})$ 分别是原问题和对偶问题的最优解.

推论 3 如果

$$\inf\{f(\boldsymbol{x}) \mid \boldsymbol{g}(\boldsymbol{x}) \geqslant \boldsymbol{0}, \boldsymbol{h}(\boldsymbol{x}) = \boldsymbol{0}, \boldsymbol{x} \in D\} = -\infty,$$

则对每一个 $\boldsymbol{w}\geqslant\boldsymbol{0}$，有

$$\theta(\boldsymbol{w},\boldsymbol{v})=-\infty.$$

推论 4　如果

$$\sup\{\theta(\boldsymbol{w},\boldsymbol{v})\mid \boldsymbol{w}\geqslant\boldsymbol{0}\}=\infty,$$

则原问题没有可行解.

根据推论 1，若原问题的目标函数最优值为 $f_{\min}$，对偶问题的目标函数最优值为 $\theta_{\max}$，则必有

$$f_{\min}\geqslant\theta_{\max}.$$

如果严格不等号成立，即 $f_{\min}>\theta_{\max}$，则称**存在"对偶间隙"**. 这是线性规划的对偶中未曾遇见的现象. 为了保证不出现对偶间隙，需要对目标函数和约束函数的性态给予适当的限定，以便建立强对偶定理. 为此，我们先来证明下列引理.

引理 7.3.2　设 D 是 $\mathbb{R}^n$ 中一个非空凸集，$\varphi(\boldsymbol{x})$ 和 $g_i(\boldsymbol{x})(i=1,\cdots,m)$ 分别是 $\mathbb{R}^n$ 上的凸函数和凹函数，$h_j(\boldsymbol{x})(j=1,\cdots,l)$ 是 $\mathbb{R}^n$ 上的线性函数，即假设

$$\boldsymbol{h}(\boldsymbol{x})=\boldsymbol{A}\boldsymbol{x}-\boldsymbol{b},$$

那么下列两个系统中，若系统 1 无解，则系统 2 有解 $(w_0,\boldsymbol{w},\boldsymbol{v})$；反之，若系统 2 有解 $(w_0,\boldsymbol{w},\boldsymbol{v})$，$w_0>0$，则系统 1 无解.

系统 1　存在 $\boldsymbol{x}\in D$，使得 $\varphi(\boldsymbol{x})<0,\boldsymbol{g}(\boldsymbol{x})\geqslant\boldsymbol{0},\boldsymbol{h}(\boldsymbol{x})=\boldsymbol{0}$；

系统 2　$w_0\varphi(\boldsymbol{x})-\boldsymbol{w}^{\mathrm{T}}\boldsymbol{g}(\boldsymbol{x})-\boldsymbol{v}^{\mathrm{T}}\boldsymbol{h}(\boldsymbol{x})\geqslant 0,\ \forall\,\boldsymbol{x}\in D,(w_0,\boldsymbol{w})\geqslant\boldsymbol{0},(w_0,\boldsymbol{w},\boldsymbol{v})\neq\boldsymbol{0}.$

证明　设系统 1 无解. 定义集合

$$C=\{(p,\boldsymbol{q},\boldsymbol{r})\mid \text{存在 }\boldsymbol{x}\in D,\text{使 }p>\varphi(\boldsymbol{x}),\boldsymbol{q}\leqslant\boldsymbol{g}(\boldsymbol{x}),\boldsymbol{r}=\boldsymbol{h}(\boldsymbol{x})\}.\tag{7.3.7}$$

由于 D 非空，则 C 不是空集. 利用凸集和凸函数的定义，容易证明 C 是凸集.

任取 $(p_1,\boldsymbol{q}_1,\boldsymbol{r}_1),(p_2,\boldsymbol{q}_2,\boldsymbol{r}_2)\in C$，则存在 $\boldsymbol{x}^{(1)},\boldsymbol{x}^{(2)}\in D$，使得

$$p_1>\varphi(\boldsymbol{x}^{(1)}),\quad \boldsymbol{q}_1\leqslant\boldsymbol{g}(\boldsymbol{x}^{(1)}),\quad \boldsymbol{r}_1=\boldsymbol{h}(\boldsymbol{x}^{(1)}),$$
$$p_2>\varphi(\boldsymbol{x}^{(2)}),\quad \boldsymbol{q}_2\leqslant\boldsymbol{g}(\boldsymbol{x}^{(2)}),\quad \boldsymbol{r}_2=\boldsymbol{h}(\boldsymbol{x}^{(2)}),$$

对任意的 $\lambda\in[0,1]$，记

$$\begin{aligned}(\hat{p},\hat{\boldsymbol{q}},\hat{\boldsymbol{r}})&=\lambda(p_1,\boldsymbol{q}_1,\boldsymbol{r}_1)+(1-\lambda)(p_2,\boldsymbol{q}_2,\boldsymbol{r}_2)\\&=(\lambda p_1+(1-\lambda)p_2,\lambda\boldsymbol{q}_1+(1-\lambda)\boldsymbol{q}_2,\lambda\boldsymbol{r}_1+(1-\lambda)\boldsymbol{r}_2).\end{aligned}$$

由于 $\varphi(\boldsymbol{x})$ 是凸函数，则有

$$\begin{aligned}\lambda p_1+(1-\lambda)p_2&>\lambda\varphi(\boldsymbol{x}^{(1)})+(1-\lambda)\varphi(\boldsymbol{x}^{(2)})\\&\geqslant\varphi(\lambda\boldsymbol{x}^{(1)}+(1-\lambda)\boldsymbol{x}^{(2)})=\varphi(\hat{\boldsymbol{x}}).\end{aligned}$$

由于 $\boldsymbol{g}(\boldsymbol{x})$ 的每个分量是凹函数，则有

$$\begin{aligned}\lambda\boldsymbol{q}_1+(1-\lambda)\boldsymbol{q}_2&\leqslant\lambda\boldsymbol{g}(\boldsymbol{x}^{(1)})+(1-\lambda)\boldsymbol{g}(\boldsymbol{x}^{(2)})\\&\leqslant\boldsymbol{g}(\lambda\boldsymbol{x}^{(1)}+(1-\lambda)\boldsymbol{x}^{(2)})=\boldsymbol{g}(\hat{\boldsymbol{x}}).\end{aligned}$$

由于$\boldsymbol{h}(\boldsymbol{x})$的每个分量是线性函数,则有

$$\begin{aligned}\lambda \boldsymbol{r}_1+(1-\lambda)\boldsymbol{r}_2 &= \lambda \boldsymbol{h}(\boldsymbol{x}^{(1)})+(1-\lambda)\boldsymbol{h}(\boldsymbol{x}^{(2)}) \\ &= \lambda(\boldsymbol{A}\boldsymbol{x}^{(1)}-\boldsymbol{b})+(1-\lambda)(\boldsymbol{A}\boldsymbol{x}^{(2)}-\boldsymbol{b}) \\ &= \boldsymbol{A}(\lambda \boldsymbol{x}^{(1)}+(1-\lambda)\boldsymbol{x}^{(2)})-\boldsymbol{b} \\ &= \boldsymbol{A}\hat{\boldsymbol{x}}-\boldsymbol{b} \\ &= \boldsymbol{h}(\hat{\boldsymbol{x}}).\end{aligned}$$

由于D为凸集,$\boldsymbol{x}^{(1)},\boldsymbol{x}^{(2)}\in D,\lambda\in[0,1],\hat{\boldsymbol{x}}=\lambda\boldsymbol{x}^{(1)}+(1-\lambda)\boldsymbol{x}^{(2)}$,因此存在$\hat{\boldsymbol{x}}\in D$,使得

$$\hat{p}>\varphi(\hat{\boldsymbol{x}}),\quad \hat{\boldsymbol{q}}\leqslant \boldsymbol{g}(\hat{\boldsymbol{x}}),\quad \hat{\boldsymbol{r}}=\boldsymbol{h}(\hat{\boldsymbol{x}}),$$

故$(\hat{p},\hat{\boldsymbol{q}},\hat{\boldsymbol{r}})\in C$. 证得$C$为非空凸集.

根据假设,系统1无解,自然$(0,\boldsymbol{0},\boldsymbol{0})\notin C$,由定理1.4.4的推论可知,存在$(\bar{w}_0,\bar{\boldsymbol{w}},\bar{\boldsymbol{v}})\neq\boldsymbol{0}$,使得对每一个$(p,\boldsymbol{q},\boldsymbol{r})\in \mathrm{cl}\,C$,都有

$$\bar{w}_0 p+\bar{\boldsymbol{w}}^{\mathrm{T}}\boldsymbol{q}+\bar{\boldsymbol{v}}^{\mathrm{T}}\boldsymbol{r}\geqslant 0.$$

令$(w_0,-\boldsymbol{w},-\boldsymbol{v})=(\bar{w}_0,\bar{\boldsymbol{w}},\bar{\boldsymbol{v}})$,可将上式写成

$$w_0 p-\boldsymbol{w}^{\mathrm{T}}\boldsymbol{q}-\boldsymbol{v}^{\mathrm{T}}\boldsymbol{r}\geqslant 0,\quad \forall (p,\boldsymbol{q},\boldsymbol{r})\in \mathrm{cl}\,C. \tag{7.3.8}$$

固定$\boldsymbol{x}\in D$,取$p,\boldsymbol{q}$和$\boldsymbol{r}$,使得

$$p>\varphi(\boldsymbol{x}),\quad \boldsymbol{q}\leqslant \boldsymbol{g}(\boldsymbol{x}),\quad \boldsymbol{r}=\boldsymbol{h}(\boldsymbol{x}),$$

在满足上述条件下,p可取任意大的正数,$\boldsymbol{q}$的分量可取任意小的负数,均有

$$(p,\boldsymbol{q},\boldsymbol{r})\in C,$$

因此,由(7.3.8)式的成立必得出

$$w_0\geqslant 0\quad 和\quad \boldsymbol{w}\geqslant \boldsymbol{0}.$$

令

$$(p,\boldsymbol{q},\boldsymbol{r})=(\varphi(\boldsymbol{x}),\boldsymbol{g}(\boldsymbol{x}),\boldsymbol{h}(\boldsymbol{x})),$$

则$(p,\boldsymbol{q},\boldsymbol{r})\in \mathrm{cl}\,C$. 从而由(7.3.8)式得到

$$\begin{aligned}&w_0\varphi(x)-\boldsymbol{w}^{\mathrm{T}}\boldsymbol{g}(\boldsymbol{x})-\boldsymbol{v}^{\mathrm{T}}\boldsymbol{h}(\boldsymbol{x})\geqslant 0,\quad \forall \boldsymbol{x}\in D,\\ &(w_0,\boldsymbol{w})\geqslant \boldsymbol{0},\\ &(w_0,\boldsymbol{w},\boldsymbol{v})\neq \boldsymbol{0},\end{aligned}$$

即系统2存在解$(w_0,\boldsymbol{w},\boldsymbol{v})$.

下面证明引理的后半部.

设系统2有解$(w_0,\boldsymbol{w},\boldsymbol{v})$,其中$w_0>0,\boldsymbol{w}\geqslant\boldsymbol{0}$,满足

$$w_0\varphi(x)-\boldsymbol{w}^{\mathrm{T}}\boldsymbol{g}(\boldsymbol{x})-\boldsymbol{v}^{\mathrm{T}}\boldsymbol{h}(\boldsymbol{x})\geqslant 0,\quad \forall \boldsymbol{x}\in D, \tag{7.3.9}$$

假设存在$\boldsymbol{x}\in D$,使

$$\boldsymbol{g}(\boldsymbol{x})\geqslant \boldsymbol{0},\qquad \boldsymbol{h}(\boldsymbol{x})=\boldsymbol{0}.$$

由于$\boldsymbol{w}\geqslant\boldsymbol{0}$,则$\boldsymbol{w}^{\mathrm{T}}\boldsymbol{g}(\boldsymbol{x})\geqslant 0$. 由(7.3.9)式得到

$$w_0\varphi(\boldsymbol{x}) \geqslant 0 .$$

由于 $w_0>0$,因此推得

$$\varphi(\boldsymbol{x}) \geqslant 0 .$$

即系统 1 无解.

下面给出并证明强对偶定理.

定理 7.3.3(强对偶定理) 设 D 是 $\mathbb{R}^n$ 中一个非空凸集,f 和 $g_i(i=1,\cdots,m)$ 分别是 $\mathbb{R}^n$ 上的凸函数和凹函数,$h_j(j=1,\cdots,l)$ 是 $\mathbb{R}^n$ 上的线性函数,即 $\boldsymbol{h}(\boldsymbol{x})=\boldsymbol{A}\boldsymbol{x}-\boldsymbol{b}$,又设存在点 $\hat{\boldsymbol{x}}\in D$,使得

$$\boldsymbol{g}(\hat{\boldsymbol{x}}) > \boldsymbol{0}, \quad \boldsymbol{h}(\hat{\boldsymbol{x}}) = \boldsymbol{0}, \quad \boldsymbol{0} \in \operatorname{int} H(D),$$

其中 $H(D)=\{\boldsymbol{h}(\boldsymbol{x})\mid \boldsymbol{x}\in D\}$. 则

$$\inf\{f(\boldsymbol{x}) \mid \boldsymbol{g}(\boldsymbol{x}) \geqslant \boldsymbol{0}, \boldsymbol{h}(\boldsymbol{x}) = \boldsymbol{0}, \boldsymbol{x} \in D\} = \sup\{\theta(\boldsymbol{w},\boldsymbol{v}) \mid \boldsymbol{w} \geqslant \boldsymbol{0}\}, \tag{7.3.10}$$

而且,若式中 inf 为有限值,则

$$\sup\{\theta(\boldsymbol{w},\boldsymbol{v}) \mid \boldsymbol{w} \geqslant \boldsymbol{0}\}$$

在 $(\bar{\boldsymbol{w}},\bar{\boldsymbol{v}})$ 达到,$\bar{\boldsymbol{w}}\geqslant\boldsymbol{0}$. 如果 inf 在点 $\bar{\boldsymbol{x}}$ 达到,则 $\bar{\boldsymbol{w}}^{\mathrm{T}}\boldsymbol{g}(\bar{\boldsymbol{x}})=0$.

证明 设

$$r = \inf\{f(\boldsymbol{x}) \mid \boldsymbol{g}(\boldsymbol{x}) \geqslant \boldsymbol{0}, \boldsymbol{h}(\boldsymbol{x}) = \boldsymbol{0}, \boldsymbol{x} \in D\}.$$

若 $r=-\infty$,则由定理 7.3.1 的推论 3 得到

$$\sup\{\theta(\boldsymbol{w},\boldsymbol{v}) \mid \boldsymbol{w} \geqslant \boldsymbol{0}\} = -\infty.$$

因此(7.3.10)式成立.

现在假设 r 为有限值. 考虑下列系统:

$$f(\boldsymbol{x}) - r < 0, \quad \boldsymbol{g}(\boldsymbol{x}) \geqslant \boldsymbol{0}, \quad \boldsymbol{h}(\boldsymbol{x}) = \boldsymbol{0}, \quad \boldsymbol{x} \in D, \tag{7.3.11}$$

由 r 的定义可知此系统无解. 根据引理 7.3.2,存在 $(w_0,\boldsymbol{w},\boldsymbol{v})\neq\boldsymbol{0}$,$(w_0,\boldsymbol{w})\geqslant\boldsymbol{0}$,使得对每一个 $\boldsymbol{x}\in D$,都有

$$w_0[f(\boldsymbol{x}) - r] - \boldsymbol{w}^{\mathrm{T}}\boldsymbol{g}(\boldsymbol{x}) - \boldsymbol{v}^{\mathrm{T}}\boldsymbol{h}(\boldsymbol{x}) \geqslant 0. \tag{7.3.12}$$

这里,必有 $w_0>0$. 如若不然,设 $w_0=0$,则(7.3.12)式变成

$$\boldsymbol{w}^{\mathrm{T}}\boldsymbol{g}(\boldsymbol{x}) + \boldsymbol{v}^{\mathrm{T}}\boldsymbol{h}(\boldsymbol{x}) \leqslant 0,$$

由假设,存在 $\hat{\boldsymbol{x}}\in D$,使得 $\boldsymbol{g}(\hat{\boldsymbol{x}})>\boldsymbol{0}$,$\boldsymbol{h}(\hat{\boldsymbol{x}})=\boldsymbol{0}$,代入上式,得到 $\boldsymbol{w}=\boldsymbol{0}$. 再把 $w_0=0$,$\boldsymbol{w}=\boldsymbol{0}$ 代入(7.3.12)式,得到

$$\boldsymbol{v}^{\mathrm{T}}\boldsymbol{h}(\boldsymbol{x}) \leqslant \boldsymbol{0}, \quad \forall\, \boldsymbol{x} \in D. \tag{7.3.13}$$

由于 $\boldsymbol{0}\in \operatorname{int}H(D)$,因此可令 $\boldsymbol{x}\in D$,使 $\boldsymbol{h}(\boldsymbol{x})=\lambda\boldsymbol{v}$,其中 $\lambda>0$,于是有

$$0 \geqslant \boldsymbol{v}^{\mathrm{T}}\boldsymbol{h}(\boldsymbol{x}) = -\|\boldsymbol{v}\|^2,$$

这就意味着 $\boldsymbol{v}=\boldsymbol{0}$.

因此,$w_0=0$,蕴含 $(w_0,\boldsymbol{w},\boldsymbol{v})=\boldsymbol{0}$,这是不可能的.

由于 $w_0\neq0$,可令

$$\bar{\boldsymbol{w}} = \frac{\boldsymbol{w}}{w_0}, \quad \bar{\boldsymbol{v}} = \frac{\boldsymbol{v}}{w_0},$$

这样，由(7.3.12)式得出，对每一个 $\boldsymbol{x} \in D$，有

$$f(\boldsymbol{x}) - \bar{\boldsymbol{w}}^{\mathrm{T}}\boldsymbol{g}(\boldsymbol{x}) - \bar{\boldsymbol{v}}^{\mathrm{T}}\boldsymbol{h}(\boldsymbol{x}) \geqslant r, \tag{7.3.14}$$

由上式立即得到

$$\theta(\bar{\boldsymbol{w}}, \bar{\boldsymbol{v}}) = \inf\{f(\boldsymbol{x}) - \bar{\boldsymbol{w}}^{\mathrm{T}}\boldsymbol{g}(\boldsymbol{x}) - \bar{\boldsymbol{v}}^{\mathrm{T}}\boldsymbol{h}(\boldsymbol{x}) \mid \boldsymbol{x} \in D\} \geqslant r,$$

其中 $\bar{\boldsymbol{w}} \geqslant \boldsymbol{0}$. 根据定理 7.3.1，显然有

$$\theta(\bar{\boldsymbol{w}}, \bar{\boldsymbol{v}}) = r$$

及 $(\bar{\boldsymbol{w}}, \bar{\boldsymbol{v}})$ 是对偶问题的最优解.

此外，设 $\bar{\boldsymbol{x}}$ 是原问题的最优解，即满足

$$\bar{\boldsymbol{x}} \in D, \quad \boldsymbol{g}(\bar{\boldsymbol{x}}) \geqslant \boldsymbol{0}, \quad \boldsymbol{h}(\bar{\boldsymbol{x}}) = \boldsymbol{0}, \quad f(\bar{\boldsymbol{x}}) = r.$$

由(7.3.14)式得到

$$\bar{\boldsymbol{w}}^{\mathrm{T}}\boldsymbol{g}(\bar{\boldsymbol{x}}) \leqslant 0 .$$

由于 $\bar{\boldsymbol{w}} \geqslant \boldsymbol{0}$ 及 $\boldsymbol{g}(\bar{\boldsymbol{x}}) \geqslant \boldsymbol{0}$，因此由上式可知

$$\bar{\boldsymbol{w}}^{\mathrm{T}}\boldsymbol{g}(\bar{\boldsymbol{x}}) = 0.$$

上述定理中，如果 $D = \mathbb{R}^n$，那么 $\boldsymbol{0} \in \mathrm{int}H(D)$ 自然成立. 这是因为：设 $\boldsymbol{h}(\boldsymbol{x}) = \boldsymbol{A}\boldsymbol{x} - \boldsymbol{b}$，$\boldsymbol{A}$ 的秩为 l，则任意的 $\boldsymbol{y} \in \mathbb{R}^l$ 能够表示成

$$\boldsymbol{y} = \boldsymbol{A}\boldsymbol{x} - \boldsymbol{b},$$

其中 $\boldsymbol{x} = \boldsymbol{A}^{\mathrm{T}}(\boldsymbol{A}\boldsymbol{A}^{\mathrm{T}})^{-1}(\boldsymbol{y} + \boldsymbol{b})$. 因此 $H(D) = \mathbb{R}^l$.

上述定理表明，对于凸规划，在适当的约束规格下，原问题的极小值与对偶问题的极大值是相等的.

7.3.3 鞍点最优性条件

下面，我们推导著名的鞍点最优性准则.

考虑非线性规划

$$\begin{aligned} \min \quad & f(\boldsymbol{x}), \quad \boldsymbol{x} \in \mathbb{R}^n, \\ \text{s.t.} \quad & \boldsymbol{g}(\boldsymbol{x}) \geqslant \boldsymbol{0}, \\ & \boldsymbol{h}(\boldsymbol{x}) = \boldsymbol{0}, \end{aligned} \tag{7.3.15}$$

其中

$$\boldsymbol{g}(\boldsymbol{x}) = (g_1(\boldsymbol{x}), g_2(\boldsymbol{x}), \cdots, g_m(\boldsymbol{x}))^{\mathrm{T}},$$
$$\boldsymbol{h}(\boldsymbol{x}) = (h_1(\boldsymbol{x}), h_2(\boldsymbol{x}), \cdots, h_l(\boldsymbol{x}))^{\mathrm{T}},$$

相应的 Lagrange 函数为

$$L(\boldsymbol{x}, \boldsymbol{w}, \boldsymbol{v}) = f(\boldsymbol{x}) - \boldsymbol{w}^{\mathrm{T}}\boldsymbol{g}(\boldsymbol{x}) - \boldsymbol{v}^{\mathrm{T}}\boldsymbol{h}(\boldsymbol{x}).$$

令

$$\theta(\boldsymbol{w},\boldsymbol{v}) = \inf\{f(\boldsymbol{x}) - \boldsymbol{w}^{\mathrm{T}}\boldsymbol{g}(\boldsymbol{x}) - \boldsymbol{v}^{\mathrm{T}}\boldsymbol{h}(\boldsymbol{x}) \mid \boldsymbol{x} \in \mathbb{R}^n\}.$$

(7.3.15)式的对偶问题为

$$\begin{aligned} &\max \quad \theta(\boldsymbol{w},\boldsymbol{v}),\\ &\text{s.t.} \quad \boldsymbol{w} \geqslant \boldsymbol{0}. \end{aligned} \tag{7.3.16}$$

我们先定义 Lagrange 函数 $L(\boldsymbol{x},\boldsymbol{w},\boldsymbol{v})$ 的鞍点，然后讨论 Lagrange 函数的鞍点与原问题(7.3.15)及对偶问题(7.3.16)的最优解之间的关系，给出鞍点最优性条件，最后给出鞍点最优性条件与 K-T 条件之间的关系.

定义 7.3.1 设 $L(\boldsymbol{x},\boldsymbol{w},\boldsymbol{v})$ 为 Lagrange 函数，$\bar{\boldsymbol{x}}\in\mathbb{R}^n$，$\bar{\boldsymbol{w}}\in\mathbb{R}^m$，$\bar{\boldsymbol{w}}\geqslant\boldsymbol{0}$，$\bar{\boldsymbol{v}}\in\mathbb{R}^l$，如果对每个 $\boldsymbol{x}\in\mathbb{R}^n$，$\boldsymbol{w}\in\mathbb{R}^m$，$\boldsymbol{w}\geqslant\boldsymbol{0}$ 及 $\boldsymbol{v}\in\mathbb{R}^l$，都有

$$L(\bar{\boldsymbol{x}},\boldsymbol{w},\boldsymbol{v}) \leqslant L(\bar{\boldsymbol{x}},\bar{\boldsymbol{w}},\bar{\boldsymbol{v}}) \leqslant L(\boldsymbol{x},\bar{\boldsymbol{w}},\bar{\boldsymbol{v}}), \tag{7.3.17}$$

则称 $(\bar{\boldsymbol{x}},\bar{\boldsymbol{w}},\bar{\boldsymbol{v}})$ **为** $L(\boldsymbol{x},\boldsymbol{w},\boldsymbol{v})$ **的鞍点**.

由此定义可知，Lagrange 函数的鞍点必是 Lagrange 函数关于 $\boldsymbol{x}$ 的极小点及关于 $(\boldsymbol{w},\boldsymbol{v})$ 的极大点. 其中 $\boldsymbol{w}$ 有非负限制，即 $\boldsymbol{w}\geqslant\boldsymbol{0}$.

定理 7.3.4(鞍点定理) 设 $(\bar{\boldsymbol{x}},\bar{\boldsymbol{w}},\bar{\boldsymbol{v}})$ 是原问题(7.3.15)的 Lagrange 函数 $L(\boldsymbol{x},\boldsymbol{w},\boldsymbol{v})$ 的鞍点，则 $\bar{\boldsymbol{x}}$ 和 $(\bar{\boldsymbol{w}},\bar{\boldsymbol{v}})$ 分别是原问题(7.3.15)和对偶问题(7.3.16)的最优解. 反之，假设 f 是凸函数，$g_i(i=1,\cdots,m)$ 是凹函数，$h_j(j=1,\cdots,l)$ 是线性函数，即 $\boldsymbol{h}(\boldsymbol{x})=\boldsymbol{A}\boldsymbol{x}-\boldsymbol{b}$，且 $\boldsymbol{A}$ 满秩. 又设存在 $\hat{\boldsymbol{x}}$，使 $\boldsymbol{g}(\hat{\boldsymbol{x}})>\boldsymbol{0}$，$\boldsymbol{h}(\hat{\boldsymbol{x}})=\boldsymbol{0}$. 如果 $\bar{\boldsymbol{x}}$ 是问题(7.3.15)的最优解，则存在 $(\bar{\boldsymbol{w}},\bar{\boldsymbol{v}})$，其中 $\bar{\boldsymbol{w}}\geqslant 0$，使 $(\bar{\boldsymbol{x}},\bar{\boldsymbol{w}},\bar{\boldsymbol{v}})$ 是 Lagrange 函数 $L(\boldsymbol{x},\boldsymbol{w},\boldsymbol{v})$ 的鞍点.

证明 现证定理的前半部. 设 $(\bar{\boldsymbol{x}},\bar{\boldsymbol{w}},\bar{\boldsymbol{v}})$ 是 Lagrange 函数的鞍点. 先证明 $\bar{\boldsymbol{x}}$ 是可行点.

考虑(7.3.17)式的左端不等式. 由假设，对所有 $\boldsymbol{w}\in\mathbb{R}^m$，$\boldsymbol{w}\geqslant\boldsymbol{0}$，$\boldsymbol{v}\in\mathbb{R}^l$，有

$$L(\bar{\boldsymbol{x}},\boldsymbol{w},\boldsymbol{v}) \leqslant L(\bar{\boldsymbol{x}},\bar{\boldsymbol{w}},\bar{\boldsymbol{v}}),$$

即

$$f(\bar{\boldsymbol{x}}) - \boldsymbol{w}^{\mathrm{T}}\boldsymbol{g}(\bar{\boldsymbol{x}}) - \boldsymbol{v}^{\mathrm{T}}\boldsymbol{h}(\bar{\boldsymbol{x}}) \leqslant f(\bar{\boldsymbol{x}}) - \bar{\boldsymbol{w}}\boldsymbol{g}(\bar{\boldsymbol{x}}) - \bar{\boldsymbol{v}}^{\mathrm{T}}\boldsymbol{h}(\bar{\boldsymbol{x}}),$$

经整理得到

$$(\boldsymbol{w}-\bar{\boldsymbol{w}})^{\mathrm{T}}\boldsymbol{g}(\bar{\boldsymbol{x}}) + (\boldsymbol{v}-\bar{\boldsymbol{v}})^{\mathrm{T}}\boldsymbol{h}(\bar{\boldsymbol{x}}) \geqslant 0. \tag{7.3.18}$$

易证 $\boldsymbol{h}(\bar{\boldsymbol{x}})=\boldsymbol{0}$. 设 $h_k(\bar{\boldsymbol{x}})>0$. 令

$$\begin{aligned} \boldsymbol{w} &= \bar{\boldsymbol{w}},\\ v_j &= \bar{v}_j, \quad \forall j \neq k,\\ v_k &= \bar{v}_k - 1, \end{aligned}$$

将这些取值代入(7.3.18)式，则得出 $h_k(\bar{\boldsymbol{x}})\leqslant 0$，这与 $h_k(\bar{\boldsymbol{x}})>0$ 相矛盾. 因此 $\boldsymbol{h}(\bar{\boldsymbol{x}})$ 的每个分量不大于零. 再设 $h_k(\bar{\boldsymbol{x}})<0$，用类似方法可推出 $\boldsymbol{h}(\bar{\boldsymbol{x}})$ 的每个分量不小于零. 综上分析，必有

$$\boldsymbol{h}(\bar{\boldsymbol{x}}) = \boldsymbol{0}. \tag{7.3.19}$$

再证 $\boldsymbol{g}(\bar{\boldsymbol{x}})\geqslant\boldsymbol{0}$. 把(7.3.19)式代入(7.3.18)式，则

$$(\boldsymbol{w}-\bar{\boldsymbol{w}})^{\mathrm{T}}\boldsymbol{g}(\bar{\boldsymbol{x}})\geqslant 0. \tag{7.3.20}$$

根据假设，对任意的 $\boldsymbol{w}\geqslant\boldsymbol{0}$，(7.3.20)式总成立.

令

$$w_k=\bar{w}_k+1,$$
$$w_i=\bar{w}_i,\quad i\neq k.$$

由(7.3.20)式得到 $g_k(\bar{\boldsymbol{x}})\geqslant 0$，由此可知 $\boldsymbol{g}(\bar{\boldsymbol{x}})$的每个分量均大于或等于零，即

$$\boldsymbol{g}(\bar{\boldsymbol{w}})\geqslant\boldsymbol{0}. \tag{7.3.21}$$

由(7.3.19)式和(7.3.21)式可知，$\bar{\boldsymbol{x}}$ 是(7.3.15)式的可行点. 进而证明 $\bar{\boldsymbol{x}}$ 和$(\bar{\boldsymbol{w}},\bar{\boldsymbol{v}})$分别是原问题(7.3.15)和对偶问题(7.3.16)的最优解.

在(7.3.20)式中，令 $\boldsymbol{w}=\boldsymbol{0}$，则

$$-\bar{\boldsymbol{w}}^{\mathrm{T}}\boldsymbol{g}(\bar{\boldsymbol{x}})\geqslant 0.$$

由于 $\bar{\boldsymbol{w}}\geqslant\boldsymbol{0}$，$\boldsymbol{g}(\bar{\boldsymbol{x}})\geqslant\boldsymbol{0}$，因此由上式得到

$$\bar{\boldsymbol{w}}^{\mathrm{T}}\boldsymbol{g}(\bar{\boldsymbol{x}})=0. \tag{7.3.22}$$

把(7.3.19)式和(7.3.22)式代入(7.3.17)式右端不等式，得到

$$f(\bar{\boldsymbol{x}})\leqslant f(\boldsymbol{x})-\bar{\boldsymbol{w}}^{\mathrm{T}}\boldsymbol{g}(\boldsymbol{x})-\bar{\boldsymbol{v}}^{\mathrm{T}}\boldsymbol{h}(\boldsymbol{x}). \tag{7.3.23}$$

上式对每个 $\boldsymbol{x}\in\mathbb{R}^n$都成立，由此可知

$$f(\bar{\boldsymbol{x}})\leqslant\theta(\bar{\boldsymbol{w}},\bar{\boldsymbol{v}}),$$

注意到 $\bar{\boldsymbol{x}}$ 是原问题(7.3.15)的可行解，$\bar{\boldsymbol{w}}\geqslant\boldsymbol{0}$，根据定理 7.3.1 的推论 2，$\bar{\boldsymbol{x}}$ 和$(\bar{\boldsymbol{w}},\bar{\boldsymbol{v}})$分别是原问题(7.3.15)和对偶问题(7.3.16)的最优解.

下面证明定理的后半部.

设 $\bar{\boldsymbol{x}}$ 是原问题(7.3.15)的最优解. 根据定理 7.3.3，存在$(\bar{\boldsymbol{w}},\bar{\boldsymbol{v}})$，$\bar{\boldsymbol{w}}\geqslant\boldsymbol{0}$，使得

$$f(\bar{\boldsymbol{x}})=\theta(\bar{\boldsymbol{w}},\bar{\boldsymbol{v}}) \tag{7.3.24}$$

以及

$$\bar{\boldsymbol{w}}^{\mathrm{T}}\boldsymbol{g}(\bar{\boldsymbol{x}})=0. \tag{7.3.25}$$

按照定义，有

$$\theta(\boldsymbol{w},\boldsymbol{v})=\inf\{f(\boldsymbol{x})-\boldsymbol{w}^{\mathrm{T}}\boldsymbol{g}(\boldsymbol{x})-\boldsymbol{v}^{\mathrm{T}}\boldsymbol{h}(\boldsymbol{x})\mid\boldsymbol{x}\in\mathbb{R}^n\}.$$

因此，对所有 $\boldsymbol{x}\in\mathbb{R}^n$，成立

$$\theta(\bar{\boldsymbol{w}},\bar{\boldsymbol{v}})\leqslant f(\boldsymbol{x})-\bar{\boldsymbol{w}}^{\mathrm{T}}\boldsymbol{g}(\boldsymbol{x})-\bar{\boldsymbol{v}}^{\mathrm{T}}\boldsymbol{h}(\boldsymbol{x})=L(\boldsymbol{x},\bar{\boldsymbol{w}},\bar{\boldsymbol{v}}). \tag{7.3.26}$$

由于 $\bar{\boldsymbol{x}}$ 为最优解，自然是可行解，即满足

$$\boldsymbol{h}(\bar{\boldsymbol{x}})=\boldsymbol{0},$$
$$\boldsymbol{g}(\bar{\boldsymbol{x}})\geqslant\boldsymbol{0}.$$

再考虑到(7.3.25)式，有

$$L(\bar{\boldsymbol{x}},\bar{\boldsymbol{w}},\bar{\boldsymbol{v}})=f(\bar{\boldsymbol{x}})-\bar{\boldsymbol{w}}^{\mathrm{T}}\boldsymbol{g}(\bar{\boldsymbol{x}})-\bar{\boldsymbol{v}}^{\mathrm{T}}\boldsymbol{h}(\bar{\boldsymbol{x}})=f(\bar{\boldsymbol{x}}). \tag{7.3.27}$$

由(7.3.24)式,(7.3.26)式和(7.3.27)式即知,对所有 $\boldsymbol{x}\in\mathbb{R}^n$,成立

$$L(\bar{\boldsymbol{x}},\bar{\boldsymbol{w}},\bar{\boldsymbol{v}})\leqslant L(\boldsymbol{x},\bar{\boldsymbol{w}},\bar{\boldsymbol{v}}),\tag{7.3.28}$$

上式便是鞍点条件中右端不等式. 至于左端的不等式,是很容易证明的. 由 $L(\boldsymbol{x},\boldsymbol{w},\boldsymbol{v})$ 的定义,有

$$L(\bar{\boldsymbol{x}},\boldsymbol{w},\boldsymbol{v}) = f(\bar{\boldsymbol{x}}) - \boldsymbol{w}^{\mathrm{T}}\boldsymbol{g}(\bar{\boldsymbol{x}}) - \boldsymbol{v}^{\mathrm{T}}\boldsymbol{h}(\bar{\boldsymbol{x}}),\tag{7.3.29}$$

由于 $\boldsymbol{g}(\bar{\boldsymbol{x}})\geqslant\boldsymbol{0},\boldsymbol{w}\geqslant\boldsymbol{0},\boldsymbol{h}(\bar{\boldsymbol{x}})=\boldsymbol{0}$,因此

$$L(\bar{\boldsymbol{x}},\boldsymbol{w},\boldsymbol{v})\leqslant f(\bar{\boldsymbol{x}}) = L(\bar{\boldsymbol{x}},\bar{\boldsymbol{w}},\bar{\boldsymbol{v}}).\tag{7.3.30}$$

(7.3.28)式和(7.3.30)式表明,$(\bar{\boldsymbol{x}},\bar{\boldsymbol{w}},\bar{\boldsymbol{v}})$是 Lagrange 函数 $L(\boldsymbol{x},\boldsymbol{w},\boldsymbol{v})$的鞍点.

鞍点定理的前半部给出了最优解的一种充分条件. 定理的后半部,在 Slater 约束规格下,对于凸规划,给出最优解的一种必要条件. 但是,需要注意,在一般情形下,原问题存在最优解时,相应的 Lagrange 函数不一定存在鞍点. 因此,一般说来,不能认为鞍点的存在是最优解的必要条件.

例 7.3.2 考虑下列非线性规划:

$$\begin{aligned}&\min\quad f(x)\overset{\text{def}}{=}x^3,\quad x\in\mathbb{R}^1,\\&\text{s. t.}\quad -x^2\geqslant 0.\end{aligned}$$

显然,最优解 $\bar{x}=0$. 相应的 Lagrange 函数

$$L(x,w) = x^3 + wx^2.$$

现在求 $\bar{w}\geqslant 0$,使得对每一个 $x\in\mathbb{R}^1$,有

$$L(\bar{x},w)\leqslant L(\bar{x},\bar{w})\leqslant L(x,\bar{w}),$$

即满足

$$\bar{x}^3 + w\bar{x}^2\leqslant\bar{x}^3+\bar{w}\bar{x}^2\leqslant x^3+\bar{w}x^2,$$

或等价地满足

$$x^3+\bar{w}x^2\geqslant 0,\quad\forall\, x\in\mathbb{R}^1.\tag{7.3.31}$$

易知 $\bar{w}$ 取任何非负数时,均不满足上式. 若取 $\bar{w}=0$,则当 $x=-1$ 时,(7.3.31)式不成立. 若取 $\bar{w}>0$,则当 $x=-2\bar{w}$ 时,(7.3.31)式不成立. 因此不存在 $\bar{w}\geqslant 0$ 使$(\bar{x},\bar{w})$为鞍点.

关于鞍点条件与 K-T 条件之间的关系,有下列定理.

定理 7.3.5 设在问题(7.3.15)中,可行集为 S,$\bar{\boldsymbol{x}}\in S$ 满足 K-T 条件,即存在乘子

$$\bar{\boldsymbol{w}} = (\bar{w}_1,\bar{w}_2,\cdots,\bar{w}_m)^{\mathrm{T}}\geqslant\boldsymbol{0}$$

和

$$\bar{\boldsymbol{v}} = (\bar{v}_1,\bar{v}_2,\cdots,\bar{v}_l)^{\mathrm{T}},$$

使得

$$\nabla f(\bar{\boldsymbol{x}}) - \sum_{i=1}^{m}\bar{w}_i\nabla g_i(\bar{\boldsymbol{x}}) - \sum_{j=1}^{l}\bar{v}_j\nabla h_j(\bar{\boldsymbol{x}}) = \boldsymbol{0},\tag{7.3.32}$$

$$\bar{w}_i g_i(\bar{\boldsymbol{x}}) = 0, \quad i = 1, \cdots, m. \tag{7.3.33}$$

又设 f 是凸函数,$g_i(i \in I)$是凹函数,其中下标集 $I = \{i \mid g_i(\bar{\boldsymbol{x}}) = 0\}$,当 $\bar{v}_j \neq 0$ 时,h_j 是线性函数.则$(\bar{\boldsymbol{x}}, \bar{\boldsymbol{w}}, \bar{\boldsymbol{v}})$是 Lagrange 函数 $L(\boldsymbol{x}, \boldsymbol{w}, \boldsymbol{v})$的鞍点.反之,设 $f, g_i(i = 1, \cdots, m)$和 h_j $(j = 1, \cdots, l)$可微,若$(\bar{\boldsymbol{x}}, \bar{\boldsymbol{w}}, \bar{\boldsymbol{v}})(\bar{\boldsymbol{w}} \geqslant \boldsymbol{0})$是 Lagrange 函数的鞍点,则$(\bar{\boldsymbol{x}}, \bar{\boldsymbol{w}}, \bar{\boldsymbol{v}})$满足 K-T 条件(7.3.32)和(7.3.33).

证明 先证定理的前半部.假设$(\bar{\boldsymbol{x}}, \bar{\boldsymbol{w}}, \bar{\boldsymbol{v}})(\bar{\boldsymbol{x}} \in S, \bar{\boldsymbol{w}} \geqslant \boldsymbol{0})$满足 K-T 条件(7.3.32)和(7.3.33).注意到 K-T 条件蕴含 $f, g_i(i = 1, \cdots, m)$和 $h_j(j = 1, \cdots, l)$在点 $\bar{\boldsymbol{x}}$ 可微,根据凸性假设,对任意的 $\boldsymbol{x} \in \mathbb{R}^n$,成立

$$f(\boldsymbol{x}) \geqslant f(\bar{\boldsymbol{x}}) + \nabla f(\bar{\boldsymbol{x}})^{\mathrm{T}}(\boldsymbol{x} - \bar{\boldsymbol{x}}), \tag{7.3.34}$$

$$-g_i(\boldsymbol{x}) \geqslant -g_i(\bar{\boldsymbol{x}}) - \nabla g_i(\bar{\boldsymbol{x}})^{\mathrm{T}}(\boldsymbol{x} - \bar{\boldsymbol{x}}), \quad i \in I, \tag{7.3.35}$$

$$-h_j(\boldsymbol{x}) = -h_j(\bar{\boldsymbol{x}}) - \nabla h_j(\bar{\boldsymbol{x}})^{\mathrm{T}}(\boldsymbol{x} - \bar{\boldsymbol{x}}), \quad \bar{v}_j \neq 0, \tag{7.3.36}$$

分别用 $\bar{w}_i$ 乘(7.3.35)式,用 $\bar{v}_j$ 乘(7.3.36)式,再与(7.3.34)式相加,并注意到(7.3.32)式和(7.3.33)式,得出

$$f(\boldsymbol{x}) - \bar{\boldsymbol{w}}^{\mathrm{T}}\boldsymbol{g}(\boldsymbol{x}) - \bar{\boldsymbol{v}}^{\mathrm{T}}\boldsymbol{h}(\boldsymbol{x}) \geqslant f(\bar{\boldsymbol{x}}) - \bar{\boldsymbol{w}}^{\mathrm{T}}\boldsymbol{g}(\bar{\boldsymbol{x}}) - \bar{\boldsymbol{v}}^{\mathrm{T}}\boldsymbol{h}(\bar{\boldsymbol{x}}),$$

即

$$L(\boldsymbol{x}, \bar{\boldsymbol{w}}, \bar{\boldsymbol{v}}) \geqslant L(\bar{\boldsymbol{x}}, \bar{\boldsymbol{w}}, \bar{\boldsymbol{v}}), \tag{7.3.37}$$

其中 $\boldsymbol{g}(\boldsymbol{x}) = (g_1(\boldsymbol{x}), \cdots, g_m(\boldsymbol{x}))^{\mathrm{T}}, \boldsymbol{h}(\boldsymbol{x}) = (h_1(\boldsymbol{x}), \cdots, h_l(\boldsymbol{x}))^{\mathrm{T}}$.

由于 $\boldsymbol{g}(\bar{\boldsymbol{x}}) \geqslant \boldsymbol{0}, \boldsymbol{h}(\bar{\boldsymbol{x}}) = \boldsymbol{0}, \bar{\boldsymbol{w}}^{\mathrm{T}}\boldsymbol{g}(\bar{\boldsymbol{x}}) = 0$,因此对每一个 $\boldsymbol{w} \geqslant \boldsymbol{0}$,必有

$$L(\bar{\boldsymbol{x}}, \boldsymbol{w}, \boldsymbol{v}) = f(\bar{\boldsymbol{x}}) - \boldsymbol{w}^{\mathrm{T}}\boldsymbol{g}(\bar{\boldsymbol{x}}) - \boldsymbol{v}^{\mathrm{T}}\boldsymbol{h}(\bar{\boldsymbol{x}}) \leqslant \boldsymbol{f}(\bar{\boldsymbol{x}}) = L(\bar{\boldsymbol{x}}, \bar{\boldsymbol{w}}, \bar{\boldsymbol{v}}). \tag{7.3.38}$$

(7.3.37)式和(7.3.38)式表明,$(\bar{\boldsymbol{x}}, \bar{\boldsymbol{w}}, \bar{\boldsymbol{v}})$是 Lagrange 函数 $L(\boldsymbol{x}, \boldsymbol{w}, \boldsymbol{v})$的鞍点.

再证定理的后半部.

设$(\bar{\boldsymbol{x}}, \bar{\boldsymbol{w}}, \bar{\boldsymbol{v}})(\bar{\boldsymbol{w}} \geqslant \boldsymbol{0})$是 Lagrange 函数 $L(\boldsymbol{x}, \boldsymbol{w}, \boldsymbol{v})$的鞍点.运用证明定理 7.3.4 时所用的方法,易证 $\bar{\boldsymbol{x}}$ 是可行点,即满足 $\boldsymbol{g}(\bar{\boldsymbol{x}}) \geqslant \boldsymbol{0}, \boldsymbol{h}(\bar{\boldsymbol{x}}) = \boldsymbol{0}$,并且 $\bar{\boldsymbol{w}}^{\mathrm{T}}\boldsymbol{g}(\bar{\boldsymbol{x}}) = 0$.

由于对每个 $\boldsymbol{x} \in \mathbb{R}^n$,有

$$L(\bar{\boldsymbol{x}}, \bar{\boldsymbol{w}}, \bar{\boldsymbol{v}}) \leqslant L(\boldsymbol{x}, \bar{\boldsymbol{w}}, \bar{\boldsymbol{v}}),$$

因此 $\bar{\boldsymbol{x}}$ 是无约束问题

$$\min \quad L(\boldsymbol{x}, \bar{\boldsymbol{w}}, \bar{\boldsymbol{v}}), \quad \boldsymbol{x} \in \mathbb{R}^n$$

的最优解.由此可知,在点 $\bar{\boldsymbol{x}}$ 处,必有

$$\nabla_x L(\bar{\boldsymbol{x}}, \bar{\boldsymbol{w}}, \bar{\boldsymbol{v}}) = \boldsymbol{0},$$

即

$$\nabla f(\bar{\boldsymbol{x}}) - \sum_{i=1}^{m} \bar{w}_i \nabla g_i(\bar{\boldsymbol{x}}) - \sum_{j=1}^{l} \bar{v}_j \nabla h_j(\bar{\boldsymbol{x}}) = \boldsymbol{0}. \tag{7.3.39}$$

由于 $\bar{\boldsymbol{w}} \geqslant \boldsymbol{0}, \boldsymbol{g}(\bar{\boldsymbol{x}}) \geqslant \boldsymbol{0}$,因此由 $\bar{\boldsymbol{w}}^{\mathrm{T}}\boldsymbol{g}(\bar{\boldsymbol{x}}) = 0$ 推得

$$\bar{w}_i g_i(\bar{\boldsymbol{x}}) = 0, \quad i = 1, \cdots, m. \tag{7.3.40}$$

(7.3.39)式和(7.3.40)式即 K-T 条件(7.3.32)和(7.3.33).

定理 7.3.5 表明,如果 $\bar{x}$ 是 K-T 点,那么在一定的凸性假设下,K-T 条件中的 Lagrange 乘子就是鞍点条件中的乘子.反之,鞍点条件中的乘子也是 K-T 条件中的乘子.

习　　题

1. 给定函数

$$f(\boldsymbol{x}) = \frac{x_1 + x_2}{3 + x_1^2 + x_2^2 + x_1 x_2},$$

求 $f(\boldsymbol{x})$的极小点.

2. 考虑非线性规划问题

$$\begin{aligned} \min \quad & (x_1 - 3)^2 + (x_2 - 2)^2 \\ \text{s. t.} \quad & x_1^2 + x_2^2 \leqslant 5, \\ & x_1 + 2x_2 = 4, \\ & x_1, x_2 \geqslant 0. \end{aligned}$$

检验 $\bar{\boldsymbol{x}} = (2,1)^{\mathrm{T}}$ 是否为 K-T 点.

3. 考虑下列非线性规划问题

$$\begin{aligned} \min \quad & 4x_1 - 3x_2 \\ \text{s. t.} \quad & 4 - x_1 - x_2 \geqslant 0, \\ & x_2 + 7 \geqslant 0, \\ & -(x_1 - 3)^2 + x_2 + 1 \geqslant 0 . \end{aligned}$$

求满足 K-T 必要条件的点.

4. 给定非线性规划问题

$$\begin{aligned} \min \quad & \left(x_1 - \frac{9}{4}\right)^2 + (x_2 - 2)^2 \\ \text{s. t.} \quad & -x_1^2 + x_2 \geqslant 0, \\ & x_1 + x_2 \leqslant 6, \\ & x_1, x_2 \geqslant 0. \end{aligned}$$

判别下列各点是否为最优解:

$$\boldsymbol{x}^{(1)} = \begin{bmatrix} \frac{3}{2} \\ \frac{9}{4} \end{bmatrix}, \quad \boldsymbol{x}^{(2)} = \begin{bmatrix} \frac{9}{4} \\ 2 \end{bmatrix}, \quad \boldsymbol{x}^{(3)} = \begin{bmatrix} 0 \\ 2 \end{bmatrix}.$$

5. 用K-T条件求解下列问题

$$\begin{aligned} \min \quad & x_1^2 - x_2 - 3x_3 \\ \text{s.t.} \quad & -x_1 - x_2 - x_3 \geqslant 0, \\ & x_1^2 + 2x_2 - x_3 = 0. \end{aligned}$$

6. 求解下列问题

$$\begin{aligned} \max \quad & 14x_1 - x_1^2 + 6x_2 - x_2^2 + 7 \\ \text{s.t.} \quad & x_1 + x_2 \leqslant 2, \\ & x_1 + 2x_2 \leqslant 3. \end{aligned}$$

7. 求原点 $\boldsymbol{x}^{(0)} = (0,0)^{\mathrm{T}}$ 到凸集

$$S = \{\boldsymbol{x} \mid x_1 + x_2 \geqslant 4, 2x_1 + x_2 \geqslant 5\}$$

的最小距离.

8. 考虑下列非线性规划问题

$$\begin{aligned} \min \quad & x_2 \\ \text{s.t.} \quad & -x_1^2 - (x_2 - 4)^2 + 16 \geqslant 0, \\ & (x_1 - 2)^2 + (x_2 - 3)^2 - 13 = 0. \end{aligned}$$

判别下列各点是否为局部最优解：

$$\boldsymbol{x}^{(1)} = \begin{bmatrix} 0 \\ 0 \end{bmatrix}, \quad \boldsymbol{x}^{(2)} = \begin{bmatrix} \dfrac{16}{5} \\ \dfrac{32}{5} \end{bmatrix}, \quad \boldsymbol{x}^{(3)} = \begin{bmatrix} 2 \\ 3 + \sqrt{13} \end{bmatrix}.$$

9. 考虑下列非线性规划问题

$$\begin{aligned} \min \quad & \frac{1}{2}[(x_1 - 1)^2 + x_2^2] \\ \text{s.t.} \quad & -x_1 + \beta x_2^2 = 0, \end{aligned}$$

讨论 β 取何值时 $\bar{\boldsymbol{x}} = (0,0)^{\mathrm{T}}$ 是局部最优解？

10. 给定非线性规划问题

$$\begin{aligned} \min \quad & \boldsymbol{c}^{\mathrm{T}} \boldsymbol{x} \\ \text{s.t.} \quad & \boldsymbol{A}\boldsymbol{x} = \boldsymbol{0}, \\ & \boldsymbol{x}^{\mathrm{T}} \boldsymbol{x} \leqslant \gamma^2, \end{aligned}$$

其中 $\boldsymbol{A}$ 为 $m \times n$ 矩阵($m < n$)，$\boldsymbol{A}$ 的秩为 m，$\boldsymbol{c} \in \mathbb{R}^n$ 且 $\boldsymbol{c} \neq \boldsymbol{0}$，$\gamma$ 是一个正数. 试求问题的最优解及目标函数最优值.

11. 给定非线性规划问题

$$\begin{aligned} \max \quad & \boldsymbol{b}^{\mathrm{T}} \boldsymbol{x}, \quad \boldsymbol{x} \in \mathbb{R}^n \\ \text{s.t.} \quad & \boldsymbol{x}^{\mathrm{T}} \boldsymbol{x} \leqslant 1, \end{aligned}$$

其中 $\boldsymbol{b}\neq\boldsymbol{0}$. 证明向量 $\bar{\boldsymbol{x}}=\boldsymbol{b}/\|\boldsymbol{b}\|$ 满足最优性的充分条件.

12. 给定原问题

$$\begin{aligned}
\min\quad & (x_1-3)^2+(x_2-5)^2\\
\text{s.t.}\quad & -x_1^2+x_2\geqslant 0,\\
& x_1\geqslant 1,\\
& x_1+2x_2\leqslant 10,\\
& x_1,x_2\geqslant 0.
\end{aligned}$$

写出上述原问题的对偶问题. 将原问题中第 3 个约束条件和变量的非负限制记作

$$\boldsymbol{x}\in D=\{\boldsymbol{x}\mid x_1+2x_2\leqslant 10,\quad x_1,x_2\geqslant 0\}.$$

13. 考虑下列原问题

$$\begin{aligned}
\min\quad & (x_1-1)^2+(x_2+1)^2\\
\text{s.t.}\quad & -x_1+x_2-1\geqslant 0.
\end{aligned}$$

(1) 分别用图解法和最优性条件求解原问题.

(2) 写出对偶问题.

(3) 求解对偶问题.

(4) 用对偶理论说明对偶规划的最优值是否等于原问题的最优值.

(5) 用有关定理说明原问题的 K-T 乘子与对偶问题的最优解之间的关系.

*第 8 章　算　　法

第 7 章讨论了最优性条件，理论上讲，可以用这些条件求非线性规划的最优解，但在实践中往往并不切实可行. 由于利用最优性条件求解一个问题时，一般需要解非线性方程组，这本身就是一个困难问题，因此求解非线性规划一般采取数值计算方法. 本章，介绍关于算法的一些概念，为以后各章对具体算法的研究做一些准备.

8.1　算 法 概 念

8.1.1　算法映射

在解非线性规划时，所用的计算方法，最常见的是**迭代下降算法**. 所谓**迭代**，就是从一点 $\boldsymbol{x}^{(k)}$ 出发，按照某种规则 A 求出后继点 $\boldsymbol{x}^{(k+1)}$，用 $k+1$ 代替 k，重复以上过程，这样便产生点列 $\{\boldsymbol{x}^{(k)}\}$；所谓**下降**，就是对于某个函数，在每次迭代中，后继点处的函数值要有所减小. 在一定条件下，迭代下降算法产生的点列收敛于原问题的解.

上面所说的对应规则 A，是在某个空间 X 中点到点的映射，即对每一个 $\boldsymbol{x}^{(k)}\in X$，有点 $\boldsymbol{x}^{(k+1)}=A(\boldsymbol{x}^{(k)})\in X$. 更一般地，把 A 定义为点到集的映射，即对每一个点 $\boldsymbol{x}^{(k)}\in X$，经 A 作用，产生一个点集 $A(\boldsymbol{x}^{(k)})\subset X$，任意选取一个点 $\boldsymbol{x}^{(k+1)}\in A(\boldsymbol{x}^{(k)})$，作为 $\boldsymbol{x}^{(k)}$ 的后继点.

定义 8.1.1　算法 A 是定义在空间 X 上的点到集映射，即对每一个点 $\boldsymbol{x}\in X$，给定一个子集 $A(\boldsymbol{x})\subset X$.

定义中的“空间”一词不作严谨的解释，X 可以是 $\mathbb{R}^n$，也可以是 $\mathbb{R}^n$ 中的一个集合，还可以是一般的度量空间，要点在于 **A 是 X 中点到集的映射**. 这样定义算法的好处是，可用统一方式研究一类算法的收敛性.

例 8.1.1　考虑下列非线性规划：

$$\begin{aligned}\min\quad & x^2\\ \text{s.t.}\quad & x\geqslant 1.\end{aligned}$$

解　显然，问题的最优解 $\bar{x}=1$. 为了解释算法定义，我们设计一个算法 A，通过 A 求出这个最优解.

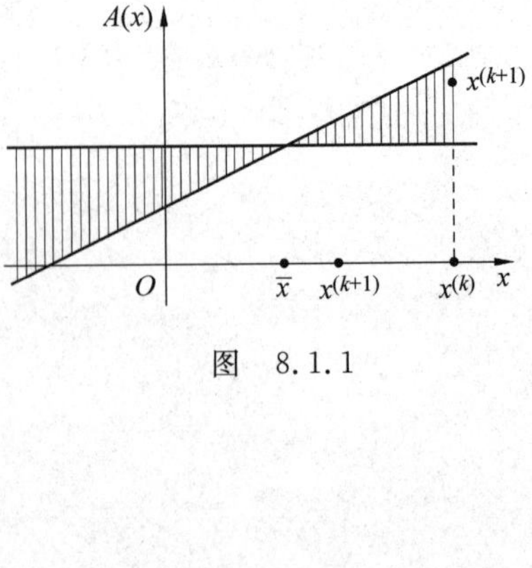

图　8.1.1

定义算法 A 如下（参见图 8.1.1）：

$$A(x)=\begin{cases}\left[1,\frac{1}{2}(x+1)\right], & x\geqslant 1,\\ \left[\frac{1}{2}(x+1),1\right], & x<1,\end{cases}$$

这个算法把点 x 映射成一个闭区间.

运用算法 A 时,从一点出发,经 A 作用得到一个闭区间,从此区间中任取一点作为后继点,重复这个过程,便得到一个由算法产生的点列,在一定条件下,这个点列收敛于问题的解.由此过程可知,利用算法 A 可以产生不同的点列,下面从中列举几个如下:

$$\left\{3,2,\frac{3}{2},\frac{5}{4},\cdots\right\},$$

$$\left\{3,\frac{3}{2},\frac{9}{8},\frac{33}{32},\cdots\right\},$$

$$\left\{3,\frac{5}{3},\frac{7}{6},\frac{25}{24},\cdots\right\},$$

这些点列都是以 $x^{(1)}=3$ 为初点,运用算法 A 得到的,它们尽管各不相同,但是都以 $\bar{x}=1$ 为极限.因此,由算法 A 产生的点列,其聚点是问题的最优解.

8.1.2 解集合

为研究算法的收敛性,首先要明确解集合的概念.设计一个算法,如果能使算法产生的点列收敛于问题的全局最优解,当然是很好的.但是,在许多情况下,要使算法产生的点列收敛于全局最优解是比较困难的.因此,一般把满足某些条件的点集定义为**解集合**,当迭代点属于这个集合时,就停止迭代.例如,在无约束最优化问题中,可以定义解集合为

$$\Omega=\{\bar{\boldsymbol{x}}\mid \|\nabla f(\bar{\boldsymbol{x}})\|=0\}. \tag{8.1.1}$$

在约束最优化问题中,可以定义解集合为

$$\Omega=\{\bar{\boldsymbol{x}}\mid \bar{\boldsymbol{x}}\text{ 为 K-T 点}\}, \tag{8.1.2}$$

$$\Omega=\{\bar{\boldsymbol{x}}\mid \bar{\boldsymbol{x}}\in S,f(\bar{\boldsymbol{x}})\leqslant b\}, \tag{8.1.3}$$

其中 b 是某个可接受的目标函数值.当然,还可以有其他定义方法.

8.1.3 下降函数

每当谈到下降算法,总是与某个函数在迭代中函数值减小联系在一起的,因此需要给出下降函数的概念.

定义 8.1.2 设 $\Omega\subset X$ 为解集合,A 为 X 上的一个算法,$\alpha(\boldsymbol{x})$是定义在 X 上的连续实函数,若满足下列条件:

(1) 当 $\boldsymbol{x}\notin\Omega$ 且 $\boldsymbol{y}\in A(\boldsymbol{x})$时,$\alpha(\boldsymbol{y})<\alpha(\boldsymbol{x})$;

(2) 当 $\boldsymbol{x}\in\Omega$ 且 $\boldsymbol{y}\in A(\boldsymbol{x})$时,$\alpha(\boldsymbol{y})\leqslant\alpha(\boldsymbol{x})$.

则称 α 是关于解集合 Ω 和算法 A 的**下降函数**.

对于具体的非线性规划问题,可以选择不同的函数作为下降函数.一般地,当我们求解非线性规划问题

$$\begin{aligned} \min \quad & f(\boldsymbol{x}) \\ \text{s.t.} \quad & \boldsymbol{x} \in S \end{aligned}$$

时,通常取 $\|\nabla f(\boldsymbol{x})\|$ 或 $f(\boldsymbol{x})$ 作为下降函数.

8.1.4 闭映射

为了研究算法的收敛性,需要引入某些算法所具有的一种重要性质,这就是所谓的闭性,其实质是点到点映射的连续性的推广.

在定义闭映射时,我们允许点到集的映射是将一个空间的点映射为另一个空间的子集.

定义 8.1.3 设 X 和 Y 分别是空间 $\mathbb{R}^p$ 和 $\mathbb{R}^q$ 中的非空闭集. $A: X \to Y$ 为点到集映射.如果

$$\begin{aligned} &\boldsymbol{x}^{(k)} \in X, \quad \boldsymbol{x}^{(k)} \to \boldsymbol{x}, \\ &\boldsymbol{y}^{(k)} \in A(\boldsymbol{x}^{(k)}), \quad \boldsymbol{y}^{(k)} \to \boldsymbol{y}, \end{aligned}$$

蕴含 $\boldsymbol{y} \in A(\boldsymbol{x})$,则称**映射 A 在 $\boldsymbol{x} \in X$ 处是闭的.**

如果映射 A 在集合 $Z \subset X$ 上每一点是闭的,则称 **A 在集合 Z 上是闭的.**

按此定义,例 8.1.1 中所定义的算法映射在每一点 $x \in \mathbb{R}^1$ 都是闭的.

如果在例 8.1.1 中,定义算法为

$$B(x) = \begin{cases} \left[\dfrac{1}{2}(x+3), \dfrac{1}{3}(2x+3)\right], & x \geqslant 3, \\ \dfrac{1}{3}(2x+1), & x < 3. \end{cases}$$

如图 8.1.2 所示.那么,$B(x)$ 在 $\hat{x}=3$ 处非闭.理由很简单,如果取点列 $x^{(k)} = 3 - \dfrac{1}{k}$,显然,当 $k \to \infty$ 时,$x^{(k)} \to \hat{x} = 3$.但是,根据算法 $B(x)$ 的定义有

$$y^{(k)} = \frac{1}{3}\left[2\left(3 - \frac{1}{k}\right) + 1\right] = \frac{7}{3} - \frac{2}{3k}.$$

当 $k \to \infty$ 时,$y^{(k)} \to \dfrac{7}{3} \notin B(\hat{x}) = \{3\}$,根据闭映射的定义,$B(x)$ 在 $\hat{x}=3$ 处不是闭的.

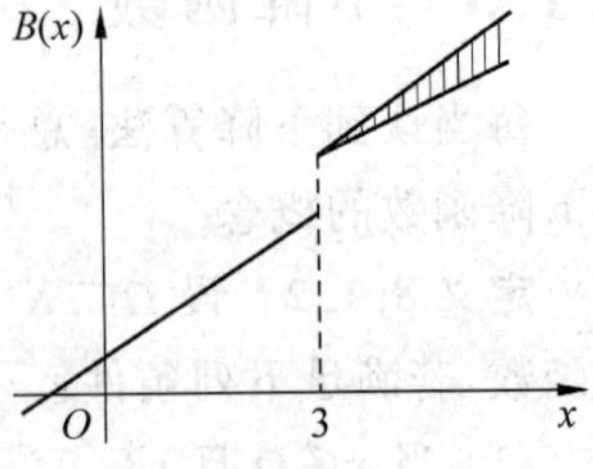

图 8.1.2

算法映射是否具有闭性对计算结果有重要影响.在例 8.1.1 中,由于算法 A 在每一点 $x \in \mathbb{R}^1$ 处是闭的,因此任取初点时,算法产生的任何点列都收敛于解集合 $\Omega = \{1\}$,而

算法 $B(x)$则不然. 对于算法 $B(x)$，当初点 $x^{(1)}\in(-\infty,3)$时，算法产生的任何点列收敛于解集合 $\Omega=\{1\}$，当初点 $x^{(1)}\in[3,\infty)$时，算法产生的任何点列收敛于 $\hat{x}=3$，并不收敛于解集合 Ω.

8.1.5 合成映射

定义 8.1.4 设 X,Y 和 Z 分别是空间$\mathbb{R}^n$，$\mathbb{R}^p$和$\mathbb{R}^q$中的非空闭集. $B:X\to Y$ 和$C:Y\to Z$ 为点到集映射. 合成映射 $A=CB$ 定义为

$$A(\boldsymbol{x})=\bigcup_{\boldsymbol{y}\in B(\boldsymbol{x})}C(\boldsymbol{y}). \tag{8.1.4}$$

它是点到集映射 $A:X\to Z$.

关于合成映射有如下定理.

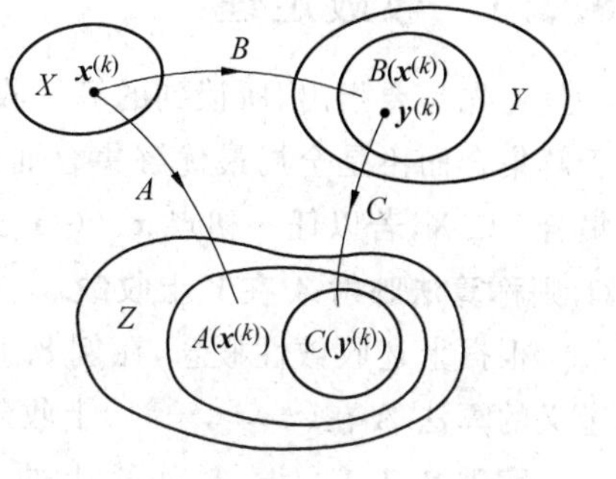

图 8.1.3

定理 8.1.1 设 $B:X\to Y$ 和 $C:Y\to Z$ 是点到集映射，B 在点 $\boldsymbol{x}$ 处是闭的，C 在 $B(\boldsymbol{x})$上是闭的. 再设若 $\boldsymbol{x}^{(k)}\to\boldsymbol{x}$ 且 $\boldsymbol{y}^{(k)}\in B(\boldsymbol{x}^{(k)})$，则存在收敛子序列 $\{\boldsymbol{y}^{(k_j)}\}\subset\{\boldsymbol{y}^{(k)}\}$. 那么，合成映射 $A=CB$ 在 $\boldsymbol{x}$ 处是闭的.

证明 设

$$\boldsymbol{x}^{(k)}\to\boldsymbol{x},\quad \boldsymbol{x}^{(k)}\in X,$$
$$\boldsymbol{z}^{(k)}\to\boldsymbol{z},\quad \boldsymbol{z}^{(k)}\in A(\boldsymbol{x}^{(k)}), \tag{8.1.5}$$

需要证明 $\boldsymbol{z}\in A(\boldsymbol{x})$.

根据合成映射 $A=CB$ 的定义，对于每个 k，存在 $\boldsymbol{y}^{(k)}\in B(\boldsymbol{x}^{(k)})$，使得

$$\boldsymbol{z}^{(k)}\in C(\boldsymbol{y}^{(k)}). \tag{8.1.6}$$

根据假设，存在收敛子序列$\{\boldsymbol{y}^{(k_j)}\}$，设

$$\boldsymbol{y}^{(k_j)}\to\boldsymbol{y}, \tag{8.1.7}$$

由于 B 在 $\boldsymbol{x}$ 处是闭的，因此必有

$$\boldsymbol{y}\in B(\boldsymbol{x}). \tag{8.1.8}$$

由于 C 在 $B(\boldsymbol{x})$上是闭的，自然在点 $\boldsymbol{y}$ 是闭的. 根据闭映射的定义，有

$$\boldsymbol{z}^{(k_j)}\to\boldsymbol{z}\in C(\boldsymbol{y}). \tag{8.1.9}$$

由于 $C(\boldsymbol{y})\subset CB(\boldsymbol{x})=A(\boldsymbol{x})$，因此由(8.1.9)式知

$$\boldsymbol{z}\in A(\boldsymbol{x}),$$

故 A 在 $\boldsymbol{x}$ 处是闭的.

推论 1 设 $B:X\to Y$ 和 $C:Y\to Z$ 为点到集映射，B 在 $\boldsymbol{x}\in X$ 处是闭的，C 在 $B(\boldsymbol{x})$上是闭的，且 Y 是紧的，则合成映射 $A=CB$ 在 $\boldsymbol{x}$ 处是闭的.

推论显然成立. 由于 Y 是紧的，$\{\boldsymbol{y}^{(k)}\}$必存在收敛子序列. 其中 $\boldsymbol{y}^{(k)}\in B(\boldsymbol{x}^{(k)})$.

推论 2 设 $B:X\to Y$ 是点到点映射，$C:Y\to Z$ 是点到集映射. 如果 B 在点 $\boldsymbol{x}$ 连续，C 在 $B(\boldsymbol{x})$上是闭的，则合成映射 $A=CB$ 在 $\boldsymbol{x}$ 处是闭的.

这个推论也是显然的. 由于 B 在 $\boldsymbol{x}$ 处连续，当 $\boldsymbol{x}^{(k)}\to\boldsymbol{x}$ 时，必有 $\boldsymbol{y}^{(k)}\to\boldsymbol{y}$ 且 $\boldsymbol{y}=B(\boldsymbol{x})$.

8.2 算法收敛问题

8.2.1 收敛定理

首先需要指出，所谈到的算法收敛性，当定义的解集合不是全局最优解集合时，是关于解集合而不是全局最优解集合而言. 具体说来，设 Ω 为解集合，$A:X\to X$ 是一个算法，集合 $Y\subset X$，若以任一初点 $\boldsymbol{x}^{(1)}\in Y$ 开始，算法产生的序列其任一收敛子序列的极限属于 Ω，则称**算法映射 A 在 Y 上收敛**.

根据上述收敛性概念，在例 8.1.1 中，若令解集合 Ω 为全局最优解的集合，则那里所定义的算法 A 在$(-\infty,+\infty)$上收敛.

定理 8.2.1 设 A 为 X 上的一个算法，Ω 为解集合，给定初点 $\boldsymbol{x}^{(1)}\in X$，进行如下迭代：

如果 $\boldsymbol{x}^{(k)}\in\Omega$，则停止迭代；否则，令 $\boldsymbol{x}^{(k+1)}\in A(\boldsymbol{x}^{(k)})$.

用 $k+1$ 代替 k，重复以上过程. 这样，产生序列$\{\boldsymbol{x}^{(k)}\}$.

又设

(1) 序列$\{\boldsymbol{x}^{(k)}\}$含于 X 的紧子集中；

(2) 存在一个连续函数 α，它是关于 Ω 和 A 的下降函数；

(3) 映射 A 在 Ω 的补集上是闭的.

则序列$\{\boldsymbol{x}^{(k)}\}$的任一收敛子序列的极限属于 Ω.

证明 先证对应序列$\{\boldsymbol{x}^{(k)}\}$的下降函数值数列$\{\alpha(\boldsymbol{x}^{(k)})\}$有极限.

设算法产生序列$\{\boldsymbol{x}^{(k)}\}$，由于所有 $\boldsymbol{x}^{(k)}$ 含于 X 的紧子集，因此存在收敛子序列$\{\boldsymbol{x}^{(k)}\}_K$，设其极限 $\boldsymbol{x}\in X$. 由于 α 连续，对于 $k\in K$，有 $\alpha(\boldsymbol{x}^{(k)})\to\alpha(\boldsymbol{x})$，于是对任意小的 $\varepsilon>0$ 存在 N，当 $k\geqslant N(k\in K)$时，成立

$$\alpha(\boldsymbol{x}^{(k)})-\alpha(\boldsymbol{x})<\varepsilon. \tag{8.2.1}$$

特别地，必有

$$\alpha(\boldsymbol{x}^{(N)})-\alpha(\boldsymbol{x})<\varepsilon. \tag{8.2.2}$$

对于所有 $k>N$(包括不属于 K 的 k)，由于 α 是下降函数，因此有

$$\alpha(\boldsymbol{x}^{(k)})-\alpha(\boldsymbol{x}^{(N)})<0. \tag{8.2.3}$$

由(8.2.2)式和(8.2.3)式可以推出

$$\alpha(\boldsymbol{x}^{(k)})-\alpha(\boldsymbol{x})=\alpha(\boldsymbol{x}^{(k)})-\alpha(\boldsymbol{x}^{(N)})+\alpha(\boldsymbol{x}^{(N)})-\alpha(\boldsymbol{x})<0+\varepsilon=\varepsilon, \tag{8.2.4}$$

此式对所有 $k>N$ 都成立.

另一方面,由 α 是下降函数可知

$$\alpha(\boldsymbol{x}^{(k)})-\alpha(\boldsymbol{x})\geqslant 0. \tag{8.2.5}$$

由(8.2.4)式和(8.2.5)式得到

$$\lim_{k\to\infty}\alpha(\boldsymbol{x}^{(k)})=\alpha(\boldsymbol{x}). \tag{8.2.6}$$

下面证明 $\boldsymbol{x}\in\Omega$. 用反证法.

假设 $\boldsymbol{x}\notin\Omega$. 考虑序列 $\{\boldsymbol{x}^{(k+1)}\}_K(k\in K)$. 由于这个序列含于紧集,因此存在收敛子序列 $\{\boldsymbol{x}^{(k+1)}\}_{\bar{K}}(\bar{K}\subset K)$,设其极限为 $\bar{\boldsymbol{x}}\in X$. 用上面的方法可以证明

$$\lim_{k\to\infty}\alpha(\boldsymbol{x}^{(k+1)})=\alpha(\bar{\boldsymbol{x}}). \tag{8.2.7}$$

根据极限的惟一性,由(8.2.6)式和(8.2.7)式知

$$\alpha(\bar{\boldsymbol{x}})=\alpha(\boldsymbol{x}). \tag{8.2.8}$$

此外,由上述分析可知,$\bar{K}\subset K$,对于 $k\in\bar{K}$,有

$$\boldsymbol{x}^{(k)}\to\boldsymbol{x},$$

$$\boldsymbol{x}^{(k+1)}\to\bar{\boldsymbol{x}},\quad \boldsymbol{x}^{(k+1)}\in A(\boldsymbol{x}^{(k)}).$$

由于算法 A 在 Ω 的补集上是闭的,$\boldsymbol{x}\notin\Omega$,因此 A 在 $\boldsymbol{x}$ 处是闭的,这样便有

$$\bar{\boldsymbol{x}}\in A(\boldsymbol{x}).$$

由于 α 是关于 Ω 和 A 的下降函数,$\boldsymbol{x}\notin\Omega$,则必有

$$\alpha(\bar{\boldsymbol{x}})<\alpha(\boldsymbol{x}), \tag{8.2.9}$$

这个结果与(8.2.8)式矛盾. 所以 $\boldsymbol{x}\in\Omega$.

收敛定理中的三个条件缺一不可,尤其是第 3 个条件,要求算法在解集合的补集上是闭的,显得特别重要,许多算法失效,往往归因于这个条件不满足.

8.2.2 实用收敛准则

运用迭代下降算法,当 $\boldsymbol{x}^{(k)}\in\Omega$ 时才终止迭代. 实践中,在许多情形下,这是一个取极限的过程,需要无限次迭代. 因此,为解决实际问题,需要规定一些实用的终止迭代过程的准则,一般称为**收敛准则**,或称**停步准则**,以便迭代进展到一定程度时停止计算.

常用的收敛准则有以下几种:

(1) 当自变量的改变量充分小时,即

$$\|\boldsymbol{x}^{(k+1)}-\boldsymbol{x}^{(k)}\|<\varepsilon \tag{8.2.10}$$

或者

$$\frac{\|\boldsymbol{x}^{(k+1)}-\boldsymbol{x}^{(k)}\|}{\|\boldsymbol{x}^{(k)}\|}<\varepsilon \tag{8.2.11}$$

时,停止计算.

(2) 当函数值的下降量充分小时,即

$$f(\boldsymbol{x}^{(k)})-f(\boldsymbol{x}^{(k+1)})<\varepsilon \tag{8.2.12}$$

或者

$$\frac{f(\boldsymbol{x}^{(k)})-f(\boldsymbol{x}^{(k+1)})}{|f(\boldsymbol{x}^{(k)})|}<\varepsilon \tag{8.2.13}$$

时,停止计算.

(3) 在无约束最优化中,当梯度充分接近零时,即

$$\|\nabla f(\boldsymbol{x}^{(k)})\|<\varepsilon \tag{8.2.14}$$

时,停止计算.

在以上各式中,ε 为事先给定的充分小的正数.除此以外,还可以根据收敛定理,参照上述收敛准则,规定出其他的收敛准则.

8.2.3 收敛速率

评价算法优劣的标准之一,是收敛得快慢,通常称为**收敛速率**,一般定义如下.

定义 8.2.1 设序列$\{\boldsymbol{\gamma}^{(k)}\}$收敛于$\boldsymbol{\gamma}^*$,定义满足

$$0\leqslant\varlimsup_{k\to\infty}\frac{\|\boldsymbol{\gamma}^{(k+1)}-\boldsymbol{\gamma}^*\|}{\|\boldsymbol{\gamma}^{(k)}-\boldsymbol{\gamma}^*\|^p}=\beta<\infty \tag{8.2.15}$$

的非负数 p 的上确界为序列$\{\boldsymbol{\gamma}^{(k)}\}$的**收敛级**.

若序列的收敛级为 p,就称**序列是 p 级收敛的**.

若在定义式中,$p=1$ 且 $\beta<1$,则称**序列是以收敛比β线性收敛的**.

若在定义式中,$p>1$,或者 $p=1$ 且 $\beta=0$,则称**序列是超线性收敛的**.

例 8.2.1 考虑序列

$$\{a^k\},\quad 0<a<1.$$

由于 $a^k\to 0$ 以及

$$\lim_{k\to\infty}\frac{a^{k+1}}{a^k}=a<1,$$

因此,序列$\{a^k\}$以收敛比 a 线性收敛于零.

例 8.2.2 考虑序列

$$\{a^{2^k}\},\quad 0<|a|<1.$$

显然 $a^{2^k}\to 0$.由于

$$\lim_{k\to 0}\frac{a^{2^{k+1}}}{[a^{2^k}]^2}=1,$$

因此,序列$\{a^{2^k}\}$是2级收敛的.

收敛序列的收敛级取决于当 $k\to\infty$时该序列所具有的性质,它反映了序列收敛的快慢.在某种意义上讲,收敛级 p 越大,序列收敛得越快.当收敛级 p 相同时,收敛比β越小,

序列收敛得越快.

习　题

1. 定义算法映射如下：

$$A(x)=\begin{cases}\left[\dfrac{3}{2}+\dfrac{1}{4}x,\ 1+\dfrac{1}{2}x\right], & x\geqslant 2\\ \dfrac{1}{2}(x+1), & x<2.\end{cases}$$

证明 A 在 $x=2$ 处不是闭的.

2. 在集合 $X=[0,1]$上定义算法映射

$$A(x)=\begin{cases}[0,x), & 0<x\leqslant 1\\ 0, & x=0.\end{cases}$$

讨论在以下各点处 A 是否为闭的：

$$x^{(1)}=0,\quad x^{(2)}=\frac{1}{2}.$$

3. 求以下各序列的收敛级：

(1) $\gamma_k=\dfrac{1}{k}$；　　(2) $\gamma_k=\left(\dfrac{1}{k}\right)^k$.

第 9 章 一维搜索

从本章开始研究非线性规划的具体算法. 这一章讨论**一维搜索**,它是后面各章将要介绍的各种计算过程的重要组成部分. 在实际应用中,一维搜索不仅需要大量机时,而且它的选择是否恰当对一些算法的计算效果有重要影响.

9.1 一维搜索概念

9.1.1 什么是一维搜索

在许多迭代下降算法中,具有一个共同点,这就是得到点 $\boldsymbol{x}^{(k)}$ 后,需要按某种规则确定一个方向 $\boldsymbol{d}^{(k)}$,再从 $\boldsymbol{x}^{(k)}$ 出发,沿方向 $\boldsymbol{d}^{(k)}$ 在直线(或射线)上求目标函数的极小点,从而得到 $\boldsymbol{x}^{(k)}$ 的后继点 $\boldsymbol{x}^{(k+1)}$. 重复以上做法,直至求得问题的解. 这里所谓求目标函数在直线上的极小点,称为**一维搜索**,或称为**线搜索**.

一维搜索可归结为单变量函数的极小化问题. 设目标函数为 $f(\boldsymbol{x})$,过点 $\boldsymbol{x}^{(k)}$ 沿方向 $\boldsymbol{d}^{(k)}$ 的直线可用点集来表示,记作

$$L = \{\boldsymbol{x} \mid \boldsymbol{x} = \boldsymbol{x}^{(k)} + \lambda \boldsymbol{d}^{(k)}, -\infty < \lambda < \infty\}, \tag{9.1.1}$$

求 $f(\boldsymbol{x})$在直线 L 上的极小点转化为求一元函数

$$\varphi(\lambda) = f(\boldsymbol{x}^{(k)} + \lambda \boldsymbol{d}^{(k)}) \tag{9.1.2}$$

的极小点.

如果 $\varphi(\lambda)$的极小点为 λ_k,通常称 λ_k 为沿方向 $\boldsymbol{d}^{(k)}$ 的**步长因子**,或简称为**步长**,那么函数 $f(\boldsymbol{x})$在直线 L 上的极小点就是

$$\boldsymbol{x}^{(k+1)} = \boldsymbol{x}^{(k)} + \lambda_k \boldsymbol{d}^{(k)}. \tag{9.1.3}$$

一维搜索的方法很多,归纳起来,大体可分成两类:

一类是**试探法**. 采用这类方法,需要按某种方式找试探点,通过一系列试探点来确定极小点.

另一类是**函数逼近法**,或称**插值法**. 这类方法是用某种较简单的曲线逼近本来的函数曲线,通过求逼近函数的极小点来估计目标函数的极小点.

这两类方法一般只能求得极小点的近似值.

在一维搜索中,可能出现这样情形:在直线上存在多个极小点. 这时可采取不同策略. 可以选择第一个极小点,也可以从中选择最小点,甚至还可以从这若干个极小点中任意选

择一个，只要这点的函数值不超过在点 $\boldsymbol{x}^{(k)}$ 的目标函数值即可. 关于这个问题的详细讨论可参见文献[19].

9.1.2 一维搜索算法的闭性

一维搜索是许多非线性规划算法的重要组成部分，为了便于以后研究一些算法的收敛性，下面证明一维搜索算法的闭性.

假设一维搜索是以 $\boldsymbol{x}$ 为起点，沿方向为 $\boldsymbol{d}$ 的射线进行的，并定义为**算法映射 $\boldsymbol{M}$**.

定义 9.1.1 算法映射 $M:\mathbb{R}^n\times\mathbb{R}^n\rightarrow\mathbb{R}^n$ 定义为

$$M(\boldsymbol{x},\ \boldsymbol{d})=\{\boldsymbol{y}\mid\boldsymbol{y}=\boldsymbol{x}+\bar{\lambda}\boldsymbol{d},\bar{\lambda}\text{ 满足 }f(\boldsymbol{x}+\bar{\lambda}\boldsymbol{d})=\min_{0\leqslant\lambda<\infty}f(\boldsymbol{x}+\lambda\boldsymbol{d})\}.\tag{9.1.4}$$

在上述定义中，假设函数 f 在射线上存在极小点. 根据这个定义，每给定一个点 $\boldsymbol{x}$ 和一个方向 $\boldsymbol{d}\neq\boldsymbol{0}$，就确定一个在射线上的极小点集合 $M(\boldsymbol{x},\ \boldsymbol{d})$.

定理 9.1.1 设 f 是定义在$\mathbb{R}^n$上的连续函数，$\boldsymbol{d}\neq\boldsymbol{0}$，则(9.1.4)式定义的算法映射 M 在$(\boldsymbol{x},\ \boldsymbol{d})$处是闭的.

证明 设$\{\boldsymbol{x}^{(k)}\}$和$\{\boldsymbol{d}^{(k)}\}$是两个序列，且

$$(\boldsymbol{x}^{(k)},\ \boldsymbol{d}^{(k)})\rightarrow(\boldsymbol{x},\ \boldsymbol{d}),$$

$$\boldsymbol{y}^{(k)}\rightarrow\boldsymbol{y},\qquad\boldsymbol{y}^{(k)}\in M(\boldsymbol{x}^{(k)},\ \boldsymbol{d}^{(k)}).$$

这里要证明 $\boldsymbol{y}\in M(\boldsymbol{x},\ \boldsymbol{d})$.

首先注意到，对每个 k，存在 $\lambda_k\geqslant0$，使

$$\boldsymbol{y}^{(k)}=\boldsymbol{x}^{(k)}+\lambda_k\boldsymbol{d}^{(k)},\tag{9.1.5}$$

由于 $\boldsymbol{d}\neq\boldsymbol{0}$，则当 k 充分大时，必有 $\boldsymbol{d}^{(k)}\neq\boldsymbol{0}$. 这样，由(9.1.5)式可推得

$$\lambda_k=\frac{\|\boldsymbol{y}^{(k)}-\boldsymbol{x}^{(k)}\|}{\|\boldsymbol{d}^{(k)}\|}.\tag{9.1.6}$$

令 $k\rightarrow\infty$，则

$$\lambda_k\rightarrow\bar{\lambda}=\frac{\|\boldsymbol{y}-\boldsymbol{x}\|}{\|\boldsymbol{d}\|},\tag{9.1.7}$$

在(9.1.5)式中，令 $k\rightarrow\infty$，并注意到(9.1.7)式，得到

$$\boldsymbol{y}=\boldsymbol{x}+\bar{\lambda}\boldsymbol{d}.\tag{9.1.8}$$

根据 M 的定义，对每个 k 及 $\lambda\in[0,\ +\infty)$，有

$$f(\boldsymbol{y}^{(k)})\leqslant f(\boldsymbol{x}^{(k)}+\lambda\boldsymbol{d}^{(k)}),\tag{9.1.9}$$

由于 f 连续，令 $k\rightarrow\infty$，则由(9.1.9)式推出

$$f(\boldsymbol{y})\leqslant f(\boldsymbol{x}+\lambda\boldsymbol{d}),$$

因此

$$f(\boldsymbol{x}+\bar{\lambda}\boldsymbol{d})=\min_{0\leqslant\lambda<\infty}f(\boldsymbol{x}+\lambda\boldsymbol{d}).$$

由此可知

$$\boldsymbol{y} \in M(\boldsymbol{x}, \boldsymbol{d}).$$

在上述定理中，方向 $\boldsymbol{d}$ 应是非零向量，否则会出现算法 M 非闭的情形.

9.2 试 探 法

9.2.1 0.618 法

0.618 法(黄金分割法)适用于单峰函数，为阐述 0.618 法的原理，需要引入单峰函数的概念.

定义 9.2.1 设 f 是定义在闭区间$[a, b]$上的一元实函数，$\bar{x}$ 是 f 在$[a, b]$上的极小点，并且对任意的 $x^{(1)}, x^{(2)} \in [a, b]$, $x^{(1)} < x^{(2)}$，有当 $x^{(2)} \leqslant \bar{x}$ 时，$f(x^{(1)}) > f(x^{(2)})$，当 $\bar{x} \leqslant x^{(1)}$ 时，$f(x^{(2)}) > f(x^{(1)})$，则称 **f 是在闭区间$[a, b]$上的单峰函数.**

单峰函数的例子如图 9.2.1 所示.

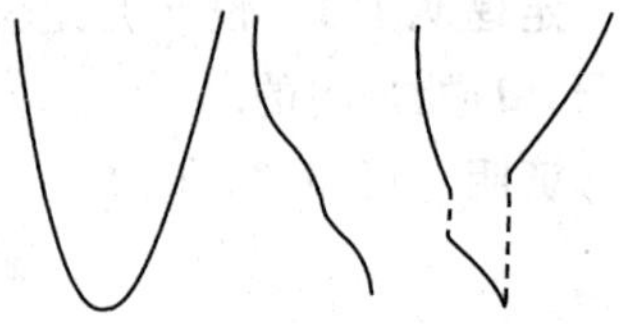

图 9.2.1

单峰函数具有一个很有用的性质：通过计算区间$[a, b]$内两个不同点处的函数值，就能确定一个包含极小点的子区间.

定理 9.2.1 设 f 是区间$[a, b]$上的单峰函数，$x^{(1)}, x^{(2)} \in [a, b]$，且 $x^{(1)} < x^{(2)}$. 如果 $f(x^{(1)}) > f(x^{(2)})$，则对每一个 $x \in [a, x^{(1)}]$，有 $f(x) > f(x^{(2)})$；如果 $f(x^{(1)}) \leqslant f(x^{(2)})$，则对每一个 $x \in [x^{(2)}, b]$，有 $f(x) \geqslant f(x^{(1)})$.

证明 先证前一种情形，用反证法. 假设当 $f(x^{(1)}) > f(x^{(2)})$ 时，存在点 $\hat{x} \in [a, x^{(1)}]$，使得

$$f(\hat{x}) \leqslant f(x^{(2)}). \tag{9.2.1}$$

显然 $x^{(1)}$ 不是极小点. 这时有两种可能性，或者极小点 $\bar{x} \in [a, x^{(1)})$，或者 $\bar{x} \in (x^{(1)}, b]$. 当 $\bar{x} \in [a, x^{(1)})$ 时，根据单峰函数的定义，有

$$f(x^{(2)}) > f(x^{(1)}), \tag{9.2.2}$$

这与假设矛盾. 当 $\bar{x} \in (x^{(1)}, b]$ 时，应有

$$f(\hat{x}) > f(x^{(1)}), \tag{9.2.3}$$

由于假设 $f(x^{(1)}) > f(x^{(2)})$，因此(9.2.3)式与假设(9.2.1)式相矛盾. 由此可知，当 $f(x^{(1)}) > f(x^{(2)})$ 时，对每一个 $x \in [a, x^{(1)}]$，必有

$$f(x) > f(x^{(2)}).$$

同理可证后一种情形.

根据上述定理，只需选择两个试探点，就可将包含极小点的区间缩短. 事实上，必有

如果 $f(x^{(1)}) > f(x^{(2)})$，则 $\bar{x} \in [x^{(1)}, b]$；

如果 $f(x^{(1)})\leqslant f(x^{(2)})$，则 $\bar{x}\in[a,\ x^{(2)}]$.

0.618 法的基本思想是，根据上述定理，通过取试探点使包含极小点的区间（不确定区间）不断缩短，当区间长度小到一定程度时，区间上各点的函数值均接近极小值，因此任意一点都可作为极小点的近似.

下面推导 0.618 法的计算公式.

设 $f(x)$ 在 $[a_1,\ b_1]$ 上单峰，极小点 $\bar{x}\in[a_1,\ b_1]$，又设进行第 k 次迭代时，有 $\bar{x}\in[a_k,\ b_k]$. 为缩短包含极小点 $\bar{x}$ 的区间，取两个试探点 $\lambda_k, \mu_k\in[a_k,\ b_k]$，并规定 $\lambda_k<\mu_k$. 计算函数值 $f(\lambda_k)$ 和 $f(\mu_k)$.

分两种情形：

(1) 若 $f(\lambda_k)>f(\mu_k)$，根据定理 9.2.1，有 $\bar{x}\in[\lambda_k,\ b_k]$，因此令

$$a_{k+1}=\lambda_k,\quad b_{k+1}=b_k,$$

参见图 9.2.2.

(2) 若 $f(\lambda_k)\leqslant f(\mu_k)$，根据定理 9.2.1，则有 $\bar{x}\in[a_k,\ \mu_k]$，因此令

$$a_{k+1}=a_k,\quad b_{k+1}=\mu_k,$$

参见图 9.2.3.

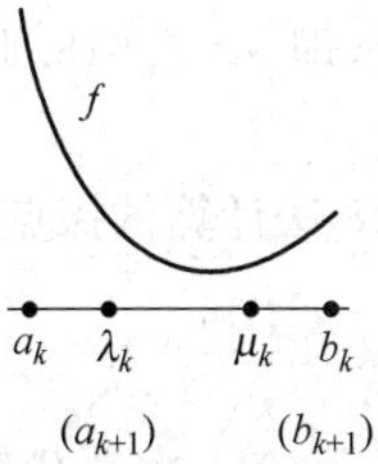

图 9.2.2

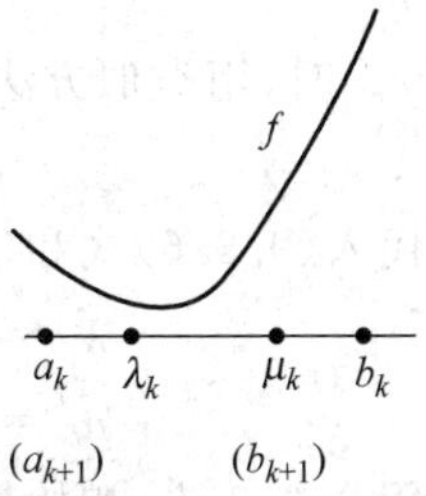

图 9.2.3

现在确定 λ_k 和 μ_k，使它们满足两个条件：

(1) λ_k 和 μ_k 在 $[a_k,\ b_k]$ 中的位置是对称的，即到子区间 $[a_k,\ b_k]$ 的端点是等距的；

(2) 每次迭代区间长度缩短比率相同.

这两个条件即为

$$b_k-\lambda_k=\mu_k-a_k, \tag{9.2.4}$$

$$b_{k+1}-a_{k+1}=\alpha(b_k-a_k). \tag{9.2.5}$$

由(9.2.4)式和(9.2.5)式得出计算公式：

$$\lambda_k=a_k+(1-\alpha)(b_k-a_k), \tag{9.2.6}$$

$$\mu_k=a_k+\alpha(b_k-a_k). \tag{9.2.7}$$

由此会看到，在上述规定下，当 α 取某个数值时，每次迭代（第一次迭代除外）只需再选择一个试探点，从而节省了计算量.

设在第 k 次迭代得出

$$f(\lambda_k) \leqslant f(\mu_k),$$

经迭代得到的包含极小点的区间

$$[a_{k+1},\ b_{k+1}] = [a_k,\ \mu_k].$$

为进一步缩短此区间，需要取试探点 λ_{k+1} 和 μ_{k+1}. 根据(9.2.7)式，必有

$$\mu_{k+1} = a_{k+1} + \alpha(b_{k+1} - a_{k+1}) = a_k + \alpha(\mu_k - a_k) = a_k + \alpha^2(b_k - a_k). \quad (9.2.8)$$

若令 $\alpha^2 = 1-\alpha$，则由(9.2.8)式和(9.2.6)式即知 $\mu_{k+1} = \lambda_k$，因此 μ_{k+1} 不必重新计算，只要选取上一次迭代中的试探点 λ_k 即可.

解方程

$$\alpha^2 = 1 - \alpha,$$

得到

$$\alpha = \frac{-1 \pm \sqrt{5}}{2},$$

由于 $\alpha > 0$，因此取

$$\alpha = \frac{\sqrt{5}-1}{2} \approx 0.618. \quad (9.2.9)$$

当 $f(\lambda_k) > f(\mu_k)$ 时，用类似方法，可以推出同样结论，即 $\alpha = 0.618$. 此时取 $\lambda_{k+1} = \mu_k$，不必重新计算 λ_{k+1}.

把(9.2.9)式代入(9.2.6)式和(9.2.7)式，得到 0.618 法计算试探点的公式：

$$\lambda_k = a_k + 0.382(b_k - a_k), \quad (9.2.10)$$

$$\mu_k = a_k + 0.618(b_k - a_k). \quad (9.2.11)$$

综上所述，运用 0.618 法，初始搜索区间记作 $[a_1,\ b_1]$，第 1 次迭代取两个试探点 λ_1 和 μ_1，以后每次迭代中，只需按照公式(9.2.10)式或(9.2.11)式新计算一点. 详细计算步骤如下：

(1) 置初始区间 $[a_1,\ b_1]$ 及精度要求 $L>0$，计算试探点 λ_1 和 μ_1，计算函数值 $f(\lambda_1)$ 和 $f(\mu_1)$. 计算公式是

$$\lambda_1 = a_1 + 0.382(b_1 - a_1), \quad \mu_1 = a_1 + 0.618(b_1 - a_1).$$

令 $k=1$.

(2) 若 $b_k - a_k < L$，则停止计算. 否则，当 $f(\lambda_k) > f(\mu_k)$ 时，转步骤(3)；当 $f(\lambda_k) \leqslant f(\mu_k)$ 时，转步骤(4).

(3) 置 $a_{k+1} = \lambda_k,\ b_{k+1} = b_k,\ \lambda_{k+1} = \mu_k$，

$$\mu_{k+1} = a_{k+1} + 0.618(b_{k+1} - a_{k+1}),$$

计算函数值 $f(\mu_{k+1})$，转步骤(5).

(4) 置 $a_{k+1} = a_k,\ b_{k+1} = \mu_k,\ \mu_{k+1} = \lambda_k$，

$$\lambda_{k+1} = a_{k+1} + 0.382(b_{k+1} - a_{k+1}),$$

计算函数值 $f(\lambda_{k+1})$,转步骤(5).

(5) 置 $k := k+1$,返回步骤(2).

例 9.2.1 用 0.618 法解下列问题：

$$\min \quad f(x) \stackrel{\text{def}}{=} 2x^2 - x - 1,$$

初始区间 $[a_1, b_1] = [-1, 1]$,精度 $L \leqslant 0.16$.

计算结果如表 9.2.1 所示：

表 9.2.1

k	a_k	b_k	λ_k	μ_k	$f(\lambda_k)$	$f(\mu_k)$
1	−1	1	−0.236	0.236	−0.653	−1.125
2	−0.236	1	0.236	0.528	−1.125	−0.970
3	−0.236	0.528	0.056	0.236	−1.050	−1.125
4	0.056	0.528	0.236	0.348	−1.125	−1.106
5	0.056	0.348	0.168	0.236	−1.112	−1.125
6	0.168	0.348	0.236	0.279	−1.125	−1.123
7	0.168	0.279				

经 6 次迭代达到

$$b_7 - a_7 = 0.111 < 0.16,$$

满足精度要求,极小点

$$\bar{x} \in [0.168, 0.279].$$

实际上,问题的最优解 $x^* = 0.25$. 可取

$$\bar{x} = \frac{1}{2}(0.168 + 0.279) \approx 0.23$$

作为近似解.

前面已经指出,0.618 法适用于单峰函数. 但是,在实际问题中,目标函数在其定义域内不一定是单峰的,因此需要先确定单峰区间,然后再使用 0.618 法的计算公式. 在现有的 0.618 法的程序中,一般具有这种功能.

9.2.2 Fibonacci 法

这种方法与 0.618 法类似,也是用于单峰函数,在计算过程中,也是第 1 次迭代需要计算两个试探点,以后每次迭代只需新算一点,另一点取自上次迭代. Fibonacci 法与

0.618法的主要区别之一在于区间长度缩短比率不是常数，而是由所谓的 Fibonacci 数确定.

定义 9.2.2　设有数列$\{F_k\}$，满足条件：

(1) $F_0=F_1=1$；

(2) $F_{k+1}=F_k+F_{k-1}(k=1,2,\cdots)$.

则称$\{F_k\}$为 Fibonacci **数列**.

根据定义 9.2.2，可将 Fibonacci 数列表如表 9.2.2 所示.

表　9.2.2

k	0	1	2	3	4	5	6	7	8	9	10	…
F_k	1	1	2	3	5	8	13	21	34	55	89	…

Fibonacci 法在迭代中计算试探点的公式：

$$\lambda_k = a_k + \frac{F_{n-k-1}}{F_{n-k+1}}(b_k - a_k), \qquad k = 1, \cdots, n-1, \tag{9.2.12}$$

$$\mu_k = a_k + \frac{F_{n-k}}{F_{n-k+1}}(b_k - a_k), \qquad k = 1, \cdots, n-1, \tag{9.2.13}$$

其中 n 是计算函数值的次数(不包括初始区间端点的计算)，需要事先给定. 关于确定 n 的方法，将在后面给出. 需要事先知道计算函数值的次数，这是 Fibonacci 法的一个特点.

容易验证，利用(9.2.12)式和(9.2.13)式计算试探点时，第 k 次迭代区间长度的缩短比率恰为 F_{n-k}/F_{n-k+1}.

设在第 k 次迭代前，不确定区间为$[a_k, b_k]$. 在进行第 k 次迭代时，取试探点

$$\lambda_k, \mu_k \in [a_k, b_k], \qquad \lambda_k < \mu_k.$$

分别考虑下列两种可能的情形：

(1) $f(\lambda_k) > f(\mu_k)$. 这时，令

$$a_{k+1} = \lambda_k, \quad b_{k+1} = b_k.$$

(2) $f(\lambda_k) \leqslant f(\mu_k)$. 这时，令

$$a_{k+1} = a_k, \quad b_{k+1} = \mu_k.$$

第一种情形，有

$$\begin{aligned} b_{k+1} - a_{k+1} &= b_k - \lambda_k = b_k - \left[a_k + \frac{F_{n-k-1}}{F_{n-k+1}}(b_k - a_k)\right] \\ &= \left(1 - \frac{F_{n-k-1}}{F_{n-k+1}}\right)(b_k - a_k) = \frac{F_{n-k}}{F_{n-k+1}}(b_k - a_k). \end{aligned} \tag{9.2.14}$$

第二种情形，有

$$b_{k+1}-a_{k+1}=\mu_k-a_k=a_k+\frac{F_{n-k}}{F_{n-k+1}}(b_k-a_k)-a_k$$
$$=\frac{F_{n-k}}{F_{n-k+1}}(b_k-a_k). \tag{9.2.15}$$

(9.2.14)式和(9.2.15)式表明,不论属于哪种情形,迭代后的区间长度与迭代前的区间长度之比均为 F_{n-k}/F_{n-k+1}.

利用上述比值,可以计算出经 $n-1$ 次迭代($k=n-1$)所得到的区间长度.

$$b_n-a_n=\frac{F_1}{F_2}(b_{n-1}-a_{n-1})=\frac{F_1}{F_2}\cdot\frac{F_2}{F_3}\cdot\cdots\cdot\frac{F_{n-1}}{F_n}(b_1-a_1)$$
$$=\frac{1}{F_n}(b_1-a_1). \tag{9.2.16}$$

由此可知,只要给定初始区间长度 b_1-a_1 及精度要求(最终区间长度)L,就可以求出计算函数值的次数 n(不包括初始区间端点函数值的计算). 令

$$b_n-a_n\leqslant L,$$

即

$$\frac{1}{F_n}(b_1-a_1)\leqslant L,$$

由此推出

$$F_n\geqslant\frac{b_1-a_1}{L}. \tag{9.2.17}$$

先由(9.2.17)式求出 Fibonacci 数 F_n,再根据 F_n 确定计算函数值的次数 n.

运用 Fibonacci 法时,应注意下列问题:

由于第 1 次迭代计算两个试探点,以后每次计算一个,这样经过 $n-1$ 次迭代就计算完 n 个试探点. 但是,在第 $n-1$ 次迭代中并没有选择新的试探点. 根据(9.2.12)式和(9.2.13)式,必有

$$\lambda_{n-1}=\mu_{n-1}=\frac{1}{2}(a_{n-1}+b_{n-1}).$$

而 λ_{n-1} 和 μ_{n-1} 中的一个取自第 $n-2$ 次迭代中的试探点. 为了在第 $n-1$ 次迭代中能够缩短不确定区间,可在第 $n-2$ 次迭代之后,这时已确定出 $\lambda_{n-1}=\mu_{n-1}$,在 λ_{n-1} 的右边或左边取一点,令

$$\lambda_n=\lambda_{n-1},\quad \mu_n=\lambda_{n-1}+\delta,$$

其中**辨别常数** $\delta>0$.

Fibonacci 法计算步骤如下:

(1) 给定初始区间$[a_1,b_1]$和最终区间长度 L. 求计算函数值的次数 n,使

$$F_n\geqslant(b_1-a_1)/L,$$

置辨别常数 $\delta>0$. 计算试探点 λ_1 和 μ_1，

$$\lambda_1 = a_1 + \frac{F_{n-2}}{F_n}(b_1 - a_1), \quad \mu_1 = a_1 + \frac{F_{n-1}}{F_n}(b_1 - a_1).$$

计算函数值 $f(\lambda_1)$和 $f(\mu_1)$. 置 $k=1$.

(2) 若 $f(\lambda_k)>f(\mu_k)$，则转步骤(3)；若 $f(\lambda_k)\leqslant f(\mu)$，则转步骤(4).

(3) 令 $a_{k+1}=\lambda_k$，$b_{k+1}=b_k$，$\lambda_{k+1}=\mu_k$，计算试探点 μ_{k+1}，

$$\mu_{k+1} = a_{k+1} + \frac{F_{n-k-1}}{F_{n-k}}(b_{k+1} - a_{k+1}).$$

若 $k=n-2$，则转步骤(6)；否则，计算函数值 $f(\mu_{k+1})$，转步骤(5).

(4) 令 $a_{k+1}=a_k$，$b_{k+1}=\mu_k$，$\mu_{k+1}=\lambda_k$ 计算 λ_{k+1}，

$$\lambda_{k+1} = a_{k+1} + \frac{F_{n-k-2}}{F_{n-k}}(b_{k+1} - a_{k+1}).$$

若 $k=n-2$，则转步骤(6)；否则，计算 $f(\lambda_{k+1})$，转步骤(5).

(5) 置 $k:=k+1$，转步骤(2).

(6) 令 $\lambda_n=\lambda_{n-1}$，$\mu_n=\lambda_{n-1}+\delta$，计算 $f(\lambda_n)$和 $f(\mu_n)$.

若 $f(\lambda_n)>f(\mu_n)$，则令

$$a_n = \lambda_n, \quad b_n = b_{n-1}.$$

若 $f(\lambda_n)\leqslant f(\mu_n)$，则令

$$a_n = a_{n-1}, \quad b_n = \lambda_n.$$

停止计算，极小点含于$[a_n, b_n]$.

例 9.2.2　用 Fibonacci 法求解例 9.2.1

解　初始区间仍取$[-1, 1]$，要求最终区间长度 $L\leqslant 0.16$. 辨别常数 $\delta=0.01$. 由于

$$F_n \geqslant \frac{b_1 - a_1}{L} = 12.5,$$

因此取 $n=6$.

计算结果如表 9.2.3 所示，其中 $\mu_6=\lambda_5+\delta=0.23077+0.01=0.24077$，极小点 $\bar{x}\in[0.23077, 0.38461]$.

表　9.2.3

k	a_k	b_k	λ_k	μ_k	$f(\lambda_k)$	$f(\mu_k)$
1	−1	1	−0.23077	0.23077	−0.66272	−1.12426
2	−0.23077	1	0.23077	0.53846	−1.12426	−0.95858
3	−0.23077	0.53846	0.07692	0.23077	−1.06509	−1.12426

续表

k	a_k	b_k	λ_k	μ_k	$f(\lambda_k)$	$f(\mu_k)$
4	0.07692	0.53846	0.23077	0.38461	−1.12426	−1.08876
5	0.07692	0.38461	0.23077	0.23077	−1.12426	−1.12426
6	0.23077	0.38461	0.23077	0.24077	−1.12426	−1.12483

9.2.3 Fibonacci 法与 0.618 法的关系

这两种方法存在内在联系，0.618 法可以作为 Fibonacci 法的极限形式.

Fibonacci 数的递推关系是

$$F_{k+1} = F_k + F_{k-1}, \tag{9.2.18}$$

它的特征方程为

$$\tau^2 - \tau - 1 = 0, \tag{9.2.19}$$

得到两个根

$$\tau_1 = \frac{1+\sqrt{5}}{2}, \quad \tau_2 = \frac{1-\sqrt{5}}{2}.$$

满足递推关系(9.2.18)的一般解是

$$F_k = c_1\tau_1^k + c_2\tau_2^k. \tag{9.2.20}$$

由条件 $F_0 = F_1 = 1$，可以推出

$$c_1 = \frac{1+\sqrt{5}}{2\sqrt{5}}, \quad c_2 = \frac{\sqrt{5}-1}{2\sqrt{5}},$$

代入(9.2.20)式，则

$$F_k = \frac{1}{\sqrt{5}}\left\{\left(\frac{1+\sqrt{5}}{2}\right)^{k+1} - \left(\frac{1-\sqrt{5}}{2}\right)^{k+1}\right\}. \tag{9.2.21}$$

于是有

$$\lim_{n\to\infty}\frac{F_{n-1}}{F_n} = \lim_{n\to\infty}\frac{c_1\tau_1^{n-1} + c_2\tau_2^{n-1}}{c_1\tau_1^n + c_2\tau_2^n} = \frac{1}{\tau_1} \approx 0.618,$$

这个极限值正是 0.618 法中的参数 α.

从理论上讲，Fibonacci 法的精度高于 0.618 法. 作为一种说明，我们把两种方法得到的最终区间的长度加以比较. 设计算函数值的次数均为 n，即都进行 $n-1$ 次迭代. 初始区间都是$[a_1, b_1]$.

用 0.618 法，最终区间长度为

$$d_G = b_n - a_n = \alpha^{n-1}(b_1 - a_1). \tag{9.2.22}$$

用 Fibonacci 法时，根据(9.2.16)式，最终区间长度是

$$d_F = b_n - a_n = \frac{1}{F_n}(b_1 - a_1). \tag{9.2.23}$$

由(9.2.22)式和(9.2.23)式可知

$$\frac{d_G}{d_F} = \alpha^{n-1} F_n = \frac{1}{\tau_1^{n-1}} \cdot \frac{1}{\sqrt{5}} \left\{ \tau_1^{n+1} - \left(-\frac{1}{\tau_1} \right)^{n+1} \right\}.$$

当 $n \gg 1$ 时，由于

$$\tau_1 = \frac{1+\sqrt{5}}{2} \approx 1.618 > 1,$$

因此，上式括号内第二项可以忽略. 这样，有

$$\frac{d_G}{d_F} \approx \frac{\tau_1^2}{\sqrt{5}} = \frac{3\sqrt{5}+5}{10} \approx 1.17.$$

由此可知，用 0.618 法得到的最终区间大约比使用 Fibonacci 法长 17%. 例 9.2.1 和例 9.2.2的计算结果也正是这样，经 6 次迭代，得到

$$d_G = 0.348 - 0.168 = 0.18,$$

$$d_F = 0.38461 - 0.23077 = 0.15384,$$

$$\frac{d_G}{d_F} = \frac{0.18}{0.15384} \approx 1.17.$$

Fibonacci 法的缺点是要事先知道计算函数值的次数.

比较起来，0.618 法更简单，它不需要事先知道计算次数，而且收敛速率与 Fibonacci 法比较接近，当 $n \geqslant 7$ 时，

$$F_{n-1}/F_n \approx 0.618,$$

因此，在解决实际问题时，一般采用 0.618 法.

9.2.4 进退法

前面介绍的方法，都需要事先给定一个包含极小点的区间，有些别的算法也有此要求. 为了解决这个问题，我们简要介绍**进退法**.

进退法也是一种试探法，思路极为简单，就是从一点出发，按一定的步长，试图确定出函数值呈现"高-低-高"的三点. 一个方向不成功，就退回来，再沿相反方向寻找.

下面给出进退法的计算步骤：

(1) 给定初点 $x^{(0)} \in \mathbb{R}^1$，初始步长 $h_0 > 0$，置 $h = h_0$，$x^{(1)} = x^{(0)}$，计算 $f(x^{(1)})$，并置 $k=0$.

(2) 令 $x^{(4)} = x^{(1)} + h$，计算 $f(x^{(4)})$，置 $k := k+1$.

(3) 若 $f(x^{(4)}) < f(x^{(1)})$，则转步骤(4)；否则，转步骤(5).

(4) 令 $x^{(2)} = x^{(1)}$，$x^{(1)} = x^{(4)}$，$f(x^{(2)}) = f(x^{(1)})$，$f(x^{(1)}) = f(x^{(4)})$，置 $h := 2h$，转步骤(2).

(5) 若 $k=1$,则转步骤(6);否则,转步骤(7).

(6) 置 $h:=-h$, $x^{(2)}=x^{(4)}$, $f(x^{(2)})=f(x^{(4)})$,转步骤(2).

(7) 令 $x^{(3)}=x^{(2)}$, $x^{(2)}=x^{(1)}$, $x^{(1)}=x^{(4)}$,停止计算.

这样,得到含有极小点的区间$[x^{(1)}, x^{(3)}]$或者$[x^{(3)}, x^{(1)}]$.

实际应用中,要注意选择步长 h_0. 如果 h_0 取得太小,则迭代进展比较慢;如果 h_0 取得太大,则难以确定单峰区间. 为了获得合适的 h_0,有时需要做多次试探才能成功.

除以上介绍的试探法外,还有一些其他试探方法,比如**平分法及其改进方法**,这里不再介绍,可参见文献[20,24].

9.3 函数逼近法

9.3.1 牛顿法

牛顿法的基本思想是,在极小点附近用二阶 Taylor 多项式近似目标函数 $f(x)$,进而求出极小点的估计值.

考虑问题

$$\min \quad f(x), \quad x \in \mathbb{R}^1. \tag{9.3.1}$$

令

$$\varphi(x) = f(x^{(k)}) + f'(x^{(k)})(x - x^{(k)}) + \frac{1}{2}f''(x^{(k)})(x - x^{(k)})^2,$$

又令

$$\varphi'(x) = f'(x^{(k)}) + f''(x^{(k)})(x - x^{(k)}) = 0,$$

得到 $\varphi(x)$的驻点,记作 $x^{(k+1)}$,则

$$x^{(k+1)} = x^{(k)} - \frac{f'(x^{(k)})}{f''(x^{(k)})}. \tag{9.3.2}$$

在点 $x^{(k)}$ 附近,$f(x)\approx\varphi(x)$,因此可用函数 $\varphi(x)$的极小点作为目标函数 $f(x)$的极小点的估计. 如果 $x^{(k)}$ 是 $f(x)$的极小点的一个估计,那么利用(9.3.2)式可以得到极小点的一个进一步的估计. 这样,利用迭代公式(9.3.2)可以得到一个序列$\{x^{(k)}\}$. 可以证明,在一定条件下,这个序列收敛于问题(9.3.1)的最优解,而且是 2 级收敛.

定理 9.3.1 设 $f(x)$存在连续三阶导数,$\bar{x}$ 满足

$$f'(\bar{x}) = 0, \quad f''(\bar{x}) \neq 0,$$

初点 $x^{(1)}$ 充分接近 $\bar{x}$,则牛顿法产生的序列$\{x^{(k)}\}$至少以 2 级收敛速率收敛于 $\bar{x}$.

证明 牛顿法可定义为算法映射

$$A(x) = x - \frac{f'(x)}{f''(x)}. \tag{9.3.3}$$

设解集合 $\Omega=\{\bar{x}\}$.

定义函数

$$\alpha(x)=|x-\bar{x}|.$$

下面证明 α 是关于解集合 Ω 和算法 A 的下降函数.

设 $x^{(k)}\neq\bar{x}$, $x^{(k+1)}\in A(x^{(k)})$. 注意到已知条件 $f'(\bar{x})=0$,$\alpha(x^{(k+1)})$可表达如下：

$$\begin{aligned}\alpha(x^{(k+1)})&=|x^{(k+1)}-\bar{x}|\\&=\left|x^{(k)}-\frac{f'(x^{(k)})}{f''(x^{(k)})}-\bar{x}\right|\\&=\frac{1}{|f''(x^{(k)})|}\,|x^{(k)}f''(x^{(k)})-f'(x^{(k)})-\bar{x}f''(x^{(k)})|\\&=\frac{1}{|f''(x^{(k)})|}\,|f'(\bar{x})-[f'(x^{(k)})+(\bar{x}-x^{(k)})f''(x^{(k)})]|\\&=\frac{1}{|f''(x^{(k)})|}\cdot\frac{1}{2}(\bar{x}-x^{(k)})^2\,|f'''(\xi)|,\end{aligned}\tag{9.3.4}$$

其中 ξ 在 $\bar{x}$ 与 $x^{(k)}$之间. 由于 $f''(x)$和 $f'''(x)$连续,$f''(\bar{x})\neq 0$,因此当 $x^{(k)}$ 接近 $\bar{x}$ 时,必存在 k_1, $k_2>0$,使得在包含 $\bar{x}$ 和 $x^{(k)}$ 的闭区间上的每一点 x 处,成立

$$|f''(x)|\geqslant k_1,\qquad |f'''(x)|\leqslant k_2.\tag{9.3.5}$$

把(9.3.5)式代入(9.3.4)式,则有

$$|x^{(k+1)}-\bar{x}|\leqslant\frac{k_2}{2k_1}(x^{(k)}-\bar{x})^2.\tag{9.3.6}$$

取初点 $x^{(1)}$充分接近 $\bar{x}$,使得

$$\frac{k_2}{2k_1}|x^{(1)}-\bar{x}|<1.$$

由此推得

$$\{x^{(k)}\}\subset X=\{x\,|\,|x-\bar{x}|\leqslant|x^{(1)}-\bar{x}|\},$$

且有

$$|x^{(k+1)}-\bar{x}|<|x^{(k)}-\bar{x}|.\tag{9.3.7}$$

由此可知,α 是关于解集合 Ω 和算法 A 的下降函数. 且 X 为紧集,$A(x)$在 X 上连续. 根据定理 8.2.1,$\{x^{(k)}\}$收敛于 $\bar{x}$. 由(9.3.6)式又知,$\{x^{(k)}\}$的收敛级为 2.

牛顿法的计算步骤如下：

(1) 给定初点 $x^{(0)}$,允许误差 $\varepsilon>0$,置 $k=0$.

(2) 若$|f'(x^{(k)})|<\varepsilon$,则停止迭代,得到点 $x^{(k)}$.

(3) 计算点 $x^{(k+1)}$,

$$x^{(k+1)}=x^{(k)}-\frac{f'(x^{(k)})}{f''(x^{(k)})},$$

置 $k:=k+1$,转步骤(2).

运用牛顿法时,初点选择十分重要.如果初始点靠近极小点,则可能很快收敛;如果初始点远离极小点,迭代产生的点列可能不收敛于极小点.

9.3.2 割线法

这种方法的基本思想是,用割线逼近目标函数的导函数的曲线

$$y = f'(x),$$

把割线的零点作为目标函数的驻点的估计(参见图 9.3.1).

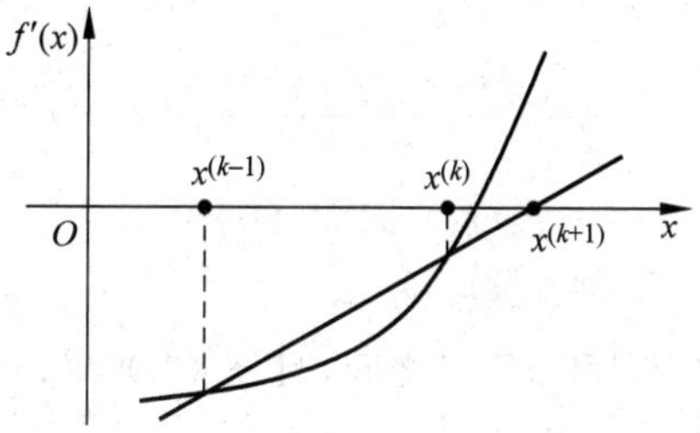

图 9.3.1

设在点 $x^{(k)}$ 和 $x^{(k-1)}$ 处的导数分别为 $f'(x^{(k)})$ 和 $f'(x^{(k-1)})$.令

$$\varphi(x) = f'(x^{(k)}) + \frac{f'(x^{(k)}) - f'(x^{(k-1)})}{x^{(k)} - x^{(k-1)}}(x - x^{(k)}) = 0,$$

由此解得

$$x^{(k+1)} = x^{(k)} - \frac{x^{(k)} - x^{(k-1)}}{f'(x^{(k)}) - f'(x^{(k-1)})} f'(x^{(k)}). \tag{9.3.8}$$

用(9.3.8)式进行迭代,得到序列 $\{x^{(k)}\}$,可以证明,在一定的条件下,这个序列收敛于解.

定理 9.3.2 设 $f(x)$ 存在连续三阶导数,$\bar{x}$ 满足 $f'(\bar{x})=0$,$f''(\bar{x})\neq 0$,若 $x^{(1)}$ 和 $x^{(2)}$ 充分接近 $\bar{x}$,则割线法产生的序列 $\{x^{(k)}\}$ 收敛于 $\bar{x}$,且收敛级为 1.618.

证明 设 $\Delta=\{x \mid |x-\bar{x}|\leqslant\delta\}$ 是包含 $\bar{x}$ 的某个充分小的闭区间,使得对每一个 $x\in\Delta$,有 $f''(x)\neq 0$,取 $x^{(1)},x^{(2)}\in\Delta$.

以 $x^{(k)}$, $x^{(k-1)}\in\Delta$ 为节点构造插值多项式

$$\varphi(x) = f'(x^{(k)}) + \frac{f'(x^{(k)}) - f'(x^{(k-1)})}{x^{(k)} - x^{(k-1)}}(x - x^{(k)}), \tag{9.3.9}$$

插值余项为

$$f'(x) - \varphi(x) = \frac{f'''(\xi_1)}{2}(x - x^{(k)})(x - x^{(k-1)}), \tag{9.3.10}$$

其中 $\xi_1\in\Delta$.

由于 $f'(\bar{x})=0$,因此由(9.3.10)式得到

$$\varphi(\bar{x}) = -\frac{f'''(\xi_1)}{2}e_k e_{k-1}, \tag{9.3.11}$$

其中 $e_k = x^{(k)} - \bar{x}$，$e_{k-1} = x^{(k-1)} - \bar{x}$.

另一方面，由(9.3.8)式知 $\varphi(x^{(k+1)}) = 0$，由(9.3.9)式知

$$\varphi'(x) = \frac{f'(x^{(k)}) - f'(x^{(k-1)})}{x^{(k)} - x^{(k-1)}},$$

因此有

$$\begin{aligned}\varphi(\bar{x}) &= \varphi(\bar{x}) - \varphi(x^{(k+1)}) \\ &= \varphi'(\xi_2)(\bar{x} - x^{(k+1)}) \\ &= \frac{f'(x^{(k)}) - f'(x^{(k-1)})}{x^{(k)} - x^{(k-1)}}(\bar{x} - x^{(k+1)}) \\ &= -f''(\xi_3)(x^{(k+1)} - \bar{x}) \\ &= -f''(\xi_3)e_{k+1},\end{aligned} \tag{9.3.12}$$

其中 $e_{k+1} = x^{(k+1)} - \bar{x}$，$\xi_3$ 在 $x^{(k)}$ 和 $x^{(k-1)}$ 之间，且 $f''(\xi_3) \neq 0$.

由(9.3.11)式和(9.3.12)式得到

$$e_{k+1} = \frac{f'''(\xi_1)}{2f''(\xi_3)}e_k e_{k-1}, \tag{9.3.13}$$

上式两端取绝对值，则有

$$|e_{k+1}| = \frac{|f'''(\xi_1)|}{2|f''(\xi_3)|}|e_k||e_{k-1}|. \tag{9.3.14}$$

令

$$M = \frac{\max\limits_{x\in\Delta}|f'''(x)|}{2\min\limits_{x\in\Delta}|f''(x)|},$$

由(9.3.14)式得到

$$|e_{k+1}| \leqslant M|e_k||e_{k-1}|, \tag{9.3.15}$$

取充分小的 δ，使得

$$M\delta < 1, \tag{9.3.16}$$

则有

$$|e_{k+1}| \leqslant M\delta\delta < \delta.$$

这样，由 $x^{(k)}$，$x^{(k-1)} \in \Delta$ 必推出 $x^{(k+1)} \in \Delta$，进而由 $x^{(1)}$，$x^{(2)} \in \Delta$ 推知所有 $x^{(k)} \in \Delta$，且由(9.3.15)式知 $\{x^{(k)}\}$ 收敛于 $\bar{x}$.

为研究 $\{x^{(k)}\}$ 的收敛速率，我们考虑 k 取得充分大的情形. 这时，根据(9.3.14)式，有

$$|e_{k+1}| \approx \overline{M}|e_k||e_{k-1}|, \tag{9.3.17}$$

其中

$$\overline{M}=\frac{|f'''(\bar{x})|}{2|f''(\bar{x})|}.$$

令

$$|e_k|=a^{y_k}/\overline{M}, \tag{9.3.18}$$

代入(9.3.17)式,于是可考虑差分方程

$$y_{k+1}=y_k+y_{k-1},$$

它的特征方程是

$$\tau^2-\tau-1=0,$$

它的两个根是

$$\tau_1=\frac{1+\sqrt{5}}{2}\approx 1.618,\quad \tau_2=\frac{1-\sqrt{5}}{2}\approx -0.618.$$

这样,有

$$|e_k|=\frac{1}{\overline{M}}a^{c_1\tau_1^k+c_2\tau_2^k}\approx\frac{1}{\overline{M}}a^{c_1\tau_1^k},\quad k\gg 1, \tag{9.3.19}$$

$$|e_{k+1}|\approx\frac{1}{\overline{M}}a^{c_1\tau_1^{k+1}},\quad k\gg 1, \tag{9.3.20}$$

由(9.3.19)式和(9.3.20)式得到

$$\frac{|e_{k+1}|}{|e_k|^{\tau_1}}\approx\overline{M}^{\tau_1-1},$$

由此可知,割线法的收敛级为$\tau_1\approx 1.618$.

割线法与牛顿法相比,收敛速率较慢,但不需要计算二阶导数.它的缺点与牛顿法有类似之处,都不具有全局收敛性,如果初点选择得不好,可能不收敛.为了克服割线法的一些缺点,可以做一些改进,参见文献[24].

9.3.3 抛物线法

抛物线法的基本思想是,在极小点附近,用二次三项式$\varphi(x)$逼近目标函数$f(x)$,令$\varphi(x)$与$f(x)$在三点$x^{(1)}<x^{(2)}<x^{(3)}$处有相同的函数值,并假设

$$f(x^{(1)})>f(x^{(2)}),\quad f(x^{(2)})<f(x^{(3)}).$$

令

$$\varphi(x)=a+bx+cx^2, \tag{9.3.21}$$

又令

$$\varphi(x^{(1)})=a+bx^{(1)}+cx^{(1)^2}=f(x^{(1)}), \tag{9.3.22}$$

$$\varphi(x^{(2)})=a+bx^{(2)}+cx^{(2)^2}=f(x^{(2)}), \tag{9.3.23}$$

$$\varphi(x^{(3)})=a+bx^{(3)}+cx^{(3)^2}=f(x^{(3)}). \tag{9.3.24}$$

解方程组(9.3.22)~(9.3.24),求二次逼近函数$\varphi(x)$的系数b和c.为书写方便,记作

$$B_1=({x^{(2)}}^2-{x^{(3)}}^2)f(x^{(1)}),\quad B_2=({x^{(3)}}^2-{x^{(1)}}^2)f(x^{(2)}),$$

$$B_3=({x^{(1)}}^2-{x^{(2)}}^2)f(x^{(3)}),\quad C_1=(x^{(2)}-x^{(3)})f(x^{(1)}),$$

$$C_2=(x^{(3)}-x^{(1)})f(x^{(2)}),\quad C_3=(x^{(1)}-x^{(2)})f(x^{(3)}),$$

$$D=(x^{(1)}-x^{(2)})(x^{(2)}-x^{(3)})(x^{(3)}-x^{(1)}).$$

则由方程(9.3.22)～(9.3.24)得到

$$b=\frac{B_1+B_2+B_3}{D},\tag{9.3.25}$$

$$c=-\frac{C_1+C_2+C_3}{D}.\tag{9.3.26}$$

为求 $\varphi(x)$ 的极小点，令

$$\varphi'(x)=b+2cx=0,$$

由此解得

$$x=-\frac{b}{2c},\tag{9.3.27}$$

把 $\varphi(x)$ 的驻点 x 记作 $\bar{x}^{(k)}$，则

$$\bar{x}^{(k)}=\frac{B_1+B_2+B_3}{2(C_1+C_2+C_3)}.\tag{9.3.28}$$

这样，把 $\bar{x}^{(k)}$ 作为 $f(x)$ 的极小点的一个估计. 再从 $x^{(1)}$，$x^{(2)}$，$x^{(3)}$，$\bar{x}^{(k)}$ 中选择目标函数值最小的点及其左、右两点，给予相应的上标，代入(9.3.28)式，求出极小点的新的估计值 $\bar{x}^{(k+1)}$，以此类推，产生点列$\{\bar{x}^{(k)}\}$，在一定条件下，这个点列收敛于问题的解，其收敛级为1.3，可参见文献[24]. 在实际应用中，不必无止境迭代下去，只要满足精度要求即可. 一般用目标函数值的下降量或位移来控制，即当

$$|f(\bar{x}^{(k+1)})-f(\bar{x}^{(k)})|<\varepsilon$$

或者当

$$\|\bar{x}^{(k+1)}-\bar{x}^{(k)}\|<\delta$$

时，终止迭代. 其中 ε，δ 为事先给定的允许误差.

值得注意，三个初始点

$$x^{(1)}<x^{(2)}<x^{(3)}$$

的选择，必须满足

$$f(x^{(1)})>f(x^{(2)}),\quad f(x^{(2)})<f(x^{(3)}),$$

这样才能保证极小点在区间$(x^{(1)},x^{(3)})$内，同时保证 $\varphi(x)$ 的二次项的系数 $c>0$，而且 $\varphi(x)$ 的极小点在$(x^{(1)},x^{(3)})$内. 否则，可能出现 $c<0$ 的情形，这时利用(9.3.28)式可达 $\varphi(x)$ 的极大点. 因此，迭代前必须先求出满足上述条件的三个初始点. 寻找初始点的方法，可用前面9.2节提供的进退法.

9.3.4 三次插值法

下面研究**二点三次插值方法**. 首先选取两个初点 $x^{(1)}$ 和 $x^{(2)}$ ($x^{(1)}<x^{(2)}$),使得 $f'(x^{(1)})<0$ 及 $f'(x^{(2)})>0$. 这样,在区间($x^{(1)}$, $x^{(2)}$)内存在极小点. 然后利用在这两点的函数值和导数构造一个三次多项式 $\varphi(x)$,使它与 $f(x)$ 在 $x^{(1)}$ 及 $x^{(2)}$ 有相同的函数值及相同的导数,用这样的 $\varphi(x)$ 逼近目标函数 $f(x)$,进而用 $\varphi(x)$ 的极小点估计 $f(x)$ 的极小点. 具体做法如下.

令

$$\varphi(x)=a(x-x^{(1)})^3+b(x-x^{(1)})^2+c(x-x^{(1)})+d, \tag{9.3.29}$$

$$\varphi(x^{(1)})=f(x^{(1)}), \tag{9.3.30}$$

$$\varphi'(x^{(1)})=f'(x^{(1)}), \tag{9.3.31}$$

$$\varphi(x^{(2)})=f(x^{(2)}), \tag{9.3.32}$$

$$\varphi'(x^{(2)})=f'(x^{(2)}), \tag{9.3.33}$$

把(9.3.30)式~(9.3.33)式依次代入(9.3.29)式,得到

$$\begin{cases} d=f(x^{(1)}), \\ c=f'(x^{(1)}), \\ a(x^{(2)}-x^{(1)})^3+b(x^{(2)}-x^{(1)})^2+c(x^{(2)}-x^{(1)})+d=f(x^{(2)}), \\ 3a(x^{(2)}-x^{(1)})^2+2b(x^{(2)}-x^{(1)})+c=f'(x^{(2)}). \end{cases} \tag{9.3.34}$$

解方程组(9.3.34),可以求出系数 a, b, c, d, 从而能够完全确定多项式(9.3.29).

我们的着眼点是求多项式 $\varphi(x)$ 的极小点,为此求出满足极值必要条件的点,即满足

$$\varphi'(x)=0 \quad 及 \quad \varphi''(x)>0$$

的点. 我们知道

$$\varphi'(x)=3a(x-x^{(1)})^2+2b(x-x^{(1)})+c, \tag{9.3.35}$$

$$\varphi''(x)=6a(x-x^{(1)})+2b. \tag{9.3.36}$$

因此令 $\varphi'(x)=0$,即

$$3a(x-x^{(1)})^2+2b(x-x^{(1)})+c=0, \tag{9.3.37}$$

解方程(9.3.37),有两种情形:

(1) 当 $a=0$ 时,解得

$$\bar{x}-x^{(1)}=-\frac{c}{2b}. \tag{9.3.38}$$

(2) 当 $a\neq 0$ 时,解得

$$\bar{x}-x^{(1)}=\frac{-b\pm\sqrt{b^2-3ac}}{3a}. \tag{9.3.39}$$

以上得到两种情形下 $\varphi(x)$ 的驻点 $\bar{x}$.

第一种情形，$\varphi''(x)=2b>0$. 这是因为，由假设及(9.3.34)式可知

$$c=f'(x^{(1)})<0,\quad f'(x^{(2)})>0,\quad x^{(2)}>x^{(1)},$$

因此由(9.3.34)式第 4 个方程得出 $b>0$. 故 $\bar{x}$ 是 $\varphi(x)$的极小点.

第二种情形，把方程的两个根(9.3.39)式代入(9.3.36)式，有

$$\begin{aligned}\varphi''(\bar{x})&=6a(\bar{x}-x^{(1)})+2b=6a\cdot\frac{-b\pm\sqrt{b^2-3ac}}{3a}+2b\\&=\pm 2\sqrt{b^2-3ac}.\end{aligned}$$

为选择满足二阶充分条件的点，即使 $\varphi''(\bar{x})>0$ 的点，显然，在(9.3.39)式中应取

$$\bar{x}-x^{(1)}=\frac{-b+\sqrt{b^2-3ac}}{3a}=\frac{-c}{b+\sqrt{b^2-3ac}}.\tag{9.3.40}$$

由于当 $a=0$ 时，$b>0$，因此当 $a=0$ 时，由(9.3.40)式得到

$$\bar{x}-x^{(1)}=-\frac{c}{2b},$$

这个结果恰好是(9.3.38)式. 这表明(9.3.40)式是在 $a=0$ 和 $a\neq 0$ 两种情形下极小点的统一表达式.

这样，我们可以解方程组(9.3.34)，求出系数 $a,\ b,\ c$，再代入(9.3.40)式，从而得到 $\varphi(x)$的极小点 $\bar{x}$.

为了简化计算，我们推导直接用 $f(x^{(1)})$，$f(x^{(2)})$，$f'(x^{(1)})$和 $f'(x^{(2)})$表示 $\varphi(x)$的极小点的公式. 这样可以避免由于每次都要解方程组(9.3.34)所带来的麻烦. 为此记作

$$s=\frac{3[f(x^{(2)})-f(x^{(1)})]}{x^{(2)}-x^{(1)}},\tag{9.3.41}$$

$$z=s-f'(x^{(1)})-f'(x^{(2)}),\tag{9.3.42}$$

$$w^2=z^2-f'(x^{(1)})f'(x^{(2)}).\tag{9.3.43}$$

利用方程组(9.3.34)可以推得

$$s=3[a(x^{(2)}-x^{(1)})^2+b(x^{(2)}-x^{(1)})+c],\tag{9.3.44}$$

$$z=b(x^{(2)}-x^{(1)})+c,\tag{9.3.45}$$

$$w^2=(x^{(2)}-x^{(1)})^2(b^2-3ac),\tag{9.3.46}$$

由(9.3.45)式得到

$$b=\frac{z-c}{x^{(2)}-x^{(1)}}=\frac{z-f'(x^{(1)})}{x^{(2)}-x^{(1)}},\tag{9.3.47}$$

由(9.3.46)式得到

$$b^2-3ac=\frac{w^2}{(x^{(2)}-x^{(1)})^2}.\tag{9.3.48}$$

把(9.3.47)式和(9.3.48)式代入(9.3.40)式，并注意到 $c=f'(x^{(1)})$，则

$$\bar{x}-x^{(1)}=\frac{-f'(x^{(1)})(x^{(2)}-x^{(1)})}{z-f'(x^{(1)})+w},\tag{9.3.49}$$

$$\begin{aligned}\bar{x}-x^{(1)}&=\frac{-(x^{(2)}-x^{(1)})f'(x^{(1)})f'(x^{(2)})}{[z-f'(x^{(1)})+w]f'(x^{(2)})}\\&=\frac{-(x^{(2)}-x^{(1)})(z^2-w^2)}{f'(x^{(2)})(z+w)-(z^2-w^2)}\\&=\frac{(x^{(2)}-x^{(1)})(w-z)}{f'(x^{(2)})+w-z},\end{aligned}\tag{9.3.50}$$

把(9.3.49)式和(9.3.50)式右端分子分母分别相加,则

$$\begin{aligned}\bar{x}-x^{(1)}&=\frac{(x^{(2)}-x^{(1)})(w-z-f'(x^{(1)}))}{f'(x^{(2)})-f'(x^{(1)})+2w}\\&=(x^{(2)}-x^{(1)})\left(1-\frac{f'(x^{(2)})+w+z}{f'(x^{(2)})-f'(x^{(1)})+2w}\right).\end{aligned}$$

最后得到

$$\bar{x}=x^{(1)}+(x^{(2)}-x^{(1)})\left(1-\frac{f'(x^{(2)})+w+z}{f'(x^{(2)})-f'(x^{(1)})+2w}\right).\tag{9.3.51}$$

(9.3.51)式中必有

$$f'(x^{(2)})-f'(x^{(1)})+2w\neq 0.$$

事实上,根据假设,$f'(x^{(2)})>0$, $f'(x^{(1)})<0$, w 由(9.3.43)式确定,取算术根,故 $w>0$.从而

$$f'(x^{(2)})-f'(x^{(1)})+2w>0.$$

这样,利用(9.3.41)式至(9.3.43)式计算出 w 和 z,再利用(9.3.51)式求得 $\varphi(x)$ 的极小点 $\bar{x}$.若 $|f'(\bar{x})|$ 充分小,$\bar{x}$ 就可作为 $f(x)$ 的可接受的极小点.否则,可从 $x^{(1)}$, $x^{(2)}$ 和 $\bar{x}$ 中确定两个插值点,再利用上述公式进行计算.

计算步骤如下:

(1) 给定初始点 $x^{(1)}$, $x^{(2)}$,计算 $f(x^{(1)})$, $f(x^{(2)})$, $f'(x^{(1)})$, $f'(x^{(2)})$,要求满足条件

$$x^{(2)}>x^{(1)},\quad f'(x^{(1)})<0,\quad f'(x^{(2)})>0.$$

给定允许误差 $\delta>0$.

(2) 按照(9.3.41)式,(9.3.42)式,(9.3.43)式和(9.3.51)式计算 s, z, w 和 $\bar{x}$.

(3) 若 $|x^{(2)}-x^{(1)}|\leqslant\delta$,则停止计算,得到点 $\bar{x}$;否则,进行步骤(4).

(4) 计算 $f(\bar{x})$, $f'(\bar{x})$.若 $f'(\bar{x})=0$,则停止计算,得到点 $\bar{x}$.

若 $f'(\bar{x})<0$,则令 $x^{(1)}=\bar{x}$, $f(x^{(1)})=f(\bar{x})$, $f'(x^{(1)})=f'(\bar{x})$,转步骤(2).

若 $f'(\bar{x})>0$,则令 $x^{(2)}=\bar{x}$, $f(x^{(2)})=f(\bar{x})$, $f'(x^{(2)})=f'(\bar{x})$,转步骤(2).

为说明算法的使用,我们举一个简例.

例 9.3.1　用三次插值法求解下列问题:

$$\begin{aligned} \min \quad & f(x) \overset{\text{def}}{=} x^3 - 3x + 1 \\ \text{s.t.} \quad & 0 \leqslant x \leqslant 2. \end{aligned}$$

取初点 $x^{(1)}=0$, $x^{(2)}=1$,列表如表 9.3.1 所示.经 1 次迭代达到极小点 $\bar{x}=1$.

表　9.3.1

$x^{(2)}-x^{(1)}$	$f(x^{(1)})$	$f(x^{(2)})$	$f'(x^{(1)})$	$f'(x^{(2)})$
2	1	3	−3	9

s	z	w	$\bar{x}$	$f(\bar{x})$	$f'(\bar{x})$
3	−3	6	1	−1	0

三次插值法的收敛级为 2[24],一般认为这种方法优于抛物线法.

9.3.5　有理插值法

下面讨论用一个有理函数——**连分式逼近某个函数的方法**.这种方法可参见文献[23].

我们仍然考虑问题

$$\min \quad f(x), \quad x \in \mathbb{R}^1. \tag{9.3.52}$$

现在取 $n+1$ 个互不相同的点 $x^{(0)}$, $x^{(1)}$,…, $x^{(n)}$ 作为基点,计算出在这些点的函数值,设

$$f(x^{(i)}) = y_i, \quad i = 0, 1, \cdots, n. \tag{9.3.53}$$

构造一个连分式 $\varphi(x)$,它的形式为

$$\varphi(x) = a_0 + \cfrac{x - x^{(0)}}{a_1 + \cfrac{x - x^{(1)}}{a_2 + \cfrac{x - x^{(2)}}{\ddots \, a_{n-1} + \cfrac{x - x^{(n-1)}}{a_n}}}}. \tag{9.3.54}$$

令 $\varphi(x)$ 与 $f(x)$ 在给定的 $n+1$ 个点具有相等的函数值,即

$$\varphi(x^{(i)}) = f(x^{(i)}), \quad i = 0, 1 \cdots, n. \tag{9.3.55}$$

为便于用已知条件确定常数 $a_i(i=0, 1, \cdots, n)$,特将 $\varphi(x)$ 写成递推形式:

$$\begin{cases} \varphi_0(x) = \varphi(x) = a_0 + \dfrac{x - x^{(0)}}{\varphi_1(x)}, \\ \varphi_1(x) = a_1 + \dfrac{x - x^{(1)}}{\varphi_2(x)}, \\ \quad\vdots \\ \varphi_{n-1}(x) = a_{n-1} + \dfrac{x - x^{(n-1)}}{\varphi_n(x)}, \\ \varphi_n(x) = a_n. \end{cases} \tag{9.3.56}$$

现在分析怎样用递推方法依次求出待定常数 $a_i(i=0, 1, \cdots, n)$.

由(9.3.56)式可知

$$a_i = \varphi_i(x^{(i)}), \quad i = 0, 1, \cdots, n.$$

因此,求 a_i 归结为求 $\varphi_i(x^{(i)})$.

根据假设,有

$$\varphi_0(x^{(i)}) = \varphi(x^{(i)}) = f(x^{(i)}) = y_i, \quad i = 0, 1, \cdots, n,$$

由此得到

$$a_0 = \varphi_0(x^{(0)}) = y_0.$$

由于 $\varphi_0(x^{(i)})(i=0, 1, \cdots, n)$已知,由(9.3.56)式中的第一式

$$\varphi_0(x) = a_0 + \frac{x - x^{(0)}}{\varphi_1(x)},$$

可以求出

$$\varphi_1(x^{(i)}) = \frac{x^{(i)} - x^{(0)}}{\varphi_0(x^{(i)}) - a_0}, \quad i = 1, 2, \cdots, n,$$

从而得到

$$a_1 = \varphi_1(x^{(1)}).$$

由于 $\varphi_1(x^{(i)})(i=1, 2, \cdots, n)$已经求出,则由(9.3.56)式中第二式能够求出

$$\varphi_2(x^{(i)}) = \frac{x^{(i)} - x^{(1)}}{\varphi_1(x^{(i)}) - a_1}, \quad i = 2, \cdots, n,$$

得到

$$a_2 = \varphi_2(x^{(2)}).$$

依此类推,求出 $\varphi_{k-1}(x^{(i)})(i=k-1, k, \cdots, n)$以后,这时 $a_0, a_1, \cdots, a_{k-1}$已经求出,就能够求出

$$\varphi_k(x^{(i)}) = \frac{x^{(i)} - x^{(k-1)}}{\varphi_{k-1}(x^{(i)}) - a_{k-1}}, \quad i = k, \cdots, n,$$

同时得到

$$a_k = \varphi_k(x^{(k)}).$$

在计算 $\varphi_k(x^{(i)})$时,从 $i=k$ 计算到 $i=n$,目的是为后面求 a_{k+1}, …, a_n 做准备.

综上所述,求 $a_i(i=0, 1, \cdots, n)$的递推公式如下:

$$\begin{cases} a_0 = \varphi_0(x^{(0)}) = y_0, \\ \varphi_0(x^{(i)}) = y_i, \quad i = 1, 2, \cdots, n, \\ \varphi_{j+1}(x^{(i)}) = \dfrac{x^{(i)} - x^{(j)}}{\varphi_j(x^{(i)}) - a_j}, \\ \quad j = 0, 1, \cdots, n-1; i = j+1, \cdots, n, \\ a_i = \varphi_i(x^{(i)}), \quad i = 1, \cdots, n. \end{cases} \tag{9.3.57}$$

待定常数 $a_i(i=0, 1, \cdots, n)$确定后,就完全确定了连分式 $\varphi(x)$. 用 $\varphi(x)$作为 $f(x)$的近似.

下面分析怎样用有理插值法求极小点.

我们的目的是求点 x^*,使得 $f'(x^*)=0$. 为此考虑导函数

$$z = f'(x).$$

设它的反函数为

$$x = g(z),$$

这样,$x^*=g(0)$就是我们要求的解.

现在定义有理分式 $\psi(z)$,用它逼近 $g(z)$,并把 $\psi(0)$作为解的一个估计. 令

$$x = \psi(z) = b_0 + \cfrac{z - z^{(0)}}{b_1 + \cfrac{z - z^{(1)}}{b_2 + \cfrac{z - z^{(2)}}{\ddots \, b_{n-1} + \cfrac{z - z^{(n-1)}}{b_n}}}}, \tag{9.3.58}$$

或用递推形式,写作

$$\begin{cases} \psi_0(z) = \psi(z) = b_0 + \dfrac{z - z^{(0)}}{\psi_1(z)}, \\ \psi_1(z) = b_1 + \dfrac{z - z^{(1)}}{\psi_2(z)}, \\ \quad\vdots \\ \psi_{n-1}(z) = b_{n-1} + \dfrac{z - z^{(n-1)}}{\psi_n(z)}, \\ \psi_n(z) = b_n. \end{cases} \tag{9.3.59}$$

给定点 $x^{(i)}(i=0, 1, \cdots, n)$,计算出

$$z^{(i)} = f'(x^{(i)}), \quad i = 0, 1, \cdots, n.$$

令 $\psi(z)$与 $g(z)$在给定的 $n+1$ 个点有相等的函数值,即令

$$\psi(z^{(i)}) = g(z^{(i)}) = x^{(i)}, \quad i = 0, 1, \cdots, n. \tag{9.3.60}$$

按下列递推公式计算待定常数 $b_i(i=0,1,\cdots,n)$：

$$\begin{cases}b_0=\psi_0(z^{(0)})=x^{(0)},\\ \psi_0(z^{(i)})=x^{(i)},\quad i=1,\cdots,n,\\ \psi_{j+1}(z^{(i)})=\dfrac{z^{(i)}-z^{(j)}}{\psi_j(z^{(i)})-b_j},\\ \quad j=0,1,\cdots,n-1;\quad i=j+1,\cdots,n,\\ b_i=\psi_i(z^{(i)}),\quad i=1,2,\cdots,n.\end{cases}\tag{9.3.61}$$

由于 $f(x)$的极小点 x^* 对应 $z=0$，即

$$x^*=g(0),$$

因此用 $\bar{x}=\psi(0)$近似 x^*. 由(9.3.58)式可知

$$\bar{x}=\psi(0)=b_0-\cfrac{z^{(0)}}{b_1-\cfrac{z^{(1)}}{b_2-\cfrac{z^{(2)}}{\ddots\, b_{n-1}-\cfrac{z^{(n-1)}}{b_n}}}}.\tag{9.3.62}$$

如果 $\bar{x}$ 不满足精度要求，可增加一个插值基点，继续计算. 令

$$x^{(n+1)}=\bar{x},\quad z^{(n+1)}=f'(x^{(n+1)}).$$

再利用公式(9.3.61)和(9.3.62)求新的近似解.

增加一个基点后，连分式 $\psi(z)$只是增加一层，没有其他变化. 因此，b_0, b_1, $\cdots$, b_n 不必重算，只需按下列公式求 b_{n+1}：

$$\begin{cases}\psi_0(z^{(n+1)})=x^{(n+1)},\\ \psi_{j+1}(z^{(n+1)})=\dfrac{z^{(n+1)}-z^{(j)}}{\psi_j(z^{(n+1)})-b_j},\\ \quad j=0,1,\cdots,n,\\ b_{n+1}=\psi_{n+1}(z^{(n+1)}).\end{cases}\tag{9.3.63}$$

有理插值法的计算步骤如下.

(1) 给定点 $x^{(0)}$，步长 h，最大下标 n，允许误差 ε. 求出 $x^{(i)}$, $z^{(i)}$：

$$x^{(i)}=x^{(0)}+ih,\quad i=1,\cdots,n,$$

$$z^{(i)}=f'(x^{(i)}),\quad i=0,1,\cdots,n.$$

令 $b_0=x^{(0)}$，置 $j=0$，$k=1$.

(2) 令 $\psi_0(z^{(k)})=x^{(k)}$.

(3) 计算 $\psi_{j+1}(z^{(k)})$：

$$\psi_{j+1}(z^{(k)})=\frac{z^{(k)}-z^{(j)}}{\psi_j(z^{(k)})-b_j}.$$

(4) 若 $j<k-1$,则置 $j:=j+1$,转步骤(3);若 $j=k-1$,则令

$$b_k = \psi_k(z^{(k)}),$$

进行步骤(5).

(5) 若 $k<n$,则置 $k:=k+1$, $j=0$,转步骤(2);否则,进行步骤(6).

(6) 计算 $x^{(n+1)}$:

$$x^{(n+1)} = b_0 - \cfrac{z^{(0)}}{b_1 - \cfrac{z^{(1)}}{b_2 - \cfrac{z^{(2)}}{\ddots\, b_{n-1} - \cfrac{z^{(n-1)}}{b_n}}}}.$$

令 $z^{(n+1)}=f'(x^{(n+1)})$. 若 $|z^{(n+1)}|\leqslant\varepsilon$,则停止计算,得解 $x^{(n+1)}$;否则,进行步骤(7).

(7) 令 $\psi_0(z^{(n+1)})=x^{(n+1)}$,计算 $\psi_{j+1}(z^{(n+1)})$:

$$\psi_{j+1}(z^{(n+1)}) = \frac{z^{(n+1)} - z^{(j)}}{\psi_j(z^{(n+1)}) - b_j}, \quad j = 0,\ 1,\ \cdots,\ n.$$

令 $b_{n+1}=\psi_{n+1}(z^{(n+1)})$,置 $n:=n+1$,转步骤(6).

例 9.3.2 用有理插值法求解下列问题:

$$\min \quad f(x) \overset{\text{def}}{=} \frac{1}{2}(\mathrm{e}^x + \mathrm{e}^{-x}), \quad x \in \mathbb{R}^1.$$

给定 $x^{(0)}=0.5$, $h=0.5$, $\varepsilon=10^{-4}$, $n=3$.

计算结果列表如表 9.3.2 所示.

表 9.3.2

i	$x^{(i)}$	$z^{(i)}$	$f(x^{(i)})$	b_i
0	0.5	0.5211071	1.9519866	0.5
1	1.0	1.1752012	1.5430807	1.3081882
2	1.5	2.1292794	2.3524096	3.1804259
3	2.0	3.6268604	3.7621957	42.008589
4	−0.0587122	−0.0587459	1.0017241	0.0845522
5	0.0252662	0.0252689	1.0003192	−36.385795
6	−0.000031	−0.000031	1.000000	

得到近似解 $\bar{x}=-0.000031$,已经十分接近问题的最优解 $x^*=0$. 可见收敛是比较快的.

运用有理插值法进行一维搜索时,需要计算目标函数的导数. 但是,当目标函数比较复杂时,求导数会遇到某些困难. 为此下面介绍**用连分式求导数近似值的方法**.

为了求函数 $f(x)$的导数,构造一个连分式 $\varphi(x)$,用它逼近 $f(x)$,进而把 $\varphi(x)$在一点处的导数作为 $f(x)$的导数的近似,即令

$$f'(x^{(i)}) \approx \varphi'(x^{(i)}).$$

下面分析怎样求连分式 $\varphi(x)$ 在各点的导数.

考虑 $\varphi(x)$ 的递推形式(9.3.56). 易知

$$\varphi'(x) = \varphi_0'(x) = \frac{\varphi_1(x) - (x - x^{(0)})\varphi_1'(x)}{\varphi_1^2(x)},$$

$$\varphi_1'(x) = \frac{\varphi_2(x) - (x - x^{(1)})\varphi_2'(x)}{\varphi_2^2(x)},$$

$$\vdots$$

$$\varphi_{n-1}'(x) = \frac{\varphi_n(x) - (x - x^{(n-1)})\varphi_n'(x)}{\varphi_n^2(x)},$$

$$\varphi_n'(x) = 0.$$

因此在每一点 $x^{(i)}$,有

$$\varphi_j'(x^{(i)}) = \frac{\varphi_{j+1}(x^{(i)}) - (x^{(i)} - x^{(j)})\varphi_{j+1}'(x^{(i)})}{\varphi_{j+1}^2(x^{(i)})}, \quad j = 0, 1, \cdots, n-1, \tag{9.3.64}$$

$$\varphi_n'(x^{(i)}) = 0, \tag{9.3.65}$$

$$\varphi_i'(x^{(i)}) = \frac{1}{\varphi_{i+1}(x^{(i)})}. \tag{9.3.66}$$

由于 $\varphi(x)=\varphi_0(x)$,因此求 $\varphi'(x^{(i)})$ 归结为求 $\varphi_0'(x^{(i)})$.

根据(9.3.64)式～(9.3.66)式,如果已知 $\varphi_{i+1}(x^{(i)})$,则能算出 $\varphi_i'(x^{(i)})$;如果已知 $\varphi_i(x^{(i)})$ 和 $\varphi_i'(x^{(i)})$,就能求出 $\varphi_{i-1}'(x^{(i)})$. 类推下去,可求得 $\varphi_0'(x^{(i)})$. 这样,求 $\varphi_0'(x^{(i)})$ 的方法可概括如下.

首先利用递推关系(9.3.57)求出待定常数 $a_i (i=0, 1, \cdots, n)$,与此同时也求出了函数值 $\varphi_j(x^{(i)}) (i \geqslant j)$.

再按下列公式计算 $\varphi_j(x^{(i)}) (i<j)$:

$$\varphi_n(x^{(i)}) = a_n, \quad i = 0, 1, \cdots, n,$$

$$\varphi_j(x^{(i)}) = a_j + \frac{x^{(i)} - x^{(j)}}{\varphi_{j+1}(x^{(i)})}, \quad j = n-1, n-2, \cdots, 1; i = j-1, j-2, \cdots, 0.$$

最后用下列公式计算出 $\varphi_0'(x^{(i)})$:

$$\varphi_i'(x^{(i)}) = \frac{1}{\varphi_{i+1}(x^{(i)})}, \quad i = 0, 1, \cdots, n-1,$$

$$\varphi_n'(x^{(n)}) = 0,$$

$$\varphi_j'(x^{(i)}) = \frac{\varphi_{j+1}(x^{(i)}) - (x^{(i)} - x^{(j)})\varphi_{j+1}'(x^{(i)})}{\varphi_{j+1}^2(x^{(i)})}, \quad j = i-1, i-2, \cdots, 0,$$

这样便可求得 $f'(x^{(i)})$ 的近似值

$$z^{(i)} = \varphi_0'(x^{(i)})$$

习 题

1. 分别用 0.618 法和 Fibonacci 法求解下列问题：

$$\min \quad e^{-x} + x^2.$$

要求最终区间长度 $L \leqslant 0.2$,取初始区间为[0, 1].

2. 考虑下列问题：

$$\min \quad 3x^4 - 4x^3 - 12x^2.$$

(1) 用牛顿法迭代 3 次,取初点 $x^{(0)} = -1.2$；

(2) 用割线法迭代 3 次,取初点 $x^{(1)} = -1.2$, $x^{(2)} = -0.8$；

(3) 用抛物线法迭代 3 次,取初点 $x^{(1)} = -1.2$, $x^{(2)} = -1.1$, $x^{(3)} = -0.8$.

3. 用三次插值法求解

$$\min \quad x^4 + 2x + 4.$$

4. 设函数 $f(x)$ 在 $x^{(1)}$ 与 $x^{(2)}$ 之间存在极小点,又知

$$f_1 = f(x^{(1)}), \quad f_2 = f(x^{(2)}), \quad f_1' = f'(x^{(1)}).$$

作二次插值多项式 $\varphi(x)$,使

$$\varphi(x^{(1)}) = f_1, \quad \varphi(x^{(2)}) = f_2, \quad \varphi'(x^{(1)}) = f_1'.$$

求 $\varphi(x)$ 的极小点.

第10章 使用导数的最优化方法

本章和第11章研究无约束问题最优化方法.无约束问题的算法大致分成两类:一类在计算过程中要用到目标函数的导数,凡属这类算法在本章介绍;另一类只用到目标函数值,不必计算导数,通常称为**直接方法**,放在第11章讨论.

一般来说,无约束问题的求解通过一系列一维搜索来实现.因此,怎样选择搜索方向是解无约束问题的核心问题,搜索方向的不同选择,形成不同的最优化方法.

10.1 最速下降法

10.1.1 最速下降方向

考虑无约束问题

$$\min \quad f(\boldsymbol{x}), \quad \boldsymbol{x} \in \mathbb{R}^n, \tag{10.1.1}$$

其中函数 $f(\boldsymbol{x})$具有一阶连续偏导数.

人们在处理这类问题时,总希望从某一点出发,选择一个目标函数值下降最快的方向,以利于尽快达到极小点.正是基于这样一种愿望,早在1847年法国数学家Cauchy提出了**最速下降法**.后来,Curry等人作了进一步的研究.现在最速下降法已经成为众所周知的一种最基本的算法,它对其他算法的研究也很有启发作用,因此在最优化方法中占有重要地位.下面先来讨论怎样选择**最速下降方向**.

函数 $f(\boldsymbol{x})$在点 $\boldsymbol{x}$ 处沿方向 $\boldsymbol{d}$ 的变化率可用方向导数来表达,对于可微函数,方向导数等于梯度与方向的内积,即

$$\mathrm{D}f(\boldsymbol{x};\boldsymbol{d}) = \nabla f(\boldsymbol{x})^{\mathrm{T}}\boldsymbol{d}, \tag{10.1.2}$$

因此,求函数 $f(\boldsymbol{x})$在点 $\boldsymbol{x}$ 处的下降最快的方向,可归结为求解下列非线性规划:

$$\begin{aligned} &\min \quad \nabla f(\boldsymbol{x})^{\mathrm{T}}\boldsymbol{d} \\ &\text{s.t.} \quad \|\boldsymbol{d}\| \leqslant 1. \end{aligned} \tag{10.1.3}$$

根据Schwartz不等式,有

$$|\nabla f(\boldsymbol{x})^{\mathrm{T}}\boldsymbol{d}| \leqslant \|\nabla f(\boldsymbol{x})\| \, \|\boldsymbol{d}\| \leqslant \|\nabla f(\boldsymbol{x})\|,$$

去掉绝对值符号,可以得到

$$\nabla f(\boldsymbol{x})^{\mathrm{T}}\boldsymbol{d} \geqslant -\|\nabla f(\boldsymbol{x})\|, \tag{10.1.4}$$

由上式可知,当

$$d = -\frac{\nabla f(x)}{\| \nabla f(x) \|} \tag{10.1.5}$$

时等号成立.因此,在点 x 处沿(10.1.5)式所定义的方向变化率最小,即**负梯度方向为最速下降方向**.

这里要特别指出,在不同尺度下最速下降方向是不同的.前面定义的最速下降方向,是在向量 d 的欧氏范数 $\|d\|_2$ 不大于1的限制下得到的,属于欧氏度量意义下的最速下降方向.如果改用其他度量,比如,设 A 为对称正定矩阵,在向量 d 的 A 范数 $\|d\|_A=(d^{\mathrm T}Ad)^{\frac{1}{2}}$ 不大于1的限制下,极小化 $\nabla f(x)^{\mathrm T}d$,则得到的最速下降方向与前者不同.

为求得 A 度量意义下的最速下降方向,我们考虑下列问题:

$$\begin{aligned} \min \quad & \nabla f(x)^{\mathrm T} d \\ \text{s.t.} \quad & d^{\mathrm T} A d \leqslant 1. \end{aligned} \tag{10.1.6}$$

由于 A 和 A^{-1} 为对称正定矩阵,必存在对称正定平方根 $A^{\frac{1}{2}}$ 和 $A^{-\frac{1}{2}}$,使得

$$A = A^{\frac{1}{2}}A^{\frac{1}{2}}, \quad A^{-1} = A^{-\frac{1}{2}}A^{-\frac{1}{2}},$$

因此可以写作

$$d^{\mathrm T}Ad = d^{\mathrm T}A^{\frac{1}{2}}A^{\frac{1}{2}}d = (A^{\frac{1}{2}}d)^{\mathrm T}(A^{\frac{1}{2}}d),$$
$$\nabla f(x)^{\mathrm T}d = \nabla f(x)^{\mathrm T}A^{-\frac{1}{2}}A^{\frac{1}{2}}d = (A^{-\frac{1}{2}}\nabla f(x))^{\mathrm T}(A^{\frac{1}{2}}d).$$

令 $y=A^{\frac{1}{2}}d$,则(10.1.6)式可写成

$$\begin{aligned} \min \quad & (A^{-\frac{1}{2}}\nabla f(x))^{\mathrm T} y \\ \text{s.t.} \quad & y^{\mathrm T} y \leqslant 1. \end{aligned} \tag{10.1.7}$$

根据 Schwartz 不等式,得到

$$|(A^{-\frac{1}{2}}\nabla f(x))^{\mathrm T}y| \leqslant \|A^{-\frac{1}{2}}\nabla f(x)\| \, \|y\| \leqslant \|A^{-\frac{1}{2}}\nabla f(x)\|,$$

去掉绝对值符号,得到

$$(A^{-\frac{1}{2}}\nabla f(x))^{\mathrm T}y \geqslant -\|A^{-\frac{1}{2}}\nabla f(x)\|,$$

即

$$\nabla f(x)^{\mathrm T}A^{-\frac{1}{2}}A^{\frac{1}{2}}d \geqslant -\|A^{-\frac{1}{2}}\nabla f(x)\|,$$
$$\nabla f(x)^{\mathrm T}d \geqslant -\|A^{-\frac{1}{2}}\nabla f(x)\|. \tag{10.1.8}$$

为得到在点 x 处下降最快的方向,我们按照下式选择向量 d:

$$d = \frac{-A^{-1}\nabla f(x)}{(\nabla f(x)^{\mathrm T}A^{-1}\nabla f(x))^{\frac{1}{2}}}, \tag{10.1.9}$$

这时,(10.1.8)式等号成立.这样确定的方向 d 就是在 A 度量意义下的最速下降方向.

这里应着重指出,由于 A 度量意义下的最速下降方向并没有多少实际应用,通常所谓最速下降法均指欧氏度量意义下的最速下降法,因此,如果没有特殊说明,凡称最速下

降方向，均指欧氏度量意义下的最速下降方向.

10.1.2 最速下降算法

最速下降法的迭代公式是

$$x^{(k+1)} = x^{(k)} + \lambda_k d^{(k)}, \tag{10.1.10}$$

其中 $d^{(k)}$ 是从 $x^{(k)}$ 出发的搜索方向，这里取在点 $x^{(k)}$ 处的最速下降方向，即

$$d^{(k)} = -\nabla f(x^{(k)}).$$

λ_k 是从 $x^{(k)}$ 出发沿方向 $d^{(k)}$ 进行一维搜索的步长，即 λ_k 满足

$$f(x^{(k)} + \lambda_k d^{(k)}) = \min_{\lambda \geqslant 0} f(x^{(k)} + \lambda d^{(k)}). \tag{10.1.11}$$

计算步骤如下：

(1) 给定初点 $x^{(1)} \in \mathbb{R}^n$，允许误差 $\varepsilon > 0$，置 $k=1$.

(2) 计算搜索方向 $d^{(k)} = -\nabla f(x^{(k)})$.

(3) 若 $\| d^{(k)} \| \leqslant \varepsilon$，则停止计算；否则，从 $x^{(k)}$ 出发，沿 $d^{(k)}$ 进行一维搜索，求 λ_k，使

$$f(x^{(k)} + \lambda_k d^{(k)}) = \min_{\lambda \geqslant 0} f(x^{(k)} + \lambda d^{(k)}).$$

(4) 令 $x^{(k+1)} = x^{(k)} + \lambda_k d^{(k)}$，置 $k := k+1$，转步骤(2).

例 10.1.1 用最速下降法解问题

$$\min \quad f(x) = 2x_1^2 + x_2^2,$$

初点 $x^{(1)} = (1,1)^{\mathrm{T}}, \varepsilon = \frac{1}{10}$.

解 第 1 次迭代. 目标函数 $f(x)$ 在点 x 处的梯度

$$\nabla f(x) = \begin{bmatrix} 4x_1 \\ 2x_2 \end{bmatrix}.$$

令搜索方向

$$d^{(1)} = -\nabla f(x^{(1)}) = \begin{bmatrix} -4 \\ -2 \end{bmatrix}, \quad \| d \| = \sqrt{16+4} = 2\sqrt{5} > \frac{1}{10}.$$

从 $x^{(1)} = (1,1)^{\mathrm{T}}$ 出发，沿方向 $d^{(1)}$ 进行一维搜索，求步长 λ_1，即

$$\min_{\lambda \geqslant 0} \quad \varphi(\lambda) \overset{\text{def}}{=} f(x^{(1)} + \lambda d^{(1)}),$$

$$x^{(1)} + \lambda d^{(1)} = \begin{bmatrix} 1 \\ 1 \end{bmatrix} + \lambda \begin{bmatrix} -4 \\ -2 \end{bmatrix} = \begin{bmatrix} 1-4\lambda \\ 1-2\lambda \end{bmatrix},$$

$$\varphi(\lambda) = 2(1-4\lambda)^2 + (1-2\lambda)^2.$$

令

$$\varphi'(\lambda) = -16(1-4\lambda) - 4(1-2\lambda) = 0,$$

解得

$$\lambda_1 = \frac{5}{18}.$$

在直线上的极小点

$$\boldsymbol{x}^{(2)} = \boldsymbol{x}^{(1)} + \lambda_1 \boldsymbol{d}^{(1)} = \begin{bmatrix} -\frac{1}{9} \\ \frac{4}{9} \end{bmatrix}.$$

第 2 次迭代. $f(\boldsymbol{x})$在点 $\boldsymbol{x}^{(2)}$处的最速下降方向为

$$\boldsymbol{d}^{(2)} = -\nabla f(\boldsymbol{x}^{(2)}) = \begin{bmatrix} \frac{4}{9} \\ -\frac{8}{9} \end{bmatrix}, \quad \| \boldsymbol{d}^{(2)} \| = \sqrt{\left(\frac{4}{9}\right)^2 + \left(-\frac{8}{9}\right)^2} = \frac{4}{5}\sqrt{5} > \frac{1}{10}.$$

从 $\boldsymbol{x}^{(2)}$出发沿 $\boldsymbol{d}^{(2)}$进行一维搜索：

$$\min_{\lambda \geqslant 0} \quad \varphi(\lambda) \stackrel{\text{def}}{=} f(\boldsymbol{x}^{(2)} + \lambda \boldsymbol{d}^{(2)}),$$

$$\boldsymbol{x}^{(2)} + \lambda \boldsymbol{d}^{(2)} = \begin{bmatrix} -\frac{1}{9} \\ \frac{4}{9} \end{bmatrix} + \lambda \begin{bmatrix} \frac{4}{9} \\ -\frac{8}{9} \end{bmatrix} = \begin{bmatrix} -\frac{1}{9} + \frac{4}{9}\lambda \\ \frac{4}{9} - \frac{8}{9}\lambda \end{bmatrix},$$

$$\varphi(\lambda) = \frac{2}{81}(-1 + 4\lambda)^2 + \frac{16}{81}(1 - 2\lambda)^2.$$

令

$$\varphi'(\lambda) = \frac{16}{81}(-1 + 4\lambda) - \frac{64}{81}(1 - 2\lambda) = 0,$$

得到

$$\lambda_2 = \frac{5}{12},$$

$$\boldsymbol{x}^{(3)} = \boldsymbol{x}^{(2)} + \lambda_2 \boldsymbol{d}^{(2)} = \frac{2}{27}\begin{bmatrix} 1 \\ 1 \end{bmatrix},$$

第 3 次迭代.

$$\boldsymbol{d}^{(3)} = -\nabla f(\boldsymbol{x}^{(3)}) = \frac{4}{27}\begin{bmatrix} -2 \\ -1 \end{bmatrix}, \quad \| \boldsymbol{d}^{(3)} \| = \frac{4}{27}\sqrt{5} > \frac{1}{10}.$$

再从 $\boldsymbol{x}^{(3)}$出发，沿 $\boldsymbol{d}^{(3)}$进行一维搜索：

$$\min_{\lambda \geqslant 0} \quad \varphi(\lambda) \stackrel{\text{def}}{=} f(\boldsymbol{x}^{(3)} + \lambda \boldsymbol{d}^{(3)}),$$

$$\boldsymbol{x}^{(3)} + \lambda \boldsymbol{d}^{(3)} = \frac{2}{27}\begin{bmatrix} 1 \\ 1 \end{bmatrix} + \lambda \cdot \frac{4}{27}\begin{bmatrix} -2 \\ -1 \end{bmatrix} = \frac{2}{27}\begin{bmatrix} 1 - 4\lambda \\ 1 - 2\lambda \end{bmatrix},$$

$$\varphi(\lambda)=\frac{8}{27^2}(1-4\lambda)^2+\frac{4}{27^2}(1-2\lambda)^2.$$

令 $\varphi'(\lambda)=0$,解得

$$\lambda_3=\frac{5}{18},$$

$$\boldsymbol{x}^{(4)}=\boldsymbol{x}^{(3)}+\lambda_3\boldsymbol{d}^{(3)}=\frac{2}{27}\begin{bmatrix}-\frac{1}{9}\\ \frac{4}{9}\end{bmatrix}=\frac{2}{243}\begin{bmatrix}-1\\ 4\end{bmatrix},$$

这时有

$$\|\nabla f(\boldsymbol{x}^{(4)})\|=\frac{8}{243}\sqrt{5}<\frac{1}{10},$$

已经满足精度要求,得到近似解

$$\bar{\boldsymbol{x}}=\frac{2}{243}\begin{bmatrix}-1\\ 4\end{bmatrix}.$$

实际上,问题的最优解 $\boldsymbol{x}^*=(0,0)^{\mathrm{T}}$.

10.1.3 最速下降算法的收敛性

最速下降算法在一定条件下是收敛的.

定理 10.1.1 设 $f(\boldsymbol{x})$是连续可微实函数,解集合 $\Omega=\{\bar{\boldsymbol{x}}\mid\nabla f(\bar{\boldsymbol{x}})=\boldsymbol{0}\}$,最速下降算法产生的序列$\{\boldsymbol{x}^{(k)}\}$含于某个紧集,则序列$\{\boldsymbol{x}^{(k)}\}$的每个聚点 $\hat{\boldsymbol{x}}\in\Omega$.

证明 最速下降算法 A 可表示成合成映射

$$A=MD,$$

其中 $D(\boldsymbol{x})=(\boldsymbol{x},-\nabla f(\boldsymbol{x}))$,是$\mathbb{R}^n\to\mathbb{R}^n\times\mathbb{R}^n$的映射. 每给定一点 $\boldsymbol{x}$,经算法 D 作用,得到点 $\boldsymbol{x}$ 和在 $\boldsymbol{x}$ 处的负梯度(从 $\boldsymbol{x}$ 出发的方向 $\boldsymbol{d}$). 算法 M 是$\mathbb{R}^n\times\mathbb{R}^n\to\mathbb{R}^n$映射. 每给定一点 $\boldsymbol{x}$ 及方向 $\boldsymbol{d}=-\nabla f(\boldsymbol{x})$,经 M 作用,即一维搜索,得到一个新点,在这一点,与前面的迭代点相比,具有较小的目标函数值. 根据定理 9.1.1,当$\nabla f(\boldsymbol{x})\neq\boldsymbol{0}$ 时,M 是闭映射. 由于 $f(\boldsymbol{x})$是连续可微实函数,因此 D 是连续的,根据定理 8.1.1 的推论 2,A 在 $\boldsymbol{x}(\nabla f(\boldsymbol{x})\neq\boldsymbol{0})$处是闭的.

其次,当 $\boldsymbol{x}\notin\Omega$ 时,$\boldsymbol{d}=-\nabla f(\boldsymbol{x})\neq\boldsymbol{0}$,这时有$\nabla f(\boldsymbol{x})^{\mathrm{T}}\boldsymbol{d}<0$,因此对于 $\boldsymbol{y}\in A(\boldsymbol{x})$,必有 $f(\boldsymbol{y})<f(\boldsymbol{x})$,由此可知,$f(\boldsymbol{x})$是关于 Ω 和 A 的下降函数.

最后,按照假设,$\{\boldsymbol{x}^{(k)}\}$含于紧集.

因此,根据定理 8.2.1,算法收敛.

最速下降法产生的序列是线性收敛的,而且收敛性质与极小点处 Hesse 矩阵$\nabla^2 f(\bar{\boldsymbol{x}})$的特征值有关. 文献[11]中给出下列定理.

定理 10.1.2 设 $f(\boldsymbol{x})$存在连续二阶偏导数,$\bar{\boldsymbol{x}}$ 是局部极小点,Hesse 矩阵$\nabla^2 f(\bar{\boldsymbol{x}})$的

最小特征值 $a>0$，最大特征值为 A，算法产生的序列 $\{\boldsymbol{x}^{(k)}\}$ 收敛于点 $\bar{\boldsymbol{x}}$，则目标函数值的序列 $\{f(\boldsymbol{x}^{(k)})\}$ 以不大于

$$\left(\frac{A-a}{A+a}\right)^2$$

的收敛比线性地收敛于 $f(\bar{\boldsymbol{x}})$.

在上述定理中，若令 $r=A/a$，则

$$\left(\frac{A-a}{A+a}\right)^2=\left(\frac{r-1}{r+1}\right)^2<1,$$

r 是对称正定矩阵 $\nabla^2 f(\bar{\boldsymbol{x}})$ 的**条件数**. 这个定理表明，条件数越小，收敛越快；条件数越大，收敛越慢.

为了说明上述结论，首先需要指出，最速下降法存在**锯齿现象**（参见图 10.1.1).

容易证明，用最速下降法极小化目标函数时，相邻两个搜索方向是正交的. 令

$$\varphi(\lambda)=f(\boldsymbol{x}^{(k)}+\lambda \boldsymbol{d}^{(k)}),$$
$$\boldsymbol{d}^{(k)}=-\nabla f(\boldsymbol{x}^{(k)}).$$

为求出从 $\boldsymbol{x}^{(k)}$ 出发沿方向 $\boldsymbol{d}^{(k)}$ 的极小点，令

$$\varphi'(\lambda)=\nabla f(\boldsymbol{x}^{(k)}+\lambda_k \boldsymbol{d}^{(k)})^{\mathrm{T}}\boldsymbol{d}^{(k)}=0,$$

由此得出

$$-\nabla f(\boldsymbol{x}^{(k+1)})^{\mathrm{T}}\nabla f(\boldsymbol{x}^{(k)})=0,$$

即方向 $\boldsymbol{d}^{(k+1)}=-\nabla f(\boldsymbol{x}^{(k+1)})$ 与 $\boldsymbol{d}^{(k)}=-\nabla f(\boldsymbol{x}^{(k)})$ 正交. 这表明迭代产生的序列 $\{x^{(k)}\}$ 所循路径是“之”字形的. 当 $\boldsymbol{x}^{(k)}$ 接近极小点 $\bar{\boldsymbol{x}}$ 时，每次迭代移动的步长很小，这样就呈现出锯齿现象，因此影响了收敛速率.

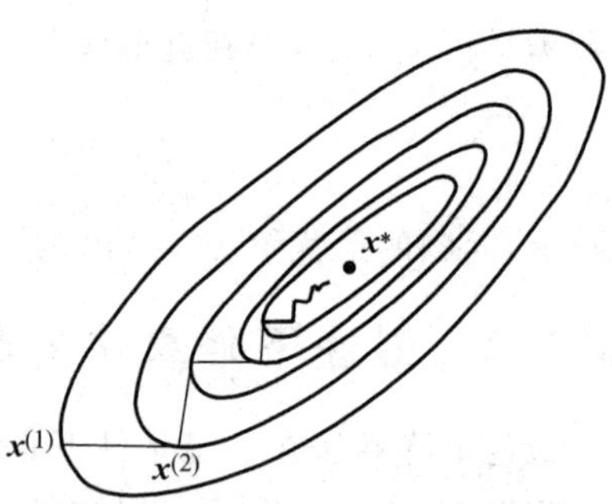

图　10.1.1

当 Hesse 矩阵 $\nabla^2 f(\bar{\boldsymbol{x}})$ 的条件数比较大时，锯齿现象的影响尤为严重. 对此可作如下分析：

粗略地讲，在极小点附近，目标函数一般可用二次函数近似，其等值面接近椭球面，长轴和短轴分别位于对应最小特征值和最大特征值的特征向量的方向，其大小与特征值的平方根成反比. 最小特征值与最大特征值相差越大，椭球面越扁，这就使得一维搜索沿着斜长谷进行. 因此，当条件数很大时，要使迭代点充分接近极小点，就需要走很大的弯路，计算效率很低.

综上所述，最速下降方向反映了目标函数的一种局部性质. 从局部看，最速下降方向确是函数值下降最快的方向，选择这样的方向进行搜索是有利的. 但从全局看，由于锯齿现象的影响，即使向着极小点移近不太大的距离，也要经历不小的弯路，因此使收敛速率大为减慢. 最速下降法并不是收敛最快的方法，相反，从全局看，它的收敛是比较慢的. 因

此,最速下降法一般适用于计算过程的前期迭代或作为间插步骤. 当接近极小点时,再使用最速下降法,试图用这种方法达到迭代的终止,这样做并不有利.

10.2 牛 顿 法

10.2.1 牛顿法

第 9 章介绍了一维搜索中的牛顿法,这里把它加以推广,给出求解一般无约束问题的牛顿法.

设 $f(\boldsymbol{x})$是二次可微实函数,$\boldsymbol{x}\in\mathbb{R}^n$. 又设 $\boldsymbol{x}^{(k)}$ 是 $f(\boldsymbol{x})$的极小点的一个估计,我们把 $f(\boldsymbol{x})$在 $\boldsymbol{x}^{(k)}$ 展成 Taylor 级数,并取二阶近似

$$f(\boldsymbol{x}) \approx \phi(\boldsymbol{x}) = f(\boldsymbol{x}^{(k)}) + \nabla f(\boldsymbol{x}^{(k)})^{\mathrm{T}}(\boldsymbol{x}-\boldsymbol{x}^{(k)}) + \frac{1}{2}(\boldsymbol{x}-\boldsymbol{x}^{(k)})^{\mathrm{T}}\nabla^2 f(\boldsymbol{x}^{(k)})(\boldsymbol{x}-\boldsymbol{x}^{(k)}),$$

其中$\nabla^2 f(\boldsymbol{x}^{(k)})$是 $f(\boldsymbol{x})$在 $\boldsymbol{x}^{(k)}$ 处的 Hesse 矩阵. 为求 $\phi(\boldsymbol{x})$的平稳点,令

$$\nabla\phi(\boldsymbol{x}) = \boldsymbol{0},$$

即

$$\nabla f(\boldsymbol{x}^{(k)}) + \nabla^2 f(\boldsymbol{x}^{(k)})(\boldsymbol{x}-\boldsymbol{x}^{(k)}) = \boldsymbol{0}. \tag{10.2.1}$$

设$\nabla^2 f(\boldsymbol{x}^{(k)})$可逆,由(10.2.1)式得到牛顿法的迭代公式

$$\boldsymbol{x}^{(k+1)} = \boldsymbol{x}^{(k)} - \nabla^2 f(\boldsymbol{x}^{(k)})^{-1}\,\nabla f(\boldsymbol{x}^{(k)}), \tag{10.2.2}$$

其中$\nabla^2 f(\boldsymbol{x}^{(k)})^{-1}$是 Hesse 矩阵$\nabla^2 f(\boldsymbol{x}^{(k)})$的逆矩阵. 这样,知道 $\boldsymbol{x}^{(k)}$ 后,算出在这一点处目标函数的梯度和 Hesse 矩阵的逆,代入(10.2.2)式,便得到后继点 $\boldsymbol{x}^{(k+1)}$,用 $k+1$ 代替 k,再用(10.2.2)式计算,又得到 $\boldsymbol{x}^{(k+1)}$ 的后继点. 依此类推,产生序列$\{\boldsymbol{x}^{(k)}\}$. 在适当的条件下,这个序列收敛.

定理 10.2.1 设 $f(\boldsymbol{x})$为二次连续可微函数,$\boldsymbol{x}\in\mathbb{R}^n$,$\bar{\boldsymbol{x}}$ 满足$\nabla f(\bar{\boldsymbol{x}})=\boldsymbol{0}$,且$\nabla^2 f(\bar{\boldsymbol{x}})^{-1}$存在. 又设初点 $\boldsymbol{x}^{(1)}$ 充分接近 $\bar{\boldsymbol{x}}$,使得存在 $k_1,k_2>0$,满足 $k_1k_2<1$,且对每一个

$$\boldsymbol{x}\in X=\{\boldsymbol{x}\mid \|\boldsymbol{x}-\bar{\boldsymbol{x}}\|\leqslant\|\boldsymbol{x}^{(1)}-\bar{\boldsymbol{x}}\|\},$$

有

$$\|\nabla^2 f(\boldsymbol{x})^{-1}\|\leqslant k_1, \tag{10.2.3}$$

$$\frac{\|\nabla f(\bar{\boldsymbol{x}})-\nabla f(\boldsymbol{x})-\nabla^2 f(\boldsymbol{x})(\bar{\boldsymbol{x}}-\boldsymbol{x})\|}{\|\bar{\boldsymbol{x}}-\boldsymbol{x}\|}\leqslant k_2. \tag{10.2.4}$$

则牛顿法产生的序列收敛于 $\bar{\boldsymbol{x}}$.

证明 根据(10.2.2)式,牛顿算法映射定义为

$$A(\boldsymbol{x}) = \boldsymbol{x} - \nabla^2 f(\boldsymbol{x})^{-1}\,\nabla f(\boldsymbol{x}). \tag{10.2.5}$$

定义解集合 $\Omega=\{\bar{\boldsymbol{x}}\}$,令函数 $\alpha(\boldsymbol{x})=\|\boldsymbol{x}-\bar{\boldsymbol{x}}\|$.

下面证明 $\alpha(\boldsymbol{x})$是关于解集合 Ω 和算法 A 的下降函数.

令 $\boldsymbol{x}\in X$，且 $\boldsymbol{x}\neq\bar{\boldsymbol{x}}$，又令 $\boldsymbol{y}\in A(\boldsymbol{x})$. 根据算法 A 的定义及 $\nabla f(\bar{\boldsymbol{x}})=\boldsymbol{0}$ 的假设，可以得到

$$\begin{aligned}\boldsymbol{y}-\bar{\boldsymbol{x}}&=\boldsymbol{x}-\nabla^2 f(\boldsymbol{x})^{-1}\nabla f(\boldsymbol{x})-\bar{\boldsymbol{x}}\\&=(\boldsymbol{x}-\bar{\boldsymbol{x}})-\nabla^2 f(\boldsymbol{x})^{-1}[\nabla f(\boldsymbol{x})-\nabla f(\bar{\boldsymbol{x}})]\\&=\nabla^2 f(\boldsymbol{x})^{-1}[\nabla f(\bar{\boldsymbol{x}})-\nabla f(\boldsymbol{x})-\nabla^2 f(\boldsymbol{x})(\bar{\boldsymbol{x}}-\boldsymbol{x})].\end{aligned}\tag{10.2.6}$$

考虑到(10.2.3)式和(10.2.4)式，由(10.2.6)式又可得到

$$\begin{aligned}\|\boldsymbol{y}-\bar{\boldsymbol{x}}\|&\leqslant\|\nabla^2 f(\boldsymbol{x})^{-1}\|\,\|\nabla f(\bar{\boldsymbol{x}})-\nabla f(\boldsymbol{x})-\nabla^2 f(\boldsymbol{x})(\bar{\boldsymbol{x}}-\boldsymbol{x})\|\\&\leqslant k_1k_2\|\bar{\boldsymbol{x}}-\boldsymbol{x}\|<\|\bar{\boldsymbol{x}}-\boldsymbol{x}\|.\end{aligned}\tag{10.2.7}$$

由此可知 $\alpha(\boldsymbol{x})$ 为下降函数.

由(10.2.7)式又知，$\boldsymbol{y}\in X$，故迭代产生的序列 $\{\boldsymbol{x}^{(k)}\}\subset X$. 根据定义知 X 为紧集，因此迭代产生的序列含于紧集.

此外，算法映射 A 在紧集 X 上是闭的.

综上分析，根据定理 8.2.1，迭代产生的序列 $\{\boldsymbol{x}^{(k)}\}$ 必收敛于 $\bar{\boldsymbol{x}}$.

例 10.2.1 用牛顿法求解下列问题：

$$\min\quad (x_1-1)^4+x_2^2.$$

解 取初点 $\boldsymbol{x}^{(1)}=(0,1)^{\mathrm{T}}$. 在点 $\boldsymbol{x}$ 处，目标函数 $f(\boldsymbol{x})=(x_1-1)^4+x_2^2$ 的梯度和 Hesse 矩阵分别为

$$\nabla f(\boldsymbol{x})=\begin{bmatrix}4(x_1-1)^3\\2x_2\end{bmatrix}\quad 和\quad \nabla^2 f(\boldsymbol{x})=\begin{bmatrix}12(x_1-1)^2&0\\0&2\end{bmatrix}.$$

第 1 次迭代.

$$\nabla f(\boldsymbol{x}^{(1)})=\begin{bmatrix}-4\\2\end{bmatrix},\quad \nabla^2 f(\boldsymbol{x}^{(1)})=\begin{bmatrix}12&0\\0&2\end{bmatrix},$$

$$\boldsymbol{x}^{(2)}=\boldsymbol{x}^{(1)}-\nabla^2 f(\boldsymbol{x}^{(1)})^{-1}\nabla f(\boldsymbol{x}^{(1)})=\begin{bmatrix}0\\1\end{bmatrix}-\begin{bmatrix}12&0\\0&2\end{bmatrix}^{-1}\begin{bmatrix}-4\\2\end{bmatrix}=\begin{bmatrix}\frac{1}{3}\\0\end{bmatrix}.$$

第 2 次迭代.

$$\nabla f(\boldsymbol{x}^{(2)})=\begin{bmatrix}-\frac{32}{27}\\0\end{bmatrix},\quad \nabla^2 f(\boldsymbol{x}^{(2)})=\begin{bmatrix}\frac{48}{9}&0\\0&2\end{bmatrix},$$

$$\boldsymbol{x}^{(3)}=\boldsymbol{x}^{(2)}-\nabla^2 f(\boldsymbol{x}^{(2)})^{-1}\nabla f(\boldsymbol{x}^{(2)})=\begin{bmatrix}\frac{1}{3}\\0\end{bmatrix}-\begin{bmatrix}\frac{48}{9}&0\\0&2\end{bmatrix}^{-1}\begin{bmatrix}-\frac{32}{27}\\0\end{bmatrix}$$

$$=\begin{bmatrix}\frac{1}{3}\\0\end{bmatrix}-\begin{bmatrix}-\frac{2}{9}\\0\end{bmatrix}=\begin{bmatrix}\frac{5}{9}\\0\end{bmatrix}.$$

继续迭代下去，得到

$$x^{(4)} = \begin{bmatrix} \frac{19}{27} \\ 0 \end{bmatrix}, \quad x^{(5)} = \begin{bmatrix} \frac{65}{81} \\ 0 \end{bmatrix}, \cdots.$$

问题的最优解是 $\bar{x}=(1,0)^{\mathrm{T}}$. 从迭代进展情况看,牛顿法收敛比较快.

实际上,当牛顿法收敛时,有下列关系:

$$\| x^{(k+1)} - \bar{x} \| \leqslant c \| x^{(k)} - \bar{x} \|^2. \tag{10.2.8}$$

其中 c 是某个常数. 因此,牛顿法至少 2 级收敛,参见文献[24]. 可见牛顿法的收敛速率是很快的.

特别地,对于二次凸函数,用牛顿法求解,经 1 次迭代即达极小点.

设有二次凸函数

$$f(x) = \frac{1}{2} x^{\mathrm{T}} A x + b^{\mathrm{T}} x + c, \tag{10.2.9}$$

其中 A 是对称正定矩阵.

我们先用极值条件求解. 令

$$\nabla f(x) = Ax + b = 0,$$

得到最优解

$$\bar{x} = -A^{-1} b.$$

下面用牛顿法求解. 任取初始点 $x^{(1)}$,根据牛顿法的迭代公式(10.2.2)则有

$$x^{(2)} = x^{(1)} - A^{-1} \nabla f(x^{(1)}) = x^{(1)} - A^{-1}(Ax^{(1)} + b) = -A^{-1} b.$$

显然,$x^{(2)} = \bar{x}$. 即 1 次迭代达到极小点.

以后还会遇到一些算法,把它们用于二次凸函数时,类似于牛顿法,经有限次迭代必达到极小点. 这种性质称为**二次终止性**.

值得注意,当初始点远离极小点时,牛顿法可能不收敛. 原因之一,牛顿方向

$$d = -\nabla^2 f(x)^{-1} \nabla f(x)$$

不一定是下降方向,经迭代,目标函数值可能上升. 此外,即使目标函数值下降,得到的点 $x^{(k+1)}$ 也不一定是沿牛顿方向的最好点或极小点. 因此,人们对牛顿法进行修正,提出了阻尼牛顿法.

10.2.2 阻尼牛顿法

阻尼牛顿法与原始牛顿法的区别在于增加了沿牛顿方向的一维搜索,其迭代公式是

$$x^{(k+1)} = x^{(k)} + \lambda_k d^{(k)}, \tag{10.2.10}$$

其中 $d^{(k)} = -\nabla^2 f(x^{(k)})^{-1} \nabla f(x^{(k)})$ 为牛顿方向,λ_k 是由一维搜索得到的步长,即满足

$$f(x^{(k)} + \lambda_k d^{(k)}) = \min_{\lambda} f(x^{(k)} + \lambda d^{(k)}).$$

阻尼牛顿法的计算步骤如下:

(1) 给定初始点 $\boldsymbol{x}^{(1)}$，允许误差 $\varepsilon>0$，置 $k=1$.

(2) 计算 $\nabla f(\boldsymbol{x}^{(k)})$，$\nabla^2 f(\boldsymbol{x}^{(k)})^{-1}$.

(3) 若 $\|\nabla f(\boldsymbol{x}^{(k)})\|<\varepsilon$，则停止迭代；否则，令

$$\boldsymbol{d}^{(k)}=-\nabla^2 f(\boldsymbol{x}^{(k)})^{-1}\nabla f(\boldsymbol{x}^{(k)}).$$

(4) 从 $\boldsymbol{x}^{(k)}$ 出发，沿方向 $\boldsymbol{d}^{(k)}$ 作一维搜索，

$$\min_{\lambda}\quad f(\boldsymbol{x}^{(k)}+\lambda\boldsymbol{d}^{(k)})=f(\boldsymbol{x}^{(k)}+\lambda_k\boldsymbol{d}^{(k)}),$$

令 $\boldsymbol{x}^{(k+1)}=\boldsymbol{x}^{(k)}+\lambda_k\boldsymbol{d}^{(k)}$.

(5) 置 $k:=k+1$，转步骤(2).

由于阻尼牛顿法含有一维搜索，因此每次迭代目标函数值一般有所下降（绝不会上升）. 可以证明，阻尼牛顿法在适当的条件下具有全局收敛性，且为 2 级收敛.

10.2.3 牛顿法的进一步修正

原始牛顿法和阻尼牛顿法虽然不同，但有共同缺点. 一是可能出现 Hesse 矩阵奇异的情形，因此不能确定后继点；二是即使 $\nabla^2 f(\boldsymbol{x})$ 非奇异，也未必正定，因而牛顿方向不一定是下降方向，这就可能导致算法失效.

例 10.2.2 用阻尼牛顿法求解下列问题：

$$\min\quad f(\boldsymbol{x})\overset{\text{def}}{=}x_1^4+x_1x_2+(1+x_2)^2.$$

取初始点 $\boldsymbol{x}^{(1)}=(0,0)^{\mathrm{T}}$. 在点 $\boldsymbol{x}^{(1)}$ 处，函数的梯度和 Hesse 矩阵分别为

$$\nabla f(\boldsymbol{x}^{(1)})=\begin{bmatrix}0\\2\end{bmatrix},\quad \nabla^2 f(\boldsymbol{x}^{(1)})=\begin{bmatrix}0&1\\1&2\end{bmatrix},$$

牛顿方向

$$\boldsymbol{d}^{(1)}=-\nabla^2 f(\boldsymbol{x}^{(1)})^{-1}\nabla f(\boldsymbol{x}^{(1)})=-\begin{bmatrix}0&1\\1&2\end{bmatrix}^{-1}\begin{bmatrix}0\\2\end{bmatrix}=\begin{bmatrix}-2\\0\end{bmatrix}.$$

从 $\boldsymbol{x}^{(1)}$ 出发，沿 $\boldsymbol{d}^{(1)}$ 作一维搜索. 令

$$\varphi(\lambda)=f(\boldsymbol{x}^{(1)}+\lambda\boldsymbol{d}^{(1)})=16\lambda^4+1,$$
$$\varphi'(\lambda)=64\lambda^3=0,$$

则

$$\lambda_1=0.$$

显然，用阻尼牛顿法不能产生新点，而点 $\boldsymbol{x}^{(1)}=(0,0)^{\mathrm{T}}$ 并不是问题的极小点. 可见从 $\boldsymbol{x}^{(1)}$ 出发，用阻尼牛顿法求不出问题的极小点，原因在于 Hesse 矩阵 $\nabla^2 f(\boldsymbol{x}^{(1)})$ 非正定.

为使牛顿法从任一点开始均能产生收敛于解集合的序列 $\{\boldsymbol{x}^{(k)}\}$，而要做进一步修正. 人们在这方面做了不少工作，共同的着眼点在于克服 Hesse 矩阵非正定的困难. 下面简介修正牛顿方法的一般策略.

我们考虑(10.2.1)式,记搜索方向 $\boldsymbol{d}^{(k)}=\boldsymbol{x}-\boldsymbol{x}^{(k)}$ 由此得到

$$\nabla^2 f(\boldsymbol{x}^{(k)})\boldsymbol{d}^{(k)}=-\nabla f(\boldsymbol{x}^{(k)}). \tag{10.2.11}$$

阻尼牛顿法所用搜索方向是上述方程的解:

$$\boldsymbol{d}^{(k)}=-\nabla^2 f(\boldsymbol{x}^{(k)})^{-1}\nabla f(\boldsymbol{x}^{(k)}), \tag{10.2.12}$$

这里假设逆矩阵 $\nabla^2 f(\boldsymbol{x}^{(k)})^{-1}$ 存在.

解决 Hesse 矩阵 $\nabla^2 f(\boldsymbol{x}^{(k)})$ 非正定问题的基本思想是,修正 $\nabla^2 f(\boldsymbol{x}^{(k)})$,构造一个对称正定矩阵 $\boldsymbol{G}_k$,在方程(10.2.11)中,用 $\boldsymbol{G}_k$ 取代矩阵 $\nabla^2 f(\boldsymbol{x}^{(k)})$,从而得到方程

$$\boldsymbol{G}_k\boldsymbol{d}^{(k)}=-\nabla f(\boldsymbol{x}^{(k)}), \tag{10.2.13}$$

解此方程,得到在点 $\boldsymbol{x}^{(k)}$ 处的下降方向

$$\boldsymbol{d}^{(k)}=-\boldsymbol{G}_k^{-1}\nabla f(\boldsymbol{x}^{(k)}), \tag{10.2.14}$$

再沿此方向作一维搜索.

构造矩阵 $\boldsymbol{G}_k$ 的方法之一是令

$$\boldsymbol{G}_k=\nabla^2 f(\boldsymbol{x}^{(k)})+\varepsilon_k\boldsymbol{I}, \tag{10.2.15}$$

其中 $\boldsymbol{I}$ 是 n 阶单位矩阵,ε_k 是一个适当的正数.根据 $\boldsymbol{G}_k$ 的定义,只要 ε_k 选择得合适,$\boldsymbol{G}_k$ 就是对称正定矩阵.事实上,如果 α_k 是 $\nabla^2 f(\boldsymbol{x}^{(k)})$ 的特征值,那么 $\alpha_k+\varepsilon_k$ 就是 $\boldsymbol{G}_k$ 的特征值,只要 $\varepsilon_k>0$ 取得足够大,$\boldsymbol{G}_k$ 的特征值便均为正数,从而保证了 $\boldsymbol{G}_k$ 的正定性.

值得注意,当 $\boldsymbol{x}^{(k)}$ 为鞍点时,有

$$\nabla f(\boldsymbol{x}^{(k)})=\boldsymbol{0} \quad 及 \quad \nabla^2 f(\boldsymbol{x}^{(k)})\text{ 不定},$$

因此(10.2.13)式不能使用.这时,$\boldsymbol{d}^{(k)}$ 可取为负曲率方向,即满足

$$\boldsymbol{d}^{(k)\mathrm{T}}\nabla^2 f(\boldsymbol{x}^{(k)})\boldsymbol{d}^{(k)}<0$$

的方向.当 $\nabla^2 f(\boldsymbol{x}^{(k)})$ 不定时,这样的方向必定存在,而且沿此方向进行一维搜索必能使目标函数值下降.

其他修正算法,可参见文献[20,21].

可以证明,修正牛顿法是收敛的.

10.3 共轭梯度法

10.3.1 共轭方向

我们曾经指出,无约束最优化方法的核心问题是选择搜索方向.在这一节,我们讨论基于共轭方向的一种算法——**共轭梯度法**.为此先引入**共轭方向**的概念.

定义 10.3.1 设 $\boldsymbol{A}$ 是 $n\times n$ 对称正定矩阵,若 $\mathbb{R}^n$ 中的两个方向 $\boldsymbol{d}^{(1)}$ 和 $\boldsymbol{d}^{(2)}$ 满足

$$\boldsymbol{d}^{(1)\mathrm{T}}\boldsymbol{A}\boldsymbol{d}^{(2)}=0, \tag{10.3.1}$$

则称**这两个方向关于 $\boldsymbol{A}$ 共轭,或称它们关于 $\boldsymbol{A}$ 正交.**

若 $\boldsymbol{d}^{(1)},\boldsymbol{d}^{(2)},\cdots,\boldsymbol{d}^{(k)}$ 是 $\mathbb{R}^n$ 中 k 个方向，它们两两关于 $\boldsymbol{A}$ 共轭，即满足

$$\boldsymbol{d}^{(i)\mathrm{T}}\boldsymbol{A}\boldsymbol{d}^{(j)}=0,\quad i\neq j;i,j=1,\cdots,k,\tag{10.3.2}$$

则称**这组方向是 $\boldsymbol{A}$ 共轭的**，或称**它们为 $\boldsymbol{A}$ 的 k 个共轭方向**.

在上述定义中，如果 $\boldsymbol{A}$ 为单位矩阵，则两个方向关于 $\boldsymbol{A}$ 共轭等价于两个方向正交. 因此共轭是正交概念的推广. 实际上，如果 $\boldsymbol{A}$ 是一般的对称正定矩阵，$\boldsymbol{d}^{(i)}$ 和 $\boldsymbol{d}^{(j)}$ 关于 $\boldsymbol{A}$ 共轭，也就是方向 $\boldsymbol{d}^{(i)}$ 与方向 $\boldsymbol{A}\boldsymbol{d}^{(j)}$ 正交.

现在，我们以正定二次函数为例，来观察两个方向关于矩阵 $\boldsymbol{A}$ 共轭的几何意义.

设有二次函数

$$f(\boldsymbol{x})=\frac{1}{2}(\boldsymbol{x}-\bar{\boldsymbol{x}})^{\mathrm{T}}\boldsymbol{A}(\boldsymbol{x}-\bar{\boldsymbol{x}}),\tag{10.3.3}$$

其中 $\boldsymbol{A}$ 是 $n\times n$ 对称**正定矩阵**，$\bar{\boldsymbol{x}}$ 是一个定点. 函数 $f(\boldsymbol{x})$ 的等值面

$$\frac{1}{2}(\boldsymbol{x}-\bar{\boldsymbol{x}})^{\mathrm{T}}A(\boldsymbol{x}-\bar{\boldsymbol{x}})=c$$

是以 $\bar{\boldsymbol{x}}$ 为中心的椭球面. 由于

$$\nabla f(\bar{\boldsymbol{x}})=\boldsymbol{A}(\bar{\boldsymbol{x}}-\bar{\boldsymbol{x}})=\boldsymbol{0},$$

$\boldsymbol{A}$ 正定，因此 $\bar{\boldsymbol{x}}$ 是 $f(\boldsymbol{x})$ 的极小点.

设 $\boldsymbol{x}^{(1)}$ 是在某个等值面上的一点，该等值面在点 $\boldsymbol{x}^{(1)}$ 处的法向量

$$\nabla f(\boldsymbol{x}^{(1)})=\boldsymbol{A}(\boldsymbol{x}^{(1)}-\bar{\boldsymbol{x}}).$$

又设 $\boldsymbol{d}^{(1)}$ 是这个等值面在 $\boldsymbol{x}^{(1)}$ 处的一个切向量. 记作

$$\boldsymbol{d}^{(2)}=\bar{\boldsymbol{x}}-\boldsymbol{x}^{(1)}.$$

自然，$\boldsymbol{d}^{(1)}$ 与 $\nabla f(\boldsymbol{x}^{(1)})$ 正交，即 $\boldsymbol{d}^{(1)\mathrm{T}}\nabla f(\boldsymbol{x}^{(1)})=0$，因此有

$$\boldsymbol{d}^{(1)\mathrm{T}}\boldsymbol{A}\boldsymbol{d}^{(2)}=0,$$

即等值面上一点处的切向量与由这一点指向极小点的向量关于 $\boldsymbol{A}$ 共轭(如图 10.3.1 所示).

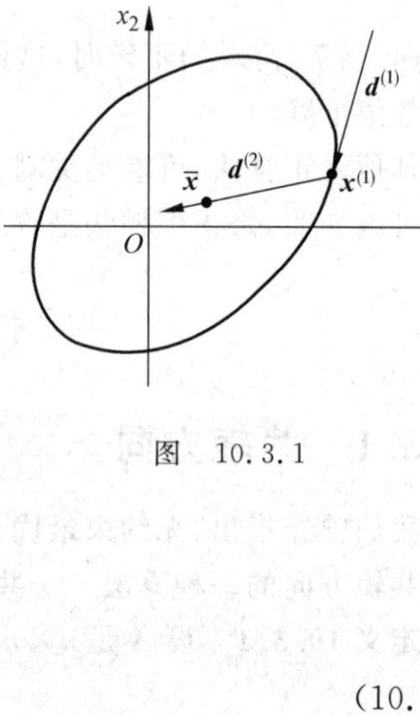

图　10.3.1

由此可知，极小化(10.3.3)式所定义的二次函数，若依次沿着 $\boldsymbol{d}^{(1)}$ 和 $\boldsymbol{d}^{(2)}$ 进行一维搜索，则经两次迭代必达到极小点.

下面给出共轭方向的一些重要性质.

定理 10.3.1　设 $\boldsymbol{A}$ 是 n 阶对称正定矩阵，$\boldsymbol{d}^{(1)},\boldsymbol{d}^{(2)},\cdots,\boldsymbol{d}^{(k)}$ 是 k 个 $\boldsymbol{A}$ 共轭的非零向量，则这个向量组线性无关.

证明　设存在数 $\alpha_1,\alpha_2,\cdots,\alpha_k$，使得

$$\sum_{j=1}^{k}\alpha_j\boldsymbol{d}^{(j)}=\boldsymbol{0},\tag{10.3.4}$$

上式两端左乘 $\boldsymbol{d}^{(i)\mathrm{T}}\boldsymbol{A}$，根据向量组关于 $\boldsymbol{A}$ 共轭的假设，得到

$$\alpha_i \boldsymbol{d}^{(i)\mathrm{T}}\boldsymbol{A}\boldsymbol{d}^{(i)} = 0. \tag{10.3.5}$$

由于 $\boldsymbol{A}$ 是正定矩阵，$\boldsymbol{d}^{(i)}$ 是非零向量，因此在(10.3.5)式中，$\boldsymbol{d}^{(i)\mathrm{T}}\boldsymbol{A}\boldsymbol{d}^{(i)}>0$，从而得出

$$\alpha_i = 0, \quad i = 1,\cdots,k,$$

因此 $\boldsymbol{d}^{(1)},\boldsymbol{d}^{(2)},\cdots,\boldsymbol{d}^{(k)}$ 线性无关.

根据向量组共轭的概念和定理10.3.1，能够证明下列重要定理.

定理 10.3.2(扩张子空间定理) 设有函数

$$f(\boldsymbol{x}) = \frac{1}{2}\boldsymbol{x}^{\mathrm{T}}\boldsymbol{A}\boldsymbol{x} + \boldsymbol{b}^{\mathrm{T}}\boldsymbol{x} + c,$$

其中 $\boldsymbol{A}$ 是 n 阶对称正定矩阵，$\boldsymbol{d}^{(1)},\boldsymbol{d}^{(2)},\cdots,\boldsymbol{d}^{(k)}$ 是 $\boldsymbol{A}$ 共轭的非零向量. 以任意的 $\boldsymbol{x}^{(1)}\in\mathbb{R}^n$ 为初始点，依次沿 $\boldsymbol{d}^{(1)},\boldsymbol{d}^{(2)},\cdots,\boldsymbol{d}^{(k)}$ 进行一维搜索，得到点 $\boldsymbol{x}^{(2)},\boldsymbol{x}^{(3)},\cdots,\boldsymbol{x}^{(k+1)}$，则 $\boldsymbol{x}^{(k+1)}$ 是函数 $f(\boldsymbol{x})$ 在**线性流形**

$$\boldsymbol{x}^{(1)} + \mathscr{B}_k$$

上的惟一极小点. 特别地，当 $k=n$ 时，$\boldsymbol{x}^{(n+1)}$ 是函数 $f(\boldsymbol{x})$ 在 $\mathbb{R}^n$ 上的惟一极小点. 其中

$$\mathscr{B}_k = \left\{ \boldsymbol{x} \,\middle|\, \boldsymbol{x} = \sum_{i=1}^{k}\lambda_i \boldsymbol{d}^{(i)}, \lambda_i \in (-\infty, +\infty) \right\}$$

是 $\boldsymbol{d}^{(1)},\boldsymbol{d}^{(2)},\cdots,\boldsymbol{d}^{(k)}$ 生成的子空间.

证明 由于 $f(\boldsymbol{x})$ 是严格凸函数，因此要证明 $\boldsymbol{x}^{(k+1)}$ 是函数 $f(\boldsymbol{x})$ 在线性流形 $\boldsymbol{x}^{(1)}+\mathscr{B}_k$ 上的惟一极小点，只需证明在点 $\boldsymbol{x}^{(k+1)}$ 处，函数的梯度 $\nabla f(\boldsymbol{x}^{(k+1)})$ 与子空间 $\mathscr{B}_k$ 正交.

我们用归纳法证明 $\nabla f(\boldsymbol{x}^{(k+1)})\perp\mathscr{B}_k$. 为书写方便，以后在不致混淆的情况下，我们用 $\boldsymbol{g}_j$ 表示函数 $f(\boldsymbol{x})$ 在 $\boldsymbol{x}^{(j)}$ 处的梯度，即

$$\boldsymbol{g}_j = \nabla f(\boldsymbol{x}^{(j)}). \tag{10.3.6}$$

证明 $\boldsymbol{g}_{k+1}\perp\mathscr{B}_k$，对 k 归纳.

当 $k=1$ 时，由一维搜索定义知 $\boldsymbol{g}_2\perp\mathscr{B}_1$.

假设 $k=m<n$ 时，$\boldsymbol{g}_{m+1}\perp\mathscr{B}_m$，我们来证明 $\boldsymbol{g}_{m+2}\perp\mathscr{B}_{m+1}$. 由二次函数梯度的表达式和点 $\boldsymbol{x}^{(k+1)}$ 的定义，有

$$\begin{aligned}\boldsymbol{g}_{m+2} &= \boldsymbol{A}\boldsymbol{x}^{(m+2)} + \boldsymbol{b} = \boldsymbol{A}(\boldsymbol{x}^{(m+1)} + \lambda_{m+1}\boldsymbol{d}^{(m+1)}) + \boldsymbol{b} \\ &= \boldsymbol{g}_{m+1} + \lambda_{m+1}\boldsymbol{A}\boldsymbol{d}^{(m+1)},\end{aligned} \tag{10.3.7}$$

利用上式可把 $\boldsymbol{d}^{(i)}$ 和 $\boldsymbol{g}_{m+2}$ 的内积写成

$$\boldsymbol{d}^{(i)\mathrm{T}}\boldsymbol{g}_{m+2} = \boldsymbol{d}^{(i)\mathrm{T}}\boldsymbol{g}_{m+1} + \lambda_{m+1}\boldsymbol{d}^{(i)\mathrm{T}}\boldsymbol{A}\boldsymbol{d}^{(m+1)}. \tag{10.3.8}$$

当 $i=m+1$ 时，由一维搜索定义可知

$$\boldsymbol{d}^{(m+1)\mathrm{T}}\boldsymbol{g}_{m+2} = 0. \tag{10.3.9}$$

当 $1\leqslant i<m+1$ 时，由归纳法假设，有

$$\boldsymbol{d}^{(i)\mathrm{T}}\boldsymbol{g}_{m+1} = 0. \tag{10.3.10}$$

由于 $\boldsymbol{d}^{(1)},\cdots,\boldsymbol{d}^{(m+1)}$ 关于 $\boldsymbol{A}$ 共轭,因此有

$$\boldsymbol{d}^{(i)\mathrm{T}}\boldsymbol{A}\boldsymbol{d}^{(m+1)}=0. \tag{10.3.11}$$

由(10.3.8)式至(10.3.11)式可知

$$\boldsymbol{d}^{(i)\mathrm{T}}\boldsymbol{g}_{m+2}=0,$$

即

$$\boldsymbol{g}_{m+2}\perp\mathscr{B}_{m+1}.$$

根据以上证明,$\boldsymbol{x}^{(k+1)}$ 是 $f(\boldsymbol{x})$ 在 $\boldsymbol{x}^{(1)}+\mathscr{B}_k$ 上的极小点.由于 $f(\boldsymbol{x})$ 是严格凸函数,因此点 $\boldsymbol{x}^{(k+1)}$ 必是此流形上的惟一极小点.

当 $k=n$ 时,$\boldsymbol{d}^{(1)},\boldsymbol{d}^{(2)},\cdots,\boldsymbol{d}^{(n)}$ 是 $\mathbb{R}^n$ 的一组基,此时必有 $\boldsymbol{g}_{n+1}=\boldsymbol{0}$,这是显然的.如果 $\boldsymbol{g}_{n+1}\neq\boldsymbol{0}$,则有

$$\boldsymbol{g}_{n+1}=\alpha_1\boldsymbol{d}^{(1)}+\cdots+\alpha_n\boldsymbol{d}^{(n)},$$

等号两端左乘 $\boldsymbol{g}_{n+1}^{\mathrm{T}}$,则等号左端大于零,等号右端等于零,这是不可能的.由于 $\boldsymbol{g}_{n+1}=\boldsymbol{0}$,因此 $\boldsymbol{x}^{(n+1)}$ 是函数 $f(\boldsymbol{x})$ 在 $\mathbb{R}^n$ 上的惟一极小点.

推论 在定理10.3.2的条件下,必有

$$\boldsymbol{g}_{k+1}^{\mathrm{T}}\boldsymbol{d}^{(j)}=0,\quad \forall j\leqslant k.$$

上述定理表明,对于二次凸函数,若沿一组共轭方向(非零向量)搜索,经有限步迭代必达到极小点.这是一种极好的性质,下面将根据这种性质构造一些具有二次终止性的算法.

10.3.2 共轭梯度法

共轭梯度法最初由 Hesteness 和 Stiefel 于 1952 年为求解线性方程组而提出.后来,人们把这种方法用于求解无约束最优化问题,使之成为一种重要的最优化方法.

下面,重点介绍 Fletcher-Reeves **共轭梯度法**,简称 FR 法.

共轭梯度法的基本思想是把共轭性与最速下降方法相结合,利用已知点处的梯度构造一组共轭方向,并沿这组方向进行搜索,求出目标函数的极小点.根据共轭方向的基本性质,这种方法具有二次终止性.

首先讨论对于二次凸函数的共轭梯度法,然后再把这种方法推广到极小化一般函数的情形.

考虑问题

$$\min\quad f(\boldsymbol{x})\stackrel{\mathrm{def}}{=}\frac{1}{2}\boldsymbol{x}^{\mathrm{T}}\boldsymbol{A}\boldsymbol{x}+\boldsymbol{b}^{\mathrm{T}}\boldsymbol{x}+c, \tag{10.3.12}$$

其中 $\boldsymbol{x}\in\mathbb{R}^n$,$\boldsymbol{A}$ 是对称正定矩阵,c 是常数.

具体求解方法如下:

首先,任意给定一个初始点 $\boldsymbol{x}^{(1)}$,计算出目标函数 $f(\boldsymbol{x})$ 在这点的梯度,若 $\|\boldsymbol{g}_1\|=0$,

则停止计算；否则，令

$$\boldsymbol{d}^{(1)} = -\nabla f(\boldsymbol{x}^{(1)}) = -\boldsymbol{g}_1. \tag{10.3.13}$$

沿方向 $\boldsymbol{d}^{(1)}$ 搜索，得到点 $\boldsymbol{x}^{(2)}$. 计算在 $\boldsymbol{x}^{(2)}$ 处的梯度，若 $\|\boldsymbol{g}_2\| \neq 0$，则利用 $-\boldsymbol{g}_2$ 和 $\boldsymbol{d}^{(1)}$ 构造第 2 个搜索方向 $\boldsymbol{d}^{(2)}$，再沿 $\boldsymbol{d}^{(2)}$ 搜索.

一般地，若已知点 $\boldsymbol{x}^{(k)}$ 和搜索方向 $\boldsymbol{d}^{(k)}$，则从 $\boldsymbol{x}^{(k)}$ 出发，沿 $\boldsymbol{d}^{(k)}$ 进行搜索，得到

$$\boldsymbol{x}^{(k+1)} = \boldsymbol{x}^{(k)} + \lambda_k \boldsymbol{d}^{(k)}, \tag{10.3.14}$$

其中步长 λ_k 满足

$$f(\boldsymbol{x}^{(k)} + \lambda_k \boldsymbol{d}^{(k)}) = \min f(\boldsymbol{x}^{(k)} + \lambda \boldsymbol{d}^{(k)}).$$

此时可求出 λ_k 的显式表达. 令

$$\varphi(\lambda) = f(\boldsymbol{x}^{(k)} + \lambda \boldsymbol{d}^{(k)}),$$

求 $\varphi(\lambda)$的极小点，令

$$\varphi'(\lambda) = \nabla f(\boldsymbol{x}^{(k+1)})^{\mathrm{T}} \boldsymbol{d}^{(k)} = 0. \tag{10.3.15}$$

根据二次函数的梯度的表达式，(10.3.15)式即

$$\begin{aligned}
&(\boldsymbol{A}\boldsymbol{x}^{(k+1)} + \boldsymbol{b})^{\mathrm{T}} \boldsymbol{d}^{(k)} = 0, \\
&[\boldsymbol{A}(\boldsymbol{x}^{(k)} + \lambda_k \boldsymbol{d}^{(k)}) + \boldsymbol{b}]^{\mathrm{T}} \boldsymbol{d}^{(k)} = 0, \\
&[\boldsymbol{g}_k + \lambda_k \boldsymbol{A}\boldsymbol{d}^{(k)}]^{\mathrm{T}} \boldsymbol{d}^{(k)} = 0.
\end{aligned} \tag{10.3.16}$$

由(10.3.16)式得到

$$\lambda_k = -\frac{\boldsymbol{g}_k^{\mathrm{T}} \boldsymbol{d}^{(k)}}{\boldsymbol{d}^{(k)\mathrm{T}} \boldsymbol{A} \boldsymbol{d}^{(k)}}. \tag{10.3.17}$$

计算 $f(\boldsymbol{x})$在 $\boldsymbol{x}^{(k+1)}$ 处的梯度. 若 $\|\boldsymbol{g}_{k+1}\| = 0$，则停止计算；否则，用 $-\boldsymbol{g}_{k+1}$ 和 $\boldsymbol{d}^{(k)}$ 构造下一个搜索方向 $\boldsymbol{d}^{(k+1)}$，并使 $\boldsymbol{d}^{(k+1)}$ 和 $\boldsymbol{d}^{(k)}$ 关于 $\boldsymbol{A}$ 共轭. 按此设想，令

$$\boldsymbol{d}^{(k+1)} = -\boldsymbol{g}_{k+1} + \beta_k \boldsymbol{d}^{(k)}, \tag{10.3.18}$$

上式两端左乘 $\boldsymbol{d}^{(k)\mathrm{T}}\boldsymbol{A}$，并令

$$\boldsymbol{d}^{(k)\mathrm{T}} \boldsymbol{A} \boldsymbol{d}^{(k+1)} = -\boldsymbol{d}^{(k)\mathrm{T}} \boldsymbol{A} \boldsymbol{g}_{k+1} + \beta_k \boldsymbol{d}^{(k)\mathrm{T}} \boldsymbol{A} \boldsymbol{d}^{(k)} = 0,$$

由此得到

$$\beta_k = \frac{\boldsymbol{d}^{(k)\mathrm{T}} \boldsymbol{A} \boldsymbol{g}_{k+1}}{\boldsymbol{d}^{(k)\mathrm{T}} \boldsymbol{A} \boldsymbol{d}^{(k)}}. \tag{10.3.19}$$

再从 $\boldsymbol{x}^{(k+1)}$ 出发，沿方向 $\boldsymbol{d}^{(k+1)}$ 搜索.

综上分析，在第 1 个搜索方向取负梯度的前提下，重复使用公式(10.3.14)，(10.3.17)，(10.3.18)和(10.3.19)，就能伴随计算点的增加，构造出一组搜索方向. 下面将要证明，这组方向是关于 A 共轭的. 因此，上述方法具有二次终止性.

定理 10.3.3 对于正定二次函数(10.3.12)，具有精确一维搜索的 FR 法在 $m \leqslant n$ 次一维搜索后即终止，并且对所有 $i(1 \leqslant i \leqslant m)$，下列关系成立：

(1) $\boldsymbol{d}^{(i)\mathrm{T}} \boldsymbol{A} \boldsymbol{d}^{(j)} = 0 (j = 1, 2, \cdots, i-1)$.

(2) $g_i^{\mathrm{T}} g_j = 0\ (j = 1, 2, \cdots, i-1)$.

(3) $g_i^{\mathrm{T}} d^{(i)} = -g_i^{\mathrm{T}} g_i$(蕴含 $d^{(i)} \neq \mathbf{0}$).

证明 显然 $m \geqslant 1$. 现在用归纳法证明上述三个关系. 对 i 归纳.

当 $i=1$ 时,由于 $d^{(1)} = -g_1$,因此关系(3)成立. 当 $i=2$ 时,关系(1)和(2)成立,从而关系(3)也成立.

设对某个 $i<m$,这些关系均成立,我们证明对于 $i+1$ 也成立.

先证关系(2). 由迭代公式

$$x^{(i+1)} = x^{(i)} + \lambda_i d^{(i)},$$

两端左乘 A,再加上 b,得到

$$g_{i+1} = g_i + \lambda_i A d^{(i)}, \tag{10.3.20}$$

其中 λ_i 由(10.3.17)式确定,即

$$\lambda_i = -\frac{g_i^{\mathrm{T}} d^{(i)}}{d^{(i)\mathrm{T}} A d^{(i)}} = \frac{g_i^{\mathrm{T}} g_i}{d^{(i)\mathrm{T}} A d^{(i)}} \neq 0. \tag{10.3.21}$$

考虑到(10.3.20)式和(10.3.18)式,则有

$$g_{i+1}^{\mathrm{T}} g_j = [g_i + \lambda_i A d^{(i)}]^{\mathrm{T}} g_j = g_i^{\mathrm{T}} g_j + \lambda_i d^{(i)\mathrm{T}} A(-d^{(j)} + \beta_{j-1} d^{(j-1)}) \tag{10.3.22}$$

(注意,当 $j=1$ 时,上式应改写成 $g_{i+1}^{\mathrm{T}} g_1 = g_i^{\mathrm{T}} g_1 - \lambda_i d^{(i)\mathrm{T}} A d^{(1)}$). 当 $j=i$ 时,由归纳法假设 $d^{(i)\mathrm{T}} A d^{(i-1)} = 0$,根据(10.3.21)式,

$$-\lambda_i d^{(i)\mathrm{T}} A d^{(i)} = -g_i^{\mathrm{T}} g_i,$$

因此有

$$g_{i+1}^{\mathrm{T}} g_i = 0.$$

当 $j<i$ 时,根据归纳法假设,(10.3.22)式等号右端各项均为零,因此 $g_{i+1}^{\mathrm{T}} g_j = 0$.

再证关系(1),运用(10.3.18)式和(10.3.20)式,则有

$$d^{(i+1)\mathrm{T}} A d^{(j)} = (-g_{i+1} + \beta_i d^{(i)})^{\mathrm{T}} A d^{(j)} = -g_{i+1}^{\mathrm{T}} \frac{g_{j+1} - g_j}{\lambda_j} + \beta_i d^{(i)\mathrm{T}} A d^{(j)}.$$

当 $j=i$ 时,把(10.3.19)式代入上式第 1 个等号的右端,立即得到

$$d^{(i+1)\mathrm{T}} A d^{(j)} = 0.$$

当 $j<i$ 时,由前面已经证明的结论和归纳法假设,式中第 2 个等号右端显然为零,因此

$$d^{(i+1)\mathrm{T}} A d^{(j)} = 0.$$

最后证关系(3). 易知

$$g_{i+1}^{\mathrm{T}} d^{(i+1)} = g_{i+1}^{\mathrm{T}}(-g_{i+1} + \beta_i d^{(i)}) = -g_{i+1}^{\mathrm{T}} g_{i+1}.$$

综上所证,对于 $i+1$,三种关系也成立.

由上述证明可知,Fletcher-Reeves 共轭梯度法所产生的搜索方向 $d^{(1)}, d^{(2)}, \cdots, d^{(m)}$ 是 A 共轭的,根据定理 10.3.2,经有限步迭代必达极小点.

这里要着重指出,初始搜索方向选择最速下降方向(即 $d^{(1)} = -\nabla f(x^{(1)})$)十分重要.

如果选择别的方向作为初始方向，其余方向均按 FR 法构造，那么极小化正定二次函数时，这样构造出来的一组方向并不能保证共轭性.

例 10.3.1 考虑下列问题：

$$\min \quad x_1^2+\frac{1}{2}x_2^2+\frac{1}{2}x_3^2.$$

解 取初始点和初始搜索方向分别为

$$\boldsymbol{x}^{(1)}=\begin{bmatrix}1\\1\\1\end{bmatrix} \quad 和 \quad \boldsymbol{d}^{(1)}=\begin{bmatrix}-1\\-2\\0\end{bmatrix}.$$

显然，$\boldsymbol{d}^{(1)}$ 不是目标函数在 $\boldsymbol{x}^{(1)}$ 处的最速下降方向. 下面用 FR 法构造两个搜索方向.

首先从 $\boldsymbol{x}^{(1)}$ 出发，沿方向 $\boldsymbol{d}^{(1)}$ 搜索，求步长 λ_1，使它满足

$$f(\boldsymbol{x}^{(1)}+\lambda_1\boldsymbol{d}^{(1)})=\min_{\lambda} f(\boldsymbol{x}^{(1)}+\lambda\boldsymbol{d}^{(1)}),$$

得到 $\lambda_1=\dfrac{2}{3}$. 进而得出

$$\boldsymbol{x}^{(2)}=\boldsymbol{x}^{(1)}+\lambda_1\boldsymbol{d}^{(1)}=\begin{bmatrix}\frac{1}{3}\\-\frac{1}{3}\\1\end{bmatrix}, \qquad \boldsymbol{g}_2=\begin{bmatrix}\frac{2}{3}\\-\frac{1}{3}\\1\end{bmatrix}.$$

令

$$\boldsymbol{d}^{(2)}=-\boldsymbol{g}_2+\beta_1\boldsymbol{d}^{(1)},$$

根据(10.3.19)式，有

$$\beta_1=\frac{\boldsymbol{d}^{(1)\mathrm{T}}\boldsymbol{A}\boldsymbol{g}_2}{\boldsymbol{d}^{(1)\mathrm{T}}\boldsymbol{A}\boldsymbol{d}^{(1)}}=\frac{-\frac{2}{3}}{6}=-\frac{1}{9},$$

因此

$$\boldsymbol{d}^{(2)}=-\begin{bmatrix}\frac{2}{3}\\-\frac{1}{3}\\1\end{bmatrix}-\frac{1}{9}\begin{bmatrix}-1\\-2\\0\end{bmatrix}=\begin{bmatrix}-\frac{5}{9}\\\frac{5}{9}\\-1\end{bmatrix}.$$

再从 $\boldsymbol{x}^{(2)}$ 出发，沿 $\boldsymbol{d}^{(2)}$ 搜索. 求步长 λ_2：

$$\min_{\lambda} \quad f(\boldsymbol{x}^{(2)}+\lambda\boldsymbol{d}^{(2)}),$$

求得 $\lambda_2=\dfrac{21}{26}$，从而得到

$$\boldsymbol{x}^{(3)} = \boldsymbol{x}^{(2)} + \lambda_2 \boldsymbol{d}^{(2)} = \begin{bmatrix} -\frac{9}{78} \\ \frac{9}{78} \\ \frac{5}{26} \end{bmatrix}, \quad \boldsymbol{g}_3 = \begin{bmatrix} -\frac{18}{78} \\ \frac{9}{78} \\ \frac{5}{26} \end{bmatrix}.$$

令

$$\boldsymbol{d}^{(3)} = -\boldsymbol{g}_3 + \beta_2 \boldsymbol{d}^{(2)}.$$

利用(10.3.19)式算出

$$\beta_2 = \frac{\boldsymbol{d}^{(2)\mathrm{T}} \boldsymbol{A} \boldsymbol{g}_3}{\boldsymbol{d}^{(2)\mathrm{T}} \boldsymbol{A} \boldsymbol{d}^{(2)}} = \frac{45}{676},$$

因此,第 3 个搜索方向是

$$\boldsymbol{d}^{(3)} = -\begin{bmatrix} -\frac{18}{78} \\ \frac{9}{78} \\ \frac{5}{26} \end{bmatrix} + \frac{45}{676} \begin{bmatrix} -\frac{5}{9} \\ \frac{5}{9} \\ -1 \end{bmatrix} = \frac{1}{676} \begin{bmatrix} 131 \\ -53 \\ -175 \end{bmatrix}.$$

容易验证,$\boldsymbol{d}^{(1)}$ 与 $\boldsymbol{d}^{(2)}$ 关于 $\boldsymbol{A}$ 共轭,$\boldsymbol{d}^{(2)}$ 与 $\boldsymbol{d}^{(3)}$ 也关于 $\boldsymbol{A}$ 共轭. 但是,$\boldsymbol{d}^{(1)}$ 与 $\boldsymbol{d}^{(3)}$ 不共轭,因此 $\boldsymbol{d}^{(1)},\boldsymbol{d}^{(2)},\boldsymbol{d}^{(3)}$ 不是关于 $\boldsymbol{A}$ 共轭的. 在 FR 法中,**初始搜索方向必须取最速下降方向**,这一点绝不可忽视.

我们还可以证明,对于正定二次函数,运用 FR 法时,不作矩阵运算就能求出因子 β_i.

定理 10.3.4　对于正定二次函数,FR 法中因子 β_i 具有下列表达式:

$$\beta_i = \frac{\| \boldsymbol{g}_{i+1} \|^2}{\| \boldsymbol{g}_i \|^2}, \quad i \geqslant 1, \quad \boldsymbol{g}_i \neq \boldsymbol{0}.$$

证明　利用已有知识,直接推导得

$$\begin{aligned} \beta_i &= \frac{\boldsymbol{d}^{(i)\mathrm{T}} \boldsymbol{A} \boldsymbol{g}_{i+1}}{\boldsymbol{d}^{(i)\mathrm{T}} \boldsymbol{A} \boldsymbol{d}^{(i)}} = \frac{\boldsymbol{g}_{i+1}^{\mathrm{T}} \boldsymbol{A} (\boldsymbol{x}^{(i+1)} - \boldsymbol{x}^{(i)})/\lambda_i}{\boldsymbol{d}^{(i)\mathrm{T}} \boldsymbol{A} (\boldsymbol{x}^{(i+1)} - \boldsymbol{x}^{(i)})/\lambda_i} \\ &= \frac{\boldsymbol{g}_{i+1}^{\mathrm{T}} (\boldsymbol{g}_{i+1} - \boldsymbol{g}_i)}{\boldsymbol{d}^{(i)\mathrm{T}} (\boldsymbol{g}_{i+1} - \boldsymbol{g}_i)} = \frac{\| \boldsymbol{g}_{i+1} \|^2}{-\boldsymbol{d}^{(i)\mathrm{T}} \boldsymbol{g}_i}. \end{aligned} \tag{10.3.23}$$

根据定理 10.3.3, $\boldsymbol{d}^{(i)\mathrm{T}} \boldsymbol{g}_i = -\| \boldsymbol{g}_i \|^2$,因此

$$\beta_i = \frac{\| \boldsymbol{g}_{i+1} \|^2}{\| \boldsymbol{g}_i \|^2}. \tag{10.3.24}$$

对于二次凸函数,FR 法的计算步骤如下:

(1) 给定初始点 $\boldsymbol{x}^{(1)}$,置 $k=1$.

(2) 计算 $\boldsymbol{g}_k = \nabla f(\boldsymbol{x}^{(k)})$,若 $\| \boldsymbol{g}_k \| = 0$,则停止计算,得点 $\bar{\boldsymbol{x}} = \boldsymbol{x}^{(k)}$;否则,进行下一步.

(3) 构造搜索方向，令

$$\boldsymbol{d}^{(k)}=-\boldsymbol{g}_k+\beta_{k-1}\boldsymbol{d}^{(k-1)},$$

其中，当 $k=1$ 时，$\beta_{k-1}=0$，当 $k>1$ 时，按(10.3.24)式计算因子 β_{k-1}.

(4) 令

$$\boldsymbol{x}^{(k+1)}=\boldsymbol{x}^{(k)}+\lambda_k\boldsymbol{d}^{(k)},$$

其中按(10.3.17)式计算步长 λ_k.

(5) 若 $k=n$，则停止计算，得点 $\bar{\boldsymbol{x}}=\boldsymbol{x}^{(k+1)}$；否则，置 $k:=k+1$，返回步骤(2).

例 10.3.2 用 FR 法求解下列问题：

$$\min\quad f(\boldsymbol{x})\overset{\text{def}}{=\!=}x_1^2+2x_2^2.$$

取初始点 $\boldsymbol{x}^{(1)}=(5,5)^{\mathrm{T}}$.

解 在点 $\boldsymbol{x}$ 处，目标函数 $f(\boldsymbol{x})$ 的梯度是

$$\nabla f(\boldsymbol{x})=\begin{bmatrix}2x_1\\4x_2\end{bmatrix}.$$

第 1 次迭代. 令

$$\boldsymbol{d}^{(1)}=-\boldsymbol{g}_1=\begin{bmatrix}-10\\-20\end{bmatrix},$$

从 $\boldsymbol{x}^{(1)}$ 出发，沿方向 $\boldsymbol{d}^{(1)}$ 作一维搜索，得

$$\lambda_1=-\frac{\boldsymbol{g}_1^{\mathrm{T}}\boldsymbol{d}^{(1)}}{\boldsymbol{d}^{(1)\mathrm{T}}\boldsymbol{A}\boldsymbol{d}^{(1)}}=\frac{(-10,-20)\begin{bmatrix}-10\\-20\end{bmatrix}}{(-10,-20)\begin{bmatrix}2&0\\0&4\end{bmatrix}\begin{bmatrix}-10\\-20\end{bmatrix}}=\frac{5}{18},$$

$$\boldsymbol{x}^{(2)}=\boldsymbol{x}^{(1)}+\lambda_1\boldsymbol{d}^{(1)}=\begin{bmatrix}5\\5\end{bmatrix}+\frac{5}{18}\begin{bmatrix}-10\\-20\end{bmatrix}=\begin{bmatrix}\frac{20}{9}\\-\frac{5}{9}\end{bmatrix}.$$

第 2 次迭代. 在点 $x^{(2)}$ 处，目标函数的梯度

$$\boldsymbol{g}_2=\begin{bmatrix}\frac{40}{9}\\-\frac{20}{9}\end{bmatrix},$$

构造搜索方向 $\boldsymbol{d}^{(2)}$. 先计算因子 β_1：

$$\beta_1=\frac{\|\boldsymbol{g}_2\|^2}{\|\boldsymbol{g}_1\|^2}=\frac{\left(\frac{40}{9}\right)^2+\left(-\frac{20}{9}\right)^2}{10^2+20^2}=\frac{4}{81}.$$

令

$$d^{(2)}=-g_2+\beta_1 d^{(1)}=-\begin{bmatrix}\frac{40}{9}\\-\frac{20}{9}\end{bmatrix}+\frac{4}{81}\begin{bmatrix}-10\\-20\end{bmatrix}=\frac{100}{81}\begin{bmatrix}-4\\1\end{bmatrix},$$

从 $x^{(2)}$ 出发,沿方向 $d^{(2)}$ 作一维搜索,得

$$\lambda_2=-\frac{g_2^{\mathrm T}d^{(2)}}{d^{(2)\mathrm T}Ad^{(2)}}=\frac{-\frac{20}{9}\cdot\frac{100}{81}(2,-1)\begin{bmatrix}-4\\1\end{bmatrix}}{\left(\frac{100}{81}\right)^2(-4,1)\begin{bmatrix}2&0\\0&4\end{bmatrix}\begin{bmatrix}-4\\1\end{bmatrix}}=\frac{9}{20},$$

$$x^{(3)}=x^{(2)}+\lambda_2 d^{(2)}=\begin{bmatrix}\frac{20}{9}\\-\frac{5}{9}\end{bmatrix}+\frac{9}{20}\cdot\frac{100}{81}\begin{bmatrix}-4\\1\end{bmatrix}=\begin{bmatrix}0\\0\end{bmatrix}.$$

显然点 $x^{(3)}$ 处目标函数的梯度 $g_2=(0,0)^{\mathrm T}$,已达到极小点 $x^{(3)}=(0,0)^{\mathrm T}$.

此例验证了共轭梯度法的二次终止性.

10.3.3　用于一般函数的共轭梯度法

前面介绍了用于二次函数的共轭梯度法,现在将这种方法加以推广,用于极小化任意函数 $f(x)$. 推广后的共轭梯度法,与原来方法的主要差别是,步长 λ_k 不能再用(10.3.17)式计算,必须用其他一维搜索方法来确定. 此外,凡用到矩阵 A 之处,需要用现行点处的 Hesse 矩阵$\nabla^2 f(x^{(k)})$. 显然,用这种方法求任意函数的极小点,一般来说,用有限步迭代是达不到的. 迭代的延续可以采取不同的方案. 一种是直接延续,即总是用(10.3.18)式构造搜索方向;一种是把 n 步作为一轮,每搜索一轮之后,取一次最速下降方向,开始下一轮. 这后一种策略称为"**重新开始**"或"**重置**". 每 n 次迭代后以最速下降方向重新开始的共轭梯度法,有时称为**传统的共轭梯度法**.

下面给出 FR 共轭梯度法的计算步骤:

(1) 给定初始点 $x^{(1)}$,允许误差 $\varepsilon>0$. 置

$$y^{(1)}=x^{(1)},\quad d^{(1)}=-\nabla f(y^{(1)}),\quad k=j=1.$$

(2) 若 $\|\nabla f(y^{(j)})\|<\varepsilon$,则停止计算;否则,作一维搜索,求 λ_j,满足

$$f(y^{(j)}+\lambda_j d^{(j)})=\min_{\lambda\geqslant 0} f(y^{(j)}+\lambda d^{(j)}).$$

令

$$y^{(j+1)}=y^{(j)}+\lambda_j d^{(j)}.$$

(3) 如果 $j<n$,则进行步骤(4);否则,进行步骤(5).

(4) 令 $d^{(j+1)}=-\nabla f(y^{(j+1)})+\beta_j d^{(j)}$,其中

$$\beta_j=\frac{\|\nabla f(y^{(j+1)})\|^2}{\|\nabla f(y^{(j)})\|^2}.$$

置 $j:=j+1$,转步骤(2).

(5) 令 $\boldsymbol{x}^{(k+1)}=\boldsymbol{y}^{(n+1)}, \boldsymbol{y}^{(1)}=\boldsymbol{x}^{(k+1)}, \boldsymbol{d}^{(1)}=-\nabla f(\boldsymbol{y}^{(1)})$,置 $j=1, k:=k+1$,转步骤(2).

这里还应指出,在共轭梯度法中,可以采用不同的公式计算因子 β_j. 除了(10.3.24)式外,还有以下几种常见的形式:

$$\beta_j=\frac{\boldsymbol{g}_{j+1}^{\mathrm{T}}(\boldsymbol{g}_{j+1}-\boldsymbol{g}_j)}{\boldsymbol{g}_j^{\mathrm{T}}\boldsymbol{g}_j}; \tag{10.3.25}$$

$$\beta_j=\frac{\boldsymbol{g}_{j+1}^{\mathrm{T}}(\boldsymbol{g}_{j+1}-\boldsymbol{g}_j)}{\boldsymbol{d}^{(j)\mathrm{T}}(\boldsymbol{g}_{j+1}-\boldsymbol{g}_j)}; \tag{10.3.26}$$

$$\beta_j=\frac{\boldsymbol{d}^{(j)\mathrm{T}}\nabla^2 f(\boldsymbol{x}^{(j+1)})\boldsymbol{g}_{j+1}}{\boldsymbol{d}^{(j)\mathrm{T}}\nabla^2 f(\boldsymbol{x}^{(j+1)})\boldsymbol{d}^{(j)}}. \tag{10.3.27}$$

(10.3.25)式是由 Polak,Ribiere 和 Polyak 提出,使用这个公式的共轭梯度法,称为 PRP **共轭梯度法**. (10.3.26)式由 Sorenson 和 Wolfe 提出. (10.3.27)式由 Daniel 提出. 当极小化正定二次函数,初始搜索方向取负梯度时,从(10.3.24)式到(10.3.27)式四个公式是等价的. 这一点由 FR 法的推导过程显而易见. 但是,用于一般函数时,得到的搜索方向是不同的. 有人认为 PRP 方法优于 FR 法. 但据一些人的计算结果,几种方法彼此差别并不很大,难以给出绝对的比较结论.

此外,运用共轭梯度法时应该注意,前面的讨论均假设采用精确的一维搜索,但是实际计算中,精确一维搜索会带来一定的困难,需要付出较大代价,因此许多情形下采用不精确的一维搜索. 这样又会出现新的问题,按照(10.3.18)式构造的搜索方向可能不是下降方向. 事实上,我们用 $\boldsymbol{g}_{k+1}^{\mathrm{T}}$ 左乘(10.3.18)式的等号两端时,得到

$$\boldsymbol{g}_{k+1}^{\mathrm{T}}\boldsymbol{d}^{(k+1)}=-\boldsymbol{g}_{k+1}^{\mathrm{T}}\boldsymbol{g}_{k+1}+\beta_k\boldsymbol{g}_{k+1}^{\mathrm{T}}\boldsymbol{d}^{(k)}. \tag{10.3.28}$$

当采用精确一维搜索时,$\boldsymbol{g}_{k+1}$ 与 $\boldsymbol{d}^{(k)}$ 正交,因此有

$$\boldsymbol{g}_{k+1}^{T}\boldsymbol{d}^{(k+1)}=-\|\boldsymbol{g}_{k+1}\|^2<0,$$

$\boldsymbol{d}^{(k+1)}$ 是下降方向. 而采用非精确一维搜索时,$\boldsymbol{g}_{k+1}$ 与 $\boldsymbol{d}^{(k)}$ 不一定正交,可能出现

$$\beta_k\boldsymbol{g}_{k+1}^{\mathrm{T}}\boldsymbol{d}^{(k)}>0,$$

并且导致 $\boldsymbol{g}_{k+1}^{\mathrm{T}}\boldsymbol{d}^{(k+1)}>0$. 这时,$\boldsymbol{d}^{(k+1)}$ 是上升方向.

解决上述问题的方法之一,当 $\boldsymbol{d}^{(k+1)}$ 不是下降方向时,以最速下降方向重新开始. 然而,这样做也有问题,当一维搜索比较粗糙时,这样的重新开始可能是大量的,因此会降低计算效率.

还有一种方法,在计算过程中增加附加的检验. 设 $\bar{\boldsymbol{g}}_{k+1}, \bar{\boldsymbol{d}}^{(k+1)}, \bar{\beta}_k$ 分别表示在检验点 $\boldsymbol{x}^{(k)}+\alpha_k\boldsymbol{d}^{(k)}$ 处计算出来的 $\boldsymbol{g}_{k+1}, \boldsymbol{d}^{(k+1)}, \beta_k$. 如果满足

$$-\bar{\boldsymbol{g}}_{k+1}^{\mathrm{T}}\bar{\boldsymbol{d}}^{(k+1)}\geqslant\sigma\|\bar{\boldsymbol{g}}_{k+1}\|\,\|\bar{\boldsymbol{d}}^{(k+1)}\|,$$

则取 α_k 作为步长 λ_k;否则,进行精确一维搜索,求最优步长 λ_k. 这里 σ 是一个小的正数.

10.3.4 共轭梯度法的收敛性

前面已经证明，共轭梯度法具有二次终止性，即对正定二次函数经有限步迭代必达到极小点. 现在我们来证明，对于一般函数，共轭梯度法在一定条件下是收敛的. 这里仅以PRP方法为例，证明不作重新开始的PRP方法的收敛性.

我们先证明PRP方法是严格下降算法.

引理 10.3.5 设 $f(\boldsymbol{x})$是$\mathbb{R}^n$上连续可微实函数，PRP算法产生的序列为$\{\boldsymbol{x}^{(k)}\}$，又设在点$\boldsymbol{x}^{(k)}$处，目标函数的梯度$\boldsymbol{g}_k\neq\boldsymbol{0}$，则

$$f(\boldsymbol{x}^{(k+1)}) < f(\boldsymbol{x}^{(k)}).$$

证明 由算法定义，有

$$\boldsymbol{d}^{(k)} = -\boldsymbol{g}_k + \beta_{k-1}\boldsymbol{d}^{(k-1)}, \tag{10.3.29}$$

上式等号两端左乘$\boldsymbol{g}_k^{\mathrm{T}}$，则

$$\boldsymbol{g}_k^{\mathrm{T}}\boldsymbol{d}^{(k)} = -\boldsymbol{g}_k^{\mathrm{T}}\boldsymbol{g}_k + \beta_{k-1}\boldsymbol{g}_k^{\mathrm{T}}\boldsymbol{d}^{(k-1)}. \tag{10.3.30}$$

由一维搜索定义可知

$$\boldsymbol{g}_k^{\mathrm{T}}\boldsymbol{d}^{(k-1)} = 0,$$

因此，由(10.3.30)式得到

$$\boldsymbol{g}_k^{\mathrm{T}}\boldsymbol{d}^{(k)} = -\|\boldsymbol{g}_k\|^2 < 0.$$

故$\boldsymbol{d}^{(k)}$是在$\boldsymbol{x}^{(k)}$处的下降方向. 由于

$$f(\boldsymbol{x}^{(k+1)}) = f(\boldsymbol{x}^{(k)} + \lambda_k\boldsymbol{d}^{(k)}) = \min_{\lambda} f(\boldsymbol{x}^{(k)} + \lambda\boldsymbol{d}^{(k)}),$$

因此必有

$$f(\boldsymbol{x}^{(k+1)}) < f(\boldsymbol{x}^{(k)}).$$

为给收敛性的证明作准备，我们给出并证明下列引理.

引理 10.3.6 设f是$\mathbb{R}^n$上的二次连续可微凸函数，对任意点$\hat{\boldsymbol{x}}\in\mathbb{R}^n$，存在正数$m$和$M$，使得当

$$\boldsymbol{x}\in C = \{\boldsymbol{x} \mid f(\boldsymbol{x}) \leqslant f(\hat{\boldsymbol{x}})\}$$

和$\boldsymbol{y}\in\mathbb{R}^n$时，有

$$m\|\boldsymbol{y}\|^2 \leqslant \boldsymbol{y}^{\mathrm{T}}\nabla^2 f(\boldsymbol{x})\boldsymbol{y} \leqslant M\|\boldsymbol{y}\|^2. \tag{10.3.31}$$

取初始点$\boldsymbol{x}^{(1)}\in C$，$\boldsymbol{x}^{(k)}$，$\boldsymbol{d}^{(k)}$和因子$\beta_k$均由PRP方法确定. 则

$$\|\boldsymbol{g}_k\| \leqslant \|\boldsymbol{d}^{(k)}\| \leqslant \frac{m+M}{m}\|\boldsymbol{g}_k\|, \tag{10.3.32}$$

其中$\boldsymbol{g}_k = \nabla f(\boldsymbol{x}^{(k)})$.

证明 在PRP方法中，计算β_{k-1}的公式是

$$\beta_{k-1} = \frac{(\boldsymbol{g}_k - \boldsymbol{g}_{k-1})^{\mathrm{T}}\boldsymbol{g}_k}{\boldsymbol{g}_{k-1}^{\mathrm{T}}\boldsymbol{g}_{k-1}}, \quad k > 1. \tag{10.3.33}$$

根据一维搜索定义，可知

$$g_k^{\mathrm{T}} \boldsymbol{d}^{(k-1)} = 0, \quad k > 1 . \tag{10.3.34}$$

又容易证明

$$\boldsymbol{g}_{k-1}^{\mathrm{T}} \boldsymbol{g}_{k-1} = -\boldsymbol{g}_{k-1}^{\mathrm{T}} \boldsymbol{d}^{(k-1)}, \quad k > 1. \tag{10.3.35}$$

利用(10.3.34)式和(10.3.35)式，可将(10.3.33)式写成

$$\beta_{k-1} = \frac{(\boldsymbol{g}_k - \boldsymbol{g}_{k-1})^{\mathrm{T}} \boldsymbol{g}_k}{(\boldsymbol{g}_k - \boldsymbol{g}_{k-1})^{\mathrm{T}} \boldsymbol{d}^{(k-1)}}, \quad k > 1. \tag{10.3.36}$$

把 $\boldsymbol{g}(\boldsymbol{x})$在点 $\boldsymbol{x}^{(k-1)}$ 展开，则函数 $f(\boldsymbol{x})$在点 $\boldsymbol{x}^{(k)}$ 处的梯度 $\boldsymbol{g}_k$ 可以表示为

$$\boldsymbol{g}_k = \boldsymbol{g}_{k-1} + \lambda_{k-1} \int_0^1 \nabla^2 f(\boldsymbol{x}^{(k-1)} + t \lambda_{k-1} \boldsymbol{d}^{(k-1)}) \boldsymbol{d}^{(k-1)} \mathrm{d}t,$$

由此得出

$$\boldsymbol{g}_k - \boldsymbol{g}_{k-1} = \lambda_{k-1} \int_0^1 \nabla^2 f(\boldsymbol{x}^{(k-1)} + t \lambda_{k-1} \boldsymbol{d}^{(k-1)}) \boldsymbol{d}^{(k-1)} \mathrm{d}t. \tag{10.3.37}$$

利用(10.3.37)式和(10.3.31)式，并考虑到对称矩阵 $\boldsymbol{A}$ 的范数定义，即

$$\| \boldsymbol{A} \| = \sup_{\| \boldsymbol{x} \| = 1} \| \boldsymbol{A}\boldsymbol{x} \| = \sup_{\| \boldsymbol{x} \| = 1} \boldsymbol{x}^{\mathrm{T}} \boldsymbol{A} \boldsymbol{x},$$

以及凸函数的水平集 C 为凸集，容易推出

$$\begin{aligned} |(\boldsymbol{g}_k - \boldsymbol{g}_{k-1})^{\mathrm{T}} \boldsymbol{g}_k| &= \left| \lambda_{k-1} \int_0^1 \boldsymbol{d}^{(k-1)\mathrm{T}} \nabla^2 f(\boldsymbol{x}^{(k-1)} + t \lambda_{k-1} \boldsymbol{d}^{(k-1)}) \boldsymbol{g}_k \mathrm{d}t \right| \\ &\leqslant \lambda_{k-1} \int_0^1 \| \boldsymbol{d}^{(k-1)} \| \, \| \nabla^2 f(\boldsymbol{x}^{(k-1)} + t \lambda_{k-1} \boldsymbol{d}^{(k-1)}) \boldsymbol{g}_k \| \mathrm{d}t \\ &\leqslant \lambda_{k-1} \| \boldsymbol{d}^{(k-1)} \| M \| \boldsymbol{g}_k \| . \end{aligned} \tag{10.3.38}$$

利用(10.3.37)式和(10.3.31)式，并考虑 Hesse 矩阵$\nabla^2 f(\boldsymbol{x})$正定，又可推得

$$\begin{aligned} |(\boldsymbol{g}_k - \boldsymbol{g}_{k-1})^{\mathrm{T}} \boldsymbol{d}^{(k-1)}| &= \left| \lambda_{k-1} \int_0^1 \boldsymbol{d}^{(k-1)\mathrm{T}} \nabla^2 f(\boldsymbol{x}^{(k-1)} + t \lambda_{k-1} \boldsymbol{d}^{(k-1)}) \boldsymbol{d}^{(k-1)} \mathrm{d}t \right| \\ &\geqslant \lambda_{k-1} \int_0^1 m \| \boldsymbol{d}^{(k-1)} \|^2 \mathrm{d}t \\ &= \lambda_{k-1} m \| \boldsymbol{d}^{(k-1)} \|^2. \end{aligned} \tag{10.3.39}$$

由(10.3.36)式，(10.3.38)式和(10.3.39)式可知

$$|\beta_{k-1}| \leqslant \frac{M}{m} \frac{\| \boldsymbol{g}_k \|}{\| \boldsymbol{d}^{(k-1)} \|} . \tag{10.3.40}$$

根据 PRP 方法的规定，有

$$\boldsymbol{d}^{(k)} = -\boldsymbol{g}_k + \beta_{k-1} \boldsymbol{d}^{(k-1)},$$

利用三角不等式，并考虑到(10.3.40)式，则

$$\begin{aligned} \| \boldsymbol{d}^{(k)} \| &\leqslant \| \boldsymbol{g}_k \| + \| \beta_{k-1} \boldsymbol{d}^{(k-1)} \| \\ &\leqslant \| \boldsymbol{g}_k \| + \frac{M}{m} \frac{\| \boldsymbol{g}_k \|}{\| \boldsymbol{d}^{(k-1)} \|} \| \boldsymbol{d}^{(k-1)} \| \end{aligned}$$

$$=\left(1+\frac{M}{m}\right)\|\boldsymbol{g}_k\|. \tag{10.3.41}$$

另一方面,由于

$$\begin{aligned}\|\boldsymbol{d}^{(k)}\|^2&=\|-\boldsymbol{g}_k+\beta_{k-1}\boldsymbol{d}^{(k-1)}\|^2\\&=-\boldsymbol{g}_k^{\mathrm{T}}(-\boldsymbol{g}_k+\beta_{k-1}\boldsymbol{d}^{(k-1)})+\beta_{k-1}\boldsymbol{d}^{(k-1)\mathrm{T}}(-\boldsymbol{g}_k+\beta_{k-1}\boldsymbol{d}^{(k-1)})\\&=\|\boldsymbol{g}_k\|^2+\beta_{k-1}^2\|\boldsymbol{d}^{(k-1)}\|^2\geqslant\|\boldsymbol{g}_k\|^2,\end{aligned}$$

因此有

$$\|\boldsymbol{d}^{(k)}\|\geqslant\|\boldsymbol{g}_k\|. \tag{10.3.42}$$

(10.3.41)式和(10.3.42)式表明定理结论成立.

下面给出并证明 PRP 算法的收敛性定理.

定理 10.3.7　设 f 是$\mathbb{R}^n$上的二次连续可微凸函数,且(10.3.31)式成立,任取初始点 $\boldsymbol{x}^{(1)}\in\mathbb{R}^n$,水平集

$$S_\alpha=\{\boldsymbol{x}\mid f(\boldsymbol{x})\leqslant f(\boldsymbol{x}^{(1)})\} \tag{10.3.43}$$

为紧集.则 PRP 方法是严格下降算法,即当 $\boldsymbol{x}^{(k)}$ 处的梯度 $\boldsymbol{g}_k=\nabla f(\boldsymbol{x}^{(k)})\neq\boldsymbol{0}$ 时,必有

$$f(\boldsymbol{x}^{(k+1)})<f(\boldsymbol{x}^{(k)}),\quad k=1,2,\cdots, \tag{10.3.44}$$

并且算法产生的序列或终止于或收敛于函数 f 在$\mathbb{R}^n$上的惟一极小点.

证明　引理 10.3.5 已经证明了 PRP 方法是严格下降算法,这里只需证明定理的后半部.设

$$\boldsymbol{g}_k=\nabla f(\boldsymbol{x}^{(k)})\neq\boldsymbol{0}.$$

由(10.3.37)式,必有

$$(\boldsymbol{g}_{k+1}-\boldsymbol{g}_k)^{\mathrm{T}}\boldsymbol{d}^{(k)}=\lambda_k\int_0^1\boldsymbol{d}^{(k)\mathrm{T}}\nabla^2 f(\boldsymbol{x}^{(k)}+t\lambda_k\boldsymbol{d}^{(k)})\boldsymbol{d}^{(k)}\,\mathrm{d}t, \tag{10.3.45}$$

由此得到

$$\lambda_k=\frac{(\boldsymbol{g}_{k+1}-\boldsymbol{g}_k)^{\mathrm{T}}\boldsymbol{d}^{(k)}}{\int_0^1\boldsymbol{d}^{(k)\mathrm{T}}\nabla^2 f(\boldsymbol{x}^{(k)}+t\lambda_k\boldsymbol{d}^{(k)})\boldsymbol{d}^{(k)}\,\mathrm{d}t}. \tag{10.3.46}$$

由于

$$(\boldsymbol{g}_{k+1}-\boldsymbol{g}_k)^{\mathrm{T}}\boldsymbol{d}^{(k)}=-\boldsymbol{g}_k^{\mathrm{T}}\boldsymbol{d}^{(k)}=-\boldsymbol{g}_k^{\mathrm{T}}(-\boldsymbol{g}_k+\beta_{k-1}\boldsymbol{d}^{(k-1)})=\|\boldsymbol{g}_k\|^2,$$

以及

$$\int_0^1\boldsymbol{d}^{(k)\mathrm{T}}\nabla^2 f(\boldsymbol{x}^{(k)}+t\lambda_k\boldsymbol{d}^{(k)})\boldsymbol{d}^{(k)}\,\mathrm{d}t\leqslant M\|\boldsymbol{d}^{(k)}\|^2,$$

并注意到(10.3.41)式,因此由(10.3.46)式可以得出

$$\lambda_k\geqslant\frac{\|\boldsymbol{g}_k\|^2}{M\|\boldsymbol{d}^{(k)}\|^2}\geqslant\frac{m^2}{M(M+m)^2}. \tag{10.3.47}$$

对于所有 $\hat{\lambda}_k\in[0,\lambda_k]$,根据 Taylor 定理有

$$f(\boldsymbol{x}^{(k)}+\hat{\lambda}_k\boldsymbol{d}^{(k)})=f(\boldsymbol{x}^{(k)})+\hat{\lambda}_k\boldsymbol{g}_k^{\mathrm{T}}\boldsymbol{d}^{(k)}+\frac{1}{2}\hat{\lambda}_k^2\boldsymbol{d}^{(k)\mathrm{T}}\nabla^2 f(\hat{\boldsymbol{\xi}}^{(k)})\boldsymbol{d}^{(k)},\quad(10.3.48)$$

$\hat{\boldsymbol{\xi}}^{(k)}$是在 $\boldsymbol{x}^{(k)}$ 与 $\boldsymbol{x}^{(k)}+\hat{\lambda}_k\boldsymbol{d}^{(k)}$ 连线上的某一点.

由于 S_α 为凸集,必有$\hat{\boldsymbol{\xi}}^{(k)}\in S_\alpha$,因此根据假设有

$$\boldsymbol{d}^{(k)\mathrm{T}}\nabla^2 f(\hat{\boldsymbol{\xi}}^{(k)})\boldsymbol{d}^{(k)}\leqslant M\|\boldsymbol{d}^{(k)}\|^2.$$

此外,$\boldsymbol{g}_k^{\mathrm{T}}\boldsymbol{d}^{(k)}=-\|\boldsymbol{g}_k\|^2$. 于是由(10.3.48)式得到

$$f(\boldsymbol{x}^{(k)}+\hat{\lambda}_k\boldsymbol{d}^{(k)})\leqslant f(\boldsymbol{x}^{(k)})-\hat{\lambda}_k\|\boldsymbol{g}_k\|^2+\frac{1}{2}\hat{\lambda}_k^2M\|\boldsymbol{d}^{(k)}\|^2,$$

将(10.3.41)式代入上式,则

$$f(\boldsymbol{x}^{(k)}+\hat{\lambda}_k\boldsymbol{d}^{(k)})\leqslant f(\boldsymbol{x}^{(k)})-\hat{\lambda}_k\|\boldsymbol{g}_k\|^2+\frac{1}{2}\hat{\lambda}_k^2\frac{M(M+m)^2}{m^2}\|\boldsymbol{g}_k\|^2.\quad(10.3.49)$$

由于 $\hat{\lambda}_k\in[0,\lambda_k]$,根据(10.3.47)式,可令

$$\hat{\lambda}_k=\frac{m^2}{M(M+m)^2}.\quad(10.3.50)$$

由于

$$f(\boldsymbol{x}^{(k+1)})=f(\boldsymbol{x}^{(k)}+\lambda_k\boldsymbol{d}^{(k)})=\min_{\lambda\geqslant 0}f(\boldsymbol{x}^{(k)}+\lambda\boldsymbol{d}^{(k)}),$$

因此

$$f(\boldsymbol{x}^{(k+1)})\leqslant f\left(\boldsymbol{x}^{(k)}+\frac{m^2}{M(M+m)^2}\boldsymbol{d}^{(k)}\right).\quad(10.3.51)$$

由(10.3.51)式和(10.3.49)式可以推出

$$\begin{aligned}f(\boldsymbol{x}^{(k+1)})&\leqslant f(\boldsymbol{x}^{(k)})-\frac{m^2}{M(M+m)^2}\|\boldsymbol{g}_k\|^2+\frac{m^2}{2M(M+m)^2}\|\boldsymbol{g}_k\|^2\\&=f(\boldsymbol{x}^{(k)})-\frac{1}{2}\frac{m^2}{M(M+m)^2}\|\boldsymbol{g}_k\|^2.\end{aligned}\quad(10.3.52)$$

由(10.3.52)式得出

$$\|\boldsymbol{g}_k\|^2\leqslant\frac{2M(M+m)^2}{m^2}[f(\boldsymbol{x}^{(k)})-f(\boldsymbol{x}^{(k+1)})].\quad(10.3.53)$$

由于 S_α 为紧集,$\{\boldsymbol{x}^{(k)}\}$收敛到 S_α 中一点$\bar{\boldsymbol{x}}$,又由于 $f(\boldsymbol{x})$连续,在紧集 S_α 上有下界,因此由(10.3.53)式推知

$$\lim_{k\to\infty}\|\nabla f(\boldsymbol{x}^{(k)})\|=\|\nabla f(\bar{\boldsymbol{x}})\|=0.$$

由于 f 是严格凸函数,因此由定理 7.1.5 可知,$\bar{\boldsymbol{x}}$ 是 f 在$\mathbb{R}^n$上惟一的极小点.

关于共轭梯度法的收敛速率,Crowder 和 Wolfe 证明,一般来说,共轭梯度法的收敛速率不坏于最速下降法. 他们也证明了,不用标准初始方向 $\boldsymbol{d}^{(1)}=-\nabla f(\boldsymbol{x}^{(1)})$时,共轭梯度法的收敛速率可能像线性速率那样慢.

共轭梯度法的一个主要优点是存储量比较小. 事实上,FR 法只需存储 3 个 n 维向量. 因此,求解变量多的大规模问题时,可用共轭梯度法. 关于共轭梯度法的进一步研究,可参见文献[2,20,21].

10.4 拟牛顿法

10.4.1 拟牛顿条件

前面介绍了牛顿法,它的突出优点是收敛很快. 但是,运用牛顿法需要计算二阶偏导数,而且目标函数的 Hesse 矩阵可能非正定. 为了克服牛顿法的缺点,人们提出了拟牛顿法. 它的基本思想是用不包含二阶导数的矩阵近似牛顿法中的 Hesse 矩阵的逆矩阵. 由于构造近似矩阵的方法不同,因而出现不同的拟牛顿法. 经理论证明和实践检验,拟牛顿法已经成为一类公认的比较有效的算法.

下面分析怎样构造近似矩阵并用它取代牛顿法中的 Hesse 矩阵的逆.

前面已经给出牛顿法的迭代公式,即

$$\boldsymbol{x}^{(k+1)} = \boldsymbol{x}^{(k)} + \lambda_k \boldsymbol{d}^{(k)}, \tag{10.4.1}$$

其中 $\boldsymbol{d}^{(k)}$ 是在点 $\boldsymbol{x}^{(k)}$ 处的牛顿方向,

$$\boldsymbol{d}^{(k)} = -\nabla^2 f(\boldsymbol{x}^{(k)})^{-1} \nabla f(\boldsymbol{x}^{(k)}), \tag{10.4.2}$$

λ_k 是从 $\boldsymbol{x}^{(k)}$ 出发沿牛顿方向搜索的最优步长.

为构造$\nabla^2 f(\boldsymbol{x}^{(k)})^{-1}$的近似矩阵 $\boldsymbol{H}_k$,先分析$\nabla^2 f(\boldsymbol{x}^{(k)})^{-1}$与一阶导数的关系.

设在第 k 次迭代后,得到点 $\boldsymbol{x}^{(k+1)}$,我们将目标函数 $f(\boldsymbol{x})$在点 $\boldsymbol{x}^{(k+1)}$ 展成 Taylor 级数,并取二阶近似,得到

$$\begin{aligned} f(\boldsymbol{x}) \approx\ & f(\boldsymbol{x}^{(k+1)}) + \nabla f(\boldsymbol{x}^{(k+1)})^{\mathrm{T}}(\boldsymbol{x} - \boldsymbol{x}^{(k+1)}) \\ & + \frac{1}{2}(\boldsymbol{x} - \boldsymbol{x}^{(k+1)})^{\mathrm{T}} \nabla^2 f(\boldsymbol{x}^{(k+1)})(\boldsymbol{x} - \boldsymbol{x}^{(k+1)}), \end{aligned}$$

由此可知,在 $\boldsymbol{x}^{(k+1)}$ 附近有

$$\nabla f(\boldsymbol{x}) \approx \nabla f(\boldsymbol{x}^{(k+1)}) + \nabla^2 f(\boldsymbol{x}^{(k+1)})(\boldsymbol{x} - \boldsymbol{x}^{(k+1)}).$$

令 $\boldsymbol{x}=\boldsymbol{x}^{(k)}$,则

$$\nabla f(\boldsymbol{x}^{(k)}) \approx \nabla f(\boldsymbol{x}^{(k+1)}) + \nabla^2 f(\boldsymbol{x}^{(k+1)})(\boldsymbol{x}^{(k)} - \boldsymbol{x}^{(k+1)}).$$

记

$$\boldsymbol{p}^{(k)} = \boldsymbol{x}^{(k+1)} - \boldsymbol{x}^{(k)}, \tag{10.4.3}$$

$$\boldsymbol{q}^{(k)} = \nabla f(\boldsymbol{x}^{(k+1)}) - \nabla f(\boldsymbol{x}^{(k)}), \tag{10.4.4}$$

则有

$$\boldsymbol{q}^{(k)} \approx \nabla^2 f(\boldsymbol{x}^{(k+1)}) \boldsymbol{p}^{(k)}. \tag{10.4.5}$$

又设 Hesse 矩阵$\nabla^2 f(\boldsymbol{x}^{(k+1)})$可逆,则

$$\boldsymbol{p}^{(k)} \approx \nabla^2 f(\boldsymbol{x}^{(k+1)})^{-1}\boldsymbol{q}^{(k)}, \tag{10.4.6}$$

这样,计算出 $\boldsymbol{p}^{(k)}$ 和 $\boldsymbol{q}^{(k)}$ 后,可以根据(10.4.6)式估计在 $\boldsymbol{x}^{(k+1)}$ 处的 Hesse 矩阵的逆.因此,为了用不包含二阶导数的矩阵 $\boldsymbol{H}_{k+1}$ 取代牛顿法中的 Hesse 矩阵 $\nabla^2 f(\boldsymbol{x}^{(k+1)})$ 的逆矩阵,有理由令 $\boldsymbol{H}_{k+1}$ 满足

$$\boldsymbol{p}^{(k)} = \boldsymbol{H}_{k+1}\boldsymbol{q}^{(k)}. \tag{10.4.7}$$

(10.4.7)式有时称为**拟牛顿条件**.下面就来研究怎样确定满足这个条件的矩阵 $\boldsymbol{H}_{k+1}$.

10.4.2 秩 1 校正

当 $\nabla^2 f(\boldsymbol{x}^{(k)})^{-1}$ 是 n 阶对称正定矩阵时,满足拟牛顿条件的矩阵 $\boldsymbol{H}_k$ 也应是 n 阶对称正定矩阵.构造这样近似矩阵的一般策略是,$\boldsymbol{H}_1$ 取为任意一个 n 阶对称正定矩阵,通常选择为 n 阶单位矩阵 $\boldsymbol{I}$,然后通过修正 $\boldsymbol{H}_k$ 给出 $\boldsymbol{H}_{k+1}$.令

$$\boldsymbol{H}_{k+1} = \boldsymbol{H}_k + \Delta\boldsymbol{H}_k, \tag{10.4.8}$$

其中 $\Delta\boldsymbol{H}_k$ 称为**校正矩阵**.

确定 $\Delta\boldsymbol{H}_k$ 的方法之一是,令

$$\Delta\boldsymbol{H}_k = \alpha_k \boldsymbol{z}^{(k)}(\boldsymbol{z}^{(k)})^{\mathrm{T}}, \tag{10.4.9}$$

α_k 是一个常数,$\boldsymbol{z}^{(k)}$ 是 n 维列向量.这样定义的 $\Delta\boldsymbol{H}_k$ 是秩为 1 的对称矩阵.$\boldsymbol{z}^{(k)}$ 的选择应使(10.4.7)式得到满足,令

$$\boldsymbol{p}^{(k)} = \boldsymbol{H}_k q^{(k)} + \alpha_k \boldsymbol{z}^{(k)}\boldsymbol{z}^{(k)\mathrm{T}}\boldsymbol{q}^{(k)}, \tag{10.4.10}$$

由此得到

$$\boldsymbol{z}^{(k)} = \frac{\boldsymbol{p}^{(k)} - \boldsymbol{H}_k\boldsymbol{q}^{(k)}}{\alpha_k \boldsymbol{z}^{(k)\mathrm{T}}\boldsymbol{q}^{(k)}}. \tag{10.4.11}$$

另一方面,(10.4.10)式等号两端左乘 $\boldsymbol{q}^{(k)\mathrm{T}}$,经整理,得到

$$\boldsymbol{q}^{(k)\mathrm{T}}(\boldsymbol{p}^{(k)} - \boldsymbol{H}_k\boldsymbol{q}^{(k)}) = \alpha_k(\boldsymbol{z}^{(k)\mathrm{T}}\boldsymbol{q}^{(k)})^2. \tag{10.4.12}$$

利用(10.4.9)式,(10.4.11)式和(10.4.12)式把(10.4.8)写成

$$\boldsymbol{H}_{k+1} = \boldsymbol{H}_k + \frac{(\boldsymbol{p}^{(k)} - \boldsymbol{H}_k\boldsymbol{q}^{(k)})(\boldsymbol{p}^{(k)} - \boldsymbol{H}_k\boldsymbol{q}^{(k)})^{\mathrm{T}}}{\boldsymbol{q}^{(k)\mathrm{T}}(\boldsymbol{p}^{(k)} - \boldsymbol{H}_k\boldsymbol{q}^{(k)})}, \tag{10.4.13}$$

(10.4.13)式即为**秩 1 校正公式**.

利用秩 1 校正极小化函数 $f(\boldsymbol{x})$ 时,在第 k 次迭代中,令搜索方向

$$\boldsymbol{d}^{(k)} = -\boldsymbol{H}_k\nabla f(\boldsymbol{x}^{(k)}), \tag{10.4.14}$$

然后沿 $\boldsymbol{d}^{(k)}$ 方向搜索,求步长 λ_k,满足

$$f(\boldsymbol{x}^{(k)} + \lambda_k\boldsymbol{d}^{(k)}) = \min_{\lambda\geqslant 0} f(\boldsymbol{x}^{(k)} + \lambda\boldsymbol{d}^{(k)}),$$

从而确定出后继点

$$\boldsymbol{x}^{(k+1)} = \boldsymbol{x}^{(k)} + \lambda_k\boldsymbol{d}^{(k)}. \tag{10.4.15}$$

求出点 $\boldsymbol{x}^{(k+1)}$ 处的梯度 $\nabla f(\boldsymbol{x}^{(k+1)})$ 以及 $\boldsymbol{p}^{(k)}$ 和 $\boldsymbol{q}^{(k)}$,再利用(10.4.13)式计算 $\boldsymbol{H}_{k+1}$,并用

(10.4.14)式求出在点 $\boldsymbol{x}^{(k+1)}$ 出发的搜索方向 $\boldsymbol{d}^{(k+1)}$. 依此类推，直至 $\|\nabla f(\boldsymbol{x}^{(k)})\| < \varepsilon$，$\varepsilon$ 是事先给定的允许误差.

上述方法在一定条件下是收敛的，并且具有二次终止性. 这里不加证明，可参见文献[21,22].

运用秩 1 校正，也存在一些困难. 首先，仅当

$$\boldsymbol{q}^{(k)\mathrm{T}}(\boldsymbol{p}^{(k)} - \boldsymbol{H}_k\boldsymbol{q}^{(k)}) > 0$$

时，由(10.4.13)式得到的 $\boldsymbol{H}_{k+1}$ 才能确保正定性，而这一点是没有保证的. 即使

$$\boldsymbol{q}^{(k)\mathrm{T}}(\boldsymbol{p}^{(k)} - \boldsymbol{H}_k\boldsymbol{q}^{(k)}) > 0,$$

由于舍入误差的影响，可能导致 $\Delta\boldsymbol{H}_k$ 无界，从而产生数值计算上的困难. 因此这种方法有某种局限性.

10.4.3　DFP 算法

著名的 DFP 方法是 Davidon 首先提出，后来又被 Fletcher 和 Powell 改进的算法，又称为**变尺度法**. 在这种方法中，定义校正矩阵为

$$\Delta\boldsymbol{H}_k = \frac{\boldsymbol{p}^{(k)}\boldsymbol{p}^{(k)\mathrm{T}}}{\boldsymbol{p}^{(k)\mathrm{T}}\boldsymbol{q}^{(k)}} - \frac{\boldsymbol{H}_k\boldsymbol{q}^{(k)}\boldsymbol{q}^{(k)\mathrm{T}}\boldsymbol{H}_k}{\boldsymbol{q}^{(k)\mathrm{T}}\boldsymbol{H}_k\boldsymbol{q}^{(k)}}. \tag{10.4.16}$$

容易验证，这样定义校正矩阵 $\Delta\boldsymbol{H}_k$，得到的矩阵

$$\boldsymbol{H}_{k+1} = \boldsymbol{H}_k + \frac{\boldsymbol{p}^{(k)}\boldsymbol{p}^{(k)\mathrm{T}}}{\boldsymbol{p}^{(k)\mathrm{T}}\boldsymbol{q}^{(k)}} - \frac{\boldsymbol{H}_k\boldsymbol{q}^{(k)}\boldsymbol{q}^{(k)\mathrm{T}}\boldsymbol{H}_k}{\boldsymbol{q}^{(k)\mathrm{T}}\boldsymbol{H}_k\boldsymbol{q}^{(k)}}, \tag{10.4.17}$$

满足拟牛顿条件(10.4.7). (10.4.17)式称为 DFP 公式.

DFP 方法计算步骤如下：

(1) 给定初始点 $\boldsymbol{x}^{(1)} \in \mathbb{R}^n$，允许误差 $\varepsilon > 0$.

(2) 置 $\boldsymbol{H}_1 = \boldsymbol{I}_n$(单位矩阵)，计算出在 $\boldsymbol{x}^{(1)}$ 处的梯度

$$\boldsymbol{g}_1 = \nabla f(\boldsymbol{x}^{(1)}),$$

置 $k=1$.

(3) 令 $\boldsymbol{d}^{(k)} = -\boldsymbol{H}_k\boldsymbol{g}_k$.

(4) 从 $\boldsymbol{x}^{(k)}$ 出发，沿方向 $\boldsymbol{d}^{(k)}$ 搜索，求步长 λ_k，使它满足

$$f(\boldsymbol{x}^{(k)} + \lambda_k\boldsymbol{d}^{(k)}) = \min_{\lambda \geqslant 0} f(\boldsymbol{x}^{(k)} + \lambda\boldsymbol{d}^{(k)}).$$

令

$$\boldsymbol{x}^{(k+1)} = \boldsymbol{x}^{(k)} + \lambda_k\boldsymbol{d}^{(k)}.$$

(5) 检验是否满足收敛准则，若

$$\|\nabla f(\boldsymbol{x}^{(k+1)})\| \leqslant \varepsilon,$$

则停止迭代，得到点 $\bar{\boldsymbol{x}} = \boldsymbol{x}^{(k+1)}$；否则，进行步骤(6).

(6) 若 $k=n$，则令 $\boldsymbol{x}^{(1)} = \boldsymbol{x}^{(k+1)}$，返回步骤(2)；否则，进行步骤(7).

(7) 令 $\boldsymbol{g}_{k+1}=\nabla f(\boldsymbol{x}^{(k+1)})$, $\boldsymbol{p}^{(k)}=\boldsymbol{x}^{(k+1)}-\boldsymbol{x}^{(k)}$, $\boldsymbol{q}^{(k)}=\boldsymbol{g}_{k+1}-\boldsymbol{g}_k$. 利用(10.4.17)式计算 $\boldsymbol{H}_{k+1}$,置 $k:=k+1$,返回步骤(3).

例 10.4.1 用 DFP 方法求解下列问题:

$$\min \quad 2x_1^2+x_2^2-4x_1+2.$$

解 初始点及初始矩阵分别取为

$$\boldsymbol{x}^{(1)}=\begin{bmatrix}2\\1\end{bmatrix},\quad \boldsymbol{H}_1=\begin{bmatrix}1&0\\0&1\end{bmatrix},$$

在点 $\boldsymbol{x}=(x_1, x_2)^{\mathrm{T}}$ 的梯度

$$\boldsymbol{g}=\begin{bmatrix}4(x_1-1)\\2x_2\end{bmatrix}.$$

第 1 次迭代. 在点 $\boldsymbol{x}^{(1)}$ 处的梯度

$$\boldsymbol{g}_1=\begin{bmatrix}4\\2\end{bmatrix}.$$

令搜索方向

$$\boldsymbol{d}^{(1)}=-\boldsymbol{H}_1\boldsymbol{g}_1=\begin{bmatrix}-4\\-2\end{bmatrix},$$

从 $\boldsymbol{x}^{(1)}$ 出发沿 $\boldsymbol{d}^{(1)}$ 作一维搜索:

$$\min_{\lambda\geqslant 0} \quad f(\boldsymbol{x}^{(1)}+\lambda\boldsymbol{d}^{(1)}),$$

得到 $\lambda_1=\frac{5}{18}$. 令

$$\boldsymbol{x}^{(2)}=\boldsymbol{x}^{(1)}+\lambda_1\boldsymbol{d}^{(1)}=\begin{bmatrix}2\\1\end{bmatrix}+\frac{5}{18}\begin{bmatrix}-4\\-2\end{bmatrix}=\begin{bmatrix}\frac{8}{9}\\[4pt]\frac{4}{9}\end{bmatrix},$$

$$\boldsymbol{g}_2=\begin{bmatrix}4\left(\frac{8}{9}-1\right)\\[4pt]2\cdot\frac{4}{9}\end{bmatrix}=\begin{bmatrix}-\frac{4}{9}\\[4pt]\frac{8}{9}\end{bmatrix}.$$

第 2 次迭代.

$$\boldsymbol{p}^{(1)}=\lambda_1\boldsymbol{d}^{(1)}=\begin{bmatrix}-\frac{10}{9}\\[4pt]-\frac{5}{9}\end{bmatrix},$$

$$\boldsymbol{q}^{(1)}=\boldsymbol{g}_2-\boldsymbol{g}_1=\begin{bmatrix}-\frac{40}{9}\\[4pt]-\frac{10}{9}\end{bmatrix},$$

计算矩阵

$$\boldsymbol{H}_2=\boldsymbol{H}_1+\frac{\boldsymbol{p}^{(1)}\boldsymbol{p}^{(1)\mathrm{T}}}{\boldsymbol{p}^{(1)\mathrm{T}}\boldsymbol{q}^{(1)}}-\frac{\boldsymbol{H}_1\boldsymbol{q}^{(1)}\boldsymbol{q}^{(1)\mathrm{T}}\boldsymbol{H}_1}{\boldsymbol{q}^{(1)\mathrm{T}}\boldsymbol{H}_1\boldsymbol{q}^{(1)}}$$

$$=\begin{bmatrix}1&0\\0&1\end{bmatrix}+\frac{1}{18}\begin{bmatrix}4&2\\2&1\end{bmatrix}-\frac{1}{17}\begin{bmatrix}16&4\\4&1\end{bmatrix}=\frac{1}{306}\begin{bmatrix}86&-38\\-38&305\end{bmatrix}.$$

令

$$\boldsymbol{d}^{(2)}=-\boldsymbol{H}_2\boldsymbol{g}_2=-\frac{1}{306}\begin{bmatrix}86&-38\\-38&305\end{bmatrix}\begin{bmatrix}-\frac{4}{9}\\\frac{8}{9}\end{bmatrix}=\frac{12}{51}\begin{bmatrix}1\\-4\end{bmatrix}.$$

从 $\boldsymbol{x}^{(2)}$ 出发，沿方向 $\boldsymbol{d}^{(2)}$ 搜索：

$$\min_{\lambda\geqslant 0}\quad f(\boldsymbol{x}^{(2)}+\lambda\boldsymbol{d}^{(2)}),$$

得到 $\lambda_2=\frac{17}{36}$. 令

$$\boldsymbol{x}^{(3)}=\boldsymbol{x}^{(2)}+\lambda_2\boldsymbol{d}^{(2)}=\begin{bmatrix}\frac{8}{9}\\\frac{4}{9}\end{bmatrix}+\frac{17}{36}\cdot\frac{12}{51}\begin{bmatrix}1\\-4\end{bmatrix}=\begin{bmatrix}1\\0\end{bmatrix},$$

这时有

$$\boldsymbol{g}_3=\nabla f(\boldsymbol{x}^{(3)})=\begin{bmatrix}0\\0\end{bmatrix},$$

因此得到最优解

$$(x_1,x_2)=(1,\ 0).$$

此例经两次搜索达到极小点，这不是偶然的. 下面将要证明，DFP 方法具有二次终止性.

10.4.4 DFP 算法的正定性及二次终止性

我们先来证明，在一定条件下，DFP 方法构造出来的矩阵 $\boldsymbol{H}_k(k=2,3,\cdots)$ 均为对称正定矩阵，即具有正定性，因此搜索方向

$$\boldsymbol{d}^{(k)}=-\boldsymbol{H}_k\nabla f(\boldsymbol{x}^{(k)})$$

均为下降方向. 这样，也证明了每次迭代使函数值有所下降.

定理 10.4.1 若 $\boldsymbol{g}_i\neq\boldsymbol{0}(i=1,2,\cdots,n)$，则 DFP 方法构造的矩阵 $\boldsymbol{H}_i(i=1,2,\cdots,n)$ 为对称正定矩阵.

证明 用归纳法.

DFP 方法中，$\boldsymbol{H}_1$ 是给定的对称正定矩阵.

设 $\boldsymbol{H}_j$ 是对称正定矩阵,我们证明 $\boldsymbol{H}_{j+1}$ 也是对称正定矩阵. 根据 $\boldsymbol{H}_{j+1}$ 的定义,对称是显然的,下面证明它是正定的.

对任意的非零向量 $\boldsymbol{y}\in\mathbb{R}^n$,有

$$\begin{aligned}\boldsymbol{y}^{\mathrm{T}}\boldsymbol{H}_{j+1}\boldsymbol{y}&=\boldsymbol{y}^{\mathrm{T}}\boldsymbol{H}_j\boldsymbol{y}+\frac{\boldsymbol{y}^{\mathrm{T}}\boldsymbol{p}^{(j)}\boldsymbol{p}^{(j)\mathrm{T}}\boldsymbol{y}}{\boldsymbol{p}^{(j)\mathrm{T}}\boldsymbol{q}^{(j)}}-\frac{\boldsymbol{y}^{\mathrm{T}}\boldsymbol{H}_j\boldsymbol{q}^{(j)}\boldsymbol{q}^{(i)\mathrm{T}}\boldsymbol{H}_j\boldsymbol{y}}{\boldsymbol{q}^{(j)\mathrm{T}}\boldsymbol{H}_j\boldsymbol{q}^{(j)}}\\&=\boldsymbol{y}^{\mathrm{T}}\boldsymbol{H}_j\boldsymbol{y}+\frac{(\boldsymbol{y}^{\mathrm{T}}\boldsymbol{p}^{(j)})^2}{\boldsymbol{p}^{(j)\mathrm{T}}\boldsymbol{q}^{(j)}}-\frac{(\boldsymbol{y}^{\mathrm{T}}\boldsymbol{H}_j\boldsymbol{q}^{(j)})^2}{\boldsymbol{q}^{(j)\mathrm{T}}\boldsymbol{H}_j\boldsymbol{q}^{(j)}}.\end{aligned}\tag{10.4.18}$$

因为 $\boldsymbol{H}_j$ 是对称正定矩阵,因此存在对称正定矩阵 $\boldsymbol{H}_j^{\frac{1}{2}}$,使得

$$\boldsymbol{H}_j=\boldsymbol{H}_j^{\frac{1}{2}}\boldsymbol{H}_j^{\frac{1}{2}}.$$

令

$$\boldsymbol{p}=\boldsymbol{H}_j^{\frac{1}{2}}\boldsymbol{y},\quad \boldsymbol{q}=\boldsymbol{H}_j^{\frac{1}{2}}\boldsymbol{q}^{(j)},\tag{10.4.19}$$

则有

$$\begin{aligned}\boldsymbol{y}^{\mathrm{T}}\boldsymbol{H}_j\boldsymbol{y}&=\boldsymbol{p}^{\mathrm{T}}\boldsymbol{p},\\\boldsymbol{y}^{\mathrm{T}}\boldsymbol{H}_j\boldsymbol{q}^{(j)}&=\boldsymbol{p}^{\mathrm{T}}\boldsymbol{q},\\\boldsymbol{q}^{(j)\mathrm{T}}\boldsymbol{H}_j\boldsymbol{q}^{(j)}&=\boldsymbol{q}^{\mathrm{T}}\boldsymbol{q},\end{aligned}$$

因此,(10.4.18)式可写成

$$\begin{aligned}\boldsymbol{y}^{\mathrm{T}}\boldsymbol{H}_{j+1}\boldsymbol{y}&=\boldsymbol{p}^{\mathrm{T}}\boldsymbol{p}+\frac{(\boldsymbol{y}^{\mathrm{T}}\boldsymbol{p}^{(j)})^2}{\boldsymbol{p}^{(j)\mathrm{T}}\boldsymbol{q}^{(j)}}-\frac{(\boldsymbol{p}^{\mathrm{T}}\boldsymbol{q})^2}{\boldsymbol{q}^{\mathrm{T}}\boldsymbol{q}}\\&=\frac{(\boldsymbol{p}^{\mathrm{T}}\boldsymbol{p})(\boldsymbol{q}^{\mathrm{T}}\boldsymbol{q})-(\boldsymbol{p}^{\mathrm{T}}\boldsymbol{q})^2}{\boldsymbol{q}^{\mathrm{T}}\boldsymbol{q}}+\frac{(\boldsymbol{y}^{\mathrm{T}}\boldsymbol{p}^{(j)})^2}{\boldsymbol{p}^{(j)\mathrm{T}}\boldsymbol{q}^{(j)}}.\end{aligned}\tag{10.4.20}$$

现在证明(10.4.20)式等号右端大于零. 证明方法是,先证第 1 项非负,再证第 2 项非负,最后证明这两项不能同时为零.

根据 Schwartz 不等式,有

$$(\boldsymbol{p}^{\mathrm{T}}\boldsymbol{p})(\boldsymbol{q}^{\mathrm{T}}\boldsymbol{q})\geqslant(\boldsymbol{p}^{\mathrm{T}}\boldsymbol{q})^2,$$

因此必有

$$\frac{(\boldsymbol{p}^{\mathrm{T}}\boldsymbol{p})(\boldsymbol{q}^{\mathrm{T}}\boldsymbol{q})-(\boldsymbol{p}^{\mathrm{T}}\boldsymbol{q})^2}{\boldsymbol{q}^{\mathrm{T}}\boldsymbol{q}}\geqslant 0.\tag{10.4.21}$$

考虑到一维搜索及方向 $\boldsymbol{d}^{(j)}$ 的定义,第 2 项的分母

$$\begin{aligned}\boldsymbol{p}^{(j)\mathrm{T}}\boldsymbol{q}^{(j)}&=\lambda_j\boldsymbol{d}^{(j)\mathrm{T}}(\boldsymbol{g}_{j+1}-\boldsymbol{g}_j)=-\lambda_j\boldsymbol{d}^{(j)\mathrm{T}}\boldsymbol{g}_j\\&=-\lambda_j(-\boldsymbol{H}_j\boldsymbol{g}_j)^{\mathrm{T}}\boldsymbol{g}_j=\lambda_j\boldsymbol{g}_j^{\mathrm{T}}\boldsymbol{H}_j\boldsymbol{g}_j,\end{aligned}$$

由于 $\lambda_j>0,\boldsymbol{g}_j\neq\boldsymbol{0},\boldsymbol{H}_j$ 正定,因此有

$$\boldsymbol{p}^{(j)\mathrm{T}}\boldsymbol{q}^{(j)}>0,\tag{10.4.22}$$

由此可知

$$\frac{(\boldsymbol{y}^{\mathrm{T}}\boldsymbol{p}^{(j)})^2}{\boldsymbol{p}^{(j)\mathrm{T}}\boldsymbol{q}^{(j)}}\geqslant 0.\tag{10.4.23}$$

(10.4.21)式和(10.4.23)式表明(10.4.20)式等号右端两项均非负.再证它们不能同时为零.

设第 1 项为零,则 $\boldsymbol{p}/\!/\boldsymbol{q}$,即

$$\boldsymbol{p}=\beta\boldsymbol{q},$$

β 为非零常数.由此得出

$$\boldsymbol{y}=\beta\boldsymbol{q}^{(j)},$$

于是有

$$\boldsymbol{y}^{\mathrm{T}}\boldsymbol{p}^{(j)}=\beta\boldsymbol{q}^{(j)\mathrm{T}}\boldsymbol{p}^{(j)}.$$

考虑到(10.4.22)式,必有

$$(\boldsymbol{y}^{\mathrm{T}}\boldsymbol{p}^{(j)})^2>0,$$

即第 2 项为正.

由以上证明可知,$\boldsymbol{y}^{\mathrm{T}}\boldsymbol{H}_{j+1}\boldsymbol{y}>0$,$\boldsymbol{H}_{j+1}$ 为正定矩阵.

若目标函数是正定二次函数,则 DFP 方法经有限步迭代必达极小点.

定理 10.4.2　设用 DFP 方法求解下列问题:

$$\min\quad f(\boldsymbol{x})\overset{\text{def}}{=}\frac{1}{2}\boldsymbol{x}^{\mathrm{T}}\boldsymbol{A}\boldsymbol{x}+\boldsymbol{b}^{\mathrm{T}}\boldsymbol{x}+c,$$

其中 $\boldsymbol{A}$ 为 n 阶对称正定矩阵.取初点 $\boldsymbol{x}^{(1)}\in\mathbb{R}^n$,令 $\boldsymbol{H}_1$ 是 n 阶对称正定矩阵,则成立

$$\boldsymbol{p}^{(i)\mathrm{T}}\boldsymbol{A}\boldsymbol{p}^{(j)}=0,\quad 1\leqslant i<j\leqslant k,\tag{10.4.24}$$

$$\boldsymbol{H}_{k+1}\boldsymbol{A}\boldsymbol{p}^{(i)}=\boldsymbol{p}^{(i)},\quad 1\leqslant i\leqslant k,\tag{10.4.25}$$

其中 $\boldsymbol{p}^{(i)}=\boldsymbol{x}^{(i+1)}-\boldsymbol{x}^{(i)}=\lambda_i\boldsymbol{d}^{(i)}(\lambda_i\neq 0,k\leqslant n)$.

证明　用归纳法,对 k 归纳.

当 $k=1$ 时,有

$$\boldsymbol{H}_2\boldsymbol{A}\boldsymbol{p}^{(1)}=\left(\boldsymbol{H}_1+\frac{\boldsymbol{p}^{(1)}\boldsymbol{p}^{(1)\mathrm{T}}}{\boldsymbol{p}^{(1)\mathrm{T}}\boldsymbol{q}^{(1)}}-\frac{\boldsymbol{H}_1\boldsymbol{q}^{(1)}\boldsymbol{q}^{(1)\mathrm{T}}\boldsymbol{H}_1}{\boldsymbol{q}^{(1)\mathrm{T}}\boldsymbol{H}_1\boldsymbol{q}^{(1)}}\right)\boldsymbol{A}\boldsymbol{p}^{(1)}.\tag{10.4.26}$$

由于

$$\boldsymbol{A}\boldsymbol{p}^{(i)}=\boldsymbol{A}(\boldsymbol{x}^{(i+1)}-\boldsymbol{x}^{(i)})=\boldsymbol{g}_{i+1}-\boldsymbol{g}_i=\boldsymbol{q}^{(i)},\tag{10.4.27}$$

可知 $\boldsymbol{A}\boldsymbol{p}^{(1)}=\boldsymbol{q}^{(1)}$,代入(10.4.26)式,得出

$$\boldsymbol{H}_2\boldsymbol{A}\boldsymbol{p}^{(1)}=\boldsymbol{p}^{(1)},$$

即(10.4.25)式成立.

当 $k=2$ 时,利用上述结果易证(10.4.24)式成立.具体推证如下:

$$\begin{aligned}\boldsymbol{p}^{(1)\mathrm{T}}\boldsymbol{A}\boldsymbol{p}^{(2)}&=\boldsymbol{p}^{(1)\mathrm{T}}\boldsymbol{A}(-\lambda_2\boldsymbol{H}_2\boldsymbol{g}_2)=-\lambda_2\boldsymbol{g}_2^{\mathrm{T}}\boldsymbol{H}_2\boldsymbol{A}\boldsymbol{p}^{(1)}\\&=-\lambda_2\boldsymbol{g}_2^{\mathrm{T}}\boldsymbol{p}^{(1)}=0,\end{aligned}$$

由此结果易证,当 $k=2$ 时,(10.4.25)式也成立.

现在,设 $k=m$ 时,(10.4.24)式和(10.4.25)式成立,证明当 $k=m+1$ 时这些关系也

成立.

先证 $k=m+1$ 时(10.4.24)式成立.根据归纳法假设,只需证明 $\boldsymbol{p}^{(m+1)}$ 与 $\boldsymbol{p}^{(1)},\cdots,\boldsymbol{p}^{(m)}$ 中每一个关于 $\boldsymbol{A}$ 共轭.根据关于(10.4.25)式的归纳法假设,当 $1\leqslant i\leqslant m$ 时,有

$$\boldsymbol{H}_{m+1}\boldsymbol{A}\boldsymbol{p}^{(i)}=\boldsymbol{p}^{(i)}.$$

利用此条件,则

$$\begin{aligned}\boldsymbol{p}^{(i)\mathrm{T}}\boldsymbol{A}\boldsymbol{p}^{(m+1)}&=\boldsymbol{p}^{(i)\mathrm{T}}\boldsymbol{A}(-\lambda_{m+1}\boldsymbol{H}_{m+1}\boldsymbol{g}_{m+1})=-\lambda_{m+1}\boldsymbol{g}_{m+1}^{\mathrm{T}}\boldsymbol{H}_{m+1}\boldsymbol{A}\boldsymbol{p}^{(i)}\\&=-\lambda_{m+1}\boldsymbol{g}_{m+1}^{\mathrm{T}}\boldsymbol{p}^{(i)}=-\lambda_{m+1}\lambda_i\boldsymbol{g}_{m+1}^{\mathrm{T}}\boldsymbol{d}^{(i)}.\end{aligned}\tag{10.4.28}$$

根据定理 10.3.2 的推论,有

$$\boldsymbol{g}_{m+1}^{\mathrm{T}}\boldsymbol{d}^{(i)}=0,\quad i<m+1,$$

因此,由(10.4.28)式可知

$$\boldsymbol{p}^{(i)\mathrm{T}}\boldsymbol{A}\boldsymbol{p}^{(m+1)}=0.$$

再证当 $k=m+1$ 时(10.4.25)式成立.

对于 $1\leqslant i\leqslant m+1$,有

$$\boldsymbol{H}_{m+2}\boldsymbol{A}\boldsymbol{p}^{(i)}=\left(\boldsymbol{H}_{m+1}+\frac{\boldsymbol{p}^{(m+1)}\boldsymbol{p}^{(m+1)\mathrm{T}}}{\boldsymbol{p}^{(m+1)\mathrm{T}}\boldsymbol{q}^{(m+1)}}-\frac{\boldsymbol{H}_{m+1}\boldsymbol{q}^{(m+1)}\boldsymbol{q}^{(m+1)\mathrm{T}}\boldsymbol{H}_{m+1}}{\boldsymbol{q}^{(m+1)\mathrm{T}}\boldsymbol{H}_{m+1}\boldsymbol{q}^{(m+1)}}\right)\boldsymbol{A}\boldsymbol{p}^{(i)}.\tag{10.4.29}$$

当 $i=m+1$ 时,由(10.4.27)式知,$\boldsymbol{A}\boldsymbol{p}^{(m+1)}=\boldsymbol{q}^{(m+1)}$,代入(10.4.29)式,则得出

$$\boldsymbol{H}_{m+2}\boldsymbol{A}\boldsymbol{p}^{(m+1)}=\boldsymbol{p}^{(m+1)}.$$

当 $i<m+1$ 时,根据关于(10.4.25)式的归纳法假设及(10.4.24)式当 $k=m+1$ 时成立的事实,并考虑到(10.4.27)式,则有

$$\boldsymbol{q}^{(m+1)\mathrm{T}}\boldsymbol{H}_{m+1}\boldsymbol{A}\boldsymbol{p}^{(i)}=\boldsymbol{q}^{(m+1)\mathrm{T}}\boldsymbol{p}^{(i)}=\boldsymbol{p}^{(m+1)\mathrm{T}}\boldsymbol{A}\boldsymbol{p}^{(i)}=0.$$

因此,在(10.4.29)式中,将 $\boldsymbol{A}\boldsymbol{p}^{(i)}$ 乘括号内各项,则有

$$\boldsymbol{H}_{m+2}\boldsymbol{A}\boldsymbol{p}^{(i)}=\boldsymbol{H}_{m+1}\boldsymbol{A}\boldsymbol{p}^{(i)}=\boldsymbol{p}^{(i)}.$$

推论 在定理 10.4.2 的条件下,必有

$$\boldsymbol{H}_{n+1}=\boldsymbol{A}^{-1},$$

这是显然的.令

$$\boldsymbol{D}=(\boldsymbol{p}^{(1)},\boldsymbol{p}^{(2)},\cdots,\boldsymbol{p}^{(n)}),$$

则由(10.4.25)式,有

$$\boldsymbol{H}_{n+1}\boldsymbol{A}\boldsymbol{D}=\boldsymbol{D},\tag{10.4.30}$$

由于 $\boldsymbol{p}^{(1)},\boldsymbol{p}^{(2)},\cdots,\boldsymbol{p}^{(n)}$ 是一组关于 $\boldsymbol{A}$ 共轭的非零向量,因此它们是线性无关的,从而 $\boldsymbol{D}$ 是可逆矩阵,由(10.4.30)式得到

$$\boldsymbol{H}_{n+1}\boldsymbol{A}=\boldsymbol{I},$$

故 $\boldsymbol{H}_{n+1}=\boldsymbol{A}^{-1}$.

由于 $\boldsymbol{p}^{(i)}=\lambda_i\boldsymbol{d}^{(i)}$,因此 $\boldsymbol{p}^{(1)},\boldsymbol{p}^{(2)},\cdots,\boldsymbol{p}^{(k)}$ 关于 $\boldsymbol{A}$ 共轭等价于 $\boldsymbol{d}^{(1)},\boldsymbol{d}^{(2)},\cdots,\boldsymbol{d}^{(k)}$ 关于 $\boldsymbol{A}$ 共轭.可见,DFP 方法中构造出来的搜索方向是一组 $\boldsymbol{A}$ 共轭方向,DFP 方法具有二次终

止性.

关于 DFP 方法用于一般函数时的收敛性,有如下结论:

如果 f 是$\mathbb{R}^n$上的二次连续可微实函数,对任意的 $\hat{\boldsymbol{x}}\in\mathbb{R}^n$,存在常数 $m>0$,使得当

$$\boldsymbol{x}\in C(\hat{\boldsymbol{x}})=\{\boldsymbol{x}\mid f(\boldsymbol{x})\leqslant f(\hat{\boldsymbol{x}})\},$$

$\boldsymbol{y}\in\mathbb{R}^n$时,有

$$m\|\boldsymbol{y}\|^2\leqslant\boldsymbol{y}^{\mathrm{T}}\nabla^2 f(\boldsymbol{x})\boldsymbol{y},$$

则 DFP 方法产生的序列$\{\boldsymbol{x}^{(k)}\}$或终止于或收敛于 f 在$\mathbb{R}^n$上的惟一极小点.

关于这个结论的分析证明可参见文献[19,24].

10.4.5 BFGS 公式及 Broyden 族

前面利用拟牛顿条件(10.4.7)导出了 DFP 公式;下面,我们用不含二阶导数的矩阵 $\boldsymbol{B}_{k+1}$ 近似 Hesse 矩阵$\nabla^2 f(\boldsymbol{x}^{(k+1)})$,从而由(10.4.5)式给出另一种形式的拟牛顿条件,即

$$\boldsymbol{q}^{(k)}=\boldsymbol{B}_{k+1}\boldsymbol{p}^{(k)}. \tag{10.4.31}$$

由于在(10.4.7)式中,用 $\boldsymbol{B}_{k+1}$ 取代 $\boldsymbol{H}_{k+1}$,同时交换 $\boldsymbol{p}^{(k)}$ 和 $\boldsymbol{q}^{(k)}$,恰好得出(10.4.31)式,因此只需在 $\boldsymbol{H}_k$ 的递推公式中互换 $\boldsymbol{p}^{(k)}$ 与 $\boldsymbol{q}^{(k)}$,并用 $\boldsymbol{B}_{k+1}$ 和 $\boldsymbol{B}_k$ 分别取代 $\boldsymbol{H}_{k+1}$ 和 $\boldsymbol{H}_k$,就能得到 $\boldsymbol{B}_k$ 的递推公式,而不必从(10.4.31)式出发另行推导.这样,关于 $\boldsymbol{B}_k$ 的修正公式为

$$\boldsymbol{B}_{k+1}=\boldsymbol{B}_k+\frac{\boldsymbol{q}^{(k)}\boldsymbol{q}^{(k)\mathrm{T}}}{\boldsymbol{q}^{(k)\mathrm{T}}\boldsymbol{p}^{(k)}}-\frac{\boldsymbol{B}_k\boldsymbol{p}^{(k)}\boldsymbol{p}^{(k)\mathrm{T}}\boldsymbol{B}_k}{\boldsymbol{p}^{(k)\mathrm{T}}\boldsymbol{B}_k\boldsymbol{p}^{(k)}}, \tag{10.4.32}$$

此式称为**关于矩阵 $\boldsymbol{B}$ 的 BFGS 修正公式**,有时也称为 **DFP 公式的对偶公式**.

设 $\boldsymbol{B}_{k+1}$ 可逆,则由(10.4.31)式可知

$$\boldsymbol{p}^{(k)}=\boldsymbol{B}_{k+1}^{-1}\boldsymbol{q}^{(k)},$$

此式表明,$\boldsymbol{B}_{k+1}^{-1}$ 满足拟牛顿条件(10.4.7),因此可令

$$\boldsymbol{H}_{k+1}=\boldsymbol{B}_{k+1}^{-1}, \tag{10.4.33}$$

这样,可以由(10.4.32)式出发,利用(6.1.22)式求 $\boldsymbol{B}_{k+1}^{-1}$,从而得到关于 $\boldsymbol{H}$ 的 BFGS 公式

$$\boldsymbol{H}_{k+1}^{\mathrm{BFGS}}=\boldsymbol{H}_k+\left(1+\frac{\boldsymbol{q}^{(k)\mathrm{T}}\boldsymbol{H}_k\boldsymbol{q}^{(k)}}{\boldsymbol{p}^{(k)\mathrm{T}}\boldsymbol{q}^{(k)}}\right)\frac{\boldsymbol{p}^{(k)}\boldsymbol{p}^{(k)\mathrm{T}}}{\boldsymbol{p}^{(k)\mathrm{T}}\boldsymbol{q}^{(k)}}-\frac{\boldsymbol{p}^{(k)}\boldsymbol{q}^{(k)\mathrm{T}}\boldsymbol{H}_k+\boldsymbol{H}_k\boldsymbol{q}^{(k)}\boldsymbol{p}^{(k)\mathrm{T}}}{\boldsymbol{p}^{(k)\mathrm{T}}\boldsymbol{q}^{(k)}}. \tag{10.4.34}$$

这个重要公式是由 Broyden,Fletcher,Goldfarb 和 Shanno 于 1970 年提出.它可以像 DFP (10.4.17)式一样使用,而且数值计算经验表明,它比 DFP 公式还好,因此目前得到广泛应用.

DFP 和 BFGS 公式都有由 $\boldsymbol{p}^{(k)}$ 和 $\boldsymbol{H}_k\boldsymbol{q}^{(k)}$ 构成的对称秩 2 校正,因此这两个公式的加权组合仍具有同样的形式,这就自然导致考虑所有这类修正公式组成的集合,于是定义

$$\boldsymbol{H}_{k+1}^{\phi}=(1-\phi)\boldsymbol{H}_{k+1}^{\mathrm{DFP}}+\phi\boldsymbol{H}_{k+1}^{\mathrm{BFGS}}, \tag{10.4.35}$$

其中 ϕ 是一个参数,可取任意实数.显然,当 $\phi=0$ 和 $\phi=1$ 时,(10.4.35)式分别是 DFP 修正和 BFGS 修正.(10.4.35)式所给出的修正公式的全体称为 Broyden 族.可以证明,秩 1

校正也是这个族的成员. 若将(10.4.17)式和(10.4.34)式代入(10.4.35)式, 则得到 Boryden 族的显式表达

$$\begin{aligned} \boldsymbol{H}_{k+1}^{\phi} &= \boldsymbol{H}_k + \frac{\boldsymbol{p}^{(k)}\boldsymbol{p}^{(k)\mathrm{T}}}{\boldsymbol{p}^{(k)\mathrm{T}}\boldsymbol{q}^{(k)}} - \frac{\boldsymbol{H}_k\boldsymbol{q}^{(k)}\boldsymbol{q}^{(k)\mathrm{T}}\boldsymbol{H}_k}{\boldsymbol{q}^{(k)\mathrm{T}}\boldsymbol{H}_k\boldsymbol{q}^{(k)}} + \phi\,\boldsymbol{v}^{(k)}\boldsymbol{v}^{(k)\mathrm{T}} \\ &= \boldsymbol{H}_{k+1}^{\mathrm{DFP}} + \phi\,\boldsymbol{v}^{(k)}\boldsymbol{v}^{(k)\mathrm{T}}, \end{aligned} \tag{10.4.36}$$

其中

$$\boldsymbol{v}^{(k)} = (\boldsymbol{q}^{(k)\mathrm{T}}\boldsymbol{H}_k\boldsymbol{q}^{(k)})^{\frac{1}{2}}\left(\frac{\boldsymbol{p}^{(k)}}{\boldsymbol{p}^{(k)\mathrm{T}}\boldsymbol{q}^{(k)}} - \frac{\boldsymbol{H}_k\boldsymbol{q}^{(k)}}{\boldsymbol{q}^{(k)\mathrm{T}}\boldsymbol{H}_k\boldsymbol{q}^{(k)}}\right). \tag{10.4.37}$$

在拟牛顿法的每次迭代中, 可用 Broyden 族的一个成员作为修正公式.

由于 DFP 和 BFGS 修正都满足拟牛顿条件(10.4.7), 因此 Broyden 族的所有成员均满足这个条件. 进而, DFP 方法所具有的许多性质, Broyden 方法也具有. 下列定理就是定理 10.4.2 的直接推广.

定理 10.4.3　设 $f(\boldsymbol{x}) = \frac{1}{2}\boldsymbol{x}^{\mathrm{T}}\boldsymbol{A}\boldsymbol{x} + \boldsymbol{b}^{\mathrm{T}}\boldsymbol{x} + c$, 其中 $\boldsymbol{A}$ 是 n 阶对称正定矩阵, 则对于 Broyden 方法, 成立

$$\begin{aligned} \boldsymbol{p}^{(i)\mathrm{T}}\boldsymbol{A}\boldsymbol{p}^{(j)} &= 0, \qquad 1 \leqslant i < j \leqslant k, \\ \boldsymbol{H}_{k+1}\boldsymbol{A}\boldsymbol{p}^{(i)} &= \boldsymbol{p}^{(i)}, \qquad 1 \leqslant i \leqslant k. \end{aligned}$$

证明方法与定理 10.4.2 的证明类似, 这里从略.

值得注意, Broyden 族并非对 ϕ 的所有取值都能保持正定性. 事实上, 当 $\phi<0$ 时, $\boldsymbol{H}^{\phi}$ 有可能奇异. 因此, 为保持正定性, ϕ 应取非负数值. 由于正定矩阵与半正定矩阵之和仍为正定矩阵, 因此当 $\phi\geqslant 0$ 时, 保持正定性是显然的.

Broyden 族只是给出一类拟牛顿算法. 这个族中包含一个参数. 一些文献所介绍的所谓 Huang 族包含三个参数. Broyden 族是 Huang 族的一个子族. 关于 Huang 族, 可参见文献[23].

拟牛顿法是无约束最优化方法中最有效的一类算法. 它有许多优点, 比如, 迭代中仅需一阶导数, 不必计算 Hesse 矩阵, 当使 $\boldsymbol{H}_k$ 正定时, 算法产生的方向均为下降方向, 并且这类算法具有二次终止性, 对于一般情形, 具有超线性收敛速率, 而且还具有 n 步二级收敛速率. 可见, 拟牛顿算法集中了许多算法的长处. 拟牛顿法的缺点是所需存储量较大, 对于大型问题, 可能遇到存储方面的困难.

10.5　信赖域方法

10.5.1　方法简介

前面介绍的无约束最优化方法, 一般策略是, 给定点 $\boldsymbol{x}^{(k)}$ 后, 定义搜索方向 $\boldsymbol{d}^{(k)}$, 再从 $\boldsymbol{x}^{(k)}$ 出发沿 $\boldsymbol{d}^{(k)}$ 作一维搜索. 信赖域方法另辟蹊径, 给定一点 $\boldsymbol{x}^{(k)}$ 后, 确定一个变化范围, 通

常取 $\boldsymbol{x}^{(k)}$ 为中心的球域，称为信赖域，在此域内优化目标函数的二次逼近式，按一定模式求出后继点 $\boldsymbol{x}^{(k+1)}$. 如果不满足精度要求，再定义以 $\boldsymbol{x}^{(k+1)}$ 为中心的信赖域，并在此域内优化新的二次逼近式. 直至满足精度要求为止. 下面就此作简要分析. 考虑无约束问题

$$\min \quad f(\boldsymbol{x}), \quad \boldsymbol{x} \in \mathbb{R}^n, \tag{10.5.1}$$

将 $f(\boldsymbol{x})$ 在给定点 $\boldsymbol{x}^{(k)}$ 展开，取二次近似

$$f(\boldsymbol{x}) \approx f(\boldsymbol{x}^{(k)}) + \nabla f(\boldsymbol{x}^{(k)})^{\mathrm{T}}(\boldsymbol{x} - \boldsymbol{x}^{(k)}) + \frac{1}{2}(\boldsymbol{x} - \boldsymbol{x}^{(k)})^{\mathrm{T}} \nabla^2 f(\boldsymbol{x}^{(k)})(\boldsymbol{x} - \boldsymbol{x}^{(k)}),$$

记 $\boldsymbol{d} = \boldsymbol{x} - \boldsymbol{x}^{(k)}$，得到二次模型

$$\varphi_k(\boldsymbol{d}) = f(\boldsymbol{x}^{(k)}) + \nabla f(\boldsymbol{x}^{(k)})^{\mathrm{T}} \boldsymbol{d} + \frac{1}{2} \boldsymbol{d}^{\mathrm{T}} \nabla^2 f(\boldsymbol{x}^{(k)}) \boldsymbol{d}\,. \tag{10.5.2}$$

为了在 $\boldsymbol{x}^{(k)}$ 附近用 $\varphi_k(\boldsymbol{d})$ 近似 $f(\boldsymbol{x}^{(k)} + \boldsymbol{d})$，限定 $\boldsymbol{d}$ 的取值，令 $\| \boldsymbol{d} \| \leqslant r_k$，$r_k$ 是给定的常数，称为信赖域半径. 这样，求函数 $f(\boldsymbol{x})$ 的极小点归结为解一系列子问题

$$\begin{aligned} \min \quad & \varphi_k(\boldsymbol{d}) \overset{\text{def}}{=\!=} f(\boldsymbol{x}^{(k)}) + \nabla f(\boldsymbol{x}^{(k)})^{\mathrm{T}} \boldsymbol{d} + \frac{1}{2} \boldsymbol{d}^{\mathrm{T}} \nabla^2 f(\boldsymbol{x}^{(k)}) \boldsymbol{d} \\ \text{s.t.} \quad & \| \boldsymbol{d} \| \leqslant r_k, \end{aligned} \tag{10.5.3}$$

式中范数 $\| \cdot \|$ 未作具体规定，可取不同形式. 在后面的讨论中，均取欧氏范数，令 $\| \cdot \| = \| \cdot \|_2$. 这样，约束 $\| \boldsymbol{d} \| \leqslant r_k$ 可以写作 $(\boldsymbol{d}^{\mathrm{T}} \boldsymbol{d})^{\frac{1}{2}} \leqslant r_k$.

若 $\boldsymbol{d}^{(k)}$ 是(10.5.3)式的最优解，则存在乘子 $\hat{w} \geqslant 0$，使得

$$\begin{aligned} & \nabla^2 f(\boldsymbol{x}^{(k)}) \boldsymbol{d}^{(k)} + \nabla f(\boldsymbol{x}^{(k)}) + \frac{\hat{w}}{(\boldsymbol{d}^{(k)\mathrm{T}} \boldsymbol{d}^{(k)})^{\frac{1}{2}}} \boldsymbol{d}^{(k)} = \boldsymbol{0}, \\ & \hat{w}(\| \boldsymbol{d}^{(k)} \| - r_k) = 0. \end{aligned}$$

记作

$$w = \frac{\hat{w}}{(\boldsymbol{d}^{(k)\mathrm{T}} \boldsymbol{d}^{(k)})^{\frac{1}{2}}}. \tag{10.5.4}$$

得到 $\boldsymbol{d}^{(k)}$ 为最优解的必要条件

$$\begin{cases} \nabla^2 f(\boldsymbol{x}^{(k)}) \boldsymbol{d}^{(k)} + w \, \boldsymbol{d}^{(k)} = -\nabla f(\boldsymbol{x}^{(k)}), \\ w(\| \boldsymbol{d}^{(k)} \| - r_k) = 0, \\ w \geqslant 0, \\ \| \boldsymbol{d}^{(k)} \| \leqslant r_k. \end{cases} \tag{10.5.5}$$

设 $\nabla^2 f(\boldsymbol{x}^{(k)}) + w\boldsymbol{I}$ 可逆，由(10.5.5)式得到

$$\| \boldsymbol{d}^{(k)} \| = \| (\nabla^2 f(\boldsymbol{x}^{(k)}) + w\, \boldsymbol{I})^{-1} \nabla f(\boldsymbol{x}^{(k)}) \|. \tag{10.5.6}$$

考查上述条件易知，(10.5.5)式的解 $\boldsymbol{d}^{(k)}$ 与信赖域半径 r_k 取值有关. 如果 r_k 充分大，w 的值有可能很小，从而 $\boldsymbol{d}^{(k)}$ 接近牛顿方向，即

$$\boldsymbol{d}^{(k)} \approx -\nabla^2 f(\boldsymbol{x}^{(k)})^{-1} \nabla f(\boldsymbol{x}^{(k)}).$$

如果 $r_k \to 0$,则 $\|\boldsymbol{d}^{(k)}\| \to 0, w \to +\infty$,这时

$$\boldsymbol{d}^{(k)} \approx -\frac{1}{w} \nabla f(\boldsymbol{x}^{(k)}),$$

即 $\boldsymbol{d}^{(k)}$ 接近最速下降方向. 当信赖域半径 r_k 由小到大逐渐增大时,$\boldsymbol{d}^{(k)}$ 在最速下降方向与牛顿方向之间连续变化.

求出(10.5.3)式的最优解 $\boldsymbol{d}^{(k)}$ 后,点 $\boldsymbol{x}^{(k)}+\boldsymbol{d}^{(k)}$ 能否作为(10.5.1)式的近似解,还要根据用 $\varphi_k(\boldsymbol{d})$ 逼近 $f(\boldsymbol{x})$ 是否成功来确定. 如果函数值实际下降量与预测下降量之比,即

$$\rho_k = \frac{f(\boldsymbol{x}^{(k)}) - f(\boldsymbol{x}^{(k)}+\boldsymbol{d}^{(k)})}{f(\boldsymbol{x}^{(k)}) - \varphi_k(\boldsymbol{d}^{(k)})} \tag{10.5.7}$$

太小,就认为不成功,后继点仍取 $\boldsymbol{x}^{(k)}$;若 ρ_k 比较大,则逼近成功,令 $\boldsymbol{x}^{(k+1)}=\boldsymbol{x}^{(k)}+\boldsymbol{d}^{(k)}$. 信赖域方法计算步骤如下:

(1) 给定可行点 $\boldsymbol{x}^{(1)}$,信赖域半径 r_1,参数 $0<\mu<\eta<1\left(一般取\ \mu=\frac{1}{4}, \eta=\frac{3}{4}\right)$及精度要求 ε,置 $k:=1$.

(2) 计算 $f(\boldsymbol{x}^{(k)}), \nabla f(\boldsymbol{x}^{(k)})$. 若 $\|\nabla f(\boldsymbol{x}^{(k)})\| \leqslant \varepsilon$,则停止计算,得解 $\boldsymbol{x}^{(k)}$;否则,计算 $\nabla^2 f(\boldsymbol{x}^{(k)})$.

(3) 求解子问题

$$\begin{aligned} \min \quad & \varphi_k(\boldsymbol{d}) \overset{\text{def}}{=} f(\boldsymbol{x}^{(k)}) + \nabla f(\boldsymbol{x}^{(k)})^{\mathrm{T}} \boldsymbol{d} + \frac{1}{2} \boldsymbol{d}^{\mathrm{T}} \nabla^2 f(\boldsymbol{x}^{(k)}) \boldsymbol{d} \\ \text{s.t.} \quad & \|\boldsymbol{d}\| \leqslant r_k, \end{aligned}$$

得到子问题的最优解 $\boldsymbol{d}^{(k)}$. 令

$$\rho_k = \frac{f(\boldsymbol{x}^{(k)}) - f(\boldsymbol{x}^{(k)}+\boldsymbol{d}^{(k)})}{f(\boldsymbol{x}^{(k)}) - \varphi_k(\boldsymbol{d}^{(k)})}.$$

(4) 如果 $\rho_k \leqslant \mu$,令 $\boldsymbol{x}^{(k+1)}=\boldsymbol{x}^{(k)}$;如果 $\rho_k>\mu$,令 $\boldsymbol{x}^{(k+1)}=\boldsymbol{x}^{(k)}+\boldsymbol{d}^{(k)}$.

(5) 修改 r_k. 如果 $\rho_k \leqslant \mu$,令 $r_{k+1}=\frac{1}{2} r_k$;如果 $\mu<\rho_k<\eta$,令 $r_{k+1}=r_k$;如果 $\rho_k \geqslant \eta$,令 $r_{k+1}=2 r_k$.

(6) 置 $k:=k+1$,转步骤(2).

例 10.5.1 考虑无约束问题

$$\min \quad f(\boldsymbol{x}) = x_1^4 + x_1^2 + x_2^2 - 4x_2 + 5.$$

取初点 $\boldsymbol{x}^{(1)}=\begin{bmatrix}0\\0\end{bmatrix}$,信赖域半径 $r_1=1$,取 $\mu=\frac{1}{4}, \eta=\frac{3}{4}$. 试用信赖域方法求最优解.

解 经计算得到函数值 $f(\boldsymbol{x}^{(1)})=5$,目标函数的梯度 $\nabla f(\boldsymbol{x}^{(1)})=\begin{bmatrix}0\\-4\end{bmatrix}$,Hesse 矩阵 $\nabla^2 f(\boldsymbol{x}^{(1)})=\begin{bmatrix}2 & 0\\0 & 2\end{bmatrix}$.

解子问题

$$\begin{aligned} \min \quad & \varphi_1(\boldsymbol{d}) \stackrel{\text{def}}{=} f(\boldsymbol{x}^{(1)}) + \nabla f(\boldsymbol{x}^{(1)})^{\mathrm{T}}\boldsymbol{d} + \frac{1}{2}\boldsymbol{d}^{\mathrm{T}}\nabla^2 f(\boldsymbol{x}^{(1)})\boldsymbol{d} \\ \text{s. t.} \quad & \|\boldsymbol{d}\| \leqslant 1, \end{aligned}$$

即求解

$$\begin{aligned} \min \quad & \varphi_1(\boldsymbol{d}) = 5 - 4d_2 + d_1^2 + d_2^2 \\ \text{s. t.} \quad & d_1^2 + d_2^2 \leqslant 1, \end{aligned}$$

得到子问题的 K-T 点，也是最优解 $\boldsymbol{d}^{(1)} = \begin{bmatrix} d_1^{(1)} \\ d_2^{(1)} \end{bmatrix} = \begin{bmatrix} 0 \\ 1 \end{bmatrix}$，函数值 $f(\boldsymbol{x}^{(1)} + \boldsymbol{d}^{(1)}) = 2$，$\varphi_1(\boldsymbol{d}^{(1)}) = 2$，实际下降量与预测下降量之比

$$\rho_1 = \frac{f(\boldsymbol{x}^{(1)}) - f(\boldsymbol{x}^{(1)} + \boldsymbol{d}^{(1)})}{f(\boldsymbol{x}^{(1)}) - \varphi_1(\boldsymbol{d}^{(1)})} = \frac{5-2}{5-2} = 1 > \eta,$$

逼近成功，令 $\boldsymbol{x}^{(2)} = \boldsymbol{x}^{(1)} + \boldsymbol{d}^{(1)} = \begin{bmatrix} 0 \\ 1 \end{bmatrix}$，$\gamma_2 = 2\gamma_1 = 2$.

进行第 2 次迭代. 经计算得到

$$f(\boldsymbol{x}^{(2)}) = 2, \quad \nabla f(\boldsymbol{x}^{(2)}) = \begin{bmatrix} 0 \\ -2 \end{bmatrix}, \quad \nabla^2 f(\boldsymbol{x}^{(2)}) = \begin{bmatrix} 2 & 0 \\ 0 & 2 \end{bmatrix}.$$

解子问题

$$\begin{aligned} \min \quad & \varphi_2(\boldsymbol{d}) = 2 - 2d_2 + d_1^2 + d_2^2 \\ \text{s. t.} \quad & d_1^2 + d_2^2 \leqslant 4, \end{aligned}$$

得到子问题的解 $\boldsymbol{d}^{(2)} = \begin{bmatrix} d_1^{(2)} \\ d_2^{(2)} \end{bmatrix} = \begin{bmatrix} 0 \\ 1 \end{bmatrix}$，算得 $f(\boldsymbol{x}^{(2)} + \boldsymbol{d}^{(2)}) = 0$，$\varphi_2(\boldsymbol{d}^{(2)}) = 1$，实际下降量与预测下降量之比

$$\rho_2 = \frac{f(\boldsymbol{x}^{(2)}) - f(\boldsymbol{x}^{(2)} + \boldsymbol{d}^{(2)})}{f(\boldsymbol{x}^{(2)}) - \varphi_2(\boldsymbol{d}^{(2)})} = \frac{2-0}{2-1} = 2.$$

令 $\boldsymbol{x}^{(3)} = \boldsymbol{x}^{(2)} + \boldsymbol{d}^{(2)} = \begin{bmatrix} 0 \\ 2 \end{bmatrix}$，$\gamma_3 = 2\gamma_2 = 4$.

进行第 3 次迭代. 经计算得到 $f(\boldsymbol{x}^{(3)}) = 1$，$\nabla f(\boldsymbol{x}^{(3)}) = \begin{bmatrix} 0 \\ 0 \end{bmatrix}$，$\boldsymbol{x}^{(3)} = \begin{bmatrix} 0 \\ 2 \end{bmatrix}$是最优解.

10.5.2　算法的收敛性

在一定条件下，信赖域方法具有全局收敛性[25].

定理 10.5.1　设 $f(\boldsymbol{x})$是$\mathbb{R}^n$上的实函数，$\boldsymbol{x}^{(1)}$是给定的初始点，$S = \{\boldsymbol{x} \mid f(\boldsymbol{x}) \leqslant f(\boldsymbol{x}^{(1)})\}$是有界闭集，$f(\boldsymbol{x})$，$\nabla f(\boldsymbol{x})$和$\nabla^2 f(\boldsymbol{x})$在 S 上连续，用信赖域方法求得序列$\{\boldsymbol{x}^{(k)}\}$，则

$\lim\limits_{k\to\infty}\|\nabla f(\boldsymbol{x}^{(k)})\|=0$.

证明　为简便，记作$\nabla f_k=\nabla f(\boldsymbol{x}^{(k)})$，$\nabla^2 f_k=\nabla^2 f(\boldsymbol{x}^{(k)})$. 由于$\nabla^2 f(\boldsymbol{x})$在有界闭集$S$上连续，因此存在正数$M$，使得对每个$k$有$\|\nabla^2 f_k\|\leqslant M$.

先证明$\{\|\nabla f(\boldsymbol{x}^{(k)})\|\}$存在收敛到0的子序列，用反证法. 假设对所有充分大的k均有$\|\nabla f_k\|\geqslant\varepsilon$，$\varepsilon$是某个正数. 下面推出矛盾.

首先估计经第k次迭代函数值预测下降量$f(\boldsymbol{x}^{(k)})-\varphi_k(\boldsymbol{d}^{(k)})$. 根据定义，这是在信赖域上的最大下降量，自然不会小于沿着任何方向的下降量. 为给出最大下降量的一个下界，取最速下降方向

$$\boldsymbol{d}=-\frac{\nabla f_k}{\|\nabla f_k\|},$$

沿着这个方向步长为λ时下降量

$$\begin{aligned}Q(\lambda)&=f(\boldsymbol{x}^{(k)})-\varphi_k\left(-\lambda\frac{\nabla f_k}{\|\nabla f_k\|}\right)\\&=f(\boldsymbol{x}^{(k)})-\left[f(\boldsymbol{x}^{(k)})+\nabla f_k^{\mathrm{T}}\left(-\lambda\frac{\nabla f_k}{\|\nabla f_k\|}\right)\right.\\&\quad\left.+\frac{1}{2}\left(-\lambda\frac{\nabla f_k}{\|\nabla f_k\|}\right)^{\mathrm{T}}\nabla^2 f_k\left(-\lambda\frac{\nabla f_k}{\|\nabla f_k\|}\right)\right]\\&=\|\nabla f_k\|\lambda-\frac{\nabla f_k{}^{\mathrm{T}}\nabla^2 f_k\nabla f_k}{2\|\nabla f_k\|^2}\lambda^2.\end{aligned}\tag{10.5.8}$$

令$Q'(\lambda)=0$，得到平稳点

$$\bar{\lambda}=\frac{\|\nabla f_k\|^3}{\nabla f_k^{\mathrm{T}}\nabla^2 f_k\nabla f_k},\tag{10.5.9}$$

由于$\boldsymbol{d}$是最速下降方向，因此$\bar{\lambda}>0$.

当$\bar{\lambda}\in(0,r_k)$时，下降量

$$\bar{Q}=\frac{\|\nabla f_k\|^4}{2\nabla f_k^{\mathrm{T}}\nabla^2 f_k\nabla f_k}\geqslant\frac{\|\nabla f_k\|^2}{2M}.\tag{10.5.10}$$

当$\bar{\lambda}\geqslant r_k$，考虑到(10.5.9)式，即

$$\nabla f_k^{\mathrm{T}}\nabla^2 f_k\nabla f_k r_k\leqslant\|\nabla f_k\|^3\tag{10.5.11}$$

时，预测点$\boldsymbol{x}^{(k+1)}=\boldsymbol{x}^{(k)}-\dfrac{r_k}{\|\nabla f_k\|}\nabla f_k$. 由(10.5.8)式并考虑到(10.5.11)式，有函数值的预测下降量

$$\bar{Q}=\|\nabla f_k\|r_k-\frac{\nabla f_k^{\mathrm{T}}\nabla^2 f_k\nabla f_k}{2\|\nabla f_k\|^2}r_k^2\geqslant\frac{1}{2}\|\nabla f_k\|r_k.\tag{10.5.12}$$

综合(10.5.10)式和(10.5.12)式，预测下降量

$$f(\boldsymbol{x}^{(k)})-\varphi_k(\boldsymbol{d}^{(k)})\geqslant\frac{1}{2}\|\nabla f_k\|\min\left\{r_k,\frac{\|\nabla f_k\|}{M}\right\}.\tag{10.5.13}$$

下面,利用(10.5.13)式推导$\lim\limits_{k\to\infty}r_k=0$.

对于成功步,

$$\frac{f(\boldsymbol{x}^{(k)})-f(\boldsymbol{x}^{(k+1)})}{f(\boldsymbol{x}^{(k)})-\varphi_k(\boldsymbol{d}^{(k)})}>\mu,$$

由此得到

$$\begin{aligned}f(\boldsymbol{x}^{(k)})-f(\boldsymbol{x}^{(k+1)})&>\mu[f(\boldsymbol{x}^{(k)})-\varphi_k(\boldsymbol{d}^{(k)})]\\&\geqslant\frac{1}{2}\mu\|\nabla f_k\|\min\left\{r_k,\frac{\|\nabla f_k\|}{M}\right\},\end{aligned}\tag{10.5.14}$$

根据假设,对充分大的 k,有 $\|\nabla f_k\|\geqslant\varepsilon$, 因此由(10.5.14)式得到

$$f(\boldsymbol{x}^{(k)})-f(\boldsymbol{x}^{(k+1)})>\frac{1}{2}\mu\,\varepsilon\min\left\{r_k,\frac{\varepsilon}{M}\right\}.\tag{10.5.15}$$

由于$\{f(\boldsymbol{x}^{(k)})\}$为单调减有下界数列,必有极限,因此当$k\to\infty$时,(10.5.15)式左端趋于 0,从而右端也趋于 0. 由此可见,对于成功步$\lim\limits_{k_i\to\infty}r_{k_i}=0$. 对于任意两个成功步之间的不成功步,均导致信赖域半径减小. 综上分析,$\lim\limits_{k\to\infty}r_k=0$.

下面证明$\lim\limits_{k\to\infty}\rho_k=1$.

由于

$$\begin{aligned}\rho_k-1&=\frac{f(\boldsymbol{x}^{(k)})-f(\boldsymbol{x}^{(k)}+\boldsymbol{d}^{(k)})}{f(\boldsymbol{x}^{(k)})-\varphi_k(\boldsymbol{d}^{(k)})}-1\\&=\frac{-f(\boldsymbol{x}^{(k)}+\boldsymbol{d}^{(k)})+\varphi_k(\boldsymbol{d}^{(k)})}{f(\boldsymbol{x}^{(k)})-\varphi_k(\boldsymbol{d}^{(k)})},\end{aligned}\tag{10.5.16}$$

对于充分大的 k,由(10.5.13)式知上式分母

$$f(\boldsymbol{x}^{(k)})-\varphi_k(\boldsymbol{d}^{(k)})\geqslant\frac{1}{2}\|\nabla f_k\|r_k\geqslant\frac{1}{2}\varepsilon r_k.$$

(10.5.16)式中分子

$$\begin{aligned}-f(\boldsymbol{x}^{(k)}+\boldsymbol{d}^{(k)})+\varphi_k(\boldsymbol{d}^{(k)})&=-\left[f(\boldsymbol{x}^{(k)})+\nabla f_k^{\mathrm{T}}\boldsymbol{d}^{(k)}+\frac{1}{2}\boldsymbol{d}^{(k)\mathrm{T}}\nabla^2 f(\boldsymbol{x}^{(k)}+\xi_k\boldsymbol{d}^{(k)})\boldsymbol{d}^{(k)}\right]\\&\quad+\left[f(\boldsymbol{x}^{(k)})+\nabla f_k^{\mathrm{T}}\boldsymbol{d}^{(k)}+\frac{1}{2}\boldsymbol{d}^{(k)\mathrm{T}}\nabla^2 f_k\boldsymbol{d}^{(k)}\right]\\&=-\frac{1}{2}\boldsymbol{d}^{(k)\mathrm{T}}\nabla^2 f(\boldsymbol{x}^{(k)}+\xi_k\boldsymbol{d}^{(k)})\boldsymbol{d}^{(k)}+\frac{1}{2}\boldsymbol{d}^{(k)\mathrm{T}}\nabla^2 f_k\boldsymbol{d}^{(k)},\end{aligned}$$

因此

$$|\rho_k-1|=\frac{\left|-\frac{1}{2}\boldsymbol{d}^{(k)\mathrm{T}}\nabla^2 f(\boldsymbol{x}^{(k)}+\xi_k\boldsymbol{d}^{(k)})\boldsymbol{d}^{(k)}+\frac{1}{2}\boldsymbol{d}^{(k)\mathrm{T}}\nabla^2 f_k\boldsymbol{d}^{(k)}\right|}{f(\boldsymbol{x}^{(k)})-\varphi_k(\boldsymbol{d}^{(k)})}$$

$$\leqslant \frac{\frac{1}{2}\|\boldsymbol{d}^{(k)}\|^2 M+\frac{1}{2}\|\boldsymbol{d}^{(k)}\|^2 M}{\frac{1}{2}\varepsilon r_k} \leqslant \frac{2Mr_k}{\varepsilon}.$$

前面已经证明$\lim\limits_{k\to\infty} r_k=0$，因此$\lim\limits_{k\to\infty}\rho_k=1$.

另一方面，根据算法定义，当 $\rho_k>\mu$ 时，r_k 非减，这与$\lim\limits_{k\to\infty} r_k=0$ 时$\lim\limits_{k\to\infty}\rho_k=1$ 矛盾. 因此$\{\|\nabla f(\boldsymbol{x}^{(k)})\|\}$存在收敛到 0 的子序列.

下面证明$\lim\limits_{k\to\infty}\|\nabla f(\boldsymbol{x}^{(k)})\|=0$，用反证法. 假设存在子序列$\{\nabla f_{k_i}\}$及正数 ε，对每个 k_i 有

$$\|\nabla f_{k_i}\|\geqslant\varepsilon. \tag{10.5.17}$$

根据前面证明，$\{\|\nabla f(\boldsymbol{x}^{(k)})\|\}$存在收敛到 0 的子序列，因此存在指标集$\{l_i\}$，使得对每个 l_i，有

$$\|\nabla f_{l_i}\|<\frac{1}{3}\varepsilon, \tag{10.5.18}$$

对每个 $k_i\leqslant k<l_i$，有 $\|\nabla f_k\|\geqslant\frac{1}{3}\varepsilon$.

如果 $k_i\leqslant k<l_i$ 且第 k 次迭代成功，则由(10.5.14)式得到

$$f(\boldsymbol{x}^{(k)})-f(\boldsymbol{x}^{(k+1)})\geqslant\frac{1}{6}\mu\varepsilon\min\left\{r_k,\frac{\varepsilon}{3M}\right\},$$

由于不等式左端趋于 0，因此有

$$f(\boldsymbol{x}^{(k)})-f(\boldsymbol{x}^{(k+1)})\geqslant\frac{1}{6}\mu\,\varepsilon\,\|\boldsymbol{x}^{(k+1)}-\boldsymbol{x}^{(k)}\|, \tag{10.5.19}$$

由于对不成功步 $\boldsymbol{x}^{(k+1)}=\boldsymbol{x}^{(k)}$，因此(10.5.19)式对每个 $k_i\leqslant k<l_i$ 成立. 利用(10.5.19)式推得

$$\begin{aligned}\frac{1}{6}\mu\,\varepsilon\,\|\boldsymbol{x}^{(k_i)}-\boldsymbol{x}^{(l_i)}\| &\leqslant\frac{1}{6}\mu\,\varepsilon\,(\|\boldsymbol{x}^{(k_i)}-\boldsymbol{x}^{(k_i+1)}\|+\|\boldsymbol{x}^{(k_i+1)}-\boldsymbol{x}^{(k_i+2)}\|\\ &\quad+\cdots+\|\boldsymbol{x}^{(l_i-1)}-\boldsymbol{x}^{(l_i)}\|)\\ &\leqslant[f(\boldsymbol{x}^{(k_i)})-f(\boldsymbol{x}^{(k_i+1)})]+[f(\boldsymbol{x}^{(k_i+1)})-f(\boldsymbol{x}^{(k_i+2)})]\\ &\quad+\cdots+[f(\boldsymbol{x}^{(l_i-1)})-f(\boldsymbol{x}^{(l_i)})]\\ &\leqslant f(\boldsymbol{x}^{(k_i)})-f(\boldsymbol{x}^{(l_i)}).\end{aligned}$$

当指标趋于无穷时，上式右端趋于 0，因此左端也趋于 0. 由于$\nabla f(\boldsymbol{x})$在有界闭集 S 上连续，当$\|\boldsymbol{x}^{(k_i)}-\boldsymbol{x}^{(l_i)}\|$趋于 0 时，$\|\nabla f_{k_i}-\nabla f_{l_i}\|$趋于 0，因此取充分大的指标 i，能够保证

$$\|\nabla f_{k_i}-\nabla f_{l_i}\|\leqslant\frac{1}{3}\varepsilon. \tag{10.5.20}$$

由(10.5.17)式，(10.5.18)式和(10.5.20)式得出

$$\varepsilon \leqslant \| \nabla f_{k_i} \| = \| \nabla f_{k_i} - \nabla f_{l_i} + \nabla f_{l_i} \| \leqslant \| \nabla f_{k_i} - \nabla f_{l_i} \| + \| \nabla f_{l_i} \|$$

$$\leqslant \frac{\varepsilon}{3} + \frac{\varepsilon}{3} = \frac{2}{3}\varepsilon < \varepsilon,$$

矛盾. 因此 $\lim_{k\to\infty} \| \nabla f(\boldsymbol{x}^{(k)}) \| = 0$.

10.6　最小二乘法

10.6.1　最小二乘问题

在某些最优化问题中,比如曲线拟合问题,目标函数由若干个函数的平方和构成. 一般可以写成

$$F(\boldsymbol{x}) = \sum_{i=1}^{m} f_i^2(\boldsymbol{x}), \tag{10.6.1}$$

其中 $\boldsymbol{x}=(x_1,x_2,\cdots,x_n)^{\mathrm{T}}$ 是 $\mathbb{R}^n$ 中的点. 一般假设 $m\geqslant n$. 把极小化这类函数的问题

$$\min \quad F(\boldsymbol{x}) \stackrel{\text{def}}{=} \sum_{i=1}^{m} f_i^2(\boldsymbol{x}) \tag{10.6.2}$$

称为**最小二乘问题**. 特别地,当每个 $f_i(\boldsymbol{x})$ 为 $\boldsymbol{x}$ 的线性函数时,称(10.6.2)式为**线性最小二乘问题**. 当 $f_i(\boldsymbol{x})$ 是 $\boldsymbol{x}$ 的非线性函数时,称(10.6.2)式为**非线性最小二乘问题**.

由于目标函数 $F(\boldsymbol{x})$ 具有若干个函数平方和这种特殊形式,因此给问题的求解带来某种方便. 对于这类问题,除了能够运用前面介绍的一般求解方法外,还可以给出一些更为简便有效的解法.

10.6.2　线性最小二乘问题

在(10.6.1)式中,假设

$$f_i(\boldsymbol{x}) = \boldsymbol{p}_i^{\mathrm{T}}\boldsymbol{x} - b_i, \quad i = 1,\cdots,m, \tag{10.6.3}$$

其中 $\boldsymbol{p}_i$ 是 n 维列向量, b_i 是实数. 我们可以用矩阵乘积形式来表达(10.6.1)式. 令

$$\boldsymbol{A} = \begin{bmatrix} \boldsymbol{p}_1^{\mathrm{T}} \\ \vdots \\ \boldsymbol{p}_m^{\mathrm{T}} \end{bmatrix}, \quad \boldsymbol{b} = \begin{bmatrix} b_1 \\ \vdots \\ b_m \end{bmatrix},$$

$\boldsymbol{A}$ 是 $m\times n$ 矩阵, $\boldsymbol{b}$ 是 m 维列向量. 则

$$F(\boldsymbol{x}) = \sum_{i=1}^{m} f_i^2(\boldsymbol{x}) = (f_1(\boldsymbol{x}), f_2(\boldsymbol{x}), \cdots, f_m(\boldsymbol{x})) \begin{bmatrix} f_1(\boldsymbol{x}) \\ f_2(\boldsymbol{x}) \\ \vdots \\ f_m(\boldsymbol{x}) \end{bmatrix}$$

$$\begin{aligned}&=(\boldsymbol{Ax}-\boldsymbol{b})^{\mathrm{T}}(\boldsymbol{Ax}-\boldsymbol{b})\\&=\boldsymbol{x}^{\mathrm{T}}\boldsymbol{A}^{\mathrm{T}}\boldsymbol{Ax}-2\boldsymbol{b}^{\mathrm{T}}\boldsymbol{Ax}+\boldsymbol{b}^{\mathrm{T}}\boldsymbol{b}.\end{aligned} \tag{10.6.4}$$

现在求 $F(\boldsymbol{x})$的平稳点. 令

$$\nabla F(\boldsymbol{x})=2\boldsymbol{A}^{\mathrm{T}}\boldsymbol{Ax}-2\boldsymbol{A}^{\mathrm{T}}\boldsymbol{b}=\boldsymbol{0},$$

即 $F(\boldsymbol{x})$的平稳点满足

$$\boldsymbol{A}^{\mathrm{T}}\boldsymbol{Ax}=\boldsymbol{A}^{\mathrm{T}}\boldsymbol{b}. \tag{10.6.5}$$

设 $\boldsymbol{A}$ 列满秩,$\boldsymbol{A}^{\mathrm{T}}\boldsymbol{A}$ 为 n 阶对称正定矩阵. 由此得到目标函数 $F(\boldsymbol{x})$的平稳点

$$\bar{\boldsymbol{x}}=(\boldsymbol{A}^{\mathrm{T}}\boldsymbol{A})^{-1}\boldsymbol{A}^{\mathrm{T}}\boldsymbol{b}. \tag{10.6.6}$$

由于 $F(\boldsymbol{x})$是凸函数,根据定理 7.1.5,$\bar{\boldsymbol{x}}$ 必是全局极小点.

对于线性最小二乘问题,只要 $\boldsymbol{A}^{\mathrm{T}}\boldsymbol{A}$ 非奇异,就可以用(10.6.6)式求解.

例 10.6.1 给定方程组

$$\begin{cases}x_1+x_2=3,\\2x_1-3x_2=2,\\-x_1+4x_2=4.\end{cases} \tag{10.6.7}$$

记系数矩阵为 $\boldsymbol{A}$,右端向量为 $\boldsymbol{b}$,求函数

$$f(\boldsymbol{x})=(\boldsymbol{Ax}-\boldsymbol{b})^{\mathrm{T}}(\boldsymbol{Ax}-\boldsymbol{b}) \tag{10.6.8}$$

的极小点.

解 由已知条件可以得到

$$\boldsymbol{A}=\begin{bmatrix}1&1\\2&-3\\-1&4\end{bmatrix},\quad \boldsymbol{b}=\begin{bmatrix}3\\2\\4\end{bmatrix},$$

$$\boldsymbol{A}^{\mathrm{T}}\boldsymbol{A}=\begin{bmatrix}6&-9\\-9&26\end{bmatrix},\quad (\boldsymbol{A}^{\mathrm{T}}\boldsymbol{A})^{-1}=\frac{1}{75}\begin{bmatrix}26&9\\9&6\end{bmatrix}.$$

根据(10.6.6)式,算得 $f(\boldsymbol{x})$的极小点

$$\bar{\boldsymbol{x}}=\frac{1}{75}\begin{bmatrix}26&9\\9&6\end{bmatrix}\begin{bmatrix}1&2&-1\\1&-3&4\end{bmatrix}\begin{bmatrix}3\\2\\4\end{bmatrix}=\begin{bmatrix}\frac{13}{5}\\\frac{7}{5}\end{bmatrix},$$

这个极小点也称为**最小二乘解**.

函数 $f(\boldsymbol{x})$的极小值

$$f_{\min}=(\boldsymbol{A}\bar{\boldsymbol{x}}-\boldsymbol{b})^{\mathrm{T}}(\boldsymbol{A}\bar{\boldsymbol{x}}-\boldsymbol{b})=3.$$

此例中,$f_{\min}\neq 0$ 表明方程组(10.6.7)无解. 当方程组有解时,显然,最小二乘解也是线性方程组的解.

10.6.3 非线性最小二乘法

设在(10.6.1)式中 $f_i(\boldsymbol{x})$是非线性函数. 且 $F(\boldsymbol{x})$存在连续偏导数. 由于 $f_i(\boldsymbol{x})$非线性,(10.6.2)式为非线性最小二乘问题,因此不能套用(10.6.6)式. 解这类问题的基本思想是,通过解一系列线性最小二乘问题求非线性最小二乘问题的解. 设 $\boldsymbol{x}^{(k)}$ 是解的第 k 次近似. 在 $\boldsymbol{x}^{(k)}$ 将函数 $f_i(\boldsymbol{x})$线性化. 这样,把原来问题转化成线性最小二乘问题,运用(10.6.6)式求出这个问题的极小点 $\boldsymbol{x}^{(k+1)}$,把它作为非线性最小二乘问题解的第 $k+1$ 次近似. 再从 $\boldsymbol{x}^{(k+1)}$ 出发,重复以上过程. 下面就来推导迭代公式. 令

$$\begin{aligned}\varphi_i(\boldsymbol{x}) &= f_i(\boldsymbol{x}^{(k)}) + \nabla f_i(\boldsymbol{x}^{(k)})^{\mathrm{T}}(\boldsymbol{x}-\boldsymbol{x}^{(k)}) \\ &= \nabla f_i(\boldsymbol{x}^{(k)})^{\mathrm{T}}\boldsymbol{x} - [\nabla f_i(\boldsymbol{x}^{(k)})^{\mathrm{T}}\boldsymbol{x}^{(k)} - f_i(\boldsymbol{x}^{(k)})], \\ i &= 1,2,\cdots,m,\end{aligned} \tag{10.6.9}$$

上式右端是函数 $f_i(\boldsymbol{x})$在点 $\boldsymbol{x}^{(k)}$ 展开的一阶 Taylor 多项式. 令

$$\phi(\boldsymbol{x}) = \sum_{i=1}^{m}\varphi_i^2(\boldsymbol{x}), \tag{10.6.10}$$

用 $\phi(\boldsymbol{x})$近似 $F(\boldsymbol{x})$,从而用 $\phi(\boldsymbol{x})$的极小点作为目标函数 $F(\boldsymbol{x})$的极小点的估计.

现在求解线性最小二乘问题

$$\min \quad \phi(\boldsymbol{x}). \tag{10.6.11}$$

这里记

$$\boldsymbol{A}_k = \begin{bmatrix}\nabla f_1(\boldsymbol{x}^{(k)})^{\mathrm{T}} \\ \vdots \\ \nabla f_m(\boldsymbol{x}^{(k)})^{\mathrm{T}}\end{bmatrix} = \begin{bmatrix}\dfrac{\partial f_1(\boldsymbol{x}^{(k)})}{\partial x_1} & \dfrac{\partial f_1(\boldsymbol{x}^{(k)})}{\partial x_2} & \cdots & \dfrac{\partial f_1(\boldsymbol{x}^{(k)})}{\partial x_n} \\ \vdots & \vdots & & \vdots \\ \dfrac{\partial f_m(\boldsymbol{x}^{(k)})}{\partial x_1} & \dfrac{\partial f_m(\boldsymbol{x}^{(k)})}{\partial x_2} & \cdots & \dfrac{\partial f_m(\boldsymbol{x}^{(k)})}{\partial x_n}\end{bmatrix},$$

$$\boldsymbol{b} = \begin{bmatrix}\nabla f_1(\boldsymbol{x}^{(k)})^{\mathrm{T}}\boldsymbol{x}^{(k)} - f_1(\boldsymbol{x}^{(k)}) \\ \vdots \\ \nabla f_m(\boldsymbol{x}^{(k)})^{\mathrm{T}}\boldsymbol{x}^{(k)} - f_m(\boldsymbol{x}^{(k)})\end{bmatrix} = \boldsymbol{A}_k\boldsymbol{x}^{(k)} - \boldsymbol{f}^{(k)},$$

其中

$$\boldsymbol{f}^{(k)} = \begin{bmatrix}f_1(\boldsymbol{x}^{(k)}) \\ f_2(\boldsymbol{x}^{(k)}) \\ \vdots \\ f_m(\boldsymbol{x}^{(k)})\end{bmatrix}.$$

把(10.6.10)式写成

$$\phi(\boldsymbol{x}) = (\boldsymbol{A}_k\boldsymbol{x}-\boldsymbol{b})^{\mathrm{T}}(\boldsymbol{A}_k\boldsymbol{x}-\boldsymbol{b}), \tag{10.6.12}$$

将 $\boldsymbol{A}_k$ 和 $\boldsymbol{b}$ 代入(10.6.5)式,得到

$$\boldsymbol{A}_k^{\mathrm{T}}\boldsymbol{A}_k\boldsymbol{x} = \boldsymbol{A}_k^{\mathrm{T}}(\boldsymbol{A}_k\boldsymbol{x}^{(k)} - \boldsymbol{f}^{(k)}), \tag{10.6.13}$$

把右端的 $\boldsymbol{A}_k^{\mathrm{T}}\boldsymbol{A}_k\boldsymbol{x}^{(k)}$ 移至等号左端,则

$$\boldsymbol{A}_k^{\mathrm{T}}\boldsymbol{A}_k(\boldsymbol{x} - \boldsymbol{x}^{(k)}) = -\boldsymbol{A}_k^{\mathrm{T}}\boldsymbol{f}^{(k)}, \tag{10.6.14}$$

这是一个线性方程组,其中的常数包含在点 $\boldsymbol{x}^{(k)}$ 处的函数值 $f_i(\boldsymbol{x}^{(k)})$ 及一阶偏导数. 如果矩阵 $\boldsymbol{A}_k$ 是列满秩的,则 $\boldsymbol{A}_k^{\mathrm{T}}\boldsymbol{A}_k$ 为对称正定矩阵,因而逆矩阵 $(\boldsymbol{A}_k^{\mathrm{T}}\boldsymbol{A}_k)^{-1}$ 存在. 这时,由方程(10.6.14)能够得到 $\phi(\boldsymbol{x})$ 的极小点

$$\boldsymbol{x}^{(k+1)} = \boldsymbol{x}^{(k)} - (\boldsymbol{A}_k^{\mathrm{T}}\boldsymbol{A}_k)^{-1}\boldsymbol{A}_k^{\mathrm{T}}\boldsymbol{f}^{(k)}, \tag{10.6.15}$$

把 $\boldsymbol{x}^{(k+1)}$ 作为 $F(\boldsymbol{x})$ 的极小点的第 $k+1$ 次近似.

在(10.6.14)式中,若等号两端乘以 2,则右端为

$$-2\boldsymbol{A}_k^{\mathrm{T}}\boldsymbol{f}^{(k)} = -2\begin{bmatrix} \dfrac{\partial f_1(\boldsymbol{x}^{(k)})}{\partial x_1} & \cdots & \dfrac{\partial f_1(\boldsymbol{x}^{(k)})}{\partial x_n} \\ \vdots & & \vdots \\ \dfrac{\partial f_m(\boldsymbol{x}^{(k)})}{\partial x_1} & \cdots & \dfrac{\partial f_m(\boldsymbol{x}^{(k)})}{\partial x_n} \end{bmatrix}^{\mathrm{T}} \begin{bmatrix} f_1(\boldsymbol{x}^{(k)}) \\ \vdots \\ f_m(\boldsymbol{x}^{(k)}) \end{bmatrix}$$

$$= -\begin{bmatrix} 2\displaystyle\sum_{i=1}^{m} \dfrac{\partial f_i(\boldsymbol{x}^{(k)})}{\partial x_1} f_i(\boldsymbol{x}^{(k)}) \\ \vdots \\ 2\displaystyle\sum_{i=1}^{m} \dfrac{\partial f_i(\boldsymbol{x}^{(k)})}{\partial x_n} f_i(\boldsymbol{x}^{(k)}) \end{bmatrix} = -\nabla F(\boldsymbol{x}^{(k)}),$$

即 $2\boldsymbol{A}_k^{\mathrm{T}}\boldsymbol{f}^{(k)}$ 是目标函数 $F(\boldsymbol{x})$ 在点 $\boldsymbol{x}^{(k)}$ 处的梯度. 又根据 $\phi(\boldsymbol{x})$ 的表达式(10.6.12)知,(10.6.14)式两端乘以 2 后,左端中的 $2\boldsymbol{A}_k^{\mathrm{T}}\boldsymbol{A}_k$ 是函数 $\phi(\boldsymbol{x})$ 的 Hesse 矩阵. 记作

$$\boldsymbol{H}_k = 2\boldsymbol{A}_k^{\mathrm{T}}\boldsymbol{A}_k, \tag{10.6.16}$$

这样,(10.6.14)式又可写成

$$\boldsymbol{H}_k(\boldsymbol{x} - \boldsymbol{x}^{(k)}) = -\nabla F(\boldsymbol{x}^{(k)}), \tag{10.6.17}$$

(10.6.15)式写作

$$\boldsymbol{x}^{(k+1)} = \boldsymbol{x}^{(k)} - \boldsymbol{H}_k^{-1}\nabla F(\boldsymbol{x}^{(k)}). \tag{10.6.18}$$

显然,(10.6.18)式与牛顿迭代公式类似. 差别只在于 $\boldsymbol{H}_k$ 是逼近函数 $\phi(\boldsymbol{x})$ 的 Hesse 矩阵,而不是目标函数 $F(\boldsymbol{x})$ 的. 通常称(10.6.15)式或(10.6.18)式为 **Causs-Newton 公式**. 向量

$$\boldsymbol{d}^{(k)} = -(\boldsymbol{A}_k^{\mathrm{T}}\boldsymbol{A}_k)^{-1}\boldsymbol{A}_k^{\mathrm{T}}\boldsymbol{f}^{(k)} \tag{10.6.19}$$

称为在点 $\boldsymbol{x}^{(k)}$ 处的 **Causs-Newton 方向**. 为保证每次迭代能使目标函数值下降(至少不能上升),在求出方向 $\boldsymbol{d}^{(k)}$ 后,不直接用 $\boldsymbol{x}^{(k)}+\boldsymbol{d}^{(k)}$ 作为第 $k+1$ 次近似. 而是从 $\boldsymbol{x}^{(k)}$ 出发,沿这个方向进行一维搜索:

$$\min_{\lambda} F(\boldsymbol{x}^{(k)} + \lambda\boldsymbol{d}^{(k)}),$$

求出步长 λ_k 后,令

$$x^{(k+1)} = x^{(k)} + \lambda_k d^{(k)}.$$

把 $x^{(k+1)}$ 作为第 $k+1$ 次近似. 以此类推,直至得到满足要求的解.

计算步骤如下:

(1) 给定初点 $x^{(1)}$,允许误差 $\varepsilon>0$,置 $k=1$.

(2) 计算函数值 $f_i(x^{(k)})(i=1,2,\cdots,m)$,得到向量

$$f^{(k)} = \begin{bmatrix} f_1(x^{(k)}) \\ f_2(x^{(k)}) \\ \vdots \\ f_m(x^{(k)}) \end{bmatrix}.$$

再计算一阶偏导数

$$a_{ij} = \frac{\partial f_i(x^{(k)})}{\partial x_j}, \quad i=1,\cdots,m; j=1,\cdots,n,$$

得到 $m\times n$ 矩阵 $A_k = (a_{ij})_{m\times n}$.

(3) 解方程组

$$A_k^{\mathrm{T}} A_k d = - A_k^{\mathrm{T}} f^{(k)},$$

求得 Causs-Newton 方向 $d^{(k)}$

(4) 从 $x^{(k)}$ 出发,沿 $d^{(k)}$ 作一维搜索. 求步长 λ_k,使得

$$F(x^{(k)} + \lambda_k d^{(k)}) = \min_{\lambda} F(x^{(k)} + \lambda d^{(k)}).$$

令

$$x^{(k+1)} = x^{(k)} + \lambda_k d^{(k)}.$$

(5) 若 $\| x^{(k+1)} - x^{(k)} \| \leqslant \varepsilon$,则停止计算,得解 $\bar{x} = x^{(k+1)}$;否则,置 $k:=k+1$,返回步骤(2).

10.6.4 最小二乘法的改进

前面介绍的最小二乘法,有时会出现矩阵 $A_k^{\mathrm{T}} A_k$ 奇异或接近奇异的情形,这时求 $(A_k^{\mathrm{T}} A_k)^{-1}$ 或解方程组(10.6.14)会遇到很大困难,甚至根本不能进行. 因此,人们对最小二乘法作了进一步修正. 所用的**基本技巧**是把一个正定对角矩阵加到 $A_k^{\mathrm{T}} A_k$ 上去,改变原矩阵的特征值结构,使其变成条件数较好的对称正定矩阵,从而给出行之有效的修正的最小二乘法.

下面简要介绍修正方法之一,**Marquardt 方法**.

在 Marquardt 修正算法中,令

$$d^{(k)} = - (A_k^{\mathrm{T}} A_k + \alpha_k I)^{-1} A_k^{\mathrm{T}} f^{(k)}, \tag{10.6.20}$$

其中 I 为 n 阶单位矩阵,α_k 是一个正实数. 显然,当 $\alpha_k=0$ 时,$d^{(k)}$ 就是 Causs-Newton 方向. 当 α_k 充分大时,逆矩阵 $(A_k^{\mathrm{T}} A_k + \alpha_k I)^{-1}$ 主要取决于 $\alpha_k I$,这时 $d^{(k)}$ 接近 $F(x)$ 在点 $x^{(k)}$ 处

的最速下降方向($-\nabla F(\boldsymbol{x}^{(k)})$). 一般地,当 $\alpha_k\in(0,+\infty)$时,(10.6.20)式所确定的方向 $\boldsymbol{d}^{(k)}$ 介于 Causs-Newton 方向与最速下降方向之间.

在此方法中,重要的问题是怎样确定参数 α_k. 显然,α_k 不能取得太小,否则不能保证 $\boldsymbol{d}^{(k)}$ 为下降方向. 但是,α_k 更不能取值太大. 这是因为,当 $\alpha_k\to\infty$时,$\|\boldsymbol{d}^{(k)}\|\to 0$,而后继点

$$\boldsymbol{x}^{(k+1)}=\boldsymbol{x}^{(k)}+\boldsymbol{d}^{(k)},$$

因此 α_k 取值过大要减慢收敛速率.

计算步骤如下:

(1) 给定初始点 $\boldsymbol{x}^{(1)}$,初始参数 $\alpha_1>0$,增长因子 $\beta>1$,允许误差 $\varepsilon>0$,计算 $F(\boldsymbol{x}^{(1)})$,置 $\alpha=\alpha_1, k=1$.

(2) 置 $\alpha:=\alpha/\beta$. 计算

$$\boldsymbol{f}^{(k)}=(f_1(\boldsymbol{x}^{(k)}),\cdots,f_m(\boldsymbol{x}^{(k)}))^{\mathrm{T}},$$

$$\boldsymbol{A}_k=\begin{bmatrix}\dfrac{\partial f_1(\boldsymbol{x}^{(k)})}{\partial x_1} & \cdots & \dfrac{\partial f_1(\boldsymbol{x}^{(k)})}{\partial x_n}\\ \vdots & & \vdots\\ \dfrac{\partial f_m(\boldsymbol{x}^{(k)})}{\partial x_1} & \cdots & \dfrac{\partial f_m(\boldsymbol{x}^{(k)})}{\partial x_n}\end{bmatrix}.$$

(3) 解方程

$$(\boldsymbol{A}_k^{\mathrm{T}}\boldsymbol{A}_k+\alpha\boldsymbol{I})\boldsymbol{d}=-\boldsymbol{A}_k^{\mathrm{T}}\boldsymbol{f}^{(k)},$$

求得方向 $\boldsymbol{d}^{(k)}$,令

$$\boldsymbol{x}^{(k+1)}=\boldsymbol{x}^{(k)}+\boldsymbol{d}^{(k)}.$$

(4) 计算 $F(\boldsymbol{x}^{(k+1)})$. 若

$$F(\boldsymbol{x}^{(k+1)})<F(\boldsymbol{x}^{(k)}),$$

则转步骤(6);否则,进行步骤(5).

(5) 若 $\|\boldsymbol{A}_k^{\mathrm{T}}\boldsymbol{f}^{(k)}\|\leqslant\varepsilon$,则停止计算,得到解 $\bar{\boldsymbol{x}}=\boldsymbol{x}^{(k)}$;否则,置 $\alpha:=\beta\alpha$,转步骤(3).

(6) 若 $\|\boldsymbol{A}_k^{\mathrm{T}}\boldsymbol{f}^{(k)}\|\leqslant\varepsilon$,则停止计算,得到解 $\bar{\boldsymbol{x}}=\boldsymbol{x}^{(k+1)}$;否则,置 $k:=k+1$,返回步骤(2).

初始参数 α_1 和因子 β 应取适当数值,比如,根据经验可取

$$\alpha_1=0.01,\quad \beta=10.$$

在上述算法中,若把停步准则改为当梯度$\nabla F(\boldsymbol{x}^{(k)})=\boldsymbol{0}$ 时算法终止,那么 Marquardt 算法可能产生无穷序列$\{\boldsymbol{x}^{(k)}\}$. 这样,关于算法的收敛性,有下列定理.

定理 10.6.1 设 $\hat{\boldsymbol{x}}\in\mathbb{R}^n$,$F(\hat{\boldsymbol{x}})=\sigma$,水平集

$$S_\sigma=\{\boldsymbol{x}\mid F(\boldsymbol{x})\leqslant\sigma\}$$

有界,由(10.6.16)式所定义的 $\boldsymbol{H}_k$ 在 S_σ 上恒为正定矩阵,初始点 $\boldsymbol{x}^{(1)}\in S_\sigma$,则按

Marquardt 算法产生的序列$\{\boldsymbol{x}^{(k)}\}$满足：

(1) 当$\{\boldsymbol{x}^{(k)}\}$为有穷序列时，序列的最后一个元素是$F(\boldsymbol{x})$的稳定点.

(2) 当$\{\boldsymbol{x}^{(k)}\}$为无穷序列时，它必有极限点，而且极限点必为$F(\boldsymbol{x})$的稳定点.

关于定理的证明，可参见文献[24].

习　题

1. 给定函数

$$f(\boldsymbol{x}) = 100(x_2 - x_1^2)^2 + (1 - x_1)^2.$$

求在以下各点处的最速下降方向：

$$\boldsymbol{x}^{(1)} = \begin{bmatrix} 0 \\ 0 \end{bmatrix}, \quad \boldsymbol{x}^{(2)} = \begin{bmatrix} 1 \\ 1 \end{bmatrix}, \quad \boldsymbol{x}^{(3)} = \begin{bmatrix} \frac{3}{2} \\ 1 \end{bmatrix}.$$

2. 给定函数

$$f(\boldsymbol{x}) = (6 + x_1 + x_2)^2 + (2 - 3x_1 - 3x_2 - x_1 x_2)^2.$$

求在点

$$\hat{\boldsymbol{x}} = \begin{bmatrix} -4 \\ 6 \end{bmatrix}$$

处的牛顿方向和最速下降方向.

3. 用最速下降法求解下列问题：

$$\min \quad x_1^2 - 2x_1 x_2 + 4x_2^2 + x_1 - 3x_2.$$

取初点$\boldsymbol{x}^{(1)} = (1,1)^{\mathrm{T}}$，迭代两次.

4. 考虑函数

$$f(\boldsymbol{x}) = x_1^2 + 4x_2^2 - 4x_1 - 8x_2.$$

(1) 画出函数$f(\boldsymbol{x})$的等值线，并求出极小点.

(2) 证明若从$\boldsymbol{x}^{(1)} = (0,0)^{\mathrm{T}}$出发，用最速下降法求极小点$\bar{\boldsymbol{x}}$，则不能经有限步迭代达到$\bar{\boldsymbol{x}}$.

(3) 是否存在$\boldsymbol{x}^{(1)}$，使得从$\boldsymbol{x}^{(1)}$出发，用最速下降法求$f(\boldsymbol{x})$的极小点，经有限步迭代即收敛？

5. 设有函数

$$f(\boldsymbol{x}) = \frac{1}{2}\boldsymbol{x}^{\mathrm{T}}\boldsymbol{A}\boldsymbol{x} + \boldsymbol{b}^{\mathrm{T}}\boldsymbol{x} + c,$$

其中$\boldsymbol{A}$为对称正定矩阵. 又设$\boldsymbol{x}^{(1)}(\neq \bar{\boldsymbol{x}})$可表示为

$$\boldsymbol{x}^{(1)} = \bar{\boldsymbol{x}} + \mu \boldsymbol{p},$$

其中 $\bar{\boldsymbol{x}}$ 是 $f(\boldsymbol{x})$的极小点，$\boldsymbol{p}$ 是 $\boldsymbol{A}$ 的属于特征值 λ 的特征向量. 证明：

(1) $\nabla f(\boldsymbol{x}^{(1)})=\mu\lambda\boldsymbol{p}$.

(2) 如果从 $\boldsymbol{x}^{(1)}$ 出发，沿最速下降方向作精确的一维搜索，则一步达到极小点 $\bar{\boldsymbol{x}}$.

6. 设有函数

$$f(\boldsymbol{x})=\frac{1}{2}\boldsymbol{x}^{\mathrm{T}}\boldsymbol{A}\boldsymbol{x}+\boldsymbol{b}^{\mathrm{T}}\boldsymbol{x}+c,$$

其中 $\boldsymbol{A}$ 为对称正定矩阵. 又设 $\boldsymbol{x}^{(1)}(\neq\bar{\boldsymbol{x}})$可表示为

$$\boldsymbol{x}^{(1)}=\bar{\boldsymbol{x}}+\sum_{i=1}^{m}\mu_i\boldsymbol{p}^{(i)},$$

其中 $m>1$，对所有 i，$\mu_i\neq0$，$\boldsymbol{p}^{(i)}$ 是 $\boldsymbol{A}$ 的属于不同特征值 λ_i 的特征向量，$\bar{\boldsymbol{x}}$ 是 $f(\boldsymbol{x})$的极小点. 证明从 $\boldsymbol{x}^{(1)}$ 出发用最速下降法不可能一步迭代终止.

7. 考虑下列问题：

$$\min\quad f(\boldsymbol{x})\overset{\text{def}}{=}\frac{1}{2}\boldsymbol{x}^{\mathrm{T}}\boldsymbol{A}\boldsymbol{x}+\boldsymbol{b}^{\mathrm{T}}\boldsymbol{x}+c,\quad \boldsymbol{x}\in\mathbb{R}^n,$$

$\boldsymbol{A}$ 为对称正定矩阵. 设从点 $\boldsymbol{x}^{(k)}$ 出发，用最速下降法求后继点 $\boldsymbol{x}^{(k+1)}$. 证明：

$$f(\boldsymbol{x}^{(k)})-f(\boldsymbol{x}^{(k+1)})=\frac{[\nabla f(\boldsymbol{x}^{(k)})^{\mathrm{T}}\nabla f(\boldsymbol{x}^{(k)})]^2}{2\nabla f(\boldsymbol{x}^{(k)})^{\mathrm{T}}\boldsymbol{A}\nabla f(\boldsymbol{x}^{(k)})}.$$

8. 设 $f(\boldsymbol{x})=\frac{1}{2}\boldsymbol{x}^{\mathrm{T}}\boldsymbol{A}\boldsymbol{x}-\boldsymbol{b}^{\mathrm{T}}\boldsymbol{x}$，$\boldsymbol{A}$ 是对称正定矩阵. 用最速下降法求 $f(\boldsymbol{x})$的极小点，迭代公式如下：

$$\boldsymbol{x}^{(k+1)}=\boldsymbol{x}^{(k)}-\frac{\boldsymbol{g}_k^{\mathrm{T}}\boldsymbol{g}_k}{\boldsymbol{g}_k^{\mathrm{T}}\boldsymbol{A}\boldsymbol{g}_k}\boldsymbol{g}_k,\tag{10.1}$$

其中 $\boldsymbol{g}_k$ 是 $f(\boldsymbol{x})$在点 $\boldsymbol{x}^{(k)}$ 处的梯度. 令

$$E(\boldsymbol{x})=\frac{1}{2}(\boldsymbol{x}-\bar{\boldsymbol{x}})^{\mathrm{T}}\boldsymbol{A}(\boldsymbol{x}-\bar{\boldsymbol{x}})=f(\boldsymbol{x})+\frac{1}{2}\bar{\boldsymbol{x}}^{\mathrm{T}}\boldsymbol{A}\bar{\boldsymbol{x}},$$

其中 $\bar{\boldsymbol{x}}$ 是 $f(\boldsymbol{x})$的极小点. 证明迭代算法(10.1)式满足

$$E(\boldsymbol{x}^{(k+1)})=\left\{1-\frac{(\boldsymbol{g}_k^{\mathrm{T}}\boldsymbol{g}_k)^2}{(\boldsymbol{g}_k^{\mathrm{T}}\boldsymbol{A}\boldsymbol{g}_k)(\boldsymbol{g}_k^{\mathrm{T}}\boldsymbol{A}^{-1}\boldsymbol{g}_k)}\right\}E(\boldsymbol{x}^{(k)}).$$

(提示：直接计算$[E(\boldsymbol{x}^{(k)})-E(\boldsymbol{x}^{(k+1)})]/E(\boldsymbol{x}^{(k)})$，并注意到 $\boldsymbol{A}(\boldsymbol{x}^{(k)}-\bar{\boldsymbol{x}})=\boldsymbol{g}_k$.)

9. 设 $f(\boldsymbol{x})=\frac{1}{2}\boldsymbol{x}^{\mathrm{T}}\boldsymbol{A}\boldsymbol{x}-\boldsymbol{b}^{\mathrm{T}}\boldsymbol{x}$，$\boldsymbol{A}$ 为对称正定矩阵，任取初始点 $\boldsymbol{x}^{(1)}\in\mathbb{R}^n$. 证明最速下降法(10.1)式产生的序列$\{\boldsymbol{x}^{(k)}\}$收敛于惟一的极小点 $\bar{\boldsymbol{x}}$，并且对每一个 k，成立

$$E(\boldsymbol{x}^{(k+1)})\leqslant\left(\frac{M-m}{M+m}\right)^2E(\boldsymbol{x}^{(k)}),\tag{10.2}$$

其中 $E(\boldsymbol{x})=\frac{1}{2}(\boldsymbol{x}-\bar{\boldsymbol{x}})^{\mathrm{T}}\boldsymbol{A}(\boldsymbol{x}-\bar{\boldsymbol{x}})$，$M$ 和 m 分别是矩阵 $\boldsymbol{A}$ 的最大和最小特征值.

(提示:利用习题8的结果和Kantorovich不等式.这个不等式是,对任意的非零向量$\boldsymbol{x}$,有

$$\frac{(\boldsymbol{x}^{\mathrm{T}}\boldsymbol{x})^2}{(\boldsymbol{x}^{\mathrm{T}}\boldsymbol{A}\boldsymbol{x})(\boldsymbol{x}^{\mathrm{T}}\boldsymbol{A}^{-1}\boldsymbol{x})}\geqslant\frac{4mM}{(m+M)^2}. \tag{10.3}$$

先证不等式(10.2),再证收敛性.)

10. 证明向量$(1,0)^{\mathrm{T}}$和$(3,-2)^{\mathrm{T}}$关于矩阵

$$\boldsymbol{A}=\begin{bmatrix}2 & 3\\3 & 5\end{bmatrix}$$

共轭.

11. 给定矩阵

$$\boldsymbol{A}=\begin{bmatrix}1 & 2\\2 & 5\end{bmatrix},\quad \boldsymbol{B}=\begin{bmatrix}1 & -1 & 0\\-1 & 2 & 0\\0 & 0 & 3\end{bmatrix},$$

关于$\boldsymbol{A},\boldsymbol{B}$各求出一组共轭方向.

12. 设$\boldsymbol{A}$为n阶实对称正定矩阵,证明$\boldsymbol{A}$的n个互相正交的特征向量$\boldsymbol{p}^{(1)}$,$\boldsymbol{p}^{(2)},\cdots,\boldsymbol{p}^{(n)}$关于$\boldsymbol{A}$共轭.

13. 设$\boldsymbol{p}^{(1)},\boldsymbol{p}^{(2)},\cdots,\boldsymbol{p}^{(n)}\in\mathbb{R}^n$为一组线性无关向量,$\boldsymbol{H}$是$n$阶对称正定矩阵,令向量$\boldsymbol{d}^{(k)}$为

$$\boldsymbol{d}^{(k)}=\begin{cases}\boldsymbol{p}^{(k)}, & k=1,\\ \boldsymbol{p}^{(k)}-\displaystyle\sum_{i=1}^{k-1}\left[\frac{\boldsymbol{d}^{(i)\mathrm{T}}\boldsymbol{H}\boldsymbol{p}^{(k)}}{\boldsymbol{d}^{(i)\mathrm{T}}\boldsymbol{H}\boldsymbol{d}^{(i)}}\right]\boldsymbol{d}^{(i)}, & k=2,\cdots,n.\end{cases}$$

证明$\boldsymbol{d}^{(1)},\boldsymbol{d}^{(2)},\cdots,\boldsymbol{d}^{(n)}$关于$\boldsymbol{H}$共轭.

14. 用共轭梯度法求解下列问题:

(1) $\min\ \frac{1}{2}x_1^2+x_2^2$,取初始点$\boldsymbol{x}^{(1)}=(4,4)^{\mathrm{T}}$.

(2) $\min\ x_1^2+2x_2^2-2x_1x_2+2x_2+2$,取初始点$\boldsymbol{x}^{(1)}=(0,0)^{\mathrm{T}}$.

(3) $\min\ (x_1-2)^2+2(x_2-1)^2$,取初始点$\boldsymbol{x}^{(1)}=(1,3)^{\mathrm{T}}$.

(4) $\min\ 2x_1^2+2x_1x_2+x_2^2+3x_1-4x_2$,取初始点$\boldsymbol{x}^{(1)}=(3,4)^{\mathrm{T}}$.

(5) $\min\ 2x_1^2+2x_1x_2+5x_2^2$,取初始点$\boldsymbol{x}^{(1)}=(2,-2)^{\mathrm{T}}$.

15. 设将FR共轭梯度法用于有三个变量的函数$f(\boldsymbol{x})$,第1次迭代,搜索方向$\boldsymbol{d}^{(1)}=(1,-1,2)^{\mathrm{T}}$,沿$\boldsymbol{d}^{(1)}$作精确一维搜索,得到点$\boldsymbol{x}^{(2)}$,又设

$$\frac{\partial f(\boldsymbol{x}^{(2)})}{\partial x_1}=-2,\quad \frac{\partial f(\boldsymbol{x}^{(2)})}{\partial x_2}=-2,$$

那么按共轭梯度法的规定,从$\boldsymbol{x}^{(2)}$出发的搜索方向是什么?

16. 设$\boldsymbol{A}$为n阶对称正定矩阵,非零向量$\boldsymbol{p}^{(1)},\boldsymbol{p}^{(2)},\cdots,\boldsymbol{p}^{(n)}\in\mathbb{R}^n$关于矩阵$\boldsymbol{A}$共轭.

证明：

(1) $\boldsymbol{x}=\sum_{i=1}^{n}\frac{\boldsymbol{p}^{(i)\mathrm{T}}\boldsymbol{A}\boldsymbol{x}}{\boldsymbol{p}^{(i)\mathrm{T}}\boldsymbol{A}\boldsymbol{p}^{(i)}}\boldsymbol{p}^{(i)},\quad \forall \boldsymbol{x}\in\mathbb{R}^n.$

(2) $\boldsymbol{A}^{-1}=\sum_{i=1}^{n}\frac{\boldsymbol{p}^{(i)}\boldsymbol{p}^{(i)\mathrm{T}}}{\boldsymbol{p}^{(i)\mathrm{T}}\boldsymbol{A}\boldsymbol{p}^{(i)}}.$

17. 设有非线性规划问题

$$\begin{aligned}\min\quad & \frac{1}{2}\boldsymbol{x}^{\mathrm{T}}\boldsymbol{A}\boldsymbol{x}\\ \text{s.t.}\quad & \boldsymbol{x}\geqslant\boldsymbol{b},\end{aligned}$$

其中 $\boldsymbol{A}$ 为 n 阶对称正定矩阵. 设 $\bar{\boldsymbol{x}}$ 是问题的最优解. 证明 $\bar{\boldsymbol{x}}$ 与 $\bar{\boldsymbol{x}}-\boldsymbol{b}$ 关于 $\boldsymbol{A}$ 共轭.

18. 用 DFP 方法求解下列问题：

$$\min\quad x_1^2+3x_2^2,$$

取初始点及初始矩阵为

$$\boldsymbol{x}^{(1)}=\begin{bmatrix}1\\-1\end{bmatrix},\quad \boldsymbol{H}_1=\begin{bmatrix}2&1\\1&1\end{bmatrix}.$$

19. 用 DFP 方法求解问题的过程中，已知

$$\boldsymbol{H}_k=\begin{bmatrix}3&1\\1&1\end{bmatrix},\quad \boldsymbol{p}^{(k)}=\begin{bmatrix}1\\2\end{bmatrix},\quad \boldsymbol{q}^{(k)}=\begin{bmatrix}1\\1\end{bmatrix}.$$

求矩阵 $\boldsymbol{H}_{k+1}$.

20. 假如用 DFP 方法求解某问题时算得

$$\boldsymbol{H}_k=\begin{bmatrix}4&2\\2&3\end{bmatrix},\quad \boldsymbol{p}^{(k)}=\begin{bmatrix}17\\2\end{bmatrix},\quad \boldsymbol{q}^{(k)}=\begin{bmatrix}-1\\6\end{bmatrix},$$

这些数据有什么错误？

第 11 章　无约束最优化的直接方法

本章介绍几种不需要计算导数的方法. 这类算法一般称为**直接方法**.

直接方法与使用导数的方法相比,一般来说,收敛得比较慢,但是,它对目标函数不要求导数存在,迭代比较简单,编制程序一般也比较容易,根据数值计算的经验,对于变量不多的问题,能够收到较好效果. 因此,这类算法是最优化方法中一个重要组成部分,也是有待进一步研究的重要方面.

11.1　模式搜索法

11.1.1　基本思想

模式搜索法是由 Hooke 和 Jeeves 于 1961 年提出的,因此又称为 Hooke-Jeeves 方法. 这种方法的基本思想,从几何意义上讲,是寻找具有较小函数值的"山谷",力图使迭代产生的序列沿"山谷"走向逼近极小点. 算法从初始基点开始,包括两种类型的移动,这就是**探测移动**和**模式移动**. 探测移动依次沿 n 个坐标轴进行,用以确定新的基点和有利于函数值下降的方向. 模型移动沿相邻两个基点连线方向进行,试图顺着"山谷"使函数值更快地减小. 两种移动交替进行的具体情形如下(参见图 11.1.1).

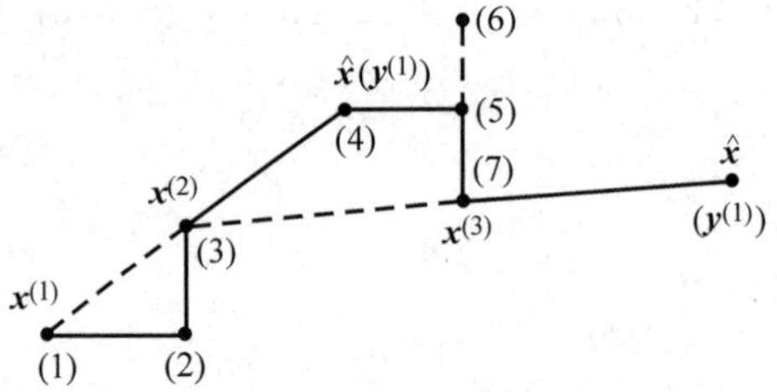

图　11.1.1

设目标函数为 $f(\boldsymbol{x}),\boldsymbol{x}\in\mathbb{R}^n$. 坐标方向

$$\boldsymbol{e}_j=(0,\cdots,0,1,0,\cdots,0)^{\mathrm{T}},\quad j=1,\cdots,n,$$

给定初始步长 δ,加速因子 α. 任取初始点 $\boldsymbol{x}^{(1)}$作为第 1 个基点. 下面以 $\boldsymbol{x}^{(j)}$ 表示第 j 个基点. 在每轮探测移动中,自变量用 $\boldsymbol{y}^{(j)}$ 表示,即 $\boldsymbol{y}^{(j)}$ 是沿 $\boldsymbol{e}_j$ 探测的出发点. 这样,$\boldsymbol{y}^{(1)}$ 是沿 $\boldsymbol{e}_1$ 探测的出发点,$\boldsymbol{y}^{(n+1)}$ 是沿 $\boldsymbol{e}_n$ 探测得到的点.

首先，从 $\boldsymbol{y}^{(1)}=\boldsymbol{x}^{(1)}$ 出发，进行探测移动. 先沿 $\boldsymbol{e}_1$ 探测.

如果 $f(\boldsymbol{y}^{(1)}+\delta\boldsymbol{e}_1)<f(\boldsymbol{y}^{(1)})$，则探测成功，令

$$\boldsymbol{y}^{(2)}=\boldsymbol{y}^{(1)}+\delta\boldsymbol{e}_1, \tag{11.1.1}$$

并从 $\boldsymbol{y}^{(2)}$ 出发，沿 $\boldsymbol{e}_2$ 进行探测. 否则，沿 $\boldsymbol{e}_1$ 方向的探测失败，再沿 $-\boldsymbol{e}_1$ 方向探测.

如果 $f(\boldsymbol{y}^{(1)}-\delta\boldsymbol{e}_1)<f(\boldsymbol{y}^{(1)})$，则沿 $-\boldsymbol{e}_1$ 方向探测成功，令

$$\boldsymbol{y}^{(2)}=\boldsymbol{y}^{(1)}-\delta\boldsymbol{e}_1, \tag{11.1.2}$$

并从 $\boldsymbol{y}^{(2)}$ 出发，沿 $\boldsymbol{e}_2$ 探测.

如果 $f(\boldsymbol{y}^{(1)}-\delta\boldsymbol{e}_1)\geqslant f(\boldsymbol{y}^{(1)})$，则沿 $-\boldsymbol{e}_1$ 方向的探测也失败.

令

$$\boldsymbol{y}^{(2)}=\boldsymbol{y}^{(1)}. \tag{11.1.3}$$

再从 $\boldsymbol{y}^{(2)}$ 出发，沿 $\boldsymbol{e}_2$ 方向探测，方法同上，得到的点记作 $\boldsymbol{y}^{(3)}$. 按此方式作下去，直至沿 n 个坐标方向探测完毕，得到点 $\boldsymbol{y}^{(n+1)}$.

如果 $f(\boldsymbol{y}^{(n+1)})<f(\boldsymbol{x}^{(1)})$，则 $\boldsymbol{y}^{(n+1)}$ 作为新的基点. 记作

$$\boldsymbol{x}^{(2)}=\boldsymbol{y}^{(n+1)}, \tag{11.1.4}$$

这时，可望 $\boldsymbol{d}=\boldsymbol{x}^{(2)}-\boldsymbol{x}^{(1)}$ 是有利于函数值减小的方向.

下一步，沿方向 $\boldsymbol{x}^{(2)}-\boldsymbol{x}^{(1)}$ 进行模式移动，令新的 $\boldsymbol{y}^{(1)}$ 为

$$\boldsymbol{y}^{(1)}=\boldsymbol{x}^{(2)}+\alpha(\boldsymbol{x}^{(2)}-\boldsymbol{x}^{(1)}). \tag{11.1.5}$$

模式移动之后，以 $\boldsymbol{y}^{(1)}$ 为起点进行探测移动，这轮探测仍然沿坐标轴方向进行. 探测完毕，得到的点仍记作 $\boldsymbol{y}^{(n+1)}$.

如果 $f(\boldsymbol{y}^{(n+1)})<f(\boldsymbol{x}^{(2)})$，则表明此次模式移动成功，于是取新的基点

$$\boldsymbol{x}^{(3)}=\boldsymbol{y}^{(n+1)},$$

再沿方向 $\boldsymbol{x}^{(3)}-\boldsymbol{x}^{(2)}$ 进行模式移动.

如果 $f(\boldsymbol{y}^{(n+1)})\geqslant f(\boldsymbol{x}^{(2)})$，则表明模式移动及此次模式移动之后的探测移动均无效. 于是退回到基点 $\boldsymbol{x}^{(2)}$，减小步长 δ，再从 $\boldsymbol{x}^{(2)}$ 出发，依次沿各坐标轴方向进行探测移动. 如此继续下去，直到满足精度要求，即步长 δ 小于事先给定的某个小的正数 ε 为止.

11.1.2 计算步骤

模式搜索法计算步骤如下：

(1) 给定初始点 $\boldsymbol{x}^{(1)}\in\mathbb{R}^n$，$n$ 个坐标方向 $\boldsymbol{e}_1,\boldsymbol{e}_2,\cdots,\boldsymbol{e}_n$，初始步长 δ，加速因子 $\alpha\geqslant1$，缩减率 $\beta\in(0,1)$，允许误差 $\varepsilon>0$，置 $\boldsymbol{y}^{(1)}=\boldsymbol{x}^{(1)}$，$k=1$，$j=1$.

(2) 如果 $f(\boldsymbol{y}^{(j)}+\delta\boldsymbol{e}_j)<f(\boldsymbol{y}^{(j)})$，则令

$$\boldsymbol{y}^{(j+1)}=\boldsymbol{y}^{(j)}+\delta\boldsymbol{e}_j,$$

进行步骤(4)；否则，进行步骤(3).

(3) 如果 $f(\boldsymbol{y}^{(j)}-\delta\boldsymbol{e}_j)<f(\boldsymbol{y}^{(j)})$，则令

$$\boldsymbol{y}^{(j+1)} = \boldsymbol{y}^{(j)} - \delta \boldsymbol{e}_j,$$

进行步骤(4)；否则，令

$$\boldsymbol{y}^{(j+1)} = \boldsymbol{y}^{(j)},$$

进行步骤(4)．

(4) 如果 $j<n$，则置 $j:=j+1$，转步骤(2)；否则，进行步骤(5)．

(5) 如果 $f(\boldsymbol{y}^{(n+1)})<f(\boldsymbol{x}^{(k)})$，则进行步骤(6)；否则，进行步骤(7)．

(6) 置 $\boldsymbol{x}^{(k+1)}=\boldsymbol{y}^{(n+1)}$，令

$$\boldsymbol{y}^{(1)} = \boldsymbol{x}^{(k+1)} + \alpha(\boldsymbol{x}^{(k+1)} - \boldsymbol{x}^{(k)}),$$

置 $k:=k+1, j=1$，转步骤(2)．

(7) 如果 $\delta\leqslant\varepsilon$，则停止迭代，得点 $\boldsymbol{x}^{(k)}$；否则，置

$$\delta := \beta\delta, \quad \boldsymbol{y}^{(1)} = \boldsymbol{x}^{(k)}, \quad \boldsymbol{x}^{(k+1)} = \boldsymbol{x}^{(k)},$$

置 $k:=k+1, j=1$，转步骤(2)．

例 11.1.1　用模式搜索法求解下列问题：

$$\min \quad f(\boldsymbol{x}) \overset{\text{def}}{=} (1-x_1)^2 + 5(x_2 - x_1^2)^2.$$

解　取初始点 $\boldsymbol{x}^{(1)}=(2,0)^{\mathrm{T}}$，坐标方向

$$\boldsymbol{e}_1 = (1,0)^{\mathrm{T}}, \quad \boldsymbol{e}_2 = (0,1)^{\mathrm{T}},$$

$$\delta = \frac{1}{2}, \quad \alpha = 1, \quad \beta = \frac{1}{2}.$$

先在 $\boldsymbol{x}^{(1)}$ 周围进行探测移动，令 $\boldsymbol{y}^{(1)}=(2,0)^{\mathrm{T}}$，探测情况如下：

$$f(\boldsymbol{y}^{(1)}) = 81,$$

$$\boldsymbol{y}^{(1)} + \delta\boldsymbol{e}_1 = \begin{bmatrix}2\\0\end{bmatrix} + \frac{1}{2}\begin{bmatrix}1\\0\end{bmatrix} = \begin{bmatrix}\frac{5}{2}\\0\end{bmatrix},$$

$$f(\boldsymbol{y}^{(1)} + \delta\boldsymbol{e}_1) = 197\frac{9}{16} > f(\boldsymbol{y}^{(1)}), \qquad \text{(失败)}$$

$$\boldsymbol{y}^{(1)} - \delta\boldsymbol{e}_1 = \begin{bmatrix}2\\0\end{bmatrix} - \frac{1}{2}\begin{bmatrix}1\\0\end{bmatrix} = \begin{bmatrix}\frac{3}{2}\\0\end{bmatrix},$$

$$f(\boldsymbol{y}^{(1)} - \delta\boldsymbol{e}_1) = 25\frac{9}{16} < f(\boldsymbol{y}^{(1)}). \qquad \text{(成功)}$$

因此，令

$$\boldsymbol{y}^{(2)} = \boldsymbol{y}^{(1)} - \delta\boldsymbol{e}_1 = \begin{bmatrix}\frac{3}{2}\\0\end{bmatrix}.$$

从 $\boldsymbol{y}^{(2)}$ 出发，沿 $\boldsymbol{e}_2$ 探测的情况：

$$\boldsymbol{y}^{(2)}+\delta\boldsymbol{e}_2=\begin{bmatrix}\frac{3}{2}\\0\end{bmatrix}+\frac{1}{2}\begin{bmatrix}0\\1\end{bmatrix}=\begin{bmatrix}\frac{3}{2}\\\frac{1}{2}\end{bmatrix},$$

$$f(\boldsymbol{y}^{(2)}+\delta\boldsymbol{e}_2)=15\,\frac{9}{16}<f(\boldsymbol{y}^{(2)}).\qquad\text{(成功)}$$

因此,令

$$\boldsymbol{y}^{(3)}=\boldsymbol{y}^{(2)}+\delta\boldsymbol{e}_2=\begin{bmatrix}\frac{3}{2}\\\frac{1}{2}\end{bmatrix}.$$

第 1 轮探测完成. 由于 $f(\boldsymbol{y}^{(3)})<f(\boldsymbol{x}^{(1)})$,因此得到第 2 个基点

$$\boldsymbol{x}^{(2)}=\boldsymbol{y}^{(3)}=\begin{bmatrix}\frac{3}{2}\\\frac{1}{2}\end{bmatrix}.$$

再沿方向 $\boldsymbol{x}^{(2)}-\boldsymbol{x}^{(1)}$ 进行模式移动,令

$$\boldsymbol{y}^{(1)}=\boldsymbol{x}^{(2)}+\alpha(\boldsymbol{x}^{(2)}-\boldsymbol{x}^{(1)})=2\boldsymbol{x}^{(2)}-\boldsymbol{x}^{(1)}=2\begin{bmatrix}\frac{3}{2}\\\frac{1}{2}\end{bmatrix}-\begin{bmatrix}2\\0\end{bmatrix}=\begin{bmatrix}1\\1\end{bmatrix}.$$

模式移动后,立即从得到的点 $\boldsymbol{y}^{(1)}$ 出发,进行第 2 轮探测移动. 探测情况如下:

先沿 $\boldsymbol{e}_1$ 探测,这时有

$$f(\boldsymbol{y}^{(1)})=0,$$

$$\boldsymbol{y}^{(1)}+\delta\boldsymbol{e}_1=\begin{bmatrix}1\\1\end{bmatrix}+\frac{1}{2}\begin{bmatrix}1\\0\end{bmatrix}=\begin{bmatrix}\frac{3}{2}\\1\end{bmatrix},$$

$$f(\boldsymbol{y}^{(1)}+\delta\boldsymbol{e}_1)=8\,\frac{1}{16}>f(\boldsymbol{y}^{(1)}),\qquad\text{(失败)}$$

$$\boldsymbol{y}^{(1)}-\delta\boldsymbol{e}_1=\begin{bmatrix}1\\1\end{bmatrix}-\frac{1}{2}\begin{bmatrix}1\\0\end{bmatrix}=\begin{bmatrix}\frac{1}{2}\\1\end{bmatrix},$$

$$f(\boldsymbol{y}^{(1)}-\delta\boldsymbol{e}_1)=3\,\frac{1}{16}>f(\boldsymbol{y}^{(1)}),\qquad\text{(失败)}$$

沿 $\boldsymbol{e}_1$ 的正反向探测均失败,令

$$\boldsymbol{y}^{(2)}=\boldsymbol{y}^{(1)}=\begin{bmatrix}1\\1\end{bmatrix}.$$

从 $\boldsymbol{y}^{(2)}$ 出发沿 $\boldsymbol{e}_2$ 探测，结果是

$$f(\boldsymbol{y}^{(2)}+\delta\boldsymbol{e}_2)=1\frac{1}{4}>f(\boldsymbol{y}^{(2)}),\qquad\text{（失败）}$$

$$f(\boldsymbol{y}^{(2)}-\delta\boldsymbol{e}_2)=1\frac{1}{4}>f(\boldsymbol{y}^{(2)}),\qquad\text{（失败）}$$

沿 $\boldsymbol{e}_2$ 正反向探测也都失败. 令

$$\boldsymbol{y}^{(3)}=\boldsymbol{y}^{(2)}=\begin{bmatrix}1\\1\end{bmatrix}.$$

比较在 $\boldsymbol{y}^{(3)}$ 和基点 $\boldsymbol{x}^{(2)}$ 处的函数值

$$f(\boldsymbol{y}^{(3)})=0<f(\boldsymbol{x}^{(2)})=15\frac{9}{16},$$

上式表明模式移动是成功的，因此得到新基点

$$\boldsymbol{x}^{(3)}=\boldsymbol{y}^{(3)}=\begin{bmatrix}1\\1\end{bmatrix}.$$

从 $\boldsymbol{x}^{(3)}$ 出发，沿方向 $\boldsymbol{x}^{(3)}-\boldsymbol{x}^{(2}$进行模式移动. 令

$$\boldsymbol{y}^{(1)}=\boldsymbol{x}^{(3)}+\alpha(\boldsymbol{x}^{(3)}-\boldsymbol{x}^{(2)})=2\boldsymbol{x}^{(3)}-\boldsymbol{x}^{(2)}=2\begin{bmatrix}1\\1\end{bmatrix}-\begin{bmatrix}\frac{3}{2}\\\frac{1}{2}\end{bmatrix}=\begin{bmatrix}\frac{1}{2}\\\frac{3}{2}\end{bmatrix}.$$

然后，从 $\boldsymbol{y}^{(1)}$ 出发，进行探测移动. 作下去就会发现，此次模式移动失败，因此退回到基点 $\boldsymbol{x}^{(3)}$. 减小步长，令

$$\delta:=\beta\delta=\frac{1}{4}.$$

再从 $\boldsymbol{y}^{(1)}=\boldsymbol{x}^{(3)}$ 开始，依次沿 $\boldsymbol{e}_1$ 和 $\boldsymbol{e}_2$ 探测. 我们还会发现，在 $\boldsymbol{x}^{(3)}$ 周围的探测移动也是失败的，必须继续缩减步长. 继续往下作，必能得出结论，$\boldsymbol{x}^{(3)}$ 是局部最优解. 事实上，用解析方法容易求得 $\boldsymbol{x}^{(3)}$ 确是此问题的最优解.

在上面的介绍中，探测移动沿各坐标方向所取步长相同. 实际上，不同坐标方向可以给定不同的步长. 实现这一点没什么困难，只要把涉及步长的表达式稍加修改即可. 也有人对 Hooke-Jeeves 方法做了修正，这里不再介绍.

模式移动的方向可以看作最速下降方向的近似，因此模式搜索法也可以看作最速下降法的一种近似. 由此可以想见，这种方法的收敛速度是比较慢的. 但是，编制程序比较简单，对变量不多的问题可以使用，而且确是一种可靠的方法. Ignizio 把这种方法用于求解非线性目标规则问题，得到了满意的结果，可参见文献[26].

11.2 Rosenbrock 方法

11.2.1 方法概述

Rosenbrock 方法又称为**转轴法**. 这种方法与 Hooke-Jeeves 方法有类似之处,也是设法顺着"山谷"求函数的极小点. 它们的差别,通过下面的介绍,将会自然明了.

Rosenbrock 方法每次迭代包括探测阶段和构造搜索方向两部分内容. 探测阶段中,从一点出发,依次沿 n 个单位正交方向进行探测移动,一轮探测之后,再从第 1 个方向开始继续探测. 经过若干轮探测移动,完成一个探测阶段. 然后,构造一组新的单位正交方向,称之为**转轴**,在下一次迭代中,将沿这些方向进行探测.

1. 探测阶段

首先给定初始点 $\boldsymbol{x}^{(1)}$,放大因子 $\alpha>1$,缩减因子 $\beta\in(-1,0)$,还要给定初始搜索方向(一般取坐标方向)和步长. 然后进行探测移动.

设第 k 次迭代的初始点为 $\boldsymbol{x}^{(k)}$,搜索方向

$$\boldsymbol{d}^{(1)},\boldsymbol{d}^{(2)},\cdots,\boldsymbol{d}^{(n)},$$

它们是单位正交方向. 沿各方向的步长为

$$\delta_1,\delta_2,\cdots,\delta_n.$$

每轮探测的起点和终点分别用 $\boldsymbol{y}^{(1)}$ 和 $\boldsymbol{y}^{(n+1)}$ 表示. 令 $\boldsymbol{y}^{(1)}=\boldsymbol{x}^{(k)}$,开始第 1 轮探测移动.

先从 $\boldsymbol{y}^{(1)}$ 出发,沿 $\boldsymbol{d}^{(1)}$ 探测.

如果 $f(\boldsymbol{y}^{(1)}+\delta_1\boldsymbol{d}^{(1)})<f(\boldsymbol{y}^{(1)})$,则探测成功,令

$$\boldsymbol{y}^{(2)}=\boldsymbol{y}^{(1)}+\delta_1\boldsymbol{d}^{(1)},\tag{11.2.1}$$

并且令 $\delta_1:=\alpha\delta_1$,以备下一轮探测时,沿 $\boldsymbol{d}^{(1)}$ 方向增大步长.

如果 $f(\boldsymbol{y}^{(1)}+\delta_1\boldsymbol{d}^{(1)})\geqslant f(\boldsymbol{y}^{(1)})$,则探测失败,令

$$\boldsymbol{y}^{(2)}=\boldsymbol{y}^{(1)},\tag{11.2.2}$$

并且令 $\delta_1:=\beta\delta_1$. 这样,下一轮探测时,用 δ_1 乘 $\boldsymbol{d}^{(1)}$,实际上就是取 $\boldsymbol{d}^{(1)}$ 的反向,同时也缩短了步长.

再从 $\boldsymbol{y}^{(2)}$ 出发,沿 $\boldsymbol{d}^{(2)}$ 做探测移动,得到点 $\boldsymbol{y}^{(3)}$. 按照这种方式探测下去,直至沿 $\boldsymbol{d}^{(n)}$ 探测,得到 $\boldsymbol{y}^{(n+1)}$.

完成一轮探测之后,令

$$\boldsymbol{y}^{(1)}=\boldsymbol{y}^{(n+1)},$$

进行下一轮探测. 如此一轮又一轮地探测下去,直到某一轮沿 n 个方向的探测均失败,本探测阶段才可能完结. 第 k 次迭代的探测阶段结束时,得到的点记作

$$x^{(k+1)} = y^{(n+1)}, \tag{11.2.3}$$

它也是下一次迭代的初始点.

2. 构造新的搜索方向

构造一组新的单位正交方向的方法分作两步. 先利用当前的搜索方向和迭代中得到的数据构造一组线性无关的方向，然后利用熟知的 Gram-Schmidt 正交化方法，把它们正交化及单位化.

根据上一阶段探测结果，有

$$x^{(k+1)} = x^{(k)} + \sum_{i=1}^{n} \lambda_i d^{(i)}, \tag{11.2.4}$$

其中 λ_i 是在整 个探测阶段中所有沿方向 $d^{(i)}$ 的步长的代数和. 由(11.2.4)式有

$$x^{(k+1)} - x^{(k)} = \sum_{i=1}^{n} \lambda_i d^{(i)}. \tag{11.2.5}$$

一种自然的看法，向量

$$p = x^{(k+1)} - x^{(k)},$$

很可能是有利于函数值下降的方向. 因此，新构造的方向组中，应包含这个方向，即包含从探测阶段的初点指向该探测阶段的终点的方向. 于是定义一组方向 $p^{(1)}, p^{(2)}, \cdots, p^{(n)}$ 如下：

$$p^{(j)} = \begin{cases} d^{(j)}, & \lambda_j = 0, \\ \sum_{i=j}^{n} \lambda_i d^{(i)}, & \lambda_j \neq 0. \end{cases} \tag{11.2.6}$$

再利用 Gram-Schmidt 正交化方法，把向量组 $\{p^{(j)}\}$ 正交化，令

$$q^{(j)} = \begin{cases} p^{(j)}, & j = 1, \\ p^{(j)} - \sum_{i=1}^{j-1} \frac{q^{(i)\mathrm{T}} p^{(j)}}{q^{(i)\mathrm{T}} q^{(i)}} q^{(i)}, & j \geq 2. \end{cases} \tag{11.2.7}$$

再单位化，令

$$\bar{d}^{(j)} = \frac{q^{(j)}}{\| q^{(j)} \|}. \tag{11.2.8}$$

由于 $d^{(1)}, d^{(2)}, \cdots, d^{(n)}$ 线性无关且互相正交，因此用上述方法构造的方向集

$$\bar{d}^{(1)}, \bar{d}^{(2)}, \cdots, \bar{d}^{(n)}$$

线性无关，互相正交，且当 $\lambda_j = 0$ 时，有

$$\bar{d}^{(j)} = d^{(j)},$$

这个结论的证明可参见文献[1].

构造 n 个单位正交方向之后，即可进入下一次迭代的探测阶段.

11.2.2 计算步骤

Rosenbrock 方法计算步骤如下：

(1) 给定初始点 $\boldsymbol{x}^{(1)} \in \mathbb{R}^n$，单位正交方向

$$\boldsymbol{d}^{(1)}, \boldsymbol{d}^{(2)}, \cdots, \boldsymbol{d}^{(n)}.$$

一般取坐标方向，步长

$$\delta_1^{(0)}, \delta_2^{(0)}, \cdots, \delta_n^{(0)},$$

放大因子 $\alpha > 1$，缩减因子 $\beta \in (-1, 0)$ 和允许误差 $\varepsilon > 0$. 置 $\boldsymbol{y}^{(1)} = \boldsymbol{x}^{(1)}$，

$$\delta_i = \delta_i^{(0)}, \quad i = 1, 2, \cdots, n,$$

置 $k=1, j=1$.

(2) 如果 $f(\boldsymbol{y}^{(j)} + \delta_j \boldsymbol{d}^{(j)}) < f(\boldsymbol{y}^{(j)})$，则令

$$\boldsymbol{y}^{(j+1)} = \boldsymbol{y}^{(j)} + \delta_j \boldsymbol{d}^{(j)},$$

$$\delta_j := \alpha \delta_j.$$

如果 $f(\boldsymbol{y}^{(j)} + \delta_j \boldsymbol{d}^{(j)}) \geqslant f(\boldsymbol{y}^{(j)})$，则令

$$\boldsymbol{y}^{(j+1)} = \boldsymbol{y}^{(j)},$$

$$\delta_j := \beta \delta_j.$$

(3) 如果 $j < n$，则置 $j := j+1$，转步骤(2)；否则，进行步骤(4).

(4) 如果 $f(\boldsymbol{y}^{(n+1)}) < f(\boldsymbol{y}^{(1)})$，则令 $\boldsymbol{y}^{(1)} = \boldsymbol{y}^{(n+1)}$，置 $j=1$，转步骤(2)；如果 $f(\boldsymbol{y}^{(n+1)}) = f(\boldsymbol{y}^{(1)})$，则进行步骤(5).

(5) 如果 $f(\boldsymbol{y}^{(n+1)}) < f(\boldsymbol{x}^{(k)})$，则进行步骤(6)；否则，如果对每个 j，成立 $|\delta_j| \leqslant \varepsilon$，则停止计算，$\boldsymbol{x}^{(k)}$ 作为最优解的估计，如果不满足终止准则，则令 $\boldsymbol{y}^{(1)} = \boldsymbol{y}^{(n+1)}$，置 $j=1$，转步骤(2).

(6) 令 $\boldsymbol{x}^{(k+1)} = \boldsymbol{y}^{(n+1)}$. 如果 $\| \boldsymbol{x}^{(k+1)} - \boldsymbol{x}^{(k)} \| \leqslant \varepsilon$，则取 $\boldsymbol{x}^{(k+1)}$ 作为极小点的估计，停止计算；否则，计算 $\lambda_1, \lambda_2, \cdots, \lambda_n$，利用公式(11.2.6)至(11.2.8)构造新的正交方向 $\bar{\boldsymbol{d}}^{(1)}, \bar{\boldsymbol{d}}^{(2)}, \cdots, \bar{\boldsymbol{d}}^{(n)}$，并令

$$\boldsymbol{d}^{(j)} = \bar{\boldsymbol{d}}^{(j)}, \quad \delta_j = \delta_j^{(0)}, \quad j = 1, 2, \cdots, n,$$

置 $\boldsymbol{y}^{(1)} = \boldsymbol{x}^{(k+1)}, k := k+1, j=1$，返回步骤(2).

例 11.2.1 用 Rosenbrock 方法解下列问题：

$$\min \quad f(\boldsymbol{x}) \stackrel{\text{def}}{=} (x_1 - 3)^2 + 2(x_2 + 2)^2.$$

解 取初始点 $\boldsymbol{x}^{(1)} = (0, 0)^{\mathrm{T}}$，初始搜索方向

$$\boldsymbol{d}^{(1)} = \begin{bmatrix} 1 \\ 0 \end{bmatrix}, \quad \boldsymbol{d}^{(2)} = \begin{bmatrix} 0 \\ 1 \end{bmatrix}.$$

初始步长 $\delta_1^{(0)} = \delta_2^{(0)} = 1, \alpha = 3, \beta = -0.5$.

下面把沿方向 $\boldsymbol{d}^{(i)}$ 进行第 j 次探测所用步长记作 δ_{ij}. 这样,第 1 次探测时,

$$\delta_{11}=\delta_{21}=1.$$

现在进行探测移动,整个探测阶段包含若干轮探测,把每一轮探测分别列出.

第 1 轮探测. 初点取为

$$\boldsymbol{y}^{(1)}=\boldsymbol{x}^{(1)}=\begin{bmatrix}0\\0\end{bmatrix},$$

在 $\boldsymbol{y}^{(1)}$ 处的函数值 $f(\boldsymbol{y}^{(1)})=17$.

先从 $\boldsymbol{y}^{(1)}$ 出发沿 $\boldsymbol{d}^{(1)}$ 探测:

$$\boldsymbol{y}^{(1)}+\delta_{11}\boldsymbol{d}^{(1)}=\begin{bmatrix}0\\0\end{bmatrix}+1\cdot\begin{bmatrix}1\\0\end{bmatrix}=\begin{bmatrix}1\\0\end{bmatrix},$$

$$f(\boldsymbol{y}^{(1)}+\delta_{11}\boldsymbol{d}^{(1)})=12<f(\boldsymbol{y}^{(1)}).\qquad(成功)$$

按照 Rosenbrock 方法的规定,令 $\delta_{12}=\alpha\delta_{11}=3$,

$$\boldsymbol{y}^{(2)}=\boldsymbol{y}^{(1)}+\delta_{11}\boldsymbol{d}^{(1)}=\begin{bmatrix}1\\0\end{bmatrix}.$$

再从 $\boldsymbol{y}^{(2)}$ 出发,沿 $\boldsymbol{d}^{(2)}$ 探测:

$$\boldsymbol{y}^{(2)}+\delta_{21}\boldsymbol{d}^{(2)}=\begin{bmatrix}1\\0\end{bmatrix}+1\cdot\begin{bmatrix}0\\1\end{bmatrix}=\begin{bmatrix}1\\1\end{bmatrix},$$

$$f(\boldsymbol{y}^{(2)}+\delta_{21}\boldsymbol{d}^{(2)})=22>f(\boldsymbol{y}^{(2)}).\qquad(失败)$$

令

$$\delta_{22}=\beta\delta_{21}=-0.5,$$

$$\boldsymbol{y}^{(3)}=\boldsymbol{y}^{(2)}=\begin{bmatrix}1\\0\end{bmatrix},$$

由于 $f(\boldsymbol{y}^{(3)})=12<f(\boldsymbol{y}^{(1)})=17$,因此继续探测.

第 2 轮探测. 初始数据为

$$\boldsymbol{y}^{(1)}=\begin{bmatrix}1\\0\end{bmatrix},$$

$$f(\boldsymbol{y}^{(1)})=12,\quad \delta_{12}=3,\quad \delta_{22}=-0.5\ .$$

先从 $\boldsymbol{y}^{(1)}$ 出发,沿 $\boldsymbol{d}^{(1)}$ 探测:

$$\boldsymbol{y}^{(1)}+\delta_{12}\boldsymbol{d}^{(1)}=\begin{bmatrix}1\\0\end{bmatrix}+3\begin{bmatrix}1\\0\end{bmatrix}=\begin{bmatrix}4\\0\end{bmatrix}.$$

$$f(\boldsymbol{y}^{(1)}+\delta_{12}\boldsymbol{d}^{(1)})=9<f(\boldsymbol{y}^{(1)}).\qquad(成功)$$

令

$$\delta_{13}=\alpha\delta_{12}=9,$$

$$y^{(2)} = y^{(1)} + \delta_{12} d^{(1)} = \begin{bmatrix} 4 \\ 0 \end{bmatrix},$$

$$f(y^{(2)}) = 9 .$$

从 $y^{(2)}$ 出发，沿 $d^{(2)}$ 探测：

$$y^{(2)} + \delta_{22} d^{(2)} = \begin{bmatrix} 4 \\ 0 \end{bmatrix} - 0.5 \begin{bmatrix} 0 \\ 1 \end{bmatrix} = \begin{bmatrix} 4 \\ -0.5 \end{bmatrix},$$

$$f(y^{(2)} + \delta_{22} d^{(2)}) = 5.5 < f(y^{(2)}). \qquad \text{(成功)}$$

令

$$\delta_{23} = \alpha \delta_{22} = -1.5,$$

$$y^{(3)} = y^{(2)} + \delta_{22} d^{(2)} = \begin{bmatrix} 4 \\ -0.5 \end{bmatrix}.$$

由于 $f(y^{(3)})=5.5<f(y^{(1)})$，因此进行下一轮探测.

第 3 轮探测.这一轮探测的初始数据为

$$y^{(1)} = \begin{bmatrix} 4 \\ -0.5 \end{bmatrix},$$

$$f(y^{(1)}) = 5.5, \quad \delta_{13} = 9, \quad \delta_{23} = -1.5 .$$

先从 $y^{(1)}$ 出发，沿 $d^{(1)}$ 探测：

$$y^{(1)} + \delta_{13} d^{(1)} = \begin{bmatrix} 4 \\ -0.5 \end{bmatrix} + 9 \begin{bmatrix} 1 \\ 0 \end{bmatrix} = \begin{bmatrix} 13 \\ -0.5 \end{bmatrix},$$

$$f(y^{(1)} + \delta_{13} d^{(1)}) = 104.5 > f(y^{(1)}). \qquad \text{(失败)}$$

令

$$\delta_{14} = \beta \delta_{13} = -4.5,$$

$$y^{(2)} = y^{(1)} = \begin{bmatrix} 4 \\ -0.5 \end{bmatrix}.$$

从 $y^{(2)}$ 出发，沿 $d^{(2)}$ 探测：

$$y^{(2)} + \delta_{23} d^{(2)} = \begin{bmatrix} 4 \\ -0.5 \end{bmatrix} - 1.5 \begin{bmatrix} 0 \\ 1 \end{bmatrix} = \begin{bmatrix} 4 \\ -2 \end{bmatrix},$$

$$f(y^{(2)} + \delta_{23} d^{(2)}) = 1 < f(y^{(2)}) = 5.5. \qquad \text{(成功)}$$

令

$$\delta_{24} = \alpha \delta_{23} = -4.5,$$

$$y^{(3)} = y^{(2)} + \delta_{23} d^{(2)} = \begin{bmatrix} 4 \\ -2 \end{bmatrix}.$$

由于 $f(y^{(3)})=1<f(y^{(1)})$，因此进行下一轮探测移动.

第 4 轮探测.

$$y^{(1)} = \begin{bmatrix} 4 \\ -2 \end{bmatrix},$$

$$f(y^{(1)}) = 1, \quad \delta_{14} = -4.5, \quad \delta_{24} = -4.5.$$

先从 $y^{(1)}$ 出发，沿 $d^{(1)}$ 探测：

$$y^{(1)} + \delta_{14} d^{(1)} = \begin{bmatrix} 4 \\ -2 \end{bmatrix} - 4.5 \begin{bmatrix} 1 \\ 0 \end{bmatrix} = \begin{bmatrix} -0.5 \\ -2 \end{bmatrix},$$

$$f(y^{(1)} + \delta_{14} d^{(1)}) = 12.25 > f(y^{(1)}) = 1. \qquad \text{(失败)}$$

令

$$\delta_{15} = \beta \delta_{14} = 2.25,$$

$$y^{(2)} = y^{(1)} = \begin{bmatrix} 4 \\ -2 \end{bmatrix}.$$

再从 $y^{(2)}$ 出发，沿 $d^{(2)}$ 探测：

$$y^{(2)} + \delta_{24} d^{(2)} = \begin{bmatrix} 4 \\ -2 \end{bmatrix} - 4.5 \begin{bmatrix} 0 \\ 1 \end{bmatrix} = \begin{bmatrix} 4 \\ -6.5 \end{bmatrix},$$

$$f(y^{(2)} + \delta_{24} d^{(2)}) = 41.5 > f(y^{(2)}) = 1. \qquad \text{(失败)}$$

令

$$\delta_{25} = \beta \delta_{24} = 2.25,$$

$$y^{(3)} = y^{(2)} = \begin{bmatrix} 4 \\ -2 \end{bmatrix}.$$

第 4 轮沿两个方向的探测均失败. 比较在点 $y^{(3)}$ 和本次迭代初始点 $x^{(1)}$ 处的函数值，有

$$f(y^{(3)}) = 1 < f(x^{(1)}) = 17,$$

因此，经 4 轮探测完成这次迭代的探测阶段，令

$$x^{(2)} = y^{(3)} = \begin{bmatrix} 4 \\ -2 \end{bmatrix},$$

$x^{(2)}$ 是下次迭代的初始点.

下面构造一组新的单位正交方向. 先求步长的代数和：

$$\lambda_1 = \delta_{11} + \delta_{12} = 1 + 3 = 4,$$

$$\lambda_2 = \delta_{22} + \delta_{23} = -0.5 - 1.5 = -2.$$

实际上，由于这次迭代取坐标方向作为搜索方向，因此可根据

$$x^{(2)} - x^{(1)} = \begin{bmatrix} 4 \\ -2 \end{bmatrix} - \begin{bmatrix} 0 \\ 0 \end{bmatrix} = \begin{bmatrix} 4 \\ -2 \end{bmatrix},$$

立即得到 $\lambda_1 = 4$ 及 $\lambda_2 = -2$.

然后，令

$$\boldsymbol{p}^{(1)}=\lambda_1\boldsymbol{d}^{(1)}+\lambda_2\boldsymbol{d}^{(2)}=4\begin{bmatrix}1\\0\end{bmatrix}-2\begin{bmatrix}0\\1\end{bmatrix}=\begin{bmatrix}4\\-2\end{bmatrix},\quad \boldsymbol{p}^{(2)}=\lambda_2\boldsymbol{d}^{(2)}=\begin{bmatrix}0\\-2\end{bmatrix}.$$

将 $\boldsymbol{p}^{(1)},\boldsymbol{p}^{(2)}$ 正交化，令

$$\boldsymbol{q}^{(1)}=\boldsymbol{p}^{(1)}=\begin{bmatrix}4\\-2\end{bmatrix},$$

$$\boldsymbol{q}^{(2)}=\boldsymbol{p}^{(2)}-\frac{\boldsymbol{q}^{(1)\mathrm{T}}\boldsymbol{p}^{(2)}}{\boldsymbol{q}^{(1)\mathrm{T}}\boldsymbol{q}^{(1)}}\boldsymbol{q}^{(1)}$$

$$=\begin{bmatrix}0\\-2\end{bmatrix}-\frac{[4,-2]\begin{bmatrix}0\\-2\end{bmatrix}}{[4,-2]\begin{bmatrix}4\\-2\end{bmatrix}}\begin{bmatrix}4\\-2\end{bmatrix}=\begin{bmatrix}-\dfrac{4}{5}\\-\dfrac{8}{5}\end{bmatrix}.$$

再把 $\boldsymbol{q}^{(1)},\boldsymbol{q}^{(2)}$ 单位化，并把得到的结果仍然记作 $\boldsymbol{d}^{(1)}$ 和 $\boldsymbol{d}^{(2)}$，则

$$\boldsymbol{d}^{(1)}=\begin{bmatrix}\dfrac{2}{\sqrt{5}}\\-\dfrac{1}{\sqrt{5}}\end{bmatrix},\quad \boldsymbol{d}^{(2)}=\begin{bmatrix}-\dfrac{1}{\sqrt{5}}\\-\dfrac{2}{\sqrt{5}}\end{bmatrix}.$$

容易验证，这是一组单位正交方向. 接下去，从 $\boldsymbol{y}^{(1)}=\boldsymbol{x}^{(2)}$ 出发，沿新构造的方向进行下次迭代的探测移动，方法与上次迭代相同. 为节省篇幅，这里不再计算.

易知本问题的极小点是

$$\bar{\boldsymbol{x}}=\begin{bmatrix}3\\-2\end{bmatrix}.$$

11.3 单纯形搜索法

11.3.1 单纯形的转换

这里介绍的单纯形搜索法是一种无约束最优化的直接方法，并不是线性规划的单纯形方法. 可参见文献[2].

所谓单纯形是指 n 维空间 $\mathbb{R}^n$ 中具有 $n+1$ 个顶点的凸多面体. 比如一维空间中的线段，二维空间中的三角形，三维空间中的四面体等，均为相应空间中的单纯形.

单纯形搜索法与其他直接方法相比，基本思想有所不同，在这种方法中，给定 $\mathbb{R}^n$ 中一个单纯形后，求出 $n+1$ 个顶点上的函数值，确定出有最大函数值的点（称为最高点）和最小函数值的点（称为最低点），然后通过反射、扩展、压缩等方法（几种方法不一定同时使用）求出一个较好点，用它取代最高点，构成新的单纯形，或者通过向最低点收缩形成新的单纯形，用这样的方法逼近极小点.

下面，以极小化二元函数 $f(x_1,x_2)$ 为例，说明怎样实现单纯形的转换.

首先，在平面上取不共线的三点 $\boldsymbol{x}^{(1)}$，$\boldsymbol{x}^{(2)}$ 和 $\boldsymbol{x}^{(3)}$，构成初始单纯形（如图 11.3.1 所示）. 设最高点为 $\boldsymbol{x}^{(3)}$，最低点为 $\boldsymbol{x}^{(1)}$，即

$$f(\boldsymbol{x}^{(1)}) < f(\boldsymbol{x}^{(2)}) < f(\boldsymbol{x}^{(3)}) . \tag{11.3.1}$$

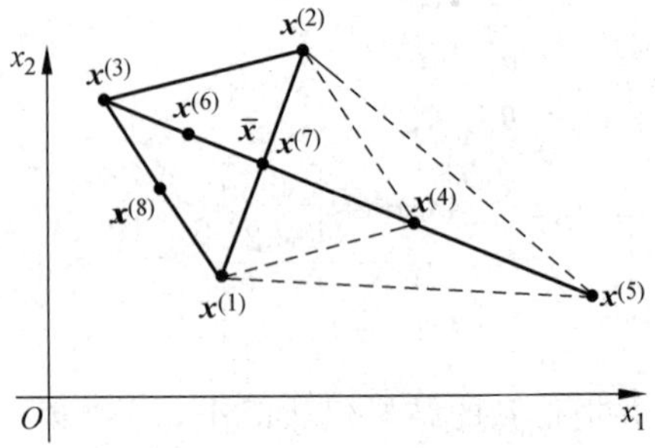

图 11.3.1

现在进行反射步骤. 将最高点经过其余点的形心进行反射，运用单纯形搜索法时，总是如此. 对于本问题，就是将 $\boldsymbol{x}^{(3)}$ 经过线段 $\boldsymbol{x}^{(1)}\boldsymbol{x}^{(2)}$ 的中点

$$\bar{\boldsymbol{x}} = \frac{1}{2}(\boldsymbol{x}^{(1)} + \boldsymbol{x}^{(2)}) \tag{11.3.2}$$

进行反射. 得到反射点

$$\boldsymbol{x}^{(4)} = \bar{\boldsymbol{x}} + \alpha(\bar{\boldsymbol{x}} - \boldsymbol{x}^{(3)}), \tag{11.3.3}$$

正数 α 称为**反射系数**，一般取 $\alpha=1$.

反射后有三种可能的情形：

(1) 如果 $f(\boldsymbol{x}^{(4)})<f(\boldsymbol{x}^{(1)})$，则表明方向

$$\boldsymbol{d} = \boldsymbol{x}^{(4)} - \bar{\boldsymbol{x}},$$

对于函数值的减小是有利的，于是沿此方向进行扩展. 令

$$\boldsymbol{x}^{(5)} = \bar{\boldsymbol{x}} + \gamma(\boldsymbol{x}^{(4)} - \bar{\boldsymbol{x}}), \tag{11.3.4}$$

其中 $\gamma>1$ 称为**扩展系数**. 若

$$f(\boldsymbol{x}^{(5)}) < f(\boldsymbol{x}^{(4)}),$$

则用 $\boldsymbol{x}^{(5)}$ 取代 $\boldsymbol{x}^{(3)}$，得到以 $\boldsymbol{x}^{(1)}$，$\boldsymbol{x}^{(2)}$ 和 $\boldsymbol{x}^{(5)}$ 为顶点的新的单纯形. 若

$$f(\boldsymbol{x}^{(5)}) \geqslant f(\boldsymbol{x}^{(4)}),$$

则扩展失败. 这时，用 $\boldsymbol{x}^{(4)}$ 替换 $\boldsymbol{x}^{(3)}$，得到以 $\boldsymbol{x}^{(1)}$，$\boldsymbol{x}^{(2)}$ 和 $\boldsymbol{x}^{(4)}$ 为顶点的新的单纯形.

(2) 如果 $f(\boldsymbol{x}^{(1)})\leqslant f(\boldsymbol{x}^{(4)})\leqslant f(\boldsymbol{x}^{(2)})$，即 $f(\boldsymbol{x}^{(4)})$ 不小于最低点处的函数值，不大于次高点处的函数值，则用 $\boldsymbol{x}^{(4)}$ 替换 $\boldsymbol{x}^{(3)}$，得到以 $\boldsymbol{x}^{(1)}$，$\boldsymbol{x}^{(2)}$ 和 $\boldsymbol{x}^{(4)}$ 为顶点的新的单纯形.

(3) 如果 $f(\boldsymbol{x}^{(4)})>f(\boldsymbol{x}^{(2)})$，即 $f(\boldsymbol{x}^{(4)})$ 大于次高点处的函数值，则进行压缩步骤. 为此，在 $\boldsymbol{x}^{(4)}$ 和 $\boldsymbol{x}^{(3)}$ 中选择函数值最小的点，令

$$f(\boldsymbol{x}^{(h')}) = \min\{f(\boldsymbol{x}^{(3)}), f(\boldsymbol{x}^{(4)})\},$$

其中 $\boldsymbol{x}^{(h')} \in \{\boldsymbol{x}^{(3)}, \boldsymbol{x}^{(4)}\}$，令

$$\boldsymbol{x}^{(6)} = \bar{\boldsymbol{x}} + \beta(\boldsymbol{x}^{(h')} - \bar{\boldsymbol{x}}), \tag{11.3.5}$$

$\beta \in (0,1)$为**压缩系数**. 这样 $\boldsymbol{x}^{(6)}$ 位于 $\bar{\boldsymbol{x}}$ 与 $\boldsymbol{x}^{(h')}$ 之间.

若 $f(\boldsymbol{x}^{(6)}) \leqslant f(\boldsymbol{x}^{(h')})$，则用 $\boldsymbol{x}^{(6)}$ 取代 $\boldsymbol{x}^{(3)}$，得到以 $\boldsymbol{x}^{(1)}$，$\boldsymbol{x}^{(2)}$ 和 $\boldsymbol{x}^{(6)}$ 为顶点的新的单纯形.

若 $f(\boldsymbol{x}^{(6)}) > f(\boldsymbol{x}^{(h')})$，则进行收缩. 最低点 $\boldsymbol{x}^{(1)}$ 不动，其余两点 $\boldsymbol{x}^{(2)}$ 和 $\boldsymbol{x}^{(3)}$ 均向 $\boldsymbol{x}^{(1)}$ 移近一半距离. 令

$$\boldsymbol{x}^{(7)} = \boldsymbol{x}^{(2)} + \frac{1}{2}(\boldsymbol{x}^{(1)} - \boldsymbol{x}^{(2)}), \tag{11.3.6}$$

$$\boldsymbol{x}^{(8)} = \boldsymbol{x}^{(3)} + \frac{1}{2}(\boldsymbol{x}^{(1)} - \boldsymbol{x}^{(3)}), \tag{11.3.7}$$

得到以 $\boldsymbol{x}^{(1)}$，$\boldsymbol{x}^{(7)}$ 和 $\boldsymbol{x}^{(8)}$，为顶点的新的单纯形.

以上几种情形，不论属于哪一种，所得到的新的单纯形，必有一个顶点其函数值小于或等于原单纯形各顶点上的函数值. 每得到一个新的单纯形后，再重复以上步骤，直至满足收敛准则为止.

11.3.2 计算步骤

单纯形搜索法计算步骤如下：

(1) 给定初始单纯形，其顶点

$$\boldsymbol{x}^{(i)} \in \mathbb{R}^n, \quad i = 1,2,\cdots,n+1,$$

反射系数 $\alpha > 0$，扩展系数 $\gamma > 1$，压缩系数 $\beta \in (0,1)$，允许误差 $\varepsilon > 0$. 计算函数值

$$f(\boldsymbol{x}^{(i)}), \quad i = 1,2,\cdots,n+1.$$

置 $k=1$.

(2) 确定最高点 $\boldsymbol{x}^{(h)}$，次高点 $\boldsymbol{x}^{(g)}$，最低点 $\boldsymbol{x}^{(l)}$ $(h,g,l \in \{1,2,\cdots,n+1\})$，使得

$$f(\boldsymbol{x}^{(h)}) = \max\{f(\boldsymbol{x}^{(1)}), f(\boldsymbol{x}^{(2)}), \cdots, f(\boldsymbol{x}^{(n+1)})\},$$
$$f(\boldsymbol{x}^{(g)}) = \max\{f(\boldsymbol{x}^{(i)}) \mid \boldsymbol{x}^{(i)} \neq \boldsymbol{x}^{(h)}\},$$
$$f(\boldsymbol{x}^{(l)}) = \min\{f(\boldsymbol{x}^{(1)}), f(\boldsymbol{x}^{(2)}), \cdots, f(\boldsymbol{x}^{(n+1)})\}.$$

计算除 $\boldsymbol{x}^{(h)}$ 外的 n 个点的形心 $\bar{\boldsymbol{x}}$，令

$$\bar{\boldsymbol{x}} = \frac{1}{n}\left[\sum_{i=1}^{n+1} \boldsymbol{x}^{(i)} - \boldsymbol{x}^{(h)}\right],$$

计算出 $f(\bar{\boldsymbol{x}})$.

(3) 进行反射，令

$$\boldsymbol{x}^{(n+2)} = \bar{\boldsymbol{x}} + \alpha(\bar{\boldsymbol{x}} - \boldsymbol{x}^{(h)}),$$

计算 $f(\boldsymbol{x}^{(n+2)})$.

(4) 若 $f(\boldsymbol{x}^{(n+2)})<f(\boldsymbol{x}^{(l)})$,则进行扩展,令

$$\boldsymbol{x}^{(n+3)}=\bar{\boldsymbol{x}}+\gamma(\boldsymbol{x}^{(n+2)}-\bar{\boldsymbol{x}}),$$

计算 $f(\boldsymbol{x}^{(n+3)})$,转步骤(5);

若 $f(\boldsymbol{x}^{(l)})\leqslant f(\boldsymbol{x}^{(n+2)})\leqslant f(\boldsymbol{x}^{(g)})$,则置

$$\boldsymbol{x}^{(h)}=\boldsymbol{x}^{(n+2)},\quad f(\boldsymbol{x}^{(h)})=f(\boldsymbol{x}^{(n+2)}),$$

转步骤(7);

若 $f(\boldsymbol{x}^{(n+2)})>f(\boldsymbol{x}^{(g)})$,则进行压缩,令

$$f(\boldsymbol{x}^{(h')})=\min\{f(\boldsymbol{x}^{(h)}),f(\boldsymbol{x}^{(n+2)})\},$$

其中 $h'\in\{h,n+2\}$. 令

$$\boldsymbol{x}^{(n+4)}=\bar{\boldsymbol{x}}+\beta(\boldsymbol{x}^{(h')}-\bar{\boldsymbol{x}}),$$

计算 $f(\boldsymbol{x}^{(n+4)})$,转步骤(6).

(5) 若 $f(\boldsymbol{x}^{(n+3)})<f(\boldsymbol{x}^{(n+2)})$,则置

$$\boldsymbol{x}^{(h)}=\boldsymbol{x}^{(n+3)},\quad f(\boldsymbol{x}^{(h)})=f(\boldsymbol{x}^{(n+3)}),$$

转步骤(7);否则,置

$$\boldsymbol{x}^{(h)}=\boldsymbol{x}^{(n+2)},\quad f(\boldsymbol{x}^{(h)})=f(\boldsymbol{x}^{(n+2)})$$

转步骤(7).

(6) 若 $f(\boldsymbol{x}^{(n+4)})\leqslant f(\boldsymbol{x}^{(h')})$,则置

$$\boldsymbol{x}^{(h)}=\boldsymbol{x}^{(n+4)},\quad f(\boldsymbol{x}^{(h)})=f(\boldsymbol{x}^{(n+4)}).$$

进行步骤(7);否则,进行收缩,令

$$\boldsymbol{x}^{(i)}:=\boldsymbol{x}^{(i)}+\frac{1}{2}(\boldsymbol{x}^{(l)}-\boldsymbol{x}^{(i)}),\quad i=1,2,\cdots,n+1,$$

计算 $f(\boldsymbol{x}^{(i)})(i=1,2,\cdots,n+1)$,进行步骤(7).

(7) 检验是否满足收敛准则. 若

$$\left\{\frac{1}{n+1}\sum_{i=1}^{n+1}[f(\boldsymbol{x}^{(i)})-f(\bar{\boldsymbol{x}})]^2\right\}^{\frac{1}{2}}<\varepsilon,$$

则停止计算,现行最好点可作为极小点的近似;否则,置 $k:=k+1$,返回步骤(2).

例 11.3.1　用单纯形搜索法求解下列问题:

$$\min\quad f(\boldsymbol{x})\overset{\text{def}}{=}(x_1-3)^2+2(x_2+2)^2.$$

解　取初始单纯形的顶点为

$$\boldsymbol{x}^{(1)}=\begin{bmatrix}0\\0\end{bmatrix},\quad \boldsymbol{x}^{(2)}=\begin{bmatrix}1\\0\end{bmatrix},\quad \boldsymbol{x}^{(3)}=\begin{bmatrix}0\\1\end{bmatrix},$$

取系数 $\alpha=1,\gamma=2,\beta=\dfrac{1}{2}$,取精度要求 $\varepsilon=2$.

第 1 次迭代. 各顶点处的函数值为

$$f(\boldsymbol{x}^{(1)}) = 17, \quad f(\boldsymbol{x}^{(2)}) = 12, \quad f(\boldsymbol{x}^{(3)}) = 27,$$

显然有

$$\boldsymbol{x}^{(h)} = \boldsymbol{x}^{(3)}, \quad \boldsymbol{x}^{(g)} = \boldsymbol{x}^{(1)}, \quad \boldsymbol{x}^{(l)} = \boldsymbol{x}^{(2)},$$

取 $h=3, g=1, l=2$.

将 $\boldsymbol{x}^{(3)}$ 经 $\boldsymbol{x}^{(1)}$ 和 $\boldsymbol{x}^{(2)}$ 的形心进行反射，令

$$\bar{\boldsymbol{x}} = \frac{1}{2}(\boldsymbol{x}^{(1)} + \boldsymbol{x}^{(2)}) = \frac{1}{2}\begin{bmatrix}0\\0\end{bmatrix} + \frac{1}{2}\begin{bmatrix}1\\0\end{bmatrix} = \begin{bmatrix}\frac{1}{2}\\0\end{bmatrix},$$

在 $\bar{\boldsymbol{x}}$ 处的函数值 $f(\bar{\boldsymbol{x}}) = \frac{57}{4}$. 令

$$\boldsymbol{x}^{(4)} = \bar{\boldsymbol{x}} + \alpha(\bar{\boldsymbol{x}} - \boldsymbol{x}^{(3)}) = 2\bar{\boldsymbol{x}} - \boldsymbol{x}^{(3)} = 2\begin{bmatrix}\frac{1}{2}\\0\end{bmatrix} - \begin{bmatrix}0\\1\end{bmatrix} = \begin{bmatrix}1\\-1\end{bmatrix},$$

$f(\boldsymbol{x}^{(4)}) = 6$. 由于 $f(\boldsymbol{x}^{(4)}) < f(\boldsymbol{x}^{(l)})$，因此进行扩展，令

$$\boldsymbol{x}^{(5)} = \bar{\boldsymbol{x}} + \gamma(\boldsymbol{x}^{(4)} - \bar{\boldsymbol{x}}) = 2\boldsymbol{x}^{(4)} - \bar{\boldsymbol{x}} = 2\begin{bmatrix}1\\-1\end{bmatrix} - \begin{bmatrix}\frac{1}{2}\\0\end{bmatrix} = \begin{bmatrix}\frac{3}{2}\\-2\end{bmatrix},$$

$f(\boldsymbol{x}^{(5)}) = \frac{9}{4}$，由于 $f(\boldsymbol{x}^{(5)}) < f(\boldsymbol{x}^{(4)})$，因此用 $\boldsymbol{x}^{(5)}$ 替换 $\boldsymbol{x}^{(3)}$，得到新的单纯形. 我们把 $\boldsymbol{x}^{(5)}$ 仍记作 $\boldsymbol{x}^{(3)}$，则新单纯形的顶点为

$$\boldsymbol{x}^{(1)} = \begin{bmatrix}0\\0\end{bmatrix}, \quad \boldsymbol{x}^{(2)} = \begin{bmatrix}1\\0\end{bmatrix}, \quad \boldsymbol{x}^{(3)} = \begin{bmatrix}\frac{3}{2}\\-2\end{bmatrix}. \tag{11.3.8}$$

$$\begin{aligned}\left\{\frac{1}{3}\sum_{i=1}^{3}[f(\boldsymbol{x}^{(i)}) - f(\bar{\boldsymbol{x}})]^2\right\}^{\frac{1}{2}} &= \left\{\frac{1}{3}\left[\left(17 - \frac{57}{4}\right)^2 + \left(12 - \frac{57}{4}\right)^2 + \left(\frac{9}{4} - \frac{57}{4}\right)^2\right]\right\}^{\frac{1}{2}} \\ &= \left\{\frac{1}{3}\left[\left(\frac{11}{4}\right)^2 + \left(\frac{9}{4}\right)^2 + 12^2\right]\right\}^{\frac{1}{2}} = 7.23 > \varepsilon.\end{aligned}$$

第 2 次迭代. 单纯形的顶点由(11.3.8)式给定. 显然有

$$\boldsymbol{x}^{(h)} = \boldsymbol{x}^{(1)}, \quad \boldsymbol{x}^{(g)} = \boldsymbol{x}^{(2)}, \quad \boldsymbol{x}^{(l)} = \boldsymbol{x}^{(3)},$$

$$f(\boldsymbol{x}^{(1)}) = 17, \quad f(\boldsymbol{x}^{(2)}) = 12, \quad f(\boldsymbol{x}^{(3)}) = \frac{9}{4},$$

进行反射，求 $\boldsymbol{x}^{(1)}$ 关于 $\boldsymbol{x}^{(2)}$ 和 $\boldsymbol{x}^{(3)}$ 的形心的反射点. 令

$$\bar{\boldsymbol{x}} = \frac{1}{2}(\boldsymbol{x}^{(2)} + \boldsymbol{x}^{(3)}) = \frac{1}{2}\begin{bmatrix}1\\0\end{bmatrix} + \frac{1}{2}\begin{bmatrix}\frac{3}{2}\\-2\end{bmatrix} = \begin{bmatrix}\frac{5}{4}\\-1\end{bmatrix},$$

$f(\bar{x})=\dfrac{81}{16}$,反射点为

$$x^{(4)}=\bar{x}+\alpha(\bar{x}-x^{(h)})=2\bar{x}-x^{(1)}=2\begin{bmatrix}\frac{5}{4}\\-1\end{bmatrix}-\begin{bmatrix}0\\0\end{bmatrix}=\begin{bmatrix}\frac{5}{2}\\-2\end{bmatrix},$$

$f(x^{(4)})=\dfrac{1}{4}$. 由于 $f(x^{(4)})<f(x^{(l)})$,因此进行扩展,令

$$x^{(5)}=\bar{x}+\gamma(x^{(4)}-\bar{x})=2x^{(4)}-\bar{x}=2\begin{bmatrix}\frac{5}{2}\\-2\end{bmatrix}-\begin{bmatrix}\frac{5}{4}\\-1\end{bmatrix}=\begin{bmatrix}\frac{15}{4}\\-3\end{bmatrix},$$

$f(x^{(5)})=\dfrac{41}{16}$. 由于 $f(x^{(5)})>f(x^{(4)})$,因此用 $x^{(4)}$ 替换 $x^{(1)}$. 置 $x^{(1)}=x^{(4)}$,得到新的单纯形,其顶点为

$$x^{(1)}=\begin{bmatrix}\frac{5}{2}\\-2\end{bmatrix},\quad x^{(2)}=\begin{bmatrix}1\\0\end{bmatrix},\quad x^{(3)}=\begin{bmatrix}\frac{3}{2}\\-2\end{bmatrix},\tag{11.3.9}$$

$f(x^{(1)})=\dfrac{1}{4}$,$f(x^{(2)})$和 $f(x^{(3)})$同上.

$$\left\{\frac{1}{3}\sum_{i=1}^{3}[f(x^{(i)})-f(\bar{x})]^2\right\}^{\frac{1}{2}}=\left\{\frac{1}{3}\left[\left(\frac{1}{4}-\frac{81}{16}\right)^2+\left(12-\frac{81}{16}\right)^2+\left(\frac{9}{4}-\frac{81}{16}\right)^2\right]\right\}^{\frac{1}{2}}$$
$$=5.14>\varepsilon.$$

第 3 次迭代. 单纯形的顶点由(11.3.9)式给定. 已知

$$f(x^{(1)})=\frac{1}{4},\quad f(x^{(2)})=12,\quad f(x^{(3)})=\frac{9}{4},$$
$$x^{(h)}=x^{(2)},\quad x^{(g)}=x^{(3)},\quad x^{(l)}=x^{(1)}.$$

求 $x^{(2)}$ 关于 $x^{(1)}$ 和 $x^{(3)}$ 的形心的反射点. 令

$$\bar{x}=\frac{1}{2}(x^{(1)}+x^{(3)})=\frac{1}{2}\begin{bmatrix}\frac{5}{2}\\-2\end{bmatrix}+\frac{1}{2}\begin{bmatrix}\frac{3}{2}\\-2\end{bmatrix}=\begin{bmatrix}2\\-2\end{bmatrix},$$

$f(\bar{x})=1$. 反射点

$$x^{(4)}=\bar{x}+\alpha(\bar{x}-x^{(2)})=\bar{x}+1\cdot(\bar{x}-x^{(2)})$$
$$=2\bar{x}-x^{(2)}=2\begin{bmatrix}2\\-2\end{bmatrix}-\begin{bmatrix}1\\0\end{bmatrix}=\begin{bmatrix}3\\-4\end{bmatrix},$$

$f(x^{(4)})=8$. 由于 $f(x^{(4)})>f(x^{(3)})$,因此进行压缩. 由于

$$f(x^{(4)})=\min\{f(x^{(h)}),f(x^{(4)})\},$$

因此令

$$\boldsymbol{x}^{(6)} = \bar{\boldsymbol{x}} + \beta(\boldsymbol{x}^{(4)} - \bar{\boldsymbol{x}}) = \frac{1}{2}\bar{\boldsymbol{x}} + \frac{1}{2}\boldsymbol{x}^{(4)} = \frac{1}{2}\begin{bmatrix} 2 \\ -2 \end{bmatrix} + \frac{1}{2}\begin{bmatrix} 3 \\ -4 \end{bmatrix} = \begin{bmatrix} \frac{5}{2} \\ -3 \end{bmatrix},$$

$f(\boldsymbol{x}^{(6)})=\frac{9}{4}$. 由于 $f(\boldsymbol{x}^{(6)})<f(\boldsymbol{x}^{(4)})$，因此用 $\boldsymbol{x}^{(6)}$ 替换 $\boldsymbol{x}^{(2)}$，置 $\boldsymbol{x}^{(2)}=\boldsymbol{x}^{(6)}$，得到新的单纯形，其顶点为

$$\boldsymbol{x}^{(1)} = \begin{bmatrix} \frac{5}{2} \\ -2 \end{bmatrix}, \quad \boldsymbol{x}^{(2)} = \begin{bmatrix} \frac{5}{2} \\ -3 \end{bmatrix}, \quad \boldsymbol{x}^{(3)} = \begin{bmatrix} \frac{3}{2} \\ -2 \end{bmatrix},$$

$$f(\boldsymbol{x}^{(1)}) = \frac{1}{4}, \quad f(\boldsymbol{x}^{(2)}) = \frac{9}{4}, \quad f(\boldsymbol{x}^{(3)}) = \frac{9}{4},$$

$$\left\{\frac{1}{3}\sum_{i=1}^{3}[f(\boldsymbol{x}^{(i)}) - f(\bar{\boldsymbol{x}})]^2\right\}^{\frac{1}{2}} = \left\{\frac{1}{3}\left[\left(\frac{1}{4}-1\right)^2 + \left(\frac{9}{4}-1\right)^2 + \left(\frac{9}{4}-1\right)^2\right]\right\}^{\frac{1}{2}}$$

$$= 1.11 < \varepsilon.$$

已满足精度要求，得近似解 $\boldsymbol{x}^{(1)}=\left(\frac{5}{2},-2\right)^{\mathrm{T}}$. 实际上，问题的极小点 $\bar{\boldsymbol{x}}=(3,-2)^{\mathrm{T}}$.

上面介绍的方法不是最初形式，而是经过改进的. 最初的方法称为**正规单纯形法**，每次迭代所用单纯形均为正规单纯形. 一般认为经过改进的方法优于正规单纯形法. 因此，关于后者我们不再介绍，可参见文献[23].

关于上述方法的使用效果，有人在许多问题上进行了试验，并取得成功. 但也有人认为，对于变量多的情形，比如 $n\geqslant 10$ 的问题，是十分无效的.

11.4 Powell 方法

11.4.1 Powell 基本算法

Powell 方法是一种有效的直接搜索法，在后面的讨论中将会看到，这种方法本质上是共轭方向法.

Powell 方法把整个计算过程分成若干个阶段，每一阶段（一轮迭代）由 $n+1$ 次一维搜索组成. 在算法的每一阶段中，先依次沿着已知的 n 个方向搜索，得一个最好点，然后沿本阶段的初点与该最好点连线方向进行搜索，求得这一阶段的最好点. 再用最后的搜索方向取代前 n 个方向之一，开始下一阶段的迭代. 具体计算步骤如下：

(1) 给定初始点 $\boldsymbol{x}^{(0)}$，n 个线性无关的方向

$$\boldsymbol{d}^{(1,1)}, \boldsymbol{d}^{(1,2)}, \cdots, \boldsymbol{d}^{(1,n)},$$

允许误差 $\varepsilon>0$，置 $k=1$.

(2) 置 $\boldsymbol{x}^{(k,0)}=\boldsymbol{x}^{(k-1)}$，从 $\boldsymbol{x}^{(k,0)}$ 出发，依次沿方向

$$\boldsymbol{d}^{(k,1)}, \boldsymbol{d}^{(k,2)}, \cdots, \boldsymbol{d}^{(k,n)},$$

进行搜索，得到点

$$\boldsymbol{x}^{(k,1)}, \boldsymbol{x}^{(k,2)}, \cdots, \boldsymbol{x}^{(k,n)}.$$

再从 $\boldsymbol{x}^{(k,n)}$ 出发，沿着方向

$$\boldsymbol{d}^{(k,n+1)} = \boldsymbol{x}^{(k,n)} - \boldsymbol{x}^{(k,0)},$$

作一维搜索，得到点 $\boldsymbol{x}^{(k)}$.

(3) 若 $\|\boldsymbol{x}^{(k)}-\boldsymbol{x}^{(k-1)}\|<\varepsilon$，则停止计算，得点 $\boldsymbol{x}^{(k)}$；否则，令

$$\boldsymbol{d}^{(k+1,j)} = \boldsymbol{d}^{(k,j+1)}, \quad j = 1,\cdots,n. \tag{11.4.1}$$

置 $k:=k+1$，返回步骤(2).

例 11.4.1 用 Powell 方法求解下列问题：

$$\min \quad f(\boldsymbol{x}) \overset{\text{def}}{=} (x_1+x_2)^2 + (x_1-1)^2.$$

解 取初始点和初始搜索方向分别为

$$\boldsymbol{x}^{(0)} = \begin{bmatrix}2\\1\end{bmatrix}; \quad \boldsymbol{d}^{(1,1)} = \begin{bmatrix}1\\0\end{bmatrix}, \quad \boldsymbol{d}^{(1,2)} = \begin{bmatrix}0\\1\end{bmatrix}.$$

第 1 轮迭代. 置

$$\boldsymbol{x}^{(1,0)} = \boldsymbol{x}^{(0)} = \begin{bmatrix}2\\1\end{bmatrix}.$$

下面用解析法求 $f(\boldsymbol{x})$ 沿直线的极小点.

先沿 $\boldsymbol{d}^{(1,1)}$ 作一维搜索：

$$\min_{\lambda} \quad f(\boldsymbol{x}^{(1,0)}+\lambda\boldsymbol{d}^{(1,1)}),$$

$$\boldsymbol{x}^{(1,0)}+\lambda\boldsymbol{d}^{(1,1)} = \begin{bmatrix}2\\1\end{bmatrix}+\lambda\begin{bmatrix}1\\0\end{bmatrix} = \begin{bmatrix}2+\lambda\\1\end{bmatrix}.$$

令

$$\varphi(\lambda) = f(\boldsymbol{x}^{(1,0)}+\lambda\boldsymbol{d}^{(1,1)}) = (3+\lambda)^2+(1+\lambda)^2,$$

$$\frac{\mathrm{d}\varphi}{\mathrm{d}\lambda} = 2(3+\lambda)+2(1+\lambda) = 0,$$

得到 $\lambda_1=-2$，$\boldsymbol{x}^{(1,1)}=(0,1)^{\mathrm{T}}$.

再从 $\boldsymbol{x}^{(1,1)}$ 出发，沿 $\boldsymbol{d}^{(1,2)}$ 作一维搜索：

$$\min_{\lambda} \quad f(\boldsymbol{x}^{(1,1)}+\lambda\boldsymbol{d}^{(1,2)}),$$

$$\boldsymbol{x}^{(1,1)}+\lambda\boldsymbol{d}^{(1,2)} = \begin{bmatrix}0\\1\end{bmatrix}+\lambda\begin{bmatrix}0\\1\end{bmatrix} = \begin{bmatrix}0\\1+\lambda\end{bmatrix}.$$

令

$$\varphi(\lambda)=f(\boldsymbol{x}^{(1,1)}+\lambda\boldsymbol{d}^{(1,2)})=(1+\lambda)^2+1,$$

$$\frac{\mathrm{d}\varphi}{\mathrm{d}\lambda}=2(1+\lambda)=0,$$

得到 $\lambda_2=-1,\boldsymbol{x}^{(1,2)}=(0,0)^{\mathrm{T}}$. 令方向

$$\boldsymbol{d}^{(1,3)}=\boldsymbol{x}^{(1,2)}-\boldsymbol{x}^{(1,0)}=\begin{bmatrix}-2\\-1\end{bmatrix}.$$

从 $\boldsymbol{x}^{(1,2)}$ 出发，沿 $\boldsymbol{d}^{(1,3)}$ 作一维搜索：

$$\min_{\lambda}\quad f(\boldsymbol{x}^{(1,2)}+\lambda\boldsymbol{d}^{(1,3)}),$$

$$\boldsymbol{x}^{(1,2)}+\lambda\boldsymbol{d}^{(1,3)}=\begin{bmatrix}0\\0\end{bmatrix}+\lambda\begin{bmatrix}-2\\-1\end{bmatrix}=\begin{bmatrix}-2\lambda\\-\lambda\end{bmatrix}.$$

令

$$\varphi(\lambda)=f(\boldsymbol{x}^{(1,2)}+\lambda\boldsymbol{d}^{(1,3)})=(-3\lambda)^2+(-2\lambda-1)^2,$$

$$\frac{\mathrm{d}\varphi}{\mathrm{d}\lambda}=18\lambda-4(-2\lambda-1)=0,$$

得到 $\lambda_3=-\frac{2}{13}$. 经第 1 轮迭代，得到最好点

$$\boldsymbol{x}^{(1)}=\begin{bmatrix}\frac{4}{13}\\\frac{2}{13}\end{bmatrix}.$$

第 2 轮迭代. 根据(11.4.1)式，第 2 轮的搜索方向为

$$\boldsymbol{d}^{(2,1)}=\boldsymbol{d}^{(1,2)}=\begin{bmatrix}0\\1\end{bmatrix},\quad \boldsymbol{d}^{(2,2)}=\boldsymbol{d}^{(1,3)}=\begin{bmatrix}-2\\-1\end{bmatrix},$$

初始点为

$$\boldsymbol{x}^{(2,0)}=\boldsymbol{x}^{(1)}=\begin{bmatrix}\frac{4}{13}\\\frac{2}{13}\end{bmatrix}.$$

下面仍用解析方法求 $f(\boldsymbol{x})$ 在直线上的极小点.

先沿 $\boldsymbol{d}^{(2,1)}$ 搜索：

$$\min_{\lambda}\quad f(\boldsymbol{x}^{(2,0)}+\lambda\boldsymbol{d}^{(2,1)}),$$

得到 $\lambda_1=-\frac{6}{13}$ 及点

$$\boldsymbol{x}^{(2,1)}=\boldsymbol{x}^{(2,0)}+\lambda_1\boldsymbol{d}^{(2,1)}=\begin{bmatrix}\frac{4}{13}\\\frac{2}{13}\end{bmatrix}-\frac{6}{13}\begin{bmatrix}0\\1\end{bmatrix}=\begin{bmatrix}\frac{4}{13}\\-\frac{4}{13}\end{bmatrix}.$$

再沿 $\boldsymbol{d}^{(2,2)}$ 搜索：

$$\min_{\lambda} \quad f(\boldsymbol{x}^{(2,1)}+\lambda \boldsymbol{d}^{(2,2)}),$$

得到 $\lambda_2=-\frac{18}{169}$ 及点

$$\boldsymbol{x}^{(2,2)}=\boldsymbol{x}^{(2,1)}+\lambda_2\boldsymbol{d}^{(2,2)}=\begin{bmatrix}\frac{4}{13}\\ -\frac{4}{13}\end{bmatrix}-\frac{18}{169}\begin{bmatrix}-2\\ -1\end{bmatrix}=\begin{bmatrix}\frac{88}{169}\\ -\frac{34}{169}\end{bmatrix}.$$

令

$$\boldsymbol{d}^{(2,3)}=\boldsymbol{x}^{(2,2)}-\boldsymbol{x}^{(2,0)}=\begin{bmatrix}\frac{88}{169}\\ -\frac{34}{169}\end{bmatrix}-\begin{bmatrix}\frac{4}{13}\\ \frac{2}{13}\end{bmatrix}=\begin{bmatrix}\frac{36}{169}\\ -\frac{60}{169}\end{bmatrix}.$$

最后，从 $\boldsymbol{x}^{(2,2)}$ 出发，沿 $\boldsymbol{d}^{(2,3)}$ 作一维搜索：

$$\min_{\lambda} \quad f(\boldsymbol{x}^{(2,2)}+\lambda \boldsymbol{d}^{(2,3)}),$$

得到 $\lambda_3=\frac{9}{4}$ 及极小点

$$\begin{aligned}\boldsymbol{x}^{(2)} &= \boldsymbol{x}^{(2,2)}+\lambda_3\boldsymbol{d}^{(2,3)}\\ &=\begin{bmatrix}\frac{88}{169}\\ -\frac{34}{169}\end{bmatrix}+\frac{9}{4}\begin{bmatrix}\frac{36}{169}\\ -\frac{60}{169}\end{bmatrix}=\begin{bmatrix}1\\ -1\end{bmatrix}.\end{aligned}$$

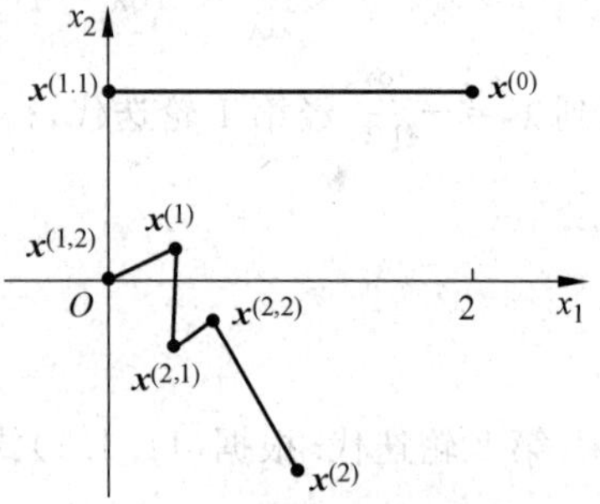

图　11.4.1

每次搜索所得到的点如图 11.4.1 所示.

11.4.2　二次终止性

例 11.4.1 经两轮迭代达到极小点，这种现象不是偶然的. 下面分析产生这种现象的原因.

定理 11.4.1　设 $f(\boldsymbol{x})=\frac{1}{2}\boldsymbol{x}^{\mathrm{T}}\boldsymbol{A}\boldsymbol{x}+\boldsymbol{b}^{\mathrm{T}}\boldsymbol{x}+c$，$\boldsymbol{A}$ 为 n 阶对称正定矩阵，任意给定方向 $\boldsymbol{d}\in\mathbb{R}^n$ 和点 $\boldsymbol{x}^{(0)},\boldsymbol{x}^{(1)}\in\mathbb{R}^n(\boldsymbol{x}^{(1)}\neq\boldsymbol{x}^{(0)})$，从 $\boldsymbol{x}^{(0)}$ 出发沿方向 $\boldsymbol{d}$ 搜索，得极小点 $\boldsymbol{x}^{(a)}$，从 $\boldsymbol{x}^{(1)}$ 出发沿方向 $\boldsymbol{d}$ 搜索，得极小点 $\boldsymbol{x}^{(b)}$，则 $(\boldsymbol{x}^{(b)}-\boldsymbol{x}^{(a)})$ 与 $\boldsymbol{d}$ 关于 $\boldsymbol{A}$ 共轭.

证明　根据假设，必有

$$(\boldsymbol{A}\boldsymbol{x}^{(a)}+\boldsymbol{b})^{\mathrm{T}}\boldsymbol{d}=0 \tag{11.4.2}$$

及

$$(\boldsymbol{A}\boldsymbol{x}^{(b)}+\boldsymbol{b})^{\mathrm{T}}\boldsymbol{d}=0, \tag{11.4.3}$$

(11.4.3)式减去(11.4.2)式，得到

$$(\boldsymbol{x}^{(b)}-\boldsymbol{x}^{(a)})^{\mathrm{T}}\boldsymbol{A}\boldsymbol{d}=0.$$

利用上述定理不难解释例 11.4.1 为什么两轮迭代即达极小点.

在该例中,第 1 轮搜索方向是

$$\boldsymbol{d}^{(1,1)}=\begin{bmatrix}1\\0\end{bmatrix},\quad \boldsymbol{d}^{(1,2)}=\begin{bmatrix}0\\1\end{bmatrix},\quad \boldsymbol{d}^{(1,3)}=\begin{bmatrix}-2\\-1\end{bmatrix},$$

第 2 轮搜索方向是

$$\boldsymbol{d}^{(2,1)}=\begin{bmatrix}0\\1\end{bmatrix},\quad \boldsymbol{d}^{(2,2)}=\begin{bmatrix}-2\\-1\end{bmatrix},\quad \boldsymbol{d}^{(2,3)}=\begin{bmatrix}\dfrac{36}{169}\\-\dfrac{60}{169}\end{bmatrix},$$

其中 $\boldsymbol{d}^{(2,1)}=\boldsymbol{d}^{(1,2)}$,$\boldsymbol{d}^{(2,2)}=\boldsymbol{d}^{(1,3)}$. 由于沿方向 $\boldsymbol{d}^{(1,3)}$ 搜索得到极小点 $\boldsymbol{x}^{(2,0)}$,沿 $\boldsymbol{d}^{(2,2)}$ 搜索得到极小点 $\boldsymbol{x}^{(2,2)}$,根据定理 11.4.1,必有方向 $\boldsymbol{d}^{(2,3)}=\boldsymbol{x}^{(2,2)}-\boldsymbol{x}^{(2,0)}$ 与 $\boldsymbol{d}^{(2,2)}$ 关于 $\boldsymbol{A}$ 共轭. 由于第 2 轮最后两次搜索是沿着非零共轭方向进行,因此经有限步终止.

定理 11.4.1 可以推广到具有多个共轭方向的情形.

定理 11.4.2 设 $f(\boldsymbol{x})=\dfrac{1}{2}\boldsymbol{x}^{\mathrm{T}}\boldsymbol{A}\boldsymbol{x}+\boldsymbol{b}^{\mathrm{T}}\boldsymbol{x}+c$,$\boldsymbol{A}$ 是 n 阶对称正定矩阵,又设 $\boldsymbol{d}^{(1)}$,$\boldsymbol{d}^{(2)},\cdots,\boldsymbol{d}^{(k)}$ 是一组 $\boldsymbol{A}$ 共轭的非零方向,$\boldsymbol{x}^{(0)},\boldsymbol{x}^{(1)}\in\mathbb{R}^n$ 为任意两点,从 $\boldsymbol{x}^{(0)}$ 出发,依次沿这 k 个方向搜索,得到在流形 $\boldsymbol{x}^{(0)}+\mathscr{B}_k$ 上的极小点 $\boldsymbol{x}^{(a)}$,从 $\boldsymbol{x}^{(1)}$ 出发,依次沿这 k 个方向搜索,得到在流形 $\boldsymbol{x}^{(1)}+\mathscr{B}_k$ 上的极小点 $\boldsymbol{x}^{(b)}$,则

$$\boldsymbol{d}^{(1)},\boldsymbol{d}^{(2)},\cdots,\boldsymbol{d}^{(k)},\quad \boldsymbol{d}^{(k+1)}=\boldsymbol{x}^{(b)}-\boldsymbol{x}^{(a)}$$

是 $\boldsymbol{A}$ 共轭的.

定理中的 $\mathscr{B}_k$ 是 $\boldsymbol{d}^{(1)},\boldsymbol{d}^{(2)},\cdots,\boldsymbol{d}^{(k)}$ 生成的子空间.

证明 根据假设,$\boldsymbol{d}^{(1)},\boldsymbol{d}^{(2)},\cdots,\boldsymbol{d}^{(k)}$ 是 $\boldsymbol{A}$ 共轭的,因此只需证明 $\boldsymbol{d}^{(k+1)}$ 与 $\boldsymbol{d}^{(j)}$ $(j=1,\cdots,k)$关于 $\boldsymbol{A}$ 共轭. 根据定理 10.3.2 的推论,必有

$$(\boldsymbol{A}\boldsymbol{x}^{(a)}+\boldsymbol{b})^{\mathrm{T}}\boldsymbol{d}^{(j)}=0,\quad j=1,\cdots,k \tag{11.4.4}$$

及

$$(\boldsymbol{A}\boldsymbol{x}^{(b)}+\boldsymbol{b})^{\mathrm{T}}\boldsymbol{d}^{(j)}=0,\quad j=1,\cdots,k, \tag{11.4.5}$$

(11.4.5)式减去(11.4.4)式得到

$$(\boldsymbol{A}\boldsymbol{x}^{(b)}-\boldsymbol{A}\boldsymbol{x}^{(a)})^{\mathrm{T}}\boldsymbol{d}^{(j)}=0,\quad j=1,\cdots,k,$$

即

$$(\boldsymbol{x}^{(b)}-\boldsymbol{x}^{(a)})^{\mathrm{T}}\boldsymbol{A}\boldsymbol{d}^{(j)}=0,\quad j=1,\cdots,k.$$

利用上述定理容易证明,当极小化正定二次函数时,如果每轮迭代中前 n 个方向均线性无关,那么 Powell 方法至多经 n 轮迭代达到极小点. 下面就来分析这个问题.

设第 1 轮迭代中,初点 $\boldsymbol{x}^{(1,0)}=\boldsymbol{x}^{(0)}$,搜索方向为

$$\boldsymbol{d}^{(1,1)},\boldsymbol{d}^{(1,2)},\cdots,\boldsymbol{d}^{(1,n)},\boldsymbol{d}^{(1,n+1)}=\boldsymbol{x}^{(1,n)}-\boldsymbol{x}^{(1,0)},$$

前 n 个方向线性无关，依次沿 $n+1$ 个方向搜索，最后得到点 $\boldsymbol{x}^{(1)}$.

第2轮的初点 $\boldsymbol{x}^{(2,0)}=\boldsymbol{x}^{(1)}$，搜索方向为

$$\boldsymbol{d}^{(2,1)},\boldsymbol{d}^{(2,2)},\cdots,\boldsymbol{d}^{(2,n)},\boldsymbol{d}^{(2,n+1)}=\boldsymbol{x}^{(2,n)}-\boldsymbol{x}^{(2,0)},$$

前 n 个方向依次等于

$$\boldsymbol{d}^{(1,2)},\boldsymbol{d}^{(1,3)},\cdots,\boldsymbol{d}^{(1,n+1)},$$

设这 n 个方向也线性无关. 第2轮迭代最后得到点 $\boldsymbol{x}^{(2)}$.

显然，点 $\boldsymbol{x}^{(2,n)}$ 和 $\boldsymbol{x}^{(2,0)}$（即 $\boldsymbol{x}^{(1)}$）是从不同点出发沿同一方向 $\boldsymbol{d}^{(2,n)}$（即 $\boldsymbol{d}^{(1,n+1)}$）进行搜索得到的，根据定理 11.4.1，方向

$$\boldsymbol{d}^{(2,n)} \text{ 与 } \boldsymbol{d}^{(2,n+1)}=\boldsymbol{x}^{(2,n)}-\boldsymbol{x}^{(2,0)},$$

关于 $\boldsymbol{A}$ 共轭

现在假设第 k 轮迭代的搜索方向为

$$\boldsymbol{d}^{(k,1)},\cdots,\boldsymbol{d}^{(k,n)},\boldsymbol{d}^{(k,n+1)}=\boldsymbol{x}^{(k,n)}-\boldsymbol{x}^{(k,0)},$$

前 n 个方向线性无关，且后 k 个方向

$$\boldsymbol{d}^{(k,n-k+2)},\cdots,\boldsymbol{d}^{(k,n)},\boldsymbol{d}^{(k,n+1)}$$

是 $\boldsymbol{A}$ 共轭的. 经过这轮迭代，得到点 $\boldsymbol{x}^{(k)}$.

在第 $k+1$ 轮迭代中，初点 $\boldsymbol{x}^{(k+1,0)}=\boldsymbol{x}^{(k)}$，搜索方向为

$$\boldsymbol{d}^{(k+1,1)},\cdots,\boldsymbol{d}^{(k+1,n)},\boldsymbol{d}^{(k+1,n+1)},$$

它们分别等于

$$\boldsymbol{d}^{(k,2)},\cdots,\boldsymbol{d}^{(k,n+1)},\boldsymbol{d}^{(k+1,n+1)}=\boldsymbol{x}^{(k+1,n)}-\boldsymbol{x}^{(k+1,0)},$$

其中前 n 个方向线性无关.

由于点 $\boldsymbol{x}^{(k+1,n)}$ 和 $\boldsymbol{x}^{(k+1,0)}$（即 $\boldsymbol{x}^{(k)}$）是从不同点出发，依次沿同一组共轭方向进行一维搜索得到的，因此，根据定理 11.4.2，必得出方向集

$$\boldsymbol{d}^{(k+1,n-k+1)},\cdots,\boldsymbol{d}^{(k+1,n)},\boldsymbol{d}^{(k+1,n+1)}$$

是 $\boldsymbol{A}$ 共轭的.

由此可知，完成 n 个阶段的迭代之后，必能得到 n 个 $\boldsymbol{A}$ 共轭的方向. 因此 Powell 方法具有二次终止性.

值得注意，在迭代中可能出现这样的情形：在某轮迭代中，n 个搜索方向线性相关，由此导致即使对正定二次函数经 n 轮迭代也达不到极小点，甚至任意迭代下去，永远达不到极小点.

例 11.4.2 考虑下列问题：

$$\min \quad (x_1-x_2+x_3)^2+(-x_1+x_2+x_3)^2+(x_1+x_2-x_3)^2,$$

取初始点 $\boldsymbol{x}^{(0)}=\left(\frac{1}{2},1,\frac{1}{2}\right)^{\mathrm{T}}$，搜索方向

$$\boldsymbol{d}^{(1,1)}=\begin{bmatrix}1\\0\\0\end{bmatrix},\quad \boldsymbol{d}^{(1,2)}=\begin{bmatrix}0\\1\\0\end{bmatrix},\quad \boldsymbol{d}^{(1,3)}=\begin{bmatrix}0\\0\\1\end{bmatrix}.$$

解 用 Powell 方法求解. 首先置 $\boldsymbol{x}^{(1,0)}=\boldsymbol{x}^{(0)}$,从 $\boldsymbol{x}^{(1,0)}$ 出发,沿 $\boldsymbol{d}^{(1,1)}$ 搜索:

$$\min_{\lambda}\quad f(\boldsymbol{x}^{(1,0)}+\lambda\boldsymbol{d}^{(1,1)}),$$

$$\boldsymbol{x}^{(1,0)}+\lambda\boldsymbol{d}^{(1,1)}=\begin{bmatrix}\frac{1}{2}\\1\\\frac{1}{2}\end{bmatrix}+\lambda\begin{bmatrix}1\\0\\0\end{bmatrix}=\begin{bmatrix}\frac{1}{2}+\lambda\\1\\\frac{1}{2}\end{bmatrix},$$

$$\varphi(\lambda)=f(\boldsymbol{x}^{(1,0)}+\lambda\boldsymbol{d}^{(1,1)})=(1-\lambda)^2+\lambda^2+(1+\lambda)^2.$$

令 $\varphi'(\lambda)=0$,即

$$-2(1-\lambda)+2\lambda+2(1+\lambda)=0,$$

由此得到 $\lambda_1=0$,因此有

$$\boldsymbol{x}^{(1,1)}=\begin{bmatrix}\frac{1}{2}\\1\\\frac{1}{2}\end{bmatrix}.$$

从 $\boldsymbol{x}^{(1,1)}$ 出发,沿 $\boldsymbol{d}^{(1,2)}$ 搜索:

$$\min_{\lambda}\quad f(\boldsymbol{x}^{(1,1)}+\lambda\boldsymbol{d}^{(1,2)}),$$

$$\boldsymbol{x}^{(1,1)}+\lambda\boldsymbol{d}^{(1,2)}=\begin{bmatrix}\frac{1}{2}\\1\\\frac{1}{2}\end{bmatrix}+\lambda\begin{bmatrix}0\\1\\0\end{bmatrix}=\begin{bmatrix}\frac{1}{2}\\1+\lambda\\\frac{1}{2}\end{bmatrix},$$

$$\varphi(\lambda)=f(\boldsymbol{x}^{(1,1)}+\lambda\boldsymbol{d}^{(1,2)})=(1+\lambda)^2+(-\lambda)^2+(1+\lambda)^2.$$

令 $\varphi'(\lambda)=0$,即

$$2(1+\lambda)+2\lambda+2(1+\lambda)=0,$$

得到 $\lambda_2=-\frac{2}{3}$ 及点

$$\boldsymbol{x}^{(1,2)}=\boldsymbol{x}^{(1,1)}+\lambda_2\boldsymbol{d}^{(1,2)}=\begin{bmatrix}\frac{1}{2}\\\frac{1}{3}\\\frac{1}{2}\end{bmatrix}.$$

再从 $\boldsymbol{x}^{(1,2)}$ 出发，沿 $\boldsymbol{d}^{(1,3)}$ 搜索：

$$\min_{\lambda} \quad f(\boldsymbol{x}^{(1,2)}+\lambda\boldsymbol{d}^{(1,3)}),$$

$$\boldsymbol{x}^{(1,2)}+\lambda\boldsymbol{d}^{(1,3)}=\begin{bmatrix}\frac{1}{2}\\\frac{1}{3}\\\frac{1}{2}\end{bmatrix}+\lambda\begin{bmatrix}0\\0\\1\end{bmatrix}=\begin{bmatrix}\frac{1}{2}\\\frac{1}{3}\\\frac{1}{2}+\lambda\end{bmatrix},$$

$$\varphi(\lambda)=f(\boldsymbol{x}^{(1,2)}+\lambda\boldsymbol{d}^{(1,3)})=\left(\frac{2}{3}+\lambda\right)^2+\left(\frac{1}{3}+\lambda\right)^2+\left(\frac{1}{3}-\lambda\right)^2.$$

令 $\varphi'(\lambda)=0$，即

$$2\left(\frac{2}{3}+\lambda\right)+2\left(\frac{1}{3}+\lambda\right)-2\left(\frac{1}{3}-\lambda\right)=0,$$

得到 $\lambda_3=-\frac{2}{9}$ 及点

$$\boldsymbol{x}^{(1,3)}=\boldsymbol{x}^{(1,2)}+\lambda_3\boldsymbol{d}^{(1,3)}=\begin{bmatrix}\frac{1}{2}\\\frac{1}{3}\\\frac{5}{18}\end{bmatrix}.$$

第1阶段迭代的最后一步是从 $\boldsymbol{x}^{(1,3)}$ 出发，沿方向

$$\boldsymbol{d}^{(1,4)}=\boldsymbol{x}^{(1,3)}-\boldsymbol{x}^{(1,0)}=\begin{bmatrix}\frac{1}{2}\\\frac{1}{3}\\\frac{5}{18}\end{bmatrix}-\begin{bmatrix}\frac{1}{2}\\1\\\frac{1}{2}\end{bmatrix}=\begin{bmatrix}0\\-\frac{2}{3}\\-\frac{2}{9}\end{bmatrix}$$

作一维搜索：

$$\min_{\lambda} \quad f(\boldsymbol{x}^{(1,3)}+\lambda\boldsymbol{d}^{(1,4)}),$$

$$\boldsymbol{x}^{(1,3)}+\lambda\boldsymbol{d}^{(1,4)}=\begin{bmatrix}\frac{1}{2}\\\frac{1}{3}\\\frac{5}{18}\end{bmatrix}+\lambda\begin{bmatrix}0\\-\frac{2}{3}\\-\frac{2}{9}\end{bmatrix}=\begin{bmatrix}\frac{1}{2}\\\frac{1}{3}-\frac{2}{3}\lambda\\\frac{5}{18}-\frac{2}{9}\lambda\end{bmatrix},$$

$$\varphi(\lambda)=f(\boldsymbol{x}^{(1,3)}+\lambda\boldsymbol{d}^{(1,4)})=\left(\frac{1}{9}-\frac{8}{9}\lambda\right)^2+\left(\frac{4}{9}+\frac{4}{9}\lambda\right)^2+\left(\frac{5}{9}-\frac{4}{9}\lambda\right)^2.$$

令 $\varphi'(\lambda)=0$,即

$$-\frac{16}{9}\left(\frac{1}{9}-\frac{8}{9}\lambda\right)+\frac{8}{9}\left(\frac{4}{9}+\frac{4}{9}\lambda\right)-\frac{8}{9}\left(\frac{5}{9}-\frac{4}{9}\lambda\right)=0,$$

由此得到 $\lambda_4=\frac{1}{8}$ 及点

$$\boldsymbol{x}^{(1)}=\boldsymbol{x}^{(1,3)}+\lambda_4\boldsymbol{d}^{(1,4)}=\begin{bmatrix}\frac{1}{2}\\ \frac{1}{4}\\ \frac{1}{4}\end{bmatrix}.$$

由第 1 轮搜索结果可知,在第 2 轮搜索时,前 3 个方向 $\boldsymbol{d}^{(1,2)}$,$\boldsymbol{d}^{(1,3)}$ 和 $\boldsymbol{d}^{(1,4)}$ 线性相关,继续作下去,所得点的第一个分量恒为 $\frac{1}{2}$,因此永远达不到极小点 $\bar{\boldsymbol{x}}=(0,0,0)^{\mathrm{T}}$.

由此可见,在 Powell 方法中,保持 n 个搜索方向线性无关十分重要.然而,Powell 本人已经注意到,即使不像例 11.4.2 那样极端情况,他的方法也可能选取接近线性相关的搜索方向,特别是变量很多时更是如此.这种可能性会给收敛性带来严重后果.为了避免这个困难,他本人及其他人对这个方法进行了修正,给出改进的 Powell 方法.

11.4.3 改进的 Powell 方法

改进的 Powell 方法(Sargent 形式)与原来方法的主要区别在于替换方向的规则不同.改进的 Powell 方法,当初始搜索方向线性无关时,能够保证每轮迭代中以搜索方向为列的行列式不为零,因此这些方向是线性无关的.而且随着迭代的延续,搜索方向接近共轭的程度逐渐增加.

下面介绍具体算法,关于替换方向的条件的推导,这里不作介绍,可参见文献[2]和[24].

改进的 Powell 方法计算步骤如下:

(1) 给定初始点 $\boldsymbol{x}^{(0)}$,线性无关的方向

$$\boldsymbol{d}^{(1,1)},\boldsymbol{d}^{(1,2)},\cdots,\boldsymbol{d}^{(1,n)},$$

允许误差 $\varepsilon>0$.置 $k=1$.

(2) 置 $\boldsymbol{x}^{(k,0)}=\boldsymbol{x}^{(k-1)}$,从 $\boldsymbol{x}^{(k,0)}$ 出发,依次沿方向

$$\boldsymbol{d}^{(k,1)},\boldsymbol{d}^{(k,2)},\cdots,\boldsymbol{d}^{(k,n)}$$

作一维搜索,得到点

$$\boldsymbol{x}^{(k,1)},\boldsymbol{x}^{(k,2)},\cdots,\boldsymbol{x}^{(k,n)}.$$

求指标 m,使得

$$f(\boldsymbol{x}^{(k,m-1)})-f(\boldsymbol{x}^{(k,m)})=\max_{j=1,\cdots,n}\{f(\boldsymbol{x}^{(k,j-1)})-f(\boldsymbol{x}^{(k,j)})\}.$$

令

$$\boldsymbol{d}^{(k,n+1)}=\boldsymbol{x}^{(k,n)}-\boldsymbol{x}^{(k,0)}.$$

若 $\|\boldsymbol{x}^{(k,n)}-\boldsymbol{x}^{(k,0)}\|\leqslant\varepsilon$，则停止计算；否则，进行步骤(3).

(3) 求 λ_{n+1}，使得

$$f(\boldsymbol{x}^{(k,0)}+\lambda_{n+1}\boldsymbol{d}^{(k,n+1)})=\min_{\lambda}f(\boldsymbol{x}^{(k,0)}+\lambda\boldsymbol{d}^{(k,n+1)}).$$

令

$$\boldsymbol{x}^{(k+1,0)}=\boldsymbol{x}^{(k)}=\boldsymbol{x}^{(k,0)}+\lambda_{n+1}\boldsymbol{d}^{(k,n+1)},$$

若 $\|\boldsymbol{x}^{(k)}-\boldsymbol{x}^{(k-1)}\|\leqslant\varepsilon$，则停止计算，得点 $\boldsymbol{x}^{(k)}$；否则，进行步骤(4).

(4) 若

$$|\lambda_{n+1}|>\left[\frac{f(\boldsymbol{x}^{(k,0)})-f(\boldsymbol{x}^{(k+1,0)})}{f(\boldsymbol{x}^{(k,m-1)})-f(\boldsymbol{x}^{(k,m)})}\right]^{\frac{1}{2}},$$

则令

$$\boldsymbol{d}^{(k+1,j)}=\boldsymbol{d}^{(k,j)},\quad j=1,\cdots,m-1,$$
$$\boldsymbol{d}^{(k+1,j)}=\boldsymbol{d}^{(k,j+1)},\quad j=m,\cdots,n,$$

置 $k:=k+1$，转步骤(2)；否则，令

$$\boldsymbol{d}^{(k+1,j)}=\boldsymbol{d}^{(k,j)},\quad j=1,\cdots,n.$$

置 $k:=k+1$，转步骤(2).

改进的 Powell 方法不再具有二次终止性，但是，它的计算效果仍然令人满意.

习　题

1. 用模式搜索法求解下列问题：

(1) $\min\ x_1^2+x_2^2-4x_1+2x_2+7$，取初始点 $\boldsymbol{x}^{(1)}=(0,0)^{\mathrm{T}}$，初始步长 $\delta=1$，$\alpha=1,\beta=\frac{1}{4}$.

(2) $\min\ x_1^2+2x_2^2-4x_1-2x_1x_2$，取初始点 $\boldsymbol{x}^{(1)}=(1,1)^{\mathrm{T}}$，初始步长 $\delta=1,\alpha=1,\beta=\frac{1}{2}$.

2. 用 Rosenbrock 方法解下列问题：

(1) $\min\ (x_2-2x_1)^2+(x_2-2)^4$，取初始点 $\boldsymbol{x}^{(1)}=(3,0)^{\mathrm{T}}$，初始步长

$$\delta_1^{(0)}=\delta_2^{(0)}=\frac{1}{10},\quad \alpha=2,\quad \beta=-\frac{1}{2}.$$

要求迭代两次.

(2) $\min\ x_1^2+x_2^2-3x_1-x_1x_2+3$，取初始点 $\boldsymbol{x}^{(1)}=(0,8)^{\mathrm{T}}$，初始步长

$$\delta_1^{(0)}=\delta_2^{(0)}=1,\quad \alpha=3,\quad \beta=-\frac{1}{2}.$$

3. 用单纯形搜索法求解下列问题：

(1) $\min\ 4(x_1-5)^2+(x_2-6)^2$，取初始单纯形的顶点

$$\boldsymbol{x}^{(1)}=\begin{bmatrix}8\\9\end{bmatrix},\quad \boldsymbol{x}^{(2)}=\begin{bmatrix}10\\11\end{bmatrix},\quad \boldsymbol{x}^{(3)}=\begin{bmatrix}8\\11\end{bmatrix},$$

取因子 $\alpha=1,\gamma=2,\beta=\frac{1}{2}$. 要求迭代 4 次.

(2) $\min\ (x_1-3)^2+(x_2-2)^2+(x_1+x_2-4)^2$，取初始单纯形的顶点

$$\boldsymbol{x}^{(1)}=\begin{bmatrix}0\\8\end{bmatrix},\quad \boldsymbol{x}^{(2)}=\begin{bmatrix}0\\9\end{bmatrix},\quad \boldsymbol{x}^{(3)}=\begin{bmatrix}1\\9\end{bmatrix},$$

取因子 $\alpha=1,\gamma=2,\beta=\frac{1}{2}$. 要求画出这个算法的进程.

4. 用 Powell 方法解下列问题：

$$\min\quad \frac{3}{2}x_1^2+\frac{1}{2}x_2^2-x_1x_2-2x_1,$$

取初始点和初始搜索方向分别为

$$\boldsymbol{x}^{(0)}=\begin{bmatrix}-2\\4\end{bmatrix},\quad \boldsymbol{d}^{(1,1)}=\begin{bmatrix}1\\0\end{bmatrix},\quad \boldsymbol{d}^{(1,2)}=\begin{bmatrix}0\\1\end{bmatrix}.$$

5. 用改进的 Powell 方法解下列问题：

$$\min\quad (-x_1+x_2+x_3)^2+(x_1-x_2+x_3)^2+(x_1+x_2-x_3)^2,$$

取初始点和初始搜索方向分别为

$$\boldsymbol{x}^{(0)}=\begin{bmatrix}\frac{1}{2}\\1\\\frac{1}{2}\end{bmatrix},\quad \boldsymbol{d}^{(1,1)}=\begin{bmatrix}1\\0\\0\end{bmatrix},\quad \boldsymbol{d}^{(1,2)}=\begin{bmatrix}0\\1\\0\end{bmatrix},\quad \boldsymbol{d}^{(1,3)}=\begin{bmatrix}0\\0\\1\end{bmatrix}.$$

第 12 章　可行方向法

本章及以后各章讨论约束最优化方法. 可行方向法是其中一类算法. 此类方法可看作无约束下降算法的自然推广,其典型策略是从可行点出发,沿着下降的可行方向进行搜索,求出使目标函数值下降的新的可行点. 算法的主要步骤是选择搜索方向和确定沿此方向移动的步长. 搜索方向的选择方式不同就形成不同的可行方向法.

12.1　Zoutendijk 可行方向法

12.1.1　线性约束情形

考虑非线性规划问题

$$\begin{aligned} \min \quad & f(\boldsymbol{x}) \\ \text{s. t.} \quad & \boldsymbol{A}\boldsymbol{x} \geqslant \boldsymbol{b}, \\ & \boldsymbol{E}\boldsymbol{x} = \boldsymbol{e}, \end{aligned} \tag{12.1.1}$$

其中 $f(\boldsymbol{x})$是可微函数,$\boldsymbol{A}$ 为 $m\times n$ 矩阵,$\boldsymbol{E}$ 为 $l\times n$ 矩阵,$\boldsymbol{x}\in\mathbb{R}^n$,$\boldsymbol{b}$ 和 $\boldsymbol{e}$ 分别为 m 维和 l 维列向量.

首先讨论怎样选择下降可行方向.

定理 12.1.1　设 $\hat{\boldsymbol{x}}$ 是问题(12.1.1)的可行解,在点 $\hat{\boldsymbol{x}}$ 处有 $\boldsymbol{A}_1\hat{\boldsymbol{x}}=\boldsymbol{b}_1$,$\boldsymbol{A}_2\hat{\boldsymbol{x}}>\boldsymbol{b}_2$,其中

$$\boldsymbol{A}=\begin{bmatrix}\boldsymbol{A}_1\\ \boldsymbol{A}_2\end{bmatrix},\quad \boldsymbol{b}=\begin{bmatrix}\boldsymbol{b}_1\\ \boldsymbol{b}_2\end{bmatrix},$$

则非零向量 $\boldsymbol{d}$ 为 $\hat{\boldsymbol{x}}$ 处的可行方向的充要条件是 $\boldsymbol{A}_1\boldsymbol{d}\geqslant\boldsymbol{0}$,$\boldsymbol{E}\boldsymbol{d}=\boldsymbol{0}$.

证明　先证必要性. 设非零向量 $\boldsymbol{d}$ 是 $\hat{\boldsymbol{x}}$ 处的可行方向. 根据可行方向的定义7.2.2,存在数 $\delta>0$,使得对每个 $\lambda\in(0,\delta)$,有 $\hat{\boldsymbol{x}}+\lambda\boldsymbol{d}$ 为可行点,即

$$\boldsymbol{A}(\hat{\boldsymbol{x}}+\lambda\boldsymbol{d})\geqslant\boldsymbol{b}, \tag{12.1.2}$$

$$\boldsymbol{E}(\hat{\boldsymbol{x}}+\lambda\boldsymbol{d})=\boldsymbol{e}. \tag{12.1.3}$$

由于

$$\boldsymbol{A}(\hat{\boldsymbol{x}}+\lambda\boldsymbol{d})=\begin{bmatrix}\boldsymbol{A}_1\\ \boldsymbol{A}_2\end{bmatrix}(\hat{\boldsymbol{x}}+\lambda\boldsymbol{d})=\begin{bmatrix}\boldsymbol{b}_1+\lambda\boldsymbol{A}_1\boldsymbol{d}\\ \boldsymbol{A}_2\hat{\boldsymbol{x}}+\lambda\boldsymbol{A}_2\boldsymbol{d}\end{bmatrix},$$

因此(12.1.2)式即

$$\begin{bmatrix}\boldsymbol{b}_1+\lambda\boldsymbol{A}_1\boldsymbol{d}\\ \boldsymbol{A}_2\hat{\boldsymbol{x}}+\lambda\boldsymbol{A}_2\boldsymbol{d}\end{bmatrix}\geqslant\begin{bmatrix}\boldsymbol{b}_1\\ \boldsymbol{b}_2\end{bmatrix}. \tag{12.1.4}$$

由于 $\lambda>0$,因此由上式得到 $\boldsymbol{A}_1\boldsymbol{d}\geqslant\boldsymbol{0}$. 又由(12.1.3)式得到 $\boldsymbol{E}\boldsymbol{d}=\boldsymbol{0}$.

再证充分性. 设

$$\boldsymbol{A}_1\boldsymbol{d}\geqslant\boldsymbol{0},\quad \boldsymbol{E}\boldsymbol{d}=\boldsymbol{0}. \tag{12.1.5}$$

由于 $\boldsymbol{A}_2\hat{\boldsymbol{x}}>\boldsymbol{b}_2$,则存在正数 δ,使得对于所有的 $\lambda\in[0,\delta)$, 成立

$$\boldsymbol{A}_2(\hat{\boldsymbol{x}}+\lambda\boldsymbol{d})\geqslant\boldsymbol{b}_2. \tag{12.1.6}$$

根据假设(12.1.5)式及 $\boldsymbol{A}_1\hat{\boldsymbol{x}}=\boldsymbol{b}_1$,得到

$$\boldsymbol{A}_1(\hat{\boldsymbol{x}}+\lambda\boldsymbol{d})\geqslant\boldsymbol{b}_1, \tag{12.1.7}$$

(12.1.6)式和(12.1.7)式即

$$\boldsymbol{A}(\hat{\boldsymbol{x}}+\lambda\boldsymbol{d})\geqslant\boldsymbol{b}. \tag{12.1.8}$$

又由 $\boldsymbol{E}\boldsymbol{d}=\boldsymbol{0}$ 及 $\boldsymbol{E}\hat{\boldsymbol{x}}=\boldsymbol{e}$ 可知

$$\boldsymbol{E}(\hat{\boldsymbol{x}}+\lambda\boldsymbol{d})=\boldsymbol{e}, \tag{12.1.9}$$

(12.1.8)式和(12.1.9)式表明 $\hat{\boldsymbol{x}}+\lambda\boldsymbol{d}$ 是可行点,因此 $\boldsymbol{d}$ 是 $\hat{\boldsymbol{x}}$ 处的可行方向.

根据定理 7.1.1 和定理 12.1.1,如果非零向量 $\boldsymbol{d}$ 同时满足 $\nabla f(\hat{\boldsymbol{x}})^{\mathrm{T}}\boldsymbol{d}<0,\boldsymbol{A}_1\boldsymbol{d}\geqslant\boldsymbol{0}$, $\boldsymbol{E}\boldsymbol{d}=\boldsymbol{0}$,则 $\boldsymbol{d}$ 是在 $\hat{\boldsymbol{x}}$ 处的下降可行方向. 因此,Zoutendijk 可行方向法把确定搜索方向归结为求解线性规划问题

$$\begin{aligned}\min\quad & \nabla f(\boldsymbol{x})^{\mathrm{T}}\boldsymbol{d}\\ \text{s.t.}\quad & \boldsymbol{A}_1\boldsymbol{d}\geqslant\boldsymbol{0},\\ & \boldsymbol{E}\boldsymbol{d}=\boldsymbol{0},\\ & |d_j|\leqslant 1,\quad j=1,\cdots,n,\end{aligned} \tag{12.1.10}$$

其中增加约束条件 $|d_j|\leqslant1$,是为了获得一个有限解.

在(12.1.10)式中,显然 $\boldsymbol{d}=\boldsymbol{0}$ 是可行解. 由此即知,目标函数的最优值必定小于或等于零. 如果目标函数 $\nabla f(\boldsymbol{x})^{\mathrm{T}}\boldsymbol{d}$ 的最优值小于零,则得到下降可行方向 $\boldsymbol{d}$;否则,即 $\nabla f(\boldsymbol{x})^{\mathrm{T}}\boldsymbol{d}$ 的最优值为零,则如下面定理所证,$\boldsymbol{x}$ 是 K-T 点.

定理 12.1.2 考虑问题(12.1.1),设 $\boldsymbol{x}$ 是可行解,在点 $\boldsymbol{x}$ 处有 $\boldsymbol{A}_1\boldsymbol{x}=\boldsymbol{b}_1,\boldsymbol{A}_2\boldsymbol{x}>\boldsymbol{b}_2$,其中

$$\boldsymbol{A}=\begin{bmatrix}\boldsymbol{A}_1\\ \boldsymbol{A}_2\end{bmatrix},\quad \boldsymbol{b}=\begin{bmatrix}\boldsymbol{b}_1\\ \boldsymbol{b}_2\end{bmatrix},$$

则 $\boldsymbol{x}$ 为 K-T 点的充要条件是问题(12.1.10)的目标函数最优值为零.

证明 根据定义,$\boldsymbol{x}$ 为 K-T 点的充要条件是,存在向量 $\boldsymbol{w}\geqslant\boldsymbol{0}$ 和 $\boldsymbol{v}$,使得

$$\nabla f(\boldsymbol{x})-\boldsymbol{A}_1^{\mathrm{T}}\boldsymbol{w}-\boldsymbol{E}^{\mathrm{T}}\boldsymbol{v}=\boldsymbol{0}. \tag{12.1.11}$$

令 $\boldsymbol{v}=\boldsymbol{p}-\boldsymbol{q}(\boldsymbol{p},\boldsymbol{q}\geqslant\boldsymbol{0})$. 把(12.1.11)式写成

$$(-\boldsymbol{A}_1^{\mathrm{T}},-\boldsymbol{E}^{\mathrm{T}},\boldsymbol{E}^{\mathrm{T}})\begin{bmatrix}\boldsymbol{w}\\ \boldsymbol{p}\\ \boldsymbol{q}\end{bmatrix}=-\nabla f(\boldsymbol{x}),\quad \begin{bmatrix}\boldsymbol{w}\\ \boldsymbol{p}\\ \boldsymbol{q}\end{bmatrix}\geqslant\boldsymbol{0}. \tag{12.1.12}$$

根据定理1.4.6(Farkars定理),(12.1.12)式有解的充要条件是

$$\begin{bmatrix}-\boldsymbol{A}_1\\-\boldsymbol{E}\\\boldsymbol{E}\end{bmatrix}\boldsymbol{d}\leqslant\boldsymbol{0},\quad -\nabla f(\boldsymbol{x})^{\mathrm{T}}\boldsymbol{d}>0 \tag{12.1.13}$$

无解,即

$$\nabla f(\boldsymbol{x})^{\mathrm{T}}\boldsymbol{d}<0,\quad \boldsymbol{A}_1\boldsymbol{d}\geqslant\boldsymbol{0},\quad \boldsymbol{E}\boldsymbol{d}=\boldsymbol{0}$$

无解.所以 $\boldsymbol{x}$ 为K-T点的充要条件是问题(12.1.10)的目标函数的最优值等于零.

根据上述定理,求解问题(12.1.10)的结果或者是得到下降可行方向,或者是得到K-T点.

其次,分析怎样确定一维搜索的步长.

设 $\boldsymbol{x}^{(k)}$ 是(12.1.1)式的可行解,不妨看作第 k 次迭代的出发点. $\boldsymbol{d}^{(k)}$ 为 $\boldsymbol{x}^{(k)}$ 处一个下降可行方向.后继点 $\boldsymbol{x}^{(k+1)}$ 由下列迭代公式给出:

$$\boldsymbol{x}^{(k+1)}=\boldsymbol{x}^{(k)}+\lambda_k\boldsymbol{d}^{(k)}. \tag{12.1.14}$$

现在要解决的问题是怎样确定 λ_k.自然,λ_k 的取值原则有两条:

(1) 保持迭代点 $\boldsymbol{x}^{(k)}+\lambda_k\boldsymbol{d}^{(k)}$ 的可行性;

(2) 使目标函数值尽可能减小.

根据上述原则,可以通过求解下列一维搜索问题来确定步长 λ_k:

$$\begin{aligned}\min\quad & f(\boldsymbol{x}^{(k)}+\lambda\boldsymbol{d}^{(k)})\\ \text{s.t.}\quad & \boldsymbol{A}(\boldsymbol{x}^{(k)}+\lambda\boldsymbol{d}^{(k)})\geqslant\boldsymbol{b},\\ & \boldsymbol{E}(\boldsymbol{x}^{(k)}+\lambda\boldsymbol{d}^{(k)})=\boldsymbol{e},\\ & \lambda\geqslant 0.\end{aligned} \tag{12.1.15}$$

问题(12.1.15)可作进一步简化.

由于 $\boldsymbol{d}^{(k)}$ 是可行方向,必有

$$\boldsymbol{E}\boldsymbol{d}^{(k)}=\boldsymbol{0},\quad \boldsymbol{E}\boldsymbol{x}^{(k)}=\boldsymbol{e},$$

因此,(12.1.15)式中第2个约束是多余的.

此外,在点 $\boldsymbol{x}^{(k)}$ 处,把不等式约束区分为起作用约束和不起作用约束,它们对应的系数矩阵分别记作 $\boldsymbol{A}_1$ 和 $\boldsymbol{A}_2$,即

$$\boldsymbol{A}_1\boldsymbol{x}^{(k)}=\boldsymbol{b}_1, \tag{12.1.16}$$

$$\boldsymbol{A}_2\boldsymbol{x}^{(k)}>\boldsymbol{b}_2. \tag{12.1.17}$$

不妨假设

$$\boldsymbol{A}=\begin{bmatrix}\boldsymbol{A}_1\\\boldsymbol{A}_2\end{bmatrix},\quad \boldsymbol{b}=\begin{bmatrix}\boldsymbol{b}_1\\\boldsymbol{b}_2\end{bmatrix}, \tag{12.1.18}$$

这样,(12.1.15)式中第 1 个约束可以写成

$$\begin{bmatrix} \boldsymbol{A}_1 \boldsymbol{x}^{(k)} + \lambda \boldsymbol{A}_1 \boldsymbol{d}^{(k)} \\ \boldsymbol{A}_2 \boldsymbol{x}^{(k)} + \lambda \boldsymbol{A}_2 \boldsymbol{d}^{(k)} \end{bmatrix} \geqslant \begin{bmatrix} \boldsymbol{b}_1 \\ \boldsymbol{b}_2 \end{bmatrix}, \tag{12.1.19}$$

由于 $\boldsymbol{d}^{(k)}$ 为可行方向,$\boldsymbol{A}_1\boldsymbol{d}^{(k)} \geqslant \boldsymbol{0}$,$\lambda \geqslant 0$,以及 $\boldsymbol{A}_1\boldsymbol{x}^{(k)} = \boldsymbol{b}_1$,因此

$$\boldsymbol{A}_1 \boldsymbol{x}^{(k)} + \lambda \boldsymbol{A}_1 \boldsymbol{d}^{(k)} \geqslant \boldsymbol{b}_1$$

自然成立.约束条件(12.1.19)简化为

$$\boldsymbol{A}_2 \boldsymbol{x}^{(k)} + \lambda \boldsymbol{A}_2 \boldsymbol{d}^{(k)} \geqslant \boldsymbol{b}_2, \tag{12.1.20}$$

这样,问题(12.1.15)简化为

$$\begin{aligned} \min \quad & f(\boldsymbol{x}^{(k)} + \lambda \boldsymbol{d}^{(k)}) \\ \text{s.t.} \quad & \boldsymbol{A}_2 \boldsymbol{x}^{(k)} + \lambda \boldsymbol{A}_2 \boldsymbol{d}^{(k)} \geqslant \boldsymbol{b}_2, \\ & \lambda \geqslant 0. \end{aligned} \tag{12.1.21}$$

根据(12.1.21)式的约束条件,容易求出 λ 的上限,令

$$\hat{\boldsymbol{b}} = \boldsymbol{b}_2 - \boldsymbol{A}_2 \boldsymbol{x}^{(k)}, \tag{12.1.22}$$

$$\hat{\boldsymbol{d}} = \boldsymbol{A}_2 \boldsymbol{d}^{(k)}. \tag{12.1.23}$$

由(12.1.17)式知 $\hat{\boldsymbol{b}} < 0$.(12.1.21)式的约束条件写成

$$\begin{cases} \lambda \hat{\boldsymbol{d}} \geqslant \hat{\boldsymbol{b}}, \\ \lambda \geqslant 0. \end{cases}$$

由此得到 λ 的上限

$$\lambda_{\max} = \begin{cases} \min\left\{ \dfrac{\hat{b}_i}{\hat{d}_i} \,\middle|\, \hat{d}_i < 0 \right\}, & \hat{\boldsymbol{d}} \ngeq \boldsymbol{0}, \\ \infty, & \hat{\boldsymbol{d}} \geqslant \boldsymbol{0}. \end{cases} \tag{12.1.24}$$

问题(12.1.15)最终简化成

$$\begin{aligned} \min \quad & f(\boldsymbol{x}^{(k)} + \lambda \boldsymbol{d}^{(k)}) \\ \text{s.t.} \quad & 0 \leqslant \lambda \leqslant \lambda_{\max}, \end{aligned} \tag{12.1.25}$$

$\lambda_{\max}$ 由(12.1.24)式确定.

综上所述,给定问题(12.1.1)和一个可行点以后,可以通过求解问题(12.1.10)得到下降可行方向,通过求解问题(12.1.25)确定沿此方向进行一维搜索的步长.

余下的问题是如何确定初始可行点.实际上,解决这个问题的基本思想在研究线性规划时已经提出.为求(12.1.1)式的一个可行点,引入人工变量(向量)$\boldsymbol{\xi}$ 和 $\boldsymbol{\eta}$,解辅助线性规划

$$
\begin{aligned}
\min \quad & \left(\sum_{i=1}^{m}\xi_i+\sum_{i=1}^{l}\eta_i\right)\\
\text{s.t.}\quad & \boldsymbol{Ax}+\boldsymbol{\xi}\geqslant \boldsymbol{b},\\
& \boldsymbol{Ex}+\boldsymbol{\eta}=\boldsymbol{e},\\
& \boldsymbol{\xi}\geqslant \boldsymbol{0},\quad \boldsymbol{\eta}\geqslant \boldsymbol{0}.
\end{aligned}
\tag{12.1.26}
$$

如果(12.1.26)式的最优解

$$(\bar{\boldsymbol{x}},\bar{\boldsymbol{\xi}},\bar{\boldsymbol{\eta}})=(\bar{\boldsymbol{x}},\boldsymbol{0},\boldsymbol{0}),$$

那么 $\bar{\boldsymbol{x}}$ 就是(12.1.1)式的一个可行解.

当然,如果通过观察和试算容易求得初始可行解,就不必再解线性规划(12.1.26).

可行方向法的计算步骤如下:

(1) 给定初始可行点 $\boldsymbol{x}^{(1)}$,置 $k=1$.

(2) 在点 $\boldsymbol{x}^{(k)}$ 处把 $\boldsymbol{A}$ 和 $\boldsymbol{b}$ 分解成

$$\begin{bmatrix}\boldsymbol{A}_1\\ \boldsymbol{A}_2\end{bmatrix}\quad 和 \quad \begin{bmatrix}\boldsymbol{b}_1\\ \boldsymbol{b}_2\end{bmatrix},$$

使得 $\boldsymbol{A}_1\boldsymbol{x}^{(k)}=\boldsymbol{b}_1$,$\boldsymbol{A}_2\boldsymbol{x}^{(k)}>\boldsymbol{b}_2$. 计算$\nabla f(\boldsymbol{x}^{(k)})$.

(3) 求解线性规划问题

$$
\begin{aligned}
\min\quad & \nabla f(\boldsymbol{x}^{(k)})^{\mathrm{T}}\boldsymbol{d}\\
\text{s.t.}\quad & \boldsymbol{A}_1\boldsymbol{d}\geqslant \boldsymbol{0},\\
& \boldsymbol{Ed}=\boldsymbol{0},\\
& -1\leqslant d_j\leqslant 1,\quad j=1,\cdots,n,
\end{aligned}
$$

得到最优解 $\boldsymbol{d}^{(k)}$.

(4) 如果$\nabla f(\boldsymbol{x}^{(k)})^{\mathrm{T}}\boldsymbol{d}^{(k)}=0$,则停止计算,$\boldsymbol{x}^{(k)}$ 为 K-T 点,否则,进行步骤(5).

(5) 利用(12.1.22)式~(12.1.24)式计算 $\lambda_{\max}$,然后,在$[0,\lambda_{\max}]$上作一维搜索:

$$
\begin{aligned}
\min\quad & f(\boldsymbol{x}^{(k)}+\lambda\boldsymbol{d}^{(k)})\\
\text{s.t.}\quad & 0\leqslant\lambda\leqslant\lambda_{\max},
\end{aligned}
$$

得到最优解 λ_k,令

$$\boldsymbol{x}^{(k+1)}=\boldsymbol{x}^{(k)}+\lambda_k\boldsymbol{d}^{(k)}.$$

(6) 置 $k:=k+1$,返回步骤(2).

例 12.1.1 用 Zoutendijk 可行方向法解下列问题:

$$
\begin{aligned}
\min\ & x_1^2+x_2^2-2x_1-4x_2+6\\
\text{s.t.}\ & -2x_1+x_2+1\geqslant 0,\\
& -x_1-x_2+2\geqslant 0,\\
& x_1,x_2\geqslant 0.
\end{aligned}
$$

解 取初始可行点 $\boldsymbol{x}^{(1)}=(0,0)^{\mathrm{T}}$.

第 1 次迭代. $\nabla f(\boldsymbol{x}^{(1)})=(-2,-4)^{\mathrm{T}}$,在 $\boldsymbol{x}^{(1)}$ 处,起作用约束和不起作用约束的系数矩阵及右端分别为

$$\boldsymbol{A}_1=\begin{bmatrix}1 & 0\\ 0 & 1\end{bmatrix},\quad \boldsymbol{A}_2=\begin{bmatrix}-2 & 1\\ -1 & -1\end{bmatrix};\quad \boldsymbol{b}_1=\begin{bmatrix}0\\ 0\end{bmatrix},\quad \boldsymbol{b}_2=\begin{bmatrix}-1\\ -2\end{bmatrix}.$$

先求在 $\boldsymbol{x}^{(1)}$ 处的下降可行方向,解线性规划问题

$$\begin{aligned}\min\quad & \nabla f(\boldsymbol{x}^{(1)})^{\mathrm{T}}\boldsymbol{d}\\ \text{s.t.}\quad & \boldsymbol{A}_1\boldsymbol{d}\geqslant\boldsymbol{0}\\ & |d_j|\leqslant 1,\quad j=1,2,\end{aligned}$$

即

$$\begin{aligned}\min\quad & -2d_1-4d_2\\ \text{s.t.}\quad & d_1,d_2\geqslant 0,\\ & -1\leqslant d_1\leqslant 1,\\ & -1\leqslant d_2\leqslant 1,\end{aligned}$$

由单纯形方法求得最优解

$$\boldsymbol{d}^{(1)}=\begin{bmatrix}1\\ 1\end{bmatrix}.$$

再求步长 λ_1:

$$\hat{\boldsymbol{d}}=\boldsymbol{A}_2\boldsymbol{d}^{(1)}=\begin{bmatrix}-2 & 1\\ -1 & -1\end{bmatrix}\begin{bmatrix}1\\ 1\end{bmatrix}=\begin{bmatrix}-1\\ -2\end{bmatrix},$$

$$\hat{\boldsymbol{b}}=\boldsymbol{b}_2-\boldsymbol{A}_2\boldsymbol{x}^{(1)}=\begin{bmatrix}-1\\ -2\end{bmatrix}-\begin{bmatrix}-2 & 1\\ -1 & -1\end{bmatrix}\begin{bmatrix}0\\ 0\end{bmatrix}=\begin{bmatrix}-1\\ -2\end{bmatrix},$$

$$\lambda_{\max}=\min\left\{\frac{-1}{-1},\ \frac{-2}{-2}\right\}=1.$$

解一维搜索问题

$$\begin{aligned}\min\quad & f(\boldsymbol{x}^{(1)}+\lambda\boldsymbol{d}^{(1)})\overset{\text{def}}{=\!=}2\lambda^2-6\lambda+6\\ \text{s.t.}\quad & 0\leqslant\lambda\leqslant 1,\end{aligned}$$

得到

$$\lambda_1=1.$$

令

$$\boldsymbol{x}^{(2)}=\boldsymbol{x}^{(1)}+\lambda_1\boldsymbol{d}^{(1)}=\begin{bmatrix}1\\ 1\end{bmatrix}.$$

第 2 次迭代.

$$\nabla f(\boldsymbol{x}^{(2)})=(0,-2)^{\mathrm{T}}$$

$$\boldsymbol{A}_1=\begin{bmatrix}-2 & 1\\ -1 & -1\end{bmatrix},\quad \boldsymbol{A}_2=\begin{bmatrix}1 & 0\\ 0 & 1\end{bmatrix};\quad \boldsymbol{b}_1=\begin{bmatrix}-1\\ -2\end{bmatrix},\quad \boldsymbol{b}_2=\begin{bmatrix}0\\ 0\end{bmatrix}.$$

解线性规划问题

$$\begin{aligned}\min\quad & -2d_2\\ \text{s.t.}\quad & -2d_1+d_2\geqslant 0,\\ & -d_1-d_2\geqslant 0,\\ & -1\leqslant d_1\leqslant 1,\\ & -1\leqslant d_2\leqslant 1,\end{aligned}$$

用单纯形方法求得最优解

$$\boldsymbol{d}^{(2)}=\begin{bmatrix}-1\\ 1\end{bmatrix}.$$

再沿 $\boldsymbol{d}^{(2)}$ 搜索,求步长 λ_2:

$$\hat{\boldsymbol{b}}=\boldsymbol{b}_2-\boldsymbol{A}_2\boldsymbol{x}^{(2)}=\begin{bmatrix}0\\ 0\end{bmatrix}-\begin{bmatrix}1 & 0\\ 0 & 1\end{bmatrix}\begin{bmatrix}1\\ 1\end{bmatrix}=\begin{bmatrix}-1\\ -1\end{bmatrix},$$

$$\hat{\boldsymbol{d}}=\boldsymbol{A}_2\boldsymbol{d}^{(2)}=\begin{bmatrix}1 & 0\\ 0 & 1\end{bmatrix}\begin{bmatrix}-1\\ 1\end{bmatrix}=\begin{bmatrix}-1\\ 1\end{bmatrix},$$

得到 $\lambda_{\max}=1$.

求解问题

$$\begin{aligned}\min\quad & f(\boldsymbol{x}^{(2)}+\lambda\boldsymbol{d}^{(2)})\overset{\text{def}}{=\!=}2\lambda^2-2\lambda+2\\ \text{s.t.}\quad & 0\leqslant\lambda\leqslant 1,\end{aligned}$$

得到 $\lambda_2=\dfrac{1}{2}$. 令

$$\boldsymbol{x}^{(3)}=\boldsymbol{x}^{(2)}+\lambda_2\boldsymbol{d}^{(2)}=\begin{bmatrix}1\\ 1\end{bmatrix}+\frac{1}{2}\begin{bmatrix}-1\\ 1\end{bmatrix}=\begin{bmatrix}\frac{1}{2}\\ \frac{3}{2}\end{bmatrix}.$$

第3次迭代.

$\nabla f(\boldsymbol{x}^{(3)})=(-1,-1)^{\mathrm{T}}$,

$$\boldsymbol{A}_1=(-1,-1),\quad \boldsymbol{A}_2=\begin{bmatrix}-2 & 1\\ 1 & 0\\ 0 & 1\end{bmatrix};\quad \boldsymbol{b}_1=(-2),\quad \boldsymbol{b}_2=\begin{bmatrix}-1\\ 0\\ 0\end{bmatrix}.$$

解线性规划

$$\begin{aligned}\min\quad & -d_1-d_2 \\ \text{s.t.}\quad & -d_1-d_2\geqslant 0, \\ & -1\leqslant d_1\leqslant 1, \\ & -1\leqslant d_2\leqslant 1,\end{aligned}$$

用单纯形方法求得最优解

$$\boldsymbol{d}^{(3)}=\begin{bmatrix}0\\0\end{bmatrix}.$$

根据定理 12.1.2，$\boldsymbol{x}^{(3)}=\left(\frac{1}{2},\frac{3}{2}\right)^{\mathrm{T}}$ 是 K-T 点. 由于此例是凸规划，因此 $\boldsymbol{x}^{(3)}$ 是最优解，目标函数的最优值

$$f_{\min}=f(\boldsymbol{x}^{(3)})=\frac{3}{2}.$$

12.1.2 非线性约束情形

考虑不等式约束问题

$$\begin{aligned}\min\quad & f(\boldsymbol{x}) \\ \text{s.t.}\quad & g_i(\boldsymbol{x})\geqslant 0,\quad i=1,\cdots,m,\end{aligned}\tag{12.1.27}$$

其中 $\boldsymbol{x}\in\mathbb{R}^n$，$f(\boldsymbol{x})$，$g_i(\boldsymbol{x})$ 均为可微函数.

先讨论怎样求下降可行方向.

定理 12.1.3 设 $\boldsymbol{x}$ 是问题(12.1.27)的可行解，$I=\{i\mid g_i(\boldsymbol{x})=0\}$ 是在 $\boldsymbol{x}$ 处起作用约束下标集，又设函数 $f(\boldsymbol{x})$，$g_i(\boldsymbol{x})(i\in I)$ 在 $\boldsymbol{x}$ 处可微，函数 $g_i(\boldsymbol{x})(i\notin I)$ 在 $\boldsymbol{x}$ 处连续. 如果

$$\begin{aligned}&\nabla f(\boldsymbol{x})^{\mathrm{T}}\boldsymbol{d}<0\\ &\nabla g_i(\boldsymbol{x})^{\mathrm{T}}\boldsymbol{d}>0,\quad i\in I,\end{aligned}$$

则 $\boldsymbol{d}$ 是下降可行方向.

证明 设方向 $\boldsymbol{d}$ 满足 $\nabla f(\boldsymbol{x})^{\mathrm{T}}\boldsymbol{d}<0$ 及 $\nabla g_i(\boldsymbol{x})^{\mathrm{T}}\boldsymbol{d}>0(i\in I)$.

当 $i\notin I$ 时，$g_i(\boldsymbol{x})>0$. 由于 $g_i(\boldsymbol{x})(i\notin I)$ 在 $\boldsymbol{x}$ 处连续，因此对足够小的 $\lambda>0$，必有

$$g_i(\boldsymbol{x}+\lambda\boldsymbol{d})\geqslant 0,\quad i\notin I.\tag{12.1.28}$$

当 $i\in I$ 时，由于 $g_i(\boldsymbol{x})$ 在 $\boldsymbol{x}$ 处可微，必有

$$g_i(\boldsymbol{x}+\lambda\boldsymbol{d})=g_i(\boldsymbol{x})+\lambda\nabla g_i(\boldsymbol{x})^{\mathrm{T}}\boldsymbol{d}+o(\|\lambda\boldsymbol{d}\|),$$

$$\frac{g_i(\boldsymbol{x}+\lambda\boldsymbol{d})-g_i(\boldsymbol{x})}{\lambda}=\nabla g_i(\boldsymbol{x})^{\mathrm{T}}\boldsymbol{d}+\frac{o(\|\lambda\boldsymbol{d}\|)}{\lambda}.\tag{12.1.29}$$

已知 $\nabla g_i(\boldsymbol{x})^{\mathrm{T}}\boldsymbol{d}>0$，因此当 $\lambda>0$ 充分小时，(12.1.29)式右端大于零，由此推得左端大于零. 由于 $g_i(\boldsymbol{x})=0(i\in I)$，所以 $g_i(\boldsymbol{x}+\lambda\boldsymbol{d})>0$.

由以上分析即知，对足够小的 $\lambda>0$，必有

$$g_i(\boldsymbol{x}+\lambda\boldsymbol{d}) \geqslant 0, \quad i=1,\cdots,m, \tag{12.1.30}$$

因此 $\boldsymbol{d}$ 为 $\boldsymbol{x}$ 处的可行方向. 又由于 $\nabla f(\boldsymbol{x})^{\mathrm{T}}\boldsymbol{d}<0$，根据定理 7.1.1，$\boldsymbol{d}$ 为下降方向，因此 $\boldsymbol{d}$ 是 $\boldsymbol{x}$ 处下降可行方向.

根据上述定理，求下降可行方向也就是求满足下列不等式组的解 $\boldsymbol{d}$：

$$\nabla f(\boldsymbol{x})^{\mathrm{T}}\boldsymbol{d} < 0,$$
$$\nabla g_i(\boldsymbol{x})^{\mathrm{T}}\boldsymbol{d} > 0, \quad i \in I.$$

进而归结为求解线性规划问题

$$\begin{aligned} \min \quad & z \\ \text{s.t.} \quad & \nabla f(\boldsymbol{x})^{\mathrm{T}}\boldsymbol{d} - z \leqslant 0, \\ & \nabla g_i(\boldsymbol{x})^{\mathrm{T}}\boldsymbol{d} + z \geqslant 0, \quad i \in I, \\ & |d_j| \leqslant 1, \quad j = 1,\cdots,n. \end{aligned} \tag{12.1.31}$$

设(12.1.31)式的最优解为 $(\bar{z},\bar{\boldsymbol{d}})$. 如果 $\bar{z}<0$，则 $\bar{\boldsymbol{d}}$ 是在 $\boldsymbol{x}$ 处的下降可行方向；如果 $\bar{z}=0$，下面将证明，相应的 $\boldsymbol{x}$ 必为 Fritz John 点.

定理 12.1.4 设 $\boldsymbol{x}$ 是问题(12.1.27)的可行解，$I=\{i \mid g_i(\boldsymbol{x})=0\}$，则 $\boldsymbol{x}$ 是 Fritz John 点的充要条件是问题(12.1.31)的目标函数最优值等于零.

证明 对于问题(12.1.31)，目标函数最优值等于零的充要条件是不等式组

$$\begin{cases} \nabla f(\boldsymbol{x})^{\mathrm{T}}\boldsymbol{d} < 0, \\ \nabla g_i(\boldsymbol{x})^{\mathrm{T}}\boldsymbol{d} > 0, \quad i \in I \end{cases} \tag{12.1.32}$$

无解，即

$$\begin{cases} \nabla f(\boldsymbol{x})^{\mathrm{T}}\boldsymbol{d} < 0, \\ -\nabla g_i(\boldsymbol{x})^{\mathrm{T}}\boldsymbol{d} < 0, \quad i \in I \end{cases} \tag{12.1.33}$$

无解.

根据定理 1.4.7(Gordan 定理)，(12.1.33)式无解的充要条件是存在不全为零的数 $w_0 \geqslant 0$ 和 $w_i \geqslant 0 (i \in I)$，使得

$$w_0 \nabla f(\boldsymbol{x}) - \sum_{i \in I} w_i \nabla g_i(\boldsymbol{x}) = 0,$$

即 $\boldsymbol{x}$ 是 Fritz John 点.

为了确定步长 λ_k，仍然需要求解一维搜索问题

$$\begin{aligned} \min \quad & f(\boldsymbol{x}^{(k)} + \lambda\boldsymbol{d}^{(k)}) \\ \text{s.t.} \quad & 0 \leqslant \lambda \leqslant \lambda_{\max}, \end{aligned} \tag{12.1.34}$$

其中

$$\lambda_{\max} = \sup\{\lambda \mid g_i(\boldsymbol{x}^{(k)} + \lambda\boldsymbol{d}^{(k)}) \geqslant 0, i = 1,\cdots,m\}. \tag{12.1.35}$$

计算步骤如下：

(1) 给定初始可行点 $\boldsymbol{x}^{(1)}$，置 $k=1$.

(2) 令 $I=\{i \mid g_i(\boldsymbol{x}^{(k)})=0\}$,解线性规划问题

$$\begin{aligned} \min \quad & z \\ \text{s.t.} \quad & \nabla f(\boldsymbol{x}^{(k)})^{\mathrm{T}}\boldsymbol{d} - z \leqslant 0, \\ & \nabla g_i(\boldsymbol{x}^{(k)})^{\mathrm{T}}\boldsymbol{d} + z \geqslant 0, \qquad i \in I, \\ & -1 \leqslant d_j \leqslant 1, \quad j = 1,\cdots,n, \end{aligned}$$

得最优解$(z_k,\boldsymbol{d}^{(k)})$,若 $z_k=0$,则停止计算,$\boldsymbol{x}^{(k)}$ 为 Fritz John 点;否则,进行步骤(3).

(3) 求解一维搜索问题

$$\begin{aligned} \min \quad & f(\boldsymbol{x}^{(k)} + \lambda \boldsymbol{d}^{(k)}) \\ \text{s.t.} \quad & 0 \leqslant \lambda \leqslant \lambda_{\max}, \end{aligned}$$

其中 $\lambda_{\max}$ 由(12.1.35)式确定,得到最优解 λ_k.

(4) 令 $\boldsymbol{x}^{(k+1)}=\boldsymbol{x}^{(k)}+\lambda_k\boldsymbol{d}^{(k)}$,置 $k:=k+1$,返回步骤(2).

12.1.3 Zoutendijk 算法的收敛问题

Zoutendijk 算法映射 A 是 M 和 D 的合成映射. 其中 D 是确定搜索方向的映射,它的定义是:每给定一个可行点 $\boldsymbol{x}$,通过解(12.1.10)式,确定下降可行方向 $\boldsymbol{d}$,从而得到$(\boldsymbol{x},\boldsymbol{d})$,即

$$(\boldsymbol{x},\boldsymbol{d}) \in D(\boldsymbol{x}),$$

因此,D 是从$\mathbb{R}^n$到$\mathbb{R}^n\times\mathbb{R}^n$的映射. M 是一维搜索的映射,它是从$\mathbb{R}^n\times\mathbb{R}^n$到$\mathbb{R}^n$的映射,即每给定一个点 $\boldsymbol{x}$ 和一个下降可行方向 $\boldsymbol{d}$,通过求解问题

$$\begin{aligned} \min \quad & f(\boldsymbol{x}+\lambda\boldsymbol{d}) \\ \text{s.t.} \quad & \boldsymbol{x}+\lambda\boldsymbol{d} \in S, \\ & \lambda \geqslant 0 \end{aligned}$$

(S 为可行域),确定最优解 $\boldsymbol{y}$(在连结 $\boldsymbol{x}$ 和 $\boldsymbol{x}+\lambda_{\max}\boldsymbol{d}$ 的线段上),$\boldsymbol{y}\in M(\boldsymbol{x},\boldsymbol{d})$. 这里,$D$ 和 M 不一定是闭映射. 下面举例说明 D 不是闭映射.

例 12.1.2 考虑下列问题:

$$\begin{aligned} \min \quad & -2x_1 - x_2 \\ \text{s.t.} \quad & -x_1 - x_2 + 2 \geqslant 0, \\ & x_1, x_2 \geqslant 0. \end{aligned}$$

解 如图 12.1.1 所示. 考虑序列$\{\boldsymbol{x}^{(k)}\}$,其中

$$\boldsymbol{x}^{(k)} = \left(0, 2-\frac{1}{k}\right)^{\mathrm{T}}$$

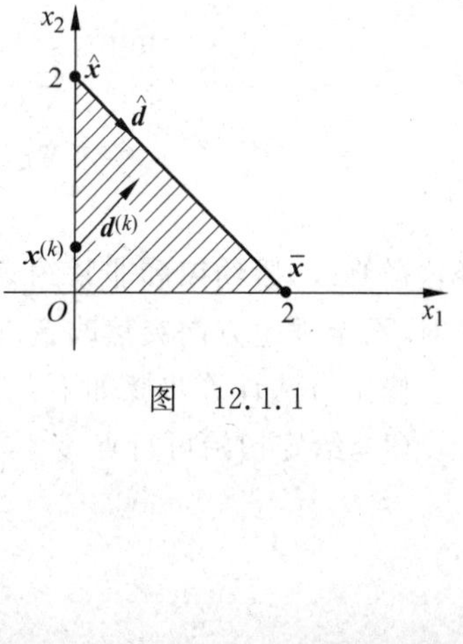

图 12.1.1

在序列中的每一点处,都只有 $x_1\geqslant 0$ 为起作用约束. 因此求搜索方向的线性规划问题为

$$\begin{aligned} \min \quad & -2d_1 - d_2 \\ \text{s.t.} \quad & 0 \leqslant d_1 \leqslant 1, \\ & -1 \leqslant d_2 \leqslant 1, \end{aligned}$$

解此问题,得最优解

$$\boldsymbol{d}^{(k)} = \begin{bmatrix} 1 \\ 1 \end{bmatrix}.$$

序列的极限点 $\hat{\boldsymbol{x}}=(0,2)^{\mathrm{T}}$,在此点,起作用约束有:

$$\begin{aligned} & -x_1 - x_2 + 2 \geqslant 0, \\ & x_1 \geqslant 0. \end{aligned}$$

为确定 $D(\hat{\boldsymbol{x}})$,需解线性规划

$$\begin{aligned} \min \quad & -2d_1 - d_2 \\ \text{s.t.} \quad & -d_1 - d_2 \geqslant 0, \\ & 0 \leqslant d_1 \leqslant 1, \\ & -1 \leqslant d_2 \leqslant 1. \end{aligned}$$

用单纯形方法求得此问题的最优解

$$\hat{\boldsymbol{d}} = \begin{bmatrix} 1 \\ -1 \end{bmatrix},$$

因此 $D(\hat{\boldsymbol{x}})=\{(\hat{\boldsymbol{x}},\hat{\boldsymbol{d}})\}$.

当 $\boldsymbol{x}^{(k)} \to \hat{\boldsymbol{x}}$ 时,$(\boldsymbol{x}^{(k)},\boldsymbol{d}^{(k)}) \to (\hat{\boldsymbol{x}},\boldsymbol{d})$,其中 $\boldsymbol{d}=(1,1)^{\mathrm{T}}$. 显然,$(\hat{\boldsymbol{x}},\boldsymbol{d}) \notin D(\hat{\boldsymbol{x}})$. 因此 D 在 $\hat{\boldsymbol{x}}$ 处不是闭的.

由于不能保证 Zoutendijk 方法的方向映射和一维搜索映射是闭的,因此迭代产生的序列可能不收敛于 K-T 点. 事实上,Wolfe 于 1972 年给出这样的例,可参见文献[1].

12.1.4 Topkis-Veinott 修正

Topkis 和 Veinott 对 Zoutendijk 可行方向法做了改进,主要把求方向的线性规划改成

$$\begin{aligned} \min \quad & z \\ \text{s.t.} \quad & \nabla f(\boldsymbol{x})^{\mathrm{T}}\boldsymbol{d} - z \leqslant 0, \\ & \nabla g_i(\boldsymbol{x})^{\mathrm{T}}\boldsymbol{d} + z \geqslant - g_i(\boldsymbol{x}), \quad i = 1,\cdots,m, \\ & -1 \leqslant d_j \leqslant 1, \quad j = 1,\cdots,n. \end{aligned}$$

经这样修改,紧约束和非紧约束在确定下降可行方向中均起作用,并且在接近非紧约束边界时,不至发生方向突然改变.

修正方法计算步骤如下:

(1) 给定初始可行点 $\boldsymbol{x}^{(1)}$,置 $k=1$.

(2) 求解线性规划

$$\begin{aligned}
\min \quad & z \\
\text{s.t.} \quad & \nabla f(\boldsymbol{x}^{(k)})^{\mathrm{T}} \boldsymbol{d} - z \leqslant 0. \\
& \nabla g_i(\boldsymbol{x}^{(k)})^{\mathrm{T}} \boldsymbol{d} + z \geqslant - g_i(\boldsymbol{x}^{(k)}), \quad i = 1, \cdots, m. \\
& -1 \leqslant d_j \leqslant 1, \quad j = 1, \cdots, n,
\end{aligned}$$

得最优解$(z_k, \boldsymbol{d}^{(k)})$.

(3) 若 $z_k=0$,则停止计算,$\boldsymbol{x}^{(k)}$为 Fritz John 点;否则,进行步骤(4).

(4) 求步长 λ_k:

$$\begin{aligned}
\min \quad & f(\boldsymbol{x}^{(k)} + \lambda \boldsymbol{d}^{(k)}) \\
\text{s.t.} \quad & 0 \leqslant \lambda \leqslant \lambda_{\max},
\end{aligned}$$

其中 $\lambda_{\max}=\sup\{\lambda \mid g_i(\boldsymbol{x}^{(k)}+\lambda\boldsymbol{d}^{(k)})\geqslant 0, i=1,\cdots,m\}$,求得最优解 λ_k.

(5) 令 $\boldsymbol{x}^{(k+1)}=\boldsymbol{x}^{(k)}+\lambda_k\boldsymbol{d}^{(k)}$,置 $k:=k+1$,返回步骤(2).

关于 Topkis-Veinott 修正方法的收敛性,有下列定理.

定理 12.1.5 考虑问题(12.1.27),设函数 $f(\boldsymbol{x})$,$g_i(\boldsymbol{x})(i=1,\cdots,m)$连续可微,又设$\{\boldsymbol{x}^{(k)}\}$是 Topkis-Veinott 算法产生的序列,则$\{\boldsymbol{x}^{(k)}\}$的任一聚点是 Fritz John 点.

定理的证明,可参见文献[1],这里从略.

12.2 Rosen 梯度投影法

12.2.1 投影矩阵

为了介绍 Rosen 梯度投影法,首先需要简介投影和投影矩阵的概念.关于(直交)投影的定义,我们在 6.1 节中已经介绍,这里不再重复.下面引入投影矩阵的概念.

设 $\boldsymbol{M}$ 是 $m\times n$ 矩阵,秩为 m,$\boldsymbol{y}$ 为任意 n 维向量.令

$$\boldsymbol{P} = \boldsymbol{M}^{\mathrm{T}}(\boldsymbol{M}\boldsymbol{M}^{\mathrm{T}})^{-1}\boldsymbol{M}, \tag{12.2.1}$$

$$\boldsymbol{Q} = \boldsymbol{I} - \boldsymbol{M}^{\mathrm{T}}(\boldsymbol{M}\boldsymbol{M}^{\mathrm{T}})^{-1}\boldsymbol{M}. \tag{12.2.2}$$

从 6.1 节的介绍中可知,$\boldsymbol{Py}$ 就是向量 $\boldsymbol{y}$ 在 $\boldsymbol{M}$ 的行向量所生成的子空间上的投影,而向量 $\boldsymbol{Qy}$ 则是向量 $\boldsymbol{y}$ 在 $\boldsymbol{M}$ 的零空间上的投影,即 $\boldsymbol{Qy}$ 满足

$$\boldsymbol{MQy} = \boldsymbol{0}.$$

自然,向量 $\boldsymbol{Py}$ 与 $\boldsymbol{Qy}$ 是正交的.矩阵 $\boldsymbol{P}$ 和 $\boldsymbol{Q}$ 有两个特性:

(1) 它们都是对称矩阵(这是显然的).

(2) 它们都是幂等矩阵,即

$$\boldsymbol{P}^2 = \boldsymbol{P}, \quad \boldsymbol{Q}^2 = \boldsymbol{Q},$$

通常把具有这种特征的矩阵定义为**投影矩阵**.

定义 12.2.1 设 $\boldsymbol{P}$ 为 n 阶矩阵，若 $\boldsymbol{P}=\boldsymbol{P}^{\mathrm{T}}$ 且 $\boldsymbol{P}^2=\boldsymbol{P}$，则称 $\boldsymbol{P}$ **为投影矩阵**.

投影矩阵具有下列性质：

(1) 若 $\boldsymbol{P}$ 为投影矩阵，则 $\boldsymbol{P}$ 为半正定矩阵. 这是因为，对任意的 $\boldsymbol{x}\in\mathbb{R}^n$，有

$$\boldsymbol{x}^{\mathrm{T}}\boldsymbol{P}\boldsymbol{x}=\boldsymbol{x}^{\mathrm{T}}\boldsymbol{P}\boldsymbol{P}\boldsymbol{x}=(\boldsymbol{P}\boldsymbol{x})^{\mathrm{T}}(\boldsymbol{P}\boldsymbol{x})\geqslant 0.$$

(2) $\boldsymbol{P}$ 为投影矩阵的充要条件是 $\boldsymbol{Q}=\boldsymbol{I}-\boldsymbol{P}$ 为投影矩阵.

这一性质，用定义验证，十分容易.

(3) 设 $\boldsymbol{P}$ 和 $\boldsymbol{Q}=\boldsymbol{I}-\boldsymbol{P}$ 是 n 阶投影矩阵，则

$$L=\{\boldsymbol{P}\boldsymbol{x}\mid \boldsymbol{x}\in\mathbb{R}^n\}$$

与

$$L^{\perp}=\{\boldsymbol{Q}\boldsymbol{x}\mid \boldsymbol{x}\in\mathbb{R}^n\}$$

是正交线性子空间，且任一 $\boldsymbol{x}\in\mathbb{R}^n$ 可惟一分解成 $\boldsymbol{x}=\boldsymbol{p}+\boldsymbol{q}$，$\boldsymbol{p}\in L$，$\boldsymbol{q}\in L^{\perp}$.

12.2.2 梯度投影法原理

考虑问题

$$\begin{aligned}\min\quad & f(\boldsymbol{x})\\ \text{s.t.}\quad & \boldsymbol{A}\boldsymbol{x}\geqslant\boldsymbol{b},\\ & \boldsymbol{E}\boldsymbol{x}=\boldsymbol{e},\end{aligned}\tag{12.2.3}$$

其中 $f(\boldsymbol{x})$是可微函数，$\boldsymbol{A}$ 为 $m\times n$ 矩阵，$\boldsymbol{E}$ 为 $l\times n$ 矩阵.

梯度投影法的基本思想仍然是从可行点出发，沿可行方向进行搜索. 当迭代出发点在可行域内部时，沿负梯度方向搜索. 当迭代出发点在某些约束的边界上时，将该点处的负梯度投影到 $\boldsymbol{M}$ 的零空间，$\boldsymbol{M}$ 是以起作用约束或部分起作用约束的梯度为行构造成的矩阵. 下面将要证明，这样的投影是下降可行方向，再沿此投影方向进行搜索. 因此，Rosen 梯度投影法也是可行方向法.

定理 12.2.1 设 $\boldsymbol{x}$ 是问题(12.2.3)的可行解，在点 $\boldsymbol{x}$ 处，有 $\boldsymbol{A}_1\boldsymbol{x}=\boldsymbol{b}_1$，$\boldsymbol{A}_2\boldsymbol{x}>\boldsymbol{b}_2$，其中

$$\boldsymbol{A}=\begin{bmatrix}\boldsymbol{A}_1\\ \boldsymbol{A}_2\end{bmatrix},\quad \boldsymbol{b}=\begin{bmatrix}\boldsymbol{b}_1\\ \boldsymbol{b}_2\end{bmatrix}.$$

又设

$$\boldsymbol{M}=\begin{bmatrix}\boldsymbol{A}_1\\ \boldsymbol{E}\end{bmatrix}$$

为满秩矩阵，$\boldsymbol{P}=\boldsymbol{I}-\boldsymbol{M}^{\mathrm{T}}(\boldsymbol{M}\boldsymbol{M}^{\mathrm{T}})^{-1}\boldsymbol{M}$，$\boldsymbol{P}\nabla f(\boldsymbol{x})\neq\boldsymbol{0}$，令

$$\boldsymbol{d}=-\boldsymbol{P}\nabla f(\boldsymbol{x}),$$

则 $\boldsymbol{d}$ 是下降可行方向.

证明 由于 $\boldsymbol{P}$ 为投影矩阵，$\boldsymbol{P}\nabla f(\boldsymbol{x})\neq\boldsymbol{0}$，因此必有

$$\nabla f(\boldsymbol{x})^{\mathrm{T}}\boldsymbol{d}=-\nabla f(\boldsymbol{x})^{\mathrm{T}}\boldsymbol{P}\nabla f(\boldsymbol{x})=-\|\boldsymbol{P}\nabla f(\boldsymbol{x})\|^2<0,\tag{12.2.4}$$

即 $\boldsymbol{d}$ 为下降方向.根据假设,又有

$$\begin{aligned}\boldsymbol{Md} &= -\boldsymbol{MP}\nabla f(\boldsymbol{x}) = -\boldsymbol{M}(\boldsymbol{I}-\boldsymbol{M}^{\mathrm{T}}(\boldsymbol{MM}^{\mathrm{T}})^{-1}\boldsymbol{M})\nabla f(\boldsymbol{x}) \\ &= (-\boldsymbol{M}+\boldsymbol{M})\nabla f(\boldsymbol{x}) = \boldsymbol{0},\end{aligned}$$

即 $\boldsymbol{A}_1\boldsymbol{d}=\boldsymbol{0}$, $\boldsymbol{Ed}=\boldsymbol{0}$,根据定理 12.1.1,$\boldsymbol{d}$ 是在 $\boldsymbol{x}$ 处的可行方向.考虑到(12.2.4)式,$\boldsymbol{d}$ 是下降可行方向.

上述定理,在 $\boldsymbol{P}\nabla f(\boldsymbol{x})\neq\boldsymbol{0}$ 的假设下,给出用投影求下降可行方向的一种方法.当 $\boldsymbol{P}\nabla f(\boldsymbol{x})=\boldsymbol{0}$ 时,有两种可能,或者 $\boldsymbol{x}$ 是K-T点,或者可以构造新的投影矩阵,以便求得下降可行方向.

定理 12.2.2 设 $\boldsymbol{x}$ 是问题(12.2.3)的一个可行解,在点 $\boldsymbol{x}$ 处,有 $\boldsymbol{A}_1\boldsymbol{x}=\boldsymbol{b}_1$, $\boldsymbol{A}_2\boldsymbol{x}>\boldsymbol{b}_2$,其中

$$\boldsymbol{A}=\begin{bmatrix}\boldsymbol{A}_1\\\boldsymbol{A}_2\end{bmatrix},\quad \boldsymbol{b}=\begin{bmatrix}\boldsymbol{b}_1\\\boldsymbol{b}_2\end{bmatrix}.$$

又设

$$\boldsymbol{M}=\begin{bmatrix}\boldsymbol{A}_1\\\boldsymbol{E}\end{bmatrix}$$

为行满秩矩阵,令

$$\boldsymbol{P}=\boldsymbol{I}-\boldsymbol{M}^{\mathrm{T}}(\boldsymbol{MM}^{\mathrm{T}})^{-1}\boldsymbol{M},$$

$$\boldsymbol{W}=(\boldsymbol{MM}^{\mathrm{T}})^{-1}\boldsymbol{M}\nabla f(\boldsymbol{x})=\begin{bmatrix}\boldsymbol{u}\\\boldsymbol{v}\end{bmatrix},$$

其中 $\boldsymbol{u}$ 和 $\boldsymbol{v}$ 分别对应于 $\boldsymbol{A}_1$ 和 $\boldsymbol{E}$,设 $\boldsymbol{P}\nabla f(\boldsymbol{x})=\boldsymbol{0}$,则

(1) 如果 $\boldsymbol{u}\geqslant 0$,那么 $\boldsymbol{x}$ 为K-T点;

(2) 如果 $\boldsymbol{u}$ 中含有负分量,不妨设 $u_j<0$,这时从 $\boldsymbol{A}_1$ 中去掉 u_j 对应的行,得到 $\hat{\boldsymbol{A}}_1$ 令

$$\hat{\boldsymbol{M}}=\begin{bmatrix}\hat{\boldsymbol{A}}_1\\\boldsymbol{E}\end{bmatrix},\quad \hat{\boldsymbol{P}}=\boldsymbol{I}-\hat{\boldsymbol{M}}^{\mathrm{T}}(\hat{\boldsymbol{M}}\hat{\boldsymbol{M}}^{\mathrm{T}})^{-1}\hat{\boldsymbol{M}},\quad \boldsymbol{d}=-\hat{\boldsymbol{P}}\nabla f(\boldsymbol{x}),$$

那么 $\boldsymbol{d}$ 为下降可行方向.

证明 先证(1).设 $\boldsymbol{u}\geqslant\boldsymbol{0}$.由于 $\boldsymbol{P}\nabla f(\boldsymbol{x})=\boldsymbol{0}$,则有

$$\begin{aligned}\boldsymbol{0} &= \boldsymbol{P}\nabla f(\boldsymbol{x}) = (\boldsymbol{I}-\boldsymbol{M}^{\mathrm{T}}(\boldsymbol{MM}^{\mathrm{T}})^{-1}\boldsymbol{M})\nabla f(\boldsymbol{x}) \\ &= \nabla f(\boldsymbol{x})-\boldsymbol{M}^{\mathrm{T}}(\boldsymbol{MM}^{\mathrm{T}})^{-1}\boldsymbol{M}\nabla f(\boldsymbol{x}) \\ &= \nabla f(\boldsymbol{x})-\boldsymbol{A}_1^{\mathrm{T}}\boldsymbol{u}-\boldsymbol{E}^{\mathrm{T}}\boldsymbol{v}.\end{aligned}\tag{12.2.5}$$

(12.2.5)式恰为K-T条件,因此 $\boldsymbol{x}$ 是K-T点.

再证(2).设 $u_j<0$.先证 $\hat{\boldsymbol{P}}\nabla f(\boldsymbol{x})\neq\boldsymbol{0}$,用反证法.假设 $\hat{\boldsymbol{P}}\nabla f(\boldsymbol{x})=\boldsymbol{0}$.由 $\hat{\boldsymbol{P}}$ 的定义可以推出

$$\boldsymbol{0}=\hat{\boldsymbol{P}}\nabla f(\boldsymbol{x})=(\boldsymbol{I}-\hat{\boldsymbol{M}}^{\mathrm{T}}(\hat{\boldsymbol{M}}\hat{\boldsymbol{M}}^{\mathrm{T}})^{-1}\hat{\boldsymbol{M}})\nabla f(\boldsymbol{x})=\nabla f(\boldsymbol{x})-\hat{\boldsymbol{M}}^{\mathrm{T}}\hat{\boldsymbol{W}},\tag{12.2.6}$$

其中 $\hat{\boldsymbol{W}}=(\hat{\boldsymbol{M}}\hat{\boldsymbol{M}}^{\mathrm{T}})^{-1}\hat{\boldsymbol{M}}\nabla f(\boldsymbol{x})$. 设 $\boldsymbol{A}_1$ 中对应 u_j 的行向量为 $\boldsymbol{r}_j$(第 j 行). 由于

$$\boldsymbol{A}_1^{\mathrm{T}}\boldsymbol{u}+\boldsymbol{E}^{\mathrm{T}}\boldsymbol{v}=\hat{\boldsymbol{A}}_1^{\mathrm{T}}\hat{\boldsymbol{u}}+u_j\boldsymbol{r}_j^{\mathrm{T}}+\boldsymbol{E}^{\mathrm{T}}\boldsymbol{v}=\hat{\boldsymbol{M}}^{\mathrm{T}}\overline{\boldsymbol{W}}+u_j\boldsymbol{r}_j^{\mathrm{T}}, \tag{12.2.7}$$

把(12.2.7)式代入(12.2.5)式,则

$$\mathbf{0}=\nabla f(\boldsymbol{x})-\hat{\boldsymbol{M}}^{\mathrm{T}}\overline{\boldsymbol{W}}-u_j\boldsymbol{r}_j^{\mathrm{T}}. \tag{12.2.8}$$

(12.2.6)式减去(12.2.8)式,得到

$$\mathbf{0}=\hat{\boldsymbol{M}}^{\mathrm{T}}(\overline{\boldsymbol{W}}-\hat{\boldsymbol{W}})+u_j\boldsymbol{r}_j^{\mathrm{T}}, \tag{12.2.9}$$

上式右端等于 $\boldsymbol{M}$ 的行向量的线性组合,且至少有一个系数 $u_j\neq 0$. 由此得出 $\boldsymbol{M}$ 的行向量组线性相关,这个结论与 $\boldsymbol{M}$ 行满秩矛盾. 因此必有 $\hat{\boldsymbol{P}}\nabla f(\boldsymbol{x})\neq\mathbf{0}$.

由于 $\hat{\boldsymbol{P}}$ 为投影矩阵,$\hat{\boldsymbol{P}}\nabla f(\boldsymbol{x})\neq\mathbf{0}$,则

$$\nabla f(\boldsymbol{x})^{\mathrm{T}}\boldsymbol{d}=-\nabla f(\boldsymbol{x})^{\mathrm{T}}\hat{\boldsymbol{P}}\nabla f(\boldsymbol{x})=-\|\hat{\boldsymbol{P}}\nabla f(\boldsymbol{x})\|^2<0, \tag{12.2.10}$$

因此 $\boldsymbol{d}=-\hat{\boldsymbol{P}}\nabla f(\boldsymbol{x})$是下降方向. 下面证明 $\boldsymbol{d}$ 为可行方向. 由于

$$\begin{aligned}\hat{\boldsymbol{M}}\boldsymbol{d}&=-\hat{\boldsymbol{M}}\hat{\boldsymbol{P}}\nabla f(\boldsymbol{x})=-\hat{\boldsymbol{M}}(\boldsymbol{I}-\hat{\boldsymbol{M}}^{\mathrm{T}}(\hat{\boldsymbol{M}}\hat{\boldsymbol{M}}^{\mathrm{T}})^{-1}\hat{\boldsymbol{M}})\nabla f(\boldsymbol{x})\\&=-(\hat{\boldsymbol{M}}-\hat{\boldsymbol{M}})\nabla f(\boldsymbol{x})=\mathbf{0},\end{aligned}$$

即

$$\hat{\boldsymbol{A}}_1\boldsymbol{d}=\mathbf{0},\quad \boldsymbol{E}\boldsymbol{d}=\mathbf{0}. \tag{12.2.11}$$

由(12.2.8)式两端左乘 $\boldsymbol{r}_j\hat{\boldsymbol{P}}$,得到

$$\boldsymbol{r}_j\hat{\boldsymbol{P}}\nabla f(\boldsymbol{x})-\boldsymbol{r}_j\hat{\boldsymbol{P}}\hat{\boldsymbol{M}}^{\mathrm{T}}\overline{\boldsymbol{W}}-u_j\boldsymbol{r}_j\hat{\boldsymbol{P}}\boldsymbol{r}_j^{\mathrm{T}}=0.$$

由于 $\hat{\boldsymbol{P}}\hat{\boldsymbol{M}}^{\mathrm{T}}=\mathbf{0}$,$\boldsymbol{d}=-\hat{\boldsymbol{P}}\nabla f(\boldsymbol{x})$,上式即

$$\boldsymbol{r}_j\boldsymbol{d}+u_j\boldsymbol{r}_j\hat{\boldsymbol{P}}\boldsymbol{r}_j^{\mathrm{T}}=0. \tag{12.2.12}$$

由于 $\hat{\boldsymbol{P}}$ 半正定,$\boldsymbol{r}_j\hat{\boldsymbol{P}}\boldsymbol{r}_j^{\mathrm{T}}\geqslant 0$ 及 $u_j<0$,因此

$$\boldsymbol{r}_j\boldsymbol{d}=-u_j\boldsymbol{r}_j\hat{\boldsymbol{P}}\boldsymbol{r}_j^{\mathrm{T}}\geqslant 0. \tag{12.2.13}$$

由(12.2.11)式和(12.2.13)式即知

$$\boldsymbol{A}_1\boldsymbol{d}\geqslant\mathbf{0},\quad \boldsymbol{E}\boldsymbol{d}=\mathbf{0}.$$

根据定理 12.1.1,$\boldsymbol{d}$ 为可行方向. 考虑到(12.2.10)式,$\boldsymbol{d}$ 为 $\boldsymbol{x}$ 处的下降可行方向.

梯度投影法计算步骤如下:

(1) 给定初始可行点 $\boldsymbol{x}^{(1)}$,置 $k=1$.

(2) 在点 $\boldsymbol{x}^{(k)}$ 处,将 $\boldsymbol{A}$ 和 $\boldsymbol{b}$ 分解成

$$\begin{bmatrix} \boldsymbol{A}_1 \\ \boldsymbol{A}_2 \end{bmatrix}, \quad \begin{bmatrix} \boldsymbol{b}_1 \\ \boldsymbol{b}_2 \end{bmatrix},$$

使得 $\boldsymbol{A}_1\boldsymbol{x}^{(k)}=\boldsymbol{b}_1$, $\boldsymbol{A}_2\boldsymbol{x}^{(k)}>\boldsymbol{b}_2$.

(3) 令

$$\boldsymbol{M}=\begin{bmatrix} \boldsymbol{A}_1 \\ \boldsymbol{E} \end{bmatrix}.$$

如果 $\boldsymbol{M}$ 是空的，则令

$$\boldsymbol{P}=\boldsymbol{I} \quad \text{(单位矩阵)};$$

否则，令

$$\boldsymbol{P}=\boldsymbol{I}-\boldsymbol{M}^{\mathrm{T}}(\boldsymbol{M}\boldsymbol{M}^{\mathrm{T}})^{-1}\boldsymbol{M}.$$

(4) 令 $\boldsymbol{d}^{(k)}=-\boldsymbol{P}\nabla f(\boldsymbol{x}^{(k)})$. 若 $\boldsymbol{d}^{(k)}\neq\boldsymbol{0}$，则转步骤(6)；若 $\boldsymbol{d}^{(k)}=\boldsymbol{0}$，则进行步骤(5).

(5) 若 $\boldsymbol{M}$ 是空的，则停止计算，得到 $\boldsymbol{x}^{(k)}$；否则，令

$$\boldsymbol{W}=(\boldsymbol{M}\boldsymbol{M}^{\mathrm{T}})^{-1}\boldsymbol{M}\nabla f(\boldsymbol{x}^{(k)})=\begin{bmatrix} \boldsymbol{u} \\ \boldsymbol{v} \end{bmatrix}.$$

如果 $\boldsymbol{u}\geqslant\boldsymbol{0}$，则停止计算，$\boldsymbol{x}^{(k)}$ 为 K-T 点；如果 $\boldsymbol{u}$ 包含负分量，则选择一个负分量，比如 u_j，修正 $\boldsymbol{A}_1$，去掉 $\boldsymbol{A}_1$ 中对应 u_j 的行，返回步骤(3).

(6) 解下列问题，求步长 λ_k：

$$\begin{aligned} \min \quad & f(\boldsymbol{x}^{(k)}+\lambda\boldsymbol{d}^{(k)}) \\ \text{s.t.} \quad & 0\leqslant\lambda\leqslant\lambda_{\max}, \end{aligned}$$

其中 $\lambda_{\max}$ 由(12.1.24)式确定. 得解 λ_k，令

$$\boldsymbol{x}^{(k+1)}=\boldsymbol{x}^{(k)}+\lambda_k\boldsymbol{d}^{(k)},$$

置 $k:=k+1$，返回步骤(2).

例 12.2.1 用 Rosen 梯度投影法求解下列问题：

$$\begin{aligned} \min \quad & f(\boldsymbol{x})\overset{\text{def}}{=}2x_1^2+2x_2^2-2x_1x_2-4x_1-6x_2, \\ \text{s.t.} \quad & -x_1-x_2\geqslant-2, \\ & -x_1-5x_2\geqslant-5, \\ & x_1,x_2\geqslant 0. \end{aligned}$$

解 取初始可行点 $\boldsymbol{x}^{(1)}=(0,0)^{\mathrm{T}}$. 在点 $\boldsymbol{x}$ 处的梯度为

$$\nabla f(\boldsymbol{x})=\begin{bmatrix} 4x_1-2x_2-4 \\ 4x_2-2x_1-6 \end{bmatrix}.$$

第 1 次迭代. 在点 $\boldsymbol{x}^{(1)}$ 的梯度为

$$\nabla f(\boldsymbol{x}^{(1)})=\begin{bmatrix} -4 \\ -6 \end{bmatrix}.$$

在 $\boldsymbol{x}^{(1)}$ 处起作用约束指标集 $I=\{3,4\}$，即 $x_1\geqslant 0$ 和 $x_2\geqslant 0$ 是在 $\boldsymbol{x}^{(1)}=(0,0)$ 处的起作用约束，因此将约束系数矩阵 $\boldsymbol{A}$ 和右端 $\boldsymbol{b}$ 分解为

$$\boldsymbol{A}_1=\begin{bmatrix}1 & 0\\0 & 1\end{bmatrix},\quad \boldsymbol{A}_2=\begin{bmatrix}-1 & -1\\-1 & -5\end{bmatrix},\quad \boldsymbol{b}_1=\begin{bmatrix}0\\0\end{bmatrix},\quad \boldsymbol{b}_2=\begin{bmatrix}-2\\-5\end{bmatrix},$$

投影矩阵

$$\boldsymbol{P}=\boldsymbol{I}-\boldsymbol{A}_1^{\mathrm{T}}(\boldsymbol{A}_1\boldsymbol{A}_1^{\mathrm{T}})^{-1}\boldsymbol{A}_1=\begin{bmatrix}1 & 0\\0 & 1\end{bmatrix}-\begin{bmatrix}1 & 0\\0 & 1\end{bmatrix}\left[\begin{bmatrix}1 & 0\\0 & 1\end{bmatrix}\begin{bmatrix}1 & 0\\0 & 1\end{bmatrix}\right]^{-1}\begin{bmatrix}1 & 0\\0 & 1\end{bmatrix}=\begin{bmatrix}0 & 0\\0 & 0\end{bmatrix}.$$

令

$$\boldsymbol{d}^{(1)}=-\boldsymbol{P}\nabla f(\boldsymbol{x}^{(1)})=\begin{bmatrix}0\\0\end{bmatrix},$$

$$\boldsymbol{W}=(\boldsymbol{A}_1\boldsymbol{A}_1^{\mathrm{T}})^{-1}\boldsymbol{A}_1\nabla f(\boldsymbol{x}^{(1)})=\begin{bmatrix}-4\\-6\end{bmatrix}=\begin{bmatrix}u_1\\u_2\end{bmatrix}.$$

修正 $\boldsymbol{A}_1$，去掉 $\boldsymbol{A}_1$ 中对应 $u_2=-6$ 的行，即第 2 行，得到

$$\hat{\boldsymbol{A}}_1=(1,0).$$

再求投影矩阵 $\hat{\boldsymbol{P}}$：

$$\hat{\boldsymbol{P}}=\boldsymbol{I}-\hat{\boldsymbol{A}}_1^{\mathrm{T}}(\hat{\boldsymbol{A}}_1\hat{\boldsymbol{A}}_1^{\mathrm{T}})^{-1}\hat{\boldsymbol{A}}_1=\begin{bmatrix}1 & 0\\0 & 1\end{bmatrix}-\begin{bmatrix}1\\0\end{bmatrix}\left[(1,\ 0)\begin{bmatrix}1\\0\end{bmatrix}\right]^{-1}(1,\ 0)=\begin{bmatrix}0 & 0\\0 & 1\end{bmatrix}.$$

令

$$\hat{\boldsymbol{d}}^{(1)}=-\hat{\boldsymbol{P}}\nabla f(\boldsymbol{x}^{(1)})=-\begin{bmatrix}0 & 0\\0 & 1\end{bmatrix}\begin{bmatrix}-4\\-6\end{bmatrix}=\begin{bmatrix}0\\6\end{bmatrix}.$$

求步长 λ_1：

$$\begin{aligned}&\min\quad f(\boldsymbol{x}^{(1)}+\lambda\hat{\boldsymbol{d}}^{(1)}),\\&\text{s.t.}\quad 0\leqslant\lambda\leqslant\lambda_{\max}.\end{aligned}\tag{12.2.14}$$

由于

$$\hat{\boldsymbol{b}}=\boldsymbol{b}_2-\boldsymbol{A}_2\boldsymbol{x}^{(1)}=\begin{bmatrix}-2\\-5\end{bmatrix}-\begin{bmatrix}-1 & -1\\-1 & -5\end{bmatrix}\begin{bmatrix}0\\0\end{bmatrix}=\begin{bmatrix}-2\\-5\end{bmatrix},$$

$$\hat{\boldsymbol{d}}=\boldsymbol{A}_2\hat{\boldsymbol{d}}^{(1)}=\begin{bmatrix}-1 & -1\\-1 & -5\end{bmatrix}\begin{bmatrix}0\\6\end{bmatrix}=\begin{bmatrix}-6\\-30\end{bmatrix},$$

因此

$$\lambda_{\max}=\min\left\{\frac{-2}{-6},\ \frac{-5}{-30}\right\}=\frac{1}{6},$$

这样，(12.2.14)式即为

$$\min \quad 72\lambda^2 - 36\lambda$$
$$\text{s.t.} \quad 0 \leqslant \lambda \leqslant \frac{1}{6},$$

解得 $\lambda_1 = \frac{1}{6}$. 令

$$\boldsymbol{x}^{(2)} = \boldsymbol{x}^{(1)} + \lambda_1 \hat{\boldsymbol{d}}^{(1)} = \begin{bmatrix} 0 \\ 1 \end{bmatrix}.$$

第 2 次迭代. 在点 $\boldsymbol{x}^{(2)}$，起作用约束指标集 $I=\{2,3\}$，梯度

$$\nabla f(\boldsymbol{x}^{(2)}) = \begin{bmatrix} -6 \\ -2 \end{bmatrix}.$$

$\boldsymbol{A}$ 和 $\boldsymbol{b}$ 分解成

$$\boldsymbol{A}_1 = \begin{bmatrix} -1 & -5 \\ 1 & 0 \end{bmatrix}, \quad \boldsymbol{A}_2 = \begin{bmatrix} -1 & -1 \\ 0 & 1 \end{bmatrix}, \quad \boldsymbol{b}_1 = \begin{bmatrix} -5 \\ 0 \end{bmatrix}, \quad \boldsymbol{b}_2 = \begin{bmatrix} -2 \\ 0 \end{bmatrix}.$$

投影矩阵

$$\begin{aligned} \boldsymbol{P} &= \boldsymbol{I} - \boldsymbol{A}_1^{\mathrm{T}} (\boldsymbol{A}_1 \boldsymbol{A}_1^{\mathrm{T}})^{-1} \boldsymbol{A}_1 \\ &= \begin{bmatrix} 1 & 0 \\ 0 & 1 \end{bmatrix} - \begin{bmatrix} -1 & 1 \\ -5 & 0 \end{bmatrix} \begin{bmatrix} 26 & -1 \\ -1 & 1 \end{bmatrix}^{-1} \begin{bmatrix} -1 & -5 \\ 1 & 0 \end{bmatrix} = \begin{bmatrix} 0 & 0 \\ 0 & 0 \end{bmatrix}, \end{aligned}$$

这样，方向

$$\boldsymbol{d}^{(2)} = -\boldsymbol{P} \nabla f(\boldsymbol{x}^{(2)}) = \begin{bmatrix} 0 \\ 0 \end{bmatrix},$$

$$\boldsymbol{W} = (\boldsymbol{A}_1 \boldsymbol{A}_1^{\mathrm{T}})^{-1} \boldsymbol{A}_1 \nabla f(\boldsymbol{x}^{(2)}) = \begin{bmatrix} \frac{2}{5} \\ -\frac{28}{5} \end{bmatrix} = \begin{bmatrix} u_1 \\ u_2 \end{bmatrix},$$

从 $\boldsymbol{A}_1$ 中去掉 $u_2 = -\frac{28}{5}$ 所对应的第 2 行，得到

$$\hat{\boldsymbol{A}}_1 = (-1, -5).$$

令

$$\begin{aligned} \hat{\boldsymbol{P}} &= \boldsymbol{I} - \hat{\boldsymbol{A}}_1^{\mathrm{T}} (\hat{\boldsymbol{A}}_1 \hat{\boldsymbol{A}}_1^{\mathrm{T}})^{-1} \hat{\boldsymbol{A}}_1 = \begin{bmatrix} 1 & 0 \\ 0 & 1 \end{bmatrix} - \begin{bmatrix} -1 \\ -5 \end{bmatrix} \left[(-1, -5) \begin{bmatrix} -1 \\ -5 \end{bmatrix} \right]^{-1} (-1, -5) \\ &= \begin{bmatrix} \frac{25}{26} & -\frac{5}{26} \\ -\frac{5}{26} & \frac{1}{26} \end{bmatrix}, \end{aligned}$$

$$\hat{\boldsymbol{d}}^{(2)} = -\hat{\boldsymbol{P}} \nabla f(\boldsymbol{x}^{(2)}) = \frac{14}{13} \begin{bmatrix} 5 \\ -1 \end{bmatrix}.$$

不妨去掉前面的系数,取搜索方向

$$\boldsymbol{d}^{(2)}=\begin{bmatrix}5\\-1\end{bmatrix},$$

这时,有

$$\hat{\boldsymbol{b}}=\boldsymbol{b}_2-\boldsymbol{A}_2\boldsymbol{x}^{(2)}=\begin{bmatrix}-2\\0\end{bmatrix}-\begin{bmatrix}-1&-1\\0&1\end{bmatrix}\begin{bmatrix}0\\1\end{bmatrix}=\begin{bmatrix}-1\\-1\end{bmatrix},$$

$$\hat{\boldsymbol{d}}=\boldsymbol{A}_2\boldsymbol{d}^{(2)}=\begin{bmatrix}-1&-1\\0&1\end{bmatrix}\begin{bmatrix}5\\-1\end{bmatrix}=\begin{bmatrix}-4\\-1\end{bmatrix},$$

$$\lambda_{\max}=\min\left\{\frac{-1}{-4},\quad\frac{-1}{-1}\right\}=\frac{1}{4},$$

$$\boldsymbol{x}^{(2)}+\lambda\boldsymbol{d}^{(2)}=\begin{bmatrix}0\\1\end{bmatrix}+\lambda\begin{bmatrix}5\\-1\end{bmatrix}=\begin{bmatrix}5\lambda\\1-\lambda\end{bmatrix},$$

$$f(\boldsymbol{x}^{(2)}+\lambda\boldsymbol{d}^{(2)})=62\lambda^2-28\lambda-4.$$

求解问题

$$\begin{aligned}&\min\quad 62\lambda^2-28\lambda-4\\&\text{s.t.}\quad 0\leqslant\lambda\leqslant\frac{1}{4},\end{aligned}$$

得到 $\lambda_2=\frac{7}{31}$. 令

$$\boldsymbol{x}^{(3)}=\boldsymbol{x}^{(2)}+\lambda_2\boldsymbol{d}^{(2)}=\begin{bmatrix}\frac{35}{31}\\\frac{24}{31}\end{bmatrix}.$$

第 3 次迭代. 在点 $\boldsymbol{x}^{(3)}$ 处起作用约束指标集 $I=\{2\}$,梯度

$$\nabla f(\boldsymbol{x}^{(3)})=\begin{bmatrix}-\frac{32}{31}\\-\frac{160}{31}\end{bmatrix},$$

将 $\boldsymbol{A}$ 和 $\boldsymbol{b}$ 分解为

$$\boldsymbol{A}_1=(-1,-5),\quad\boldsymbol{A}_2=\begin{bmatrix}-1&-1\\1&0\\0&1\end{bmatrix},\quad\boldsymbol{b}_1=(-5),\quad\boldsymbol{b}_2=\begin{bmatrix}-2\\0\\0\end{bmatrix}.$$

投影矩阵

$$\boldsymbol{P}=\boldsymbol{I}-\boldsymbol{A}_1^{\mathrm{T}}(\boldsymbol{A}_1\boldsymbol{A}_1^{\mathrm{T}})^{-1}\boldsymbol{A}_1=\frac{1}{26}\begin{bmatrix}25&-5\\-5&1\end{bmatrix},$$

$$d^{(3)}=-P\nabla f(x^{(3)})=\begin{bmatrix}0\\0\end{bmatrix},$$

$$W=(A_1A_1^{\mathrm{T}})^{-1}A_1\nabla f(x^{(3)})=\frac{32}{31}>0.$$

根据定理 12.2.2,必有

$$x^{(3)}=\begin{bmatrix}\dfrac{35}{31}\\[2mm]\dfrac{24}{31}\end{bmatrix}$$

为 K-T 点. 由于本例为凸规划,根据定理 7.2.10,$x^{(3)}$ 是全局最优解.

*12.3 既约梯度法

12.3.1 Wolfe 既约梯度法

Wolfe 于 1963 年提出产生下降可行方向的另一种方法,称为**既约梯度法**. 下面我们来介绍这种方法.

考虑具有线性约束的非线性规划问题

$$\begin{aligned}\min\quad & f(x)\\ \text{s.t.}\quad & Ax=b,\\ & x\geqslant 0,\end{aligned}\tag{12.3.1}$$

其中 A 是 $m\times n$ 矩阵,秩为 m,b 是 m 维列向量,f 是$\mathbb{R}^n$上的连续可微函数. 假设 A 的任意 m 个列均线性无关,并且约束条件的每个基本可行解均有 m 个正分量,在此假设下,每个可行解至少有 m 个正分量,至多有 $n-m$ 个零分量. Wolfe 既约梯度法的基本思想是把变量区分为基变量(m 个)和非基变量($n-m$ 个),它们之间的关系由约束条件 $Ax=b$ 确定,将基变量用非基变量表示,并从目标函数中消去基变量,得到以非基变量为自变量的简化的目标函数,进而利用此函数的负梯度构造下降可行方向. 简化目标函数关于非基变量的梯度称为**目标函数的既约梯度**. 下面分析怎样用既约梯度构造搜索方向.

我们像研究线性规划那样,将 A 和 x 进行分解,不失一般性,可令

$$A=(B,N),\quad x=\begin{bmatrix}x_B\\x_N\end{bmatrix},$$

其中 B 是 $m\times m$ 可逆矩阵,x_B 和 x_N 分别是由基变量和非基变量构成的向量. 这样,(12.3.1)式可以表达为

$$\min\quad f(x_B,x_N)\tag{12.3.2}$$

$$\text{s.t.}\quad Bx_B+Nx_N=b,\tag{12.3.3}$$

$$x_B, x_N \geqslant \mathbf{0}. \tag{12.3.4}$$

由(12.3.3)式可以得出

$$x_B = B^{-1}b - B^{-1}Nx_N. \tag{12.3.5}$$

把上式代入(12.3.2)式,得到仅以 x_N 为自变量的函数

$$F(x_N) = f(x_B(x_N), x_N), \tag{12.3.6}$$

这样就把原来问题简化为仅在变量非负限制下极小化 $F(x_N)$,即

$$\begin{aligned} \min \quad & F(x_N) \\ \text{s.t.} \quad & x_B, x_N \geqslant \mathbf{0}. \end{aligned} \tag{12.3.7}$$

利用复合函数求导数法则,可求得 $F(x_N)$ 的梯度,即 $f(x)$ 的既约梯度

$$\begin{aligned} r(x_N) &= \nabla F(x_N) \\ &= \nabla_{x_N} f(x_B(x_N), x_N) - (B^{-1}N)^{\mathrm{T}} \nabla_{x_B} f(x_B(x_N), x_N). \end{aligned} \tag{12.3.8}$$

显然,沿着负既约梯度方向($-r(x_N)$)移动 x_N,能使目标函数值下降.

现在研究怎样确定在点 $x^{(k)}$ 处的下降可行方向 $d^{(k)}$,使得后继点

$$x^{(k+1)} = x^{(k)} + \lambda_k d^{(k)}$$

是可行点,且目标函数值下降.为此,写作

$$d^{(k)} = \begin{bmatrix} d_B^{(k)} \\ d_N^{(k)} \end{bmatrix},$$

$d_B^{(k)}$ 和 $d_N^{(k)}$ 分别对应基变量和非基变量.为使目标函数值下降,$d_N^{(k)}$ 应取负既约梯度方向,但是当某个分量 $x_{N_j}=0$ 且 $r_j(x_N)>\mathbf{0}$ 时,沿负既约梯度方向将导致

$$x_{N_j} - \lambda r_j(x_N) < 0, \quad \lambda > 0,$$

因而破坏可行性.因此,我们定义 $d_N^{(k)}$,使得

$$d_{N_j}^{(k)} = \begin{cases} -x_{N_j}^{(k)} r_j(x_N^{(k)}), & r_j(x_N^{(k)}) > 0, \\ -r_j(x_N^{(k)}), & r_j(x_N^{(k)}) \leqslant 0. \end{cases} \tag{12.3.9}$$

$d_N^{(k)}$ 定义后,为得到可行方向,根据定理12.1.1,应有

$$Ad^{(k)} = \mathbf{0},$$

即

$$Bd_B^{(k)} + Nd_N^{(k)} = \mathbf{0},$$

因此取

$$d_B^{(k)} = -B^{-1}Nd_N^{(k)}. \tag{12.3.10}$$

由于 $x_B^{(k)}>0$,因此 $d_B^{(k)}$ 对于 $x_B^{(k)}$ 也一定是可行方向.最终得到

$$d^{(k)} = \begin{bmatrix} -B^{-1}Nd_N^{(k)} \\ d_N^{(k)} \end{bmatrix}. \tag{12.3.11}$$

余下的问题是确定步长 λ_k.为保持

$$x^{(k+1)} \geqslant \mathbf{0},$$

即

$$x_j^{(k+1)} = x_j^{(k)} + \lambda d_j^{(k)} \geqslant 0, \quad j = 1, \cdots, n, \tag{12.3.12}$$

需确定 λ 的取值范围.

当 $d_j^{(k)} \geqslant 0$ 时,对任意的 $\lambda \geqslant 0$,(12.3.12)式恒成立.

当 $d_j^{(k)} < 0$ 时,应取

$$\lambda \leqslant \frac{x_j^{(k)}}{-d_j^{(k)}},$$

因此令

$$\lambda_{\max} = \begin{cases} \infty, & d^{(k)} \geqslant 0, \\ \min\left\{-\dfrac{x_j^{(k)}}{d_j^{(k)}} \middle| d_j^{(k)} < 0\right\}, & \text{其他}. \end{cases} \tag{12.3.13}$$

容易证明,当按照上述方式构造的方向 $\boldsymbol{d}$ 为零向量时,相应的点 $\boldsymbol{x}$ 必为 K-T 点;$\boldsymbol{d}$ 不为零向量时,它必是下降可行方向.

定理 12.3.1 设 $\boldsymbol{x}$ 是问题(12.3.1)的可行解,$\boldsymbol{A}=(\boldsymbol{B},\boldsymbol{N})$ 是 $m\times n$ 矩阵,$\boldsymbol{B}$ 为 m 阶可逆矩阵,$\boldsymbol{x}=(\boldsymbol{x}_B^{\mathrm{T}},\boldsymbol{x}_N^{\mathrm{T}})^{\mathrm{T}}$,$\boldsymbol{x}_B>\mathbf{0}$,函数 f 在点 $\boldsymbol{x}$ 处可微,又设 $\boldsymbol{d}$ 是由(12.3.9)式和(12.3.10)式定义的方向. 如果 $\boldsymbol{d}\neq\mathbf{0}$,则 $\boldsymbol{d}$ 是下降可行方向,而且 $\boldsymbol{d}=\mathbf{0}$ 的充要条件是 $\boldsymbol{x}$ 为 K-T 点.

证明 根据方向 $\boldsymbol{d}$ 的定义,有

$$\boldsymbol{Ad} = \boldsymbol{Bd}_B + \boldsymbol{Nd}_N = \boldsymbol{B}(-\boldsymbol{B}^{-1}\boldsymbol{Nd}_N) + \boldsymbol{Nd}_N = \mathbf{0}.$$

根据(12.3.9)式,当 $x_{N_j}=0$ 时,$d_{N_j}\geqslant 0$,又 $\boldsymbol{x}_B>\mathbf{0}$. 根据定理 12.1.1,$\boldsymbol{d}$ 为可行方向. 由于

$$\begin{aligned}\nabla f(\boldsymbol{x})^{\mathrm{T}}\boldsymbol{d} &= \nabla_{x_B} f(\boldsymbol{x})^{\mathrm{T}}\boldsymbol{d}_B + \nabla_{x_N} f(\boldsymbol{x})^{\mathrm{T}}\boldsymbol{d}_N \\ &= \nabla_{x_B} f(\boldsymbol{x})^{\mathrm{T}}(-\boldsymbol{B}^{-1}\boldsymbol{Nd}_N) + \nabla_{x_N} f(\boldsymbol{x})^{\mathrm{T}}\boldsymbol{d}_N \\ &= \boldsymbol{r}(\boldsymbol{x}_N)^{\mathrm{T}}\boldsymbol{d}_N.\end{aligned}$$

当 $\boldsymbol{d}_N\neq\mathbf{0}$ 时,根据(12.3.9)式知 $\boldsymbol{r}(\boldsymbol{x}_N)^{\mathrm{T}}\boldsymbol{d}_N<0$,因此 $\boldsymbol{d}$ 是下降方向. 故 $\boldsymbol{d}$ 是下降可行方向.

现在证明定理的后半部. 我们知道,$\boldsymbol{x}$ 为 K-T 点的充要条件是,存在乘子 $\boldsymbol{w}_B,\boldsymbol{w}_N\geqslant\mathbf{0}$和 $\boldsymbol{v}$,使得

$$\begin{bmatrix}\nabla_{x_B} f(\boldsymbol{x}) \\ \nabla_{x_N} f(\boldsymbol{x})\end{bmatrix} - \begin{bmatrix}\boldsymbol{B}^{\mathrm{T}} \\ \boldsymbol{N}^{\mathrm{T}}\end{bmatrix}\boldsymbol{v} - \begin{bmatrix}\boldsymbol{w}_B \\ \boldsymbol{w}_N\end{bmatrix} = \begin{bmatrix}0 \\ 0\end{bmatrix}, \tag{12.3.14}$$

$$\boldsymbol{w}_B^{\mathrm{T}}\boldsymbol{x}_B = 0, \tag{12.3.15}$$

$$\boldsymbol{w}_N^{\mathrm{T}}\boldsymbol{x}_N = 0. \tag{12.3.16}$$

设 $\boldsymbol{x}$ 是 K-T 点,则上述条件成立. 由于

$$\boldsymbol{x}_B > \mathbf{0}, \quad \boldsymbol{w}_B \geqslant \mathbf{0},$$

则由(12.3.15)式得出 $\boldsymbol{w}_B=\mathbf{0}$,从而由(12.3.14)式的第 1 个方程得到

$$\boldsymbol{v} = (\boldsymbol{B}^{\mathrm{T}})^{-1} \nabla_{x_B} f(\boldsymbol{x}). \tag{12.3.17}$$

把(12.3.17)式代入(12.3.14)式的第2个方程,则

$$\boldsymbol{w}_N = \nabla_{x_N} f(\boldsymbol{x}) - (\boldsymbol{B}^{-1}\boldsymbol{N})^{\mathrm{T}} \nabla_{x_B} f(\boldsymbol{x}) = \boldsymbol{r}(\boldsymbol{x}_N) \geqslant \boldsymbol{0}. \tag{12.3.18}$$

由(12.3.18)式和(12.3.16)式知

$$\boldsymbol{r}(\boldsymbol{x}_N)^{\mathrm{T}} \boldsymbol{x}_N = 0, \tag{12.3.19}$$

由于 $\boldsymbol{x}_N \geqslant \boldsymbol{0}$,因此由(12.3.19)式得出

$$r_j(\boldsymbol{x}_N) x_{N_j} = 0. \tag{12.3.20}$$

由(12.3.18)式,(12.3.20)式,(12.3.9)式和(12.3.10)式可知

$$\boldsymbol{d} = \boldsymbol{0}.$$

反之,设 $\boldsymbol{d}=\boldsymbol{0}$,则 $\boldsymbol{r}(\boldsymbol{x}_N)$ 的分量均非负. 令

$$\boldsymbol{w}_N = \boldsymbol{r}(\boldsymbol{x}_N) = \nabla_{x_N} f(\boldsymbol{x}) - (\boldsymbol{B}^{-1}\boldsymbol{N})^{\mathrm{T}} \nabla_{x_B} f(\boldsymbol{x}) \geqslant \boldsymbol{0},$$

由(12.3.9)式可知,(12.3.16)式必成立. 再令

$$\boldsymbol{w}_B = \boldsymbol{0}, \quad \boldsymbol{v} = (\boldsymbol{B}^{\mathrm{T}})^{-1} \nabla_{x_B} f(\boldsymbol{x}),$$

则(12.3.15)式和(12.3.14)式均成立,所以 $\boldsymbol{x}$ 是 K-T 点.

既约梯度法计算步骤如下:

(1) 给定初始可行点 $\boldsymbol{x}^{(1)}$,允许误差 $\varepsilon>0$,置 $k=1$.

(2) 从 $\boldsymbol{x}^{(k)}$ 中选择 m 个大分量,它们的下标集记作 J_k,$\boldsymbol{A}$ 的第 j 列记作 $\boldsymbol{p}_j$,令 $\boldsymbol{B}$ 是由 $\{\boldsymbol{p}_j \mid j \in J_k\}$ 构成的 m 阶矩阵,$\boldsymbol{N}$ 是由 $\{\boldsymbol{p}_j \mid j \notin J_k\}$ 构成的 $m\times(n-m)$ 矩阵,由(12.3.8)式求出 $\boldsymbol{r}(\boldsymbol{x}_N)$,并由(12.3.9)式和(12.3.10)式求出 $\boldsymbol{d}_N^{(k)}$ 和 $\boldsymbol{d}_B^{(k)}$,从而得到搜索方向 $\boldsymbol{d}^{(k)}$.

(3) 若 $\|\boldsymbol{d}^{(k)}\| \leqslant \varepsilon$,则停止计算,得到点 $\boldsymbol{x}^{(k)}$;否则,进行步骤(4).

(4) 由(12.3.13)式求 $\lambda_{\max}$,从 $\boldsymbol{x}^{(k)}$ 出发,沿 $\boldsymbol{d}^{(k)}$ 搜索:

$$\begin{aligned} &\min \quad f(\boldsymbol{x}^{(k)} + \lambda \boldsymbol{d}^{(k)}) \\ &\text{s.t.} \quad 0 \leqslant \lambda \leqslant \lambda_{\max}, \end{aligned}$$

得到最优解 λ_k.

(5) 令 $\boldsymbol{x}^{(k+1)} = \boldsymbol{x}^{(k)} + \lambda_k \boldsymbol{d}^{(k)}$,置 $k:=k+1$,转步骤(2).

例 12.3.1 用 Wolfe 既约梯度法求解下列问题:

$$\begin{aligned} \min \quad & 2x_1^2 + x_2^2 \\ \text{s.t.} \quad & x_1 - x_2 + x_3 = 2, \\ & -2x_1 + x_2 + x_4 = 1, \\ & x_j \geqslant 0, \quad j = 1,2,3,4. \end{aligned}$$

解 取初始可行点 $\boldsymbol{x}^{(1)} = (1,3,4,0)^{\mathrm{T}}$. 在 $\boldsymbol{x}$ 处的梯度

$$\nabla f(\boldsymbol{x}) = \begin{bmatrix} 4x_1 \\ 2x_2 \\ 0 \\ 0 \end{bmatrix}.$$

第 1 次迭代.

$$J_1=\{2,3\},$$
$$\nabla f(\boldsymbol{x}^{(1)})=(4,6,0,0)^{\mathrm{T}},$$
$$\boldsymbol{x}_B=\begin{bmatrix}x_2\\x_3\end{bmatrix}=\begin{bmatrix}3\\4\end{bmatrix},\quad \boldsymbol{x}_N=\begin{bmatrix}x_1\\x_4\end{bmatrix}=\begin{bmatrix}1\\0\end{bmatrix}.$$

相应地，把约束方程的系数矩阵 $\boldsymbol{A}$ 分解成 $\boldsymbol{B}$ 和 $\boldsymbol{N}$，有

$$\boldsymbol{B}=\begin{bmatrix}-1&1\\1&0\end{bmatrix},\quad \boldsymbol{B}^{-1}=\begin{bmatrix}0&1\\1&1\end{bmatrix},\quad \boldsymbol{N}=\begin{bmatrix}1&0\\-2&1\end{bmatrix},$$

$$\boldsymbol{r}(\boldsymbol{x}_N^{(1)})=\begin{bmatrix}4\\0\end{bmatrix}-\left[\begin{bmatrix}0&1\\1&1\end{bmatrix}\begin{bmatrix}1&0\\-2&1\end{bmatrix}\right]^{\mathrm{T}}\begin{bmatrix}6\\0\end{bmatrix}=\begin{bmatrix}16\\-6\end{bmatrix},$$

$$\boldsymbol{d}_N^{(1)}=\begin{bmatrix}d_1^{(1)}\\d_4^{(1)}\end{bmatrix}=\begin{bmatrix}-16\\6\end{bmatrix},$$

$$\boldsymbol{d}_B^{(1)}=\begin{bmatrix}d_2^{(1)}\\d_3^{(1)}\end{bmatrix}=-\begin{bmatrix}0&1\\1&1\end{bmatrix}\begin{bmatrix}1&0\\-2&1\end{bmatrix}\begin{bmatrix}-16\\6\end{bmatrix}=\begin{bmatrix}-38\\-22\end{bmatrix}.$$

由此得到搜索方向

$$\boldsymbol{d}^{(1)}=(-16,-38,-22,6)^{\mathrm{T}},$$

步长上限

$$\lambda_{\max}=\min\left\{-\frac{1}{-16},-\frac{3}{-38},-\frac{4}{-22}\right\}=\frac{1}{16}.$$

从 $\boldsymbol{x}^{(1)}$ 出发，沿 $\boldsymbol{d}^{(1)}$ 搜索：

$$\boldsymbol{x}^{(1)}+\lambda\boldsymbol{d}^{(1)}=\begin{bmatrix}1\\3\\4\\0\end{bmatrix}+\lambda\begin{bmatrix}-16\\-38\\-22\\6\end{bmatrix}=\begin{bmatrix}1-16\lambda\\3-38\lambda\\4-22\lambda\\6\lambda\end{bmatrix},$$

$$f(\boldsymbol{x}^{(1)}+\lambda\boldsymbol{d}^{(1)})=2(1-16\lambda)^2+(3-38\lambda)^2.$$

求解问题

$$\begin{aligned}\min\quad & 2(1-16\lambda)^2+(3-38\lambda)^2\\ \text{s.t.}\quad & 0\leqslant\lambda\leqslant\frac{1}{16},\end{aligned}$$

得到 $\lambda_1=\dfrac{1}{16}$，$\boldsymbol{x}^{(2)}=\left(0,\dfrac{5}{8},\dfrac{21}{8},\dfrac{3}{8}\right)^{\mathrm{T}}$.

第 2 次迭代.

$$J_2=\{2,3\},$$
$$\nabla f(\boldsymbol{x}^{(2)})=\left(0,\frac{5}{4},0,0\right)^{\mathrm{T}},$$

$$x_B^{(2)}=\begin{bmatrix}x_2\\x_3\end{bmatrix}=\begin{bmatrix}\frac{5}{8}\\\frac{21}{8}\end{bmatrix},\quad x_N^{(2)}=\begin{bmatrix}x_1\\x_4\end{bmatrix}=\begin{bmatrix}0\\\frac{3}{8}\end{bmatrix},$$

计算得到

$$r(x_N^{(2)})=\begin{bmatrix}\frac{5}{2}\\-\frac{5}{4}\end{bmatrix},\quad d_N^{(2)}=\begin{bmatrix}d_1^{(2)}\\d_4^{(2)}\end{bmatrix}=\begin{bmatrix}0\\\frac{5}{4}\end{bmatrix},\quad d_B^{(2)}=\begin{bmatrix}d_2^{(2)}\\d_3^{(2)}\end{bmatrix}=\begin{bmatrix}-\frac{5}{4}\\-\frac{5}{4}\end{bmatrix}.$$

搜索方向

$$d^{(2)}=\left(0,-\frac{5}{4},-\frac{5}{4},\frac{5}{4}\right)^{\mathrm{T}},$$

$$\lambda_{\max}=\min\left\{\frac{\frac{5}{8}}{\frac{5}{4}},\frac{\frac{21}{8}}{\frac{5}{4}}\right\}=\frac{1}{2},$$

$$x^{(2)}+\lambda d^{(2)}=\begin{bmatrix}0\\\frac{5}{8}-\frac{5}{4}\lambda\\\frac{21}{8}-\frac{5}{4}\lambda\\\frac{3}{8}+\frac{5}{4}\lambda\end{bmatrix},$$

$$f(x^{(2)}+\lambda d^{(2)})=\left(\frac{5}{8}-\frac{5}{4}\lambda\right)^2$$

求解一维搜索问题

$$\begin{aligned}&\min\quad\left(\frac{5}{8}-\frac{5}{4}\lambda\right)^2\\&\text{s.t.}\quad 0\leqslant\lambda\leqslant\frac{1}{2},\end{aligned}$$

得到 $\lambda_2=\frac{1}{2}$，$x^{(3)}=x^{(2)}+\lambda_2 d^{(2)}=(0,0,2,1)^{\mathrm{T}}$.

第3次迭代. $\nabla f(x^{(3)})=(0,0,0,0)^{\mathrm{T}}$，已达到最优解. 如果仍用既约梯度法计算，那么 $J_3=\{3,4\}$，

$$x_B^{(3)}=\begin{bmatrix}x_3\\x_4\end{bmatrix}=\begin{bmatrix}2\\1\end{bmatrix},\quad x_N^{(3)}=\begin{bmatrix}x_1\\x_2\end{bmatrix}=\begin{bmatrix}0\\0\end{bmatrix},$$

$$B=\begin{bmatrix}1&0\\0&1\end{bmatrix},\quad B^{-1}=\begin{bmatrix}1&0\\0&1\end{bmatrix},\quad N=\begin{bmatrix}1&-1\\-2&1\end{bmatrix}.$$

既约梯度

$$r(x_N^{(3)})=\begin{bmatrix}0\\0\end{bmatrix}-\left[\begin{bmatrix}1&0\\0&1\end{bmatrix}\begin{bmatrix}1&-1\\-2&1\end{bmatrix}\right]^{\mathrm{T}}\begin{bmatrix}0\\0\end{bmatrix}=\begin{bmatrix}0\\0\end{bmatrix}.$$

因此 $\boldsymbol{d}^{(3)}=(0,0,0,0)^{\mathrm{T}}$，根据定理 12.3.1 现行点 $\boldsymbol{x}^{(3)}=(0,0,2,1)^{\mathrm{T}}$ 是 K-T 点. 由于本例是凸规划，因此 $\boldsymbol{x}^{(3)}$ 是全局最优解. 这个结果在计算之前就很容易观察得到.

12.3.2 广义既约梯度法

Abadie 和 Carpentier 把 Wolfe 既约梯度法推广到具有非线性约束的情形，给出广义既约梯度法，简称为 GRG 算法. 原来的既约梯度法则简称为 RG 算法.

现在考虑非线性规划问题

$$\begin{aligned}\min\quad & f(\boldsymbol{x})\\ \text{s.t.}\quad & h_j(\boldsymbol{x})=0,\quad j=1,\cdots,m,\\ & \boldsymbol{l}\leqslant\boldsymbol{x}\leqslant\boldsymbol{u},\end{aligned}\tag{12.3.21}$$

其中 $f,h_j(j=1,\cdots,m)$是连续可微函数，$\boldsymbol{x}\in\mathbb{R}^n$，$m\leqslant n$，$\boldsymbol{l}$ 和 $\boldsymbol{u}$ 都是 n 维列向量

$$\boldsymbol{l}=\begin{bmatrix}l_1\\\vdots\\l_n\end{bmatrix},\quad \boldsymbol{u}=\begin{bmatrix}u_1\\\vdots\\u_n\end{bmatrix}.$$

为书写简便，令

$$\boldsymbol{h}(\boldsymbol{x})=(h_1(x),\cdots,h_m(x))^{\mathrm{T}},$$

这样，(12.3.21)式写成

$$\begin{aligned}\min\quad & f(\boldsymbol{x})\\ \text{s.t.}\quad & \boldsymbol{h}(\boldsymbol{x})=\boldsymbol{0},\\ & \boldsymbol{l}\leqslant\boldsymbol{x}\leqslant\boldsymbol{u},\end{aligned}\tag{12.3.22}$$

类似于 RG 算法，把变量区分为基变量和非基变量，它们组成的向量分别用 $\boldsymbol{x}_B$ 和 $\boldsymbol{x}_N$ 表示. 相应地，把 $\boldsymbol{h}(\boldsymbol{x})$的 Jacobi 矩阵

$$\frac{\partial\boldsymbol{h}}{\partial\boldsymbol{x}}\overset{\text{def}}{=}\begin{bmatrix}\dfrac{\partial h_1}{\partial x_1}&\cdots&\dfrac{\partial h_1}{\partial x_n}\\\vdots&&\vdots\\\dfrac{\partial h_m}{\partial x_1}&\cdots&\dfrac{\partial h_m}{\partial x_n}\end{bmatrix},\tag{12.3.23}$$

分解成

$$\frac{\partial\boldsymbol{h}}{\partial\boldsymbol{x}}=\left(\frac{\partial\boldsymbol{h}}{\partial\boldsymbol{x}_B},\frac{\partial\boldsymbol{h}}{\partial\boldsymbol{x}_N}\right),\tag{12.3.24}$$

这里假设变量重新标号，使前 m 个分量是基变量，并假设$\dfrac{\partial\boldsymbol{h}}{\partial\boldsymbol{x}_B}$非奇异. 这样，$\boldsymbol{x}_B$ 可用 $\boldsymbol{x}_N$ 表

示(至少可以这样想像),从而把目标函数化成(或想像成)只是 $\boldsymbol{x}_N$ 的函数,即

$$f(\boldsymbol{x}_B(\boldsymbol{x}_N),\boldsymbol{x}_N) = F(\boldsymbol{x}_N).$$

下面推导 f 的既约梯度

$$\boldsymbol{r}(\boldsymbol{x}_N) \overset{\text{def}}{=} \nabla F(\boldsymbol{x}_N) \tag{12.3.25}$$

的表达式.

由于基变量与非基变量之间的关系由隐式确定,因此试图解出基变量,再代入目标函数,使目标函数只含非基变量,实际上,一般并非可行. 因此,这里采用微分法求广义的既约梯度. 目标函数的微分

$$\mathrm{d}f = (\nabla_{\boldsymbol{x}_B} f)^{\mathrm{T}} \mathrm{d}\boldsymbol{x}_B + (\nabla_{\boldsymbol{x}_N} f)^{\mathrm{T}} \mathrm{d}\boldsymbol{x}_N, \tag{12.3.26}$$

其中

$$\nabla_{\boldsymbol{x}_B} f = \left(\frac{\partial f}{\partial x_1},\cdots,\frac{\partial f}{\partial x_m}\right)^{\mathrm{T}}, \tag{12.3.27}$$

$$\nabla_{\boldsymbol{x}_N} f = \left(\frac{\partial f}{\partial x_{m+1}},\cdots,\frac{\partial f}{\partial x_n}\right)^{\mathrm{T}}, \tag{12.3.28}$$

$$\mathrm{d}\boldsymbol{x}_B = (\mathrm{d}x_1,\cdots,\mathrm{d}x_m)^{\mathrm{T}},$$

$$\mathrm{d}\boldsymbol{x}_N = (\mathrm{d}x_{m+1},\cdots,\mathrm{d}x_n)^{\mathrm{T}}.$$

为了用 $\mathrm{d}\boldsymbol{x}_N$ 表示 $\mathrm{d}\boldsymbol{x}_B$,使用恒等式两端取微分的方法,从 $\boldsymbol{h}(\boldsymbol{x})=\boldsymbol{0}$ 得到

$$\begin{cases} \mathrm{d}h_1 = \dfrac{\partial h_1}{\partial x_1}\mathrm{d}x_1 + \cdots + \dfrac{\partial h_1}{\partial x_n}\mathrm{d}x_n = 0, \\ \vdots \\ \mathrm{d}h_m = \dfrac{\partial h_m}{\partial x_1}\mathrm{d}x_1 + \cdots + \dfrac{\partial h_m}{\partial x_n}\mathrm{d}x_n = 0. \end{cases} \tag{12.3.29}$$

考虑到分解式(12.3.24),则(12.3.29)式即

$$\frac{\partial \boldsymbol{h}}{\partial \boldsymbol{x}_B}\mathrm{d}\boldsymbol{x}_B + \frac{\partial \boldsymbol{h}}{\partial \boldsymbol{x}_N}\mathrm{d}\boldsymbol{x}_N = \boldsymbol{0}. \tag{12.3.30}$$

由于$\dfrac{\partial \boldsymbol{h}}{\partial \boldsymbol{x}_B}$可逆,因此有

$$\mathrm{d}\boldsymbol{x}_B = -\left(\frac{\partial \boldsymbol{h}}{\partial \boldsymbol{x}_B}\right)^{-1} \frac{\partial \boldsymbol{h}}{\partial \boldsymbol{x}_N}\mathrm{d}\boldsymbol{x}_N, \tag{12.3.31}$$

把 $\mathrm{d}\boldsymbol{x}_B$ 的表达式代入(12.3.26)式,则

$$\mathrm{d}f = \left[\nabla_{\boldsymbol{x}_N} f - \left(\left(\frac{\partial \boldsymbol{h}}{\partial \boldsymbol{x}_B}\right)^{-1} \frac{\partial \boldsymbol{h}}{\partial \boldsymbol{x}_N}\right)^{\mathrm{T}} \nabla_{\boldsymbol{x}_B} f\right]^{\mathrm{T}} \mathrm{d}\boldsymbol{x}_N,$$

由此得到既约梯度

$$\boldsymbol{r}(\boldsymbol{x}_N) = \frac{\mathrm{d}f}{\mathrm{d}\boldsymbol{x}_N} = \nabla_{\boldsymbol{x}_N} f - \left[\left(\frac{\partial \boldsymbol{h}}{\partial \boldsymbol{x}_B}\right)^{-1} \frac{\partial \boldsymbol{h}}{\partial \boldsymbol{x}_N}\right]^{\mathrm{T}} \nabla_{\boldsymbol{x}_B} f, \tag{12.3.32}$$

其中所用记号

$$\frac{\mathrm{d}f}{\mathrm{d}\boldsymbol{x}_N}=\left(\frac{\mathrm{d}f}{\mathrm{d}x_{m+1}},\cdots,\frac{\mathrm{d}f}{\mathrm{d}x_n}\right)^{\mathrm{T}}.$$

这样，给定一点 $\boldsymbol{x}^{(k)}$，就能由(12.3.32)式，求出既约梯度，进而可以研究怎样确定搜索方向问题. 现在，我们定义 $\boldsymbol{d}_N^{(k)}$，使它的分量满足

$$d_{N_j}^{(k)}=\begin{cases}0, & \text{当 } x_{N_j}^{(k)}=l_{N_j} \text{ 且 } r_j(\boldsymbol{x}_N^{(k)})>0, \\ & \text{或当 } x_{N_j}^{(k)}=u_{N_j} \text{ 且 } r_j(\boldsymbol{x}_N^{(k)})<0, \\ -r_j(\boldsymbol{x}_N^{(k)}), & \text{其他情形,}\end{cases} \tag{12.3.33}$$

其中 $d_{N_j}^{(k)}$ 是 $\boldsymbol{d}_N^{(k)}$ 的第 j 个分量，$x_{N_j}^{(k)}$ 是 $\boldsymbol{x}_N^{(k)}$ 的第 j 个分量，l_{N_j} 和 u_{N_j} 分别是非基变量 x_{N_j} 的下界和上界.

由于 $\boldsymbol{h}(\boldsymbol{x})=\boldsymbol{0}$ 是非线性方程组，不能像线性约束那样求出 $\boldsymbol{d}_B^{(k)}$ 的表达式. 为从 $\boldsymbol{x}^{(k)}$ 出发求出使目标函数值下降的可行点，在定义 $\boldsymbol{d}_N^{(k)}$ 之后，取适当的步长 λ，令

$$\hat{\boldsymbol{x}}_N=\boldsymbol{x}_N^{(k)}+\lambda\boldsymbol{d}_N^{(k)},$$

且使

$$\boldsymbol{l}_N\leqslant\hat{\boldsymbol{x}}_N\leqslant\boldsymbol{u}_N.$$

再求解非线性方程组

$$h(\boldsymbol{y},\hat{\boldsymbol{x}}_N)=0 \tag{12.3.34}$$

得到 $\hat{y}$. 若满足

$$f(\hat{\boldsymbol{y}},\boldsymbol{x}_N^{(k)})<f(\boldsymbol{x}_B^{(k)},\boldsymbol{x}_N^{(k)}), \tag{12.3.35}$$

并且

$$\boldsymbol{l}_B\leqslant\hat{\boldsymbol{y}}\leqslant\boldsymbol{u}_B, \tag{12.3.36}$$

则得到新的可行点$(\hat{\boldsymbol{y}},\hat{\boldsymbol{x}}_N)$；若 $\hat{y}$ 不满足(12.3.35)式和(12.3.36)式，则减小步长 λ，重复以上过程.

广义既约梯度法计算步骤如下：

(1) 给定初始可行点 $\boldsymbol{x}^{(1)}$，允许误差 $\varepsilon_1,\varepsilon_2>0$，正整数 J，置 $k=1$.

(2) 将 $\boldsymbol{x}^{(k)}$ 分成基变量和非基变量：

$$(\boldsymbol{x}_B^{(k)},\boldsymbol{x}_N^{(k)}),$$

由(12.3.32)式计算既约梯度 $\gamma(\boldsymbol{x}_N)$，由(12.3.33)式求得方向 $\boldsymbol{d}_N^{(k)}$.

(3) 若 $\|\boldsymbol{d}_N^{(k)}\|<\varepsilon_1$，则停止计算，得到 $\boldsymbol{x}^{(k)}$；否则，进行步骤(4).

(4) 取 $\lambda>0$，令

$$\hat{\boldsymbol{x}}_N=\boldsymbol{x}_N^{(k)}+\lambda\boldsymbol{d}_N^{(k)},$$

若 $\boldsymbol{l}_N\leqslant\hat{\boldsymbol{x}}_N\leqslant\boldsymbol{u}_N$，则进行步骤(5)；否则，以 $\frac{1}{2}\lambda$ 代替 λ，再求 $\hat{\boldsymbol{x}}_N$，直至满足 $\boldsymbol{l}_N\leqslant\hat{\boldsymbol{x}}_N\leqslant\boldsymbol{u}_N$，进行步骤(5).

(5) 求解非线性方程组(12.3.34). 可用牛顿法求解.

令 $\boldsymbol{y}^{(1)}=\boldsymbol{x}_{\boldsymbol{B}}^{(k)}$, $j=1$, 进行下列步骤.

① 令

$$\boldsymbol{y}^{(j+1)} = \boldsymbol{y}^{(j)} - \left[\frac{\partial h(\boldsymbol{y}^{(j)},\hat{\boldsymbol{x}}_{\boldsymbol{N}})}{\partial \boldsymbol{x}_{\boldsymbol{B}}}\right]^{-1} h(\boldsymbol{y}^{(j)},\hat{\boldsymbol{x}}_{\boldsymbol{N}}).$$

若 $f(\boldsymbol{y}^{(j+1)},\hat{\boldsymbol{x}}_{\boldsymbol{N}})<f(\boldsymbol{x}^{(k)})$, $\boldsymbol{l}_{\boldsymbol{B}}\leqslant\boldsymbol{y}^{(j+1)}\leqslant\boldsymbol{u}_{\boldsymbol{B}}$, 并且 $\|h(\boldsymbol{y}^{(j+1)},\hat{\boldsymbol{x}}_{\boldsymbol{N}})\|<\varepsilon_2$, 则转步骤(6); 否则, 进行步骤②.

② 若 $j=J$, 则以 $\frac{1}{2}\lambda$ 代替 λ, 令

$$\hat{\boldsymbol{x}}_{\boldsymbol{N}} = \boldsymbol{x}_{\boldsymbol{N}}^{(k)} + \lambda \boldsymbol{d}_{\boldsymbol{N}}^{(k)},$$
$$\boldsymbol{y}^{(1)} = \boldsymbol{x}_{\boldsymbol{B}}^{(k)},$$

置 $j=1$, 返回①; 否则, 置 $j:=j+1$, 返回步骤①.

(6) 令 $\boldsymbol{x}^{(k+1)}=(\boldsymbol{y}^{(j+1)},\hat{\boldsymbol{x}}_{\boldsymbol{N}})$, 置 $k:=k+1$, 返回步骤(2).

为了减少计算量, 在解非线性方程组时, 可用

$$\left[\frac{\partial h(\boldsymbol{x}^{(k)})}{\partial \boldsymbol{x}_{\boldsymbol{B}}}\right]^{-1}$$

近似取代

$$\left[\frac{\partial h(\boldsymbol{y}^{(j)},\hat{\boldsymbol{x}}_{\boldsymbol{N}})}{\partial \boldsymbol{x}_{\boldsymbol{B}}}\right]^{-1},$$

由于前者在求既约梯度时已经计算, 这样做并不增加额外的工作量.

既约梯度法是目前求解非线性规划问题的最有效的方法之一. Powell[27] 概括了它的优缺点. 这种方法通过消去某些变量在降维空间中运算, 能够较快确定最优解, 可用来求解大型问题.

12.4 Frank-Wolfe 方法

12.4.1 算法简介

Frank 和 Wolfe 于 1956 年提出求解线性约束问题的一种算法.

考虑非线性规划问题

$$\begin{aligned} \min\quad & f(\boldsymbol{x}) \\ \text{s.t.}\quad & \boldsymbol{A}\boldsymbol{x} = \boldsymbol{b}, \\ & \boldsymbol{x} \geqslant \boldsymbol{0}, \end{aligned} \tag{12.4.1}$$

其中 $\boldsymbol{A}$ 是 $m\times n$ 矩阵, 秩为 m, $\boldsymbol{b}$ 是 m 维列向量, $f(\boldsymbol{x})$ 是连续可微函数, $\boldsymbol{x}\in\mathbb{R}^n$. 我们把这个问题的可行域记作

$$S = \left\{ \boldsymbol{x} \mid \boldsymbol{A}\boldsymbol{x} = \boldsymbol{b}, \boldsymbol{x} \geqslant \boldsymbol{0} \right\}. \tag{12.4.2}$$

Frank-Wolre 算法的基本思想是，在每次迭代中，将目标函数 $f(\boldsymbol{x})$ 线性化，通过解线性规划求得下降可行方向，进而沿此方向在可行域内作一维搜索.

现在给出具体求解方法. 假设已知可行点 $\boldsymbol{x}^{(k)}$，我们将 $f(\boldsymbol{x})$ 在 $\boldsymbol{x}^{(k)}$ 展开，并用一阶 Taylor 多项式

$$f(\boldsymbol{x}^{(k)}) + \nabla f(\boldsymbol{x}^{(k)})^{\mathrm{T}}(\boldsymbol{x} - \boldsymbol{x}^{(k)}) = \nabla f(\boldsymbol{x}^{(k)})^{\mathrm{T}}\boldsymbol{x} + [f(\boldsymbol{x}^{(k)}) - \nabla f(\boldsymbol{x}^{(k)})^{\mathrm{T}}\boldsymbol{x}^{(k)}]$$

逼近 $f(\boldsymbol{x})$. 解线性规划问题

$$\begin{aligned} \min \quad & \nabla f(\boldsymbol{x}^{(k)})^{\mathrm{T}}\boldsymbol{x} + [f(\boldsymbol{x}^{(k)}) - \nabla f(\boldsymbol{x}^{(k)})^{\mathrm{T}}\boldsymbol{x}^{(k)}] \\ \text{s.t.} \quad & \boldsymbol{x} \in S, \end{aligned} \tag{12.4.3}$$

去掉目标函数中的常数项，将此问题改写成

$$\begin{aligned} \min \quad & \nabla f(\boldsymbol{x}^{(k)})^{\mathrm{T}}\boldsymbol{x} \\ \text{s.t.} \quad & \boldsymbol{x} \in S. \end{aligned} \tag{12.4.4}$$

假设此问题存在有限最优解 $\boldsymbol{y}^{(k)}$，由线性规划的基本性质可知，这个最优解可在某极点达到.

求解线性规划(12.4.4)的结果必为下列两种情形之一.

(1) 如果 $\nabla f(\boldsymbol{x}^{(k)})^{\mathrm{T}}(\boldsymbol{y}^{(k)} - \boldsymbol{x}^{(k)}) = 0$，则停止迭代，下面将要证明，$\boldsymbol{x}^{(k)}$ 是原来问题(12.4.1)的 K-T 点.

(2) 如果 $\nabla(\boldsymbol{x}^{(k)})^{\mathrm{T}}(\boldsymbol{y}^{(k)} - \boldsymbol{x}^{(k)}) \neq 0$，则必有

$$\nabla f(\boldsymbol{x}^{(k)})^{\mathrm{T}}(\boldsymbol{y}^{(k)} - \boldsymbol{x}^{(k)}) < 0,$$

因此 $\boldsymbol{y}^{(k)} - \boldsymbol{x}^{(k)}$ 为 $\boldsymbol{x}^{(k)}$ 处的下降方向. 由于 S 是凸集，$\boldsymbol{y}^{(k)}$ 是 S 的极点，连结 $\boldsymbol{y}^{(k)}$ 与 $\boldsymbol{x}^{(k)}$ 的线段必含于 S，即对每一个 $\lambda \in [0,1]$，有

$$\lambda \boldsymbol{y}^{(k)} + (1-\lambda)\boldsymbol{x}^{(k)} = \boldsymbol{x}^{(k)} + \lambda(\boldsymbol{y}^{(k)} - \boldsymbol{x}^{(k)}) \in S,$$

因此 $\boldsymbol{y}^{(k)} - \boldsymbol{x}^{(k)}$ 是可行方向，故为下降可行方向. 这时，从 $\boldsymbol{x}^{(k)}$ 出发，沿此方向作一维搜索：

$$\begin{aligned} \min \quad & f(\boldsymbol{x}^{(k)} + \lambda(\boldsymbol{y}^{(k)} - \boldsymbol{x}^{(k)})) \\ \text{s.t.} \quad & 0 \leqslant \lambda \leqslant 1, \end{aligned} \tag{12.4.5}$$

求得 λ_k，令

$$\boldsymbol{x}^{(k+1)} = \boldsymbol{x}^{(k)} + \lambda_k(\boldsymbol{y}^{(k)} - \boldsymbol{x}^{(k)}),$$

由于 $\boldsymbol{y}^{(k)} - \boldsymbol{x}^{(k)} \neq \boldsymbol{0}$，且为下降方向，因此有

$$f(\boldsymbol{x}^{(k+1)}) < f(\boldsymbol{x}^{(k)}), \tag{12.4.6}$$

得到 $\boldsymbol{x}^{(k+1)}$ 后，再重复以上过程.

Frank-Wolfe 方法计算步骤如下.

(1) 给定初始可行点 $\boldsymbol{x}^{(1)}$，允许误差 $\varepsilon > 0$，置 $k=1$.

(2) 求解线性规划问题

$$\begin{aligned} \min \quad & \nabla f(\boldsymbol{x}^{(k)})^{\mathrm{T}} \boldsymbol{x} \\ \text{s.t.} \quad & \boldsymbol{x} \in S, \end{aligned}$$

得到最优解 $\boldsymbol{y}^{(k)}$.

(3) 若 $|\nabla f(\boldsymbol{x}^{(k)})^{\mathrm{T}}(\boldsymbol{y}^{(k)}-\boldsymbol{x}^{(k)})| \leqslant \varepsilon$，则停止计算，得到点 $\boldsymbol{x}^{(k)}$；否则，进行步骤(4).

(4) 从 $\boldsymbol{x}^{(k)}$ 出发，沿方向 $\boldsymbol{y}^{(k)}-\boldsymbol{x}^{(k)}$ 在连结 $\boldsymbol{x}^{(k)}$ 和 $\boldsymbol{y}^{(k)}$ 的线段上搜索：

$$\begin{aligned} \min \quad & f(\boldsymbol{x}^{(k)} + \lambda(\boldsymbol{y}^{(k)} - \boldsymbol{x}^{(k)})) \\ \text{s.t.} \quad & 0 \leqslant \lambda \leqslant 1, \end{aligned}$$

得到 λ_k.

(5) 令

$$\boldsymbol{x}^{(k+1)} = \boldsymbol{x}^{(k)} + \lambda_k(\boldsymbol{y}^{(k)} - \boldsymbol{x}^{(k)}),$$

置 $k := k+1$，返回步骤(2).

12.4.2 Frank-Wolfe 算法的收敛性

定理 12.4.1 设 $\boldsymbol{y}^{(k)}$ 是线性规划(12.4.4)的最优解，且满足

$$\nabla f(\boldsymbol{x}^{(k)})^{\mathrm{T}}(\boldsymbol{y}^{(k)} - \boldsymbol{x}^{(k)}) = 0,$$

则 $\boldsymbol{x}^{(k)}$ 是问题(12.4.1)的 K-T 点.

证明 根据假设，$\boldsymbol{y}^{(k)}$ 是线性规划(12.4.4)的最优解，且

$$\nabla f(\boldsymbol{x}^{(k)})^{\mathrm{T}} \boldsymbol{x}^{(k)} = \nabla f(\boldsymbol{x}^{(k)})^{\mathrm{T}} \boldsymbol{y}^{(k)},$$

因此 $\boldsymbol{x}^{(k)}$ 也是这个线性规划问题的最优解，自然，$\boldsymbol{x}^{(k)}$ 是 K-T 点. 由此可知，存在乘子 $\boldsymbol{w} \geqslant \boldsymbol{0}$ ($\boldsymbol{w} \in \mathbb{R}^n$) 和 $\boldsymbol{v} \in \mathbb{R}^m$，使

$$\begin{cases} \nabla f(\boldsymbol{x}^{(k)}) - \boldsymbol{w} - \boldsymbol{A}^{\mathrm{T}} \boldsymbol{v} = \boldsymbol{0}, \\ \boldsymbol{w}^{\mathrm{T}} \boldsymbol{x}^{(k)} = 0, \\ \boldsymbol{A}\boldsymbol{x}^{(k)} = \boldsymbol{b}, \\ \boldsymbol{x}^{(k)} \geqslant \boldsymbol{0}. \end{cases} \tag{12.4.7}$$

以上诸式恰是 (12.4.1)式的 K-T 条件，因此 $x^{(k)}$ 也是问题(12.4.1)的 K-T 点.

根据上述定理，若在某次迭代中，恰有

$$\nabla f(\boldsymbol{x}^{(k)})^{\mathrm{T}}(\boldsymbol{y}^{(k)} - \boldsymbol{x}^{(k)}) = 0,$$

则达到 K-T 点；否则，迭代不终止，便产生序列 $\{\boldsymbol{x}^{(k)}\}$，下面定理证明，这个序列的每个聚点是 K-T 点.

定理 12.4.2 设 f 是连续可微函数，下列两个条件之一成立：

(1) $S=\{\boldsymbol{x} \mid \boldsymbol{A}\boldsymbol{x}=\boldsymbol{b}, \boldsymbol{x} \geqslant \boldsymbol{0}\}$ 有界.

(2) 当 $\|\boldsymbol{x}\| \to +\infty$ 时，$f(\boldsymbol{x}) \to +\infty$.

初始点 $\boldsymbol{x}^{(1)} \in S$，则 Frank-Wolfe 算法收敛于问题(12.4.1)的 K-T 点.

证明 若算法终止，根据定理 12.4.1，得到 K-T 点. 现在假设算法不终止. 令 Ω 是

K-T 点组成的集合.

首先,根据定理假设,迭代点 $\boldsymbol{x}^{(k)}$ 含于紧集.

其次,对每个 k,由 $\boldsymbol{x}^{(k)}\notin\Omega$ 必能得出 $f(\boldsymbol{x}^{(k+1)})<f(\boldsymbol{x}^{(k)})$.

因此 $f(\boldsymbol{x})$ 是关于解集合 Ω 及本算法的下降函数.

下面证明 Frank-Wolfe 算法映射 B 在 Ω 的余集 $C_S\Omega$ 上是闭的. 合成映射 $B=MD$,其中 D 是已知一点求方向的映射,M 是已知一点和方向以后进行一维搜索的映射.

由于算法不终止,必有

$$\boldsymbol{d}^{(k)} = \boldsymbol{y}^{(k)} - \boldsymbol{x}^{(k)} \neq \boldsymbol{0},$$

且 $\boldsymbol{d}^{(k)}$ 为下降方向,因此仿照定理 9.1.1,易证 M 在 $(\boldsymbol{x},\boldsymbol{d})$ 处是闭的,其中 $\boldsymbol{x}\in C_S\Omega$,方向

$$\boldsymbol{d} = \boldsymbol{y} - \boldsymbol{x},$$

$\boldsymbol{y}$ 是 S 的极点.

映射 D 的含义是,对于给定的点 $\bar{\boldsymbol{x}}\in C_S\Omega$,$D(\bar{\boldsymbol{x}})$ 就是由所有方向 $\bar{\boldsymbol{y}}-\bar{\boldsymbol{x}}$ 组成的集合,其中 $\bar{\boldsymbol{y}}$ 是下列问题中 S 的最优极点:

$$\begin{aligned} \min \quad & \nabla f(\bar{\boldsymbol{x}})^{\mathrm{T}}\boldsymbol{x} \\ \text{s.t.} \quad & \boldsymbol{x} \in S. \end{aligned} \tag{12.4.8}$$

现在证明 D 在任一点 $\bar{\boldsymbol{x}}\in C_S\Omega$ 处是闭的. 假设

$$\boldsymbol{x}^{(k)} \to \bar{\boldsymbol{x}}, \quad \boldsymbol{x}^{(k)} \in S,$$
$$\boldsymbol{y}^{(k)} \to \bar{\boldsymbol{y}}, \quad \boldsymbol{y}^{(k)} - \boldsymbol{x}^{(k)} \in D(\boldsymbol{x}^{(k)}).$$

再来证明 $\bar{\boldsymbol{y}}-\bar{\boldsymbol{x}}\in D(\bar{\boldsymbol{x}})$.

根据算法的定义,$\boldsymbol{y}^{(k)}-\boldsymbol{x}^{(k)}\in D(\boldsymbol{x}^{(k)})$ 等价于对每一个 $\boldsymbol{x}\in S$,成立

$$\nabla f(\boldsymbol{x}^{(k)})^{\mathrm{T}}\boldsymbol{y}^{(k)} \leqslant \nabla f(\boldsymbol{x}^{(k)})^{\mathrm{T}}\boldsymbol{x}. \tag{12.4.9}$$

暂时固定 $\boldsymbol{x}$,令 $k\to+\infty$,由于 $\nabla f(\boldsymbol{x})$ 连续,则

$$\nabla f(\bar{\boldsymbol{x}})^{\mathrm{T}}\bar{\boldsymbol{y}} \leqslant \nabla f(\bar{\boldsymbol{x}})^{\mathrm{T}}\boldsymbol{x}, \tag{12.4.10}$$

上式对每个 $\boldsymbol{x}\in S$ 均成立. (12.4.10)式表明 $\bar{\boldsymbol{y}}$ 是下列问题的解:

$$\begin{aligned} \min \quad & \nabla f(\bar{\boldsymbol{x}})^{\mathrm{T}}\boldsymbol{x} \\ \text{s.t.} \quad & \boldsymbol{x} \in S. \end{aligned}$$

由此可知,$\bar{\boldsymbol{y}}-\bar{\boldsymbol{x}}\in D(\bar{\boldsymbol{x}})$,因此 D 在 $\bar{\boldsymbol{x}}$ 处是闭的.

此外,由假设易知 $\{\boldsymbol{y}^{(k)}-\boldsymbol{x}^{(k)}\}$ 含于紧集.

根据定理 8.1.1,合成映射 B 是闭的.

综上分析,根据定理 8.2.1,Frank-Wolfe 算法产生的序列收敛于解集合 Ω.

Frank-wolfe 算法是一种可行方向法. 使用这种方法,在每次迭代中,搜索方向总是指向某个极点,并且当迭代点接近最优解时,搜索方向与目标函数的梯度趋于正交,这样的搜索方向并非最好的下降方向,因此算法收敛较慢. 但是,这种方法把求解非线性规划问题转化为求解一系列线性规划,在某些情形下,也能收到较好计算效果,因此在实际应用

中仍是一种有用的算法，比如，在研究交通问题时就用到这种方法.

习　题

1. 对于下列每种情形，写出在点 $x\in S$ 处的可行方向集：

(1) $S=\{\boldsymbol{x}\mid \boldsymbol{A}\boldsymbol{x}=\boldsymbol{b},\boldsymbol{x}\geqslant\boldsymbol{0}\}$；

(2) $S=\{\boldsymbol{x}\mid \boldsymbol{A}\boldsymbol{x}\leqslant\boldsymbol{b},\boldsymbol{E}\boldsymbol{x}=\boldsymbol{e},\boldsymbol{x}\geqslant\boldsymbol{0}\}$；

(3) $S=\{\boldsymbol{x}\mid \boldsymbol{A}\boldsymbol{x}\geqslant\boldsymbol{b},\boldsymbol{x}\geqslant\boldsymbol{0}\}$.

2. 考虑下列问题：

$$\begin{aligned}\min\quad & x_1^2+x_1x_2+2x_2^2-6x_1-2x_2-12x_3\\ \text{s.t.}\quad & x_1+x_2+x_3=2,\\ & -x_1+2x_2\leqslant 3,\\ & x_1,x_2,x_3\geqslant 0.\end{aligned}$$

求出在点 $\hat{\boldsymbol{x}}=(1,1,0)^{\mathrm{T}}$ 处的一个下降可行方向.

3. 用 Zoutendijk 方法求解下列问题：

(1)
$$\begin{aligned}\min\quad & x_1^2+4x_2^2-34x_1-32x_2\\ \text{s.t.}\quad & 2x_1+x_2\leqslant 6,\\ & x_2\leqslant 2,\\ & x_1,x_2\geqslant 0,\end{aligned}$$

取初始点 $\boldsymbol{x}^{(1)}=(1,2)^{\mathrm{T}}$.

(2)
$$\begin{aligned}\min\quad & x_1^2+2x_2^2+3x_3^2+x_1x_2-2x_1x_3+x_2x_3-4x_1-6x_2\\ \text{s.t.}\quad & x_1+2x_2+x_3\leqslant 4,\\ & x_1,x_2,x_3\geqslant 0,\end{aligned}$$

取初始可行点 $\boldsymbol{x}^{(1)}=(0,0,0)^{\mathrm{T}}$.

4. 用梯度投影法求解下列问题：

(1)
$$\begin{aligned}\min\quad & (4-x_2)(x_1-3)^2\\ \text{s.t.}\quad & x_1+x_2\leqslant 3,\\ & x_1\leqslant 2,\\ & x_2\leqslant 2,\\ & x_1,x_2\geqslant 0,\end{aligned}$$

取初始点 $\boldsymbol{x}^{(1)}=(1,2)^{\mathrm{T}}$.

(2)
$$\begin{aligned}\min\quad & x_1^2+x_2^2+2x_2+5\\ \text{s.t.}\quad & x_1-2x_2\geqslant 0,\\ & x_1,x_2\geqslant 0,\end{aligned}$$

取初始点 $\boldsymbol{x}^{(1)}=(2,0)^{\mathrm{T}}$.

(3) min $x_1^2+x_1x_2+2x_2^2-6x_1-2x_2-12x_3$

s. t. $x_1+x_2+x_3=2,$

$x_1-2x_2\geqslant -3,$

$x_1,x_2,x_3\geqslant 0,$

取初始点 $\boldsymbol{x}^{(1)}=(1,0,1)^{\mathrm{T}}$.

5. 用既约梯度法求解下列问题：

(1) min $2x_1^2+2x_2^2-2x_1x_2-4x_1-6x_2$

s. t. $x_1+x_2+x_3=2,$

$x_1+5x_2+x_4=5,$

$x_j\geqslant 0,\quad j=1,\cdots,4,$

取初始点 $\boldsymbol{x}^{(1)}=(1,0,1,4)^{\mathrm{T}}$.

(2) min $(x_1-2)^2+(x_2-2)^2$

s. t. $x_1+x_2\leqslant 2,$

$x_1,x_2\geqslant 0,$

取初始点 $\boldsymbol{x}^{(1)}=(1,0)^{\mathrm{T}}$.

6. 用 Frank-Wolfe 方法求解下列问题：

(1) min $x_1^2+x_2^2-x_1x_2-2x_1+3x_2$

s. t. $x_1+x_2+x_3=3,$

$x_1+5x_2+x_4=6,$

$x_j\geqslant 0,\quad j=1,\cdots,4,$

取初始点 $\boldsymbol{x}^{(1)}=(2,0,1,4)^{\mathrm{T}}$,迭代 2 次.

(2) min $x_1^2+2x_2^2-x_1x_2+4x_2+4$

s. t. $x_1+x_2+x_3=5,$

$x_1,x_2,x_3\geqslant 0,$

取初始点 $\boldsymbol{x}^{(1)}=(1,1,3)^{\mathrm{T}}$.

7. 考虑约束 $\boldsymbol{A}\boldsymbol{x}\leqslant\boldsymbol{b}$,令 $\boldsymbol{P}=\boldsymbol{I}-\boldsymbol{A}_1^{\mathrm{T}}(\boldsymbol{A}_1\boldsymbol{A}_1^{\mathrm{T}})^{-1}\boldsymbol{A}_1$,其中 $\boldsymbol{A}_1$ 的每一行是在已知点 $\hat{\boldsymbol{x}}$ 处的紧约束的梯度,试解释下列各式的几何意义：

(1) $\boldsymbol{P}\nabla f(\hat{\boldsymbol{x}})=\boldsymbol{0}$;

(2) $\boldsymbol{P}\nabla f(\hat{\boldsymbol{x}})=\nabla f(\hat{\boldsymbol{x}})$;

(3) $\boldsymbol{P}\nabla f(\hat{\boldsymbol{x}})\neq\boldsymbol{0}$.

8. 考虑问题

$$
\begin{aligned}
\min\quad & f(\boldsymbol{x})\\
\text{s. t.}\quad & g_i(\boldsymbol{x})\geqslant 0,\quad i=1,\cdots,m,\\
& h_j(\boldsymbol{x})=0,\quad j=1,\cdots,l.
\end{aligned}
$$

设 $\hat{\boldsymbol{x}}$ 是可行点,$I=\{i\mid g_i(\hat{\boldsymbol{x}})=0\}$. 证明 $\hat{\boldsymbol{x}}$ 为 K-T 点的充要条件是下列问题的目标函数的最优值为零：

$$
\begin{aligned}
\min\quad & \nabla f(\hat{\boldsymbol{x}})^{\mathrm{T}}\boldsymbol{d}\\
\text{s. t.}\quad & \nabla g_i(\hat{\boldsymbol{x}})^{\mathrm{T}}\boldsymbol{d}\geqslant 0,\quad i\in I,\\
& \nabla h_j(\hat{\boldsymbol{x}})^{\mathrm{T}}\boldsymbol{d}=0,\quad j=1,\cdots,l,\\
& -1\leqslant d_j\leqslant 1,\quad j=1,\cdots,n.
\end{aligned}
$$

第 13 章　惩罚函数法

本章介绍另一类约束最优化方法——**惩罚函数法**. 这类方法的基本思想是,借助罚函数把约束问题转化为无约束问题,进而用无约束最优化方法来求解.

13.1　外点罚函数法

13.1.1　罚函数的概念

本节考虑约束问题

$$\begin{aligned} \min \quad & f(\boldsymbol{x}) \\ \text{s.t.} \quad & g_i(\boldsymbol{x}) \geqslant 0, \quad i=1,\cdots,m, \\ & h_j(\boldsymbol{x})=0, \quad j=1,\cdots,l, \end{aligned} \tag{13.1.1}$$

其中 $f(\boldsymbol{x}),g_i(\boldsymbol{x})(i=1,\cdots,m)$和 $h_j(\boldsymbol{x})(j=1,\cdots,l)$是$\mathbb{R}^n$上的连续函数,研究这类问题的求解方法.

由于上述问题的约束非线性,不能用消元法将此问题化为无约束问题,因此在求解时必须同时照顾到即使目标函数值下降又要满足约束条件这两个方面. 实现这一点的一种途径是由目标函数和约束函数组成辅助函数,把原来的约束问题转化为极小化辅助函数的无约束问题.

比如,对于等式约束问题

$$\begin{aligned} \min \quad & f(\boldsymbol{x}) \\ \text{s.t.} \quad & h_j(\boldsymbol{x})=0, \quad j=1,\cdots,l, \end{aligned} \tag{13.1.2}$$

可定义辅助函数

$$F_1(\boldsymbol{x},\sigma)=f(\boldsymbol{x})+\sigma\sum_{j=1}^{l}h_j^2(\boldsymbol{x}), \tag{13.1.3}$$

参数 σ 是很大的正数. 这样就能把(13.1.2)式转化为无约束问题

$$\min \quad F_1(\boldsymbol{x},\sigma). \tag{13.1.4}$$

显然,(13.1.4)式的最优解必使得 $h_j(x)$接近零,因为如若不然,(13.1.3)式的第 2 项将是很大的正数,现行点必不是极小点. 由此可见,求解问题(13.1.4)能够得到问题(13.1.2)的近似解.

对于不等式约束问题

$$\begin{aligned} \min \quad & f(\boldsymbol{x}) \\ \text{s.t.} \quad & g_i(\boldsymbol{x}) \geqslant 0, \quad i = 1, \cdots, m, \end{aligned} \tag{13.1.5}$$

辅助函数的形式与等式约束情形不同,但构造辅助函数的基本思想是一致的,这就是在可行点辅助函数值等于原来的目标函数值,在不可行点,辅助函数值等于原来的目标函数值加上一个很大的正数.根据这样的原则,对于不等式约束问题(13.1.5),我们定义函数

$$F_2(\boldsymbol{x}, \sigma) = f(\boldsymbol{x}) + \sigma \sum_{i=1}^{m} [\max\{0, -g_i(\boldsymbol{x})\}]^2, \tag{13.1.6}$$

其中 σ 是很大的正数.当 $\boldsymbol{x}$ 为可行点时,

$$\max\{0, -g_i(\boldsymbol{x})\} = 0.$$

当 $\boldsymbol{x}$ 不是可行点时,

$$\max\{0, -g_i(\boldsymbol{x})\} = -g_i(\boldsymbol{x}),$$

这样,可将(13.1.5)式转化为无约束问题

$$\min \quad F_2(\boldsymbol{x}, \sigma), \tag{13.1.7}$$

通过(13.1.7)式求得(13.1.5)式的近似解.

把上述思想加以推广,对于一般情形(13.1.1)式,可定义函数

$$F(\boldsymbol{x}, \sigma) = f(\boldsymbol{x}) + \sigma P(\boldsymbol{x}), \tag{13.1.8}$$

其中 $P(\boldsymbol{x})$ 具有下列形式,

$$P(\boldsymbol{x}) = \sum_{i=1}^{m} \phi(g_i(\boldsymbol{x})) + \sum_{j=1}^{l} \psi(h_j(\boldsymbol{x})), \tag{13.1.9}$$

ϕ 和 ψ 是满足下列条件的连续函数,

$$\begin{aligned} \phi(\boldsymbol{y}) = 0, &\quad \boldsymbol{y} \geqslant 0; \\ \phi(\boldsymbol{y}) > 0, &\quad \boldsymbol{y} < 0; \\ \psi(\boldsymbol{y}) = 0, &\quad \boldsymbol{y} = 0; \\ \psi(\boldsymbol{y}) > 0, &\quad \boldsymbol{y} \neq 0. \end{aligned}$$

函数 ϕ 和 ψ 的典型取法如

$$\begin{aligned} \phi &= [\max\{0, -g_i(\boldsymbol{x})\}]^\alpha, \\ \psi &= | h_j(\boldsymbol{x}) |^\beta, \end{aligned}$$

其中 $\alpha \geqslant 1, \beta \geqslant 1$,均为给定常数.通常取作 $\alpha = \beta = 2$.

这样,把约束问题(13.1.1)转化为无约束问题

$$\min \quad F(\boldsymbol{x}, \sigma) \overset{\text{def}}{=} f(\boldsymbol{x}) + \sigma P(\boldsymbol{x}), \tag{13.1.10}$$

其中 σ 是很大的正数,$P(\boldsymbol{x})$ 是连续函数.

根据定义,当 $\boldsymbol{x}$ 为可行点时,$P(\boldsymbol{x}) = 0$,从而有 $F(\boldsymbol{x}, \sigma) = f(\boldsymbol{x})$;当 $\boldsymbol{x}$ 不是可行点时,在 $\boldsymbol{x}$ 处 ,$\sigma P(\boldsymbol{x})$ 是很大的正数,它的存在是对点脱离可行域的一种惩罚,其作用是在极小化过程中迫使迭代点靠近可行域.因此,求解问题(13.1.10)能够得到约束问题(13.1.1)的

近似解，而且 σ 越大，近似程度越好. 通常将 $\sigma P(\boldsymbol{x})$ 称为**罚项**，σ 称为**罚因子**，$F(\boldsymbol{x},\sigma)$ 称为**罚函数**.

例 13.1.1　求解下列问题：

$$\begin{aligned}&\min \quad x\\&\text{s.t.} \quad x-2\geqslant 0.\end{aligned} \tag{13.1.11}$$

解　令

$$\begin{aligned}P(x)&=[\max\{0,-g(x)\}]^2,\\&=\begin{cases}0, & x\geqslant 2,\\(x-2)^2, & x<2.\end{cases}\end{aligned}$$

罚函数

$$F(x,\sigma)=x+\sigma P(x).$$

可通过求解下列无约束问题，求得(13.1.11)式的近似解：

$$\min \quad x+\sigma P(x). \tag{13.1.12}$$

我们用解析方法解无约束问题(13.1.12)，根据罚函数 $F(x,\sigma)$ 的定义，可知

$$\frac{\mathrm{d}F}{\mathrm{d}x}=\begin{cases}1, & x\geqslant 2,\\1+2\sigma(x-2), & x<2.\end{cases}$$

令

$$\frac{\mathrm{d}F}{\mathrm{d}x}=0,$$

得到

$$\bar{x}_\sigma=2-\frac{1}{2\sigma}.$$

显然，σ 越大，$\bar{x}_\sigma$ 越接近问题(13.1.11)的最优解，当 $\sigma\to+\infty$ 时，$\bar{x}_\sigma\to\bar{x}=2$. 参见图 13.1.1.

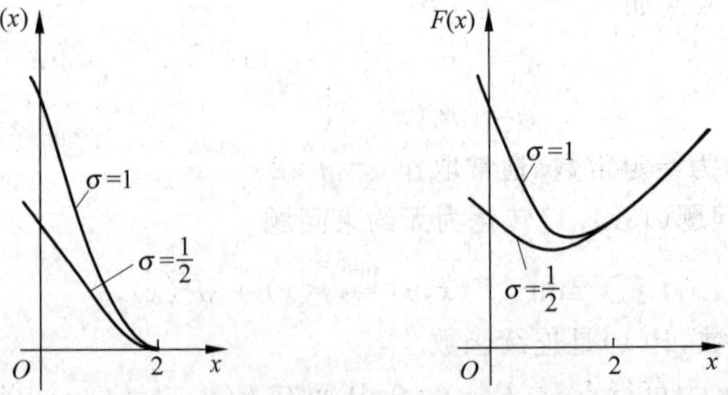

图　13.1.1

例 13.1.2 求解下列非线性规划问题：

$$\begin{aligned}\min\quad & f(\boldsymbol{x}) \overset{\text{def}}{=} (x_1-1)^2+x_2^2 \\ \text{s.t.}\quad & g(\boldsymbol{x}) = x_2-1 \geqslant 0.\end{aligned}$$

解 定义罚函数

$$\begin{aligned}F(\boldsymbol{x},\sigma) &= (x_1-1)^2+x_2^2+\sigma[\max\{0,-(x_2-1)\}]^2 \\ &= \begin{cases}(x_1-1)^2+x_2^2, & x_2 \geqslant 1, \\ (x_1-1)^2+x_2^2+\sigma(x_2-1)^2, & x_2<1.\end{cases}\end{aligned}$$

用解析法求解

$$\min \quad F(\boldsymbol{x},\sigma).$$

根据 $F(\boldsymbol{x},\sigma)$的定义，有

$$\frac{\partial F}{\partial x_1} = 2(x_1-1),$$

$$\frac{\partial F}{\partial x_2} = \begin{cases}2x_2, & x_2 \geqslant 1, \\ 2x_2+2\sigma(x_2-1), & x_2<1.\end{cases}$$

令

$$\frac{\partial F}{\partial x_1}=0, \quad \frac{\partial F}{\partial x_2}=0,$$

得到

$$\bar{\boldsymbol{x}}_\sigma = \begin{bmatrix}x_1 \\ x_2\end{bmatrix} = \begin{bmatrix}1 \\ \dfrac{\sigma}{1+\sigma}\end{bmatrix}.$$

令 $\sigma \to +\infty$，则

$$\bar{\boldsymbol{x}}_\sigma \to \bar{\boldsymbol{x}} = \begin{bmatrix}1 \\ 1\end{bmatrix},$$

$\bar{\boldsymbol{x}}$ 恰为约束问题的最优解.

此例罚函数的等值线（如图 13.1.2）由两部分组成. 在原来问题的可行域内，是以$(1,0)^{\mathrm{T}}$ 为圆心的圆的一部分，其方程是

$$(x_1-1)^2+x_2^2=k^2,$$

在原来问题的可行域外，是椭圆的一部分，其方程是

$$(x_1-1)^2+x_2^2+\sigma(x_2-1)^2=k^2.$$

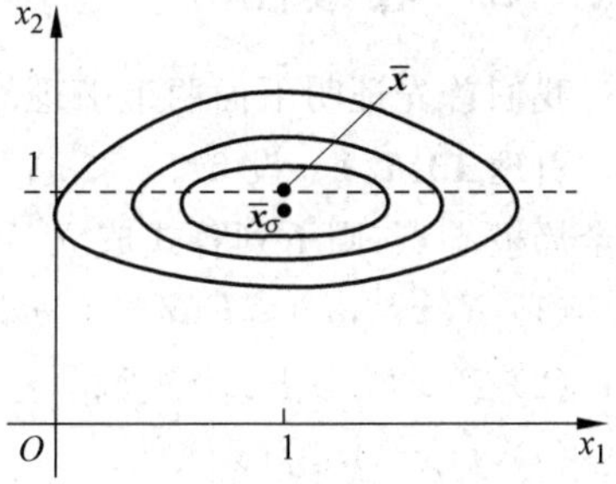

图 13.1.2

易知椭圆的中心在

$$\bar{x}_\sigma = \begin{bmatrix} 1 \\ \dfrac{\sigma}{1+\sigma} \end{bmatrix}.$$

由以上两例看出，当罚因子 $\sigma \to +\infty$ 时，无约束问题的最优解 $\bar{x}_\sigma$ 趋向一个极限点 $\bar{x}$，这个极限点正是原来的约束问题的最优解. 此外，无约束问题的最优解 $\bar{x}_\sigma$ 往往不满足原来问题的约束条件，它是从可行域外部趋向 $\bar{x}$ 的. 因此 $F(x,\sigma)$ 也称为外点罚函数，相应的最优化方法称为外点罚函数法，简称外点法.

13.1.2　外点罚函数法计算步骤

实际计算中，罚因子 σ 的选择十分重要. 如果 σ 过大，则给罚函数的极小化增加计算上的困难；如果 σ 太小，则罚函数的极小点远离约束问题的最优解，计算效率很差. 因此，一般策略是取一个趋向无穷大的严格递增正数列 $\{\sigma_k\}$，从某个 σ_1 开始，对每个 k，求解

$$\min \quad f(x) + \sigma_k P(x), \tag{13.1.13}$$

从而得到一个极小点的序列 $\{\bar{x}_{\sigma_k}\}$，在适当的条件下，这个序列将收敛于约束问题的最优解. 如此通过求解一系列无约束问题来获得约束问题最优解的方法称为**序列无约束极小化方法**，简称为 **SUMT 方法**.

外点罚函数法计算步骤如下：

(1) 给定初始点 $x^{(0)}$，初始罚因子 σ_1，放大系数 $c>1$，允许误差 $\varepsilon>0$，置 $k=1$.

(2) 以 $x^{(k-1)}$ 为初点，求解无约束问题

$$\min \quad f(x) + \sigma_k P(x).$$

设其极小点为 $x^{(k)}$.

(3) 若 $\sigma_k P(x^{(k)}) < \varepsilon$，则停止计算，得到点 $x^{(k)}$；否则，令 $\sigma_{k+1} = c\sigma_k$，置 $k := k+1$，返回步骤(2).

13.1.3　收敛性

我们首先证明下面两个引理.

引理 13.1.1　设 $0<\sigma_k<\sigma_{k+1}$，$x^{(k)}$ 和 $x^{(k+1)}$ 分别为取罚因子 σ_k 及 σ_{k+1} 时无约束问题的全局极小点，则下列各式成立：

(1) $F(x^{(k)},\sigma_k) \leqslant F(x^{(k+1)},\sigma_{k+1})$；

(2) $P(x^{(k)}) \geqslant P(x^{(k+1)})$；

(3) $f(x^{(k)}) \leqslant f(x^{(k+1)})$.

证明　先证(1). 根据 $x^{(k)}$ 是 $F(x,\sigma_k)$ 的全局极小点，$\sigma_k<\sigma_{k+1}$ 及 $F(x,\sigma)$ 的定义，必有

$$\begin{aligned} F(x^{(k)},\sigma_k) &= f(x^{(k)}) + \sigma_k P(x^{(k)}) \\ &\leqslant f(x^{(k+1)}) + \sigma_k P(x^{(k+1)}) \end{aligned}$$

$$
\begin{aligned}
&\leqslant f(\boldsymbol{x}^{(k+1)})+\sigma_{k+1}P(\boldsymbol{x}^{(k+1)})\\
&=F(\boldsymbol{x}^{(k+1)},\sigma_{k+1}).
\end{aligned}
$$

再证(2). 由于 $\boldsymbol{x}^{(k)}$ 和 $\boldsymbol{x}^{(k+1)}$ 分别是 $F(\boldsymbol{x},\sigma_k)$ 和 $F(\boldsymbol{x},\sigma_{k+1})$ 的全局极小点，因此必有

$$f(\boldsymbol{x}^{(k)})+\sigma_k P(\boldsymbol{x}^{(k)})\leqslant f(\boldsymbol{x}^{(k+1)})+\sigma_k P(\boldsymbol{x}^{(k+1)}), \tag{13.1.14}$$

$$f(\boldsymbol{x}^{(k+1)})+\sigma_{k+1} P(\boldsymbol{x}^{(k+1)})\leqslant f(\boldsymbol{x}^{(k)})+\sigma_{k+1} P(\boldsymbol{x}^{(k)}). \tag{13.1.15}$$

将上面两式的两端分别相加，经整理得到

$$(\sigma_{k+1}-\sigma_k)P(\boldsymbol{x}^{(k)})\geqslant(\sigma_{k+1}-\sigma_k)P(\boldsymbol{x}^{(k+1)}), \tag{13.1.16}$$

由于 $\sigma_{k+1}>\sigma_k$，由(13.1.16)式得出

$$P(\boldsymbol{x}^{(k)})\geqslant P(\boldsymbol{x}^{(k+1)}). \tag{13.1.17}$$

最后证(3). 由于 $\boldsymbol{x}^{(k)}$ 是 $F(\boldsymbol{x},\sigma_k)$ 的全局极小点，因此有

$$f(\boldsymbol{x}^{(k)})+\sigma_k P(\boldsymbol{x}^{(k)})\leqslant f(\boldsymbol{x}^{(k+1)})+\sigma_k P(\boldsymbol{x}^{(k+1)}), \tag{13.1.18}$$

由(13.1.17)式和(13.1.18)式即得

$$f(\boldsymbol{x}^{(k)})\leqslant f(\boldsymbol{x}^{(k+1)}).$$

由上述引理可知，如果迭代不终止，那么 $\{f(\boldsymbol{x}^{(k)})\}$ 和 $\{F(\boldsymbol{x}^{(k)},\sigma_k)\}$ 为非减序列，$\{P(\boldsymbol{x}^{(k)})\}$ 为非增序列.

引理 13.1.2 设 $\bar{\boldsymbol{x}}$ 是问题(13.1.1)的最优解，且对任意的 $\sigma_k>0$，由(13.1.8)式定义的 $F(\boldsymbol{x},\sigma_k)$ 存在全局极小点 $\boldsymbol{x}^{(k)}$，则对每一个 k，成立

$$f(\bar{\boldsymbol{x}})\geqslant F(\boldsymbol{x}^{(k)},\sigma_k)\geqslant f(\boldsymbol{x}^{(k)}). \tag{13.1.19}$$

证明 由于 $\sigma_k P(\boldsymbol{x}^{(k)})\geqslant 0$，则有

$$F(\boldsymbol{x}^{(k)},\sigma_k)=f(\boldsymbol{x}^{(k)})+\sigma_k P(\boldsymbol{x}^{(k)})\geqslant f(\boldsymbol{x}^{(k)}), \tag{13.1.20}$$

由于 $\bar{\boldsymbol{x}}$ 是问题(13.1.1)的最优解，自然为可行点，根据 $P(\boldsymbol{x})$ 的定义，必有

$$P(\bar{\boldsymbol{x}})=0.$$

又考虑到 $\boldsymbol{x}^{(k)}$ 是 $F(\boldsymbol{x},\sigma_k)$ 的全局极小点，则

$$
\begin{aligned}
f(\bar{\boldsymbol{x}})&=f(\bar{\boldsymbol{x}})+\sigma_k P(\bar{\boldsymbol{x}})\\
&\geqslant f(\boldsymbol{x}^{(k)})+\sigma_k P(\boldsymbol{x}^{(k)})\\
&=F(\boldsymbol{x}^{(k)},\sigma_k).
\end{aligned} \tag{13.1.21}
$$

由(13.1.20)式和(13.1.21)式可知(13.1.19)式成立.

定理 13.1.3 设问题(13.1.1)的可行域 S 非空，且存在一个 $\varepsilon>0$，使得集合

$$S_\varepsilon=\left\{\boldsymbol{x}\,|\,g_i(\boldsymbol{x})\geqslant-\varepsilon,\ i=1,\cdots,m,\ |h_j(\boldsymbol{x})|\leqslant\varepsilon,j=1,\cdots,l\right\} \tag{13.1.22}$$

是紧的，又设 $\{\sigma_k\}$ 是趋向无穷大的严格递增正数列，且对每个 k，(13.1.13)式存在全局最优解 $\boldsymbol{x}^{(k)}$，则 $\{\boldsymbol{x}^{(k)}\}$ 存在一个收敛子序列 $\{\boldsymbol{x}^{(k_j)}\}$，并且任何这样的收敛子序列的极限都是问题(13.1.1)的最优解.

证明 根据假设，S_ε 是紧集，$f(\boldsymbol{x})$ 是连续函数，因此问题(13.1.1)存在全局最优解 $\bar{\boldsymbol{x}}$.

由引理13.1.1和引理13.1.2可知，$\{F(\boldsymbol{x}^{(k)},\sigma_k)\}$和$\{f(\boldsymbol{x}^{(k)})\}$均为单调增有上界序列，因此可设

$$\lim_{k\to\infty}F(\boldsymbol{x}^{(k)},\sigma_k)=\hat{F},\tag{13.1.23}$$

$$\lim_{k\to\infty}f(\boldsymbol{x}^{(k)})=\hat{f}.\tag{13.1.24}$$

于是有

$$\lim_{k\to\infty}\sigma_k P(\boldsymbol{x}^{(k)})=\hat{F}-\hat{f},\tag{13.1.25}$$

由于当$k\to\infty$时，$\sigma_k\to\infty$，因此由上式得出

$$\lim_{k\to\infty}P(\boldsymbol{x}^{(k)})=0.\tag{13.1.26}$$

根据$P(\boldsymbol{x})$的定义，当$\boldsymbol{x}\in S$时，$P(\boldsymbol{x})=0$，当$\boldsymbol{x}\notin S$时，$P(\boldsymbol{x})>0$，再考虑到(13.1.26)式，我们由此可以断定，对每个$\delta>0$，存在正整数$K(\delta)$，使得当$k>K(\delta)$时，有$\boldsymbol{x}^{(k)}\in S_\delta$. 于是，存在充分大的正整数$\hat{K}(\varepsilon)$，使得所有满足$k>\hat{K}(\varepsilon)$的点$\boldsymbol{x}^{(k)}\in S_\varepsilon$，又知$S_\varepsilon$是紧集，因此存在收敛子序列$\{\boldsymbol{x}^{(k_j)}\}$. 设

$$\lim_{k_j\to\infty}\boldsymbol{x}^{(k_j)}=\hat{\boldsymbol{x}}.\tag{13.1.27}$$

由(13.1.26)式可知

$$P(\hat{\boldsymbol{x}})=0,$$

因此$\hat{\boldsymbol{x}}\in S$.

由于$\bar{\boldsymbol{x}}$是问题(13.1.1)的全局最优解，则有

$$f(\bar{\boldsymbol{x}})\leqslant f(\hat{\boldsymbol{x}}).\tag{13.1.28}$$

根据引理13.1.2，对每一个k_j，有

$$f(\boldsymbol{x}^{(k_j)})\leqslant f(\bar{\boldsymbol{x}}).$$

令$k_j\to\infty$，则得到

$$f(\hat{\boldsymbol{x}})\leqslant f(\bar{\boldsymbol{x}}),\tag{13.1.29}$$

由(13.1.28)式和(13.1.29)式可知

$$f(\hat{\boldsymbol{x}})=f(\bar{\boldsymbol{x}}),\tag{13.1.30}$$

因此$\hat{\boldsymbol{x}}$是问题(13.1.1)的全局最优解.

此外，由$f(\boldsymbol{x}^{(k)})\leqslant F(\boldsymbol{x}^{(k)},\sigma_k)$推得

$$\hat{f}\leqslant\hat{F}.\tag{13.1.31}$$

另一方面，由于$f(\boldsymbol{x})$连续，则

$$\lim_{k_j\to\infty}f(\boldsymbol{x}^{(k_j)})=f(\hat{\boldsymbol{x}}).$$

又考虑到(13.1.24)式和(13.1.30)式，则

$$\hat{f}=f(\hat{\boldsymbol{x}})=f(\bar{\boldsymbol{x}}),$$

从而由 $F(\boldsymbol{x}^{(k)},\sigma_k)\leqslant f(\bar{\boldsymbol{x}})$ 推得

$$\hat{F}\leqslant f(\bar{\boldsymbol{x}})=\hat{f}. \tag{13.1.32}$$

由(13.1.31)式和(13.1.32)式得出

$$\hat{F}=\hat{f}, \tag{13.1.33}$$

这样,由(13.1.25)式得到

$$\lim_{k\to\infty}\sigma_k P(\boldsymbol{x}^{(k)})=0, \tag{13.1.34}$$

这便是取 $\sigma_k P(\boldsymbol{x}^{(k)})<\varepsilon$ 作为终止准则的原因.

13.2 内点罚函数法

13.2.1 内点罚函数法的基本思想

内点罚函数法总是从内点出发,并保持在可行域内部进行搜索. 因此,这种方法适用于下列只有不等式约束的问题:

$$\begin{aligned}&\min\quad f(\boldsymbol{x})\\&\text{s.t.}\quad g_i(\boldsymbol{x})\geqslant 0,\quad i=1,\cdots,m,\end{aligned} \tag{13.2.1}$$

其中 $f(\boldsymbol{x}),g_i(\boldsymbol{x})(i=1,\cdots,m)$ 是连续函数. 现将可行域记作

$$S=\{\boldsymbol{x}\mid g_i(\boldsymbol{x})\geqslant 0,\ i=1,\cdots,m\}. \tag{13.2.2}$$

保持迭代点含于可行域内部的方法是定义**障碍函数**

$$G(\boldsymbol{x},r)=f(\boldsymbol{x})+rB(\boldsymbol{x}), \tag{13.2.3}$$

其中 $B(\boldsymbol{x})$ 是连续函数,当点 $\boldsymbol{x}$ 趋向可行域边界时,$B(\boldsymbol{x})\to+\infty$.

两种最重要的形式为

$$B(\boldsymbol{x})=\sum_{i=1}^{m}\frac{1}{g_i(\boldsymbol{x})} \tag{13.2.4}$$

及

$$B(\boldsymbol{x})=-\sum_{i=1}^{m}\log g_i(\boldsymbol{x}). \tag{13.2.5}$$

r 是很小的正数. 这样,当 $\boldsymbol{x}$ 趋向边界时,函数 $G(\boldsymbol{x},r)\to+\infty$;否则,由于 r 取值很小,则函数 $G(\boldsymbol{x},r)$ 的取值近似 $f(\boldsymbol{x})$. 因此,可通过求解下列问题得到约束问题(13.2.1)的近似解:

$$\begin{aligned}&\min\quad G(\boldsymbol{x},r)\\&\text{s.t.}\quad \boldsymbol{x}\in\operatorname{int}S.\end{aligned} \tag{13.2.6}$$

由于 $B(\boldsymbol{x})$ 的存在,在可行域边界形成"围墙",因此约束问题(13.2.6)的解 $\bar{\boldsymbol{x}}_r$ 必含于可行域的内部.

(13.2.6)式仍是约束问题,看起来它的约束条件比原来的约束问题还要复杂. 但是,

由于函数 $B(\boldsymbol{x})$的阻拦作用是自动实现的,因此从计算的观点看,(13.2.6)式可当作无约束问题来处理.

13.2.2　内点罚函数法计算步骤

根据障碍函数 $G(\boldsymbol{x},r)$的定义,显然,r 取值越小,约束问题(13.2.6)的最优解越接近约束问题(13.2.1)的最优解.但是,这里存在与外点法类似的问题,如果 r 太小,则将给约束问题(13.2.6)的计算带来很大困难.因此,仍采取序列无约束极小化方法(SUMT),取一个严格单调减且趋于零的罚因子(**障碍因子**)数列$\{r_k\}$,对每一个 k,从内部出发,求解问题

$$\begin{aligned}&\min \quad G(\boldsymbol{x},r_k)\\&\text{s.t.} \quad \boldsymbol{x}\in \operatorname{int} S.\end{aligned} \tag{13.2.7}$$

内点罚函数法计算步骤如下:

(1) 给定初始内点 $\boldsymbol{x}^{(0)}\in \operatorname{int} S$,允许误差 $\varepsilon>0$,初始参数 r_1,缩小系数 $\beta\in(0,1)$,置 $k=1$.

(2) 以 $\boldsymbol{x}^{(k-1)}$为初始点,求解下列问题:

$$\begin{aligned}&\min \quad f(\boldsymbol{x})+r_kB(\boldsymbol{x})\\&\text{s.t.} \quad \boldsymbol{x}\in \operatorname{int} S,\end{aligned}$$

其中 $B(\boldsymbol{x})$由(13.2.4)式定义.设求得的极小点为 $\boldsymbol{x}^{(k)}$.

(3) 若 $r_kB(\boldsymbol{x}^{(k)})<\varepsilon$,则停止计算,得到点 $\boldsymbol{x}^{(k)}$;否则,令 $r_{k+1}=\beta r_k$,置 $k:=k+1$,返回步骤(2).

例 13.2.1　用内点罚函数法求解下列问题:

$$\begin{aligned}&\min \quad \frac{1}{12}(x_1+1)^3+x_2\\&\text{s.t.} \quad x_1-1\geqslant 0,\\&\qquad\quad x_2\geqslant 0.\end{aligned}$$

解　定义障碍函数

$$G(\boldsymbol{x},r_k)=\frac{1}{12}(x_1+1)^3+x_2+r_k\left(\frac{1}{x_1-1}+\frac{1}{x_2}\right).$$

下面用解析方法求解问题

$$\begin{aligned}&\min \quad G(\boldsymbol{x},r_k)\\&\text{s.t.} \quad \boldsymbol{x}\in S.\end{aligned}$$

令

$$\frac{\partial G}{\partial x_1}=\frac{1}{4}(x_1+1)^2-\frac{r_k}{(x_1-1)^2}=0,$$

$$\frac{\partial G}{\partial x_2}=1-\frac{r_k}{x_2^2}=0,$$

解得

$$\bar{x}_{r_k}=(x_1,x_2)=(\sqrt{1+2\sqrt{r_k}},\sqrt{r_k}).$$

当 $r_k\to 0$ 时，$\bar{x}_{r_k}\to\bar{x}=(1,0)$，$\bar{x}$ 是问题的最优解.

13.2.3 收敛性

关于内点罚函数法的收敛性有下列定理：

定理 13.2.1 设在问题(13.2.1)中，可行域内部 int S 非空，且存在最优解，又设对每一个 r_k，障碍函数 $G(\boldsymbol{x},r_k)$在 int S 内存在极小点，并且内点罚函数法产生的全局极小点序列$\{\boldsymbol{x}^{(k)}\}$存在子序列收敛到 $\bar{\boldsymbol{x}}$，则 $\bar{\boldsymbol{x}}$ 是问题(13.2.1)的全局最优解.

证明 先证$\{G(\boldsymbol{x}^{(k)},r_k)\}$是单调减有下界的序列.

设 $\boldsymbol{x}^{(k)},\boldsymbol{x}^{(k+1)}\in$ int S，分别是 $G(\boldsymbol{x},r_k)$和 $G(\boldsymbol{x},r_{k+1})$的全局极小点，由于 $r_{k+1}<r_k$，因此有

$$\begin{aligned}G(\boldsymbol{x}^{(k+1)},r_{k+1})&=f(\boldsymbol{x}^{(k+1)})+r_{k+1}B(\boldsymbol{x}^{(k+1)})\leqslant f(\boldsymbol{x}^{(k)})+r_{k+1}B(\boldsymbol{x}^{(k)})\\&\leqslant f(\boldsymbol{x}^{(k)})+r_kB(\boldsymbol{x}^{(k)})=G(\boldsymbol{x}^{(k)},r_k).\end{aligned}\tag{13.2.8}$$

设 $\boldsymbol{x}^*$ 是问题(13.2.1)的全局最优解. 由于 $\boldsymbol{x}^{(k)}$ 是可行点，则

$$f(\boldsymbol{x}^{(k)})\geqslant f(\boldsymbol{x}^*).$$

又知

$$G(\boldsymbol{x}^{(k)},r_k)\geqslant f(\boldsymbol{x}^{(k)}),$$

因此有

$$G(\boldsymbol{x}^{(k)},r_k)\geqslant f(\boldsymbol{x}^*).\tag{13.2.9}$$

(13.2.8)式和(13.2.9)式表明，$\{G(\boldsymbol{x}^{(k)},r_k)\}$为单调减有下界序列. 由此可知，这个序列存在极限

$$\hat{G}\geqslant f(\boldsymbol{x}^*).$$

我们现在证明 $\hat{G}=f(\boldsymbol{x}^*)$. 用反证法. 假设 $\hat{G}>f(\boldsymbol{x}^*)$. 由于 $f(\boldsymbol{x})$是连续函数，因此存在正数 δ，使得当 $\|\boldsymbol{x}-\boldsymbol{x}^*\|<\delta$ 且 $\boldsymbol{x}\in$ int S 时，有

$$f(\boldsymbol{x})-f(\boldsymbol{x}^*)\leqslant\frac{1}{2}[\hat{G}-f(\boldsymbol{x}^*)],$$

即

$$f(\boldsymbol{x})\leqslant\frac{1}{2}[\hat{G}+f(\boldsymbol{x}^*)].\tag{13.2.10}$$

任取一点 $\hat{\boldsymbol{x}}\in$ int S，使 $\|\hat{\boldsymbol{x}}-\boldsymbol{x}^*\|<\delta$. 由于 $r_k\to 0$，因此存在 K，当 $k>K$ 时，

$$r_k B(\hat{\boldsymbol{x}}) < \frac{1}{4}[\hat{G} - f(\boldsymbol{x}^*)],$$

这样，当 $k>K$ 时，根据 $G(\boldsymbol{x}^{(k)}, r_k)$ 的定义，并考虑到(13.2.10)式，必有

$$\begin{aligned} G(\boldsymbol{x}^{(k)}, r_k) &= f(\boldsymbol{x}^{(k)}) + r_k B(\boldsymbol{x}^{(k)}) \\ &\leqslant f(\hat{\boldsymbol{x}}) + r_k B(\hat{\boldsymbol{x}}) \\ &\leqslant \frac{1}{2}[\hat{G} + f(\boldsymbol{x}^*)] + \frac{1}{4}[\hat{G} - f(\boldsymbol{x}^*)] \\ &= \hat{G} - \frac{1}{4}[\hat{G} - f(\boldsymbol{x}^*)]. \end{aligned}$$

上式与 $G(\boldsymbol{x}^{(k)}, r_k) \to \hat{G}$ 相矛盾. 因此，必有

$$\hat{G} = f(\boldsymbol{x}^*).$$

下面证明 $\bar{\boldsymbol{x}}$ 是全局最优解.

设 $\{\boldsymbol{x}^{(k_j)}\}$ 是 $\{\boldsymbol{x}^{(k)}\}$ 的收敛子序列，且

$$\lim_{k_j \to \infty} \boldsymbol{x}^{(k_j)} = \bar{\boldsymbol{x}},$$

由于 $\boldsymbol{x}^{(k_j)}$ 是可行域 S 的内点，即满足

$$g_i(\boldsymbol{x}^{(k_j)}) > 0, \quad i = 1, \cdots, m$$

及 $g_i(\boldsymbol{x})$ 是连续函数，因此

$$\lim_{k_j \to \infty} g_i(\boldsymbol{x}^{(k_j)}) = g_i(\bar{\boldsymbol{x}}) \geqslant 0, \quad i = 1, \cdots, m, \tag{13.2.11}$$

由此可知 $\bar{\boldsymbol{x}}$ 是可行点. 根据假设 $\boldsymbol{x}^*$ 是全局最优解，因此有

$$f(\boldsymbol{x}^*) \leqslant f(\bar{\boldsymbol{x}}). \tag{13.2.12}$$

容易证明，上式必为等式. 假设 $f(\boldsymbol{x}^*) < f(\bar{\boldsymbol{x}})$，则

$$\lim_{k_j \to \infty} \{f(\boldsymbol{x}^{(k_j)}) - f(\boldsymbol{x}^*)\} = f(\bar{\boldsymbol{x}}) - f(\boldsymbol{x}^*) > 0,$$

这样，当 $k_j \to \infty$ 时，

$$\begin{aligned} G(\boldsymbol{x}^{(k_j)}, r_{k_j}) - f(\boldsymbol{x}^*) &= f(\boldsymbol{x}^{(k_j)}) - f(\boldsymbol{x}^*) + r_{k_j} B(\boldsymbol{x}^{(k_j)}) \\ &\geqslant f(\boldsymbol{x}^{(k_j)}) - f(\boldsymbol{x}^*) \end{aligned}$$

不趋于零，因此与

$$\lim_{k \to \infty} G(\boldsymbol{x}^{(k)}, r_k) = \hat{G} = f(\boldsymbol{x}^*)$$

相矛盾. 因此必有 $f(\boldsymbol{x}^*) = f(\bar{\boldsymbol{x}})$，从而 $\bar{\boldsymbol{x}}$ 是问题(13.2.1)的全局最优解.

上面介绍的外点法和内点法均采用序列无约束极小化技巧，方法简单，使用方便，并能用来求解导数不存在的问题，因此这种算法对实际工作者确有吸引力，而且已经得到比较广泛的应用. 但是，上述罚函数法存在固有的缺点，这就是随着罚因子趋向其极限，罚函数的 Hesse 矩阵的条件数无限增大，因而越来越变得病态. 罚函数的这种性态给无约束

极小化带来很大困难. 为克服这个缺点. Hestenes 和 Powell 于 1969 年各自独立地提出了乘子法,在下一节,我们介绍乘子法的具体内容.

*13.3 乘 子 法

13.3.1 乘子法的基本思想

我们首先考虑只有等式约束的问题

$$\begin{aligned} \min \quad & f(\boldsymbol{x}) \\ \text{s.t.} \quad & h_j(\boldsymbol{x}) = 0, \quad j = 1,\cdots,l, \end{aligned} \tag{13.3.1}$$

其中 $f, h_j (j=1,\cdots,l)$ 是二次连续可微函数, $\boldsymbol{x} \in \mathbb{R}^n$.

运用乘子法事先需要定义**增广 Lagrange 函数(乘子罚函数)**:

$$\begin{aligned} \phi(\boldsymbol{x},\boldsymbol{v},\sigma) &= f(\boldsymbol{x}) - \sum_{j=1}^{l} v_j h_j(\boldsymbol{x}) + \frac{\sigma}{2}\sum_{j=1}^{l} h_j^2(\boldsymbol{x}) \\ &= f(\boldsymbol{x}) - \boldsymbol{v}^{\mathrm{T}}\boldsymbol{h}(\boldsymbol{x}) + \frac{\sigma}{2}\boldsymbol{h}(\boldsymbol{x})^{\mathrm{T}}\boldsymbol{h}(\boldsymbol{x}), \end{aligned} \tag{13.3.2}$$

其中 $\sigma>0$,

$$\boldsymbol{v} = \begin{bmatrix} v_1 \\ \vdots \\ v_l \end{bmatrix}, \quad \boldsymbol{h}(\boldsymbol{x}) = \begin{bmatrix} h_1(\boldsymbol{x}) \\ \vdots \\ h_l(\boldsymbol{x}) \end{bmatrix}.$$

$\phi(\boldsymbol{x},\boldsymbol{v},\sigma)$ 与 Lagrange 函数的区别在于增加了罚项

$$\frac{\sigma}{2}\boldsymbol{h}(\boldsymbol{x})^{\mathrm{T}}\boldsymbol{h}(\boldsymbol{x}),$$

而与罚函数的区别在于增加了乘子项 $(-\boldsymbol{v}^{\mathrm{T}}\boldsymbol{h}(\boldsymbol{x}))$. 这种区别使得增广 Lagrange 函数与 Lagrange 函数及罚函数具有不同的性态. 对于 $\phi(\boldsymbol{x},\boldsymbol{v},\sigma)$,只要取足够大的罚因子 σ,不必趋向无穷大,就可通过极小化 $\phi(\boldsymbol{x},\boldsymbol{v},\sigma)$,求得问题(13.3.1)的局部最优解. 为证明这个结论,我们做如下假设.

设 $\bar{\boldsymbol{x}}$ 是等式约束问题(13.3.1)的一个局部最优解,且满足二阶充分条件,即存在乘子 $\bar{\boldsymbol{v}} = (\bar{v}_1,\cdots,\bar{v}_l)^{\mathrm{T}}$,使得

$$\nabla f(\bar{\boldsymbol{x}}) - \boldsymbol{A}\bar{\boldsymbol{v}} = \boldsymbol{0}, \tag{13.3.3}$$

$$\boldsymbol{h}_j(\bar{x}) = 0, \quad j = 1,\cdots,l, \tag{13.3.4}$$

且对每一个满足 $\boldsymbol{d}^{\mathrm{T}}\nabla h_j(\bar{\boldsymbol{x}}) = 0 (j=1,\cdots,l)$ 的非零向量 $\boldsymbol{d}$,有

$$\boldsymbol{d}^{\mathrm{T}}\nabla_x^2 L(\bar{\boldsymbol{x}},\bar{\boldsymbol{v}})\boldsymbol{d} > 0, \tag{13.3.5}$$

其中

$$\boldsymbol{A}=(\nabla h_1(\bar{\boldsymbol{x}}),\cdots,\nabla \boldsymbol{h}_l(\bar{\boldsymbol{x}})),\tag{13.3.6}$$

$$L(\boldsymbol{x},\boldsymbol{v})=f(\boldsymbol{x})-\boldsymbol{v}^{\mathrm{T}}\boldsymbol{h}(\boldsymbol{x}).\tag{13.3.7}$$

现在给出并证明下列定理.

定理 13.3.1 设 $\bar{\boldsymbol{x}}$ 和 $\bar{\boldsymbol{v}}$ 满足问题(13.3.1)的局部最优解的二阶充分条件,则存在 $\sigma'\geqslant 0$,使得对所有的 $\sigma>\sigma'$,$\bar{\boldsymbol{x}}$ 是 $\phi(\boldsymbol{x},\bar{\boldsymbol{v}},\sigma)$的严格局部极小点. 反之,若存在点 $\boldsymbol{x}^{(0)}$,使得

$$h_j(\boldsymbol{x}^{(0)})=0,\quad j=1,\cdots,l,$$

且对于某个 $\boldsymbol{v}^{(0)}$,$\boldsymbol{x}^{(0)}$ 是 $\phi(\boldsymbol{x},\boldsymbol{v}^{(0)},\sigma)$的无约束极小点,又满足极小点的二阶充分条件,则 $\boldsymbol{x}^{(0)}$ 是问题(13.3.1)的严格局部最优解.

证明 先证定理的前半部. 由(13.3.2)式得出

$$\nabla_x\phi(\boldsymbol{x},\bar{\boldsymbol{v}},\sigma)=\nabla f(\boldsymbol{x})-\sum_{j=1}^{l}\bar{v}_j\nabla h_j(\boldsymbol{x})+\sigma\sum_{j=1}^{l}h_j(\boldsymbol{x})\nabla h_j(\boldsymbol{x}).\tag{13.3.8}$$

根据假设,$\bar{\boldsymbol{x}}$ 必为问题(13.3.1)的 K-T 点,考虑到(13.3.3)式和(13.3.4)式,则有

$$\nabla_x\phi(\bar{\boldsymbol{x}},\bar{\boldsymbol{v}},\sigma)=\boldsymbol{0}.\tag{13.3.9}$$

下面证明,在 $\bar{\boldsymbol{x}}$ 处 $\phi(\boldsymbol{x},\bar{\boldsymbol{v}},\sigma)$关于 $\boldsymbol{x}$ 的 Hesse 矩阵$\nabla_x^2\phi(\bar{\boldsymbol{x}},\bar{\boldsymbol{v}},\sigma)$是正定的.

由(13.3.8)式得到

$$\begin{aligned}\nabla_x^2\phi(\boldsymbol{x},\bar{\boldsymbol{v}},\sigma)&=\nabla^2 f(\boldsymbol{x})-\sum_{j=1}^{l}\bar{v}_j\nabla^2 h_j(\boldsymbol{x})+\sigma\sum_{j=1}^{l}h_j(\boldsymbol{x})\nabla^2 h_j(\boldsymbol{x})\\&\quad+\sigma\sum_{j=1}^{l}\nabla h_j(\boldsymbol{x})\nabla h_j(\boldsymbol{x})^{\mathrm{T}}\\&=\nabla^2 f(\boldsymbol{x})-\sum_{j=1}^{l}(\bar{v}_j-\sigma h_j(\boldsymbol{x}))\nabla^2 h_j(\boldsymbol{x})\\&\quad+\sigma\sum_{j=1}^{l}\nabla h_j(\boldsymbol{x})\nabla h_j(\boldsymbol{x})^{\mathrm{T}}\\&=\boldsymbol{Q}+\sigma\boldsymbol{A}\boldsymbol{A}^{\mathrm{T}},\end{aligned}\tag{13.3.10}$$

其中

$$\boldsymbol{Q}=\nabla^2 f(\boldsymbol{x})-\sum_{j=1}^{l}(\bar{v}_j-\sigma h_j(\boldsymbol{x}))\nabla^2 h_j(\boldsymbol{x}),$$

$$\boldsymbol{A}=(\nabla h_1(\boldsymbol{x}),\cdots,\nabla h_l(\boldsymbol{x})),$$

在点 $\bar{\boldsymbol{x}}$ 处,有

$$\nabla_x^2\phi(\bar{\boldsymbol{x}},\bar{\boldsymbol{v}},\sigma)=\bar{\boldsymbol{Q}}+\sigma\bar{\boldsymbol{A}}\bar{\boldsymbol{A}}^{\mathrm{T}}.$$

设 $\operatorname{rank}\bar{\boldsymbol{A}}=r\leqslant l$,令 $\boldsymbol{B}_{n\times r}$ 为关于$\bar{\boldsymbol{A}}$的正交基矩阵($\boldsymbol{B}^{\mathrm{T}}\boldsymbol{B}=\boldsymbol{I}$),即 $\boldsymbol{B}$ 的 r 个列是$\bar{\boldsymbol{A}}$的 l 个列所生成的子空间的一组正交基,于是有

$$\bar{\boldsymbol{A}}=\boldsymbol{B}\boldsymbol{C},\tag{13.3.11}$$

其中 $\boldsymbol{C}=\boldsymbol{B}^{\mathrm{T}}\bar{\boldsymbol{A}}$，秩为 r.

对于任意的非零向量 $\boldsymbol{u}\in\mathbb{R}^n$，令

$$\boldsymbol{u}=\boldsymbol{p}+\boldsymbol{B}\boldsymbol{q},$$

其中 $\boldsymbol{p}$ 满足 $\boldsymbol{B}^{\mathrm{T}}\boldsymbol{p}=\boldsymbol{0}$. 显然，$\bar{\boldsymbol{A}}^{\mathrm{T}}\boldsymbol{p}=\boldsymbol{0}$，即

$$\nabla h_j(\bar{\boldsymbol{x}})^{\mathrm{T}}\boldsymbol{p}=0,\quad j=1,\cdots,l.$$

现将 $\boldsymbol{u}^{\mathrm{T}}\nabla_x^2\phi(\bar{\boldsymbol{x}},\bar{\boldsymbol{v}},\sigma)\boldsymbol{u}$ 写成

$$\begin{aligned}\boldsymbol{u}^{\mathrm{T}}\nabla_x^2\phi(\bar{\boldsymbol{x}},\bar{\boldsymbol{v}},\sigma)\boldsymbol{u}&=(\boldsymbol{p}+\boldsymbol{B}\boldsymbol{q})^{\mathrm{T}}(\bar{\boldsymbol{Q}}+\sigma\bar{\boldsymbol{A}}\,\bar{\boldsymbol{A}}^{\mathrm{T}})(\boldsymbol{p}+\boldsymbol{B}\boldsymbol{q})\\&=\boldsymbol{p}^{\mathrm{T}}\bar{\boldsymbol{Q}}\boldsymbol{p}+2\boldsymbol{p}^{\mathrm{T}}\bar{\boldsymbol{Q}}\boldsymbol{B}\boldsymbol{q}+\boldsymbol{q}^{\mathrm{T}}\boldsymbol{B}^{\mathrm{T}}\bar{\boldsymbol{Q}}\boldsymbol{B}\boldsymbol{q}+\sigma\boldsymbol{q}^{\mathrm{T}}\boldsymbol{C}\boldsymbol{C}^{\mathrm{T}}\boldsymbol{q}.\end{aligned}$$

由于 $\bar{\boldsymbol{x}}$ 是问题(13.3.1)的局部最优解，且满足二阶充分条件，因此存在数 $\alpha>0$，使得

$$\boldsymbol{p}^{\mathrm{T}}\bar{\boldsymbol{Q}}\boldsymbol{p}\geqslant a\|\boldsymbol{p}\|^2.$$

设 b 是 $\bar{\boldsymbol{Q}}\boldsymbol{B}$ 的最大奇异值，$e=\|\boldsymbol{B}^{\mathrm{T}}\bar{\boldsymbol{Q}}\boldsymbol{B}\|_2$，又设 $\mu>0$ 是 $\boldsymbol{C}\boldsymbol{C}^{\mathrm{T}}$ 的最小特征值，则

$$\boldsymbol{u}^{\mathrm{T}}\nabla_x^2\phi(\bar{\boldsymbol{x}},\bar{\boldsymbol{v}},\sigma)\boldsymbol{u}\geqslant a\|\boldsymbol{p}\|^2-2b\|\boldsymbol{p}\|\|\boldsymbol{q}\|+(\sigma\mu-e)\|\boldsymbol{q}\|^2.$$

由于 $\boldsymbol{u}\neq\boldsymbol{0}$，则 $\boldsymbol{p}$ 和 $\boldsymbol{q}$ 不同时为零向量. 因此若取充分大的 σ，使得

$$\sigma u-e-\frac{b^2}{a}>0,$$

即使得

$$\sigma>\frac{b^2+ae}{au},$$

则总成立

$$\boldsymbol{u}^{\mathrm{T}}\nabla_x^2\phi(\bar{\boldsymbol{x}},\bar{\boldsymbol{v}},\sigma)\boldsymbol{u}>0,\tag{13.3.12}$$

由此可知，存在

$$\sigma'=\frac{b^2+ae}{au}.$$

当罚因子 $\sigma>\sigma'$ 时，均有 $\nabla_x^2\phi(\bar{\boldsymbol{x}},\bar{\boldsymbol{v}},\sigma)$ 正定. 这时，由(13.3.9)式和(13.3.12)式可知，点 $\bar{\boldsymbol{x}}$ 必为 $\phi(\boldsymbol{x},\bar{\boldsymbol{v}},\sigma)$ 的严格局部极小点.

再证定理后半部. 由于 $\boldsymbol{x}^{(0)}$ 是 $\phi(\boldsymbol{x},\boldsymbol{v}^{(0)},\sigma)$ 的极小点，且满足二阶充分条件，因此有

$$\nabla_x\phi(\boldsymbol{x}^{(0)},\boldsymbol{v}^{(0)},\sigma)=\boldsymbol{0},\tag{13.3.13}$$

以及对每一个非零向量 $\boldsymbol{d}\in\mathbb{R}^n$，成立

$$\boldsymbol{d}^{\mathrm{T}}\nabla_x^2\phi(\boldsymbol{x}^{(0)},\boldsymbol{v}^{(0)},\sigma)\boldsymbol{d}>0.\tag{13.3.14}$$

由(13.3.8)式和(13.3.13)式并考虑到

$$h_j(\boldsymbol{x}^{(0)})=0,\quad j=1,\cdots,l,$$

则得到

$$\nabla f(\boldsymbol{x}^{(0)})-\sum_{j=1}^{l}v_j^{(0)}\nabla h_j(\boldsymbol{x}^{(0)})=\boldsymbol{0}.\tag{13.3.15}$$

因此 $\boldsymbol{x}^{(0)}$ 是问题(13.3.1)的 K-T 点. 由(13.3.10)式和(13.3.14)式可知,对每一个满足

$$\boldsymbol{d}^{\mathrm{T}}\nabla h_j(\boldsymbol{x}^{(0)}) = 0, \quad j = 1,\cdots,l$$

的非零向量 $\boldsymbol{d}$,有

$$\boldsymbol{d}^{\mathrm{T}}\Big(\nabla^2 f(\boldsymbol{x}^{(0)}) - \sum_{j=1}^{l} v_j^{(0)} \nabla^2 h_j(\boldsymbol{x}^{(0)})\Big)\boldsymbol{d} > 0. \tag{13.3.16}$$

由于(13.3.15)式和(13.3.16)式成立,根据定理 7.2.12,$\boldsymbol{x}^{(0)}$ 是问题(13.3.1)的严格局部最优解.

根据上述定理,如果知道最优乘子 $\bar{\boldsymbol{v}}$,那么只要取充分大的罚因子 σ,不需趋向无穷大,就能通过极小化 $\phi(\boldsymbol{x},\bar{\boldsymbol{v}},\sigma)$ 求出问题(13.3.1)的解. 但是,最优乘子 $\bar{\boldsymbol{v}}$ 事先未知,因此需要研究怎样确定 $\bar{\boldsymbol{v}}$ 和 σ,特别是 $\bar{\boldsymbol{v}}$. 一般方法是,先给定充分大的 σ 和 Lagrange 乘子的初始估计 $\boldsymbol{v}$,然后在迭代过程中修正 $\boldsymbol{v}$,力图使 $\boldsymbol{v}$ 趋向 $\bar{\boldsymbol{v}}$. 修正 $\boldsymbol{v}$ 的公式不难给出. 设在第 k 次迭代中,Lagrange 乘子向量的估计为 $\boldsymbol{v}^{(k)}$,罚因子取 σ,得到 $\phi(\boldsymbol{x},\boldsymbol{v}^{(k)},\sigma)$ 的极小点 $\boldsymbol{x}^{(k)}$. 这时有

$$\begin{aligned}\nabla_x\phi(\boldsymbol{x}^{(k)},\boldsymbol{v}^{(k)},\sigma) &= \nabla f(\boldsymbol{x}^{(k)}) - \sum_{j=1}^{l}(v_j^{(k)} - \sigma h_j(\boldsymbol{x}^{(k)}))\nabla h_j(\boldsymbol{x}^{(k)}) \\ &= \boldsymbol{0}.\end{aligned} \tag{13.3.17}$$

对于问题(13.3.1)的最优解 $\bar{\boldsymbol{x}}$,当 $\nabla h_1(\bar{\boldsymbol{x}}),\cdots,\nabla h_l(\bar{\boldsymbol{x}})$ 线性无关时,应有

$$\nabla f(\bar{\boldsymbol{x}}) - \sum_{j=1}^{l}\bar{v}_j\nabla h_j(\bar{\boldsymbol{x}}) = \boldsymbol{0}. \tag{13.3.18}$$

假如 $\boldsymbol{x}^{(k)}=\bar{\boldsymbol{x}}$,则必有 $\bar{v}_j = v_j^{(k)} - \sigma h_j(\boldsymbol{x}^{(k)})$,然而,一般来说,$\boldsymbol{x}^{(k)}$ 并非是 $\bar{\boldsymbol{x}}$,因此这个等式并不成立. 但是,由此可以给出修正乘子 $\boldsymbol{v}$ 的公式,令

$$v_j^{(k+1)} = v_j^{(k)} - \sigma h_j(\boldsymbol{x}^{(k)}), \quad j = 1,\cdots,l, \tag{13.3.19}$$

然后再进行第 $k+1$ 次迭代,求 $\phi(\boldsymbol{x},\boldsymbol{v}^{(k+1)},\sigma)$ 的无约束极小点. 这样做下去,可望 $\boldsymbol{v}^{(k)}\to\bar{\boldsymbol{v}}$,从而 $\boldsymbol{x}^{(k)}\to\bar{\boldsymbol{x}}$. 如果 $\{\boldsymbol{v}^{(k)}\}$ 不收敛,或者收敛太慢,则增大参数 σ,再进行迭代. 收敛快慢一般用 $\|h(\boldsymbol{x}^{(k)})\|/\|h(\boldsymbol{x}^{(k-1)})\|$ 来衡量.

13.3.2 等式约束问题乘子法计算步骤

乘子法的计算步骤如下:

(1) 给定初始点 $\boldsymbol{x}^{(0)}$,乘子向量初始估计 $\boldsymbol{v}^{(1)}$,参数 σ,允许误差 $\varepsilon>0$,常数 $\alpha>1$,$\beta\in(0,1)$,置 $k=1$.

(2) 以 $\boldsymbol{x}^{(k-1)}$ 为初点,解无约束问题

$$\min \quad \phi(\boldsymbol{x},\boldsymbol{v}^{(k)},\sigma),$$

得解 $\boldsymbol{x}^{(k)}$.

(3) 若 $\|h(\boldsymbol{x}^{(k)})\|<\varepsilon$,则停止计算,得到点 $\boldsymbol{x}^{(k)}$;否则,进行步骤(4).

(4) 若

$$\frac{\|h(\boldsymbol{x}^{(k)})\|}{\|h(\boldsymbol{x}^{(k-1)})\|}\geqslant\beta,$$

则置 $\sigma:=\alpha\sigma$,转步骤(5);否则,进行步骤(5).

(5) 用(13.3.19)式计算 $\bar{v}_j^{(k+1)}(j=1,\cdots,l)$,置 $k:=k+1$,转步骤(2).

例 13.3.1 用乘子法求解下列问题:

$$\begin{aligned}&\min\quad 2x_1^2+x_2^2-2x_1x_2\\&\text{s.t.}\quad h(\boldsymbol{x})=x_1+x_2-1=0.\end{aligned}$$

解 对于此例,增广 Lagrange 函数

$$\phi(\boldsymbol{x},v,\sigma)=2x_1^2+x_2^2-2x_1x_2-v(x_1+x_2-1)+\frac{\sigma}{2}(x_1+x_2-1)^2.$$

取罚因子 $\sigma=2$,令 Lagrange 乘子的初始估计 $v^{(1)}=1$,由此出发求最优乘子及问题的最优解.

下面用解析方法求函数 $\phi(\boldsymbol{x},v,\sigma)$ 的极小点.

在第 1 次迭代中,容易求得 $\phi(\boldsymbol{x},v^{(1)},\sigma)$ 的极小点为

$$\boldsymbol{x}^{(1)}=\begin{bmatrix}x_1^{(1)}\\x_2^{(1)}\end{bmatrix}=\begin{bmatrix}\dfrac{1}{2}\\\dfrac{3}{4}\end{bmatrix}.$$

一般地,在第 k 次迭代取乘子 $v^{(k)}$,增广 Lagrange 函数 $\phi(\boldsymbol{x},v^{(k)},\sigma)$ 的极小点为

$$\boldsymbol{x}^{(k)}=\begin{bmatrix}x_1^{(k)}\\x_2^{(k)}\end{bmatrix}=\begin{bmatrix}\dfrac{1}{6}(v^{(k)}+2)\\\dfrac{1}{4}(v^{(k)}+2)\end{bmatrix}.$$

现在通过修正 $v^{(k)}$ 求 $v^{(k+1)}$,由(13.3.19)式,有

$$\begin{aligned}v^{(k+1)}&=v^{(k)}-\sigma h(\boldsymbol{x}^{(k)})\\&=v^{(k)}-2\left(\frac{v^{(k)}+2}{6}+\frac{v^{(k)}+2}{4}-1\right)\\&=\frac{1}{6}v^{(k)}+\frac{1}{3}.\end{aligned}$$

易证当 $k\to\infty$ 时,序列 $\{v^{(k)}\}$ 收敛,且

$$\lim_{k\to\infty}v^{(k)}=\frac{2}{5}.$$

同时 $x_1^{(k)}\to\dfrac{2}{5}$,$x_2^{(k)}\to\dfrac{3}{5}$. 得到最优乘子

$$\bar{v}=\frac{2}{5},$$

问题的最优解

$$\bar{\boldsymbol{x}}=\begin{bmatrix}\bar{x}_1\\ \bar{x}_2\end{bmatrix}=\begin{bmatrix}\frac{2}{5}\\ \frac{3}{5}\end{bmatrix}.$$

在实际计算中，还应注意 σ 的取值. 如果 σ 太小，则收敛减慢，甚至出现不收敛的情形；如果 σ 太大，则会给计算带来困难.

13.3.3 不等式约束问题的乘子法

先考虑只有不等式约束的问题

$$\begin{aligned}&\min\quad f(\boldsymbol{x})\\&\text{s.t.}\quad g_j(\boldsymbol{x})\geqslant 0,\quad j=1,\cdots,m.\end{aligned}\tag{13.3.20}$$

为利用关于等式约束问题所得到的结果，引入变量 y_j，把不等式约束问题(13.3.20)化为等式约束问题

$$\begin{aligned}&\min\quad f(\boldsymbol{x})\\&\text{s.t.}\quad g_i(\boldsymbol{x})-y_j^2=0,\quad j=1,\cdots,m.\end{aligned}$$

这样，可定义增广 Lagrange 函数

$$\tilde{\phi}(\boldsymbol{x},\boldsymbol{y},\boldsymbol{w},\sigma)=f(\boldsymbol{x})-\sum_{j=1}^{m}w_j(g_j(\boldsymbol{x})-y_j^2)+\frac{\sigma}{2}\sum_{j=1}^{m}(g_j(\boldsymbol{x})-y_j^2)^2,$$

从而把问题(13.3.20)转化为求解

$$\min\quad \tilde{\phi}(\boldsymbol{x},\boldsymbol{y},\boldsymbol{w},\sigma).\tag{13.3.21}$$

将 $\tilde{\phi}(\boldsymbol{x},\boldsymbol{y},\boldsymbol{w},\sigma)$ 关于 $\boldsymbol{y}$ 求极小，由此解出 $\boldsymbol{y}$，并代入(13.3.21)式，将其化为只关于 $\boldsymbol{x}$ 求极小的问题. 为此求解

$$\min_{\boldsymbol{y}}\quad \tilde{\phi}(\boldsymbol{x},\boldsymbol{y},\boldsymbol{w},\sigma),\tag{13.3.22}$$

用配方法将 $\tilde{\phi}(\boldsymbol{x},\boldsymbol{y},\boldsymbol{w},\sigma)$ 化为

$$\begin{aligned}\tilde{\phi}&=f(\boldsymbol{x})+\sum_{j=1}^{m}\left[-w_j(g_j(\boldsymbol{x})-y_j^2)+\frac{\sigma}{2}(g_j(\boldsymbol{x})-y_j^2)^2\right]\\&=f(\boldsymbol{x})+\sum_{j=1}^{m}\left\{\frac{\sigma}{2}\left[y_j^2-\frac{1}{\sigma}(\sigma g_j(\boldsymbol{x})-w_j)\right]^2-\frac{w_j^2}{2\sigma}\right\}.\end{aligned}\tag{13.3.23}$$

为使 $\tilde{\phi}$ 关于 y_j 取极小，y_j 取值如下：

当 $\sigma g_j(\boldsymbol{x})-w_j\geqslant 0$ 时，

$$y_j^2=\frac{1}{\sigma}(\sigma g_j(\boldsymbol{x})-w_j).$$

当 $\sigma g_j(\boldsymbol{x})-w_j<0$ 时，

$$y_j=0.$$

综合以上两种情形，即

$$y_j^2=\frac{1}{\sigma}\max\{0,\sigma g_j(\boldsymbol{x})-w_j\},\tag{13.3.24}$$

将上式代入(13.3.23)式，由此定义增广 Lagrange 函数

$$\phi(\boldsymbol{x},\boldsymbol{w},\sigma)=f(\boldsymbol{x})+\frac{1}{2\sigma}\sum_{j=1}^{m}\left\{[\max(0,\ w_j-\sigma g_j(\boldsymbol{x}))]^2-w_j^2\right\},\tag{13.3.25}$$

将问题(13.3.20)转化为求解无约束问题

$$\min\quad \phi(\boldsymbol{x},\boldsymbol{w},\sigma).\tag{13.3.26}$$

对于既含有不等式约束又含有等式约束的问题

$$\begin{aligned}\min\quad & f(\boldsymbol{x})\\ \text{s.t.}\quad & g_j(\boldsymbol{x})\geqslant 0,\quad j=1,\cdots,m,\\ & h_j(\boldsymbol{x})=0,\quad j=1,\cdots,l.\end{aligned}\tag{13.3.27}$$

应定义增广 Lagrange 函数

$$\begin{aligned}\phi(\boldsymbol{x},\boldsymbol{w},\boldsymbol{v},\sigma)=&f(\boldsymbol{x})+\frac{1}{2\sigma}\sum_{j=1}^{m}\left\{[\max(0,\ w_j-\sigma g_j(\boldsymbol{x}))]^2-w_j^2\right\}\\ &-\sum_{j=1}^{l}v_jh_j(\boldsymbol{x})+\frac{\sigma}{2}\sum_{j=1}^{l}h_j^2(\boldsymbol{x}),\end{aligned}\tag{13.3.28}$$

在迭代中，与只有等式约束问题类似，也是取定充分大的参数 σ，并通过修正第 k 次迭代中的乘子 $\boldsymbol{w}^{(k)}$ 和 $\boldsymbol{v}^{(k)}$，得到第 $\boldsymbol{k}+1$ 次迭代中的乘子 $\boldsymbol{w}^{(k+1)}$ 和 $\boldsymbol{v}^{(k+1)}$. 修正公式如下：

$$\begin{cases}w_j^{(k+1)}=\max(0,w_j^{(k)}-\sigma g_j(\boldsymbol{x}^{(k)})),\quad j=1,\cdots,m,\\ v_j^{(k+1)}=v_j^{(k)}-\sigma h_j(\boldsymbol{x}^{(k)}),\quad j=1,\cdots,l.\end{cases}\tag{13.3.29}$$

计算步骤与等式约束情形相同.

例 13.3.2 用乘子法求解下列问题：

$$\begin{aligned}\min\quad & x_1^2+2x_2^2\\ \text{s.t.}\quad & x_1+x_2\geqslant 1.\end{aligned}$$

解 此问题的增广 Lagrange 函数为

$$\begin{aligned}\phi(\boldsymbol{x},w,\sigma)&=x_1^2+2x_2^2+\frac{1}{2\sigma}\left\{[\max(0,w-\sigma(x_1+x_2-1))]^2-w^2\right\}\\ &=\begin{cases}x_1^2+2x_2^2+\dfrac{1}{2\sigma}\left\{[w-\sigma(x_1+x_2-1)]^2-w^2\right\}, & x_1+x_2-1\leqslant\dfrac{w}{\sigma},\\ x_1^2+2x_2^2-\dfrac{w^2}{2\sigma}, & x_1+x_2-1>\dfrac{w}{\sigma},\end{cases}\end{aligned}$$

$$\frac{\partial\phi}{\partial x_1}=\begin{cases}2x_1-[w-\sigma(x_1+x_2-1)], & x_1+x_2-1\leqslant\dfrac{w}{\sigma},\\ 2x_1, & x_1+x_2-1>\dfrac{w}{\sigma},\end{cases}$$

$$\frac{\partial\phi}{\partial x_2}=\begin{cases}4x_2-[w-\sigma(x_1+x_2-1)], & x_1+x_2-1\leqslant\dfrac{w}{\sigma},\\ 4x_2, & x_1+x_2-1>\dfrac{w}{\sigma}.\end{cases}$$

令

$$\nabla_x\phi(\boldsymbol{x},w,\sigma)=\boldsymbol{0},$$

得到 $\phi(\boldsymbol{x},w,\sigma)$的无约束极小点

$$x_1=\frac{2(w+\sigma)}{4+3\sigma},\quad x_2=\frac{w+\sigma}{4+3\sigma}.$$

取 $\sigma=2,w^{(1)}=1$,得到 $\phi(\boldsymbol{x},w^{(1)},\sigma)$的极小点,

$$\boldsymbol{x}^{(1)}=\begin{bmatrix}x_1^{(1)}\\x_2^{(1)}\end{bmatrix}=\begin{bmatrix}\dfrac{3}{5}\\ \dfrac{3}{10}\end{bmatrix}.$$

修正 $w^{(1)}$,令

$$w^{(2)}=\max\left(0,\ 1-2\left(\frac{3}{5}+\frac{3}{10}-1\right)\right)=\frac{6}{5},$$

求得 $\phi(\boldsymbol{x},w^{(2)},\sigma)$的极小点

$$\boldsymbol{x}^{(2)}=\begin{bmatrix}x_1^{(2)}\\x_2^{(2)}\end{bmatrix}=\begin{bmatrix}\dfrac{16}{25}\\ \dfrac{8}{25}\end{bmatrix}.$$

以此类推,设在第 k 次迭代取乘子 $w^{(k)}$,求得 $\phi(\boldsymbol{x},w^{(k)},\sigma)$的极小点

$$\boldsymbol{x}^{(k)}=\begin{bmatrix}x_1^{(k)}\\x_2^{(k)}\end{bmatrix}=\begin{bmatrix}\dfrac{1}{5}(2+w^{(k)})\\ \dfrac{1}{10}(2+w^{(k)})\end{bmatrix},$$

修正 $w^{(k)}$,得到

$$w^{(k+1)}=\max(0,w^{(k)}-2(x_1^{(k)}+x_2^{(k)}-1))=\frac{1}{5}(2w^{(k)}+4).$$

显然,按上式迭代得到的序列$\{w^{(k)}\}$是收敛的.令 $k\to\infty$,则 $w^{(k)}\to\dfrac{4}{3}$及

$$x^{(k)}=\begin{bmatrix}x_1^{(k)}\\x_2^{(k)}\end{bmatrix}\to\begin{bmatrix}\frac{2}{3}\\\frac{1}{3}\end{bmatrix}.$$

在乘子法中，由于参数 σ 不必趋向无穷大就能求得约束问题的最优解，因此不出现罚函数法中的病态. 计算经验表明，乘子法优于罚函数法. 这种方法已经引起人们的广泛重视，受到广大使用者的欢迎.

习　题

1. 用外点法求解下列问题：

(1) $\min\ x_1^2+x_2^2$

s. t. $x_2=1$；

(2) $\min\ x_1^2+x_2^2$

s. t. $x_1+x_2-1=0$；

(3) $\min\ -x_1-x_2$

s. t. $1-x_1^2-x_2^2=0$；

(4) $\min\ x_1^2+x_2^2$

s. t. $2x_1+x_2-2\leqslant 0$,

$x_2\geqslant 1$；

(5) $\min\ -x_1x_2x_3$

s. t. $72-x_1-2x_2-2x_3=0$.

2. 考虑下列非线性规划问题：

$$\begin{aligned}\min\quad & x_1^3+x_2^3\\ \text{s. t.}\quad & x_1+x_2=1.\end{aligned}$$

(1) 求问题的最优解；

(2) 定义罚函数

$$F(\boldsymbol{x},\sigma)=x_1^3+x_2^3+\sigma(x_1+x_2-1)^2,$$

讨论能否通过求解无约束问题

$$\min\quad F(\boldsymbol{x},\sigma),$$

来获得原来约束问题的最优解？为什么？

3. 用内点法求解下列问题：

(1) $\min\ x$

s. t. $x\geqslant 1$；

(2) $\min\ (x+1)^2$

s. t. $x\geqslant 0$.

4. 考虑下列问题：

$$\begin{aligned}\min\quad & x_1x_2\\ \text{s. t.}\quad & g(\boldsymbol{x})=-2x_1+x_2+3\geqslant 0.\end{aligned}$$

（1）用二阶最优性条件证明点

$$\bar{\boldsymbol{x}} = \begin{bmatrix} \frac{3}{4} \\ -\frac{3}{2} \end{bmatrix}$$

是局部最优解.并说明它是否为全局最优解？

（2）定义障碍函数为

$$G(\boldsymbol{x},r) = x_1x_2 - r\ \ln g(\boldsymbol{x}),$$

试用内点法求解此问题,并说明内点法产生的序列趋向点 $\bar{\boldsymbol{x}}$.

5. 用乘子法求解下列问题：

（1）min $x_1^2+x_2^2$

s. t. $x_1\geqslant 1$；

（2）min $x_1+\frac{1}{3}(x_2+1)^2$

s. t. $x_1\geqslant 0$，

$x_2\geqslant 1$.

第 14 章 二次规划

二次规划是非线性规划中一种特殊情形，它的目标函数是二次实函数，约束是线性的. 由于二次规划比较简单，便于求解，且一些非线性规划可以转化为求解一系列二次规划问题，因此二次规划算法较早引起人们的重视，成为求解非线性规划的一个重要途径. 二次规划的算法较多，本章介绍其中几个典型的方法，它们是 Lagrange 方法，起作用集方法，Lemke 方法和路径跟踪法.

14.1 Lagrange 方法

本节介绍等式约束二次规划问题的一种求解方法——**Lagrange 方法.**

考虑二次规划问题

$$\begin{aligned} \min \quad & \frac{1}{2}\boldsymbol{x}^{\mathrm{T}}\boldsymbol{H}\boldsymbol{x}+\boldsymbol{c}^{\mathrm{T}}\boldsymbol{x} \\ \text{s.t.} \quad & \boldsymbol{A}\boldsymbol{x}=\boldsymbol{b}, \end{aligned} \tag{14.1.1}$$

其中 $\boldsymbol{H}$ 是 n 阶对称矩阵，$\boldsymbol{A}$ 是 $m\times n$ 矩阵，$\boldsymbol{A}$ 的秩为 m，$\boldsymbol{x}\in\mathbb{R}^n$，$\boldsymbol{b}$ 是 m 维列向量.

问题(14.1.1)可用消元法，Lagrange 乘子法等多种方法求解. 下面推导用 Lagrange 乘子法求解此类问题的公式.

首先定义 Lagrange 函数

$$L(\boldsymbol{x},\boldsymbol{\lambda})=\frac{1}{2}\boldsymbol{x}^{\mathrm{T}}\boldsymbol{H}\boldsymbol{x}+\boldsymbol{c}^{\mathrm{T}}\boldsymbol{x}-\boldsymbol{\lambda}^{\mathrm{T}}(\boldsymbol{A}\boldsymbol{x}-\boldsymbol{b}), \tag{14.1.2}$$

令

$$\nabla_x L(\boldsymbol{x},\boldsymbol{\lambda})=\boldsymbol{0},\quad \nabla_\lambda L(\boldsymbol{x},\boldsymbol{\lambda})=\boldsymbol{0},$$

得到方程组

$$\begin{aligned} \boldsymbol{H}\boldsymbol{x}+\boldsymbol{c}-\boldsymbol{A}^{\mathrm{T}}\boldsymbol{\lambda}&=\boldsymbol{0}, \\ -\boldsymbol{A}\boldsymbol{x}+\boldsymbol{b}&=\boldsymbol{0}, \end{aligned}$$

将此方程组写成

$$\begin{bmatrix} \boldsymbol{H} & -\boldsymbol{A}^{\mathrm{T}} \\ -\boldsymbol{A} & \boldsymbol{0} \end{bmatrix}\begin{bmatrix} \boldsymbol{x} \\ \boldsymbol{\lambda} \end{bmatrix}=\begin{bmatrix} -\boldsymbol{c} \\ -\boldsymbol{b} \end{bmatrix}, \tag{14.1.3}$$

系数矩阵

$$\begin{bmatrix} \boldsymbol{H} & -\boldsymbol{A}^{\mathrm{T}} \\ -\boldsymbol{A} & \boldsymbol{0} \end{bmatrix}$$

称为 Lagrange **矩阵**.

设上述 Lagrange 矩阵可逆,则可表示为

$$\begin{bmatrix} \boldsymbol{H} & -\boldsymbol{A}^{\mathrm{T}} \\ -\boldsymbol{A} & \boldsymbol{0} \end{bmatrix}^{-1} = \begin{bmatrix} \boldsymbol{Q} & -\boldsymbol{R}^{\mathrm{T}} \\ -\boldsymbol{R} & \boldsymbol{S} \end{bmatrix},$$

由式

$$\begin{bmatrix} \boldsymbol{H} & -\boldsymbol{A}^{\mathrm{T}} \\ -\boldsymbol{A} & \boldsymbol{0} \end{bmatrix}\begin{bmatrix} \boldsymbol{Q} & -\boldsymbol{R}^{\mathrm{T}} \\ -\boldsymbol{R} & \boldsymbol{S} \end{bmatrix} = \boldsymbol{I}_{m+n}$$

推得

$$\begin{aligned} &\boldsymbol{HQ} + \boldsymbol{A}^{\mathrm{T}}\boldsymbol{R} = \boldsymbol{I}_n, \\ &-\boldsymbol{HR}^{\mathrm{T}} - \boldsymbol{A}^{\mathrm{T}}\boldsymbol{S} = \boldsymbol{0}_{n\times m}, \\ &-\boldsymbol{AQ} = \boldsymbol{0}_{m\times n}, \\ &\boldsymbol{AR}^{\mathrm{T}} = \boldsymbol{I}_m. \end{aligned}$$

假设逆矩阵 $\boldsymbol{H}^{-1}$存在,由上述关系得到矩阵 $\boldsymbol{Q}$, $\boldsymbol{R}$, $\boldsymbol{S}$ 的表达式

$$\boldsymbol{Q} = \boldsymbol{H}^{-1} - \boldsymbol{H}^{-1}\boldsymbol{A}^{\mathrm{T}}(\boldsymbol{AH}^{-1}\boldsymbol{A}^{\mathrm{T}})^{-1}\boldsymbol{AH}^{-1}, \tag{14.1.4}$$

$$\boldsymbol{R} = (\boldsymbol{AH}^{-1}\boldsymbol{A}^{\mathrm{T}})^{-1}\boldsymbol{AH}^{-1}, \tag{14.1.5}$$

$$\boldsymbol{S} = -(\boldsymbol{AH}^{-1}\boldsymbol{A}^{\mathrm{T}})^{-1}. \tag{14.1.6}$$

由(14.1.3)式等号两端乘以 Lagrange 矩阵的逆,则得到问题的解

$$\bar{\boldsymbol{x}} = -\boldsymbol{Qc} + \boldsymbol{R}^{\mathrm{T}}\boldsymbol{b}, \tag{14.1.7}$$

$$\bar{\boldsymbol{\lambda}} = \boldsymbol{Rc} - \boldsymbol{Sb}. \tag{14.1.8}$$

下面给出 $\bar{\boldsymbol{x}}$ 和 $\bar{\boldsymbol{\lambda}}$ 的另一种表达式.

设 $\boldsymbol{x}^{(k)}$ 是(14.1.1)式的任一可行解,即 $\boldsymbol{x}^{(k)}$ 满足 $\boldsymbol{A}x^{(k)} = \boldsymbol{b}$. 在此点目标函数的梯度

$$\boldsymbol{g}_k = \nabla f(\boldsymbol{x}^{(k)}) = \boldsymbol{Hx}^{(k)} + \boldsymbol{c},$$

利用 $\boldsymbol{x}^{(k)}$ 和 $\boldsymbol{g}_k$,可将(14.1.7)式和(14.1.8)式改写成

$$\bar{\boldsymbol{x}} = \boldsymbol{x}^{(k)} - \boldsymbol{Qg}_k, \tag{14.1.9}$$

$$\bar{\boldsymbol{\lambda}} = \boldsymbol{Rg}_k. \tag{14.1.10}$$

关于 Lagrange 方法的详细分析参见文献[18].

例 14.1.1 用 Lagrange 方法求解下列问题:

$$\begin{aligned} \min \quad & x_1^2 + 2x_2^2 + x_3^2 - 2x_1x_2 + x_3 \\ \text{s.t.} \quad & x_1 + x_2 + x_3 = 4, \\ & 2x_1 - x_2 + x_3 = 2. \end{aligned}$$

解 易知

$$\boldsymbol{H} = \begin{bmatrix} 2 & -2 & 0 \\ -2 & 4 & 0 \\ 0 & 0 & 2 \end{bmatrix}, \quad \boldsymbol{c} = \begin{bmatrix} 0 \\ 0 \\ 1 \end{bmatrix}, \quad \boldsymbol{A} = \begin{bmatrix} 1 & 1 & 1 \\ 2 & -1 & 1 \end{bmatrix}, \quad \boldsymbol{b} = \begin{bmatrix} 4 \\ 2 \end{bmatrix},$$

$\boldsymbol{H}$ 的逆矩阵为

$$\boldsymbol{H}^{-1}=\begin{bmatrix}1 & \frac{1}{2} & 0\\ \frac{1}{2} & \frac{1}{2} & 0\\ 0 & 0 & \frac{1}{2}\end{bmatrix}.$$

由公式(14.1.4)式至(14.1.6)式算得

$$\boldsymbol{Q}=\frac{4}{11}\begin{bmatrix}\frac{1}{2} & \frac{1}{4} & -\frac{3}{4}\\ \frac{1}{4} & \frac{1}{8} & -\frac{3}{8}\\ -\frac{3}{4} & -\frac{3}{8} & \frac{9}{8}\end{bmatrix},$$

$$\boldsymbol{R}=\frac{4}{11}\begin{bmatrix}\frac{3}{4} & \frac{7}{4} & \frac{1}{4}\\ \frac{3}{4} & -1 & \frac{1}{4}\end{bmatrix},\quad \boldsymbol{S}=-\frac{4}{11}\begin{bmatrix}3 & -\frac{5}{2}\\ -\frac{5}{2} & 3\end{bmatrix},$$

把 $\boldsymbol{Q}$，$\boldsymbol{R}$ 代入(14.1.7)式，得到问题的最优解

$$\bar{\boldsymbol{x}}=\begin{bmatrix}x_1\\ x_2\\ x_3\end{bmatrix}=\begin{bmatrix}\frac{21}{11}\\ \frac{43}{22}\\ \frac{3}{22}\end{bmatrix}.$$

14.2 起作用集方法

14.2.1 起作用集方法的分析推导

考虑具有不等式约束的二次规划问题

$$\begin{aligned}\min\quad & f(\boldsymbol{x})\stackrel{\text{def}}{=}\frac{1}{2}\boldsymbol{x}^{\mathrm{T}}\boldsymbol{H}\boldsymbol{x}+\boldsymbol{c}^{\mathrm{T}}\boldsymbol{x}\\ \text{s.t.}\quad & \boldsymbol{A}\boldsymbol{x}\geqslant \boldsymbol{b},\end{aligned}\tag{14.2.1}$$

其中 $\boldsymbol{H}$ 是 n 阶对称正定矩阵，$\boldsymbol{c}$ 是 n 维列向量，$\boldsymbol{A}$ 是 $m\times n$ 矩阵，$\boldsymbol{A}$ 的秩为 m，$\boldsymbol{b}$ 是 m 维列向量，$\boldsymbol{x}\in\mathbb{R}^n$.

由于不等式约束的出现，问题(14.2.1)不能直接使用消元法和 Lagrange 方法求解.

解决这个问题的策略之一，是用起作用集方法将它转化为求解等式约束问题.

运用起作用集方法，在每次迭代中，以已知的可行点为起点，把在该点起作用约束作为等式约束，在此约束下极小化目标函数 $f(\boldsymbol{x})$，而其余的约束暂且不管. 求得新的比较好的可行点后，再重复以上做法. 下面加以具体分析.

设在第 k 次迭代中，已知可行点 $\boldsymbol{x}^{(k)}$，在该点起作用约束指标集用 $I^{(k)}$ 表示. 这时需要求解等式约束问题

$$\begin{aligned} \min \quad & f(\boldsymbol{x}) \\ \text{s.t.} \quad & \boldsymbol{a}^i\boldsymbol{x} = b_i, \quad i \in I^{(k)}, \end{aligned} \tag{14.2.2}$$

其中 $\boldsymbol{a}^i$ 是矩阵 $\boldsymbol{A}$ 的第 i 行. 也是在 $\boldsymbol{x}^{(k)}$ 处起作用约束函数的梯度.

为方便起见，现将坐标原点移至 $\boldsymbol{x}^{(k)}$，令

$$\boldsymbol{\delta} = \boldsymbol{x} - \boldsymbol{x}^{(k)},$$

则

$$\begin{aligned} f(\boldsymbol{x}) &= \frac{1}{2}(\boldsymbol{\delta} + \boldsymbol{x}^{(k)})^{\mathrm{T}}\boldsymbol{H}(\boldsymbol{\delta} + \boldsymbol{x}^{(k)}) + \boldsymbol{c}^{\mathrm{T}}(\boldsymbol{\delta} + \boldsymbol{x}^{(k)}) \\ &= \frac{1}{2}\boldsymbol{\delta}^{\mathrm{T}}\boldsymbol{H}\boldsymbol{\delta} + \boldsymbol{\delta}^{\mathrm{T}}\boldsymbol{H}\boldsymbol{x}^{(k)} + \frac{1}{2}\boldsymbol{x}^{(k)\mathrm{T}}\boldsymbol{H}\boldsymbol{x}^{(k)} + \boldsymbol{c}^{\mathrm{T}}\boldsymbol{\delta} + \boldsymbol{c}^{\mathrm{T}}\boldsymbol{x}^{(k)} \\ &= \frac{1}{2}\boldsymbol{\delta}^{\mathrm{T}}\boldsymbol{H}\boldsymbol{\delta} + \nabla f(\boldsymbol{x}^{(k)})^{\mathrm{T}}\boldsymbol{\delta} + f(\boldsymbol{x}^{(k)}), \end{aligned} \tag{14.2.3}$$

于是问题(14.2.2)转化成求校正量 $\boldsymbol{\delta}^{(k)}$ 的问题

$$\begin{aligned} \min \quad & \frac{1}{2}\boldsymbol{\delta}^{\mathrm{T}}\boldsymbol{H}\boldsymbol{\delta} + \nabla f(\boldsymbol{x}^{(k)})^{\mathrm{T}}\boldsymbol{\delta} \\ \text{s.t.} \quad & \boldsymbol{a}^i\boldsymbol{\delta} = 0, \quad i \in I^{(k)}. \end{aligned} \tag{14.2.4}$$

解二次规划(14.2.4)，求出最优解 $\boldsymbol{\delta}^{(k)}$，然后区别不同情形，决定下面应采取的步骤.

如果 $\boldsymbol{x}^{(k)} + \boldsymbol{\delta}^{(k)}$ 是可行点，且 $\boldsymbol{\delta}^{(k)} \neq \boldsymbol{0}$，则在第 $k+1$ 次迭代中，已知点取作

$$\boldsymbol{x}^{(k+1)} = \boldsymbol{x}^{(k)} + \boldsymbol{\delta}^{(k)}.$$

如果 $\boldsymbol{x}^{(k)} + \boldsymbol{\delta}^{(k)}$ 不是可行点，则令方向

$$\boldsymbol{d}^{(k)} = \boldsymbol{\delta}^{(k)},$$

并沿 $\boldsymbol{d}^{(k)}$ 搜索. 令

$$\boldsymbol{x} = \boldsymbol{x}^{(k)} + \alpha\boldsymbol{d}^{(k)}.$$

现在分析怎样确定沿 $\boldsymbol{d}^{(k)}$ 方向的步长 α_k. 根据保持可行性的要求，α_k 的取值应使得对于每个 $i \notin I^{(k)}$ 成立

$$\boldsymbol{a}^i(\boldsymbol{x}^{(k)} + \alpha_k\boldsymbol{d}^{(k)}) \geqslant b_i. \tag{14.2.5}$$

由于 $\boldsymbol{x}^{(k)}$ 是可行点，$\boldsymbol{a}^i\boldsymbol{x}^{(k)} \geqslant b_i$，因此由上式可知，当 $\boldsymbol{a}^i\boldsymbol{d}^{(k)} \geqslant 0$ 时，对于任意的非负数 α_k，(14.2.5)式总成立；当 $\boldsymbol{a}^i\boldsymbol{d}^{(k)} < 0$ 时，只要取正数

$$\alpha_k \leqslant \min\left\{\frac{b_i - \boldsymbol{a}^i\boldsymbol{x}^{(k)}}{\boldsymbol{a}^i\boldsymbol{d}^{(k)}} \,\middle|\, i \notin I^{(k)},\ \boldsymbol{a}^i\boldsymbol{d}^{(k)} < 0\right\},$$

对于每个 $i \notin I^{(k)}$,(14.2.5)式成立.

记

$$\hat{\alpha}_k = \min\left\{\frac{b_i - \boldsymbol{a}^i\boldsymbol{x}^{(k)}}{\boldsymbol{a}^i\boldsymbol{d}^{(k)}} \,\middle|\, i \notin I^{(k)},\ \boldsymbol{a}^i\boldsymbol{d}^{(k)} < 0\right\}.$$

由于$\boldsymbol{\delta}^{(k)}$是问题(14.2.4)的最优解,为在第 k 次迭代中得到较好可行点,应取

$$\alpha_k = \min\{1,\ \hat{\alpha}_k\}, \tag{14.2.6}$$

并令

$$\boldsymbol{x}^{(k+1)} = \boldsymbol{x}^{(k)} + \alpha_k\boldsymbol{d}^{(k)}.$$

如果

$$\alpha_k = \frac{b_p - \boldsymbol{a}^p\boldsymbol{x}^{(k)}}{\boldsymbol{a}^p\boldsymbol{d}^{(k)}} < 1, \tag{14.2.7}$$

则在点 $\boldsymbol{x}^{(k+1)}$,有

$$\boldsymbol{a}^p\boldsymbol{x}^{(k+1)} = \boldsymbol{a}^p(\boldsymbol{x}^{(k)} + \alpha_k\boldsymbol{d}^{(k)}) = b_p.$$

因此,在 $\boldsymbol{x}^{(k+1)}$ 处,$\boldsymbol{a}^p\boldsymbol{x} \geqslant b_p$ 为起作用约束.这时,把指标 p 加入 $I^{(k)}$,得到在 $\boldsymbol{x}^{(k+1)}$ 处的起作用约束指标集 $I^{(k+1)}$.

如果$\boldsymbol{\delta}^{(k)} = \boldsymbol{0}$,则 $\boldsymbol{x}^{(k)}$ 是问题(14.2.2)的最优解.这时应判断 $\boldsymbol{x}^{(k)}$ 是否为问题(14.2.1)的最优解.为此,需用(14.1.10)式计算起作用约束的乘子 $\lambda_i^{(k)}$ $(i \in I^{(k)})$.如果这些$\lambda_i^{(k)} \geqslant 0$,则点 $\boldsymbol{x}^{(k)}$ 是问题(14.2.1)的 K-T 点.由于(14.2.1)式为凸规划,因此 $\boldsymbol{x}^{(k)}$ 是最优解.如果存在 $q \in I^{(k)}$,使得 $\lambda_q^{(k)} < 0$,则 $\boldsymbol{x}^{(k)}$ 不可能是最优解.可以验证,当 $\lambda_q^{(k)} < 0$ 时,在 $\boldsymbol{x}^{(k)}$ 处存在可行下降方向.比如,设 $\boldsymbol{A}^{(k)}$ 是起作用约束系数矩阵,且 $\boldsymbol{A}^{(k)}$ 满秩,令方向

$$\boldsymbol{d} = \boldsymbol{A}^{(k)\mathrm{T}}(\boldsymbol{A}^{(k)}\boldsymbol{A}^{(k)\mathrm{T}})^{-1}\boldsymbol{e}_q,$$

$\boldsymbol{e}_q$ 是单位向量,对应下标 q 的分量为 1,则有

$$\boldsymbol{d}^{\mathrm{T}}\nabla f(\boldsymbol{x}^{(k)}) = \boldsymbol{e}_q^{\mathrm{T}}(\boldsymbol{A}^{(k)}\boldsymbol{A}^{(k)\mathrm{T}})^{-1}\boldsymbol{A}^{(k)}\boldsymbol{A}^{(k)\mathrm{T}}\boldsymbol{\lambda}^{(k)} = \lambda_q^{(k)} < 0,$$

因此 $\boldsymbol{d}$ 是在 $\boldsymbol{x}^{(k)}$ 处的下降方向.容易验证 $\boldsymbol{d}$ 也是可行方向.

当 $\lambda_q^{(k)} < 0$ 时,把下标 q 从 $I^{(k)}$ 中删除.如果有几个乘子同时为负数,令

$$\lambda_q^{(k)} = \min\{\lambda_i^{(k)} \mid i \in I^{(k)}\},$$

将对应 $\lambda_q^{(k)}$ 的约束从起作用约束集中去掉,再解问题(14.2.4).

14.2.2 起作用集方法计算步骤

计算步骤如下:

(1) 给定初始可行点 $\boldsymbol{x}^{(1)}$,相应的起作用约束指标集为 $I^{(1)}$,置 $k=1$.

(2) 求解问题(14.2.4),设其最优解为$\boldsymbol{\delta}^{(k)}$.若$\boldsymbol{\delta}^{(k)} = \boldsymbol{0}$,则进行步骤(5);否则,进行步

骤(3).

(3) 令 $\boldsymbol{d}^{(k)}=\boldsymbol{\delta}^{(k)}$,由(14.2.6)式确定 α_k,令

$$\boldsymbol{x}^{(k+1)} = \boldsymbol{x}^{(k)} + \alpha_k \boldsymbol{d}^{(k)},$$

计算 $\nabla f(\boldsymbol{x}^{(k+1)})$.

(4) 若 $\alpha_k<1$,则置 $I^{(k+1)}=I^{(k)}\cup\{p\}$, $k:=k+1$,返回步骤(2);若 $\alpha_k=1$,记点 $\boldsymbol{x}^{(k+1)}$ 处起作用约束指标集为 $I^{(k+1)}$,置 $k:=k+1$,进行步骤(5).

(5) 用(14.1.10)式计算对应起作用约束的 Lagrange 乘子 $\boldsymbol{\lambda}^{(k)}$,设

$$\lambda_q^{(k)} = \min\{\lambda_i^{(k)} \mid i \in I^{(k)}\},$$

若 $\lambda_q^{(k)}\geqslant 0$,则停止计算,得到最优解 $\boldsymbol{x}^{(k)}$;否则,从 $I^{(k)}$ 中删除 q,返回步骤(2).

例 14.2.1 用起作用集方法求解下列二次规划问题:

$$\begin{aligned} \min \quad & f(\boldsymbol{x}) \stackrel{\text{def}}{=} x_1^2 - x_1 x_2 + 2x_2^2 - x_1 - 10x_2 \\ \text{s.t.} \quad & -3x_1 - 2x_2 \geqslant -6, \\ & x_1,\ x_2 \geqslant 0. \end{aligned}$$

解 目标函数 $f(\boldsymbol{x})$ 写成

$$f(\boldsymbol{x}) = \frac{1}{2}(x_1,\ x_2)\begin{bmatrix} 2 & -1 \\ -1 & 4 \end{bmatrix}\begin{bmatrix} x_1 \\ x_2 \end{bmatrix} + (-1,\ -10)\begin{bmatrix} x_1 \\ x_2 \end{bmatrix},$$

由此可知

$$\boldsymbol{H} = \begin{bmatrix} 2 & -1 \\ -1 & 4 \end{bmatrix}, \quad \boldsymbol{c} = \begin{bmatrix} -1 \\ -10 \end{bmatrix}.$$

取初始可行点 $\boldsymbol{x}^{(1)}=(0,\ 0)^{\mathrm{T}}$,在点 $\boldsymbol{x}^{(1)}$,起作用约束指标集 $I^{(1)}=\{2,\ 3\}$. 求解相应的问题(14.2.4),即

$$\begin{aligned} \min \quad & \delta_1^2 - \delta_1\delta_2 + 2\delta_2^2 - \delta_1 - 10\delta_2 \\ \text{s.t.} \quad & \delta_1 = 0, \\ & \delta_2 = 0, \end{aligned}$$

得解 $\boldsymbol{\delta}^{(1)}=(0,\ 0)^{\mathrm{T}}$. 因此 $\boldsymbol{x}^{(1)}$ 是相应问题(14.2.2)的最优解. 为判断 $\boldsymbol{x}^{(1)}$ 是否为本例最优解,需要计算 Lagrange 乘子. 由 $I^{(1)}=\{2,\ 3\}$ 知

$$\boldsymbol{A} = \begin{bmatrix} 1 & 0 \\ 0 & 1 \end{bmatrix}, \quad \boldsymbol{b} = \begin{bmatrix} 0 \\ 0 \end{bmatrix}.$$

利用(14.1.10)式,算得乘子 $\lambda_2^{(1)}=-1$, $\lambda_3^{(1)}=-10$ 由此知 $\boldsymbol{x}^{(1)}$ 不是问题的最优解.

将 $\lambda_3^{(1)}$ 对应的约束,即原来问题的第 3 个约束,从起作用约束集中去掉,置 $I^{(1)}=\{2\}$,再解相应问题(14.2.4),即

$$\begin{aligned} \min \quad & \delta_1^2 - \delta_1\delta_2 + 2\delta_2^2 - \delta_1 - 10\delta_2 \\ \text{s.t.} \quad & \delta_1 = 0, \end{aligned}$$

得解$\boldsymbol{\delta}^{(1)}=\left(0,\ \frac{5}{2}\right)^{\mathrm{T}}$.

由于$\boldsymbol{\delta}^{(1)}\neq\mathbf{0}$,需要计算 α_1.由(14.2.6)式,有

$$\alpha_1=\min\left\{1,\ \frac{6}{5}\right\}=1.$$

令

$$\boldsymbol{x}^{(2)}=\boldsymbol{x}^{(1)}+\alpha_1\boldsymbol{\delta}^{(1)}=\begin{bmatrix}0\\0\end{bmatrix}+1\cdot\begin{bmatrix}0\\\frac{5}{2}\end{bmatrix}=\begin{bmatrix}0\\\frac{5}{2}\end{bmatrix},$$

算出$\nabla f(\boldsymbol{x}^{(2)})=\left(-\frac{7}{2},\ 0\right)^{\mathrm{T}}$.

由于 $\alpha_1=1$,置 $I^{(2)}=\{2\}$,在点 $\boldsymbol{x}^{(2)}$ 处,计算相应的 Lagrange 乘子. 此时

$$\boldsymbol{A}=(1,\ 0),\quad b=0.$$

由(14.1.10)式算得

$$\lambda_2^{(2)}=-\frac{7}{2},$$

因此 $\boldsymbol{x}^{(2)}$ 不是问题的最优解.

将指标 2 从 $I^{(2)}$ 中删除,于是 $I^{(2)}=\phi$,再解相应的问题(14.2.4),即

$$\min\quad \delta_1^2-\delta_1\delta_2+2\delta_2^2-\frac{7}{2}\delta_1,$$

得解$\boldsymbol{\delta}^{(2)}=\left(2,\ \frac{1}{2}\right)^{\mathrm{T}}$.

由于$\boldsymbol{\delta}^{(2)}\neq\mathbf{0}$,需要计算 α_2. 由(14.2.6)式,有

$$\alpha_2=\min\left\{1,\ \frac{1}{7}\right\}=\frac{1}{7}.$$

令

$$\boldsymbol{x}^{(3)}=\boldsymbol{x}^{(2)}+\alpha_2\boldsymbol{\delta}^{(2)}=\begin{bmatrix}0\\\frac{5}{2}\end{bmatrix}+\frac{1}{7}\begin{bmatrix}2\\\frac{1}{2}\end{bmatrix}=\begin{bmatrix}\frac{2}{7}\\\frac{18}{7}\end{bmatrix},$$

算出$\nabla f(\boldsymbol{x}^{(3)})=(-3,\ 0)^{\mathrm{T}}$.

在点 $\boldsymbol{x}^{(3)}$,第 1 个约束是起作用约束,这时有 $I^{(3)}=\{1\}$,解相应的问题(14.2.4),即

$$\begin{aligned}\min\quad & \delta_1^2-\delta_1\delta_2+2\delta_2^2-3\delta_1\\ \text{s.t.}\quad & -3\delta_1-2\delta_2=0,\end{aligned}$$

得解$\boldsymbol{\delta}^{(3)}=\left(\frac{3}{14}, -\frac{9}{28}\right)^{\mathrm{T}}$. 计算 α_3:

$$\alpha_3 = \min\{1, 8\} = 1.$$

令

$$\boldsymbol{x}^{(4)} = \boldsymbol{x}^{(3)} + \alpha_3 \boldsymbol{\delta}^{(3)} = \begin{bmatrix} \frac{2}{7} \\ \frac{18}{7} \end{bmatrix} + 1 \cdot \begin{bmatrix} \frac{3}{14} \\ -\frac{9}{28} \end{bmatrix} = \begin{bmatrix} \frac{1}{2} \\ \frac{9}{4} \end{bmatrix},$$

计算出$\nabla f(\boldsymbol{x}^{(4)})=\left(-\frac{9}{4}, -\frac{3}{2}\right)^{\mathrm{T}}$.

在点 $\boldsymbol{x}^{(4)}$, $I^{(4)}=\{1\}$,用(14.1.10)式计算相应的 Lagrange 乘子,得到$\lambda_1^{(4)}=\frac{3}{4}$,因此,点 $\boldsymbol{x}^{(4)}=\left(\frac{1}{2}, \frac{9}{4}\right)^{\mathrm{T}}$ 是所求的最优解.

14.3 Lemke 方法

14.3.1 Lemke 方法的基本思想

Lemke 方法是求解二次规划的又一种方法,它的基本思想是,把线性规划的单纯形方法加以适当修改,再用来求二次规划的 K-T 点. 最早出现的这种方法,大概是 Dantzig-Wolfe 方法,这里不加介绍,可参见文献[18].

现在考虑二次规划问题

$$\begin{aligned} \min \quad & f(\boldsymbol{x}) \overset{\text{def}}{=} \frac{1}{2}\boldsymbol{x}^{\mathrm{T}}\boldsymbol{H}\boldsymbol{x} + \boldsymbol{c}^{\mathrm{T}}\boldsymbol{x} \\ \text{s. t.} \quad & \boldsymbol{A}\boldsymbol{x} \geqslant \boldsymbol{b}, \\ & \boldsymbol{x} \geqslant \boldsymbol{0}, \end{aligned} \tag{14.3.1}$$

其中 $\boldsymbol{H}$ 是 n 阶对称矩阵,$\boldsymbol{c}$ 是 n 维列向量,$\boldsymbol{A}$ 是 $m \times n$ 矩阵,$\boldsymbol{A}$ 的秩为 m,$\boldsymbol{b}$ 是 m 维列向量.

引入乘子 $\boldsymbol{y}$ 和 $\boldsymbol{u}$,定义 Lagrange 函数

$$L(\boldsymbol{x}, \boldsymbol{y}, \boldsymbol{u}) = \frac{1}{2}\boldsymbol{x}^{\mathrm{T}}\boldsymbol{H}\boldsymbol{x} + \boldsymbol{c}^{\mathrm{T}}\boldsymbol{x} - \boldsymbol{y}^{\mathrm{T}}(\boldsymbol{A}\boldsymbol{x} - \boldsymbol{b}) - \boldsymbol{u}^{\mathrm{T}}\boldsymbol{x}, \tag{14.3.2}$$

再引入松弛变量$\boldsymbol{v} \geqslant \boldsymbol{0}$,使

$$\boldsymbol{A}\boldsymbol{x} - \boldsymbol{v} = \boldsymbol{b}. \tag{14.3.3}$$

这样,根据(7.2.49)式,可将问题(14.3.1)的 K-T 条件写成

$$\begin{cases} \boldsymbol{u}-\boldsymbol{H}\boldsymbol{x}+\boldsymbol{A}^{\mathrm{T}}\boldsymbol{y}=\boldsymbol{c}, \\ \boldsymbol{v}-\boldsymbol{A}\boldsymbol{x}=-\boldsymbol{b}, \\ \boldsymbol{u}^{\mathrm{T}}\boldsymbol{x}=0, \\ \boldsymbol{v}^{\mathrm{T}}\boldsymbol{y}=0, \\ \boldsymbol{u},\ \boldsymbol{v},\ \boldsymbol{x},\ \boldsymbol{y}\geqslant \boldsymbol{0}. \end{cases} \tag{14.3.4}$$

记

$$\boldsymbol{w}=\begin{bmatrix}\boldsymbol{u}\\ \boldsymbol{v}\end{bmatrix},\quad \boldsymbol{z}=\begin{bmatrix}\boldsymbol{x}\\ \boldsymbol{y}\end{bmatrix},\quad \boldsymbol{M}=\begin{bmatrix}\boldsymbol{H} & -\boldsymbol{A}^{\mathrm{T}}\\ \boldsymbol{A} & \boldsymbol{0}\end{bmatrix},\quad \boldsymbol{q}=\begin{bmatrix}\boldsymbol{c}\\ -\boldsymbol{b}\end{bmatrix}.$$

于是,(14.3.4)式可写成下列形式:

$$\begin{cases} \boldsymbol{w}-\boldsymbol{M}\boldsymbol{z}=\boldsymbol{q}, \\ \boldsymbol{w},\ \boldsymbol{z}\geqslant \boldsymbol{0}, \end{cases} \tag{14.3.5}$$

$$\boldsymbol{w}^{\mathrm{T}}\boldsymbol{z}=0, \tag{14.3.6}$$

其中 $\boldsymbol{w}$, $\boldsymbol{q}$, $\boldsymbol{z}$ 均为 $m+n$ 维列向量,$\boldsymbol{M}$ 则是 $m+n$ 阶矩阵.(14.3.5)式和(14.3.6)式称为**线性互补问题**,它的每一个解($\boldsymbol{w}$, $\boldsymbol{z}$)具有这样的特征:解的 $2(m+n)$ 个分量中,至少有 $m+n$ 个取零值,而且其中每对变量(w_i, z_i)中至少有一个为零,其余分量均是非负数. 下面研究怎样求出线性互补问题的解.

定义 14.3.1 设($\boldsymbol{w}$, $\boldsymbol{z}$)是(14.3.5)式的一个基本可行解,且每个互补变量对(w_i, z_i)中有一个变量是基变量,则称($\boldsymbol{w}$, $\boldsymbol{z}$)**是互补基本可行解**.

这样,求二次规划 K-T 点的问题就转化为求互补基本可行解. 现在介绍求互补基本可行解的 Lemke 方法. 分两种情形讨论:

(1) 如果 $\boldsymbol{q}\geqslant\boldsymbol{0}$,则($\boldsymbol{w}$, $\boldsymbol{z}$)=($\boldsymbol{q}$, $\boldsymbol{0}$)就是一个互补基本可行解.

(2) 如果不满足 $\boldsymbol{q}\geqslant 0$,则引入人工变量 z_0,令

$$\boldsymbol{w}-\boldsymbol{M}\boldsymbol{z}-\boldsymbol{e}z_0=\boldsymbol{q}, \tag{14.3.7}$$

$$\boldsymbol{w},\ \boldsymbol{z}\geqslant\boldsymbol{0},\quad z_0\geqslant 0, \tag{14.3.8}$$

$$\boldsymbol{w}^{\mathrm{T}}\boldsymbol{z}=0, \tag{14.3.9}$$

其中 $\boldsymbol{e}=(1,\ \cdots,\ 1)^{\mathrm{T}}$ 是分量全为 1 的 $m+n$ 维列向量.

在求解(14.3.7)式至(14.3.9)式之前,先引入准互补基本可行解的概念.

定义 14.3.2 设($\boldsymbol{w}$, $\boldsymbol{z}$, z_0)是(14.3.7)式,(14.3.8)式和(14.3.9)式的一个可行解,并满足下列条件,则称($\boldsymbol{w}$, $\boldsymbol{z}$, z_0)为**准互补基本可行解**.

(1) ($\boldsymbol{w}$, $\boldsymbol{z}$, z_0)是(14.3.7)式和(14.3.8)式的一个基本可行解;

(2) 对某个 $s\in\{1,\ \cdots,\ m+n\}$, w_s 和 z_s 都不是基变量;

(3) z_0 是基变量,每个互补变量对(w_i, z_i)($i=1$, $\cdots$, $m+n$, $i\neq s$)中,恰有一个变量是基变量.

下面用主元消去法求准互补基本可行解.

首先，令

$$z_0 = \max\{-q_i \mid i = 1, \cdots, m+n\} = -q_s,$$

$$\boldsymbol{z} = \boldsymbol{0}, \quad \boldsymbol{w} = \boldsymbol{q} + \boldsymbol{e}z_0 = \boldsymbol{q} - \boldsymbol{e}q_s,$$

则$(\boldsymbol{w}, \boldsymbol{z}, z_0)$是一个准互补基本可行解，其中 $w_i(i\neq s)$和 z_0 是基变量，其余变量为非基变量. 以此解为起始解，用主元消去法求新的准互补基本可行解，力图用这种方法迫使 z_0 变为非基变量. 为保持可行性，选择主元时要遵守两条规则：

(1) 若 w_i(或 z_i)离基，则 z_i(或 w_i)进基；

(2) 按照单纯形方法中的最小比值规则确定离基变量.

这样就能实现从一个准互补基本可行解到另一个准互补基本可行解的转换，直至得到互补基本可行解，即 z_0 变为非基变量，或者得出由(14.3.7)式，(14.3.8)式和(14.3.9)式所定义的可行域无界的结论.

14.3.2 Lemke 方法的计算步骤

计算步骤如下：

(1) 若 $\boldsymbol{q}\geqslant\boldsymbol{0}$，则停止计算，$(\boldsymbol{w}, \boldsymbol{z})=(\boldsymbol{q}, \boldsymbol{0})$是互补基本可行解；否则，用表格形式表示方程组(14.3.7)，设

$$-q_s = \max\{-q_i \mid i = 1, \cdots, m+n\},$$

取 s 行为主行，z_0 对应的列为主列，进行主元消去，令 $y_s=z_s$.

(2) 设在现行表中变量 y_s 下面的列为 $\boldsymbol{d}_s$. 若 $\boldsymbol{d}_s\leqslant\boldsymbol{0}$，则停止计算，得到(14.3.7)式和(14.3.8)式的可行域的极方向；否则，按最小比值规则确定指标 r，使

$$\frac{\bar{q}_r}{d_{rs}} = \min\left\{\frac{\bar{q}_i}{d_{is}} \,\middle|\, d_{is} > 0\right\}.$$

如果 r 行的基变量是 z_0，则转步骤(4)；否则，进行步骤(3).

(3) 设 r 行的基变量为 w_l 或 z_l(对于某个 $l\neq s$)，变量 y_s 进基，以 r 行为主行，y_s 对应的列为主列，进行主元消去. 如果离基变量是 w_l，则令 $y_s=z_l$；如果离基变量是 z_l，则令 $y_s=w_l$. 转步骤(2).

(4) 变量 y_s 进基，z_0 离基. 以 r 行为主行，y_s 对应的列为主列，进行主元消去. 得到互补基本可行解，停止计算.

例 14.3.1 用 Lemke 方法求解例 14.2.1：

$$\begin{aligned} \min \quad & x_1^2 - x_1x_2 + 2x_2^2 - x_1 - 10x_2 \\ \text{s.t.} \quad & -3x_1 - 2x_2 \geqslant -6, \\ & x_1, x_2 \geqslant 0. \end{aligned}$$

解 在此例中，有

$$\boldsymbol{H}=\begin{bmatrix}2 & -1\\ -1 & 4\end{bmatrix},\quad \boldsymbol{c}=\begin{bmatrix}-1\\ -10\end{bmatrix},\quad \boldsymbol{A}=[-3,-2],\quad \boldsymbol{b}=-6,$$

$$\boldsymbol{M}=\begin{bmatrix}\boldsymbol{H} & -\boldsymbol{A}^{\mathrm{T}}\\ \boldsymbol{A} & 0\end{bmatrix}=\begin{bmatrix}2 & -1 & 3\\ -1 & 4 & 2\\ -3 & -2 & 0\end{bmatrix},\quad \boldsymbol{q}=\begin{bmatrix}c\\ -b\end{bmatrix}=\begin{bmatrix}-1\\ -10\\ 6\end{bmatrix}.$$

线性互补问题为

$$\begin{aligned}
&w_1 \qquad -2z_1+z_2-3z_3=-1,\\
&w_2+\qquad z_1-4z_2-2z_3=-10,\\
&w_3+3z_1+2z_2\qquad =6,\\
&w_i\geqslant 0,z_i\geqslant 0,\quad i=1,2,3,\\
&w_iz_i=0,\quad i=1,2,3.
\end{aligned}$$

引入人工变量 z_0，建立下表：

	w_1	w_2	w_3	z_1	z_2	z_3	z_0	q
w_1	1	0	0	−2	1	−3	−1	−1
w_2	0	1	0	1	−4	−2	[−1]	−10
w_3	0	0	1	3	2	0	−1	6

$q_s=-10$，主元 $d_{27}=-1$，已用圈号表示，经主元消去，得到

	w_1	w_2	w_3	z_1	z_2	z_3	z_0	$\bar{q}$
w_1	1	−1	0	−3	[5]	−1	0	9
z_0	0	−1	0	−1	4	2	1	10
w_3	0	−1	1	2	6	2	0	16

$y_s=z_2$，$r=1$，主元 $d_{15}=5$，经主元消去，得到

	w_1	w_2	w_3	z_1	z_2	z_3	z_0	$\bar{q}$
z_2	$\frac{1}{5}$	$-\frac{1}{5}$	0	$-\frac{3}{5}$	1	$-\frac{1}{5}$	0	$\frac{9}{5}$
z_0	$-\frac{4}{5}$	$-\frac{1}{5}$	0	$\frac{7}{5}$	0	$\frac{14}{5}$	1	$\frac{14}{5}$
w_3	$-\frac{6}{5}$	$\frac{1}{5}$	1	[$\frac{28}{5}$]	0	$\frac{16}{5}$	0	$\frac{26}{5}$

$y_s=z_1$，$r=3$，主元 $d_{34}=\dfrac{28}{5}$，经主元消去，得到

	w_1	w_2	w_3	z_1	z_2	z_3	z_0	$\bar{q}$
z_2	$\frac{1}{14}$	$-\frac{5}{28}$	$\frac{3}{28}$	0	1	$\frac{1}{7}$	0	$\frac{33}{14}$
z_0	$-\frac{1}{2}$	$-\frac{1}{4}$	$-\frac{1}{4}$	0	0	$\boxed{2}$	1	$\frac{3}{2}$
z_1	$-\frac{3}{14}$	$\frac{1}{28}$	$\frac{5}{28}$	1	0	$\frac{4}{7}$	0	$\frac{13}{14}$

$y_s=z_3$，$r=2$，主元 $d_{26}=2$，经主元消去，得到下表：

	w_1	w_2	w_3	z_1	z_2	z_3	z_0	$\bar{q}$
z_2	$\frac{3}{28}$	$-\frac{9}{56}$	$\frac{7}{56}$	0	1	0	$-\frac{1}{14}$	$\frac{9}{4}$
z_3	$-\frac{1}{4}$	$-\frac{1}{8}$	$-\frac{1}{8}$	0	0	1	$\frac{1}{2}$	$\frac{3}{4}$
z_1	$-\frac{1}{14}$	$\frac{3}{28}$	$\frac{1}{4}$	1	0	0	$-\frac{2}{7}$	$\frac{1}{2}$

由于 $z_0=0$，得到互补基本可行解

$$(w_1,w_2,w_3,z_1,z_2,z_3)=\left(0,0,0,\frac{1}{2},\frac{9}{4},\frac{3}{4}\right),$$

因此得到 K-T 点

$$(x_1,x_2)=\left(\frac{1}{2},\frac{9}{4}\right).$$

由于此例是凸规划，因此 K-T 点也是最优解.

14.4 路径跟踪法

14.4.1 松弛 KKT 条件

考虑二次规划

$$\begin{aligned}\min\quad & f(\boldsymbol{x})\overset{\text{def}}{=}\frac{1}{2}\boldsymbol{x}^{\mathrm{T}}\boldsymbol{H}\boldsymbol{x}+\boldsymbol{c}^{\mathrm{T}}\boldsymbol{x}\\ \text{s.t.}\quad & \boldsymbol{A}\boldsymbol{x}\geqslant\boldsymbol{b},\end{aligned}\tag{14.4.1}$$

其中 $\boldsymbol{H}$ 是 n 阶对称正定矩阵，$\boldsymbol{A}$ 是 $m\times n$ 矩阵，$\boldsymbol{b}$ 是 m 维列向量. 根据假设，(14.4.1)式是凸二次规划，$\boldsymbol{x}$ 为最优解的充分必要条件是存在 Lagrange 乘子 $\boldsymbol{y}=(y_1,y_2,\cdots,y_m)^{\mathrm{T}}$，使 KKT 条件成立，即

$$\begin{cases}\boldsymbol{H}\boldsymbol{x}+\boldsymbol{c}-\boldsymbol{A}^{\mathrm{T}}\boldsymbol{y}=\boldsymbol{0},\\ \boldsymbol{A}\boldsymbol{x}-\boldsymbol{b}\geqslant\boldsymbol{0},\\ (\boldsymbol{A}\boldsymbol{x}-\boldsymbol{b})_i\boldsymbol{y}_i=0,\quad i=1,\cdots,m,\\ \boldsymbol{y}\geqslant\boldsymbol{0},\end{cases}\tag{14.4.2}$$

其中$(\boldsymbol{Ax}-\boldsymbol{b})_i$是$\boldsymbol{Ax}-\boldsymbol{b}$的第$i$个分量.如果记作$\boldsymbol{Ax}-\boldsymbol{b}-\boldsymbol{w}=\boldsymbol{0}$,$\boldsymbol{w}=(w_1,\cdots,w_m)^{\mathrm{T}}\geqslant\boldsymbol{0}$,可将条件(14.4.2)写作

$$\begin{aligned}&\boldsymbol{Hx}-\boldsymbol{A}^{\mathrm{T}}\boldsymbol{y}+\boldsymbol{c}=\boldsymbol{0},\\&\boldsymbol{Ax}-\boldsymbol{w}-\boldsymbol{b}=\boldsymbol{0},\\&y_iw_i=0,\quad i=1,\cdots,m,\\&\boldsymbol{y},\boldsymbol{w}\geqslant\boldsymbol{0}.\end{aligned}$$

现将条件$y_iw_i=0(i=1,\cdots,m)$改为$\boldsymbol{YWe}=\mu\boldsymbol{e}$,得到松弛KKT条件

$$\begin{cases}\boldsymbol{Hx}-\boldsymbol{A}^{\mathrm{T}}\boldsymbol{y}+\boldsymbol{c}=\boldsymbol{0},\\\boldsymbol{Ax}-\boldsymbol{w}-\boldsymbol{b}=\boldsymbol{0},\\\boldsymbol{YWe}=\mu\boldsymbol{e},\\\boldsymbol{y},\boldsymbol{w}\geqslant\boldsymbol{0},\end{cases}\tag{14.4.3}$$

其中$\boldsymbol{Y}=\mathrm{diag}(y_1,y_2,\cdots,y_m)$,$\boldsymbol{W}=\mathrm{diag}(w_1,w_2,\cdots,w_m)$,$\boldsymbol{e}=(1,1,\cdots,1)^{\mathrm{T}}$.对于每个实数$\mu>0$,(14.4.3)式存在惟一解$\boldsymbol{x}(\mu),\boldsymbol{y}(\mu),\boldsymbol{w}(\mu)$,称集合$\{(\boldsymbol{x}(\mu),\boldsymbol{y}(\mu),\boldsymbol{w}(\mu))\mid\mu>0\}$为中心路径.

14.4.2 求解方法

下面介绍怎样用迭代法求最优解.先任取一点$(\boldsymbol{x},\boldsymbol{y},\boldsymbol{w})$,其中$\boldsymbol{y}>\boldsymbol{0},\boldsymbol{w}>\boldsymbol{0}$.再求方向$(\Delta\boldsymbol{x},\Delta\boldsymbol{y},\Delta\boldsymbol{w})$,使$(\boldsymbol{x}+\Delta\boldsymbol{x},\boldsymbol{y}+\Delta\boldsymbol{y},\boldsymbol{w}+\Delta\boldsymbol{w})$满足条件(14.4.3),即满足

$$\begin{aligned}&\boldsymbol{H}(\boldsymbol{x}+\Delta\boldsymbol{x})-\boldsymbol{A}^{\mathrm{T}}(\boldsymbol{y}+\Delta\boldsymbol{y})+\boldsymbol{c}=\boldsymbol{0},\\&\boldsymbol{A}(\boldsymbol{x}+\Delta\boldsymbol{x})-(\boldsymbol{w}+\Delta\boldsymbol{w})-\boldsymbol{b}=\boldsymbol{0},\\&(\boldsymbol{Y}+\Delta\boldsymbol{Y})(\boldsymbol{W}+\Delta\boldsymbol{W})\boldsymbol{e}=\mu\boldsymbol{e},\end{aligned}$$

其中$\Delta\boldsymbol{Y}=\mathrm{diag}(\Delta y_1,\Delta y_2,\cdots,\Delta y_m)$,$\Delta\boldsymbol{W}=\mathrm{diag}(\Delta w_1,\Delta w_2,\cdots,\Delta w_m)$.经整理,忽略增量的二次项,得到

$$-\boldsymbol{H}\Delta\boldsymbol{x}+\boldsymbol{A}^{\mathrm{T}}\Delta\boldsymbol{y}=\boldsymbol{c}+\boldsymbol{Hx}-\boldsymbol{A}^{\mathrm{T}}\boldsymbol{y},\tag{14.4.4}$$

$$\boldsymbol{A}\Delta\boldsymbol{x}-\Delta\boldsymbol{w}=\boldsymbol{b}-\boldsymbol{Ax}+\boldsymbol{w},\tag{14.4.5}$$

$$\boldsymbol{W}\Delta\boldsymbol{y}+\boldsymbol{Y}\Delta\boldsymbol{w}=\mu\boldsymbol{e}-\boldsymbol{YWe}.\tag{14.4.6}$$

由(14.4.6)式可知

$$\Delta\boldsymbol{w}=\boldsymbol{Y}^{-1}(\mu\boldsymbol{e}-\boldsymbol{YWe}-\boldsymbol{W}\Delta\boldsymbol{y}),\tag{14.4.7}$$

代入(14.4.5)式,用矩阵形式,则有

$$\begin{bmatrix}-\boldsymbol{H}&\boldsymbol{A}^{\mathrm{T}}\\\boldsymbol{A}&\boldsymbol{Y}^{-1}\boldsymbol{W}\end{bmatrix}\begin{bmatrix}\Delta\boldsymbol{x}\\\Delta\boldsymbol{y}\end{bmatrix}=\begin{bmatrix}\boldsymbol{c}+\boldsymbol{Hx}-\boldsymbol{A}^{\mathrm{T}}\boldsymbol{y}\\\boldsymbol{b}-\boldsymbol{Ax}+\mu\boldsymbol{Y}^{-1}\boldsymbol{e}\end{bmatrix}.\tag{14.4.8}$$

解(14.4.8)式和(14.4.7)式,求出搜索方向$(\Delta\boldsymbol{x},\Delta\boldsymbol{y},\Delta\boldsymbol{w})$,再作一维搜索,求得新的内点解.对于凸二次规划,计算步骤如下(参见6.3节):

(1) 取初始点$(\boldsymbol{x}^{(1)},\boldsymbol{y}^{(1)},\boldsymbol{w}^{(1)})$,其中$\boldsymbol{y}^{(1)}>\boldsymbol{0},\boldsymbol{w}^{(1)}>\boldsymbol{0}$,取小于1且接近1的正数$p$和

$0<\delta<1$.

(2) 计算下式(初始 $k=1$)：

$$\boldsymbol{\rho}=\boldsymbol{b}-\boldsymbol{A}\boldsymbol{x}^{(k)}+\boldsymbol{w}^{(k)},\quad \boldsymbol{\sigma}=\boldsymbol{c}+\boldsymbol{H}\boldsymbol{x}^{(k)}-\boldsymbol{A}^{\mathrm{T}}\boldsymbol{y}^{(k)},$$

$$\gamma=\boldsymbol{y}^{(k)\mathrm{T}}\boldsymbol{w}^{(k)},\quad \mu=\delta\frac{\gamma}{m}.$$

(3) 解方程

$$\begin{bmatrix}-\boldsymbol{H} & \boldsymbol{A}^{\mathrm{T}}\\ \boldsymbol{A} & \boldsymbol{Y}^{-1}\boldsymbol{W}\end{bmatrix}\begin{bmatrix}\Delta\boldsymbol{x}\\ \Delta\boldsymbol{y}\end{bmatrix}=\begin{bmatrix}\boldsymbol{c}+\boldsymbol{H}\boldsymbol{x}^{(k)}-\boldsymbol{A}^{\mathrm{T}}\boldsymbol{y}^{(k)}\\ \boldsymbol{b}-\boldsymbol{A}\boldsymbol{x}^{(k)}+\mu\boldsymbol{Y}^{-1}\boldsymbol{e}\end{bmatrix}$$

及

$$\Delta\boldsymbol{w}=\boldsymbol{Y}^{-1}(\mu\boldsymbol{e}-\boldsymbol{Y}\boldsymbol{W}\boldsymbol{e}-\boldsymbol{W}\Delta\boldsymbol{y}),$$

求得搜索方向($\Delta\boldsymbol{x}^{(k)},\Delta\boldsymbol{y}^{(k)},\Delta\boldsymbol{w}^{(k)}$).

(4) 求沿方向($\Delta\boldsymbol{x}^{(k)},\Delta\boldsymbol{y}^{(k)},\Delta\boldsymbol{w}^{(k)}$)搜索的步长参数 λ：

$$\lambda=\min\left\{p\left[\max_{i,j}\left(-\frac{\Delta\boldsymbol{y}_i^{(k)}}{\boldsymbol{y}_i^{(k)}},-\frac{\Delta\boldsymbol{w}_j^{(k)}}{\boldsymbol{w}_j^{(k)}}\right)\right]^{-1},1\right\}.$$

(5) 令

$$\boldsymbol{x}^{(k+1)}=\boldsymbol{x}^{(k)}+\lambda\Delta\boldsymbol{x}^{(k)},\quad \boldsymbol{y}^{(k+1)}=\boldsymbol{y}^{(k)}+\lambda\Delta\boldsymbol{y}^{(k)},\quad \boldsymbol{w}^{(k+1)}=\boldsymbol{w}^{(k)}+\lambda\Delta\boldsymbol{w}^{(k)}.$$

用 $k+1$ 取代 k,继续按上述步骤迭代. 当 $\|\boldsymbol{\rho}\|_1$, $\|\boldsymbol{\sigma}\|_1$ 和 γ 足够小时停止计算,得到满足精度要求的最优解.

关于算法的收敛性分析,可参见文献[16].

例 14.4.1 给定二次规划

$$\begin{aligned}\min\quad & x_1^2+x_2^2-2x_1+2x_2+2\\ \text{s.t.}\quad & -x_1+x_2\geqslant -1,\\ & x_2\geqslant -2,\end{aligned}$$

取初始点 $\boldsymbol{x}^{(1)}=\begin{bmatrix}-1\\1\end{bmatrix}$, $\boldsymbol{y}^{(1)}=\begin{bmatrix}1\\1\end{bmatrix}$, $\boldsymbol{w}^{(1)}=\begin{bmatrix}1\\1\end{bmatrix}$, 令 $\delta=0.1$, $p=0.9$. 试用路径跟踪法迭代2次.

解 第1次迭代. 根据已知条件,有

$$\boldsymbol{H}=\begin{bmatrix}2 & 0\\ 0 & 2\end{bmatrix},\quad \boldsymbol{c}=\begin{bmatrix}-2\\ 2\end{bmatrix},\quad \boldsymbol{A}=\begin{bmatrix}-1 & 1\\ 0 & 1\end{bmatrix},\quad \boldsymbol{b}=\begin{bmatrix}-1\\ -2\end{bmatrix},\quad m=2.$$

经计算得到

$$\boldsymbol{\rho}=\boldsymbol{b}-\boldsymbol{A}\boldsymbol{x}^{(1)}+\boldsymbol{w}^{(1)}=\begin{bmatrix}-1\\ -2\end{bmatrix}-\begin{bmatrix}-1 & 1\\ 0 & 1\end{bmatrix}\begin{bmatrix}-1\\ 1\end{bmatrix}+\begin{bmatrix}1\\ 1\end{bmatrix}=\begin{bmatrix}-2\\ -2\end{bmatrix},$$

$$\boldsymbol{\sigma}=\boldsymbol{c}+\boldsymbol{H}\boldsymbol{x}^{(1)}-\boldsymbol{A}^{\mathrm{T}}\boldsymbol{y}^{(1)}=\begin{bmatrix}-2\\ 2\end{bmatrix}+\begin{bmatrix}2 & 0\\ 0 & 2\end{bmatrix}\begin{bmatrix}-1\\ 1\end{bmatrix}-\begin{bmatrix}-1 & 0\\ 1 & 1\end{bmatrix}\begin{bmatrix}1\\ 1\end{bmatrix}=\begin{bmatrix}-3\\ 2\end{bmatrix},$$

$$\gamma = \boldsymbol{y}^{(1)\mathrm{T}}\boldsymbol{w}^{(1)} = (1,1)\begin{bmatrix}1\\1\end{bmatrix} = 2,\quad \mu = \delta\frac{\gamma}{m} = 0.1\times\frac{2}{2} = 0.1.$$

解方程

$$\begin{bmatrix}-\boldsymbol{H} & \boldsymbol{A}^{\mathrm{T}}\\ \boldsymbol{A} & \boldsymbol{Y}^{-1}\boldsymbol{W}\end{bmatrix}\begin{bmatrix}\Delta\boldsymbol{x}\\ \Delta\boldsymbol{y}\end{bmatrix} = \begin{bmatrix}\boldsymbol{c}+\boldsymbol{H}\boldsymbol{x}^{(1)}-\boldsymbol{A}^{\mathrm{T}}\boldsymbol{y}^{(1)}\\ \boldsymbol{b}-\boldsymbol{A}\boldsymbol{x}^{(1)}+\mu\boldsymbol{Y}^{-1}\boldsymbol{e}\end{bmatrix}$$

和

$$\Delta\boldsymbol{w} = \boldsymbol{Y}^{-1}(\mu\boldsymbol{e}-\boldsymbol{Y}\boldsymbol{W}\boldsymbol{e}-\boldsymbol{W}\Delta\boldsymbol{y}),$$

经计算,即

$$\begin{bmatrix}-2 & 0 & -1 & 0\\ 0 & -2 & 1 & 1\\ -1 & 1 & 1 & 0\\ 0 & 1 & 0 & 1\end{bmatrix}\begin{bmatrix}\Delta x_1\\ \Delta x_2\\ \Delta y_1\\ \Delta y_2\end{bmatrix} = \begin{bmatrix}-3\\ 2\\ -2.9\\ -2.9\end{bmatrix}$$

及

$$\begin{bmatrix}\Delta w_1\\ \Delta w_2\end{bmatrix} = \begin{bmatrix}-0.9\\ -0.9\end{bmatrix} - \begin{bmatrix}\Delta y_1\\ \Delta y_2\end{bmatrix}.$$

解得 $\Delta x_1^{(1)}=1.44$, $\Delta x_2^{(1)}=-1.59$, $\Delta y_1^{(1)}=0.13$, $\Delta y_2^{(1)}=-1.31$, $\Delta w_1^{(1)}=-1.03$, $\Delta w_2^{(1)}=0.41$. 于是有

$$\begin{aligned}\lambda &= \min\left\{0.9\left[\max\left(-\frac{\Delta y_1^{(1)}}{y_1^{(1)}},-\frac{\Delta y_2^{(1)}}{y_2^{(1)}},-\frac{\Delta w_1^{(1)}}{w_1^{(1)}},-\frac{\Delta w_2^{(1)}}{w_2^{(1)}}\right)\right]^{-1},1\right\}\\ &= 0.69,\end{aligned}$$

$$\boldsymbol{x}^{(2)} = \boldsymbol{x}^{(1)}+\lambda\Delta\boldsymbol{x}^{(1)} = \begin{bmatrix}-1\\1\end{bmatrix}+0.69\begin{bmatrix}1.44\\-1.59\end{bmatrix} = \begin{bmatrix}-0.01\\-0.1\end{bmatrix},$$

$$\boldsymbol{y}^{(2)} = \boldsymbol{y}^{(1)}+\lambda\Delta\boldsymbol{y}^{(1)} = \begin{bmatrix}1\\1\end{bmatrix}+0.69\begin{bmatrix}0.13\\-1.31\end{bmatrix} = \begin{bmatrix}1.09\\0.1\end{bmatrix},$$

$$\boldsymbol{w}^{(2)} = \boldsymbol{w}^{(1)}+\lambda\Delta\boldsymbol{w}^{(1)} = \begin{bmatrix}1\\1\end{bmatrix}+0.69\begin{bmatrix}-1.03\\0.41\end{bmatrix} = \begin{bmatrix}0.29\\1.28\end{bmatrix}.$$

第 2 次迭代.

$$\boldsymbol{\rho} = \boldsymbol{b}-\boldsymbol{A}\boldsymbol{x}^{(2)}+\boldsymbol{w}^{(2)} = \begin{bmatrix}-1\\-2\end{bmatrix}-\begin{bmatrix}-1 & 1\\ 0 & 1\end{bmatrix}\begin{bmatrix}-0.01\\-0.1\end{bmatrix}+\begin{bmatrix}0.29\\1.28\end{bmatrix} = \begin{bmatrix}-0.62\\-0.62\end{bmatrix},$$

$$\boldsymbol{\sigma} = \boldsymbol{c}+\boldsymbol{H}\boldsymbol{x}^{(2)}-\boldsymbol{A}^{\mathrm{T}}\boldsymbol{y}^{(2)} = \begin{bmatrix}-2\\2\end{bmatrix}+\begin{bmatrix}2 & 0\\ 0 & 2\end{bmatrix}\begin{bmatrix}-0.01\\-0.1\end{bmatrix}-\begin{bmatrix}-1 & 0\\ 1 & 1\end{bmatrix}\begin{bmatrix}1.09\\0.1\end{bmatrix} = \begin{bmatrix}-0.93\\0.61\end{bmatrix},$$

$$\gamma = \boldsymbol{y}^{(2)\mathrm{T}}\boldsymbol{w}^{(2)} = (1.09,0.1)\begin{bmatrix}0.29\\1.28\end{bmatrix} = 0.45,\quad \mu = \delta\frac{\gamma}{m} = 0.1\times\frac{0.45}{2} = 0.02.$$

解方程

$$\begin{bmatrix} -\boldsymbol{H} & \boldsymbol{A}^{\mathrm{T}} \\ \boldsymbol{A} & \boldsymbol{Y}^{-1}\boldsymbol{W} \end{bmatrix}\begin{bmatrix} \Delta\boldsymbol{x} \\ \Delta\boldsymbol{y} \end{bmatrix} = \begin{bmatrix} \boldsymbol{c}+\boldsymbol{H}\boldsymbol{x}^{(2)}-\boldsymbol{A}^{\mathrm{T}}\boldsymbol{y}^{(2)} \\ \boldsymbol{b}-\boldsymbol{A}\boldsymbol{x}^{(2)}+\mu\boldsymbol{Y}^{-1}\boldsymbol{e} \end{bmatrix}$$

及

$$\Delta\boldsymbol{w} = \boldsymbol{Y}^{-1}(\mu\boldsymbol{e}-\boldsymbol{Y}\boldsymbol{W}\boldsymbol{e}-\boldsymbol{W}\Delta\boldsymbol{y}),$$

经计算,即

$$\begin{bmatrix} -2 & 0 & -1 & 0 \\ 0 & -2 & 1 & 1 \\ -1 & 1 & 0.27 & 0 \\ 0 & 1 & 0 & 12.8 \end{bmatrix}\begin{bmatrix} \Delta x_1 \\ \Delta x_2 \\ \Delta y_1 \\ \Delta y_2 \end{bmatrix} = \begin{bmatrix} -0.93 \\ 0.61 \\ -0.89 \\ -1.7 \end{bmatrix}$$

和

$$\begin{bmatrix} \Delta w_1 \\ \Delta w_2 \end{bmatrix} = \begin{bmatrix} \frac{1}{1.09} & 0 \\ 0 & 10 \end{bmatrix}\left[\begin{pmatrix} -0.3 \\ -0.11 \end{pmatrix} - \begin{pmatrix} 0.29\Delta y_1 \\ 1.28\Delta y_2 \end{pmatrix}\right],$$

得到 $\Delta x_1^{(2)}=0.43$, $\Delta x_2^{(2)}=-0.42$, $\Delta y_1^{(2)}=-0.13$, $\Delta y_2^{(2)}=-0.10$, $\Delta w_1^{(2)}=-0.24$, $\Delta w_2^{(2)}=0.20$.

计算步长参数 λ:

$$\begin{aligned} \lambda &= \min\left\{0.9\left[\max\left(-\frac{\Delta y_1^{(2)}}{y_1^{(2)}}, -\frac{\Delta y_2^{(2)}}{y_2^{(2)}}, -\frac{\Delta w_1^{(2)}}{w_1^{(2)}}, -\frac{\Delta w_2^{(2)}}{w_2^{(2)}}\right)\right]^{-1}, 1\right\} \\ &= \min\left\{0.9\left[\max\left(-\frac{-0.13}{1.09}, -\frac{-0.10}{0.1}, -\frac{-0.24}{0.29}, -\frac{0.2}{1.28}\right)\right]^{-1}, 1\right\} \\ &= 0.9, \end{aligned}$$

$$\boldsymbol{x}^{(3)} = \boldsymbol{x}^{(2)} + \lambda\Delta\boldsymbol{x}^{(2)} = \begin{bmatrix} -0.01 \\ -0.1 \end{bmatrix} + 0.9\begin{bmatrix} 0.43 \\ -0.42 \end{bmatrix} = \begin{bmatrix} 0.38 \\ -0.48 \end{bmatrix},$$

$$\boldsymbol{y}^{(3)} = \boldsymbol{y}^{(2)} + \lambda\Delta\boldsymbol{y}^{(2)} = \begin{bmatrix} 1.09 \\ 0.1 \end{bmatrix} + 0.9\begin{bmatrix} -0.13 \\ -0.10 \end{bmatrix} = \begin{bmatrix} 0.97 \\ 0.01 \end{bmatrix},$$

$$\boldsymbol{w}^{(3)} = \boldsymbol{w}^{(2)} + \lambda\Delta\boldsymbol{w}^{(2)} = \begin{bmatrix} 0.29 \\ 1.28 \end{bmatrix} + 0.9\begin{bmatrix} -0.24 \\ 0.20 \end{bmatrix} = \begin{bmatrix} 0.07 \\ 1.46 \end{bmatrix}.$$

经 2 次迭代,得到近似解 $\boldsymbol{x}^{(3)}=(0.38,-0.48)^{\mathrm{T}}$.

事实上,这个问题的最优解 $\boldsymbol{x}^*=(0.5,-0.5)^{\mathrm{T}}$.

习　题

1. 用 Lagrange 方法求解下列问题：

(1) $\min\quad 2x_1^2+x_2^2+x_1x_2-x_1-x_2$

$\text{s.t.}\quad x_1+x_2=1.$

(2) $\min\quad \frac{3}{2}x_1^2-x_1x_2+x_2^2-x_2x_3+\frac{1}{2}x_3^2+x_1+x_2+x_3$

$\text{s.t.}\quad x_1+2x_2+x_3=4.$

2. 用起作用集方法求解下列问题：

(1) $\min\quad 9x_1^2+9x_2^2-30x_1-72x_2$

$\text{s.t.}\quad -2x_1-x_2\geqslant -4,$

$x_1,x_2\geqslant 0,$

取初始可行点 $\boldsymbol{x}^{(1)}=(0,0)^{\mathrm{T}}$.

(2) $\min\quad x_1^2-x_1x_2+x_2^2-3x_1$

$\text{s.t.}\quad -x_1-x_2\geqslant -2,$

$x_1,x_2\geqslant 0,$

取初始可行点 $\boldsymbol{x}^{(1)}=(0,0)^{\mathrm{T}}$.

3. 用 Lemke 方法求解下列问题：

(1) $\min\quad 2x_1^2+x_2^2-2x_1x_2-6x_1-2x_2$

$\text{s.t.}\quad -x_1-x_2\geqslant -2,$

$-2x_1+x_2\geqslant -2,$

$x_1,x_2\geqslant 0;$

(2) $\min\quad 2x_1^2+2x_2^2+x_3^2+2x_1x_2+2x_1x_3-8x_1-6x_2-4x_3+9$

$\text{s.t.}\quad -x_1-x_2-x_3\geqslant -3,$

$x_1,x_2,x_3\geqslant 0.$

*第 15 章　整数规划简介

数学规划中，根据实际问题所建立的数学模型，往往遇到这种情形，除目标函数和约束函数是线性函数外，还要求决策变量取整数值，这类问题称为**线性整数规划**，简称为**整数规划**. 其中，如果要求所有变量取整数值，则称为纯整数规划；如果要求部分变量取整数值，则称为混合整数规划；如果要求变量只取 0 或 1，则称为 0-1 规划. 一般表示为

$$\begin{aligned} \min \quad & \boldsymbol{cx} \\ \text{s.t.} \quad & \boldsymbol{Ax} = \boldsymbol{b}, \\ & \boldsymbol{x} \geqslant \boldsymbol{0}, \quad x_j \text{ 为整数}, \quad \forall j \in \text{IN}. \end{aligned} \tag{P_0}$$

其中 IN 是取整数的变量的下标集，$\boldsymbol{A}$ 为 $m \times n$ 矩阵，$\boldsymbol{c}$ 是 n 维行向量，$\boldsymbol{b}$ 是 m 维列向量.

整数规划是最优化学科中一个重要分支，数学模型类似线性规划，只是多了整数性限制. 在求解整数规划时，容易想到先解相应的线性规划，得到最优解后再四舍五入，作为整数规划的最优解. 其实，这种作法一般不可取. 经四舍五入得到的解不一定是整数规划的可行解；即使是可行解，也不一定是整数规划的最优解. 例如下列整数规划：

$$\begin{aligned} \min \quad & -13x_1 - 3x_2 \\ \text{s.t.} \quad & -8x_1 + 11x_2 \leqslant 82, \\ & 9x_1 + 2x_2 \leqslant 40, \\ & x_1, x_2 \geqslant 0, \quad x_1, x_2 \text{ 取整数值}. \end{aligned}$$

去掉整数限制后，用单纯形方法求得线性规划的最优解$(x_1, x_2) = (2.4, 9.2)^{\mathrm{T}}$，目标函数最优值 $f = -58.8$. 去掉尾数 0.4 和 0.2 以后，得到的整数点$(x_1, x_2) = (2, 9)$，不满足第 1 个约束条件，因此不是整数规划的可行点，当然不是整数规划的最优解. 事实上，整数规划存在最优解，其最优解就是 $x_1 = 4, x_2 = 2$，目标函数的最优值 $f = -58$. 因此，一般来说，不宜用线性规划最优解的整数部分作为整数规划的最优解. 整数规划的求解方法，需要专门加以研究. 下面介绍几种求解方法.

15.1　分支定界法

15.1.1　方法简介

分支定界法是求解整数规划广泛使用的一种方法，计算过程涉及三个基本概念.

1. 松弛

将整数规划(P_0)去掉整数性约束,得到线性规划

$$\begin{aligned} \min \quad & \boldsymbol{cx} \\ \text{s.t.} \quad & \boldsymbol{Ax} = \boldsymbol{b}, \\ & \boldsymbol{x} \geqslant \boldsymbol{0}. \end{aligned} \qquad (\bar{P}_0)$$

称($\bar{P}_0$)为整数规划(P_0)的松弛问题.

整数规划(P_0)与它的松弛问题($\bar{P}_0$)之间有下列关系:

(1) 若($\bar{P}_0$)没有可行解,则(P_0)无可行解;

(2) ($\bar{P}_0$)的最小值给出(P_0)的最小值的下界 F_l;

(3) 若($\bar{P}_0$)的最优解是(P_0)的可行解,则也是(P_0)的最优解.

2. 分解

设整数规划问题(P_0)的可行集为 $S(P_0)$,子问题(P_1),…,(P_k)的可行集分别为 $S(P_1)$,…,$S(P_k)$,每个子问题与(P_0)有相同的目标函数,满足条件 $\bigcup_{i=1}^{k} S(P_i) = S(P_0)$ 及 $S(P_i) \cap S(P_j) = \varnothing, \forall i \neq j$,则称($P_0$)分解成子问题($P_1$),…,($P_k$)之和.

下面给出一种分解方法:

设松弛问题($\bar{P}_0$)的最优解不满足(P_0)中整数性要求.任选一个不满足整数性要求的变量 x_j,设其取值为 $\bar{b}_j$,用$[\bar{b}_j]$表示小于 $\bar{b}_j$ 的最大整数,将约束 $x_j \leqslant [\bar{b}_j]$和 $x_j \geqslant [\bar{b}_j]+1$ 分别置于问题(P_0)中,则将(P_0)分解成下列两个子问题:

$$\begin{aligned} \min \quad & \boldsymbol{cx} \\ \text{s.t.} \quad & \boldsymbol{Ax} = \boldsymbol{b}, \\ & x_j \leqslant [\bar{b}_j], \\ & \boldsymbol{x} \geqslant \boldsymbol{0}, \quad x_j \text{ 为整数}, \forall j \in \text{IN} \end{aligned} \qquad (P_1)$$

和

$$\begin{aligned} \min \quad & \boldsymbol{cx} \\ \text{s.t.} \quad & \boldsymbol{Ax} = \boldsymbol{b}, \\ & x_j \geqslant [\bar{b}_j] + 1, \\ & \boldsymbol{x} \geqslant \boldsymbol{0}, \quad x_j \text{ 为整数}, \forall j \in \text{IN}. \end{aligned} \qquad (P_2)$$

3. 探测

设整数规划(P_0)已分解成(P_1),…,(P_k)之和,各自的松弛问题分别记作($\bar{P}_1$),…,

$(\bar{\mathrm{P}}_k)$，又知(P_0)的一个可行解 $\bar{\boldsymbol{x}}$，则有下列探测结果$(i\neq 0)$：

(1) 若松弛问题$(\bar{\mathrm{P}}_i)$没有可行解，则探明相应的子问题(P_i)没有可行解，可将(P_i)删去.

(2) 若$(\bar{\mathrm{P}}_i)$的最小值不小于 $\boldsymbol{c}\bar{\boldsymbol{x}}$，则探明子问题$(\mathrm{P}_i)$没有比 $\bar{\boldsymbol{x}}$ 更好的可行解，因此可以删去.

(3) 若松弛问题$(\bar{\mathrm{P}}_i)$的最优解是(P_i)的可行解，则也是(P_i)的最优解. 因此，在以后的分解或探测中，子问题(P_i)不必再考虑. 若(P_i)的最优值 $\boldsymbol{c}\boldsymbol{x}^{(i)}<\boldsymbol{c}\bar{\boldsymbol{x}}$，则令 $\boldsymbol{c}\bar{\boldsymbol{x}}=\boldsymbol{c}\boldsymbol{x}^{(i)}$，即将$(\mathrm{P}_i)$的最优值 $\boldsymbol{c}\boldsymbol{x}^{(i)}$ 作为(P_0)的最优值的一个新的上界.

(4) 如果各个松弛问题$(\bar{\mathrm{P}}_i)$的最小值均不小于问题(P_0)最优值的已知上界，则整数规划(P_0)达到最优解.

用分支定界法求解问题(P_0)时，首先要给定一个最优值上界 $\boldsymbol{c}\bar{\boldsymbol{x}}$，如果还未求出$(\mathrm{P}_0)$的一个可行解 $\bar{\boldsymbol{x}}$，可令目标函数值的上界 $\boldsymbol{c}\bar{\boldsymbol{x}}=+\infty$. 然后将$(\mathrm{P}_0)$分解成若干个子问题，并按一定顺序，依次用单纯形方法求解各个松弛子问题，确定子问题目标函数值的下界，根据计算结果，决定现行子问题是否作进一步分解，并逐步更新(P_0)的最优值的上界，使之越来越小. 这个过程进行到所有需要探测的子问题均已探明，给出了(P_0)的最优解，或得到无界的结论. 在列出具体步骤之前，先约定一些符号. 令 F_u 为整数规划(P_0)最优值的上界，$S(\mathrm{P}_0)$，$S(\mathrm{P}_i)(i\neq 0)$同前面规定，$S(\bar{\mathrm{P}}_i)$为松弛线性规划$(\bar{\mathrm{P}}_i)$的可行集，$\bar{\boldsymbol{x}}$ 为 $S(\mathrm{P}_0)$的可行解，NF 为待探测问题(P_i)的下标集.

计算步骤：

(1) 置 $\mathrm{NF}=\{0\}$，$\bar{x}=\varnothing$，$F_u=+\infty$.

(2) 选择下标 $k\in\mathrm{NF}$，用单纯形方法解松弛问题$(\bar{\mathrm{P}}_k)$. 设最优解为 $\boldsymbol{x}^{(k)}$，最优值为 f_k（f_k 是子问题(P_k)的最优值的下界）；如果不存在最优解，则置 $f_k=+\infty$.

(3) 若 $f_k=+\infty$，则置 $\mathrm{NF}:=\mathrm{NF}\backslash\{k\}$，转步骤(7)；否则执行步骤(4).

(4) 若 $f_k\geqslant F_u$，则置 $\mathrm{NF}:=\mathrm{NF}\backslash\{k\}$，转步骤(7)；否则执行步骤(5).

(5) 若 $f_k<F_u$，$\boldsymbol{x}^{(k)}\in S(\mathrm{P}_0)$，则置 $F_u=f_k$，$\bar{\boldsymbol{x}}=\boldsymbol{x}^{(k)}$，$\mathrm{NF}:=\mathrm{NF}\backslash\{k\}$，转步骤(7)；否则执行步骤(6).

(6) 若 $f_k<F_u$，$\boldsymbol{x}^{(k)}\notin S(\mathrm{P}_0)$，则将 $S(\mathrm{P}_k)$分解成二个子集 $S(\mathrm{P}_{k_1})$和 $S(\mathrm{P}_{k_2})$. 置 $\mathrm{NF}:=(\mathrm{NF}\backslash\{k\})\cup\{k_1,k_2\}$，转步骤(2).

(7) 若 $\mathrm{NF}\neq\varnothing$，则转步骤(2). 若 $\mathrm{NF}=\varnothing$，则终止，$\bar{\boldsymbol{x}}$ 为(P_0)的最优解，F_u 为最优值，如果 $\bar{\boldsymbol{x}}=\varnothing$，则$(\mathrm{P}_0)$不存在最优解.

15.1.2 举例

例 15.1.1 用分支定界法求解整数规划(P)：

$$\begin{aligned}\min\quad & 2x_1 - x_2 \\ \text{s. t.}\quad & 5x_1 + 4x_2 \leqslant 20, \\ & -3x_1 + x_2 \leqslant 3, \\ & x_1, x_2 \geqslant 0,\quad x_1, x_2 \text{ 为整数}.\end{aligned}$$

解 由于(0,0)为可行解,知目标函数值一个上界 $F_u=0$. 用单纯形方法解松弛问题

$$\begin{aligned}\min\quad & 2x_1 - x_2 \\ \text{s. t.}\quad & 5x_1 + 4x_2 \leqslant 20, \\ & -3x_1 + x_2 \leqslant 3, \\ & x_1, x_2 \geqslant 0.\end{aligned}$$

求得最优解 $\bar{x}_1=\frac{8}{17}, \bar{x}_2=\frac{75}{17}$,最小值 $f=-\frac{59}{17}$,由此知整数规划(P)的最优值的一个下界 $F_l=-\frac{59}{17}$. 因此(P)的最优值 $F^* \in \left[-\frac{59}{17}, 0\right]$. 由于松弛问题的解不满足整数性要求,引进条件 $x_1 \leqslant [\bar{x}_1]$ 和 $x_1 \geqslant [\bar{x}_1]+1$,即 $x_1 \leqslant 0$ 及 $x_1 \geqslant 1$,将整数规划(P)分解成 2 个子问题,一个记作(P_1):

$$\begin{aligned}\min\quad & 2x_1 - x_2 \\ \text{s. t.}\quad & 5x_1 + 4x_2 \leqslant 20, \\ & -3x_1 + x_2 \leqslant 3, \\ & x_1 \leqslant 0, \\ & x_1, x_2 \geqslant 0,\quad x_1, x_2 \text{ 为整数}.\end{aligned}$$

另一个记作(P_2):

$$\begin{aligned}\min\quad & 2x_1 - x_2 \\ \text{s. t.}\quad & 5x_1 + 4x_2 \leqslant 20, \\ & -3x_1 + x_2 \leqslant 3, \\ & x_1 \geqslant 1, \\ & x_1, x_2 \geqslant 0,\quad x_1, x_2 \text{ 为整数}.\end{aligned}$$

用单纯形方法求解相应的松弛问题($\bar{P}_1$)和($\bar{P}_2$)(即去掉整数限制后得到的线性规划).

对于($\bar{P}_1$),易知最优解为 $\bar{x}_1=0, x_2=3$,最优值 $f_1=-3$. 这个解是整数规划(P)的可行解,因此令(P)的最优值的一个新上界 $F_u=-3$. 整数规划(P_1)不需再分解. 整数规划(P)的最优值 $F^* \in \left[-\frac{59}{17}, -3\right]$.

再用单纯形方法求解松弛问题($\bar{P}_2$),得最优解 $\bar{x}_1=1, \bar{x}_2=\frac{15}{4}$,最优值 $f_2=-\frac{7}{4}$. 由于

x_2 取值非整数，所以这个解不是子问题(P_2)的可行解. 但是，它给出(P_2)最优值的下界 $-\frac{7}{4}$，这个值大于(P)的最优值的上界 $F_u=-3$. 因此不必再分解，已经得到整数规划的最优解 $x_1^*=0, x_2^*=3$，最优值 $F^*=-3$.

15.2 割平面法

15.2.1 方法简介

1958 年，R. E. Gomory 创立了解整数规划的割平面算法. 这种方法的基本思想是，首先求解整数规划的线性松弛问题. 如果得到的最优解满足整数要求，则为整数规划的最优解；否则，选择一个不满足整数要求的基变量，定义一个新约束，增加到原来的约束集中. 这个约束的作用是，切掉一部分不满足整数要求的可行解，缩小可行域，而保留全部整数可行解. 然后，解新的松弛线性规划. 重复以上过程，直至求出整数最优解. 这种方法中，关键是如何定义切割约束，下面给予简要介绍.

考虑整数规划

$$\begin{aligned} \min \quad & \boldsymbol{cx} \\ \text{s. t.} \quad & \boldsymbol{Ax}=\boldsymbol{b}, \\ & \boldsymbol{x}\geqslant \boldsymbol{0}, \quad \boldsymbol{x} \text{ 的分量为整数}. \end{aligned} \tag{15.2.1}$$

松弛问题为

$$\begin{aligned} \min \quad & \boldsymbol{cx} \\ \text{s. t.} \quad & \boldsymbol{Ax}=\boldsymbol{b}, \\ & \boldsymbol{x}\geqslant \boldsymbol{0}, \end{aligned} \tag{15.2.2}$$

其中 $\boldsymbol{A}=(\boldsymbol{p}_1,\boldsymbol{p}_2,\cdots,\boldsymbol{p}_n)$ 为 $m\times n$ 矩阵，$\boldsymbol{p}_j$ 是 $\boldsymbol{A}$ 的第 j 列. 假设(15.2.2)式的最优基为 $\boldsymbol{B}$，最优解

$$\boldsymbol{x}^*=\begin{bmatrix}\boldsymbol{x}_B\\ \boldsymbol{x}_N\end{bmatrix}=\begin{bmatrix}\boldsymbol{B}^{-1}\boldsymbol{b}\\ \boldsymbol{0}\end{bmatrix}=\begin{bmatrix}\bar{\boldsymbol{b}}\\ \boldsymbol{0}\end{bmatrix}\geqslant \boldsymbol{0}.$$

若 $\boldsymbol{x}^*$ 的分量均为整数，则 $\boldsymbol{x}^*$ 是整数规划(15.2.1)的最优解；否则选择一个不满足整数要求的基变量，比如 $x_{\boldsymbol{B}_i}$，用包含这个基变量的约束方程(称为**源约束**)定义切割约束，方法如下：

假设含有 $x_{\boldsymbol{B}_i}$ 的约束方程为

$$x_{\boldsymbol{B}_i}+\sum_{j\in R}y_{ij}x_j=\bar{b}_i, \tag{15.2.3}$$

其中 R 为非基变量下标集，y_{ij} 是 $\boldsymbol{B}^{-1}\boldsymbol{p}_j$ 的第 i 个分量，$\bar{b}_i$ 是 $\bar{\boldsymbol{b}}$ 的第 i 个分量. 记作

$$y_{ij}=[y_{ij}]+f_{ij}, \quad j\in R,$$

$$\bar{b}_i = [\bar{b}_i] + f_i,$$

式中$[y_{ij}]$是不大于 y_{ij} 的最大整数，$[\bar{b}_i]$是不大于 $\bar{b}_i$ 的最大整数，f_{ij} 和 f_i 是相应的小数部分.(15.2.3)式写作

$$x_{B_i} + \sum_{j\in R}[y_{ij}]x_j - [\bar{b}_i] = f_i - \sum_{j\in R} f_{ij}x_j, \tag{15.2.4}$$

由于 $0<f_i<1$，$0\leqslant f_{ij}<1$，$x_j\geqslant 0$，由(15.2.4)式得到

$$f_i - \sum_{j\in R} f_{ij}x_j < 1.$$

对于任意的整数可行解，由于(15.2.4)式左端为整数，则右端为小于 1 的整数，得到整数解的必要条件为

$$f_i - \sum_{j\in R} f_{ij}x_j \leqslant 0, \tag{15.2.5}$$

将上式作为切割条件，增加到(15.2.2)式的约束中，得到线性规划

$$\begin{aligned} \min \quad & \boldsymbol{cx} \\ \text{s.t.} \quad & \boldsymbol{Ax} = \boldsymbol{b}, \\ & f_i - \sum_{j\in R} f_{ij}x_j \leqslant 0, \\ & \boldsymbol{x} \geqslant \boldsymbol{0}. \end{aligned} \tag{15.2.6}$$

再用对偶单纯形方法求解.

易知原来的非整数最优解 $\boldsymbol{x}^* = \begin{bmatrix}\boldsymbol{B}^{-1}\boldsymbol{b} \\ \boldsymbol{0}\end{bmatrix}$必不是(15.2.6)式的可行解；否则，由于 $x_j=0$，$\forall j\in R$以及 $f_i>0$，必然得到(15.2.5)式的左端大于 0，矛盾. 因此，条件(15.2.5)切掉非整数最优解. 另一方面，(15.2.5)式的引入并不切掉整数可行解. 对于任何整数可行解，代入(15.2.4)式，左端为整数，因此右端也为整数，必满足(15.2.5)式.

15.2.2 举例

下面以例说明割平面法的求解过程.

例 15.2.1 用割平面法求解下列整数规划：

$$\begin{aligned} \min \quad & x_1 - 2x_2 \\ \text{s.t.} \quad & -x_1 + 3x_2 \leqslant 2, \\ & x_1 + x_2 \leqslant 4, \\ & x_1, x_2 \geqslant 0, \quad x_1, x_2 \text{ 为整数}. \end{aligned}$$

解 先用单纯形方法解松弛问题

$$\begin{aligned}\min\quad & x_1-2x_2\\ \text{s.t.}\quad & -x_1+3x_2\leqslant 2,\\ & x_1+x_2\leqslant 4,\\ & x_1,x_2\geqslant 0.\end{aligned}$$

最优单纯形表如下：

	x_1	x_2	x_3	x_4	
x_2	$-\frac{1}{3}$	1	$\frac{1}{3}$	0	$\frac{2}{3}$
x_4	$\frac{4}{3}$	0	$-\frac{1}{3}$	1	$\frac{10}{3}$
	$-\frac{1}{3}$	0	$-\frac{2}{3}$	0	$-\frac{4}{3}$

松弛问题的最优解为 $x_1=0, x_2=\frac{2}{3}$，不满足整数要求，任选一个取值非整数的基变量，比如 x_2，由上表知，源约束为

$$-\frac{1}{3}x_1+x_2+\frac{1}{3}x_3=\frac{2}{3},$$

将非基变量 x_1 和 x_3 的系数以及常数项分别分解为 $-\frac{1}{3}=-1+\frac{2}{3}$，$\frac{1}{3}=0+\frac{1}{3}$，$\frac{2}{3}=0+\frac{2}{3}$，根据(15.2.5)式，得到切割条件

$$\frac{2}{3}-\frac{2}{3}x_1-\frac{1}{3}x_3\leqslant 0,$$

即

$$-2x_1-x_3\leqslant -2.$$

引进松弛变量 x_5，将此条件置入上面的最优表，得到

	x_1	x_2	x_3	x_4	x_5	
x_2	$-\frac{1}{3}$	1	$\frac{1}{3}$	0	0	$\frac{2}{3}$
x_4	$\frac{4}{3}$	0	$-\frac{1}{3}$	1	0	$\frac{10}{3}$
x_5	-2	0	-1	0	1	-2
	$-\frac{1}{3}$	0	$-\frac{2}{3}$	0	0	$-\frac{4}{3}$

上表中的判别数均非正，显然是对偶可行的．因此可用对偶单纯形方法求解，经一次迭代得到最优表：

	x_1	x_2	x_3	x_4	x_5	
x_2	0	1	$\frac{1}{2}$	0	$-\frac{1}{6}$	1
x_4	0	0	-1	1	$\frac{2}{3}$	2
x_1	1	0	$\frac{1}{2}$	0	$-\frac{1}{2}$	1
	0	0	$-\frac{1}{2}$	0	$-\frac{1}{6}$	-1

最优解 $x_1=1, x_2=1$，最优值 $f_{\min}=-1$，这个解也是整数规划的最优解．

15.3　0-1 规划的隐数法

15.3.1　探测规则

考虑 **0-1 规划**(P)：

$$\begin{aligned}\min\quad & \sum_{j=1}^{n} c_j x_j \\ \text{s. t.}\quad & \sum_{j=1}^{n} a_{ij} x_j \geqslant b_i,\quad i=1,\cdots,m, \\ & x_j \text{ 取 } 0 \text{ 或 } 1,\quad j=1,\cdots,n,\end{aligned}\tag{15.3.1}$$

其中 c_j, a_{ij}, b_i 均为整数．

记

$$\boldsymbol{x}=(x_1,x_2,\cdots,x_n)^{\mathrm{T}},\quad \boldsymbol{c}=(c_1,c_2,\cdots,c_n),$$

$$\boldsymbol{A}=\begin{bmatrix} a_{11} & a_{12} & \cdots & a_{1n} \\ a_{21} & a_{22} & \cdots & a_{2n} \\ \vdots & \vdots & & \vdots \\ a_{m1} & a_{m2} & \cdots & a_{mn}\end{bmatrix}=\begin{bmatrix}\boldsymbol{A}_1\\ \boldsymbol{A}_2\\ \vdots\\ \boldsymbol{A}_m\end{bmatrix},\quad \boldsymbol{b}=\begin{bmatrix}b_1\\ b_2\\ \vdots\\ b_m\end{bmatrix}.$$

(P)可写成下列形式：

$$\begin{aligned}\min\quad & \boldsymbol{cx} \\ \text{s. t.}\quad & \boldsymbol{A}_i\boldsymbol{x} \geqslant b_i,\quad i=1,2,\cdots,m, \\ & x_j \text{ 取 } 0 \text{ 或 } 1,\quad j=1,\cdots,n.\end{aligned}\tag{15.3.2}$$

为便于计算，不失一般性，特做两点假设：

(1) $c_j \geqslant 0 (j=1,2,\cdots,n)$．如果某个 $c_j<0$，则作变量替换，令 $x_j'=1-x_j$，对变换后的

x_j'，必有系数 $-c_j>0$.

(2) $c_1\leqslant c_2\leqslant\cdots\leqslant c_n$. 如果此项规定不满足，则更改变量下标，使假设成立.

下面介绍 0-1 规划的求解方法.

由于变量有 0-1 限制，可行解的数量不超过 2^n 个，对于仅有少数几个变量的情形，不妨采用穷举法，检查变量取值为 0 或 1 的每一种组合，从中选出最优解. 但对变量个数比较多的情形，2^n 是个很大的数，穷举法显然不可取. 因此需要设计一种方法，使得只要检查变量取值为 0 或 1 的部分组合，就能求得最优解. 隐数法正是这样一种方法.

隐数法的基本思路是，把问题(P)分解成若干个子问题，按一定规则检查各子问题，直至找到最优解. 具体地，先按 x_1 取 1 或 0 把(P)分解成两个子问题(P_1)和(P_2). (P_1)记作$\{+1\}$，(P_2)记作$\{-1\}$，x_1 称为固定变量，$x_2,x_3,\cdots,x_n$ 称为自由变量. 再按 x_2 取 1 或 0 分解每个子问题. 约定 x_2 取 1 记作$\{+2\}$，取 0 记作$\{-2\}$. 若取 x_1 和 x_2 作为固定变量，$x_3,x_4,\cdots,x_n$ 作为自由变量，则得到 4 个子问题，分别记作$\{+1,+2\}$，$\{+1,-2\}$，$\{-1,+2\}$，$\{-1,-2\}$. 一般地，若 $x_i,x_j,\cdots,x_k$ 为固定变量，分别取值 $1,0,\cdots,1$，用$\{\sigma\}$表示相应的子问题，则记作$\{\sigma\}=\{+i,-j,\cdots,+k\}$，其他变量为自由变量，在$\{\sigma\}$中不作记录，按上述方法，有 3 个变量的 0-1 规划完全分解成子问题后，可得到下列树枝形式，如图 15.3.1 所示.

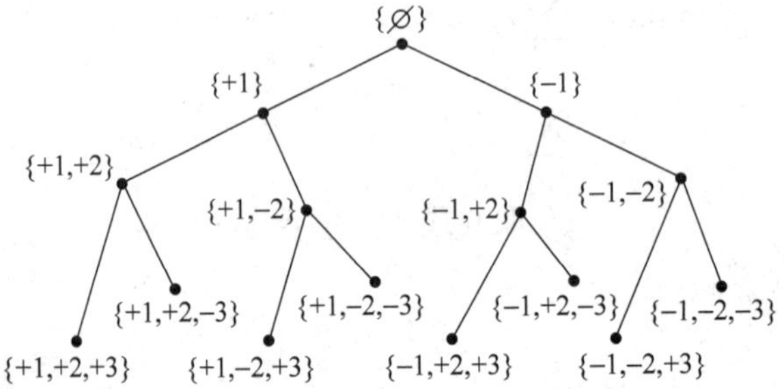

图　15.3.1

隐数法是从问题(P)(也记作$\{\varnothing\}$)出发，沿各树枝，从左到右依次探测各子问题，直至给出最优解，或得出原问题无可行解的结论.

在探测过程中，对于每个子问题$\{\sigma\}$，取自由变量等于 0 的点作为探测点，记作 σ_0. 例如，对子问题$\{\sigma\}=\{+1,-2,+3\}$，取$\boldsymbol{\sigma}_0=(1,0,1,0,\cdots,0)^{\mathrm{T}}$ 作为本子问题的探测点. 显然，由于 $0\leqslant c_1\leqslant c_2\leqslant\cdots\leqslant c_n$，若$\boldsymbol{\sigma}_0$是可行点，则必是子问题$\{\sigma\}$的最小点，子问题在可行点处目标函数值不可能小于 $\boldsymbol{c}\boldsymbol{\sigma}_0$. 下面介绍几条探测规则.

设已知整数规划(P)的一个可行点 $\bar{\boldsymbol{x}}$，它的目标函数值 $\bar{f}=\boldsymbol{c}\bar{\boldsymbol{x}}$. 现在考虑(P)的任一个子问题$\{\sigma\}$，相应的探测点记作$\boldsymbol{\sigma}_0$. 设 x_j 是$\{\sigma\}$中具有最小下标的自由变量，则依次有下列探测结果：

(1) 若 $\boldsymbol{c}\boldsymbol{\sigma}_0 \geqslant \bar{f}$，则子问题$\{\sigma\}$中没有比 $\bar{\boldsymbol{x}}$ 更好的可行解.

(2) 若 $\boldsymbol{c}\boldsymbol{\sigma}_0 < \bar{f}$，且$\boldsymbol{\sigma}_0$是(P)的可行解，则$\boldsymbol{\sigma}_0$是比原来的 $\bar{\boldsymbol{x}}$ 更好的可行解，因此置 $\bar{\boldsymbol{x}}=\boldsymbol{\sigma}_0$，$\bar{f}=\boldsymbol{c}\boldsymbol{\sigma}_0$.

(3) 若 $\boldsymbol{c}\boldsymbol{\sigma}_0 < \bar{f}$，$\boldsymbol{\sigma}_0$不是$\{\sigma\}$的可行解，且 $\boldsymbol{c}\boldsymbol{\sigma}_0+c_j \geqslant \bar{f}$，则$\{\sigma\}$中没有比 $\bar{\boldsymbol{x}}$ 更好的可行解.

(4) 设自由变量有 $x_{j_1},x_{j_2},\cdots,x_{j_k}$，满足不等式 $\boldsymbol{c}\boldsymbol{\sigma}_0+c_{j_1} \leqslant \cdots \leqslant \boldsymbol{c}\boldsymbol{\sigma}_0+c_{j_r} < \bar{f} \leqslant \boldsymbol{c}\boldsymbol{\sigma}_0+c_{j_{r+1}} \leqslant \cdots \leqslant \boldsymbol{c}\boldsymbol{\sigma}_0+c_{j_k}$，记作 $J=\{j_1,j_2,\cdots,j_r\}$，称 J 为可选集.

令 $s_i=\boldsymbol{A}_i\boldsymbol{\sigma}_0-b_i(i=1,\cdots,m)$，$s_i$ 为第 i 个约束的松弛变量. 若所有的 $s_i \geqslant 0$，则$\boldsymbol{\sigma}_0$是比现行的 $\bar{\boldsymbol{x}}$ 更好的可行解，置 $\bar{\boldsymbol{x}}=\boldsymbol{\sigma}_0$，$\bar{f}=\boldsymbol{c}\boldsymbol{\sigma}_0$.

(5) 若$\boldsymbol{\sigma}_0$不是可行解，置 $I=\{i \mid s_i<0\}$，称 I 为违背约束集. 置

$$J_i=\{j \mid j \in J, a_{ij}>0\}, \quad i \in I,$$

$$q_i=\sum_{j \in J_i} a_{ij}, \quad i \in I,$$

式中 a_{ij} 是系数矩阵 $\boldsymbol{A}$ 的第 i 行第 j 列元素.

计算 s_i+q_i，$\forall i \in I$. 若对某个 $i \in I$，有 $s_i+q_i<0$，则本子问题没有更好的可行解.

15.3.2 计算步骤

利用上面介绍的探测规则，给出下列计算过程.

(1) 给定一个可行解 $\bar{\boldsymbol{x}}$，置 $\bar{f}=\boldsymbol{c}\bar{\boldsymbol{x}}$（或令 $\bar{\boldsymbol{x}}=\varnothing$，$\bar{f}=+\infty$），置子问题$\{\sigma\}=\{\varnothing\}$，探测点$\boldsymbol{\sigma}_0=(0,0,\cdots,0)^{\mathrm{T}}$，执行步骤(2).

(2) 若 $\boldsymbol{c}\boldsymbol{\sigma}_0 \geqslant \bar{f}$，本子问题没有比 $\bar{\boldsymbol{x}}$ 好的可行解，则转步骤(7)；否则执行步骤(3).

(3) 计算 $s_i=\boldsymbol{A}_i\boldsymbol{\sigma}_0-b_i$（$\boldsymbol{A}_i$ 是 $\boldsymbol{A}$ 的第 i 行）$(i=1,\cdots,m)$. 若 $s_i \geqslant 0(i=1,\cdots,m)$，$\boldsymbol{\sigma}_0$是可行解，置 $\bar{\boldsymbol{x}}=\boldsymbol{\sigma}_0$，$\bar{f}=\boldsymbol{c}\boldsymbol{\sigma}_0$，则转步骤(7)；否则，置违背约束集 $I=\{i \mid s_i<0\}$，执行步骤(4).

(4) 若无自由变量则转步骤(7). 当存在自由变量时，设自由变量为 $x_{j_1},x_{j_2},\cdots,x_{j_k}$ $(j_1<j_2<\cdots<j_k)$. 若 $\boldsymbol{c}\boldsymbol{\sigma}_0+c_{j_1} \geqslant \bar{f}$，本子问题没有比 $\bar{\boldsymbol{x}}$ 好的可行解，则转步骤(7)；否则执行步骤(5).

(5) 置可选集

$$J=\{j_t \mid \boldsymbol{c}\boldsymbol{\sigma}_0+c_{j_t}<\bar{f}, t \in \{1,2,\cdots,k\}\},$$

对每个违背约束 $i \in I$，置带有正系数的部分自由变量下标集

$$J_i=\{j \mid j \in J, a_{ij}>0\}, \quad i \in I.$$

对每个违背约束 $i \in I$，令

$$q_i=\sum_{j \in J_i} a_{ij}, \quad i \in I \quad (\text{若 } J_i=\varnothing, \text{则置 } q_i=0),$$

计算 s_i+q_i，$\forall i \in I$. 若对某个 $i \in I$，有 $s_i+q_i<0$，本子问题没有更好的可行解，则转步骤(7)；否则执行步骤(6).

(6) 检验每个指标 $j \in J$，若存在约束指标 $i \in I$，使得 $j \notin J_i$，且 $s_i+q_i+a_{ij}<0$，则置

$J:=J\setminus\{j\}$. 检查完毕时，若 $J=\varnothing$，则转步骤(7)；若 $J\neq\varnothing$，则令 $l=\min\{j|j\in J\}$. 置子问题 $\{\sigma,+l\}\to\{\sigma\}$，置探测点 $\boldsymbol{\sigma}_0:=\boldsymbol{\sigma}_0+\boldsymbol{e}_l$，其中 $\boldsymbol{e}_l$ 是第 l 个分量为 1 的单位向量. 转步骤(2).

(7) 当 $\{\sigma\}$ 中固定变量均取 0 时，探测完毕. 此时，若 $\bar{\boldsymbol{x}}\neq\varnothing$，$\bar{\boldsymbol{x}}$ 就是最优解；否则无可行解.

当 $\{\sigma\}$ 中固定变量不全为 0 时，不妨假设 $\{\sigma\}=\{\cdots,+u,-v,\cdots\}$，即 x_u 是最后一个固定为 1 的变量，则置子问题 $\{\cdots,-u\}\to\{\sigma\}$，并置探测点 $\boldsymbol{\sigma}_0:=\boldsymbol{\sigma}_0-\boldsymbol{e}_u$($\boldsymbol{e}_u$ 是第 u 个分量为 1 的单位向量)，然后转步骤(2).

15.3.3　举例

例 15.3.1　用隐数法求解下列 0-1 规划：

$$
\begin{aligned}
\min\quad & x_1+3x_2+4x_3+6x_4+7x_5\\
\text{s. t.}\quad & x_1-5x_2+3x_3-4x_4+6x_5\geqslant 2,\\
& 4x_1+x_2-2x_3+3x_4+x_5\geqslant 1,\\
& -2x_1+2x_2+4x_3-x_4+4x_5\geqslant 1,\\
& x_j \text{ 取 0 或 } 1,\quad j=1,\cdots,5.
\end{aligned}
$$

解　记 $\boldsymbol{x}=(x_1,x_2,x_3,x_4,x_5)^{\mathrm{T}}$，$\boldsymbol{c}=(c_1,c_2,c_3,c_4,c_5)=(1\ 3\ 4\ 6\ 7)$，

$$
\boldsymbol{A}=\begin{bmatrix}\boldsymbol{A}_1\\ \boldsymbol{A}_2\\ \boldsymbol{A}_3\end{bmatrix}=\begin{bmatrix}1 & -5 & 3 & -4 & 6\\ 4 & 1 & -2 & 3 & 1\\ -2 & 2 & 4 & -1 & 4\end{bmatrix},\quad \boldsymbol{b}=\begin{bmatrix}b_1\\ b_2\\ b_3\end{bmatrix}=\begin{bmatrix}2\\ 1\\ 1\end{bmatrix}.
$$

(1) 置初始可行解 $\bar{\boldsymbol{x}}=(0\ 0\ 0\ 0\ 1)^{\mathrm{T}}$，在 $\bar{\boldsymbol{x}}$ 处的函数值 $\bar{f}=\boldsymbol{c}\bar{\boldsymbol{x}}=7$，置子问题 $\{\sigma\}=\{\varnothing\}$，取探测点 $\boldsymbol{\sigma}_0=(0\ 0\ 0\ 0\ 0)^{\mathrm{T}}$.

(2) $\boldsymbol{c}\boldsymbol{\sigma}_0=0<\bar{f}=7$.

(3) $s_1=\boldsymbol{A}_1\boldsymbol{\sigma}_0-b_1=-2$，$s_2=\boldsymbol{A}_2\boldsymbol{\sigma}_0-b_2=-1$，$s_3=\boldsymbol{A}_3\boldsymbol{\sigma}_0-b_3=-1$，置违背约束集 $I=\{1,2,3\}$.

(4) 自由变量有 x_1,x_2,x_3,x_4,x_5.

$\boldsymbol{c}\boldsymbol{\sigma}_0+c_1=1<\bar{f}=7$.

(5) 根据条件 $\boldsymbol{c}\boldsymbol{\sigma}_0+c_j<\bar{f}$，求得可选集 $J=\{1,2,3,4\}$.

$J_1=\{1,3\}$，$J_2=\{1,2,4\}$，$J_3=\{2,3\}$.

$q_1=4$，　$q_2=8$，　$q_3=6$；　$s_1+q_1=2$，　$s_2+q_2=7$，　$s_3+q_3=5$.

(6) 检查 J 中每个指标，修改 J，置可选集 $J=\{1,3\}$.

取 $l=\min\{j|j\in J\}=1$.

置 $\{\sigma\}=\{+1\}$，置探测点 $\boldsymbol{\sigma}_0=(1\ 0\ 0\ 0\ 0)^{\mathrm{T}}$.

(2) $\boldsymbol{c}\boldsymbol{\sigma}_0=1<\bar{f}=7$.

(3) $s_1=\boldsymbol{A}_1\boldsymbol{\sigma}_0-b_1=-1$，$s_2=\boldsymbol{A}_2\boldsymbol{\sigma}_0-b_2=3$，$s_3=\boldsymbol{A}_3\boldsymbol{\sigma}_0-b_3=-3$，置 $I=\{1,3\}$.

(4) 自由变量有 x_2, x_3, x_4, x_5.

$\boldsymbol{c\sigma}_0+c_2=4<\bar{f}=7$.

(5) 置可选集 $J=\{2,3\}$.

$J_1=\{3\}$, $J_3=\{2,3\}$; $q_1=3$, $q_3=6$; $s_1+q_1=2$, $s_3+q_3=3$.

(6) 检查 J 中每个指标,置 $J=\{3\}$.

取 $l=3$;置 $\{\sigma\}=\{+1,+3\}$;取$\boldsymbol{\sigma}_0=(1\ 0\ 1\ 0\ 0)^{\mathrm{T}}$.

(2) $\boldsymbol{c\sigma}_0=5<\bar{f}=7$.

(3) $s_1=\boldsymbol{A}_1\boldsymbol{\sigma}_0-b_1=2$, $s_2=\boldsymbol{A}_2\boldsymbol{\sigma}_0-b_2=1$, $s_3=\boldsymbol{A}_3\boldsymbol{\sigma}_0-b_3=1$.

$\boldsymbol{\sigma}_0$是可行解,置 $\bar{x}=\boldsymbol{\sigma}_0=(1\ 0\ 1\ 0\ 0)^{\mathrm{T}}$.

置 $\bar{f}=5$.

(7) 置子问题$\{\sigma\}=\{+1,-3\}$.

置探测点$\boldsymbol{\sigma}_0=(1\ 0\ 0\ 0\ 0)^{\mathrm{T}}$.

(2) $\boldsymbol{c\sigma}_0=1<\bar{f}=5$.

(3) $s_1=\boldsymbol{A}_1\boldsymbol{\sigma}_0-b_1=-1$, $s_2=\boldsymbol{A}_1\boldsymbol{\sigma}_0-b_2=3$, $s_3=\boldsymbol{A}_3\boldsymbol{\sigma}_0-b_3=-3$.

$I=\{1,3\}$.

(4) 自由变量有 x_2, x_4, x_5.

$\boldsymbol{c\sigma}_0+c_2=4<\bar{f}=5$.

(5) 置可选集 $J=\{2\}$.

$J_1=\{\varnothing\}$,置 $q_1=0$.

$J_3=\{2\}$, $q_3=2$; $s_1+q_1=-1$, $s_3+q_3=-1$.

(7) 置子问题$\{\sigma\}=\{-1\}$.

置探测点 $\sigma_0=(0\ 0\ 0\ 0\ 0)^{\mathrm{T}}$.

(2) $c\boldsymbol{\sigma}_0=0<\bar{f}=5$.

(3) $s_1=\boldsymbol{A}_1\boldsymbol{\sigma}_0-b_1=-2$, $s_2=\boldsymbol{A}_2\boldsymbol{\sigma}_0-b_2=-1$, $s_3=\boldsymbol{A}_3\boldsymbol{\sigma}_0-b_3=-1$.

$I=\{1,2,3\}$.

(4) 自由变量有 x_2, x_3, x_4, x_5.

$\boldsymbol{c\sigma}_0+c_2=3<\bar{f}=5$.

(5) 置可选集 $J=\{2,3\}$,

$J_1=\{3\}, J_2=\{2\}, J_3=\{2,3\}$.

$q_1=3$, $q_2=1$, $q_3=6$; $s_1+q_1=1$, $s_2+q_2=0$, $s_3+q_3=5$.

(6) 检查 J 中指标,修改 J,置 $J=\{\varnothing\}$.

(7) $\{\sigma\}$中固定变量均取 0,因此探测完毕.最优解 $\bar{\boldsymbol{x}}=(1\ 0\ 1\ 0\ 0)^{\mathrm{T}}$,最优值 $\bar{f}=5$.

15.4 指派问题

15.4.1 数学模型

运输问题中，若令 $m=n, a_i=b_j=1$，限定变量只取 0 或 1，则得到一种重要的特殊情形，称为**指派问题**. 其含义可作如下解释：设有 n 项任务，指派 n 个人去完成，每人均承担一项任务，每项任务各由一个人来完成. 由于劳动者的素质、效率及劳动质量等各不相同，劳务费用自然有别，设第 i 个人完成第 j 项任务的劳务费用为 c_{ij}. 试确定使总劳务费最小的分派方案. 这类问题就是指派问题.

指派问题中，决策变量为第 i 个人完成第 j 项任务的劳动量，记作 $x_{ij}(i,j=1,2,\cdots,n)$. 若第 i 个人分配到第 j 项任务，则 $x_{ij}=1$；否则 $x_{ij}=0$. 因此决策变量是 0-1 变量. 问题的数学模型如下：

$$
\begin{aligned}
\min\quad & \sum_{i=1}^{n}\sum_{j=1}^{n} c_{ij}x_{ij} \\
\text{s. t.}\quad & \sum_{j=1}^{n} x_{ij} = 1, \quad i = 1,2,\cdots,n, \\
& \sum_{i=1}^{n} x_{ij} = 1, \quad j = 1,2,\cdots,n, \\
& x_{ij}\ \text{取 0 或 1}, \quad i,j = 1,2,\cdots,n.
\end{aligned} \tag{15.4.1}
$$

用矩阵形式，可表达为

$$
\begin{aligned}
\min\quad & \boldsymbol{cx} \\
\text{s. t.}\quad & \boldsymbol{Ax} = \boldsymbol{e}, \\
& x_{ij}\ \text{取 0 或 1}, \quad i,j = 1,2,\cdots,n,
\end{aligned} \tag{15.4.2}
$$

其中

$$
\boldsymbol{x} = (x_{11}, x_{12}, \cdots, x_{1n}, x_{21}, x_{22}, \cdots, x_{2n}, \cdots, x_{n1}, x_{n2}, \cdots, x_{nn})^{\mathrm{T}},
$$

$$
\boldsymbol{c} = (c_{11}, c_{12}, \cdots, c_{1n}, c_{21}, c_{22}, \cdots, c_{2n}, \cdots, c_{n1}, c_{n2}, \cdots, c_{nn}),
$$

$\boldsymbol{A}$ 是 $(2n)\times n^2$ 矩阵，$\boldsymbol{A}$ 中对应 x_{ij} 的列 $\boldsymbol{p}_{ij}=\boldsymbol{e}_i+\boldsymbol{e}_{n+j}$，$\boldsymbol{e}_i, \boldsymbol{e}_{n+j}\in\mathbb{R}^{2n}$，是单位向量，$\boldsymbol{e}_i$ 的第 i 个分量是 1，$\boldsymbol{e}_{n+j}$ 的第 $n+j$ 个分量是 1，其他分量均为 0. $\boldsymbol{e}=(1\ 1\ \cdots\ 1)^{\mathrm{T}}\in\mathbb{R}^{2n}$.

由于矩阵 $\boldsymbol{A}$ 具有特殊性质及 $\boldsymbol{e}$ 的分量全是 1，则有 $\boldsymbol{Ax}=\boldsymbol{e}, \boldsymbol{x}\geqslant\boldsymbol{0}$ 的基本可行解中每个 x_{ij} 均为非负整数，且只能等于 0 或 1，从而可用下列线性规划取代 (15.4.2)式：

$$
\begin{aligned}
\min\quad & \boldsymbol{cx} \\
\text{s. t.}\quad & \boldsymbol{Ax} = \boldsymbol{e}, \\
& \boldsymbol{x} \geqslant \boldsymbol{0}.
\end{aligned} \tag{15.4.3}
$$

(15.4.3)式的对偶问题为

$$\max \quad \sum_{i=1}^{n} u_i + \sum_{j=1}^{n} v_j \tag{15.4.4}$$

$$\text{s.t.} \quad u_i + v_j \leqslant c_{ij}, \quad i,j = 1,\cdots,n.$$

对于指派问题,线性规划的各种求解方法均适用,也可用运输问题的表上作业法,以上这些方法,这里不再重复.由于指派问题的高度退化性,基本可行解中仅有 n 个基变量取值为1,其他 $n-1$ 个基变量取值均为0,因此存在更加简便有效的特殊解法,下面介绍这种特殊解法.

15.4.2 原始-对偶算法

算法要点是,先给定对偶问题一个可行解,由此出发,设法求出原问题一个满足互补松弛条件的可行解,即满足下列条件的可行解:

$$(c_{ij} - u_i - v_j)x_{ij} = 0, \quad i,j = 1,2,\cdots,n, \tag{15.4.5}$$

这样的可行解当然就是最优解.

下面分析怎样求满足条件(15.4.5)的可行解.首先,将费用系数向量 $\boldsymbol{c}$ 排成矩阵形式,令

$$(c_{ij})_{n\times n} = \begin{bmatrix} c_{11} & c_{12} & \cdots & c_{1n} \\ c_{21} & c_{22} & \cdots & c_{2n} \\ \vdots & \vdots & & \vdots \\ c_{n1} & c_{n2} & \cdots & c_{nn} \end{bmatrix}. \tag{15.4.6}$$

利用这个矩阵求对偶问题(15.4.4)的一个可行解.比如,令

$$\begin{cases} u_i = \min\limits_{1\leqslant j\leqslant n}\{c_{ij}\}, & i = 1,2,\cdots,n, \\ v_j = \min\limits_{1\leqslant i\leqslant n}\{c_{ij} - u_i\}, & j = 1,2,\cdots,n, \end{cases} \tag{15.4.7}$$

则必有

$$u_i + v_j \leqslant c_{ij}, \quad \forall\, i,j.$$

因此,$(u_1,u_2,\cdots,u_n,v_1,v_2,\cdots,v_n)$是(15.4.4)式的可行解.然后,计算对偶松弛变量的取值 $\hat{c}_{ij}$,令

$$\hat{c}_{ij} = c_{ij} - u_i - v_j, \quad i,j = 1,2,\cdots,n. \tag{15.4.8}$$

实际上,这个计算可利用矩阵(15.4.6)来完成.先从每一行减去本行的最小数(第 i 行最小数记作 u_i),在得到的矩阵中,再从每一列减去本列的最小数(第 j 列的最小数取作 v_j),这样便得到由对偶松弛变量取值 $\hat{c}_{ij}$ 构成的 n 阶矩阵

$$(\hat{c}_{ij})_{n\times n}=\begin{bmatrix}\hat{c}_{11} & \hat{c}_{12} & \cdots & \hat{c}_{1n}\\ \hat{c}_{21} & \hat{c}_{22} & \cdots & \hat{c}_{2n}\\ \vdots & \vdots & & \vdots\\ \hat{c}_{n1} & \hat{c}_{n2} & \cdots & \hat{c}_{nn}\end{bmatrix}, \tag{15.4.9}$$

通常称为约化**费用系数矩阵**,简称为**约化矩阵**,它的元素 $\hat{c}_{ij}$ 均为非负数.

例 15.4.1 设指派问题的费用系数矩阵为

$$(c_{ij})_{4\times4}=\begin{bmatrix}2 & 5 & 6 & 4\\ 7 & 4 & 8 & 9\\ 6 & 2 & 5 & 6\\ 1 & 5 & 4 & 3\end{bmatrix}.$$

试求一个约化矩阵 $(\hat{c}_{ij})_{4\times4}$.

解 先从 $(c_{ij})_{4\times4}$ 的每一行减去本行的最小数(分别是 2,4,2,1),得到

$$\begin{bmatrix}0 & 3 & 4 & 2\\ 3 & 0 & 4 & 5\\ 4 & 0 & 3 & 4\\ 0 & 4 & 3 & 2\end{bmatrix}.$$

再从每一列减去本列的最小数(分别是 0,0,3,2),得到约化矩阵

$$(\hat{c}_{ij})_{4\times4}=\begin{bmatrix}0 & 3 & 1 & 0\\ 3 & 0 & 1 & 3\\ 4 & 0 & 0 & 2\\ 0 & 4 & 0 & 0\end{bmatrix}.$$

为了利用约化矩阵求原问题的最优解,先分析最优解的表上特征.一个解 $\boldsymbol{x}=(x_{11},\cdots,x_{1n},\cdots,x_{n1},\cdots x_{nn})^{\mathrm{T}}$ 若是可行的,则它对应的约化矩阵第 $i(i=1,2,\cdots,n)$ 行的 n 个变量 $\{x_{ij}\mid j=1,2,\cdots,n\}$ 中,恰有一个取值为 1,其他取值为 0;它对应的约化矩阵第 $j(j=1,2,\cdots,n)$ 列的 n 个变量 $\{x_{ij}\mid i=1,2,\cdots,n\}$ 中,也恰有一个取值为 1,其他取值为 0.非如此必将破坏可行性.一个可行解是否为最优解,可用是否满足互补松弛条件来判别,也就是由每个原变量 x_{ij} 与相应的对偶松弛变量(约化矩阵中的 $\hat{c}_{ij}$)之积是否为 0 来确定.因此,求指派问题(15.4.1)的最优解归根结底就是在约化矩阵上,求出任何两个均不同行又不同列的 n 个 0 元素(即 n 个取值为 0 的对偶松弛变量),令与这些 0 元素对应的 $x_{ij}=1$,其他 $x_{ij}=0$.显然,这样一组 $\{x_{ij}\}$ 是可行的,且满足互补松弛条件,因此是最优解.

这里应着重指出,上面所谓任何两个均不同行又不同列的 n 个 0 元素,通常称为 n 个独立 0 元素,这个概念后面将经常使用.求指派问题的最优解归结为在约化矩阵上求 n 个独立 0 元素.那么,对任意的 n 阶约化矩阵,是否存在 n 个独立 0 元素呢?答案并不确定.

例 15.4.2 给定指派问题费用系数矩阵

$$(c_{ij})_{3\times3}=\begin{bmatrix}1&4&2\\7&2&5\\5&2&6\end{bmatrix}.$$

试求一个对偶问题的可行解.

解 令 $u_i=\min\limits_{1\leqslant j\leqslant 3}\{c_{ij}\}$，则 $u_1=1,u_2=2,u_3=2$. 再令 $v_j=\min\limits_{1\leqslant i\leqslant 3}\{c_{ij}-u_i\}$，则 $v_1=0$，$v_2=0,v_3=1$. 得到一个对偶问题的可行解

$$(u_1,u_2,u_3,v_1,v_2,v_3)=(1,2,2,0,0,1),$$

这时，约化矩阵为

$$(\hat{c}_{ij})_{3\times3}=\begin{bmatrix}0&3&0\\5&0&2\\3&0&3\end{bmatrix}.\tag{15.4.10}$$

显然，上述约化矩阵中，独立 0 元素最大个数是 2，小于矩阵的阶数 3. 一般而言，约化矩阵给定后，未必具有 n 个独立 0 元素. 因此需要解决两个问题：

(1) 如何确定约化矩阵中独立 0 元素的最大个数.

(2) 当独立 0 元素的最大个数小于 n 时，如何变换约化矩阵，以便求出 n 个独立 0 元素.

第一个问题可用划线方法来确定. 比如约化矩阵(15.4.10)中，共有 4 个 0 元素，最少可用 2 条直线将其全部覆盖. 这个矩阵独立 0 元素最大个数恰为 2. 这种现象具有普遍性.

定理 15.4.1 指派问题的约化矩阵中，独立 0 元素的最大个数等于覆盖全部 0 元素的最小直线数.

定理的证明从略.

关于第二个问题，当独立 0 元素的个数小于 n 时，还没有得到满足互补松弛条件的可行解(即最优解)，同时也表明，现行对偶问题的可行解也不是对偶问题的最优解. 因此需要给出一个新的有所改进的对偶问题的可行解. 办法如下：

考虑已用最少直线覆盖了全部 0 元素的约化矩阵. 未被覆盖的行集记作 S_r，已被覆盖的行集记作 $\overline{S}_r$，未被覆盖的列集记作 S_c，已被覆盖的列集记作 $\overline{S}_c$. 设未被覆盖元素的最小值为 l，即

$$l=\min_{\substack{i\in S_r\\ j\in S_c}}\{\hat{c}_{ij}\}.$$

令

$$\begin{cases}\bar{u}_i=u_i+l, & i\in S_r,\\ \bar{u}_i=u_i, & i\in\overline{S}_r,\\ \bar{v}_j=v_j, & j\in S_c,\\ \bar{v}_j=v_j-l, & j\in\overline{S}_c,\end{cases}\tag{15.4.11}$$

对偶松弛变量取值为

$$\bar{c}_{ij} = c_{ij} - \bar{u}_i - \bar{v}_j. \tag{15.4.12}$$

将(15.4.11)式代入(15.4.12)式，得到

$$\bar{c}_{ij} = \begin{cases} \hat{c}_{ij} - l, & i \in S_r, j \in S_c \\ \hat{c}_{ij}, & i \in S_r, j \in \bar{S}_c \\ \hat{c}_{ij}, & i \in \bar{S}_r, j \in S_c \\ \hat{c}_{ij} + l, & i \in \bar{S}_r, j \in \bar{S}_c. \end{cases} \tag{15.4.13}$$

(15.4.13)式表明，$\bar{u}_i, \bar{v}_j (i,j=1,2,\cdots,n)$是对偶问题(15.4.4)的新的可行解. 同时也表明，新的约化矩阵$(\bar{c}_{ij})_{n\times n}$可用原来的约化矩阵$(\hat{c}_{ij})_{n\times n}$进行计算，方法十分简单，就是把未被覆盖元素减去它们之中的最小数 l，二次覆盖元素加上 l. 新的约化矩阵中，原来具有 0 元素的行与列仍然具有 0 元素，未被覆盖的非 0 元素中，至少有一个变成 0 元素. 这样，通过改进约化矩阵，使独立 0 元素最大个数逐步增加，直至得到 n 个独立 0 元素.

例如约化矩阵(15.4.10)，还没有达到最优解，按上述方法再进行变换. 用两条直线覆盖全部 0 元素后，未被覆盖的最小元素是 2. 按(15.4.13)式修改原来的约化矩阵，得到

$$(\bar{c}_{ij})_{3\times 3} = \begin{bmatrix} 0 & 5 & 0 \\ 3 & 0 & 0 \\ 1 & 0 & 1 \end{bmatrix},$$

新的约化矩阵已含 3 个独立 0 元素 $\bar{c}_{11}, \bar{c}_{23}, \bar{c}_{32}$. 令 $x_{11}=x_{23}=x_{32}=1$，其他 $x_{ij}=0$. 这个解是可行解，且满足互补松弛条件，因此是最优解.

上述求解指派问题的方法，称为**匈牙利算法**. 计算步骤概括如下：

(1) 变换费用系数矩阵，按照(15.4.7)式～(15.4.9)式建立约化矩阵$(\hat{c}_{ij})_{n\times n}$.

(2) 运用最少直线覆盖约化矩阵所有 0 元素. 若最小直线数等于 n，则从 0 元素中选择 n 个独立 0 元素，令相应的 $x_{ij}=1$，其他 $x_{ij}=0$，从而得到一个最优解；否则，进行步骤(3).

(3) 变换约化矩阵，选择未被覆盖元素的最小数，每个未被覆盖的元素减去这个最小数，被二次覆盖的元素加上这个最小数. 返回步骤(2).

例 15.4.3 给定指派问题：

$$\begin{aligned} \min \quad & \boldsymbol{cx} \\ \text{s.t.} \quad & \boldsymbol{Ax} = \boldsymbol{e}, \\ & x_{ij} \text{ 取 } 0 \text{ 或 } 1, \quad i,j = 1,2,\cdots,5, \end{aligned}$$

其中 $\boldsymbol{A}=(p_{11},\cdots,p_{15},p_{21},\cdots,p_{25},\cdots,p_{51},\cdots,p_{55})$，$p_{ij}=e_i+e_{5+j}$，$\boldsymbol{e}=(1,1,\cdots,1)^{\mathrm{T}}\in\mathbb{R}^{10}$，将费用系数向量 $\boldsymbol{c}$ 排成矩阵形式，有

$$(c_{ij})_{5\times5} = \begin{bmatrix} 4 & -2 & 0 & 3 & 5 \\ 3 & 1 & 4 & 4 & 1 \\ 1 & 7 & 2 & 2 & 1 \\ 3 & 2 & 4 & 5 & 1 \\ 1 & -1 & 2 & 3 & 6 \end{bmatrix}. \tag{15.4.14}$$

试确定最优指派方案,使总费用最小.

解 先求一个约化矩阵,令 $\boldsymbol{u}=(-2\ 1\ 1\ 1\ -1)$,其中每个分量 u_i 是 $(c_{ij})_{5\times5}$ 的第 i 行中最小元素.从 $(c_{ij})_{5\times5}$ 的每一行减去相应的 u_i,得到

$$\begin{bmatrix} 6 & 0 & 2 & 5 & 7 \\ 2 & 0 & 3 & 3 & 0 \\ 0 & 6 & 1 & 1 & 0 \\ 2 & 1 & 3 & 4 & 0 \\ 2 & 0 & 3 & 4 & 7 \end{bmatrix}.$$

再令 $\boldsymbol{v}=(0\ 0\ 1\ 1\ 0)$,从每列减去相应的 v_j,得到约化矩阵

$$(\hat{c}_{ij})_{5\times5} = \begin{bmatrix} 6 & 0 & 1 & 4 & 7 \\ 2 & 0 & 2 & 2 & 0 \\ 0 & 6 & 0 & 0 & 0 \\ 2 & 1 & 2 & 3 & 0 \\ 2 & 0 & 2 & 3 & 7 \end{bmatrix}. \tag{15.4.15}$$

用最少直线,即通过(15.4.15)式的第3行、第2列和第5列的3条直线覆盖全部0元素.未被覆盖的元素中最小数是1.按(15.4.13)式修改约化矩阵,得到新的约化矩阵

$$\begin{bmatrix} 5 & 0 & 0 & 3 & 7 \\ 1 & 0 & 1 & 1 & 0 \\ 0 & 7 & 0 & 0 & 1 \\ 1 & 1 & 1 & 2 & 0 \\ 1 & 0 & 1 & 2 & 7 \end{bmatrix}. \tag{15.4.16}$$

再用最少直线,即通过第1行、第3行、第2列和第5列的4条直线覆盖全部0元素.由此可和,(15.4.16)式中独立0元素的最大个数等于4,还不能给出原问题的最优解.

未被覆盖的元素中最小数是1.未被覆盖的元素减少1,两次覆盖元素增加1,得到下列约化矩阵

$$(\hat{c}_{ij})_{5\times5}=\begin{bmatrix}5&1&0&3&8\\0&0&0&0&0\\0&8&0&0&2\\0&1&0&1&0\\0&0&0&1&7\end{bmatrix}. \tag{15.4.17}$$

对于约化矩阵(15.4.17)，最少用 5 条直线覆盖全部 0 元素，因此达到最优解. 从中选择 5 个独立 0 元素，令对应的变量取值为 1，其他变量取值为 0. 如令 $x_{13}=x_{25}=x_{34}=x_{41}=x_{52}=1$，其他 $x_{ij}=0$，这就是最优解. 最优值

$$f=0\times1+1\times1+2\times1+3\times1+(-1)\times1=5.$$

习　题

1. 用分支定界法解下列问题：

(1) $\min\ 2x_1+x_2-3x_3$

s. t. $x_1+x_2+2x_3\leqslant5$,

$2x_1+2x_2-x_3\leqslant1$,

$x_1,x_2,x_3\geqslant0$，且为整数.

(2) $\min\ 4x_1+7x_2+3x_3$

s. t. $x_1+3x_2+x_3\geqslant5$,

$3x_1+x_2+2x_3\geqslant8$,

$x_1,x_2,x_3\geqslant0$，且为整数.

2. 用割平面法解下列问题：

(1) $\min\ x_1-2x_2$

s. t. $x_1+x_2\leqslant10$,

$-x_1+x_2\leqslant5$,

$x_1,x_2\geqslant0$，且为整数.

(2) $\min\ 5x_1+3x_2$

s. t. $2x_1+x_2\geqslant10$,

$x_1+3x_2\geqslant9$,

$x_1,x_2\geqslant0$，且为整数.

3. 求解下列 0-1 规划：

(1) $\min\ 2x_1+3x_2+4x_3$

s. t. $-3x_1+5x_2-2x_3\geqslant-4$,

$3x_1+x_2+4x_3\geqslant3$,

$x_1+x_2\geqslant1$,

x_1,x_2,x_3 取 0 或 1.

(2) $\min\ x_1+2x_2+3x_3+4x_4+5x_5$

s. t. $2x_1+3x_2+5x_3+4x_4+7x_5\geqslant8$,

$x_1+x_2+4x_3+2x_4+2x_5\geqslant5$,

x_j 取 0 或 1，$j=1,\cdots,5$.

(3) $\min \quad x_1+x_2+2x_3+4x_4+6x_5$

$$\begin{aligned}\text{s.t.}\quad & -2x_1+x_2+3x_3+x_4+2x_5\geqslant 2,\\ & 3x_1-2x_2+4x_3+2x_4+3x_5\geqslant 3,\\ & x_j \text{ 取 } 0 \text{ 或 } 1,\quad j=1,\cdots,5.\end{aligned}$$

(4) $\min \quad x_1+3x_2+4x_3+6x_4+7x_5$

$$\begin{aligned}\text{s.t.}\quad & x_1-5x_2+3x_3-4x_4+x_5\geqslant 3,\\ & 4x_1+x_2-2x_3+3x_4-x_5\geqslant 2,\\ & -2x_1+2x_2+4x_3-x_4+x_5\geqslant 1,\\ & x_j \text{ 取 } 0 \text{ 或 } 1,\quad j=1,\cdots,5.\end{aligned}$$

4. 假设分派甲、乙、丙、丁、戊等 5 人去完成 A,B,C,D,E 等 5 项任务，每人必须完成一项，每项任务必须由 1 人完成. 每个人完成各项任务所需时间 c_{ij} 如下表所示，问怎样分派任务才能使完成 5 项任务的总时间最少？

	A	B	C	D	E
甲	16	14	18	17	20
乙	14	13	16	15	17
丙	18	16	17	19	20
丁	19	17	15	16	19
戊	17	15	19	18	21

第 16 章　动态规划简介

动态规划是运筹学的一个分支，是解决多阶段决策过程最优化的一种数学方法，主要用于以时间或地域划分阶段的动态过程的最优化.

16.1　动态规划的一些基本概念

16.1.1　动态规划举例

例 16.1.1(最短路线问题)　设有一个路网(如图 16.1.1)，其中圈号表示地址，连线上的数字表示两地间的距离(或运费)，从 A 到 E 需经过 3 个中间站，第 1 站在 B_1 和 B_2 中选择一个，第 2 站在 C_1、C_2 和 C_3 中选择一个，第 3 站在 D_1 和 D_2 中选择一个. 试确定一条由 A 到 E 路程最短的路线.

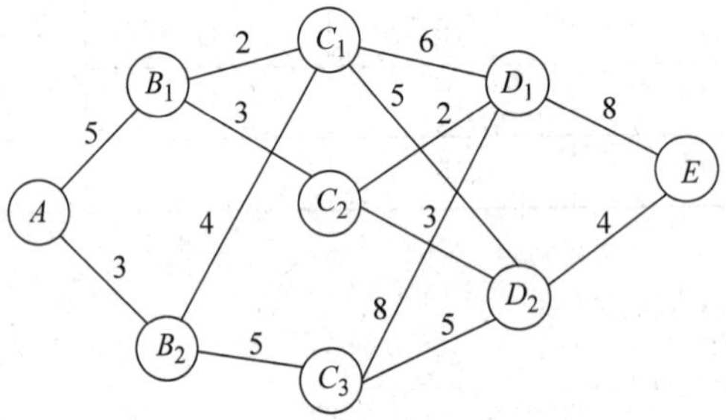

图　16.1.1

上述问题中将整个过程分成 4 个阶段，要求在每个阶段做出选择，使从 A 到 E 的全过程达到最优化，即使总路程最短(或费用最小). 这种多阶段决策过程最优化就是典型的动态规划问题.

16.1.2　几个术语

下面介绍动态规划中一些常用术语.

1. 阶段

阶段是整个过程的自然划分. 通常按时间顺序或空间特征划分阶段.

表示阶段序号的变量称为阶段变量，一般用字母 k 表示. 例 16.1.1 中，$k=1$ 表示第 1 阶段，$k=2$ 表示第 2 阶段，$k=3$ 表示第 3 阶段，$k=4$ 表示第 4 阶段.

2. 状态

在整个过程中，每个阶段开始所处的自然状况或客观条件称为状态，是不可控因素. 在例 16.1.1 中，每个阶段的状态为该阶段初始点的集合. 描述每个阶段状态的变量称为状态变量. 以下用 s_k 表示第 k 阶段的状态变量. s_k 的全体可取值组成的集合，称为第 k 阶段允许状态集合，用大写的 S_k 表示. 例 16.1.1 中，$S_1=\{A\}$，$S_2=\{B_1,B_2\}$，$S_3=\{C_1,C_2,C_3\}$，$S_4=\{D_1,D_2\}$.

动态规划中定义的状态应具有下列性质：某个阶段的状态给定（即状态变量赋值）后，这个阶段以后过程的发展不受这个阶段以前各阶段状态的影响，这种性质称为无后效性.

3. 决策

一个阶段的状态确定后，可以作出不同的选择，从而演变到下一阶段的某个状态，如在例 16.1.1 中，若第 2 阶段状态变量 s_2 取值 B_1，则接下去可以选择 C_1 和 C_2，这种选择称为决策. 描述决策的变量称为决策变量. 这里用 $u_k(s_k)$表示第 k 阶段状态变量取值 s_k 时的决策变量. 给定状态变量的取值 s_k 后，决策变量 $u_k(s_k)$全体可取值组成的集合称为第 k 阶段从 s_k 出发的允许决策集合，用 $D_k(s_k)$表示. 例 16.1.1 中从 B_1 出发的允许决策集合 $D_2(B_1)=\{C_1,C_2\}$.

4. 策略

由决策组成的序列称为策略. 从初始状态 s_1 开始，由各阶段的决策 $u_k(s_k)$ $(k=1,2,\cdots,n)$组成的序列称为全过程策略，简称为策略，一般记作 $p_{1,n}(s_1)$，即 $p_{1,n}(s_1)=\{u_1(s_1),u_2(s_2),\cdots,u_n(s_n)\}$. 从第 k 阶段开始到终止状态的过程称为后部子过程（或称 k 子过程）. 由 k 子过程各阶段的决策组成的序列称为 k 子过程策略，简称为子策略，记作 $p_{k,n}(s_k)$，即 $p_{k,n}(s_k)=\{u_k(s_k),u_{k+1}(s_{k+1}),\cdots,u_n(s_n)\}$. 实际问题中，可供选择的策略有一定范围，称此范围为允许策略集合，记作 $P_{k,n}(s_k)(k=1,2,\cdots,n-1)$. 允许策略集合中达到最优效果的策略称为最优策略.

5. 状态转移方程

若第 k 阶段的状态 s_k 和决策 u_k 给定，则第 $k+1$ 阶段的状态 s_{k+1}随之而定，s_{k+1}与 s_k，u_k 之间存在函数关系，记作

$$s_{k+1} = T(s_k,u_k),$$

称此关系为状态转移方程.

例16.1.1中,状态转移方程为 $s_{k+1}=u_k(s_k)$.

6. 指标函数

指标函数是衡量过程优劣的数量指标,它是定义在全过程和所有后部子过程上的数量函数.下面用 $V_{1,n}(s_1,p_{1,n})$ 表示初始状态为 s_1 采取策略 $p_{1,n}$ 时全过程的指标函数值.用 $V_{k,n}(s_k,p_{k,n})$ 表示在第 k 阶段状态为 s_k 采用策略 $p_{k,n}$ 时,后部子过程的指标函数值.显然,对于给定的状态 s_k,指标函数值随策略改变,采用不同的策略可以得出不同的指标函数值.指标函数取得最优值(最大值或最小值)时,相应的策略称为最优策略.最优指标函数记作 $f_k(s_k)$,它与指标函数 $V_{k,n}(s_k,p_{k,n})$ 间的关系为

$$f_k(s_k)=\underset{p_{k,n}\in P_{k,n}(s_k)}{\operatorname{opt}} V_{k,n}(s_k,p_{k,n}),$$

其中 $P_{k,n}(s_k)$ 表示以 s_k 为起始状态的允许子策略集合,opt 表示取最优值.

指标函数应具有可分离性,并满足递推关系,即 $V_{k,n}$ 可表示成 s_k,u_k 和 $V_{k+1,n}$ 的函数,常见的指标函数的形式有下面两种,其中 $v_j(s_j,u_j)$ 是第 j 阶段的阶段指标.

(1) $V_{k,n}=\sum_{j=k}^{n} v_j(s_j,u_j)$,

(2) $V_{k,n}=\prod_{j=k}^{n} v_j(s_j,u_j)$.

7. 最优策略和最优轨线

使指标函数 $V_{k,n}(s_k,p_{k,n})$ 达到最优值的策略 $p_{k,n}^*$ 称为第 k 后部子过程中的最优策略,使指标函数 $V_{1,n}(s_1,p_{1,n})$ 达到最优值的策略 $p_{1,n}^*$ 称为全过程中的最优策略,简称为最优策略.

按最优策略 $p_{1,n}^*$ 和状态转移方程 $s_{k+1}^*=T(s_k^*,u_k^*)$ 得出的状态序列 $s_1^*,s_2^*,\cdots,s_{n+1}^*$ 称为最优轨线.

16.2 动态规划的基本定理和基本方程

16.2.1 基本定理

首先介绍动态规划的最优性定理.

定理 16.2.1 对于给定的初始状态 s_1,策略 $p_{1,n}^*=\{u_1^*,u_2^*,\cdots,u_n^*\}\in P_{1,n}(s_1)$ 是最优策略的充分必要条件是,对于任意的 $k(1<k<n)$,有

$$V_{1,n}(s_1,p_{1,n}^*)=\underset{p_{1,k-1}\in P_{1,k-1}(s_1)}{\operatorname{opt}}\left\{V_{1,k-1}(s_1,p_{1,k-1})+\underset{p_{k,n}\in P_{k,n}(\bar{s}_k)}{\operatorname{opt}} V_{k,n}(\bar{s}_k,p_{k,n})\right\},$$

其中 $p_{1,n}=(p_{1,k-1},p_{k,n})$，$\bar{s}_k$ 是由初始状态 s_1 和子策略 $p_{1,k-1}$ 确定的第 k 阶段状态.

证明　先证必要性. 设 $p_{1,n}^*$ 是最优策略，由于指标函数有可分离性，对任一个 k 有

$$V_{1,n}(s_1,p_{1,n}^*)=\underset{p_{1,n}\in P_{1,n}(s_1)}{\text{opt}}V_{1,n}(s_1,p_{1,n})$$
$$=\underset{p_{1,n}\in P_{1,n}(s_1)}{\text{opt}}\{V_{1,k-1}(s_1,p_{1,k-1})+V_{k,n}(\bar{s}_k,p_{k,n})\},$$

其中 $\bar{s}_k$ 与前部子策略 $p_{1,k-1}$ 对应. 每个子策略 $p_{1,k-1}$ 对应一个确定的 $\bar{s}_k$，以此 $\bar{s}_k$ 为起始点有一个允许子策略集合，记作 $P_{k,n}(\bar{s}_k)$. 在集合 $P_{1,n}(s_1)$ 上求最优解，等价于先在与某一允许子策略 $p_{1,k-1}\in P_{1,k-1}(s_1)$ 对应的子策略集合 $P_{k,n}(\bar{s}_k)$ 上求最优解，然后再求这些子最优解在集合 $P_{1,k-1}(s_1)$ 上的最优解，否则将产生矛盾. 因此上式可以写成

$$V_{1,n}(s_1,p_{1,n}^*)=\underset{p_{1,k-1}\in P_{1,k-1}(s_1)}{\text{opt}}\left\{\underset{p_{k,n}\in P_{k,n}(\bar{s}_k)}{\text{opt}}\left[V_{1,k-1}(s_1,p_{1,k-1})+V_{k,n}(\bar{s}_k,p_{k,n})\right]\right\}$$
$$=\underset{p_{1,k-1}\in P_{1,k-1}(s_1)}{\text{opt}}\left\{V_{1,k-1}(s_1,p_{1,k-1})+\underset{p_{k,n}\in P_{k,n}(\bar{s}_k)}{\text{opt}}V_{k,n}(\bar{s}_k,p_{k,n})\right\}.$$

再证充分性. 设允许策略 $p_{1,n}^*$ 使定理中条件成立，下面证明 $p_{1,n}^*$ 是最优策略.

设 $p_{1,n}=(p_{1,k-1},p_{k,n})\in P_{1,n}(s_1)$ 是任一个允许策略，对极大化问题则有

$$V_{1,n}(s_1,p_{1,n})=V_{1,k-1}(s_1,p_{1,k-1})+V_{k,n}(\bar{s}_k,p_{k,n})$$
$$\leqslant V_{1,k-1}(s_1,p_{1,k-1})+\max_{p_{k,n}\in P_{k,n}(\bar{s}_k)}V_{k,n}(\bar{s}_k,p_{k,n})$$
$$\leqslant\max_{p_{1,k-1}\in P_{1,k-1}(s_1)}\left\{V_{1,k-1}(s_1,p_{1,k-1})+\max_{p_{k,n}\in P_{k,n}(\bar{s}_k)}V_{k,n}(\bar{s}_k,p_{k,n})\right\}.$$

根据假设，上式右端正是 $V_{1,n}(s_1,p_{1,n}^*)$，因此 $p_{1,n}^*$ 是最优策略.

在充分性的证明中，若为极小化问题，只需把不等号的方向改变.

定理 16.2.2　若允许策略 $p_{1,n}^*$ 是最优策略，则对任意的 $k(1<k<n)$，子策略 $p_{k,n}^*$ 对以 $s_k^*=T(s_{k-1}^*,u_{k-1}^*)$ 为起点的 k 到 n 子过程来说，必是最优策略.

显然，定理 16.2.2 是定理 16.2.1 的必要性命题. 这个定理实际上就是 R. Bellman 等人于 20 世纪 50 年代提出的最优性原理，即一个最优策略的子策略总是最优的.

16.2.2　基本方程

根据最优指标函数的定义及定理 16.2.1，必有

$$f_k(s_k)=\underset{p_{k,n}\in P_{k,n}(s_k)}{\text{opt}}V_{k,n}(s_k,p_{k,n})$$
$$=\underset{p_{k,n}\in P_{k,n}(s_k)}{\text{opt}}\left\{v_k(s_k,u_k)+V_{k+1,n}(s_{k+1},p_{k+1,n})\right\}$$
$$=\underset{u_k\in D_k(s_k)}{\text{opt}}\left\{v_k(s_k,u_k)+\underset{p_{k+1,n}\in P_{k+1,n}(s_{k+1})}{\text{opt}}V_{k+1,n}(s_{k+1},p_{k+1,n})\right\}$$

$$= \mathop{\text{opt}}_{u_k \in D_k(s_k)} \left\{ v_k(s_k, u_k) + f_{k+1}(s_{k+1}) \right\}.$$

根据以上分析，得到基本方程

$$f_k(s_k) = \mathop{\text{opt}}_{u_k \in D_k(s_k)} \left\{ v_k(s_k, u_k) + f_{k+1}(s_{k+1}) \right\}, \quad k = n, n-1, \cdots, 1,$$

终端条件为 $f_{n+1}(s_{n+1})=0$.

16.3　逆推解法和顺推解法

下面介绍运用基本方程求最优策略的逆推解法.

16.3.1　逆推解法

假设初始状态为 s_1，状态转移方程 $s_{k+1}=T(s_k,u_k)$. 逆推解法的计算步骤是，利用已知条件，从 $k=n$ 开始由后向前推算，求得各阶段的最优决策和最优指标函数，最后算出 $f_1(s_1)$ 时便得到最优指标函数值. 然后，再从 $k=1$ 开始，利用状态转移方程 $s_{k+1}=T(s_k, u_k)$ 确定最优轨线 $s_1^*, s_2^*, \cdots, s_{n+1}^*$ 和最优策略 $u_1^*, u_2^*, \cdots, u_n^*$.

下面举例说明逆推解法.

例 16.3.1　用逆推解法求解例 16.1.1.

解　初始状态 $s_1=A$，状态转移方程 $s_{k+1}=u_k(s_k)$. s_2 有两个可取值 B_1 和 B_2，s_3 有 3 个可取值 C_1、C_2 和 C_3，s_4 有两个可取值 D_1 和 D_2，$s_5=E$. 最优指标函数是各地到 E 的最小路程. 用 k 表示阶段变量.

当 $k=4$ 时，有

$$f_4(D_1) = 8, \quad u_4(D_1) = E; \quad f_4(D_2) = 4, \quad u_4(D_2) = E;$$

当 $k=3$ 时，有

$$f_3(C_1) = \min\left\{6 + f_4(D_1), 5 + f_4(D_2)\right\} = \min\left\{6+8, 5+4\right\} = 9, \quad u_3(C_1) = D_2;$$

$$f_3(C_2) = \min\left\{2 + f_4(D_1), 3 + f_4(D_2)\right\} = \min\left\{2+8, 3+4\right\} = 7, \quad u_3(C_2) = D_2;$$

$$f_3(C_3) = \min\left\{8 + f_4(D_1), 5 + f_4(D_2)\right\} = \min\left\{8+8, 5+4\right\} = 9, \quad u_3(C_3) = D_2;$$

当 $k=2$ 时，有

$$f_2(B_1) = \min\left\{2 + f_3(C_1), 3 + f_3(C_2)\right\} = \min\left\{2+9, 3+7\right\} = 10, \quad u_2(B_1) = C_2;$$

$$f_2(B_2) = \min\left\{4 + f_3(C_1), 5 + f_3(C_3)\right\} = \min\left\{4+9, 5+9\right\} = 13, \quad u_2(B_2) = C_1;$$

当 $k=1$ 时，有

$$f_1(A) = \min\left\{5 + f_2(B_1), 3 + f_2(B_2)\right\} = \min\left\{5+10, 3+13\right\} = 15, \quad u_1(A) = B_1.$$

于是,由 A 到 E 的最短路程 $f_1(A)=15$.

利用最优决策序列 $u_1(A)=B_1, u_2(B_1)=C_2, u_3(C_2)=D_2, u_4(D_2)=E$ 得出最优轨线,即最短路线是

$$A \to B_1 \to C_2 \to D_2 \to E.$$

例 16.3.2(资源分配问题) 设某单位将 6 套设备分配给 A、B、C 三个用户,每个用户分配设备数量与可获利润(单位:万元)如表 16.3.1 所示.

表 16.3.1

设备数	A	B	C
0	0	0	0
1	4	3	5
2	9	8	10
3	12	11	12
4	14	15	14
5	16	17	16
6	19	18	17

试问怎样分配 6 套设备才能使总利润最大?

解 问题可归结为多阶段决策过程最优化,按用户划分为 3 个阶段,A,B,C 三个用户分别编号为 1,2,3. 状态变量 s_k 表示分配给第 k 个用户到第 $n(n=3)$ 个用户的设备数. 决策变量 u_k 表示分配给第 k 个用户的设备数.

基本方程为

$$\begin{cases} f_k(s_k) = \max\limits_{\substack{0\leqslant u_k\leqslant s_k \\ u_k\text{是整数}}} [v_k(u_k) + f_{k+1}(s_{k+1})], \quad k = 3,2,1, \\ f_4(s_4) = 0. \end{cases}$$

状态转移方程为

$$s_{k+1} = s_k - u_k.$$

下面用逆推解法,分 3 个阶段求解,阶段指标 $v_k(u_k)$ 如表 16.3.1 所示.

表 16.3.2

s_3	0	1	2	3	4	5	6
u_3^*	0	1	2	3	4	5	6
$f_3(s_3)$	0	5	10	12	14	16	17

当 $k=3$ 时,$f_3(s_3)=\max[v_3(u_3)+f_4(s_4)]=v_3(u_3)$,$u_3=s_3$,由表 16.3.2 给出,$u_3^*$

是分配给第 3 个用户的设备套数.

当 $k=2$ 时，$f_2(s_2)=\max[v_2(u_2)+f_3(s_3)]$，状态转移方程是 $s_3=s_2-u_2$，计算结果列于表 16.3.3.

表　16.3.3

s_2 \ u_2	$v_2(u_2)+f_3(s_3)$							$f_2(s_2)$	u_2^*
	0	1	2	3	4	5	6		
0	0							0	0
1	0+5	3+0						5	0
2	0+10	3+5	8+0					10	0
3	0+12	3+10	8+5	11+0				13	1,2
4	0+14	3+12	8+10	11+5	15+10			18	2
5	0+16	3+14	8+12	11+10	15+5	17+0		21	3
6	0+17	3+16	8+14	11+12	15+10	17+5	18+0	25	4

当 $k=1$ 时，$f_1(s_1)=\max[v_1(u_1)+f_2(s_2)]$，$s_2=s_1-u_1$，计算结果列于表 16.3.4.

表　16.3.4

s_1 \ u_1	$v_1(u_1)+f_2(s_2)$							$f_1(s_1)$	u_1^*
	0	1	2	3	4	5	6		
6	0+25	4+21	9+18	12+13	14+10	16+5	19+0	27	2

再由前向后顺推，确定分配方案. 由表 16.3.4 知，$u_1^*=2$，$s_1=6$，因此 $s_2=s_1-u_1^*=6-2=4$；当 $s_2=4$ 时，由表 16.3.3 知，$u_2^*=2$，$s_3=s_2-u_2^*=4-2=2$；当 $s_3=2$ 时，由表 16.3.2 知，$u_3^*=2$. 综上所述，当 $u_1^*=2$，$u_2^*=2$，$u_3^*=2$ 时，即 6 套设备分配给每个用户各 2 套时，总利润最大. 最大利润为 27 万元.

16.3.2　顺推解法

设阶段变量 k 和状态变量 s_k 的定义不变. 顺推解法与逆推解法的递推顺序正好相反，在顺推解法中，从第一阶段开始，利用状态转移方程

$$s_k=\widetilde{T}(s_{k+1},u_k),\quad k=1,2,\cdots,n,$$

由前向后推算. 递推方程是

$$\begin{cases} f_k(s_{k+1})=\underset{u_k\in\widetilde{D}_k(s_{k+1})}{\operatorname{opt}}\{v_k(s_{k+1},u_k)+f_{k-1}(s_k)\},\quad k=1,2,\cdots,n,\\ \text{始端条件：}f_0(s_1)=0,\end{cases}$$

最优指标函数 $f_k(s_{k+1})$表示第 k 阶段末的结束状态为 s_{k+1}，从第 1 阶段到第 k 阶段的最优值. 集合 $\widetilde{D}_k(s_{k+1})$是由 s_{k+1}确定的允许决策集合，即在第 k 阶段中可将状态 s_k 转移到状态 s_{k+1}的允许决策集合. $v_k(s_{k+1,u_k})$是在第 k 阶段的阶段指标.

例 16.3.3 用顺推解法求解例 16.1.1(参见图 16.1.1).

解 始端条件是 $f_0(A)=0$，下面给出推算过程.

当 $k=1$ 时，有

$$f_1(B_1) = 5, \quad u_1(B_1) = A;$$
$$f_1(B_2) = 3, \quad u_1(B_2) = A.$$

当 $k=2$ 时，有

$$\begin{aligned} f_2(C_1) &= \min\{2+f_1(B_1), 4+f_1(B_2)\} \\ &= \min\{2+5, 4+3\} = 7, \quad u_2(C_1) = B_1 \text{ 或 } B_2. \\ f_2(C_2) &= 3+f_1(B_1) = 3+5 = 8, \quad u_2(C_2) = B_1, \\ f_2(C_3) &= 5+f_1(B_2) = 5+3 = 8, \quad u_2(C_3) = B_2. \end{aligned}$$

当 $k=3$ 时，有

$$\begin{aligned} f_3(D_1) &= \min\{6+f_2(C_1), 2+f_2(C_2), 8+f_2(C_3)\} \\ &= \min\{6+7, 2+8, 8+8\} = 10, \quad u_3(D_1) = C_2, \\ f_3(D_2) &= \min\{5+f_2(C_1), 3+f_2(C_2), 5+f_2(C_3)\} \\ &= \min\{5+7, 3+8, 5+8\} = 11, \quad u_3(D_2) = C_2. \end{aligned}$$

当 $k=4$ 时，有

$$f_4(E) = \min\{8+f_3(D_1), 4+f_3(D_2)\} = \min\{8+10, 4+11\} = 15, \quad u_4(E) = D_2.$$

最优决策序列为 $u_4(E)=D_2, u_3(D_2)=C_2, u_2(C_2)=B_1, u_1(B_1)=A$. 所以，最优路线为 $A\to B_1\to C_2\to D_2\to E$.

16.4 动态规划与静态规划的关系

动态规划和静态规划研究的对象，本质上都是条件极值问题. 两种规划在很多情况下可以互相转化.

一方面，动态规划可以看作求决策变量 $u_1, u_2, \cdots, u_n$，使指标函数 $V_{1,n}(s_1, u_1, \cdots, s_n, u_n)$达到最优的极值问题，把状态转移方程，端点条件，允许状态集合，允许决策集合等作为约束条件，从而用静态规划的方法来求解. 另一方面，一些静态规划只要适当引入阶段变量，状态变量，决策变量等，就可以用动态规划方法来求解.

动态规划法能够求出全局最优解，有时可以得到一族最优解，而且能够利用经验提高求解效率.下面给出几例,说明如何用动态规划法求解静态规划问题.

例 16.4.1 用动态规划的逆推解法求解下列非线性规划:

$$\begin{aligned} \max\quad & 8x_1^2+4x_2^2+x_3^3 \\ \text{s.t.}\quad & 2x_1+x_2+10x_3=10, \\ & x_1,x_2,x_3\geqslant 0. \end{aligned}$$

解 先划分阶段,确定状态变量,决策变量和状态转移方程,将非线性规划改写成多阶段决策过程最优化.按变量个数划分阶段,把上述规划看作3阶段决策过程最优化问题.设状态变量为 s_1,s_2,s_3,s_4.如果把约束条件看作资源限制,则 s_k 表示分配给第 k 阶段到最后阶段的资源数量,显然 $s_1=10$.原有变量 x_1,x_2,x_3 作为决策变量.状态转移方程为:$0=s_4=s_3-10x_3,s_3=s_2-x_2,s_2=s_1-2x_1$,指标函数 $V_{k,3}=\sum\limits_{i=k}^{3}v_i(x_i)$,其中 $v_1(x_1)=8x_1^2,v_2(x_2)=4x_2^2,v_3(x_3)=x_3^3$.基本方程为

$$\begin{cases} f_k(s_k)=\max\limits_{x_k\in D_k(s_k)}\{v_k(x_k)+f_{k+1}(s_{k+1})\}, \quad k=3,2,1, \\ f_4(s_4)=0, \end{cases}$$

其中 $D_k(s_k)$ 是从 s_k 出发的允许决策集合.

当 $k=3$ 时,有

$$f_3(s_3)=\max_{x_3=\frac{1}{10}s_3}\{v_3(x_3)+f_4(s_4)\}=\max_{x_3=\frac{1}{10}s_3}x_3^3=\frac{1}{10^3}s_3^3,\quad x_3^*=\frac{1}{10}s_3.$$

当 $k=2$ 时,有

$$\begin{aligned} f_2(s_2)&=\max_{0\leqslant x_2\leqslant s_2}\{v_2(x_2)+f_3(s_3)\}=\max_{0\leqslant x_2\leqslant s_2}\{4x_2^2+\frac{1}{10^3}s_3^3\} \\ &=\max_{0\leqslant x_2\leqslant s_2}\left\{4x_2^2+\frac{1}{10^3}(s_2-x_2)^3\right\}, \end{aligned}$$

记 $g(x_2)=4x_2^2+\frac{1}{10^3}(s_2-x_2)^3$,则有 $g'(x_2)=8x_2-\frac{3}{10^3}(s_2-x_2)^2,g''(x_2)=8+\frac{6}{10^3}(s_2-x_2)>0$,所以 $g(x_2)$ 是凸函数,极大值必在 $[0,s_2]$ 的区间端点达到.显然,极大点 $x_2^*=s_2$,$f_2(s_2)=4s_2^2$.

当 $k=1$ 时,有

$$f_1(s_1)=\max_{0\leqslant x_1\leqslant\frac{1}{2}s_1}\{v_1(x_1)+f_2(s_2)\}=\max_{0\leqslant x_1\leqslant\frac{1}{2}s_1}\{8x_1^2+4(s_1-2x_1)^2\},$$

最大值点 $x_1^*=0$,最大值 $f_1(s_1)=4s_1^2=400$.

再由前向后推.由 $s_1=10,x_1^*=0$,得到 $s_2=s_1-2x_1^*=10$.由 $s_2=10,x_2^*=s_2=10$,利用状态转移方程得到 $s_3=s_2-x_2^*=10-10=0,x_3^*=\frac{1}{10}s_3=0$.问题的最优解是:$x_1^*=0$,$x_2^*=10,x_3^*=0$,最优值 $f_1(s_1)=400$.

例 16.4.2 用动态规划的顺推解法求解例 16.4.1：

$$\begin{aligned}\max\quad & 8x_1^2+4x_2^2+x_3^3\\ \text{s.t.}\quad & 2x_1+x_2+10x_3=10,\\ & x_1,x_2,x_3\geqslant 0.\end{aligned}$$

解 将非线性规划转化为 3 阶段决策过程最优化.设状态变量为 s_1,s_2,s_3,s_4，其中 $s_4=10$，表示分配给 3 个阶段的总资源.状态转移方程是：$s_1=s_2-2x_1,s_2=s_3-x_2,s_3=10-10x_3$.顺推解法的基本方程是

$$\begin{cases}f_k(s_{k+1})=\max\limits_{x_k\in\widetilde{D}_k(s_{k+1})}\{v_k(x_k)+f_{k-1}(s_k)\}, & k=1,2,3,\\ f_0(s_1)=0.\end{cases}$$

当 $k=1$ 时，有

$$f_1(s_2)=\max_{0\leqslant x_1\leqslant\frac{1}{2}s_2}\{8x_1^2+f_0(s_1)\}=\max_{0\leqslant x_1\leqslant\frac{1}{2}s_2}8x_1^2=2s_2^2,\quad x_1^*=\frac{1}{2}s_2.$$

当 $k=2$ 时，有

$$\begin{aligned}f_2(s_3)&=\max_{0\leqslant x_2\leqslant s_3}\{4x_2^2+f_1(s_2)\}=\max_{0\leqslant x_2\leqslant s_3}\{4x_2^2+2(s_3-x_2)^2\}\\ &=4s_3^2,\quad x_2^*=s_3.\end{aligned}$$

当 $k=3$ 时，有

$$\begin{aligned}f_3(s_4)&=\max_{0\leqslant x_3\leqslant 1}\{x_3^3+f_2(s_3)\}=\max_{0\leqslant x_3\leqslant 1}\{x_3^3+4(10-10x_3)^2\}\\ &=400,\quad x_3^*=0.\end{aligned}$$

再由后向前推，

$$s_3=10-10x_3^*=10,x_2^*=s_3=10,s_2=s_3-x_2^*=0,x_1^*=\frac{1}{2}s_2=0.$$

最优解为 $x_1^*=0,x_2^*=10,x_3^*=0$，最大值为 $f_3(s_4)=400$.

例 16.4.3 设有一辆汽车，最多可装载 7t，今欲装载甲、乙、丙 3 种货物，每件货物的重量和价值如表 16.4.1 所示，问如何装载可使总价值最大.

表 16.4.1

	甲	乙	丙
每件重量/t	1	2	3
每件价值	2	5	8

解 设甲、乙、丙的装载量分别为 x_1,x_2,x_3 件.问题可表达为下列整数规划：

$$\begin{aligned}\max\quad & 2x_1+5x_2+8x_3\\ \text{s.t.}\quad & x_1+2x_2+3x_3\leqslant 7,\\ & x_1,x_2,x_3\geqslant 0,\quad \text{且为整数}.\end{aligned}$$

下面用动态规划方法来求解. 按货物种类甲、乙、丙划分为3个阶段. 用逆推解法. 状态变量 s_j 表示装载第 j 种至第3种货物总重量, 决策变量为 x_1, x_2, x_3. 状态转移方程有 $s_1 \leqslant 7, s_2 = s_1 - x_1, s_3 = s_2 - 2x_2$. 最优值函数 $f_k(s)$ 是总重量不超过 s(单位: t)时装载第 k 种至第3种货物的最大价值. 显然, $f_1(7)$ 是所求的最大总价值.

$$\begin{aligned} f_1(7) &= \max_{\substack{x_1+2x_2+3x_3\leqslant 7\\ x_1,x_2,x_3\geqslant 0\text{且为整数}}} \{2x_1+5x_2+8x_3\} = \max_{\substack{2x_2+3x_3\leqslant 7-x_1\\ x_1,x_2,x_3\geqslant 0\text{且为整数}}} \{2x_1+5x_2+8x_3\} \\ &= \max_{\substack{7-x_1\geqslant 0\\ x_1\geqslant 0\text{且为整数}}} \{2x_1 + \max_{\substack{2x_2+3x_3\leqslant 7-x_1\\ x_2,x_3\geqslant 0\text{且为整数}}} (5x_2+8x_3)\} = \max_{\substack{0\leqslant x_1\leqslant 7\\ x_1\text{为整数}}} \{2x_1+f_2(7-x_1)\} \\ &= \max\{0+f_2(7), 2+f_2(6), 4+f_2(5), 6+f_2(4), \\ &\qquad 8+f_2(3), 10+f_2(2), 12+f_2(1), 14+f_2(0)\}, \end{aligned} \tag{16.4.1}$$

其中

$$\begin{aligned} f_2(7) &= \max_{\substack{2x_2+3x_3\leqslant 7\\ x_2,x_3\geqslant 0,\text{整数}}} \{5x_2+8x_3\} = \max_{\substack{3x_3\leqslant 7-2x_2\\ x_2,x_3\geqslant 0,\text{整数}}} \{5x_2+8x_3\} \\ &= \max_{\substack{7-2x_2\geqslant 0\\ x_2\geqslant 0,\text{整数}}} \{5x_2+f_3(7-2x_2)\} \\ &= \max\{0+f_3(7), 5+f_3(5), 10+f_3(3), 15+f_3(1)\}, \end{aligned} \tag{16.4.2}$$

$$\begin{aligned} f_2(6) &= \max_{\substack{2x_2+3x_3\leqslant 6\\ x_2,x_3\geqslant 0,\text{整数}}} \{5x_2+8x_3\} = \max_{\substack{3x_3\leqslant 6-2x_2\\ x_2,x_3\geqslant 0,\text{整数}}} \{5x_2+8x_3\} \\ &= \max_{\substack{6-2x_2\geqslant 0\\ x_2\geqslant 0,\text{整数}}} \{5x_2+f_3(6-2x_2)\} \\ &= \max\{0+f_3(6), 5+f_3(4), 10+f_3(2), 15+f_3(0)\}, \end{aligned} \tag{16.4.3}$$

依此类推, 可以得到

$$f_2(5) = \max\{0+f_3(5), 5+f_3(3), 10+f_3(1)\}, \tag{16.4.4}$$

$$f_2(4) = \max\{0+f_3(4), 5+f_3(2), 10+f_3(0)\}, \tag{16.4.5}$$

$$f_2(3) = \max\{0+f_3(3), 5+f_3(1)\}, \tag{16.4.6}$$

$$f_2(2) = \max\{0+f_3(2), 5+f_3(0)\}, \tag{16.4.7}$$

$$f_2(1) = 0+f_3(1), \tag{16.4.8}$$

$$f_2(0) = 0. \tag{16.4.9}$$

从以上分析中可知, 应先计算出 $f_3(s)$ 各值, 再计算 $f_2(s)$, 最后求出 $f_1(s)$. $f_3(s)$ 计算如下:

$$f_3(7) = \max_{\substack{3x_3\leqslant 7\\ x_3\geqslant 0,\text{整数}}} 8x_3 = 16, \quad x_3 = \left[\frac{7}{3}\right] = 2, \tag{16.4.10}$$

$$f_3(6) = \max_{\substack{3x_3\leqslant 6\\ x_3\geqslant 0,\text{整数}}} 8x_3 = 16, \quad x_3 = 2, \tag{16.4.11}$$

$$f_3(5)=\max_{\substack{3x_3\leqslant 5\\x_3\geqslant 0,\text{整数}}} 8x_3=8,\quad x_3=\left[\frac{5}{3}\right]=1, \tag{16.4.12}$$

$$f_3(4)=\max_{\substack{3x_3\leqslant 4\\x_3\geqslant 0,\text{整数}}} 8x_3=8,\quad x_3=\left[\frac{4}{3}\right]=1, \tag{16.4.13}$$

$$f_3(3)=\max_{\substack{3x_3\leqslant 3\\x_3\geqslant 0,\text{整数}}} 8x_3=8,\quad x_3=1, \tag{16.4.14}$$

$$f_3(2)=f_3(1)=f_3(0)=0,\quad x_3=0. \tag{16.4.15}$$

将上面求出的 $f_3(s)$代入 $f_2(s)$各式,即代入(16.4.2)式～(16.4.8)式,则有

$$f_2(7)=\max\{0+16,5+8,10+8,15+0\}=18,\quad x_2=2, \tag{16.4.16}$$

$$f_2(6)=\max\{0+16,5+8,10+0,15+0\}=16,\quad x_2=0, \tag{16.4.17}$$

$$f_2(5)=\max\{0+8,5+8,10+0\}=13,\quad x_2=1, \tag{16.4.18}$$

$$f_2(4)=\max\{0+8,5+0,10+0\}=10,\quad x_2=2, \tag{16.4.19}$$

$$f_2(3)=\max\{0+8,5+0\}=8,\quad x_2=0, \tag{16.4.20}$$

$$f_2(2)=5,\quad f_2(1)=f_2(0)=0 \tag{16.4.21}$$

最后,将(16.4.16)式～(16.4.21)式求得的 $f_2(s)$代入 $f_1(7)$的表达式(16.4.1):

$$\begin{aligned}f_1(7)&=\max\{0+18,2+16,4+13,6+10,8+8,10+5,12+0,14+0\}\\&=18,\quad x_1=0\text{ 或 }x_1=1.\end{aligned} \tag{16.4.22}$$

由(16.4.22)式知,最优值为 18,$x_1^*=0$ 或 1.

当 $x_1^*=0$ 时,$s_2=s_1-x_1^*=s_1\leqslant 7$,由(16.4.16)式知 $x_2^*=2$;$s_3=s_2-2x_2^*\leqslant 7-4=3$,由(16.4.14)式知,$f_3(3)=8$,$x_3^*=1$.最优解$(x_1^*,x_2^*,x_3^*)=(0,2,1)$.

若 $x_1^*=1$,则 $s_2=s_1-x_1^*\leqslant 7-1=6$,由(16.4.17)式知 $f_2(6)=16$,$x_2^*=0$;$s_3=s_2-x_2^*\leqslant 6-0=6$,由(16.4.11)式知,$f_3(6)=16$,$x_3^*=2$.最优解$(x_1^*,x_2^*,x_3^*)=(1,0,2)$.

两组不同的装载方案,总价值均为 18.

16.5 函数迭代法

前面介绍的阶段数为 n 的多阶段决策问题,称为定期多阶段决策问题.在实践中有些决策问题阶段数不确定.从一个结点到另一个结点的最优子策略经过多少个弧段是未知的,直到求解过程完毕才能确定.求解这类问题可用函数迭代法.这种方法用到下列基本方程:

$$\begin{cases}f(i)=\min\limits_{1\leqslant j\leqslant n}\{c_{ij}+f(j)\},\quad i=1,2,\cdots,n-1,\\ f(n)=0,\end{cases} \tag{16.5.1}$$

其中 $f(i)$ 表示结点 i 到结点 n 的最小距离，$f(j)$ 表示结点 j 到结点 n 的最小距离，c_{ij} 是连接结点 i 和 j 的弧长度(费用).含义是，为求结点 i 到结点 n 的最小距离，先对每个结点 j，计算结点 i 到结点 j 的距离，加上结点 j 到结点 n 的最小距离，计算结果中数值最小者就是结点 i 到结点 n 的最小距离.参见图 16.5.1.

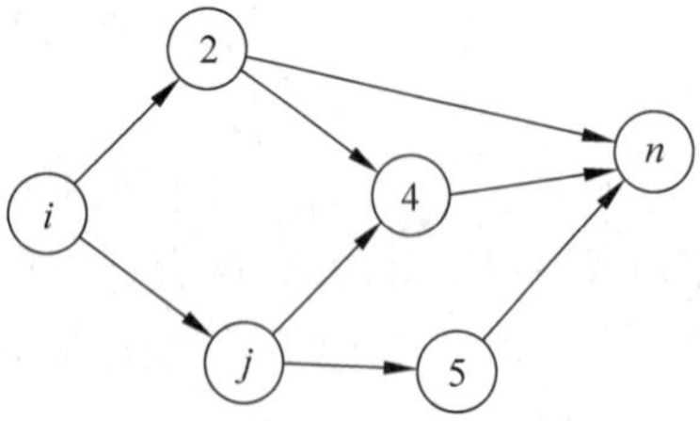

图　16.5.1

由于方程(16.5.1)中 $f(i)$ 和 $f(j)$ 都是未知量，因此需要从已知条件出发，利用迭代方法逐步求出最优解.下面介绍具体过程.

考虑具有 n 个结点 $1,2,\cdots,n$ 的网络，设结点 i 到结点 j 有弧段时 $0\leqslant c_{ij}<+\infty$，当结点 i 到结点 j 无弧段时 $c_{ij}=+\infty$.

迭代的基本思想是，先计算各结点经1步(即经一个弧段)到达结点 n 的最短距离，再计算各结点经2步(经两个弧段)到达结点 n 的最短距离，依此类推.结点 i 经 k 步(k 个弧段)到达结点 n 的最短距离记作 $f_k(i)$.具体步骤如下：

(1) 取初始函数 $f_1(i)$ 为各结点 i 经1步到达结点 n 的最短距离，即

$$f_1(i)=\begin{cases}c_{in}, & i=1,2,\cdots,n-1,\\ 0, & i=n.\end{cases}$$

(2) 对于 $k=2,3,\cdots$，求 $f_k(i)$：

$$f_k(i)=\begin{cases}\min\limits_{1\leqslant j\leqslant n}\{c_{ij}+f_{k-1}(j)\}, & i=1,2,\cdots,n-1,\\ 0, & i=n.\end{cases} \tag{16.5.2}$$

(3) 当计算到对所有 $i=1,2,\cdots,n$，均成立 $f_{k+1}(i)=f_k(i)$ 时停止.这时，$f_k(i)=f(i)$ 满足方程(16.5.1).迭代次数 k 不会超过 $n-1$.达到最优后，确定由各结点出发的最优决策 $u^*(i)$，从而得出各结点到结点 n 的最短路线.

理论上可以证明，用函数迭代法确定的函数序列 $\{f_k(i)\}$ 单调非增地收敛于 $f(i)$.这里，证明从略.

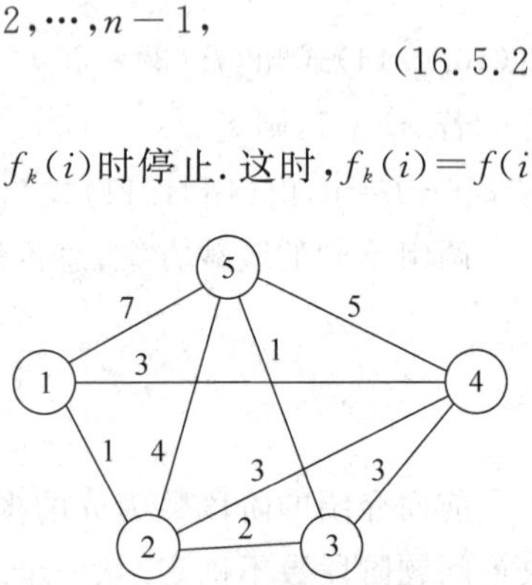

图　16.5.2

例 16.5.1　设有5上结点连接成的一个线路网(如图16.5.2)，结点 i 与结点 j 之间的距离 c_{ij} 如图所示，求各结点到结点5的最短距离和最短路线.

解　当 $k=1$ 时，初始函数 $f_1(1)=7,f_1(2)=4,f_1(3)=1,f_1(4)=5,f_1(5)=0$.

当 $k=2$ 时，求 $f_2(i)$：

$$\begin{aligned} f_2(1) &= \min_j\{c_{1j} + f_1(j)\} \\ &= \min\{c_{11} + f_1(1), c_{12} + f_1(2), c_{13} + f_1(3), c_{14} + f_1(4), c_{15} + f_1(5)\} \\ &= \min\{0+7, 1+4, +\infty+1, 3+5, 7+0\} = 5, \\ f_2(2) &= \min_j\{c_{2j} + f_1(j)\} \\ &= \min\{1+7, 0+4, 2+1, 3+5, 4+0\} = 3, \\ f_2(3) &= \min_j\{c_{3j} + f_1(j)\} \\ &= \min\{+\infty+7, 2+4, 0+1, 3+5, 1+0\} = 1, \\ f_2(4) &= \min_j\{c_{4j} + f_1(j)\} \\ &= \min\{3+7, 3+4, 3+1, 0+5, 5+0\} = 4, \end{aligned}$$

当 $k=3$ 时,求 $f_3(i)$:

$$\begin{aligned} f_3(1) &= \min_j\{c_{1j} + f_2(j)\} \\ &= \min\{0+5, 1+3, +\infty+1, 3+4, 7+0\} = 4, \\ f_3(2) &= \min_j\{c_{2j} + f_2(j)\} \\ &= \min\{1+5, 0+3, 2+1, 3+4, 4+0\} = 3, \\ f_3(3) &= \min_j\{c_{3j} + f_2(j)\} \\ &= \min\{+\infty+5, 2+3, 0+1, 3+4, 1+0\} = 1, \\ f_3(4) &= \min_j\{c_{4j} + f_2(j)\} \\ &= \min\{3+5, 3+3, 3+1, 0+4, 5+0\} = 4. \end{aligned}$$

当 $k=4$ 时,求 $f_4(i)$:

$$\begin{aligned} f_4(1) &= \min_j\{c_{1j} + f_3(j)\} \\ &= \min\{0+4, 1+3, +\infty+1, 3+4, 7+0\} = 4, \\ f_4(2) &= \min_j\{c_{2j} + f_3(j)\} \\ &= \min\{1+4, 0+3, 2+1, 3+4, 4+0\} = 3, \\ f_4(3) &= \min_j\{c_{3j} + f_3(j)\} \\ &= \min\{+\infty+7, 2+3, 0+1, 3+4, 1+0\} = 1, \\ f_4(4) &= \min\{c_{4j} + f_3(j)\} \\ &= \min\{3+4, 3+3, 3+1, 0+4, 5+0\} = 4. \end{aligned}$$

计算结果表明,结点 i 到结点 5 的最短距离 $f(i)$分别是

$$f(1) = 4, \quad f(2) = 3, \quad f(3) = 1, \quad f(4) = 4.$$

当 $k=4$ 时,在各结点的最优决策分别是

$$u^*(1) = 2, \quad u^*(2) = 3, \quad u^*(3) = 5, \quad u^*(4) = 3.$$

从各结点 i 出发到达终点 5 的最短路线是：①→②→③→⑤，②→③→⑤，③→⑤，④→③→⑤.

习　　题

1. 假设有一个路网如下图所示，图中数字表示该路段的长度，求从 A 到 E 的最短路线及其长度.

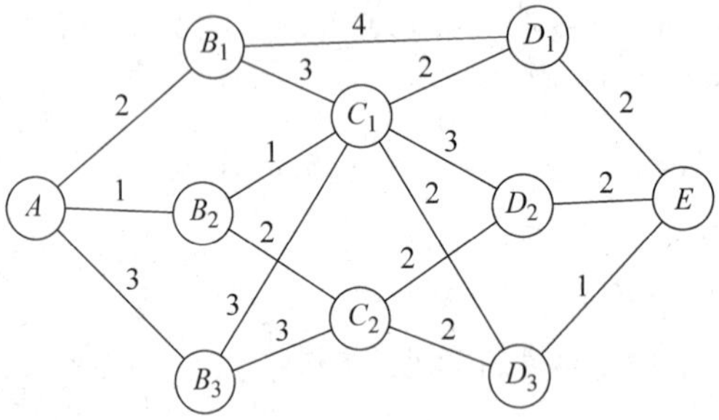

2. 分别用逆推解法及顺推解法求解下列各题：

(1) $\max\ 2x_1^2+3x_2+5x_3$

s. t. $2x_1+4x_2+x_3=8$,

$x_1,x_2,x_3\geqslant 0$;

(2) $\max\ x_1^2+8x_2+3x_3^2$

s. t. $x_1+x_2+2x_3\leqslant 6$,

$x_1,x_2,x_3\geqslant 0$;

(3) $\min\ x_1+x_2^2+2x_3$

s. t. $x_1+x_2+x_3\geqslant 10$,

$x_1,x_2,x_3\geqslant 0$;

(4) $\max\ x_1x_2x_3$

s. t. $x_1+x_2+2x_3\leqslant 6$,

$x_1,x_2,x_3\geqslant 0$.

3. 假设某种机器可在高低两种不同负荷下运行，在高负荷下运行时，每台机器每年产值 20 万元，机器年损坏率 20%，在低负荷下运行时，每台机器每年产值 17 万元，机器年损坏率 10%，开始生产时，完好机器数量为 100 台，试问如何安排机器在高低负荷下的生产，才能使 3 年内总产值最高？(提示：可取第 k 年度初完好机器数 s_k 作为状态变量).

4. 假设旅行者携带各种货物总重量不得超过 80kg. 现有 A、B、C 三种货物，每件的重量及价值如下表所示，试问 A、B、C 各携带多少件才能使总价值最大？

货物种类	A	B	C
每件重/kg	15	24	30
每件价值/元	200	340	420

参考文献

1 Bazaraa M S,Shetty C M. Nonlinear programming:theory and algorithms. New York:Wiley,1979

2 Avriel M. Nonlinear programming:analysis and methods. Prentice-Hall,Inc. ,1976(中译本:非线性规划——分析与方法.上海:上海科学技术出版社,1980)

3 Rockafellar R T. Convex analysis. Princeton,N. J:Princeton University Press, . 1970

4 Bazaraa M S,Jarvis J J. Linear programming and Network flows. New York:Wiley,1977

5 Eggleston H G. Convexity,Cambridge University Press,Cambridge,England,1958.

6 Greenberg H J,Pierskalla W P . A Review of Quasi-Convex Function. Operation Research. 1971,19:1553～1570

7 Dantzig G B. Linear programming and extensions. Princeton,N. J. :Princeton University Press,1963

8 Dantzig G B,Wolfe P. Decomposition principle for linear programs. Operation Res. ,1960,8:101～111

9 Kuhn H W,Tucker A W. Linear inequalities and related system. Annals of Mathematics studies,No. 38. Princeton,N. J. :Princeton University Press,1956

10 Gass S I. Linear programming:Method and application. New York:Mcgraw-Hill Book Company, Inc. ,1958

11 Luenberger D G. Introduction to linear and nonlinear programming. Addison-wesley,1973(中译本:线性与非线性规划引论.北京:科学出版社,1982)

12 Sierksma G. Linear and integer programming. New York:Marcel Dekker,Inc. ,1996

13 Karmarkar N. A new polynomial-time algorithm for linear programming. Combinatorica,1984,4(4):373～395

14 Adler I,Karmarkar N,Resende M G C, et al. An implementation of Karmarkar's algorithm for linear programming,1986

15 Roos C,Terlaky T' Vail J P. Theory and algorithms for linear optimization. New York-London:John wiley & Sons,Inc. ,1997

16 Vanderbei R J. Linear programming:foundations and extensions (Second Edition). Kluwer Academic Publishers,2001

17 Pardalos P M,Mauricio Resende G C. Handbook of applied optimization. Oxford:Oxford University Press,2002

18 Fletcher R. Practical methods of optimization, Vol. 2:Constrained optimization. New York:John Wiley & Sons,Chichester,1981

19 McCormick G P. Nonlinear programming:Theory, algorithms and application. New York:John Wiley & Sons,1983

20 Gill P E,Murray W,Wright M H. Practical optimization. NewYork-London:Academic Press Inc. ,

1981

21 Fletcher R. Practical methods of optimization, Vol. 1: Unconstrained optimization. New York: John Wiley & Sons, 1980

22 Luenberger D G. Linear and nonlinear programming. Addison-Wesley, 1984

23 席少霖,赵凤治.最优化计算方法.上海:上海科学技术出版社,1983

24 邓乃扬.无约束最优化方法.北京:科学出版社,1982

25 Stephen G. Nash, Ariela Sofer. Linear and nonlinear programming. New York-London-Toronto: The McGraw-Hill Book Companies, Inc. , 1996

26 Ignizio J P. Goal programming and extensions, Lexington Books, 1976

27 Powell, M. J. D. , Nonlinear Optimization, London: Academic press, 1982

28 《运筹学》教材编写组. 运筹学(修订版). 北京:清华大学出版社,1990